U0805355

上扬子东部古生代被动陆缘页岩气地质理论技术与实践

朱立军　张大伟　张金川
陈　祎　杨通保　陈厚国　等　著

科学出版社
北　京

内 容 简 介

本书是在全省开展页岩气资源调查评价的地质工作人员编写的一部专著，系统总结了贵州页岩气勘探开发和科研方面取得的新发现、新认识、新进展和重大突破，是政产学研密切合作的集体成果，以期为贵州今后的页岩气勘探开发、科研提供参考借鉴。全书共八章，内容包括贵州区域地质背景；贵州页岩气富集地质条件；贵州页岩气调查评价方法；贵州页岩气资源潜力；贵州页岩气勘探实践；贵州页岩气勘探开发与环境保护；贵州页岩气可持续发展战略；贵州页岩气地质理论与实践。

本书内容翔实，资料丰富，对贵州页岩气的总结具有全面性、客观性、科学性和实用性，可供从事页岩气地质工作者参考，也可供科研、高校相关专业师生阅读参考。

审图号：黔S（2018）003号

图书在版编目(CIP)数据

上扬子东部古生代被动陆缘页岩气地质理论技术与实践／朱立军等著．—北京：科学出版社，2019.1

ISBN 978-7-03-058968-2

Ⅰ.①上…　Ⅱ.①朱…　Ⅲ.①扬子板块-古生代-被动-大陆边缘-页岩-石油天然气地质-研究　Ⅳ.①P618.130.2

中国版本图书馆CIP数据核字（2018）第223936号

责任编辑：刘　超／责任校对：王　瑞

责任印制：张　伟／封面设计：无极书装

科学出版社 出版

北京东黄城根北街16号

邮政编码：100717

http://www.sciencep.com

北京虎彩文化传播有限公司 印刷

科学出版社发行　各地新华书店经销

*

2019年1月第　一　版　开本：787×1092　1/16

2019年1月第一次印刷　印张：37 1/2

字数：880 000

定价：380.00元

（如有印装质量问题，我社负责调换）

序　一

作为国家战略的重要组成部分，油气资源不仅关系到国民经济的可持续发展，还会对国家安全产生重要影响。中华人民共和国成立以来，国家高度重视油气资源评价和发现，我国油气工业得到了快速发展，主要在北方省份获得了一系列重要突破。我国南方地区人口众多、经济发达，对能源需求极其旺盛，但除川、渝、苏等少部分省份地区外，大部分地区的油气资源供给全部依靠区外输入，供输距离长、运行成本高、影响因素多，曾数次出现能源供给问题。对油气成藏地质理论认识水平的提高和勘探开发关键技术的改进，促进了对多种类型非常规油气的开发和利用，开拓了在地域上以川渝黔鄂湘等地为主、在类型上以页岩气为代表的南方地区非常规天然气勘探开发新领域。

贵州省沉积地层发育、富有机质页岩厚度稳定，其区域油气地质调查工作开始于20世纪50年代。但由于区内构造运动多样、地质条件复杂、勘查开发难度较大等原因，除发现了一批油气苗并在赤水地区发现了小型气田外，贵州的油气勘探几十年来一直未有重大进展。2009年，国土资源部启动“中国重点地区页岩气资源潜力及有利区优选”项目，对贵州省北部重点地区页岩气资源进行了调查评价，实施了松浅1井和岑页1井，获得了贵州省页岩气资源新发现，取得了贵州省页岩气资源调查的初步成果。2011年全国页岩气资源潜力评价结果表明，贵州省页岩气地质资源量10.48万亿m^3，列全国第四位，页岩气资源巨大。

贵州省十分重视页岩气工作，2012年3月，组织省内外具有优势的专业单位，以上扬子东部古生代被动陆缘页岩气地质理论和技术研究为重点，共同对贵州省页岩气展开了系统的资源调查与评价工作，经过22个月地努力，圆满完成了贵州省页岩气资源调查评价项目工作任务。按照“黔北突破，带动两翼，兼顾黔南”的战略思路，累计完成了26口页岩气地质调查井，新发现了变马冲组、火烘组、打屋坝组/旧司组、梁山组、龙潭组五套具有页岩气资源潜力的富有机质页岩，获得了不同层系的一批页岩气勘探发现，优选了26个页岩气分布有利区，计算了全省及有利区页岩气资源量，提出了道真-正安和黔西-金沙两个页岩气勘探开发综合示范区建议，取得了丰硕成果。

该书作者长期从事贵州省地质调查研究和页岩气地质调查实践，掌握贵州省页岩气丰富的第一手资料。书中系统介绍了贵州页岩气勘查成果和研究进展，主要包括贵州省页岩气富集地质条件、有利区优选、资源潜力、勘查实践及可持续发展等相关内容，是对贵州省页岩气勘探与研究成果的系统归纳和总结。作为我国页岩气勘探开发的重点地区之一，贵州省的页岩气资源丰富，但赋存条件复杂，目前已先后在岑页1、丁页2HF和安页1等钻井中获得页岩气重大突破，值此贵州省页岩气勘探开发拉开序幕之际，出版本书，对系统总结贵州省页岩气地质条件并指导勘探开发生产实践，不失为有益的尝试和探讨，有助于为贵州省的页岩气勘探开发和具体实践提供有力地参考和指导。

本书是我国第一部以省份为单元、以上扬子东部古生代被动陆缘为重点的页岩气地质理论技术与实践著作，其中倾注了作者们的大量心血和智慧、充盈了理论实践过程中的宝贵经验和发展走向、透析了页岩气可持续发展的思路和战略，值得一读。

中国工程院院士

2018 年 8 月

序　二

页岩气是一种清洁、高效的能源资源。近年来，美国页岩气随着技术不断进步，产量快速增加，已经改变了美国天然气以及能源格局，对国际天然气市场供应和世界能源格局产生了巨大影响。世界主要页岩气资源大国和地区也开始加快页岩气勘探开发进程。

我国页岩气勘探开发虽然起步晚，但发展速度很快，目前已成为继美国之后世界上第二大页岩气生产国。这些得益于国家政府部门的高度重视和支持、企业的高效投入和不断创新、业界的坚定信念和积极参与。经过几年的努力，中国页岩气地质理论认识和配套的方法技术以及有效的政策支持、管理措施得到了很大的提升，为中国页岩气的跨越式发展奠定了基础。中国页岩气作为未来油气资源的重要接替领域，正蓄势待发，页岩气规模有效开发的局面正在形成。

贵州省发育多套含气页岩层系，厚度大、范围广，页岩气资源基础雄厚，资源潜力大。但地质构造复杂、地表条件差、古生界页岩层位多；配套技术要求高、难度大。贵州省作为国家页岩气发展规划中的重点勘探开发地区之一，在全国页岩气资源潜力调查评价基础上进行的，依据贵州省构造特征、断裂发育、凹陷分布及地层展布特点，以上扬子东部古生代被动陆缘页岩气地质理论和技术研究为重点，组织开展了涵盖全省范围的页岩气资源调查评价，取得了理论和技术上的新成果。这项基础性、公益性的成果，对于探索上扬子东部古生代被动陆缘页岩气新的理论认识和技术方法，进一步摸清贵州省页岩气资源潜力，优选出有利目标区，推动全省页岩气勘查开发具有重要意义，必将为国家和贵州省有关部门、石油企业、科研院所、高等院校等广泛应用。

我曾很荣幸地受邀参加了贵州省页岩气资源调查评价项目的验收工作，对这项丰富的成果有深入的了解，很高兴为本书作序。我对参与到这项研究工作同志们的创新精神、刻苦态度、辛勤工作感到由衷的赞赏和钦佩。对本书主编和作者们良好的组织、辛苦的耕耘、无私的奉献充满敬意。

这本书的问世，将会对上扬子东部古生代被动陆缘页岩气地质理论和技术的提升，以及对于把贵州省打造成全国页岩气勘探开发的主战场，尽快形成页岩气规模化产业，产生重要影响。

中国工程院院士 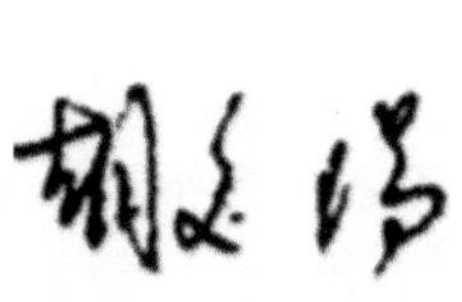

2018 年 8 月

前　言

贵州地处上扬子东部，油气勘查始于20世纪初。中华人民共和国成立后，贵州油气勘查全面展开。20世纪50年代，西南地质局548队在凯里虎庄实施了贵州第一口石油浅井。到80年代，地质矿产部及石油工业部在贵州不同地区施工了216口石油钻井。历经60余年的勘查，贵州石油尚未打出可供开发利用的工业油流，仅发现有较多的油气显示及少数石油矿点，尚未探明储量；天然气仅在赤水地区探明了部分可供生产开发利用的储量，贵州被列入“缺油少气”的省份。

2010年，我国海相页岩气的发现，标志着我国油气勘查进入常规与非常规油气并重发展的时代，也给贵州油气勘查突破传统认识、开拓新思路带来了重要启示。

2011年4月16日，在贵州省国土资源厅专家咨询委员会座谈会上，肖序常、翟裕生、张洪涛、邓军等专家学者建议，贵州要重视页岩气的调查评价。会后，本书第一作者朱立军立即主持编制我国第一个以省辖区域为评价单元的贵州省页岩气资源调查评价方案，并组织开展全省范围内页岩气资源调查评价工作。

2011年12月30日，国务院批准页岩气为我国第172种矿产。国土资源部将页岩气按独立矿种进行管理，引进多种投资主体，制定相关支持政策，推进页岩气勘查开采进程，尽快实现中国页岩气规模开发，以缓解我国油气资源短缺现状。

2012年3月，由贵州省土地矿产资源储备局负责具体实施，中国地质大学（北京）、国土资源部储量评审中心、成都地质矿产研究所、贵州省土地矿产资源储备局、贵州省地质调查院、贵州煤矿地质工程咨询与地质环境监测中心6家单位共同承担，全面推进实施贵州省页岩气资源调查评价工作。

2013年9月，在地质构造最复杂、地表条件最差、古生界页岩层位最多、油气勘查最难的条件下，仅用18个月就全面完成了贵州省17.62万km^2省域面积的野外地质调查、实验测试、地球物理、地球化学、26口勘探井、200余幅图件编制等项目任务，成为全国第一个完成省域范围页岩气资源调查评价的省份。调查评价成果及时应用于贵州页岩气勘探实践中，取得了一系列重大新发现、新认识，实现了页岩气地质理论、调查评价技术方法和组织管理模式创新。

2014年6月，国土资源部批准设立黔北页岩气综合勘查试验区，这是我国首个页岩气综合勘查试验区。

2017年8月18日，黔北正安页岩气勘查区块（含安1井）探矿权拍卖会在贵州省公共资源交易中心举行，国内4家获得资格的企业参加此次拍卖。经过激烈角逐，贵州产业投资集团有限责任公司以12.9亿元竞得正安页岩气勘查区块探矿权。这是我国首宗页岩气探矿权拍卖，是我国油气矿业权出让制度改革的重要探索。

2017年11月，贵州产业投资集团聘请康玉柱、何继善、胡文瑞、曹耀峰、赵文智、邹才能、朱立军、张大伟等19位院士、专家作为贵州正安区块页岩气勘查开发专家组成员，由康玉柱任专家组组长，朱立军、张大伟任专家组副组长。

2018年1月，通过测采合一的方式，对安页1井开展测试、试采，同步回收页岩气。截至2月21日，安页1井累计产气24.55万立方米，输送至正安县城及周边地区。

本书是贵州页岩气资源调查评价及勘探实践的总结，取得的新认识、新发现、新进展和重大突破主要如下。

1）发现并查明了贵州下寒武统牛蹄塘组、下寒武统变马冲组、上奥陶统五峰组—下志留统龙马溪组、中泥盆统火烘组、下石炭统打屋坝组、中二叠统梁山组、上二叠统龙潭组7套页岩气有利目的层系及其地质地球化学条件。系统总结并提出了不同沉积环境、不同类型页岩的有效性及页岩气、天然气、致密气形成与富集、褶断复合构造保存的多类型油气有序聚集规律。黔北地区受深水陆棚相冲断复式背斜复合构造控制，形成以龙马溪组富有机质页岩为烃源的页岩气及其上部致密气、天然气有序聚集；黔东地区受深水陆棚相逆断向斜复合构造控制，形成以牛蹄塘组富有机质页岩为烃源的页岩气及其上部致密气、裂缝气有序聚集；黔西地区受海陆过渡相逆断向斜复合构造控制，形成以龙潭组富有机质页岩为烃源的页岩气、煤层气、致密气有序聚集；黔南地区受台棚相逆断背斜复合构造控制，形成以打屋坝组、梁山组富有机质页岩为烃源的页岩气及其上部裂缝气有序聚集。

2）创建复杂地质构造区页岩气有利区优选标准与资源潜力评价方法。在详细调查和26口勘探井的基础上，建立复杂地质构造区页岩气资源量测算方法——条件概率体积法，克服了传统体积法参数选取单一、缺乏代表性的不足。参数选取上解决了地质、地理、主观等不确定性因素对评价结果的影响，给出了不同概率条件下的参数赋值，得出相应结果。首次系统测算了贵州页岩气地质资源量13.54万亿m^3，可采资源量1.92万亿m^3，确立了全国第三的地位。针对贵州复杂地质构造区页岩分布特征、地质地球化学特点、储集物性、裂缝发育条件、保存条件及含气性等评价指标，改进并完善多因素叠合法等油气资源综合评价方法，创建复杂地质构造区页岩气有利区综合评价指标体系，优选出26个页岩气富集有利区。在国土资源部第二轮19个页岩气招标区块中，贵州优选推出的5个区块全部中标并实现了重大突破，充分验证了复杂地质构造区页岩气有利区优选标准与资源潜力评价方法的科学性和精准度。

3）创建复杂地质构造区页岩气资源调查评价关键技术体系。根据贵州复杂地质构造区潜质页岩赋存地质特征、微孔结构特征、物性特征、含气量及含气结构变化特征、有机碳含量、有机质成熟度等地质地球化学参数特征，研发并建立了复杂地质构造区页岩气有利区优选标准与资源潜力评价方法、页岩气地质制图规范、页岩气含气性分析方法、页岩气井位优选方法、页岩气资源调查评价实验方法5套页岩气资源调查评价关键技术体系，填补了我国南方复杂地质构造区古生界页岩气资源评价关键技术空白，为国家地质矿产行业标准《页岩气资源/储量计算与评价技术规范》（DZ/T 0254—2014）的制定提供了借鉴。应用该关键技术体系，铜仁中能天然气有限公司在黔东岑巩区块成功实施天星1井，成为我国在海相沉积岩牛蹄塘层系首次点火成功且持续点火时间最长，连续14个月稳产气量约500m^3/d；中国石化勘探南方分公司在道真-正安页岩气丁山区块完成丁页2HF井勘探，最大初始产量10.5万m^3/d，平均日产商业气流2.3万m^3，成为贵州复杂地质构造区第一口成功实施深井水平压裂并获得高产工业气流的页岩气井。

4）创建黔北（道真–正安、黔西–金沙）页岩气综合勘查示范区，成为国土资源部批准的全国唯一的页岩气综合勘查试验区。提出并实施了政府引导（调查、规划）、专家指导（技术、环保）、市场主导（勘查、开发）的“三位一体”管理模式。在页岩气有利区优选基础上，参照资源量丰度、含气性、有机碳含量、有机质成熟度、地表条件、钻井深度、勘探开发风险等指标对页岩气有利目的层系进行综合评价，形成了以理论创新、技术攻关、优势团队组合于一体的集成管理理念。提出了“调查先行、规划引导、技术创新、注重环保、开放市场、加强监管”的页岩气勘查开发管理原则，建立了全国第一个省级页岩气数据库，健全了一系列政策保障措施，构建起良好的“政产学研群”关系。正安页岩气勘查区块（含安页 1 井）探矿权的成功拍卖出让成为中国油气制度改革的第一拍。

全书共分八章。第一章简要介绍贵州区域地质背景；第二章主要介绍贵州页岩气富集地质条件；第三章重点介绍贵州页岩气调查评价方法；第四章详细阐述贵州页岩气资源潜力；第五章介绍贵州页岩气勘探实践；第六章重点探讨贵州页岩气勘探开发与环境保护；第七章主要讨论贵州页岩气可持续发展战略；第八章系统总结贵州页岩气地质理论与实践。

本书前言由朱立军执笔，第一章由陈厚国、陈祎执笔，第二章由杨通保、陈祎执笔，第三章由张金川、张鹏、杨超、黄宇琪执笔，第四章由张金川、林腊梅、姜生玲执笔，第五章由张金川、张鹏、韩双彪、刘飏执笔，第六章由王甘露、刘杰刚执笔，第七章由朱立军、史淼、陈祎执笔，第八章由朱立军、陈祎、陈厚国执笔。全书由朱立军、张大伟、陈祎统稿和定稿。

本书的编著是在学习、消化、吸收、继承贵州 60 余年油气勘查研究成果的基础上完成的。本书取得的新发现、新认识、新进展和重大突破主要是贵州省页岩气资源调查评价研究和应用的总结，是“政产学研”密切合作的集体成果。在项目研究及本书编写过程中，得到了肖序常、翟裕生、康玉柱、翟光明、陈毓川、何继善、张洪涛、邓军、胡瑞忠、王赤兵、周琦、戴传固、杜定全、雷怀玉、翟刚毅、李玉喜等专家、学者及同行的悉心指导与帮助，在这项集体劳动成果结集出版之际，表示衷心的感谢！

贵州页岩气勘探开发尚处于起步发展阶段，本书尝试利用贵州页岩气调查评价系列成果资料，对贵州复杂构造区页岩气生成条件及富集规律进行初步总结和探讨，难免以偏概全、一孔之见，限于作者水平，书中不妥之处，敬请批评指正。

2018 年 8 月

目　　录

第一章　贵州区域地质背景

第一节　地　　层

一、区域地层

贵州地层发育齐全，自新元古界至第四系均有出露。特别是震旦纪至三叠纪海相地层层序连续，其间多为整合接触。地层中发育多套富有机质页岩层系，是我国南方地区页岩气目标层系发育最多、资源潜力较大、最具研究价值的地区之一。

根据《贵州省区域地质志》(贵州省地质矿产局，2013)，贵州地层属全国地层区划的羌塘-扬子-华南地层大区（Ⅳ）的扬子地层区（$Ⅳ_5$），区域内大面积出露的地层主要有寒武系、奥陶系、志留系、泥盆系、石炭系、二叠系及三叠系。其中，北部地区（大致在瓮安-赫章一线以北）以古生代地层分布广为主要特征，中生代、新生代地层小范围分布于向斜核部及北缘地带（四川盆地南部边缘），其间除缺失泥盆系、石炭系绝大部分地层外，均有所发育；东部地区（大致在印江-瓮安-三都一线以东地区）以前震旦系地层广泛分布为主要特征，雪峰隆起西侧震旦系、寒武系地层分布较广，隆起区震旦系、寒武系及二叠系有零星分布。该区域普遍缺失泥盆系、石炭系、志留系及二叠系以上地层，发育不全；南部地区（大致指盘县-关岭-贵阳-贵定-三都一线以南地区）以晚古生代及中生代地层广泛分布为主要特征，其中晚古生代—三叠系地层发育齐全，普遍缺失奥陶系、志留系地层；西部地区（大致指盘县-普定-赫章一线以西地区）以石炭系、二叠系、三叠系地层广泛分布为主要特征，其间除普遍缺失奥陶系、志留系外，其余地层发育较齐全；中部地区（指黔中隆起区，大致分布于织金-贵阳-瓮安等地区）以二叠系、三叠系地层广泛分布为主要特征，部分背斜核部出露有南华系、震旦系及寒武系地层，局部向斜有侏罗系地层分布。区内因遭受剥蚀，部分缺失寒武系、奥陶系、志留系及泥盆系全部地层，石炭系绝大部分地层。贵州全境地层系统详见表1.1。

现将区内地层由老至新按地层分布和岩石特征简要叙述如下。

（一）前震旦系（Pt_3^1-Pt_3^2）

前震旦系主要分布在印江-瓮安-三都一线以东地区，遵义松林背斜、开阳洋水背斜核部有少量分布。区内发育并出露青白口系（四堡群/梵净山群、下江群）及南华系地层，为一套区域性的浅变质岩，厚度大于1000m。其中，青白口系四堡群/梵净山群为一套具复理石建造的绢云母板岩、变质砂岩及千枚岩等，下江群为石英绢云片岩、板岩、变余砂

表 1.1　贵州省地层序列总表（据贵州省地质矿产局，2013）

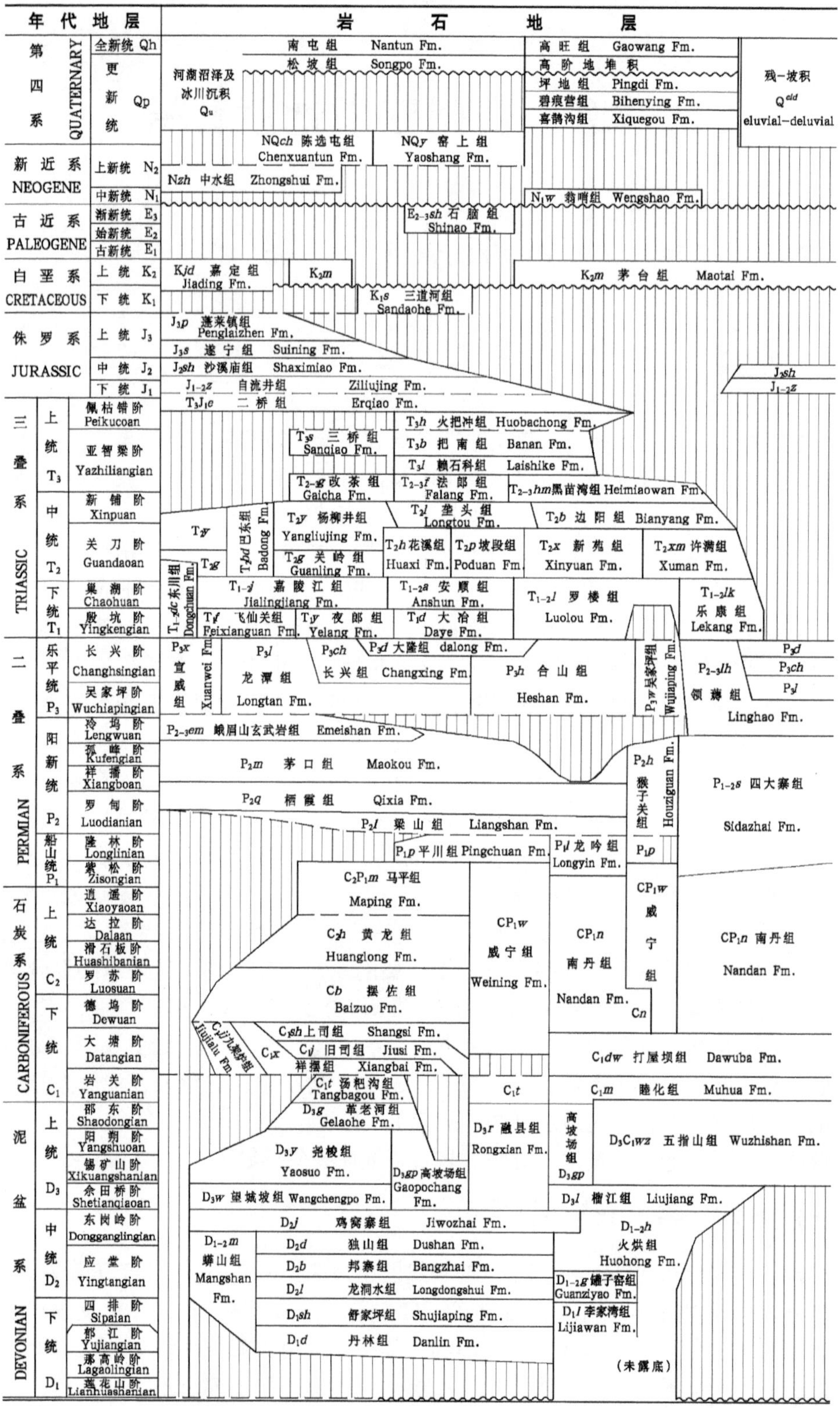

续表

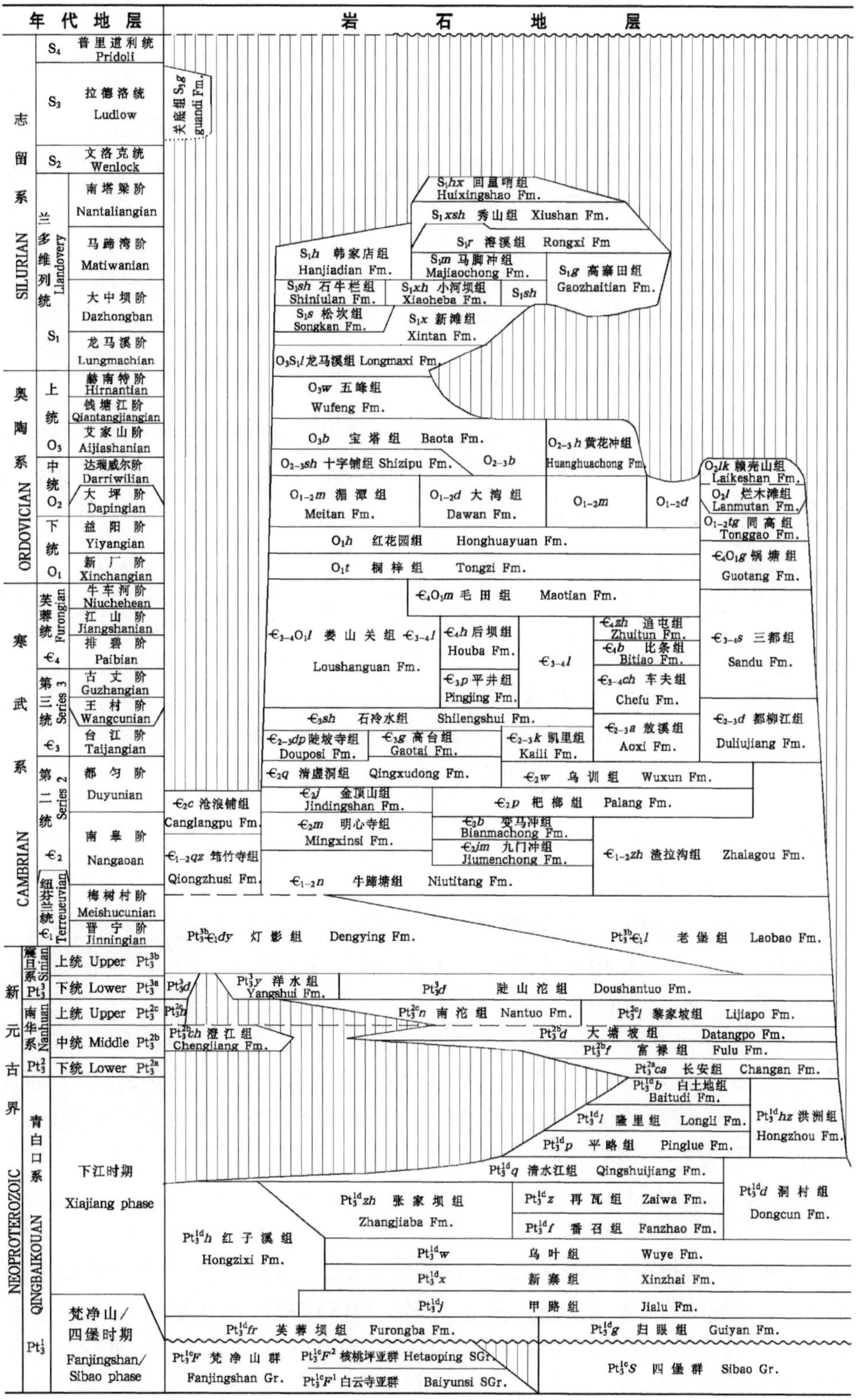
年代地层
岩石地层
S4 普里道利统 Pridoli
S3 拉德洛统 Ludlow
志留系 SILURIAN
S2 文洛克统 Wenlock
兰多维列统 Llandovery
南塔梁阶 Nantaliangian
马蹄湾阶 Matiwanian
大中坝阶 Dazhongban
S1 龙马溪阶 Lungmachian
关底组 S3g guandi Fm.
S1hx 回星哨组 Huixingshao Fm.
S1xsh 秀山组 Xiushan Fm.
S1r 溶溪组 Rongxi Fm
S1h 韩家店组 Hanjiadian Fm.
S1m 马脚冲组 Majiaochong Fm.
S1g 高寨田组 Gaozhaitian Fm.
S1sh 石牛栏组 Shiniulan Fm.
S1xh 小河坝组 Xiaoheba Fm.
S1sh
S1s 松坎组 Songkan Fm.
S1x 新滩组 Xintan Fm.
O3S1l 龙马溪组 Longmaxi Fm.
奥陶系 ORDOVICIAN
上统 O3
赫南特阶 Hirnantian
钱塘江阶 Qiantangjiangian
艾家山阶 Aijiashanian
中统 O2
达瑞威尔阶 Darriwilian
大坪阶 Dapingian
下统 O1
益阳阶 Yiyangian
新厂阶 Xinchangian
O3w 五峰组 Wufeng Fm.
O3b 宝塔组 Baota Fm.
O2-3h 黄花冲组 Huanghuachong Fm.
O2-3sh 十字铺组 Shizipu Fm.
O2-3b
O2lk 赖壳山组 Laikeshan Fm.
O2l 烂木滩组 Lanmutan Fm.
O1-2m 湄潭组 Meitan Fm.
O1-2d 大湾组 Dawan Fm.
O1-2m
O1-2d
O1-2tg 同高组 Tonggao Fm.
O1h 红花园组 Honghuayuan Fm.
O1t 桐梓组 Tongzi Fm.
€4O1g 锅塘组 Guotang Fm.
寒武系 CAMBRIAN
芙蓉统 Furongian
牛车河阶 Niuchehean
江山阶 Jiangshanian
排碧阶 Paibian
€4
第三统 Series 3
古丈阶 Guzhangian
王村阶 Wangcunian
台江阶 Taijangian
€3
第二统 Series 2
都匀阶 Duyunian
南皋阶 Nangaoan
€2
纽芬兰统 Terreneuvian
梅树村阶 Meishucunian
晋宁阶 Jinningian
€1
€4O1m 毛田组 Maotian Fm.
€3-4O1l 娄山关组 €3-4l Loushanguan Fm.
€4h 后坝组 Houba Fm.
€3-4l
€4zh 追屯组 Zhuitun Fm.
€4b 比条组 Bitiao Fm.
€3-4s 三都组 Sandu Fm.
€3p 平井组 Pingjing Fm.
€3-4ch 车夫组 Chefu Fm.
€3sh 石冷水组 Shilengshui Fm.
€2-3a 敖溪组 Aoxi Fm.
€2-3d 都柳江组 Duliujiang Fm.
€2-3dp 陡坡寺组 Douposi Fm.
€3g 高台组 Gaotai Fm.
€2-3k 凯里组 Kaili Fm.
€2q 清虚洞组 Qingxudong Fm.
€2w 乌训组 Wuxun Fm.
€2c 沧浪铺组 Canglangpu Fm.
€2j 金顶山组 Jindingshan Fm.
€2p 杷榔组 Palang Fm.
€2m 明心寺组 Mingxinsi Fm.
€2b 变马冲组 Bianmachong Fm.
€2jm 九门冲组 Jiumenchong Fm.
€1-2zh 渣拉沟组 Zhalagou Fm.
€1-2qz 筇竹寺组 Qiongzhusi Fm.
€1-2n 牛蹄塘组 Niutitang Fm.
Pt3^3b€1dy 灯影组 Dengying Fm.
Pt3^3b€1l 老堡组 Laobao Fm.
新元古界 NEOPROTEROZOIC
震旦系 Sinian Pt3^3
上统 Upper Pt3^3b
下统 Lower Pt3^3a
南华系 Nanhuan Pt3^2
上统 Upper Pt3^2c
中统 Middle Pt3^2b
下统 Lower Pt3^2a
Pt3^3d
Pt3^3y 洋水组 Yangshui Fm.
Pt3^3d 陡山沱组 Doushantuo Fm.
Pt3^2c
Pt3^2cn 南沱组 Nantuo Fm.
Pt3^2cl 黎家坡组 Lijiapo Fm.
Pt3^2b
Pt3^2bch 澄江组 Chengjiang Fm.
Pt3^2bd 大塘坡组 Datangpo Fm.
Pt3^2bf 富禄组 Fulu Fm.
Pt3^2aca 长安组 Changan Fm.
青白口系 QINGBAIKOUAN
下江时期 Xiajiang phase
Pt3^1db 白土地组 Baitudi Fm.
Pt3^1dl 隆里组 Longli Fm.
Pt3^1dhz 洪洲组 Hongzhou Fm.
Pt3^1dp 平略组 Pinglue Fm.
Pt3^1dq 清水江组 Qingshuijiang Fm.
Pt3^1dzh 张家坝组 Zhangjiaba Fm.
Pt3^1dz 再瓦组 Zaiwa Fm.
Pt3^1dd 洞村组 Dongcun Fm.
Pt3^1dh 红子溪组 Hongzixi Fm.
Pt3^1df 番召组 Fanzhao Fm.
Pt3^1dw 乌叶组 Wuye Fm.
Pt3^1dx 新寨组 Xinzhai Fm.
Pt3^1dj 甲路组 Jialu Fm.
Pt3^1
梵净山/四堡时期 Fanjingshan/Sibao phase
Pt3^1dfr 芙蓉坝组 Furongba Fm.
Pt3^1dg 归眼组 Guiyan Fm.
Pt3^1cF 梵净山群 Fanjingshan Gr.
Pt3^1cF2 核桃坪亚群 Hetaoping SGr.
Pt3^1cF1 白云寺亚群 Baiyunsi SGr.
Pt3^1cS 四堡群 Sibao Gr.

岩等；南华系地层以发育两套冰碛杂砾岩夹间冰期砂泥质岩为主，厚度变化大，自东向西呈逐渐变薄趋势。

（二）震旦系（Z）

震旦系出露于六盘水-安顺-荔波一线北东的广大地域，上、下统发育齐全。下统分为陡山沱组和洋水组，上统分为灯影组和老堡组，分别为同时异相关系。灯影组和老堡组的顶部跨及寒武系，西部地区（习水润南，织金毛稗冲、威宁银厂坡等地）未出露下统。

根据其发育情况、岩性、岩相及其古构造、古地理特征，大致以印江-瓮安一线分为贵阳-遵义小区和铜仁-榕江小区。

1. 铜仁-榕江小区

铜仁-榕江小区分布于印江-瓮安一线南东地区，岩石建造主要由一套黑色深水沉积组成，下部以深色泥质页岩夹白云岩为主，称陡山沱组；上部以硅泥质沉积为主，称老堡组。前者与下伏南华系黎家坡组呈整合接触，后者与上覆寒武系渣拉沟组呈整合接触。

2. 贵阳-遵义小区

分布于印江-瓮安一线北西地区，地处上扬子东南部台地沉积环境，岩石建造主要为暗灰至灰黑色陆源细碎屑岩、碳酸盐岩、磷酸盐岩，分为洋水组、灯影组。其中洋水组为贵州著名的黔中磷矿产出层位，灯影组顶部在织金新华一带产出有著名的新华稀土型磷矿（原戈仲伍组）。该区震旦系下伏为南华系南沱组或澄江组（局部下江群清水江组），呈平行不整合接触，与上覆寒武系牛蹄塘组呈整合或平行不整合接触。

（三）寒武系（∈）

寒武系分布广泛、发育完整、化石丰富、沉积特征明显、相变清楚，为贵州有机质页岩发育最丰富、最具潜力的重要目标层系之一。参照全国地层委员会《中国地层表》编委会（2012 年 9 月）意见，采用寒武系四分方案，即纽芬兰统（$∈_1$）、第二统（$∈_2$）、第三统（$∈_3$）及芙蓉统（$∈_4$），沉积厚度一般为 1000 ~ 2000m，最厚可达 3000 余米。毕节-贵阳一线之南西（黔中隆起区）由上至下因剥蚀逐渐缺失，六盘水-安顺-平塘-荔波一线之南西地腹不明。据地层发育特征、生物群面貌和沉积环境的差异，分为黔北-黔西北分区（曾称扬子区，IV_5^1）、黔东分区（曾称过渡区，IV_5^2）及黔东南分区（曾称江南区，IV_5^3），三个分区进一步分为七个小区（图 1.1）。

1. 黔北-黔西北分区

黔北-黔西北分区指石阡-都匀一线以西的广大地区，占省内寒武系分布面积的 70% 以上。《贵州省区域地质志》（贵州省地质矿产局，2013）将其划分为威宁、遵义、沿河三个小区。其中，威宁小区第二统在岩性上与其他两个小区存在明显差异；沿河小区第三统及芙蓉统在岩性上略有差异。其余特征三个小区大致相同。其中，纽芬兰世晋宁期及梅树

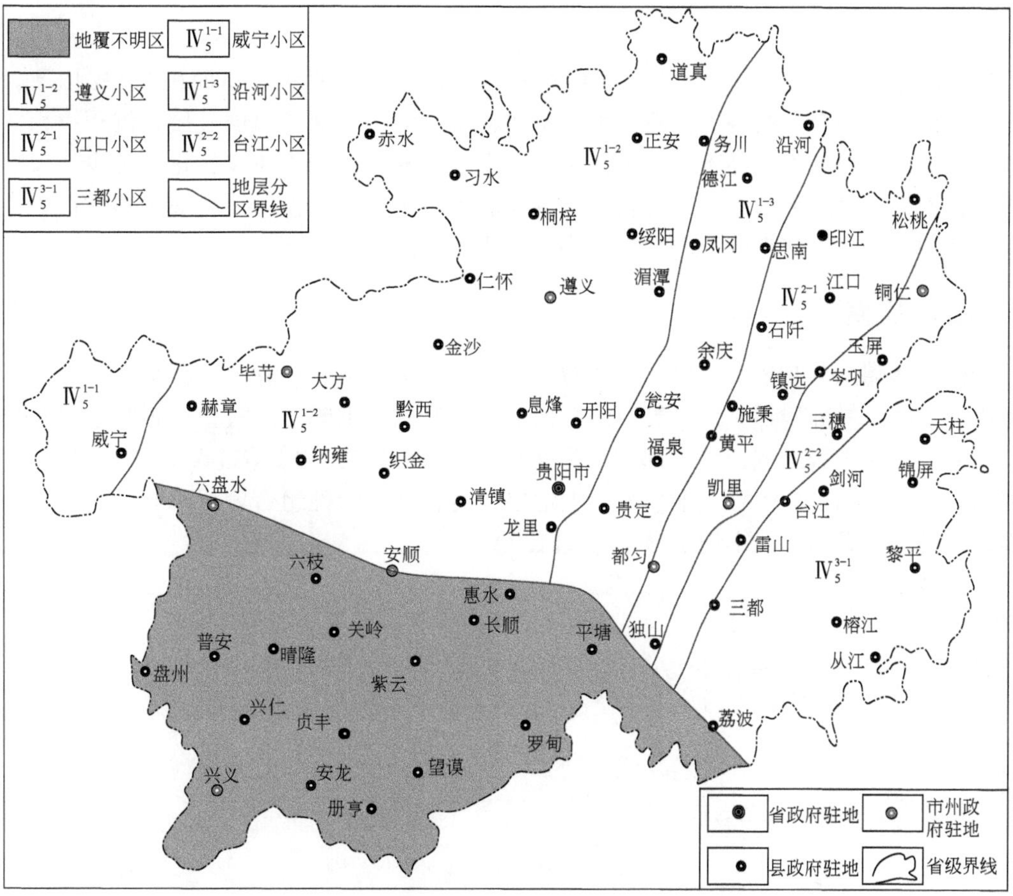

图 1.1　贵州寒武系分布及分区图（据贵州省地质调查院，2017）

村早期为含磷、碳的硅质岩及碳酸盐岩沉积，含丰富的小壳动物化石；梅树村晚期—都匀早期以碎屑岩及黏土岩为主，局部有碳酸盐岩，由古杯组成滩、礁，扬子型底栖三叶虫繁盛及发育少量浮游三叶虫，属滨岸-陆棚环境；第二世都匀晚期（龙王庙期）—芙蓉世牛车河期，几乎全为碳酸盐岩沉积，属半局限-开阔台地环境。

2. 黔东分区

黔东分区分布于石阡-都匀一线以东、三穗-三都一线以西地区，占省内寒武系分布面积的25%左右，是省内寒武系变化较大、岩性多样的地区。《贵州省区域地质志》(贵州省地质矿产局，2013）将其划分为印江、万山两个小区，二者除第二统时期的都匀早期在岩性上略有差异外，其余无明显差异。其中，纽芬兰世晋宁期—梅树村期为一套深水盆地环境的黑色硅质岩沉积，化石稀少；第二世南皋期—都匀早期以碳泥质岩沉积为主，夹少量碳酸盐岩及碎屑岩，以过渡型的浮游盘虫类及三叶虫为主，次为底栖三叶虫，属陆棚斜坡环境；都匀晚期—芙蓉世时期进入稳定的台地沉积环境，发育一套碳酸盐台地边缘滩相的藻屑、砂屑、鲕粒及砾屑白云岩。

3. 黔东南分区

黔东南分区分布于三穗-三都一线以东地区，占省内寒武系分布面积的5%以下，三都附近本系出露齐全。纽芬兰世晋宁期—梅树村早期为一套深色薄层硅质岩沉积；梅树村晚期—都匀期以黑色碳质黏土岩沉积为主，向上渐含砂质，碳质减少，化石稀少，仅见海绵骨针，为深水盆地环境。第三世台江期—芙蓉世牛车河期沉积为一套薄层碳酸盐岩夹角砾灰岩及泥质岩，以江南型浮游三叶虫为主，为明显的斜坡环境。

（四）奥陶系（O）

贵州的奥陶系分布较广，以黔北发育良好，上、中、下三统齐全。黔南大部分地区只保存中、下统，局部残存上统。岩石组合南北差异甚微，主要为浅海台地碳酸盐岩及陆源碎屑岩夹少量黏土岩组成，仅三都一带为斜坡-陆棚的碳酸盐岩及黏土岩。沉积厚度不大，一般为300～600m，最大可达千余米。据地层发育特征、岩性组合、沉积环境等差异，分为黔北、黔南及黔东南三个地层分区（图1.2）。

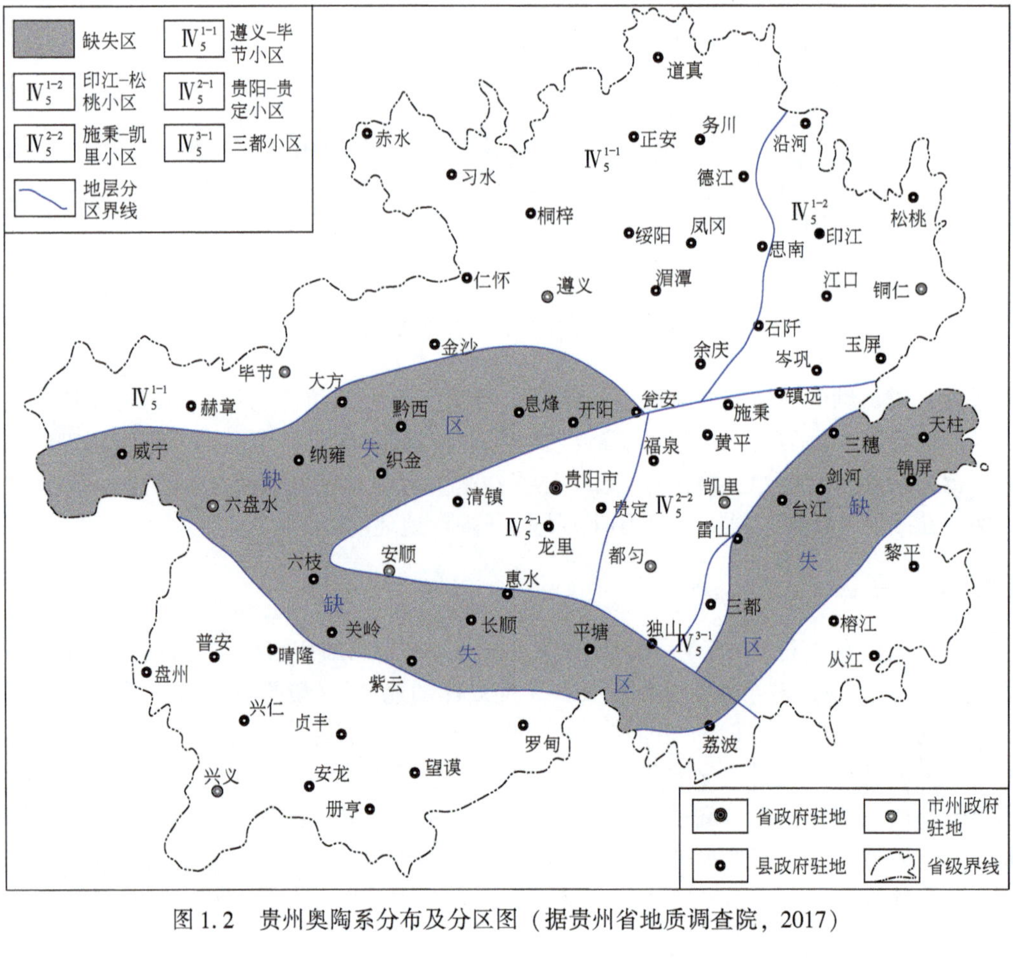

图1.2　贵州奥陶系分布及分区图（据贵州省地质调查院，2017）

1. 黔北分区

黔北分区指毕节燕子口-遵义-湄潭五里坡-石阡一线以北，上、中、下三统发育齐全，与下伏娄山关组或毛田组及上覆志留系龙马溪组均为连续沉积，岩石组合以碳酸盐岩及碎屑岩为主，夹少量黏土岩。其中，顶部五峰组为黑色富有机质泥页岩，厚 360 ~ 600m。上述沿线以南，依次缺失上统及部分中统，与下伏娄山关组为连续沉积，与上覆石炭系或二叠系呈平行不整合接触，残厚 100 ~ 300m。在沿河-石阡南北向一线为遵义-毕节与松桃-印江小区分界。

2. 黔南分区

黔南分区分布于贵阳-余庆-玉屏一线以南，雷山-丹寨-独山一线以西地区，占省内奥陶系出露面积的 15%，可分为贵阳-贵定小区（$Ⅳ_5^{2\text{-}1}$）及施秉-凯里小区（$Ⅳ_5^{2\text{-}2}$），分区内绝大部分地区仅有中、下统，上统零星保存在贵阳乌当、施秉齐家坝及凯里荷花塘等地，与下伏娄山关组连续沉积，与上覆志留系高寨田组或石牛栏组呈平行不整合接触。岩石组合以碳酸盐岩为主夹少量碎屑岩和黏土岩，生物群面貌与黔北相似，在贵阳乌当一带发育一套特殊色彩的珊瑚，残厚 100 ~ 670m。在贵定-昌明南北向一带，为贵阳-贵定与施秉-凯里小区分界。

3. 黔东南分区

黔东南分区仅出露于三都一带，占省内奥陶系出露面积的 5% 以下，因范围小且变化不大，仅划为一个三都小区（$Ⅳ_5^{3\text{-}1}$）。地层发育不全，上统及中统大部分缺失，与下伏三都组为连续沉积，与上覆志留系石牛栏组和泥盆系邦寨组呈平行不整合接触。岩石组合以碳酸盐岩及黏土岩为主，夹少量碎屑岩，化石丰富，具扬子-华南过渡型的三叶虫和笔石及头足类等生物，分带明显。残留最大厚度为 1200m。在三都普安一带与施秉-凯里小区相变。

（五）志留系（S）

志留系主要分布于黔北，次为黔南，黔西偶见，地层发育不全。按照全国地层委员会《中国地层表》(2011 年）的四分（即下统、中统、上统和顶统）意见，省内除黔西保存部分上统外，其余地区仅存下统。其中，下统底部为页岩笔石相，中部为碳酸盐岩介壳相，上部以碎屑岩及黏土岩为主的介壳相，上统为近岸浅海潮坪相碎屑岩及黏土岩。最大厚度为 2525m。下与奥陶系呈整合或平行不整合接触，上与泥盆系、石炭系或二叠系均呈平行不整合接触。

贵州志留纪地层属全国地层区划的羌塘-扬子-华南地层大区（Ⅳ）的扬子地层区（$Ⅳ_5$），据地层发育程度、岩石组合特征、生物群面貌及沉积环境的差异等，可分为黔北、黔南及黔西三个地层分区（图 1.3）。

1. 黔北分区

黔北分区位于毕节-遵义-镇远一线以北，是省内下统发育最好的地区，下统齐全，岩

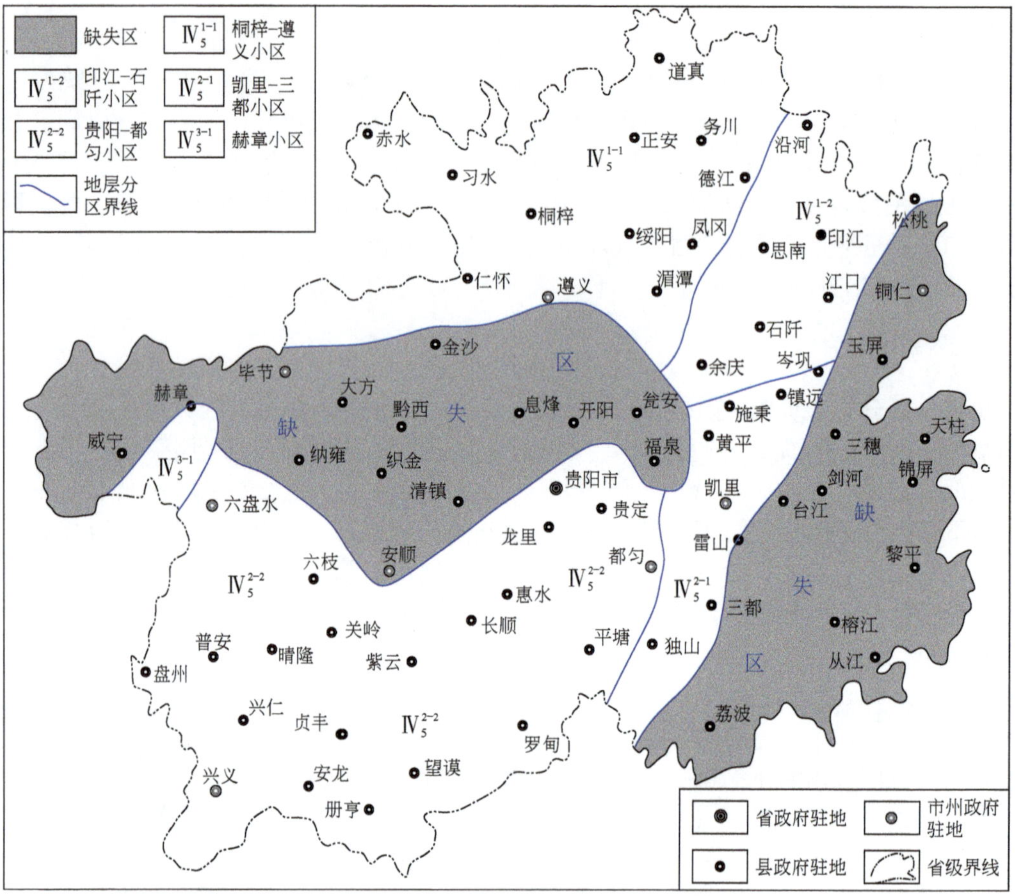

图 1.3 贵州志留系分布及分区图（据贵州省地质调查院，2017）

性三分清楚。下部以黑色页岩、黏土岩及粉砂岩为主，中部以碳酸盐岩为主，夹少量黏土岩，上部为黏土岩及少量碎屑岩。保存最大厚度达 2500 余米，与下伏奥陶系多为连续沉积，分区南部近黔中隆起边缘与奥陶系呈平行不整合接触。据地层发育程度，以沿河–余庆一线为界分为桐梓–遵义小区（IV_5^{1-1}）及印江–石阡小区（IV_5^{1-2}）。

桐梓–遵义小区：位于沿河–余庆苏羊以西，毕节–遵义以北，为省内下统中下部地层出露最好的地区。岩性三分清楚，下统中部溶溪组的红层由东向西逐渐减薄，至习水–仁怀以西无红层。该区北东道真–沿河一线以北为小河坝组分布区，毕节燕子口–遵义核桃树以南由上至下急剧缺失本系。区内各组划分标志明显，生物丰富，以笔石、珊瑚及腕足类为主，最大厚度位于区内北部道真一带厚达 1100 余米，中部一带多为 500 ~ 600m。与下伏地层奥陶系均为连续沉积，与上覆二叠系及道真–正安一带部分与石炭系呈平行不整合接触。

印江–石阡小区：位于沿河–余庆苏羊以东，松桃–江口以西，施秉以北，下统较全。区内岩相、岩性变化较大，下统中部溶溪组红层发育，顶部红层（回星哨组）分布于印江合水–石阡雷家屯一带。该区北部沿河甘溪–松桃一线以北为小河坝组分布区，石阡以南缺失龙马溪组。区内岩性三分不明显，生物丰富，门类众多，含有笔石、珊瑚、腕足类、头足类及三叶虫等。保存最大厚度在松桃火烧桥，厚达2525m。与下伏地层奥陶系多为连续沉积，仅石阡以南与奥陶系大湾组或宝塔组呈平行不整合接触，与上覆二叠系均呈平行不整合接触。

2. 黔南分区

黔南分区位于贵阳-福泉-施秉以南，镇远-三都以西地区，缺失下统下部，岩性以碎屑岩及黏土岩为主，碳酸盐岩较少，岩相分异复杂。生物以腕足类、腹足类、头足类、三叶虫为主，珊瑚次之，笔石稀少，保存最大厚度不足800m。与下伏地层奥陶系大湾组或黄花冲组、上覆地层泥盆系蟒山组或丹林组均呈平行不整合接触，底部普遍具0.5～11m厚的底砾岩。据环境差异及岩石组合，以福泉-都匀-独山一线为界，分凯里-三都小区（$Ⅳ_5^{2-1}$）及贵阳-都匀小区（$Ⅳ_5^{2-2}$）。

凯里-三都小区：位于镇远-三都以西，福泉-都匀-平塘一线以东，施秉以南地区，缺失下统下部，为正常浅海砂页岩夹少量碳酸盐岩沉积，红层不发育，中下部为厚数十米的石英砂岩，富含腕足类、三叶虫、头足类及少量珊瑚，偶见笔石。组、段划分标志不明显，岩性及厚度变化较大，以凯里水珠最厚为600余米。与下伏地层奥陶系大湾组及上覆地层泥盆系蟒山组或丹林组呈平行不整合接触。

贵阳-都匀小区：位于福泉-都匀-平塘一线以西，贵阳-福泉以南，平坝-惠水北东地区。缺失下统下部，下统中部为非正常浅海的泥质碳酸盐岩沉积，富含双壳类及腹足类，下统上部以泥质岩及碳酸盐岩为主，偶见红层。富产广海型生物，计有腕足类、双壳类、三叶虫、头足类及珊瑚。区内岩性、岩相变化复杂，组、段划分标志不清，厚度变化大，最大厚度为贵定花坡营922m，在附近的桥子顶厚度锐减为298m，一般厚500m左右。与下伏地层奥陶系大湾组或黄花冲组及上覆地层泥盆系蟒山组均呈平行不整合接触。

3. 黔西分区

黔西分区仅分布于赫章朱砂厂-草子坪-狗飞寨一带，出露面积不足3km²，地层发育不全，为一套近岸的碎屑岩及黏土岩沉积，富含腕足类、双壳类及腹足类，保存最大厚度为385m。据《贵州省区域地质志》表明（2017），该区志留系位于滇东曲靖海湾东北部，属上统（罗德洛期），因此采用云南曲靖地区的划分系统。下为断层所截，上与泥盆系蟒山组呈平行不整合接触。因出露范围狭窄，仅划分为一个赫章小区$Ⅳ_5^{3-1}$。

（六）泥盆系（D）

泥盆系大致分布于赫章郎家冲-织金杜家桥-施秉-榕江一线以南地区，该线以北缺失，出露最大厚度2362m（独山布寨）。据最新研究资料显示，泥盆系沉积相带齐全，有碳酸盐台地相、台缘滩相-斜坡相及盆地相，除盆地相区未出露至底及台地相区缺失早泥盆世早期地层外，均较发育，并以海相碳酸盐岩及碎屑岩为主，是华南泥盆系较有代表性的地区之一。

贵州泥盆系属扬子地层区。根据岩性、岩相及古生物特征差异，划分为独山-赫章、长顺-普安及罗甸-六盘水三个地层分区（图1.4）。

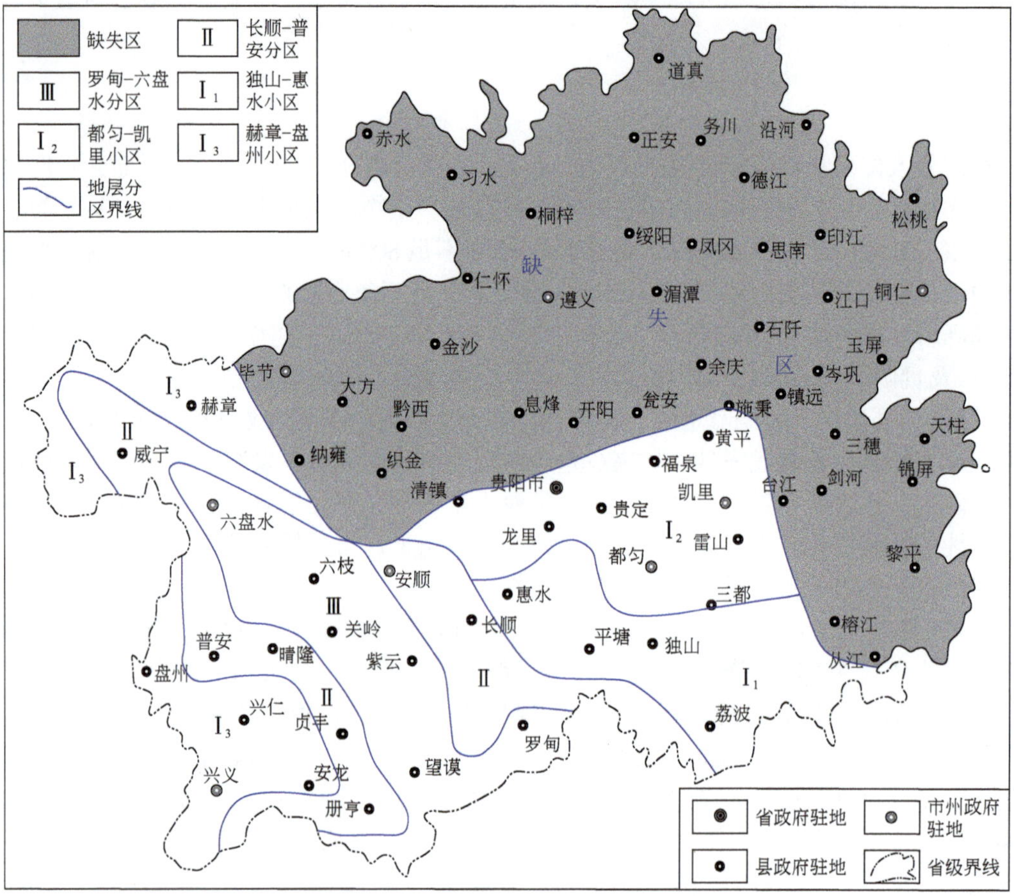

图1.4 贵州泥盆系分布及分区图（据贵州省地质调查院，2017）

1. 独山-赫章分区

独山-赫章分区主要分布于贵州南部的独山-都匀-贵阳-凯里一带及西南部盘县-兴义一带，在黔西北的赫章及威宁银厂坡一带也有出露。其岩性主要为浅海相碳酸盐岩及碎屑岩，出露最大厚度2342m，富含腕足类、珊瑚及层孔虫等底栖生物。与下伏寒武系、奥陶系及志留系呈角度不整合或平行不整合接触。根据地层发育程度及古地理位置，可细分为独山-惠水、都匀-凯里及赫章-盘县三个小区。

独山-惠水小区（I_1）：为浅海台地相沉积区，是贵州泥盆系发育最好、层序完整、古生物丰富、研究较详、最具代表性的地区，也是标准层序的建立和命名的重要地区。下统及中统下部主要为陆源碎屑岩，中统上部及上统为碳酸盐岩。最大厚度2342m（独山利山）。与下伏寒武系、奥陶系及志留系呈角度不整合及平行不整合接触。

都匀-凯里小区（I_2）：为近岸台地-滨岸沉积区。下、中统为陆源碎屑岩，中统顶部至上统为碳酸盐岩，最大厚度1154m（都匀朱紫）。与下伏志留系呈平行不整合接触。

赫章-盘县小区（I_3）：为近岸台地-滨岸沉积区。主要分布于赫章天桥-铁矿山一带，在赫章杉树林、石板河、黄河及威宁银厂坡等地零星出露。与下伏寒武系、奥陶系及志留系呈平行不整合接触。

2. 长顺-普安分区

长顺-普安分区位于大致呈北西向展布的独山布寨-惠水王佑-长顺漫滩和册亨秧坝-普安罐子窑-威宁黑土河两片地区，即介于独山-赫章分区与罗甸-六盘水分区的古地理过渡地带。属台缘斜坡-盆地相沉积区，其特点是岩性较复杂。中统主要是台缘斜坡盆地相黑色黏土岩及岩隆碳酸盐岩（包括礁灰岩）；上统主要是台缘滩相碳酸盐岩。底未出露，已知出露最大厚度2362m（独山布寨）。

3. 罗甸-六盘水分区

罗甸-六盘水分区位于呈北西向展布的罗甸-望谟-紫云-六盘水一带，宽50～60km，属深水盆地相沉积。下中统为黑色黏土岩，常见菊石及竹节石等浮游生物；上统为硅质岩及碳酸盐岩，菊石及牙形类等较发育。出露厚度大于1456m（紫云火烘），未见底。

（七）石炭系（C）

石炭系主要分布于毕节-修文-凯里-天柱一线以南广大地区，该线以北至遵义-余庆-三穗一线以南地区及务川-道真一线有零星分布，遵义以北-正安-务川一线以南区域缺失。出露面积约13 342km^2，最大厚度2011m（盘县滑石板）。石炭系发育良好，层序完整，相带齐全，有碳酸盐台地相及台缘滩相（俗称“白区”）和盆地相（俗称“黑区”），以海相碳酸盐岩及碎屑岩为主，生物化石丰富，是全国研究海相石炭系地层既重要又典型的地区。

贵州石炭系属扬子地层区。根据岩性、岩相及古生物特征的明显差异，划分为独山-威宁-遵义分区、紫云-普安分区及罗甸-六盘水分区（图1.5）。

1. 独山-威宁-遵义分区

独山-威宁-遵义分区主要分布于遵义-余庆-三穗近东西向一线以南的独山、贵阳、威宁、盘县及兴义一带。其岩性主要为海相碳酸盐岩及碎屑岩，出露最大厚度1970m（威宁六硐桥），富含䗴、珊瑚及腕足类等生物。著名的黔中“修文式”铝土矿产于本分区内。与下伏泥盆系呈整合或平行不整合接触，以及与新元古界青白口系、南华系、震旦系及早古生界寒武系、奥陶系和志留系呈角度不整合或平行不整合接触。根据地层发育情况，本分区细分为独山-威宁小区、赫章-息烽-黎平小区。

独山-威宁小区：为浅海台地相沉积区，是贵州石炭系发育最好、层序完整、古生物丰富、研究程度高、最具代表性的地区，也是贵州石炭系标准层序的建立和命名的重要地区。下统主要为碳酸盐岩及碎屑岩，上统全为碳酸盐岩。出露最大厚度1977m（威宁六硐桥）。由于古地理分隔，又细分为独山-贵阳片区及威宁-兴义片区。与下伏上泥盆统呈整合或平行不整合接触。

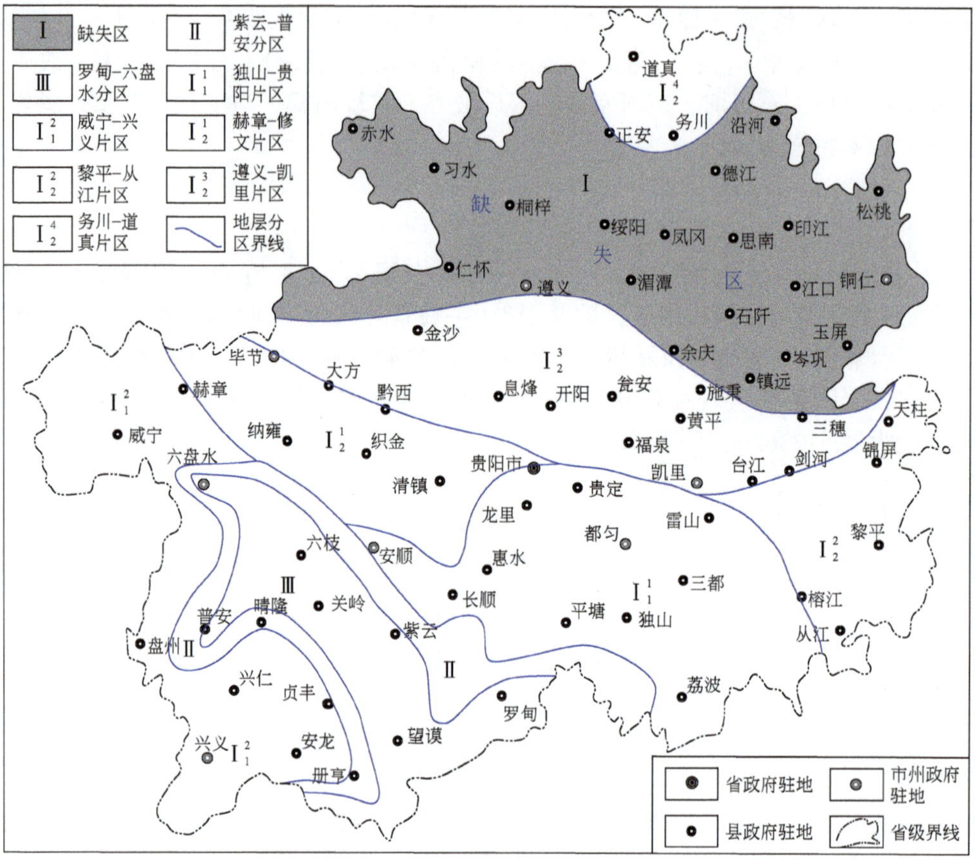

图 1.5 贵州石炭系分布及分区图（据贵州省地质调查院，2017）

赫章-息烽-黎平小区：为近岸台地沉积区。石炭系下统地层基本缺失，仅有祥摆组砂砾岩及九架炉组铝铁岩系，石炭系上统地层为碳酸盐岩，顶部或全部遭不同程度的剥蚀，保存最大厚度 301m（织金磨石坡）。根据地层发育情况及古地理分隔又细分为赫章-修文、黎平-从江、遵义-凯里及务川-道真四个片区。与下伏新元古界—泥盆系呈角度不整合或平行不整合接触。

2. 紫云-普安分区

紫云-普安分区位于独山麻尾-紫云-普定-六盘水响水河-普安-册亨一带大致呈北西向环带状展布。为台缘至斜坡相沉积区。石炭系下统地层以深色碳酸盐岩及碎屑岩为主，石炭系上统地层为浅色碳酸盐岩（包括礁灰岩），最大厚度 2011m（盘县滑石板），与下伏泥盆系连续沉积。

3. 罗甸-六盘水分区

罗甸-六盘水分区位于罗甸-望谟-六枝-六盘水大致呈北西向转东西向展布的槽状地带，为斜坡-盆地相沉积区。以深色含燧石碳酸盐岩夹硅质岩为主，石炭系下统一套黑色黏土岩。下统化石稀少，上统以䗴类为主，最大厚度 1456m（镇宁沙子沟）。

(八) 二叠系 (P)

贵州二叠系广泛分布于梵净山-镇远-榕江近南北向一线以西的广大地区，该线以东的天柱、黎平及从江一带仅有零星布露，最大厚度2883m（普安龙吟地区）。贵州二叠系发育良好，层序完整，生物化石丰富，相带齐全，有陆相及海陆交互相含煤碎屑岩，浅海台地相、台缘滩礁相和斜坡至盆地相碳酸盐岩及碎屑岩，以海相碳酸盐及海相-陆相碎屑岩为主，此外尚有数十至上千米厚的次火山岩-峨眉山玄武岩出露。贵州二叠系以其层序完整性，台、盆格局的清晰性及古生物的多样性著称，是华南地区研究二叠系的重要地区之一。

贵州二叠系属扬子地层区。根据岩性、岩相及古生物特征的明显差异，难以综合成系级地层分区，只能分别按照全国地层委员会划定的船山统（下统）、阳新统（中统）及乐平统（上统）进行地层分区。

1. 船山统

船山统分布于赫章-平坝-都匀-黎平近东西向一线以南地区，该线以北被剥蚀缺失。按照岩性、岩相组合特征差异该统分为黑土河分区（IV_5^1）、独山-威宁-兴义分区（IV_5^2）及关岭-罗甸分区（IV_5^3），如图1.6所示。

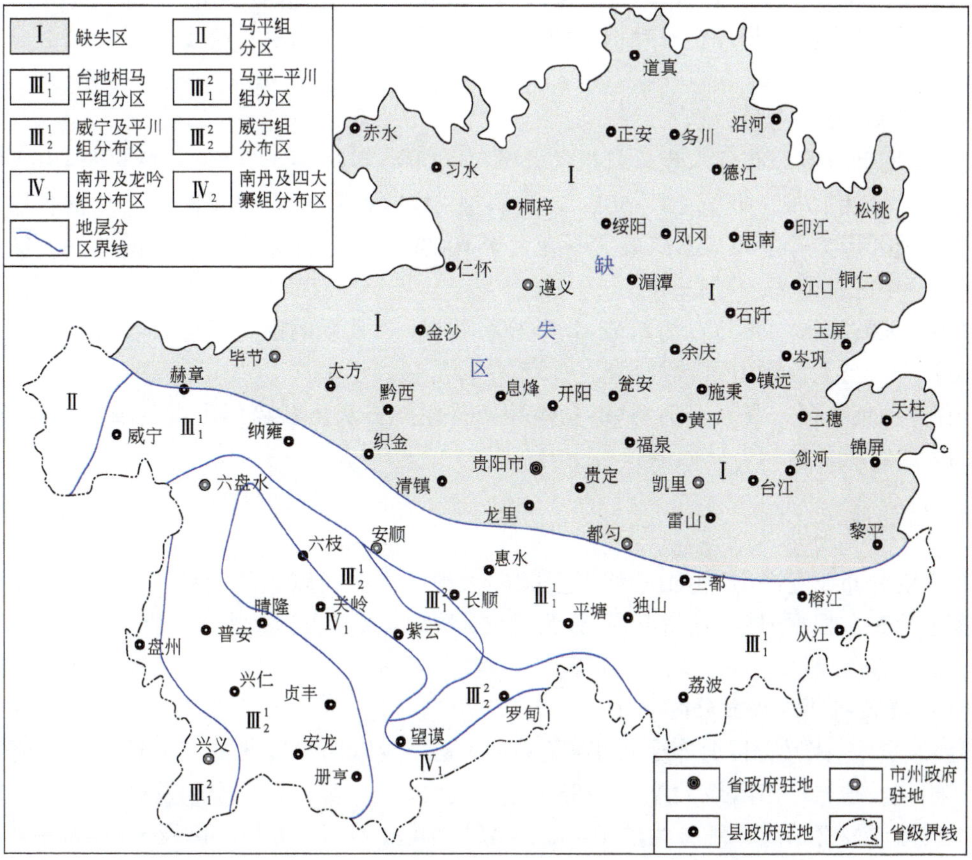

图1.6 贵州二叠系船山统地层分布及分区图（据贵州省地质调查院，2017）

(1) 黑土河分区（Ⅱ）

黑土河分区分布于威宁三道河近北北东向一线以西的羊街、黑土河、菩萨树、银厂坡一带。出露地层为跨石炭-二叠系的潮坪相“马平组”，上部为紫红、暗紫色黏土岩夹灰岩及砂岩，含 *Nankinella* sp. 等，下部为灰色中厚层瘤状灰岩，底部夹紫红色黏土岩。厚62～179m。

(2) 独山-威宁-兴义分区（Ⅲ）

独山-威宁-兴义分区分布于三道河-赫章-黎平一线以南，罗甸-六枝-加开-册亨一线以北、以西地区。主要为浅海台地相碳酸盐岩，出露最大厚度上百米，富含䗴、珊瑚及腕足类等底栖生物。根据地层发育情况细分为独山-威宁小区、盘县-兴义小区、紫云-六盘水-册亨小区及乐旺-麻尾小区。

独山-威宁小区（$Ⅲ_1^1$）：为浅海台地相沉积区。主要地层为跨石炭-二叠系的马平组，有含 *Pseudoschwagerina* 的船山世紫松期浅灰、灰白色灰岩，缺失（剥蚀）隆林期的地层，与上覆梁山组砂页岩呈平行不整合接触。

盘县-兴义小区（$Ⅲ_1^2$）：为浅海台地相碳酸盐岩，主要地层为马平组及平川组。船山世紫松期及隆林期地层均存在。厚大于100m，与上覆梁山组砂页岩呈平行不整合接触。

紫云-六盘水-册亨小区（$Ⅲ_2^1$）：为浅海台地相碳酸盐岩。主要地层为石炭-二叠系的威宁组及平川组。厚大于100m，与上覆台缘滩礁相猴子关组灰岩呈平行不整合接触。

乐旺-麻尾小区（$Ⅲ_2^2$）：只有威宁组，缺失（剥蚀）平川组，与上覆猴子关组呈平行不整合接触。

(3) 关岭-罗甸分区（Ⅳ）

关岭-罗甸分区分布于六盘水北东的龙潭口-关岭-望谟-罗甸一带，呈北西-南东向转北东向狭长带状展布，带宽10～50km。为斜坡-盆地相碳酸盐岩及碎屑岩，富含䗴、珊瑚、菊石及牙形类等生物。出露最大厚度大于1000m。根据地层发育情况的差异，细分为龙吟-关岭小区及晒瓦-罗甸小区。

龙吟-关岭小区（$Ⅳ_1$）：为斜坡-盆地相跨石炭-二叠系的南丹组燧石灰岩和龙吟组碎屑岩夹灰岩。与上覆梁山组砂页岩呈平行不整合接触。

晒瓦-罗甸小区（$Ⅳ_2$）：为斜坡-盆地相南丹组燧石灰岩及跨船山世—阳新世斜坡-盆地相四大寨组碳酸盐岩、硅质岩及黏土岩。

2. 阳新统

阳新统分布于梵净山-雷山一线以西的广大地区，该线以东的天柱、黎平、从江一带仅有零星分布。根据岩性、岩相差异分为遵义-贵阳-兴义分区、紫云-册亨分区及关岭-罗甸分区（图1.7）。

(1) 遵义-贵阳-兴义分区（Ⅰ）

遵义-贵阳-兴义分区分布于贞丰-关岭-麻尾一线以西、以北的广大地区。主要为浅海台地相碳酸盐岩，出露最大厚度1138m（六枝洒志），富含䗴、珊瑚及腕足类等底栖生物。根据地层发育情况，细分为独山-威宁-兴义小区、遵义-务川小区及天柱-黎平小区。

独山-威宁-兴义小区（$Ⅰ_1$）：主要地层为滨岸沼泽相梁山组含煤砂页岩及浅海台地

图 1.7 贵州二叠系阳新统地层分布及分区图（据张明发，2013）

相栖霞组、茅口组浅色灰岩，出露厚度大于 1000m。与下伏寒武系至石炭系及船山世地层呈平行不整合接触。小区西北部有次火山岩-峨眉山玄武岩组分布。

遵义-务川小区（Ⅰ$_2$）：为半局限浅海台地相碳酸盐岩沉积。出露地层有梁山组、栖霞组及茅口组。多为深色灰岩，以多层眼球状灰岩的出现为主要特征。出露厚度大于 500m。务川、正安、道真地区梁山组底部的铝土矿（习惯称大竹园组）颇具工业价值。生物不甚发育，栖霞组的重要化石 *Misellina* 至今未在本小区内见及。与下伏寒武系—石炭系呈平行不整合接触。

天柱-黎平小区（Ⅰ$_3$）：分布于梵净山-雷山一线以东地区，在铜仁、剑河、榕江一带被剥蚀，仅在天柱、黎平、从江一带有少量分布。梁山组-茅口组砂页岩及灰岩厚百余米，栖霞组与茅口组灰岩不易区分。与下伏晚元古界及石炭系呈角度不整合及平行不整合接触。

（2）紫云-册亨分区（Ⅱ）

紫云-册亨分区分布于册亨板其、秧友、者王至贞丰白层及紫云城关、猴场-望谟乐旺-罗甸砂厂、坪岩-独山麻尾一带，大致呈北西向窄带状展布，为台缘礁滩相猴子关组分布区。出露最大厚度768m。与下伏平川组或威宁组呈平行不整合接触。

（3）关岭-罗甸分区（Ⅲ）

关岭-罗甸分区分布于镇宁牛田、岜仙-紫云晒瓦-贞丰卡务-望谟乐康、桑郎-罗甸纳水、克麻井一带，呈北西向转北东向带状展布。为一套斜坡-盆地相黑色中薄层灰岩、燧石灰岩及黏土岩，即跨早、中二叠世的四大寨组。与下伏南丹组灰岩呈整合接触。

3. 乐平统

乐平统分布同阳新统。根据岩性、岩相差异分为威宁-盘州分区、遵义-贵阳-兴义分区、紫云-册亨分区及关岭-罗甸分区（图1.8）。

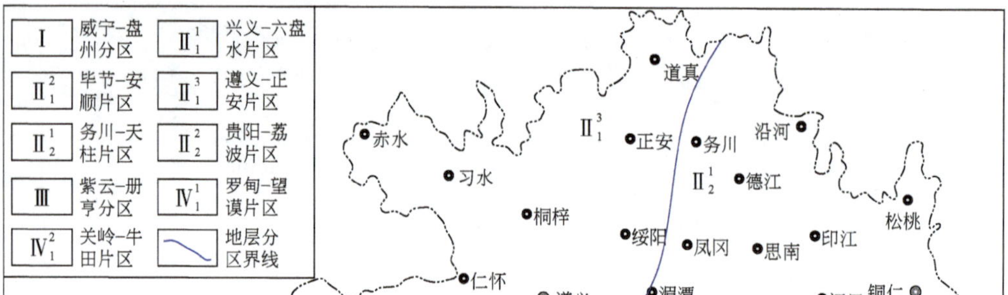

图1.8　贵州二叠系乐平统地层分布及分区图（据贵州省地质调查院，2017）

（1）威宁-盘州分区（Ⅰ）

威宁-盘州分区位于赫章六曲-普安近南北向一线以西的威宁、盘州一带。为陆相宣威组含煤碎屑岩夹凝灰岩，出露最大厚度400余米。与下伏峨眉山玄武岩组呈平行不整合接触。

（2）遵义-贵阳-兴义分区（Ⅱ）

遵义-贵阳-兴义分区分布于赫章六曲-普安一线以东、贞丰-关岭-独山上司一线以西及以北的广大地区。主要为海陆交互相含煤碎屑岩夹灰岩及浅海台地相灰岩夹含煤碎屑岩。出露最大厚度634m（镇宁革利）。根据地层发育情况及岩性差异，细分为兴义–遵义小区及贵阳–石阡小区。

兴义–遵义小区（$Ⅱ_1$）：大致分布于务川之西–瓮安珠藏–开阳–安顺岩松箐–贞丰北东向一线以西地区。根据地层单位组合的差异又细分为兴义–六盘水片区（$Ⅱ_1^1$）、毕节–安顺片区（$Ⅱ_1^2$）及遵义–正安片区（$Ⅱ_1^3$）。

兴义–六盘水片区（$Ⅱ_1^1$）：分布于赫章东部–六枝–安龙戈塘一线以西的赫章、六盘水、晴隆、兴仁及兴义一带，大致呈近南北转南西向带状展布，宽40～70km。出露地层为代表整个乐平世的“大”龙潭组含煤碎屑岩夹灰岩，出露最大厚度653m（六枝小卜杜）。与下伏峨眉山玄武岩组或茅口组第二段燧石灰岩呈平行不整合接触。

毕节–安顺片区（$Ⅱ_1^2$）：分布于赫章东部–六枝北西向一线以东、毕节燕子口–黔西–息烽上厂一线以南的毕节、纳雍、织金、安顺一带。乐平世地层自下而上包括“小”龙潭组、长兴组及大隆组，出露最大厚度321m（清镇流长）。与下伏峨眉山玄武岩组及茅口组第二段呈平行不整合接触。

遵义–正安片区（$Ⅱ_1^3$）：分布于毕节燕子口–黔西–息烽上厂一线以北的金沙、遵义、习水、道真一带。乐平世地层自下而上包括“小”龙潭组及长兴组，出露最大厚度196m（遵义尚稽）。与下伏茅口组第二段灰岩呈平行不整合接触。

贵阳–石阡小区（$Ⅱ_2$）：分布于务川西部–瓮安珠藏–开阳–安顺岩松箐北东向一线以东地区。为海相碳酸盐岩夹含煤碎屑岩及硅质岩。根据地层单位组合差异又细分为两个片区。以瓮安–凯里–榕江北西向一线为界，以北为务川–天柱片区（$Ⅱ_2^1$），以南为贵阳–荔波片区（$Ⅱ_2^2$）。

务川–天柱片区（$Ⅱ_2^1$）：乐平世地层为A型合山组灰岩，底部为含煤黏土岩，出露最大厚度305m（天柱）。与下伏茅口组第二段燧石灰岩或第一段厚层灰岩呈平行不整合接触。

贵阳–荔波片区（$Ⅱ_2^2$）：乐平世地层自下而上分为B型合山组及大隆组，出露最大厚度634m（镇宁革利）。与下伏茅口组第二段或第一段灰岩呈平行不整合接触。

（3）紫云–册亨分区（Ⅲ）

紫云–册亨分区主要分布于紫云–望谟乐旺–罗甸坪岩–独山麻尾一带，另在贞丰白层、册亨央友、板其等地也有少量分布。为一套台缘滩礁相碳酸盐岩。整个乐平世地层为吴家坪组，出露最大厚度615m（紫云跳花坡）。与下伏猴子关组灰岩呈平行不整合接触。

（4）关岭–罗甸分区（Ⅳ）

关岭–罗甸分区位于关岭下哨–镇宁牛田、岜仙–贞丰卡务（打郎）–望谟乐康–罗甸柏林一带，呈北西向转北东向带状展布。为一套斜坡–盆地相碎屑岩，出露最大厚度1350m（贞丰打郎）。根据地层单位组合差异，细分为两个小区。以牛田近北东向一线为界，以南为罗甸–望谟小区（$Ⅳ_1$），以北为关岭–牛田小区（$Ⅳ_2$）。

罗甸–望谟小区（$Ⅳ_1$）：分布于镇宁岜仙、紫云晒瓦、贞丰卡务（打郎）、望谟乐康至罗甸沟亭、广里及柏林一带。阳新世晚期至乐平世地层为A型领薅组，与下伏四大寨组燧石灰岩呈整合接触。在牛田巴窝附近与下伏中二叠世玄武岩呈整合接触。

关岭-牛田小区（Ⅳ$_2$）：分布范围很小，仅见于关岭下哨及镇宁牛田等地。阳新世晚期至乐平世地层自下而上包括B型领薅组、“小”龙潭组、长兴组及大隆组。出露地层总厚最大厚度为1068m（牛田）。与下伏四大寨组灰岩呈整合接触。

（九）三叠系（T）

贵州三叠系广泛分布于印江合水-石阡花桥-黄平-三都一线以西的广大地区，该线以东的梵净山、天柱、凯里、榕江一带几乎全被剥蚀，锦屏新化和黎平皮林等地残留有极少的下三叠统。在黔西北威宁三道河数平方千米范围内仅有百余米厚的上三叠统碎屑岩出露，下、中三叠统（沉积）缺失。三叠系分布面积约49713km^2，约占全省总面积的28%，最大厚度5522m（贞丰龙场）。三叠系发育良好，层序完整，生物丰富，沉积岩类发育，台-坡-盆沉积相带展布清晰，久负盛名的S形青岩三叠系大相变带斜跨贵州中南部，甚为壮观。三叠系地层格架独特，早、中三叠世主要为海相沉积，到晚三叠世晚期转变为陆相沉积。

三叠系属扬子地层区（Ⅳ$_5$）。根据岩性、岩相及古生物特征的明显差异，划分为上扬子地层分区和右江地层分区（图1.9）。

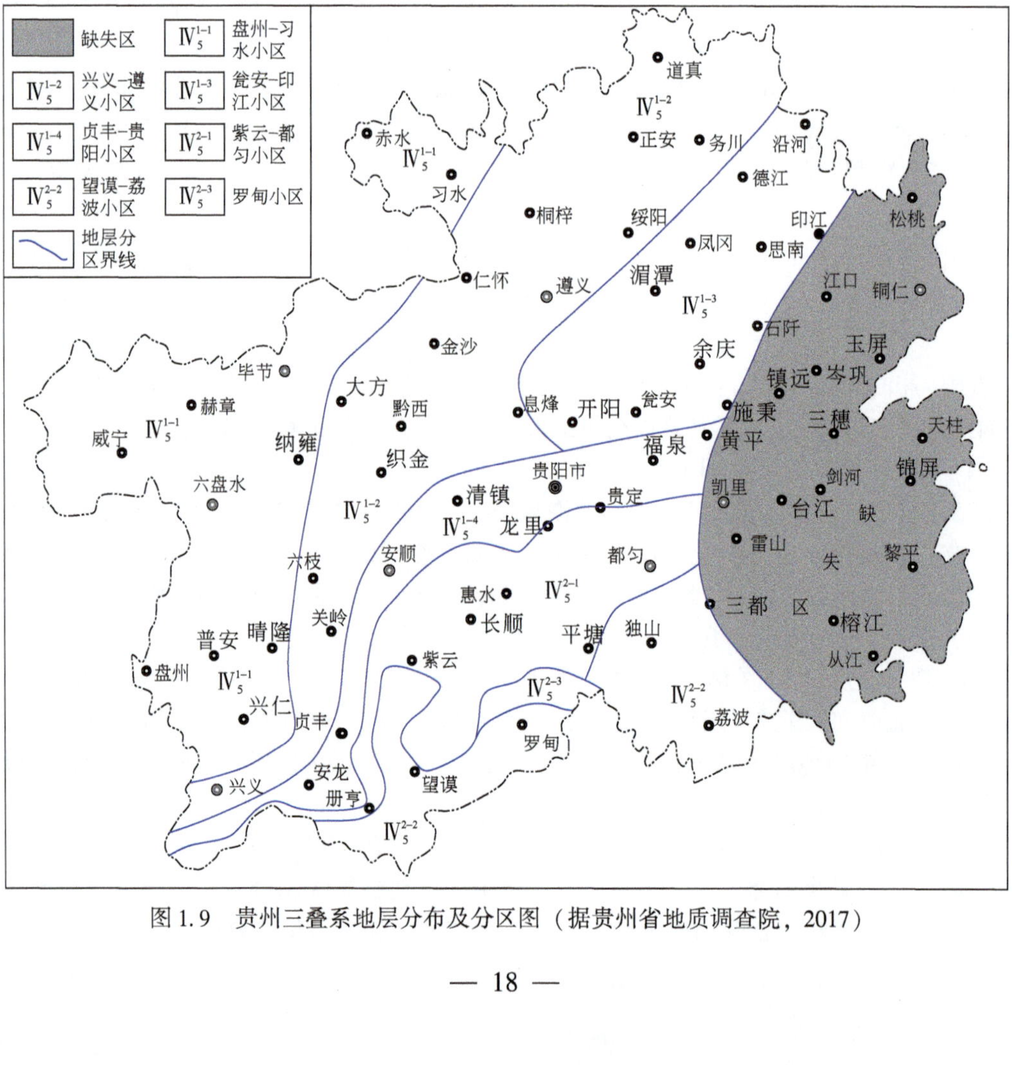

图1.9　贵州三叠系地层分布及分区图（据贵州省地质调查院，2017）

1. 上扬子地层分区（$Ⅳ_5^1$）

上扬子地层分区主要分布于兴义泥凼-册亨-贞丰-贵阳青岩-福泉马场坪一线以北广大地区，其岩性有海相碳酸盐岩、碎屑岩及陆相碎屑岩，出露最大厚度5522m（贞丰龙场），富含双壳类、海生爬行动物及陆生植物等，著名的盘县生物群，兴义生物群及关岭生物群即产自黔西南中、晚三叠世的地层中。与下伏乐平统连续沉积，根据岩相差异及地层发育情况，本分区细分为盘县-习水小区、兴义-遵义小区、瓮安-印江小区及贞丰-贵阳小区。

（1）盘县-习水小区（$Ⅳ_5^{1-1}$）

盘县-习水小区位于兴义-郎岱-纳雍-温水一线以西的盘县、六盘水、毕节及习水一带，为浅海台地相至海陆交互相及陆相沉积区。早、中三叠世地层有以陆相碎屑岩为主的东川组、海陆交互相碎屑岩夹碳酸盐岩的飞仙关组及以海相碳酸盐岩为主的嘉陵江组、关岭组及杨柳井组；晚三叠世地层不发育，有以陆相碎屑岩为主的火把冲组、二桥组及海相碳酸盐岩及碎屑岩的法郎组、赖石科组、把南组及改茶组。本小区三叠系出露最大厚度2180m（纳雍马鞍山）。与下伏乐平统宣威组、龙潭组及长兴组、大隆组呈整合接触。

（2）兴义-遵义小区（$Ⅳ_5^{1-2}$）

兴义-遵义小区位于兴义-温水一线以东、兴义捧鲊-修文-息烽-务川北一线以西的兴义、六枝、遵义、道真一带，为浅海台地相沉积区。早、中三叠世地层有海相碳酸盐岩及碎屑岩的夜郎组、以碳酸盐岩为主的嘉陵江组、关岭组及杨柳井组。

晚三叠世地层有海陆交互相碳酸盐岩及碎屑岩夹煤为主的火把冲组、跨侏罗纪以砂岩为主的陆相地层二桥组。本小区三叠系出露最大厚度5522m（贞丰龙场），与下伏上二叠统大隆组、长兴组呈整合接触。

（3）瓮安-印江小区（$Ⅳ_5^{1-3}$）

瓮安-印江小区位于息烽-务川一线以东、福泉牛场-石阡-木黄一线之西的瓮安、沿河一带，为浅海台地相沉积区。早、中三叠世地层有海相碳酸盐岩夹碎屑岩的夜郎组、嘉陵江组及巴东组；上三叠统被剥蚀殆尽，据邻省资料对比，巴东组上覆地层应为二桥组陆相碎屑岩。本小区三叠系出露最大厚度>3000m（沿河北东省界外侧的思渠沟），与下伏乐平统合山组连续沉积。

（4）贞丰-贵阳小区（$Ⅳ_5^{1-4}$）

贞丰-贵阳小区位于兴义捧鲊-关岭-修文-福泉牛场一线以南、兴义泥凼-册亨-贞丰-贵阳青岩-福泉马场坪一线以北的北东向S形狭长地带，带宽20～50km，其南界即是青岩大相变带。本小区辖属安龙、贞丰、安顺、贵阳、福泉等主要市、县的相关地域，主要为台缘（滩丘）沉积区。早、中三叠世地层有浅海台地相碳酸盐岩夹碎屑岩的大冶组（少数夜郎组）、安顺组、花溪组、坡段组、垄头组及杨柳井组；晚三叠世地层有以海相碳酸盐岩夹碎屑岩为主的改茶组、三桥组及以陆相碎屑岩为主的二桥组。本小区三叠系出露最大厚度2760m（清镇高铺）。与下伏二叠系乐平统大隆组或龙潭组呈整合接触。

2. 右江地层分区（$Ⅳ_5^2$）

右江地层分区位于兴义泥凼-册亨-贞丰-贵阳青岩-福泉马场坪一线以南的广大地域。

其岩性以斜坡–盆地相碳酸盐岩及碎屑岩为主，另有孤台（滩丘）海相碳酸盐岩分布其中，包括近年研究闻名于世的“大贵州滩”。本分区出露地层最大厚度>3466m（贞丰坡稿–联合）。与下伏二叠系乐平统大隆组、合山组、领薅组或吴家坪组呈整合或平行不整合接触。根据岩相差异及地层发育情况，细分为紫云–都匀小区、望谟–荔波小区及罗甸板庚小区。

（1）紫云–都匀小区（IV_5^{2-1}）

紫云–都匀小区位于册亨–紫云–望谟–边阳–平塘狮子桥一线以北的紫云、惠水、青岩、龙里、都匀一带，为斜坡–盆地相碳酸盐岩及碎屑岩（包括浊积岩）沉积区。下、中三叠统有斜坡–盆地相碳酸盐岩及碎屑岩的罗楼组、新苑组，以盆地相碎屑岩（包括浊积岩）为主的边阳组；上三叠统有斜坡–盆地相碎屑岩夹碳酸盐岩的黑苗湾组及赖石科组。出露地层最大厚度>3466m（贞丰坡稿–联合）。与下伏二叠系乐平统吴家坪组及大隆组呈平行不整合或整合接触。

（2）望谟–荔波小区（IV_5^{2-2}）

望谟–荔波小区位于紫云–都匀小区之南的兴义泥凼、册亨、望谟至荔波、平塘一带，为盆地相碳酸盐岩及碎屑岩（包括浊积岩）沉积区。仅出露下、中三叠统的罗楼组、乐康组及许满组、边阳组。出露最大厚度>3430m（望谟昂武）。与下伏二叠系乐平统吴家坪组及领薅组呈平行不整合接触及连续沉积。

（3）罗甸板庚小区（IV_5^{2-3}）

罗甸板庚小区位于罗甸板庚–平塘烂岩心近东西向展布的孤立碳酸盐台地（俗称“板庚环礁”），长约70km，宽10～20km。下、中三叠统有以台地碳酸盐岩为主的大冶组、安顺组及花溪组、坡段组、垄头组，是闻名于世的“大贵州滩”所在地；晚三叠世地层为斜坡盆地相碎屑岩夹碳酸盐岩的黑苗湾组。出露地层最大厚度>2160m（罗甸打讲）。与下伏二叠系乐平统大隆组、吴家坪组连续沉积。

（十）侏罗系（J）

贵州侏罗系分布于道真–遵义–贵阳–贞丰一线以西地区，以及天柱附近。大部地区发育不全，多缺失上统，中统也保存不全，天柱缺失上统及下统大部分。全省仅习水–赤水一带下、中、上三统保存齐全，厚达3000多米。其余地区由于地层的缺失，厚度变化极大，由数十米至上千米。本系中上统岩性变化不大，展布较为稳定，主要由一套河湖相的碎屑岩组成。中下统稍有变化，将侏罗系划分为三个区（贵州省区域地质志，1987；贵州省岩石地层，1997），即遵义、威宁–郎岱和天柱。遵义区的主要分布于毕节–贵阳一线以北的地区，顶部和中下部各具一套碳酸盐岩，共划分为5个段，称自流井组（群）。碳酸盐岩向南西威宁–郎岱地区逐渐尖灭，或局部见碳酸盐岩透镜体时，称下禄丰组。天柱区缺下统大部沉积。从本质上看，除有无碳酸盐岩存在的因素外，自流井组与下禄丰组的岩性并无大的差异，均为河湖相碎屑岩沉积，与上下地层的划分标志基本一致。

贵州侏罗系主要为陆相红色岩系，发育河流相及湖相沉积。生物群以淡水双壳类、叶肢介、植物为主，产少量腹足类、鱼类及爬行类生物。矿产有綦江式铁矿，砂岩型铜矿及建筑材料等。

（十一）白垩系（K）

贵州白垩系零星分布，除赤水一带外，其余均为山间盆地沉积，分布面积较小，且地层且都发育不全，研究程度较低。

二、潜质页岩层系

贵州有机质泥页岩主要发育于震旦系、寒武系、奥陶系及志留系、泥盆系、石炭系、二叠系地层中，南华系及三叠系零星发育。其中，以寒武系、奥陶系及志留系、石炭系、二叠系发育较集中，分布较广泛；震旦系、泥盆系局部发育，分布较局限；南华系及三叠系仅在局部地区发育，且分布零星。南华系有机质泥页岩发育于铜仁地区富绿组、从江地区乌叶组地层中，已遭受浅变质；三叠系有机质泥页岩发育于黔西南地区火把冲组地层中，分布范围小，不具页岩气勘探评价潜力。现就贵州具有页岩气资源潜力的重要层系列述如下。

（一）震旦系

震旦系有机质泥页岩发育于陡山沱组、老堡组地层中，二者大致分布于江口-石阡-瓮安一线以南东地区，为深水陆棚-盆地相沉积（图 1.10）。

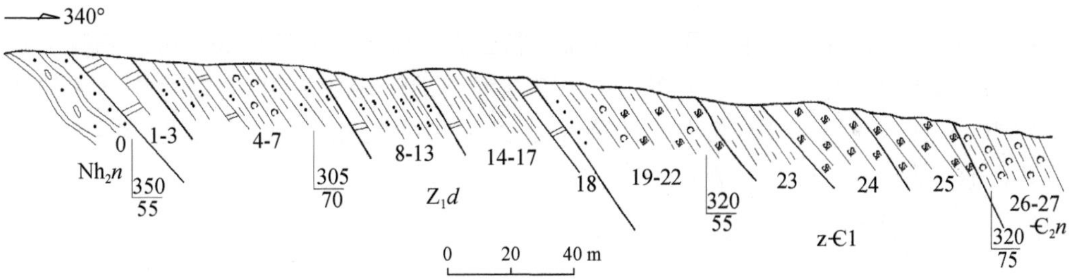

图 1.10　镇远岩子坪震旦系陡山沱组、老堡组实测地层剖面

1. 陡山沱组

陡山沱组按岩性组合特征大致可划分下、中、上三部分：下部为灰色中厚层-块状微晶白云岩（帽白云岩），底层白云岩中发育大量由硅质组成的栉壳，具世代结构，内充填石英或干沥青；中部为灰、深灰色薄层粉砂质黏土岩、黏土质粉砂岩、黏土岩、碳质页岩夹灰色薄层含锰质白云岩，碳质黏土岩含细粒黄铁矿；上部为灰色中厚层微晶白云岩夹深灰色黏土岩，白云岩中含燧石团块，黏土岩中水平纹层发育。有机质泥页岩的发育在平面上不连续，推测可能与该时期为堑垒式的岩相古地理有关，处于地堑区有机质泥页岩的发育较好，厚 20～40m。

2. 老堡组

老堡组岩性单一，以一套薄层为主，并由少量中厚层的深灰-灰黑色硅质岩夹薄层碳质页岩组成。中下部以中厚层为主，上部以薄层为主，且常夹碳质页岩，具条纹、条带状水平层理，普遍含黄铁矿颗粒。有机质泥页岩常以夹层形式出现，发育分布较稳定，厚20～60m。

（二）寒武系

寒武系有机质泥页岩发育于渣拉沟组、牛蹄塘组、变马冲组地层，由于受古断裂控制，各有机质页岩层系分布不同。其中，渣拉沟组分布于铜仁-玉屏-丹寨一线以南东地区，为盆地相沉积；牛蹄塘组则分布于其北西地区，为陆棚斜坡相沉积；变马冲组分布于石阡-瓮安-都匀一线以东与铜仁-玉屏-丹寨一线以西地区，为陆棚斜坡相沉积。

1. 渣拉沟组

渣拉沟组主体岩性为黑色碳质页岩、粉砂岩，常含细粒黄铁矿。镇远大岭地区，下部常夹灰色厚层砂岩；在天柱八阳附近，夹两套厚8～12m的灰白色石英砂岩，分布较局限；在天柱坪地附近，全由一套碳质页岩、含粉砂质碳质黏土岩组成，厚130～320m；丹寨-三都一带，以黑色碳质页岩、粉砂岩、细砂岩为主，厚达600m。

2. 牛蹄塘组

牛蹄塘组主要岩性为黑色碳质页岩或碳质黏土岩，含碳质粉砂质泥岩等。牛蹄塘组在区域上岩性总体较稳定，仅在威宁南西角牛栏江河谷沿岸相变为灰-深灰色中厚钙泥质粉砂岩、细砂岩夹灰黑色有机质黏土岩（筇竹寺组）；厚度变化不大，一般厚30～50m，仅在开阳金钟一带较厚，可达107m，龙里-福泉一带最薄，仅12m左右。

3. 变马冲组

变马冲组下部主要为黑色碳质泥页岩，夹灰色粉砂岩条带，泥岩发育水平层理，粉砂岩中见有沙纹层理和塑性变形层理；中部岩性为灰色石英粉-细砂岩，分布不稳定；上部为黑色碳质泥岩。厚120～300m。变马冲组岩性及厚度横向分布不稳定，变化较大。其中，碳质页岩集中段以黄平地区发育最好，稳定厚度在30～50m。

（三）奥陶系及志留系

奥陶纪及志留纪时期有机质页岩主要发育于奥陶纪末期的五峰组、志留纪早期的龙马溪组，二者为相邻时期沉积，且岩性相似。因此，在页岩气勘探评价中常将其合并统称为大龙马溪组或龙马溪组，属跨时的地层单位。

龙马溪组：贵州境内由于受到雪峰隆起、黔中古隆起的影响，龙马溪组地层分布比较局限，主要分布于仁怀-遵义-凤冈一线以北地区，沉积厚度由北向南逐渐减薄，时代上由老到新渐次超覆黔中隆起区直至尖灭。岩性主要为灰黑、黑色碳质泥页岩、碳质粉砂岩及黏土岩等，主体为滞留盆地沉积。碳质泥页岩集中段呈由北向南逐渐变薄趋势，厚10～50m。

(四) 泥盆系

泥盆系时期有机质页岩主要发育于中泥盆统火烘组上部（第三段），分布于罗甸–水城北西向裂陷槽盆内的罗甸–紫云–晴隆一线地区。主体岩性为黑色含有机质泥页岩，其间夹石英砂岩或灰岩透镜体，有机质页岩集中段一般大于100 m，为深水盆地相沉积。

(五) 石炭系

石炭系时期有机质页岩主要发育于打屋坝组、旧司组、祥摆组地层中。

1. 旧司组

旧司组分布于威宁、盘县地区，发育一套深灰色生物灰岩与黑色有机质页岩交替互层，为台地相潮坪沉积，分布不稳定。

2. 祥摆组

祥摆组分布于龙里、贵定、都匀、平塘、荔波一线地区，发育一套深灰色泥灰岩、石英砂岩及黑色有机质页岩，局部地区夹煤层或煤线，为滨岸相沉积，分布不稳定。

3. 打屋坝组

打屋坝组分布于罗甸–紫云–水城北西向裂陷槽盆内，发育一套黑色有机质页岩夹泥灰岩及泥质砂岩，厚180～310m，为盆地–斜坡相沉积。

(六) 二叠系

二叠系时期有机质页岩主要发育于龙吟组、梁山组及龙潭组。

1. 龙吟组

龙吟组分布较局限，仅在水城、普安、晴隆地区有分布，主要岩性为灰黑色、黑色有机质页岩、含有机质泥岩、泥灰岩等，为深水盆地沉积，厚200～300m。

2. 梁山组

梁山组在贵州范围内分布比较广泛，但岩性变化大、厚度不稳定。主体岩性为岩屑石英砂岩、泥质粉砂岩及黑色碳质泥页岩，局部地区夹煤线，为滨岸沉积。梁山组以威宁、惠水等地最厚，可达30m左右，黔北地区的正安、务川一带最薄，仅几十厘米。

3. 龙潭组

龙潭组大致分布于赫章六曲–普安一线以东、桐梓–息烽–安顺–贞丰一线以西地区，主要为海陆交互相含煤碎屑岩（碳质页岩、泥质粉砂岩或粉砂质泥岩及砂岩）夹灰岩组合，一般厚300～400m，最大厚度634m（镇宁革利），金沙、遵义等地厚100～200m。

第二节 沉积演化

一、区域沉积盆地演化

沉积盆地演化与构造演化密切相关，“构造控制盆地、盆地控制沉积环境、沉积环境控制沉积物质的组成（沉积相）”。贵州在地质构造演化过程中经历了武陵构造旋回期（新元古代中期）、雪峰-加里东构造旋回期（新元古代晚期—早古生代）、海西-印支-燕山构造旋回期（晚古生代—早白垩世）、喜马拉雅及新构造旋回期（晚白垩世—第四纪）四个构造旋回期，其中，武陵构造旋回期和雪峰-加里东构造旋回期具有洋陆转换性质，而海西-印支-燕山构造旋回期和喜马拉雅及新构造旋回期具有陆内活动性质。武陵构造旋回期只涉及梵净山群和四堡群，喜马拉雅及新构造旋回期均为山间断陷盆地，由于其控制和影响范围有限，且并未形成具有页岩气资源潜力的成套规模的富有机质页岩层系。因此，本节重点对雪峰-加里东构造旋回期和海西-印支-燕山构造旋回期沉积盆地演化进行剖析。

（一）雪峰-加里东构造旋回期沉积盆地演化

雪峰-加里东构造旋回期的时代为新元古代—早古生代，是继武陵运动之后南华裂谷海槽形成、发展和消亡的演化历程。戴传固等（2013）认为：产出于桂北丹洲群的超基性、基性岩组合与黔东南从江地区产出的超基性、基性岩组合代表了南华裂谷海槽洋壳的存在，其演化具有洋陆转换性质，经历了离散背景下的裂谷盆地演化阶段、汇聚背景下的被动大陆边缘演化阶段、碰撞背景下的前陆盆地演化阶段和造山背景下的磨拉石盆地演化阶段。

1. 离散背景下的裂谷盆地演化阶段

武陵运动之后，黔东地区发育造山期后的磨拉石盆地相快速堆积的底砾岩，在梵净山区发育的芙蓉坝组为灰绿色、紫灰色变质砾岩夹变质砂岩、含砾变质砂岩及千枚岩，其成分复杂，分选极差，角砾棱角明显，厚 1 ~ 60m；而向南东方向，至黔桂交界地区相变为归眼组，其岩性以变质砂岩、含砾变质砂岩及千枚岩为主，其底部砾石减少、厚度减薄，砂泥质增多，岩石颜色相对较深。在桂北丹洲群白竹组底部岩性组合变化上也可以反映出上述环境差异，在元宝山以西，底砾岩特征明显，厚度变化大，沉积物粗；而在元宝山以东，沉积物变细，无明显底砾岩特征，沉积厚度变大，反映了当时北高南低的地貌格局（图 1.11）。

梵净山地区的甲路组、新寨组和红子溪组底部为灰、紫灰、紫红色板岩夹大理岩透镜体板岩，具水平层理，偶见波纹层理和包卷层理，含黄铁矿；而至南东方向的从江地区为灰、灰绿色钙质板岩夹大理岩（俗称钙质岩系），底部时见一层含锰板岩和基性火山岩，岩石颜色较深，反映当时继承了北高南低的地貌格局。该套地层分布范围较广，在黔东、

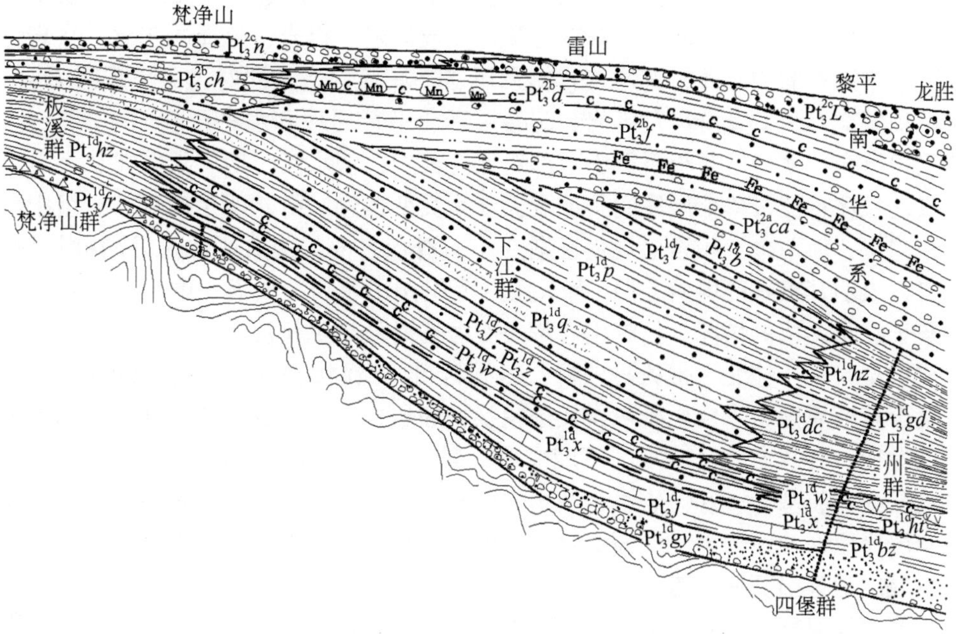

图 1.11 贵州新元古代沉积盆地地层格架示意图（据戴传固等，2013）

桂北和湘中南均有发育，横向上具有良好的可对比性，总体属滨岸-浅海陆棚环境，表明已经摆脱了武陵造山运动的影响而基本夷平，在湘、黔、桂地区形成一个分布广泛的碳酸盐台地。

随后扬子地块与华夏地块再次裂解，形成其间的南华裂谷盆地，呈现板溪群、下江群和丹洲群反映出的台地、斜坡、盆地的沉积格局。乌叶时期开始，黔东、桂北地区出现沉积分异，由北（西）而南（东）发育了三个不同岩相区的地层系统，即板溪群、下江群和丹洲群。发育于松桃-江口地区的板溪群位于高浅水位的陆棚环境，发育于黎平-从江-广西龙胜地区的丹洲群位于较深水的盆地环境，下江群位于其间的斜坡环境，由北（西）而南（东）其沉积物表现为碎屑物含量和长石含量逐步减少、粒度变小，颜色从紫红色到灰、灰绿色再到深灰、灰黑色。甲路组基性火山岩与从江归林花岗斑岩构成的双峰式岩浆岩组合代表裂谷盆地开始发育，广西龙胜地区产出的基性-超基性侵入岩和丹洲群合桐组上部（现三门街组）产出的枕状玄武岩（细碧岩）组合则代表了裂谷盆地裂陷最大期，是裂谷盆地从发展向萎缩演化的一个转换界面，表明该套超基性、基性岩组合代表了南华裂谷海槽初始洋壳的形成。三门街组中与玄武岩相伴产出的含酸性火山晶屑凝灰岩层可与下江群清水江组中大量发育的凝灰岩层对比，即从甲路组至清水江组，沉积物总体变细，基本层序以正粒序为主，平面上清水江组和具有丹洲群盆地相特点的洞村组向西超覆，反映出该盆地处于发展期。

梵净山地区红子溪组可作为板溪群代表，岩性为灰绿与紫红相间的绢云母板岩、粉砂质绢云母板岩、凝灰质板岩夹变质粉-细砂岩、凝灰岩及小型透镜状大理岩，含菱铁矿条带，属一套浅海陆棚-台地相沉积组合。

向南至雷山、榕江一带，以乌叶组、番召组、再瓦组、清水江组、平略组、隆里组、白土地组为代表，主体属下江群，为灰绿-黑色板岩夹变质砂岩、变质凝灰岩及少量透镜状大理岩，含较多黄铁矿，向上逐渐变为深色变质砂岩、板岩、变质凝灰岩，在岩性组合上构成了三个沉积韵律旋回，普遍发育鲍马层序、底模构造，同时大量出现滑塌-滑移层与正常沉积层交互，发育滑塌角砾岩、包卷层理、平行层理和水平层理等，属一套陆棚-斜坡相沉积组合，横向上与板溪群中上部对比。其中，清水江时期岩组韵律从下至上由粗变细，具正粒序特征，单个层序间具冲刷面，呈突变接触。由北西至南东，岩组中滑积岩层呈增多趋势，而单个滑积岩层规模逐渐变小，滑积岩内部构造所反映滑塌-滑移作用呈减弱趋势，表明其沉积环境由北西-南东重力沉积作用减弱。从下江群清水江组在梵净山地区超覆于红子溪组的情况，反映出南华裂谷海槽尚处于生长发育期。

向南东至黎平、桂北一带为丹洲群，以洞村组、洪洲组为代表，主要发育灰绿-黑色板岩，夹少量变质砂岩、变质凝灰岩及透镜状大理岩，含较多黄铁矿，其中下部可与下江群中下部对比，凝灰质含量减少，厚度变薄，属一套斜坡-盆地相沉积组合，在从江、桂北龙胜地区尚有超基性、基性岩组合产出。而从清水江组之上至白土地组，沉积物总体变粗，基本层序以逆粒序为主，平面上具丹洲群盆地相特点的洪洲组向东退缩，反映出该盆地处于发展之后逐渐萎缩之势。

认为清水江时期（下江群）、三门街时期（丹洲群）为裂谷洋盆最大裂陷期，属一转换界面，即其下的新寨、乌叶、番召和再瓦时期为盆地逐渐扩张、发展时期，具有向上变细的复理式韵律；下江群清水江组中发育大量凝灰岩、沉凝灰岩及凝灰质板岩，其火山凝灰物质含量由西北向东南逐渐减少。经鉴定凝灰岩中玻屑、晶屑成分为酸性火山碎屑，应属酸性火山岩喷发而形成。长期以来清水江组中火山物质的来源不甚明了，三门街组流纹英安岩、晶屑凝灰岩的特征与清水江组凝灰质组分具有相似性，为清水江组大量凝灰质组分的来源提供了物质基础。从玄武岩-流纹英安岩组合具有的富集性地幔特点，反映出类似于富集型洋中脊玄武岩的特征。结合该地区产出的超基性-基性岩组合，反映出南华裂谷海槽的存在和分布位置，戴传固等（2013）认为该套超基性-基性岩组合代表了南华裂谷海槽初始洋壳的形成，是该地区青白口纪晚期—早古生代盆地演化最大裂陷期的产物，同时其分布位置代表了新元古代青白口纪晚期裂陷海槽的中心。

2. 汇聚背景下的被动大陆边缘盆地演化阶段

（1）南华纪冰期

从南华纪开始，由于冰川灾变事件的冰室效应，形成“雪球化地球”而进入成冰纪。该时期贵州总体呈北西高、南东低的地貌格局，北西为陆地，而南东处于盆地边缘陆棚相区，形成了扬子东南大陆边缘海相沉积区，充填厚薄不等的冰水碎屑流和水下重力流沉积，沉积记录显示存在两个大冰期（长安期、南沱期）和一个间冰期（富禄-大塘坡期）。

长安期（冰期）：该时期由于第一次冰期的出现，本地区海平面强烈下降，出现大面积海退。总体上北西处于陆地冰期剥蚀作用阶段，无沉积记录；南东为冰川滨浅海相沉积，主要由灰黄-灰绿色块状含砾粉砂质板岩、砾质板岩、板岩夹粗粒砂岩等组成，粗砂岩呈透镜状产出，其厚度变化较大，总体呈向南东增厚，反映出盆地萎缩之势。

富禄-大塘坡期（间冰期）：该时期气候变暖，冰川消融，海平面上升，北西为河湖相（澄江组）沉积，为一套紫红色砂泥岩夹灰绿色薄–中厚层粉砂岩，偶夹淡绿色凝灰岩。南东为滨浅海相（富禄组及大塘坡组）沉积，由灰绿、黄绿至深灰色的变质砂岩、粉砂质板岩、含粉砂质板岩及板岩组成，水平纹层发育。中上部板岩中偶见细小砾石（浮冰落石），上部见碳质页岩夹菱锰矿及白云岩透镜体（大塘坡式锰矿）。其沉积厚度、岩性组合横向上变化较大，总体呈向南东增厚。

南沱期（冰期）：该时期沉积记录代表有陆相南沱组、海相黎家坡组，总体由一套块状冰碛砾岩组成，砾石成分、大小、磨圆度等特征随地而异。沉积厚度总体东厚西薄，具有突变特征。

从长安期至大塘坡期，为一次级裂陷期，长安组、富禄组、大塘坡组逐渐由东部向西上超，大塘坡期为该次级裂陷最大期，与锰成矿关系密切。随后的雪球事件使该盆地急剧萎缩，出现冰水沉积。

（2）陡山沱–灯影期

经过南华纪的碎屑充填后，本区仍继承北西高南东低的古地貌格局，其差异不大，主要是泥质沉积，夹有少量的白云岩，说明当时的水体不是太深，为一具缓坡性质的盆地。扬子地区碳酸盐初始台地形成，瓮安–石阡北西为台地浅滩–潮坪相沉积环境，南东为大陆边缘的斜坡深水盆地（图1.12）。早期海侵，台、坡环境沉积以白云岩为主，在黔中开阳金钟、翁昭一带形成台地边缘隆起，发育藻屑滩或藻礁（丘）沉积，沉积了著名的开阳–瓮福磷矿，盆地为硅、泥质沉积；中晚期台地相区大部长时期间歇暴露，形成了一套向上变浅的碳酸盐沉积，主要为藻白云岩、叠层石白云岩等，具鸟眼、帐蓬构造等潮上暴露标志，灯影组白云岩由下至上栉壳发育。盆地为连续的硅质岩夹具磷结核的碳质泥岩沉积，沉积物是渐变的，白云岩逐渐减少，而硅质则逐渐增多，且硅质岩水平层理发育，显示斜坡的坡度较缓，属饥饿盆地类型。由于同沉积断裂活动的影响，热液流体上升，形成现今著名的天柱大河边重晶石矿。

（3）牛蹄塘期

继承北西高南东低地理格局，该时期出现一次短暂的伸展运动，海底扩张加剧，出现热水喷流，同时全球海平面上升，导致缺氧事件的发生，形成了一套分布较广的黑色岩系。以碳质页岩为主，其次为含碳质粉砂质泥岩，普遍含细粒黄铁矿。下部含Ni、Mo、V等多金属矿层。黑色页岩总体呈南东向北西由深水区向浅水区逐渐超覆，使扬子碳酸盐台地遭受第一次淹没。

从陡山沱期至牛蹄塘期，为另一次级裂陷期，使陡山沱组（洋水组）、灯影组（老堡组）、牛蹄塘组（渣拉沟组）逐渐由东向西上超，其中陡山沱组（洋水组）、灯影组与磷成矿关系密切，形成环境为台地边缘浅滩，从早期陡山沱组（洋水组）成矿的台地边缘浅滩环境到晚期震旦—寒武系灯影组成矿的台地边缘浅滩。反映出台地边缘具有由东向西迁移的趋势，说明该时期磷矿形成于次级裂陷背景盆地扩展期。牛蹄塘期为该次级裂陷最大期，与重晶石、镍钼钒成矿关系密切。总体而言，裂陷洋盆控制沉积型、喷流沉积型矿床的产出，主要表现为汇聚背景盆地萎缩基础上的盆地次级裂陷扩展期。

从牛蹄塘期开始至奥陶纪末，盆地逐渐萎缩、消亡，台地边缘逐渐向东南迁移。

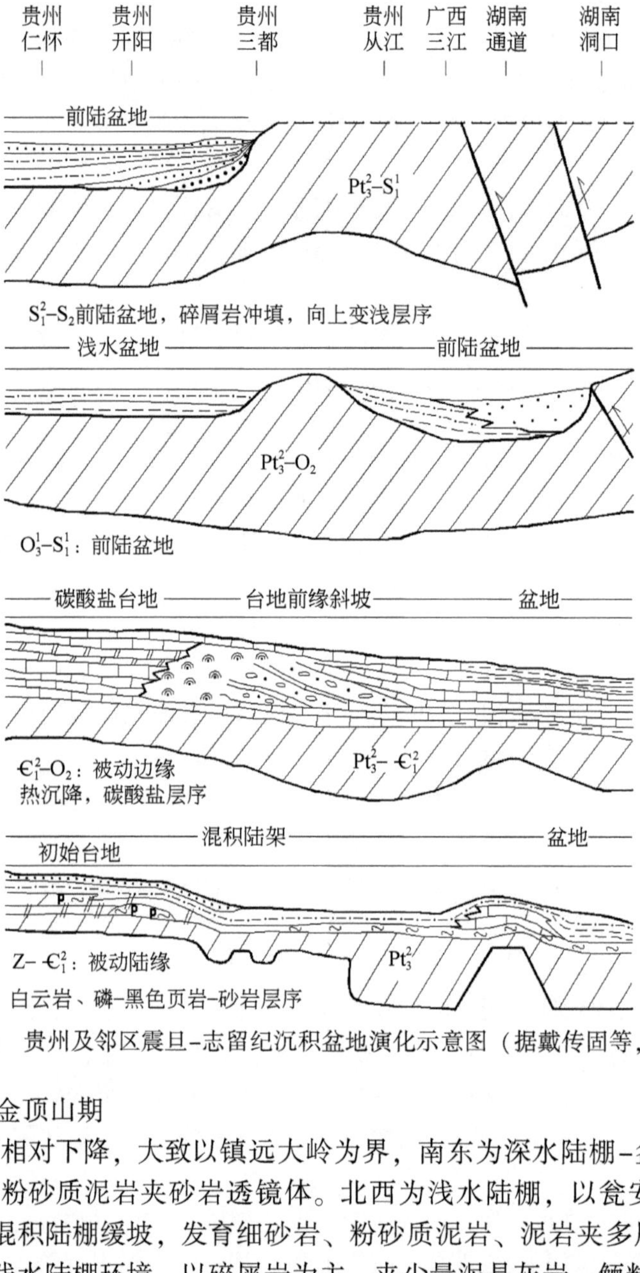

图 1.12　贵州及邻区震旦–志留纪沉积盆地演化示意图（据戴传固等，2013）

（4）明心寺–金顶山期

该时期海平面相对下降，大致以镇远大岭为界，南东为深水陆棚–盆地沉积的碳质泥岩、含碳质泥岩、粉砂质泥岩夹砂岩透镜体。北西为浅水陆棚，以瓮安–石阡一线为界，其中瓮安–大岭为混积陆棚缓坡，发育细砂岩、粉砂质泥岩、泥岩夹多层灰岩、鲕粒灰岩等；习水–瓮安为浅水陆棚环境，以碎屑岩为主，夹少量泥晶灰岩、鲕粒灰岩（图 1.13）。该期的碎屑沉积构筑了稳定的碎屑岩陆架，而成为其后大量碳酸盐沉积的基底。

（5）清虚洞–娄山关期

沉积环境已由前期的碳酸盐缓坡，逐渐演变为具镶边构造的碳酸盐台地，在缓坡变陡部位形成了台地边缘，沿向海方向脉动式进积，原来的下缓坡逐渐演变为陡的斜坡和深水盆地。清虚洞早期，在习水–天柱一带，总体呈缓坡碳酸盐沉积，鲕粒滩发育地带主要分布于余庆–石阡一带，其宽度约 50km，滩前斜坡–盆地为深灰色薄层泥晶灰岩夹少量泥岩，滩后为灰泥坪的灰色薄层泥晶灰岩。

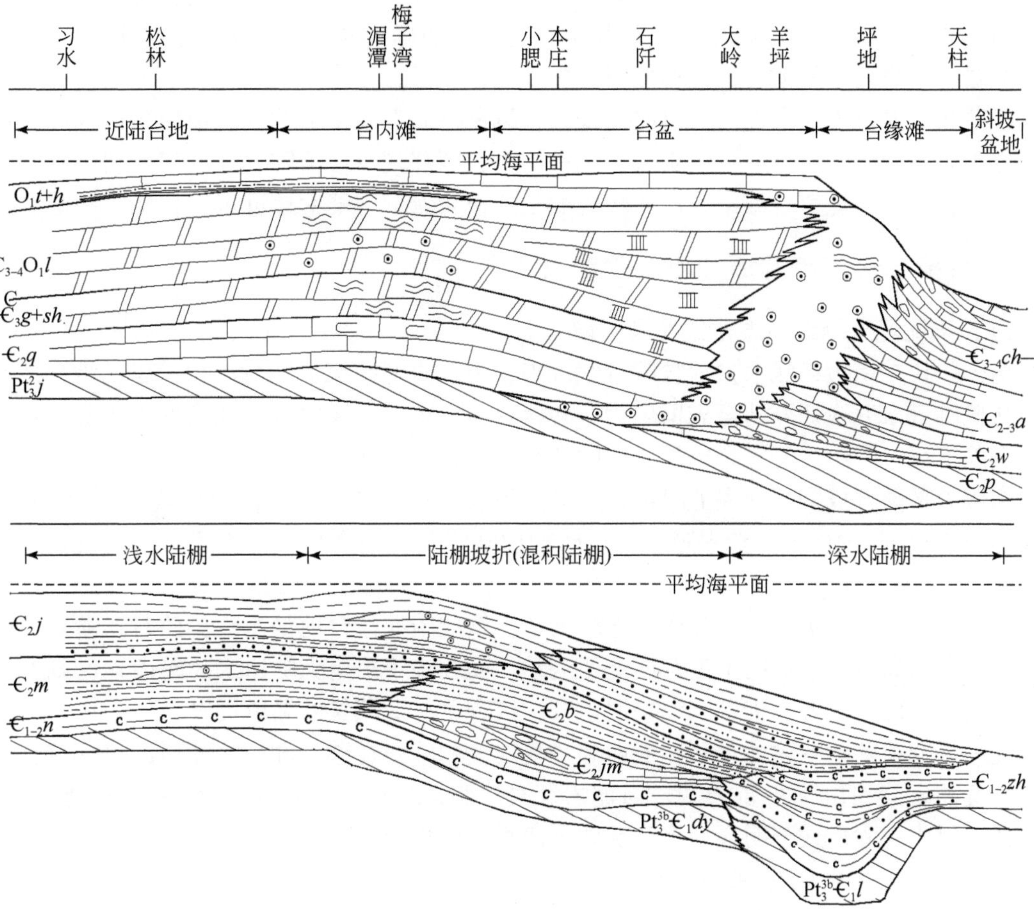

图 1.13　贵州寒武纪时期沉积地层格架图（据贺永忠等，2015）

清虚洞中晚期，鲕粒滩向东迁至石阡、岑巩排楼坡、镇远羊坪一带，宽 5 ~ 7km，其迁移距离约 60km，此时碳酸盐台、坡、盆格局显现，镶边的碳酸盐台地形成，滩相以鲕粒砂屑灰岩为主、次为藻纹层灰岩，发育水平纹层、斜层理、栉壳、窗格、鸟眼等构造。滩前斜坡变陡，为幕式角砾灰岩夹泥晶灰岩，盆相为深灰色泥晶灰岩、黑色碳质黏土岩，含三叶虫、腹足等浮游生物。滩后台地相为灰色泥晶灰岩夹鲕粒灰岩，鲕粒滩向东层位逐渐升高。

高台-娄山关期，台缘滩向南东迁移（进积），迁移距离 5 ~ 6km，鲕粒滩位于镇远羊坪-芭蕉坪一带，宽 5 ~ 7km，以灰白色厚层块状鲕粒白云岩为特征。之后，台缘滩沉积物以加积和进积为主，形成岑巩大坪鲕粒砂屑滩。斜坡沉积的角砾灰岩向上变厚、层数增加，向盆地迅速减薄至消失（图 1.13）。盆地中主要沉积纹层状泥晶灰岩、泥质灰岩，沉积厚度相对较小，属深水盆地沉积。

（6）奥陶纪桐梓-宝塔期

早期沉积格局及沉积特征与晚寒武世类似，但灰岩明显增多，且台地边缘更向东推进，外侧已达三都-雷山-铜仁等地。台内由白云岩和灰岩组成。台缘在新厂期为生物碎屑滩，益阳早期在都匀绿荫塘、凯里凯棠有海绵-藻礁出现。台地前缘斜坡相带发育有重力滑塌与重力流沉积的各类灰岩，其中由碎屑流形成的砾屑灰岩最为发育，盆地内主要为灰、灰绿色页岩夹少量紫、灰色粉砂质泥岩。

晚期台缘滩呈现向东迁之后再向西迁移，沉积格局发生重大改变，由原来的西高东低渐转化为东高西低，东部以台地碳酸盐沉积为主，西部则以似前陆盆地的碎屑岩夹灰岩沉积，碳酸盐沉积环境宣告结束，取而代之的是碰撞背景下前陆盆地沉积。

3. 碰撞背景下的前陆盆地演化阶段

（1）奥陶纪五峰期—志留纪龙马溪期

扬子陆块东南边缘深水盆地自震旦纪以来，为较典型的深水细粒沉积，属饥饿盆地类型。从奥陶纪末五峰期开始至志留纪为一转换界面，东南边缘的构造性质发生改变转化为前陆拗陷下沉，开始接受来自华夏方向的陆源碎屑物质，形成了厚数千米的砂、泥质碎屑岩。东部大部隆升成陆，缺失五峰组、龙马溪组及新滩组的沉积，向西出现前渊拗陷-前陆隆起-前陆坳陷的格局，黔中隆起与该时期前陆隆起关系密切，控制了页岩气及铝土矿的形成。

五峰期黑色笔石页岩覆盖在碳酸盐缓坡上，造成碳酸盐台地的淹没，此时在浙西地区发育巨厚的浊积岩，古流向由南东向北西流动。而在扬子东南大陆边缘的黔南地区则变为前陆隆起，黔北、湘西一带则因海平面上升，沉积了一套缺氧的黑色页岩。

龙马溪期前陆槽状盆地分别从浙西和华夏陆块的赣西迁移到湘中、湘西洞口一带，沉积了一套浊积岩，由凝灰质杂砂岩与泥岩、页岩组成，厚达千余米。而在湘西、黔北一带，黑色页岩中砂质成分明显增多，反映了离物源区更近。

（2）志留纪大中坝期—南塔梁期

随着前陆冲断体不断向西迁移，前陆盆地的面积已逐步缩小，以快速沉积的灰绿、紫红色泥岩、粉砂质泥岩、黏土质粉砂岩、粉砂岩及细砂岩等岩性组合为特征。在纵向上，区内沉积系列显示变浅的特征，由深水陆棚演变为浅水陆棚，最后变为滨岸的潮坪潟湖相沉积。

纵观区内前陆盆地沉积特点为一个突然变深再变浅的充填层序，这与典型的前陆盆地层序是一致的。

4. 造山背景下的磨拉石盆地演化阶段

加里东期造山运动后形成的一套陆相磨拉石组合，以泥盆系底部发育的底砾岩为代表，属滨岸砂砾滩相沉积。

（二）海西-印支-燕山构造旋回期沉积盆地演化

该时期贵州地处华南板块西南部（许效松等，1996），从更大尺度上位于特提斯构造域与濒太平洋构造域的交接部，因而沉积盆地的发展演化当受其影响。据已有的研究成果（刘宝珺等，1993；程裕淇等，1995；曾允孚等，1995；夏文臣等，1995；秦建华等，1996）来看，贵州已进入陆内裂陷演化发展阶段，沉积格局出现重大变化，由之前的北东向转变为北东、北西向，反映出其发展演化历史同时受控于东、西两侧。黔东地区主要受江南复合造山带钦杭带晚古生代钦防海槽发展演化的远程影响，黔西地区主要受特提斯构造域哀牢山构造带发展演化的远程影响。该地区从泥盆纪—早白垩世，经历了从裂谷盆地至前陆盆地的演化历程（图 1.14）。

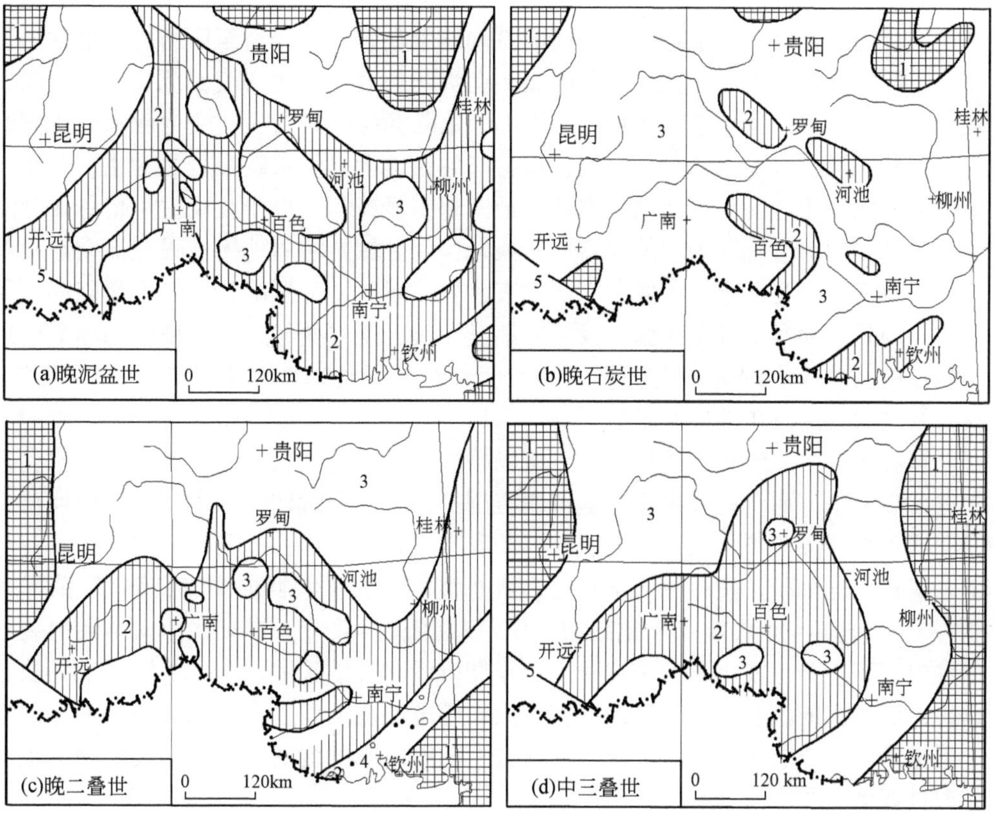

图 1.14 海西-印支-燕山期贵州南部及周边不同时代沉积盆地轮廓结构图（据曾允孚，1995）

据曾允孚（1995）研究成果，贵州及右江地区从早泥盆世开始，随哀牢山洋盆逐渐打开而导致该地区若干与之平行的北西向拉伸裂谷盆地的出现，使其沉积作用和火山活动具有被动边缘裂谷特点。

1. 裂陷背景下的裂谷盆地演化

裂谷盆地是随着特提斯洋的打开，从泥盆纪开始在华南板块南端离散边缘的陆壳基础上发展起来的，这可以从黔中、桂西北隆林等地区泥盆系与下伏寒武-奥陶系平行不整合接触得到证明。在晚古生代它是一个陆内的裂谷盆地，其演化主要受控于特提斯构造域和江南复合造山带的构造活动，大致经历了早期裂谷盆地和晚期裂谷盆地两个阶段。

早期裂谷盆地阶段：大致是从泥盆纪延续到阳新世。从泥盆纪开始，因大陆伸展作用，华南板块南缘发生裂陷，导致了该地区裂谷系的产生。其中，裂谷槽盆多呈北西和北东两个方向展布，其发展主要受北西和北东向同沉积断裂的控制，从而形成了堑、垒相间、“槽台相间”的构造和古地理格局，以右江盆地为其代表。伸展作用造成的裂谷系由南向北发展，右江盆地南部早泥盆世至阳新世的裂陷槽盆沉积，以深水放射虫硅质岩为主，并断续有海底玄武岩的喷发。其火山活动以晚泥盆世、早石炭世和阳新世较强烈，也有南强北弱的趋势并主要受北西向构造控制。喷发的岩石为碱性、过碱性玄武岩，有的具水下成因的枕状构造（曾允孚等，1995）。裂谷系的发育于早泥盆世传入贵州，并由裂陷槽盆与被其分割的台地构成了盆、台相间的古地理景观。从中泥盆至阳新世，槽盆的范围逐渐缩小，但基本格局无显著变化，在晚石炭世贵州的大部转化为浅水沉积区，只在罗甸西侧发育北西向深水台盆。槽盆沉积物自下而上由陆源碎屑岩为主，变为深水暗色碳酸盐岩为主，夹硅质岩，含底栖和浮游生物；槽盆间的台地上以浅水碳酸盐岩为主，并在阳新世有生物礁形成。槽盆区火山活动较右江盆地南部明显减弱。贵州在晚古生代总体处于陆内裂谷演化期，阳新世晚期为裂陷向挤压转换期，以区域上峨眉地幔柱强烈活动在贵州形成大片峨眉山玄武岩为标志。因此，峨眉山玄武岩喷发时期为裂陷盆地最大裂陷期，属一转换界面，即其下为盆地逐渐扩张、发展时期，而其上至二叠纪末、三叠纪初为盆地逐渐萎缩、消亡期，总体表现为向上变粗的逆粒序。控制了贵州西部金锑砷汞、铅锌矿、锰矿、煤矿及页岩气的成矿地质背景。

晚期裂谷阶段：大致相当于乐平世，沉积格局有了很大变化，主要表现在深水台盆沉积范围进一步缩小，而台地浅水碳酸盐沉积范围扩大。这个时期盆地主体虽仍旧保持着槽台相间和槽谷内陆源碎屑、火山碎屑浊流沉积异常发育的格局，但其北部的裂陷槽谷却逐步萎缩、消亡。这个阶段贵州的大部转化为浅水沉积区，从北西向南东，陆相-滨岸海陆交互相-局限台地相-台缘滩、礁相依次展布，仅在望谟-关岭一带有北西向窄狭的裂陷槽盆。槽盆内沉积组合也发生了显著变化，由早期阶段非补偿碳酸盐为主的沉积变为快速补偿型硅质碎屑为主的沉积，并且陆源碎屑及火山碎屑浊流沉积占有相当大的份额。此时北西向裂陷槽盆内的碎屑沉积物主要来自西北方，随着时间的流逝，北西向裂陷槽盆也自西北向东南被逐渐充填。

2. 挤压背景下的前陆盆地演化

据曾允孚（1995）研究成果，在晚二叠世—早三叠世，哀牢山洋盆开始向华南板块边缘消减俯冲，哀牢山一带石炭纪、二叠纪变质地层中，存在大量的洋岛型玄武岩，以及若干镁铁质、超镁铁质岩体，表明这个地区古洋盆和古岛弧的存在。而在贵州及右江地区也就是从这个时期开始进入弧后盆地发展阶段。

二、潜质页岩沉积环境演化

（一）震旦纪时期潜质页岩沉积演化

震旦纪时期贵州大部分在南华裂谷盆地沉积基础上，总体转入被动大陆边缘盆地沉积演化阶段，该时期有机质页岩的沉积总体处于深水盆地-斜坡沉积环境，有机质页岩发育于陡山沱组、老堡组地层中（图 1. 15）。

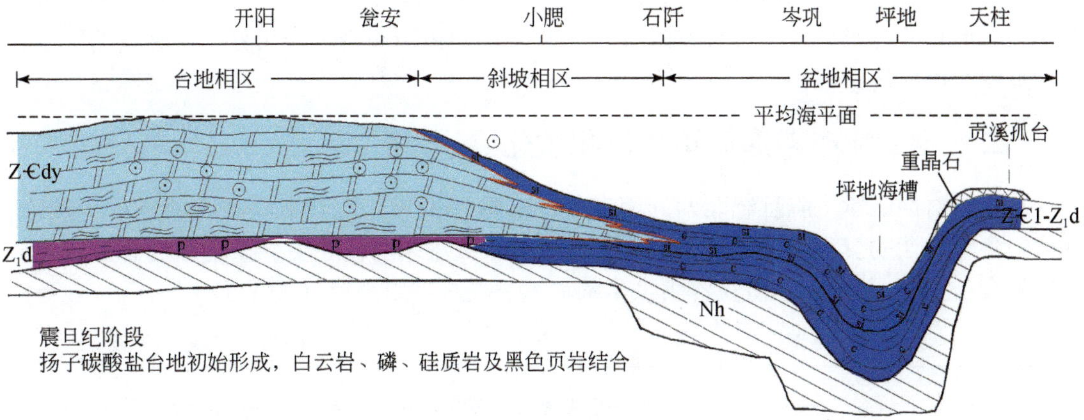

图 1.15 震旦纪陡山沱–灯影期沉积地层格架（据贺永忠等，2015）

1. 陡山沱期

陡山沱期为堑、垒式沉积格局，有机质页岩主要发育于地堑内，为陆棚斜坡环境，其沉积厚度、分布范围变化较大。总体上看，大致在石阡–瓮安–湄潭一线以南东地区地堑比较发育，其中地堑区沉积以有机质页岩为主，夹白云岩；地垒区则以白云岩沉积为主，夹少量有机质页岩。无论是地堑还是地垒区，其沉积厚度、分布范围变化均较大。该地区到灯影期演化为深水盆地沉积，沉积一套硅质岩夹有机质页岩的岩石组合——老堡组；北西地区主体处于沉积高位区，有机质泥页岩发育较少，以白云岩沉积发育为主，在开阳、瓮安、福泉等地夹磷矿层。该地区到灯影期演化为台地相沉积，发育一套岩性比较单一的白云岩——灯影组（图 1.16）。

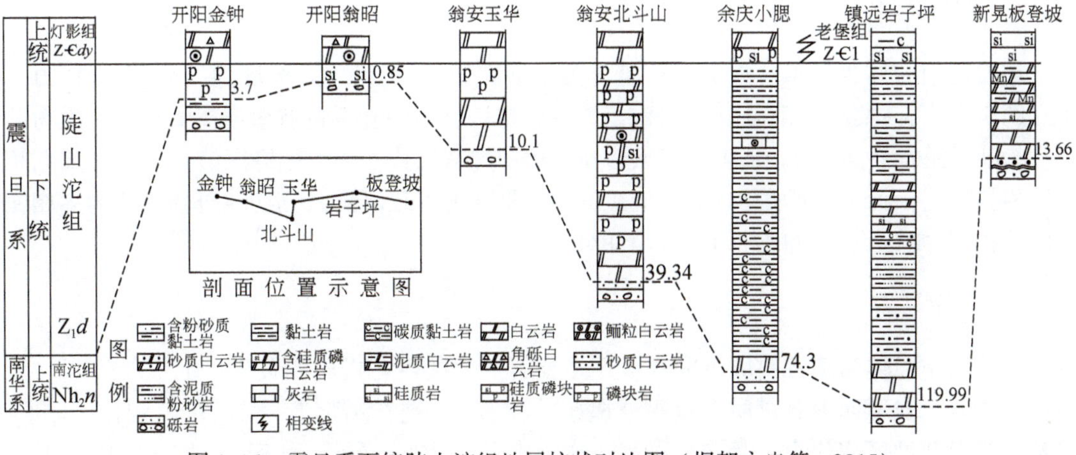

图 1.16 震旦系下统陡山沱组地层柱状对比图（据贺永忠等，2015）

2. 老堡期

老堡期总体继承了陡山沱期的沉积格局，在陡山沱期沉积夷平的基础上发生沉降，转变为深水盆地沉积环境，有机质页岩以夹层形式发育于硅质岩层中，与其同时异相的地层单元为台地相的灯影组，二者大致以石阡-瓮安-都匀古断裂带一线为界。牛蹄塘期则演化为盆地相的渣拉沟组沉积。

（二）寒武纪时期潜质页岩沉积演化

寒武纪时期继承了震旦纪北西高南东低的古地理格局，随着沉降活动的进一步加剧，寒武纪牛蹄塘期的沉积活动达到了最大化，转入滞留盆地沉积环境。该时期的有机质页岩主要发育于盆地-斜坡相的渣拉沟组、牛蹄塘组、变马冲组地层（图 1.17）。

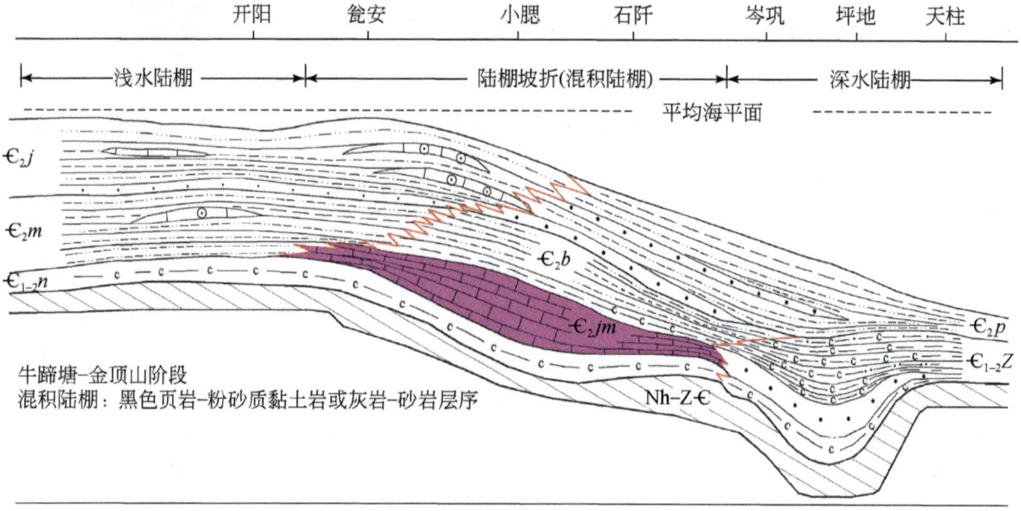

图 1.17 震旦系下统陡山沱组地层柱状对比图（据陈厚国等，2010）

1. 渣拉沟期

渣拉沟组总体为深水盆地沉积环境，其早期在镇远-三穗-天柱坪地一带沉积厚 20 ~ 50m 的岩屑石英砂岩。总体上，渣拉沟组岩性较单一，为一套黑色有机质泥页岩、泥质粉砂岩、粉砂质泥岩组合，自下而上有机质含量呈逐渐递减趋势，到了杷榔期演化为一套陆棚相斜坡相的灰色、灰绿色泥质粉砂岩。渣拉沟组在平面上大致以铜仁-玉屏-丹寨一线为界相变为斜坡相的牛蹄塘组、九门冲组、变马冲组。

2. 牛蹄塘期

牛蹄塘组总体为陆棚斜坡沉积环境，主要岩性为黑色有机质泥页岩、泥质粉砂岩、粉砂质泥岩等，自下而上有机质含量逐渐递减，在石阡-瓮安-都匀一线以东及铜仁-玉屏-丹寨一线以西地区演化为一套深色泥晶灰岩（九门冲组）；石阡-瓮安-都匀一线以西地区演化为一套浅海陆棚相的灰色岩屑粉砂岩、砂岩等（明心寺组）。牛蹄塘组在威宁地区逐渐相变为浅水陆棚相的筇竹寺组。

3. 变马冲期

变马冲期继承了九门冲期的斜坡沉积环境，发育一套黑色有机质泥页岩、泥质粉砂岩组合，自下而上有机质含量逐渐递减，到了杷榔期演化为一套灰绿色泥质粉砂岩。

(三) 奥陶-志留纪时期潜质页岩沉积演化

奥陶纪末期，受扬子陆块东南缘构造性质发生改变的影响，贵州由被动大陆边缘盆地转化为前陆盆地沉积，并在奥陶纪末—志留纪早期，贵州北部形成了一套富含有机质的岩石组合——大龙马溪组（图 1.18）。整体上，“大龙马溪组”期水体由北向南逐渐变浅，沉积厚度逐渐变薄，沉积环境由浅水陆棚向近岸陆棚过渡，并渐次超覆于雪峰隆起、黔中隆起的不同地层单元之上。钻井及剖面资料表明，“大龙马溪组”在贵州最北边的道真地区最厚，达 25m 左右，向南逐渐变薄至尖灭。沉积物中有机质含量由北向南呈逐步递减趋势（图 1.19）。

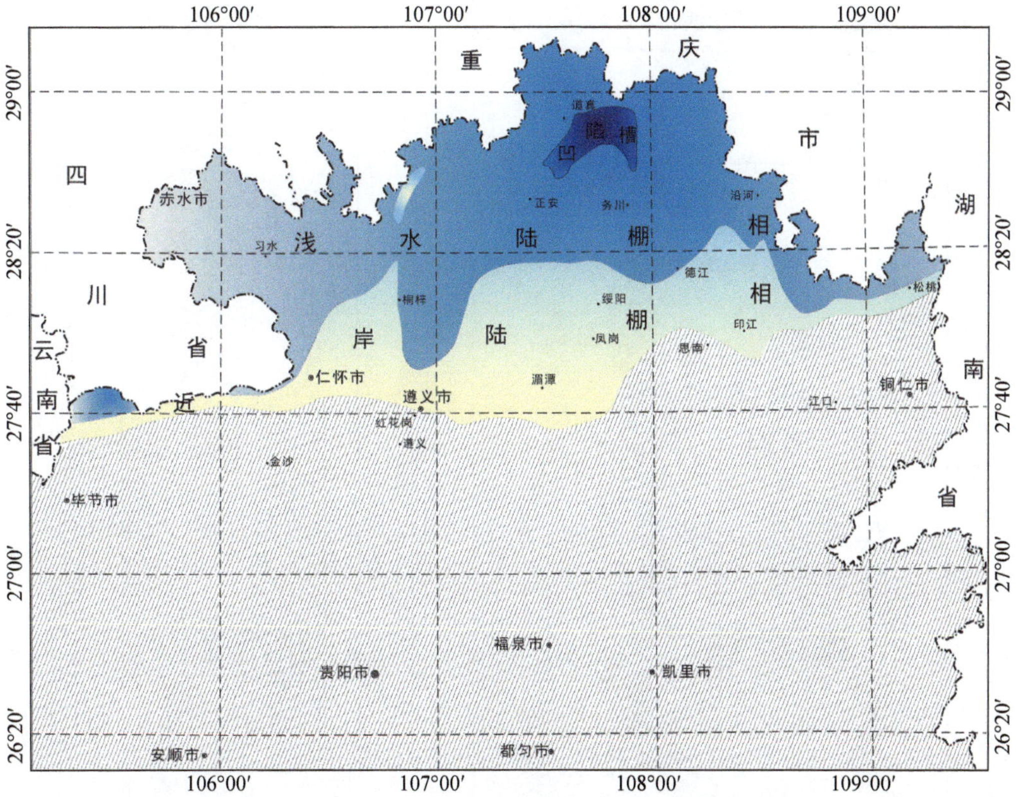

图 1.18　黔北地区“大龙马溪组”沉积期岩相平面划分示意图（据安亚运等，2015）

(四) 泥盆纪时期潜质页岩沉积演化

泥盆纪时期，贵州处于裂谷盆地沉积演化阶段，有机质页岩主要发育于中泥盆统火烘组上部（第三段），分布于罗甸-水城北西向裂陷槽盆内，属深水盆地沉积环境。火烘组是一个跨时地层单位，由于出露较少、顶底不全，研究程度较低。

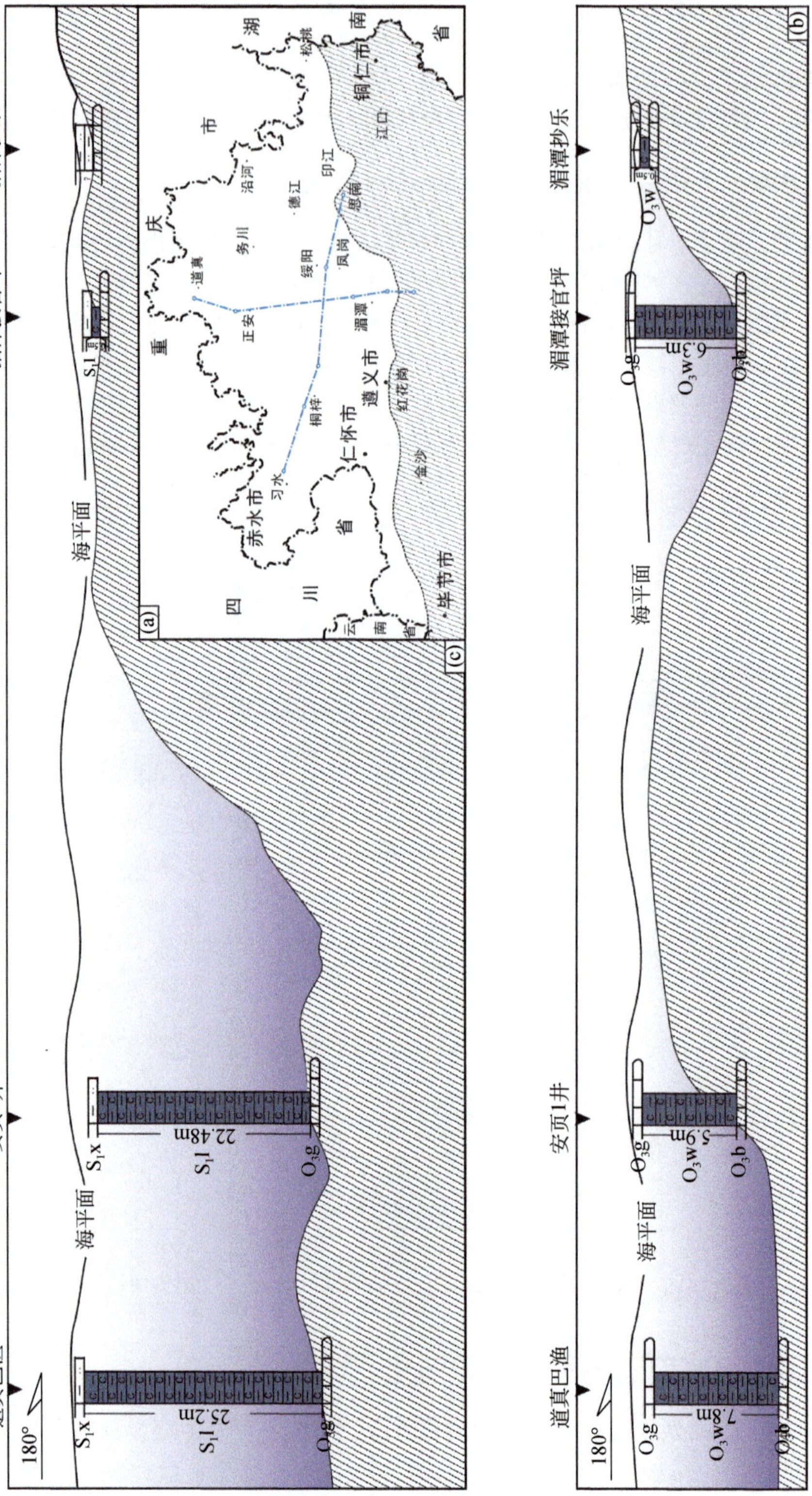

图1.19 五峰组—龙马溪组沉积演化及其在道真-湄潭一线岩相古地理横断剖面示意图

(五) 石炭纪时期潜质页岩沉积演化

石炭纪时期贵州继承了泥盆纪时期的沉积格局，有机质页岩在裂陷槽盆及台地相区均有发育，主要有打屋坝组、旧司组、祥摆组。

1. 打屋坝期

打屋坝期的沉积继承了泥盆纪时期罗甸-水城北西向裂陷槽盆沉积环境，属槽谷盆地-斜坡相沉积。其盆地沉积中心大致位于罗甸沟亭-紫云火花-晴隆-水城一带，槽盆宽 10 ~ 20km；沿槽盆北东、南西方向及北西延伸至威宁地区，打屋坝组逐渐相变为台地边缘相的威宁组、台地相的祥摆组或旧司组、上司组，向南东方向延伸至罗甸沟亭一带，相变为以硅质岩为主的深水盆地相沉积。打屋坝组下部岩性主要为有机质页岩夹硅质岩，向上逐渐过渡为有机质页岩与含碳质泥灰岩互层，发育滑塌、滑移构造。从岩性组合、沉积构造特征看，打屋坝组自下而上呈裂陷槽盆向斜坡沉积逐渐演化过渡的特征（图 1.20）

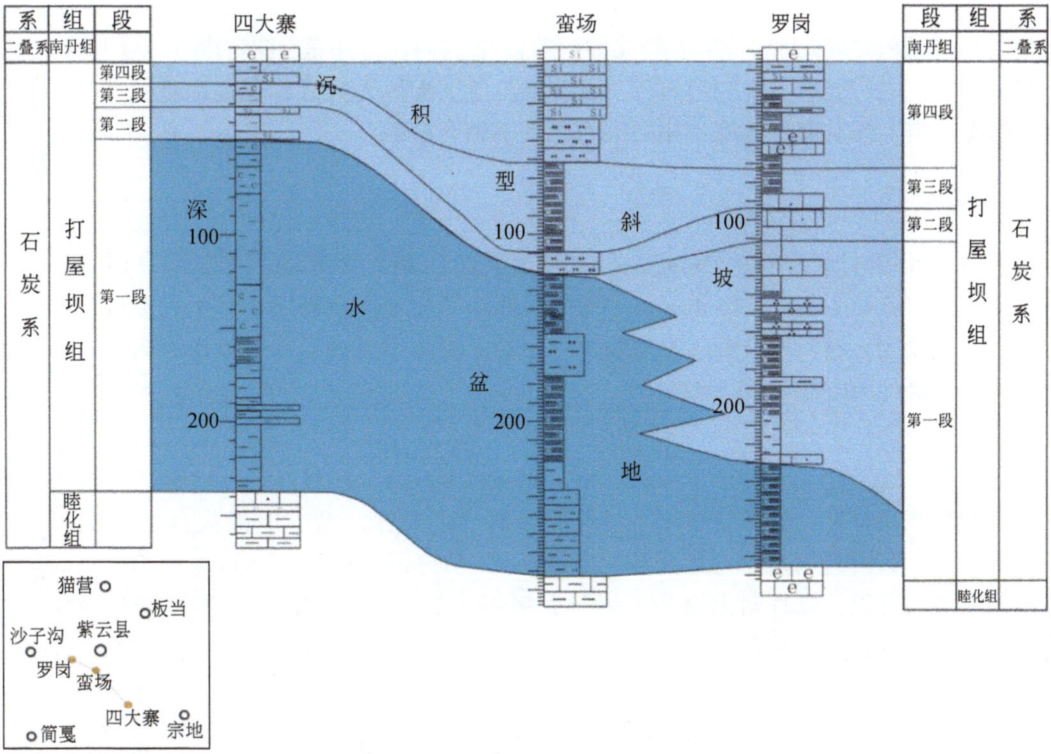

图 1.20　紫云四大寨-蛮场-罗岗打屋坝组沉积相剖面对比图（据符宏彬等，2015）

2. 旧司期

旧司组是罗甸-水城北西向裂陷槽盆边缘延伸部分的台地相潮坪沉积。在威宁地区，其下部岩性以有机质页岩为主，夹含碳泥质泥晶灰岩、泥晶灰岩，向上逐渐过渡为泥晶灰岩夹碳质页岩，至上司组演化为泥晶生物灰岩。在惠水、平塘、荔波地区，旧司组主要岩性为有机质页岩与碳泥质泥晶灰岩、泥晶灰岩互层，与祥摆组既是相变关系，又是上下关系。

3. 祥摆期

祥摆组是罗甸–水城北西向裂陷槽盆北东部边缘延伸部分的滨岸沉积，其主要岩性为有机质页岩、岩屑石英砂岩夹碳质泥页岩及煤层或煤线，向上逐渐演化过渡以泥晶生物灰岩为主的上司组。

（六）二叠纪时期潜质页岩沉积演化

二叠纪时期贵州总体仍处于裂谷盆地演化阶段，该时期的有机质页岩发育于龙吟组、梁山组、龙潭组地层中。

1. 龙吟期

龙吟组沉积时期处于罗甸–水城北西向裂陷槽盆内，分布范围较局限。早期阶段为深水槽盆沉积，之后逐渐演化为斜坡沉积，晚期阶段随着地壳抬升，盆地逐步充填夷平，直至暴露出地表，与后期上覆滨岸相的梁山组呈不整合接触。

2. 梁山期

梁山组沉积时期贵州除罗甸–望谟–册亨地区外，绝大部分地区处于滨岸沼泽沉积环境，梁山组的分布范围大、面积广。该时期沉积环境相带比较稳定，沉积物厚度就全省范围而言变化较大，与沉积时期的古地貌关系密切。梁山组沉积期后的栖霞组时期，贵州大部分进入稳定的碳酸盐岩沉积环境。

3. 龙潭期

龙潭组沉积时期，大致以遵义–贵阳–安龙一线为界，以东地区为台地相沉积环境（合山组或吴家坪组），威宁地区为陆相沉积环境（宣威组），以西地区龙潭组则为海陆交互相的三角洲沉积。该时期无论是“大”龙潭组还是“小”龙潭组，其沉积环境相对较稳定，仅沉积微相变化较大。

第三节　构　　造

一、构造单元划分

贵州大地构造位置在《贵州省区域地质志》(1987 版）中以铜仁–三都一线为界，其东侧属华南褶皱带，西侧属扬子准地台。其中，扬子准地台进一步划分为黔北台隆、黔南台陷和四川台拗。程裕淇（1994）主编的《中国区域地质概论》认为贵州大地构造位置位于扬子陆块与南华活动带的过渡区，其中在贵州境内扬子陆块进一步划分为上扬子地块和江南地块；南华活动带进一步划分为湘桂褶皱系的右江（印支）褶皱带。王砚耕等（2000）在《贵州西南部红土型金矿》中认为贵州总体属扬子陆块，进一步划分为四川前陆盆地、渝黔前陆冲断褶皱带和江南前寒武纪隆起；戴传固等（2017）在《贵州省区域地质志》中，区域上北以师宗-松桃-慈利-九江一线为界，其北侧划分为扬子地块，南以绍兴-萍乡-北海一线为界，其南东划分为华夏地块（图1.21）。

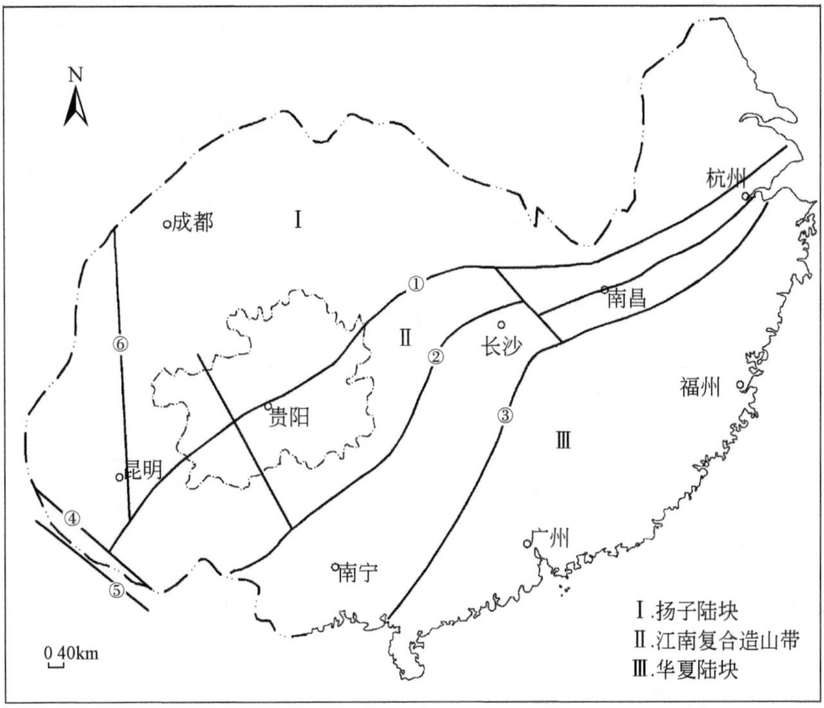

图1.21　贵州大地构造位置图（据戴传固等，2017）
①师宗-松桃-慈利-九江断裂带；②罗城-龙胜-桃江-景德镇断裂带；③北海-萍乡-绍兴断裂带；④红河断裂带；⑤哀牢山断裂带；⑥小江断裂带

在此基础上，结合《中国区域地质志工作指南》，贵州大地构造位置一级分区属羌塘-扬子-华南板块，二级分区属扬子陆块，以地史演化过程中最高级别边界，即普安-贵阳-梵净山北（印江木黄）断裂带作为贵州境内的一级构造单元划分界线（相当于全国划分的三级构造单元界线），划分出两个构造大区（三级构造单元），即上扬子地块和江南复合造山带；依据主要控盆控相断裂、深部隐伏断裂带和地表地层出露、变形特点，划分出8个四级构造单元；依据主要地表构造形迹的方向和变形组合样式、深部隐伏断裂带的发育情况，划分出13个五级构造单元（图1.22）。

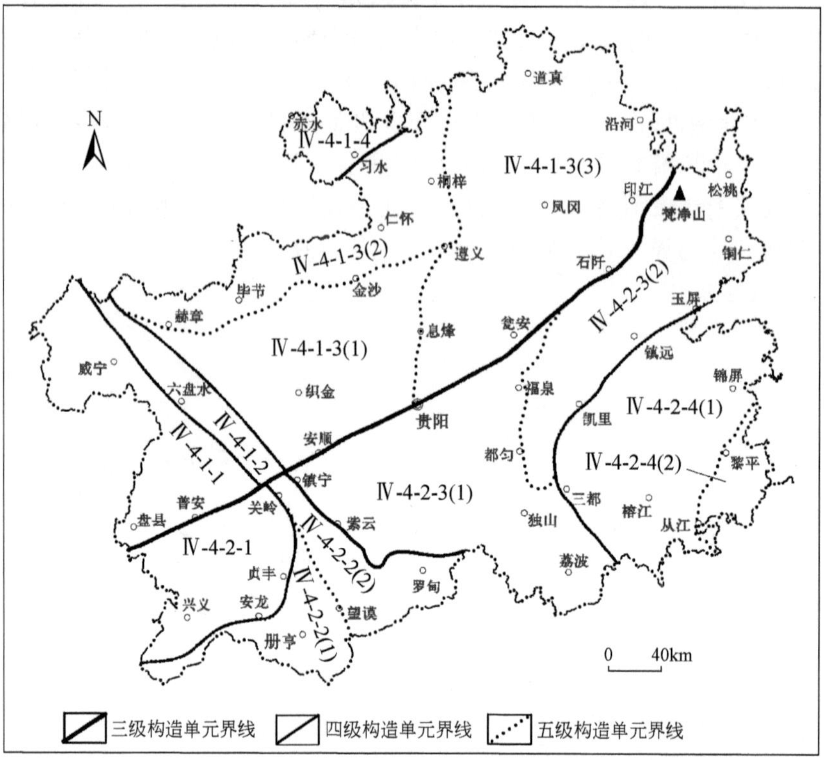

图 1.22 贵州构造单元分区图（据戴传固等，2013）

二、构造单元特征分述

（一）上扬子地块（Ⅳ-4-1）

上扬子地块位于普安-贵阳-梵净山北（印江木黄）断裂带北西侧，面积约 75000km^2，是贵州境内最高级别构造单元（三级构造单元），是武陵运动形成的扬子陆块之上、自南华纪以来的一个相对隆起区，其基底逐渐过渡至以四川盆地为代表的由新太古界—古元古界组成的“川中式”。根据不同时期构造活动特点和构造形迹组合特征可进一步划分为 4 个次一级构造单元。

1. 威宁隆起区（威宁穹盆构造变形区Ⅳ-4-1-1）

威宁隆起区位于威宁、盘县等地，南东侧以普安-贵阳-梵净山北断裂带为界与江南复合造山带相邻，北东侧与六盘水裂陷槽相邻，西面跨入云南。卷入变形地层有震旦系、寒武系、泥盆系、石炭系、二叠系、三叠系、侏罗系、白垩系、古近系、新近系及第四系，说明其主体变形时期为燕山期。该区记录了雪峰-加里东构造旋回期汇聚背景下的台地相，海西-印支-燕山-喜马拉雅及新构造旋回期裂陷背景下的滨岸-台地相、台缘相、裂谷盆地相、裂谷火山岩相，挤压背景下的前陆盆地相，隆升背景下的磨拉石盆地相及山间盆地相。构造形迹主体展布方向为北东向及北西向，断层以带状分布的逆断层组合带展布为主要特征。褶皱构造样式以穹窿、构造盆地或开阔平缓短轴背斜、向斜相间排列为其特点（图1.23），戴传固等（2013）认为其褶皱组合属日耳曼式褶皱。

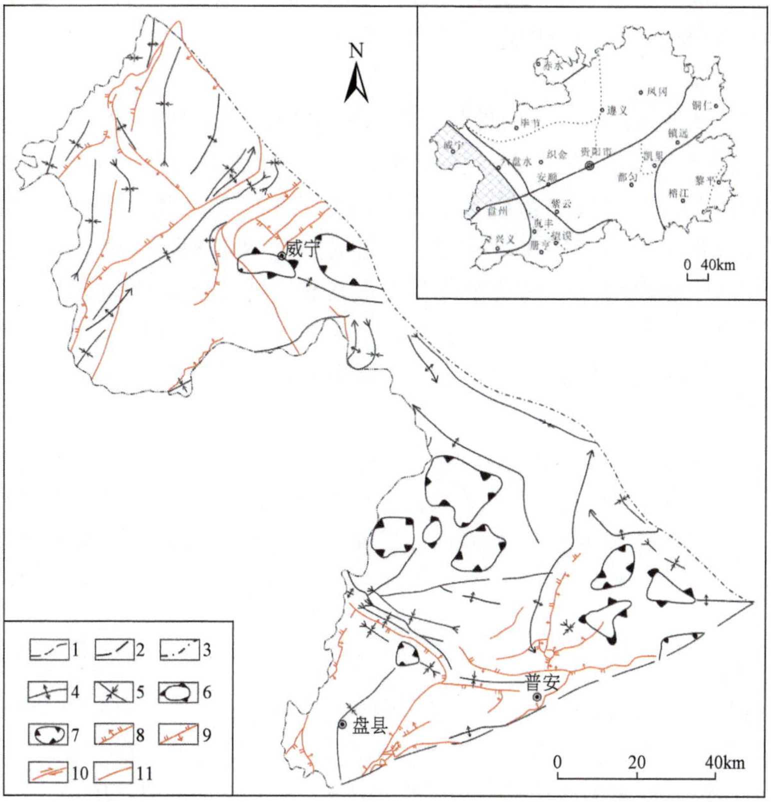

图1.23 威宁穹盆构造变形区构造形迹分布图（据戴传固等，2013）

1. 省界；2. 一级分区界线；3. 二级分区界线；4. 背斜；5. 向斜；6. 穹窿；7. 构造盆地；8. 正断层；9. 逆断层；10. 平移断层；11. 性质不明断层

根据构造形迹之间的平面展布及组合特点，该区可进一步分为次一级中水断褶带、摆布嘎断褶带、威宁穹盆区、新发北西向断褶带、发耳穹盆区、花贡穹盆区、鸡场坪断褶带、盘县断褶带、龙吟断褶带。

（1）中水断褶带

分布于威宁县海拉-雪山一线北西，构造形迹展布方向为北北东向。卷入地层为泥盆系、石炭系、二叠系、三叠系。断层以中水断层为代表，其位于威宁中水-玉龙一线，两端均延入云南，省内延伸长约30km，走向北北东，倾向南东东，属逆断层性质。褶皱以中常褶皱为主，局部较紧闭。新构造期活动较强，地貌上表现为直谷，沿断裂带地震活动较强，近年有多次地震记录，最大震级达5.4级，表明断层具多期活动特点。

（2）摆布嘎断褶带

分布于威宁县银厂坡-羊街一带，构造形迹展布方向为北东向。卷入变形地层有震旦系、寒武系、泥盆系、石炭系、二叠系、三叠系、侏罗系及白垩系；断层以威宁县银厂坡-摆布嘎一线摆布嘎断层为代表，其南西端延入云南，省内延伸长约35km，走向北东，倾向南东；褶皱从开阔平缓至紧闭均有；重大构造界面有泥盆系与下伏地层之间的平行不整合、上白垩统与下伏地层之间的角度不整合。该带向北东延伸形成一个巨型的北东向褶皱带，属较强的应变带，从其平面展布情况看，其主要应力为北西-南东的挤压，与江南复合造山带西南段燕山期板内造山带活动有关。

（3）威宁穹盆区

分布于威宁县威宁-金钟一带。断层以么站断层为代表，位于威宁县么站-金斗一线，长约20km，走向北西，近直立，切割了石炭系、二叠系及三叠系地层，破坏了以侏罗系为核部的燕山期褶皱，控制威宁新近系—第四系盆地的产出，说明其具有多期活动特点。区内新构造活动较强，近年有多次地震记录，最大震级达4.5级，具正断层性质和多期活动特点。本区褶皱形态以穹窿、构造盆地及中常褶皱为特征。重大构造界面有新近系、第四系与下伏地层之间的角度不整合，威宁新近系—第四系盆地的发育及其内部沉积物未见显著变形等，显示该区喜马拉雅期构造运动活动以断块差异升降为主。

（4）新发北西向断褶带

分布于威宁县龙场-水城县野钟一带，构造形迹展布方向为北西向，断层发育少、规模小。褶皱从中常至紧闭均有，背斜较宽缓，向斜相对紧闭，具隔槽式褶皱特征。卷入地层有二叠系、三叠系及侏罗系。该带向南东延伸与六盘水北西向裂谷带构成一个规模较大的北西向构造带，是一个较强的应变带，从其平面展布情况看，其主要应力为南西-北东向的挤压。

（5）发耳穹盆区

分布于水城县发耳-盘县坪地一带。断层发育少、规模小。褶皱形态以穹窿、构造盆地为主。卷入地层为石炭系、二叠系、三叠系，属海西-印支-燕山-喜马拉雅及新构造旋回期产物，具体形成时期根据其周缘构造形成时期可推断为燕山期。该区周缘均为应变较强的断褶带，是在北西-南东向和南西-北东向挤压应力下共同叠加作用的产物。

（6）花贡穹盆区

分布于晴隆县花贡-六枝县洒志一带。断层发育少、规模小。褶皱形态以穹窿、构造盆地为主，间有小规模中常背、向斜。卷入地层有石炭系、二叠系、三叠系及侏罗系，为燕山期形成。该区北东侧及北西侧均为应变较强的断褶带，是在北西-南东向和南西-北东向挤压应力下叠加作用的产物。

（7）鸡场坪断褶带

分布于盘县鸡场坪-普安县城一带，构造形迹展布方向为北西向。断层以回龙寺断层为代表，位于盘县回龙寺-普安县窝沿一线，北西延入云南，贵州境内长约44.5km。走向北西，倾向南西，切割二叠系、三叠系地层，具逆断层性质，主要形成于燕山期。沿该带新构造期活动较明显，地貌上呈线性沟谷，在北西端狗场附近，错切了近代坡积层，柏果附近及鸡场坪南侧均有地震发生，震级最大达4.7级，新构造期活动较明显。该断褶带中褶皱形态紧闭，具从两侧向中部由宽缓变紧闭的特点，显示应变由两侧向中部增强的特征。卷入地层有二叠系、三叠系、侏罗系，说明其主体应形成于燕山期。重大构造界面有古近系与下伏地层之间的角度不整合，也说明该带的主要构造活动期为燕山期。该区古近系地层的变形较明显，表明喜马拉雅期构造运动除差异升降外，可能尚有褶皱运动。

（8）盘县断褶带

分布于盘县红果-刘官一带，构造形迹展布方向为北东向。断层规模均较大，沿断层多有古近系盆地发育，性质以逆断层为主，具多期活动特征，沿断层多有小地震发生。其中的普安断层是盘县-贵阳-梵净山北断裂带中的一条重要断层，切割了泥盆系、石炭系、二叠系、三叠系等地层，控制了古近系盆地的发育，主要活动定型于燕山期。根据其两侧延伸情况结合区域大地构造背景分析，很有可能是武陵运动贵州境内洋陆转换的界线，具有多期活动性质。该断褶带形态开阔平缓，卷入地层有泥盆系、石炭系、二叠系及三叠系。重大构造界面有古近系与下伏地层之间的角度不整合。界面之下的地层较为连续，界面之上的古近系均已发生倾斜，在盘县石脑形成了一个中常背斜，其轴向与本区主要褶皱轴向呈小角度相交，表明该带的主要构造活动期为燕山期和喜马拉雅期，以燕山期为主，喜马拉雅期除断块差异升降外，尚有褶皱运动。

（9）龙吟断褶带

分布于水城阿嘎-普安县龙吟一带，构造形迹展布方向为北北东向。断层主要有龙吟断层，位于普安县龙吟至窝沿一线，延伸长约13km，走向北北东，北段倾向南东，显示逆断层性质，南段倾向北西，显示正断层性质，应为一条枢纽断层。褶皱形态紧闭，卷入地层有泥盆系、石炭系、二叠系，为燕山期形成。该带北西及南东两侧均为变形相对较弱的穹盆构造区，显示出强应变带与弱应变区相间的特点。

2. 六盘水裂陷槽（六盘水北西向褶断带Ⅳ-4-1-2）

位于威宁免街、水城、六枝等地，南东侧以盘县-贵阳-梵净山北断裂带为界与江南复合造山带相邻，北东侧与黔北隆起区相邻，南西侧与威宁穹盆构造变形区相邻，北西面跨入云南，贵州省内长200km，宽30km。出露地层最老为上志留统，主要为泥盆系、石炭系、二叠系，少量三叠系、侏罗系、白垩系及第四系；记录了海西-印支-燕山-喜马拉雅及新构造旋回期裂陷背景下的滨岸-台地相、台缘相、裂谷火山岩相，挤压背景下的前陆盆地相，隆升背景下的山间盆地相；构造形迹展布方向为北西向，变形强烈（图1.24）；构造样式以紧闭背斜与开阔平缓向斜组成的隔挡式褶皱为特征，后期存在平行走滑作用的叠加。

该区以北西向褶皱、断层呈带状展布为主要特征。其中，断层在平面上呈断续延伸，带状产出。褶皱具有背斜形态紧闭、向斜平缓开阔的侏罗山隔挡式褶皱组合形态特点。区内变形强烈卷入地层有泥盆系、石炭系、二叠系、三叠系、侏罗系等，主体应为燕山期形成。此外，区内尚有一些其他方向的褶皱和穹盆构造，如辅处构造盆地、大湾构造盆地、猴场背斜、木果构造盆地等，一般发育于区域上不同方向构造形迹之间的交叉部位，在区内的规律性不明显，可能为燕山期双向应力叠加作用形成。

该带向南东延伸与右江裂谷-前陆盆地区的望谟北西向褶断带连成一个大型的北西向断褶带，是一个变形强烈的应变带，从其平面展布情况看，主要应力为北东-南西的挤压，可能与哀牢山造山带印支-燕山期远程推挤有关。

在垭都-六枝大用一线的北东侧大片地区缺失志留系，而南西侧赫章朱砂厂-草子坪-

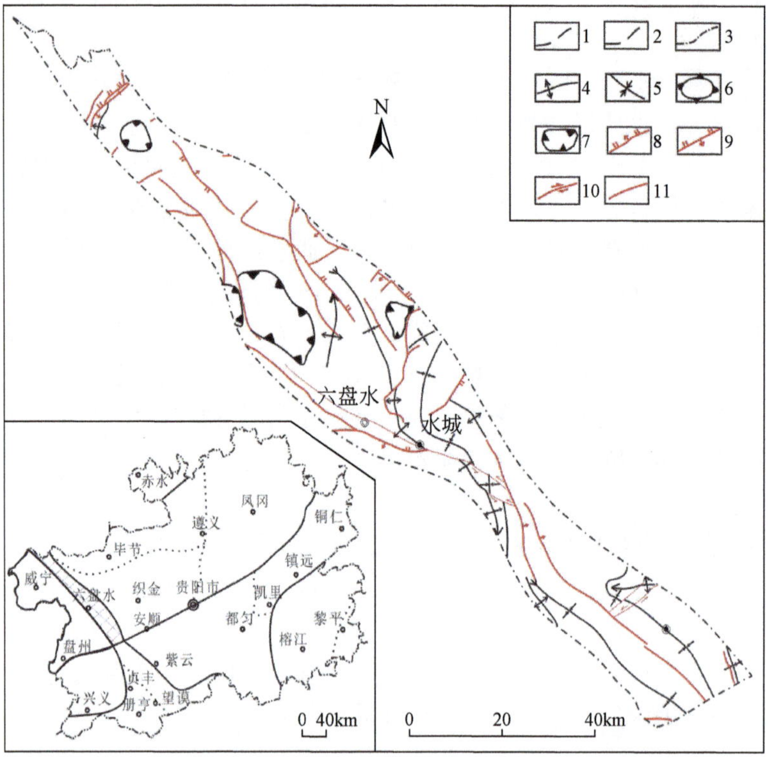

图 1.24　六盘水北西向褶断带构造形迹分布图（据戴传固等，2013）
1. 省界；2. 一级分区界线；3. 二级分区界线；4. 背斜；5. 向斜；6. 穹窿；
7. 构造盆地；8. 正断层；9. 逆断层；10. 平移断层；11. 性质不明断层

垭都–狗飞寨长约 15km 的地带内，志留系却保存了相当厚度，表明裂陷槽在形成过程中具有北东盘上升、南西盘下降的断裂活动特点。狗飞寨上志留统厚度大于 230m（未见底），狗飞寨西北约 6km 的蟒洞附近仅见其出露 100 余米，蟒洞西北约 1.5km 的羊角厂附近，上志留统上部侵蚀殆尽，仅残留下部 50 余米紫红色砂页岩，在妈姑–宣威北东向一线的西北面志留系缺失，黔西南盘县–兴仁一线的西南侧也缺失志留系。表明在威宁–水城一带志留系得以保存是断裂下降作用的结果，是广西运动以后断裂活动的表现，为北西向六盘水裂陷槽发展的初期。蟒洞附近的北西向古断裂带西北段较东南段的下降幅度小，其古地貌西北面较东南面略高，侵蚀幅度西北面较东南面大，除北西向古断裂下降幅度的差异外，尚可能有北东向断裂参与作用。

垭都西侧所见泥盆系与志留系间的平行不整合，是古断裂对志留系产生拖曳作用的反映。泥盆系分布和沉积特点显示，经过蟒洞北西向的北东盘泥盆系变薄，在赫章杉树林、石板河、黄河一带，有数十米厚的蟒山组砂岩夹赤铁矿，与下伏奥陶系湄潭组灰绿色页岩平行不整合，南西盘泥盆系不同层位有相当厚的滨岸沉积。在赫章狗飞寨附近，由下而上，与志留系呈平行不整合的中下泥盆统蟒山组砂页岩夹白云岩厚度大于 80m（顶部因断层影响而不全），中泥盆统鸡窝寨组碳酸盐岩厚度大于 280m（底部也因断层关系而厚度不全），泥盆系高坡场组白云岩厚约 250m。狗飞寨北 20°西 4.5km 处，平行不整合于志留系之上的为厚 16m 的蟒山组砂岩、厚 50 ~ 80m 的鸡窝寨组碳酸盐岩和厚 50m 的高坡场组条带状灰岩，即泥盆系各层位的厚度变薄，且缺失下泥盆统底部，这些变化现象反映有北西向阶梯状断裂存在（图 1. 25），而且断陷幅度东南段较西北段大。

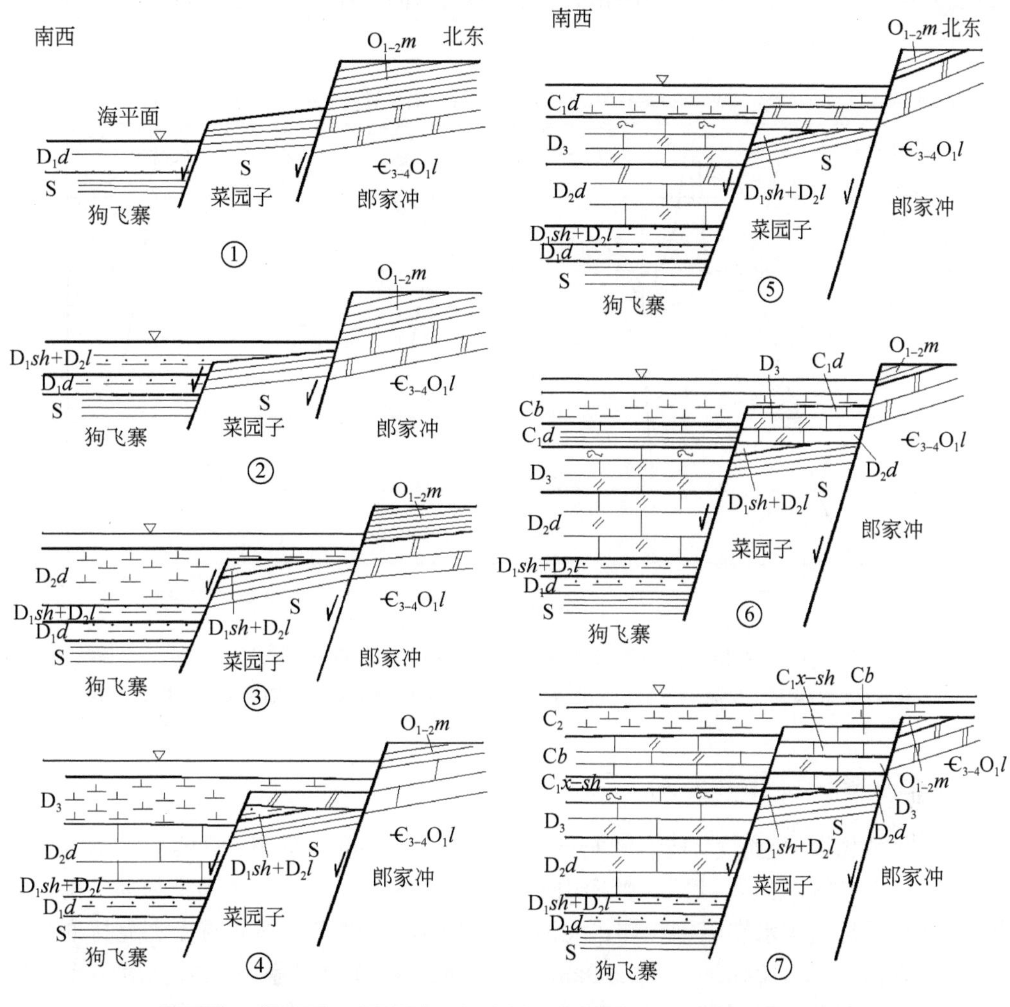

图 1. 25　六盘水北西向褶断带构造形迹分布图（据戴传固等，2013）

①砂及砂岩；②泥及页岩；③灰泥及灰岩；④白云质灰岩及条带灰岩；⑤白云岩；⑥假整合；⑦同沉积活动断层

狗飞寨西南 9. 5km 的银厂坡，为厚 6m 的蟒山组石英砂岩平行不整合于下寒武统之上，表明裂谷带西南侧台阶的存在，其边界也可能是北西向的断裂。泥盆系的岩相古地理格局表明，从早泥盆世经中泥盆世到晚泥盆世，北西向裂谷带的海域越来越宽，一直朝着西南方增大，东北部北西向海岸线的位置基本保持不变，裂谷带的西南侧可能有与张裂活动相伴随的阶梯状断裂出现。

二叠系龙吟组是与裂陷作用相伴的特殊沉积，阳新统茅口组最大沉积厚度分布在六盘水裂陷槽内。阳新世不同时期岩相带和礁体的分布与裂谷带相吻合。海西期与峨眉山玄武岩同源的辉绿岩也与裂谷带火成岩有关。物探资料反映，沿北西向构造带尚存隐伏岩体分布，同时该构造区地震剖面（据中国石化勘探南方分公司2009年内部资料）显示，其深部发育一系列隐伏断裂（图1.26）。以及燕山期贵州西部北西向构造形变带的形成，与北西向古裂谷带这一重要边界条件密切相关，表明六盘水裂陷槽形成于早古生代晚期，发育于晚古生代，构造形迹定型于燕山期。

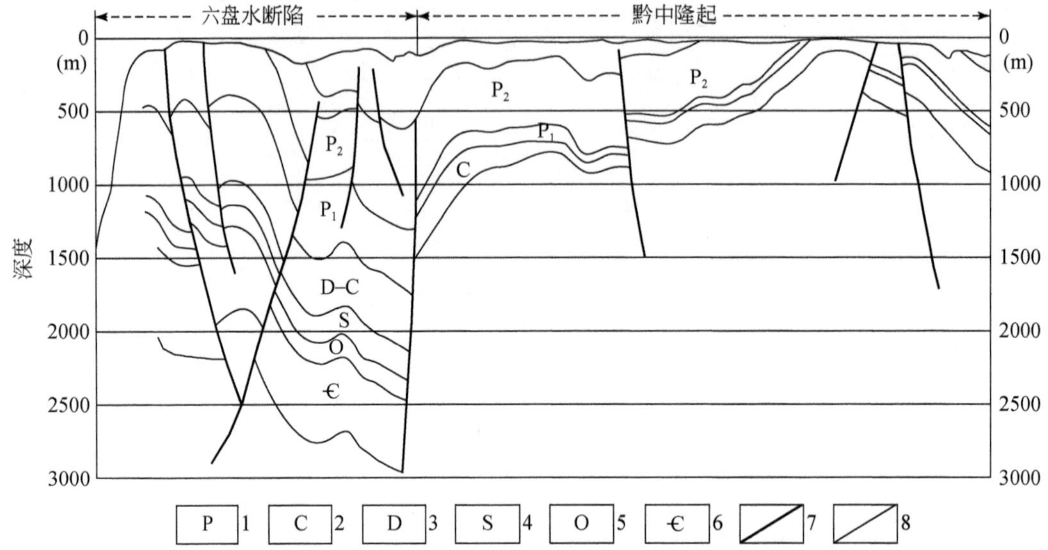

图1.26　贵州北西向构造带地震剖面解译图（据戴传固等，2013）

1. 二叠系；2. 石炭系；3. 泥盆系；4. 志留系；5. 奥陶系；6. 寒武系；7. 解译断层；8. 地质界线

3. 黔北隆起区（Ⅳ-4-1-3）

位于赫章县德卓–垭都–六枝特区龙场一线北东侧，安顺–贵阳–松桃石梁一线北西侧的广大地区。南东侧以盘县–贵阳–梵净山北断裂带为界与江南复合造山带相邻，南西侧以垭都断裂带为界与六盘水裂陷槽相邻，北西面跨入四川、重庆，部分与赤水克拉通盆地相邻，沿北东方向长约410km，宽约200km。出露地层有青白口系下江群、南华系、震旦系、寒武系、奥陶系、志留系、泥盆系、石炭系、二叠系、三叠系、侏罗系、白垩系及第四系。记录了雪峰–加里东构造旋回期离散背景下的陆棚–斜坡相，汇聚背景下的陆相、滨岸–陆棚相、台地相、台缘相、斜坡–盆地相，碰撞背景下的前陆盆地相，海西–印支–燕山–喜马拉雅及新构造旋回期裂陷背景下的滨岸–台地相、台缘相、裂谷盆地相、裂谷火山岩相，挤压背景下的前陆盆地相，隆升背景下的磨拉石盆地相及山间盆地相。构造形迹及构造界面主要有褶皱、断层、平行不整合、角度不整合等，构造形迹展布方向为北东向及近南北向，构造样式以隔槽式褶皱组合为主，部分为穹窿–构造盆地及短轴背向斜组合。

根据构造形迹之间的平面展布及组合特点，该区可进一步划分为织金穹盆构造变形区、毕节北东向弧形褶皱带及凤冈南北向隔槽式褶皱变形区三个五级构造单元。

（1）织金穹盆构造变形区Ⅳ-4-1-3（1）

分布于赫章垭都–普定丁旗一线以北东，安顺–平坝一线以北西，赫章水塘坪–遵义一线以南，遵义-贵阳白云一线以西。构造样式以穹窿-构造盆地及短轴背向斜组合为主，戴传固等（2013）认为其褶皱组合属日耳曼式褶皱，部分为侏罗山式紧闭褶皱组合。构造形迹展布方向有近南北向、北东向、东西向及北西向，穹窿-构造盆地主要发育于不同方向构造之间的过渡区域（图 1.27）。

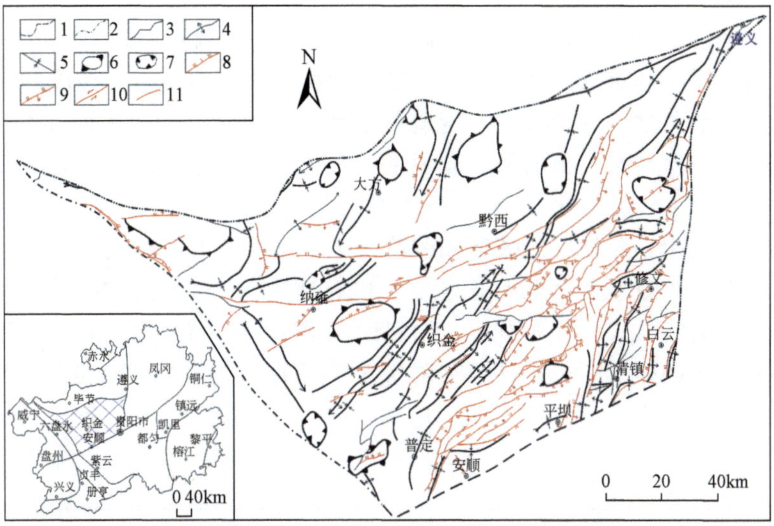

图 1.27 织金穹盆构造变形区构造形迹分布图（据戴传固等，2013）

1. 一级分区界线；2. 二级分区界线；3. 三级分区界线；4. 背斜；5. 向斜；6. 穹窿；7. 构造盆地；8. 正断层；9. 逆断层；10. 平移断层；11. 性质不明断层

东西向构造发育于本区北西部，以断裂构造为主，未见配套的褶皱，断层走向近东西，多数倾向北，具正断层性质，切割了二叠系、三叠系、侏罗系等地层。该组断层平面延伸较为平直，地貌显示为直线状的沟谷，其中马场断层新构造活动较明显，沿断裂常形成谷地，断崖发育。

北西向构造发育于本区南西侧边缘，紧邻六盘水北西向褶断带。主要断层为垭都断层，是本区与六盘水北西向褶断带的界线，断层走向北西，倾向南西，切割志留系、泥盆系、石炭系、二叠系、三叠系等地层。地貌上部分显示为直线状的沟谷，在垭都北西侧的第四纪更新世坡洪积层中发育较多的小断层，并显示垒堑式正断层组合特点，新构造运动明显。该断层自加里东末期（早泥盆世）以来存在多期活动的证据，说明该断层为一条较为古老的多期活动断层。褶皱形态紧闭，延伸约 40km，卷入地层主要有二叠系及三叠系，形成时代应为燕山期。

穹窿构造、构造盆地发育于本区上述各走向构造交接转换部位或应变相对较弱部位，形态以穹窿、构造盆地为特征，相间排列，其间尚发育北东向、北西向线性褶皱和断层。卷入变形地层为寒武系、奥陶系、石炭系、二叠系、三叠系及侏罗系，形成于燕山期，是南西向、南东向应力叠加作用的产物。

区内重大构造界面有：南华系、震旦系与下伏青白口系之间的平行不整合，石炭系与下伏寒武系之间的平行不整合，中上三叠统内部的平行不整合，上白垩统与下伏地层之间的角度不整合。其中上白垩统之下的所有构造层中主构造线方向基本一致，变形幅度也基本一致，说明其间的构造活动以升降运动为主。上白垩统的变形与下伏地层的变形从主构造线方向及变形强度等方面均明显不同，之下的褶皱及断裂等变形主要是燕山运动造成，之上的变形主要是喜马拉雅运动所致，由于喜马拉雅运动以断块差异升降为主，褶皱变形相对较弱，对前期的褶皱改造较弱，主要形成东西向断层或造成前期断层再次活动。

（2）毕节北东向弧形褶皱带Ⅳ-4-1-3（2）

分布于习水临江-吼滩一线以南东，桐梓羊磴-遵义市-赫章水塘坪一线以北西区域，北西侧跨入云南、四川和重庆。构造样式以宽缓背斜与紧闭向斜组合构成的隔槽式褶皱为主，间有穹窿及构造盆地，变形强烈，构造形迹展布方向主要为北东向（图1.28），卷入变形地层有震旦系、寒武系、奥陶系、志留系、石炭系、二叠系、三叠系、侏罗系等，构造活动期次为燕山期。

区内断层发育较少，对地层的破坏和改造较小，在平面上断续延伸，呈带状产出，总体走向北东，倾向南东或北西，既有正断层，也有逆断层；褶皱总体围绕四川盆地发育，呈带状产出。其中的线状背斜相对宽缓，向斜形态紧闭，具隔槽式褶皱组合特征，大多数褶皱略呈向南东凸出的弧形。单个褶皱轴常呈S形弯转，指示褶皱形成过程中除受南东-北西向的挤压之外，尚有左旋反时针扭动。单个褶皱轴延长数十千米至100余千米，宽20km左右。

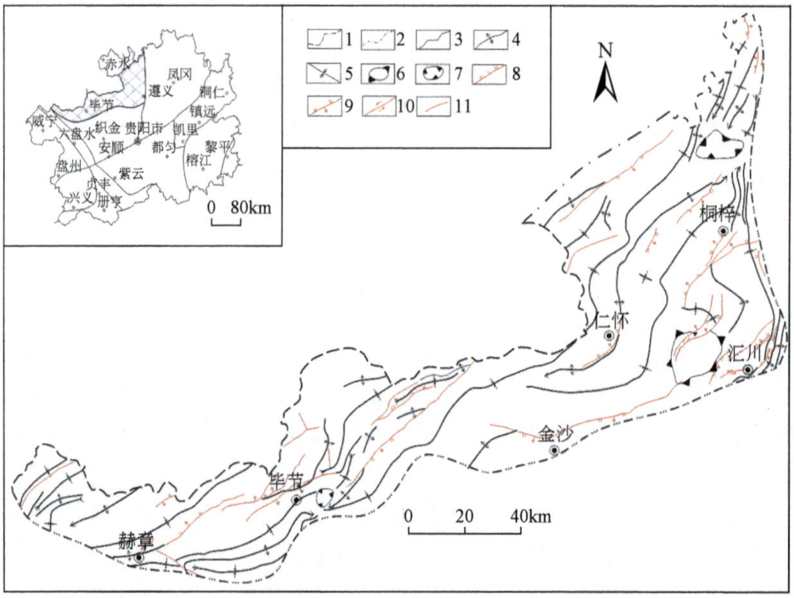

图1.28 毕节北东向弧形褶皱带构造形迹分布图（据戴传固等，2013）

1. 一级分区界线；2. 二级分区界线；3. 三级分区界线；4. 背斜；5. 向斜；6. 穹窿；7. 构造盆地；8. 正断层；9. 逆断层；10. 平移断层；11. 性质不明断层

区内重大构造界面有石炭系、二叠纪与下伏志留系之间的平行不整合，上、中三叠统之间的平行不整合，上白垩统与下伏地层之间的角度不整合，第四系与下伏不同时代地层之间的角度不整合等。其中，上白垩统的变形与下伏地层的变形从主构造线方向及变形幅度等方面均明显不同，反映出界面之下的褶皱及断裂等变形主要受燕山运动影响，之上的变形主要由喜马拉雅运动所致。由于喜马拉雅运动以断块差异升降为主，褶皱变形相对较弱，对前期的褶皱改造较弱，主要形成北东向断层或造成前期断层再次活动。

（3）凤冈南北向隔槽式褶皱变形区Ⅳ-4-1-3（3）

展布于贵阳-石阡-印江木黄一线之北西，桐梓县羊磴-遵义-贵阳一线之东，北侧及北东侧跨入重庆。构造样式以宽缓背斜与紧闭向斜组合构成的隔槽式褶皱为主，具典型的侏罗山式褶皱组合特点，是贵州境内侏罗山式褶皱组合的典型区域。向斜变形强烈，常有逆断层发育；背斜变形相对较弱，属于典型的薄皮构造，是地壳浅层复杂滑脱作用的产物，其主要滑脱层是二叠系含煤细碎屑岩和三叠系下部的泥质岩，主滑脱面可能是寒武系下部的软弱层。构造形迹展布方向主要为近南北向及北东向（图 1.29）。

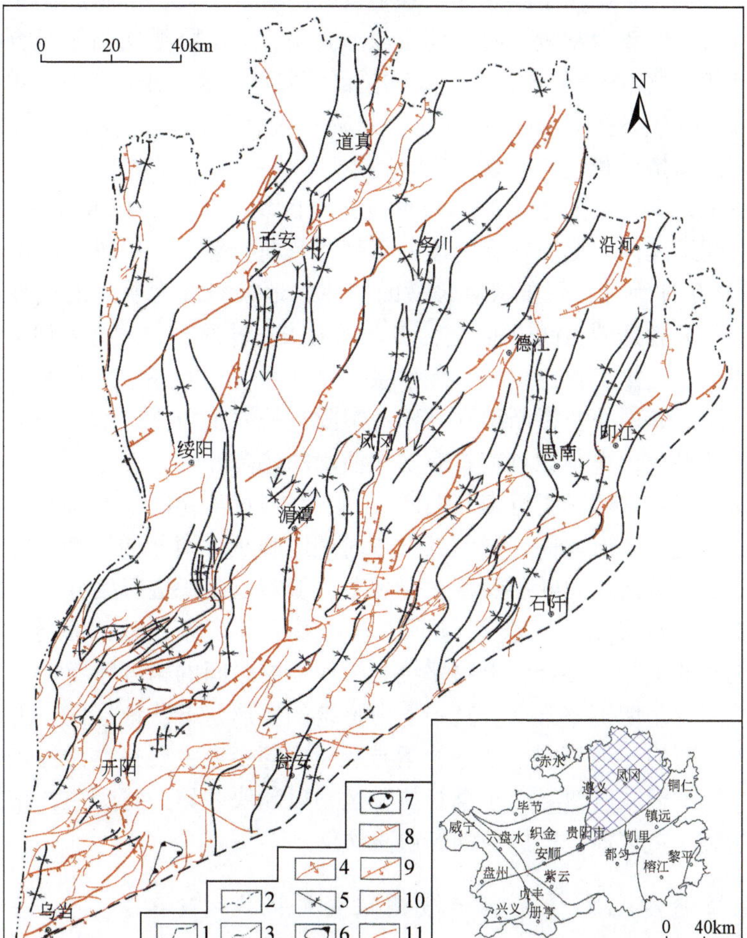

图 1.29　凤冈南北向隔槽式褶皱变形区构造形迹分布图（据戴传固等，2013）

1. 一级分区界线；2. 二级分区界线；3. 三级分区界线；4. 背斜；5. 向斜；6. 穹窿；7. 构造盆地；8. 正断层；9. 逆断层；10. 平移断层；11. 性质不明断层

近南北向构造是本区最主要的构造形迹，全区均有分布，以中部及北东部表现最为明显。卷入变形地层有青白口系、南华系、震旦系、寒武系、奥陶系、志留系、石炭系、二叠系、三叠系等，在开阳县花梨及瓮安县玉山等地控制了晚白垩世磨拉石盆地产出，为燕山期形成；构造形迹以褶皱为主，断层相对较少。

断层走向一般在北西350°～北东30°，以直线状延伸为主，少部分呈S形弯曲。单条断层规模一般在100km以下，多数倾向东、南东，少数倾向北西，断层性质以逆断层为主。其中影响最大的石阡断层位于石阡坪山一线，北东10°～20°走向，略呈S形弯曲，倾向北西西，倾角约75°，具逆断层性质，该断层新构造期活动较强，控制了石阡第四纪盆地的发育，沿断裂带有温泉出露，水温最高达51℃。北段印江附近有地震记录，震级4.75级。此外，位于遵义新民至开阳金钟一线的息烽温泉断层，延伸长约31km，总体走向北北东约25°，倾向南东东，倾角一般50°～70°，地层断距超过1000m，具压性特点，断层新构造期活动表现明显，中段息烽温泉附近有温泉群出露，水温达57℃。

褶皱形态背斜部位较为宽缓，向斜部位较为紧闭，显示隔槽式褶皱组合特征，一般向斜狭窄呈紧密槽状，宽10余千米，背斜宽阔呈舒缓箱状，宽30km左右。单个褶皱轴在北东向断层发育部位发生S形弯曲，同时，在开阔平缓背斜部位，发育雁行排列的次级褶皱，显示出近东西向挤压和左旋扭动的应力特点。

北东向构造也是本区较为重要的构造形迹，全区均有发育，以断层为主，鲜有褶皱。断层常在走向上断续延伸，形成贯穿全区的巨型北东向断裂带。一般走向40°～60°，总体约50°，以直线状延伸为主，仅少数有轻微的弯曲，地貌表现为明显的线性沟谷。单条断层规模大小不等，大者延伸100km以上，多表现为张扭性质，以左行张扭为主，平面上具平行线式组合特征。切割了青白口系、震旦系、寒武系、奥陶系、志留系、石炭系、二叠系、三叠系等地层。其中的花桥断层在开阳花梨附近控制了白垩纪磨拉石盆地产出，表明本区构造为燕山期形成，喜马拉雅期具有明显活动的迹象。

该区北东向断层常常切割了近南北向断层，或在与近南北向褶皱轴交截区域，造成近南北向褶皱轴发生左行S形弯曲。说明其形成时期应晚于近南北向构造。此外，部分地区尚可见北东向断层与近南北向断层斜接复合现象，但难以逐一进行区分。

重大构造界面有石炭系、二叠系与下伏志留系、奥陶系、寒武系等的平行不整合，上、中三叠统之间的平行不整合，上白垩统与下伏地层之间的角度不整合，第四系与下伏不同时代地层之间的角度不整合等。其中上白垩统的变形与下伏地层的变形从主构造线方向及变形幅度等方面均显著不同，之下的褶皱及断裂等变形主要是燕山运动造成，之上的变形主要受喜马拉雅运动所致，由于喜马拉雅运动以断块差异升降为主，褶皱变形相对较弱，对前期的褶皱改造较弱，造成前期断层再次活动。

4. 赤水克拉通盆地区（赤水平缓褶皱变形区Ⅳ-4-1-4）

位于习水临江-吼滩一线之北西，南东侧与毕节北东向弧形褶皱带相邻，北西面跨入四川，北东侧跨入重庆，范围仅涉及贵州北西隅的赤水和习水两市（县）。出露地层有志留系、二叠系、三叠系、侏罗系、白垩系及第四系，记录了海西-印支-燕山-喜马拉雅及新构造旋回期裂陷背景下的滨岸-台地相，挤压背景下的前陆盆地相。构造形迹及构造界面主要有褶皱、平行不整合等，基本不发育断层，构造线方向以北东向为主，兼有东西向和北西向，构造样式以开阔平缓背向斜组合为特征（图1.30），变形微弱，具有日耳曼式褶皱的特点，归属四川盆地弱变形区。卷入变形地层有志留系、二叠系、三叠系、侏罗系、白垩系，为燕山运动形成。

北东向构造是本区发育最多、最显著的一组构造，褶皱形态开阔平缓，轴迹总体呈北东走向，常见S形或弧形弯曲；东西向构造仅见复兴背斜，褶皱形态开阔平缓，轴迹总体呈东西走向，略向南凸出；北西向构造展布于本区北东部，由官渡向斜、官渡背斜组成，褶皱形态开阔平缓，轴迹总体呈北西走向，略呈反S形。

重大构造界面有二叠系与志留系的平行不整合，上、中三叠统之间的平行不整合及白垩系与侏罗系的平行不整合。构造线方向、变形幅度也基本一致，也说明该区的主要变形期为燕山期。从沉积建造方面分析，该区在晚三叠世晚期到晚白垩世期间，一直处于大型内陆盆地环境，沉积了厚数百米的上三叠统二桥组和侏罗系自流井组底部綦江段的含煤组合，以及綦江段至上白垩统厚数千米的红层组合，它们是叠置于海相沉积物之上的滨太平洋活动带的陆相盆地堆积物，是贵州境内一个重要的含油气建造。

从构造地貌方面分析，该区南东侧习水一带为贵州高原，海拔最高达1500m左右，向北西方向逐渐过渡为四川盆地，海拔最低只有300余米。总体呈一个倾向北西的斜坡，是贵州高原和四川盆地两大构造地貌单元的过渡区域，反映出该区基底及所经历的构造作用与贵州高原显著不同。

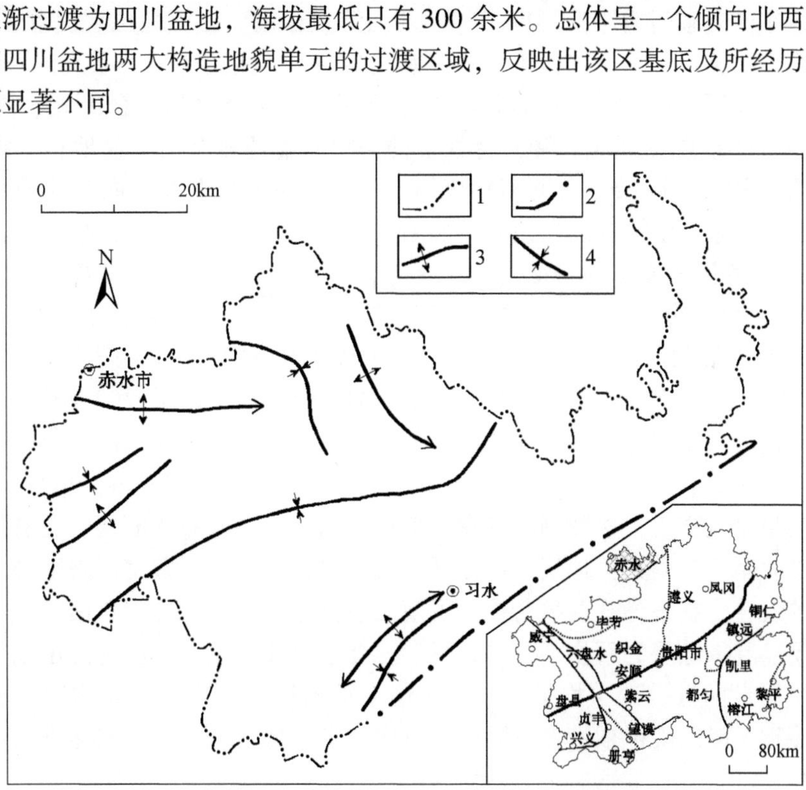

图1.30　赤水平缓褶皱变形区构造形迹分布图（据戴传固等，2013）

1. 省界；2. 二级分区界线；3. 背斜；4. 向斜

本区构造变形较弱，地层产状一般较平缓，有的甚至水平，层间关系基本协调，褶皱以开阔平缓褶皱为主，仅在南西侧有一组规模不大的舒缓的背斜和向斜，断裂构造也不发育。据四川的深部地球物理资料，盆地的基底是硬化程度很高的早前寒武系结晶岩系（郭正吾等，1989）。上述构造变形显然是稳定克拉通上的盖层褶皱，属日耳曼型褶皱组合，变形微弱可能与四川盆地基底的刚性强度较大有关。

（二）江南复合造山带（Ⅳ-4-2）

位于普安-贵阳-梵净山北（印江木黄）断裂带南东侧，面积约 10 万 km^2。属贵州境内的一个最高级构造单元（三级构造分区）之一，是羌塘-扬子-华南板块、扬子陆块之上，自青白口纪下江时期以来的一个相对拗陷区，是武陵运动以来多期次构造运动所形成的江南复合造山带西南段武陵期及加里东期造山带的主体部分。根据不同时期构造活动特点和构造形迹组合特征进一步划分为 4 个次一级构造单元。

1. 兴义隆起区（兴义穹盆构造变形区Ⅳ-4-2-1）

位于兴义、兴仁、晴隆等地，北西侧以普安-贵阳-梵净山北断裂带为界与上扬子地块相邻，北东侧与右江裂谷-前陆盆地区的望谟北西向褶断带相邻，南东侧与右江裂谷-前陆盆地区的册亨东西向紧闭褶皱变形区相邻，西面跨入云南。出露地层有泥盆系、石炭系、二叠系、三叠系、侏罗系、上白垩统、新近系及第四系，主要为三叠系，记录了海西-印支-燕山-喜马拉雅及新构造旋回期裂陷背景下的滨岸-台地相、台缘相、裂谷火山岩相，挤压背景下的前陆盆地相，隆升背景下的磨拉石盆地相及山间盆地相。构造形迹及构造界面主要有褶皱、断层、角度不整合等，构造展布方向有北东向及北西向，构造样式以穹窿-构造盆地，短轴背向斜组合为特征，平面上以强应变带与弱应变区（弱变形块）相间排列呈菱格式展布为特征（图 1.31），褶皱组合具日耳曼式褶皱的特点。

穹窿、构造盆地及短轴背向斜发育于本区大部分地区，是本区最主要、最具代表性的构造形迹。卷入地层为二叠系、三叠系、侏罗系，形成于燕山期。上述构造相间排列，其间发育北东向、北西向线性褶皱和断层，属南西-北东向、南东-北西向应力叠加作用的产物。

北东向构造分布于本区除北东侧边缘关岭永宁-贞丰一带之外的广大地区，是区内重要的构造形迹之一。断层在北西侧盘县乐民-老厂一带及南西侧兴义市鲁布革-雄武一带发育，平行排列呈带状产出，多数倾向南东、部分倾向北西，既有正断层，也有逆断层，切割石炭系、二叠系、三叠系等地层，在盘县乐民、兴仁潘家庄、兴义白碗窑等地控制了上白垩统盆地的发育，在晴隆县碧痕营控制了第四系盆地的发育，应为燕山期产物。褶皱形态中常至紧闭，卷入地层为石炭系、二叠系、三叠系及侏罗系，也应为燕山期形成。该组褶皱轴迹与断层走向近一致，均呈北东向，但多被断层破坏成为单斜构造，轴迹多未保存，说明断层形成时间晚于褶皱，是同一构造应力场中持续作用下岩层递进变形所形成的构造形迹组合。

区内北东向断层走向延伸平直，地貌表现为线性明显的直谷或山、盆突变界线，部分地段控制了上白垩统、第四系盆地的发育；多处发育温泉，水温最高达 44.5℃。断裂带上或其旁侧有多次地震记录，最大震级达 6.0 级，说明该组断层自燕山期形成以来，具多期活动特征，有的断层近期仍有活动，以碧痕营断层表现最为明显。

北西向构造主要发育于本区南西侧边缘兴义一带及北东侧边缘关岭永宁-贞丰一带。断层以北东侧边缘关岭永宁-贞丰一带发育较多，断层面倾向南西或北东，既有正断层，

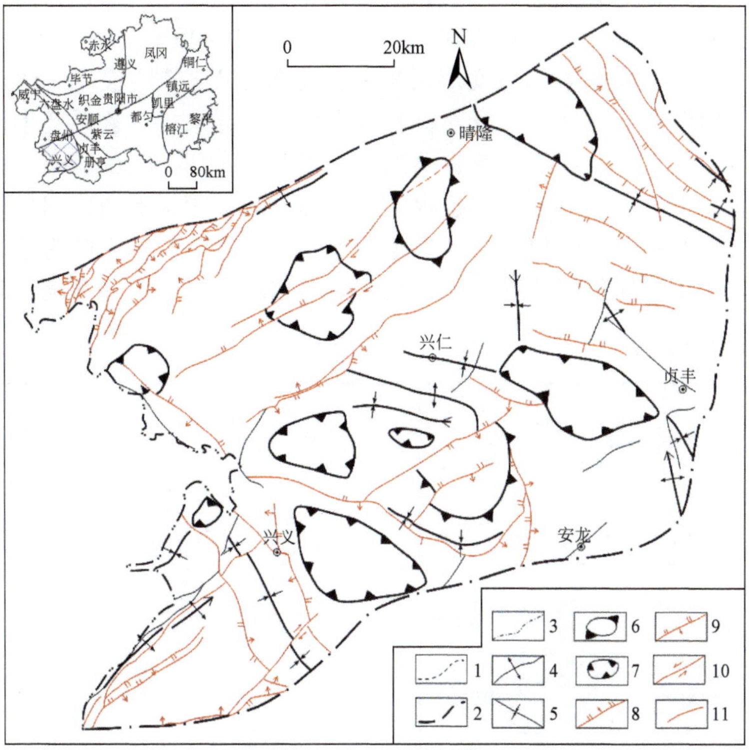

图 1.31　兴义穹盆构造变形区构造形迹分布图（据戴传固等，2013）

1. 一级分区界线；2. 二级分区界线；3. 三级分区界线；4. 背斜；5. 向斜；6. 穹窿；7. 构造盆地；8. 正断层；9. 逆断层；10. 平移断层；11. 性质不明断层

也有逆断层，切割了二叠系、三叠系地层。其中，猪场断层在兴义马岭西侧控制了上白垩统盆地的产出，具有多期活动性质。褶皱形态以中常褶皱为主，卷入地层主要有二叠系及三叠系，形成时代应为燕山期。

区内重大构造界面有上三叠统内部的平行不整合，上白垩统与下伏地层之间的角度不整合。其中上白垩统之下的地层变形强度基本一致，而上白垩统的变形与下伏地层的变形从主构造线方向及变形强度等方面均明显不同，之下的褶皱及断裂等变形主要是燕山运动造成，之上的变形主要是喜马拉雅运动所致。由于喜马拉雅运动以断块差异升降为主，褶皱变形相对较弱，主要造成前期断层再次活动。

区内地貌类型以高原山地、高原丘陵为主，多处可见三级剥夷面，喀斯特地貌发育强烈。断层部位常发育直谷或山、盆突变界线，在兴义马岭河谷呈狭窄的深谷，说明本区新构造活动以间歇性大幅度抬升为主，伴有断裂活动。本区是滇黔桂“金三角”的主要部分，发育微细浸染型和红土型两种主要金矿类型。

2. 右江裂谷–前陆盆地区（Ⅳ-4-2-2）

右江裂谷–前陆盆地区可进一步分为册亨东西向紧闭褶皱变形区和望谟北西向褶断带两个五级构造单元。

(1) 册亨东西向紧闭褶皱变形区Ⅳ-4-2-2 (1)

位于兴义洛万、册亨一带，北西侧大致以打邦-坡坪-坡脚（即打邦-贞丰-德卧三叠系相变带）为界与兴义穹盆构造变形区相邻，北东侧以打邦-望谟一线与望谟北西构造变形区相邻，南侧跨入广西。出露地层有石炭系、二叠系、三叠系及第四系，记录了海西-印支-燕山-喜马拉雅及新构造旋回期裂陷背景下的滨岸-台地相、台缘相、裂谷盆地相，挤压背景下的前陆盆地相、板内岩浆岩相，隆升背景下的山间盆地相。构造形迹及构造界面主要有褶皱、断层、角度不整合等，构造行迹展布方向为近东西向和北西向，构造样式以紧闭背向斜组合为特征，间有变形相对较弱的构造穹窿，其形成时期为燕山期（图1.32）。

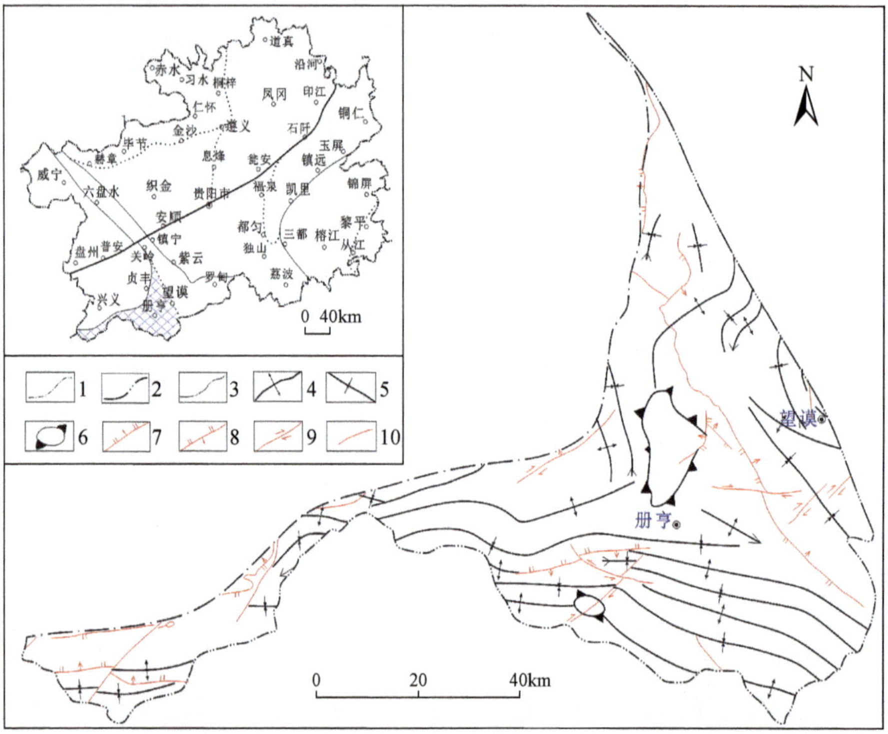

图1.32 册亨东西向紧闭褶皱变形区构造形迹分布图（据戴传固等，2013）

1. 一级分区界线；2. 二级分区界线；3. 三级分区界线；4. 背斜；5. 向斜；
6. 穹窿；7. 正断层；8. 逆断层；9. 平移断层；10. 性质不明断层

近东西向构造分布于本区兴义洛万-册享一带的广大区域，是区内最主要的构造形迹之一。断层主要呈近东西向或北东东向延伸，多数倾向北北西，具逆断层性质，切割三叠系地层，在安龙附近控制第四纪沉积盆地的发育。区内褶皱形态紧闭，为典型的侏罗山式褶皱组合。褶皱轴迹与断层走向近一致，均呈近东西向展布，局部可见断层破坏褶皱的现象，是同一构造应力场中持续作用下，岩层递进变形的构造形迹组合。

北西向构造主要发育于本区北东侧贞丰董岗-望谟乐元一带。主要断层有板昌断层，呈北西走向展布于贞丰白层-册亨坝赖一线，延伸长约95km，倾向北东，为逆断层，切割二叠系、三叠系地层。褶皱形态紧闭，为侏罗山式褶皱组合，卷入地层主要有二叠系及三叠系。

除近东西向和北西向构造外，区内尚有穹窿构造和呈反S形的褶皱组合，主要展布于近东西向和北西向构造过渡区域。卷入地层有石炭系、二叠系和三叠系。

本区也是滇黔桂“金三角”的重要组成部分，发育微细浸染型金矿。已知金矿床（点）数十处，多受控于构造穹窿、背斜核部的轴向断层及张裂隙，如板其金矿、滥泥沟金矿、丫他金矿等。

本区的大地构造属性，王砚耕（1993）将其归为右江造山带，认为自泥盆纪以来由（裂陷）盆地-被动陆缘-前陆盆地-褶皱造山（印支运动）演化而成的造山带，其主要构造样式与许志琴（1991）所谓“西康型”褶皱类似，属造山型褶皱。结合云南、广西等区域性资料，其构造样式属侏罗山式褶皱组合，属造山前陆带的构造样式，与哀牢山造山带密切相关，属哀牢山造山带的前陆带。

（2）望谟北西向褶断带Ⅳ-4-2-2（2）

位于关岭-望谟-罗甸一带，北西侧于关岭坡贡附近与六盘水北西向褶断带相邻，南西侧于关岭-望谟一线与册亨东西向紧闭褶皱变形区相邻，北东侧大致以镇宁-紫云-罗甸县打井一线与都匀南北向隔槽式褶皱变形区相邻，南侧跨入广西。出露地层有泥盆系、石炭系、二叠系、三叠系、白垩系及第四系，记录了海西-印支-燕山-喜马拉雅及新构造旋回期裂陷背景下的滨岸-台地相、台缘相、裂谷盆地相、裂谷火山岩相，挤压背景下的前陆盆地相，隆升背景下的山间盆地相。构造形迹展布方向有北西向、北东东向，构造样式以紧闭背向斜组合为特征，间有变形相对较弱的穹盆构造（图1.33）。

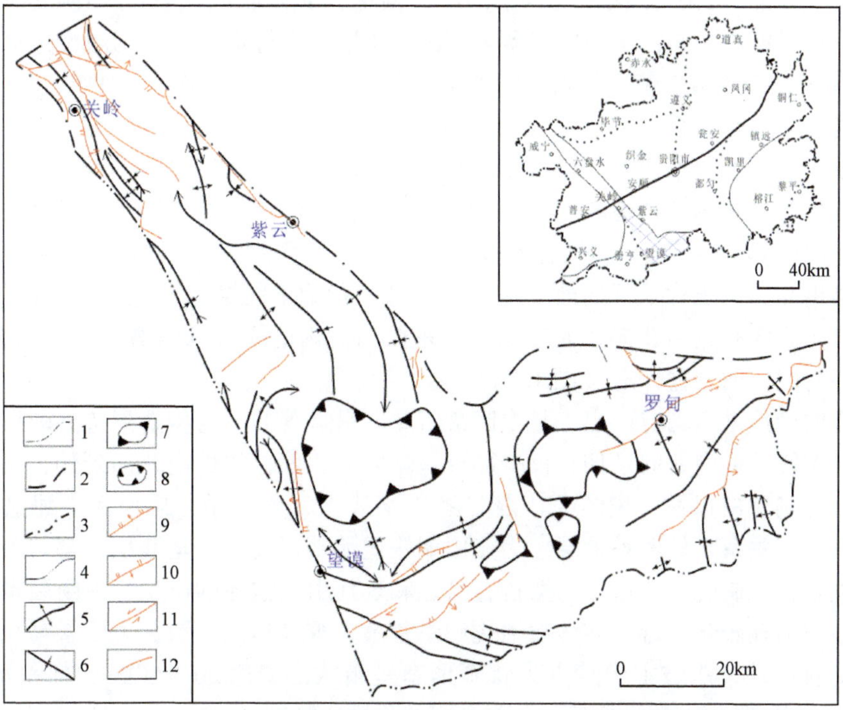

图1.33　望谟北西向褶断带构造形迹分布图（据戴传固等，2013）

1. 省界；2. 一级分区界线；3. 二级分区界线；4. 三级分区界线；5. 背斜；6. 向斜；7. 穹窿；8. 构造盆地；9. 正断层；10. 逆断层；11. 平移断层；12. 性质不明断层

北西向构造主要发育于本区北西部，南部有少量褶皱产出，是本区最重要、最显著的一组构造形迹。断层切割了二叠系、三叠系地层，是水城-紫云北西向断裂带的重要组成部分，褶皱多为紧闭型。

北东东向构造分布于本区望谟-罗甸一带，是区内重要的构造形迹之一。断层主要呈近北东东向延伸，倾向北北西或南南东，切割泥盆系、石炭系、二叠系、三叠系，在罗甸及茂井等地控制了晚白垩世盆地的发育，反映出具有多期活动性质。其中的茂井断层、罗甸断层地貌显示为直线状的沟谷，断层旁侧有多次地震记录，最大震级 4.2 级，表明该组断层新构造期仍有活动。褶皱多为紧闭型。

穹盆构造发育于本区中部北东东向构造和北西向构造交截部位，卷入地层有泥盆系、石炭系、二叠系和三叠系，可能与近南北向挤压、北东-南西向挤压复合作用有关。

该变形区与六盘水北西向变形区共同构成了贵州西部晚古生代北西向裂陷盆地，罗甸县南西部辉绿岩岩床侵入二叠系中，具裂谷火山岩特征。同时，不同时期台缘的分布、迁移反映了该裂陷盆地的发展和演化历史。

3. 黔南拗陷区（Ⅳ-4-2-3）

属古生代陆缘盆地区，为一四级构造单元，位于黔中、黔南、铜仁等地，可进一步划分为都匀南北向隔槽式褶皱变形区和铜仁开阔复式褶皱变形区。

（1）都匀南北向隔槽式褶皱变形区Ⅳ-4-2-3（1）

位于安顺么铺-贵阳-余庆一线以南的广大地区，北西侧以盘县-贵阳-梵净山北断裂带为界与上扬子地块相邻，南西侧以紫云-罗甸打井一线与望谟北西构造变形区相邻，东侧以福泉-都匀-荔波县佳荣一线与榕江加里东褶皱区相邻，南侧跨入广西。出露地层有青白口系、南华系、震旦系、寒武系、奥陶系、志留系、泥盆系、石炭系、二叠系、三叠系、侏罗系、白垩系及第四系，记录了雪峰-加里东构造旋回期离散背景下的陆棚-斜坡相，汇聚背景下的陆相、台地相、台缘相、斜坡-盆地相，碰撞背景下前陆盆地相、磨拉石盆地相，海西-印支-燕山-喜马拉雅及新构造旋回期裂陷背景下的滨岸-台地相、台缘相、裂谷盆地相，挤压背景下的前陆盆地相，隆升背景下的磨拉石盆地相、山间盆地相。构造形迹展布方向有近南北向、北东向、近东西向，构造样式以隔槽式褶皱组合为特征，间有变形相对较弱的穹盆构造（图 1.34）。

近南北向构造全区均有产出，是本区最重要、最显著的一组构造形迹。断层多数呈略向北东方向偏转的近南北向延伸，仅少部分呈略向北西偏转的近南北向延伸，平面延伸均较为平直。切割青白口系、南华系、震旦系、寒武系、奥陶系、志留系、泥盆系、石炭系、二叠系、三叠系、侏罗系地层，为燕山期构造活动。其中贵定断层、都匀断层等地貌上表现为直谷，控制晚白垩世山间磨拉石盆地和现代山间盆地的产出，沿断裂带局部有温泉出露、地震活动较强，近年有多次地震记录，最大震级达 6.5 级，表明喜马拉雅及新构造旋回期仍有活动。褶皱主要特点为背斜形态呈箱状，宽达 30 ~ 50km，向斜形态紧闭，呈槽形产出，宽 10km 左右，二者组合成典型的隔槽式褶皱。

北东向构造分布于本区北西部紫云猫营-贵定一带，是区内重要的构造形迹之一。以断层为主，褶皱较少，规模较小。断层呈北东向延伸，主要倾向南东，多数为正断层，部

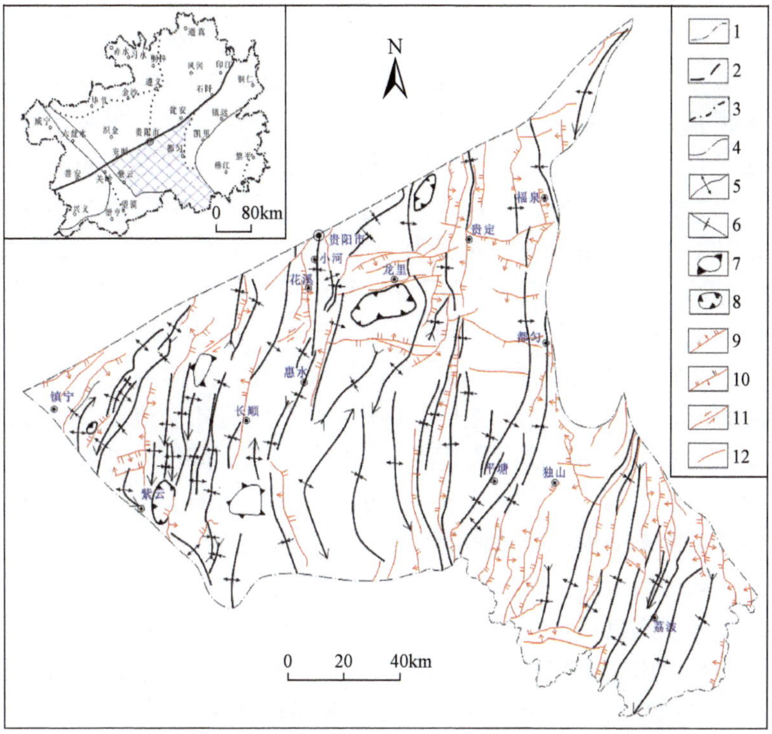

图 1.34　都匀南北向隔槽式褶皱变形区构造形迹分布图（据戴传固等，2013）
1. 省界；2. 一级分区界线；3. 二级分区界线；4. 三级分区界线；5. 背斜；6. 向斜；
7. 穹窿；8. 构造盆地；9. 正断层；10. 逆断层；11；平移断层；12. 性质不明断层

分具左行走滑性质。褶皱形态相对较宽缓，规模较小，为燕山期形成。

东西向构造在本区分布零星，仅见断裂构造，走向近东西，多数倾向南，具正断层性质。切割奥陶系、志留系、泥盆系、石炭系、二叠系、三叠系地层。该组断层平面延伸较为平直，地貌显示多为直线状的沟谷，断崖发育，切割近南北向构造，其中的黄丝断层西段有温泉出露。该组构造仅有断裂，而无相应的配套褶皱，其形成时期推测为喜马拉雅期。

穹盆构造在本区分布零星，卷入地层有泥盆系、石炭系、二叠系和三叠系。一般发育于近南北向褶皱背斜或背向斜转换部位，属双向应力叠加作用的产物，形成时代为燕山期。

区内重大构造界面有南华系与下伏青白口系之间的平行不整合，泥盆系与下伏地层之间的平行不整合和角度不整合，上三叠统内部的平行不整合，上白垩统与下伏地层之间的角度不整合，第四系与下伏不同层位地层之间的角度不整合等。广西运动、燕山运动、喜马拉雅运动表现明显，其中广西运动在区内尤为显著，并且自南东向北西具由低角度不整合向平行不整合变化的特点，反映出该区广西运动持续时间长，影响巨大，应变强度具有向北西减弱的趋势。上白垩统与下伏地层之间角度不整合界面所分隔的上、下构造层之间，不论构造线方向，还是变形强度都存在明显差异，以侏罗系为核部的花溪向斜近南北向褶皱变形强烈，表明燕山运动是本区最重要、最显著的一次大规模构造运动。

(2) 铜仁开阔复式褶皱变形区Ⅳ-4-2-3 (2)

是贵州境内的一个五级构造单元，位于丹寨-松桃一线的狭窄带状区域。北西侧以普安-贵阳-梵净山北断裂带为界与上扬子地块相邻，西侧以余庆-麻江一线与都匀南北向隔槽式褶皱变形区相邻，南东侧以丹寨-镇远-玉屏一线与榕江复式褶皱变形区相邻，北东跨入湖南。出露地层有青白口系梵净山群、板溪群、下江群、南华系、震旦系、寒武系、奥陶系、志留系、泥盆系、石炭系、二叠系、三叠系、白垩系、新近系及第四系，分布最广的是寒武系。记录了武陵构造旋回期汇聚背景下的弧后盆地相、弧后超基性-基性岩相、岛弧火山岩相，碰撞-陆内造山背景下的后碰撞岩浆岩相，雪峰-加里东构造旋回期离散背景下的滨岸-台地相、陆棚斜坡相，汇聚背景下的陆相、滨岸-陆棚相、台地相、台缘相、斜坡-盆地相，碰撞背景下的前陆盆地相、板内岩浆岩相，海西-印支-燕山-喜马拉雅及新构造旋回期裂陷背景下的滨岸-台地相，挤压背景下的前陆盆地相，隆升背景下的磨拉石盆地相、山间盆地相。构造形迹及构造界面主要有褶皱、断层、劈理、平行不整合、角度不整合等，线性构造优选方向有北北东—北东向、近东西向，构造样式以阿尔卑斯型复式褶皱组合为特征，间有变形相对较弱的穹盆构造（图 1.35）。

北北东—北东向构造全区均有发育，是本区最重要、最显著的一组构造形迹。断层切割青白口系、南华系、震旦系、寒武系、奥陶系、志留系、泥盆系、石炭系、二叠系、三叠系，控制了晚白垩世山间磨拉石盆地、新近系山间盆地的产出。其中马溪断层、花桥断层、芙蓉坝断层是区域性边界大断层盘县-贵阳-梵净山北断裂带的一部分，施洞口断层、玉屏断层等也是区域性大断层的重要组成部分，其形成和演化历史悠久，是武陵运动形成以后多期构造运动共同作用的结果。该组断层多数地貌显示清晰，呈线性延伸的直谷或山、盆突变界线，部分断层带上有温泉出露，表明新构运动期仍有活动。

本区断层可严格分成北东向和北北东向两组，但多数可见二者呈斜接复合现象，相互间的切割和控制关系复杂，难以逐一进行区分，也说明了该组断层是多期活动复合作用的产物。背斜形态开阔平缓，轴向延伸不远，核部多由青白口系梵净山群、板溪群、下江群、南华系、震旦系等老地层组成，多数具典型的阿尔卑斯型复式褶皱特点。向斜相对较紧闭，轴向延伸也较长，核部主要由奥陶系及志留系组成，局部有三叠系，与凤冈南北向隔槽式褶皱变形区隔槽式褶皱向斜类似。二者组合在区内形成一个以梵净山群为核部的巨型复式背斜，为典型的造山带褶皱组合。关于梵净山复式背斜武陵构造层（梵净山群）中的褶皱，被包容在梵净山穹窿构造的核部出露，其走向为北东，由平行排列或雁行状排列组成，形态紧闭，褶皱样式及组合类型具典型的紧闭型阿尔卑斯式褶皱特征，具造山带内带褶皱组合特征，同时被角度不整合面所覆盖，说明是武陵运动形成。区内武陵构造层之上的复式褶皱，卷入地层主要为青白口纪晚期—早古生代地层，应为广西运动形成，但在向斜部位，被燕山运动叠加改造明显，使包括三叠系在内地层形成隔槽式褶皱。

近东西向构造在区内发育稀少，主要有镇远断层、翁哨断层等，未见褶皱；切割青白口系、南华系、震旦系、寒武系、奥陶系、志留系等地层，控制了晚古生代偏碱性超基性岩（煌斑岩）的产出、晚白垩世山间磨拉石盆地产出、新近系山间盆地的产出，是贵州境内金刚石母岩钾镁煌斑岩的主要控制性构造。断层地貌显示清晰，为地貌突变界线或直谷，沿断裂带有温泉出露和地震发生，表明其形成时期可能为加里东期，新构造运动期仍

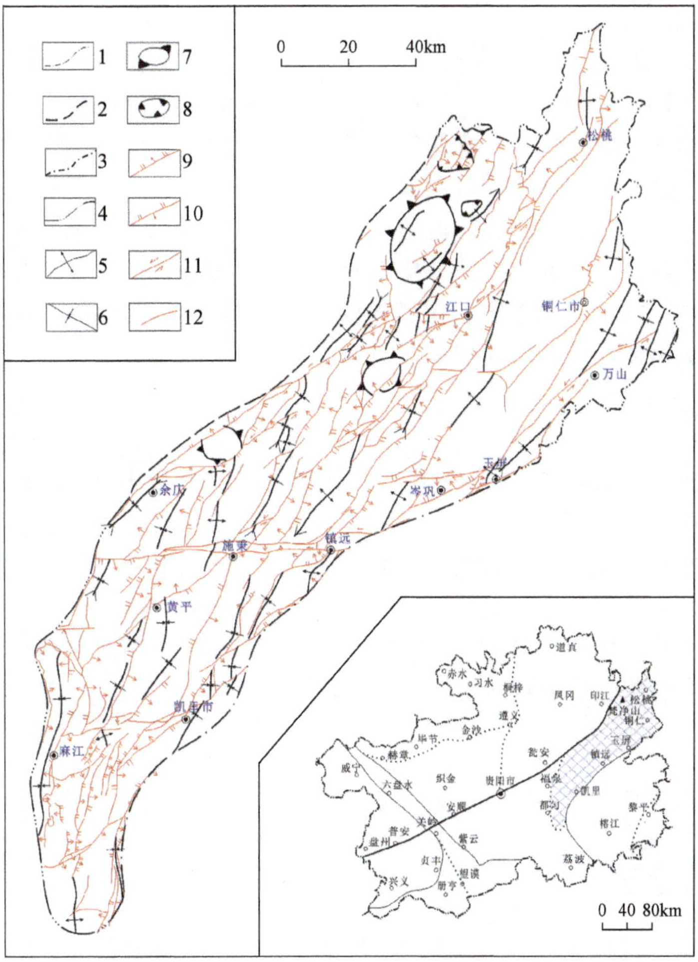

图 1.35　铜仁开阔复式褶皱变形区构造形迹分布图（据戴传固等，2013）

1. 省界；2. 一级分区界线；3. 二级分区界线；4. 三级分区界线；5. 背斜；6. 向斜；7. 穹窿；8. 构造盆地；9. 正断层；10. 逆断层；11. 平移断层；12. 性质不明断层

有活动。

区内重大构造界面有板溪群、下江群与下伏梵净山群之间的角度不整合，南华系与下伏青白口系之间的平行不整合，泥盆系与下伏地层之间的平行不整合或低角度不整合，二叠系与下伏地层之间的平行不整合，上白垩统与下伏地层之间的角度不整合，新近系与下伏地层之间的角度不整合等。武陵运动、广西运动、燕山运动、喜马拉雅运动反映明显。板溪群、下江群与下伏梵净山群之间的角度不整合在区内非常显著，为高角度不整合，造成芙蓉坝组超覆于梵净山群不同层位之上，反映出武陵运动变形强烈，是本区一次重要的构造运动。南华系与下伏青白口系之间的不整合及古生界内部的不整合显示了较大的沉积间断，以平行不整合为主。广西运动十分明显，形成了本区主要构造形迹——开阔平缓型阿尔卑斯式复式褶皱。上白垩统与下伏地层之间角度不整合界面所分隔的上下构造层之间，不论构造线方向，还是变形强度都极为不同，以三叠系为核部的贤昌向斜所代表的近南北向褶皱变形强烈，具隔槽式褶皱组合特征，表明燕山运动是本区最重要、最显著的一次大规模构造运动。

区内构造地貌独特，著名的梵净山高耸为黔东北的屏障，最高峰凤凰山海拔2570.5m，明显高于周缘山地1000～1500m，水系为典型的放射状水系，深切河谷极为发育，切割深度普遍达700～900m，坡度多在32°～42°或更大，河谷形态呈峡谷和嶂谷，分水岭多为刃脊状。梵净山区奇峰异石众多，包括红运金顶（在海拔2200余米的山岭之上，突兀而起的一尊石柱，高约100m）、蘑菇云、太子石、万卷书、老鹰岩等，可能是新构造运动期快速隆升强烈侵蚀剥蚀所致，与梵净山复式背斜核部岩层平缓、节理发育及岩性背景有关。此外，区内的部分北东向、东西向断层地貌显示为清晰的直谷或盆、山突变界线，可能是新构造运动期重新活动的表现。

4. 榕江加里东褶皱区（Ⅳ-4-2-4）

是一个多期次构造活动造成的晚古生代以来褶皱隆起或整体上升的隆起区，长期遭受剥蚀，缺失大量地层，新元古代地层大面积裸露，属江南早古生代褶皱带（江南复合造山带的西南段）的重要组成部分（杨巍然，1989），主要包括黎平、榕江、从江、剑河、锦屏和雷山等地。卷入此带的地层主要是四堡群和下江群/丹洲群浅变质的（火山）陆源碎屑岩系，连同整合其上的南华纪—早古生代地层一并于加里东期褶皱断裂，且发生区域变质，形成北东向的背斜和向斜构造。

三、构造演化

（一）构造运动

构造运动是地壳或岩石圈演化的动力，是沉积、岩浆、变质、变形和成矿五大地质作用的主因。五大地质作用是构造运动的不同表现形式，有岩层之间的不整合、构造变形、岩浆侵入和喷发、变质作用及成矿作用等。据姜春发和朱松年（1992）的划分，构造运动可分为升降运动和水平运动。其中水平运动可进一步划分为扩张运动和压缩运动，本节的水平运动含义主要为压缩运动，也就是通称的造山运动或褶皱运动，可使地壳或岩石圈缩短、隆起、增厚、拼合和洋壳消减而陆壳增生是板块碰撞造山、陆内造山作用的具体表现。在贵州表现明显的有武陵运动、广西运动和燕山运动，有洋陆转换阶段的造山运动，也有陆内活动阶段的造山运动。升降运动是指地壳抬升，造成隆升区域内一些重要的地层缺失界面和弱变形，贵州表现明显的有雪峰运动、印支运动和喜马拉雅运动。挽近期隆升背景控制了贵州新构造运动的特点和表现。

1. 武陵运动

武陵运动也称东安运动（王鹤年，1961）、梵净运动（赵化琛，1995）、四堡运动（黎盛斯，1959）。武陵运动表现为新元古界上覆芙蓉坝组、归眼组与下伏梵净山群、四堡群的不同组、段呈明显角度不整合接触关系。武陵运动致使新元古界梵净山群、四堡群变形变质，发生紧闭型阿尔卑斯式褶皱和绿片岩相区域动力变质作用。同时，出现碰撞-陆内造山型岩浆岩组合-正常花岗岩、黑云母花岗岩、二云母花岗岩、淡色花岗岩组合（白云母花岗岩）的侵入。据1∶25万铜仁幅、1∶5万宰便幅区域地质调查成果，新元古界芙蓉坝组、归眼组底部发育一套前陆盆地相磨拉石组合-底砾岩。

应变强度由北西向南东减弱。梵净山群、四堡群与上覆地层的接触关系，在梵净山-大庸一带为高角度不整合，平面上向两侧逐渐过渡为中-低角度不整合、平行不整合，反映出该时期构造运动的中心位置位于贵州梵净山-湖南大庸一带。

武陵运动是南华狭窄洋盆萎缩、消亡，扬子古陆与华夏古陆的汇聚碰撞形成华南陆块，是新元古界梵净山/四堡时期该地区洋陆转换历程的具体体现，是形成江南复合造山带的武陵期造山带。据区域资料综合分析，该期运动是距今820Ma的构造事件，是贵州已知最古老的造山运动，使梵净山群、四堡群发生北东向阿尔卑斯型褶皱（复式褶皱、轴面倾向北西的倒转、平卧褶皱）、逆冲推覆断层、（逆冲推覆、平行走滑）韧性剪切带，运动方向由西向东，平行走滑为右行走滑。

2. 雪峰运动

雪峰运动原义是发生于南华纪与青白口纪之间的构造运动，在贵州主要表现为区域性的掀斜隆升（田奇，1948）。隆升幅度西北高、东南低。沿锦屏-三都一线之南东，南华系长安组与青白口系下江时期的地层（丹洲群洪洲组、下江群白土地组）为海相连续沉积。该线之西北，南华系长安组、富禄组/澄江组、南沱组由南东向北西呈平行不整合或微角度不整合渐次上超叠覆到下江时期（下江群/板溪群）不同岩组之上，青白口系剥蚀程度由南东向北西递增，该界面实为长安期后盆地发生次级裂陷背景下而在其边缘形成的由南东向北西的上超界面。

雪峰运动是贵州青白口纪下江时期裂陷洋盆萎缩背景下开始出现盆地震荡演化的一个转折界面，从雪峰运动开始，盆地出现两次（即大塘坡期、牛蹄塘期）次一级裂陷，至牛蹄塘期以后盆地再次转入萎缩演化阶段。

3. 广西运动

广西运动代表志留纪末和泥盆纪初的构造运动事件，黔东及邻区上、下古生代地层的间断明显（丁文江，1929）。在贵州三都1∶5万九阡幅可见中泥盆统以角度不整合于寒武系之上。据1∶20万黎平幅区域地质调查成果，在湖南靖县新厂见下石炭统角度不整合于下寒武统之上，在广西环江介洞见中泥盆统角度不整合于下寒武统之上，在湖南通道见泥盆系角度不整合于寒武系之上等。从西向东表现为平行不整合（贵州中部）-低角度不整合（贵州东部）-高角度不整合（湘桂通道-龙胜）接触关系，且泥盆系底部发育一套前陆盆地相磨拉石组合-底砾岩。

广西运动在贵州黎平-从江以东地区、湖南通道、桂北龙胜地区造成前泥盆纪地层发生紧闭型阿尔卑斯型褶皱并局部倒转，褶皱轴向总体为北东向。而向西其变形变质强度逐渐减弱，使贵州大部分地区新元古代、早古生代地层发生低绿片岩相-极低区域动力变质作用，发育北北东向开阔型阿尔卑斯式褶皱、逆冲推覆断层、过渡型韧性剪切带，尚存在变质核杂岩构造和伸展剥离断层系，运动方向由西向东，该类型构造的存在可能控制了后期晚古生代的沉积格局，且对武陵期构造进行叠加、改造。区域上湖南、桂北发育碰撞型岩浆岩组合，以桂北越城岭花岗岩体、湖南新化以西鸭田加里东期岩体为代表，反映出该时期构造运动的中心位置位于湘桂地区通道-龙胜一带。

广西运动是南华裂谷海槽萎缩、消亡，扬子古陆与华夏古陆的再次汇聚碰撞形成华南陆块，新元古代中晚期—早古生代该地区洋陆转换历程的具体体现，形成江南复合造山带的加里东期造山带，使该地区与广大东南地区形成辽阔的南华加里东褶皱区，与扬子陆块联为一体，进入了统一的华南陆块发展阶段。

4. 印支运动

贵州印支运动相当于安源运动（黄汲清和尹赞勋，1965），发生于晚三叠世早（亚智梁阶）、晚（佩枯斯阶）期之间。多数地区表现为二桥组与下伏不同地层平行不整合接触，关岭、贞丰一带火把冲组与把南组平行不整合，天柱附近下-中侏罗统自流井组与上二叠统合山组平行不整合。结合邻省（区）资料，印支运动是一次差异升降为主兼有微弱变形的区域性构造运动。在贵州主要呈现为一个走向北北东并向北扬起的宽缓向斜拗曲。区域地应力作用方式主要为近东西向挤压，相对变形强度呈东强西弱，北强南弱的特点，黔西南关岭、贞丰等地是最微弱的地区。

印支运动对贵州乃至华南广大地域地史发展具有一定影响，结束了贵州长期以海相沉积为主的历史，使先期活动性质不同的若干地块弥合一体，成为以河湖相建造为特征同步演进的统一大陆，可能受特提斯构造域印支造山运动对贵州造成的远程响应。

5. 燕山运动

燕山运动是贵州地区重要和强烈的一次构造运动，在境内零星分布的“红层”即上白垩统茅台组，以角度不整合覆于前寒武系至侏罗系等不同时代地层之上，岩性组合为红色钙泥质胶结的砾岩、砂岩及黏土岩，是燕山运动之后山间盆地堆积的磨拉石建造。燕山运动使贵州早白垩世及以下地层普遍发生褶皱、断裂变形，奠定了贵州现今主要地质构造面貌的基础。

该期褶皱从早期到晚期逐次向四川盆地方向推进，区域上湘南-湘中地区角度不整合存在于中侏罗统与上覆地层之间，至贵州则在上白垩统与下伏地层之间，在习水-威宁一线的北西地区该构造运动逐渐减弱，表现为上、下白垩统之间由角度不整合渐变为平行不整合或整合接触关系。该期构造运动使武陵构造旋回期、雪峰-加里东构造旋回期的部分构造形迹遭受叠加、改造，形成了侏罗山式褶皱和日耳曼式褶皱，同时断裂活动也十分强烈，形成近南北走向断面东倾的逆冲断层和北西向逆冲断层及平行走滑断层、浅层滑脱构造，逆冲断层的运动方向主要是由东向西，平行走滑断层的运动方向主要是左行走滑。从构造变形特征结合区域构造特点，反映出该时期贵州位于造山带前陆带位置。该时期贵州同时受东、西方向的共同影响，东部构造活动的中心位置可能位于北海-萍乡-绍兴一带，是华南陆块板内活动阶段陆内造山作用的具体体现；而西部主要受特提斯域地质构造演化的影响，该时期构造活动的中心位置可能位于哀牢山一带，是哀牢山造山活动在贵州地区的具体体现。同时，后期红河断裂带巨型走滑对贵州部分地区构造线走向产生了极大影响。

6. 喜马拉雅运动

喜马拉雅运动代表了新近系与下伏地层之间角度不整合接触关系的构造事件，表现为新近系翁哨组以角度不整合覆于古近系及之前的不同时代地层之上。古近系已明显褶皱，而新近系固结微弱，几乎未变形。

该时期贵州可能兼受太平洋板块和印度板块俯冲的影响，主要表现为区域性抬升和断块活动，形成一系列地垒-地堑式构造组合样式，明显切割了先期构造形迹和地质体，控制了新生代地层呈山间磨拉石盆地产出，同时也使上白垩统—古近系出现褶皱变形。该类型构造样式是贵州造山期后隆升背景的直接产物，也是喜马拉雅运动的主要表现形式。

喜马拉雅期构造变形，与先期构造具有明显的继承叠加关系。晚白垩世至古近纪地层均已变形，发生褶皱或被断层破坏，大多呈向斜或在断层下降盘一侧保存分布，岩层倾角多为10°~20°，少数40°~50°，极个别有倒转，常见走向北北东及北东东两组陡倾斜节理。

上白垩统至古近系组成的向斜大多在燕山期向斜核部地带，走向与前期向斜相近，甚至轴位完全重叠，多处地方见到有切割晚白垩至古近系的复活断层，是一种继承性的表现。在1∶5万安顺片区及紫云片区区域地质调查中，均发现下伏为北西向褶皱时它们走向北西，下伏为北东向褶皱时它们走向为北东。在盘县石脑，古近系组成背斜，被两条冲断层挟持，反映出该地区喜马拉雅运动的存在。

7. 新构造运动

新近系以来的地壳运动，称为新构造运动，是形成贵州现今地貌和水文网络的最重要因素。区域性隆升背景下的断块活动，形成一系列地垒-地堑式构造组合样式，明显切割先期构造形迹和地质体。该类型构造样式是贵州造山期后隆升背景的直接产物，是新构造运动的主要构造表现形式，控制了河谷阶地或第四系分布、温泉、地震及地貌和水系格局。从现今地形地貌特征、保存有多级剥夷面、多级河谷阶地及多层溶洞等特点，反映出贵州新构造运动具有明显的掀斜性、间歇性隆升和隆升的差异性等特征（林树基，1995；秦守荣和刘爱民，1998；王砚耕等，2000），而且现代仍处在隆升趋势之中。

（二）构造旋回期次划分

根据地层、沉积相、岩浆岩、变质岩、构造组合样式等特征，贵州经历了洋陆转换和板内活动两个阶段发展演化历程，以造山作用形成的角度不整合为重要依据，划分出武陵构造旋回期、雪峰-加里东构造旋回期、海西-印支-燕山构造旋回期、喜马拉雅及新构造旋回期四个构造旋回期。

洋陆转换阶段：武陵构造旋回期（新元古代青白口纪梵净山期、四堡期）；
雪峰-加里东构造旋回期（新元古代青白口纪下江期—早古生代）。

板内活动阶段：海西-印支-燕山构造旋回期（晚古生代—早白垩世）；
喜马拉雅及新构造旋回期（晚白垩世以来）。

在不同的构造旋回期，发育不同动力学背景下的沉积盆地类型、沉积岩石组合及岩浆岩组合，形成的典型构造样式主要有阿尔卑斯式褶皱、侏罗山式褶皱、日耳曼式褶皱、逆冲推覆构造、(过渡性) 韧性剪切带、平行走滑构造、浅层滑脱层构造、变质核杂岩构造及伸展剥离断层系、地垒-地堑式构造等。武陵构造旋回期使贵州东部出现了绿片岩相变质作用，雪峰-加里东构造旋回期出现了低绿片岩相-极低变质作用。

1. 武陵构造旋回期

该构造旋回期时代为新元古代青白口纪梵净山期/四堡期，仅在贵州黔东梵净山、黔东南从江-桂北元宝山地区有记录。

武陵构造旋回期是新元古代前扬子克拉通发生裂解-闭合的一次构造旋回，完成了包括贵州在内的第一次洋陆转换，形成了扬子陆块最古老的褶皱基底；武陵构造旋回期的裂解作用分裂出扬子陆块和华夏古陆，其间为南华狭窄洋盆和一些微陆块，而南华狭窄洋盆的中心位置可能位于师宗-松桃-慈利-九江一带。丁炳华等（2008）通过对皖南伏川蛇绿岩的研究，认为扬子陆块和华夏陆块至少在848Ma之前开始拼合、俯冲消减，最后形成罗迪尼亚（Rodinia）超大陆。武陵构造旋回期，由于没有更老地层出露，从梵净山群沉积至武陵运动（或称梵净运动、四堡运动），彻底结束了裂谷盆地沉积的历史，其间发生强烈褶皱造山，相伴区域变质，并形成贵州最老的褶皱基底。

武陵运动的中心位置位于贵州梵净山北、湖南大庸、岳阳、平江一带，与该时期沉积盆地的中心位置相一致，是南华狭窄洋盆萎缩、消亡，扬子古陆与华夏古陆的汇聚碰撞形成华南板块，是青白口纪中期末该地区洋陆转换历程的具体体现，也是扬子古陆与华夏古陆聚合事件的中心位置，反映出具有由北向南、从早到晚逐渐封闭、碰撞造山的迁移趋势。戴传固等（2013）认为，贵州在该时期与江南复合造山带的发展演化关系密切，典型构造样式的特点反映出该地区处于造山带内带位置，构成了该区江南复合造山带的武陵期造山带。从江地区四堡群绿片岩相变质岩中的高压变质矿物多硅白云母和江南复合造山带东段的高压蓝闪石片岩反映了碰撞造山作用的存在。

2. 雪峰-加里东构造旋回期

该构造旋回期时代为新元古代青白口纪晚期（下江时期）至早古生代。本构造旋回从新元古代晚期Rodinia超大陆解体、南华裂谷海槽形成到广西运动结束（期间经历了雪峰运动)，是华南大陆从裂解-闭合的又一次构造旋回，完成了包括贵州在内的第二次洋陆转换，在此之后区内进入一个崭新的地质发展阶段——板内活动阶段。

雪峰-加里东构造旋回期沉积物充填序列显示，从早到晚经历了华南大陆裂陷阶段（裂谷盆地时期）-汇聚阶段（被动大陆边缘盆地时期）-碰撞造山阶段（前陆盆地时期）的发展演化过程，是震旦系、寒武系、奥陶-志留系页岩气目标层形成的重要构造旋回期。

裂陷阶段：指青白口纪晚期（下江时期）—南华纪时期。本阶段随着Rodinia超大陆的裂解，扬子古陆与华夏古陆分离，区内进入裂谷盆地时期。青白口纪晚期的沉积以楔状地层发育为典型特征（王剑，2000)，如板溪群、下江群及南华冰期沉积等，均具有相变迅速、厚度变化迅速的特点，显示明显的裂谷充填特征。随着雪峰运动的发生，贵州进入了被动大陆边缘盆地沉积演化时期。

汇聚阶段：指南华纪—早古生代末期。本阶段以雪峰运动为标志，贵州总体进入汇聚阶段的构造演化历程，形成被动大陆边缘盆地。其中南华纪时期形成了滨岸-陆棚相的长安组、富禄组、大唐坡组、黎家坡组及陆相的橙江组、南沱组，是雪峰运动后的沉积产物。震旦纪时期出现次级裂陷，差异沉降作用进一步显现，台、盆分异明显，形成初始碳酸盐岩台地。寒武纪牛蹄塘期是次级裂陷作用最大时期，沉积了一套具有代表性的黑色岩系，为滞留盆地沉积。牛蹄塘期—奥陶纪末期，贵州台、坡、盆格局分异明显，是碳酸盐岩台地形成、发展和消亡时期。以寒武纪龙王庙期台地边缘相的碳酸盐岩沉积（铜仁-玉屏-凯里一线）为标志，之前为碳酸盐岩台地形成期，寒武纪龙王庙期—奥陶纪黄花园期为碳酸盐岩台地发展期，奥陶纪大湾期—奥陶纪末期为碳酸盐岩台地消亡期。

碰撞造山阶段：指奥陶纪末期至早古生代末期。以志留系前陆盆地相沉积为代表，发生广西运动，形成华南加里东期造山带。

雪峰-加里东构造旋回期的早期构造以裂陷作用为主，形成一些控相古断裂，之后的雪峰运动、广西运动为隆升和造山运动。其中，雪峰运动为垂直升降运动，未造成明显的变形；广西运动是一次造山运动，其中心位置位于广西罗城-龙胜、湖南通道一带（戴传固等，2013），是南华裂谷海槽萎缩、消亡，扬子古陆与华夏古陆的再次汇聚碰撞形成华南陆块，新元古代-早古生代该地区造山历程的具体体现。广西运动形成的造山带中心位置与新元古代梵净山期、四堡期发生的武陵运动形成的造山带中心位置已向东迁移，形成了江南复合造山带的加里东期造山带。在贵州黎平-从江一线以东地区属造山带内带，黔东南雷山地区属造山带外带，而凯里-三都一线以西地区属该时期造山带前陆。广西运动所形成的不整合沉积界面在广西罗城-龙胜、湖南通道一带为中角度不整合，在贵州黔东南地区为低角度不整合，在黔东-黔东北地区为平行不整合，表现为从南东向北西逐渐减弱的特点；广西运动造成的构造变形在黔东南地区发育阿尔卑斯式褶皱，并伴有过渡性剪切带，向黔东北-黔北地区逐渐减弱，无明显的挤压变形，仅在造山末期有伸展滑脱现象，形成伸展正断层组合。

3. 海西-印支-燕山构造旋回期

该构造旋回时期时代为晚古生代至早白垩世。在江南复合造山带和特提斯域共同影响下，本区进入板内活动裂陷、挤压阶段，经历了板内裂陷到挤压的动力学演化历程，其沉积背景经历了由裂陷盆地向前陆盆地转化。在裂陷背景下出现基性火山活动，形成大面积分布的峨眉山玄武岩，使晚古生代地层的沉积格局与早古生代出现明显差异，形成浅水台地相与深水台盆相相间的沉积格局。

海西-印支-燕山构造旋回期沉积物充填序列显示，晚古生代—早白垩世经历了裂陷槽盆-陆内拗陷的演化过程。其中，泥盆纪—二叠纪阳新世时期为裂陷槽盆时期。丘元禧等（1999）认为晚古生代裂陷主要位置在湘、黔、桂、滇地区，裂陷呈北东、北西向有规律排列，形成交叉的浅水碳酸盐岩台地和深水硅质岩台盆发育的多盆围台、多台隔盆的奇特景观，分别发育陆相、滨岸-台地相、台缘相和裂谷盆地相沉积。贵州以北西向的罗甸-水城裂陷槽盆及黔南凹陷为代表。阳新世晚期为裂陷向挤压转换期，以区域上峨眉地幔柱强烈活动在贵州形成大片峨眉山玄武岩为标志，代表了裂陷盆地的最大裂陷期（戴传固等，2013），属沉积转换界面，即其下为盆地逐渐扩张、发展时期，而其上至二叠纪末、三叠纪初进入了挤压背景下的（弧后）前陆盆地演化阶段，为盆地逐渐萎缩、消亡期。

海西-印支-燕山构造旋回的早期阶段以裂陷作用为主，形成罗甸-水城北西向裂陷槽及黔南凹陷，其间在裂陷槽盆周缘发育控相的古断裂。在此之后，构造活动以垂直升降作用为主，如东吴运动、印支运动，主要形成不整合沉积界面，造成地层因隆升剥蚀而缺失，但未见明显变形。晚期的燕山运动是一次强烈的造山运动，其中心位置位于绍兴-萍乡-北海一线，贵州处于造山带前陆带的位置（戴传固等，2013）。燕山运动在贵州的黔东南地区为前陆隆起区，黔北、黔西北、黔南、黔西南等广大地区为前陆褶皱冲断区，进入四川盆地为前陆拗陷区，其总体变形强度呈南东向北西减弱。其中，黔东南前陆隆起区以隔槽式褶皱为主，向黔南、黔东北-黔北逐渐过渡为隔挡式褶皱，同时伴有浅层滑脱构造、褶皱逆冲推覆断层、平行走滑断层等，进入四川盆地变形减弱。在贵州西部燕山运动同样发育造山带前陆褶皱冲断带的一系列构造组合，浅层滑脱构造、侏罗山式褶皱、逆冲推覆断层、平行走滑断层等构造组合。其中，黔西南地区在继承早期北西向构造格局基础上，构造形迹展布方向主要为北西向，构造变形强度从南西向北东向逐渐减弱；在黔西北地区，构造形迹展布方向主要为北东向，构造变形强度由南向北逐渐减弱。从侏罗山式褶皱逐渐向以穹盆构造为代表的日耳曼式褶皱过渡，再向四川盆地过渡为弱变形区。

燕山运动是贵州最强烈的一次造山运动，形成了贵州构造的主体格架。同时，燕山运动对贵州页岩气的成烃、成藏和保存具有深刻的影响。

4. 喜马拉雅及新构造旋回期

晚白垩世以来，贵州受青藏高原隆升影响，垂直运动特征明显，典型构造样式为隆升背景下的地垒-地堑式构造组合，以脆性变形为主要特点，具浅表层次构造变形特征。明显切割先期构造形迹和地质体，控制上白垩统及新生界呈山间磨拉石盆地产出，上白垩统及古近系普遍出现褶皱变形，若干先期断层重新复活。在喜马拉雅构造活动基础上，新构造活动在贵州主要表现为区域性隆升背景下的断块活动，具有明显的掀斜性、间歇性隆升和差异性隆升等特征，而且现今仍处在隆升趋势之中。控制了贵州现今的河谷阶地、第四系分布、温泉、地震及地貌和水系格局。

第二章　贵州页岩气富集地质条件

第一节　潜质页岩发育特征

贵州境内自青白口系至第四系地层均有发育，根据野外地质调查、二维物探剖面、页岩气调查井综合分析，具有页岩气重要勘探意义的潜质页岩主要为古生界地层，即下寒武统牛蹄塘组、下寒武统变马冲组、下志留统龙马溪组、中泥盆统火烘组、下石炭统打屋坝组、中二叠统梁山组、上二叠统龙潭组。根据潜质页岩分布范围及沉积相的综合研究，七套潜质页岩层系主要呈区域性和地区性分布。

一、潜质页岩地层岩相特征

（一）下寒武统牛蹄塘组

牛蹄塘组岩性以黑色碳质页岩为主，偶夹砂质或硅质页岩。下部为高碳质页岩，或夹石煤，柔皱强烈似石墨状，偶夹硅质页岩，是有效潜质页岩的主要层段；中上部碳质页岩偶含砂质或呈碳质黏土岩，夹少量黄绿或灰绿色砂质页岩。

本组广泛分布于赫章–威宁一线以东，松桃–玉屏–丹寨以西地区，岩性稳定，由下部高碳质页岩及中上部碳质页岩、碳质黏土岩或含粉砂质碳质页岩组成，其碳质含量由下向上逐渐减少，由西向东逐渐增加。

1. 单井剖面沉积相

以绥页1井、镇页1井、仁页1井、仁页2井、丹寨翻仰剖面为例，分别对黔北区、黔东–黔东南区牛蹄塘组沉积相及其沉积演化特征进行探讨。

(1) 绥页1井

绥页1井位于绥阳县青杠塘镇后槽村岔坝。钻井深度为1744.55m，目的层牛蹄塘组厚878.68m，有效潜质页岩层厚117.89m，岩性主要由灰黑色–黑色粉砂质碳质页岩组成（图2.1）。该组与下伏震旦系灯影组呈整合接触，未见暴露及水下沉积间断标志。

海侵体系域，所处深度1608.62～1726.51m，岩性为黑色粉砂质碳质页岩、黑色含粉砂碳质页岩。沉积环境代表了海侵过程中的还原、低能沉积，属深水陆棚相。向上岩性渐变为深灰色泥岩，与碳质泥岩呈深–浅色薄层间相互过渡，碳质降低，还原环境减弱。

高位体系域，所处深度857.08～1608.62m，岩性为深灰–灰色粉砂质泥岩、泥质粉砂岩，中段及顶部夹粉砂岩。粉砂质泥岩中，钙质粉砂条纹、条带极为发育，其中条带可见沙纹层

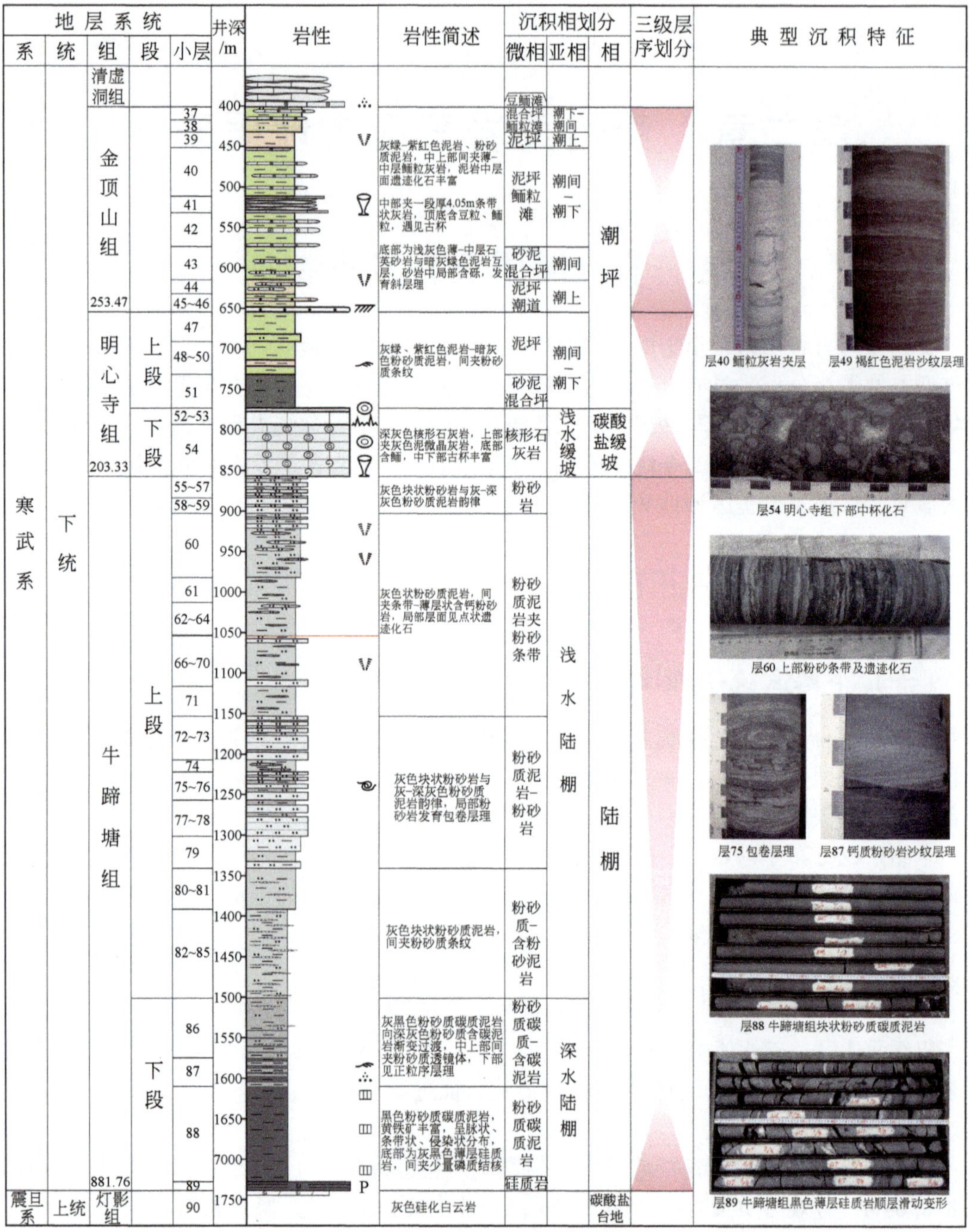

图 2.1　绥页 1 井地层沉积综合柱状图

理，呈单向流特征。中段粉砂岩、泥质粉砂岩中发育包卷层理，判断为退积过程中沉积基面坡度增大。综合分析该段沉积相属粉砂–泥质陆棚，处于弱还原–弱氧化环境过渡区。

(2) 镇页 1 井

镇页 1 井位于镇远县羊场镇下半屯村下岩脚。钻井深度为 814. 25m，目的层牛蹄塘组厚106.05m，有效潜质页岩层厚81.20m，岩性主要由灰色–灰黑色碳质页岩组成，间夹结核状、纹层状黄铁矿（图2.2）。该组与下伏震旦系老堡组呈整合接触，未见暴露及水下沉积间断标志。

海侵体系域，所处深度734.5～792.63m，岩性为黑色粉砂质碳质泥岩、黑色含粉砂碳质页岩，间夹深灰色粉晶灰岩。岩石中黄铁矿丰富，沉积环境代表海侵过程中的还原、低能沉积，属深水陆棚相。

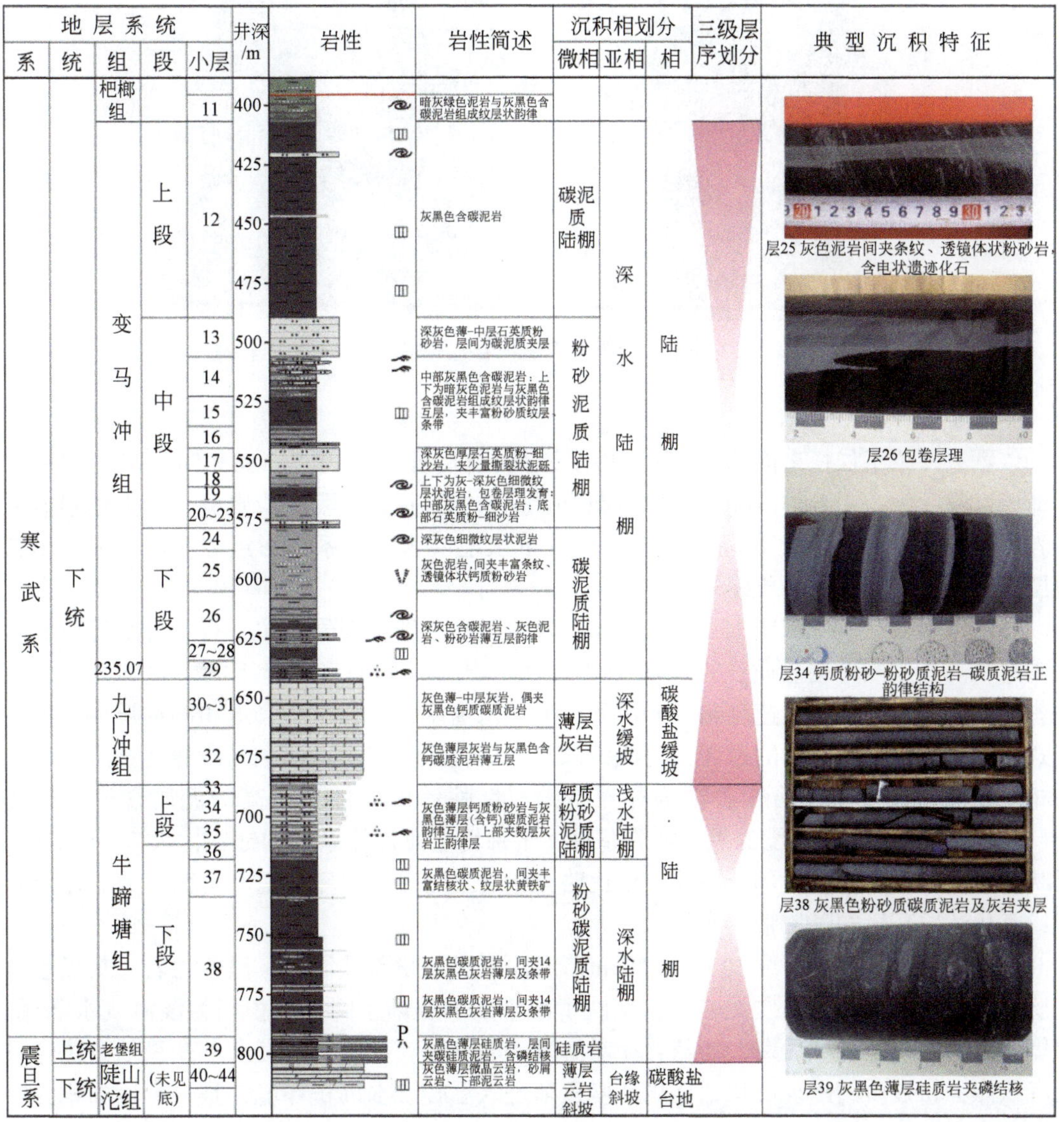

图2.2　镇页1井地层沉积综合柱状图

高位体系域，所处深度686.39～734.5m，岩性为黑色页岩夹薄层–条带状钙质粉砂岩，正韵律结构发育，韵律底部钙质粉砂岩沙纹层理发育，中部为灰色泥岩，顶部为碳质泥岩。单个韵律层5～20cm，具鲍马序列特征，CDE（粉砂岩、泥质粉砂岩、泥岩沉积）

组合为主，次为 CD（粉砂岩、泥质粉砂岩）组合。综合分析该段沉积相属浅水陆棚相，可分为钙泥质、砂质陆棚（图 2.3）。

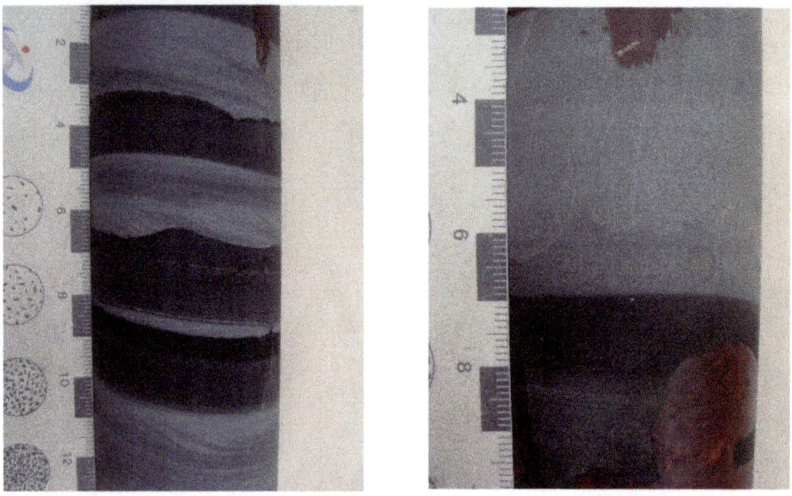

图 2.3　镇页 1 井牛蹄塘组上部浊积岩鲍马序列特征及火焰构造

（3）仁页 1 井

仁页 1 井位于仁怀市南约 13km 的鲁班镇尚礼村。钻井深度为 1383.5m，其中目的层牛蹄塘组厚度为 484m，有效潜质页岩层厚 63m，岩性主要为黑色碳质页岩、黑色粉砂质泥岩、黑色泥岩、黑色硅质泥岩（图 2.4）。下伏地层为震旦系灯影组细晶白云岩，上覆地层为明心寺组灰色粉砂质泥岩。

海侵体系域，所处深度 1344 ~ 1337m，岩性以黑色碳质泥岩为主，可见方解石脉和黄铁矿脉，部分层段可见硅质纹层。海侵体系域主要为一套深水环境下的黑色碳质泥岩沉积，此时可容空间的增大速度略大于沉积物的供给速率，形成了一套退积的准层序组叠加型式，代表了海平面上升的过程，为浅海深水陆棚沉积环境。自然伽马曲线在该层段表现为相对高值，自然电位曲线表现为相对低值，反映该段岩性具较高的泥质含量。Th/U（钍铀比）可反映沉积环境的氧化还原条件，牛蹄塘组海侵体系域的钍铀比大部分小于 2，反映了强还原沉积环境，部分层段钍铀比略大于 2，说明沉积环境稍有动荡，为弱还原环境或氧化还原环境的过渡带。

高位体系域，所处深度 1337 ~ 1281m，岩性以黑色粉砂质泥岩、黑色泥岩、灰黑色含硅质纹层泥岩和灰黑色硅质泥岩主，反映了海平面的逐渐下降，沉积相为浅海浅水陆棚。总体而言，海侵体系域后期，伴随着相对海平面的下降，形成了一套向上变浅的高位体系域沉积体，粉砂质的出现反映了沉积环境逐渐进入温暖浅水沉积环境，是一套以加积为主的沉积序列。

（4）仁页 2 井

仁页 2 井位于金沙县岩孔镇后山乡。钻井深度为 981m，其中目的层牛蹄塘组厚度为 544m，有效潜质页岩层厚 83m，上部岩性为深灰色粉砂质泥岩、泥质粉砂岩，夹少量灰岩；下部为深灰色碳质泥岩、粉砂质泥岩，偶见黄铁矿化；底部为硅质砂岩，夹少量灰黑

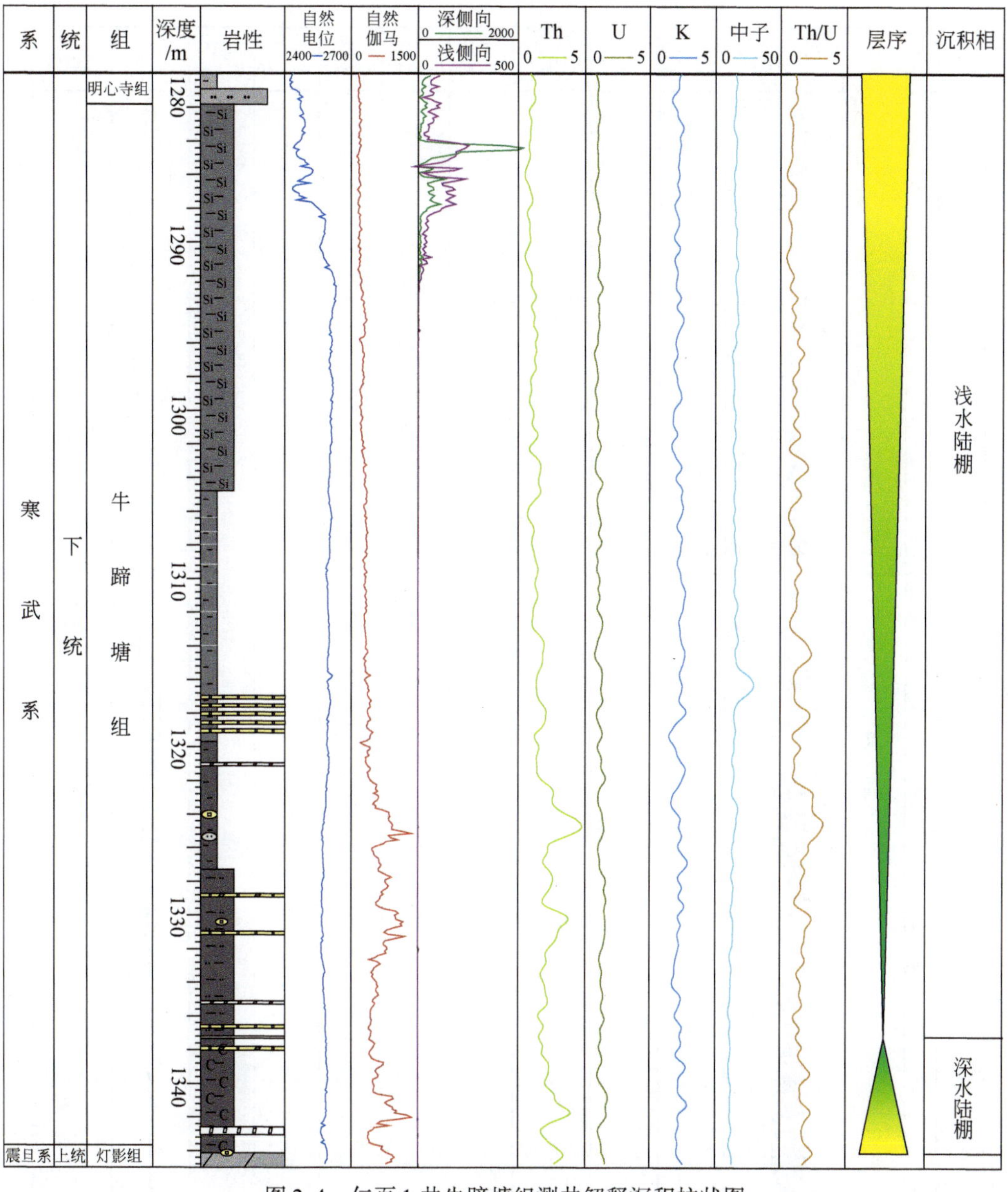

图 2.4　仁页 1 井牛蹄塘组测井解释沉积柱状图

色硅质岩（图 2.5）。下伏地层为震旦系灯影组灰白色细晶白云岩，上覆地层为明心寺组灰绿色粉砂岩，夹薄层泥质灰岩。

海侵体系域，所处深度 929 ~ 913m，岩性以黑色碳质泥岩为主，可见多层硅质条带和黄铁矿结核及硅质结核，部分层段可见方解石纹层。海侵体系域主要为一套深水环境下的黑色碳质泥岩沉积，此时可容空间的增大速率略大于沉积物的供给速率，形成了一套退积的准层序组叠加型式，代表海平面上升的过程，为浅海深水陆棚沉积环境。自然伽马曲线在该层段表现为相对高值，自然电位曲线表现为相对低值，反映该段岩性具较高的泥质含量。牛蹄塘组海侵体系域的钍铀比普遍较低，反映强还原沉积环境，部分层段钍铀比略

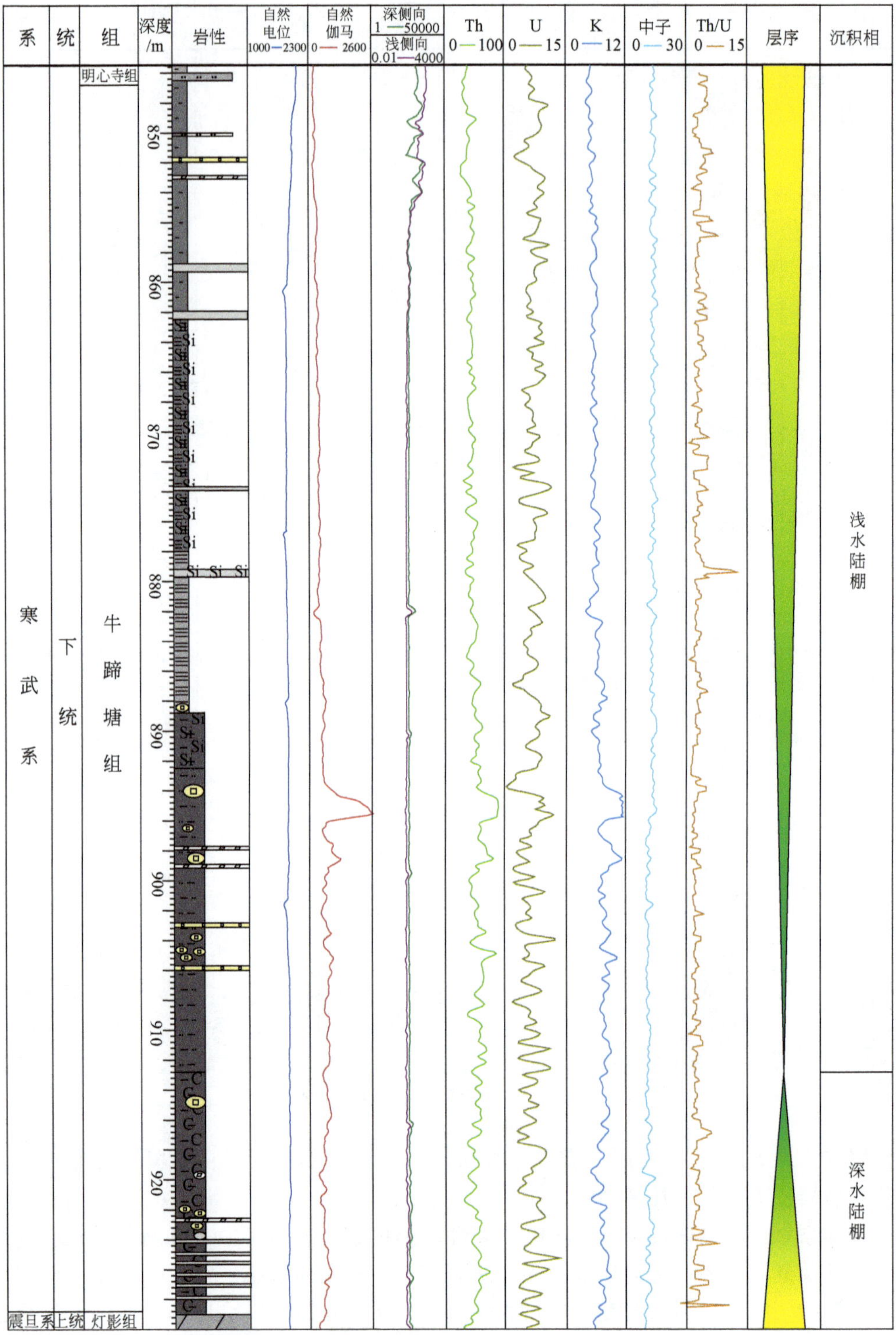

图 2.5　仁页 2 井牛蹄塘组测井解释沉积柱状图

高，说明沉积环境稍有动荡，为弱还原环境或氧化还原环境的过渡带。

高位体系域，所处深度 913 ~ 847m，岩性以黑色粉砂质泥岩、黑色硅质泥岩、灰黑色页岩、灰黑色硅质页岩和灰黑色泥岩为主，反映海平面的逐渐下降，沉积相为浅海浅水陆棚。总体而言，海侵体系域后期，伴随着相对海平面的下降，形成了一套向上变浅的高位体系域沉积体，沉积环境逐渐进入温暖浅水沉积的环境，是一套以加积为主的沉积序列。

(5) 丹寨翻仰剖面

翻仰剖面位于丹寨县翻仰村。露头剖面显示牛蹄塘组目的层位完整，地层厚度 74m，岩性以黑色薄层碳质泥岩、深灰色碳质泥岩夹粉砂质泥岩为主（图 2.6）。下伏地层为震旦系灯影组灰白色细晶白云岩，上覆地层为九门冲组泥晶灰岩。

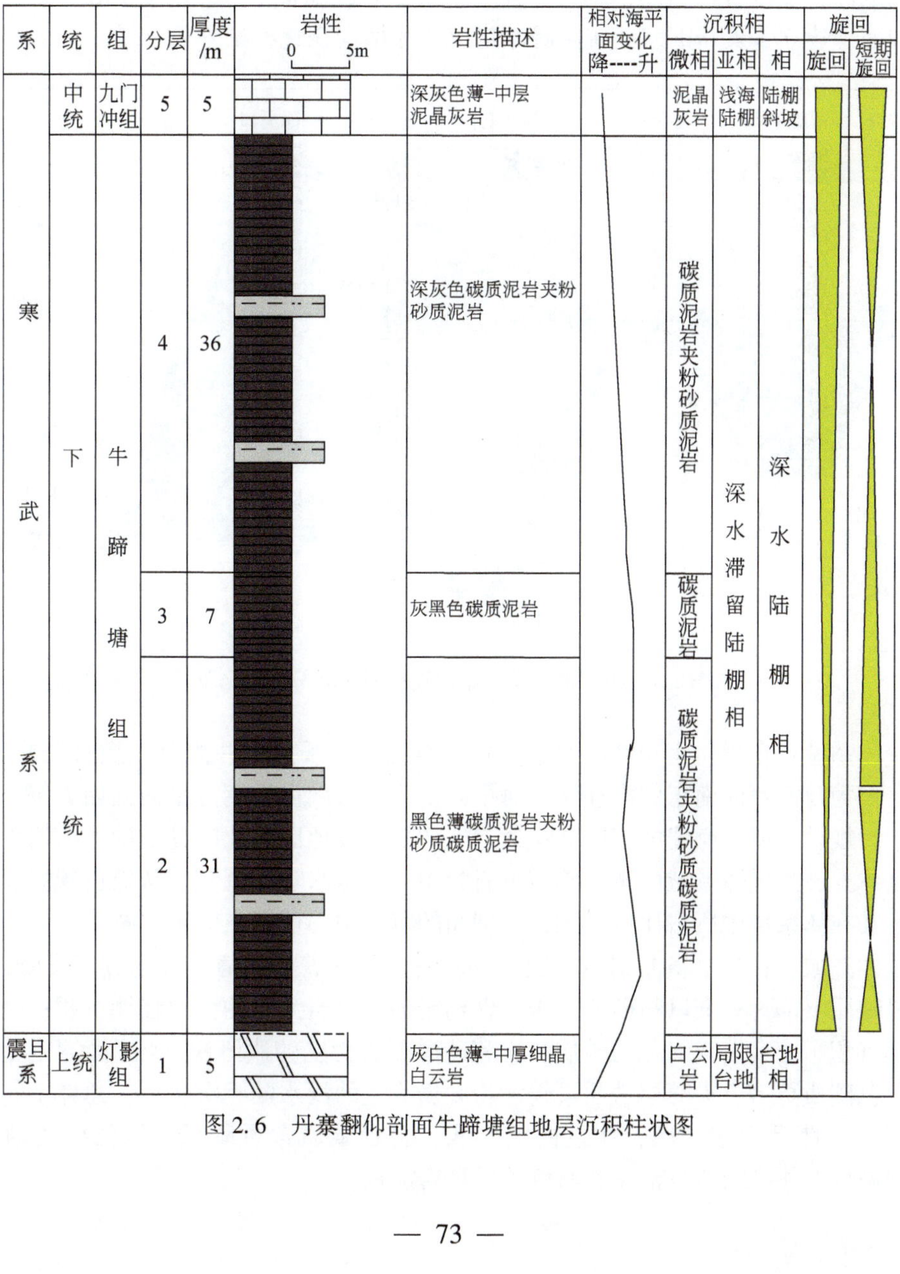

图 2.6　丹寨翻仰剖面牛蹄塘组地层沉积柱状图

海侵体系域，第 2、第 3 层厚 38m，岩性以黑色碳质粉砂岩为主，夹黑色碳质泥岩。以碳质粉砂岩与碳质泥岩组成的正粒序特征，代表海平面上升的过程，为深水滞留陆棚沉积。

高水位体系域，第 4 层厚 36m，岩性为黑色碳质泥岩、碳质粉砂岩，含较多黄铁矿颗粒，发育水平层理，以碳质泥岩与粉砂岩组成的逆粒序为特征，代表海平面缓慢下降的过程，为浅海陆棚相沉积。

2. 连井剖面沉积相分析

在单井沉积相识别基础上，以层序地层格架为引领，通过综合对比雷波抓抓岩剖面、镇雄羊场剖面、金沙岩孔剖面、绥页 1 井、正页 1 井、德页 1 井、乌罗 ZK211、松页 1 井等钻井剖面，建立了贵州下寒武统牛蹄塘组沉积相横向变化框架（图 2.7）。

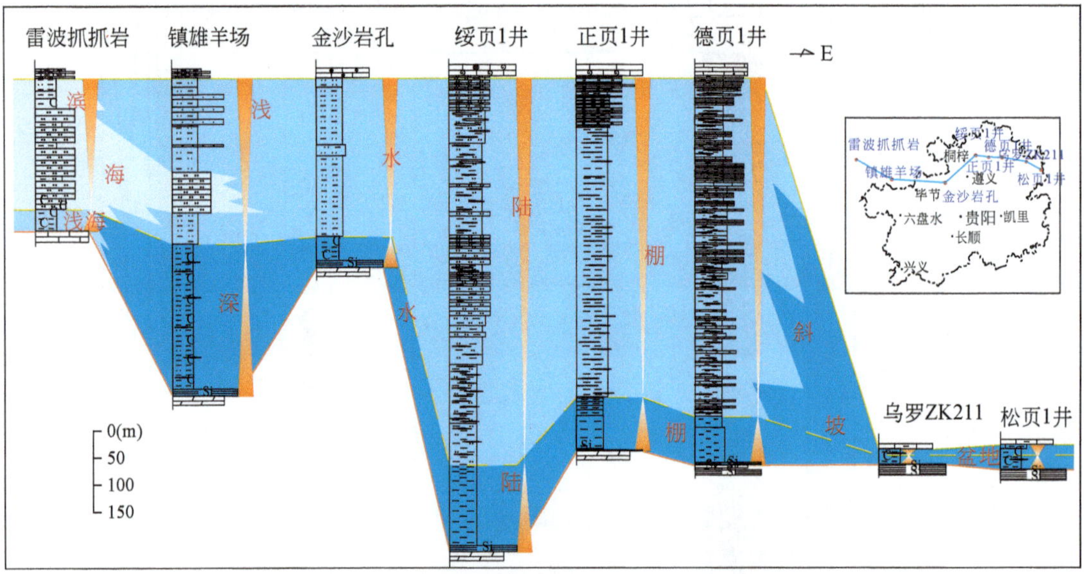

图 2.7　下寒武统牛蹄塘组连井剖面沉积相对比图

海侵体系域：在贵州南东部剖面中发育比较完整，绥页 1 井黑色碳质页岩厚度最大，整体上表现为自北西向南东水深加深，海平面上升。寒武世早期海平面开始大幅上升，黔北区处于大规模海侵，海侵的范围基本达到了四川雷波地区，此时盆地的水深增大，物源不足。整体上，海侵体系域以黑色碳质页岩为主，为深水陆棚沉积。从黑色碳质页岩的厚度分布及其在体系域中所占比例可知，该剖面的沉降中心位置在南东方向。

高位体系域：在整个横向剖面中发育比较完整，随着相对海平面的逐渐下降，印江-石阡一线地层上部为一套以粉砂质页岩、含钙粉砂质页岩为主的浅水陆棚沉积；金沙岩孔剖面顶部沉积了一套以灰绿色粉砂质页岩和碳质页岩为主的浅海浅水陆棚沉积体；绥页 1 井为浅灰色碳质页岩、夹薄层铁质页岩、粉砂岩为主的浅水陆棚沉积体。总体上，高位体系域时期，岩性呈现逆粒序，颜色向上变浅，岩石碳质含量降低。铜仁松桃地区乌罗 ZK211 和松页 1 井牛蹄塘组整段为黑色碳质页岩沉积。

从连井剖面不难看出，海侵体系域牛蹄塘组地层厚度在绥页1井处相对较大，为该时期的沉积中心；高位体系域时期，黔北地区牛蹄塘组地层厚度自南东向北西略有增大，但有效潜质页岩厚度仅东部地区发育，说明高位体系域时期沉积中心向北、北西向偏移，沉降中心位于贵州东部地区。

3. 沉积相平面展布特征

(1) 早寒武世早期

早寒武世早期贵州古地理格局是在晚震旦世的基础上进一步发展而成，随着全球海平面的上升，贵州全域均受扬子东南上升洋流影响，其底部普遍发育磷结核，沉积环境由浅水陆棚向斜坡、盆地过渡（图2.8）。

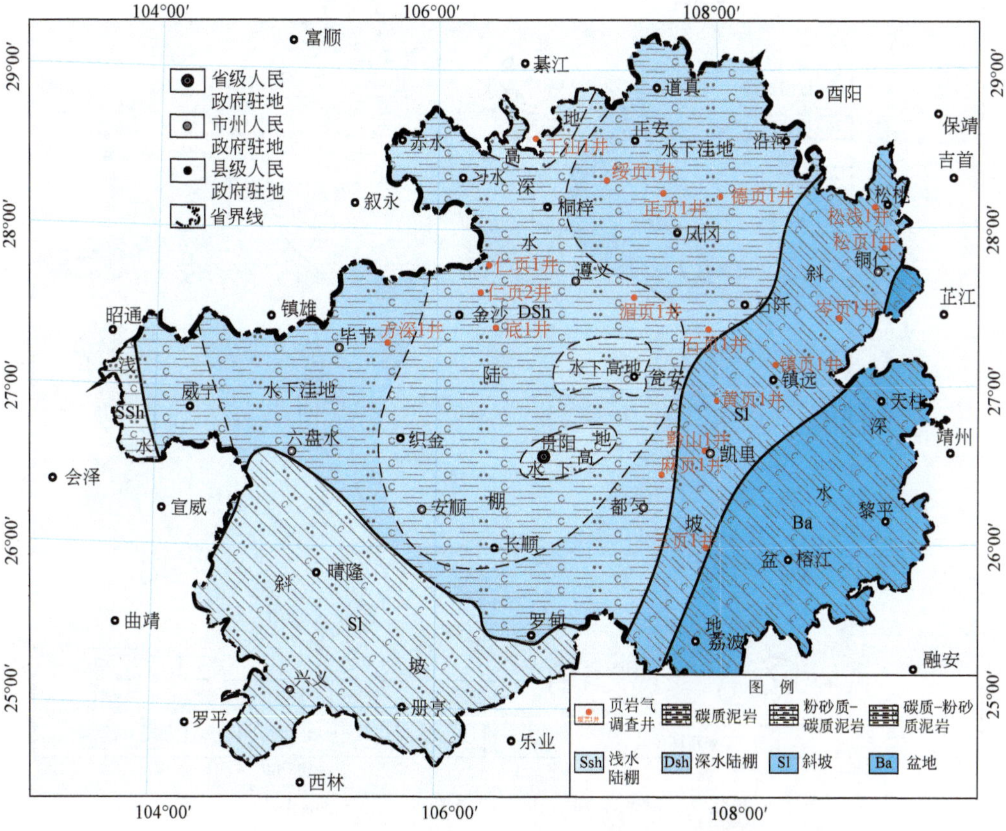

图2.8 贵州早寒武世牛蹄塘早期岩相古地理图

下寒武统牛蹄塘组在贵州全境均有分布。横向上，古地理格局受晚震旦世主体格架影响明显，局部发育水下隆起和水下洼地，海水由南东向北西海侵，物质来源主要来自西边的康滇古陆。由西向东总体沉积环境展布为浅水陆棚相→深水陆棚相→斜坡相→深水盆地相。

浅水陆棚相：主要分布于威宁以西的区域，岩性为含碳质泥页岩夹粉砂质泥岩、粉砂岩，具一定的有机质含量。深水陆棚相：主要分布于黔北、黔中和黔西南-黔南部分地区，岩性为一套碳质泥页岩、含粉砂质碳质泥页岩，贵阳地区及瓮安西部发育水下高地，地层厚度变薄，该相带为牛蹄塘组潜质页岩最发育的沉积相带。斜坡相：主要分布于石阡-都匀一线以东，为黔东-黔东南区牛蹄塘组潜质页岩发育区，岩性主要为黑色碳质页岩，地层中黄铁矿颗粒及团块发育。深水盆地相：主要分布于铜仁-三都一线以东，地层沉积厚度薄，有机质含量高，碳硅质成分含量较高。

（2）早寒武世晚期

随着川西地区隆起继续扩大，贵州早寒武世晚期接受的陆源碎屑颗粒明显增加，海水逐渐变浅。平面上，自西向东海水逐渐加深，沉积相由滨海相→浅水陆棚相→深水陆棚相→斜坡相→深水盆地相展布（图 2.9）。

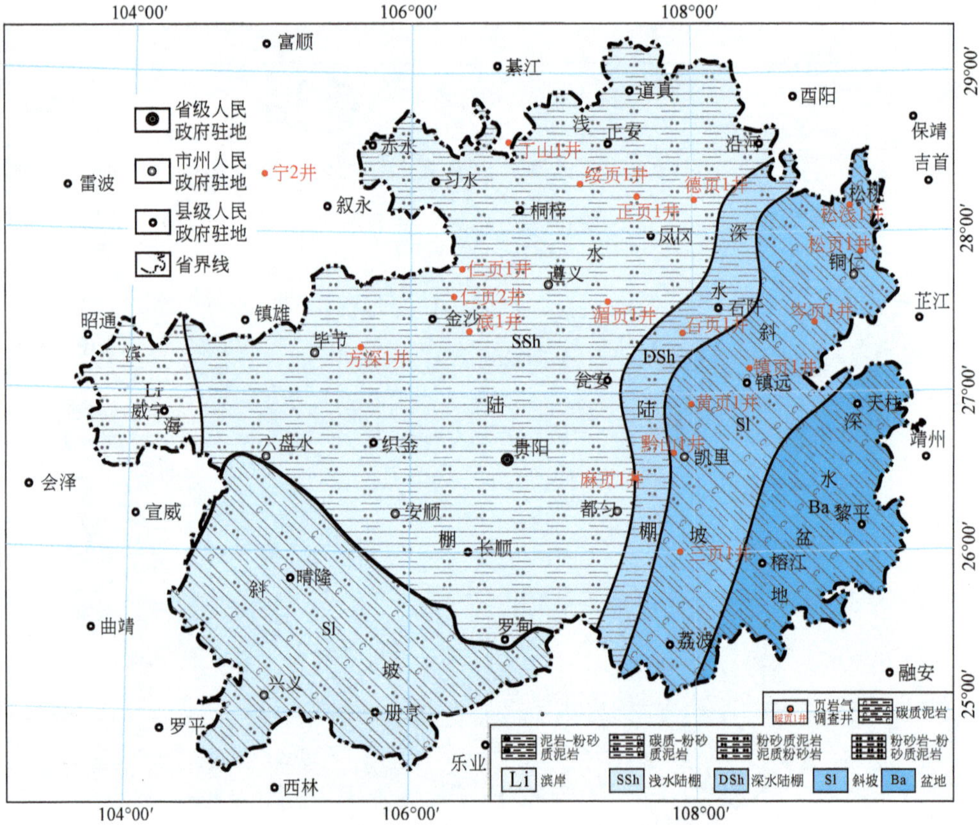

图 2.9　贵州早寒武世牛蹄塘晚期岩相古地理图

滨海相：主要分布于威宁地区，较早期范围浅水陆棚范围有所扩大，岩性主要为一套粉砂岩。浅水陆棚相：占据了贵州大部分地区，岩性主要为灰-浅灰色粉砂岩、粉砂质泥岩、泥岩组合，砂纹层理、砂岩条纹较发育。深水陆棚相：分布范围明显缩小，仅分布于瓮安-都匀一线，岩性为含粉砂质碳质泥页岩，砂质含量略有增加。斜坡相和盆地相的范围与早寒武世早期一样，岩性变化较小，为一套有机质含量较高的潜质页岩段。

4. 沉积模式

早寒武世牛蹄塘期在贵州境内表现为由东往西的海侵，灯影期碳酸盐岩台地逐渐被淹没，其顶部普遍沉积了一套深水陆棚-斜坡相富含有机质的黑色页岩，习水-瓮安一线由于受康滇古陆的影响，牛蹄塘晚期碎屑成分逐渐增多（图2.10）。

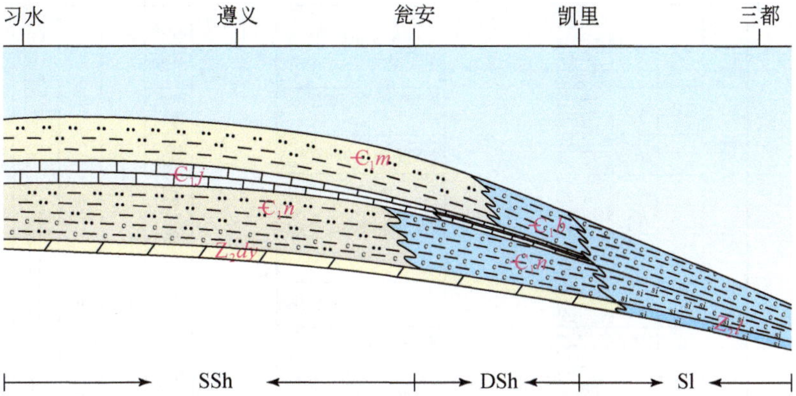

图2.10 贵州早寒武世牛蹄塘期沉积模式图

SSh. 浅水陆棚；DSh. 深水陆棚；Sl. 斜坡

（二）下寒武统变马冲组

变马冲组岩性以黑色碳质页岩为主，夹泥质粉砂岩及砂岩。该组潜质页岩层呈地区性分布，仅分布于黔东-黔东南地区，本次主要以镇页1井、三都水碾剖面分析变马冲组地层不同地区沉积相及沉积演化特征。

1. 单井剖面沉积相

（1）镇页1井

镇页1井位于镇远县羊场镇下半屯村下岩脚。钻井深度为814.25m，其中目的层变马冲组厚234.2m，有效潜质页岩层厚63.47m，岩性主要由灰色-灰黑色碳质页岩组成，间夹丰富条纹、透镜状钙质粉砂岩（图2.2）。该组与下伏寒武系九门冲组为整合接触，上覆地层为寒武系杷榔组。

海侵体系域：分布于井段554.3～641.81m。岩性为灰黑色含碳泥岩、灰色泥岩，灰色泥岩中包卷层理较为发育，局部可见滑动构造。

高位体系域：分布于井段406.74～554.3m。地层下部岩性为石英粉-细砂岩与灰黑色含碳泥岩、灰色泥岩组成“3+2”组合，泥岩中的粉砂质条带可见沙纹层理；上部岩性为灰黑色含碳泥岩，无明显夹层。总体上属深水陆棚相沉积。

（2）三都水碾剖面

水碾剖面位于三都县九阡镇水碾村，目的层渣拉沟组（对应于区域上变马冲组）剖面完整，地层厚300m，岩性以黑色碳质粉砂岩、碳质泥岩为主，含较多的黄铁矿颗粒，发育水平纹层（图 2. 11）。下伏地层为震旦系老堡组硅质岩，上覆地层为寒武系都柳江组泥岩。

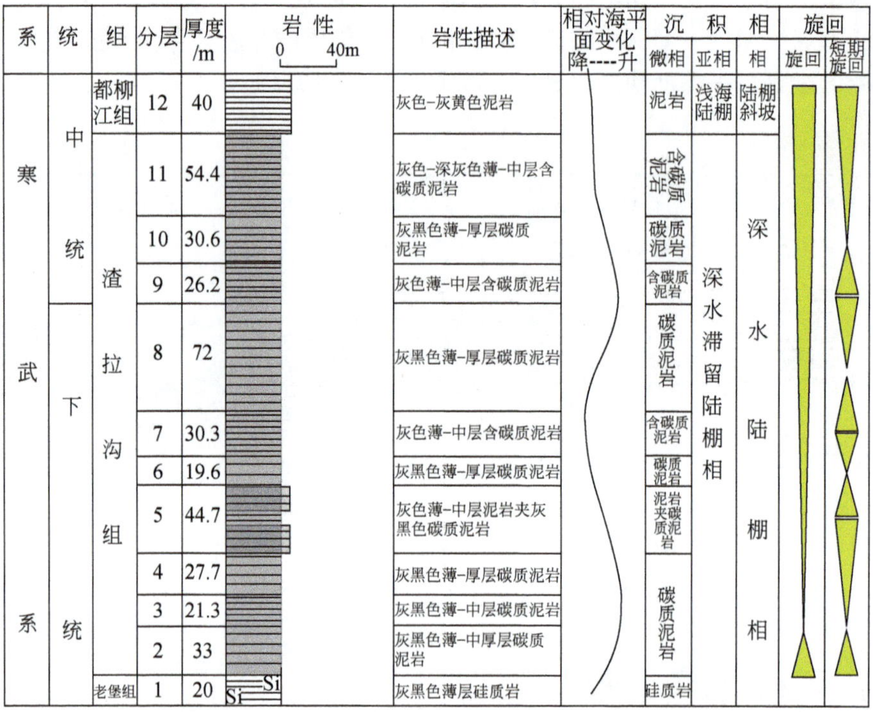

图 2. 11 三都水碾渣拉沟组剖面沉积综合柱状图

海侵体系域与高位体系域岩性都以黑色碳质泥岩为主，粒序特征总体不明显，为深海盆地相沉积。

2. 连井剖面沉积相分析

在单井沉积相识别基础上，以层序地层格架为引领，通过综合对比绥页 1 井、正页 1 井、湄页 1 井、镇页 1 井和三都拉郎剖面，建立了贵州下寒武统变马冲组沉积相横向变化框架（图 2. 12）。

海侵体系域：在石阡-镇远一线以东发育比较完整，潜质页岩厚度较大。总体上，自西向东海水逐渐加深，碳泥质含量增加，可见明显包卷层理和滑动变形特征，结合区域地质资料分析，应属斜坡相沉积。

高位体系域：在整个横向剖面中分布范围较广，岩性主要为一套砂泥岩、砂岩、含碳页岩，代表陆源碎屑物的不断增加。沿该线以西地层中透镜状层理、脉状层理发育，为潮坪相沉积；往东至三都地区为斜坡相沉积。

3. 沉积相平面展布特征

变马冲期水体环境较牛蹄塘期明显变浅，沉积相展布依然是从西往东逐渐加深，物源主要来自康滇古陆。平面上，沉积相依次为潮坪相→潮缘相→斜坡相→深水盆地相（图 2. 13）。

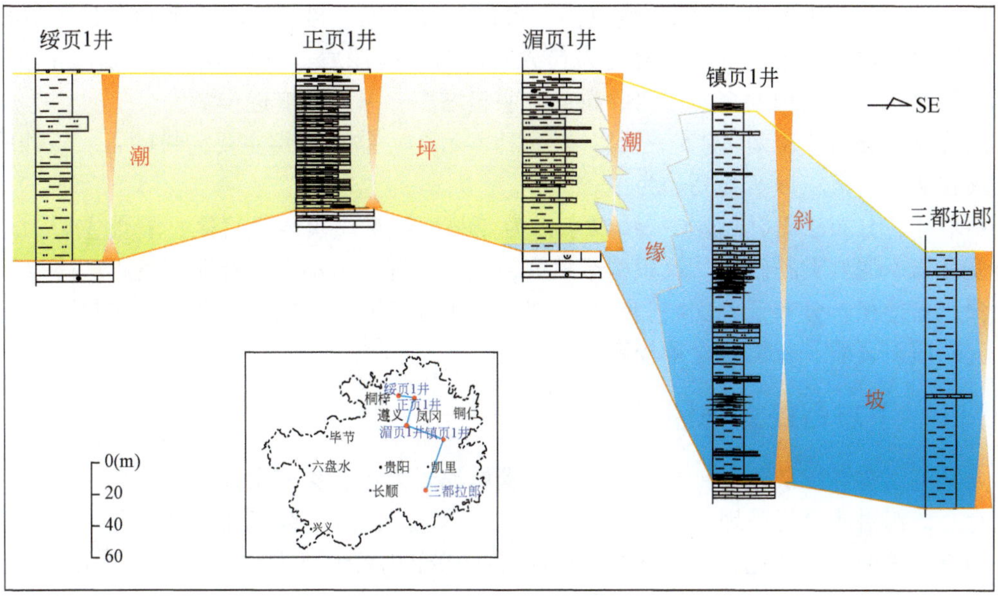

图 2.12　下寒武统变马冲组连井剖面沉积相对比图

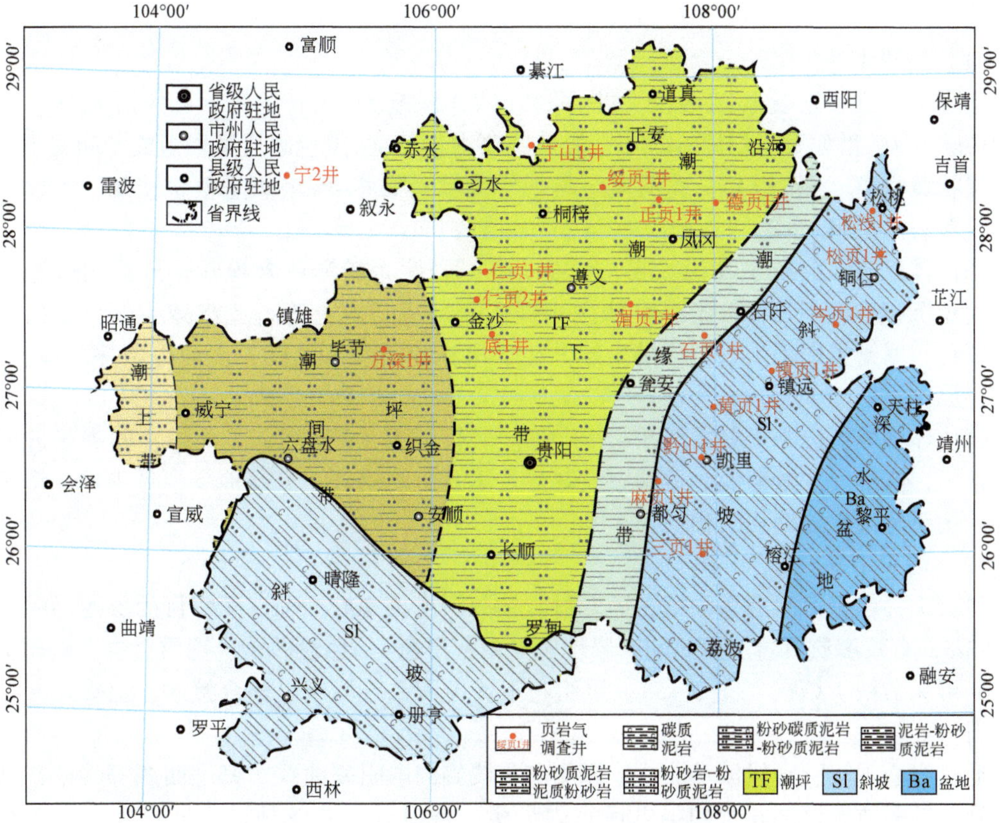

图 2.13　早寒武世变马冲期岩相古地理图

潮坪相：分布于思南-瓮安一线以西，可以划分出潮上带、潮间带和潮下带等沉积微相。主要为高水位体系域沉积，岩性为粉砂岩、粉砂质泥岩，沉积构造明显，交错层理、透镜状层理、脉状层理发育，往西砂质成分明显增多，单层厚度逐步增大。

潮缘相：分布于思南-瓮安一线以东至石阡-都匀一线，岩性主要为粉砂岩、粉砂质泥岩夹鲕粒灰岩，鲕粒以实心亮晶为主。

斜坡相：分布于石阡-都匀一线以东，为变马冲组潜质页岩发育区，岩性主要为黑色含碳质泥岩、泥岩夹粉砂岩。沉积构造发育，包卷层理、滑动变形特征明显。

深水盆地相：分布于铜仁-三都一线，基本继承了牛蹄塘期沉积环境，水体较深，沉积一套碳质泥页岩，有机质含量较高。

（三）下志留统龙马溪组

龙马溪组岩性以灰色含钙泥岩，灰黑色碳质泥岩为主，夹多层斑状、层状黄铁矿，笔石发育。该组潜质页岩呈地区性分布，仅分布于遵义-石阡一线以北，越往北沉积厚度越大。随着水体的快速变化，龙马溪组纵横向沉积相变化较大。本次通过道页 1 井、习页 1 井、桐页 1 井对不同地区龙马溪组沉积相进行分析对比。

1. 单井剖面沉积相

（1）道页 1 井

道页 1 井位于道真县玉溪镇大路坪村。钻井深度为 633m，其中目的层龙马溪组厚 351.16m，有效潜质页岩层厚 64.7m，岩性主要由灰色-灰黑色碳质页岩组成，间夹丰富斑状、层状黄铁矿（图 2.14）。龙马溪组与下伏奥陶系临湘-宝塔组呈整合接触，上覆地层为志留系石牛栏组。

海侵体系域：分布于井段 538.5 ~ 594.5m。岩性为灰黑色含粉砂碳质泥岩，笔石丰富，宏观沉积构造不发育，属深水陆棚相强还原环境。向上笔石逐步减少，直至出现腕足、腹足、瓣鳃类底栖生物与浮游生物共生。沉积相属浅水陆棚，水动力条件总体较弱，呈弱还原性。

高位体系域：分布于井段 245 ~ 538.5m。岩性主要为灰-浅灰色泥岩，间夹粉砂岩薄层或条带，有机质含量略低。地层中发育少量笔石生物化石，上部地层中见腹足、瓣鳃等生物，主要为浅水陆棚相沉积。

（2）习页 1 井

习页 1 井位于习水县马临镇店子上村。钻井深度为 706.76m，其中目的层龙马溪组厚 210.93m，有效潜质页岩层厚 86m，岩性主要由灰黑色-黑色粉砂质、钙质页岩、碳质页岩组成，可见黄铁矿结核（图 2.15）。该组与下伏奥陶系五峰组呈整合接触，上覆地层为志留系石牛栏组。

通过岩心观察、自然伽马曲线、深侧向与浅侧向电阻率曲线、密度曲线等特征，结合钾、钍、铀等放射性测井及扫描电镜室内分析，将习页 1 井龙马溪组划分为 4 个四级层序，即 MSC1、MSC2、MSC3、MSC4。

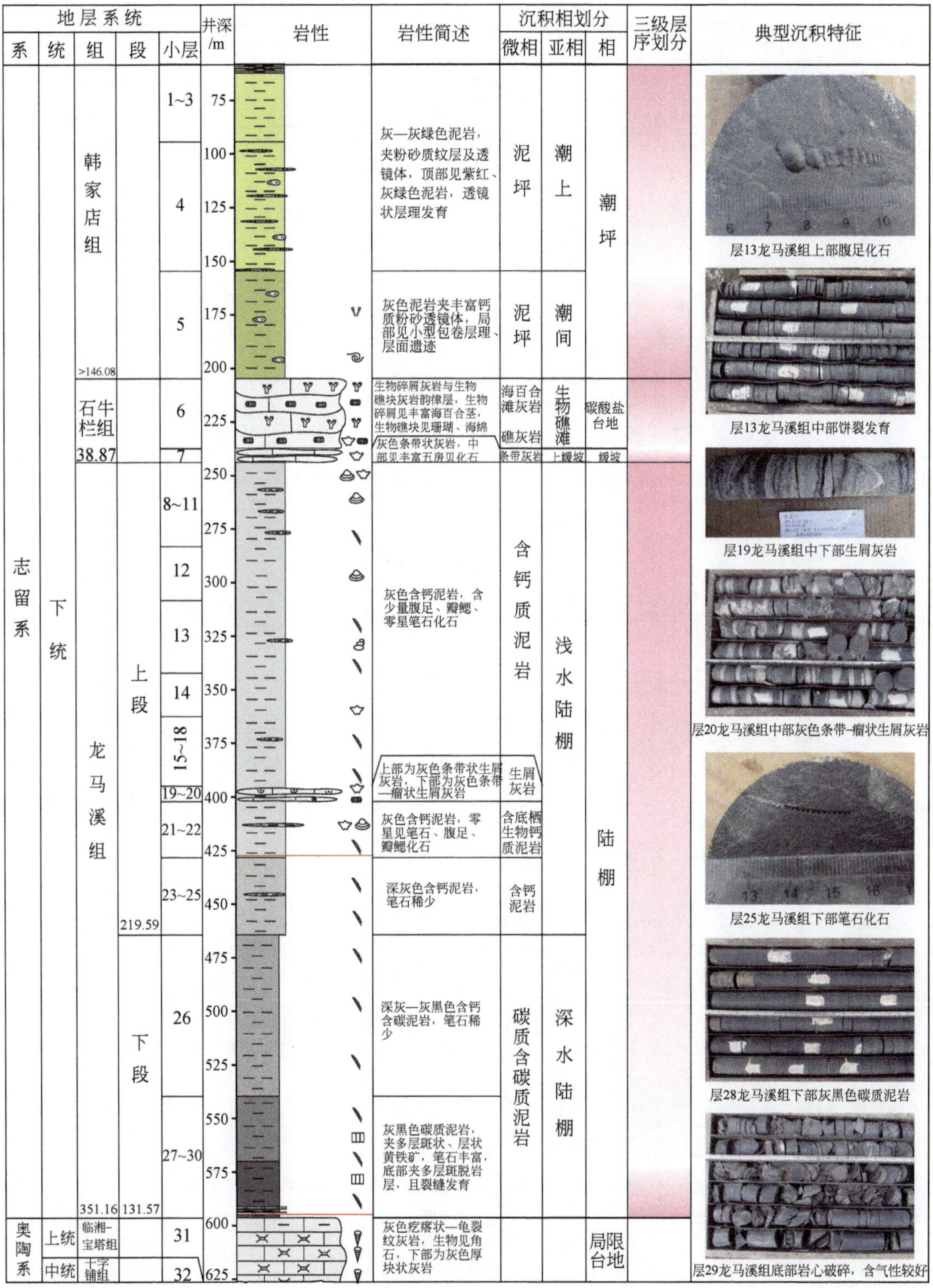

图 2.14 道页 1 井地层沉积综合柱状图

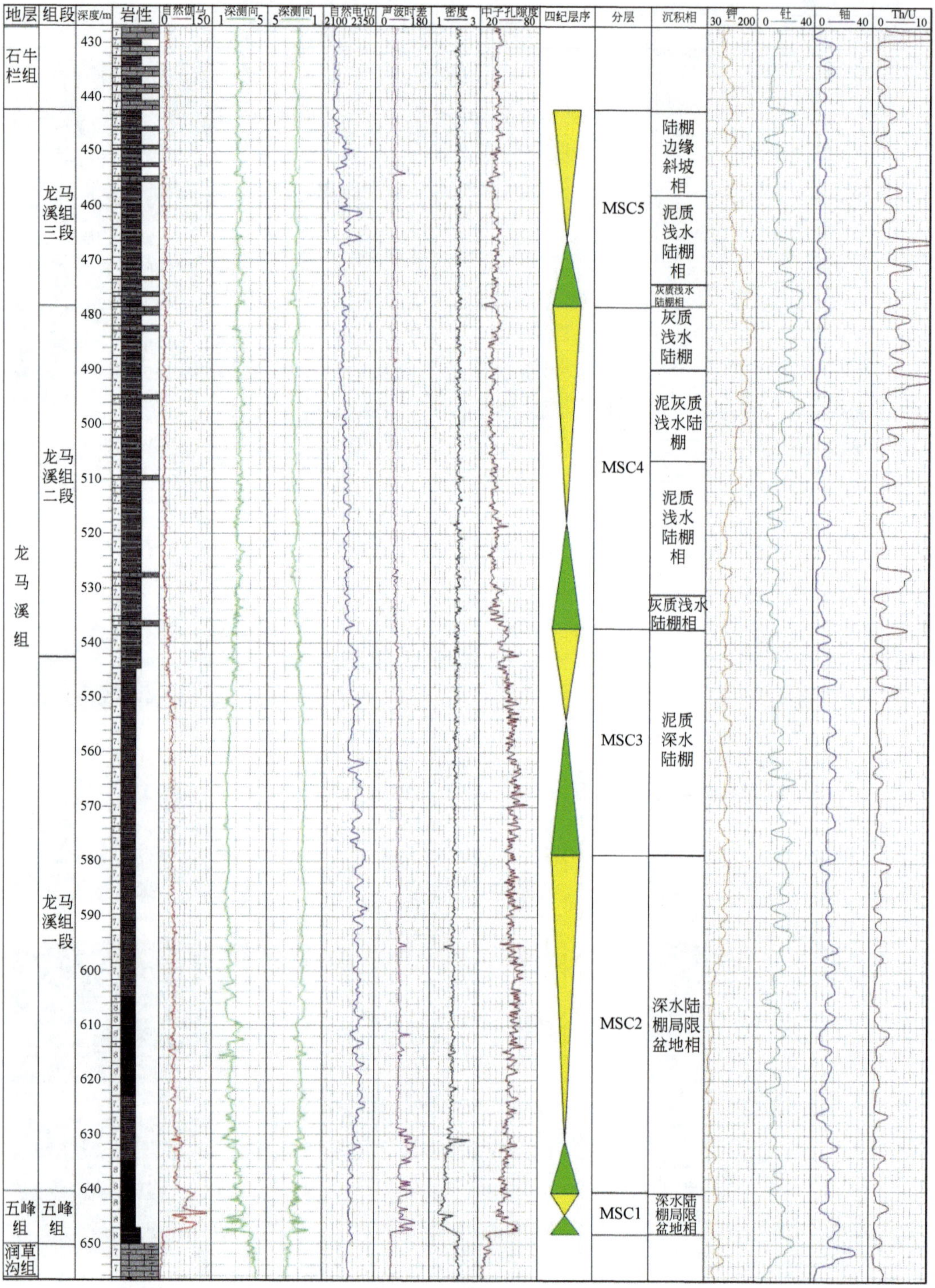

图 2.15　习页 1 井地层沉积综合柱状图

龙马溪组 MSC1 岩性主要为灰黑色-黑色粉砂质、钙质页岩，偶夹碳质页岩，断面可见笔石，局部可见方解石条带、黄铁矿结核，反映了较强的还原环境。上升半旋回主要为快速水进，自然伽马曲线整体显示中值，沉积体以加积到退积为主，深侧向和浅侧向电阻率整体显示高值波动，水泛面位置深侧向和浅侧向电阻率均显高值异常，主要发育局限深水陆棚相，指示深水还原环境。MSC1 下降半旋回自然伽马曲线整体显示平缓的中值，深侧向和浅侧向电阻率显示波动但整体缓慢减小，主要为缓慢水退过程，发育于深水陆棚相。

龙马溪组 MSC2 岩性主要为灰黑色-黑色粉砂质、钙质页岩，层间可见灰质夹层，灰质层有波浪作用痕迹，反映水动力条件的局部增强。自然伽马曲线整体显示中值，深侧向和浅侧向电阻率整体显示缓慢增大。上升半旋回钍铀比显示低值，主要发育于深水陆棚相，指示还原环境。下降半旋回顶部钍铀比异常高值波动，指示还原-氧化的波动环境。

龙马溪组 MSC3 岩性主要为灰黑色砂质页岩，夹灰岩条带。自然伽马曲线整体显示低值，深侧向和浅侧向电阻率整体显示中值。上升半旋回钾、钍值缓慢增大，主要发育灰质或泥灰质浅水陆棚相。下降半旋回钍铀比异常高值波动，指示还原-氧化的环境波动，发育灰质浅水陆棚相。

龙马溪组 MSC4 岩性主要为灰黑色砂质页岩与条带状灰岩互层。自然伽马曲线整体显示低值，深侧向和浅侧向电阻率整体显示中值。钍铀比显示高值波动，主要发育灰质或泥灰质浅水陆棚相。下降半旋回钍铀比呈中值波动，钾、钍值缓慢减小，指示向氧化环境转变，发育陆棚边缘斜坡相。

（3）桐页 1 井

桐页 1 井位于桐梓县九坝镇太平村。钻井深度为 715.17m，其中目的层龙马溪组厚 182.95m，有效潜质页岩层厚 20m，岩性主要由黑色钙质页岩、碳质页岩组成（图 2.16）。该组与下伏奥陶系五峰组呈整合接触，上覆地层为志留系石牛栏组。

通过岩心观察、自然伽马曲线、深侧向与浅侧向电阻率曲线、密度曲线等特征，结合钾、钍、铀等放射性测井分析，将桐页 1 井龙马溪组划分为 4 个四级层序，即 MSC1、MSC2、MSC3、MSC4。

龙马溪组 MSC1 岩性主要为灰黑色-黑色粉砂质、钙质页岩，偶夹碳质页岩，断面可见笔石和双壳类化石。上升半旋回主要为快速水进，自然伽马曲线整体显示中值，沉积体以加积到退积为主，深侧向和浅侧向电阻率整体显示高值波动，水泛面位置深侧向和浅侧向电阻率均显高值异常，主要发育于局限深水陆棚相，指示深水还原环境。下降半旋回自然伽马曲线整体显示平缓中值，深侧向和浅侧向电阻率显示波动但整体缓慢减小，主要为缓慢水退过程，发育于深水陆棚相。

龙马溪组 MSC2 岩性主要为灰黑色-黑色粉砂质、钙质页岩，纹层发育，且具备韵律特征，显示受低流作用影响。自然伽马曲线整体显示中值，深侧向和浅侧向电阻率整体显示缓慢增大。上升半旋回钍铀比显示低值，主要发育泥质深水陆棚相和灰泥质深水陆棚相，指示还原环境。下降半旋回顶部钍铀比异常高值波动，指示还原-氧化的环境波动。

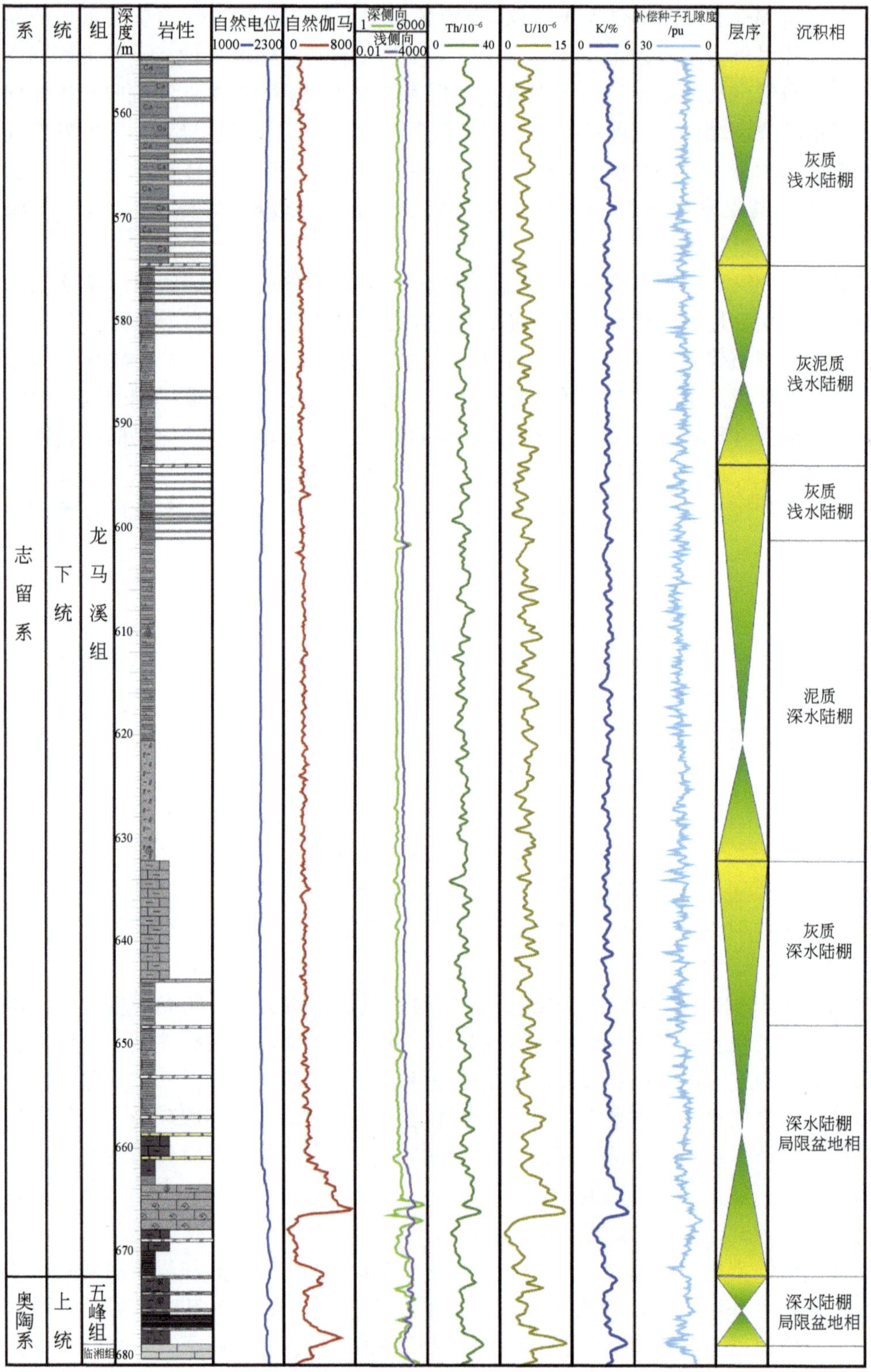

图 2.16 桐页 1 井地层沉积综合柱状图

龙马溪组 MSC3 岩性主要为灰黑色砂质页岩夹灰岩条带。自然伽马曲线整体显示低值，深侧向和浅侧向电阻率整体显示中值。上升半旋回钾、钍值缓慢增大，钍铀比显示较低值，反应水进过程，主要发育于灰质或泥灰质浅水陆棚相。下降半旋回钍铀比异常高值波动，指示还原-氧化的环境波动，发育于灰质浅水陆棚相。

龙马溪组 MSC4 岩性主要为灰黑色砂质页岩与灰色条带状灰岩互层。自然伽马曲线整体显示低值，深侧向和浅侧向电阻率整体显示中值。钍铀比显示高值波动，主要发育于灰质或泥灰质浅水陆棚相。下降半旋回钍铀比异常中值波动，钾、钍值缓慢减小，指示向氧化环境转变，发育于陆棚边缘斜坡相。

2. 连井剖面沉积相分析

在单井沉积相识别的基础上，在层序地层格架内建立了黔北地区龙马溪组沉积相剖面（图 2.17）。黔北地区自南向北水体逐渐加深，北部相区主体为陆棚沉积区，南部相区主体为潮坪沉积区。潜质页岩主要发育于深水陆棚相区。

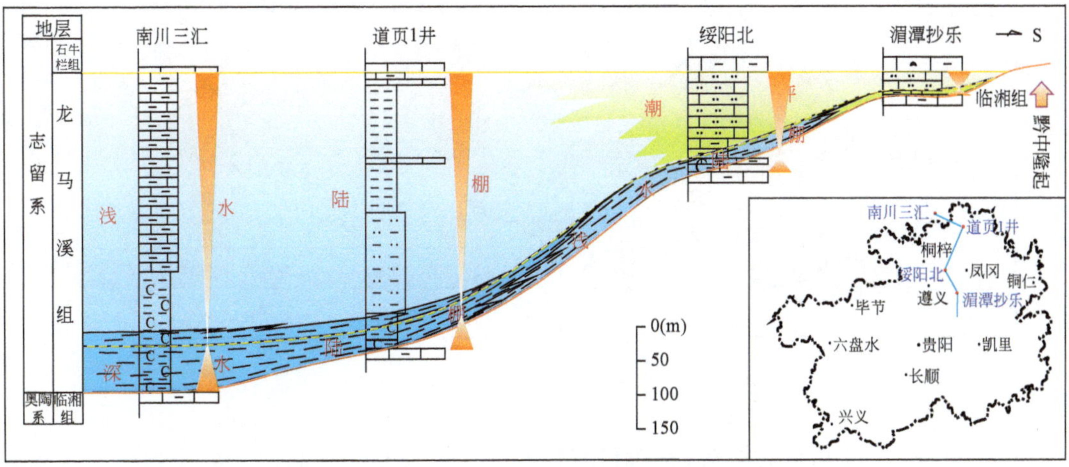

图 2.17 下志留统龙马溪组连井剖面沉积相对比图

海侵体系域：主要分布于遵义-湄潭地区，纵向上位于龙马溪组底部，岩性为黑色碳质泥岩。从地层厚度和潜质页岩层厚度观察，黔北地区为龙马溪组沉积、沉降中心，向北海水逐渐减退。经综合分析，该段属深水陆棚相沉积。

高位体系域：纵向上分布于龙马溪组上部，平面上表现为从南川三汇-道真-绥阳-湄潭抄乐地层厚度逐渐减薄，岩性在靠海侧为钙泥质岩，靠近隆起带为钙粉砂质岩，碎屑矿物明显增多，见交错层理、波痕等。

3. 沉积相平面展布特征

晚奥陶世—早志留世龙马溪期，是中上扬子地区盆山格局发生重大转变的时期，该期陆块边缘处于挤压、褶皱造山过程，为形成古隆起的高峰阶段。扬子南缘的黔中隆起、苗岭-雪峰隆起基本相连形成了横跨滇黔桂的隆起带。在遵义-石阡-铜仁一线以南地区隆升为陆，隆起北部边缘发育潮坪相沉积，向北过渡为局限浅海相带，地层厚度、富有机质岩性段厚度由南往北逐渐增厚。平面上，由南往北主要发育潮坪相、浅海陆棚和深水陆棚相（图 2.18）。

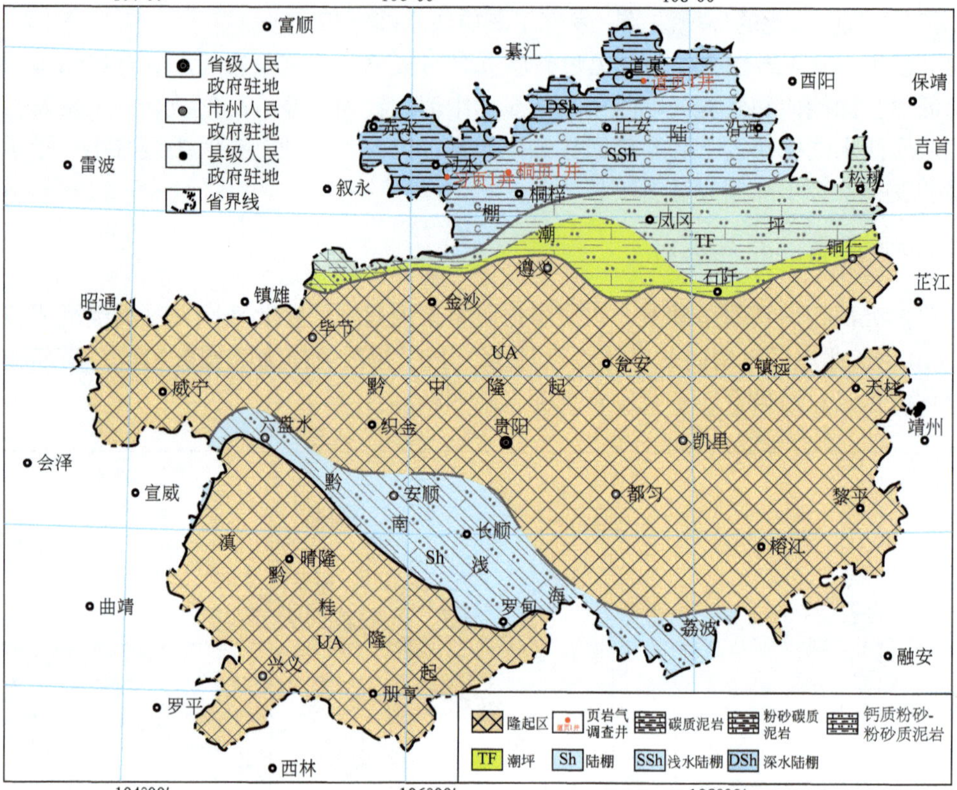

图 2.18　早志留世龙马溪期岩相古地理图

潮坪相：纵向上可分为石英粉-细砂岩微相、含钙粉砂质泥岩两个沉积微相。横向上岩性总体变化较小，粉砂质成分总体较高，具潮汐层理和潮道内碎屑沉积，管状虫迹亦较发育。沉积微相主要发育砂坪、砂泥坪和潮道微相。

（1）砂坪微相

砂坪沉积主要位于平均低潮面以下，长期受潮汐等水动力作用，泥岩厚度较薄，砂岩厚度较大，常见冲洗交错层理、浪成波痕及生物扰动和潜穴（图 2.19）。在剖面层序上表现为下细上粗的反韵律，下部常为泥质粉砂岩和粉细砂岩，上部为具有小型低角度交错层理及平行层理的细砂岩和粉细砂岩。砂坪沉积物是在海平面上升期间形成的，由于水动力条件较强，砂岩常具有较好的成分和结构成熟度。

（2）砂泥坪微相

砂泥坪沉积位于平均高潮线与平均低潮线之间，在剖面层序上既可表现为水退层序，下粗上细的正韵律，也可表现为水进层序中的上粗下细的反韵律。在水进层序中通常为反韵律，泥质含量较少，砂层略厚；在水退层序中表现为正韵律，泥质含量较多，具有透镜状层理。

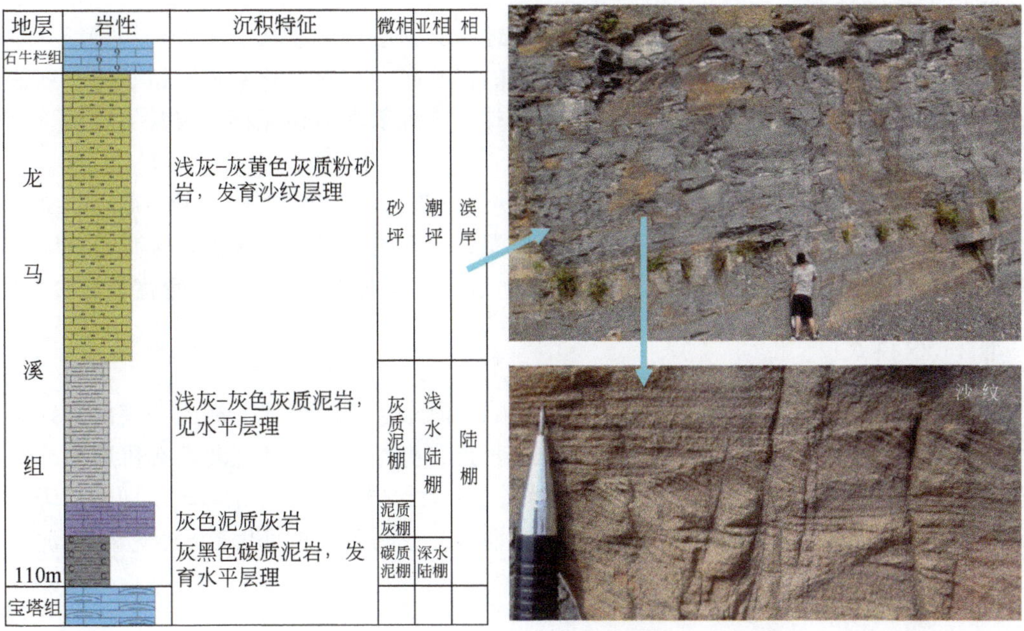

图 2.19　绥阳地区下志留统龙马溪组砂坪相沉积剖面图

印江后坝剖面砂泥坪中常发育透镜状层理、交错层理和生物扰动构造。在剖面序列上常表现为正韵律，下部为粉细砂岩，局部发育低角度楔状交错层理（图 2.20），上部为灰黑色-黑色泥质岩，发育有透镜状层理。

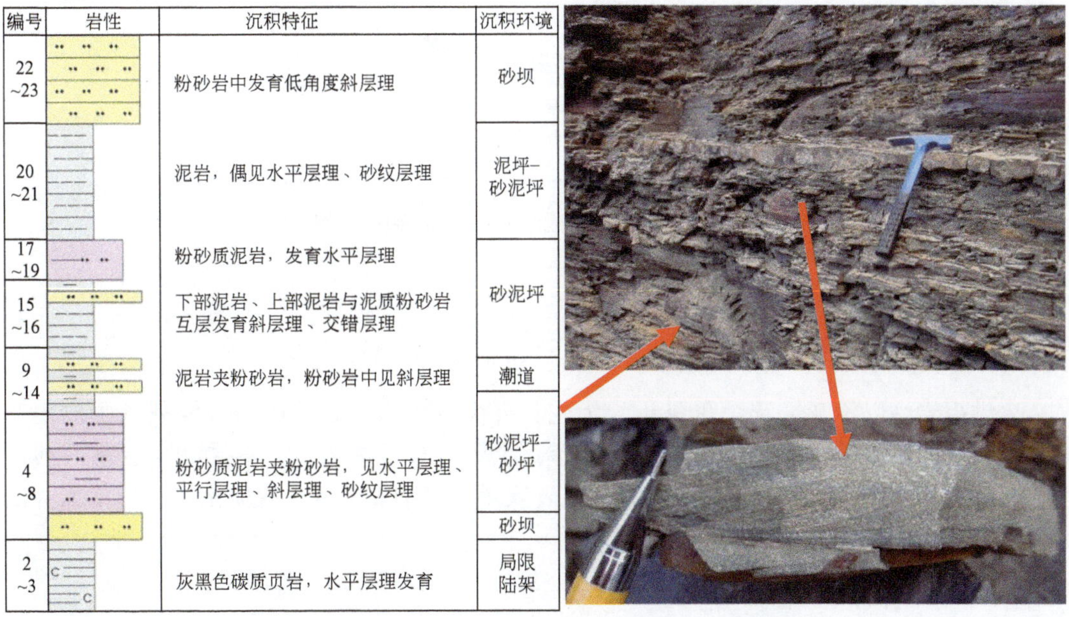

图 2.20　印江后坝龙马溪组沉积充填序列沉积剖面图

(3) 潮道微相

潮道沉积常以底部为冲刷面，向上由斜层理、交错层理、波状层理组合为特征。垂向上表现为由粗变细、层理规模变小和厚度变薄的正旋回，并常发育潮道滞留砾石，底面具冲刷特征。由于潮道的侧向迁移和冲蚀作用，其顶部沉积常不易保存，仅常见潮道下部沉积，形成砂岩间的冲刷面。

浅水陆棚相：分布于正安-桐梓一线以南，岩性为灰-浅灰色泥岩、粉砂质泥岩夹粉砂岩，可见虫迹、砂岩透镜体等。主要发育钙质泥岩、含钙质泥岩及含粉砂质泥岩微相。

深水陆棚相：分布于正安-桐梓一线以北，岩性为黑色碳质泥岩，发育富笔石页岩层。

4. 沉积模式

早志留世龙马溪期，由于受黔中隆起的影响，海水逐渐由南往北海退，南部常缺失龙马溪组地层，北部在龙马溪组底部普遍沉积一套富有机质页岩，越往北富有机质页岩的厚度越大。总体上，由南往北表现为潮坪-浅水陆棚-深水陆棚沉积。龙马溪晚期，由于黔中隆起带的范围逐渐扩大，提供的陆源碎屑逐渐增多，龙马溪组上部以砂岩、粉砂质泥岩沉积为主，沉积厚度逐渐增大（图2.21）。

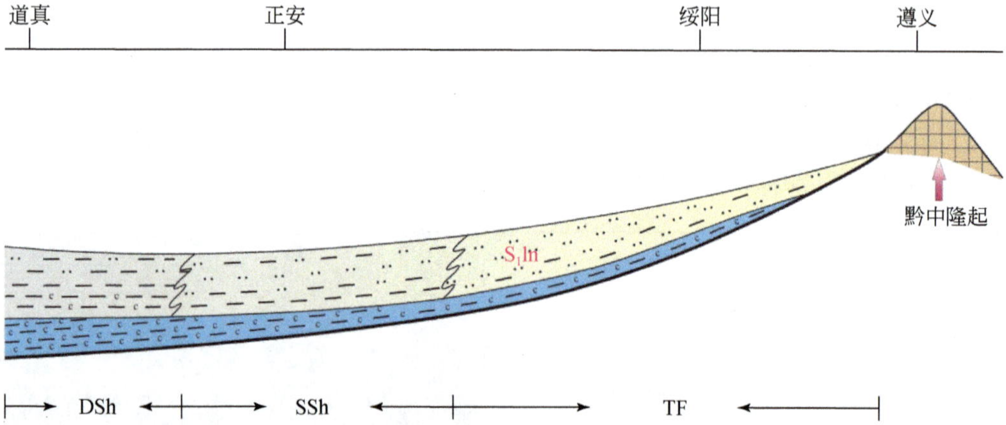

图2.21 贵州早志留世龙马溪期沉积模式图

DSh. 浅水陆棚；SSh. 深水陆棚；TF. 潮坪

(四) 中泥盆统火烘组

火烘组岩性以深灰、灰黑色黏土岩为主，夹少量砂岩、石英砂岩及深灰色中厚层灰岩、泥灰岩。该组潜质页岩层呈地区性分布，主要分布于纳雍-贵阳-凯里-三都一线以南，纵向上地层沉积演化特征复杂。现通过普安罐子窑剖面、紫云火烘剖面和罗甸床井剖面对不同地区火烘组垂向沉积演化进行分析。

1. 单井剖面沉积相

(1) 普安罐子窑剖面

普安罐子窑中泥盆统火烘组剖面位于普安县罐子窑村。目的层火烘组出露完整，地层厚度446m，下部岩性为盆地斜坡相灰岩，中部为深水陆棚相泥岩，上部为浅水陆棚相泥岩、灰岩（图2.22）。上覆地层为泥盆统桑郎组硅质岩，下伏地层为中泥盆统罐子窑组台地相结晶灰岩，呈整合接触。

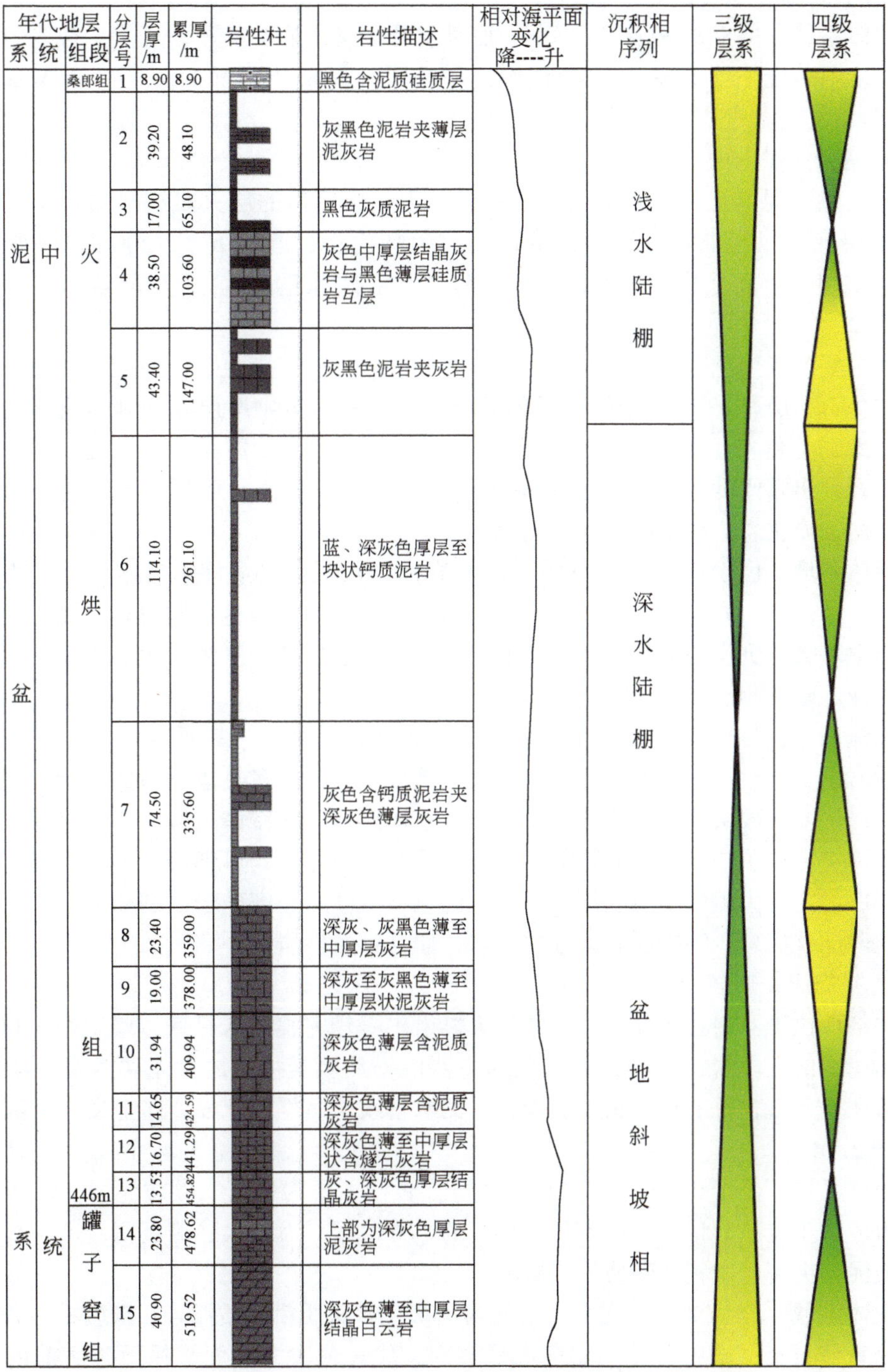

图2.22　普安罐子窑中泥盆统火烘组剖面沉积综合柱状图

海侵体系域，位于147.00～454.82m，岩性以底部灰岩过渡为钙质泥岩为主，夹少量泥灰岩。海侵体系域主要为深水环境下的深灰、灰黑色灰岩沉积与钙质泥岩沉积，可容空间的增长速率略大于沉积物的攻击速率，形成了一套退积准层序组，代表海平面上升的过程，为裂陷盆地斜坡相沉积。

高位体系域，位于8.90～147.00m，底部发育一套灰岩与硅质岩互层，代表达到最大海泛面。之后，随着沉积速度逐渐减慢，形成了一套灰岩与泥岩互层，属浅海陆棚相沉积。

（2）紫云火烘剖面

紫云火烘中泥盆统火烘组剖面位于紫云县火烘镇。目的层火烘组出露不全，为一套深水陆棚相沉积泥岩，间夹砂岩，富含浮游生物化石，厚度大于1200m。根据岩性特征，将火烘组自下而上分为三段，下段由两个层序旋回组成，上、中段各为一个层序旋回（图2.23）。

上段主要为灰黑色钙质泥岩及砂质泥岩，间夹砂岩，产腕足类、瓣腮类、海百合、珊瑚及植物化石，层厚331m；中段为黑色薄层状泥岩夹薄至中厚层状细砂岩及粉砂岩，产腕足类、瓣腮类和海百合，层厚351m；下段为钙质泥岩、砂质泥岩，产腕足类、珊瑚及瓣腮类化石，出露厚度434m。三段之底多为砂岩或石英砂岩，而顶部则夹有层状或透镜状灰岩或白云质灰岩，显示出明显的韵律特征。

海侵体系域，位于682.40～1116.50m，岩性以灰黑色钙质泥岩、砂质泥岩为主，间夹石英砂岩和灰岩。海侵体系域主要为一套深水环境下的灰黑色钙质泥岩，此时可容空间的增大速率略大于沉积物的供给速率，形成了一套退积的准层序组，代表了海平面上升的过程，为深水陆棚相沉积。

高位体系域，位于0～682.40m，岩性以黑色薄层状泥岩、钙质泥岩为主。中部发育钙质粉砂岩及石英砂岩，主要受海平面的波动造成，海平面在总体下降的背景下出现短暂的上升，向上变为薄层状含钙质粉砂质泥岩。总体而言，海侵体系域后期，伴随着相对海平面的下降，形成了一套向上变粗的高水位体系域沉积体，其可细分为两个准层序组。上部的准层序组主要为黑色薄层状泥岩与灰色细粒石英砂岩和细砂岩的韵律互层；下部主要为灰黑色薄层状泥岩、钙质泥岩、砂质泥岩，偶夹钙质砂岩。

（3）罗甸床井剖面

床井剖面位于罗甸县床井村，目的层火烘组出露较完整，未见底，厚度约1100m。剖面显示出明显的三段岩性特征，第三段为主要的潜质页岩层，岩性主要为黑色碳质粉砂岩、碳质泥岩，富含竹节石及黄铁矿颗粒，见水平纹层，厚度90m，向上突变为榴江组硅质岩（图2.24）。

海侵体系域，位于0～50.8m（1～4层），岩性主要为砂岩、碳质泥岩。以砂岩与碳质泥岩组成的正粒序为特征，代表了海平面的上升过程，为浅水陆棚沉积。进一步可划分出粉砂质泥岩夹泥岩微相及碳质泥岩微相。

高位体系域，位于50.8m之上，岩性为深灰色含碳质粉砂质泥岩、碳质粉砂岩，富含浮游生物竹节石及黄铁矿颗粒，发育水平层理。代表最大海平面缓慢下降之前的加积过程，为深水陆棚相沉积。进一步可划分出碳质粉砂质泥岩、碳质泥岩微相。

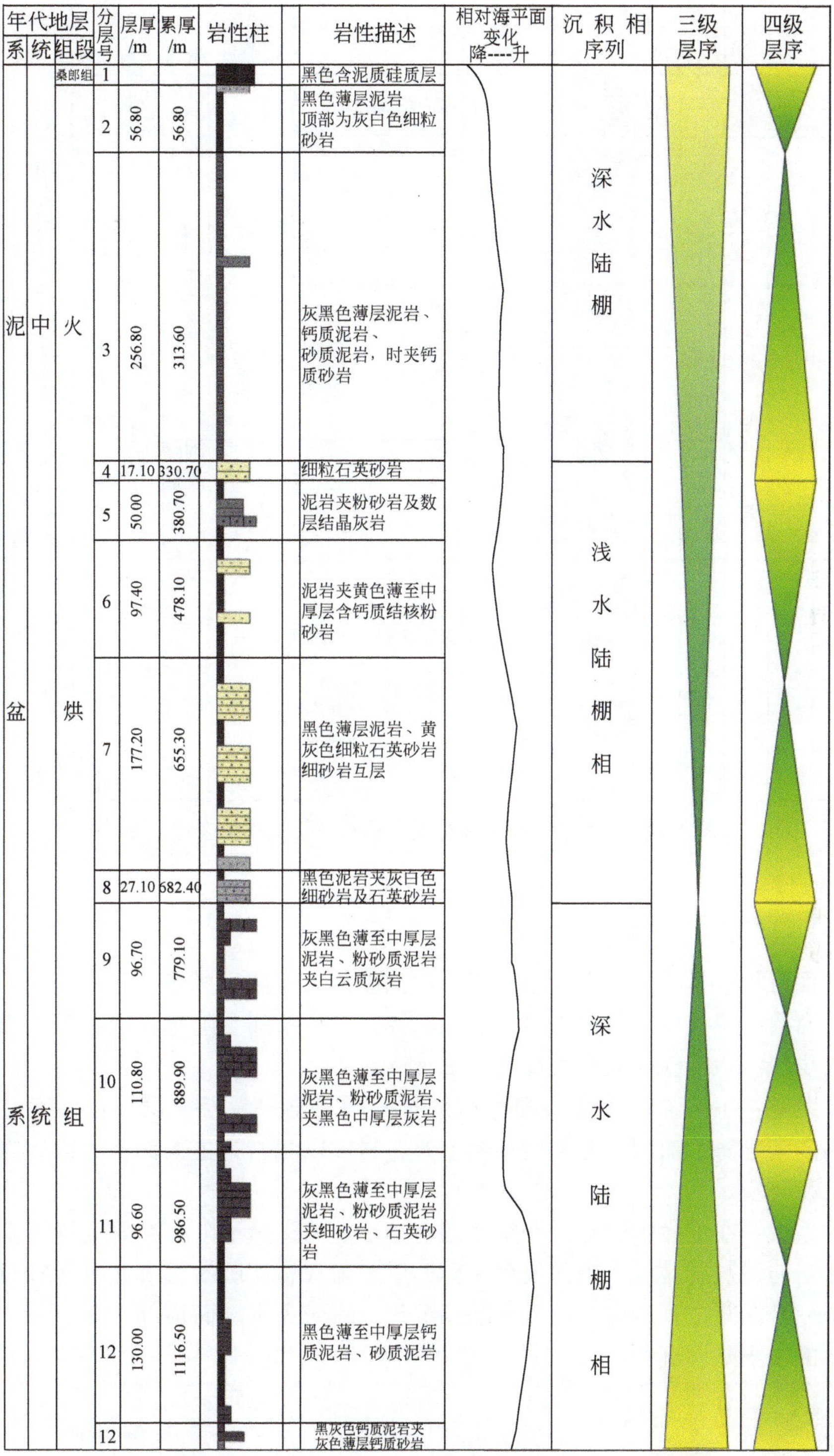

图 2.23　紫云火烘中泥盆统火烘组剖面沉积综合柱状图

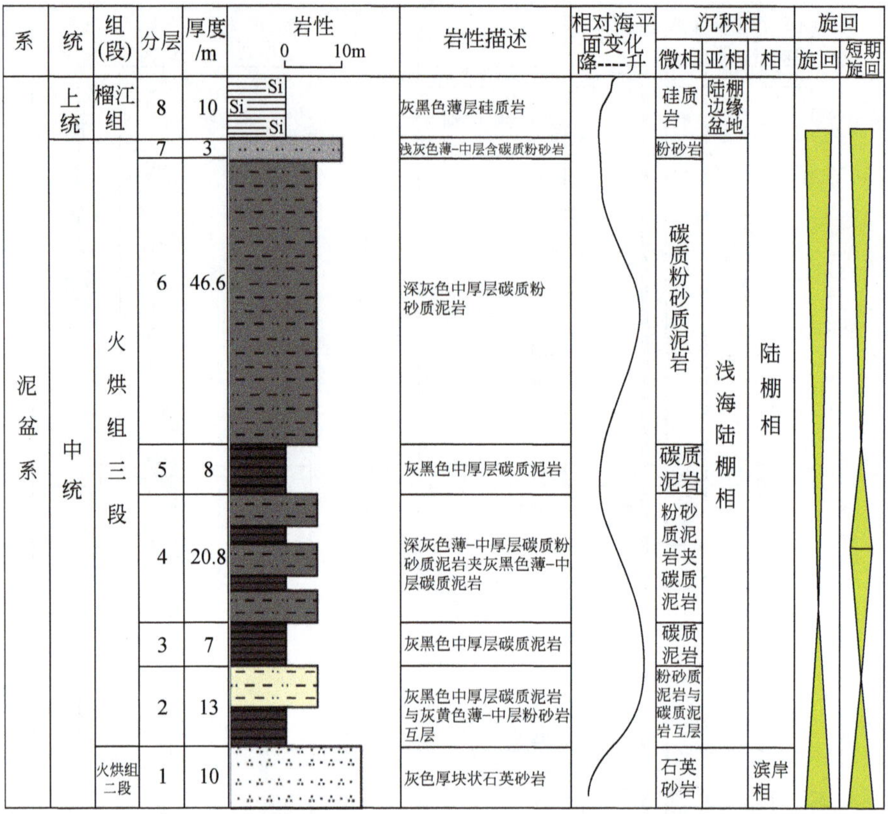

图 2.24 罗甸床井泥盆系中统火烘组三段沉积综合柱状图

2. 连井剖面沉积相分析

在单剖面沉积分析的基础上，通过综合对比鲁甸大毛坡、威宁大岩硐、水城欧场、普安罐子窑、盘县高家丫口、紫云火烘、罗甸床井、望谟桑郎、隆林含山各条剖面，探讨了中泥盆统火烘组沉积相横向展布特征（图 2.25）。

海侵体系域：中泥盆统火烘组在南东部普安罐子窑、紫云火烘一带厚度最大。整体上，自北西向南东海水加深，海平面不断上升，岩性以泥岩为主，夹灰岩或砂岩层，表现为半深海沉积环境。

高位体系域：在剖面中发育较完整，随着海平面的逐渐下降，在普安罐子窑剖面顶部发育一套泥岩与泥灰岩互层，中部发育一套硅质岩与灰岩互层的深水盆地-斜坡相沉积体，底部沉积了一套深灰色页岩为主的深水陆棚沉积。紫云火烘剖面顶部沉积了一套灰黑色薄层泥岩为主的浅水陆棚沉积体。

3. 沉积相平面展布特征

中泥盆统火烘组主要分布于镇雄-纳雍-清镇-福泉-凯里-三都-融水一线以南地区，此线以北地区为上扬子隆起区。火烘组沉积相类型主要为三角洲相、滨海相、陆棚相、混

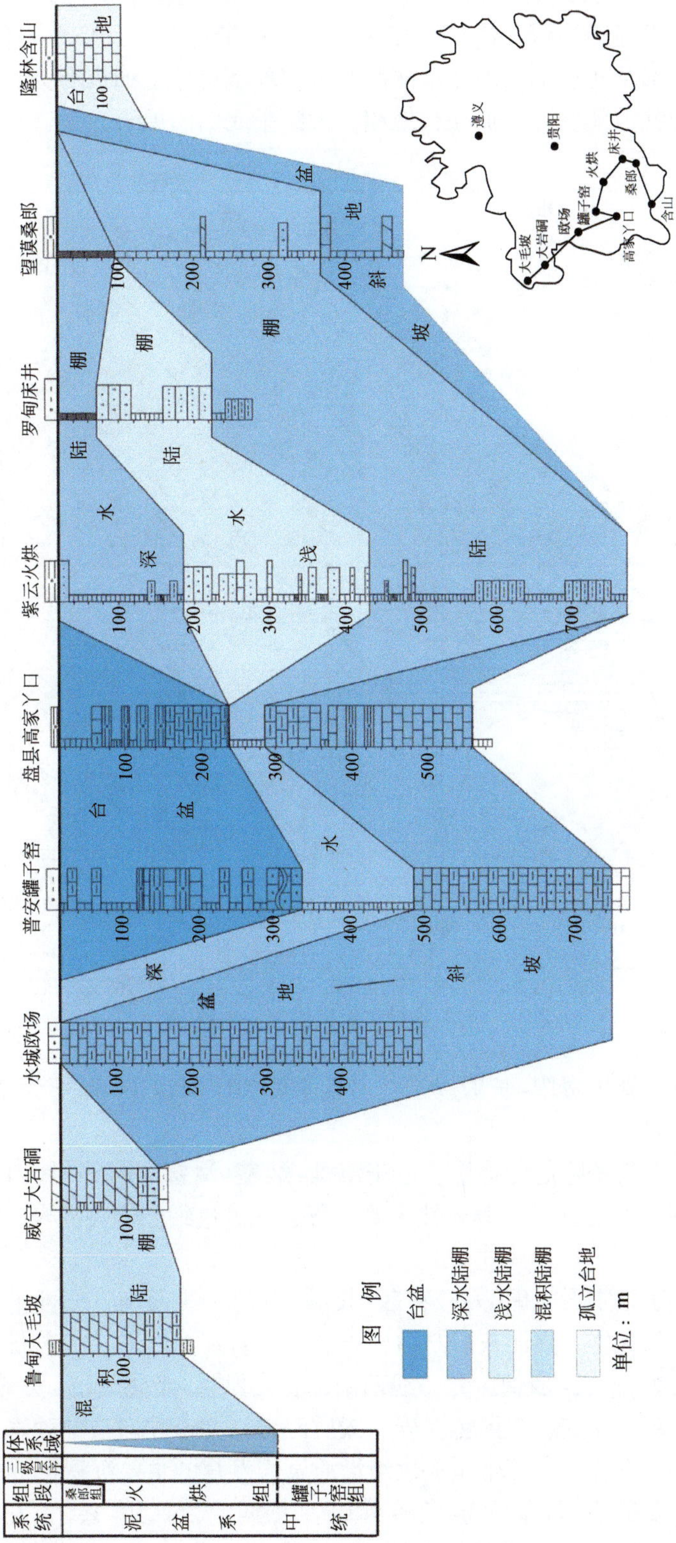

图2.25 中泥盆统火烘组连井剖面沉积相对比图

积陆棚相、台盆相和孤立台地相（图 2. 26）。横向上，古地理格局总体上北东高、南西低，海水自北东向南西逐渐加深，由滨海相带向台盆相带过渡；沉降中心位于贵州南部，物质来源主要来自北部及北东部。由北东向南西沉积环境总体上的展布为三角洲相→陆棚相→台盆相，其中台盆内部发育有孤立台地相，大致呈北西向展布。

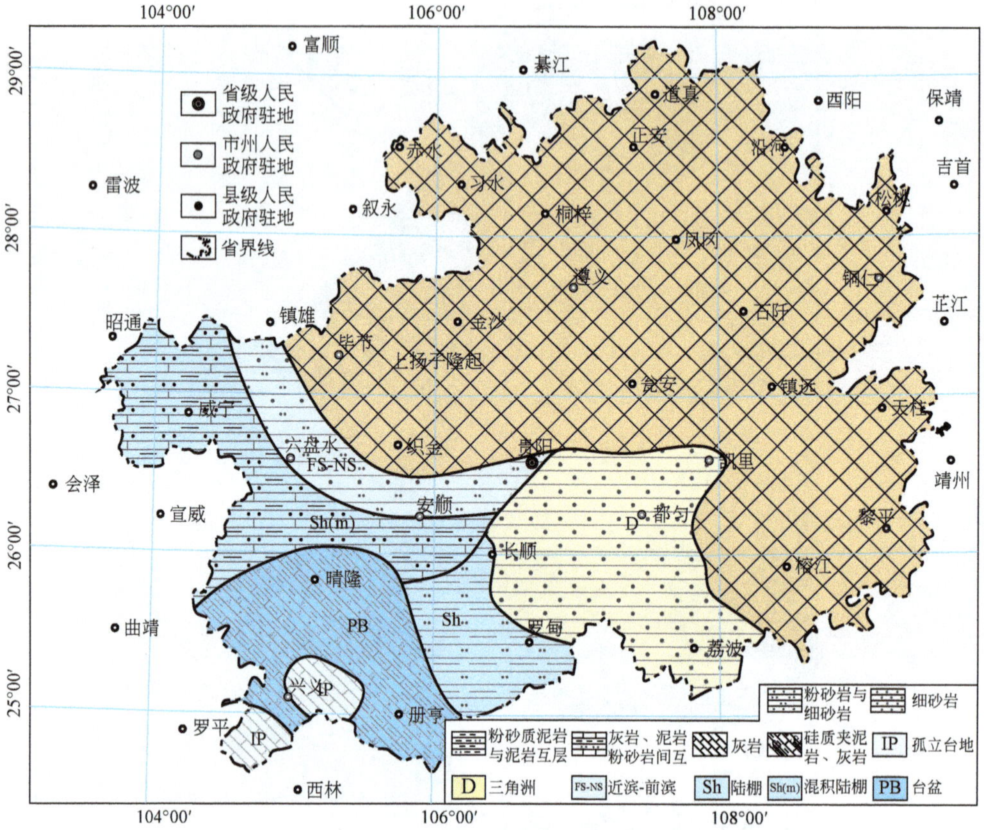

图 2. 26 中泥盆世火烘期岩相古地理图

三角洲相：主要发育于贵阳-长顺以东，岩性主要为一套以中-厚层为主的石英砂岩，夹粉砂岩、泥质粉砂岩。

滨海相：发育于上扬子隆起区边缘，位于镇雄-纳雍-清镇-贵阳一线西南，威宁大岩硐-六枝特区-长顺一线东北区域。其岩性主要为灰、灰黄色细砂岩夹泥岩、灰岩与泥质粉砂岩，粒度普遍较粗。

混积陆棚相：位于威宁大岩硐-六枝特区-长顺-罗甸一线西南。岩性主要为灰、深灰色薄层至中厚层状结晶灰岩，夹泥灰岩与白云岩、粉砂岩及泥质岩，富含珊瑚和层孔虫。

陆棚相：位于长顺-紫云-罗甸床井一线西南，普安保基-晴隆马场-关岭-望谟一线东北区域。岩性主要为灰、深灰、灰黑色泥岩、碳质泥岩，夹粉砂岩与细砂岩，发育水平层理，富含浮游生物竹节石等。该相带是火烘组潜质页岩发育的主要沉积相带之一。

台盆相：位于普安保基-晴隆马场-关岭-望谟一线西南，兴义-兴仁-安龙一线东北区域。岩性主要为黑色硅质岩与灰岩韵律互层，此相带为区内中泥盆世火烘期水体最深地带，也是该时期的沉降中心。

孤立台地相：分布于台盆相带中，主要位于贵州西南角，安龙地区及兴义以南区域。岩性主要为中厚层灰岩。

4. 沉积模式

中泥盆世黔南及黔西南地区拉张裂陷作用加剧，沉降作用增强，海侵范围略有增大，依然受上扬子隆起控制明显。沿隆起带边缘，沉积碎屑岩地层厚度较大，岩性为石英砂岩；黔西南北部地区海水略有变浅，为混积陆棚沉积。往西南至晴隆-兴义地区，继承了早泥盆世古地理格局，为台盆沉积，岩性以黑色页岩、硅质岩为主，是主要潜质页岩发育区（图2.27）。

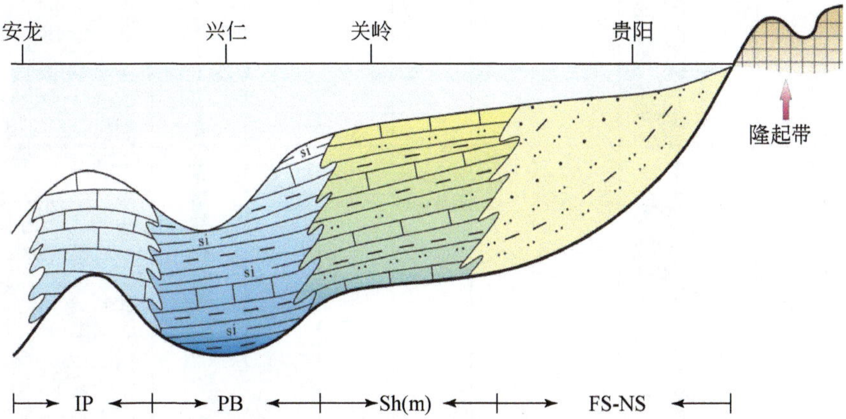

图2.27 中泥盆世火烘期沉积模式图

IP. 孤立台地；PB. 台盆；Sh(m). 混积陆棚；FS-NS. 近滨-前滨

(五) 下石炭统打屋坝组/旧司组

打屋坝组岩性以灰黑色泥页岩为主，夹硅质岩及透镜状泥灰岩。该组潜质页岩层呈地区性分布，主要分布于镇雄-纳雍-修文-贵阳-凯里-三都-融水一线以南地区，横向上岩性变化小，厚度变化大。现通过威页1井、晴页2井和长页1井剖面对不同地区打屋坝组/旧司组垂向沉积演化进行分析。

1. 单井剖面沉积相

(1) 威页1井

威页1井位于威宁县盐仓镇兴发村。钻井深度为824.50m，其中目的层旧司组厚度为322.50m，有效潜质页岩层厚64.20m。旧司组下段下部岩性以黑色薄层状泥岩、页岩为主，夹薄煤层，下段上部以深灰色中厚层泥质灰岩夹页岩为主；上段岩性以中厚层至厚层状灰岩为主，偶夹泥质粉砂岩和粉砂质泥岩，见黄铁矿结核及菱铁质结核（图2.28）。上覆地层为上司组灰岩，下伏地层为汤粑沟组灰岩，呈整合接触。

海侵体系域，位于654.95～820.50m，岩性以黑色泥页岩为主，可见方解石脉和黄铁

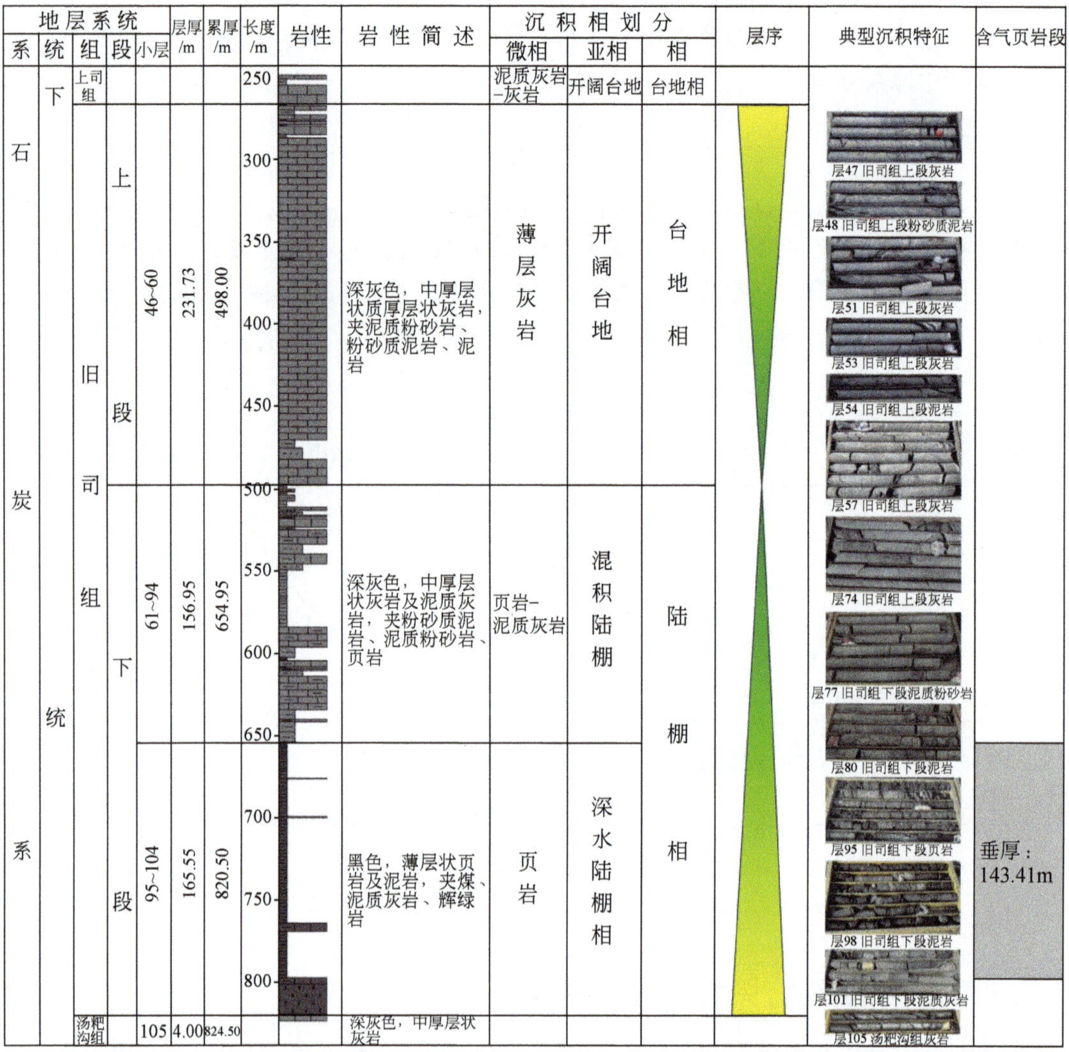

图 2.28 威页 1 井下石炭统旧司组地层沉积综合柱状图

矿脉，夹薄煤层，底部有辉绿岩的侵入。海侵体系域主要是一套陆棚相的黑色页岩沉积，此时可容空间的增大速率略大于沉积物的供给速率，形成了一套退积的准层序组，代表了海平面的上升过程，为深水陆棚相沉积。

高位体系域，位于 498.00 ~ 654.95m，岩性以深灰色灰岩夹黑色页岩为主，反映了海平面逐渐下降，沉积相为混积陆棚-开阔台地。总体上，海侵体系域后期，伴随相对海平面的下降，形成了一套向上变浅的高位体系域沉积体，灰质含量的增加反映了沉积环境逐渐进入温暖的浅水沉积，属一套以加积为主的沉积序列。

（2）晴页 2 井

晴页 2 井位于黔西南州晴隆县花贡镇竹塘村。钻井深度为 810. 80m，其中目的层旧司组厚度为 89. 35m，有效潜质页岩层厚 64. 42m。旧司组的上段岩性主要为灰黑色页岩，发育水平层理，间夹薄煤层，局部见条带状黄铁矿结核，是主要的潜质页岩层段；下段主要为深灰色灰岩夹薄层状页岩，偶见方解石条带及黄铁矿颗粒（图 2.29）。其下伏地层为石炭系汤粑沟组灰黑色灰岩及硅质岩，上覆地层为上司组深灰色泥灰岩、含泥灰岩。

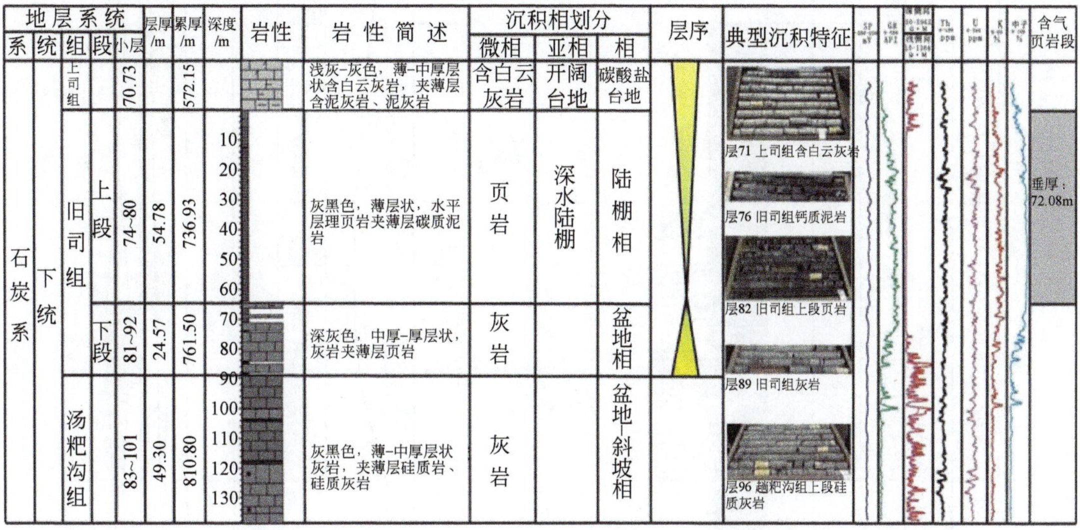

图 2.29　晴页 2 井下石炭统旧司组地层沉积综合柱状图

海侵体系域：分布于旧司组下段，岩性主要为灰岩夹泥岩，自然电位显示低值，向上逐渐增大，深侧向和浅侧向电阻率波动大且显示高值，以退积为主，主要发育于盆地相。

高位体系域：分布于旧司组上段，岩性主要为深灰色泥岩，自然电位显示高值，深侧向和浅侧向电阻率显示平缓低值，以加积为主，发育于深水陆棚相。

（3）长页 1 井

长页 1 井位于长顺县墩操乡。钻井深度为 953.70m，其中目的层打屋坝组厚度为 208m，有效潜质页岩层厚 90.42m。打屋坝组下部发育一套黑色碳质泥岩、硅质碳质泥岩夹薄层砂岩，含大量黄铁矿颗粒，发育水平层理；中部发育一套泥晶灰岩夹黑色碳质页岩；上部发育一套深灰色、黑色碳质页岩（图 2.30）。下伏地层为石炭系睦化组泥晶灰岩，上覆地层为石炭系南丹组燧石泥晶灰岩。

海侵体系域：位于 2 ~ 5 层，厚 70.2m，岩性以黑色碳质粉砂岩、泥岩为主，间夹黑色碳质泥晶灰岩。以碳质粉砂岩与碳质泥岩组成正粒序旋回为特征，代表了海平面的上升过程，为深水陆棚沉积。可进一步划分出钙质碳质泥岩相、灰岩相、钙质粉砂质泥岩微相。

高位体系域：位于 6 ~ 8 层，厚 140.1m，底部岩性为黑色碳质泥岩、碳质粉砂岩，含大量黄铁矿颗粒。以泥岩与泥晶灰岩组成逆粒序旋回为特征，代表深水陆棚沉积。可进一步划分出灰岩夹泥岩微相和泥岩夹灰岩微相。

2. 连井剖面沉积相分析

在单井和野外露头剖面沉积分析基础上，通过北西–南东向和南北向两条剖面分析，对石炭系下统打屋坝组/旧司组地层进行了沉积相对比。

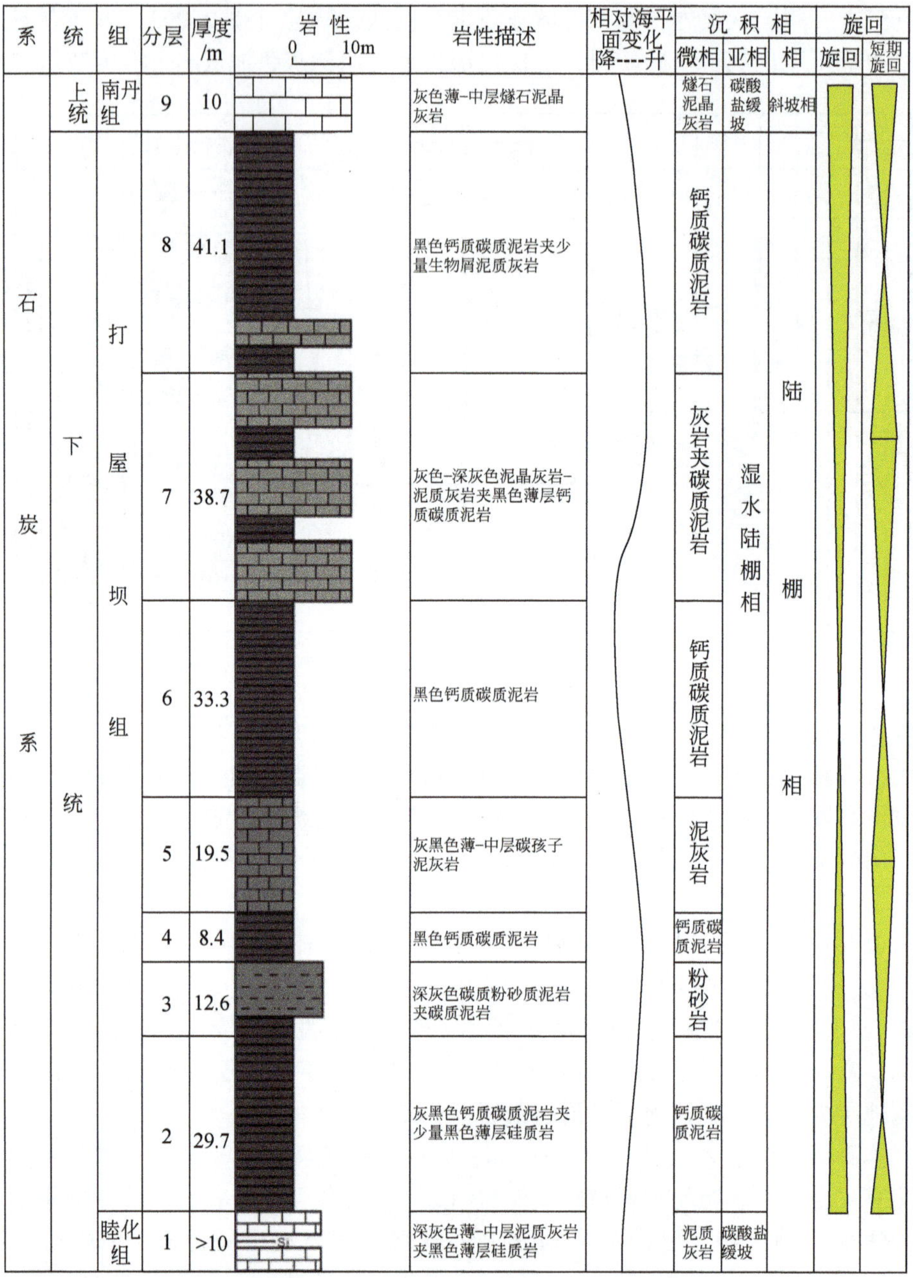

图 2.30　长页 1 井下石炭统打屋坝组地层沉积综合柱状图

(1) 北西–南东向连井剖面

北西–南东向剖面依次为威宁黑土河、威宁龙街 1701 孔、威页 1 井、威宁六硐桥、水城响水河、盘县长房子、晴页 2 井、镇宁沙子沟剖面（图 2.31）。

海侵体系域：海侵体系域发育较完整，自北西向南东海水逐渐加深，海平面不断上升。黑色页岩层厚度在威宁六硐桥一带相对较大，为该时期的沉降中心，同时也是沉积中心所在处。总体看，海侵体系域为深水陆棚沉积环境。

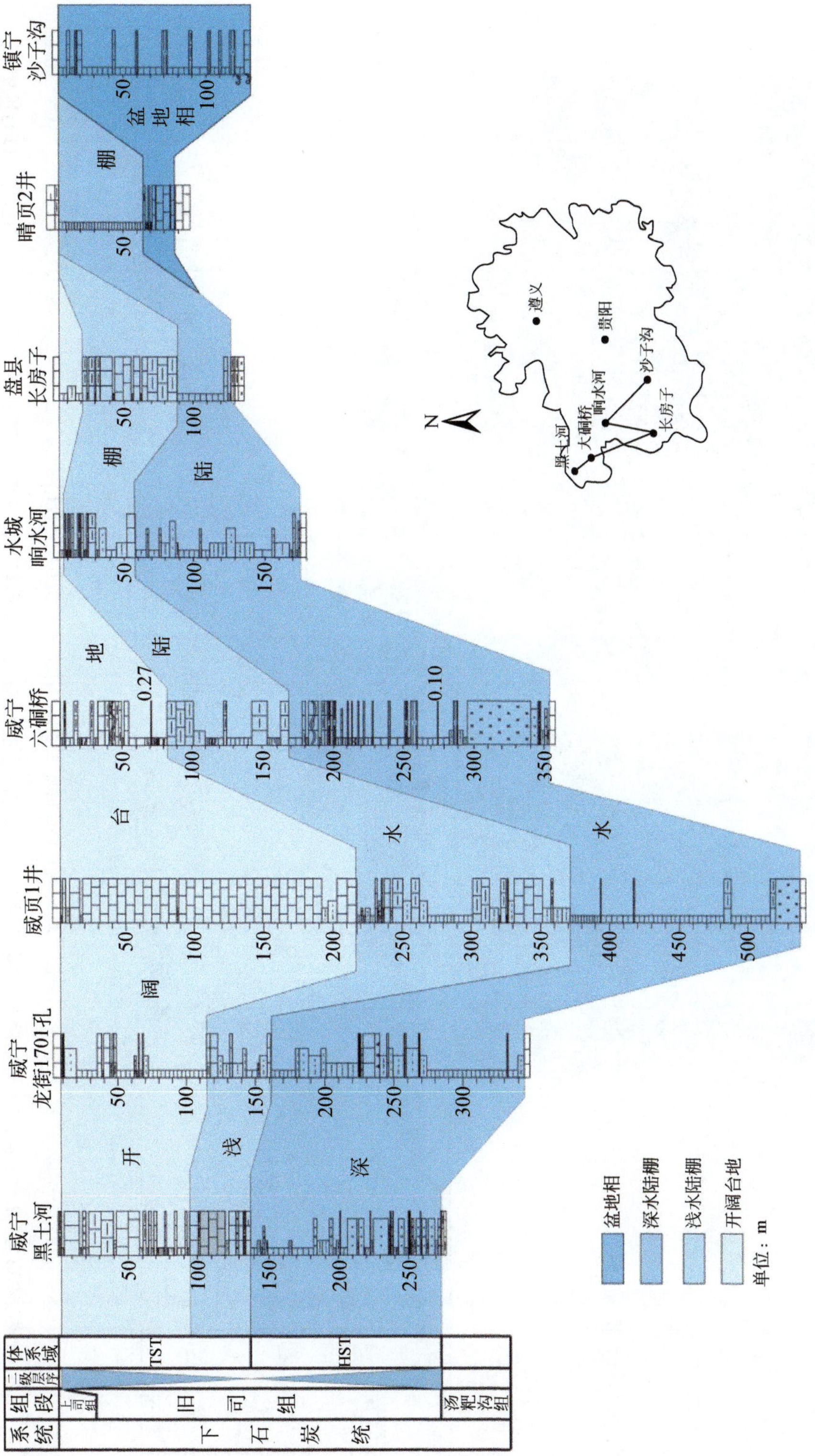

图 2.31　下石炭统旧司组(北西-南东向)沉积相对比图

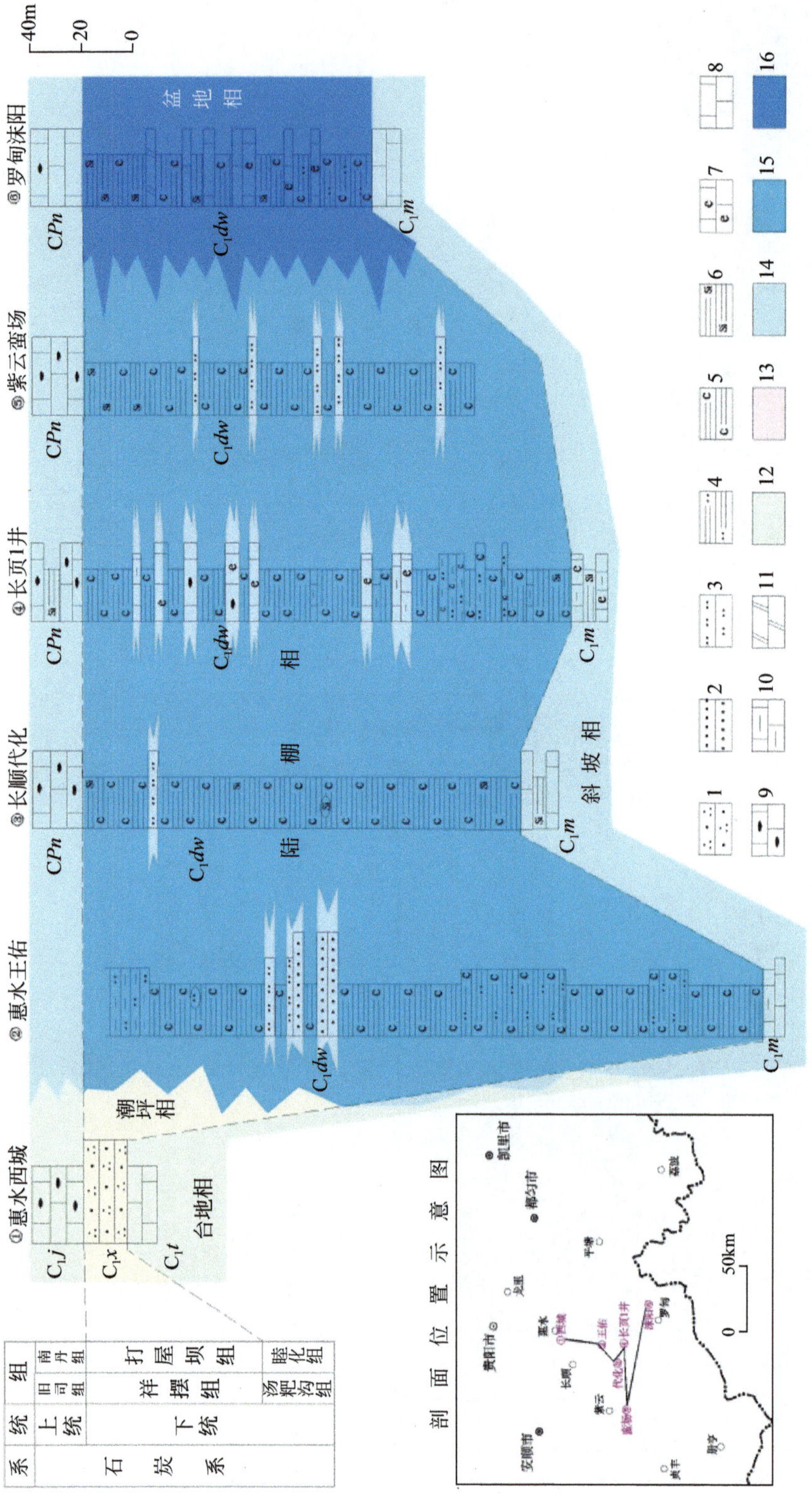

图2.32 下石炭统打屋坝组（南北向）沉积相对比图

1.石英砂岩；2.砂岩；3.粉砂岩；4.粉砂质泥岩；5.碳质泥岩；6.硅质岩；7.生物屑灰岩；8.泥晶灰岩；9.燧石灰岩；10.泥质灰岩；11.白云岩；12.台地相；13.潮坪相；14.斜坡相；15.陆棚相；16.盆地相

高位体系域：目的层厚度由北西向南东厚度略有增大，说明高位体系域时期沉降中心向东南偏移。黑色和深灰色页岩厚度在该时期也具有往南东增大的趋势，说明沉积中心也往东南部有所迁移。

（2）南北向连井剖面

南北向剖面依次为惠水西城、惠水王佑、长顺代化、长页1井、紫云蛮场、罗甸沫阳剖面（图2.32）。

海侵体系域：整体上，自北向南海水逐渐加深，岩性以碳质泥岩、碳质粉砂岩为主，表现为半深海-浅海沉积环境。

高位体系域：在惠水芦山、西城及以北地区为一套以碳酸盐岩为主的沉积体，代表了碳酸盐台地沉积，层序上为向上变浅的逆粒序，颜色从灰色渐变为灰白色，表明最大海泛面出现后，海水开始退却。

3. 沉积相平面展布特征

下石炭统打屋坝组/旧司组主要分布于镇雄-纳雍-修文-贵阳-凯里-三都-融水一线以南地区，此线以北地区为上扬子隆起区。其沉积相类型主要为潮坪相、混积陆棚相和台盆相。横向上，古地理格局总体是北东高、南西低，海水自北东向南西逐渐加深，由潮坪相带向台盆相带渐变过渡。由北东向南西沉积环境总体展布为潮坪相→混积陆棚相→台盆相，相带大致均呈北西向展布（图2.33）。

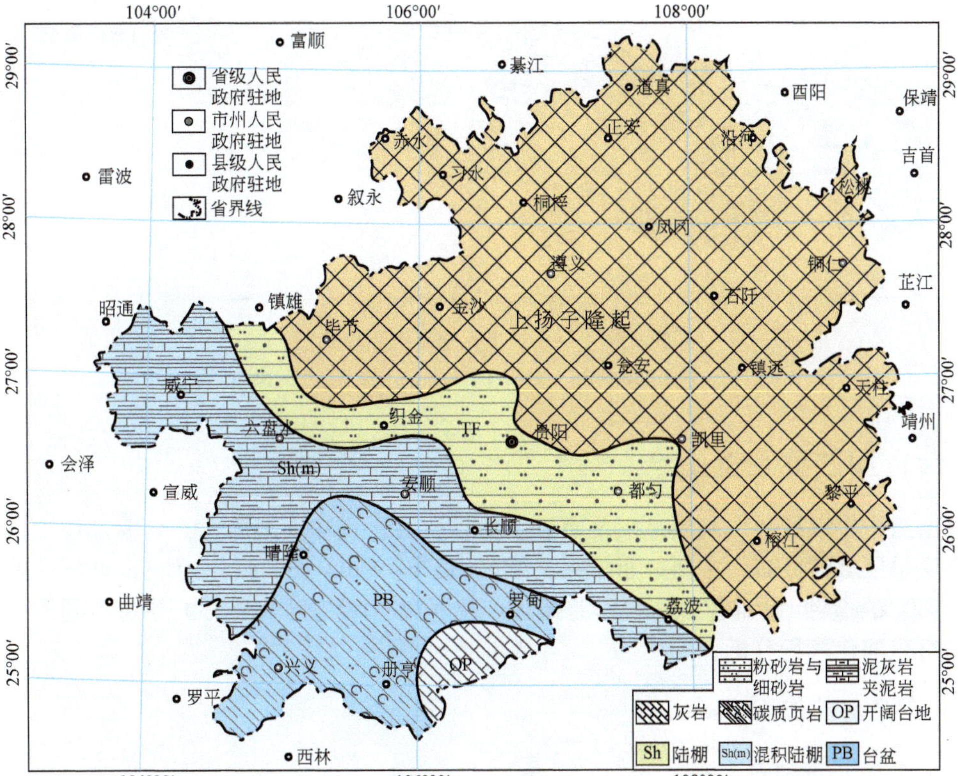

图2.33 早石炭世打屋坝期岩相古地理图

潮坪相：发育于上扬子隆起区边缘，位于镇雄-纳雍-修文-贵阳-凯里-三都-融水一线西南，昭通-赫章-织金-平坝-紫云猫云-荔波一线东北区域。其岩性主要为灰绿、灰黄色细砂岩，夹少量泥岩。

混积陆棚相：位于昭通-赫章-织金-平坝-紫云猫云-荔波一线西南，紫云-罗甸沐阳一线东北区域。岩性以灰、深灰色薄层至中厚层状灰岩、粉砂岩为主，夹灰黑色泥岩，局部地区该段下部黑色页岩发育，富含海相动物化石等。

台地相：该相带主要分布于册亨以东。岩性主要为浅灰色灰岩，该相带应与湘中、桂中碳酸盐台地连成一片，分布范围较广。

台盆相：分布于晴隆-兴义一线，主要为断裂拉张形成。岩性主要为黑色硅质岩夹灰色灰岩，此相带为区内早石炭世大塘期水体最深地带。

4. 沉积模式

早石炭世大塘期海侵，基本淹没了黔西南及黔南地区，海水由南东向北西海侵。其沉积受上扬子隆起控制明显，靠近隆起带以碎屑岩沉积为主，往南东方向海水变深，岩性逐渐变成以灰岩、页岩为主，地层厚度较大。受紫云-垭都断裂拉张作用影响，在紫云-罗甸一线逐渐形成范围局限的台盆沉积，岩性主要为碳质泥岩、泥质灰岩（图 2. 34）。

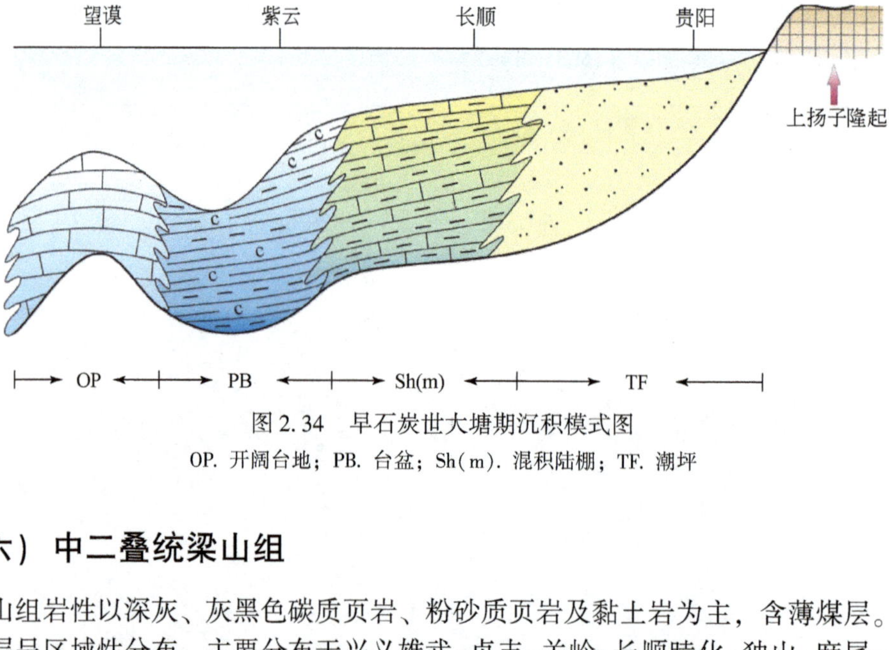

图 2. 34　早石炭世大塘期沉积模式图

OP. 开阔台地；PB. 台盆；Sh(m). 混积陆棚；TF. 潮坪

（六）中二叠统梁山组

梁山组岩性以深灰、灰黑色碳质页岩、粉砂质页岩及黏土岩为主，含薄煤层。该组潜质页岩层呈区域性分布，主要分布于兴义雄武-贞丰-关岭-长顺睦化-独山-麻尾一线以西及思南-遵义-金沙-赫章德卓一线以北地区。现通过晴隆花贡及晴页 1 井对不同地区梁山组垂向沉积演化进行分析。

1. 单井剖面沉积相

（1）晴隆花贡剖面

晴隆花贡剖面位于晴隆县花贡镇，目的层出露厚度为 865m。梁山组下部发育一套黑色泥岩、灰岩及黄棕色钙质粉砂质泥岩互层，含黄铁矿颗粒，发育水平层理，上部发育一套棕色石英砂岩、深灰色灰岩（图 2. 35）。剖面底部为上石炭统马平组泥质灰岩，顶部为中二叠统梁山组燧石细粒灰岩。

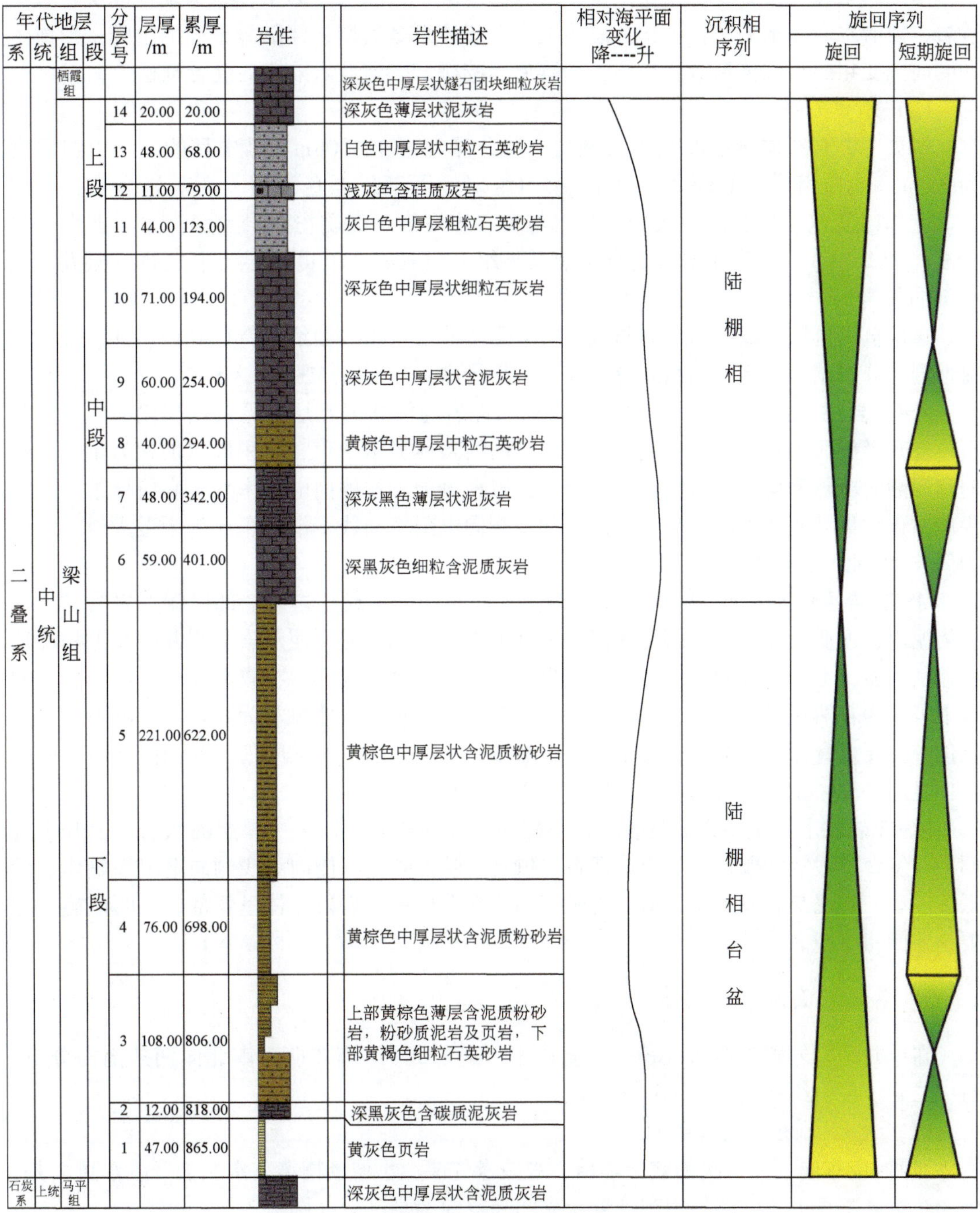

图 2. 35 晴隆花贡剖面沉积相综合柱状图

海侵体系域：位于401～865m，岩性以灰色–黑色钙质粉砂质泥岩、碳质泥岩和灰岩互层。以碳质泥岩与钙质粉砂质泥岩组成的正粒序特征，代表了海平面的上升过程，沉积厚度大，为陆棚相–台盆沉积。

高位体系域：位于0～401m，岩性以深灰色灰岩、泥灰岩为主，中部发育浅灰色石英砂岩，为清水和浑水的混合沉积。总体上，海侵体系域后期，伴随海平面的下降，形成了一套向上变粗的高位体系域沉积体，为碎屑岩陆棚和碳酸盐岩陆棚的混合沉积。

（2）晴页1井

晴页1井位于晴隆县花贡镇百胜村。钻井深度为926.08m，其中目的层梁山组厚度为354m，有效潜质页岩层厚153m。梁山组岩性下部以黑色页岩、泥灰岩为主，夹泥岩。上部以灰色、深灰色泥灰岩、灰岩与粉砂质泥岩、泥质粉砂岩互层为主，夹多层粉砂岩（图2.36）。下伏地层为上石炭统马平组泥质灰岩，上覆地层为中二叠系栖霞组燧石细晶灰岩。

通过自然伽马曲线、深测向与浅测向电阻率曲线、密度曲线等特征和钾、钍、铀等放射性测井分析结果，将梁山组划分为3个四级层序：MSC1、MSC2、MSC3。

MSC1岩性主要为黑色页岩，深灰色钙质泥岩与泥灰岩互层，见黄铁矿化和腕足类化石。上升半旋回主要为快速水进，自然伽马曲线整体显示中值，沉积体以加积为主，深侧向和浅侧向电阻率均显高值波动，水泛面位置深侧向和浅侧向电阻率均显高值异常；下降半旋回自然伽马曲线开始变高，深侧向和浅侧向电阻率曲线平滑，主要为缓慢水退，总体为斜坡–盆地沉积环境。

MSC2岩性较为复杂，以泥质灰岩为主，间夹泥岩、粉砂岩。上部以泥灰岩为主，中部为泥岩、泥质粉砂岩夹薄层泥灰岩，下部为中厚层泥页岩、泥灰岩。测井曲线上物性反应差别明显，上升半旋回自然伽马、电阻率及纵波速度曲线都存在较大起伏，泥灰岩在曲线上表现为自然伽马低幅值、电阻率尖峰状凸起；泥页岩自然伽马为高幅值、电阻率平滑低值，主要发育深水缓坡；下降半旋回自然伽马曲线显示平滑的中值，深侧向和浅侧向电阻率显示平缓，主要为海退过程，发育浅水缓坡相。

MSC3岩性上部主要为石英砂岩，下部为泥质粉砂岩，间夹中厚层泥灰岩。上升半旋回主要发育碳酸盐陆棚，下降半旋回自然伽马反映清晰；深侧向和浅侧向电阻率整体显示低值波动，在泥灰岩段为低幅值；电阻率曲线在泥质粉砂岩段总体呈低值，表明该旋回主要为陆棚相沉积。

2. 连井剖面沉积相分析

在单井和野外露头剖面沉积分析基础上，通过北西–南东向和南北向两条剖面分析，对中二叠统梁山组地层进行沉积相对比。

（1）北西–南东向连井剖面

北西–南东向剖面依次为威宁羊街、水城米佐倮、水城磨槽湾、水城加开、水页2井、晴隆花贡、晴页1井、郎岱把利、紫云克凹和罗甸沟亭剖面（图2.37）。

海侵体系域：在晴隆台洼地区，岩性为灰黑色泥岩、间夹灰岩、砂岩。梁山组沉积期海水由南往北海侵，北部主要沉积一套滨海相碎屑岩，南部主要为深水相沉积。

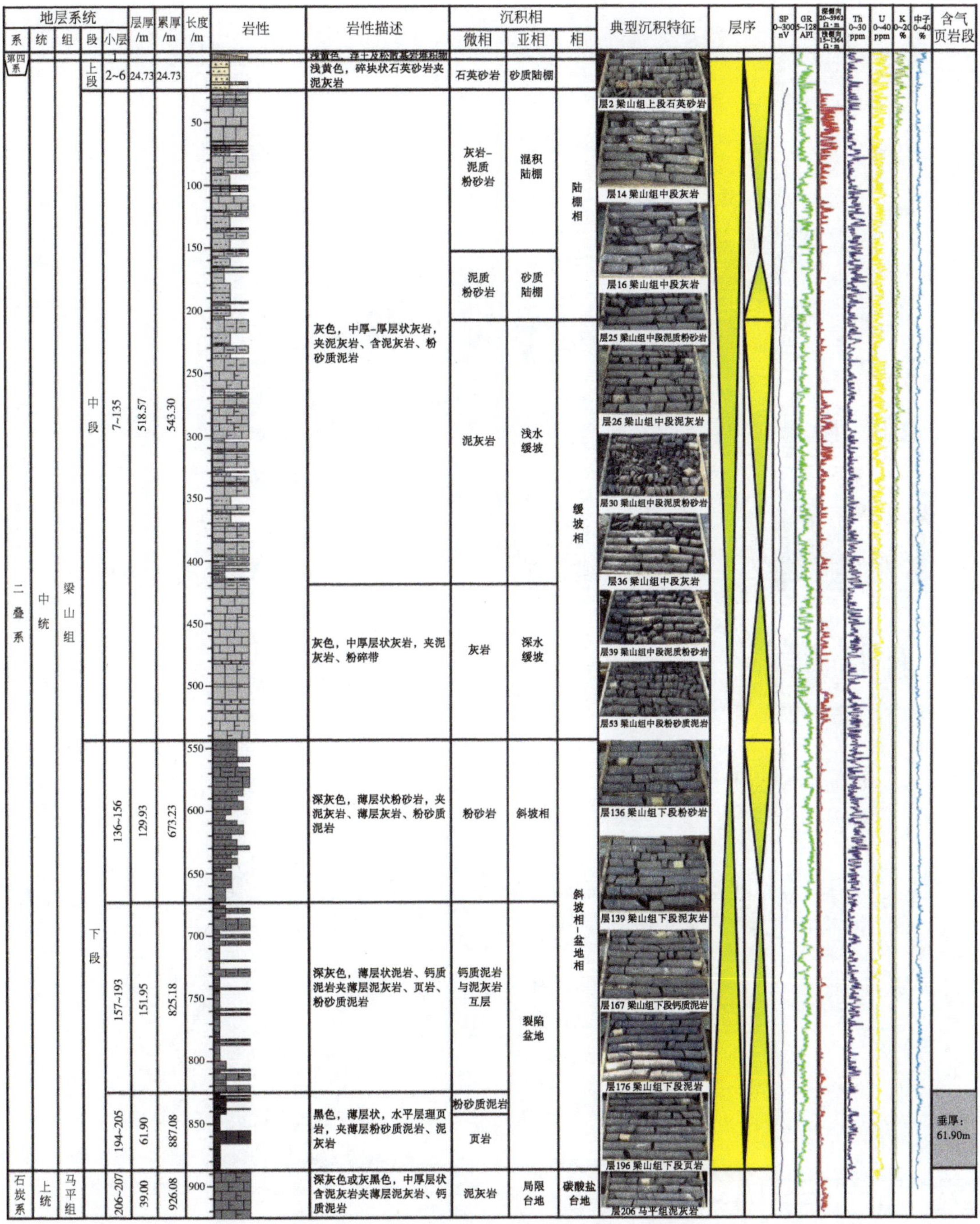

图 2.36　晴页 1 井层序与沉积相综合柱状图

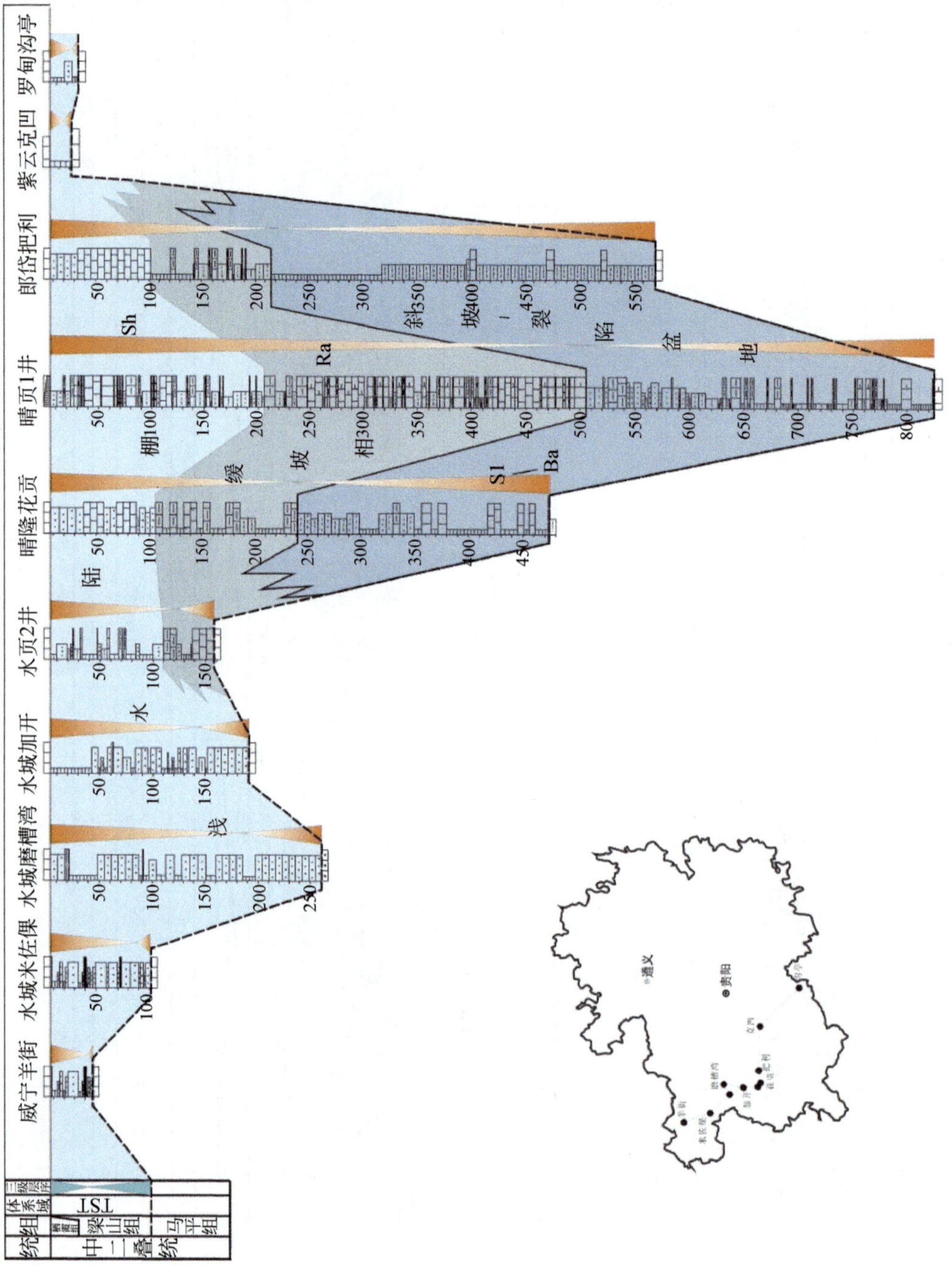

图2.37 中二叠统梁山组(北西—南东)向连井剖面沉积相对比图

高位体系域：随着海平面的逐渐下降，在西北部的水城米佐倮、水城磨槽湾剖面沉积了一套以石英砂岩与页岩互层为主的浅海相碎屑岩沉积。水城米佐倮剖面以石英砂岩、砂岩为主，中部为夹薄煤层的滨岸沼泽相沉积体。晴隆花贡发育陆棚相砂岩、灰岩层。

（2）南北向连井剖面

南北向剖面依次为桐梓黑石溪、瓮安朱藏、贵定大关坡、独山甘寨和罗甸湾九剖面（图 2.38）。

海侵体系域：主要分布于贵定-都匀一线以南，整合于下石炭统马平组灰岩之上，独山甘寨为泥质岩夹砂岩，往北砂质成分增加，主要为一套浅水陆棚相沉积。

高位体系域：主要表现为中二叠统超覆于早古生界之上。贵州南部为一套砂岩夹泥质岩沉积，属浅水陆棚相；黔北地区则为潮坪-潟湖相黏土岩沉积；瓮安朱藏地区发育一套硅质岩地层，为小型台盆相沉积。

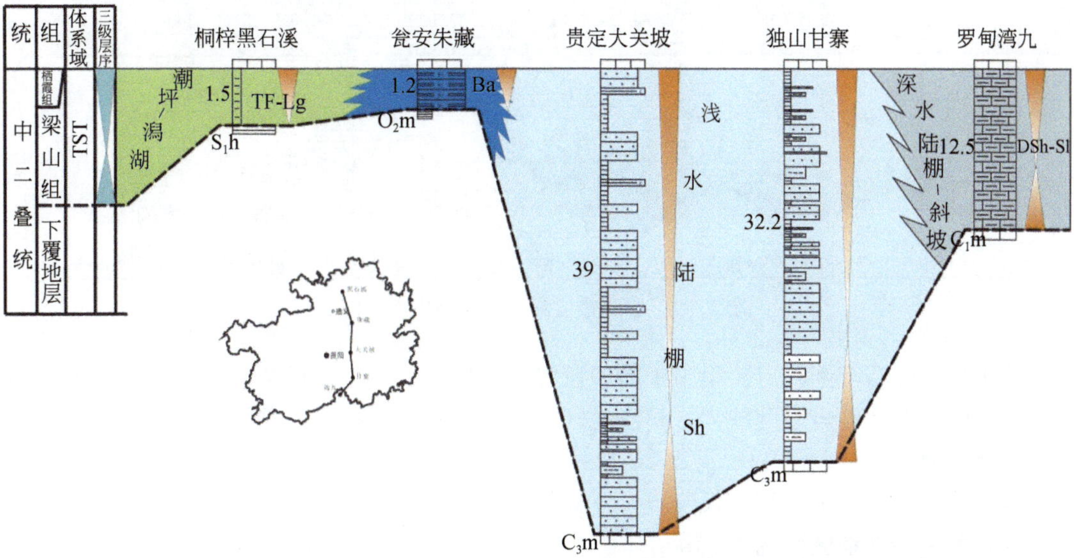

图 2.38　中二叠统梁山组（南北）向连井剖面沉积相对比图

3. 沉积相平面展布特征

中二叠世梁山期，由南往北的海侵淹没了贵州广大地区，仅黎平部分地区未被淹没，为隆起剥蚀区。梁山期海侵使得梁山组地层覆盖于不同层位地层之上，南部地区地层层位发育较全，往北则覆盖于下古生代地层之上。平面上，总体古地理格局为滨岸相→潮坪-潟湖相→陆棚相→斜坡相→盆地相（图 2.39）。

滨岸相：主要分布于黎平地区，岩性为石英砂岩、含砾砂岩，间夹泥岩。

潮坪-潟湖相：主要分布于金沙-瓮安-石阡一线以北，岩性主要为黏土岩、碳质页岩，局部夹煤层。黏土岩为水云母黏土岩类，多呈块状，具水平或缓波状层理。

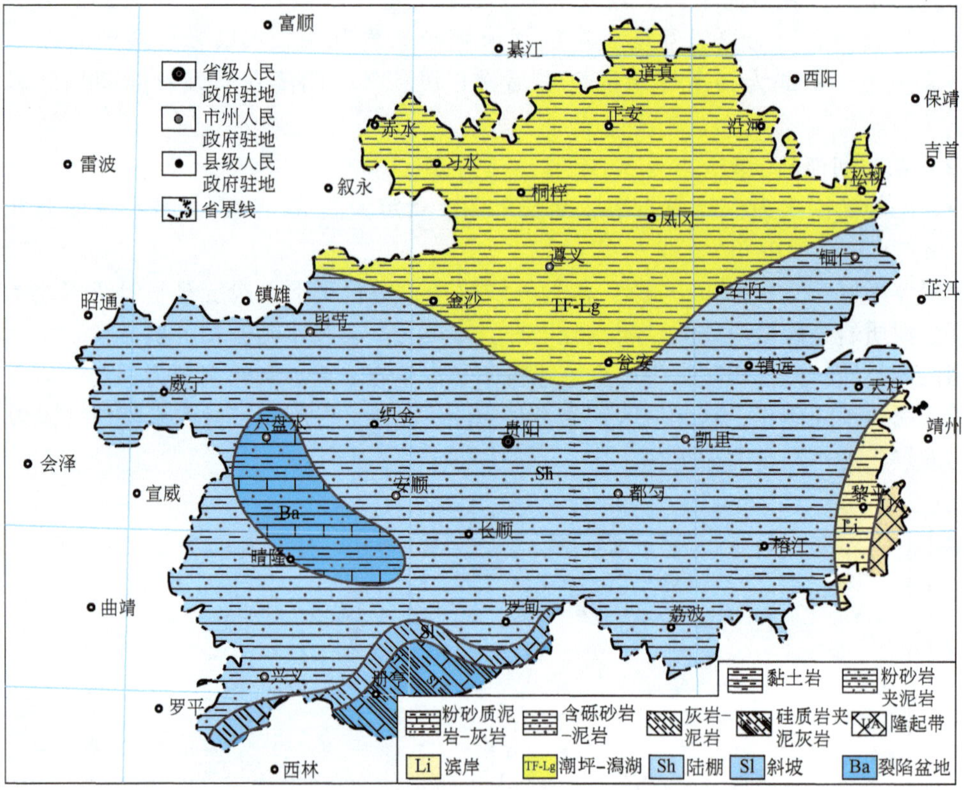

图 2.39　中二叠世梁山期岩相古地理图

陆棚相：分布范围较广，集中于黔中及黔东南地区，岩性为砂岩、粉砂岩、泥岩夹灰岩层。在水城地区砂岩厚度较大，晴隆地区灰岩夹层较多，往南至紫云、罗甸地区，地层厚度逐渐减薄。

斜坡相：分布范围较窄，仅分布于罗甸往南一线，岩性主要为一套深灰色泥灰岩夹泥质岩层，罗甸湾九地区厚约 12.5m。

盆地相：主要为早石炭世形成的台盆，岩性以灰黑色泥质岩为主，夹薄层泥灰岩。地层沉积厚度大，晴隆地区厚 400 余米，为梁山组潜质页岩主要发育相带。

4. 沉积模式

中二叠世是贵州较大的一次海侵期，该期整个贵州均被海水淹没，沉积范围较广，总体为北浅南深，海水由南向北逐渐海侵。北部地区地层沉积厚度薄，主要为潮坪-潟湖相泥岩，往南的大部分地区为陆棚相碎屑岩沉积，以砂岩为主，沉积厚度大。总体上，由北向南依次为潮坪-潟湖相-陆棚相-斜坡相-盆地相的沉积格局（图 2.40）。

（七）上二叠统龙潭组

龙潭组岩性以粉砂质黏土岩、钙质粉砂岩、碳质泥岩、页岩、泥灰岩为主，夹多层优质煤层。该组潜质页岩层呈区域性分布，主要分布于兴义-六盘水片区的雄武、兴仁、晴

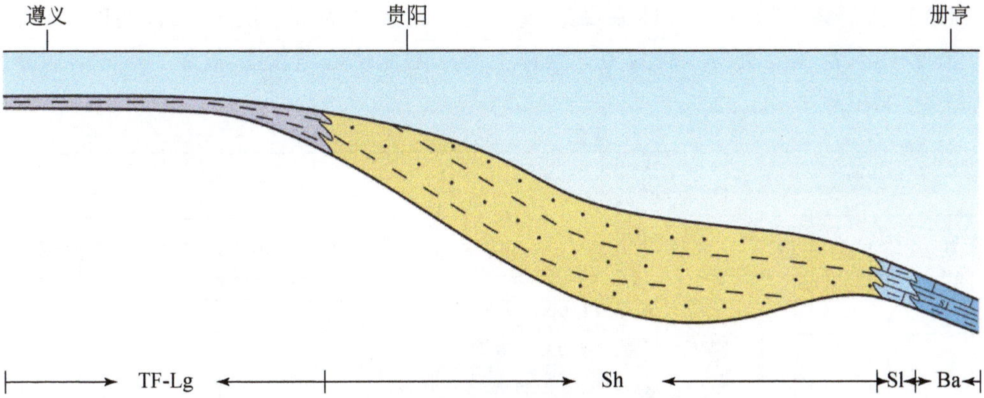

图 2.40 中二叠世梁山期沉积模式图

TF-Lg. 潮坪-潟湖；Sh. 陆棚；Sl. 斜坡；Ba. 裂陷盆地

隆、曹家营、赫章一带，以及毕节-安顺片区、遵义-正安片区的广大地域。现通过水城汪家寨、西页1井、兴页1井对不同地区龙潭组垂向沉积演化进行分析。

1. 单井剖面沉积相

(1) 水城汪家寨剖面

汪家寨剖面位于六盘水市钟山区汪家寨镇，目的层出露厚度为240m。宣威组中下段与龙潭组对应，下段岩性以深灰色泥质粉砂岩、砂质泥岩为主，上段以细砂岩、粉砂岩和砂质泥岩为主（图2.41）。剖面底部为峨眉山玄武岩组，顶部为下三叠统飞仙关组。

龙潭组底部的铝土岩，发育于早期古风化面的低洼地带，代表潟湖沉积环境。龙潭组下段上部夹薄层黄绿色含植物叶片化石的细砂岩，代表潮坪沉积环境。龙潭组上段以灰绿色粉砂岩为主，夹细砂岩、泥岩薄层，为分流河道砂体，代表三角洲平原沉积环境。

(2) 西页1井

西页1井位于黔西县甘棠乡新田村。钻井深度为580.76m，其中目的层龙潭组厚度为153.49m，有效潜质页岩层厚60m。岩性以深黑色碳质泥页岩为主，夹多层优质煤层，部分层段岩性以泥灰岩为主，偶见粉砂岩夹层、方解石条带（图2.42）。下伏地层为中二叠统茅口组灰岩，上覆地层为下三叠统夜郎组灰岩。

西页1井龙潭组可划分为3个三级层序：PSQ1、PSQ2和PSQ3。

PSQ1由海侵体系域和高位体系域组成，海侵体系域沉积相主要为潟湖相。自然伽马曲线为高值，岩性以泥岩、灰岩和泥灰岩为主，黄铁矿十分发育，常见透镜状结核，反映了水体环境相对较深，主要为潮控三角洲相。

PSQ2由海侵体系域和高位体系域组成，沉积相主要为潮坪相，整体上海平面变化以缓慢下降为主。自然伽马曲线均为箱型特征，显示相对低值，岩性以粉砂岩、粉砂质泥岩和页岩为主，可见冲刷面，是潮汐作用的结果。

PSQ3 由海侵体系域和高位体系域组成，沉积相主要为泥炭沼泽，岩性以碳质泥岩、页岩、粉砂质泥岩和泥质粉砂岩为主。整体上海平面变化以缓慢下降为主，水动力条件较弱，沉积环境相对平静。

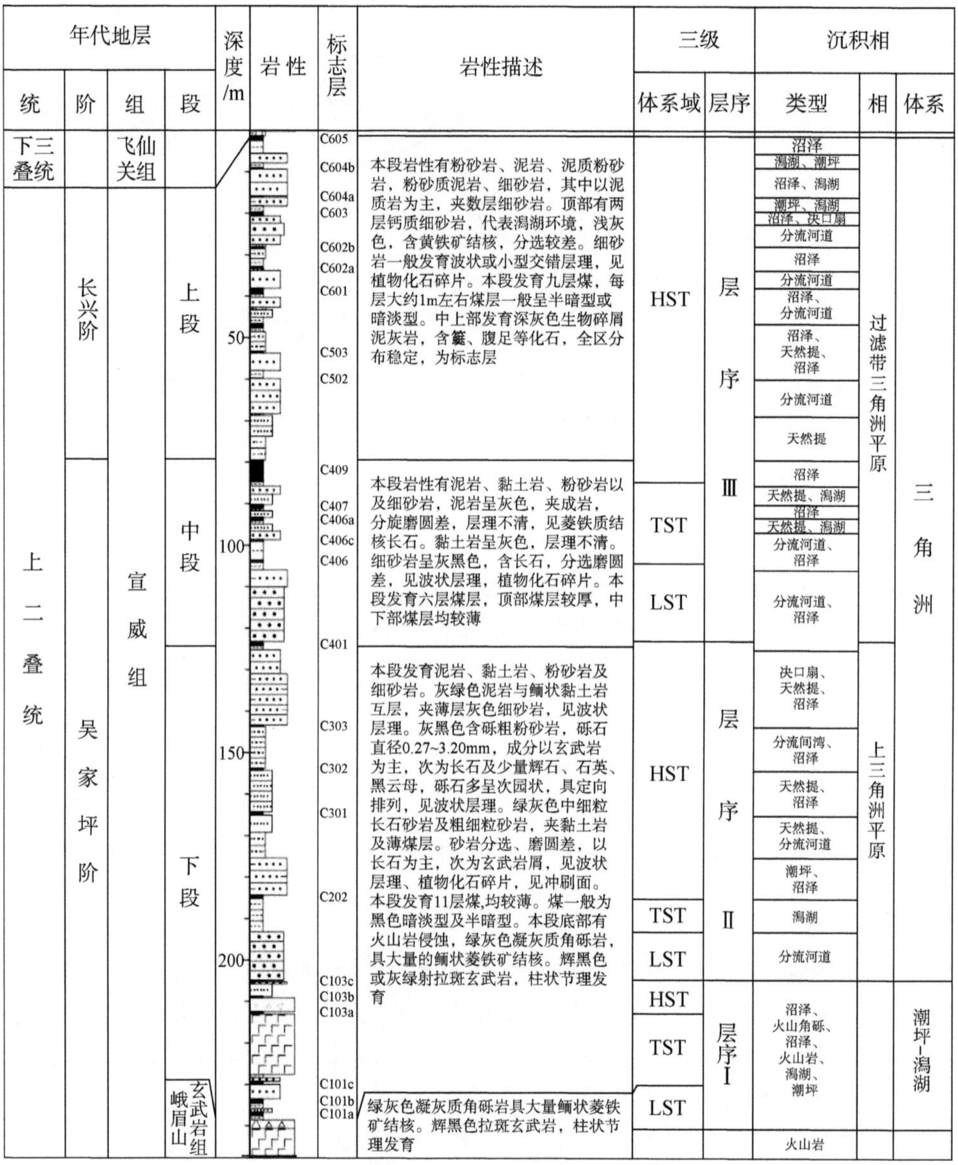

图 2.41　六盘水汪家寨上二叠统宣威组地层沉积综合柱状图

(3) 兴页 1 井

兴页 1 井位于兴仁县大山乡河坝村。钻井深度为 968.55m，其中目的层龙潭组厚度 241m，有效潜质页岩层厚 70.9m。岩性以深黑色碳质泥页岩为主，夹多层煤层，部分层段岩性以泥灰岩、细砂岩为主，偶见粉砂岩、泥质粉砂岩、粉砂质泥岩（图 2.43）。下伏地层为中二叠统茅口组灰岩，上覆地层为长兴组粉砂岩。

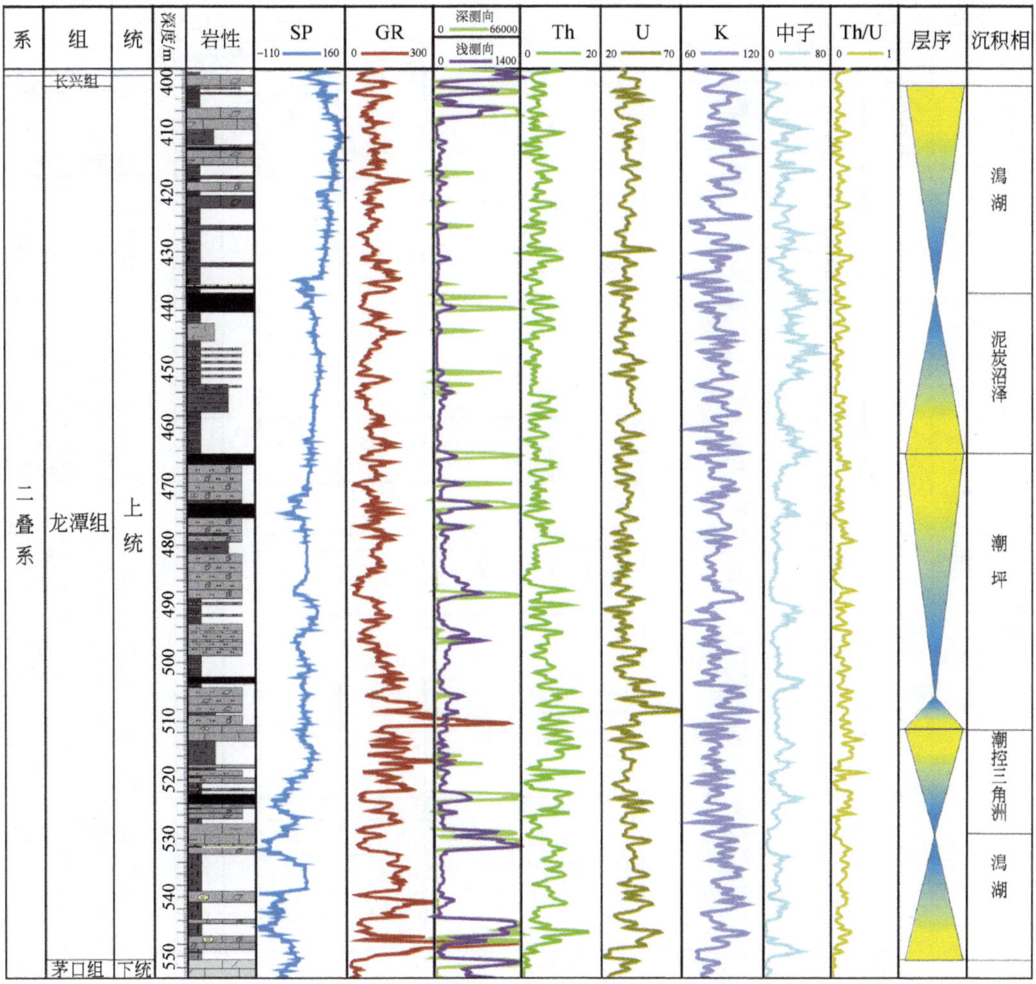

图 2.42　西页 1 井沉积相综合柱状图

兴页 1 井龙潭组海陆交互相含煤沉积岩系可划分为 3 个三级层序：PSQ1、PSQ2、PSQ3。

PSQ1：岩性以细砂岩、粉砂岩、泥质粉砂岩为主，偶夹灰岩和煤层，属潟湖相还原环境。

PSQ2：岩性以粉砂岩、粉砂质泥岩与泥灰岩、细砂岩韵律性叠置为特征，由下向上，粉砂质泥岩表现出现厚薄交互，灰岩显示出先变薄又变厚的特征，反映水深不断变化的特征。晚二叠世中期，在经历了海侵之后，地壳上升，海水逐渐退去，处于岸线附近的潮坪环境。

PSQ3：下部岩性以泥质沉积为主，多见黄铁矿，上部发育泥灰岩，多见方解石条带。该期再次发生海侵，泥炭沼泽之上被海水淹没，属潟湖相沉积。

2. 连井剖面沉积相分析

在单井和野外露头剖面沉积分析基础上，通过北西-南东向和东西向两条剖面分析，对上二叠统龙潭组地层进行沉积相对比。

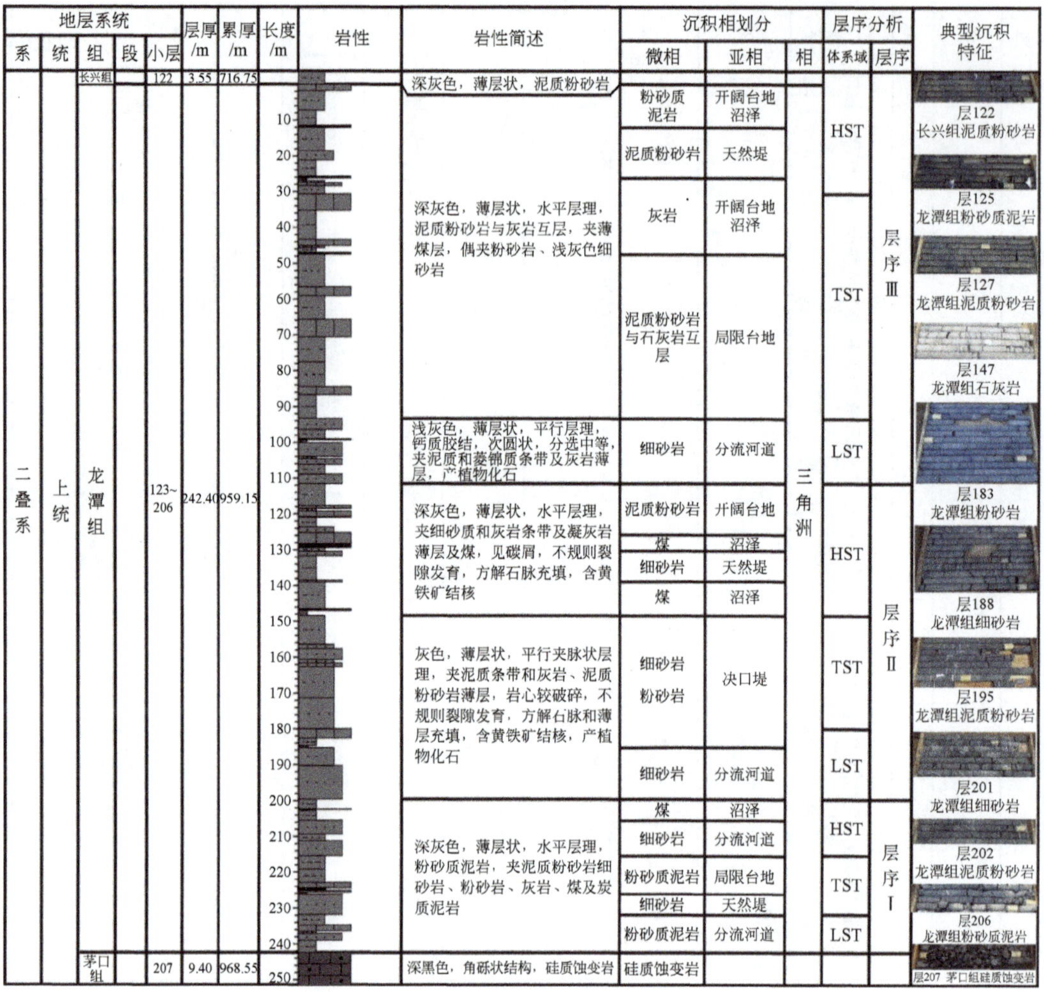

图 2.43 兴页 1 井上二叠统龙潭组沉积综合柱状图

（1）北西–南东向连井剖面

北西–南东向剖面依次为威宁哈喇河、水城汪家寨、水城发耳、六枝朗岱、普安地瓜、盘县玛依、兴仁大坝、贞丰滥木厂、兴页 1 井剖面（图 2.44）。

层序Ⅰ：包括峨眉山玄武岩组顶部凝灰岩和龙潭组下部，底部以凝灰岩为界，顶部以 29 号煤层为界。该期发生海侵事件，普遍发育低位体系域、海侵体系域和高位体系域。

低位体系域：主要包括峨眉山玄武岩组顶部凝灰岩和龙潭组下段底部铁铝岩及铝土岩。铝土岩呈浅灰色，含蠕虫状黄铁矿及凝灰岩角砾。

海侵体系域：底部以 35 号煤层为界，顶部以 K12 灰岩为界。其间发育一层 30 号煤，富含根土岩，煤层上面发育深灰色细砂岩，钙质胶结，含较多菱铁质泥岩条带。

高位体系域：底部以 K12 灰岩底面为界，顶部以 29 号煤层为界。灰岩底部是一层深灰色泥岩，含根化石及蠕虫状、透镜状黄铁矿，表明水深较深。海平面上升速率达到最大值，随后海平面上升速率减缓，形成煤层，层序Ⅰ沉积结束。

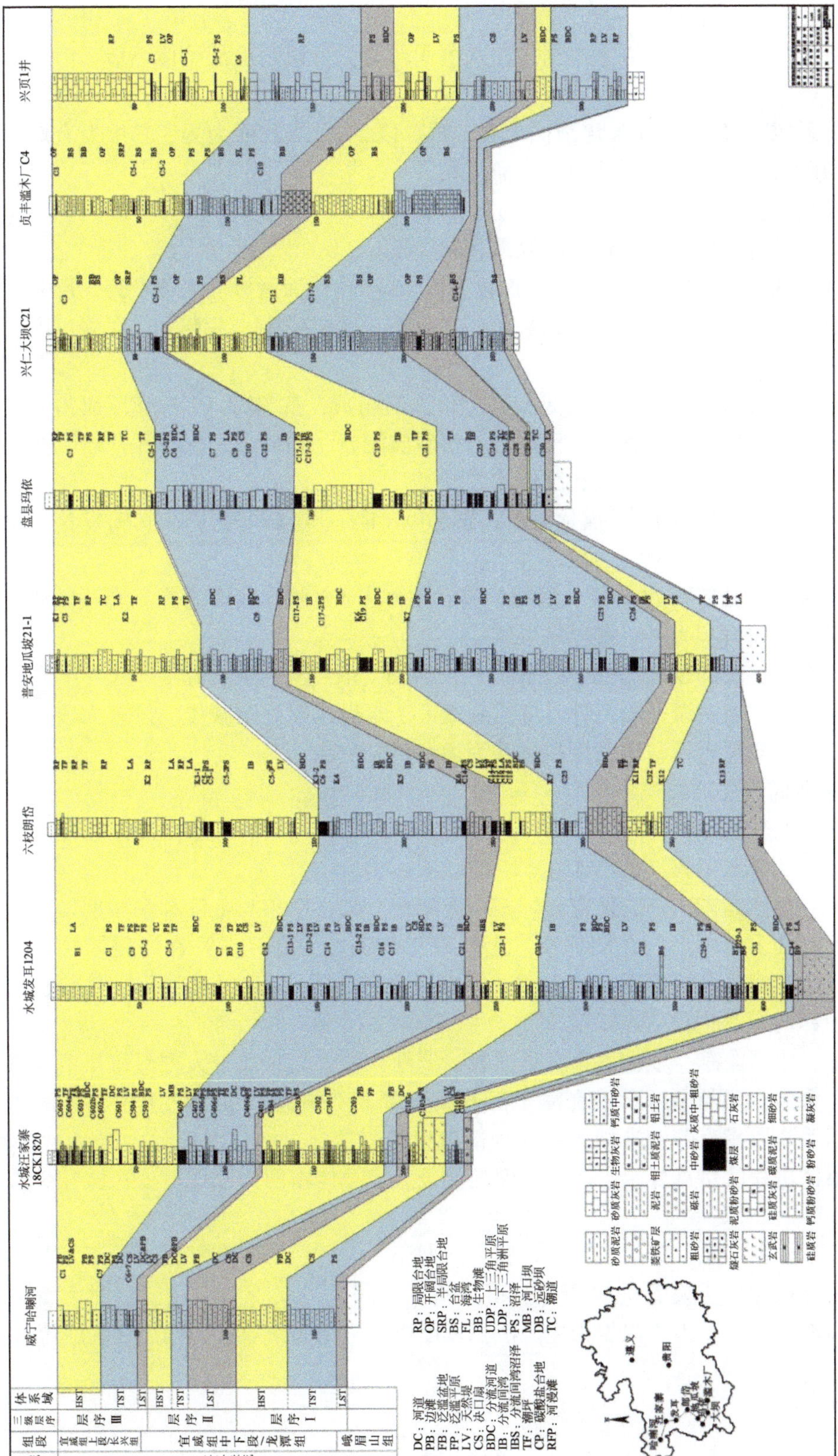

图 2.44　上二叠统龙潭组（北西-南东）向连井剖面沉积相对比图

层序Ⅱ：主要由龙潭组下段上部和龙潭组上段下部组成，岩性有泥质粉砂岩、粉砂岩、细砂岩、粉砂质泥岩、煤。根据岩性及沉积环境，可识别出低位体系域、海侵体系域和高位体系域。

低位体系域：底部以 29 号煤顶面为界，顶部以 27 号煤底面为界。其中发育厚层细砂岩夹薄层粉砂岩，表明沉积环境为分流河道相。

海侵体系域：底部以 27 号煤底面为界，顶部以 K7 灰岩为界。岩性以泥岩、碳质泥岩、煤为主，发育多层煤，是贵州成煤最有利层段。

高位体系域：底部以 K7 灰岩为界，顶部以 16 号煤顶面为界。底部发育一层灰岩，代表最大海泛面，海平面上升速度达到最大，之后速度逐渐减慢，发育大段泥岩、泥质粉砂岩、粉砂质泥岩等。

层序Ⅲ：主要由龙潭组上段上部和整个长兴组组成，底部以 16 号煤顶面为界，顶部以上二叠统顶端为界。岩性有泥质粉砂岩、粉砂质泥岩、粉砂岩、煤、泥灰岩、灰岩，可识别出低位体系域、海侵体系域和高位体系域。

低位体系域：底部以 16 号煤顶为界，顶部以 14-2 号煤底面为界。其间发育一层厚的砂体，表明沉积环境为分流河道相。

海侵体系域：底部以 14-2 号煤底面为界，顶部以 K3 灰岩底面为界。岩性以泥岩、碳质泥岩、煤等细粒沉积为主，发育多层煤。

高位体系域：底部以 K3 灰岩底面为界，顶部以上二叠统顶端为界。底部在最大海泛面发育一层灰岩，表明海平面上升速度达到最大。之后速度逐渐减慢，发育大段泥岩、泥质粉砂岩、粉砂质泥岩等，表明沉积体系为潮坪-潟湖相。

（2）东西向连井剖面

东西向剖面依次为毕节垭关、大方文阁、大方白布、大方六龙、大方星宿、金沙林华、金沙禹谟、遵义枫香（图 2.45）。

层序Ⅰ：由西向东，依次发育潮坪相、潟湖相。大方白布与金沙林华早期发育泥炭沼泽沉积，海平面上升以后，在潮坪相之上发育三角洲相；遵义枫香在海侵期发育潟湖沉积，岩性以黑色泥岩、粉砂质泥岩为主，夹煤层，并在潟湖相沉积区可见薄层灰岩沉积。沉积厚度由西向东变化较小。

层序Ⅱ：由西向东，依次发育三角洲相、潟湖相。大方六龙与大方星宿早期发育泥炭沼泽沉积，金沙林华与金沙禹谟在海平面开始下降时在潟湖相沉积之上发育泥潭沼泽沉积，遵义枫香全段发育障壁沙坝，并在顶部发育薄煤层。岩性以泥质粉砂岩、泥岩为主，其中泥炭沼泽沉积区多见煤层。沉积厚度变化较大，总体由西向东厚度变小，在金沙禹谟最薄。

层序Ⅲ：由西向东，依次发育三角洲、潟湖相。大方白布在海平面开始下降时，在三角洲相的平原亚相之上发育泥炭沼泽，可见清晰煤线。遵义枫香，在海退时发育障壁沙坝，岩性以粉砂岩、粉砂质泥岩为主。沉积厚度以大方白布最厚，向两边逐渐减薄。

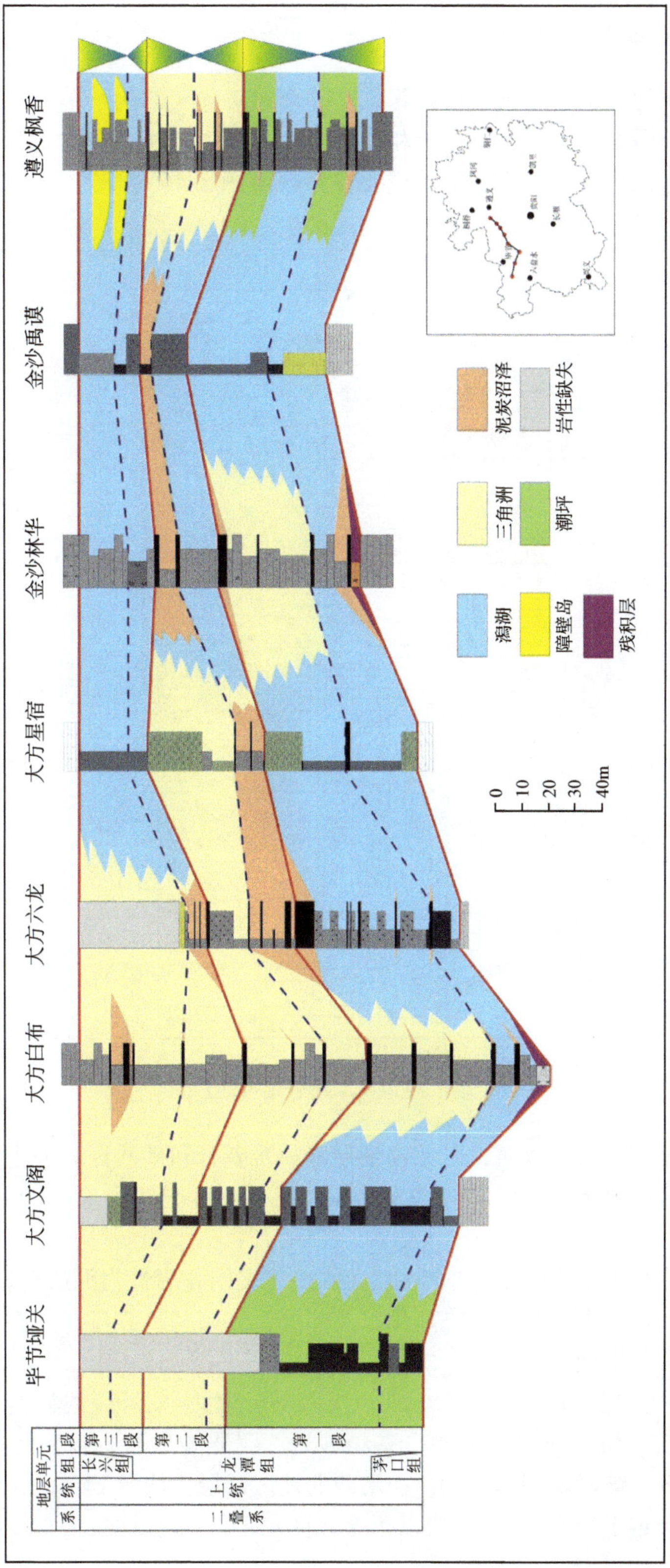

图 2.45 上二叠统龙潭组东西向连井剖面沉积相对比图

3. 沉积相平面展布特征

晚二叠世，贵州地处上扬子板块西南缘，是一个相对稳定的构造单元，龙潭早期为海侵期，龙潭晚期为海退期。平面上，沉积相自西向东逐渐由陆相、海陆交互相演变为海相沉积。其中，黔西地区为龙潭组煤系地层主要发育区（图2.46）。

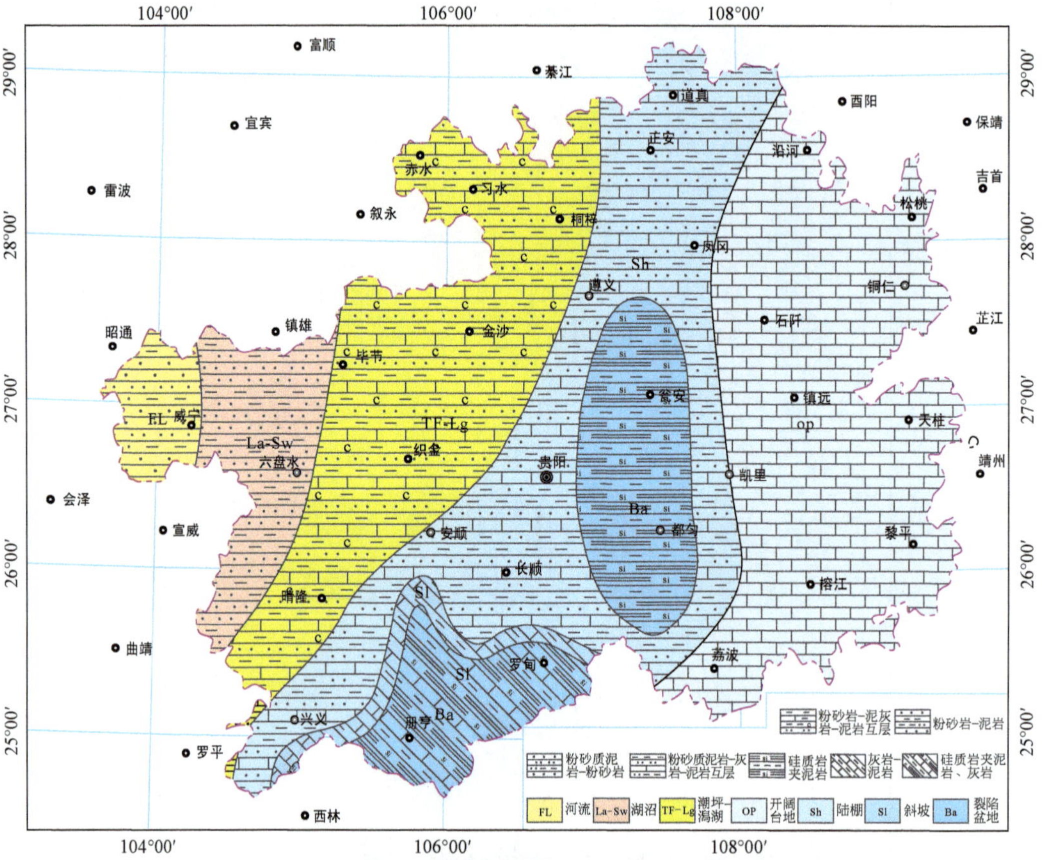

图2.46 晚二叠世龙潭期岩相古地理图

河流相：主要分布于威宁以西，岩性以细砂岩、粉砂岩和砂质泥岩为主，含大量碳质碎片，局部富集成劣质煤条带。沉积构造发育，可见低角度交错层理、水平及波状层理，局部可见冲刷特征。

湖沼相：主要分布于威宁以东与毕节-六盘水一线之间，岩性为泥质粉砂岩、粉砂岩、粉砂质泥岩和煤层。煤层中含少量植物茎化石及碎屑，夹瘤状菱铁矿，局部富集瓣腮，见水平、垂直虫孔及波状层理。

潮坪-潟湖相：主要分布于毕节-六盘水一线以东至遵义-安顺一线以西之间，呈南北相展布。岩性以泥岩、粉砂质泥岩为主，夹粉砂岩、泥质粉砂岩，含腕足类及鳃瓣类化石，产大量植物化石。该段煤层厚度大，在黔西北地区煤层平均厚24m。

陆棚相：主要分布于遵义-安顺一线以东至凤冈-凯里一线以西，为浑水碎屑岩沉积。

岩性以粉砂岩、粉砂质泥岩、泥岩夹灰岩为主。层中含双壳、腕足类等广盐度生物，可见水平层理、斜层理及波状层理。在黔西南地区该相带中夹少量煤线，由西往东煤线逐渐减少。

开阔台地相：主要分布于凤冈-凯里一线以东，为清水碳酸盐岩沉积。岩性主要为灰色泥微晶灰岩、生物灰岩，含大量碎石结核，局部发育台内滩。

斜坡相：分布范围较窄，岩性主要为泥灰岩与泥岩相间互层，灰岩以薄层为主，泥岩中有机质丰富。

盆地相：主要分布在罗甸-册亨地区，岩性为硅质岩、泥岩夹灰岩层。其次在瓮安-都匀一线发育台盆相，沉积物主要为一套硅质岩夹泥岩层。

4. 沉积模式

贵州晚二叠世龙潭期沉积环境受断裂控制明显，总体形成“东西分带、南北分区”的沉积格局。其中以遵义-惠水断裂为界，东部地区以海相沉积为主，西部地区以海陆交互相沉积为主。从西往东逐渐变深，黔西地区靠近陆地，发育河道砂岩，往东逐渐发育煤系地层，煤层厚度较稳定，主要为湖沼相沉积。在晴隆-册亨一带，主要为海相沉积，显示潮坪-潟湖-陆棚-斜坡-盆地相的沉积格局。黑色页岩主要分布在湖沼及潮坪-潟湖相区（图 2.47）。

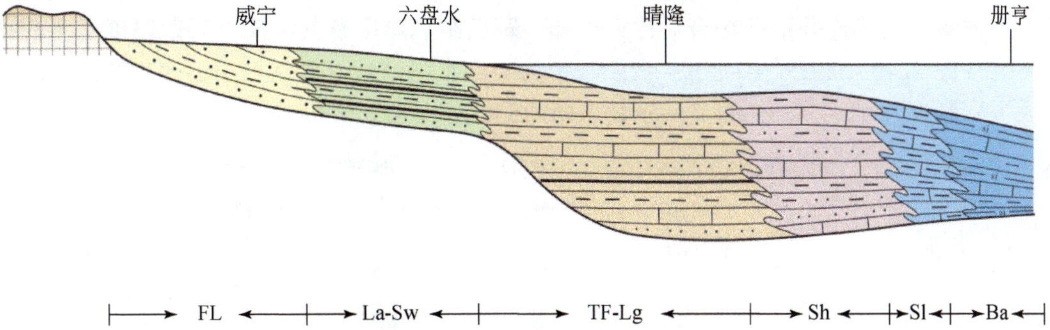

图 2.47　晚二叠世龙潭期沉积模式图

FL. 河流；La-Sw. 湖沼；TF-Lg. 潮坪-潟湖；Sh. 陆棚；Sl. 斜坡；Ba. 裂陷盆地

二、潜质页岩厚度分布

（一）下寒武统牛蹄塘组

牛蹄塘组潜质页岩段位于其下部，岩性主要为灰黑-黑色含粉砂-粉砂质碳质泥岩、页岩，普遍发育黄铁矿。

从区域牛蹄塘组对比图可见（图 2.48），总厚度及其潜质页岩段厚度明显受沉积相带展布控制。西边雷波-镇雄-金沙一带，牛蹄塘组总厚度 180～450m，潜质页岩厚度 37～100m。在至绥阳-正安-德江一带，其厚度陡增至 700～900m，潜质页岩厚度 90～120m。在德江地区以东，进入斜坡及深水盆地，牛蹄塘组及其潜质页岩厚度均明显减薄，仅有 20～40m。

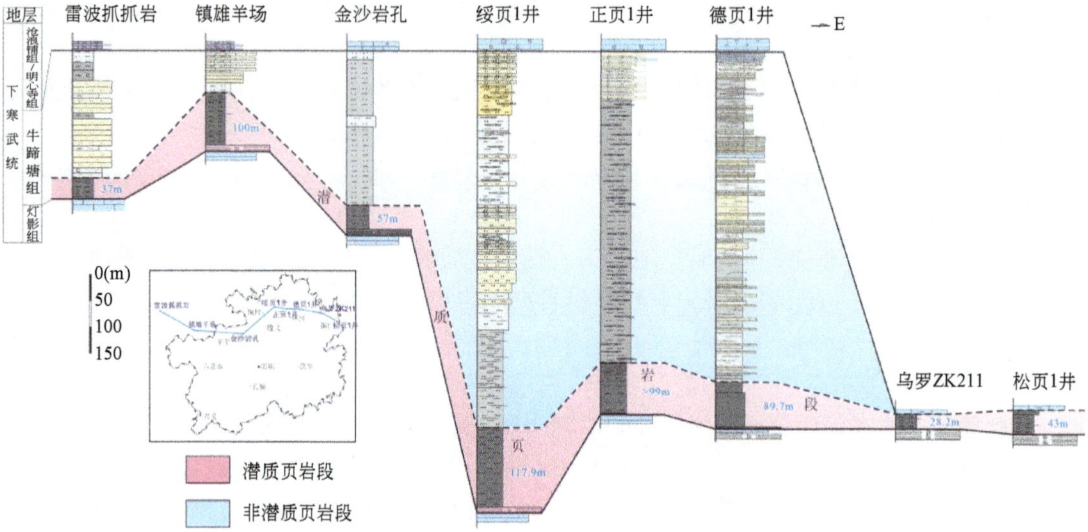

图 2.48　下寒武统牛蹄塘组潜质页岩地层柱状对比图

除此之外，通过昭通金沙厂、镇雄羊场、方深 1 井、仁页 2 井、开阳茅坡、麻页 1 井、三都渣拉沟等连井剖面综合对比，可知牛蹄塘组总厚度及其潜质页岩段厚度受基底构造影响（图 2.49）。因开阳-瓮安-贵阳一带为陆棚水下高地，牛蹄塘组总厚度 80～130m，潜质页岩厚度为 40～70m，明显低于其东西两侧沉积厚度。

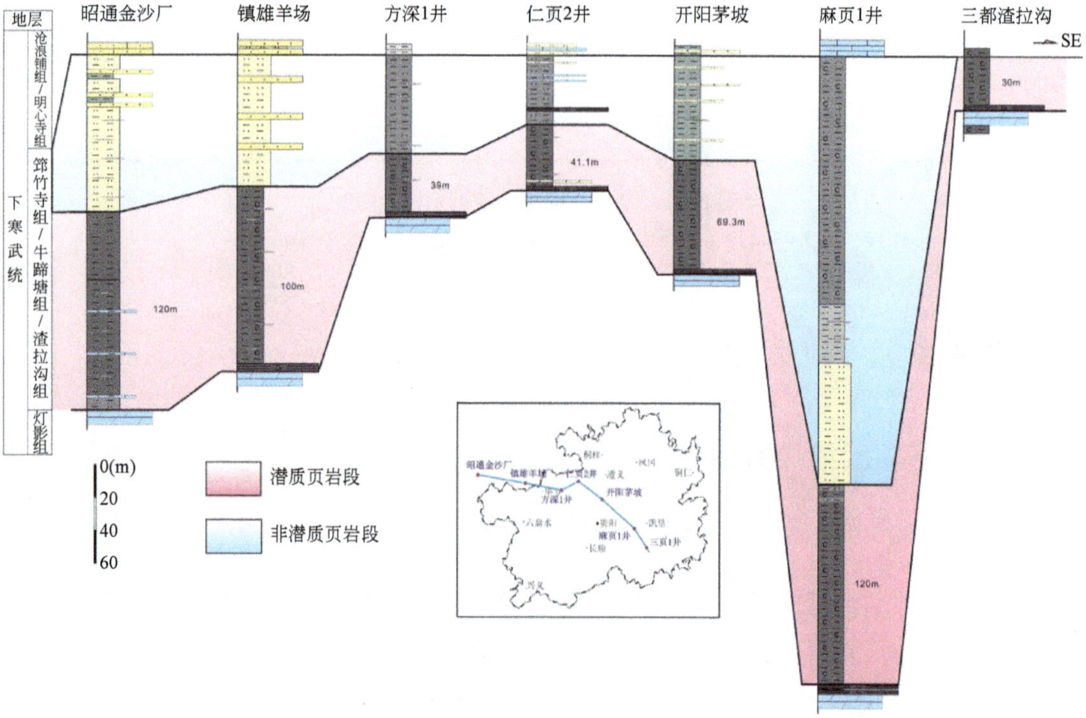

图 2.49　下寒武统牛蹄塘组（北西-南东向）潜质页岩地层柱状对比图

在充分收集实测剖面、钻孔、页岩气调查井资料及前人研究成果基础上，绘制了贵州下寒武统牛蹄塘组潜质页岩等厚图（图 2.50）。从图 2.50 中可看出，全区牛蹄塘组潜质页岩厚度多在 20～120m（黔西南地区无相关露头及钻井资料），明显受沉积相带展布控制。以麻页 1 井牛蹄塘组厚度最大，其潜质页岩厚度为 120m。昭通地区潜质页岩厚度也为 120m，但岩石中砂质含量明显增加。

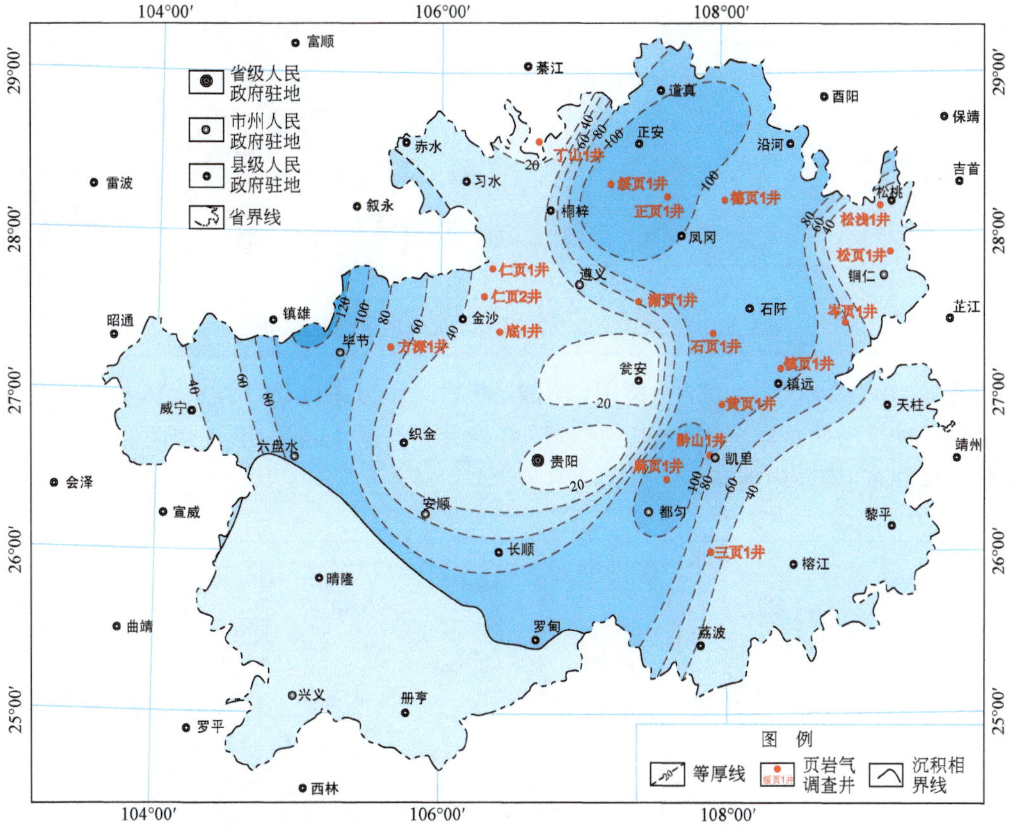

图 2.50 下寒武统牛蹄塘组潜质页岩平面分布等厚图

(二) 下寒武统变马冲组

变马冲组及其同期沉积地层明心寺组上段呈地区性发育，地表露头主要分布于黔北、黔西北和黔南地区。由于受岩相古地理控制，在德江-凤冈-湄潭-贵阳一线以西，处于潮坪沉积，明心寺组未出现灰黑-黑色碳质页岩（图 2.51）。而在该线以东，变马冲组三段式结构（两泥夹一砂）显著，其潜质页岩段（变马冲组一段和三段）厚度逐渐递增。在同一相带位置，变马冲组及其潜质页岩段总厚度较为稳定，如镇页 1 井、岑页 1 井、乌罗 ZK211、松页 1 井、松浅 1 井均在 120～180m，为盆地的沉降中心。沿沉降中心再往东，进入深水盆地，其厚度又相应递减。

在充分收集实测剖面、钻孔、页岩气调查井资料及前人研究成果基础上，绘制了贵州下寒武统变马冲组潜质页岩等厚图（图 2.52）。平面上，变马冲组潜质页岩主要分布于黔

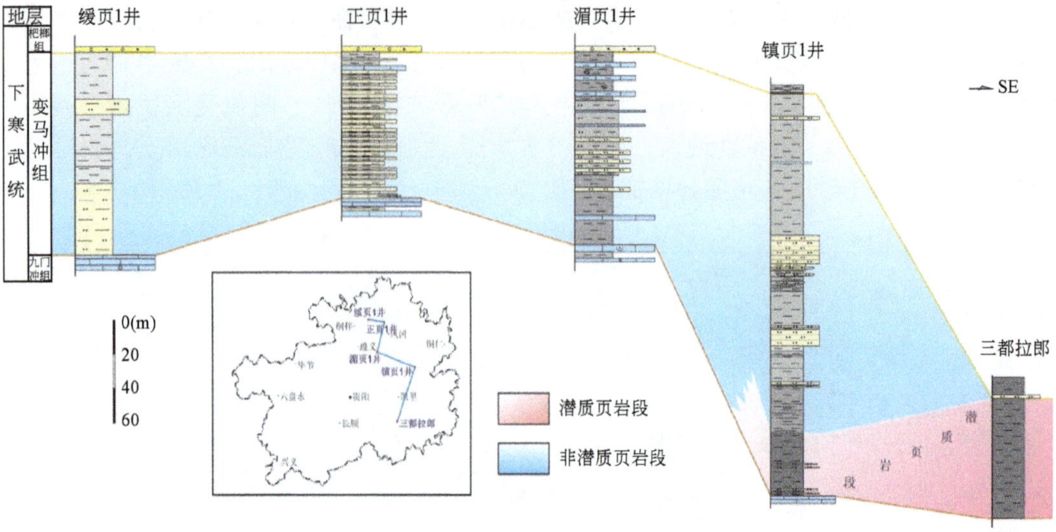

图 2.51　下寒武统变马冲组潜质页岩地层柱状对比图

北部分及黔南大部地区，如德江-凤冈-湄潭-贵阳一线以东区域。在松桃-镇远-凯里一带，为变马冲组潜质页岩沉积中心，沉积厚度最大，高达 150m。沿该带两侧，厚度呈递减变化，呈北东-南西向展布。

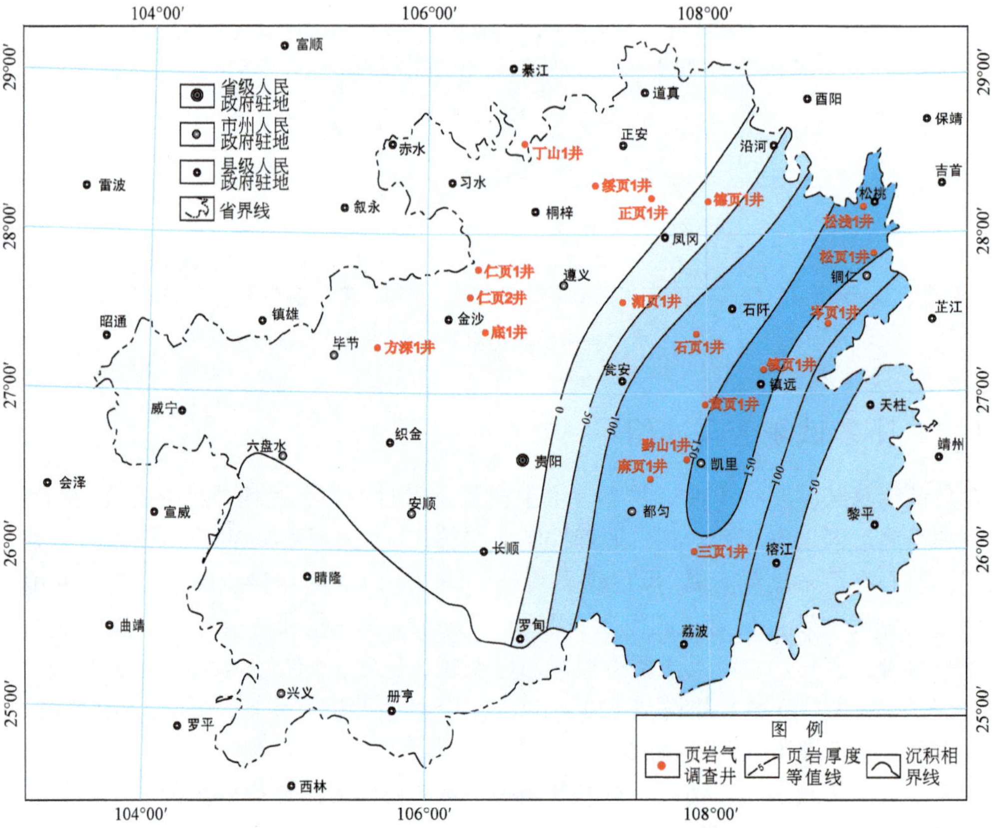

图 2.52　下寒武统变马冲组潜质页岩平面分布等厚图

(三) 下志留统龙马溪组

龙马溪组主要出露于黔北、黔西北地区，即毕节-遵义-石阡-铜仁一线以北。沿该线以南的黔中隆起区，未显示龙马溪组潜质页岩分布（图2.53）。

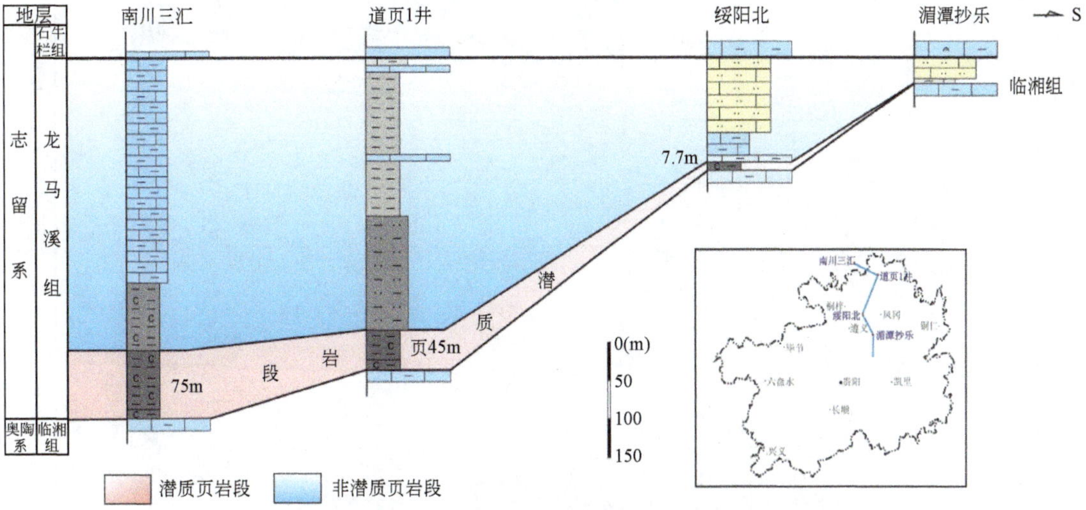

图2.53　下志留统龙马溪组潜质页岩地层柱状对比图

据区域对比图显示，从北往南龙马溪组及其潜质页岩段厚度具逐渐递减的趋势，如重庆南川三汇潜质页岩厚度75m，道真地区厚度56.4m，绥阳地区仅有7.7m，至湄潭抄乐未发育潜质页岩。由黔中隆起向四川盆地，龙马溪组潜质页岩厚度逐渐增大，表明该时期龙马溪组沉积、沉降中心靠近四川盆地内部。总体上，龙马溪组潜质页岩主要位于其下部，岩性以灰黑色-黑色碳质页岩为主，含丰富笔石。

平面上，习水-道真一线以北，龙马溪组潜质页岩最厚，达60~80m，且碳质含量较高；沿桐梓-正安一带，厚度40~60m；而沿凤冈-松桃一带，厚度仅几米。整体上，由南东向北西潜质页岩厚度逐渐增大（图2.54）。

(四) 中泥盆统火烘组

火烘组主要分布于黔南地区，黔西南地区零星分布。黔西南地区火烘组岩性主要为黑色泥岩夹细砂岩、石英砂岩和少量泥灰岩，属浅海-半深海相沉积，埋藏较深，富有机质程度普遍高于黔南地区。

从区域对比图看（图2.55），鲁甸、威宁、水城及广西隆林等地，火烘组泥页岩不发育。普安、盘县、紫云、望谟、罗甸等地火烘组泥页岩较为发育，总厚度可达100~200m，其潜质页岩厚度也较大，分布在25~114m，表明这些区域既是沉积中心，又是沉降中心。

图2.56表明，火烘组潜质页岩段发育较为局限，主要位于黔西南地区东南部、黔南罗甸等地，即富源-盘县-关岭-紫云-罗甸一线以南，且从北至南，潜质页岩的厚度从20m快速递增到100m以上。沉积中心位于普安-六枝-紫云所围限的三角地带内，沉积厚

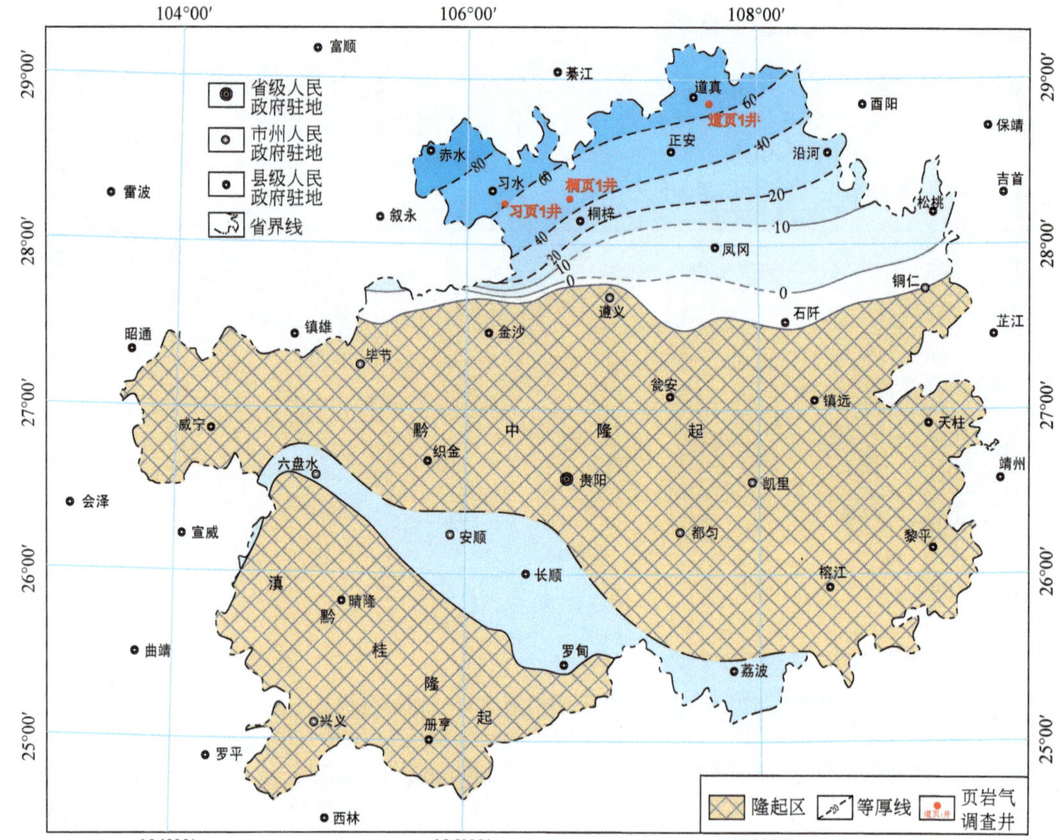

图 2.54　下志留统龙马溪组潜质页岩平面分布等厚图

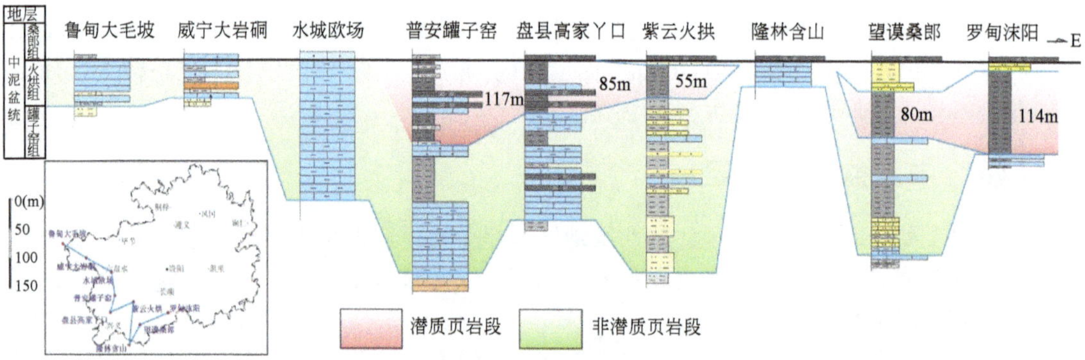

图 2.55　中泥盆统火烘组潜质页岩地层柱状对比图

度达 150 ~ 177m，潜质页岩厚度多接近 100m。沉积中心以北，火烘组潜质页岩厚度急剧变薄，富源-盘县-关岭-紫云-罗甸一线以北到镇雄-织金-贵阳-凯里-荔波一线以南的大片区域，火烘组处开阔台地-滨海沉积相，岩性以泥灰岩、灰岩、砂岩为主，潜质页岩局部发育，厚度总体小于 10m。沉积中心以南，在兴义一带，火烘组处孤立台地环境，潜质页岩厚度急剧变薄，直至消失。

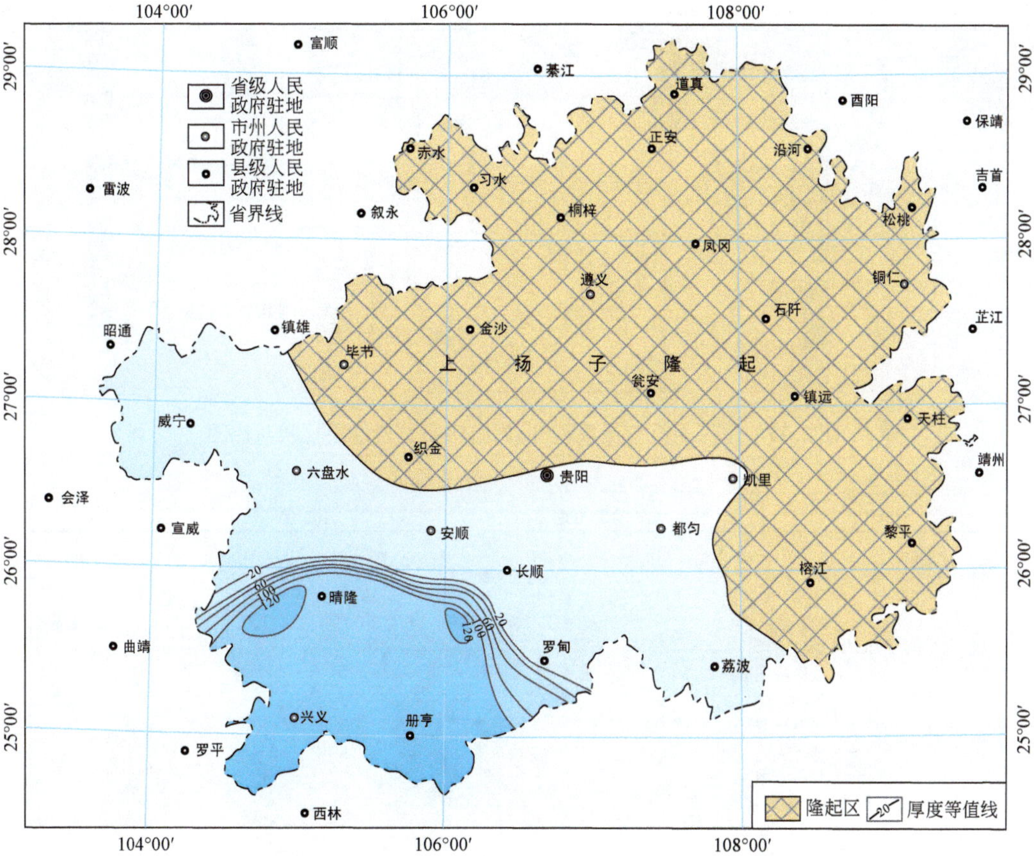

图 2.56　中泥盆统火烘组潜质页岩平面分布等厚图

(五) 下石炭统打屋坝组/旧司组

下石炭统打屋坝组/旧司组潜质页岩主要分布于黔西南地区北西部、东南部及黔南南部。从北西-南东向地层柱状对比图可知（图 2.57），威宁、罗甸地区火烘组目的层沉积厚度最大，达 460 ~ 550m，且其潜质页岩厚度亦较大，达 120m。

从潜质页岩厚度平面分布等值线图看（图 2.58），下石炭统打屋坝组/旧司组发育区，大部分泥页岩沉积厚度为 50 ~ 185m，且潜质页岩厚度≥40m，最厚可达 140m，分布主要受早石炭世大塘期岩相古地理类型控制。具体而言，昭通-赫章-安顺-荔波一线以南区域，为陆棚-台盆沉积环境，潜质页岩厚度多在 40m 以上，且向南递增；该线以北至镇雄-织金-贵阳-麻江-三都一线以南之间的大片区域，为潮坪沉积环境，潜质页岩厚度多在 20m 以下。

沉积中心在威宁及册亨-罗甸一带。在威宁地区，潜质页岩沉积等厚线走向呈北西向，主要受北西向水城-紫云同沉积断裂控制。在威宁六硐桥，其泥页岩沉积厚度达 185m，而

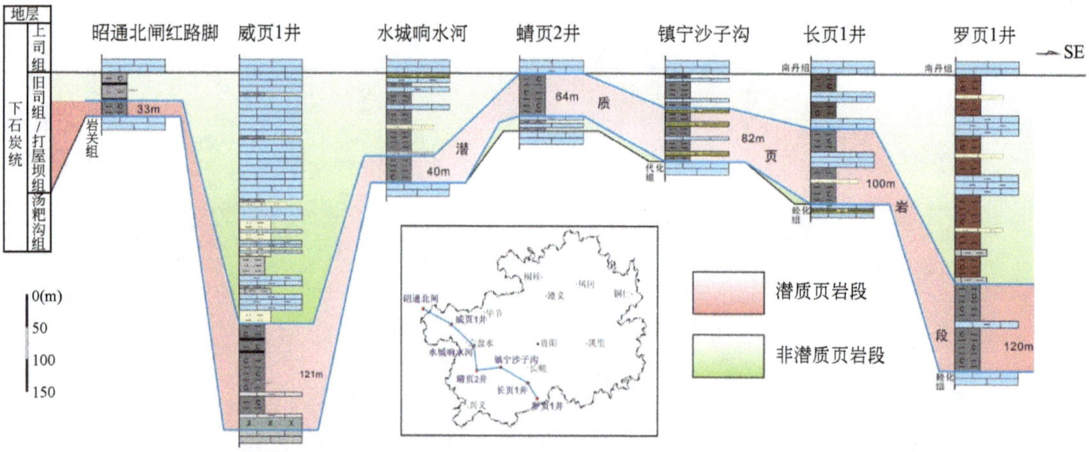

图 2.57　下石炭统打屋坝组/旧司组潜质页岩地层柱状对比图

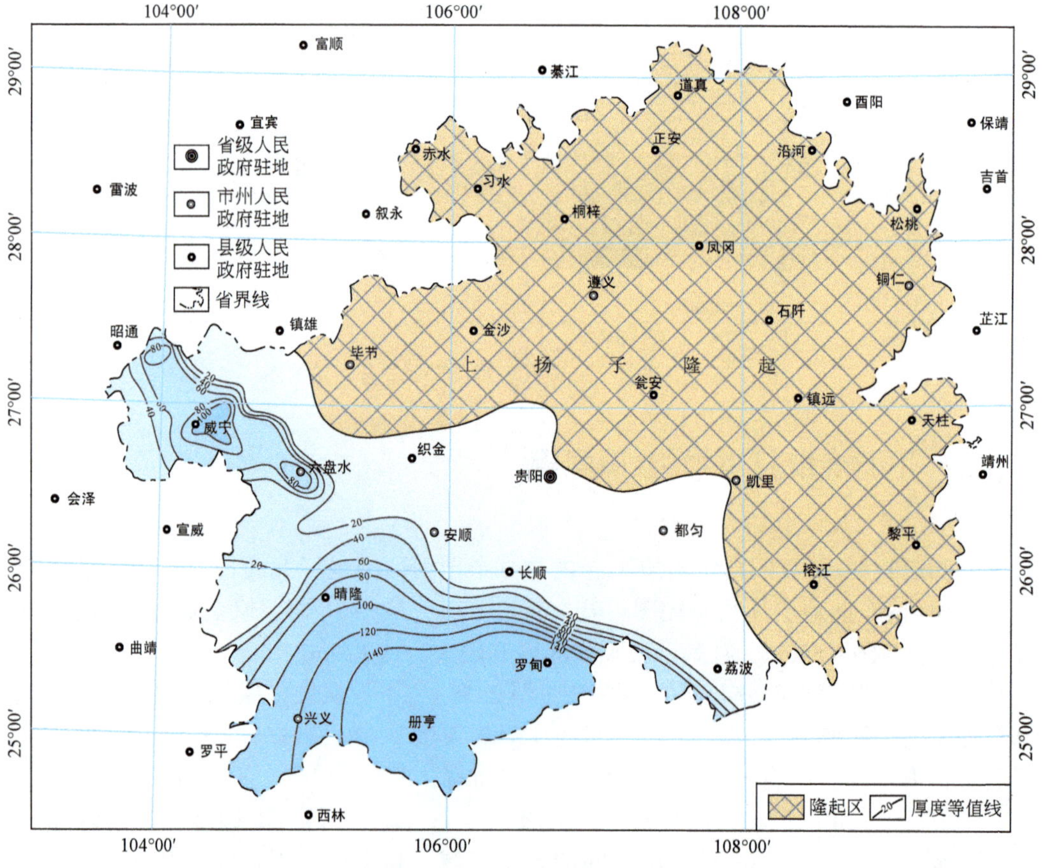

图 2.58　下石炭统打屋坝组/旧司组潜质页岩平面分布等厚图

威页 1 井揭示潜质页岩厚度达 121m，向北东、南西两侧，潜质页岩厚度逐渐变薄。在册亨-罗甸一带，潜质页岩厚度达 140m 以上。

（六）中二叠统梁山组

中二叠统梁山组潜质页岩主要分布于黔西南及黔南长顺-罗甸地区。从北西-南东向目的层沉积柱状对比图可知（图 2.59），晴隆一带梁山组沉积厚度最大，达 860m 以上，其泥页岩总厚度及潜质页岩厚度亦最大，晴隆花贡及晴页 1 井潜质页岩厚度达 173m。表明晴隆一带为沉积和沉降中心，向四周其厚度急剧减薄。

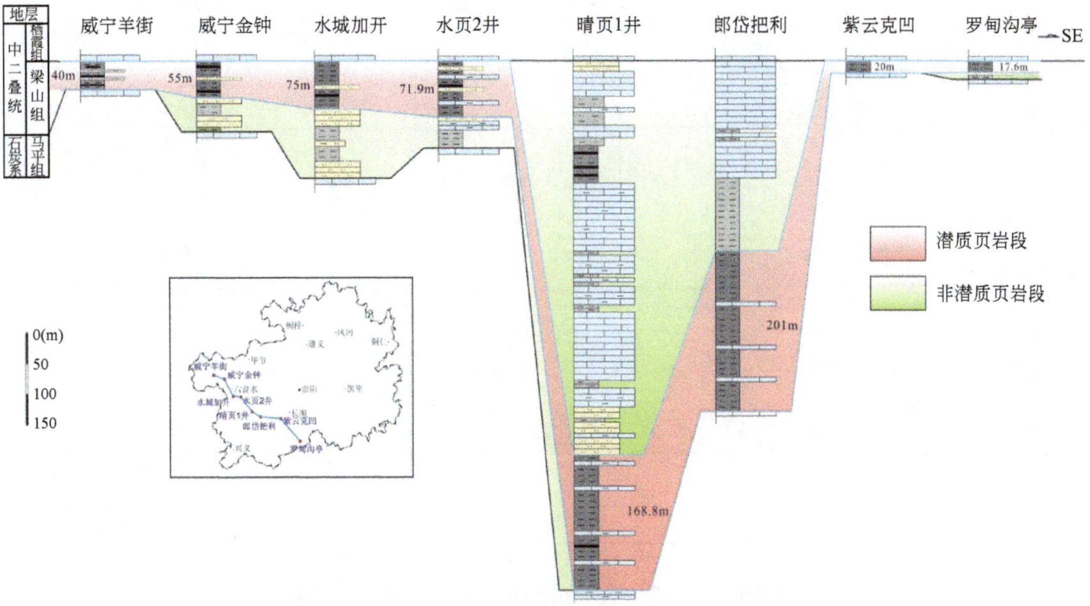

图 2.59 中二叠统梁山组潜质页岩地层柱状对比图

从潜质页岩厚度平面分布等值线图看（图 2.60），梁山组潜质页岩厚度分布主要受早二叠世栖霞期岩相古地理类型控制。毕节-织金-长顺-罗甸一线以南，处于深水陆棚、斜坡带及盆地沉积环境，潜质页岩厚度较大，总体大于 10m；沿该线以北的大片区域及兴义地区，处于浅水陆棚、潮坪、滨岸带沉积环境，潜质页岩基本不发育，厚度总体小于 10m。处于沉积中心的晴隆花贡一带，最大泥页岩沉积厚度达 300m，其潜质页岩厚度达 170m。

早二叠世海水由南向北超覆，随着海侵加强，演变为滨海-浅海环境，威宁、水城一带为滨海相泥页岩夹灰岩沉积，盘县、六枝一带为浅海相砂泥页岩沉积，南部紫云、兴义、望谟一带为浅海相灰岩、泥岩沉积。在黔西南北西部和东南隅局部地区存在剥蚀现象，如威宁龙街、水城滥坝、盘县株东、普安罐子窑、望谟桑郎等地。由沉积中心往北的水城、威宁、西部普安、盘县、南部兴仁-望谟一线以南地区，潜质页岩厚度逐渐变薄，泥页岩沉积厚度多不足 10m；由沉积中心往南的紫云、罗甸一带潜质页岩逐渐减薄，直至黔桂交界附近的广西隆林潜质页岩消失。

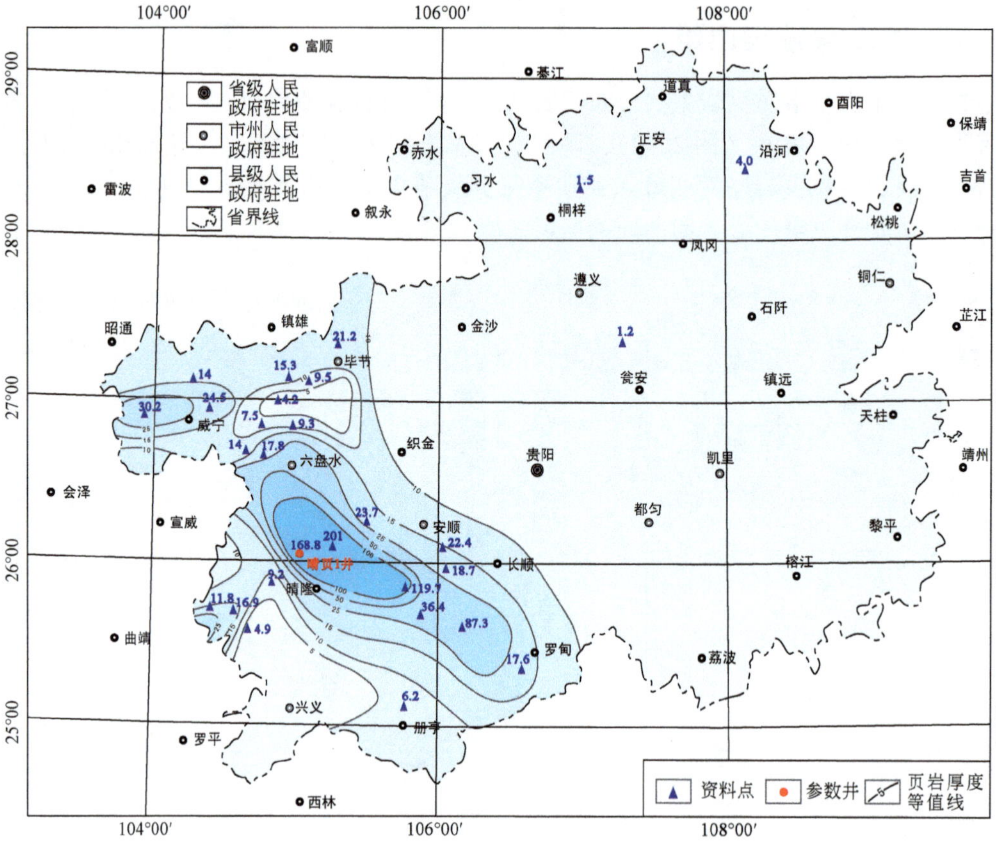

图 2.60　中二叠统梁山组潜质页岩平面分布等厚图

（七）上二叠统龙潭组

上二叠统龙潭组潜质页岩厚度受晚二叠世岩相古地理类型控制，主要分布于黔西南、黔北西部地区，往东则相变为灰岩层。纵向上，龙潭组潜质页岩有数层，并常伴有煤层的发育（图 2.61）。

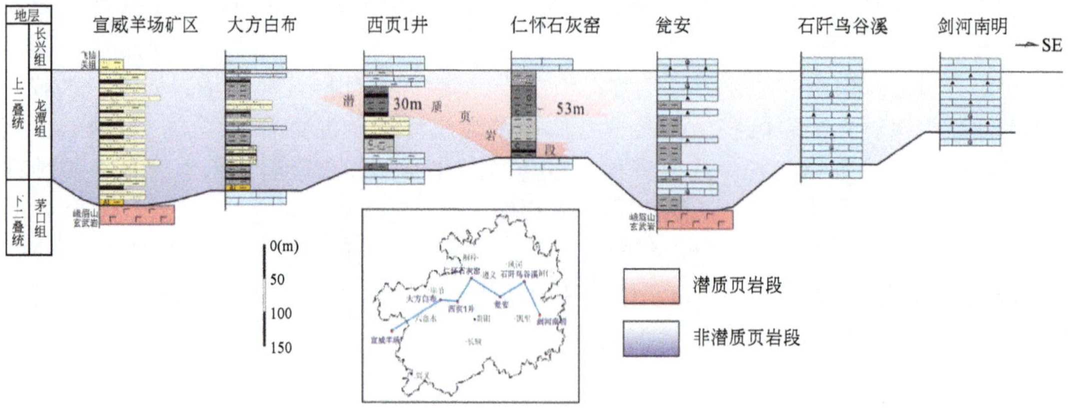

图 2.61　上二叠统龙潭组潜质页岩地层柱状对比图

上二叠统龙潭组泥页岩沉积厚度为20～55m。普安、晴隆、紫云、仁怀一带，其沉积厚度>30m。从潜质页岩厚度平面分布等值线图看（图2.62），沉积中心主要有三个：一个在西北部水城神仙坡，泥页岩最大沉积厚度达54.4m，分布范围较小；一个在晴隆花贡、普安地瓜一带，泥页岩沉积厚度为30～47.7m；一个在仁怀地区，泥页岩沉积厚度为30～53m。局部地区存在剥蚀现象，如威宁西北部、水城、盘县西部、望谟东南部等地区。由沉积中心往西北部、南部地区，潜质页岩厚度逐渐变薄。

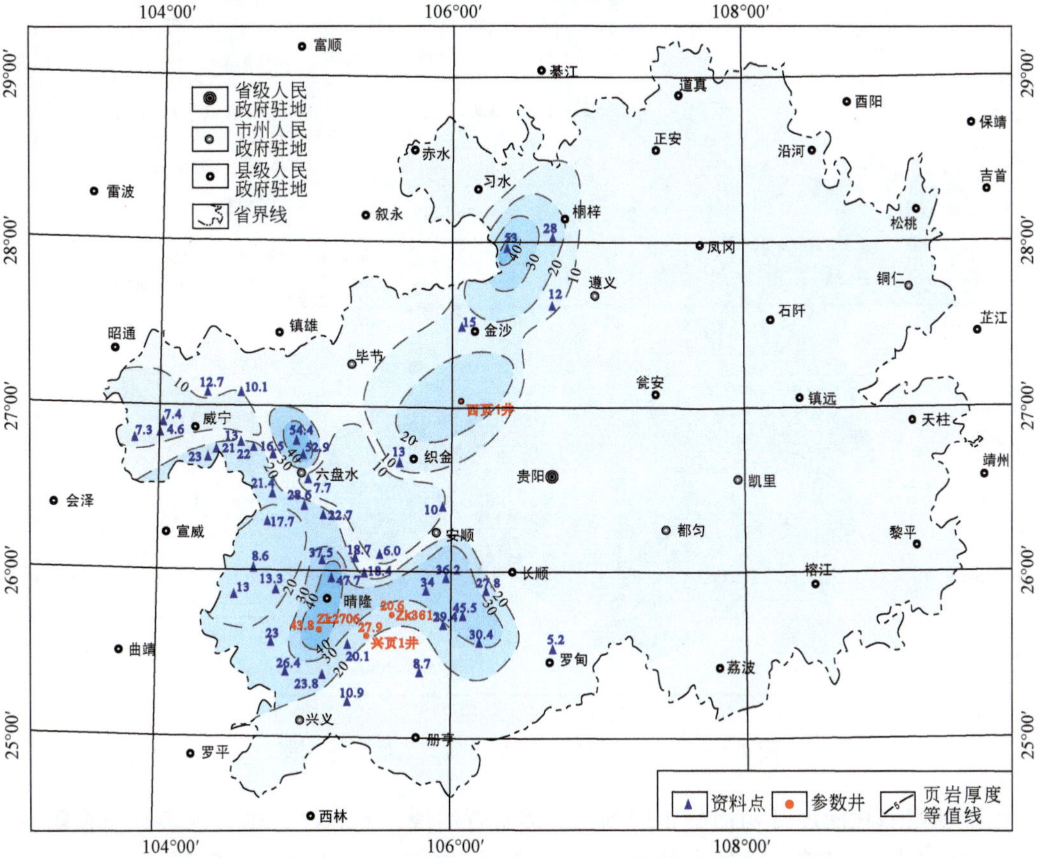

图2.62 上二叠统龙潭组潜质页岩平面分布等厚图

三、潜质页岩埋藏深度

（一）牛蹄塘组

牛蹄塘组地表露头主要分布于黔北地区，其次为黔西北和黔南地区，黔西南地区未见出露。整体上，牛蹄塘组展布受后期构造影响和制约明显，主要表现为在靠近黔中隆起区域，埋深变小，且深度差异较大，在大方-金沙-遵义-桐梓一线以西地区，牛蹄塘组底界埋深较为连续，深度1500m±，呈北东-南西方展布。在黔南地区的罗甸、紫云一带最深

6000m±，向北逐渐减小到2000m±（图2.63）。

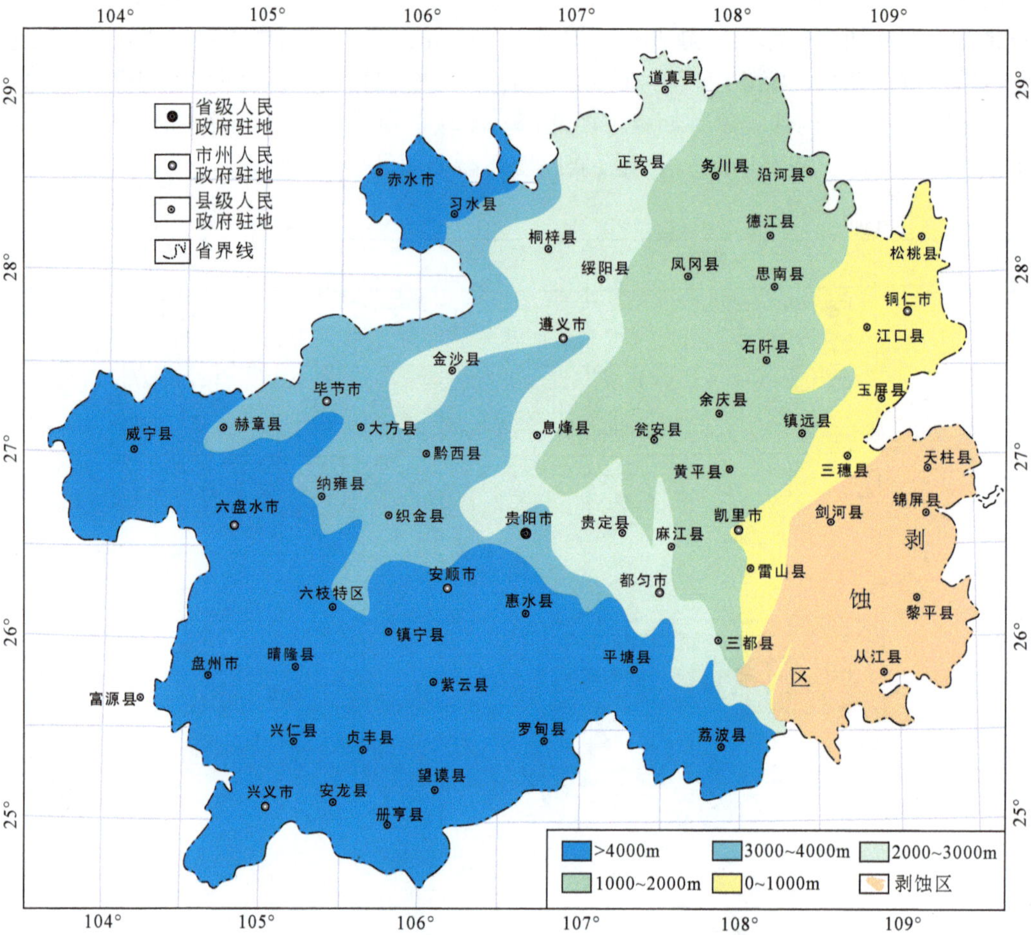

图2.63　下寒武统牛蹄塘组潜质页岩底界埋深图

牛蹄塘组埋藏深度受构造分布控制，总体呈背斜浅，向斜深。剥蚀区多分布在黔南雪峰山隆起区和黔北东部，大致沿梵净山西缘-石阡-瓮安一线以东。牛蹄塘组底界埋藏深度分布与北东-南西向主体构造带具有很好的耦合性。黔北地区中北部各主要背斜埋深不同，其中黄鱼江-老铺场复背斜（绥页1井）、金鸡岭复背斜、新洲复背斜、峰岩复背斜埋深1500～3000m，谢坝复背斜、湄潭复背斜埋深<1500m（正页1井、湄页1井）。东部各剥蚀区边缘，埋深数百米至2000m。向斜地区地表多为二叠-三叠系地层，牛蹄塘组埋深可达3000m以上。黔西北地区受基底构造控制，牛蹄塘组深度展布特征由北西向南东方向逐渐变浅，在毕节-仁怀-桐梓-新站一线最深，达到6700m±，其中习水地区为区内最大值，达9900m±，向西南方向逐渐减小到1600m±。

（二）变马冲组

变马冲组地表露头主要分布于黔北地区，其次为黔西北和黔南地区，黔西南地区未见出露。受岩相古地理控制，变马冲组主要分布在德江-凤冈-湄潭-贵阳一线以东，其底界埋藏深度基本继承了牛蹄塘组的特征，亦受构造分布控制，背斜浅，向斜深，且分布与北东-南西向主体构造带亦具有较好的耦合性（图 2.63）。

在武陵山、梵净山等前寒武系地层出露区，变马冲组地层已剥蚀。黔南地区变马冲组被泥盆系—三叠系地层覆盖，其埋深普遍大于 1500m。往北至铜仁地区，上覆地层为上寒武统，变马冲组埋深 1000 ~ 1500m。区域内镇页 1 井揭示变马冲组底界深度为 641.81m，岑页 1 井揭示变马冲组底界深度为 1224m。

（三）龙马溪组

龙马溪组地表露头主要分布于毕节-遵义-湄潭-余庆一线以北地区，其南部地区缺失。整体上，龙马溪组展布受黔北拗陷-武陵拗陷影响和制约明显（李俊良等，2012），发育于滞留盆地和深水陆棚环境（图 2.64）。

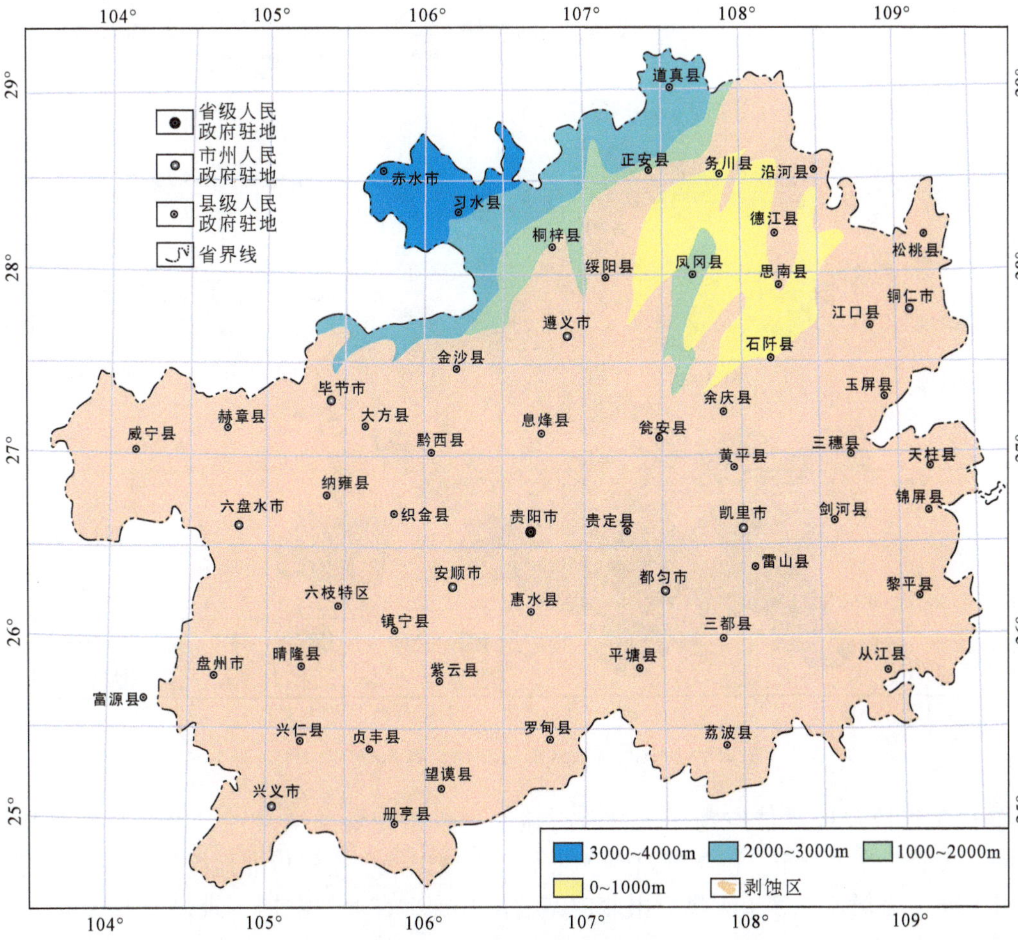

图 2.64 下志留统龙马溪组潜质页岩底界埋深图

在黔北地区，龙马溪组地层沿向斜翼部出露，呈北东-南西向狭长条带状。各主要向斜中，道真向斜、安场向斜核部埋深较大，可达2000～3000m；太白向斜、大龙向斜等埋深略浅，为1000～2000m；向斜与背斜过渡的转折部位，埋深浅至数百米。道页1井钻井揭露表明，埋深<1000m时保存条件仍较好，具有很好的勘探价值。

（四）火烘组

火烘组地表露头主要分布于黔南地区，黔西南地区零星分布，黔西北、黔北及雪峰山处于隆起遭受剥蚀而缺失。总体上，火烘组埋深受断裂、隆起带控制较为明显（图2.65）。

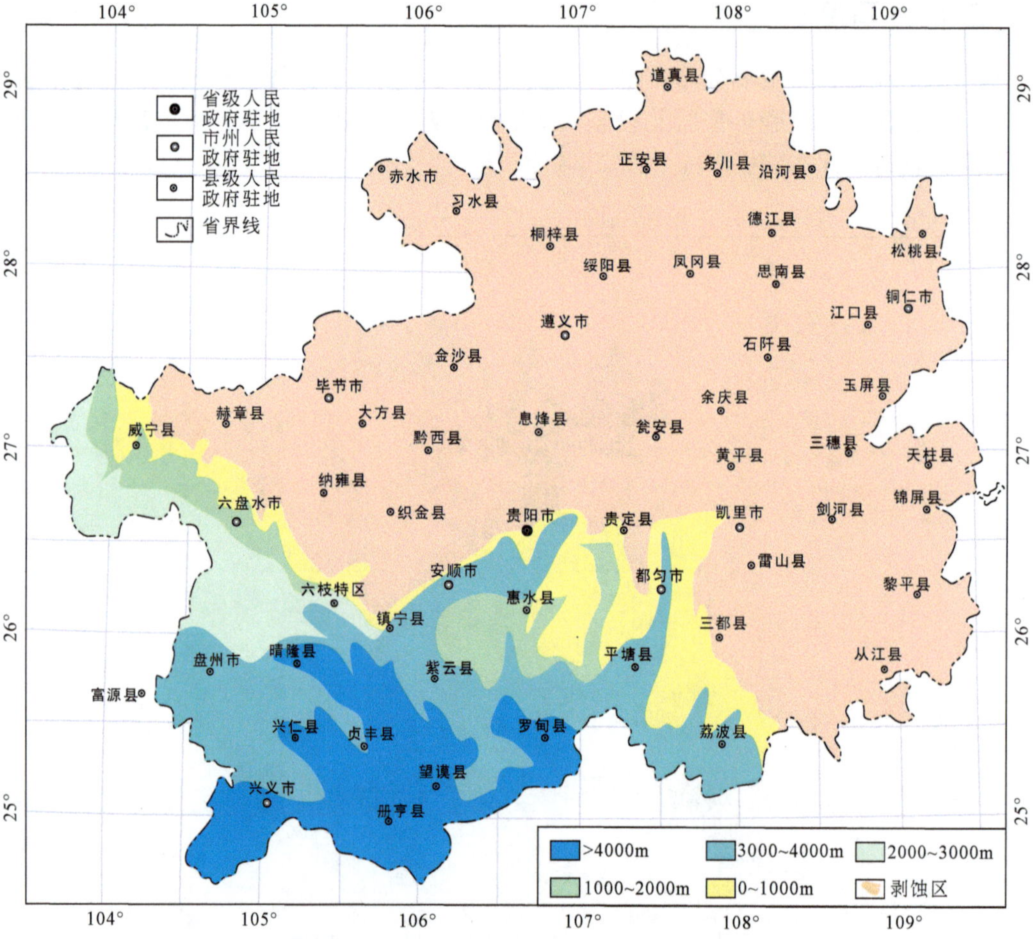

图2.65　中泥盆统火烘组潜质页岩底界埋深图

受沉积相带及构造带控制，在黔西南地区火烘组埋深普遍较深，大部分埋深超过4500m，大面积连片分布，仅在黔西南西北角及水城以南、普安以北地区埋深较浅，深度小于1000m。在黔南地区，火烘组由北向南逐渐变深，在罗甸罗捆一带最深5000m±。往北逐渐减小到1000m±。

（五）打屋坝组/旧司组

打屋坝组地表露头主要分布于黔南地区，旧司组主要分布于黔西南西部。因构造格局尚未发生太大变化，其埋藏深度继承了中泥盆统火烘组特征。即主要发育于黔西南地区，次为黔南地区，而黔西北、黔北及雪峰山隆起区缺失（图 2.66）。

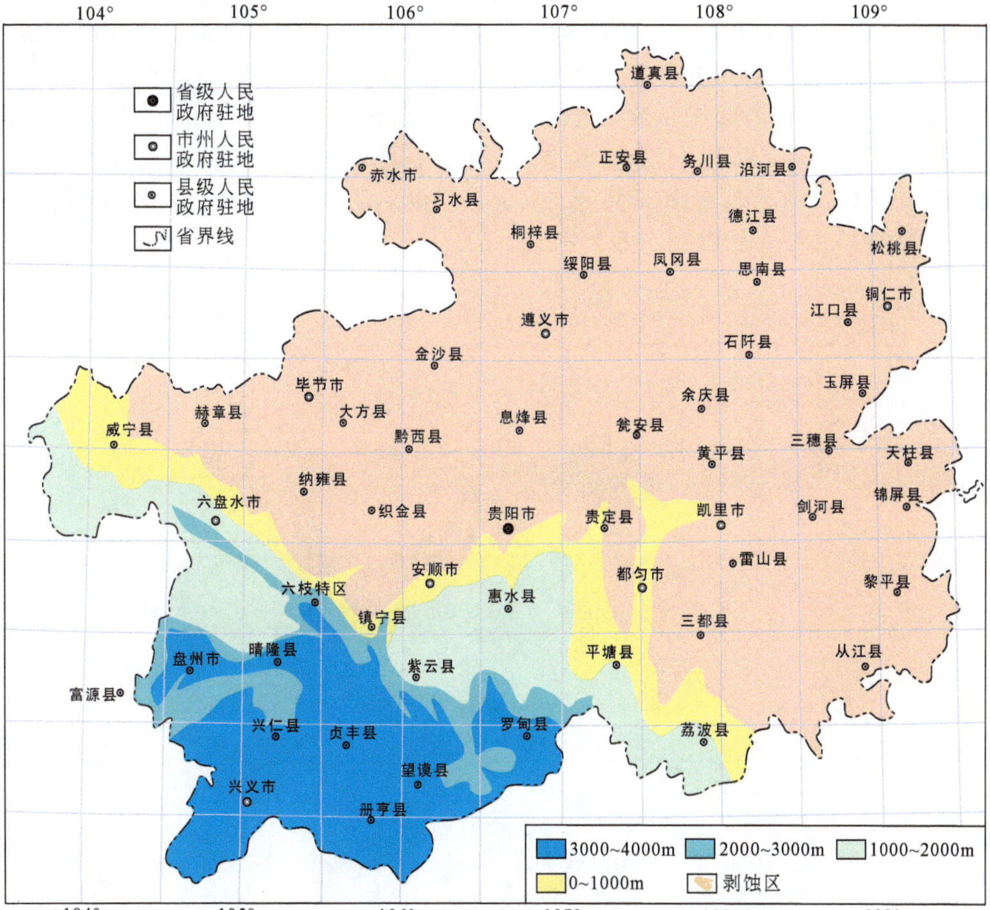

图 2.66 下石炭统打屋坝组/旧司组潜质页岩底界埋深图

在黔西南地区，受深大断裂影响，旧司组埋深展布方向与深大断裂的延展方向总体趋于一致，深大断裂附近地区埋深较大，一般超过 3000m，主要集中在水城、威宁一带和盘县、普安、晴隆、关岭、贞丰、安龙、兴义所围限区域。水城以南、普安以北的大片地区埋深较浅，普遍低于 3000m，且表现为大面积连续分布。

整体上，打屋坝组展布受后期构造影响和制约明显，主要表现为在穹窿背斜两翼埋深小，向外延伸埋藏大。由南向北逐渐变浅，在边阳一带以西最深 3500m±，向北逐渐减小到 500m±。

（六）梁山组

梁山组露头主要分布于黔西北，其次为黔西南和黔北，雪峰山东麓（黎平县以东）为沉积间断。剥蚀区主要位于黔北、黔南、雪峰山及周边的大部地区。除此，在威宁地区也有较大范围的剥蚀。

总体上，梁山组埋深受构造带控制，向斜带深，背斜带浅。与主体构造带方向一致，梁山组多呈北东-南西向展布格局，且向斜核部埋藏最深，往背斜方向，其深度递减，直至剥蚀。局部地区，如黔西南东部，受同沉积断裂影响，梁山组埋深展布方向与水城-紫云同沉积断裂的展布方向趋于一致。大部分区域梁山组埋深小于3000m，在习水北西一带埋深最大，达4000m以上。此外，毕节、金沙、桐梓等地埋深也达3000～4000m，呈北东-南西向狭长状。在黔西南南部关岭、兴义、望谟、册亨等大片地区，埋深为2000～3000m，其他区域多小于2000m（图2.67）。

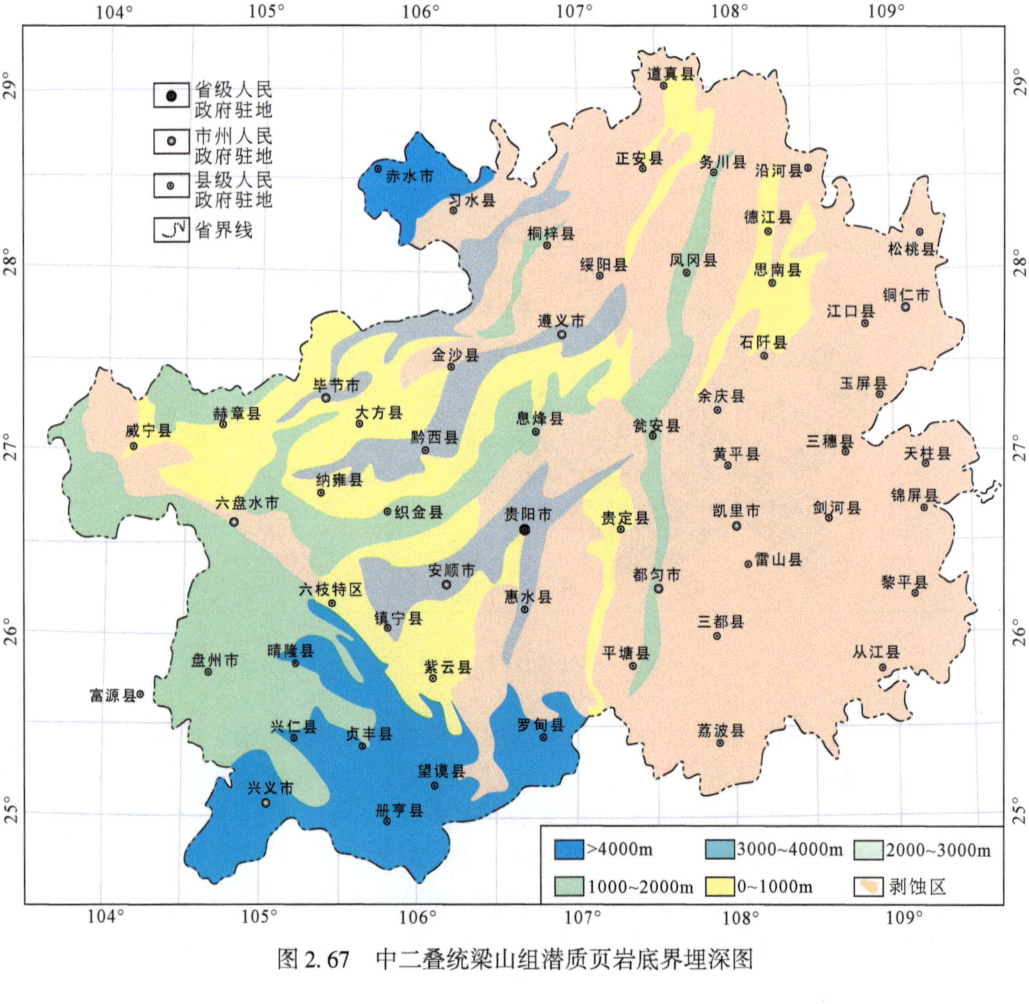

图2.67　中二叠统梁山组潜质页岩底界埋深图

（七）龙潭组

龙潭组露头主要分布于黔西北、黔西南，黔北和黔南地区出露较少，雪峰山隆起区及周边无沉积。龙潭组的发育和分布基本继承了梁山组的格局，剥蚀区主要位于黔北、黔南大部地区。除此，在威宁西北、册亨局部区域缺失（图2.68）。但受构造抬升的影响，剥蚀区面积相比梁山组进一步加大。龙潭组岩性主要为碎屑岩夹碳酸盐岩和煤层，属陆相、过渡相、海相沉积。

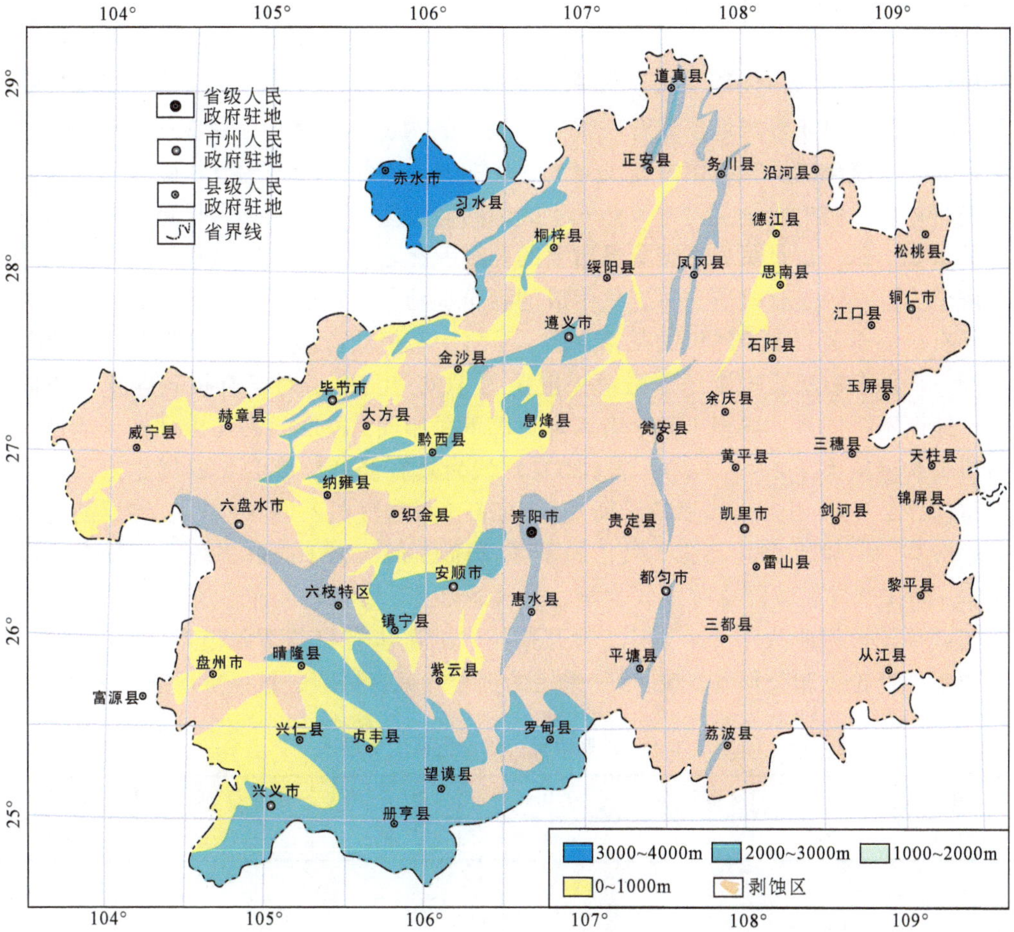

图2.68 上二叠统龙潭组潜质页岩底界埋深图

与区域主体构造带展布方向一致，龙潭组的分布和埋深也沿着构造带呈北东–南西向展布，向斜核部埋藏最深，往背斜方向，其深度递减，直至剥蚀。局部地区，如黔西南东部，主要呈北西向条带状展布，表明其受水城–紫云同沉积断裂影响显著。

大部分区域龙潭组埋深小于2000m，在习水北西一带埋深最大，达3000~4000m。此外，毕节、金沙、桐梓等地埋深也达2000~3000m，呈北东–南西向狭长状展布。在黔西南南部关岭、兴义、望谟、册亨等大片地区，埋深为1000~2000m，其他区域多小于1000m。

第二节　潜质页岩有机地球化学

页岩气是有机质在沉积岩中经过生物作用或热成因作因形成的天然气，气体生成贯穿于有机质生烃的整个过程，页岩中的有机质丰度、有机质类型和有机质成熟度是影响生气量的主要因素。

一、潜质页岩有机质丰度

评价有机质丰度的指标包括总有机碳含量（TOC）、氯仿沥青“A”、生烃潜量（S_1+S_2）等。我国富有机质页岩地层发育时代早、经历的构造运动多，残留氯仿沥青“A”含量普遍很低，不能准确反映我国海相页岩的生烃能力，因此主要采用有机碳含量对富有机质页岩进行评价。有机质是页岩中天然气生成中的物质基础，有机碳含量是反映页岩有机质丰度的重要指标，也是页岩气聚集最重要的控制因素之一。有机质对页岩气形成的作用表现在两个方面：一是有机质为页岩气生成的物质基础，有机质含量越高，其生烃潜力越大；二是有机质是页岩中天然气的赋存介质，页岩中有机质含量越高，吸附气含量越高。

目前，烃源岩有机质丰度的下限值一般定为 TOC>0.5%。对于有机碳含量的下限问题，不同地区不同层系，甚至不同学者其观点都不尽相同，Schmoker（1981）认为产气页岩的有机碳含量应大于2%，Jarvie 等（2007）认为具有经济价值的页岩气勘探目标区有机碳含量应在2.5%～3%，如福特沃斯盆地 Barnett 页岩气藏不同深度岩心测试的有机碳含量普遍较高，一般为4%～5%。阿巴拉契亚盆地 Ohio 页岩 Huron 下段的平均有机碳含量为1%，而在产气页岩段总有机碳含量一般高达2%。所以，一个具有工业价值的页岩气藏有机碳平均含量应大于2%，但随着开采技术的进步有机碳下限值可能会适当降低，本节主要参考斯伦贝谢公司（2006年）采用的页岩气藏有机碳含量评价标准（表2.1）。

表2.1　页岩气藏有机碳含量评价标准表

有机碳含量/%	0～0.5	0.5～1.0	1.0～2.0	2.0～4.0	4.0～12.0	>12.0
烃源岩级别	很差	差	一般	好	很好	极好

（一）牛蹄塘组

1. 区域有机碳含量及其变化

下寒武统牛蹄塘组是贵州地区分布最广的一套黑色页岩层系，具有厚度大、有机质丰度和成熟度高等特点，岩性主要为灰黑-黑色泥页岩、碳质泥页岩、硅质泥页岩、粉砂质泥页岩夹泥质粉砂岩、粉砂岩，主要为一套深水陆棚相沉积。通过对贵州省56块牛蹄塘组地表露头和井下岩心样品（大部分为地表露头样品）的有机碳实验测试，研究区有机碳含量最高值14.6%，最低值0.7%，平均值5.2%，普遍大于1%，主频在>4.0%区间

(图 2. 69、图 2. 70)。研究表明，牛蹄塘组页岩有相当高的有机碳含量，碳质页岩段 TOC 普遍大于 5. 0%。但由于本次实验用的是露头样品，由于不同程度的氧化导致有机碳含量降低，因此，地下页岩的有机碳含量要比实验测得的大些，其他层系样品也存在此问题。

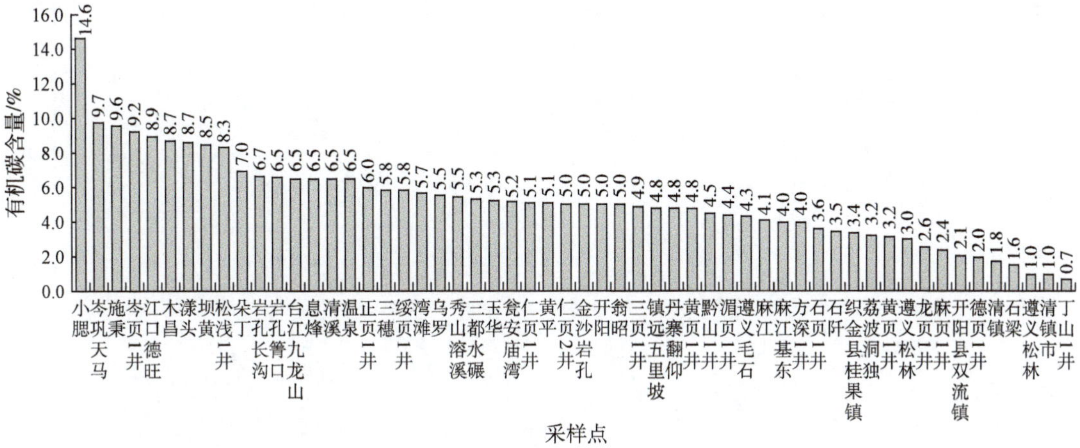

图 2. 69　下寒武统主要样品点有机碳含量

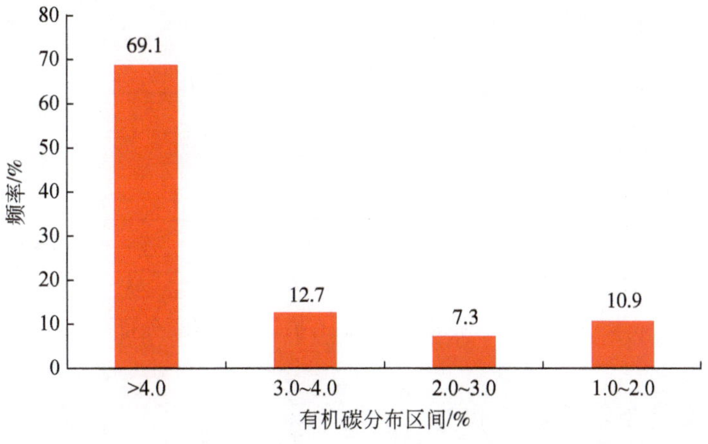

图 2. 70　下寒武统牛蹄塘组主要样品点有机碳含量频率分布图

平面上，不同地区有机碳含量变化较大，有机碳含量为 0. 71% ~14. 6%，大部分地区有机碳含量普遍大于 2%，其中以 4% ~8. 6% 居多。平面上主要分布两个有机碳含量高值区，主要位于黔东的铜仁地区及黔东南的余庆-施秉一线，有机碳含量普遍大于 8% (图 2. 71)。这两个高值区主要与正常的陆棚-斜坡沉积与受黔中隆起影响形成的沉积中心有关。往西至黔南、贵阳地区有机碳含量有所降低，但普遍大于 3. 0%，仍有很好的生烃潜力。黔北中北部地区主要出露志留系—三叠系地层，寒武系牛蹄塘组露头较少，从本地区及邻近地区部分露头和钻井资料分析，该地区牛蹄塘组泥页岩有机碳含量较低，为黔北有机碳分布的一个低值区，普遍低于 1. 5%，丁山 1 井牛蹄塘组泥页岩有机碳含量只有 0. 71%。富有机质生物在松桃-岑巩一线及余庆-施秉一线较丰富，而靠近川中隆起及黔中隆起的地区粉砂质含量有所增加，有机碳含量有所降低。

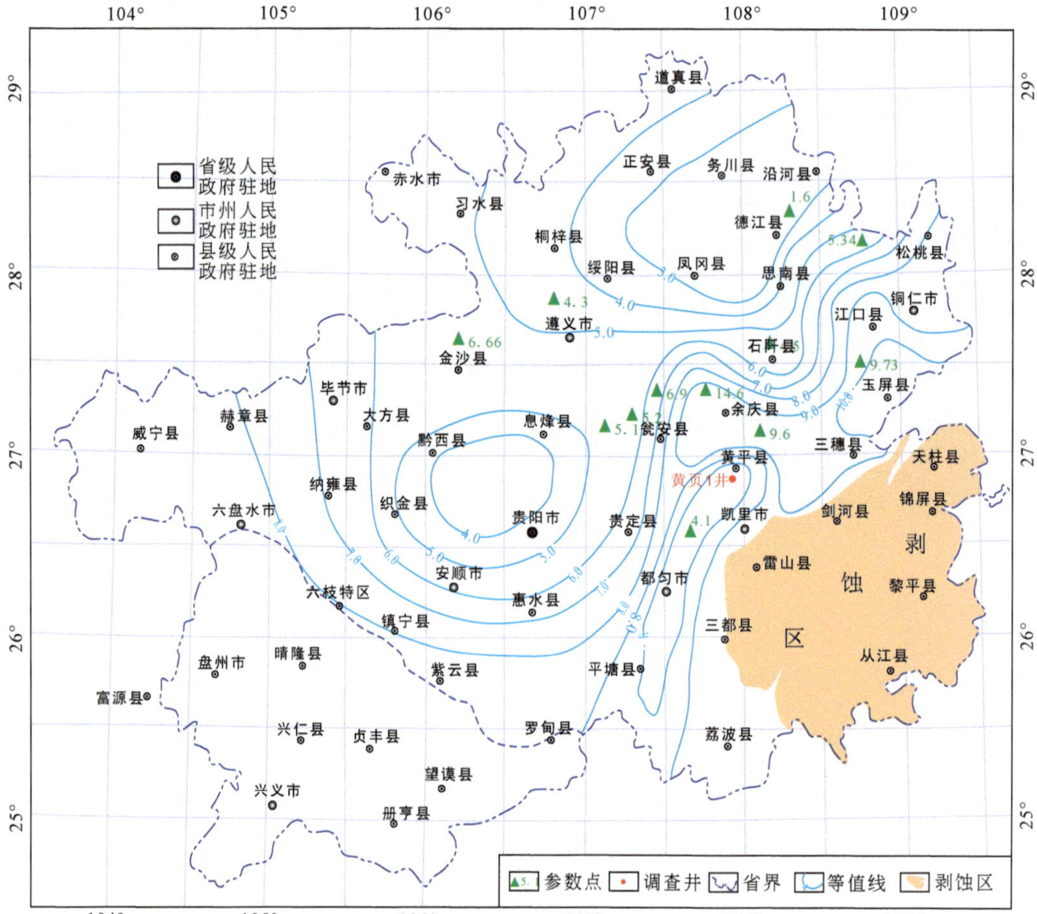

图 2.71 下寒武统牛蹄塘组有机碳含量平面分布图

2. 纵向有机碳含量及其变化

纵向上，地层对比表明研究区南部、西部牛蹄塘组含气页岩段分布相似，仅发育于牛蹄塘组下部粉砂质碳质泥岩段，颜色以灰黑、黑色为主，页理逐渐发育，普遍含黄铁矿、菱铁矿及磷质结核，部分页岩层段可见油裂解成气后残留的沥青物；牛蹄塘组上部含粉砂碳质泥岩段及变马冲组（或相当地层）有机碳含量很低。遵义以西牛蹄塘组至上部颜色逐渐演变为灰至深灰色，粉砂质含量逐渐增加。其中遵义松林中南牛蹄塘组下部有机碳含量为 0.46% ~20.57%，平均可达 9.06%，上部有机碳含量明显降低，为 0.2% ~3.58%，平均 1.35%（图 2.72）；有机碳含量大于 2.0% 的泥页岩厚度可达 35m。黔北东部松桃地区牛蹄塘组下部有机碳含量较高，最大 11%，整段牛蹄塘组泥页岩有机质丰度都较高；有机碳含量大于 2.0% 的泥页岩厚度超过 48m。总体观察，黔北东部有机碳大于 2.0% 的厚度略大，往西地层上部有机碳含量有所减小，这种规律与沉积相分布有一定的对应关系。

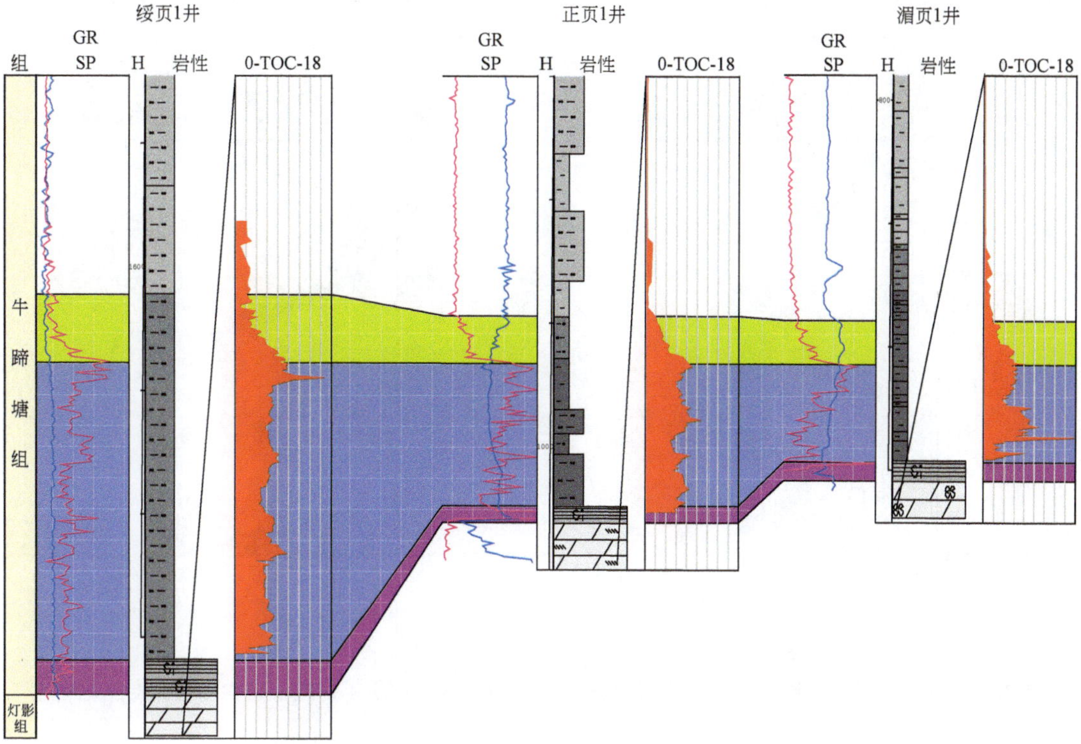

图 2.72　绥页 1 井-正页 1 井-湄页 1 井有机碳含量对比

(1) 正页 1 井

正页 1 井位于贵州省正安县柿坪乡大千村，对正页 1 井 77 块牛蹄塘组页岩样品的有机碳含量进行测试。实验测试数据符合正态分布，有机碳含量最大值为 10.45%，最小值为 1.95%。牛蹄塘组黑色页岩段有机碳含量平均值为 6.05%，其中在 968 ~ 1018m TOC 值最大，均大于 4.0% (图 2.73)。

(2) 绥页 1 井

绥页 1 井位于贵州省绥阳县青杠塘镇后槽村岔坝，对绥页 1 井 128 块牛蹄塘组页岩样品的有机碳含量进行测试。实验测试数据符合正态分布，有机碳含量最大值为 16.4%，最小值为 0.74%。有机碳含量平均值为 5.80%。其中在 1620 ~ 1640m TOC 值最大，均大于 6.0% (图 2.74)。

(3) 湄页 1 井

湄页 1 井位于贵州省湄潭县高台镇三联村，对湄页 1 井 97 块牛蹄塘组页岩样品的有机碳含量进行测试。实验测试数据符合正态分布，有机碳含量最大值为 17.04%，最小值为 0.27%。有机碳含量平均值为 4.40%。其中在 880 ~ 910m TOC 值最大，均大于 3.0% (图 2.75)。

(4) 仁页 1 井

仁页 1 井位于贵州省仁怀市鲁班镇尚礼村，对仁页 1 井 97 块牛蹄塘组页岩样品的有机碳含量进行测试。实验测试数据符合正态分布，有机碳含量最大值为 17.04%，最小值为0.27%。有机碳含量平均值为4.40%。其中在880～910m TOC值最大，均大于3.0%（图2.76）。

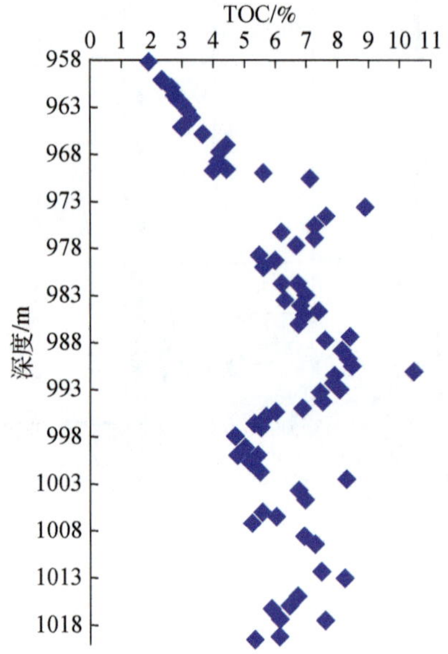

图2.73　正页1井有机碳含量随深度变化图

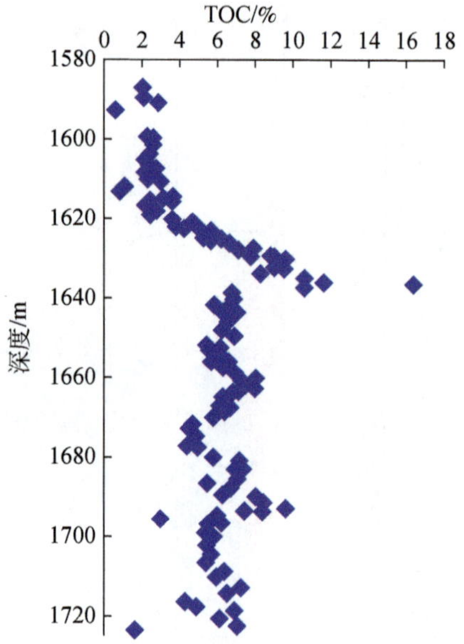

图2.74　绥页1井有机碳含量随深度变化图

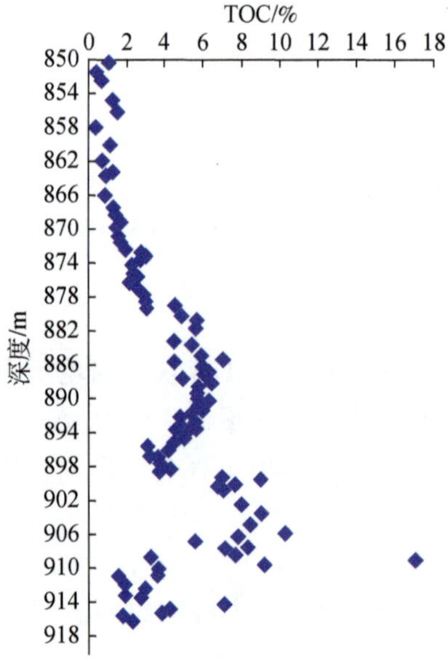

图2.75　湄页1井有机碳含量随深度变化图

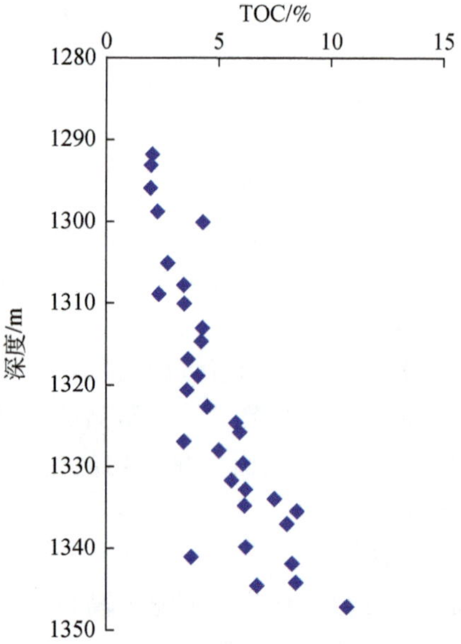

图2.76　仁页1井有机碳含量随深度变化图

（5）仁页2井

仁页2井位于贵州省金沙县岩孔镇后山乡，对仁页2井79块牛蹄塘组页岩样品的有机碳含量进行测试。实验测试数据符合正态分布，有机碳含量最大值为11.83%，最小值为0.37%。有机碳含量平均值为5.04%。其中在900～923m TOC值最大，均大于4.0%

(图 2.77)。

(6) 麻页 1 井

麻页 1 井位于贵州省麻江县小茶山，对麻页 1 井 42 块牛蹄塘组页岩样品的有机碳含量进行测试。实验测试数据符合正态分布，有机碳含量最大值为 5.35%，最小值为 0.37%。有机碳含量平均值为 2.42%。其中在 1290 ~ 1356m TOC 值最大，均大于 2.0%（图 2.78)。

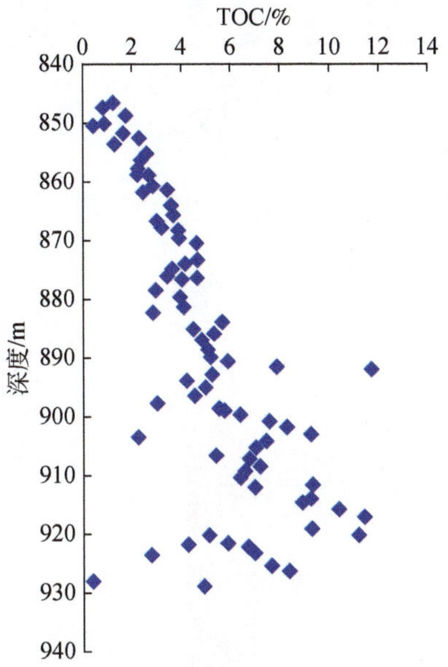

图 2.77 仁页 2 井有机碳含量随深度变化图

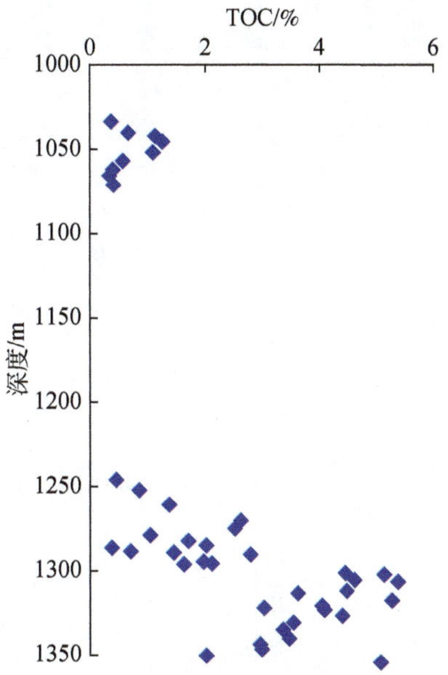

图 2.78 麻页 1 井有机碳含量随深度变化图

(二) 龙马溪组

1. 区域有机碳含量及其变化

上奥陶统五峰组—下志留统龙马溪组（统称龙马溪组）分布在金沙-遵义-石阡-铜仁一线以北的地区，向北龙马溪组黑色页岩厚度有所增加，向南厚度逐渐减薄甚至消失。龙马溪组富有机质页岩层有机碳含量普遍较高，纵横向上非均值性较强，变化较大，具有一定的页岩气勘探潜力。通过对贵州省 20 个龙马溪组地表露头和井下岩心样品（大部分为地表露头样品）的有机碳实验测试，研究区有机碳含量普遍在 2% 以下，主频在 1.0% ~ 2.0%（图 2.79、图 2.80)。

平面上，龙马溪组泥页岩有机碳分布特征明显，在南川、道真一线及沿河-秀山沉积中心，泥页岩有机碳含量较高，其中道真忠信及南川黄角塘有机碳含量大于 5.0%，沿河-秀山地区有机碳含量均大于 1.5%，生烃潜力较好。往南至黔中隆起有机碳含量明显降低，正安-德江-印江一线以南泥页岩有机碳含量都小于 1.0%（图 2.81)。

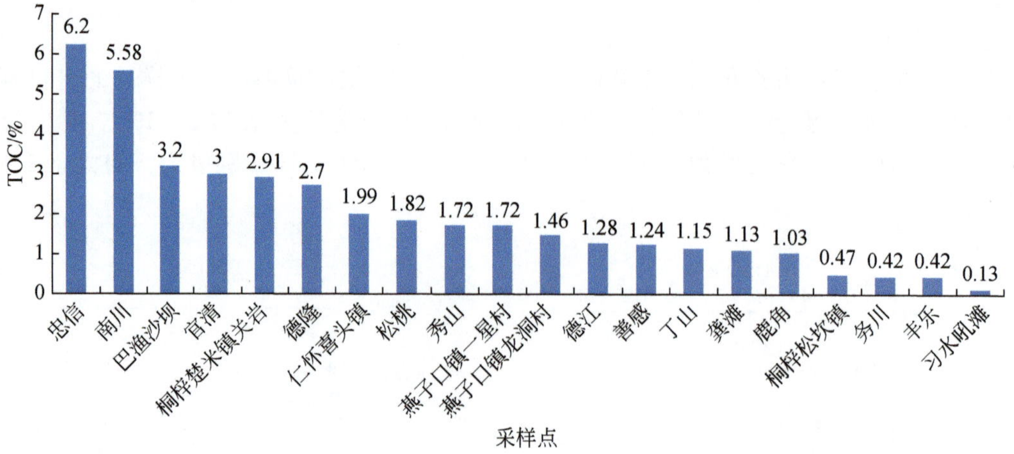

图 2.79　龙马溪组主要样品点有机碳含量

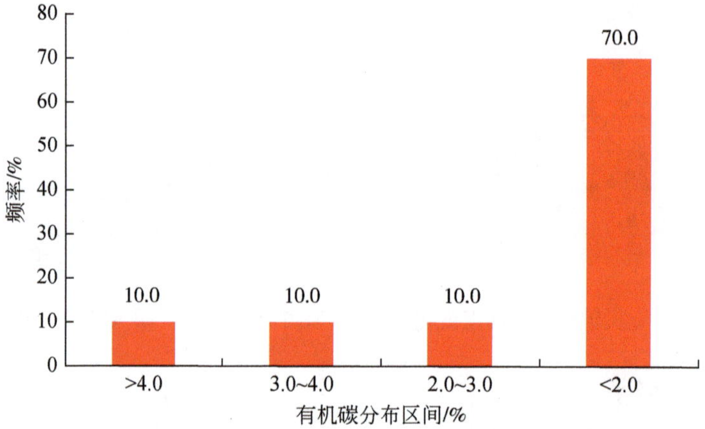

图 2.80　龙马溪组主要样品点有机碳频率分布图

2. 纵向有机碳含量及其变化

纵向上，龙马溪组下部有机碳含量明显较上部高，向上有机碳含量逐渐减小，主要与地层的岩性变化有很大关系，归根结底是与沉积环境的变化有关。黔北地区龙马溪组下部富有机质页岩较纯，有机碳含量为 2.0% ~6.0%，平均为 3.5% 左右；上部地层中砂质或钙质含量增多，碳质含量下降，有机碳含量主要在 0.4% ~1.3%，普遍都小于 1%。

(1) 道页 1 井

道页 1 井位于贵州省道真县玉溪镇大路坪村，对道页 1 井 113 块龙马溪组页岩样品的有机碳含量进行测试。实验测试数据符合正态分布，有机碳含量最大值为 6.39%，最小值为 0.1%。龙马溪组黑色页岩段有机碳含量平均值为 1.80%，其中在 425m 后页岩有机碳含量增长较快，在 580 ~597m TOC 值最大，均大于 4.0% (图 2.82)。

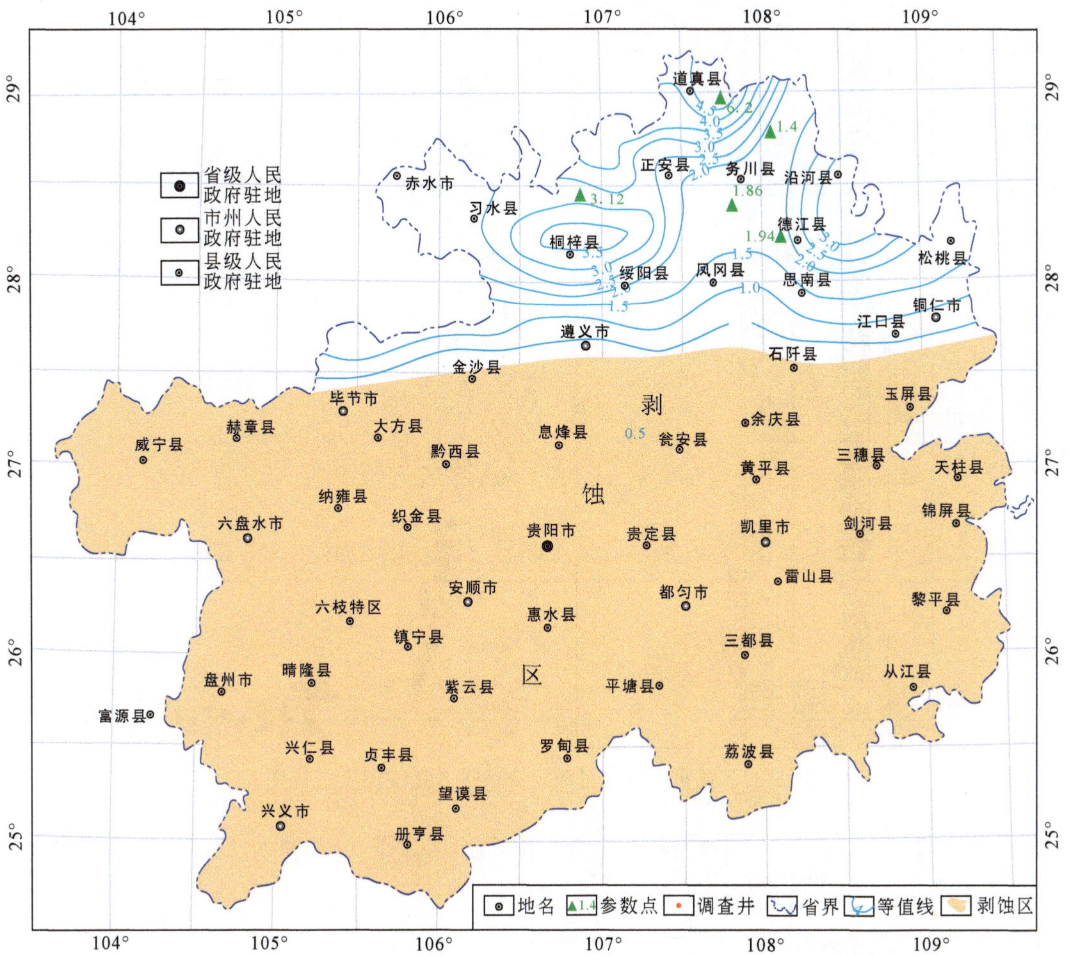

图 2.81 下寒武统龙马溪组有机碳含量分布图

(2) 习页 1 井

习页 1 井位于贵州省习水县南约 20km 马临镇店子上村，对习页 1 井 85 块龙马溪组页岩样品的有机碳含量进行测试。实验测试数据符合正态分布，有机碳含量最大值为 6.73%，最小值为 0.26%，平均值为 2.89%。纵向上，龙马溪组下部有机碳含量明显较上部高，在 610m 后有机碳含量急剧增长（图 2.83）。

(3) 桐页 1 井

桐页 1 井位于贵州省桐梓县南约 320km 九坝镇太平村，对桐页 1 井 64 块龙马溪组页岩样品的有机碳含量进行测试。实验测试数据符合正态分布，有机碳含量最大值为 8.46%，最小值为 0.22%，平均值为 1.91%。纵向上，龙马溪组下部有机碳含量明显较上部高，在 659m 后有机碳含量急剧增长，659 ~ 679.5m 的 26 块页岩样品有机碳含量平均值为 4.18%（图 2.84）。

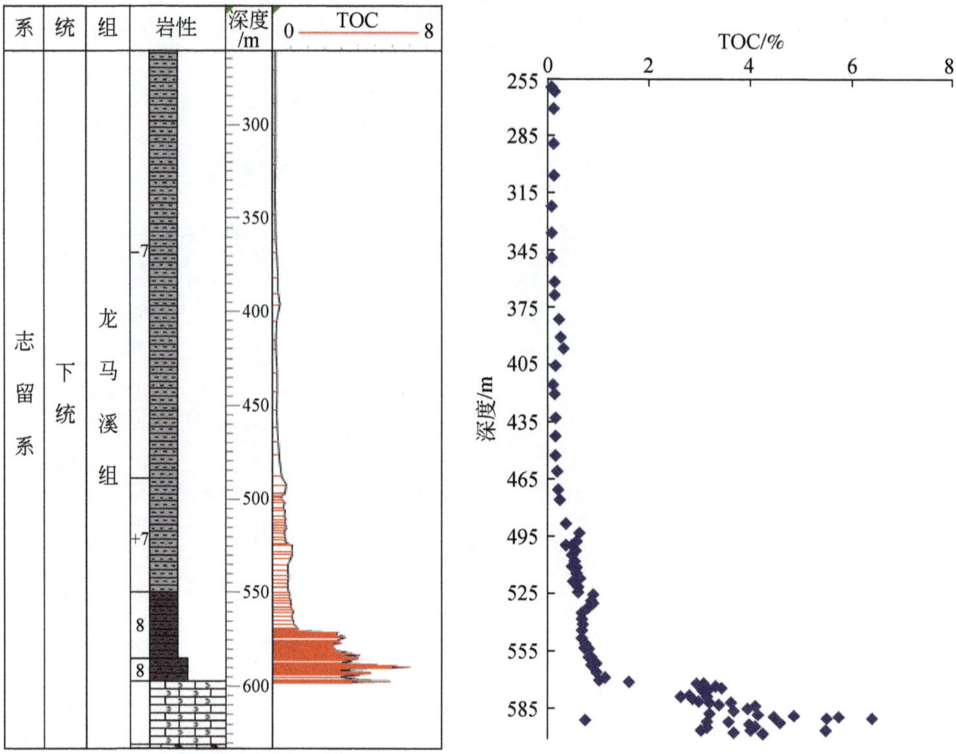

图 2.82　道页 1 井龙马溪组有机碳含量随深度变化图

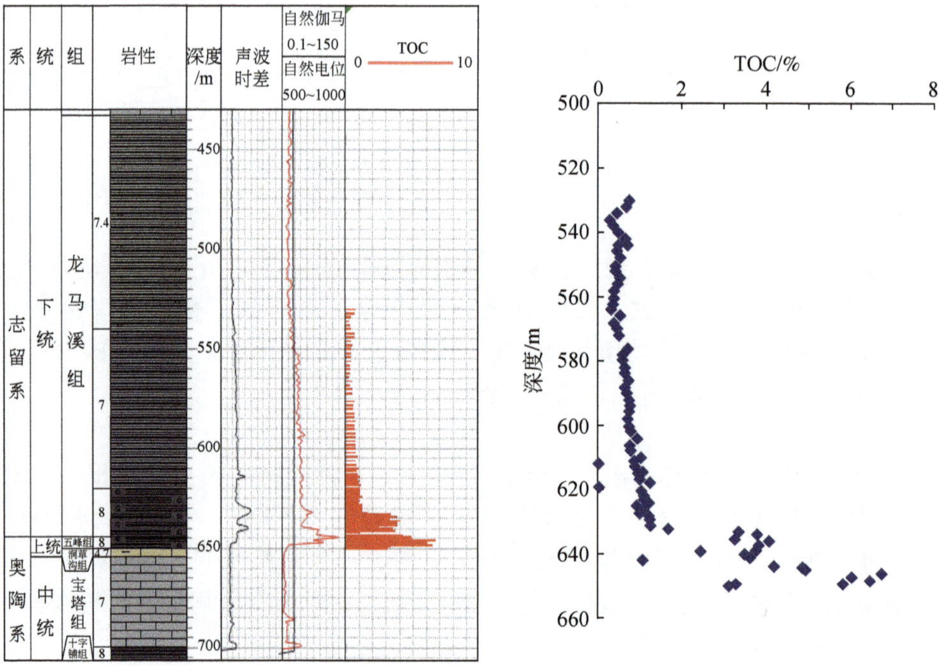

图 2.83　习页 1 井龙马溪组有机碳含量随深度变化图

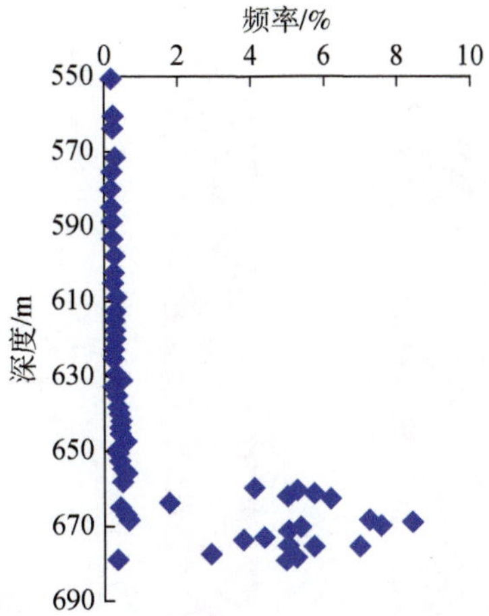

图 2.84　龙马溪组主要样品点有机碳频率分布图

(三) 打屋坝组/旧司组

1. 区域有机碳含量及其变化

通过对黔西南地区下石炭统旧司组 43 块地表露头样品和 162 块岩心样品的有机碳实验测试，测试数据符合正态分布，有机碳含量在 0.05% ~5.76%，平均 1.25%，主体分布在0.80% ~1.50%（图 2.85），有 39.51% 的样品有机碳含量在 1.00% ~2.00%（图 2.86）。

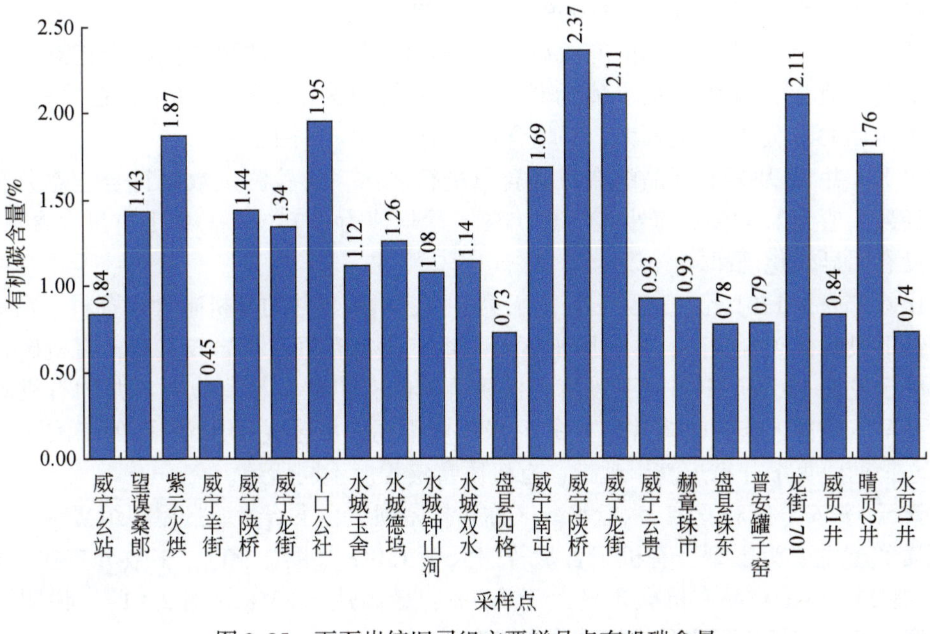

图 2.85　下石炭统旧司组主要样品点有机碳含量

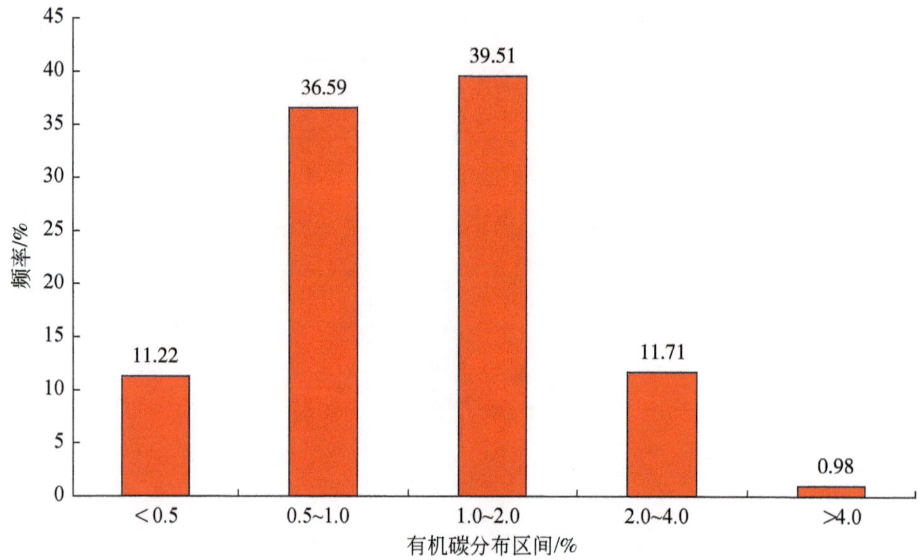

图 2.86　下石炭统旧司组主要样品点有机碳含量频率分布图

在纵向上，对威宁龙街 1701 孔 25 块岩心样品的有机碳含量进行测试，实验测试数据符合正态分布，下石炭统旧司组上段有机碳含量在 0.73% ~1.91%，平均 1.34%；旧司组下段有机碳含量在 1.39% ~3.02%，平均 2.11%，在孔深 287.71m 处有机碳含量最大，达 3.02%。可见，旧司组下段有机碳含量比上段高（图 2.87）。

对威页 1 井 60 块岩心样品的有机碳含量进行测试，实验测试数据符合正态分布，有机碳含量最大值为 2.38%，最小值为 0.26%，平均为 0.83%。其中在井深 668 ~ 690m、760 ~ 780m 处 TOC 较高，均大于 1.00%（图 2.88）。

对晴页 2 井 45 块岩心样品的有机碳含量进行测试，实验测试数据符合正态分布，有机碳含量最大值为 5.76%，最小值为 0.33%，平均值为 1.76%。其中，在井深 675m ~ 685m、720 ~ 743m 处 TOC 值较大，平均含量大于 2.00%（图 2.89）。

对水页 1 井 32 块岩心样品的有机碳含量进行测试，实验测试数据符合正态分布，有机碳含量最大值为 1.47%，最小值为 0.05%，平均值为 0.74%。总体上有机碳含量较低，随井深没有明显变化规律。

对比威宁龙街 1701 孔、威页 1 井、水页 1 井、晴页 2 井的有机碳含量资料，在威宁地区旧司组下段有机碳含量高，在晴隆地区旧司组上段富有机质页岩较发育，有机碳含量也较高。威宁龙街 1701 孔旧司组下段富有机质页岩的有机碳含量比威页 1 井的有机碳含量高，这是早石炭世大塘期时两井所处的沉积环境不同，威宁龙街 1701 孔处于滨海沼泽相沉积中心，而威页 1 井靠近滨岸地带，有机质富集程度不同所致。

在紫云–普安分区和罗甸–六盘水分区称为打屋坝组，下石炭统打屋坝组富有机质页岩的有机质类型主要为Ⅰ型，有机碳含量普遍大于 1.0%（图 2.90），多数分布在 1.0% ~ 2.0%，有 23.8% 的样品有机碳含量大于 2.0%，最高达 2.83%（图 2.91），说明了下石炭统打屋坝组富有机质页岩的有机碳含量较高。

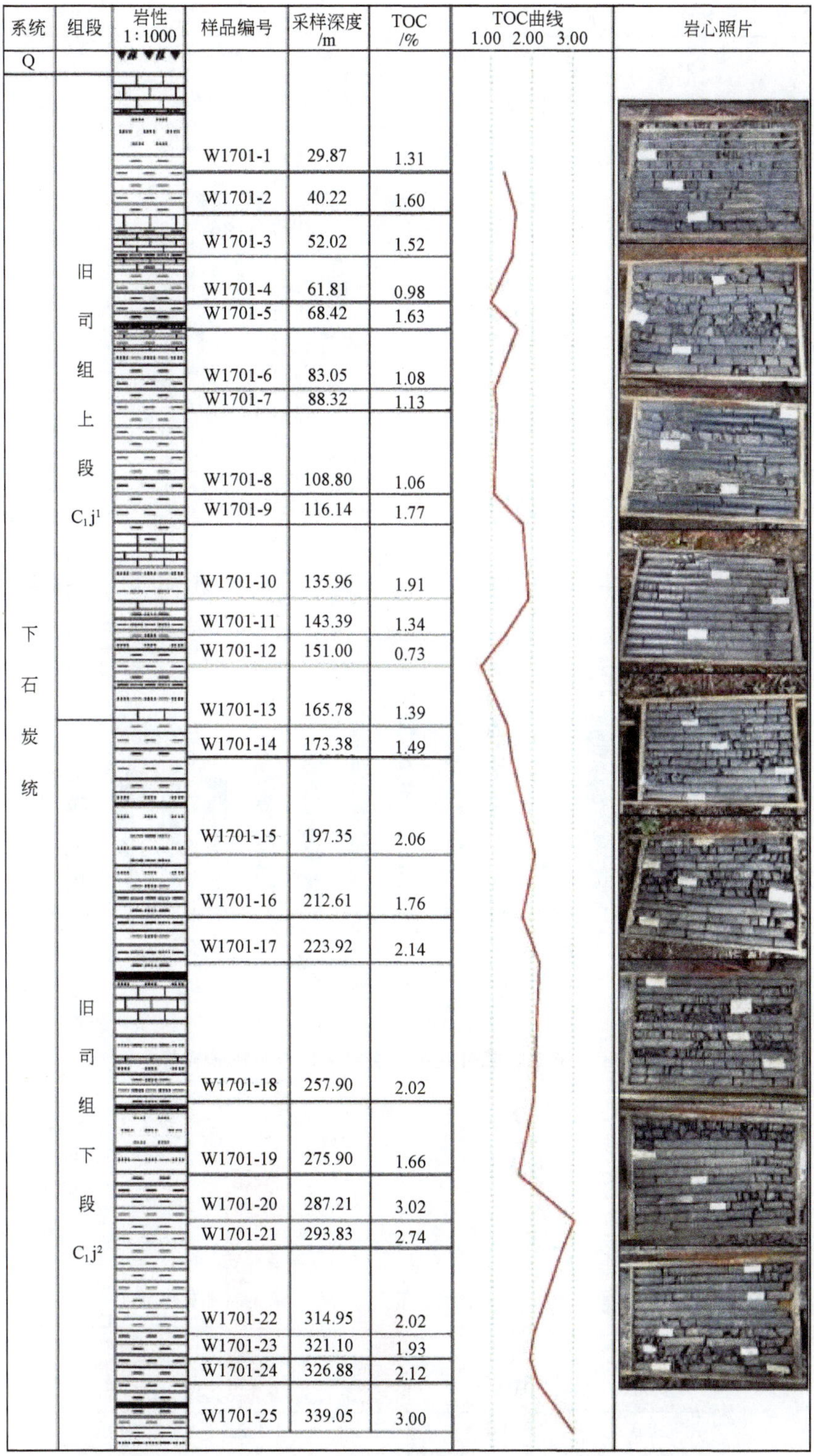

图 2.87　威宁龙街 1701 孔下石炭统旧司组有机碳含量垂向变化图

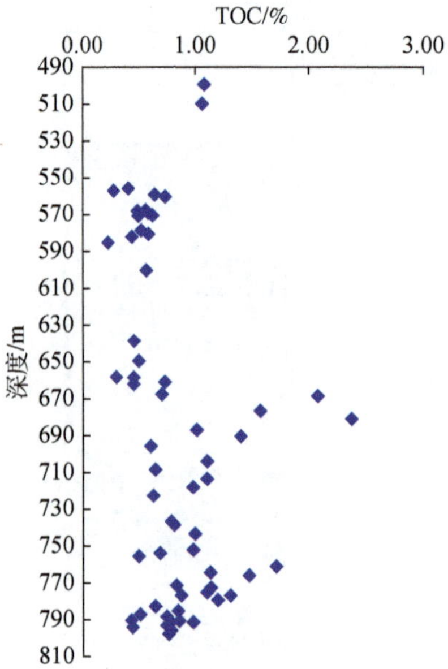

图 2.88　威页 1 井有机碳含量随深度变化图

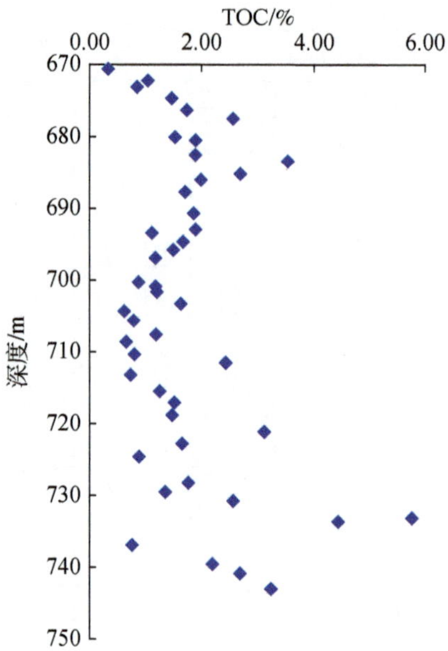

图 2.89　晴页 2 井有机碳含量随深度变化图

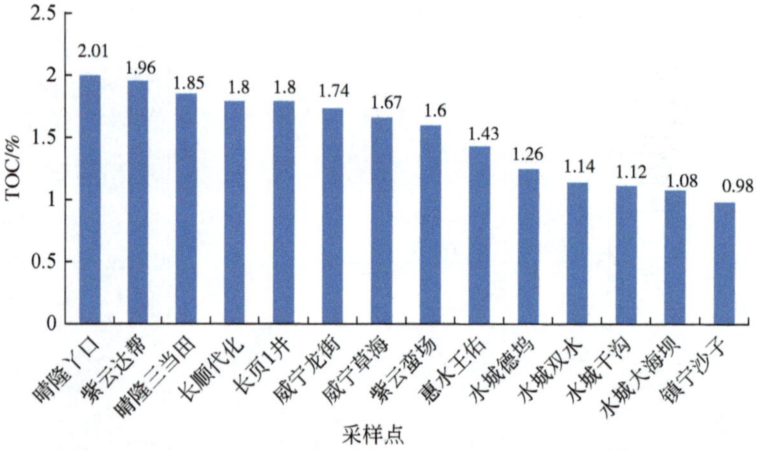

图 2.90　下二叠统打屋坝组主要采样点有机碳含量

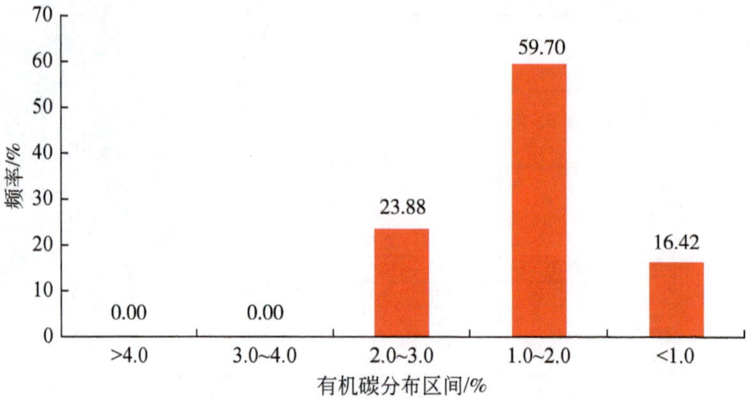

图 2.91　下二叠统打屋坝组主要样品点有机碳含量频率分布图

在平面上，以威宁-水城-晴隆-罗甸为轴线，往两侧有机碳含量逐渐减少，威宁、水城一带为高值区，有机碳含量大于1.50%，在威宁龙街周边地区有机碳含量最高，大于2.00%（图2.92）。

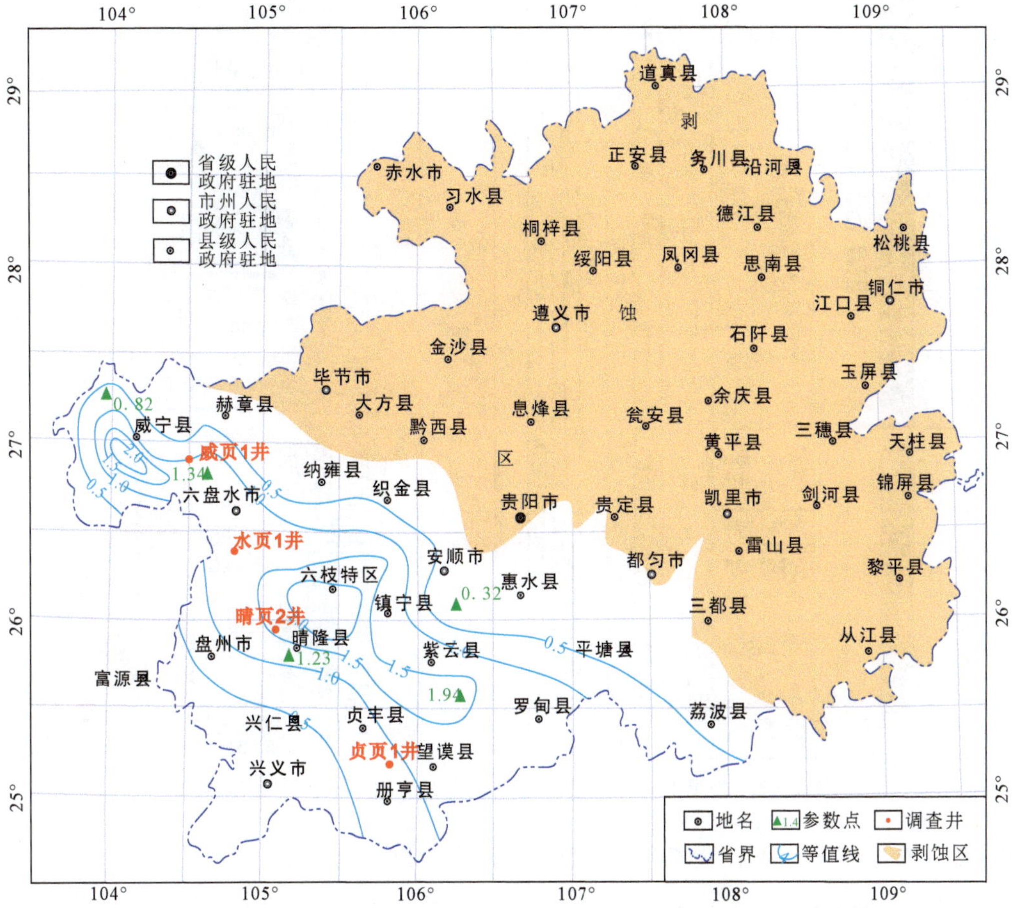

图2.92 下石炭统打屋坝组有机碳含量等值线图

2. 纵向有机碳含量及其变化

长页1井位于长顺县墩操，目的层为石炭系打屋坝组，底为石炭系睦化组泥晶灰岩，顶为石炭系南丹组燧石泥晶灰岩，目的层打屋坝组厚度208m。从沉积柱状图上看，如图2.93所示。打屋坝组中下部发育一套黑色碳质泥岩、硅质碳质泥岩夹薄层砂岩，含较多的黄铁矿颗粒，发育水平纹层，中部发育一套泥晶灰岩夹黑色碳质页岩，上部发育一套深灰色、黑色碳质页岩，向上突变为南丹组泥晶灰岩。从长页1井打屋坝组有机碳含量测试数据可见，打屋坝组的TOC在纵向上变化较大，变化范围为0.21%～4.51%，平均值1.81%。这与沉积时的水体深浅和沉积旋回有关。

在纵向上，根据威宁龙街1701孔资料，下石炭统打屋坝组（旧司组）上段有机碳含量0.73%～1.91%，平均为1.34%；下石炭统旧司组下段有机碳含量1.39%～3.02%，

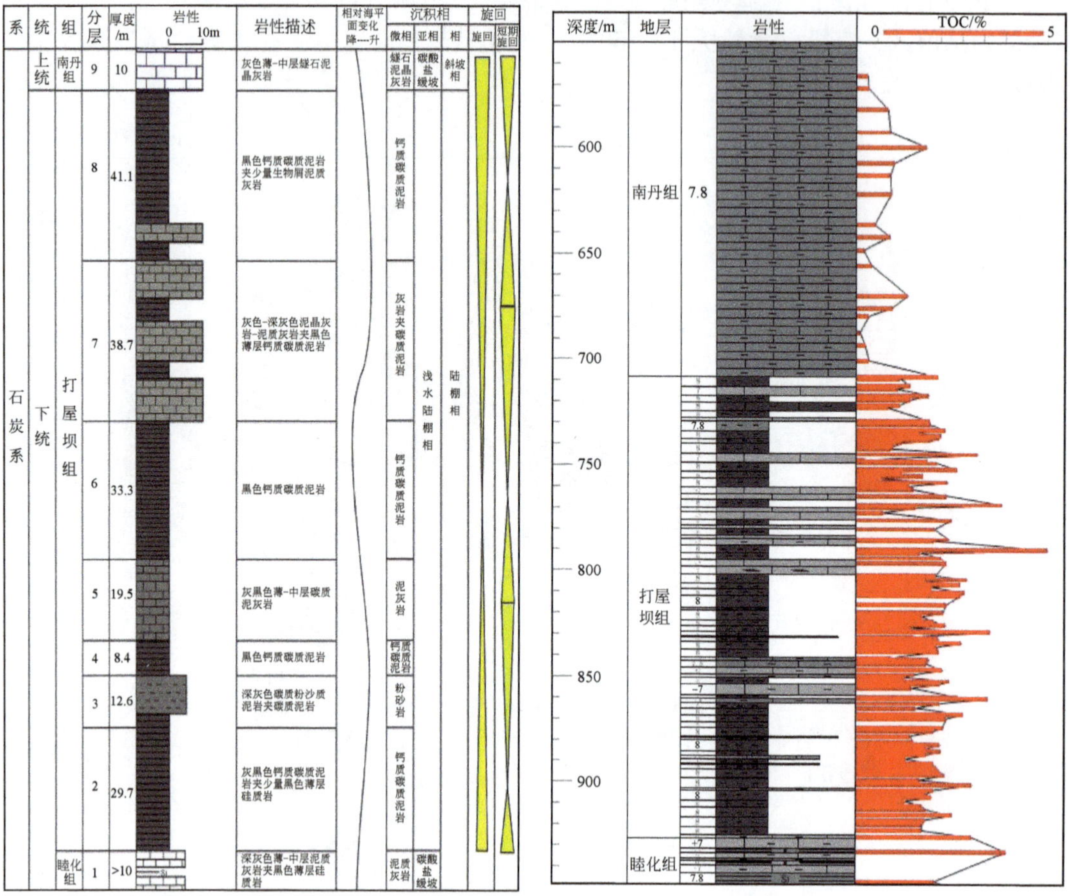

图 2.93　长页 1 井打屋坝组沉积柱状图及 TOC 随深度变化图

平均为 2.11%。可见，下石炭统旧司组下段有机碳含量比上段高。

(四) 龙潭组

1. 区域有机碳含量及其变化

贵州地区上二叠统龙潭组富有机质页岩的有机质类型主要为Ⅲ型，该地层为煤系地层，因此有机碳含量相比下寒武统牛蹄塘组和下志留统龙马溪组来说要高，兴仁回龙处样品达到最高值 17%（图 2.94），其主体分布在 1.0%～10.0%，有 60% 的样品有机碳含量大于 4.0%（图 2.95）。

在平面上，有机碳含量高值区主要位于水城、盘县、兴仁、六枝一带、威宁往西北地区及大方地区，有机碳含量均超过 4.00%。低值区位于威宁与水城之间，有机碳含量小于 2.00%。

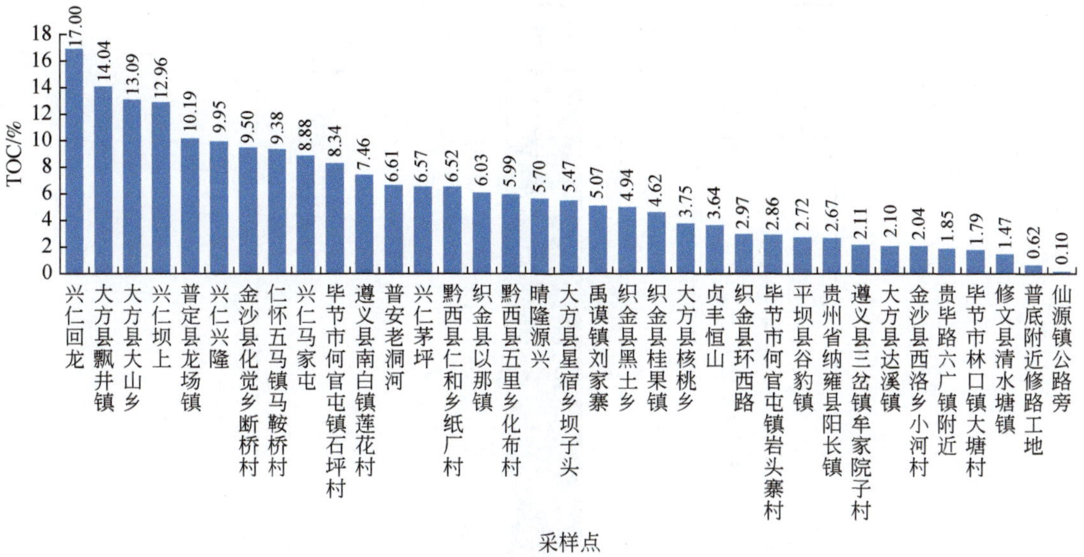

图 2.94 上二叠统龙潭组主要样品点有机碳含量

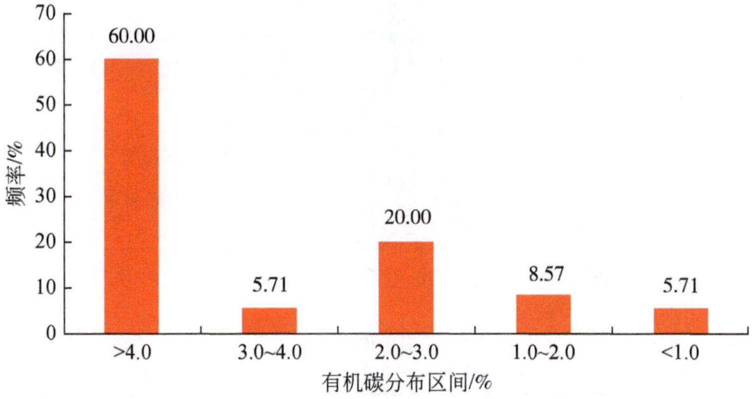

图 2.95 上二叠统龙潭组主要样品点有机碳含量频率分布图

2. 纵向有机碳含量及其变化

(1) 西页 1 井

西页 1 井位于贵州省黔西县甘棠乡新田村，对西页 1 井目的层段龙潭组地球化学实验表明（图 2.96），由于龙潭组地层广泛发育煤层，有机碳含量分布范围在 0.44% ~ 77.3%，变化幅度非常大，平均值为 10.387%。研究表明，黔西地区龙潭组地层下部广泛发育有机碳含量极高的煤层，煤层顶底板发育炭质页岩、泥岩，有机碳含量普遍大于 5%。

(2) 兴页 1 井

兴页 1 井位于贵州省黔西南州兴仁县大山乡河坝村境内，对兴页 1 井 99 块岩心样品的有机碳含量进行测试，实验测试数据符合正态分布，有机碳含量最大值为 22.30%，最小值为 0.60%，平均值为 3.43%。其中，在井深 724 ~ 825m 有机碳含量较高，有 95% 的样品的有机碳含量大于 2.00%，平均值达 4.51%（图 2.97）。

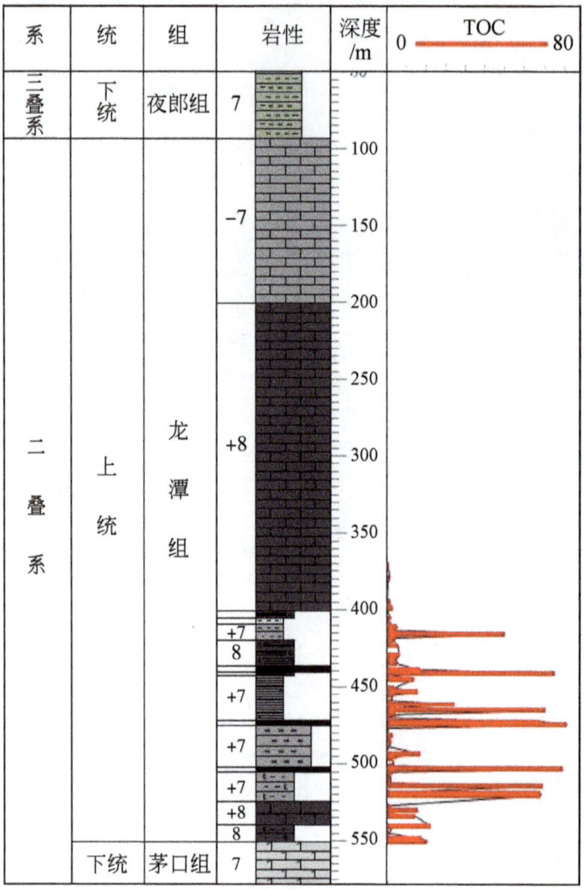

图 2.96　西页 1 井龙潭组有机碳含量柱状图

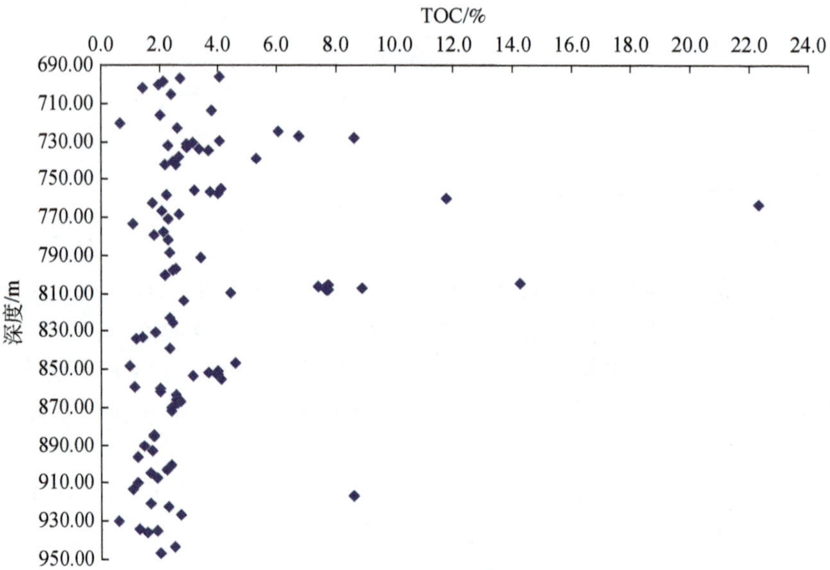

图 2.97　兴页 1 井有机碳含量随深度变化图

对普安地瓜 2706 孔 8 块岩心样品的有机碳含量进行测试，实验测试数据符合正态分布，有机碳含量最大值为 11.35%，最小值为 2.36%，平均值为 5.41%。对晴隆源兴 301 孔 4 块岩心样品、普安老洞河 102 孔 2 块岩心样品的有机碳含量进行测试，有机碳含量均大于 2.00%，平均值分别为 5.70% 和 6.60%。

二、潜质页岩有机质类型

干酪根是沉积岩中不溶于碱、非氧化型酸和非极性有机溶剂的分散有机质。沉积物有机质主要由干酪根构成，占沉积有机物的 80%～90%。评价有机质类型的方法主要有四种：干酪根 H/C 与 O/C 划分、干酪根显微组分组成划分（即干酪根类型指数）、干酪根碳稳定同位素 $\delta^{13}C$ 值划分、烃源岩热解参数划分。

其中干酪根类型指数是划分有机质类型的主要指标之一，其算式如下：

$$TI = \frac{a \cdot (+100) + b \cdot (+50) + c \cdot (-75) + d \cdot (-100)}{100}$$

式中 a、b、c、d 分别代表腐泥组、壳质组、镜质组和惰性组。按 TI 值划分的干酪根类型标准如下：Ⅰ型，TI≥80；$Ⅱ_1$ 型，TI=40～80；$Ⅱ_2$ 型，TI=0～40；Ⅲ型，TI<0。

依据稳定碳同位素比值是划分高-过成熟烃源岩有机质类型的有效指标（表 2.2），其原理如下：富含木质素、纤维素的高等植物有机质，比低等植物的有机质富含重的稳定碳同位素。考虑到我国烃源岩有机质多样性的特征，采用四分法对我国烃源岩类型进行划分更为合理（即Ⅱ型分为 $Ⅱ_1$、$Ⅱ_2$ 两类）。

表 2.2 干酪根类型 $\delta^{13}C$ 划分标准

干酪根类型	划分标准
Ⅰ型	$\delta^{13}C<-29‰$
Ⅱ型	$\delta^{13}C=-29‰\sim-26‰$
Ⅲ型	$\delta^{13}C\geq-26‰$

有机质类型是评价烃源岩生烃潜力的重要参数，不同有机质类型其母质类型不同，生油、生气潜力不同，对页岩气的吸附率和扩散率均有影响。

（一）牛蹄塘组

据《贵州省区域地质志》(2013 年)，贵州寒武系在六盘水安顺-平塘-荔波一线东北面广泛发育，其潜质页岩在黔北小区称为筇竹寺组、黔东南小区称为渣拉沟组，除此之外均称为牛蹄塘组。通过露头和钻井岩心页岩样品的干酪根镜实验获取干酪根显微组分，实验结果表明，寒武系牛蹄塘组干酪根有机显微组分主要以腐泥无定型为主（表 2.3，图 2.98），腐泥无定型的相对丰度为 93%～100%，平均为 97%，样品中含少量的无结构镜质体和丝质体。经统计计算，干酪根类型指数为 88～100，可知干酪根类型以Ⅰ型为主。这里需要说明的是牛蹄塘露头样品中腐殖无定型相对丰度较高，但是钻井岩心中仍是以腐泥无定型为主，分析认为这是露头样品多受微生物降解作用的影响，从而造成有机显微组分中腐殖无定型含量相对较高。总体分析认为下寒武统牛蹄塘组含气页岩的母源主要为藻类等低等水生生物，生烃能力较好。

表 2.3　贵州地区牛蹄塘组富有机质页岩干酪根显微组分及类型统计

层位	取样点	岩性	有机显微组分相对丰度/%				类型指数	干酪根类型
			腐泥组	壳质组	镜质组	惰质组		
$\epsilon_{1}n$	瓮安开阳	碳质页岩	95		5		91	I
$\epsilon_{1}n$	翁安开阳	碳质页岩	96		4		93	I
$\epsilon_{1}n$	金沙长沟	碳质页岩	99		1		98	I
$\epsilon_{1}n$	金沙长沟	碳质页岩	98		2		97	I
$\epsilon_{1}n$	金沙岩孔	碳质页岩	98		2		97	I
$\epsilon_{1}n$	翁安永和	碳质页岩	96		4		93	I
$\epsilon_{1}n$	瓮安永和	碳质页岩	95		5		91	I
$\epsilon_{1}n$	江口坝盘	碳质页岩	99		1		98	I
$\epsilon_{1}n$	江口坝盘	碳质页岩	98		2		97	I
$\epsilon_{1}n$	江口坝盘	碳质页岩	99		1		98	I
$\epsilon_{1}n$	遵义松林	碳质页岩	99		1		98	I
$\epsilon_{1}n$	ZK408	碳质页岩	100				100	I
$\epsilon_{1}n$	ZK408	碳质页岩	98			2	96	I
$\epsilon_{1}n$	ZK408	碳质页岩	99			1	98	I
$\epsilon_{1}n$	正页 1 井	碳质页岩	99	0	1	0	98	I
$\epsilon_{1}n$	正页 1 井	碳质页岩	97	0	1	2	94	I
$\epsilon_{1}n$	正页 1 井	碳质页岩	98	0	1	1	96	I
$\epsilon_{1}n$	绥页 1 井	碳质页岩	96	0	3	1	93	I
$\epsilon_{1}n$	绥页 1 井	碳质页岩	98	0	2	0	97	I
$\epsilon_{1}n$	绥页 1 井	碳质页岩	99	0	0	1	98	I
$\epsilon_{1}n$	湄页 1 井	碳质页岩	96	0	1	3	92	I
$\epsilon_{1}n$	湄页 1 井	碳质页岩	99	0	0	1	98	I
$\epsilon_{1}n$	湄页 1 井	碳质页岩	98	0	2	0	97	I
$\epsilon_{1}n$	松页 1 井	碳质页岩	98	0	2	0	97	I
$\epsilon_{1}n$	松页 1 井	碳质页岩	95	0	0	5	90	I
$\epsilon_{1}n$	松页 1 井	碳质页岩	98	0	1	1	96	I
$\epsilon_{1}n$	镇页 1 井	碳质页岩	97	0	3	0	95	I
$\epsilon_{1}n$	镇页 1 井	碳质页岩	98	0	2	0	96	I
$\epsilon_{1}n$	镇页 1 井	碳质页岩	93	0	7	0	88	I
$\epsilon_{1}n$	德页 1 井	碳质页岩	95	0	5	0	91	I
$\epsilon_{1}n$	德页 1 井	碳质页岩	96	0	4	0	93	I
$\epsilon_{1}n$	德页 1 井	碳质页岩	97	0	3	0	95	I

灰白色块状沥青(贵州瓮安永和，下寒武统黑色碳质页岩，×500)

(a)

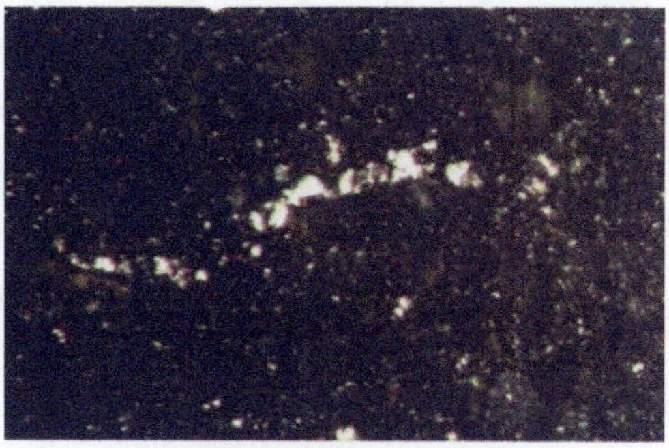

灰白色碎屑状沥青(贵州江口县德旺，下寒武统黑色页岩，×500)

(b)

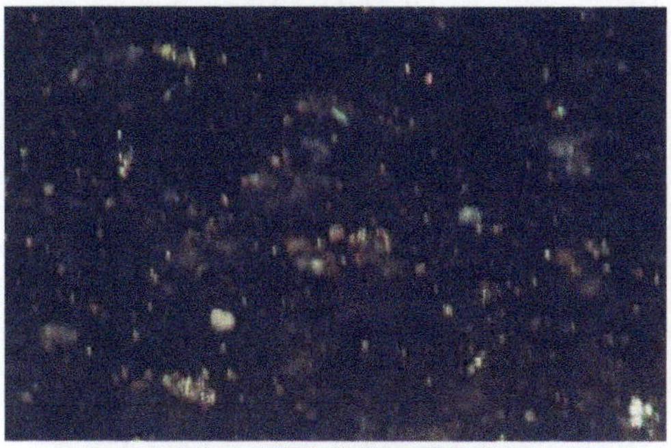

晶粒间灰色沥青(贵州省梨马耳沟，下寒武统黑色碳质页岩)

(c)

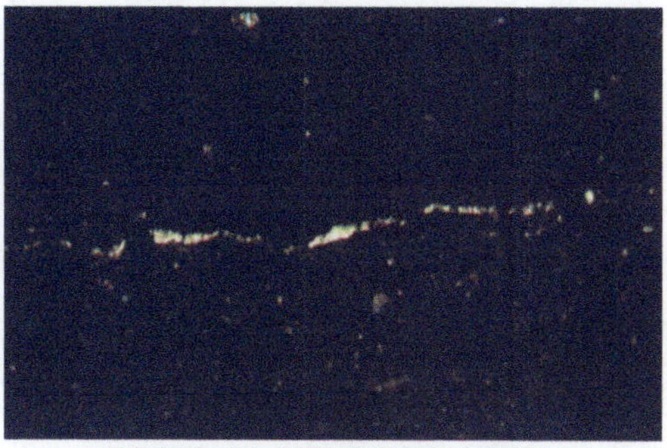

晶粒间灰白色沥青(贵州铜仁市松桃，下寒武统黑色页岩，×500)

(d)

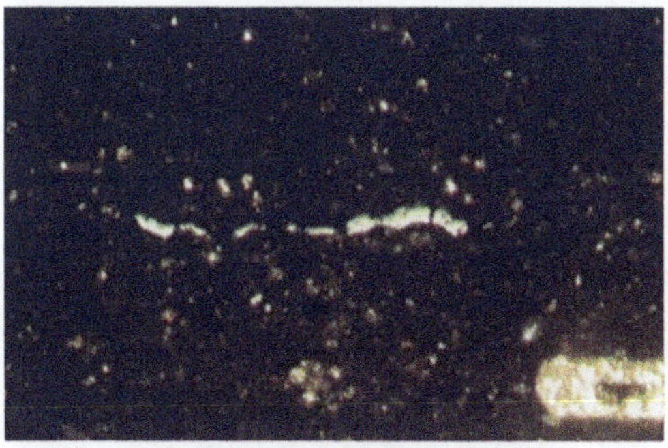

灰白色块状沥青(贵州镇远县青溪镇，下寒武统黑色碳质页岩，×500)

(e)

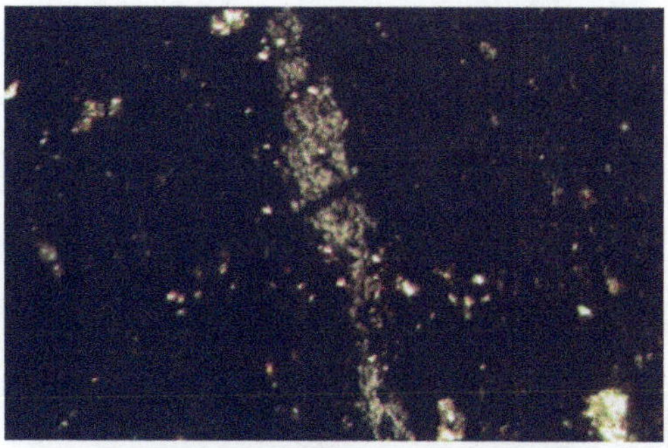

灰色沥青(贵州施秉马号乡，下寒武统黑色碳质页岩，×500)

(f)

图 2.98　贵州地区牛蹄塘组黑色页岩微观组分

通过同位素质谱仪对贵州地区下寒武统牛蹄塘组黑色页岩样品干酪根碳同位素值 $\delta^{13}C$ 进行测定，结果显示，$\delta^{13}C$ 分布在-34.7‰～-28.6‰，干酪根同位素值较小，反映了寒武系牛蹄塘组干酪根类型主要为腐泥型（Ⅰ型）和腐殖型（$Ⅱ_1$型）。通过对其岩石学特分析认为其生源组合主要以腐泥组和藻类组占绝对优势，腐泥组和藻泥组的相对含量较高，岩石内含一定量的碳沥青，一般分布在10%～20%。

在黔东南地区实施的两口页岩气参数井麻页 1 井和三页 1 井目的层分别称为牛蹄塘组

和渣拉沟组，其富有机质页岩干酪根显微组分以壳质组、镜质组为主，腐泥组、惰质组次之（表2.4，图2.99，图2.100），其中壳质组以腐殖无定型体为主，少量壳质碎屑体，镜质组主要为无结构镜质体，腐泥组主要为腐泥无定型体和腐泥碎屑体，惰质组显示丝状体（图2.101，图2.102），不发荧光，类型指数91～98。统计结果表明牛蹄塘组和渣拉沟组富有机质页岩具有Ⅰ型干酪根特征。

表2.4　牛蹄塘组、渣拉沟组干酪根显微组分鉴定及类型划分表计

钻井	层位	腐泥组/%			壳质组/%			镜质组/%		惰质组/%	类型		备注
		腐泥无定形体	腐泥碎屑体	小计	腐殖无定形体	壳质碎屑体	小计	无结构镜质体	小计	丝质体	指数	类型	
麻页1井	$\epsilon_2 n$	72	25	97	0	0	0	1	1	2	94	Ⅰ	无荧光
	$\epsilon_2 n$	40	54	99	0	0	0	0	0	1	98	Ⅰ	无荧光
	$\epsilon_2 n$	91	8	99	0	0	0	1	1	0	98	Ⅰ	无荧光
	$\epsilon_2 n$	59	40	99	0	0	0	1	1	0	98	Ⅰ	无荧光
	$\epsilon_2 n$	52	46	98	0	0	0	1	1	1	96	Ⅰ	无荧光
	$\epsilon_2 n$	90	5	95	0	0	0	4	4	1	91	Ⅰ	无荧光
	$\epsilon_2 n$	48	50	98	0	0	0	2	2	0	97	Ⅰ	无荧光

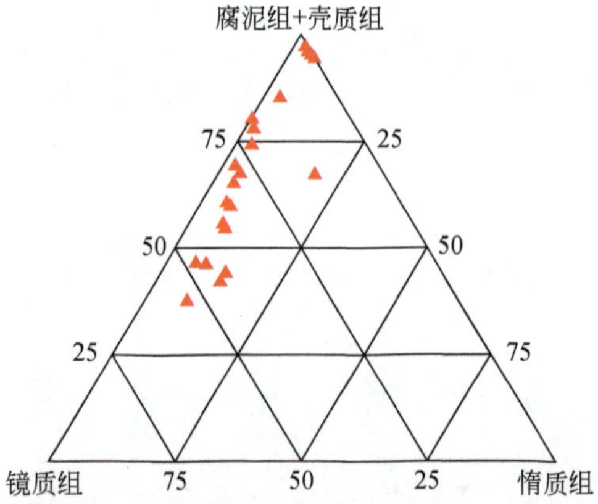

图2.99　牛蹄塘组页岩干酪根显微组分三角图

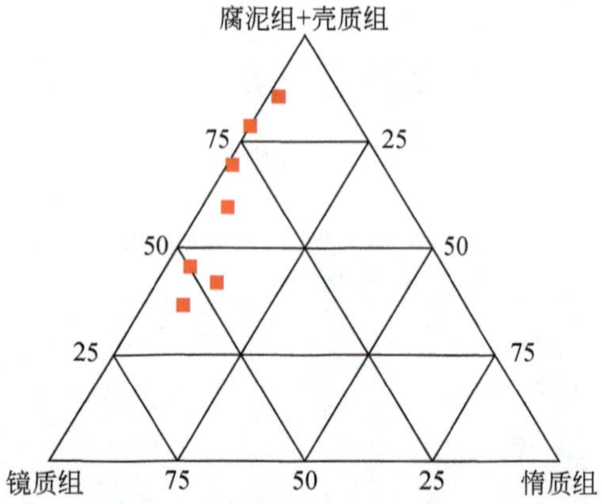

图2.100　渣拉沟组页岩干酪根显微组分三角图

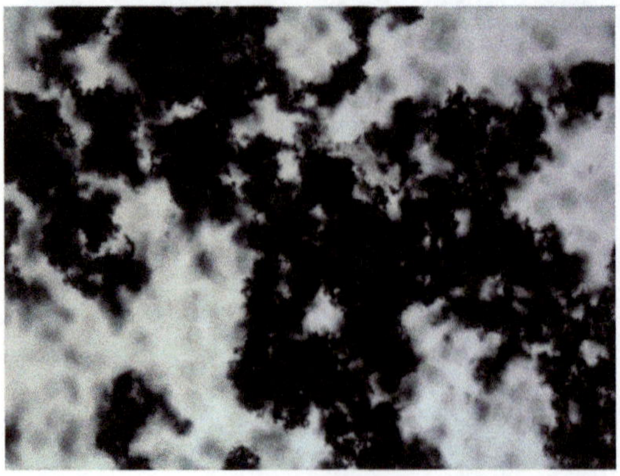
图2.101　牛蹄塘组页岩干酪根显微组分特征

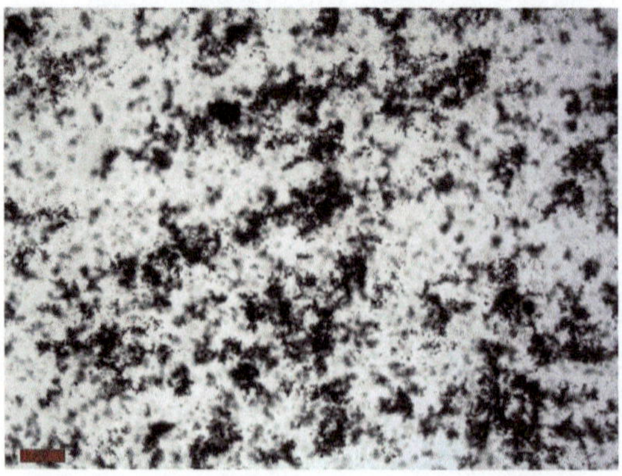
图2.102　渣拉沟组页岩干酪根显微组分特征

根据牛蹄塘组、渣拉沟组有机质页岩干酪根有机元素分析表明，其主要元素 C、H、O 含量分别为 8.86% ~ 53.47%（平均 32.13%）、0.65% ~ 2.37%（平均 1.47%）、1.25% ~12.16%（平均 7.44%），其 H/C 为 0.36 ~ 0.88（均值 0.56）；O/C 为 0.07 ~ 0.27（均值 0.19），H/C 和 O/C 变化接近腐泥型有机质（王铁冠，1990）。将干酪根元素分析数据投点到 H/C 和 O/C 图上（Tissot and 陆曦初，1985），由图 2.103 可知牛蹄塘、渣拉沟组的干酪根沿同一演化轨迹熟化，成熟度均较高。当一定的沉积岩在埋藏期间变得成熟时，干酪根消耗的氢和氧远大于碳。因此在成熟度高的后生阶段，所有的干酪根投点与干酪根分类图的左下方，近直线分布。这种类型的干酪根以惰质体显微组分为主，可能是腐泥型有机质的热演化程度较高所致。

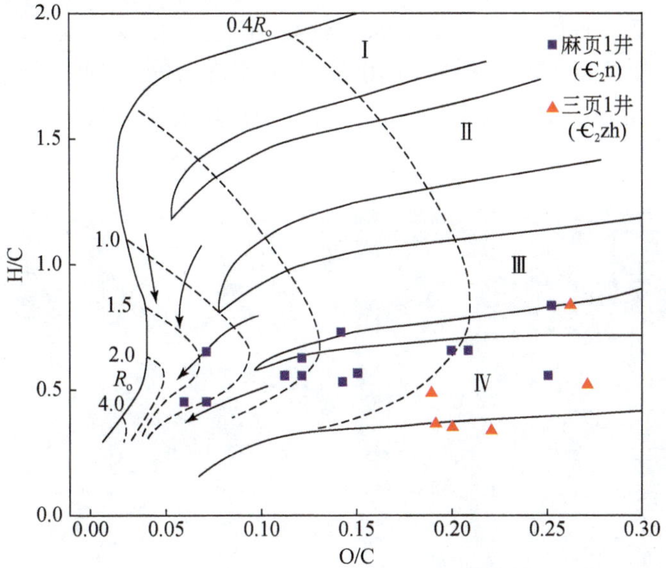

图 2.103　牛蹄塘、渣拉沟组页岩干酪根分类图解

总体而言，贵州地区下寒武统牛蹄塘组（渣拉沟组/筇竹寺组）富有机质页岩有机质类型主要为Ⅰ型（腐泥型）和$Ⅱ_1$（腐殖腐泥型）。

（二）龙马溪组

下志留统龙马溪组主要分布于黔北地层分区（包括桐梓-遵义小区和印江-石阡小区），上奥陶统五峰组笔石页岩与下志留统龙马溪组笔石页岩特征相似，且五峰组厚度较薄，因此将上奥陶统五峰组—下志留统龙马溪组统称为龙马溪组（下同）。通过野外露头样品和钻井岩心的实验测试获取实验数据，龙马溪组干酪根显微组分中以腐泥组和壳质组相对含量较高，其中腐泥组中腐泥无定形体相对含量为 39% ~67%，壳质组中腐殖无定型体相对含量为 33% ~59%；干酪根类型指数为 67 ~81，干酪根类型以Ⅰ型和$Ⅱ_1$型为主。龙马溪组黑色页岩样品显微组分分析测试表明，显微组分主要表现为腐泥组和沥青组，缺乏镜质组、惰质组和壳质组，其中腐泥组以分散状矿物沥青基质为主，沥青组以块状、脉状、碎屑状沥青为主，油浸反射光下呈灰白色，不发荧光（图 2.104）。

表 2.5　道页 1 井 DY1-24 对比样品镜检结果（Weatherford 实验测定）

样品	类脂组/%				镜质组/%	惰质组/%	固体沥青/%	生油型/%	生气型/%	热变质系数
	藻类体	无定形		其他						
		荧光	无荧光							
DY1-24	0	0	65	0	10	20	5	0	75	3.3

道真平胜剖面龙马溪组黑色页岩干酪根碳同位素值为-28.01‰～-29.15‰，平均为-28.7‰，干酪根类型以Ⅰ型、$Ⅱ_1$型为主。龙马溪组有机岩石学特征显示，泥页岩生源组合中腐泥组含量变化较大；沥青组相对含量较高，平均含量可达 21.52%，仅次于腐泥组+藻类组，多充填于泥页岩裂缝、孔隙中；而微粒体组分相对较低［图 2.104（a）］。

道页 1 井龙马溪组对比样品（DY1-24，588.30m）经由 Weatherford 实验室测定，无定形类脂组 65%，镜质组 10%，惰质组 20%，固体沥青 10%，属$Ⅱ_1$型干酪根［表 2.5，图 2.104（b）］。热变质系数 TAI 高达 3.3，表明有机质处于过成熟演化阶段，已进入干气窗。

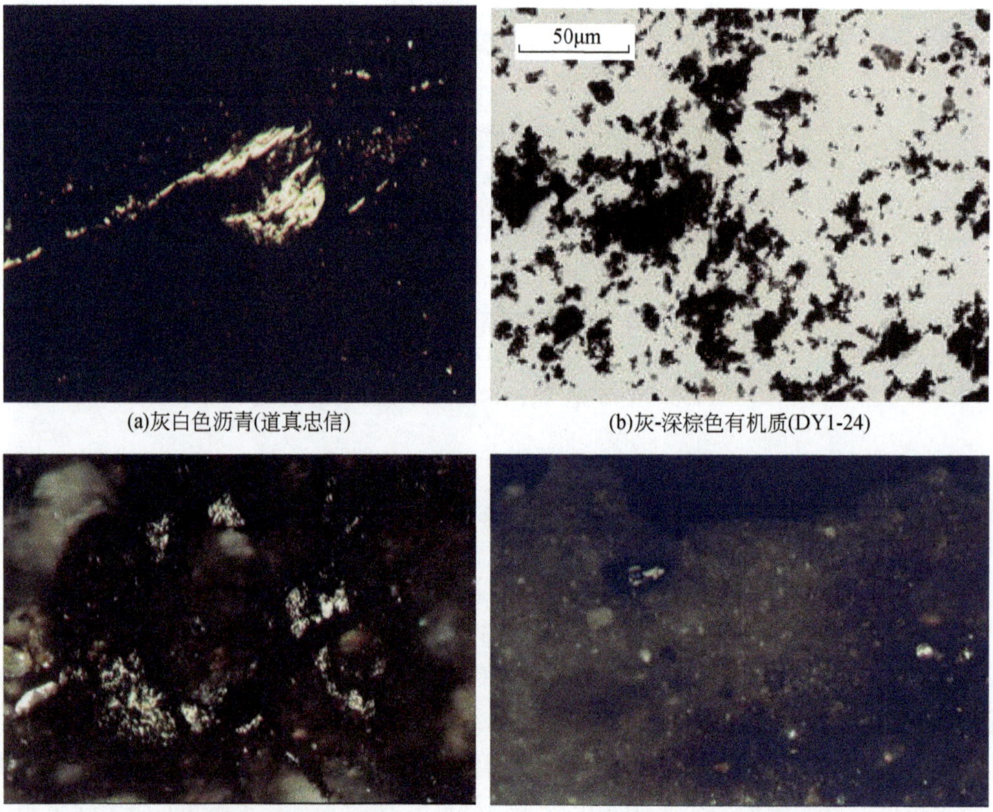

(a)灰白色沥青(道真忠信)　(b)灰-深棕色有机质(DY1-24)

(c)务川丰乐镇灰色碎屑状沥青(S11)　(d)务川分水乡碎屑状沥青(S11)

图 2.104　下志留统龙马溪组干酪根显微特征

有机元素分析也表明，贵州省下志留统龙马溪组页岩干酪根主要以Ⅱ型为主（图 2.105）。

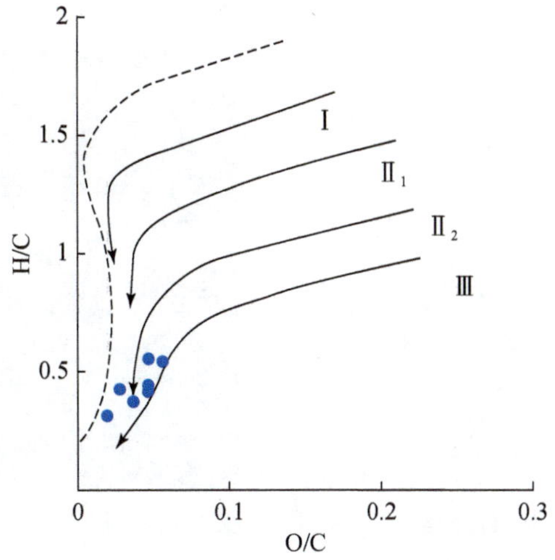

图 2.105 龙马溪组泥页岩元素分析范式图解

(三) 打屋坝组/旧司组

贵州下石炭统旧司组/祥摆组/打屋坝组主要分布于毕节-修文-凯里-天柱一线以南广大地区，其中，在独山-贵阳小区和威宁和兴义小区称为祥摆组、旧司组；在紫云-普安分区和罗甸-六盘水分区称为打屋坝组。在贵州省内实施的长页 1 井位于长顺县南西墩操乡，其下石炭统打屋坝组富有机质页岩的干酪根显微组分以壳质组、镜质组为主，腐泥组、惰质组次之（表 2.6，图 2.106），其中壳质组以腐殖无定型体为主，少量壳质碎屑体，镜质组主要为无结构镜质体，腐泥组主要为腐泥无定型体和腐泥碎屑体，惰质组显示丝状体（图 2.107），基本不发荧光，类型指数-21～29。统计结果表明，打屋坝组黑色页岩有机质类型主要为Ⅱ$_2$型或Ⅲ型。

表 2.6 打屋坝组干酪根显微组分鉴定及类型划分表

采样点	层位	腐泥组/%			壳质组/%			镜质组/%		惰质组/%	类型		备注
		腐泥无定形体	腐泥碎屑体	小计	腐殖无定形体	壳质碎屑体	小计	无结构镜质体	小计	丝质体	类型指数	类型	
长页1井	C_1j	4	2	6	45	10	55	34	34	5	3	Ⅱ$_2$	基本不发光
	C_1j	2	2	4	52	10	62	30	30	4	9	Ⅱ$_2$	基本不发光
	C_1j		1	1	45	22	67	13	13	19	6	Ⅱ$_2$	基本不发光
	C_1j	3	1	4	55	9	64	28	28	4	11	Ⅱ$_2$	基本不发光
	C_1j	1	1	2	25	18	43	42	42	13	-21	Ⅲ	基本不发光
	C_1j	1		1	42	12	54	37	37	8	-8	Ⅲ	基本不发光
	C_1j			0	38	9	47	45	45	8	-18	Ⅲ	基本不发光
	C_1j		1	1	45	10	55	37	37	7	-6	Ⅲ	基本不发光
	C_1j	2	2	4	53	18	71	22	22	3	20	Ⅱ$_2$	基本不发光
	C_1j	4	2	6	55	20	75	19	19		29	Ⅱ$_2$	基本不发光

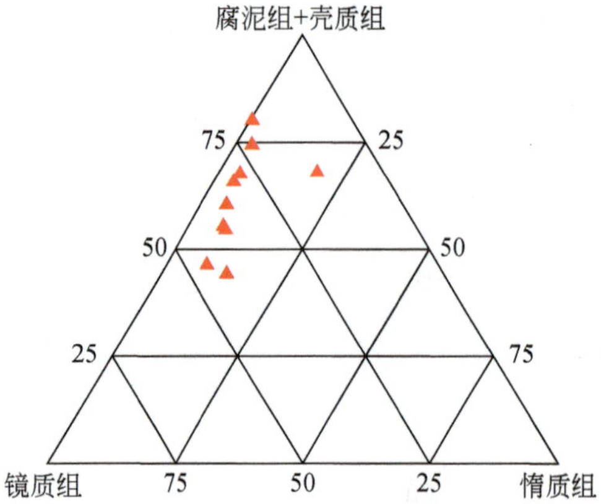

图2.106 打屋坝组页岩干酪根显微组分三角图

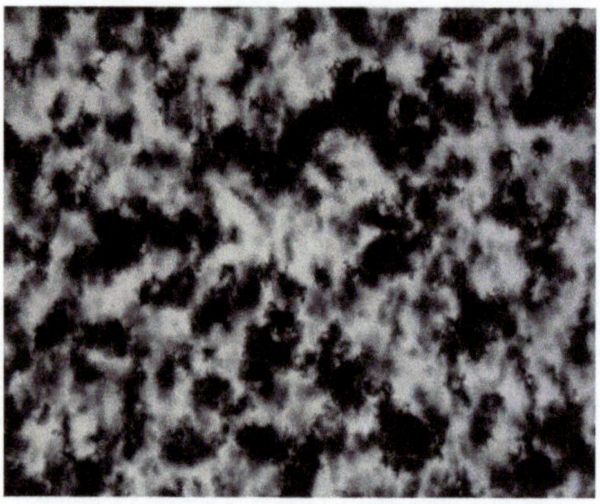

图2.107 打屋坝组页岩干酪根显微组分特征

根据打屋坝组有机质页岩干酪根有机元素分析表明（表2.7），其主要元素C、H、O含量分别为11.21%～52.68%（均值31.87%）、0.21%～1.81%（均值0.99%）、1.49%～10.66%（均值6.15%），H/C为0.22～0.63（均值0.38）；O/C为0.02～0.29（均值0.16），H/C和O/C变化接近腐泥型有机质，将干酪根元素分析数据投点到H/C和O/C图上，由图2.108可知打屋坝组的干酪根沿同一演化轨迹熟化，成熟度均较高。

表2.7 打屋坝组干酪根有机元素分析表

采样点	采样深度/m	N/%	C/%	H/%	O/%	H/C	O/C
长页1井	712.48	0.38	24.49	1.21	7.68	0.59	0.24
	733.28	0.36	24.22	1.26	5.42	0.63	0.17
	738.38	0.29	15.55	0.76	6.08	0.59	0.29
	741.28	0.41	32.09	1.18	9.69	0.44	0.23
	744.88	0.53	25.66	0.99	6.16	0.46	0.18
	749	0.68	52.68	1.81	5.67	0.41	0.08
	756.58	0.55	41.50	1.36	5.05	0.39	0.09
	764.48	0.31	36.57	1.72	3.31	0.56	0.07
	780.18	0.58	48.82	1.08	1.49	0.27	0.02
	805.3	0.50	33.66	1.18	10.66	0.42	0.24
	833.85	0.54	33.27	0.90	5.92	0.32	0.13
	841.3	0.95	48.09	1.32	9.12	0.33	0.14
	846.7	0.68	36.62	0.99	9.05	0.32	0.19
	852.3	0.45	31.04	0.92	7.07	0.36	0.17
	860.5	0.48	31.38	1.00	5.80	0.38	0.14
	872.01	0.42	25.33	0.66	3.54	0.31	0.10

续表

采样点	采样深度/m	N/%	C/%	H/%	O/%	H/C	O/C
长页1井	882.21	0.56	34.77	0.87	5.94	0.30	0.13
	891.21	0.57	41.43	1.12	5.24	0.32	0.09
	896.63	0.24	15.17	0.46	4.76	0.36	0.24
	905.64	0.25	11.21	0.21	2.52	0.22	0.17
	911	0.40	22.55	0.42	7.33	0.23	0.24
	918	0.28	16.75	0.37	5.87	0.27	0.26
	933	0.95	50.22	1.20	8.02	0.29	0.12

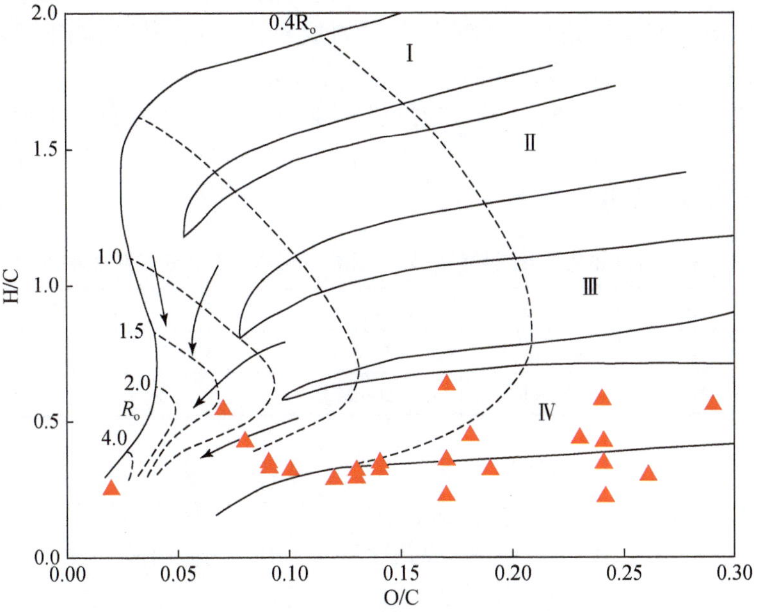

图 2.108 打屋坝组黑色页岩干酪根分类图解

（四）龙潭组

上二叠统龙潭组主要分布于赫章六曲-普安一线以东、务川之西-瓮安珠藏-开阳-安顺岩松菁-贞丰北东向一线以西地区。黔北地区金沙县金沙参1井有机质类型13件样品的测试结果显示：腐泥组占3%～15%，壳质组占3%～15%，镜质组占32%～82%，惰质组占12%～55%。其中，4#～9#煤段干酪根显微组分以镜质组为主，其次为惰质组，镜质组平均66%，惰质组平均16%；而13#～15#煤段干酪根显微组分主体为惰质组和镜质组，惰质组平均49%，镜质组平均38%，以惰质组略占优。利用干酪根类型指数公式计算出类型指数为-78<TI<-38，根据干酪根类型判别标准，所有样品的有机质类型均属于Ⅲ型。

对黔西南地区盘县龙潭组岩心样品的干酪根显微组分测试结果显示，干酪根显微组分以镜质组为主，其次为壳质组和惰质组，以及少量的腐泥组，利用干酪根类型指数公式计算出类型指数为$-68<TI<20$，整体而言，龙潭组有机质类型表现以Ⅲ型为主，并有少量的$Ⅱ_2$型。

三、潜质页岩有机质成熟度

从成因上看，页岩气分为热成因、生物成因和两者的混合成因。热成因页岩气在形成过程中，有机物转化成碳氢化合物需要时间和温度两个要素，地质历史中的有机化合物随埋藏深度的不断增加，其压力和温度不断加大，致使有机物释放出页岩气。生物成因的页岩气中，微生物的生化作用只能将部分有机物转化成甲烷，剩余的有机物则在埋藏和加热条件下先转化成干酪根，进一步加热后转化成沥青、液态氢化物，最后成为热成因气。因此，不同类型的有机质在不同演化阶段，其生烃生气量不同。干酪根的成熟度是页岩储层系统有机成因气研究的重要指标，本节黑色页岩成熟阶段划分标准如下：镜质体反射率（R_o）低于0.5%为未成熟阶段，0.5%～1.3%为成熟阶段，1.3%～2%为高成熟阶段，2%～3%为过成熟早期阶段，3%～4%为过成熟晚期阶段（表2.8）。干酪根的成熟度不仅可以影响页岩的生烃潜能和被吸附在有机物质表面的天然气量，还可以用于高变质地区寻找裂缝性页岩气储层的潜能。

表2.8　中国南方黑色页岩成熟阶段划分标准（据中国石化研究院2005年资料）

成熟阶段	未熟期	成熟	高成熟	过成熟早期	过成熟晚期	变质期
R_o/%	<0.5	0.5～1.3	1.3～2	2～3	3～4	>4
成烃阶段	生物气	成油期	凝析油-湿气	干气		生烃终止

对于有机质成熟度的下限问题，不同地区、不同层系，甚至不同学者其观点都不尽相同。通过对美国主要产气页岩的成熟度进行统计，发现其变化范围较大，从未成熟到过成熟均有发现，如密执安盆地Antrim页岩成熟度下限为0.3%，而西弗吉尼亚州南部成熟度高达4%。从美国21世纪初勘探开发实践来看，其页岩气产区的页岩成熟度普遍大于1.3%，甚至可高达4%。对于热成因的页岩气藏，成熟度不是制约聚集的主要因素，如圣胡安盆地Lewis页岩和福特沃斯盆地Barnett页岩，均为高成熟度的页岩气藏，Barnett页岩气藏的天然气是由高成熟度（R_o≥1.1%）条件下原油裂解形成的，GTI（Gas Technology Institute）公布了Barnett页岩气藏产气区的成熟度为1%～1.3%，实际上产气区西部为1.3%，东部为2.1%，平均为1.7%；阿巴拉契亚盆地页岩成熟度的变化范围在0.5%～4%，产气区的弗吉尼亚州和肯塔基州为0.6%～1.5%，宾夕法尼亚州西部为2%，在西弗吉尼亚州南部最高可达4%，且只有在成熟度较高的区域才有页岩气的产出。由此可见，页岩的高成熟度（>2%）不是制约页岩气聚集的主要因素，相反，成熟度越高越有利于页岩气的生产，在高成熟度下能够形成页岩气藏。这一结论为我们科学合理评价贵州省页岩气资源潜力提供了有力的理论和实践支撑。

(一) 牛蹄塘组

1. 区域有机质成熟度及其变化

黔北地区下寒武统牛蹄塘组富有机质页岩经历了复杂的多期次热史变化，成熟度普遍较高。通过对黔北地区下寒武统牛蹄塘组剖面及点的热演化资料（图 2.109）分析，牛蹄塘组泥页岩 R_o 普遍大于 2.5%，均处于过成熟演化阶段，烃源岩以生干气为主，不同构造单元由于受后期地层叠加和构造改造的差异，其演化程度差异显著。

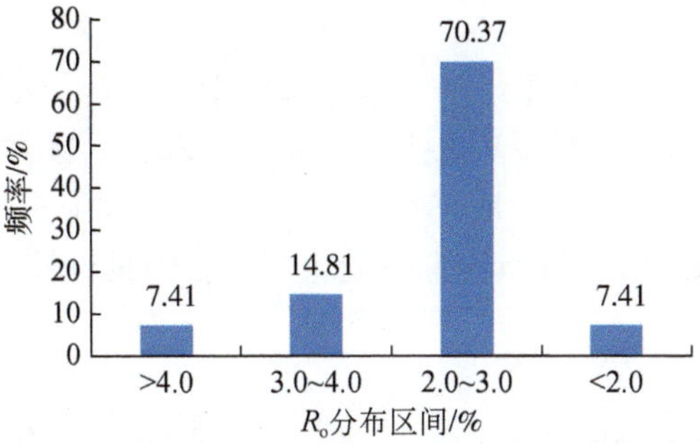

图 2.109 下寒武统牛蹄塘组主要样品点成熟度频率分布图

黔西北地区下寒武统牛蹄塘组富有机质页岩总体演化程度较高，全区未见成熟度小于 2% 的区域（图 2.110），有 55.56% 的样品成熟度大于 4.0%，主体在 2.0% ~3.6%。

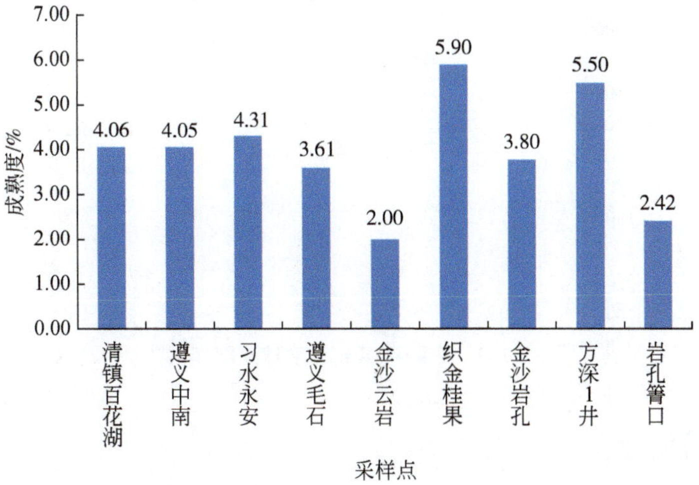

图 2.110 黔西北地区下寒武统牛蹄塘组主要样品点成熟度

黔南地区麻页 1 井下寒武统牛蹄塘组有机质页岩进行了镜质体反射率连续采样分析，自上而下取样 7 件，分析结果显示（图 2.111），R_o 最小值 1.82%，最大值 3.18%，平均 2.56%，总体处于过成熟阶段。

平面上，下寒武统目标层总体演化程度较高，全区成熟度为 2% ~4%，黔北东部的松

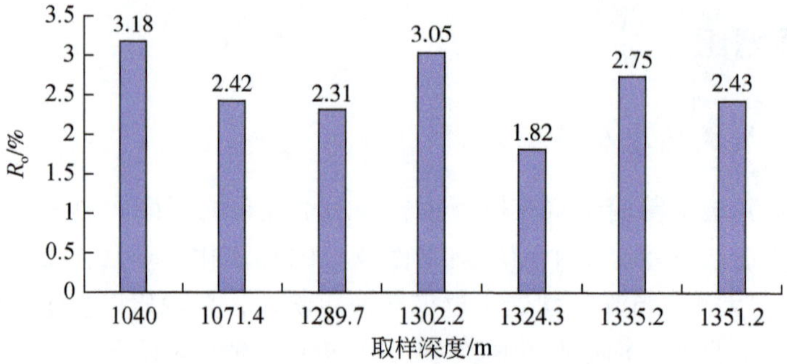

图 2.111　麻页 1 井牛蹄塘组 R_o 特征图

桃–铜仁地区牛蹄塘组泥页岩成熟度最高，基本都大于 3.0%，大的可达 4.2%，处于过成熟晚期。黔南及遵义地区 R_o 相对要低些，在瓮安–麻江–黄平一带成熟度为 2.0% ~ 3.0%，往西北至重庆地区，有机质成熟度有所减小。虽然牛蹄塘组页岩的成熟度较高，但根据美国页岩气的勘探经验，贵州省牛蹄塘组泥页岩仍具有较好的页岩气潜力。

2. 纵向有机质成熟度及其变化

纵向上，虽然单井上页岩成熟度并无规律，有机质成熟度均大于 2.0%，均处于过成熟阶段，以生干气为主。通过多口井的成熟度测试数据可见成熟度随深度增加有微弱的增长趋势（图 2.112）。

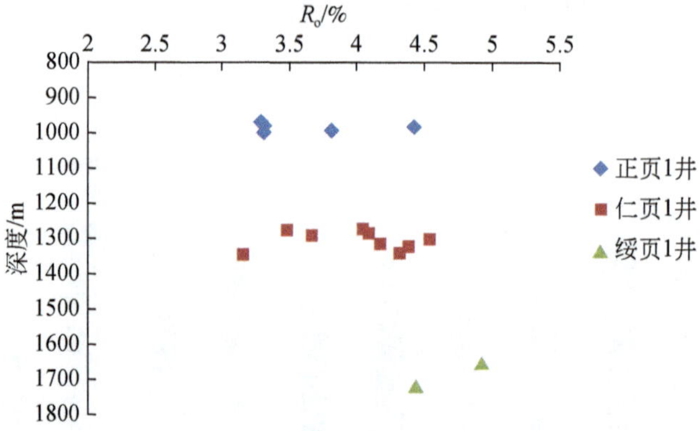

图 2.112　牛蹄塘组成熟度随深度变化图

（二）龙马溪组

1. 区域有机质成熟度及其变化

龙马溪组泥页岩热演化程度与泥岩的沉积中心相对应，通过对下志留统龙马溪组剖面及采样点的热演化资料分析，R_o 值分布在 1.5% ~3.39%（图 2.113）。最高值出现在龚滩地区，成熟度高达 3.39%，最低值出现在务川丰乐地区，成熟度 1.5%，从成熟度实验测测试结果来看，龙马溪组达到生气阶段，具备生产页岩气潜力。

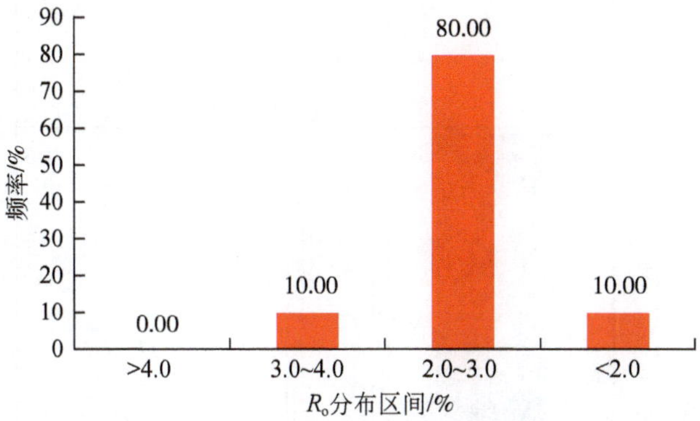

图 2.113 贵州地区龙马溪组主要样品点成熟度频率分布图

平面上，成熟度至研究区南部向北部逐渐增大，靠近黔中隆起带，龙马溪组沉积较薄，泥页岩的成熟度较低，R_o 普遍低于 1.5%，远离隆起带的南川–道真–习水地区龙马溪组沉积较厚，为龙马溪期黔北地区的一个沉积沉降中心，泥页岩的成熟度较高，R_o 值普遍大于 2.5%，习水地区 R_o 值可达 3.3% 以上，处于过成熟晚期。

2. 区域有机质成熟度及其变化

纵向上，龙马溪组下部有机质成熟度明显较下部高，向上有机质成熟度逐渐减小，有机质成熟度为 2.0% ~5.0%，平均为 2.6% 左右。对道页 1 井、习页 1 井目的层段龙马溪组页岩地球化学实验表明（图 2.114，图 2.115），习页 1 井页岩样品有机质成熟度分布范围在 2.34% ~3.96%，平均值为 2.66%，普遍较大。

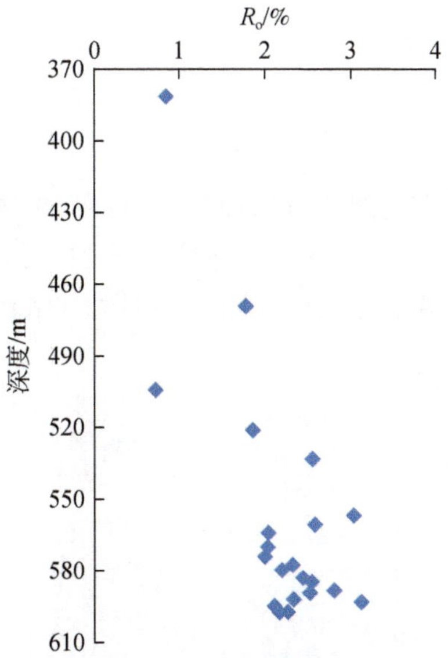

图 2.114 道页 1 井有成熟度随深度变化图

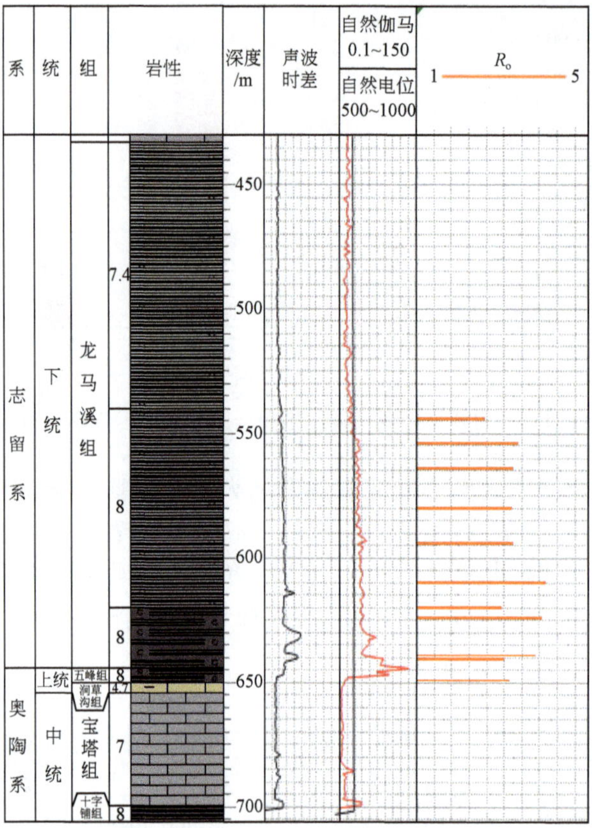

图 2.115　习页 1 井有机碳含量随深度变化图

（三）打屋坝组/旧司组

1. 区域有机质成熟度及其变化

通过黔西南地区下石炭统旧司组 30 块表露头样品和 13 块岩心样品进行测试，显示富有机质页岩的演化程度总体较高，有机质成熟度在 1.01% ~4.87%，平均 2.63%，处于过成熟早期生干气阶段，主体在 2.00% ~3.00%（图 2.116）。

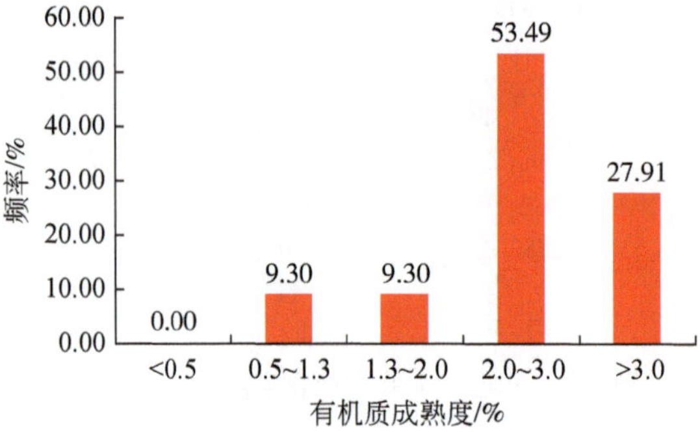

图 2.116　黔西南地区下石炭统旧司组主要样品有机质成熟度频率分布图

黔南地区下石炭统打屋坝组总体演化程度较高，全区成熟度在 1.0% ~4.0%，主体在 2.0% ~3.0%（图 2.117），平面上在由北东往南西成熟度增大。

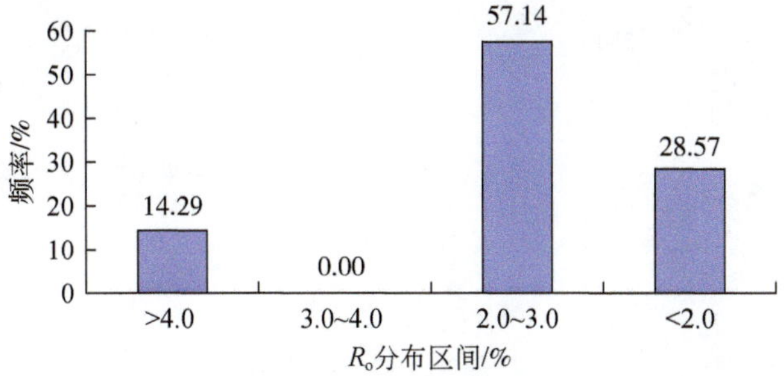

图 2.117 黔南地区下石炭统打屋坝组主要采样点频率分布图

在平面上，下石炭统旧司组/打屋坝组分布较为局限，仅在黔西南及黔南部分地区出露，改组页岩有机质成熟度以晴隆县为中心，其有机质成熟度达到 3.0% 以上，向四周减小，向南到兴义-安龙-册亨-望谟一带有机质成熟度减小到 1.5% 以下。

2. 纵向有机质成熟度及其变化

在纵向上，威页 1 井、晴页 2 井富有机质页岩的成熟度测试数据显示：旧司组泥页岩有机质成熟度均大于 2.0%，处于过成熟生干气阶段，成熟度随深度增加呈现升高的趋势（图 2.118）。

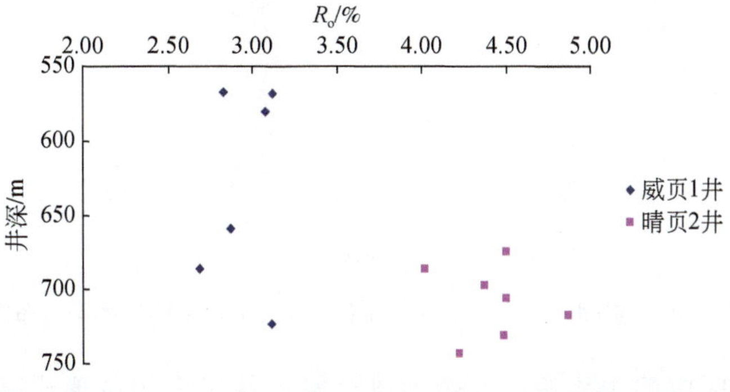

图 2.118 威页 1 井、晴页 2 井下石炭统旧司组有机质成熟度随深度变化图

通过长页 1 井、罗甸 1 井打屋坝组成熟度测试结果显示，打屋坝组泥页岩有机质成熟度变化范围为 1.24% ~4.43%，平均值 1.97%，处于高成熟-过成熟阶段，随着深度增加，成熟度增加（图 2.119）。

（四）龙潭组

1. 区域有机质成熟度及其变化

贵州地区上二叠统龙潭组潜质页岩的总体演化程度较高，有机质成熟度在 1.57% ~

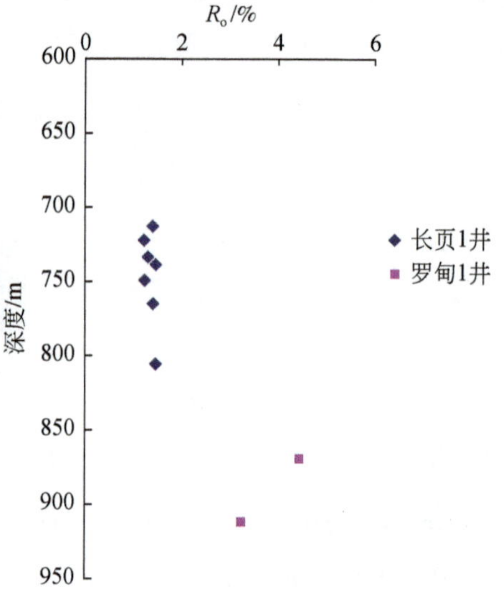

图 2.119　长页 1 井、罗甸 1 井下石炭统打屋坝组成熟度随深度变化图

4.23%，平均 2.67%，主体在 2.00% ~3.00%，有 78.95% 的样品成熟度在 2.00% ~ 3.00%（图 2.120），整体上处于过成熟阶段，以生干气为主。

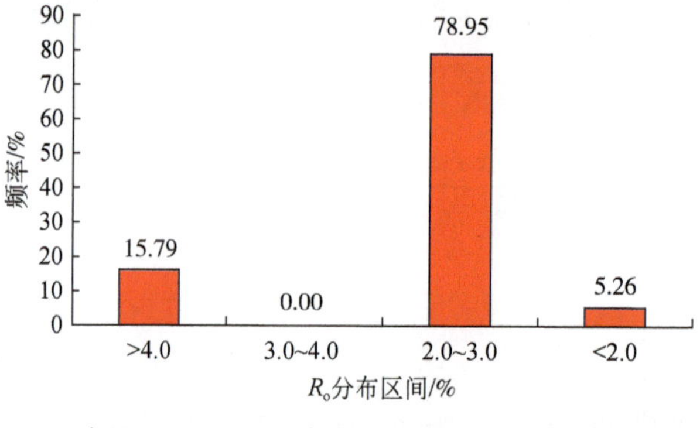

图 2.120　贵州地区上二叠统龙潭组主要样品点成熟度频率分布图

平面上在研究区内的习水复兴、金沙县、普定县三个部位形成高值区，最高值为 2.7%，主体在 2.0% ~2.6%，平均值为 2.45%，小于下寒武统牛蹄塘组和下志留统龙马溪组。成熟度大于 2.00% 的高值区主要分在普安、晴隆和贞丰一带，以及兴义一带；成熟度小于 1.00% 的低值区主要在威宁以西及盘县地区。

2. 纵向有机质成熟度及其变化

对西页 1 井目的层段龙潭组页岩地球化学实验表明（图 2.121），西页 1 井页岩样品有机质成熟度分布范围在 2.12% ~3.45%，平均值为 2.57%，均处于过成熟阶段。

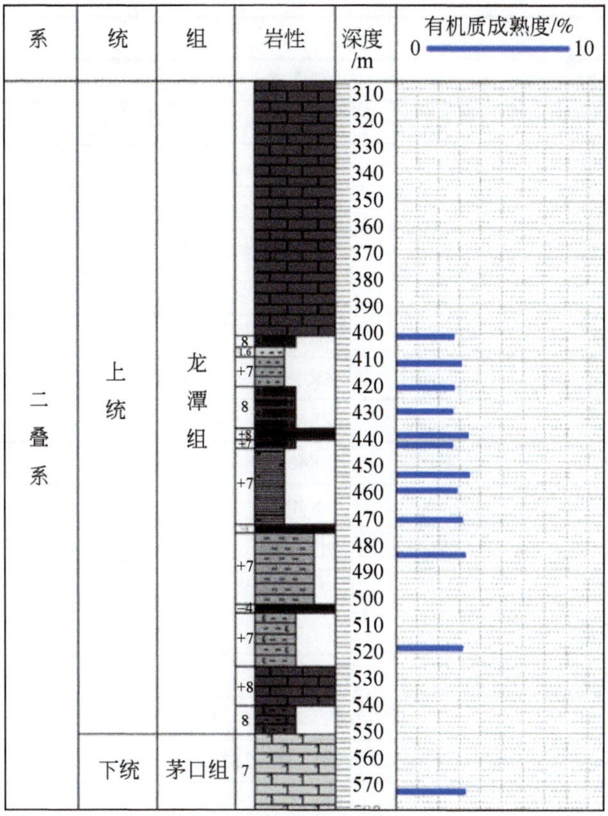

图 2.121 西页 1 井有机质成熟度柱状图

四、潜质页岩有机地球化学评价

(一) 有机质类型

通过多组页岩样品的有机质类型实验（表 2.9）结果可见，牛蹄塘组干酪根类型以Ⅰ型和Ⅱ$_1$型为主，龙马溪组干酪根类型以Ⅱ$_1$型为主，旧司组/祥摆组/打屋坝组干酪根类型以Ⅱ$_2$和Ⅲ型为主，龙潭组以Ⅲ型干酪根为主。目前认为各种有机质类型都有生成页岩气的能力，但不同有机质类型的生气阶段不同，Ⅰ型干酪根在有利区优选时以≥1.2% 为标准，Ⅱ型干酪根以≥0.7% 为标准，Ⅲ型干酪根以≥0.5% 为标准。

表 2.9 贵州省不同层位富有机质页岩干酪根类型表

层系	采样点	干酪根类型
下寒武统牛蹄塘组	瓮安开阳	Ⅱ$_1$
下寒武统牛蹄塘组	翁安开阳	Ⅱ$_1$
下寒武统牛蹄塘组	金沙长沟	Ⅱ$_1$

续表

层系	采样点	干酪根类型
下寒武统牛蹄塘组	金沙长沟	Ⅱ$_1$
下寒武统牛蹄塘组	金沙岩孔	Ⅰ
下寒武统牛蹄塘组	翁安永和	Ⅱ$_1$
下寒武统牛蹄塘组	瓮安永和	Ⅱ$_1$
下寒武统牛蹄塘组	江口坝盘	Ⅱ$_1$
下寒武统牛蹄塘组	江口坝盘	Ⅱ$_1$
下寒武统牛蹄塘组	江口坝盘	Ⅱ$_1$
下寒武统牛蹄塘组	遵义松林	Ⅱ$_1$
下寒武统牛蹄塘组	ZK408	Ⅰ
下寒武统牛蹄塘组	ZK408	Ⅰ
下寒武统牛蹄塘组	ZK408	Ⅱ$_1$
下志留统龙马溪组	仁怀喜头镇	Ⅱ$_1$
下志留统龙马溪组	桐梓楚米镇关岩	Ⅰ
下志留统龙马溪组	习水吼滩	Ⅰ
下志留统龙马溪组	桐梓松坎镇	Ⅱ$_1$
下志留统龙马溪组	毕节市燕子口镇一星村	Ⅱ$_1$
下志留统龙马溪组	毕节市燕子口镇龙洞村	Ⅱ$_1$
下志留统龙马溪组	DQ1 1-1	Ⅱ$_1$
下志留统龙马溪组	DQ1 2-1	Ⅱ$_1$
下志留统龙马溪组	DQ1 3-1	Ⅱ$_1$
下志留统龙马溪组	DQ1 4-1	Ⅱ$_1$
下志留统龙马溪组	DQ1 5-1	Ⅱ$_1$
下志留统龙马溪组	DQ1 6-1	Ⅱ$_1$
下志留统龙马溪组	DY1-24	Ⅱ$_1$
下石炭统旧司组	CY1-1	Ⅱ$_2$
下石炭统旧司组	CY1-3	Ⅲ
下石炭统旧司组	CY1-4	Ⅲ
下石炭统旧司组	CY1-8	Ⅱ$_2$
上二叠统龙潭组	红林乡至普底乡	Ⅲ
上二叠统龙潭组	大方县核桃乡黑桃煤矿路边	Ⅲ
上二叠统龙潭组	大方县到小屯乡路上	Ⅲ
上二叠统龙潭组	贵毕路六广镇附近	Ⅲ
上二叠统龙潭组	文阁剖面	Ⅲ
上二叠统龙潭组	文阁剖面	Ⅲ
上二叠统龙潭组	桐梓凉风垭附近煤矿	Ⅲ

续表

层系	采样点	干酪根类型
上二叠统龙潭组	贵州省织金县以那镇	Ⅲ
上二叠统龙潭组	贵州省普定县龙场镇	Ⅲ
上二叠统龙潭组	贵州省织金县桂果镇万达煤矿	Ⅲ
上二叠统龙潭组	仁怀市五马镇龙里村	Ⅲ
上二叠统龙潭组	遵义县三岔镇牟家院子村	Ⅲ
上二叠统龙潭组	遵义县南白镇莲花村	Ⅲ
上二叠统龙潭组	大方县大山乡	Ⅲ
上二叠统龙潭组	毕节市何官屯镇石坪村	Ⅲ
上二叠统龙潭组	毕节市何官屯镇石坪村	Ⅲ

（二）有机碳含量

各层位有机碳含量对比发现，同一组泥页岩样品由于采样地点及岩性差异，其有机碳含量变化较大。通过有机碳含量平均值对比可见，龙潭组有机碳含量最高，牛蹄塘组其次，龙马溪组平均有机碳含量也达到1.98%（图2.122），整体而言，四套富有机质泥页岩均具有较好的生烃潜力，有利于页岩气的生成。

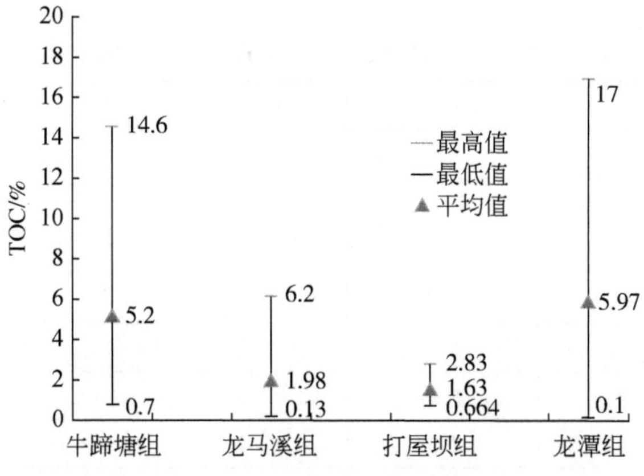

图2.122 贵州地区不同层系有机质丰度对比图

（三）有机质成熟度

有机质成熟度反映了生烃阶段及主要产物，通过不同层系的有机质成熟度最大值、最小值及平均值可见，虽然各层系都有个别样品的有机质成熟度较低，但总体上各层位有机质成熟度均达到生气水平（图2.123）。

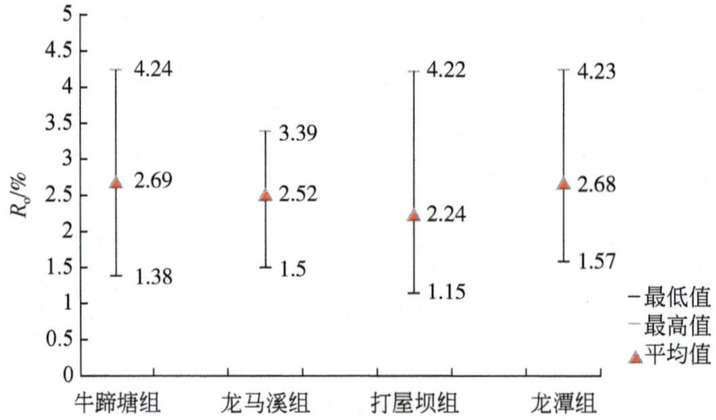

图 2.123　贵州地区不同层系有机质成熟度对比图

五、中美地化参数对比

通过对美国产气页岩相关文献的调研，根据表 2.10 可以看出，贵州省发育的多套潜质页岩层系其地化条件与北美洲具有一定的相似性，有机碳含量均较高，但有机质多具有高成熟的特点，但是分析认为，除个别层系（牛蹄塘组、火烘组）的成熟度相对较高，个别地方超过 3.5% 外，其余各层系均具有适当的演化程度，非常有利于生烃产气。

表 2.10　中美富有机质泥页岩有机地化参数对比

地区	层位	TOC/%	R_o/%	干酪根类型
北美	Ohio	11.8	2.2	Ⅱ型
	Antrim	12.2	0.5	Ⅰ型
	New Albany	13.0	0.6	Ⅱ型
	Barnett	7.0	1.6	Ⅱ型
	Lewis	1.7	1.7	Ⅲ型为主，少量Ⅱ型
	Fayetteville	5.9	2.6	Ⅱ型
	Woodford	7.5	2.1	Ⅱ型
	Haynesville	2.3	2.6	Ⅱ型
贵州	龙潭组	4.5	2.6	Ⅲ型为主，少量$Ⅱ_2$型
	旧司组/祥摆组	1.2	2.6	$Ⅱ_1$型和$Ⅱ_2$型
	龙马溪组	2.0	2.5	$Ⅱ_1$型为主，少量Ⅰ型
	牛蹄塘组	3.0	2.7	Ⅰ型和$Ⅱ_1$型

第三节　潜质页岩储层表征

一、矿物组成

泥（页）岩通常是由陆源碎屑矿物（石英、长石等）、自生脆性矿物（方解石、白云石、黄铁矿、硅质等）、黏土矿物及有机质以不同比例组合形成的沉积岩。本次主要从三个方面入手来讨论各潜质页岩目的层系矿物组成：一是从宏观统计规律进行模糊概述；二是从平面不同区域来论述其变化趋势及其沉积响应特征；三是从纵向上分析矿物组成的变化、沉积响应特征及矿物之间的拟合关系。总体上，7 套潜质页岩目的层系矿物组成的平面变化与沉积相关系密切：碎屑矿物方面，在由浅水陆棚相区向深水陆棚相区过渡时，碎屑矿物呈增高的趋势，增高幅度依沉积相而异；自生脆性矿物方面，由浅水陆棚相区向深水陆棚相区过渡时，自生脆性矿物有降低的趋势，降低幅度一般为 3% ~6%，但黄铁矿一般会增加 1% ~2%；黏土矿物方面，富有机质页岩对应相对较低的黏土矿物含量。由浅水陆棚相区向深水陆棚相区过渡时，黏土矿物呈降低的趋势，降低幅度依沉积相而异。

（一）牛蹄塘组

1. 区域矿物组成及其变化

露头及钻孔的分析数据统计表明：牛蹄塘组石英、长石等碎屑矿物含量 24% ~88%，平均 72.3%；自生脆性矿物含量 0% ~62%，平均为 8.6%；黏土矿物含量 12% ~30%，平均 19%（图 2.124）。黏土矿物以伊利石和伊蒙混层为主，绿泥石少见（图 2.125）。岩石矿物学特征表明，脆性矿物总体含量均大于 50%，具有较好破裂潜力。

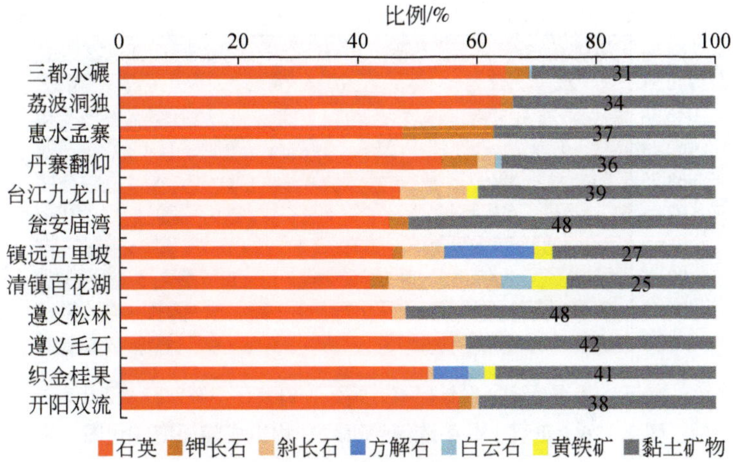

图 2.124　下寒武统牛蹄塘组页岩岩矿组成

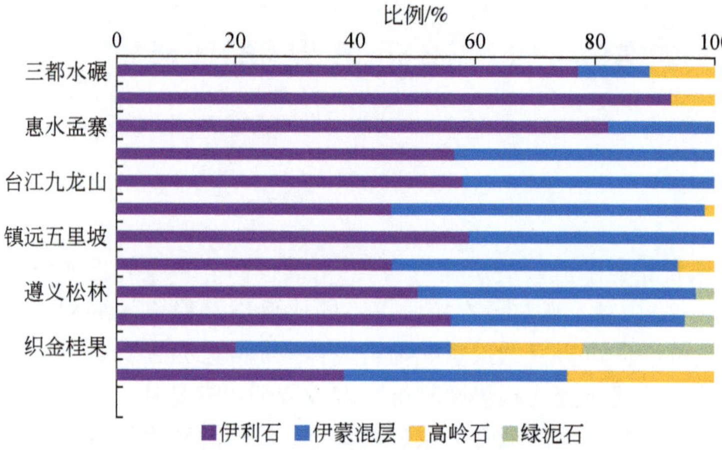

图 2.125　下寒武统牛蹄塘组页岩黏土矿物组成

牛蹄塘组潜质页岩段穿时性明显，贵州北西部牛蹄塘组潜质页岩段为该组下部，如瓮安 ZK122、绥页 1 井、正页 1 井等；向南东方向逐渐扩大至全组，如石阡 ZK1401、松桃 ZK211、岑页 1 井等。岩矿差异主要是北西向南东的水体加深，导致了区内牛蹄塘组潜质页岩段矿物含量的平面分布差异。

2. 纵向矿物组成及其变化

(1) 正安地区

通过对正页 1 井进行连续采样，并分析牛蹄塘组富有机质岩性段矿物组成（TOC>1.5%），结果表明，牛蹄塘组碎屑矿物含量 52% ~76%，平均 72%；黏土矿物含量 9% ~28%，平均 13%，自生脆性矿物含量 2% ~31%，平均 14%（白云石占 4%，黄铁矿占 5%）(图 2.126)。

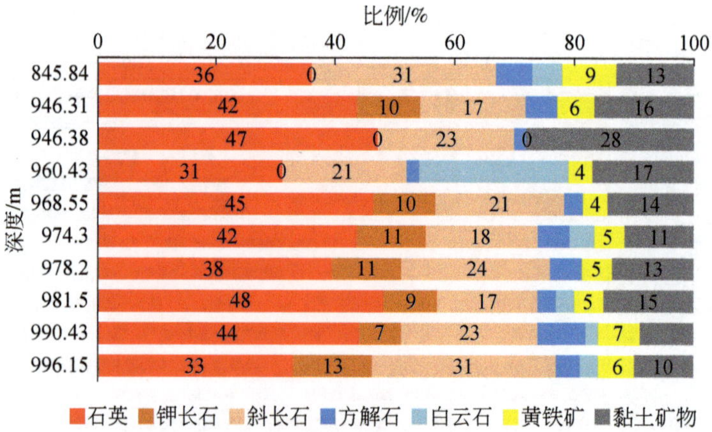

图 2.126　正页 1 井牛蹄塘组页岩矿物组成随深度变化图

以该井为依托，建立了正安地区碎屑矿物、自生脆性矿物、黏土矿物与有机碳的关系图（图 2.127）。碎屑矿物与自生脆性矿物含量呈明显负相关；碎屑矿物与有机碳呈明显正相关；自生碎屑与有机碳关系不明显；黏土矿物与有机碳呈明显负相关，且黏土矿物含量随深度变浅而呈增加的趋势，其增加幅度为 10% ~20%。

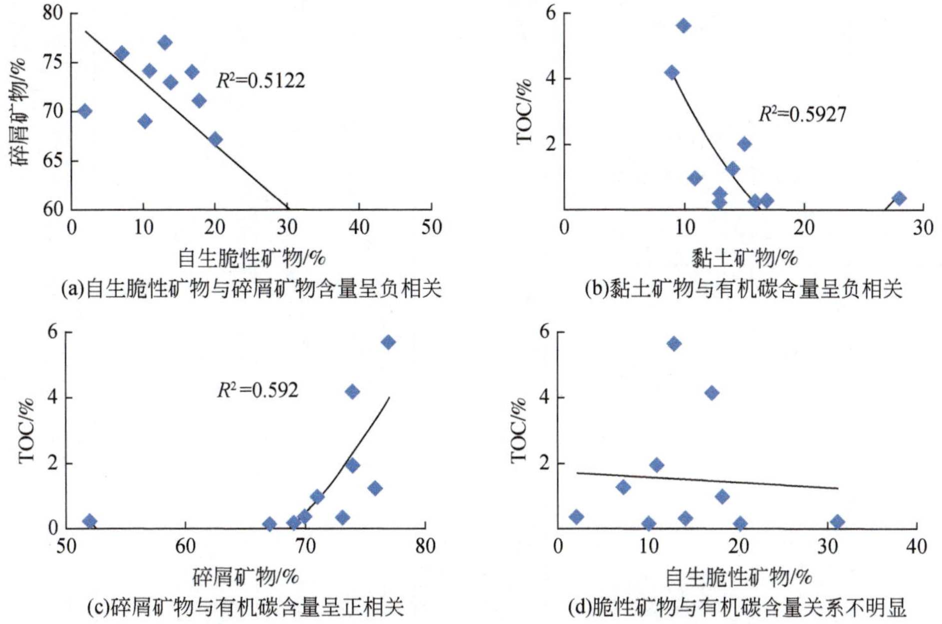

图 2.127　正安地区钻井下寒武统岩矿含量与有机碳关系图

(2) 松桃地区

通过对乌罗地区四个钻孔 ZK211、ZK605、ZK807 及 ZK408 连续采样分析表明，牛蹄塘组与变马冲组潜质页岩段岩矿组成接近，脆性矿物总体含量 70% ~80%，以石英、长石等碎屑矿物为主。牛蹄塘组碎屑矿物含量 60% ~74%，平均 68.3%；黏土矿物含量 15% ~29%，平均 18.8%，自生脆性矿物含量 8% ~22%，平均 12.9%（黄铁矿占 4.4%）。牛蹄塘组上部与九门冲组过渡段，碎屑矿物含量降低至 46%，脆性矿物增加至 33%，黏土矿物含量略微增加（图 2.128）。

通过 4 口井的矿物含量，建立了松桃地区碎屑矿物、脆性矿物、黏土矿物与有机碳的关系图（图 2.129）。碎屑矿物与自生脆性矿物含量呈明显负相关，但二者与有机碳相关性均不明显；黏土矿物含量随深度变浅而呈增加趋势，其增加幅度为 10% ~20%。

(3) 绥阳地区

通过对绥页 1 井进行连续采样并分析牛蹄塘组富有机质岩性段矿物组成，结果表明，牛蹄塘组碎屑矿物含量 41% ~86%，平均 72%；黏土矿物含量 9% ~28%，平均 13%；脆性矿物含量 2% ~28%，平均 14%（方解石占 7%，白云石占 2%，黄铁矿占 5%）(图 2.130)。

从绥阳地区碎屑矿物、自生脆性矿物含量、黏土矿物与有机碳关系图可知（图 2.131），碎屑矿物与自生脆性矿物含量呈明显负相关；碎屑矿物与有机碳关系不明显；自生脆性矿物与有机碳呈明显正相关；黏土矿物与有机碳呈明显负相关，且黏土矿物含量随深度变浅而呈增加趋势，其增加幅度为 10% ~20%。

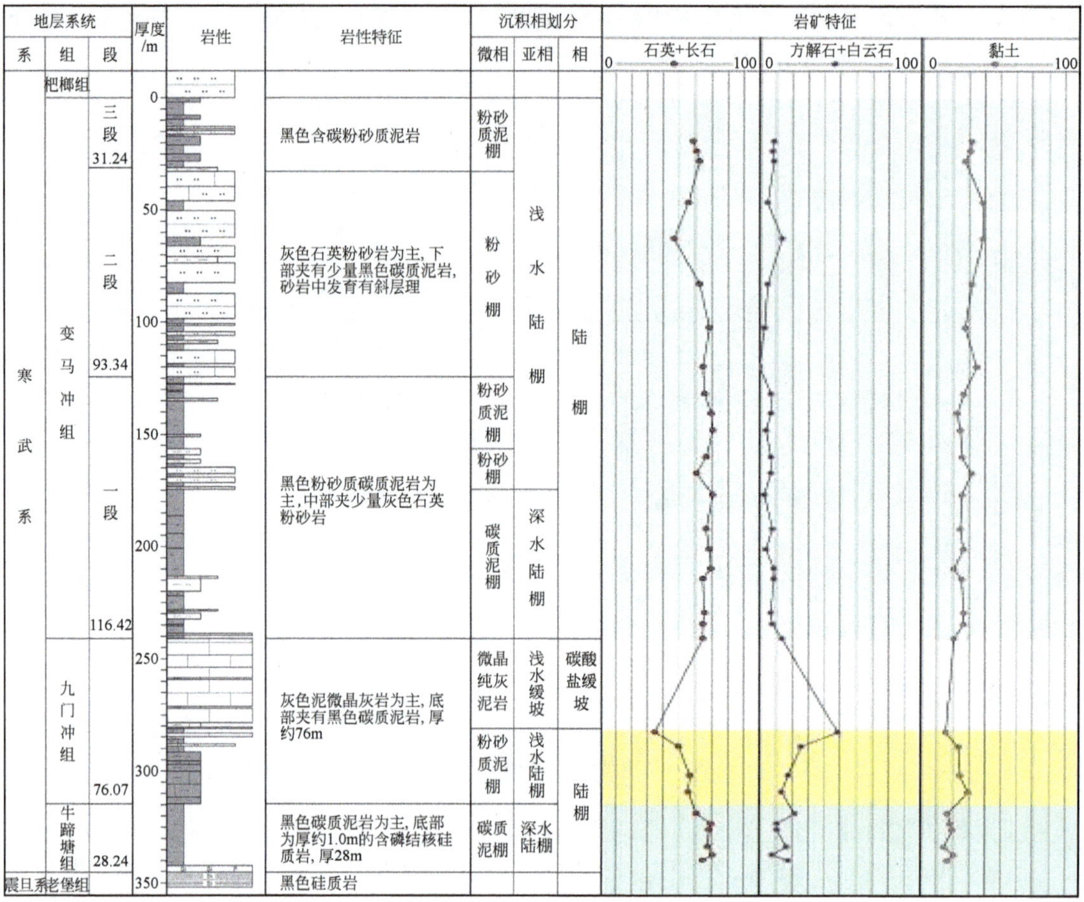

图 2.128　乌罗地区钻孔 ZK211 下寒武统岩矿纵向分布

（4）湄潭地区

通过对湄页 1 井进行连续采样并分析牛蹄塘组富有机质岩性段矿物组成，结果表明，牛蹄塘组碎屑矿物含量 51% ~86%，平均 66%；黏土矿物含量 13% ~35%，平均 18%；自生脆性矿物含量 2% ~25%，平均 10%（方解石占 2%，白云石占 5%，黄铁矿占 3%）（图 2.132）。

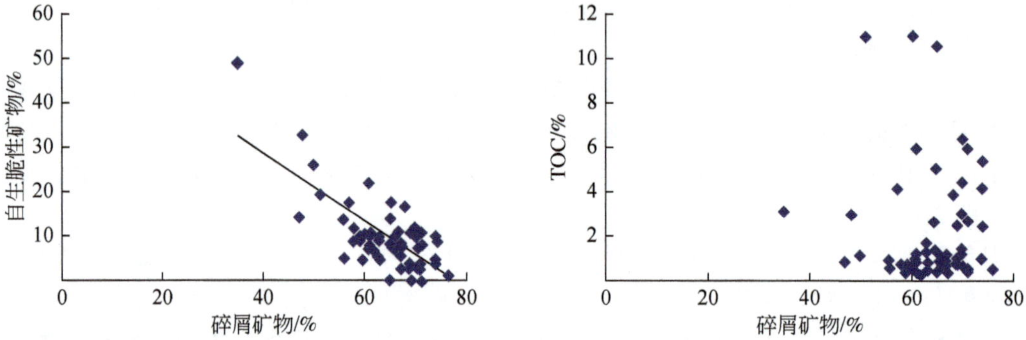

(a)自生脆性矿物与碎屑矿物含量呈负相关　　(b)碎屑矿物与有机碳含量关系不明显

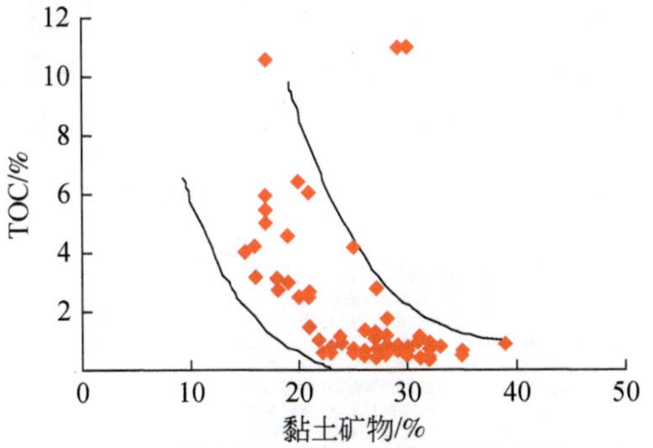

(c)黏土矿物与有机碳含量呈负相关

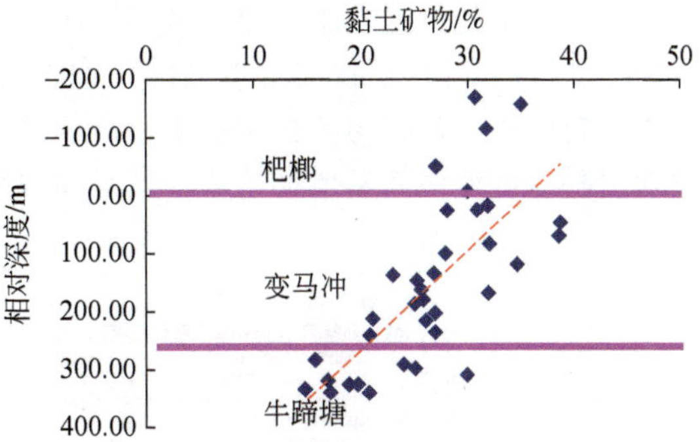

(d)钻孔ZK211黏土矿物纵向变化趋势

图 2.129　松桃地区钻井下寒武统岩矿含量与有机碳、相对深度关系图

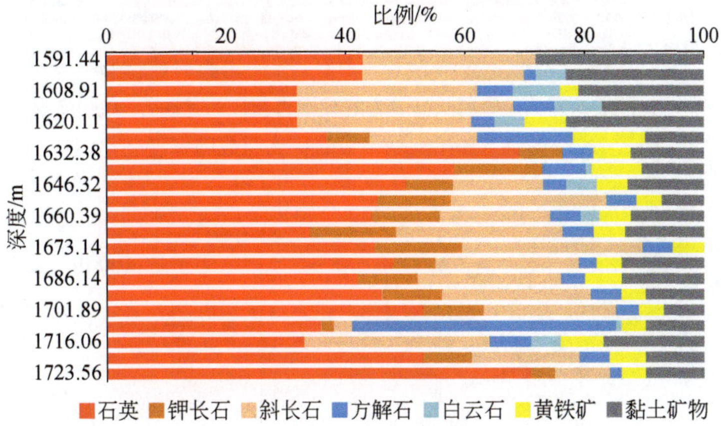

图 2.130　绥页 1 井牛蹄塘组页岩矿物组成随深度变化图

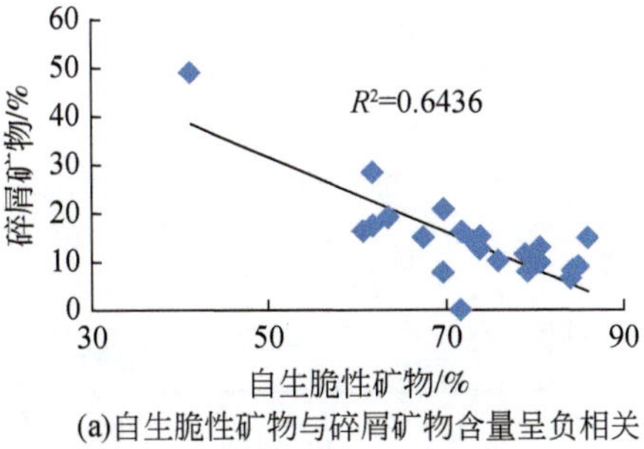

(a)自生脆性矿物与碎屑矿物含量呈负相关

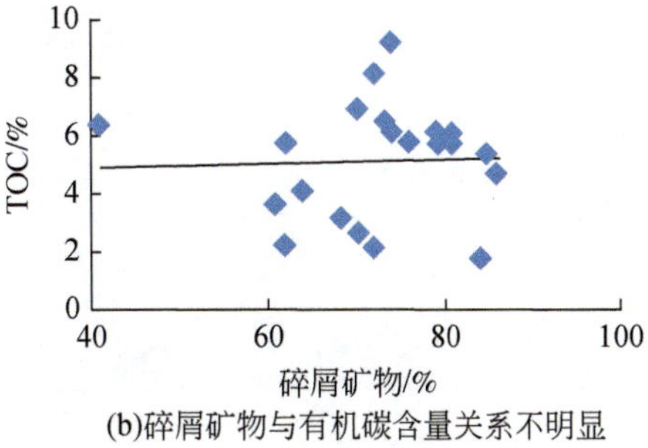

(b)碎屑矿物与有机碳含量关系不明显

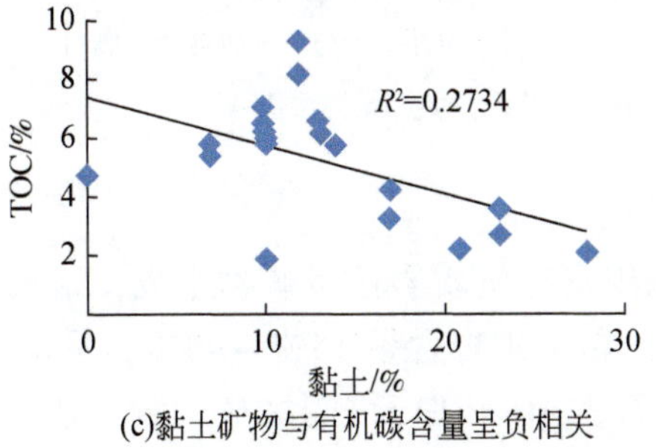

(c)黏土矿物与有机碳含量呈负相关

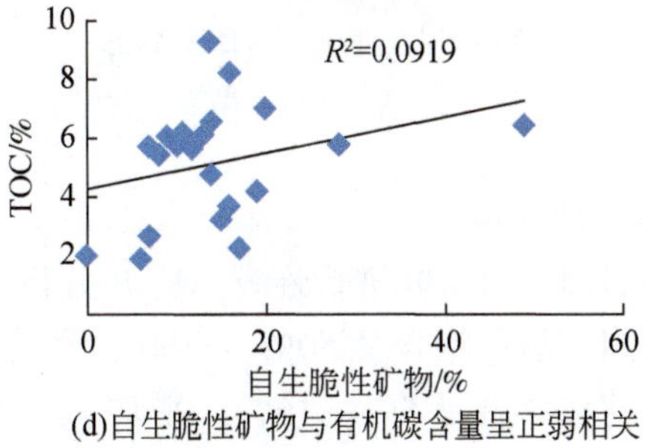

(d)自生脆性矿物与有机碳含量呈正弱相关

图 2.131　绥阳地区钻井下寒武统岩矿含量与有机碳关系图

以该井为依托，建立了湄潭地区碎屑矿物、自生脆性矿物、黏土矿物与有机碳的关系图（图2.133）。碎屑矿物与自生脆性矿物含量呈明显负相关；碎屑矿物与有机碳呈明显正相关；自生脆性矿物与有机碳呈明显负相关；黏土矿物与有机碳呈明显负相关，且黏土矿物含量随深度变浅而呈增加趋势，其增加幅度为10%～20%。

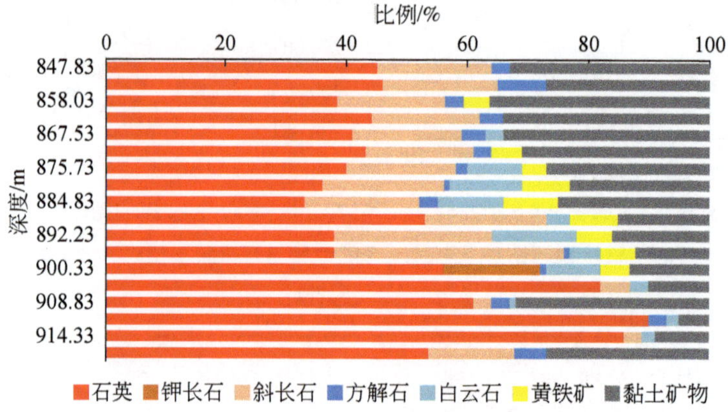

图2.132　湄页1井牛蹄塘组页岩矿物组成随深度变化图

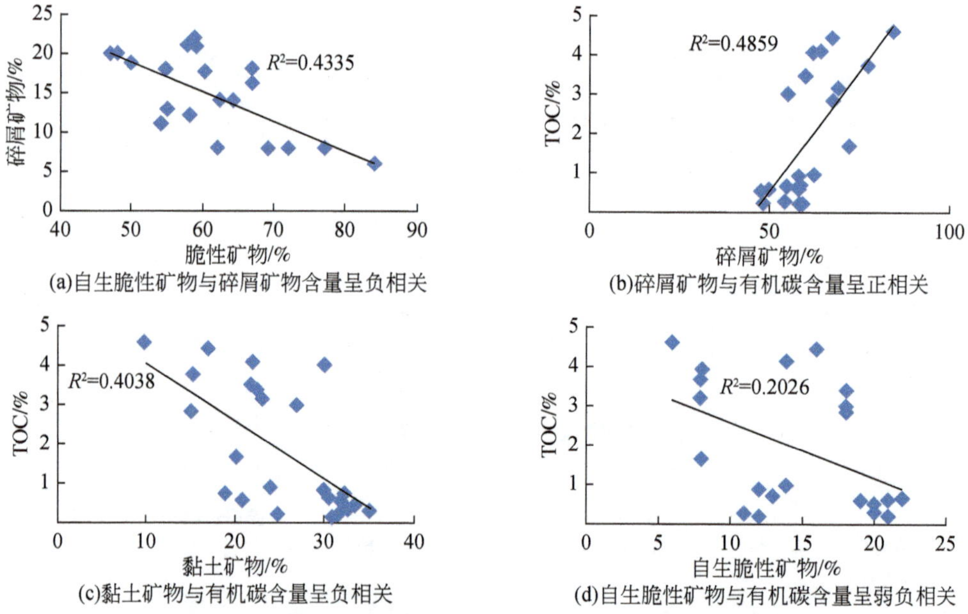

图2.133　湄潭地区钻井下寒武统岩矿含量与有机碳关系图

（5）遵义地区

通过对仁页1井进行连续采样并分析牛蹄塘组富有机质岩性段矿物组成，结果表明，牛蹄塘组碎屑矿物含量50%～69%，平均61%；黏土矿物含量15%～40%，平均31%；自生脆性矿物含量5%～16%，平均9%（方解石占4%，白云石占2%，黄铁矿占3%）（图2.134）。

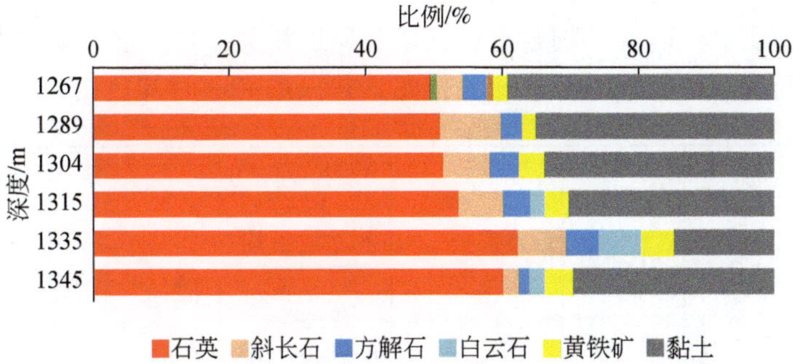

图 2.134 仁页 1 井牛蹄塘组页岩矿物组成随深度变化图

以该井为依托，建立了遵义地区碎屑矿物、自生脆性矿物、黏土矿物与有机碳的关系图（图 2.135）。碎屑矿物与自生脆性矿物含量呈明显正相关；碎屑矿物与有机碳呈明显正相关；自生脆性矿物与有机碳呈明显正相关；黏土矿物与有机碳呈明显负相关，且黏土矿物含量随深度变浅呈增加趋势，其增加幅度为 10% ~20%。

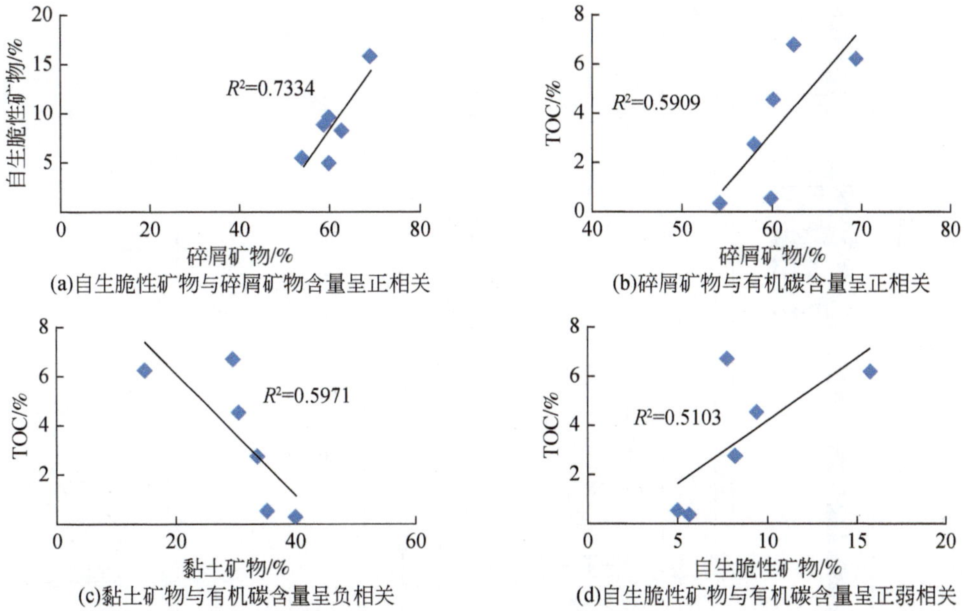

图 2.135 遵义地区钻井下寒武统岩矿含量与有机碳关系图

（6）石阡地区

通过对王家沟 ZK1401 井连续采样分析牛蹄塘组富有机质岩性段矿物组成，结果表明，牛蹄塘组脆性矿物总体含量平均约 81%，以石英、长石等碎屑矿物为主（图 2.136）。碎屑矿物含量 38% ~82%，平均 69.8%；黏土矿物含量 6% ~39%，平均 18.2%，自生脆性矿物含量 6% ~23%，平均 11.7%（黄铁矿平均 6.3%）。牛蹄塘组顶部有机碳含量<1.5%，碎屑矿物含量降低显著，约 46.3%；自生脆性矿物略有增加，表现为钙质矿物增加，黄铁矿减少；黏土矿物含量逐渐增大至 38.0%。

通过对比碎屑矿物、自生脆性矿物、黏土矿物与有机碳含量，可知碎屑矿物与自生脆性矿物含量关系不明显；碎屑矿物与有机碳呈明显正相关；自生脆性矿物与有机碳呈微正相关；黏土矿物与碎屑矿物含量呈负相关，尤其井深<190m 时其负相关趋势性更明显。

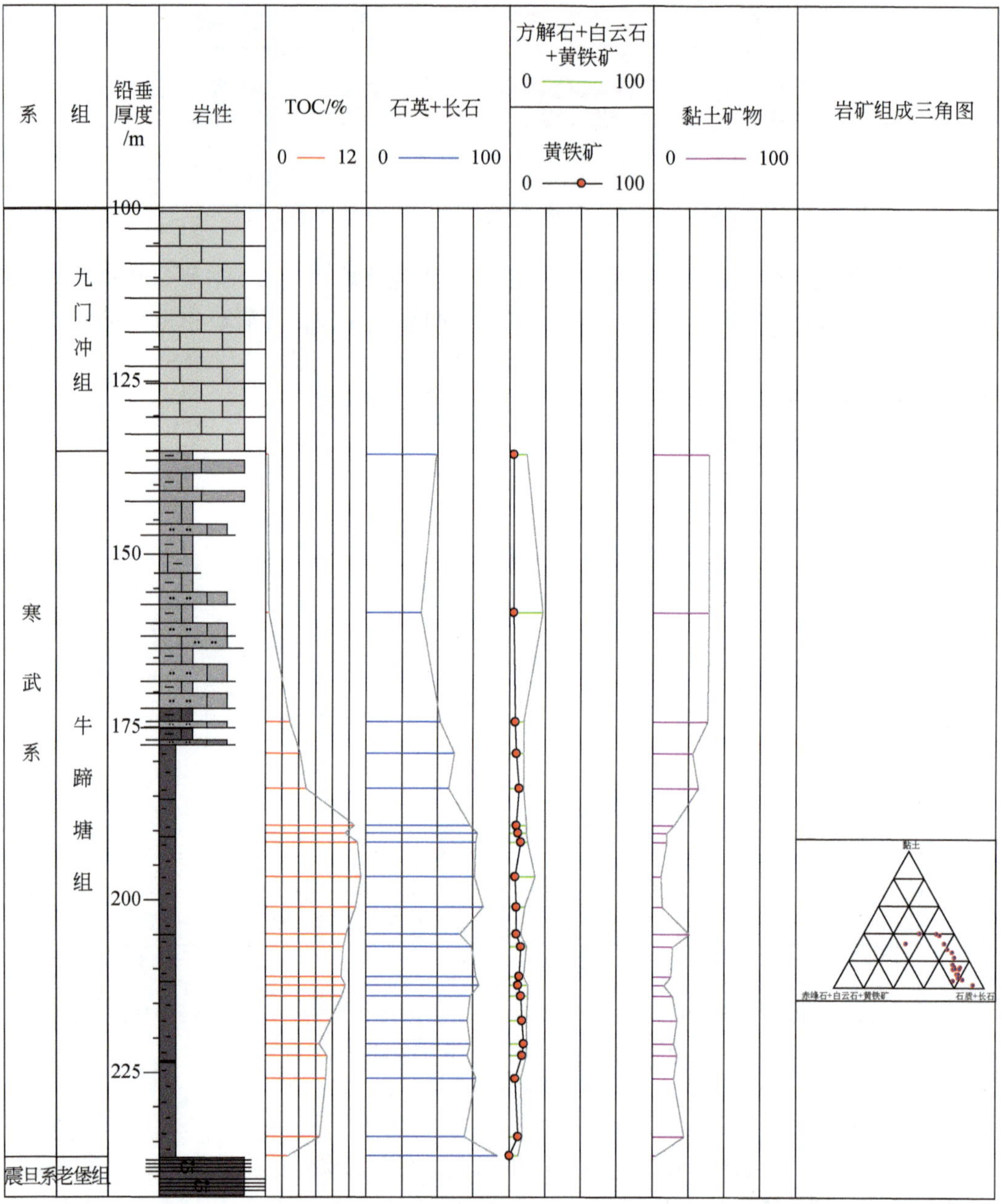

图 2.136 石阡王家沟 ZK1401 钻孔下寒武统潜质页岩段岩矿特征

(7) 瓮安地区

通过对玉华地区钻孔 ZK122、ZK224 连续采样分析牛蹄塘组富有机质岩性段矿物组成，结果表明，牛蹄塘组脆性矿物总体含量平均 66.3%，以石英、长石等碎屑矿物为主，次为白云石等自生脆性矿物（图2.137）。

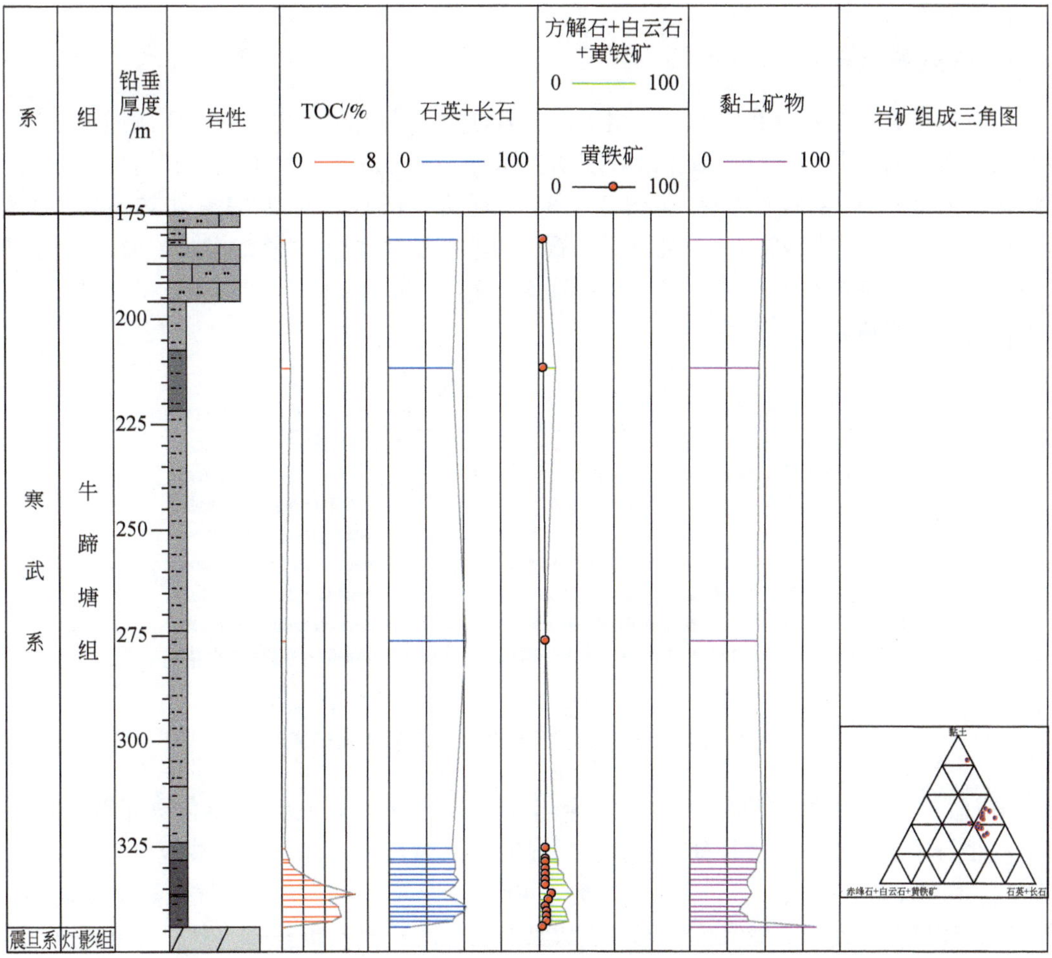

图2.137 瓮安玉华钻孔ZK122下寒武统潜质页岩段岩矿特征

统计表明，牛蹄塘组碎屑矿物含量32%～54%，平均44.7%；黏土矿物含量19%～41%，平均33.7%；自生脆性矿物含量15%～44%，平均21.6%（白云石占10.8%，黄铁矿占5.1%）。牛蹄塘组上部碎屑矿物含量基本稳定，平均约43.9%；自生脆性矿物含量相对较低，平均约7.3%；黏土矿物含量增大至48.8%。

3. 小结

总体上，下寒武统牛蹄塘组含气页岩段岩矿组成具有较明显的纵向分布规律，碎屑矿物总体含量接近，反映出相同的沉积环境。上部碳酸盐矿物（主要为方解石）含量呈增加的趋势，黏土矿物含量由下而上也呈逐渐增加的趋势，与宏观结果一致。相反，有机碳含量呈逐渐降低的趋势，二者具明显负相关关系，反映沉积水体呈逐渐变浅的趋势。钻孔测试的岩矿组成分布相对集中，更加客观反映了下寒武统含气页岩段岩矿组成。脆性矿物总含量可达70%以上，具有较好的脆性。

（二）龙马溪组

1. 区域矿物组成及其变化

富有机质页岩主要分布于龙马溪组下部，岩性主要为碳质泥岩、粉砂质碳质泥岩、碳质硅质泥岩。露头及钻孔分析数据统计表明：志留系龙马溪组矿物组成以碎屑矿物及黏土矿物为主，次为自生脆性矿物（图 2.138）。石英、长石含量 24.3% ~ 75.5%，平均 49.6%；黏土矿物平均 40.8%，且以伊利石和伊蒙混层为主（含量 22.2% ~ 63.4%），含少量的高岭石和绿泥石；碳酸盐矿物含量较少（0% ~ 44.8%），平均 9.4%。可见，龙马溪组含气页岩具有较好的脆性。

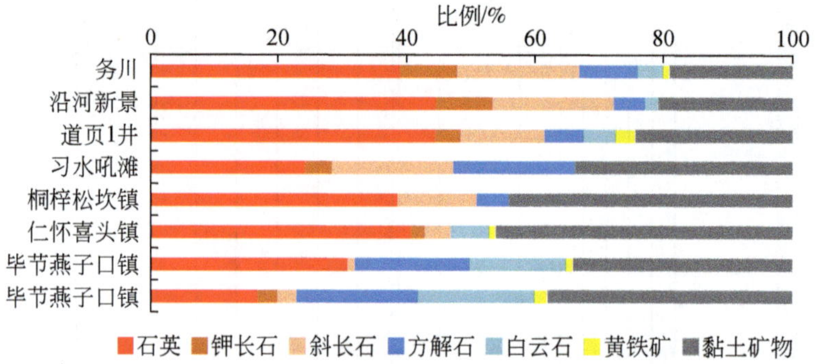

图 2.138 下志留统龙马溪组黑色页岩矿物组成

平面上，碎屑矿物多富集于黔中古隆起北侧边缘（图 2.139），总体含量为 50% ~ 60%。北部深水陆棚呈分散状分布，含量明显减少，为 40% ~ 50%。碳酸盐自生矿物以北部南川-道真片区含量较高，一般可达 3% ~ 40%，平均 10.9%。与含气页岩厚度高值区重叠，具较好勘探潜力。龙马溪组岩矿组成具有明显的平面分布差异。黔中古隆起北侧边缘碎屑矿物含量较高，向北至陆棚环境含量逐渐降低。

2. 纵向矿物组成及其变化

（1）习水地区

习页 1 井富有机质页岩段（TOC>1.5%）碎屑矿物含量平均 59%，自生脆性矿物、黏土矿物含量平均分别为 15% 和 26%。有机碳含量 TOC<1.5% 时，碎屑矿物降低至 50%，自生脆性矿物、黏土矿物分别增加至 20% 和 33%（图 2.140）。黏土矿物以伊利石为主，随着有机质含量降低，高岭石、绿泥石略呈增高的趋势。

以该井为依托，建立了习水地区碎屑矿物、自生脆性矿物、黏土矿物与有机碳的关系图（图 2.141）。碎屑矿物与自生脆性矿物含量呈明显负相关；碎屑矿物与有机碳呈明显正相关；自生脆性矿物与有机碳关系不明显；黏土矿物与有机碳呈明显负相关，且黏土矿物含量随深度变浅而呈增加趋势，其增加幅度为 10% ~ 20%。

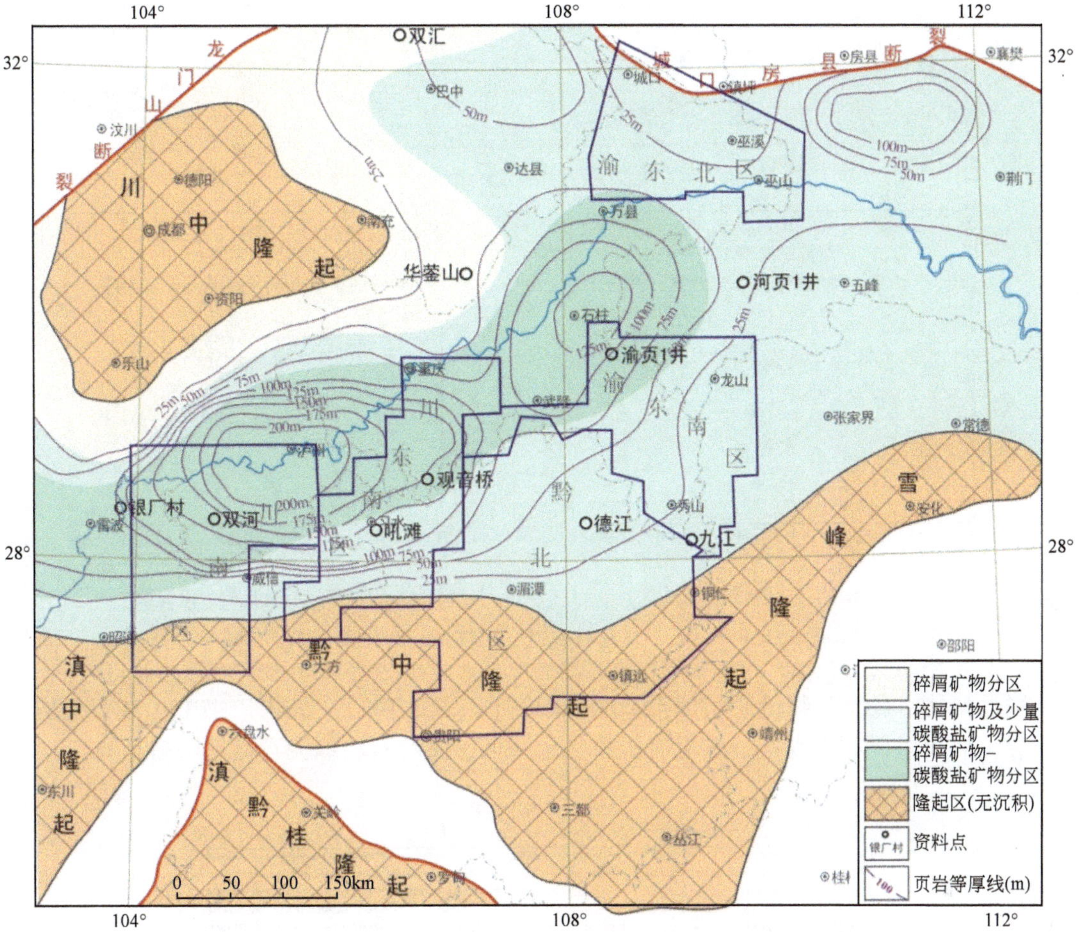

图 2.139 下志留统龙马溪组富有机质页岩矿物组成平面分布趋势

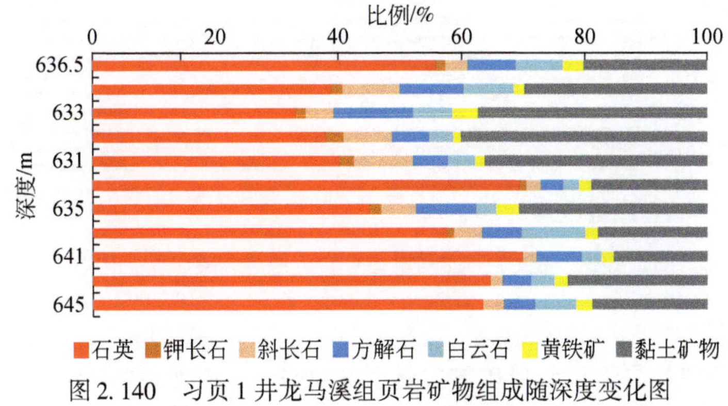

图 2.140 习页 1 井龙马溪组页岩矿物组成随深度变化图

(2) 桐梓地区

桐页 1 井富有机质页岩段（TOC>1.5%）碎屑矿物含量平均 59%，自生脆性矿物、黏土矿物含量平均分别为 15% 和 26%。有机碳含量 TOC<1.5% 时，碎屑矿物降低至 50%，

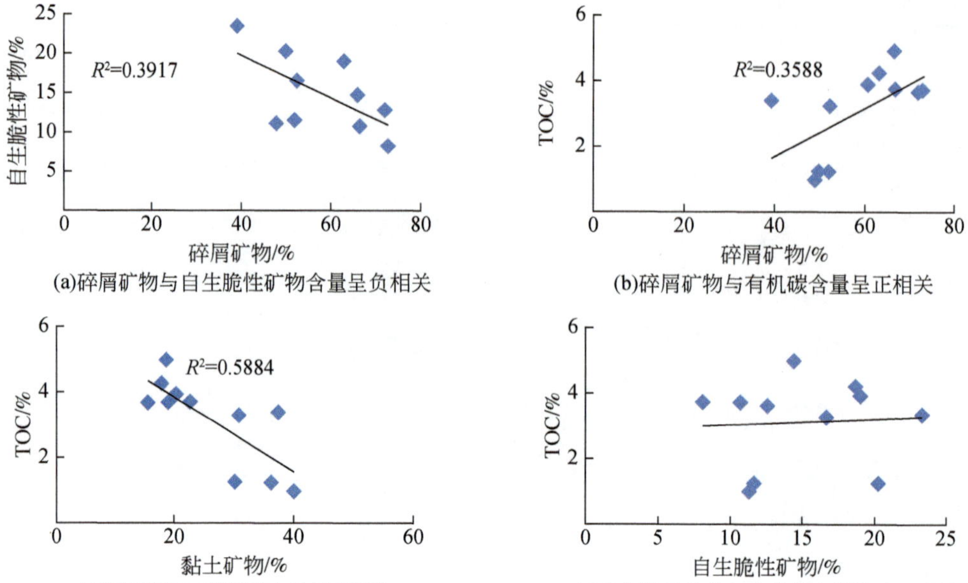

(a)碎屑矿物与自生脆性矿物含量呈负相关　(b)碎屑矿物与有机碳含量呈正相关

(c)碎屑矿物与有机碳含量呈正相关　(d)自生脆性矿物与有机碳含量关系不明显

图 2.141　习页 1 井龙马溪组岩矿含量与有机碳关系图

自生脆性矿物、黏土矿物分别增加至 20% 和 33% （图 2.142）。黏土矿物中，富有机质页岩段黏土矿物以伊利石为主，随着有机质含量降低，高岭石、绿泥石略呈增高趋势。

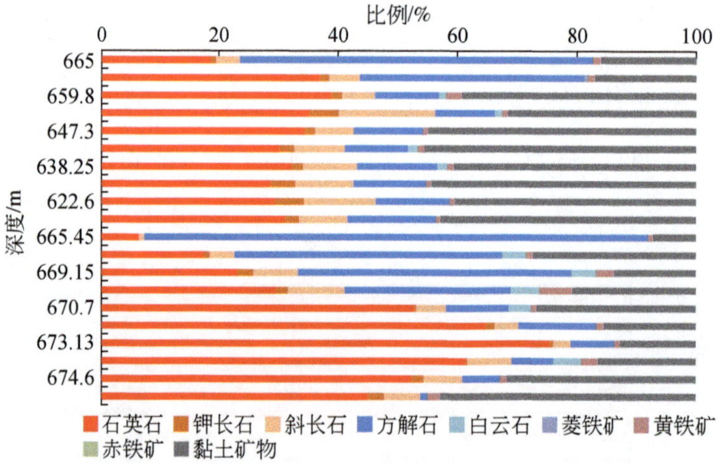

图 2.142　桐页 1 井龙马溪组页岩矿物组成随深度变化图

（3）道真地区

道页 1 井富有机质页岩段碎屑矿物含量平均 66%，自生脆性矿物、黏土矿物含量平均分别为 12% 和 22%。当有机碳含量 TOC<1.5% 时，碎屑矿物降低至 60%，自生脆性矿物、黏土矿物分别增加至 19% 和 31.5% （图 2.143）。黏土矿物中，富有机质页岩段黏土矿物以伊利石为主，随着有机质含量降低，高岭石、绿泥石略呈增高的趋势。

以该井为依托，建立了道真地区碎屑矿物、自生脆性矿物含量、黏土矿物与有机碳的

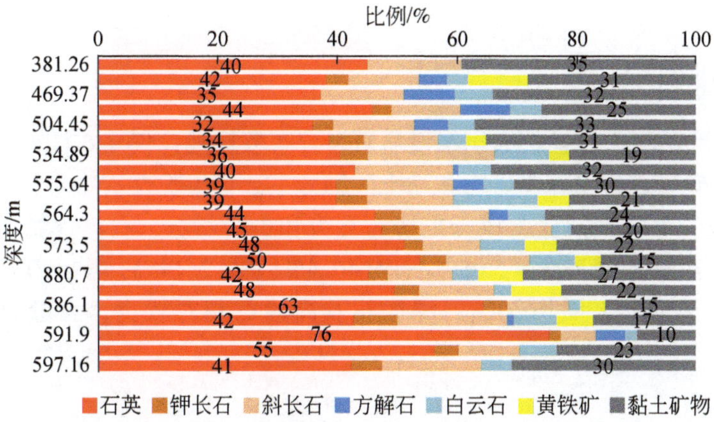

图 2.143 道页 1 井龙马溪组页岩矿物组成随深度变化图

关系图（图 2.144）。碎屑矿物与自生脆性矿物含量呈明显负相关；碎屑矿物与有机碳呈明显正相关；自生碎屑与有机碳呈明显负相关；黏土矿物与有机碳呈明显负相关，且黏土矿物含量随深度变浅而呈增加的趋势，其增加幅度为 10% ~20% 。

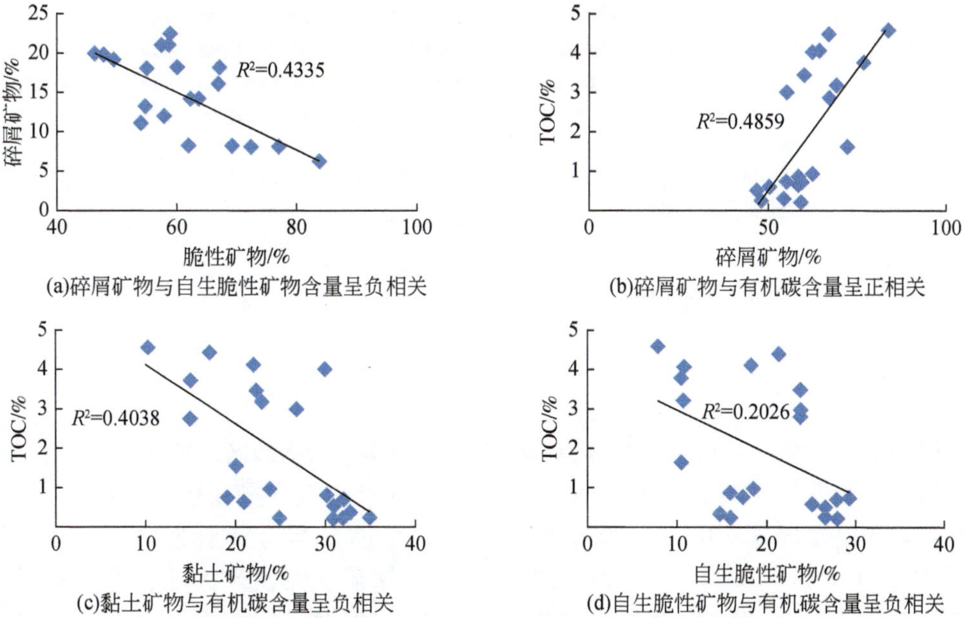

(a)碎屑矿物与自生脆性矿物含量呈负相关
(b)碎屑矿物与有机碳含量呈正相关
(c)黏土矿物与有机碳含量呈负相关
(d)自生脆性矿物与有机碳含量呈负相关

图 2.144 道页 1 井龙马溪组岩矿含量与有机碳关系图

3. 小结

总体上，龙马溪组从下至上岩石颜色逐渐变浅，粉砂质含量逐渐增多，有机碳含量逐渐降低。龙马溪组上部碎屑矿物含量降低时，自生脆性矿物、黏土矿物含量略有增加。从矿物组分与有机碳的关系表明，随着沉积水体变浅有机质丰度有降低的趋势，脆性矿物也由单一的碎屑矿物过渡为碎屑矿物+自生脆性矿物组合，陆源碎屑补给减弱，沉积环境趋于稳定。

(三) 火烘组

受沉积环境影响，中泥盆统火烘组潜质页岩分布较局限，仅在右江及黔南地层分区发育。火烘组页岩矿物成分以碎屑矿物和黏土矿物为主，自生脆性矿物含量较少。碎屑矿物含量42%～62%，平均51.1%，成分主要为石英和少量长石，石英含量38%～60%，平均48.1%；黏土矿物含量38%～53%，平均46.4%（图2.145）。黏土矿物中又以伊利石为主，含量24%～80%，平均53%；绿泥石及高岭石相对较少，含量20%～66%，平均23.5%。

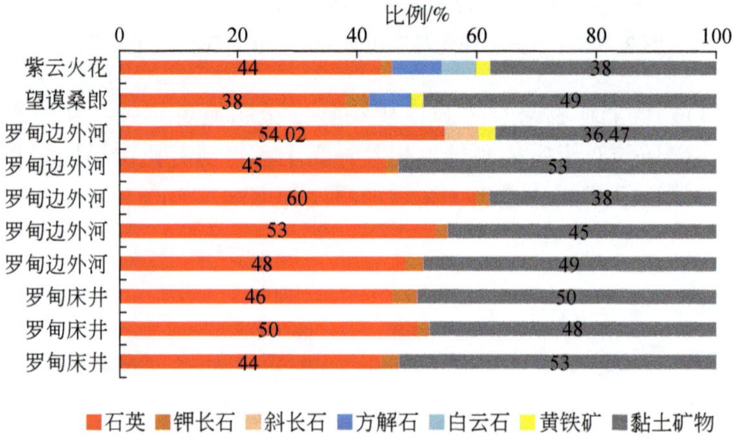

图2.145　火烘组页岩全岩矿物组成

(四) 打屋坝组/旧司组

1. 区域矿物组成及其变化

打屋坝组（旧司组）分布较局限，仅发育于黔西南和黔南地区。黔西南地区下石炭统打屋坝组：石英含量6.75%～99.28%，平均0.75%；长石含量0.00%～6.44%，平均1.00%；碳酸盐岩含量0.00%～90.63%，平均24.86%，以方解石为主，次为白云石；铁矿物含量0.00%～6.83%，平均2.00%，以黄铁矿、菱铁矿为主；黏土矿物含量0.72%～48.85%，平均18.80%（图2.146）。黏土矿物以伊利石占主导，平均含量38.14%；高岭石含量次之，平均23.75%；蒙脱石含量0.00%～39.81%，平均12.68%；绿泥石含量0.00%～19.43%，平均2.85%；伊蒙混层含量0.00～40.51%，平均6.09%。

黔南区打屋坝组矿物组成以黏土矿物和石英为主，黏土矿物的平均含量为52%，石英的平均含量为37.8%，兼有少量长石、碳酸盐岩和黄铁矿等。黏土矿物主要为伊蒙混层和伊利石，伊蒙混层平均为80.4%，伊利石平均为12%。

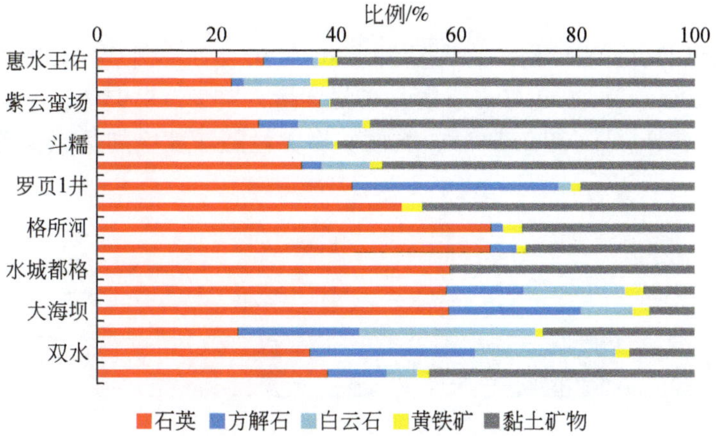

图2.146　打屋坝组页岩全岩矿物组成

2. 纵向矿物组成及其变化

(1) 水页1井

潜质页岩目的层碎屑矿物含量5.00%～68.00%，平均25.36%；黏土矿物含量7.00%～36.00%，平均23.04%；自生脆性矿物含量7.00%～86.00%，平均50.68%。在475～620m自生脆性矿物含量最高，在640～657m碎屑矿物含量最高，黏土矿物含量随深度增加呈减少趋势（图2.147）。

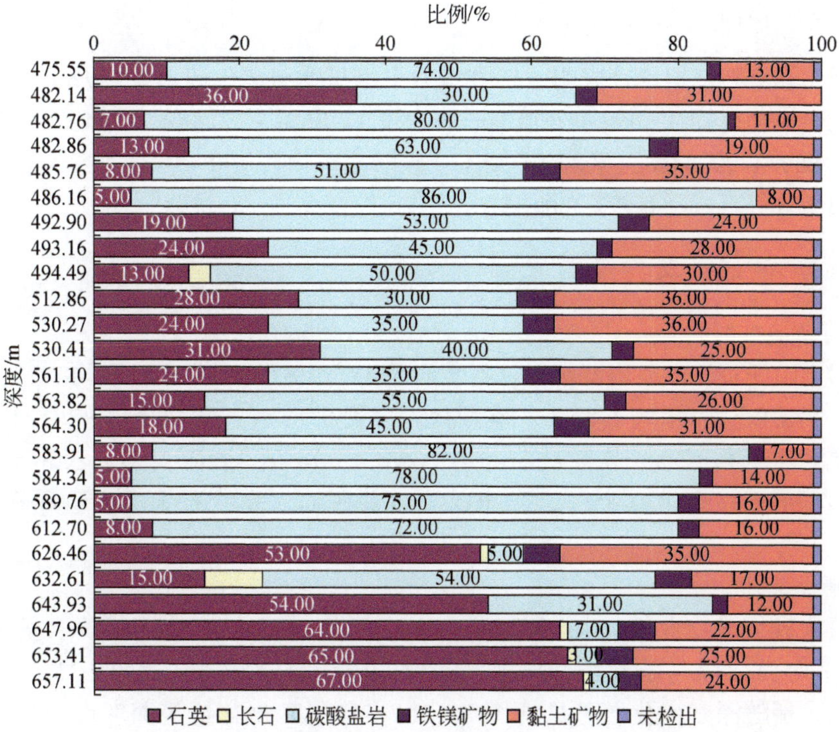

图2.147　水页1井旧司组页岩矿物成分随深度变化图

（2）晴页2井

下石炭旧司组潜质页岩碎屑矿物含量33.36%～50.20%，平均41.78%；黏土矿物含量41.96%～57.69%，平均49.82%；脆性矿物含量7.85%～8.95%，平均8.40%。从矿物含量随深度变化图可见（图2.148），脆性矿物含量随深度增加呈减少趋势，而黏土含量呈增加趋势。

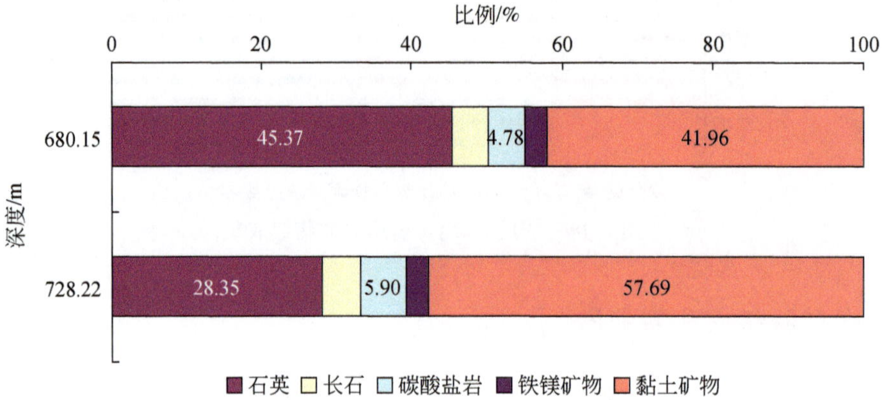

图2.148 晴页2井旧司组页岩矿物成分随深度变化图

（五）梁山组

1. 区域矿物组成及其变化

露头及钻孔分析数据统计表明：二叠系梁山组矿物组成以碎屑矿物及黏土矿物为主，次为自生脆性矿物（图2.149）。石英、长石含量13.86%～92.85%，平均52.31%；黏土矿物含量3.65%～72.44%，平均40.32%；碳酸盐矿物含量0%～44.8%，平均9.24%。可见，梁山组含气页岩具有较好的脆性。

2. 纵向矿物组成及其变化

（1）晴隆纳贡剖面

根据梁山组泥页岩样品测试结果：石英含量18.73%～58.49%，平均32.70%；长石含量0.00%～3.26%，平均1.55%；碳酸盐岩含量8.17%～43.98%，平均31.74%，以方解石为主，次为白云石；铁矿物含量0.00%～3.74%，平均2.57%；黏土矿物含量26.98%～33.96%，平均30.75%，黏土矿物以蒙脱石、高岭石为主，伊利石含量次之（图2.150）。

（2）晴页1井

潜质页岩碎屑矿物含量10.07%～29.00%，平均19.85%；黏土矿物含量34.23%～67.91%，平均51.83%；自生脆性矿物含量12.09%～55.71%，平均28.32%。

从矿物含量随深度变化图可见（图2.151），碎屑矿物含量随深度增加呈减少趋势，自生脆性矿物含量随深度增加而增加，黏土含量呈略微减少趋势。

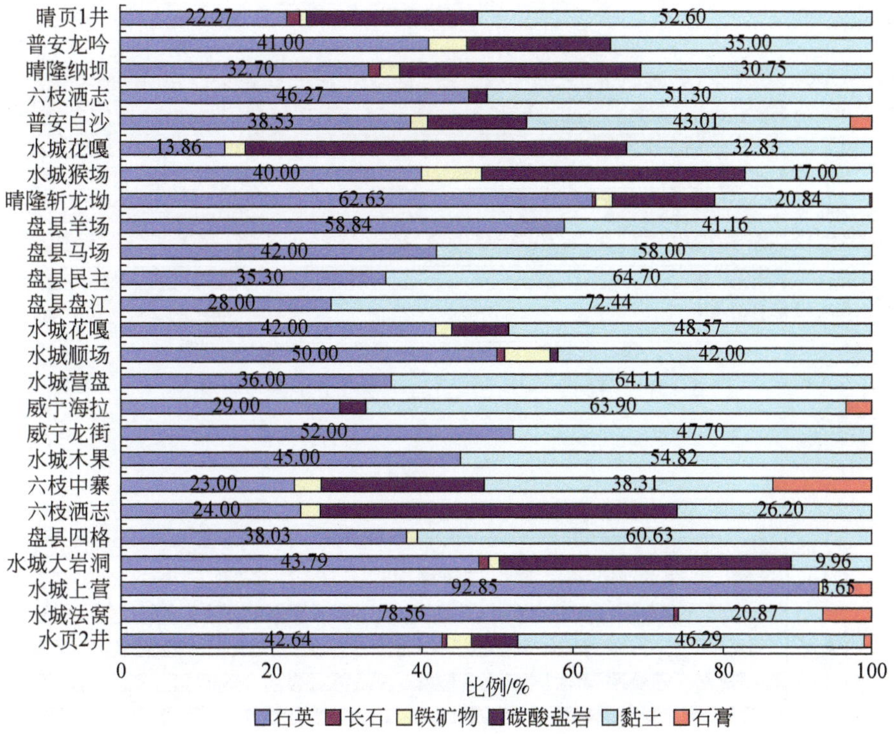

图 2.149　梁山组潜质页岩矿物成分及含量图

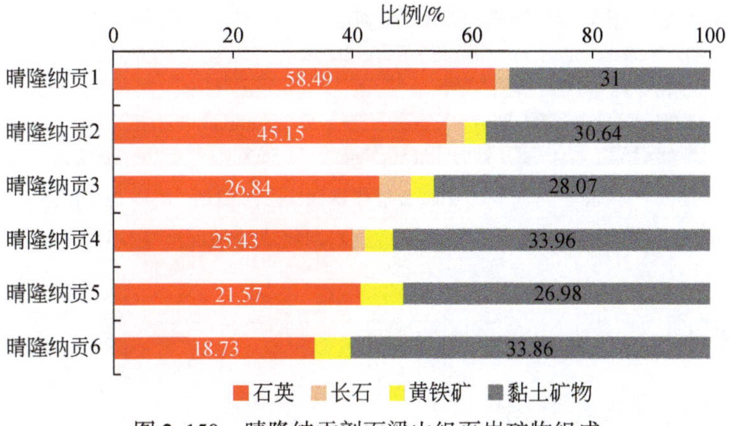

图 2.150　晴隆纳贡剖面梁山组页岩矿物组成

（3）水页 2 井

梁山组潜质页岩碎屑矿物含量 18.00% ~68.00%，平均 43.29%；黏土矿物含量 20.00% ~66.00%，平均 46.29%；自生脆性矿物含量 0.00% ~61.00%，平均 9.43%。在 440 ~480m 碎屑矿物含量最高（图 2.152）。

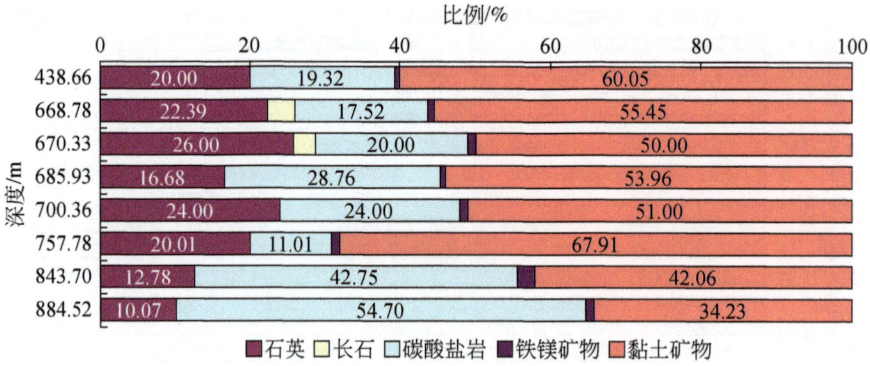

图 2.151　晴页 1 井梁山组页岩矿物成分随深度变化图

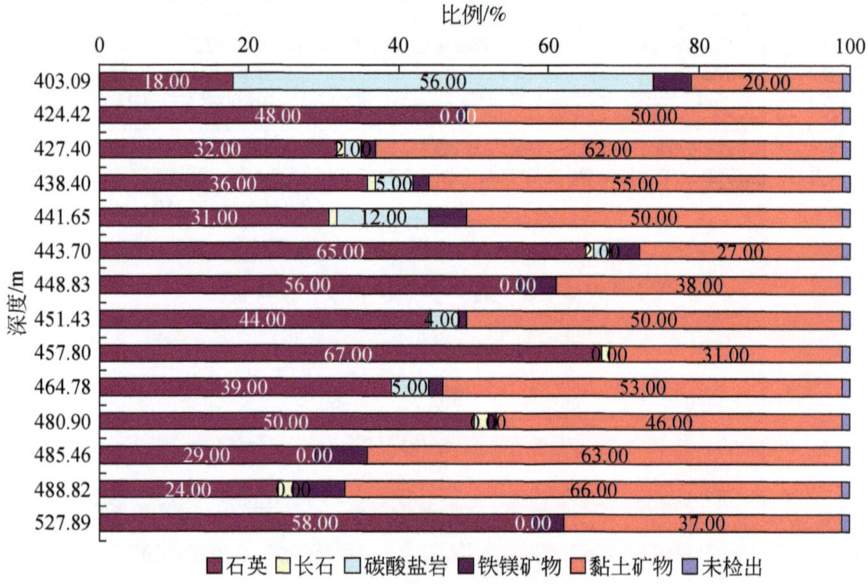

图 2.152　水页 2 井梁山组页岩矿物成分随深度变化图

（六）龙潭组

1. 区域矿物组成及其变化

上二叠统龙潭组潜质页岩以黏土矿物为主，次为石英和碳酸盐矿物（图 2.153）。石英含量 14.43% ~88.47%，平均 37.90%；长石含量 0.00% ~17.67%，平均 4.81%，以斜长石为主；碳酸盐矿物含量 0.00% ~15.13%，平均 1.98%；铁矿物含量 0.00% ~30.72%，平均 13.95%，以黄铁矿为主，次为菱铁矿；黏土矿物含量 9.83% ~65.80%，平均 41.35%。黏土矿物中以伊蒙混层为主，平均含量 60%，高岭石和蒙脱石含量次之，平均含量分别为 30% 和 20%。

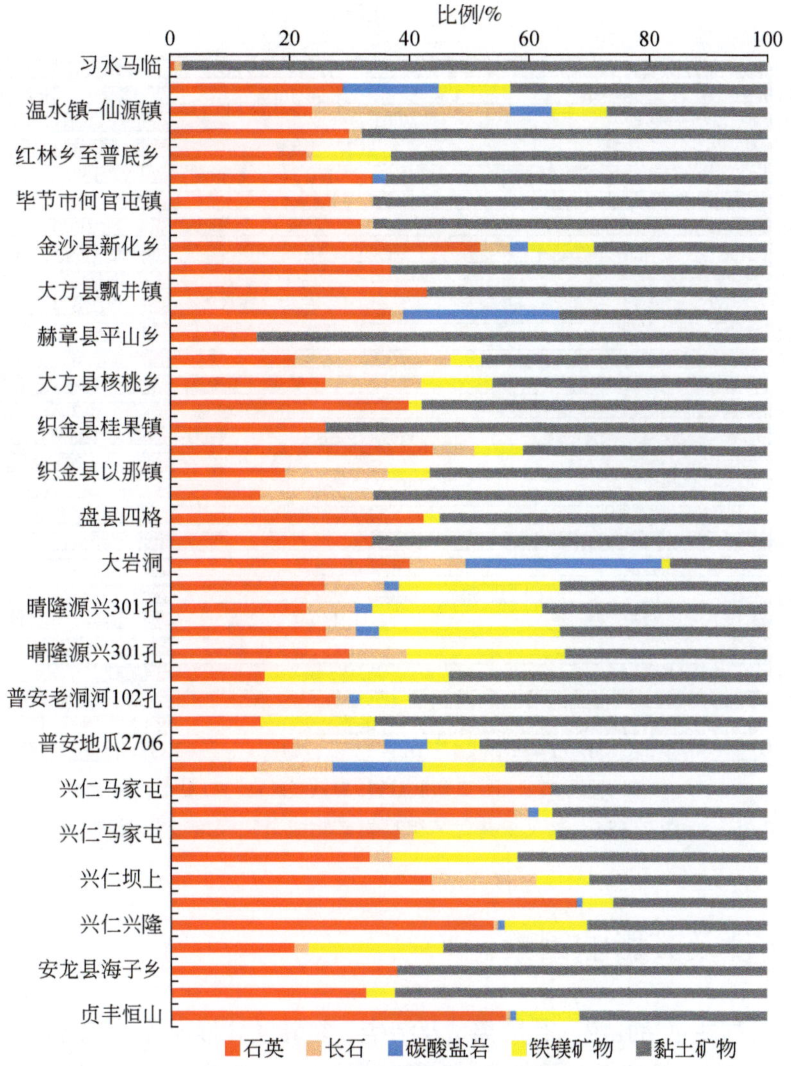

图 2.153　龙潭组页岩矿物组成

2. 纵向矿物组成及其变化

以兴页 1 井为例，具体如下。

龙潭组潜质页岩碎屑矿物含量 28.27% ~56.88%，平均 44.99%；黏土矿物含量 15.71% ~53.22%，平均 36.02%；自生脆性矿物含量 4.54% ~40.52%，平均 18.99%。在 765 ~825m，碎屑矿物含量最高（图 2.154）。

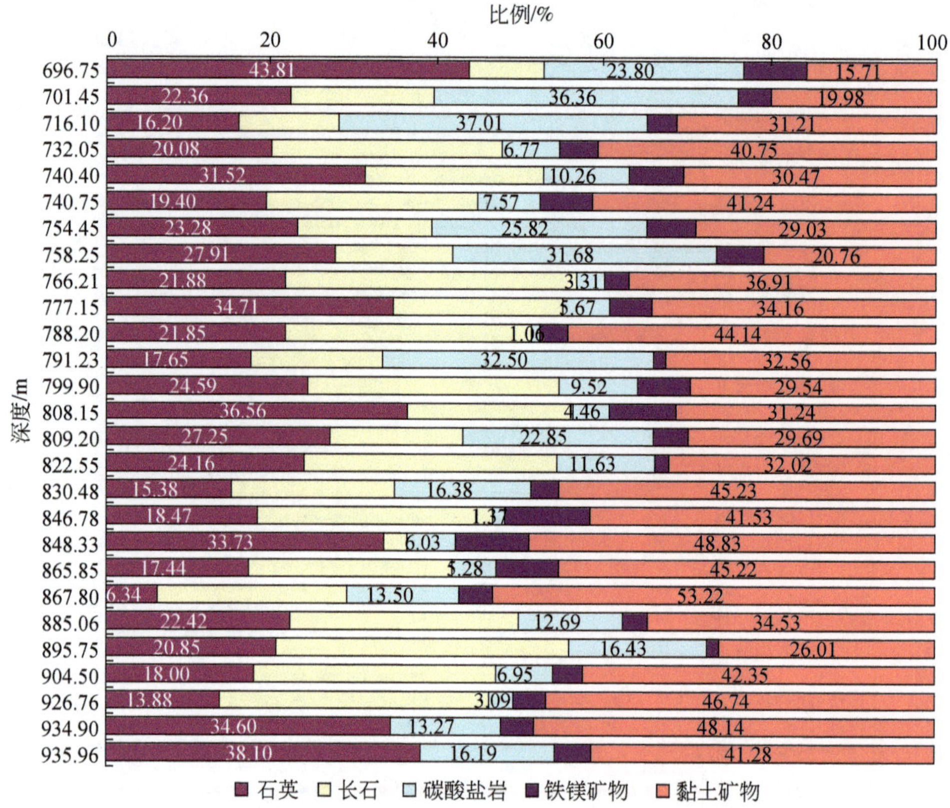

图 2.154 兴页 1 井龙潭组页岩矿物成分随深度变化图

二、储集物性及其影响因素

页岩的储集物性包括孔渗、孔隙类型及结构、裂缝发育特征等（魏祥峰等，2013；郭旭升等，2014）。本节通过氩离子抛光-扫描电镜技术（FIB-SEM）、非稳态高压压汞技术、比表面积测试技术、小角度中子散射技术、核磁共振技术等对页岩气储集物性特征进行探讨。

（一）牛蹄塘组

1. 孔渗

（1）区域孔渗值及其变化

下寒武统牛蹄塘组页岩的孔隙度分布范围 1.3%～25.6%，平均 8.24%，总体孔隙度中等；渗透率分布在 $0.0022\times10^{-3}\sim0.0172\times10^{-3}\mu m^2$，平均 $0.0083\times10^{-3}\mu m^2$，渗透率极低。平面上，在西部遵义、西南部开阳和东部松桃地区孔隙度较高；在中部湄潭、东北部沿河、东南部镇远、岑巩等地较低；渗透率总体分布趋势与孔隙度分布基本一致。

（2）纵向孔渗值及其变化

牛蹄塘组井下岩心孔隙度平均0.6%，渗透率平均0.026mD[①]；地表样品孔隙度平均6.98%，渗透率平均0.03mD。井下样品孔隙度约为地表样品的10%，渗透率较为接近。从仁页2井牛蹄塘组富有机质页岩层段的纵向变化看，孔隙度表现出随深度增加而先减小后增大的趋势，渗透率表现出随深度增加而减小的趋势（图2.155）。

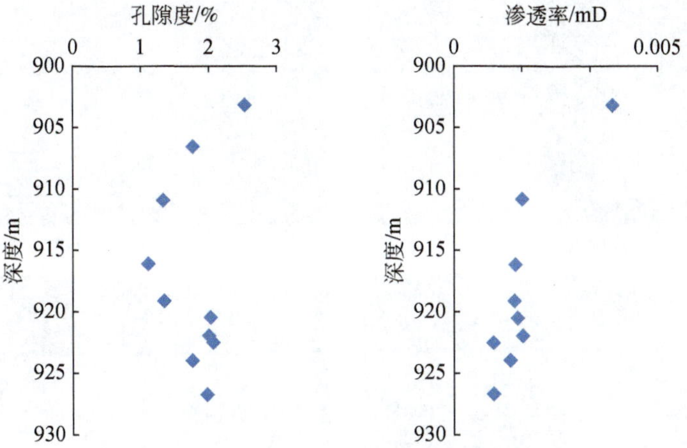

图2.155　仁页2井孔渗随深度变化图

2. 孔隙特征

（1）孔隙类型

本次对页岩储层孔隙孔径分类采用理论（化学）与应用化学联合会（IUPAC）划分方法，即小于2nm为微孔，2～50nm为中孔，大于50nm为大孔。牛蹄塘组脆性矿物含量较高，粒间、晶间微孔发育，主要类型有粒间孔、粒内孔、溶蚀孔、晶间孔和有机孔（图2.156）。无机孔孔径相对较大，多在100nm以上。有机孔与北美地区海相页岩存在较大差异，以50nm以上的孔为主。从孔径对页岩气的吸附效应看，大孔径的孔隙有利于游离气的赋存，小于2nm的孔隙有利于吸附气的产生。据此推断牛蹄塘组页岩气主要以游离气的形式存在。

（2）孔隙结构

根据黔西北及黔北地区下寒武统牛蹄塘组页岩毛细管压力曲线特征（图2.157），将其分为4类：类型1为细歪度型，退汞效率比较低；类型2为有一个较低的平台，而后曲线又逐渐上升变缓；类型3为略细歪度，进汞饱和度较低；类型4为粗歪度，有个宽缓的较低平台，而后曲线逐渐上升。毛细管压力曲线以类型3为主，在测试的22个样品中，属于类型3的有15个，属于类型1的和类型2的分别有4个和2个，属于类型4的仅有1个。

① 达西（D），1D=0.986923×$10^{-12}m^2$。

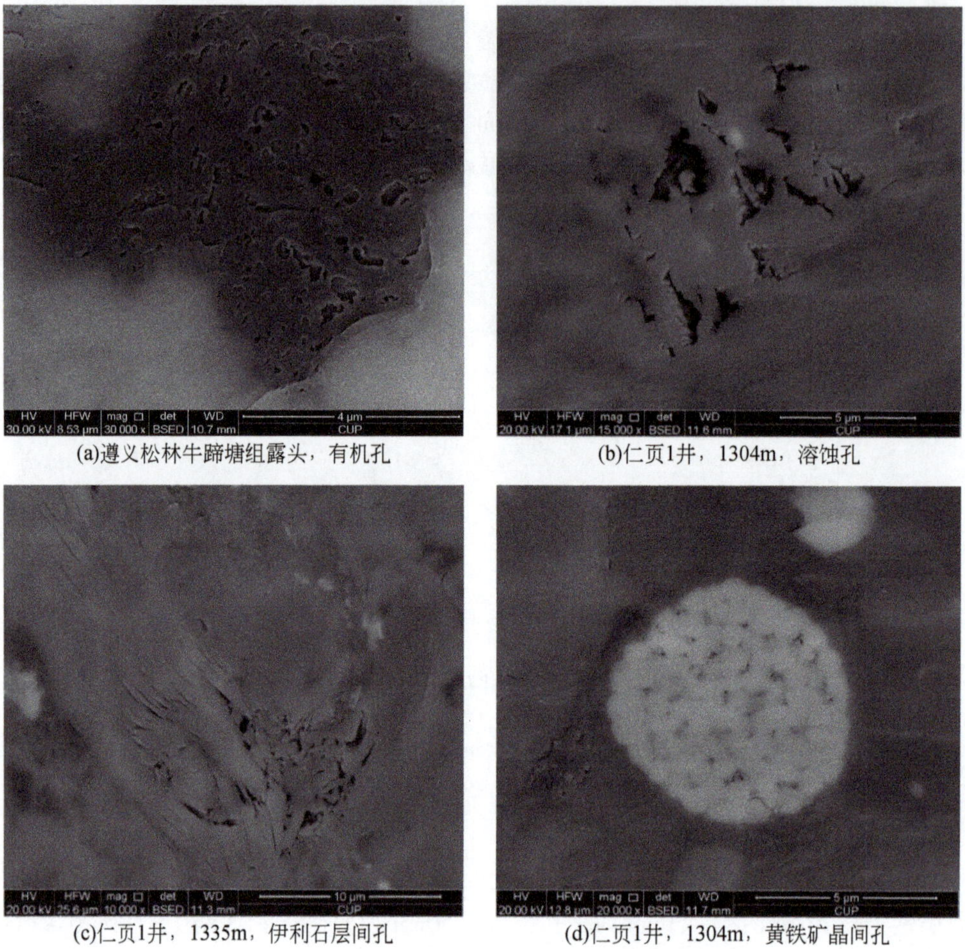

(a)遵义松林牛蹄塘组露头，有机孔　(b)仁页1井，1304m，溶蚀孔

(c)仁页1井，1335m，伊利石层间孔　(d)仁页1井，1304m，黄铁矿晶间孔

图 2.156　牛蹄塘组页岩孔隙发育特征

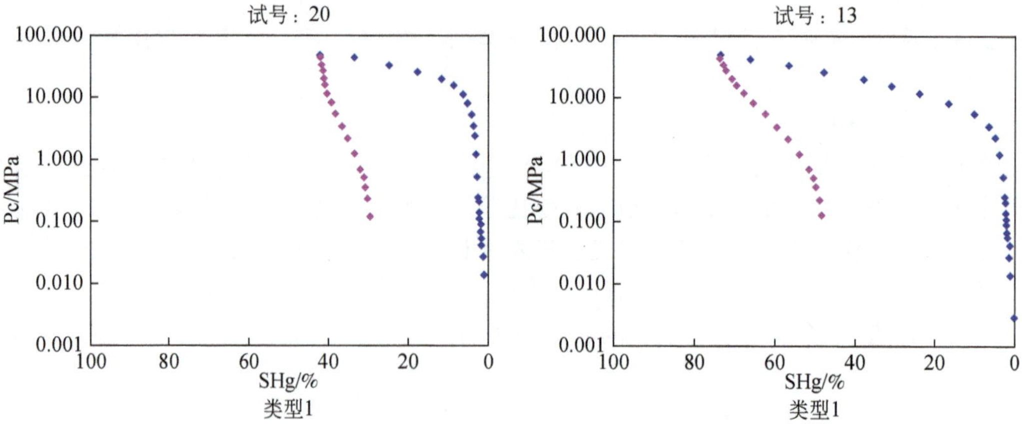

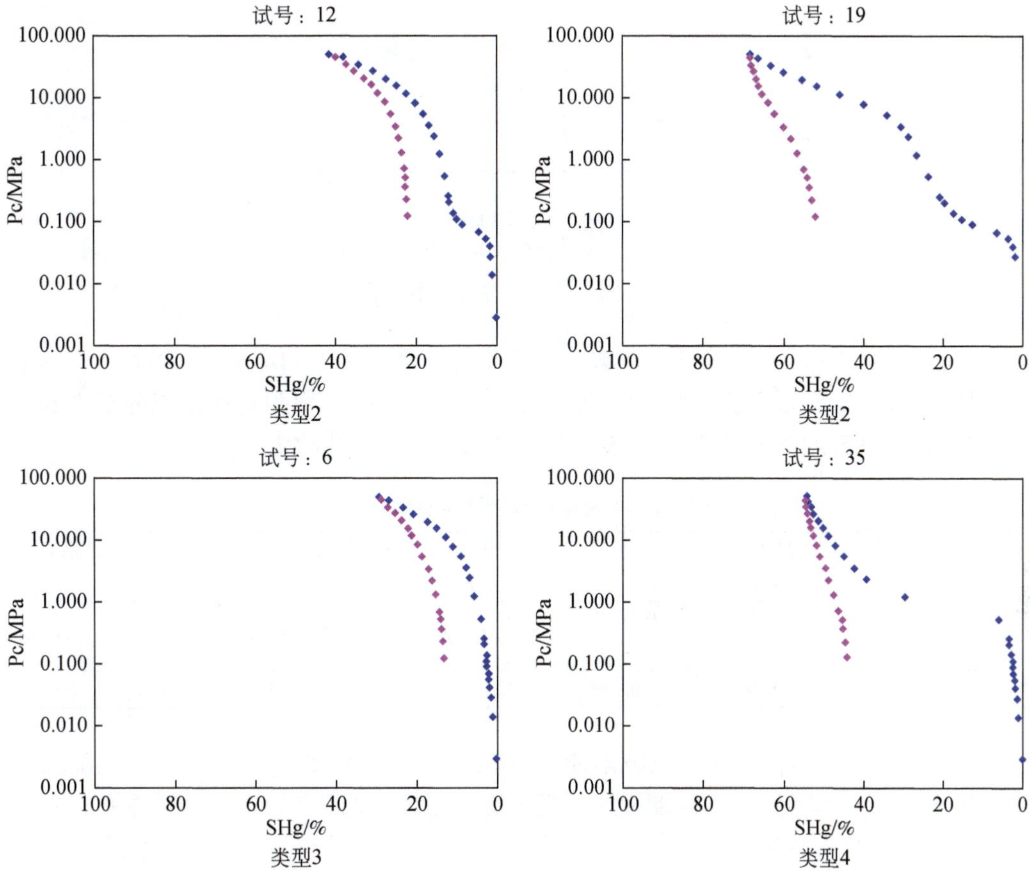

图 2.157　下寒武统牛蹄塘组页岩毛细管压力曲线

从表 2.11 中可看出下寒武统牛蹄塘组页岩孔喉均值主要分布于 20 ~ 80nm，平均为 40nm；分选系数较小，均值系数较大，平均值分别为 0.10 和 0.45，说明孔喉分布较集中，分选程度较好。排驱压力较大，主要在 10Mpa 左右，退出效率变化较大，平均为 44.44%，整体较低，二者均说明孔喉非常细小。

表 2.11　牛蹄塘组页岩孔喉参数特征表

项目	喉直径均值/μm	分选系数/μm	排驱压力/Mpa	退出效率/%	均质系数	孔隙结构系数
范围	0.02 ~ 0.08	0.02 ~ 0.2	4.10 ~ 18.57	19.15 ~ 74.69	0.32 ~ 0.51	0.01 ~ 1.68
平均值	0.04	0.10	10.39	44.44	0.45	0.31

借鉴微观材料学中 Brunauer 的吸脱附曲线特征解释成果，仁页 1 井根据氮气吸附曲线的形态变化判断页岩吸附是多种吸附态的混合形式（图 2.158）。吸脱附曲线在相对压力较小时就已出现分离，此毛细凝聚现象表明样品中含有一定量的中孔及大孔。吸附回线的产生表明样品孔隙呈现开放状态，并且以墨水瓶及平行板孔为主，进一步对比吸脱附曲线的坡度，可知主要以墨水瓶形式的孔存在。

孔隙参数特征表明（表 2.12），下寒武统牛蹄塘组页岩 BET 比表面积在 0.667 ~

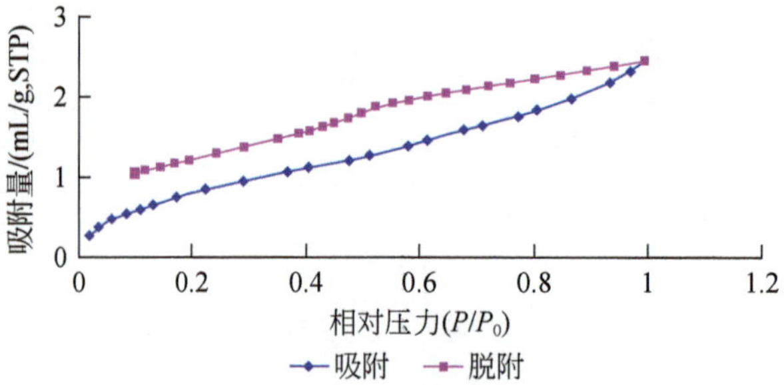

图 2.158 仁页 1 井吸脱附曲线

23.82m²/g，平均7.9m²/g，变化范围较大；平均孔直径在3.2～14.6nm，平均为7.57nm；中值半径在1.6～8.5nm，平均为3.81nm；微孔体积、中孔体积和宏孔体积分别占到总孔体积的6.45%，85.23%和8.32%，表明牛蹄塘组页岩以中孔隙为主。

表 2.12 牛蹄塘组页岩孔隙参数特征表

项目	BET 比表面积/(m²/g)	BJH 累计比表面积/(m²/g)	BJH 总孔体积/(mL/g)	平均孔直径/nm	中值半径/nm	微孔体积/%(<2nm)	中孔体积/%(2～50nm)	宏孔体积/%(>50nm)
范围	0.667～23.82	0.851～26.95	0.0029～0.0527	3.2～14.6	1.6～8.5	0～15.41	26.44～100	0～65
平均值	7.9	9.48	0.013	7.57	3.81	6.45	85.23	8.32

单井纵向分析表明，牛蹄塘组吸附能力随深度增加而增加（图2.159），孔隙结构参数值（比表面积、孔容）也随深度增加呈现出增加趋势（图2.160），且微-中孔特别是中孔是页岩气赋存的主要空间。

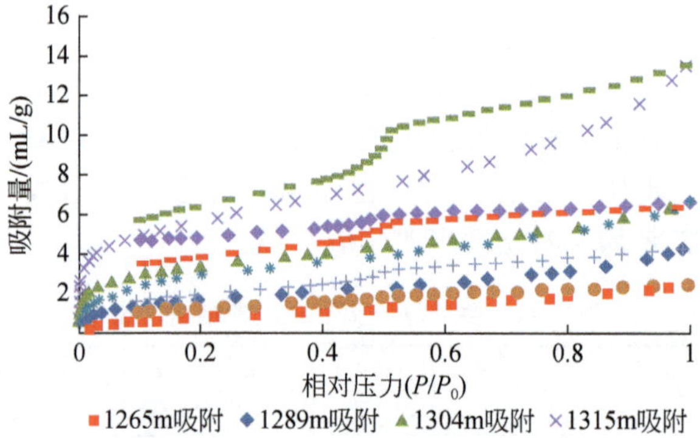

图 2.159 仁页 1 井吸脱附曲线特征

3. 裂缝特征

(1) 宏观裂缝特征

牛蹄塘组裂缝以构造裂缝和成岩形成的层间微裂缝为主。构造裂缝在黔北地区较为发育，野外露头、井下岩心及显微镜下均可见及。裂缝以高角度裂缝为主，低角度缝次之，局部可见两组高角度裂缝相切。裂缝主要充填方解石，并有少量黄铁矿。牛蹄塘组富有机

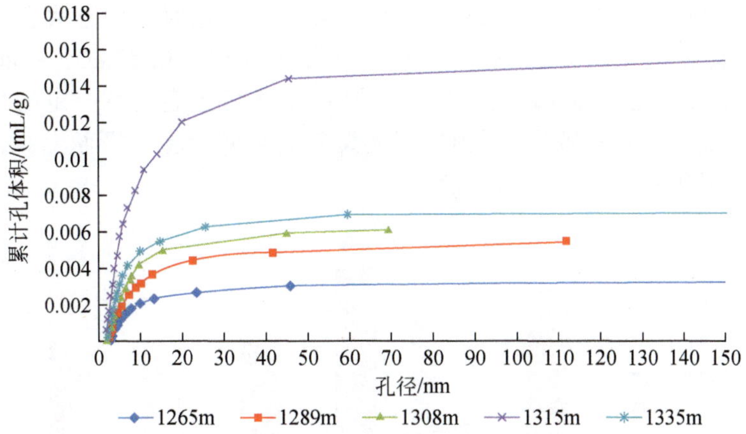

(a)

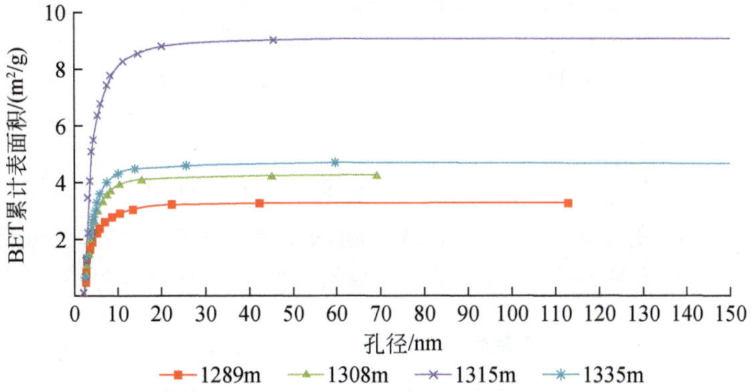

(b)

图 2.160　仁页 1 井孔容及孔比表面积随深度变化图

质页岩主要发育微细孔隙，孔喉狭窄，半径在 0.00～0.10μm 的占比在 90% 以上。粒间微孔缝、有机质内微孔缝、微构造缝及成岩裂缝是纳米级孔缝的主要贡献者，而较大的微米级储集空间，主要与碎屑矿物、自生矿物、杂基和胶结物的溶蚀密切相关。孔隙多为孤立微孔，连通性差，渗透性极低，但页岩破裂潜力普遍较好。借助压裂改造沟通细微孔缝，对页岩气开采有积极作用。

（2）微观裂缝特征

牛蹄塘组富有机质页岩以石英+长石脆性矿物为主，总体具有低孔低渗、脆性矿物含量高、微孔与微细裂缝发育等特征，具有一定的储集性，且破裂潜力较好。

（二）龙马溪组

1. 孔渗

（1）区域孔渗值及其变化

孔隙度是确定游离气含量和评价页岩渗透性的重要参数。页岩气储层中微细孔隙形成大量表面积，提供潜在吸附位置，供气体赋存。从分布频率看，龙马溪组孔隙度分布比较分散，峰值区间为0.77%～11.9%，平均6.99%，相对美国五大含气页岩孔隙度（3%～14%），孔隙度中等。渗透率分布区间为0.0014～0.52mD，峰值区间为0～0.1mD（图2.161）。龙马溪组富有机质页岩层系孔渗间普遍具有一定的相关性，表明页岩中孔隙较为发育，以孔隙型、孔隙-裂缝型储集空间为主。平面上，道镇、正安一带处于孔隙度高值区，向外围呈减小趋势。

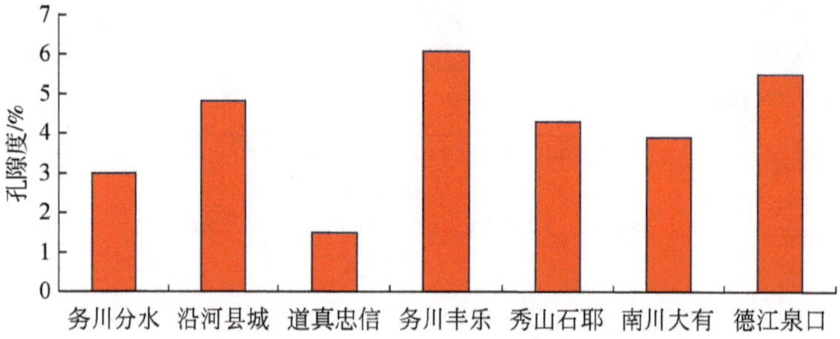

图2.161　下志留统龙马溪组黑色页岩孔隙度

（2）纵向孔渗值及其变化

龙马溪组井下岩心孔隙度平均2.6%，渗透率平均0.023mD。从习页1井龙马溪组富有机质页岩层段的纵向变化看，孔隙度表现出随深度增加呈增大趋势，底部厚度约30m的孔隙度均大于4%，渗透率表现出随深度增加呈增大趋势（图2.162）。

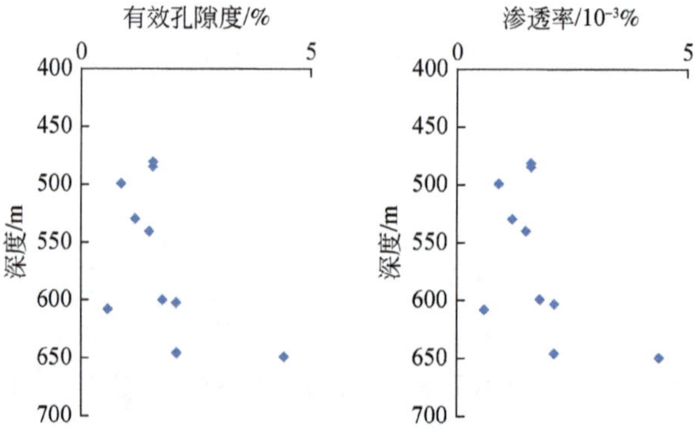

图2.162　习页1井孔渗随深度变化图

2. 孔隙特征

（1）孔隙类型

龙马溪组潜质页岩电镜及背散射观察，以黏土矿物层间微孔缝为主，粒间（晶间）微孔次之。主缝、微缝、黏土矿物层间孔缝形成错综复杂的网络，构成理想的解吸-渗流通道。龙马溪组页岩内部存在大量微孔隙和方解石、白云石、石英等粒间微孔，且常伴生斜长石粒间溶孔、云母片状孔隙等微孔，有效改善了泥页岩的储集物性。镜下发现大量有机孔，有机孔呈网状、蜂窝状、凹坑状，具有一定的连通性，有利于页岩气的运移和赋存。纵向上，从上部到底部，有机孔的数量逐渐增加，这可能与有机质成熟度的变化有关，有机质成熟度高，有机孔也相对越发育（图 2. 163）。

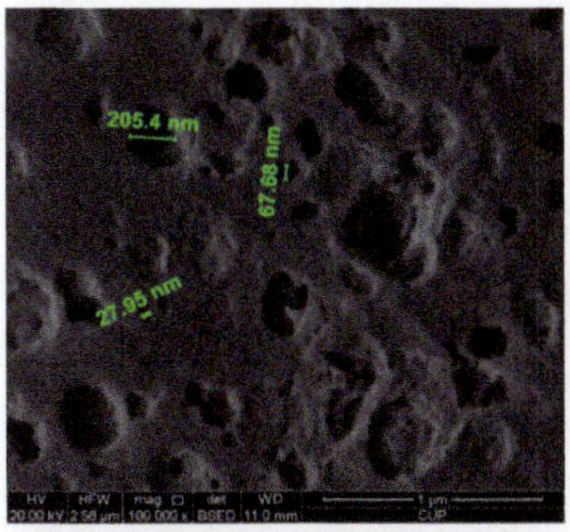

(a)习页1井，645m，有机孔

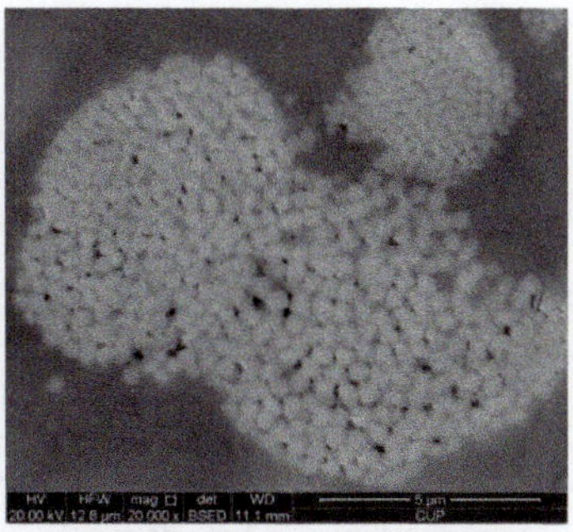

(b)习页1井，641m，黄铁矿晶间孔

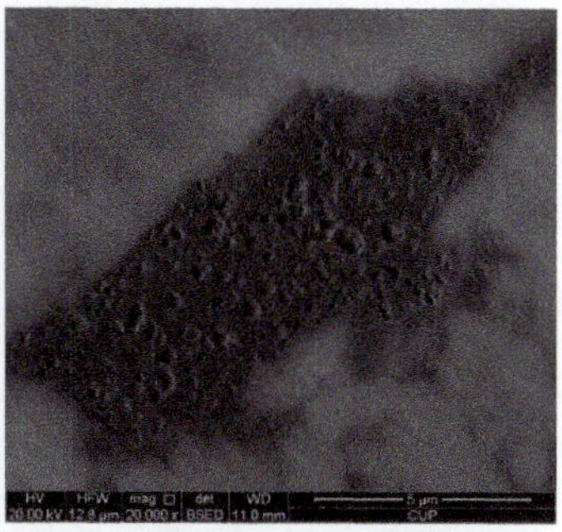

(c)习页1井，641m，有机孔

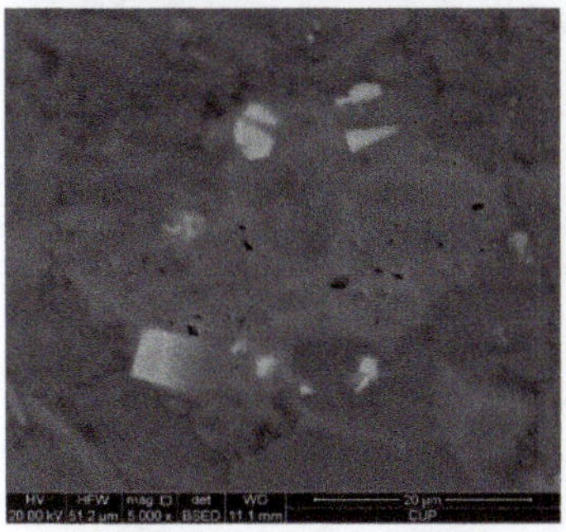

(d)习页1井，641m，溶蚀孔

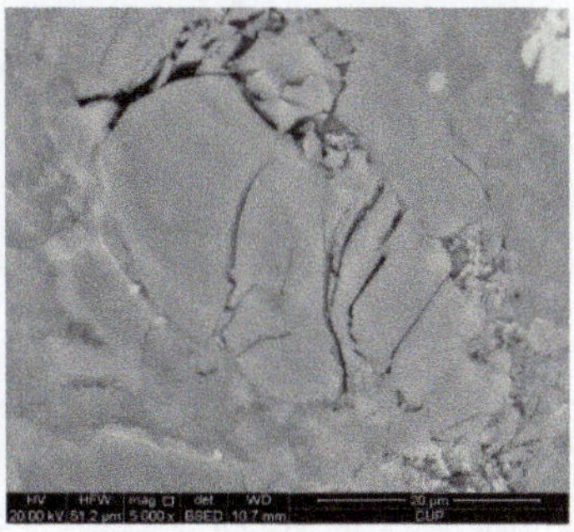

(e)桐页1井，666.6m,晶间孔

(f)桐页1井，670.7m，黏土矿物粒间孔

图 2. 163　龙马溪组页岩孔隙发育特征

（2）孔隙结构

根据氮气吸附曲线的形态变化判断出页岩气吸附呈多种吸附态的混合形式（图 2. 164）。吸脱附曲线在相对压力较小时就已出现分离，此毛细凝聚现象表明样品中含有相当量的中孔及大孔；同时，吸附回线也表明样品孔隙呈开放状态，且以墨水瓶孔及平行板孔为主，进一步比对吸脱附曲线坡度，可知主要以墨水瓶孔存在。

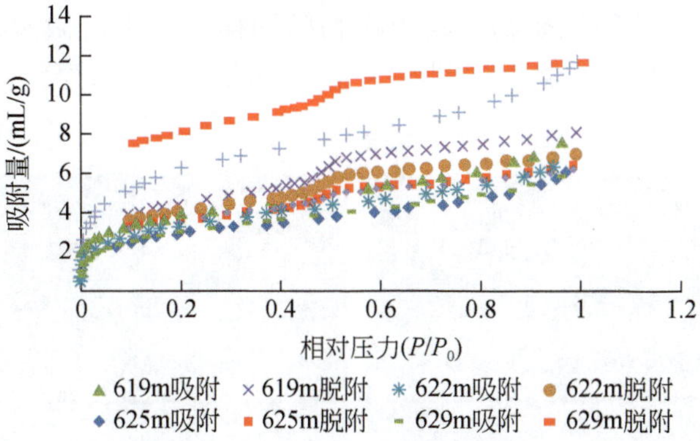

图 2. 164　习页 1 井吸脱附曲线

从纵向分布上，龙马溪组页岩段比表面积、孔容及孔径都表现出随深度增加而增加（图 2. 165，图 2. 166），与有机碳纵向上的分布趋势一致。另外，还可看出微中孔特别是

微孔贡献了页岩气吸附主要的表面积，中孔则提供了页岩气赋存的主要空间。

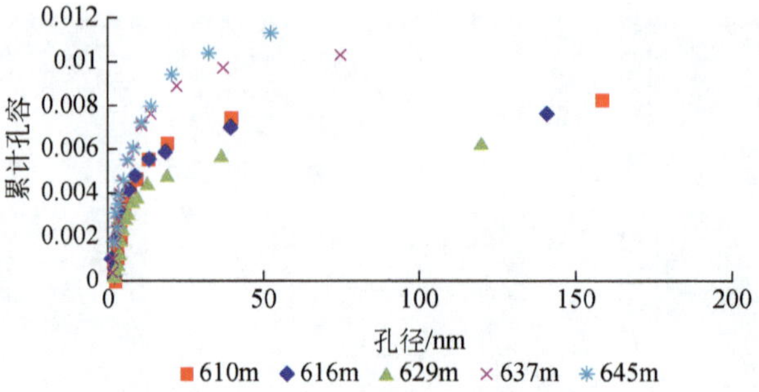

图 2.165　习页 1 井不同深度段累计孔容变化

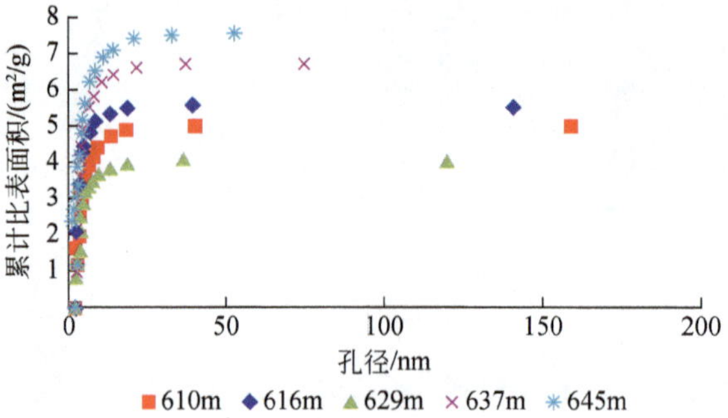

图 2.166　习页 1 井不同深度段累计比表面积变化

3. 裂缝特征

通过对不同地区龙马溪组页岩进行普通背散射和氩离子抛光-扫描电镜实验，除了在宏观上龙马溪组发育两期构造缝外，其微观储层中也发育一定量的微裂缝。

普通背散射实验：龙马溪组页岩微裂缝中，主缝近顺层方向，延伸较长，常成组出现，宽度最大可达 10～20μm。缝内充填沥青质，但沥青质与基质之间存在残留空间［图 2.167（a），（b）］。脆性矿物与黏土矿物间同样可见丰富微裂缝，宽度一般 0.5～5μm［图 2.167（c）］。黏土矿物以伊利石为主，片状结构，为层间微孔缝，宽度通常小于 1μm［图 2.167（d）］。

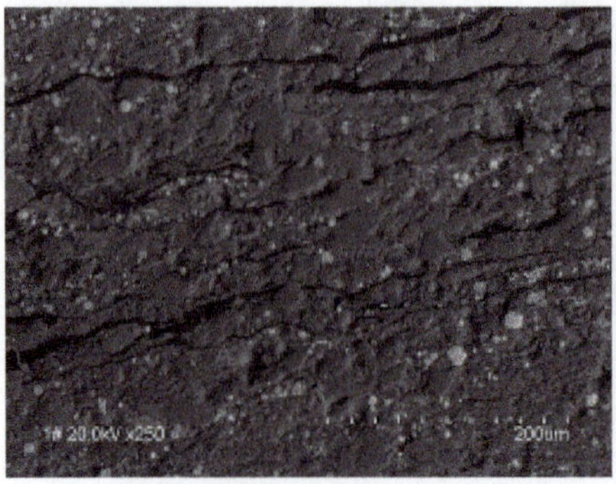

(a)主裂缝顺层延伸，沥青质充填，584.35m

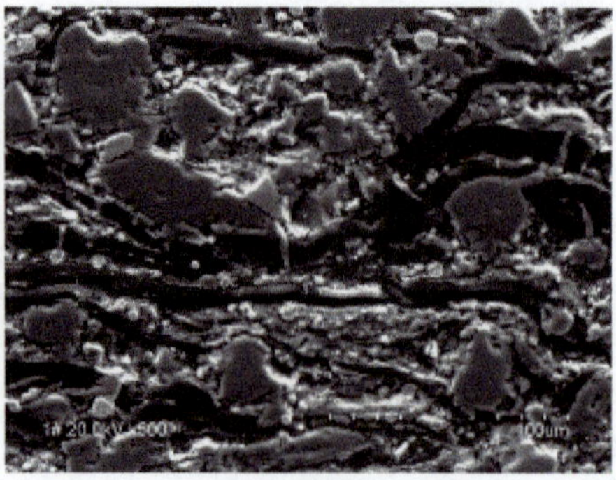

(b)沥青质与岩石间残留微缝，延伸较长584.35m

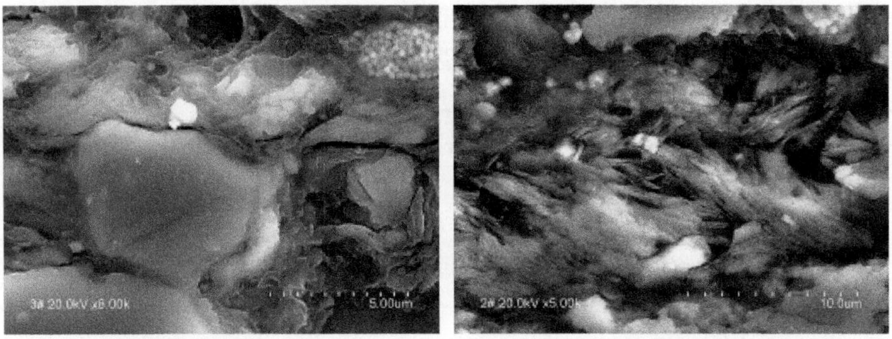

(c)粒间微缝呈弯曲状，588.50m　　(d)片状黏土矿物层间微孔缝，586.70m

图 2.167　道页 1 井潜质页岩显微结构特征

氩离子抛光-扫描电镜实验：微裂缝多呈明显的锯齿状弯曲，并且延伸性较好，长度多集中在 2μm±，宽度在 20～700μm。根据裂缝延伸程度可分为小型晶内微裂缝［图 2.168（a）］和大型贯通式微裂缝［图 2.168（b）］。微裂缝常表现为黏土矿物裂开缝［图 2.168（c），（d）］、脆性矿物裂开缝［图 2.168（a）］或黏土矿物与脆性矿物接触缝［图 2.168（e）］。

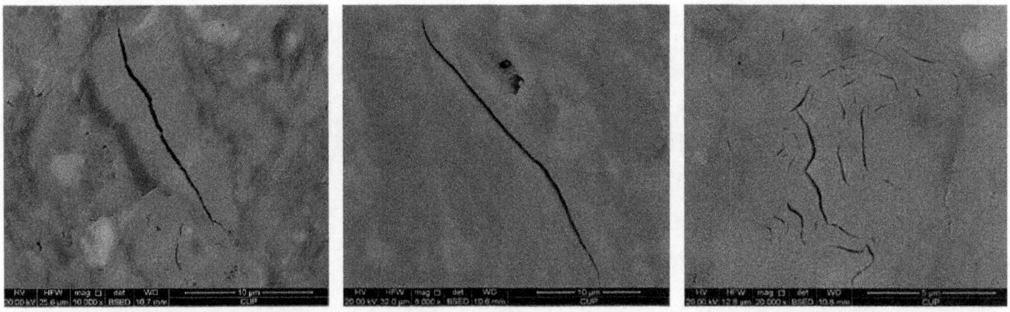

(a)　(b)　(c)

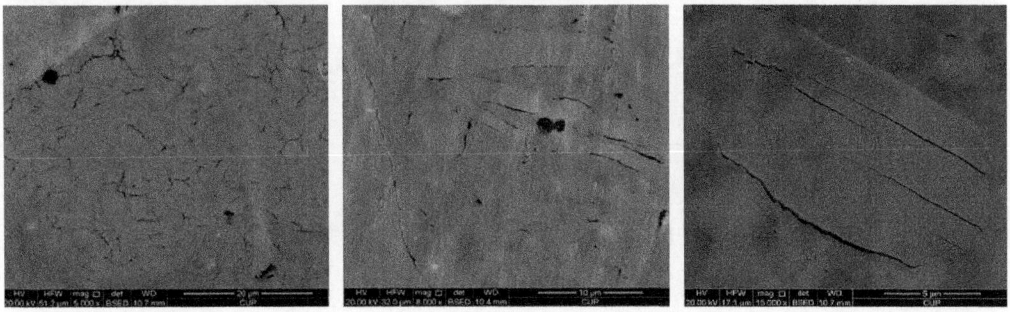

(d)　(e)　(f)

图 2.168　习页 1 井微裂缝发育特征

宏观尺度裂缝的形成主要与岩石脆性、有机质生烃、地层孔隙压力、差异水平应力、断裂和褶皱等因素相关，而微观尺度上的张力测试模拟则在一定程度上反映了微裂缝受制于矿物的结晶作用（陈尚斌等，2010）。虽然有些裂缝被胶结物充填，但这些微裂缝对后期压裂诱导裂缝的延伸仍起到促进作用。宏观裂缝源于微裂缝，微裂缝的存在不仅是页岩气赋存的空间，也是页岩气运移的通道，特别在压裂时起到沟通宏孔和中孔的微通道作用。这在北美地区页岩气勘探开发中得到了证实，微裂缝发育的地方其气体产量往往也越高。

核磁共振实验表明（图2.169），龙马溪组页岩段孔隙度较好，气测孔隙率在5%左右，孔隙及裂隙发育程度中等，有利于页岩段的压裂改造。

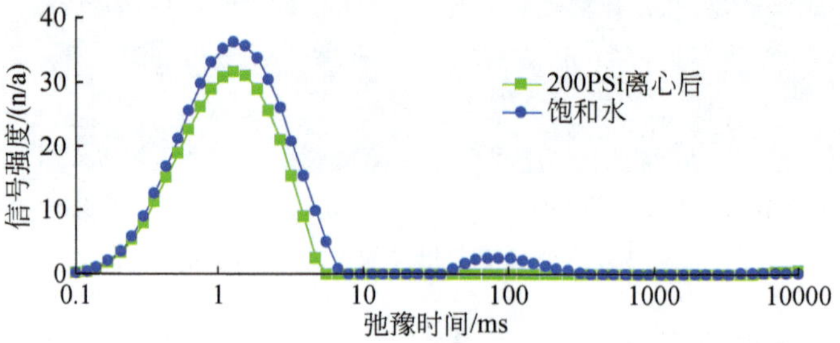

图2.169　习页1井核磁共振曲线

（三）火烘组

1. 孔渗

中泥盆统火烘组潜质页岩视密度在2.37～2.60g/cm^3，平均值2.50g/cm^3；孔隙度为3.23%～8.63%，平均值6.11%，有66.67%的样品孔隙度分布在5.00%～10.00%（图2.170）。渗透率为3.81×10^{-3}μm^2。可见，火烘组潜质页岩孔隙度中等，渗透率低。

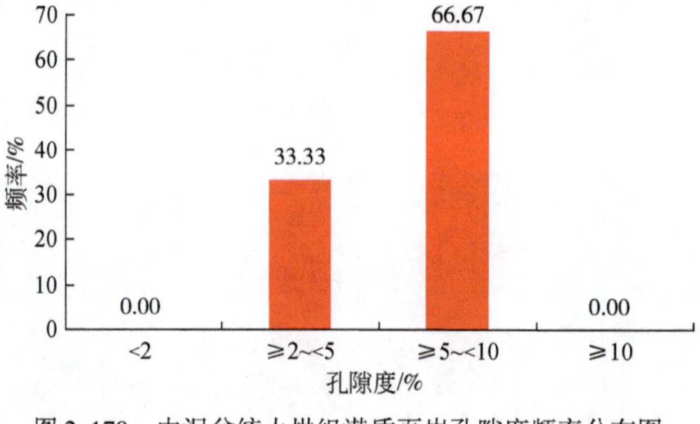

图2.170　中泥盆统火烘组潜质页岩孔隙度频率分布图

2. 孔隙特征

地表露头样品比表面积测试资料显示，火烘组页岩BET比表面积为9.329m^2/g，BJH总孔体积为0.027mL/g，BJH平均孔直径为11.131nm。孔隙体积分类参照IUPAC的孔隙分类，将孔隙直径小于2nm的称为微孔隙（micropores），2～50nm的称为中孔隙（mesopores），大于50nm的称为宏孔隙（macropores）。微孔体积、中孔体积和宏孔体积分别占总孔体积的13.64%、62.74%和13.62%，表明火烘组页岩以中孔隙为主。

(四) 打屋坝组/旧司组

1. 孔渗

(1) 区域孔渗值及其变化

根据地表露头样品及长页1井岩心测试资料分析认为，下石炭统打屋坝组页岩在孔渗方面存在较大差异，即黔西南旧司组和黔南打屋坝组孔渗差别较大。下石炭统旧司组潜质页岩密度在1.94～2.65g/cm³，平均值2.39g/cm³；孔隙度为0.24%～29.45%，平均12.30%，主体分布在8.00%～20.00%。41.67%的样品孔隙度在5.00%～10.00%，50%的样品孔隙度大于10.00%（图2.171）。渗透率为$4.71\times10^{-3}\mu m^2$。可见，旧司组潜质页岩孔隙度高，渗透率低。黔南地区下石炭统打屋坝组页岩样品孔隙度在1.04%～2.87%，平均1.9%，孔隙度非常低。渗透率在0.0011～0.041mD，平均0.0048mD，渗透率也极低。

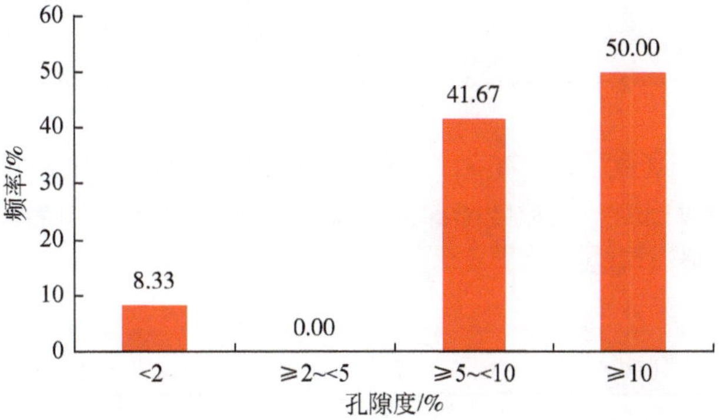

图2.171　下石炭统旧司组潜质页岩孔隙度频率分布图

(2) 纵向孔渗值及其变化

长页1井岩心孔隙度平均1.9%，渗透率平均0.0034mD。从长页1井打屋坝组富有机质页岩层段纵向变化看（图2.172），孔隙度表现出随深度增加呈逐渐增大的趋势，渗透率也具有同样特征，同时与TOC的变化趋势一致。从一定程度上说明，孔渗较好的页岩层段与有机碳丰度高的层段具有一致性，也暗示出有机碳含量高值区裂缝往往也发育。

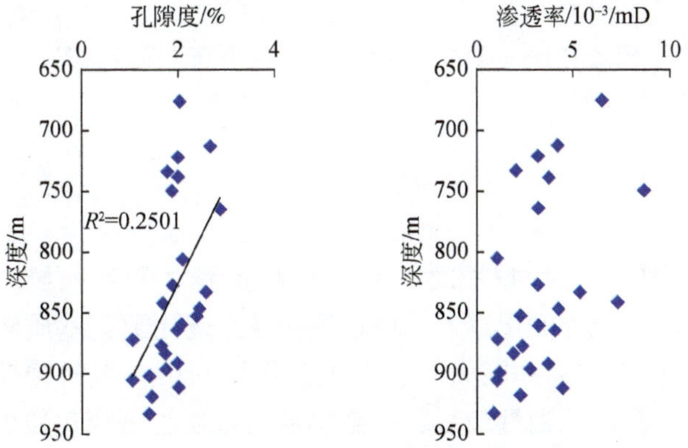

图2.172　长页1井孔隙度和渗透率随深度变化关系图

威页 1 井岩心孔隙度为 2.14% ~3.29%，平均 2.81%；渗透率分布在 0.0013 ~ 0.1900mD，平均 0.0358mD。孔隙度随深度增加呈增大的趋势，渗透率表现出随深度增加而呈减少的趋势（图 2.173）。

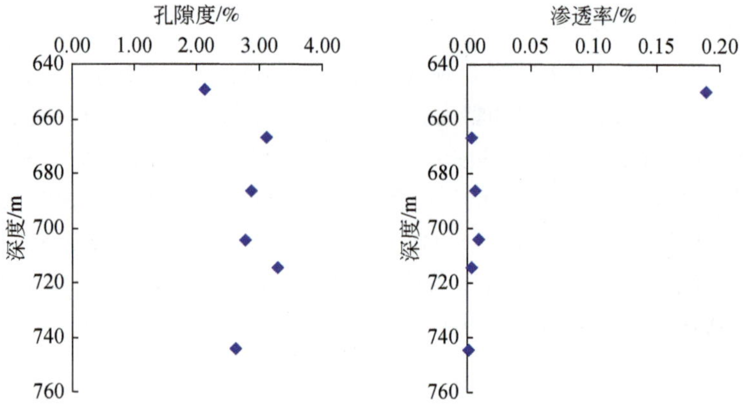

图 2.173　威页 1 井孔隙度和渗透率随深度变化图

晴页 2 井岩心孔隙度 1.67% ~3.76%，平均 2.62%，渗透率分布在 0.0045 ~ 0.0288mD，平均 0.0091mD。孔隙度随深度增加呈先减少后增大的趋势，渗透率表现出随深度增加而增加的趋势（图 2.174）。

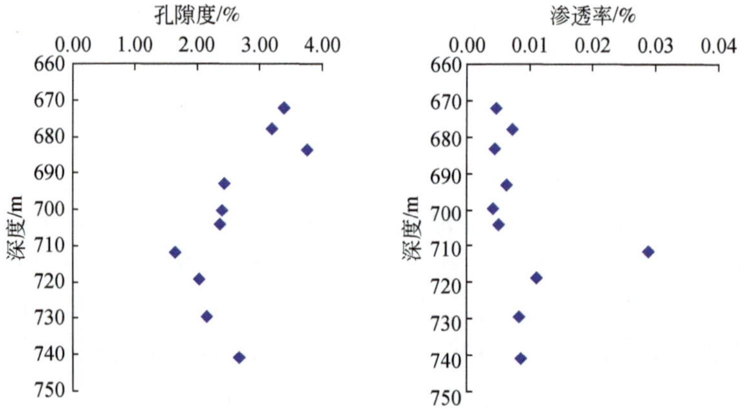

图 2.174　晴页 2 井孔隙度和渗透率随深度变化图

2. 孔隙特征

（1）孔隙类型

打屋坝组孔隙类型包括矿物颗粒间（晶间）微孔缝（骨架颗粒间原生微孔、自生矿物晶间微孔、黏土伊利石化层间微缝）、矿物颗粒溶蚀微孔隙、基质溶蚀孔隙、有机质微孔隙等（图 2.175）。自生矿物晶间微孔、黏土矿物层间微孔缝较为发育，尤其是黏土矿物层间微孔缝占主体，孔隙连通性较好；矿物颗粒及基质溶蚀相对较少。

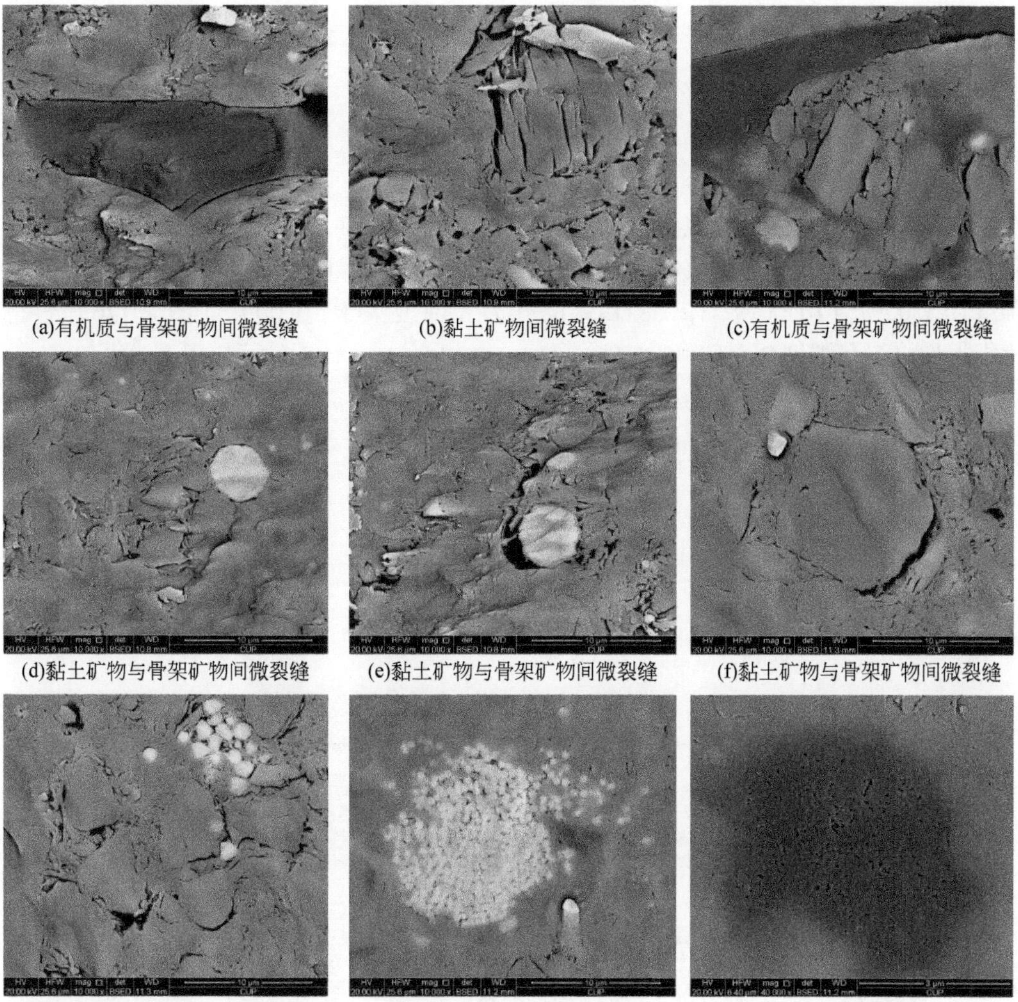

(a)有机质与骨架矿物间微裂缝　(b)黏土矿物间微裂缝　(c)有机质与骨架矿物间微裂缝

(d)黏土矿物与骨架矿物间微裂缝　(e)黏土矿物与骨架矿物间微裂缝　(f)黏土矿物与骨架矿物间微裂缝

(g)骨架矿物间微裂缝及少量溶蚀孔　(h)黄铁矿微球团颗粒晶间孔　(i)有机质纳米孔

图 2.175　长页 1 井打屋坝组孔隙氩离子抛光特征

(2) 孔隙结构

长页 1 井打屋坝组有机质页岩压汞测试表明（表 2.13），打屋坝组的排驱压力在 5.08 ~ 10.14MPa，岩石最大连通孔喉半径在 0.015 ~ 0.035μm，分选系数在 0.18 ~ 0.24，均质系数在 0.37 ~ 0.4，孔隙结构系数在 0.12 ~ 0.82。打屋坝组有机质页岩比表面积为 1.660 ~ 20.887m^2/g，平均 10.441m^2/g，总体变化不大；孔容为 0.011 ~ 0.044mL/g，平均 0.02mL/g，平均孔径 3.584nm，以中孔隙为主。

表 2.13　长页 1 井打屋坝组有机质页岩孔隙结构参数表

样品	排驱压力/MPa	孔隙度/%	渗透率/$10^{-3}\mu m^2$	孔喉半径/μm	密度/(g/cm^3)	退出效率/%	分选系数	均质系数	孔结构系数
1	5.54	9.7	0.0237	0.025	2.58	58.55	0.23	0.4	0.29
2	10.14	3.10	0.0093	0.015	2.62	54.01	0.18	0.38	0.12
3	5.08	1.90	0.0038	0.035	2.91	53.84	0.24	0.37	0.82

(五) 梁山组

1. 孔渗

(1) 区域孔渗值及其变化

中二叠统梁山组潜质页岩密度在 2.14 ~ 2.53g/cm^3，平均 2.36g/cm^3；有效孔隙度在 6.64% ~22.22%，平均 13.34%。主体分布在 8.00% ~20.00% 范围，有 31.25% 的样品孔隙度在 5.00% ~ 10.00%，有 68.75% 的样品孔隙度大于 10.00% (图 2.176)。可见，梁山组潜质页岩孔隙度相对较高。

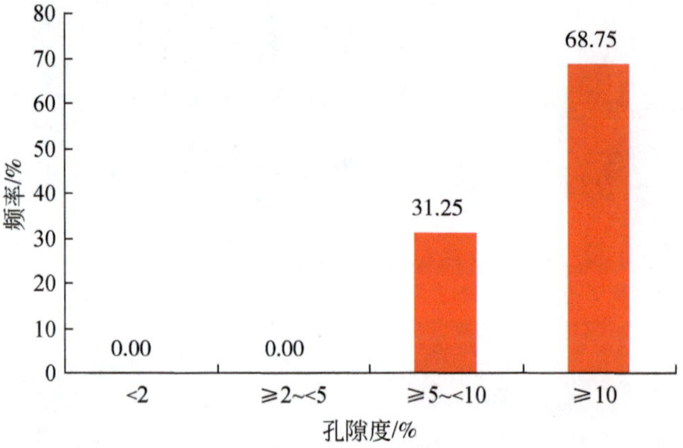

图 2.176　中二叠统梁山组潜质页岩孔隙度频率分布图

(2) 纵向孔渗值及其变化

晴页 1 井梁山组潜质页岩密度在 2.58 ~ 2.69g/cm^3，平均 2.64g/cm^3；孔隙度在 1.98% ~ 3.89%，平均 2.83%，孔隙度较低；渗透率为 0.0037 ~ 0.0130mD，平均 0.0084mD，渗透率特低，孔隙度与渗透率呈微弱的相关性。孔隙度随深度增加呈减小趋势，渗透率随深度增加呈减小趋势 (图 2.177)。

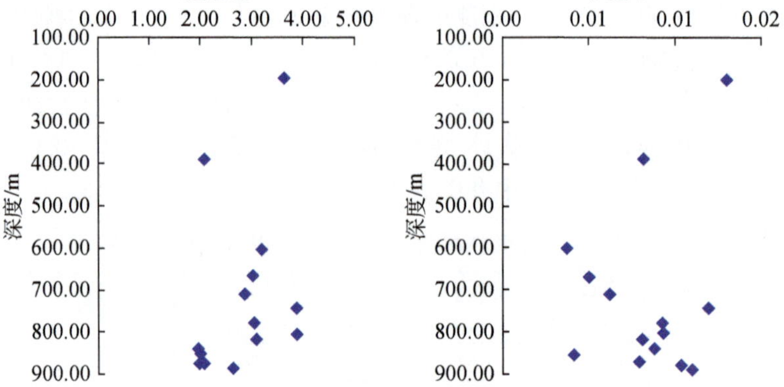

图 2.177　晴页 1 井孔隙度和渗透率随深度变化图

2. 孔隙特征

(1) 孔隙类型

梁山组潜质页岩孔隙类型以粒间孔、粒内孔、溶蚀孔为主（图2.178）。

(a)梁山组，晴页1井QY-27, 粒内孔隙　(b)梁山组，晴页1井QY-80, 溶蚀孔隙

(c)梁山组，晴页1井QY-87, 粒间缝隙　(d)梁山组，晴页1井QY-92, 溶蚀缝隙

图2.178　晴页1井中二叠统梁山组页岩孔隙发育特征

(2) 孔隙结构

梁山组页岩BET比表面积为15.731m^2/g，BJH总孔体积为0.031mL/g，BJH平均孔直径为10.222nm。微孔体积、中孔体积和宏孔体积分别占总孔体积的12.69%、68.60%和18.71%，表明梁山组页岩以中孔隙为主（图2.179）。

3. 裂缝特征

梁山组宏观裂缝较为发育，以构造裂缝和成岩层间裂缝为主。裂缝多为高角度裂隙，少量低角度裂缝，局部见高角度裂缝互相交切。

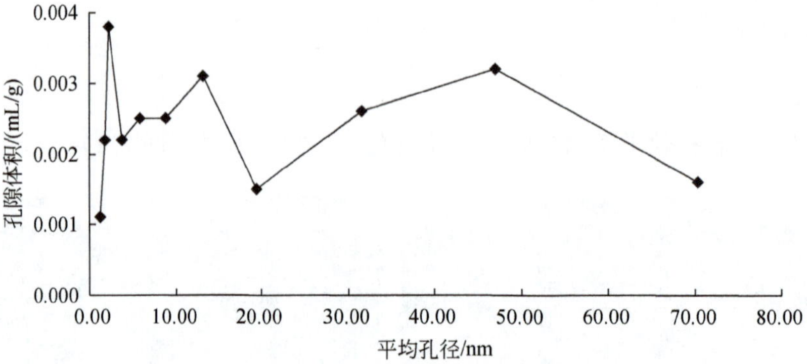

图 2.179 中二叠统梁山组潜质页岩孔径分布图

（六）龙潭组

1. 孔渗

（1）区域孔渗值及其变化

上二叠统龙潭组潜质页岩密度在 1.85 ~ 2.51g/cm^3，平均 2.20g/cm^3；有效孔隙度为 0.13% ~22%，平均 12%，主体分布在 10.00% ~22.00%，有 71.43% 的样品孔隙度大于 10.00%（图 2.180）。渗透率为 0.26×10^{-3}μm^2。可见，龙潭组潜质页岩孔隙度高，渗透率特低。

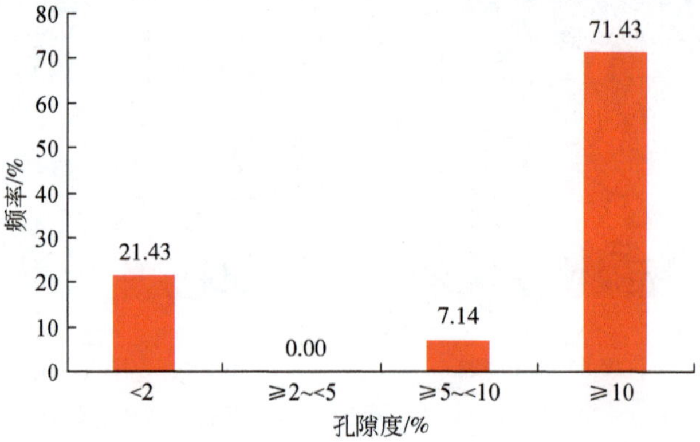

图 2.180 上二叠统龙潭组潜质页岩孔隙度频率分布图

（2）纵向孔渗值及其变化

兴页 1 井龙潭组潜质页岩密度在 1.85 ~2.51g/cm^3，平均 2.20g/cm^3；孔隙度分布在 0.13% ~ 3.15%，平均 1.18%，孔隙度低；渗透率为 0.0008 ~ 0.2635mD，平均 0.0291mD，渗透率特低。孔隙度与渗透率呈微弱相关性。孔隙度随深度增加而增加，渗透率随深度增加呈增加趋势（图 2.181）。

2. 孔隙特征

（1）孔隙类型

龙潭组有机质页岩孔隙与海相牛蹄塘组、龙马溪组孔隙特征存在较大差异，与打屋坝

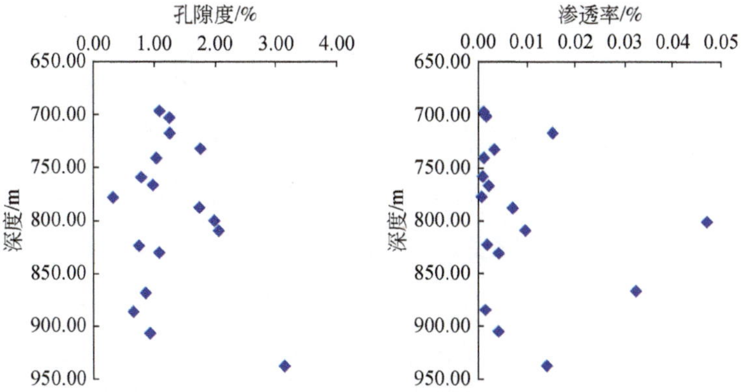

图 2.181　兴页 1 井孔渗随深度变化图

组有很大相似性。龙潭组页岩矿物组成中黏土矿物占较大比例，且有机质成熟度相对较低(1.3% ~2.2%)。龙潭组页岩储层多发育黏土矿物层间孔缝及溶蚀孔，有机孔相对不发育(图 2.182)，且有机孔多呈凹坑状。

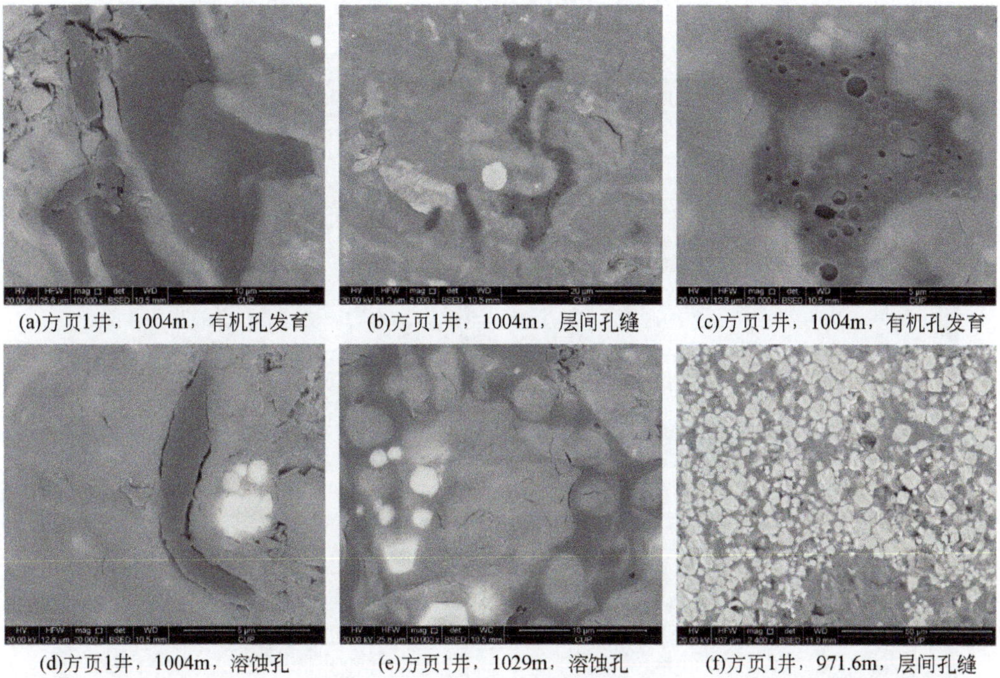

(a)方页1井，1004m，有机孔发育　(b)方页1井，1004m，层间孔缝　(c)方页1井，1004m，有机孔发育

(d)方页1井，1004m，溶蚀孔　(e)方页1井，1029m，溶蚀孔　(f)方页1井，971.6m，层间孔缝

图 2.182　方页 1 井微观孔隙特征

（2）孔隙结构

吸附曲线形态为多种曲线类型的混合形式（图 2.183)，说明除黏土矿物和有机质的单层或多层吸附外，还有其他孔隙介质的存在。其次，吸脱附曲线中段呈现出分离特点，说明气体在孔隙中发生了毛细凝聚现象，暗示中孔及大孔的存在。再者，脱附回线的滞后现象表明孔隙呈开放状态，因为两端封闭的孔隙不能产生吸附回线。根据曲线分离段的坡度，推断样品孔隙主要以尖劈或平行板状形式存在。

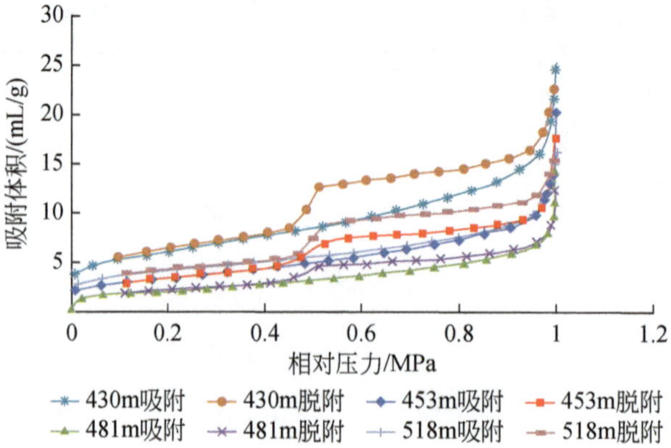

图 2.183　西页 1 井氮气吸脱附曲线

3. 裂缝特征

龙潭组微裂缝大量发育，微裂缝多呈明显的锯齿状弯曲，并且延伸性较好，长度多在 2μm±，宽度在 20～700nm。根据裂缝延伸程度可分为小型晶内微裂缝［图 2.184（a）］和大

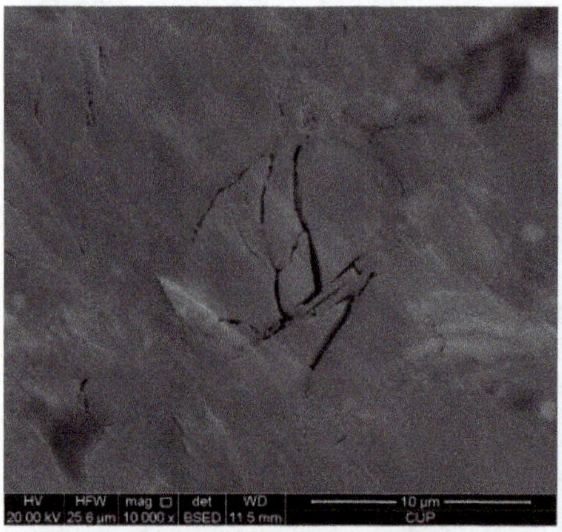

(a)443.5m，脆性矿物开裂缝

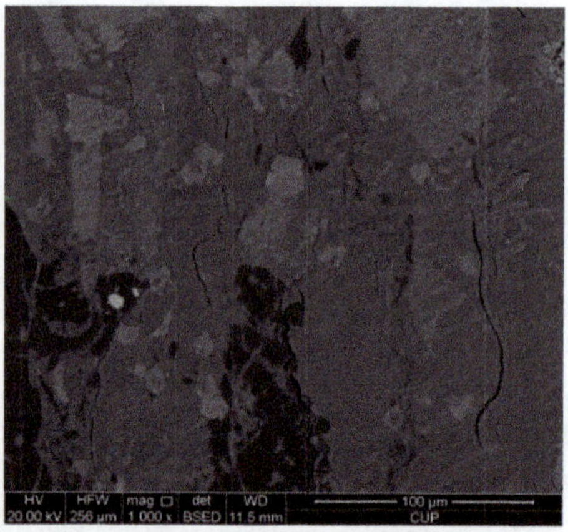

(b)430m，大型贯通式裂缝

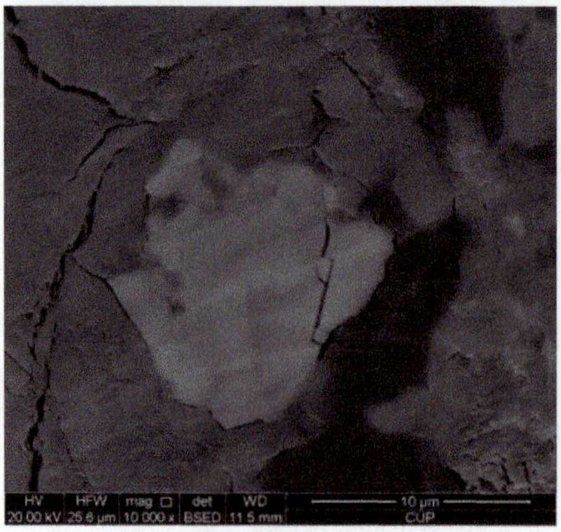

(c)430m，有机质与脆性颗粒间缝

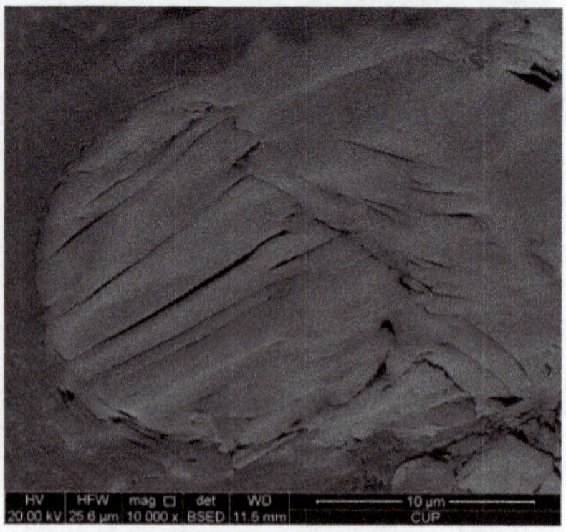

(d)443.5m，黏土矿物层间缝

图 2.184　西页 1 井龙潭组微裂缝特征

型贯通式微裂缝［图2.184（b）］。微裂缝常表现为黏土矿物裂开缝［图2.184（d）］、脆性矿物裂开缝［图2.184（a）］或黏土矿物与脆性矿物接触缝［图2.184（c）］。

（七）储集物性影响因素

1. 孔隙发育影响因素

前人研究成果显示（郭旭升等，2014），泥页岩其纳米级孔径分布的多模式性及表面积的非均质性，导致页岩孔隙结构复杂。Ross 和 Bustin（2008）认为，赋存于中-微孔隙中的页岩气主要以吸附态存在，而赋存于宏孔隙和微裂缝中的页岩气则主要以游离态存在。

影响孔隙度大小的因素很多，包括受骨架颗粒粒度、有机质含量、黏土矿物含量、溶蚀性成岩作用等多种因素控制。从孔隙度分布和石英、碳酸盐岩含量及有机质含量做相关性分析发现，孔隙度和石英含量呈正相关关系（图2.185），孔隙度和碳酸盐岩呈负相关关系（图2.186），孔隙度和有机质含量呈正相关关系（图2.187）。由于页岩在原始沉积时，孔隙度很大，受后期埋藏压实、成岩作用等影响，孔隙度不断变小。石英为刚性矿物，抗压能力较强，所以随着石英含量的增大其原始孔隙保存较好。碳酸盐岩矿物主要是沉积后期演化过程中形成的，以方解石和白云石为主，而方解石为页岩原生孔隙和裂缝中的主要充填物，因此，降低了页岩的孔隙度。

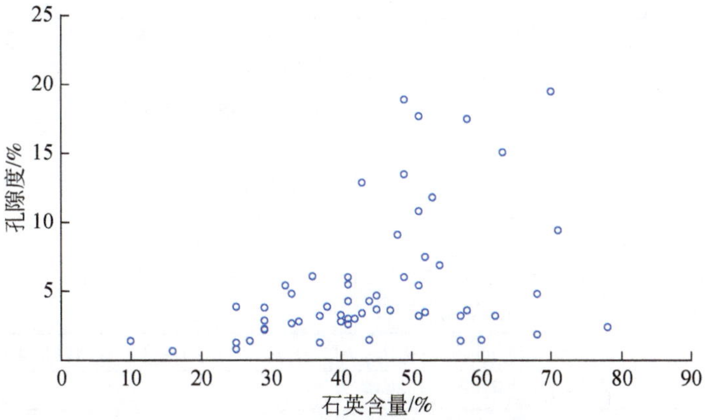

图2.185 早古生界页岩孔隙度和石英含量关系

2. 裂缝发育影响因素

裂缝成因类型复杂多变（表2.14），北美地区页岩气藏，往往天然裂缝系统比较发育。例如，Michigan 盆地北部 Antrim 组页岩生产带主要发育北西向和北东向两组近垂直的天然裂缝；Fort Worth 盆地 Newark East 气田 Barnett 组页岩内部微裂缝发育，裂缝是页岩气从基质孔隙流入井底的必要途径。

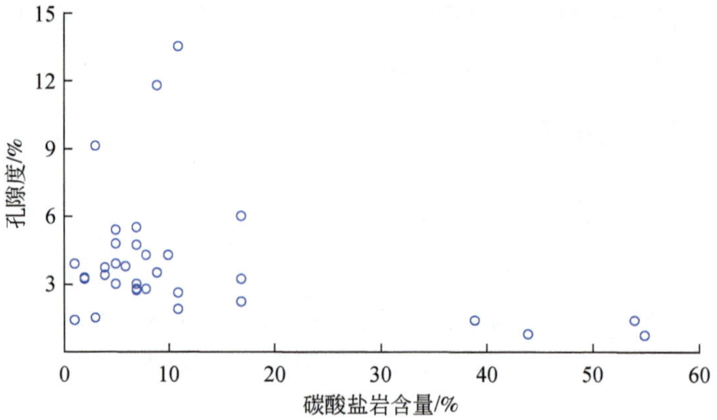

图 2.186　早古生界页岩孔隙度和碳酸盐岩含量关系

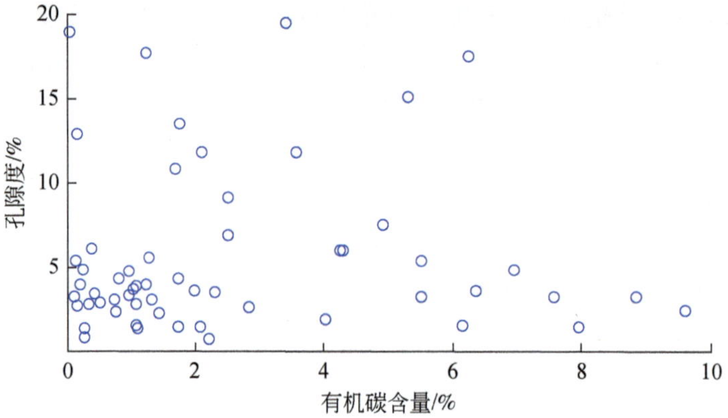

图 2.187　早古生界页岩孔隙度和有机碳含量关系

表 2.14　页岩储层裂缝发育类型及特征（据丁文龙等，2011）

类型	亚类	主要成因
构造裂缝	剪切裂缝	局部或区域构造应力作用，泥页岩韧性剪切破裂形成的高角度剪切裂缝和张剪性裂缝，经常与断层或褶皱相伴生
	张剪性裂缝	
	滑脱裂缝	在伸展和挤压构造作用下，沿着泥页岩岩层的层面顺层滑动的剪切应力产生的裂缝
	构造压溶缝合线	水平挤压作用压溶形成的裂缝
	垂向载荷裂缝	垂向载荷超出泥页岩抗压强度形成的裂缝
	垂向差异载荷裂缝	上覆地层不均匀载荷导致泥页岩破裂形成的裂缝
非构造裂缝	成岩收缩裂缝	成岩早期或成岩过程中泥页岩脱水收缩、暴露地表风化失水收缩干裂、黏土矿物的相变等作用形成的裂缝
	成岩压溶缝合线	沉积载荷作用使泥页岩层负载引起的成岩期压实和压溶作用，或由于卸载、岩层负载减小、压力释放，岩层内部产生膨胀、隆起和破裂形成的裂缝
	超压裂缝	泥页岩层内异常高的流体压力作用形成的微裂缝
	热收缩裂缝	泥页岩受侵入岩浆烘烤变质、温度梯度作用，受热岩石冷却收缩破裂产生裂缝
	溶蚀裂缝	泥页岩差异溶蚀作用形成的裂缝
	风化裂缝	泥页岩长期遭受风化剥蚀作用，演示机械破裂而形成的裂缝

影响裂缝发育的因素很多，主要包括构造应力、沉积埋藏、地化参数、矿物组成等。从表2.15，表2.16可看出，贵州泥页岩裂缝发育与北美地区产气页岩有很大的相似性。总体而言，脆性矿物含量高及有机碳含量高的层段越易形成裂缝，包括宏观裂缝和微观裂缝。

表2.15 页岩有机碳含量与裂缝发育程度关系统计表

国家	盆地	地层	有机碳含量/%	总含气量/(m^3/t)	吸附气含量/(m^3/t)	游离气含量/(m^3/t^3)	裂缝发育程度
美国	Appelachian前陆盆地	泥盆系Ohio组	0.5~23.0	1.7~2.83	0.85~1.42(50%)	0.85~1.42(50%)	高角度多组裂缝发育
	ILLinois克拉通盆地	泥盆系New Albany	1.0~25.0	1.13~2.64	0.57~1.32(50%)	0.56~1.32(50%)	裂缝系统发育好
	San Juan前陆盆地	白垩系Lewis组	0.5~3.0	0.37~1.27	0.28~0.95(75%)	0.09~0.32(25%)	裂缝网络发育中等
中国	贵州	龙潭组	4.5	4.3	3	1.3	
		梁山组	1.7	3.1	2	1.1	
		旧司组	1.2	1.8	1	0.8	
		打屋坝组	1.8	2	1.2	0.8	
		龙马溪组	2	2.6	1.3	1.3	
		变马冲组	1.2	1.5	0.8	0.7	
		牛蹄塘组	3	1.3	0.6	0.7	

表2.16 页岩储层岩性和矿物成分与裂隙发育成熟关系统计表

国家	盆地	地层	页岩岩性与沉积环境	黏土含量/%	石英含量/%	长石含量/%	碳酸盐岩含量/%
美国	Texas州西部	泥盆系bossier组	页岩、砂岩和粉砂岩混合岩性	29	30	8	>25
	Michigan克拉通盆地	泥盆系Antrim组	页岩、碳酸盐岩互层、海相深水沉积	30	20~41	10	12
	Arkama被动大陆边缘	泥盆系Woodford组	硅质页岩海相沉积环境	25	35~45 45	9	8
中国	四川盆地威远地区克拉通盆地	龙马溪组	富含笔石粉砂质页岩，碳质页岩；浅水-深水陆棚相	34	61.5	少见	13.5
	贵州	龙潭组	潮坪-潟湖相黑色碳质页岩、粉砂质泥岩	45	30	15	2
		梁山组	陆棚-斜坡相灰色泥质岩	42	45	3	5
		旧司组	陆棚-台盆相黑色薄层状泥页岩	25	50	1	22
		打屋坝组	陆棚-台盆相黑色薄层状泥页岩	52	40	6	26

续表

国家	盆地	地层	页岩岩性与沉积环境	黏土含量/%	石英含量/%	长石含量/%	碳酸盐岩含量/%
中国	贵州	火烘组	陆棚-台盆相黑色页岩、粉砂质页岩、灰泥质页岩	46	46	5	1
		龙马溪组	局限浅水陆棚黑色碳质页岩、钙质页岩	32	38	18	8
		变马冲组	黑色碳质页岩、粉砂质、灰质页岩	28	46	12	11
		牛蹄塘组	深水陆棚相黑色碳质页岩、硅质页岩	20	40	30	5

页岩裂缝与含气量和产气量的关系密切。从表 2.15 可看出，页岩裂缝发育程度与总含气量和游离气量呈正相关关系，表现为页岩裂缝越发育，含气量越大，气藏富集程度越高。由于页岩气藏特殊的产气机制，页岩气在裂缝和基质中的流动机理是微小的基质孔隙中的气体向大孔隙和裂缝作扩散运动，遵循达西（Darcy）定律。而基质孔隙表面的吸附气不再是达西流，而是在一定压力下发生解吸，裂缝的发育则有助于页岩层中游离态天然气体积的增加和吸附态天然气的解吸。天然裂缝发育程度决定着页岩气藏的品质和规模。一般来说，页岩裂缝越发育的气藏，其品质越好，气藏的富集程度越高。如果天然裂缝发育不够充分，则需要进行压裂来产生更多的裂缝与井筒相连，为天然气解吸提供更大的压降和面积，在页岩气的储存和开发中，特别是在其单井初期的高产中，裂缝起了相当大的作用。但是如果裂缝规模过大，也会导致天然气的散失。

三、岩石力学特征

岩石力学性质及其参数特征是进行油气井钻探设计、制定储层改造措施和方案设计的重要依据（路保平等，2000；杨建等，2012）。目前研究方法主要有三种：一是实验室对岩样进行实测；二是用地球物理测井资料求取；三是水力压裂法计算。应用中，在实验室测试及压裂计算校正测井法的基础上，获得连续地层岩石力学参数剖面，从而反映潜质页岩力学性质，为后期勘探开发工作奠定基础。

（一）抗压、抗张强度

常温、常压条件下，通过对各潜质页岩进行抗压实测，抗压强度在 28.97 ~ 153.73MPa，抗张强度在 3.11 ~ 9.70MPa（表 2.17）。

表 2.17　常温常压条件下岩石抗压强度、抗张强度、弹性模量-泊松比测试结果

钻井名称	样品	测试内容	岩石密度/(g/cm^3)	抗压强度/MPa	抗张强度/MPa	弹性模量/10^3MPa	泊松比
湄页 1 井	MY1-YL2	天然条件抗压	2.69	28.97	5.94	1.45	0.27

续表

钻井名称	样品	测试内容	岩石密度 /(g/cm³)	抗压强度 /MPa	抗张强度 /MPa	弹性模量 /10³ MPa	泊松比
正页 1 井	ZY1-38	天然条件抗压	2.60	106.20		6.11	0.24
道页 1 井	DY1-11	天然条件抗压	2.68	40.22	4.98	2.32	0.31
正页 1 井	ZY1-14	天然条件抗压	2.61	85.86		4.34	0.24
绥页 1 井	SY1-14	天然条件抗压	2.72	104.92		6.02	0.33
湄页 1 井	MY1-YL1	天然条件抗压	2.51	65.65	9.7	3.01	0.35
绥页 1 井	SY1-54	饱和水条件抗压	2.53	153.73		5.92	0.33
湄页 1 井	MY1-YL1	饱和水条件抗压	2.55	82.84	3.11	4.05	0.23
道页 1 井	DY1-11	饱和水条件抗压	2.56	19.09	4.92		
仁页 1 井	RY1-A2	天然条件抗压	2.66	89	6.87	11.7	0.21
仁页 2 井	RY1-A1	天然条件抗压	2.56	94	8.9	12.8	0.25
习页 1 井	XY1-A2	天然条件抗压	2.5	16	3.72	1.4	0.48
桐页 1 井	TY1-A1	天然条件抗压	2.5	34	7	11.27	0.25

在饱和水条件下，岩石抗压强度仍较高，如绥页 1 井 SY1-54 样品为 153.73MPa。湄页 1 井、道页 1 井对比天然条件与饱和水条件的抗张强度差异不大。总体表明，水介质对岩石抗压强度影响不大，“软化作用”不明显。

（二）弹性模量、泊松比

常温、常压条件下，各目的层潜质页岩弹性模量在 $1.45\times10^3\sim6.02\times10^3$ MPa，平均 4.15×10^3 MPa；泊松比在 0.23～0.35，平均 0.29（表 2.17）。饱和水条件下，岩石含水率为 0.53%～1.57%，在此条件下进行实验对比，发现其弹性模量与天然条件下的测试结果较为接近，如样品 MY1-YL1，天然条件下弹性模量为 3.01×10^3 MPa，饱和水弹性模量为 4.05×10^3 MPa。天然条件下抗压值表明水介质的影响对力学性质影响不大。

四、储层评价

（一）岩矿评价

通过对贵州不同层系页岩储层岩矿组成分析，对比美国各大产气页岩层系的矿物组成（表 2.18，图 2.188），总体表明，7 套潜质页岩层系脆性矿物含量较高，具有较好的破裂潜力，适于页岩气开发压裂。仅个别层系（如龙潭组和打屋坝组），由于黏土含量相对较高，且岩性多为砂泥互层，其破裂潜力相对较弱。

表 2.18 贵州各潜质页岩层系矿物组成对比一览表 （单位：%）

层系	石英	长石	碳酸盐岩	黏土矿物	铁矿物
龙潭组	32	8	2	50	8

续表

层系	石英	长石	碳酸盐岩	黏土矿物	铁矿物
梁山组	45	3	5	42	5
打屋坝组	40	6	22	30	2
火烘组	40	2	9	45	4
龙马溪组	39	8	12	36	5
变马冲组	46	12	11	28	3
牛蹄塘组	52	3	9	30	6

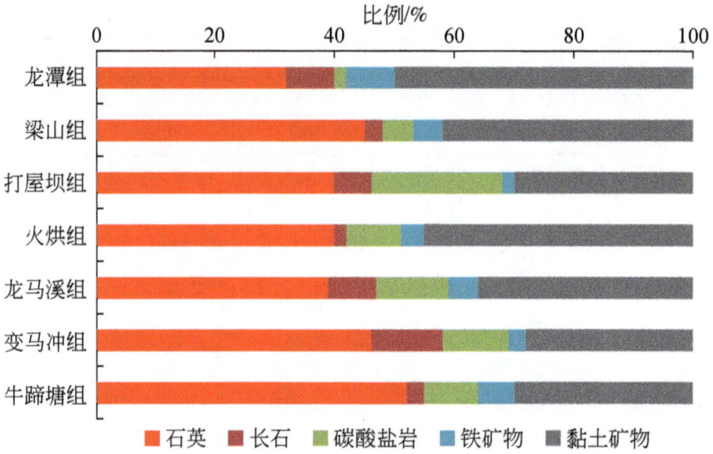

图 2.188　贵州各潜质页岩层系矿物组成对比图

（二）物性评价

1. 孔渗特征

通过不同层系页岩储层物性测试分析及综合对比，得出以下认识（表 2.19，图 2.189）：龙潭组、打屋坝组、旧司组和龙马溪组孔渗性相对较好，孔渗平均值分别为 0.026mD、0.0927mD、0.0191mD 和 0.016mD；梁山组、变马冲组和牛蹄塘孔渗性相对较差，其均值仅为 0.0084mD、0.004mD 和 0.005mD。

表 2.19　贵州各潜质页岩层系孔渗对比一览表

层系	密度/(g/m^3)	孔隙度/%	渗透率/mD
龙潭组	1.85 ~ 2.41（均值 2.2）	2 ~ 15（均值 9）	均值 0.026
梁山组	2.14 ~ 2.43（均值 2.3）	3 ~ 19（均值 11）	均值 0.0084
打屋坝组	2.1 ~ 2.4（均值 2.32）	1 ~ 5（均值 3）	0.001 ~ 0.05/0.0927
旧司组	2.1 ~ 2.55（均值 2.39）	0.2 ~ 16（均值 8）	均值 0.0191
火烘组	2.37 ~ 2.50（均值 2.5）	3.2 ~ 9（均值 6）	均值 0.0038

续表

层系	密度/(g/m³)	孔隙度/%	渗透率/mD
龙马溪组	2.2～2.45（均值2.38）	0.77～12（均值5）	0.001～0.5（均值0.016）
变马冲组	2.3～2.6（均值2.47）	2～11（均值4）	0.001～0.5（均值0.004）
牛蹄塘组	2.45～2.7（均值2.52）	0.5～12（均值3）	0.0001～0.15（均值0.005）

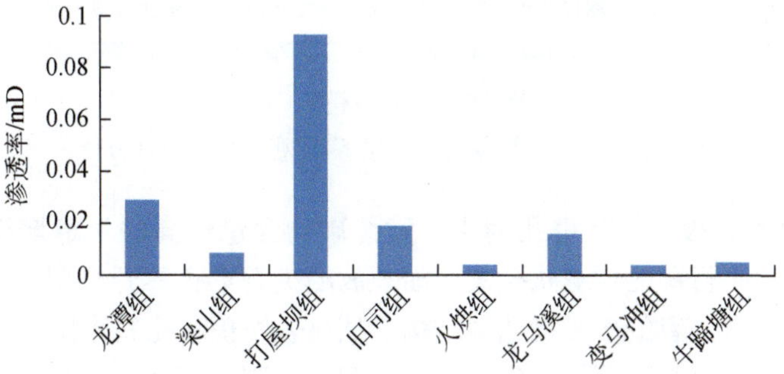

图2.189 贵州各潜质页岩层系渗透率对比图

2. 孔隙类型

页岩孔隙主要受沉积环境、有机地化、矿物组成的影响。通过对各潜质页岩进行扫描电镜、压汞实验后发现，各潜质页岩储层孔隙结构复杂，孔径分布广泛，微观孔隙类型多样。海相龙马溪组页岩储层微观孔隙发育，以大中孔和有机孔占主导。海陆过渡相龙潭组、梁山组其孔隙类型以矿物粒间孔和溶蚀孔为主，黏土矿物层间孔次之，有机孔不发育（表2.20，图2.190）。

表2.20 贵州各潜质页岩层系孔隙类型特征对比一览表

层系	微观孔隙类型百分比/%						
	粒间孔	粒内孔	晶间孔	溶蚀孔	生烃孔	溶蚀孔	裂缝孔
龙潭组	25	40	10	5	5	3	12
梁山组	30	35	12	9	2	1	11
打屋坝组	30	40	10	5	5	1	9
火烘组	20	50	10	5	2	1	12
龙马溪组	20	25	15	10	10	5	15
变马冲组	30	20	15	15	2	3	15
牛蹄塘组	35	20	15	15	5	2	8

3. 孔隙结构

从各潜质页岩孔隙结构参数看（表2.21），7套潜质页岩层系的孔隙结构具有很强的相似性。从各潜质页岩吸脱附曲线看（图2.191），黏土矿物含量高的龙潭组、打屋坝组

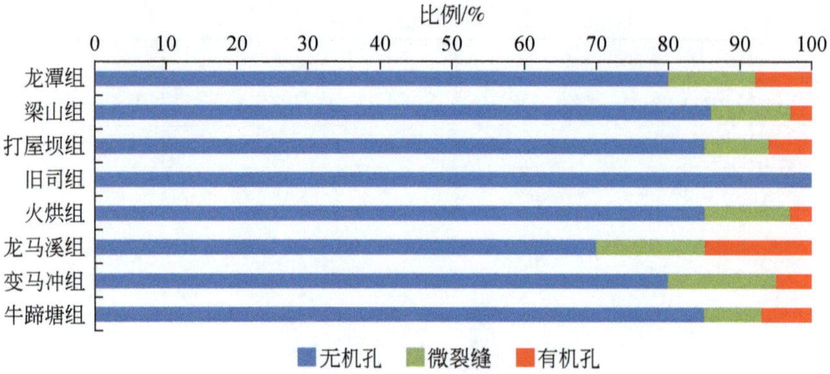

图 2.190　贵州各潜质页岩层系微观孔隙类型百分比

和火烘组表现出以平行板状、尖劈孔为主；脆性矿物含量较高的牛蹄塘组、梁山组表现出两端开放的管状孔、平行壁的狭缝状孔及四面开放的尖劈形孔等开放型孔隙结构；黏土含量中等的龙马溪组则兼具两者的多类型孔隙结构。从比表面积和孔隙体积图看（图 2.192），龙潭组、打屋坝组、龙马溪组为高值，牛蹄塘组、旧司组则为低值。贵州 7 套潜质页岩目的层系样品均表明，中孔隙占绝对比例，均在 60% 以上。

表 2.21　贵州各潜质页岩层系孔隙结构参数对比表

层系	BET 比表面积/(m^2/g)	BJH 孔容/(mL/g)	平均孔径/nm	孔隙比例/%		
				宏孔	中孔	微孔
龙潭组	（均值 16）	0.0212 ~ 0.0464 （均值 0.0464）	6	15	50	35
梁山组	（均值 11）	0.189 ~ 0.0512 均值 0.0398	14	20	50	30
打屋坝组	均值 13	均值 0.0321	5	25	55	20
旧司组	均值 7.32	均值 0.0135	3	20	40	40
火烘组	（均值 9）	均值 0.0212	11	25	45	30
龙马溪组	2.38 ~ 28.13 （均值 17）	0.0063 ~ 0.0132 （均值 0.0098）	12.5	20	45	35
变马冲组	2.1 ~ 23 （均值 13）	0.0059 ~ 0.0145 （均值 0.0088）	7	15	55	30
牛蹄塘组	1.9 ~ 22 （均值 3）	0.0042 ~ 0.0155 均值 （0.00872）	5	30	50	20

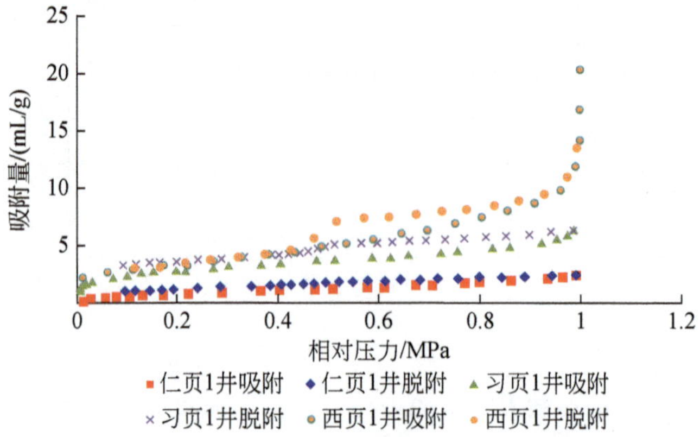

图 2.191　贵州各潜质页岩层页岩吸脱附曲线对比

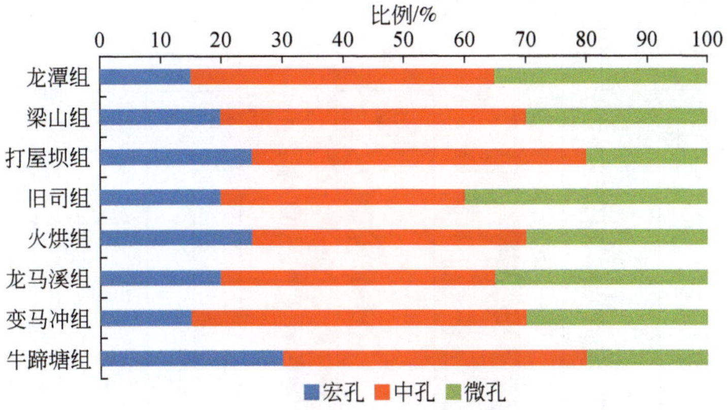

图 2.192 贵州各潜质页岩层页岩孔隙大小百分比

第四节 潜质页岩含气性

页岩含气性是有效评估页岩气是否具有商业化前景的最主要指标之一，含气性分析数据对计算页岩的资源富集程度、气藏模拟和生产预测具有重要的意义。目前页岩含气性分析研究主要包括页岩气井含气量解释、页岩气含气量测试、页岩气显示及页岩含气性影响因素分析。主要研究方法有页岩气井测-录井显示、等温吸附模拟实验及含气性现场解吸等。

一、潜质页岩含气显示

在贵州省页岩气调查评价中，对下寒武统牛蹄塘组及渣拉沟组、下志留统龙马溪组、中泥盆统火烘组、下石炭统旧司组/打屋坝组、中二叠统梁山组、上二叠统龙潭组页岩层系的含气性质页岩段，开展了钻井、测井、录井及含气性现场解吸，钻井、测井、录井及现场解吸过程中和资料成果中均有气体响应及异常显示。

（一）牛蹄塘组

1. 正页 1 井、湄页 1 井、绥页 1 井

正页 1 井、湄页 1 井及绥页 1 井均位于黔北片区，目的层段为下寒武统潜质页岩。通过连续取心分析及测井曲线对比（图 2.193 ~ 图 2.195），查明各孔的潜质页岩层位均位于牛蹄塘组底部，地层厚度为 90 ~ 117m，以绥页 1 井厚度最大。

潜质页岩段在测井曲线上均表现为高伽马、高铀高钍、低电阻率、声波弱响应的特征。声波时差曲线总体平直，表明岩石中连续的裂缝密集带或破碎带总体不发育，游离状态页岩气含量不高。钻进过程中，潜质页岩段间或气测异常。全烃、CH_4响应明显，其他组分较弱。岩心观察表明，局部气测显示较强的岩性段往往存在裂缝或破碎带，气体随着钻井液可及时返排至地面，如正页 1 井 971.18 ~ 973.50m 钻遇 2.32m 破碎带时，全烃含量

达 0.129% ~0.264%（背景值 0.008% ~0.064%）。

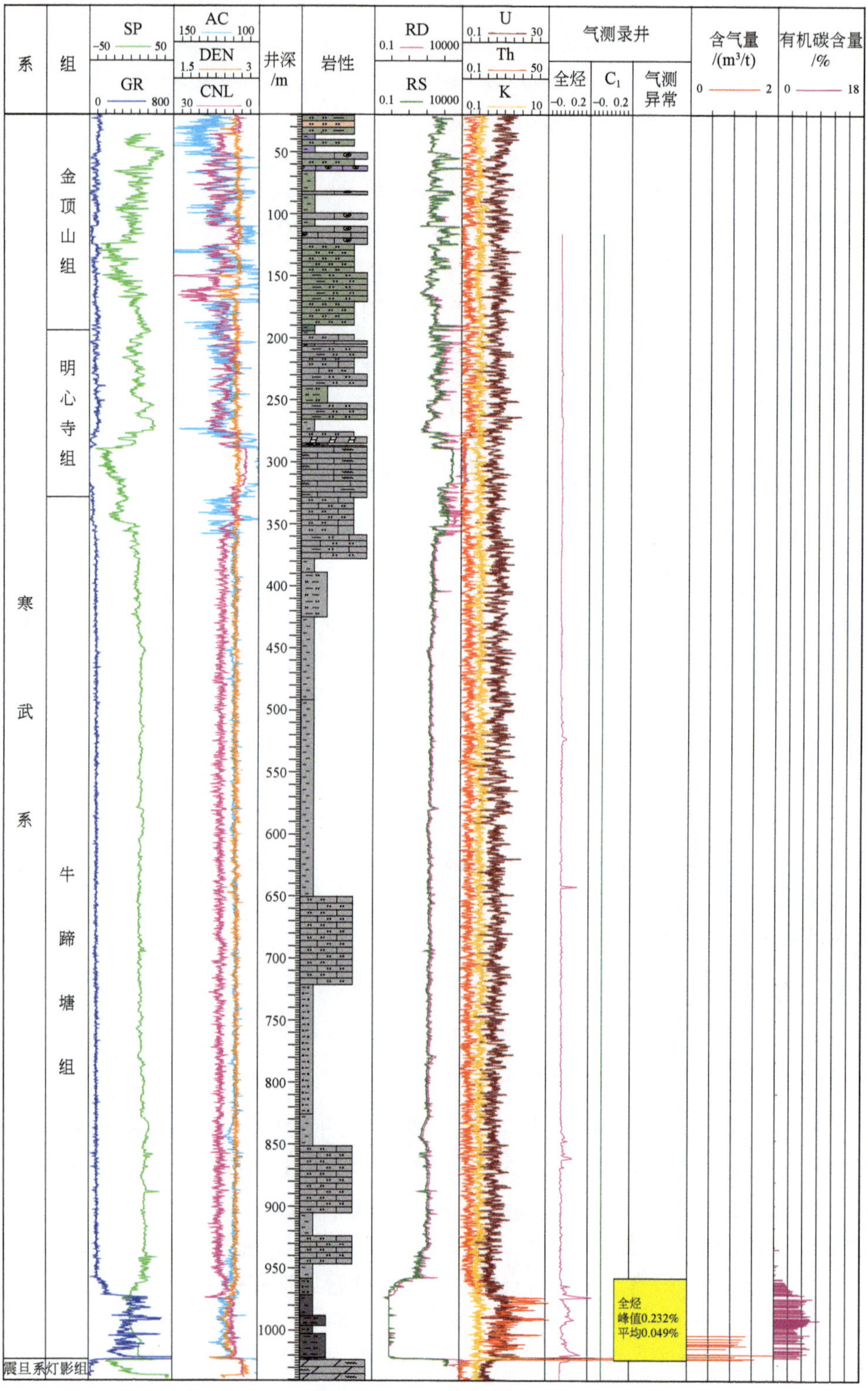

图 2.193　正页 1 井牛蹄塘组潜质页岩测井-录井响应及含气性

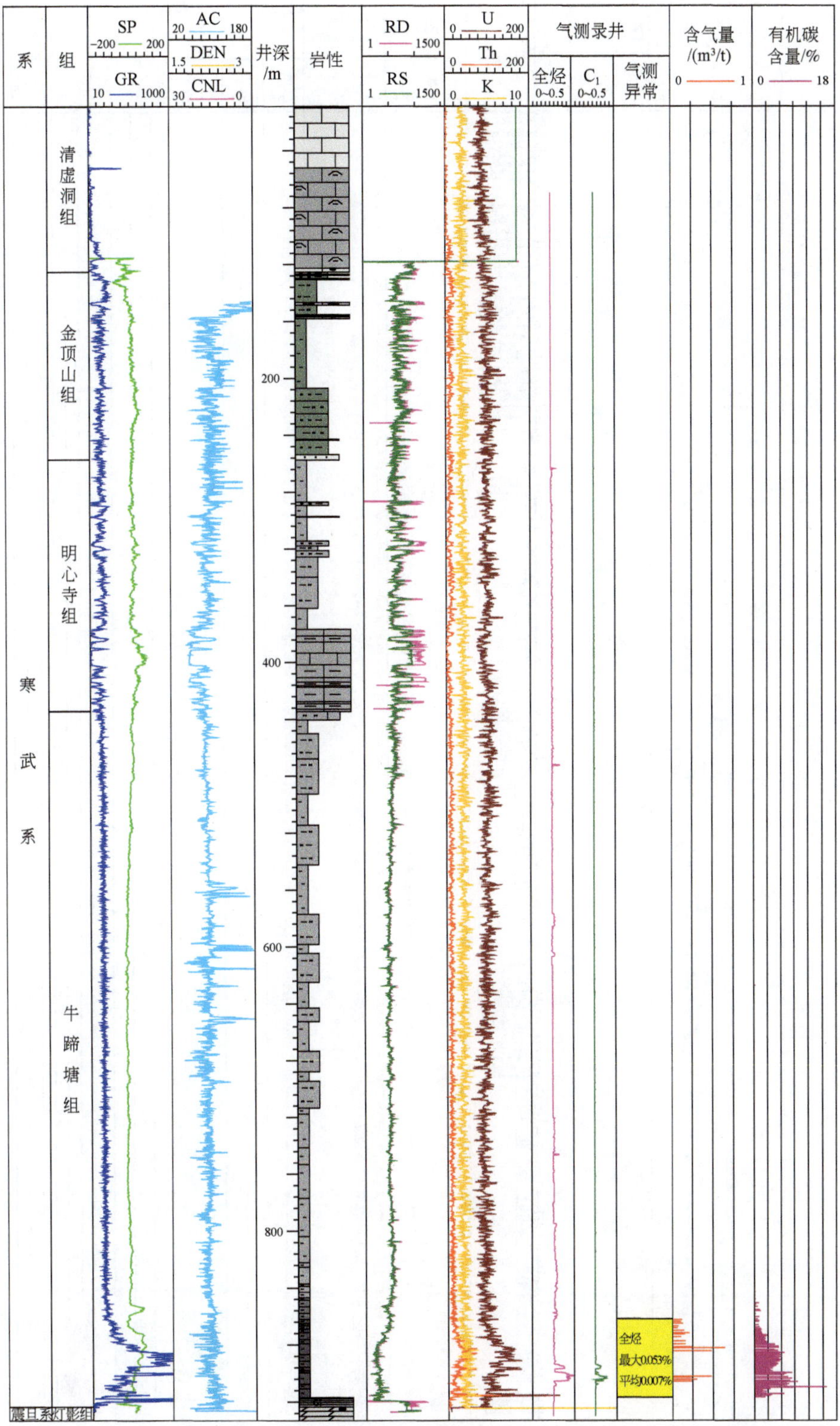

图 2.194 湄页 1 井牛蹄塘组潜质页岩测井-录井响应及含气性

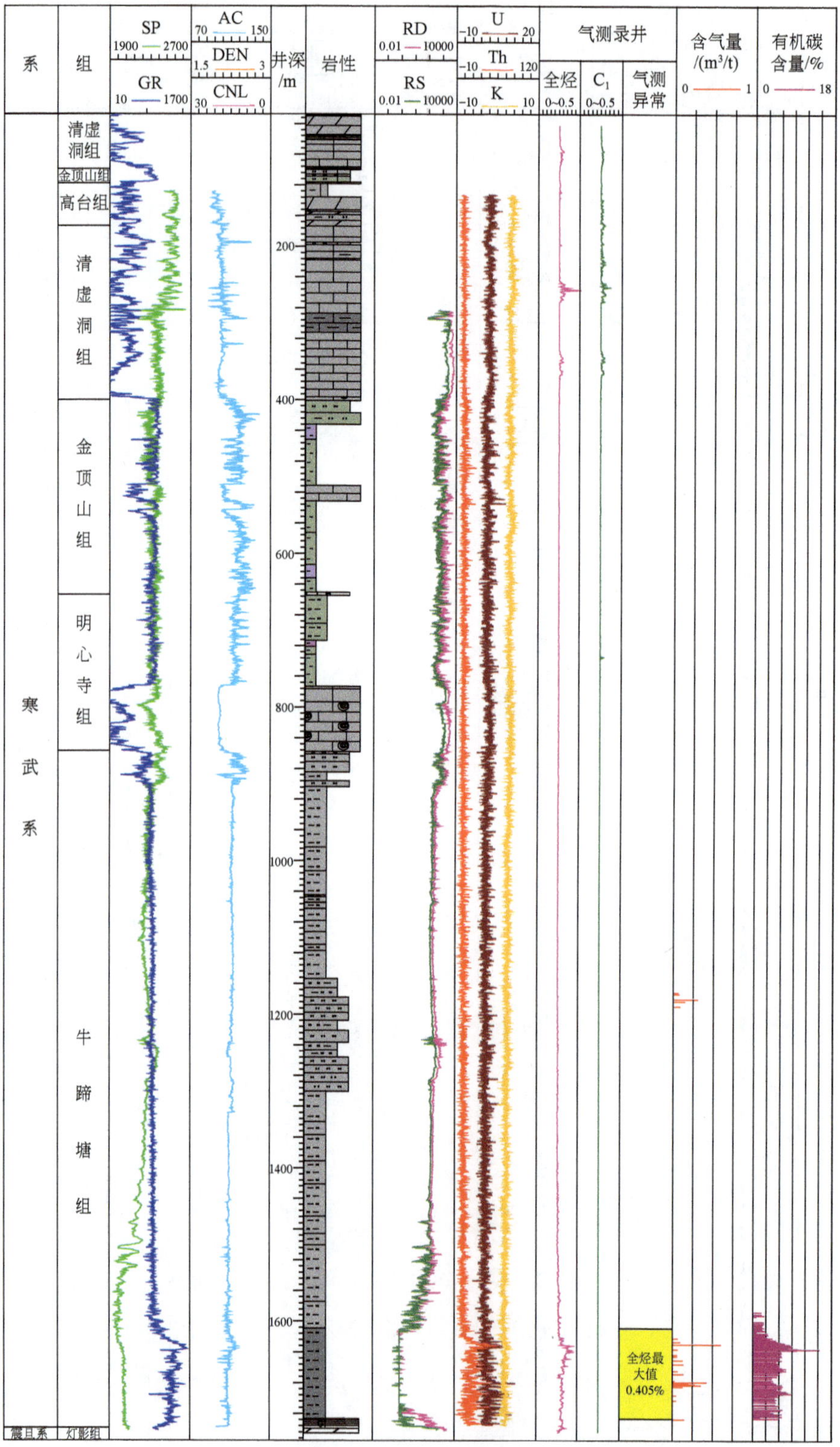

图 2.195　绥页 1 井牛蹄塘组潜质页岩测井-录井响应及含气性

现场解吸了62件气体样品，解吸量一般小于100mL，但各井也有几个样品达到数百毫升。以上反映出这部分气体主要是微裂缝中的游离气及解吸出的气体，钻探采样过程中难以完整采集，解吸气体含量偏低。

三种方法综合判断，牛蹄塘组岩石总体结构致密，夹杂裂缝。不同方法检测或收集到的气体综合起来才能反映潜质页岩段的含气性。

2. 仁页1井

仁页1井位于黔西北片区仁怀市鲁班镇，完钻井深1384.66m，完钻层位为上震旦统灯影组。全井段均进行了标准测井（密度、自然伽马、电阻率、深侧向电阻率、浅侧向电阻率、声波时差、自然电位、井径、中子孔隙度、钾、钍、铀）共解释岩层49层，其中有机质含量较高的潜质页岩段位于牛蹄塘组底部，含气页岩层段有2层（图2.196）。

3. 三页1井

三页1井位于黔南片区三都县巫孟村，目的层为下寒武统渣拉沟组潜质页岩段，完钻井深530.6m，完钻层位为震旦系陡山陀组。本井开展了气测录井和综合测井，测井参数有声波时差、深侧向及浅侧向、自然伽马、自然电位、井径、电阻率、密度及中子孔隙度等。据现场综合气测资料解释显示，微含气层有3层（图2.197），累计钻厚为111.00m，其中，第一层井段为163.00～189.00m，厚度26.00m；第二层井段为262.00～298.00m，厚度36m；第三层井段为428.00～477.00m，厚度49.00m。

通过测井资料将声波时差曲线与电阻率曲线叠加后，两条曲线在页岩发育段56.60～483.82m处有明显幅度差异。利用$\Delta \lg R$方法将声波时差曲线与刻度合适的电阻率曲线叠加后，两条曲线在储集层段有明显幅度差异（图2.198）。经计算后得到有机质页岩段五段：428.55～447.30m，厚度18.75m；448.05～453.15m，厚度为5.10m；453.80～458.10m，厚度4.30m；458.55～468.75m，厚度10.20m；469.60～491.05m，厚度21.45m。TOC为0.2%～4.70%，平均2.34%。

4. 麻页1井

麻页1井位于黔南片区麻江县小茶山村，目的层为下寒武统牛蹄塘组潜质页岩段，完钻井深1426.26m，完钻层位为震旦系老堡组。据现场综合气测资料解释显示，含气层共5层（图2.199），累计钻厚137.00m，其中，734.00～760.00m，有效潜质页岩厚度26.00m；790.00～809.00m，有效潜质页岩厚度19.00m；1113.00～1140.00m，有效潜质页岩厚度27.00m；1155.00～1176.00m，有效潜质页岩厚度21.00m；1185.00～1194.00m，有效潜质页岩厚度9.00m。

5. 岑页1井

岑页1井位于岑巩县羊桥乡，是国土资源部油气资源战略研究中心部署实施的首口超千米调查井，目的层段为下寒武统牛蹄塘组潜质页岩。

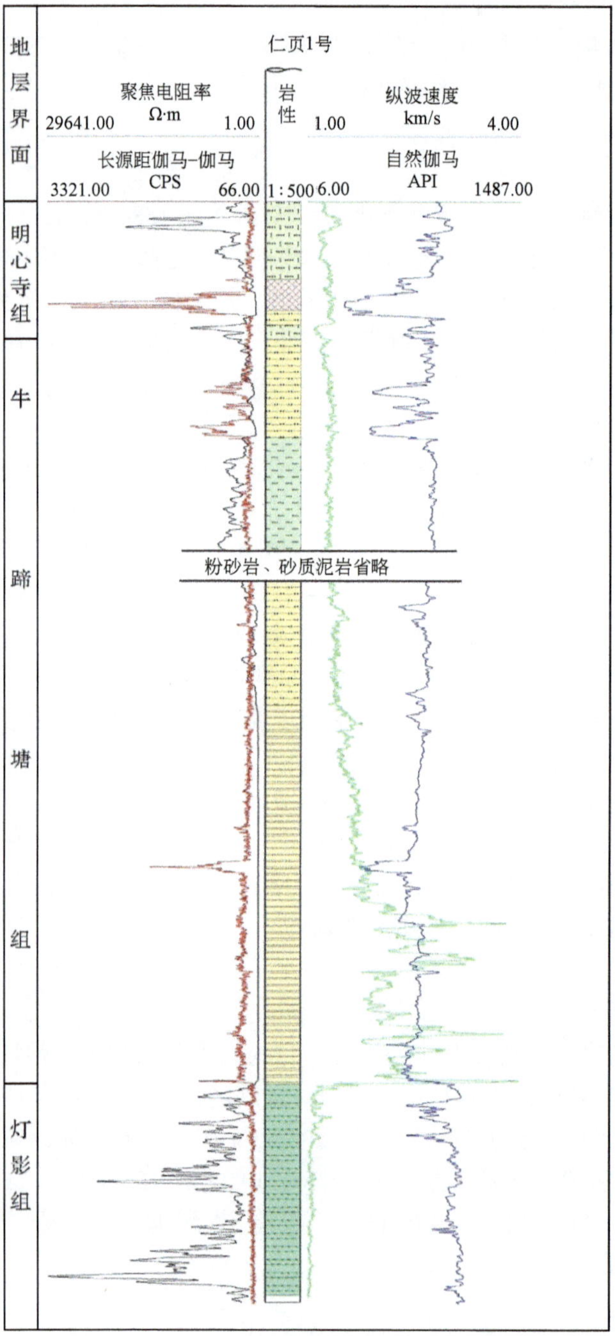

图 2.196　仁页 1 井牛蹄塘组测井综合柱状图

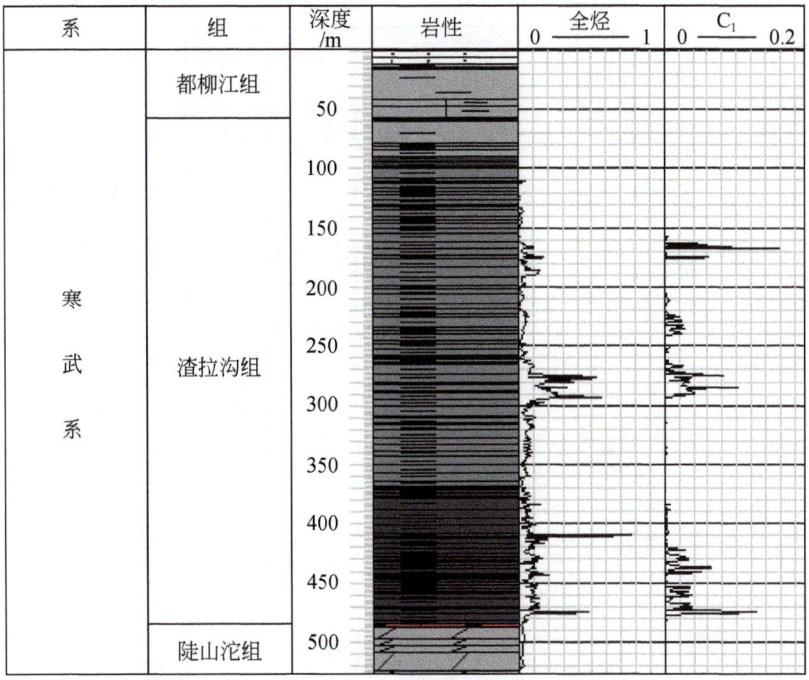

图 2.197 三页 1 井气测录井综合柱状图

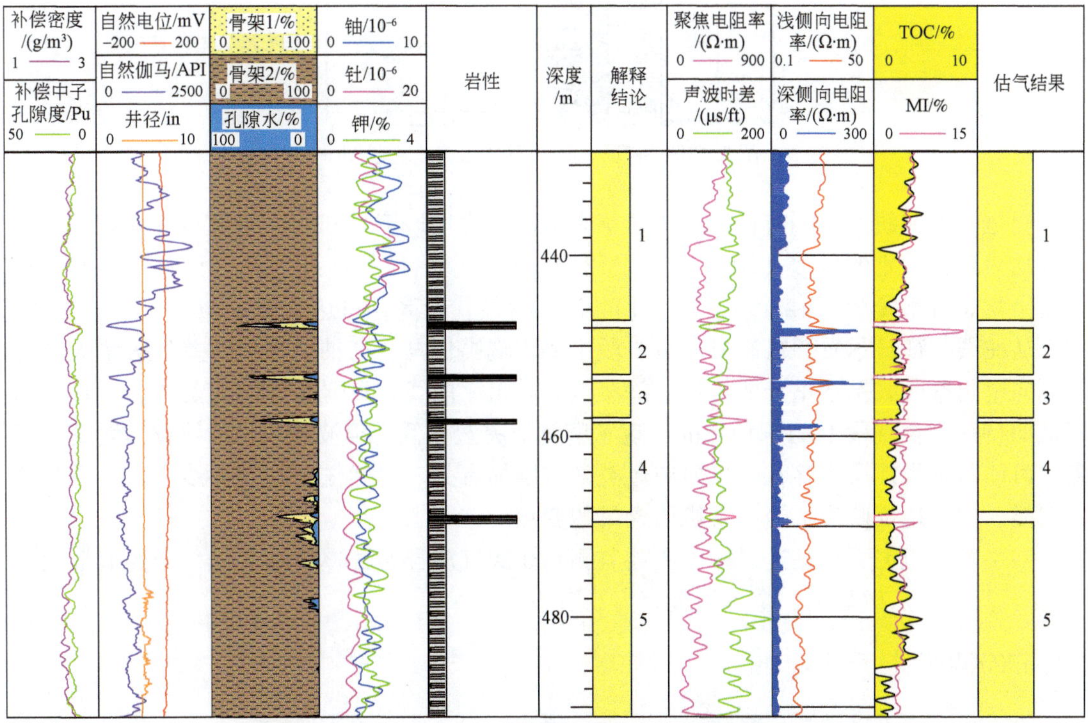

图 2.198 三页 1 井潜质页岩段测井解释图

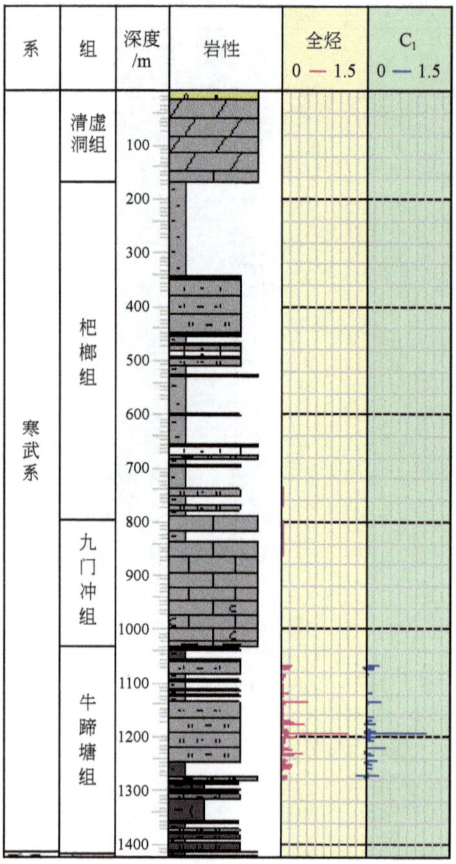

图 2.199　麻页 1 井气测录井综合柱状图

根据测井曲线及实测有机碳校正，富有机质页岩段厚度约 60m，对应测井曲线、气测录井均表现出一定的异常（图 2.200）。以声波时差、密度等曲线为基础计算出富有机质页岩平均总含气量为 1.12m^3/t，其中 1440m 处含气量最高，可达 3.36m^3/t。

从曲线特征显示看，富有机质页岩段主要表现高伽马、高铀、声波时差显著增大及深浅侧向电阻率曲线基本重合的特征。深浅侧向电阻率曲线在页岩含气性较好段，表现出略降低的特征。含气段 1441～1443m 出现了密度值突然变低，声波和中子曲线突然增高的现象，可能与页岩地层中存在有机质或烃类气体增加有关。自然伽马能谱曲线中，铀元素响应明显，较好地反映出页岩中有机质含量的变化。

在牛蹄塘组泥页岩钻进过程中，共监测到 6 次气测异常，厚度达 37m，全烃值最大为 1.8%，见 4 次后效显示，全烃值最大为 6.36%。

6. ZK408 井

ZK408 井位于松桃县乌罗锰矿区，为金属矿产勘查井，孔径为 75mm，该井揭穿了寒武系下统变马冲组和牛蹄塘组页岩层段，并选择小型测井设备进行了双侧向、补偿声波、自然伽马、自然电位、井径、井温和井斜等参数测井（图 2.201，图 2.202）。

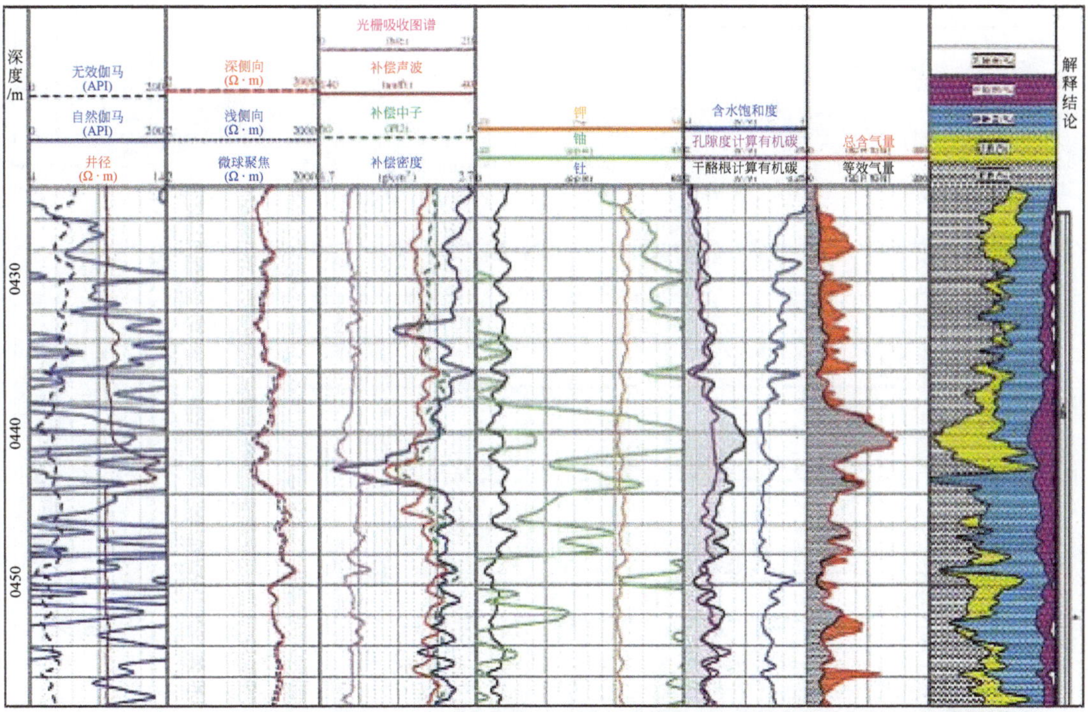

图 2.200 岑页 1 井牛蹄塘组潜质页岩段测井曲线及解释成果

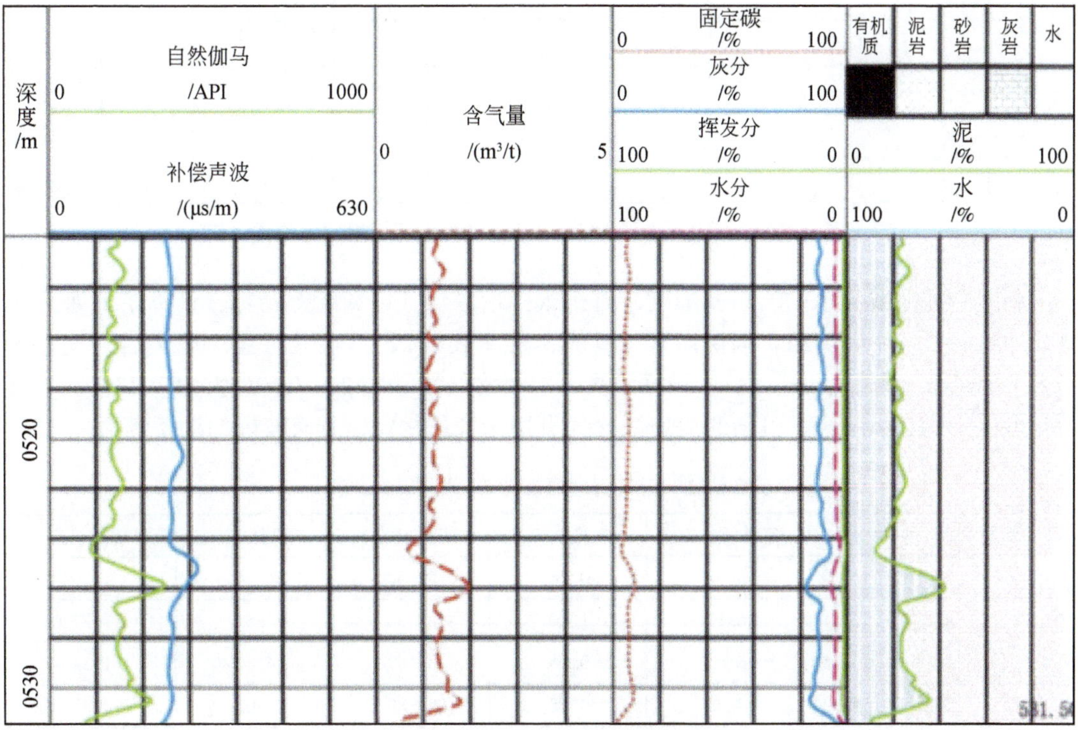

图 2.201 松桃乌罗 ZK408 井下寒武统变马冲组测井曲线

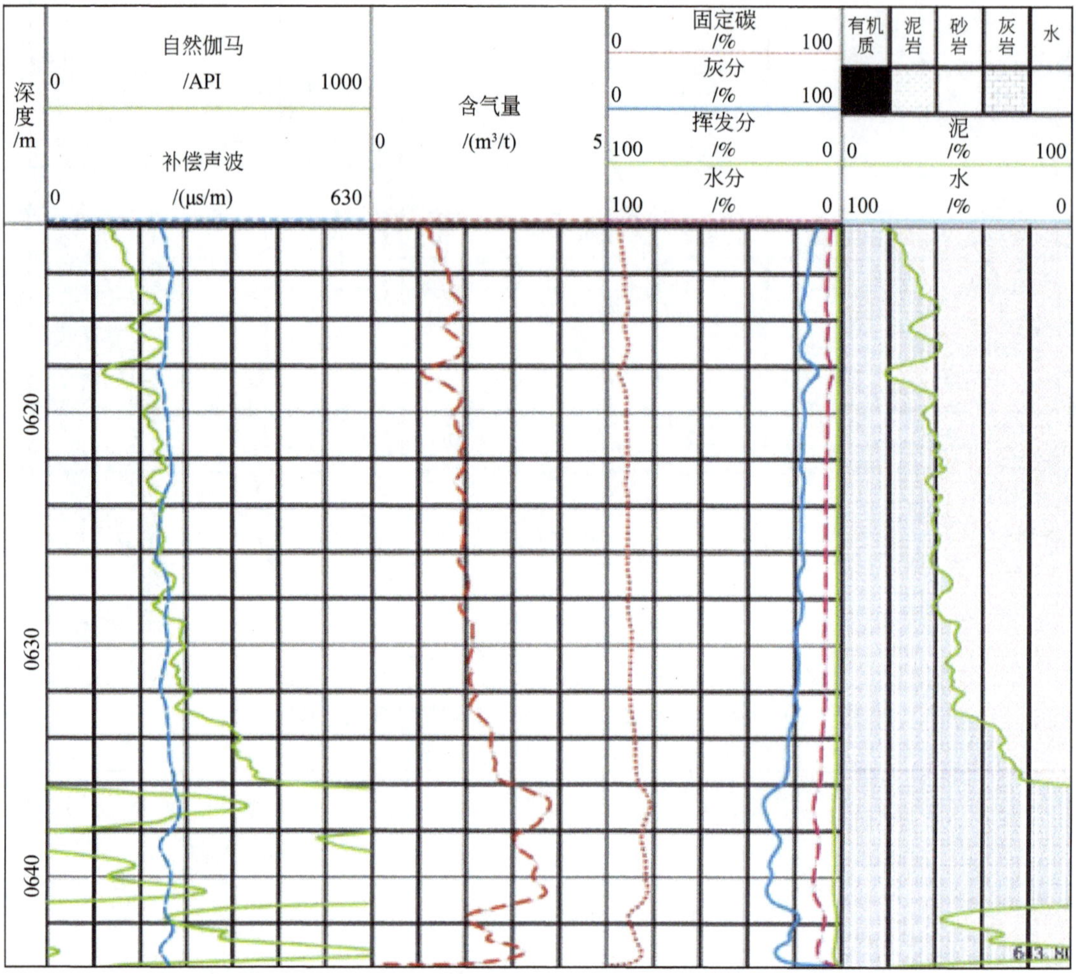

图 2.202 松桃乌罗 ZK408 井下寒武统牛蹄塘组测井曲线

利用测井曲线显示的岩石孔隙度、有机碳含量、含气饱和度等指标，计算了下寒武统变马冲组一段和牛蹄塘组页岩层段含气量值 5 段（表 2.22）。变马冲组一段页岩含气量平均为 1.1m³/t，最高为 2m³/t；牛蹄塘组页岩层段含气量平均 2m³/t，最大为 3.32m³/t，最大含量位于 612～643m，可与北美地区含气页岩含气量相比，具有较好的勘探潜力。

表 2.22 含气页岩层工业参数计算成果表

解释层号	深度/m	有机碳/%	挥发分/%	灰分/%	水分/%	含气量/(m³/t)
1 号	384.00～401.95	5.90	0.96	88.50	4.56	1.20
2 号	406.00～490.15	6.12	1.00	88.33	4.55	1.27
	491.45～531.50	6.65	0.96	87.87	4.52	1.33
4 号	570.50～592.95	4.40	0.78	91.80	3.02	0.87

续表

解释层号	深度/m	有机碳/%	挥发分/%	灰分/%	水分/%	含气量/(m^3/t)
5号	612.00～633.00	9.10	1.51	81.40	7.99	2.10
	633.00～643.80	17.10	2.60	70.70	9.60	3.30

(二) 龙马溪组

1. 习页1井

习页1井位于黔北片区习水县店子上村，构造上属桑木场背斜的北西翼，目的层为龙马溪组—五峰组潜质页岩，完钻井深706.76m，完钻层位为中奥陶统十字铺组。本孔未做气测录井及现场气体解吸，仅开展了综合测井，相关参数有声波时差、深侧向及浅侧向、自然伽马、自然电位、井径、电阻率、密度及中子孔隙度测井，据测井资料综合分析解释，富有质页岩段主要位于下志留统龙马溪组下部及上奥陶统五峰组，井深为631～647m，厚度16m（图2.203）。

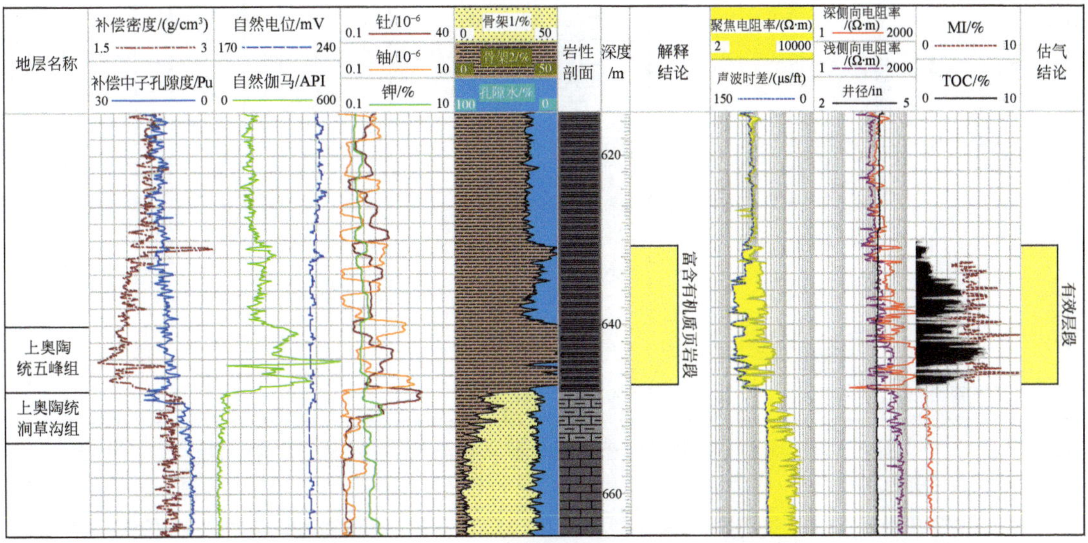

图2.203　习页1井富有机质页岩发育段测井解释图

2. 道页1井

道页1井位于黔北片区道真县，为2012年实施的第一口页岩气调查井，目的层段为上奥陶五峰组—下志留统龙马溪组底部富有机质页岩。通过实测有机碳数据校正，TOC>1.5%的富有机质页岩段厚度27m，在测井曲线上的反映为高伽马、密度略降低的趋势（图2.204）。现场综合气测资料解释显示，共有气测异常含气层4层，累计钻厚42.50m。404～423m为龙马溪组气测异常，全烃最大值2.947%，C1最大值0.957%。至597m停钻24小时测试后效，全烃最大值1.935%。现场4件样品含气性解吸结果，气体显示同样较好，总含气量为 1.84 ~ 2.69m^3/t。

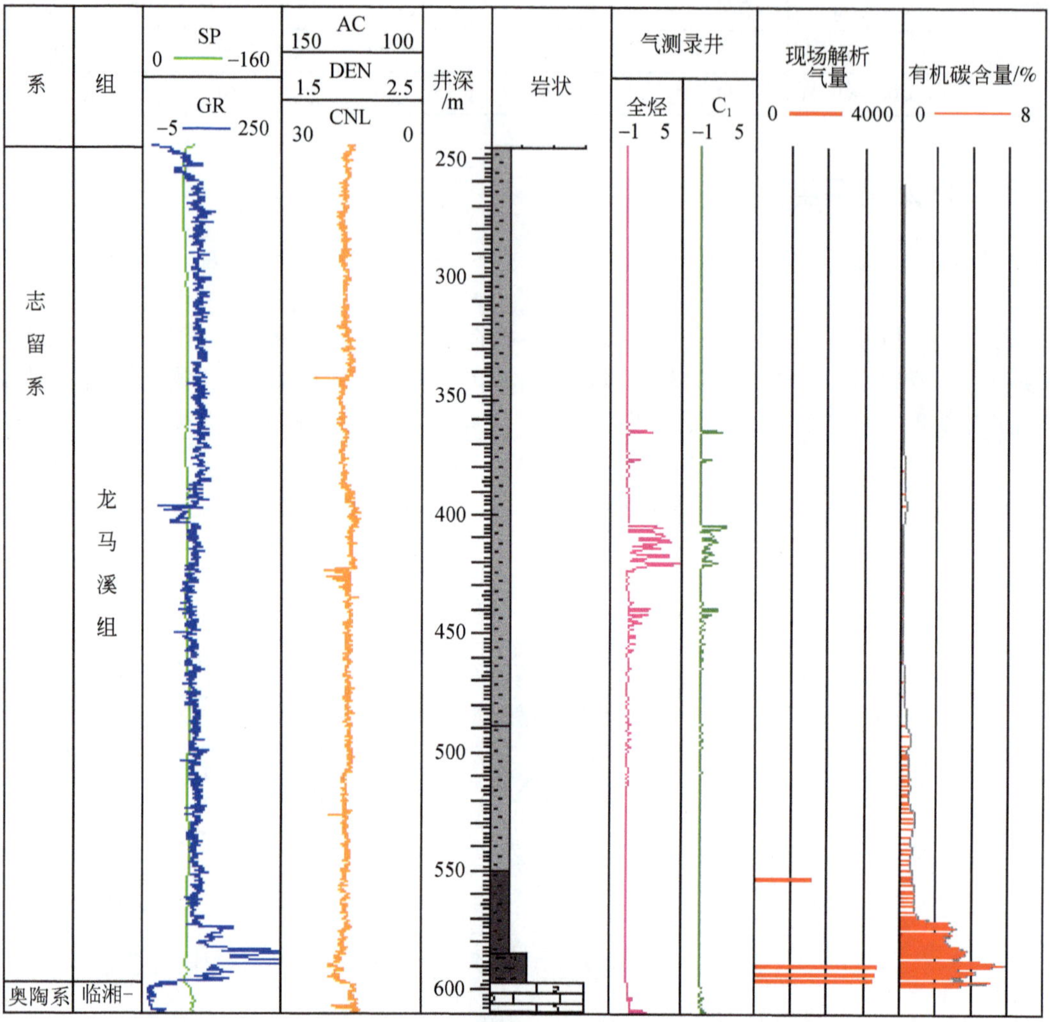

图 2.204　道页 1 井龙马溪组富有机质页岩测井-录井响应及含气性

本井还揭示了一个重要现象，1 号样品井深 553.56m，有机碳含量为 0.97%，但同样含气，计算总含气量为 1.84m^3/t。结合本章对微观孔隙结构的观察可以看出，当孔隙结构较好时，富有机质页岩有机碳含量可以低于 1.5%。因此，本井实际富有机质页岩段厚度为 27 ~ 57m。

（三）火烘组

以罗页 1 井为例，具体如下。

罗页 1 井位于黔西南片区罗甸县沟亭镇，构造上属床井穹窿背斜南东翼，目的层为中-下泥盆统火烘组潜质页岩段，完钻井深 1431m，完钻层位为上泥盆统榴江组（D_3l），未钻达目的层。据现场综合气测资料解释显示，井深气 1260m 以下见气测异常层共 11 层，累计钻厚 108.60m（图 2.205）。

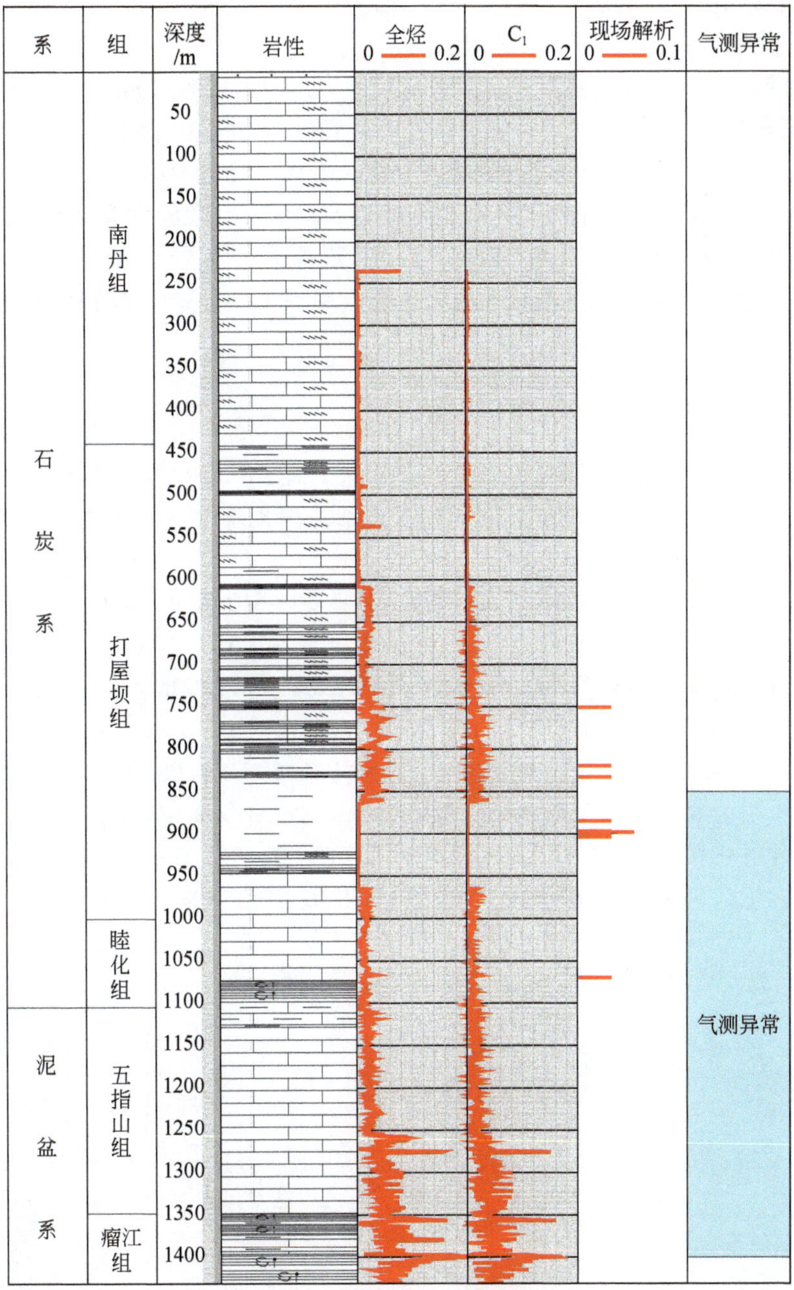

图 2.205　罗页 1 井气测异常图

(四) 打屋坝组/旧司组

1. 威页 1 井

威页 1 井位于黔西南片区威宁县盐仓镇兴发村，构造上属威宁北西向弧形构造变形区小海背斜南东翼东段，目的层为下石炭统详摆组（C_1x），完钻井深 824.50m，完钻层位为下石炭统汤粑沟组（C_1t）。

本井自井深 490m 开始气测录井，录井深度为 492.00～809.50m，录井层段为下石炭统上司组、旧司组、详摆组。总烃含量 0.026%～101.795%，C_1 含量 0.019%～96.675%，C_2 含量 0%～9.915%。见两处气测异常点：井深 555.00～556.50m 总烃含量 56.688%，C_1 含量 48.798%，C_2 含量 2.858%；井深 565.00～566.00m，总烃含量 52.606%，C_1 含量 47.675%，C_2 含量 0.959%。678.75～679.25m 为煤层段，总烃含量 101.795%，C_1 含量 96.675%，C_2 含量 4.758%。在 619m、647m 处见 H_2S 异常，最大含量分别为 347.237×10^{-6}、117.645×10^{-6}。

2. 晴页 2 井

晴页 2 井位于黔西南片区晴隆县竹塘村，构造上属普安旋扭构造变形区中营向斜南东翼南段，目的层为下石炭统详摆组、旧司组，完钻井深 810.80m，完钻层位为下石炭统汤粑沟组。

本井从井深 492.00m 开始录井，录井深度为 492.00～810.80m，录井段长度 318m，完成钻时录井 320 个点、气测录井 320 个点、钻井循环介质录井 107 个点。录井过程中发现气测显示共 4 层段，如图 2.206 所示。第 1 层为 598.00～619.00m，总烃含量 0.349%～2.034%，C_1 含量 0.218%～1.271%，C_2 含量 0.027%～0.159%；第 2 层为 640.00～658.00m，总烃含量 0.984%～1.608%，C_1 含量 0.615%～1.005%，C_2 含量 0.077%～0.126%；第 3 层为 693.00～720.00m，总烃含量 0.268%～2.461%，C_1 含量 0.168%～1.538%，C_2 含量 0.021%～0.912%；第 4 层为 737.00～757.00m，总烃含量 0.608%～2.261%，C_1 含量 0.380%～1.638%，C_2 含量 0.048%～0.178%。

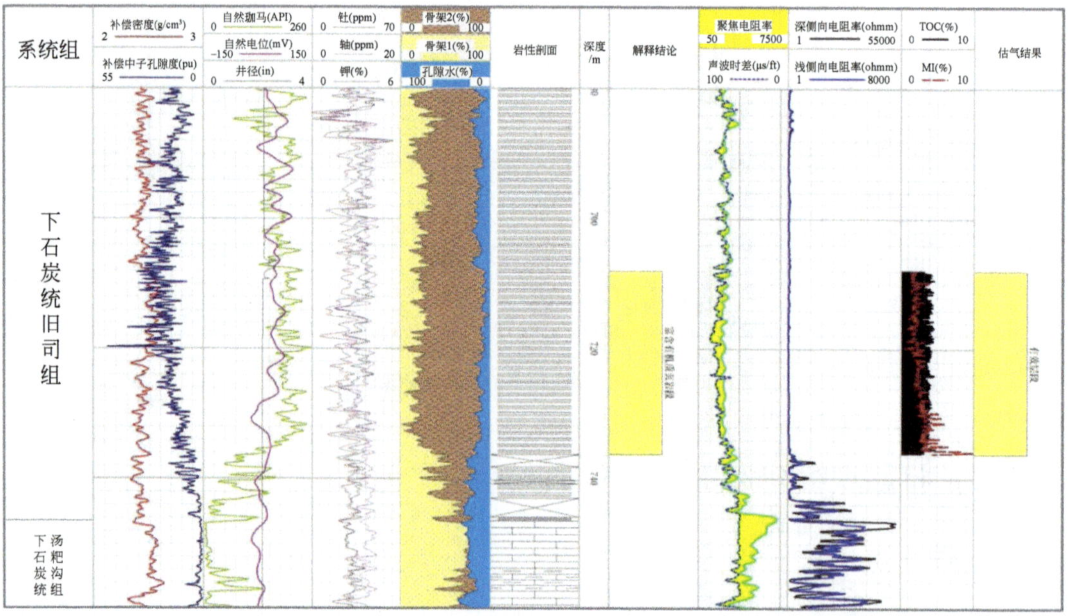

图 2.206　晴页 2 井解释成果图

3. 威宁龙街 1701 号孔

威宁龙街 1701 号孔位于黔西南片区威宁县观风海镇，属煤炭勘查孔，构造属威宁龙街向斜，完钻孔深 344. 30m，开孔层位为下石炭统旧司组，完钻层位为下石炭统汤粑沟组。目的层祥摆组岩性以灰褐色粉砂岩、细砂岩、页岩为主，夹煤层及碳质页岩、灰岩等。煤炭勘查中开展了视电阻率、自然放射性、密度三侧向、井温、井斜等参数测井，效果良好。

4. 长页 1 井

长页 1 井位于黔南片区长顺县墩操乡，构造上属王佑穹窿背斜南翼，目的层为下石炭统打屋坝组（东南地层区，台盆与台地间的过渡型沉积，与详摆组、旧司组同期异相），完钻井深 953. 7m，完钻层位为下石炭统睦化组。

据本井现场综合气测资料解释显示，含气层段共 5 层，累计钻厚 116. 00m（图 2. 207）。

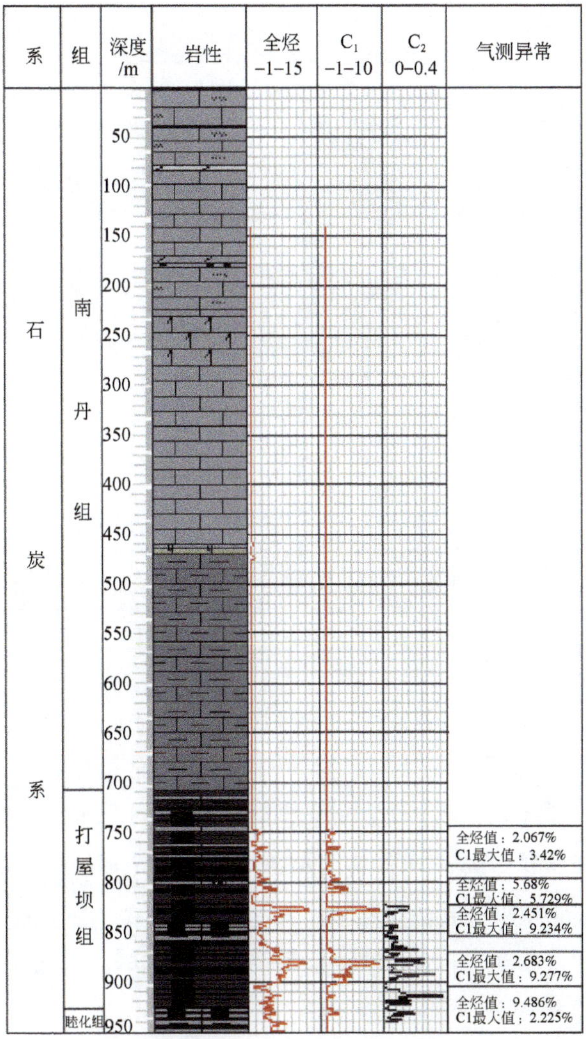

图 2. 207　长页 1 井气测录井柱状图

(五) 梁山组

以晴页1井为例，具体如下。

晴页1井位于黔西南片区晴隆县花贡镇百胜村，构造上属中营向斜南东翼南段，目的层为中二叠统梁山组，完钻井深926.08m，完钻层位为上石炭统马平组（C_2m）。

本井从井深88.00m开始录井，录井深度为88.00～926.08m，录井段长度838.08m。完成钻时录井838个点、气测录井838个点、钻井循环介质录井279个点。录井过程中未发现良好油气显示，总烃含量0%～0.538%。

本井0～920.20m开展了综合测井，测井参数有聚焦电阻率、自然伽马、补偿密度、双侧向电阻率、井径、井斜、补偿声波、补偿中子、自然电位、井温、自然伽马能谱等（图2.208）。共解释岩层182层，其中，有机质含量稍高的含气页岩层段1层，其有效页岩深度为865.40～890.40m，有效厚度25.00m，有机碳含量为0.10%～2.52%，平均1.00%，有机质丰度一般。

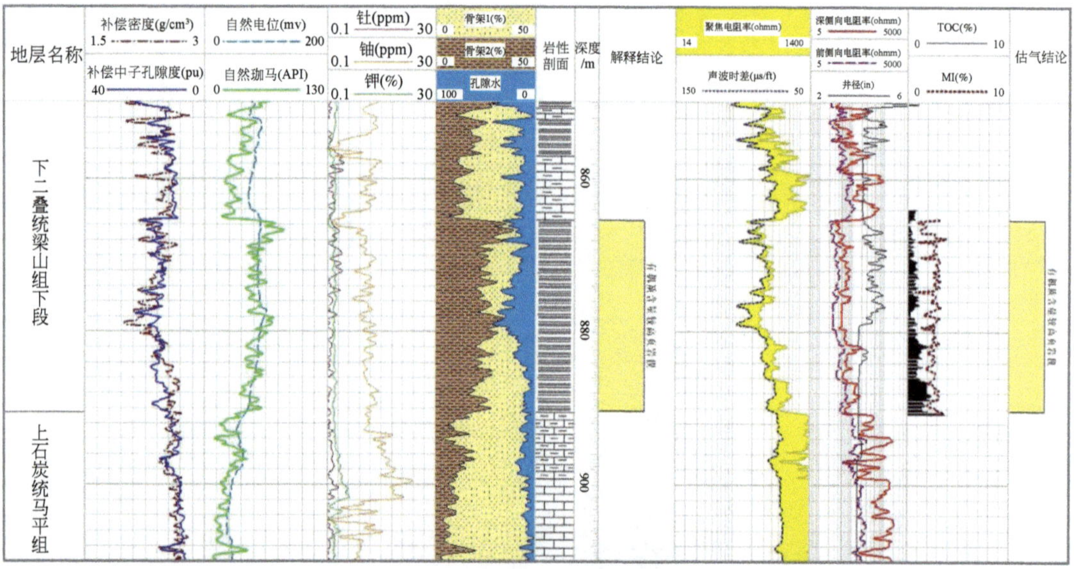

图2.208 晴页1井解释成果图

(六) 龙潭组

1. 西页1井

西页1井位于黔西北片区黔西县甘棠乡新田村，构造上属黔西向斜北西翼次级穹窿部位，目的层为上二叠统龙潭组，完钻井深580.76m，完钻层位为下二叠统茅口组。据综合测井资料解释，龙潭组（含长兴组）厚度150m，含煤层10余层，含气性良好（图2.209）。

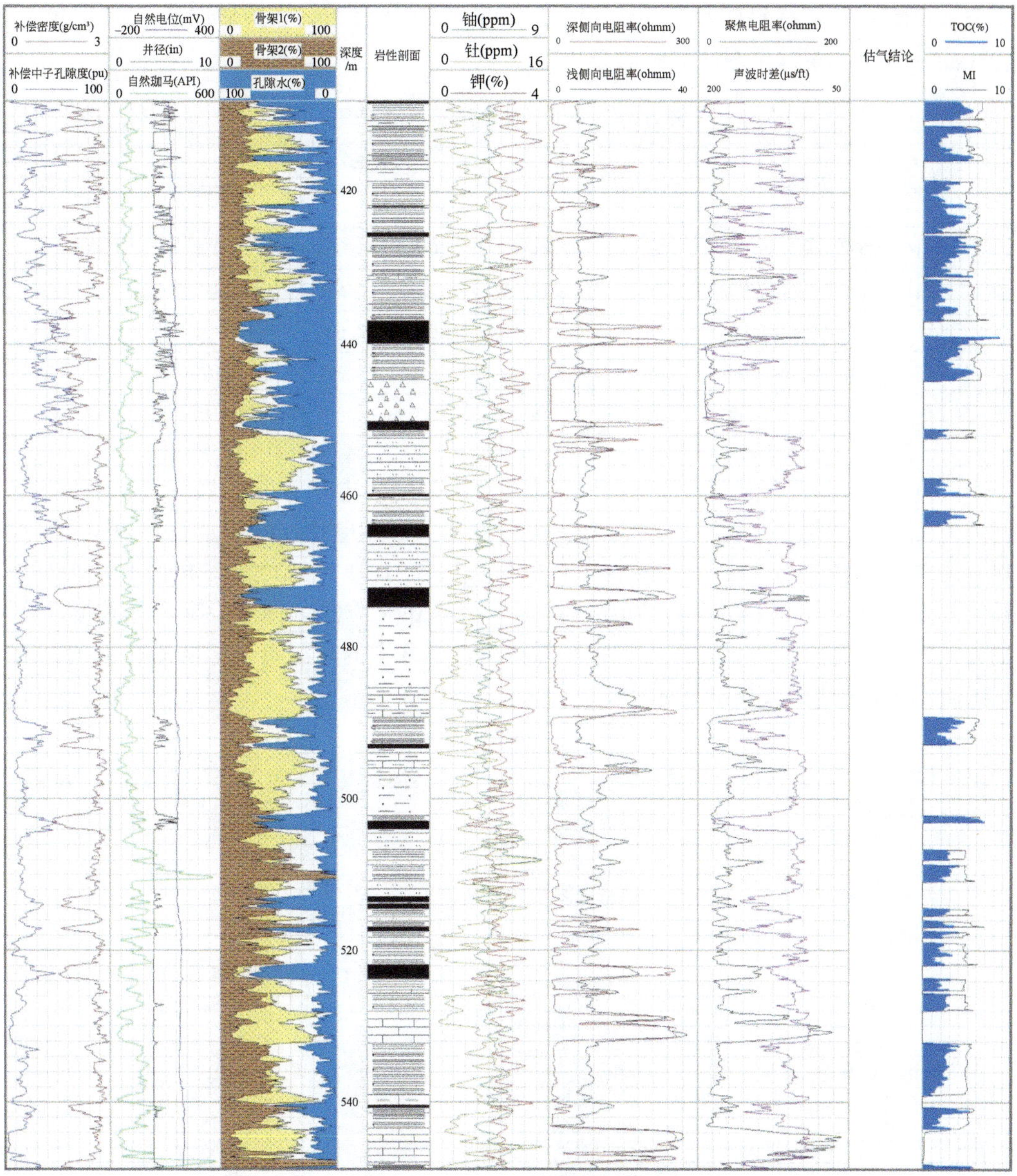

图 2.209　西页 1 井测井综合柱状图

2. 兴页 1 井

兴页 1 井位于黔西南片区兴仁县大山乡河坝村，构造上属滥木厂背斜北西转折端，目的层为上二叠统龙潭组，完钻井深 968.55m，完钻层位为下二叠统茅口组。

本井从井深 257.50m 开始录井，录井深度为 257.50 ~ 968.55m，录井段长度 711.05m。完成钻时录井 1401 个点、气测录井 1401 个点。录井过程中未发现良好油气显示，总烃含量 0% ~0.538%。目的层龙潭组全烃含量 0.061% ~5.650%，平均 1.299%，C_1 含量 0.021% ~4.661%，平均 1.205%，C_2 含量 0 ~0.539%，平均 0.016%。

据现场综合气测资料解释显示，含气层段共5层（表2.23），累计钻厚116.50m。2层为气测异常层，累计钻厚31.00m；3层为含气层，累计钻厚85.50m。

表2.23 兴页1井气测显示数据表

序号	层位	井段/m	厚度/m	气测数据/%			录井解释
				全烃	C_1	C_2	
1	P_3c	692.50～718.00	25.5	0.191～4.526	0.184～4.268	0～0.358	含气层
2	P_3l	725.00～730.00	5	1.234～4.694	1.135～4.638	0～0.437	含气层
3	P_3l	759.00～787.00	28	0.718～2.762	0.714～2.634	0	气测异常层
4	P_3l	843.00～846.00	3	0.640～3.692	0.811～3.641	0～0.197	气测异常层
5	P_3l	860.00～915.00	55	0.773～5.650	0.752～4.661	0～0.539	含气层

本井0～966.80m开展了综合测井，主要参数有聚焦电阻率、自然伽马、补偿密度、双侧向电阻率、井径、井斜、补偿声波、补偿中子、自然电位、井温、自然伽马能谱等。根据物探测井解释，划分出四层段富含有机质页岩段（图2.210），其井深分别为710～714m、726～730m、760～764m、778～782m。采用Δlg*R*方法，用电阻率和孔隙度曲线叠加的方法评价了有机碳含量，经分析计算后得出：本井中的龙潭组目标层段有机碳含量为0.5%～4.1%，平均1.8%，含量中等。

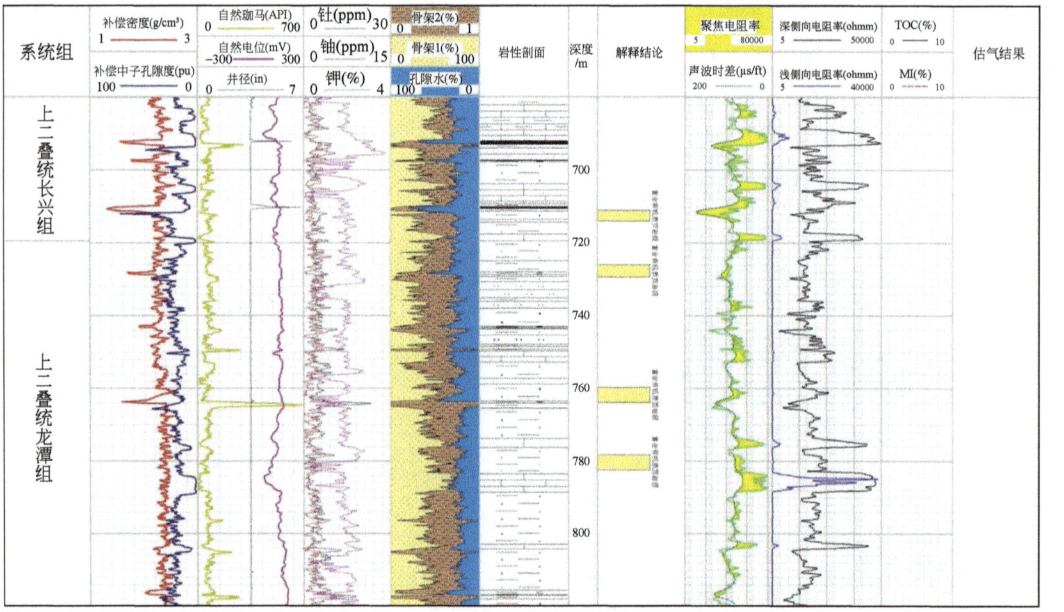

图2.210 兴页1井测井解释成果图

二、潜质页岩等温吸附含气量

页岩气在储层中主要以吸附状态存在，通过等温吸附气实验可了解富有机质页岩对天然气的吸附能力。由于页岩气与煤层气具有相似的吸附机理，目前对页岩吸附气量的确定主要是借鉴煤层气中吸附气的评价方法，采用等温吸附模拟实验，建立吸附气含量与压力、温度的关系模型。适合于固体表面单分子气体吸附的模型有亨利、付氏及兰氏等温模型等。吸附气量随压力变化可分为3个阶段：压力较小，处于0～2.93MPa时，吸附量与压力为近似线性关系；压力适中，2.93～7.34MPa时，吸附量进入过渡阶段，其增加缓慢；当压力足够大，大于7.34MPa时，吸附达到单分子层饱和，吸附量不再随压力变化而变化。随压力变化的吸附过程与Langmuir方程理论所论证的吸附过程相符，因此Langmuir方程能够很好地描述页岩对甲烷的吸附特性。

国外勘探实践表明，北美页岩吸附气大多服从兰氏等温吸附式，即 $V=V_LP/(P_L+P)$。其中，V 为吸附量；P 为气体压力；V_L 为Langmuir吸附常数；P_L 为Langmuir压力常数。V_L 描述的是无限大压力下的气体积，即饱和吸附量，P_L 描述的是气含量等于1/2 Langmuir体积时的压力。值得注意的是，等温吸附主要反映了页岩对甲烷气体的吸附能力，其结果往往比页岩的实际含气量大，一般用来评价页岩的吸附能力，确定页岩含气饱和度的等级。

（一）牛蹄塘组等温吸附

1. 乌罗ZK408井和玉华ZK224井

黔北片区ZK408、ZK224井在牛蹄塘组、变马冲组潜质页岩层段利用现场含气性解吸剩样13件，开展了室内等温吸附实验。测试工作条件如下：实验室温度30℃；氦气浓度99.999%；甲烷浓度99.9%。实验结果，4件样品有机碳含量小于1.5%，平均 V_L 为 $1.76m^3/t$，平均 P_L 为1.42MPa；10件样品有机碳含量大于1.50%，平均兰氏体积 V_L 为 $2.32m^3/t$，平均兰氏压力 P_L 为1.69MPa。由此可见，下寒武统富有机质页岩模拟最大吸附能力平均为 $2.32m^3/t$，见表2.24。

表2.24 黔北地区ZK408、ZK224井等温吸附模拟含气量

钻井	地层	井深/m	岩性	$V_L/(m^3/t)$	P_L/MPa	TOC/%
乌罗ZK408	变马冲组	498.15	含碳泥岩	1.673	1.711	1.29
	变马冲组	507.51	碳质泥岩	2.047	1.82	5.73
	变马冲组	527.91	碳质泥岩	2.213	1.698	4.21
	牛蹄塘组	616.90	碳质泥岩	1.597	1.773	3.74
	牛蹄塘组	625.50	碳质泥岩	3.724	1.693	4.88
	牛蹄塘组	629.00	碳质泥岩	1.909	1.782	5.44
	牛蹄塘组	640.30	碳质泥岩	2.164	1.663	6.27

续表

钻井	地层	井深/m	岩性	V_L/(m^3/t)	P_L/MPa	TOC/%
玉华 ZK224	牛蹄塘组	517.68	泥岩	1.76	1.13	0.08
	牛蹄塘组	518.18	泥岩	1.81	1.51	0.07
	牛蹄塘组	524.18	泥岩	1.81	1.33	0.07
	牛蹄塘组	559.85	碳质泥岩	2.14	1.14	3.09
	牛蹄塘组	562.75	碳质泥岩	2.63	2.06	2.65
	牛蹄塘组	563.75	碳质泥岩	2.51	1.89	4.21
	牛蹄塘组	567.75	碳质泥岩	2.25	1.43	3.47
平均				1.76	1.42	TOC<1.5
				2.32	1.69	TOC>1.5

泥岩中有机质含量与吸附能力总体成正比（图 2.211），V_L 越大，吸附能力越强，越有利于降压过程中吸附气的产出。

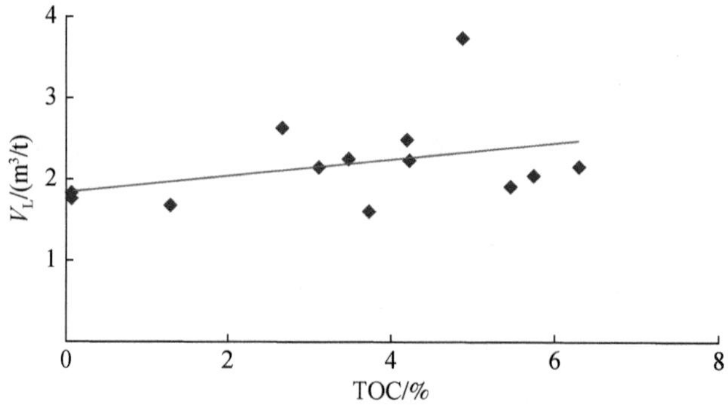

图 2.211　黔北地区等温吸附模拟 V_L 与 TOC 关系

2. 仁页 1 井

本井在牛蹄塘组共实验 5 个样品，测定 7 个平衡压力点，分别为 0.38MPa、1.04MPa、2.21MPa、4.28MPa、6.21MPa、8.67MPa、10.83MPa，每一个压力点达到平衡的时间约 12h，然后再增压到下一个压力点，实验用的甲烷气浓度均大于 99.999%，不同压力下的吸附量和吸附常数见表 2.25。饱和吸附量 V_L 在 0.68 ~ 7.17m^3/t，差异较大，平均为 3.05m^3/t；Langmuir 压力常数 P_L 在 1.04 ~2.48MPa，平均 1.98MPa。5 个样品中饱和吸附量达到 3m^3/t 以上的有 2 个，在 2 ~ 3m^3/t 的有 1 个，其余 2 个样品在 0 ~ 1m^3/t，反映出牛蹄塘组页岩物性纵向上存在差异。等温吸附量比现场解吸的总气量要大，说明黑色页岩的储集物性并不差，在地下温压条件适合的地方可以聚集较多的页岩气。

表 2.25 仁页 1 井页岩不同压力下的甲烷吸附量和吸附常数

编号	不同压力下的吸附量/(m^3/t)							吸附常数	
	0.38MPa	1.04MPa	2.21MPa	4.28MPa	6.21MPa	8.67MPa	10.83MPa	V_L/(m^3/t)	P_L/MPa
仁 E-2	0.116	0.245	0.372	0.478	0.527	0.564	0.585	0.68	1.86
仁 E-4	0.171	0.319	0.435	0.514	0.548	0.571	0.583	0.64	1.04
仁 E-6	0.362	0.803	1.284	1.726	1.948	2.119	2.218	2.73	2.48
仁 E-8	0.641	1.382	2.144	2.805	3.124	3.365	3.501	4.18	2.09
仁 E-10	1.028	2.248	3.538	4.688	5.254	5.685	5.934	7.17	2.27

据实验得到等温吸附曲线分析（图 2.212），等温吸附量与压力成正比，但随埋深增大，吸气量出现减小的明显趋势，且吸附气量随压力增大的趋势缓慢。

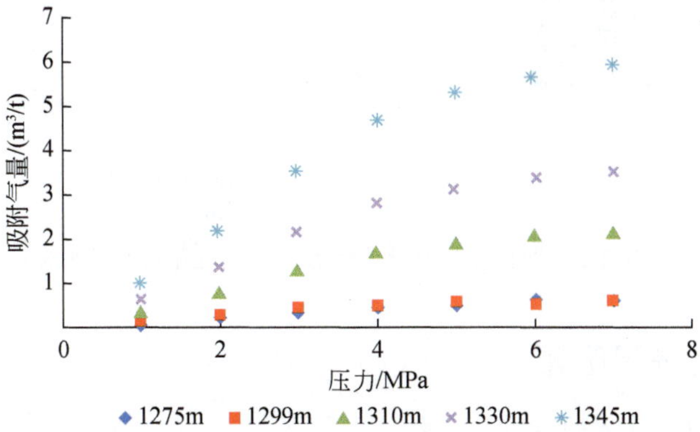

图 2.212 仁页 1 井牛蹄塘组黑色页岩段等温吸附曲线

（二）龙马溪组等温吸附

以习页 1 井为例，具体如下。

本井在龙马溪组共测试 5 个样品，测定 7 个平衡压力点，分别为 0.38MPa、1.04MPa、2.26MPa、4.28MPa、6.21MPa、8.67MPa、10.65MPa，不同压力下的吸附量和吸附常数见表 2.26。V_L 为 0.54～3.84m^3/t，平均 2.194m^3/t；P_L 为 1.04～2.48MPa，平均 2.27MPa。5 个样品中 V_L 达到 3m^3/t 以上的有 2 个，在 2～3m^3/t 的有 1 个，其余 2 个样品在 0～1m^3/t，反映了龙马溪组页岩物性纵向上存在差异（图 2.213），主要表现为随深度增加，有机碳含量增加，吸附气量也出现增加的趋势。

表 2.26 习页 1 井页岩不同压力下的甲烷吸附量和吸附常数

编号	不同压力下的吸附量/(m^3/t)							吸附常数	
	0.38MPa	1.04MPa	2.26MPa	4.28MPa	6.21MPa	8.67MPa	10.65MPa	V_L/(m^3/t)	P_L/MPa
习 E-2	0.085	0.186	0.296	0.389	0.436	0.472	0.491	0.60	2.30
习 E-3	0.117	0.232	0.332	0.406	0.439	0.463	0.476	0.54	1.36

续表

编号	不同压力下的吸附量/(m^3/t)							吸附常数	
	0.38MPa	1.04MPa	2.26MPa	4.28MPa	6.21MPa	8.67MPa	10.65MPa	V_L/(m^3/t)	P_L/MPa
习 E-4	0.399	0.885	1436	1.907	2.154	2.344	2.447	3.02	2.49
习 E-7	0.497	1.144	1.780	2.422	2.725	2.963	3.106	3.84	2.55
习 E-8	0.371	0.888	1.349	1.834	2.091	2.276	2.386	2.97	2.66

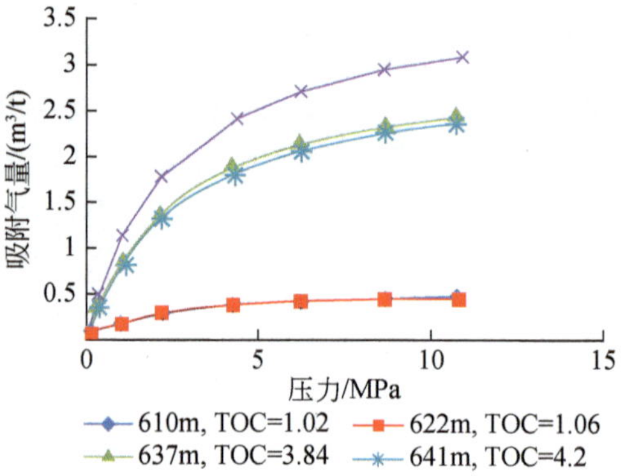

图 2.213　习页 1 井龙马溪组黑色页岩段等温吸附曲线

(三) 龙潭组等温吸附

以西页 1 井为例，具体如下。

本井在龙潭组共实验 4 个样品，测定 7 个平衡压力点，分别为 0.38MPa、1.04MPa、2.26MPa、4.28MPa、6.21MPa、8.60MPa、10.83MPa，不同压力下的吸附量和吸附常数见表 2.27。V_L 为 1.88 ~ 8.8m^3/t，平均 4.51m^3/t；P_L 为 1.95 ~ 3.76MPa，平均 2.85MPa。4 个样品中 V_L 达到 3m^3/t 以上的有 2 个，在 2 ~ 3m^3/t 的有 2 个，说明了龙潭组页岩段具有良好的储集物性特征，在地下压力状态下能吸附较多体积的天然气。同时，也反映了龙潭组页岩物性纵向上存在差异，主要表现为随深度增加，吸附气量也出现增加的趋势（图 2.214）。

表 2.27　西页 1 井页岩不同压力下的甲烷吸附量和吸附常数

编号	不同压力下的吸附量/(m^3/t)							吸附常数	
	0.38MPa	1.04MPa	2.26MPa	4.28MPa	6.21MPa	8.60MPa	10.83MPa	V_L/(m^3/t)	P_L/MPa
西 E-3	0.305	0.649	1.005	1.288	1.427	1.529	1.590	1.88	1.95
西 E-4	0.483	1.136	2.003	2.8	3.284	3.669	3.94	5.26	3.76
西 E-6	0.237	0.563	0.898	1.247	1.435	1.579	1.680	2.13	3.04
西 E-9	1.094	2.456	4.014	5.415	6.151	6.723	7.053	8.8	2.67

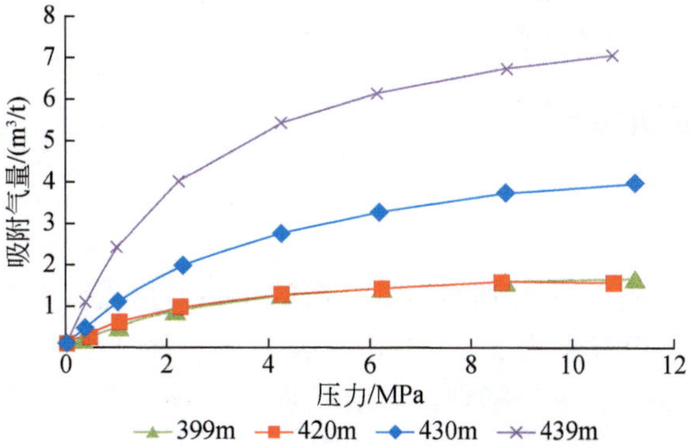

图 2.214　西页 1 井龙潭组黑色页岩段等温吸附曲线

(四) 等温吸附综合评价

根据贵州各套富有机质页岩层系的等温吸附实验对比图分析（图 2.215），龙潭组的等温吸附气量最高，这与其最高的有机碳含量和具有较高含量的微孔有明显关系。梁山组、牛蹄塘组的等温吸附气量次之，梁山组因属煤系地层，有机碳含量和孔隙结构上类似龙潭组，因此其等温吸附气量较高；但牛蹄塘组的等温吸附气量也相对较高（可达 3～4m^3/t），而其解吸气量却较低，说明现阶段钻孔采样点偏浅，随埋深大可具有更高含气量的潜力。火烘组、详摆组/打屋坝组的等温吸附气量相对较低，这表明其有机碳含量和孔隙结构具有较大程度的相似性。

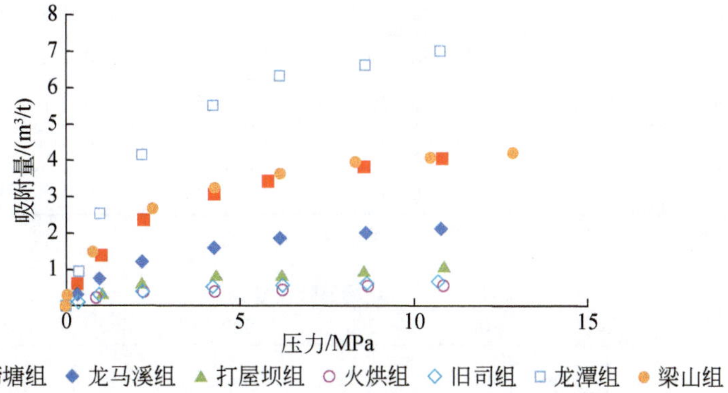

图 2.215　各富有机质页岩层系典型样品等温吸附气量对比

三、现场解吸含气量

基于页岩气的特点，页岩层现场解吸和现场浸水实验是观察页岩气存在最直观的证据。现场解吸法中，页岩含气量由解吸气含量、损失气含量和残余气含量三部分组成，即总含气量=损失气量+解吸气量+残留气量，其中，残余气可以通过粉碎岩石样品的方法使气体解吸出来，损失气含量无法计量，通常采用美国矿务局（USBM）回归法进行估算，因此合理回归损失气是准确测量页岩含气量的关键。

（一）牛蹄塘组解吸气

1. 正页1井

本井富有机质页岩段位于牛蹄塘组下部，厚约99m。在孔深1003.31～1022.71m井段现场解吸样品12件，解吸气量为5～165mL（表2.28，图2.216），其中，2件含气量略高，分别为120mL、165mL，属牛蹄塘组富有机质页岩段下部–底部，其对应岩心微裂缝发育，并有气泡冒出。

表2.28　正页1井现场解吸段统计表

序号	层位	样品编号	深度段/m	含气性情况		备注
				含气量 mL	含气性 m^3/t	
1	$\epsilon_1 n$	S1	1003.16～1003.46	45	0.023	
2	$\epsilon_1 n$	S2	1005.02～1005.30	45	0.023	裂缝
3	$\epsilon_1 n$	S3	1007.90～1008.30	38	0.019	
4	$\epsilon_1 n$	S4	1009.90～1010.20	30	0.015	裂缝
5	$\epsilon_1 n$	S5	1010.56～1010.86	60	0.030	裂缝，冒气
6	$\epsilon_1 n$	S6	1011.36～1011.66	120	0.060	裂缝，冒气
7	$\epsilon_1 n$	S7	1013.76～1014.06	10	0.005	
8	$\epsilon_1 n$	S8	1018.20～1018.50	10	0.005	
9	$\epsilon_1 n$	S9	1018.76～1019.06	10	0.005	黑、致密、硬
10	$\epsilon_1 n$	S10	1020.16～1020.51	5	0.001	黑、致密、裂缝
11	$\epsilon_1 n$	S11	1021.86～1022.16	165	0.083	裂缝、开始硅化
12	$\epsilon_1 n$	S12	1022.56～1022.86	50	0.025	黑、破碎块状

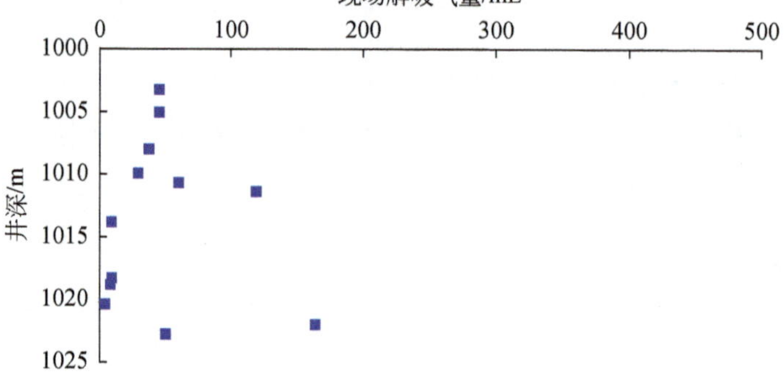

图2.216　正页1井含气性现场解吸气量汇总（现场气量）

载气为 H_2、Ar、He 的条件下测试气体组分，以 N_2 为主，CH_4 含量低（表 2.29）。改进载气的情况下测试表明，H_2 的组分也较高。

表 2.29 正页 1 井页岩气组分分析汇总（已扣除空气组分）

样品	载气	CH_4	C_{2-4}	CO_2	N_2	H_2	备注
12	H_2，Ar，He	8.09	0.01	1.77	65.42	24.70	解吸气
6	H_2，Ar，He	5.27	0.01	0.43	57.32	36.98	解吸气

2. 松页 1 井

本井位于松桃县大兴镇河界营村，目的层为下寒武统牛蹄塘组、变马冲组，完钻井深 1583.44m，揭示牛蹄塘组富有机质页岩段厚度 43m，变马冲组富有机质页岩段厚度 227m。

在孔深 1030.34 ~ 1580.54m 井段现场解吸样品 39 件，解析气量为 10 ~ 165mL（图 2.217，表 2.30），其中，4 件含气量略高，为 110 ~ 639mL，属牛蹄塘组富有机质页岩段岩底部，其对应岩心微裂缝发育，并有气泡冒出。

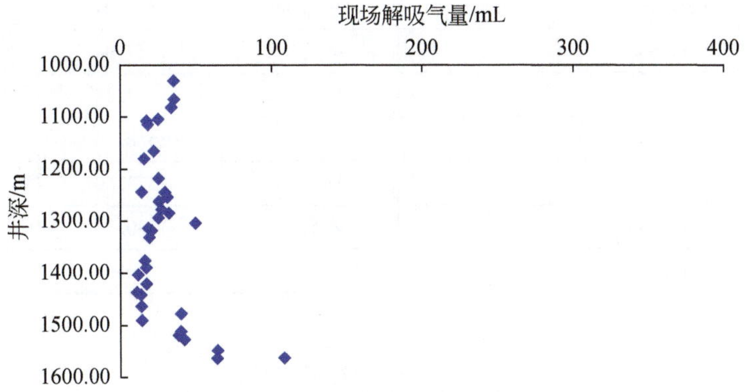

图 2.217 松页 1 井含气性现场解吸气量汇总（现场气量）

3. 绥页 1 井

本井位于绥阳县青杠塘镇后槽村，目的层段为下寒武统牛蹄塘组下部，完钻井深 1744.55m，富有机质页岩段厚度 117m。现场含气性解吸采用了两种测试设备同步进行，目的是通过对比，检验不同设备条件下的解吸误差。

在孔深 1620.9 ~ 1726.21m 井段现场解吸样品 29 件，解吸气量为 22 ~ 100mL（图 2.218，表 2.31），仅 1 件样品含气量较高，达 402mL。两种设备结果差异不大，证明设备系统误差接近，不同设备的结果可以用来对比。

表 2.30　正页 1 井页岩气组分分析汇总（已扣除空气组分）

样品编号	中值深度/m	解吸气量/mL	样品编号	中值深度/m	解吸气量/mL
样品 1	1030.34	36	样品 21	1329.74	19
样品 2	1067.30	36	样品 22	1376.00	16
样品 3	1084.30	35	样品 23	1393.24	17
样品 4	1105.04	25	样品 24	1404.24	11
样品 5	1109.24	17	样品 25	1417.44	17
样品 6	1118.64	19	样品 26	1436.94	10
样品 7	1164.30	23	样品 27	1445.44	14
样品 8	1182.44	16	样品 28	1464.34	15
样品 9	1218.64	25	样品 29	1477.34	40
样品 10	1246.00	15	样品 30	1497.24	15
样品 11	1249.14	30	样品 31	1514.94	40
样品 12	1254.94	31	样品 32	1520.94	39
样品 13	1261.54	25	样品 33	1532.50	43
样品 14	1277.94	28	样品 34	1548.04	64
样品 15	1281.84	31	样品 35	1557.94	65
样品 16	1287.04	27	样品 36	1562.84	110
样品 17	1292.14	25	样品 37	1568.74	482
样品 18	1302.94	50	样品 38	1573.69	493
样品 19	1312.54	19	样品 39	1580.54	639
样品 20	1316.54	21			

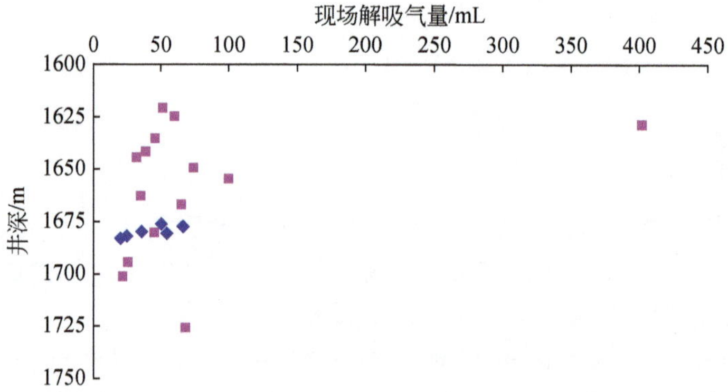

图 2.218　绥页 1 井含气性现场解吸气量汇总（现场气量）

表 2.31　绥页 1 井现场解吸段统计表

序号	层位	样品编号	中值深度/m	解吸气量/mL	备注
1	$€_1n$	SY1	1620.9	51	组分分析

续表

序号	层位	样品编号	中值深度/m	解吸气量/mL	备注
2	$€_1n$	SY2	1624.98	60	组分分析
3	$€_1n$	SY3	1628.98	402	组分分析
4	$€_1n$	SY4	1635.68	46	组分分析
5	$€_1n$	SY5	1642.21	39	组分分析
6	$€_1n$	SY6	1644.48	32	组分分析
7	$€_1n$	SY7	1649.58	74	组分分析
8	$€_1n$	SY8	1654.68	100	组分分析
9	$€_1n$	SY9	1663.48	35	组分分析
10	$€_1n$	SY10	1667.38	65	组分分析
11	$€_1n$	SY11	1675.84	50	组分分析
12	$€_1n$	SY12	1677.86	65	组分分析
13	$€_1n$	SY13	1679.585	35	组分分析
14	$€_1n$	SY14	1680.68	45	组分分析
15	€81$_1n$3 0	SYD1537	1680.85	55	组分分析
16	$€_1n$	SY16	1681.9	25	组分分析
17	$€_1n$	SY17	1683.74	20	组分分析
18	$€_1n$	SY18	1695.08	26	组分分析
19	$€_1n$	SY19	1702.08	22	组分分析
20	$€_1n$	SY20	1726.21	69	组分分析

载气为 H_2 的条件下测试气体组分，以 N_2 为主，CH_4 含量低（表 2.32）。

表 2.32　绥页 1 井页岩气组分分析汇总（已扣除空气组分）

样品	载气	CH_4	C_{2-4}	CO_2	N_2	备注
1	H_2	3.86	0.00	0.80	95.33	解吸气
2	H_2	5.03	0.00	0.44	94.53	解吸气

4. 湄页 1 井

本井位于湄潭县高台镇三联村，目的层段为牛蹄塘组下部，完钻井深 933.14m，富有机质页岩段厚 70m。

在孔深 860.70 ~ 905.23m 井段现场解吸样品 21 件，解吸气量主要在 15 ~ 70mL（图 2.219，表 2.33），其中，仅 3 件样品含气量较高，达 245 ~ 545mL，对应牛蹄塘组富有机质页岩段下部。

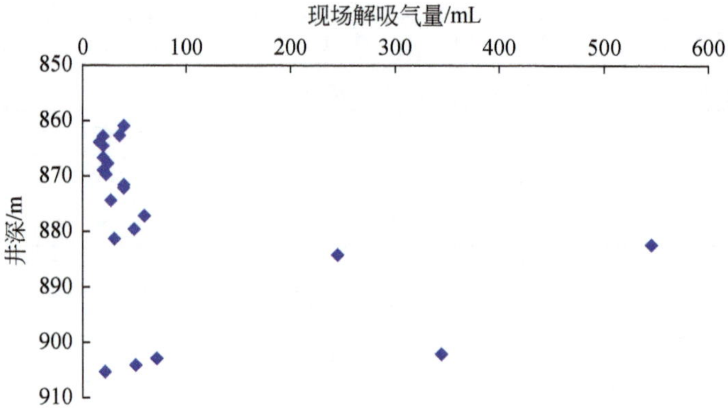

图 2.219　湄页 1 井含气性现场解吸气量汇总（现场气量）

表 2.33　湄页 1 井现场解吸段统计表

样品编号	中值深度/m		解吸气量/mL	备注
样品 1	860.53	860.88	40	牛蹄塘组
样品 2	862.2	862.48	35	牛蹄塘组
样品 3	862.48	862.76	20	牛蹄塘组
样品 4	863.37	863.63	15	牛蹄塘组
样品 5	864.53	864.8	20	牛蹄塘组
样品 6	866.6	866.85	20	牛蹄塘组
样品 7	867.7	867.95	25	牛蹄塘组
样品 8	868.85	869.11	20	牛蹄塘组
样品 9	869.64	869.9	23	牛蹄塘组
样品 10	871.45	871.7	40	牛蹄塘组
样品 11	872.2	872.4	40	牛蹄塘组
样品 12	875.2	873.45	28	牛蹄塘组
样品 13	876.95	877.2	60	牛蹄塘组
样品 14	879.1	879.35	50	牛蹄塘组
样品 15	881.11	881.36	30	牛蹄塘组
样品 16	882.09	882.34	545	牛蹄塘组
样品 17	884.08	884.34	245	牛蹄塘组
样品 18	902.33	902.07	344	牛蹄塘组
样品 19	902.88	902.63	70	牛蹄塘组
样品 20	904.04	904.3	50	牛蹄塘组
样品 21	905.1	905.36	20	牛蹄塘组

5. 德页1井

本井位于德江县堰塘乡七里溪村，目的层位为下寒武统牛蹄塘组富有机质页岩段，完钻井深1752.20m。

在孔深1357.00～1715.00m井段现场解吸样品22件，解吸气量主要在20～99mL（图2.220，表2.34），其中，6件样品含气量较高，达123～943mL，主要属牛蹄塘组富有机质页岩段下部，其岩心微裂缝发育，并有气泡产生。

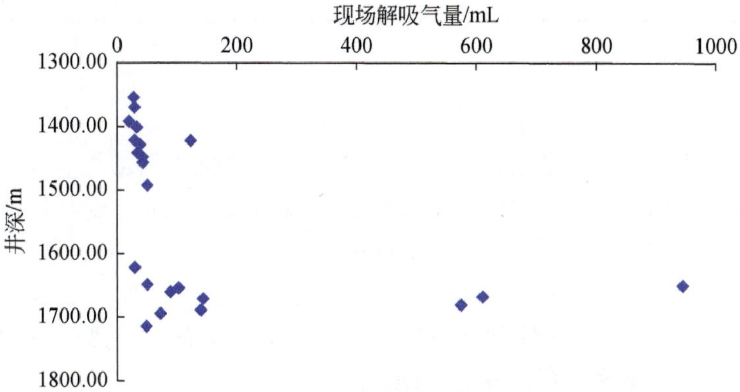

图2.220　德页1井含气性现场解吸气量汇总（现场气量）

表2.34　德页1井现场解吸初步统计表（尚未计算残余气量）

样品编号	中值深度/m	心长/m	解吸体积/mL			样品重量/g	含气量比值/(m^3/t)	备注
			常温	模拟地温	90℃高温			
样品1	1357.0	0.3	1	10	28	2090	0.013	
样品2	1372.4	0.3	2	19	31	2280	0.014	
样品3	1390.4	0.3	3	12	20	2010	0.010	
样品4	1401.4	0.3	0	8	30	2200	0.014	
样品5	1421.6	0.3	0	34	123	2190	0.056	
样品6	1455.6	0.3	0	21	44	2380	0.018	
样品7	1491.7	0.3	1	33	52	1970	0.026	
样品8	1621.2	0.3	2	8	30	2110	0.014	
样品9	1647.9	0.3	0	25	51	2270	0.022	
样品10	1650.7	0.3	0	814	943	2280	0.414	
样品11	1655.6	0.3	1	54	105	1920	0.055	
样品12	1662.6	0.3	0	57	87	2340	0.037	
样品13	1666.6	0.3	?	?	610	?	?	结果未返
样品14	1671.9	0.3	0	79	142	1890	0.075	
样品15	1678.2	0.3	1	142	575	2240	0.257	
样品16	1686.3	0.3	0	87	141	1780	0.079	

续表

样品编号	中值深度/m	心长/m	解吸体积/mL			样品重量/g	含气量比值/(m³/t)	备注
			常温	模拟地温	90℃高温			
样品 17	1693.3	0.3	0	36	73	2110	0.035	
样品 18	1707.5	0.3	?	?	?	?	?	结果未返
样品 19	1715.0	0.3	8	45	71	2090	0.034	
样品 20	1725.3	0.3	0	45	105	2020	0.052	
样品 21	1738.9	0.3	2	45	82	1910	0.043	

6. 镇页 1 井

本井位于镇远县羊场镇下半屯村，目的层位为下寒武统牛蹄塘组、变马冲组，震旦系陡山沱组，完钻井深 814.25m，牛蹄塘组富有机质页岩段厚 81m，变马冲组富有机质页岩段厚 115m，陡山沱组富有机质页岩段厚 0.63m。

在孔深 732.74 ~ 806.84m 井段现场解吸样品 17 件，解吸气量主要在 0 ~ 55mL（图 2.221，表 2.35），其中，3 件含气量较高，达 214 ~ 685mL，主要属牛蹄塘组富有机质页岩段中部，其岩心微裂缝发育，并有气泡产生。

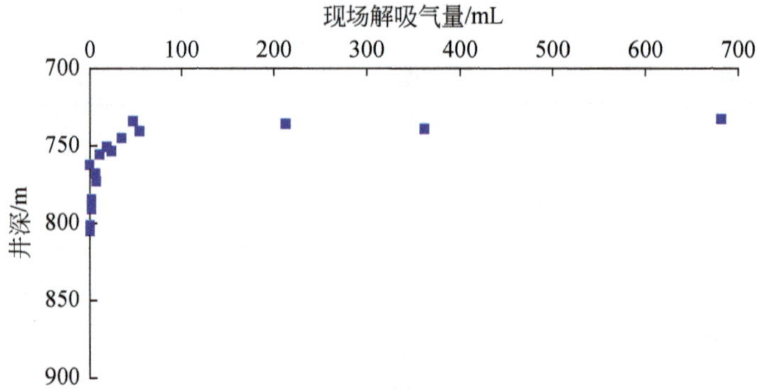

图 2.221　镇页 1 井含气性现场解吸气量汇总（现场气量）

表 2.35　镇页 1 井现场解吸段统计

序号	层位	样品编号	深度段/m	含气性情况/mL	备注
1	$\epsilon_1 n$	S1	732.63 ~ 732.85	685	组分分析
2	$\epsilon_1 n$	S2	734.38 ~ 734.7	47	组分分析
3	$\epsilon_1 n$	S3	736.15 ~ 736，5	214	组分分析
4	$\epsilon_1 n$	S4	739.5 ~ 739.9	364	组分分析
5	$\epsilon_1 n$	S5	741.25 ~ 741.65	55	组分分析
6	$\epsilon_1 n$	S6	745.4 ~ 745.7	36	组分分析
7	$\epsilon_1 n$	S7	750.85 ~ 751.1	19	
8	$\epsilon_1 n$	S8	753.73 ~ 754	25	

续表

序号	层位	样品编号	深度段/m	含气性情况/mL	备注
9	$\epsilon_1 n$	S9	756.05 ~ 756.3	12	
10	$\epsilon_1 n$	S10	763.05 ~ 763.3	0	
11	$\epsilon_1 n$	S11	768.05 ~ 768.3	6	
12	$\epsilon_1 n$	S12	771.69 ~ 771.80	5	
13	$\epsilon_1 n$	S13	773.09 ~ 773.4	8	
14	$\epsilon_1 n$	S14	785.63 ~ 785.93	1	
15	$\epsilon_1 n$	S15	791.3 ~ 791.5	1	
16	$\epsilon_1 n$	S16	803 ~ 803.3	0	
17	$\epsilon_1 n$	S17	806.74 ~ 806.84	0	

7. 仁页 2 井

本井现场共完成解吸样品 42 件，解吸气体积总体上偏低（图 2.222），总体趋势如下：随着深度的增加，解析气逐渐增加，解吸气量较高的层段为 854.4 ~ 921.6m，到 921.6m 时达到峰值 308mL，含气量为 0.154m^3/t。

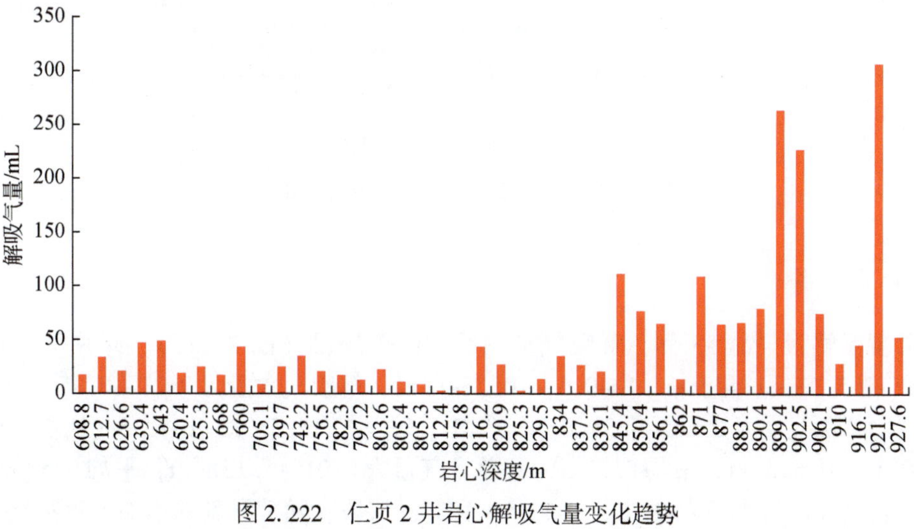

图 2.222 仁页 2 井岩心解吸气量变化趋势

通过计算，得到本井下寒武统牛蹄塘组碳质页岩样品的解吸气含气量为 0.001 ~ 0.16m^3/t，经直线趋势拟合（图 2.223）对损失气量做线性回归分析，最终计算出页岩总含气量为 0.052 ~ 0.238m^3/t，考虑到装罐时间较长、损失气量较多、解吸实验未完全完成等原因，并与已有的解吸曲线做比较，推测本井页岩含气量应为 0.2 ~ 0.5m^3/t。

因解吸的过程中混入大量 O_2 和 N_2，对解吸气样分析测试中只收集到部分 CH_4 及少量 C_2H_6（图 2.224）。CH_4 含量较低，峰值仅为 8.1%，平均含量为 3.87%，C_2H_6 平均含量为 0.01%，O_2 平均含量为 5.06%，N_2 平均含量为 90.3%。

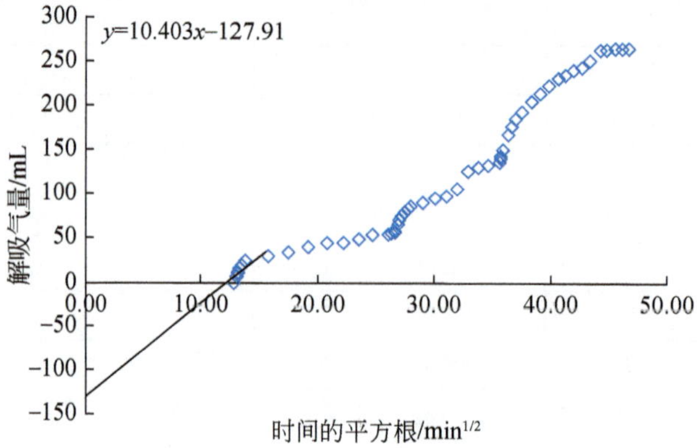

图 2.223　仁页 2 井 36 号样品现场解吸实验直线拟合图

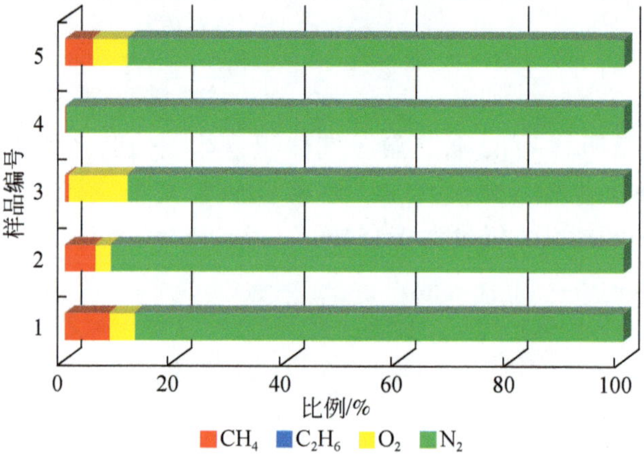

图 2.224　仁页 2 井天然气组分百分比图

8. 麻页 1 井

本井现场解吸样品 53 件，解吸气量主要在两个层段（图 2.225），即井深 1040.5 ~ 1057m 和 1285.23 ~ 1340.5m。1040.5 ~ 1057m 层段，解吸气含量为 0.21 ~ 0.35m^3/t，平均 0.25m^3/t，总含气量为 0.24 ~ 0.55m^3/t，平均 0.4m^3/t。1285.23 ~ 1340.5m 地段，解吸气含量为 0.11 ~ 0.62m^3/t，平均 0.27m^3/t，总含气量为 0.21 ~ 1.13m^3/t，平均 0.52m^3/t。

含气量变化情况如下：在井深 1040.5 ~ 1057m 层段，随着深度的增加，解吸气量逐渐减少，到井深 1200.2m 时解吸气含量为最低，仅有 0.01m^3/t；1285.23 ~ 1340.5m 时，随着井深增加，含气量先增后减，到 1289.7m 时总含气量达 1.13m^3/t，之后含气量逐渐减少。

（二）龙马溪组解吸气

1. 道页 1 井

本井位于道真县玉溪镇大路坪村，目的层位为下志留统龙马溪组下部，完钻井深

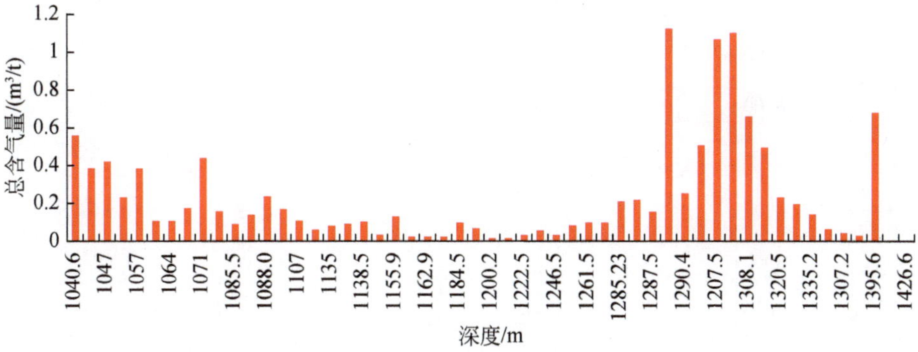

图 2.225　麻页 1 井总含气量变化

633.33m，其富有机质页岩段厚度 48m，现场有效解吸样品 4 件，气体含量较高，总含气量为 1.84 ~2.69m^3/t（表 2.36）。

表 2.36　道页 1 井含气性现场解吸气量汇总

样品编号	井深/m	损失气量+解吸气量/(m^3/t)	总含气量/(m^3/t)	TOC/%
样品 1	553.56	1.32	1.84	0.97
样品 4	589.90	1.28	2.20	4.87
样品 5	592.70	1.48	2.69	4.6
样品 6	595.80	1.63	2.03	4.63

解吸气体组分以 CH_4为主，CH_4含量为 95.25 ~99.3%，少量 C_2 ~ C_4气体及微量 CO_2和 N_2（表 2.37）。气源即为龙马溪组烃源岩，有机质热演化程度较高，其成因为油性裂解气。

表 2.37　道页 1 井页岩气组分分析汇总（已扣除空气组分）

样品编号	井深/m	CH_4/%	C_{2-4}/%	CO_2/%	N_2/%	备注
样品 1	553.56	98.65	1.35			解吸气
样品 2	589.90	97.40	2.60			解吸气
样品 3	589.90	98.86	1.14			解吸气
样品 4	589.90	95.25	4.75			解吸气
样品 5	592.70	99.30	0.70			解吸气
样品 6	595.80	98.23	1.77			解吸气
样品 7	595.80	98.75	1.25			解吸气

2. 习页 1 井

本井在龙马溪组共完成了 27 块样品的现场解吸，从上到下解吸气量总体呈先升后降的变化趋势（图 2.226），即随着深度的增加，解析气量总体趋势逐渐增加，到 648.5m 时达到峰值 5910mL，651m 以后解吸气量急剧减少，解吸气量较高的集中段为 619～648.5m。

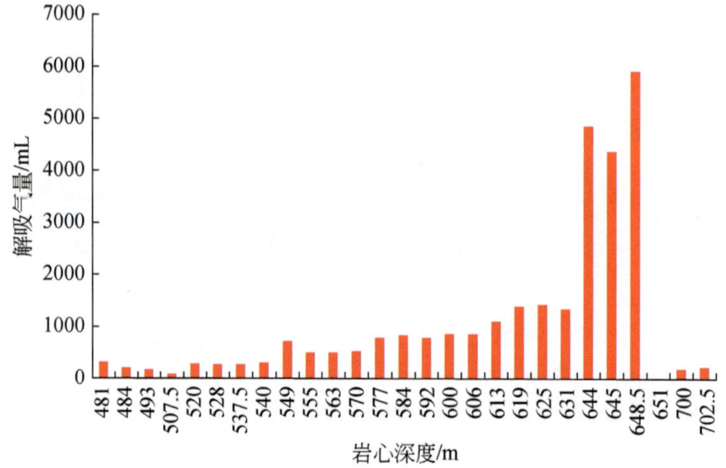

图 2.226　习页 1 井岩心解吸气量变化趋势图

通过计算，得到本井的龙马溪组碳质页岩样品的解吸气量为 0.629～2.814m^3/t，采用直线趋势拟合法（图 2.227）对损失气量做线性回归分析，计算出页岩总含气量为 0.741～3.318m^3/t，考虑到装罐时间较长、损失气量较多、解吸实验未完全完成等原因，并与已有的解吸曲线比较，推测页岩含气量应为 1.0～4.0m^3/t。进行气量恢复后可知，纵向上含气量最高层位为龙马溪–五峰组的底部碳质页岩段（图 2.228）。

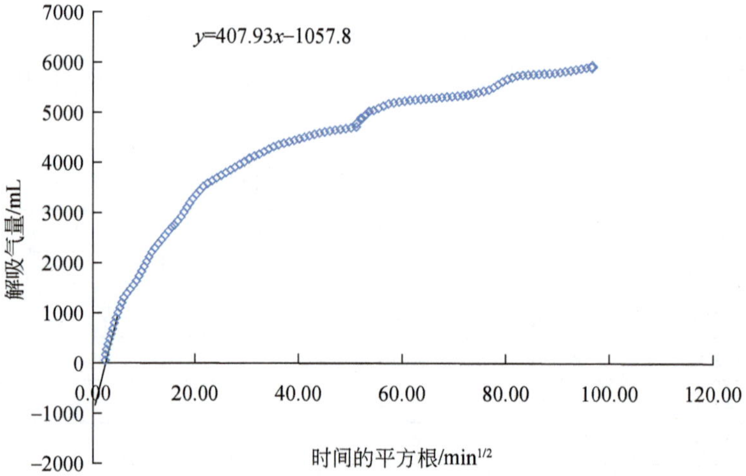

图 2.227　习页 1 井 24 号样品现场解析实验直线拟合图

解吸气组分以 CH_4 为主，此外还有部分 C_2H_6 及混入的少量 O_2 和 N_2（图 2.229）。CH_4 平均含量为 82.4%，最大值 93.09%；C_2H_6 平均含量为 0.43%，O_2 平均含量为 3.52%，N_2 平均含量为 12.94%。

为查明天然气成因，可利用碳同位素的含量来划分天然气的成因（戴金星等，1994）。根据本井解吸气样碳同位素含量实验测试结果分析（表 2.38），得出其天然气成因为油型

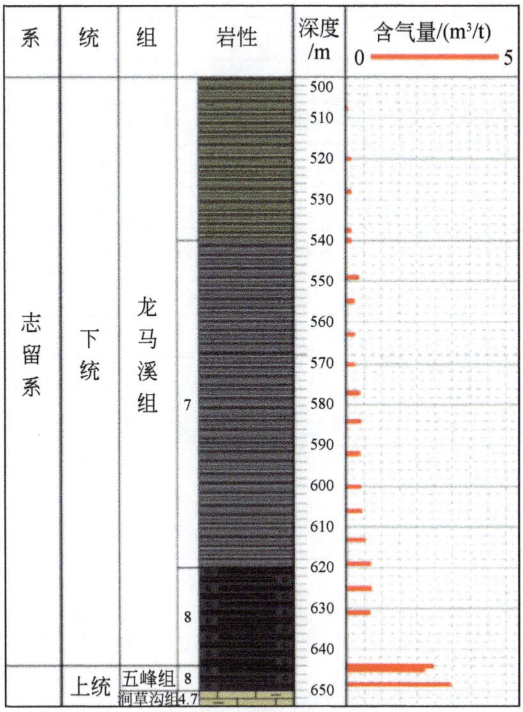

图 2.228　习页 1 井含气量垂向变化图

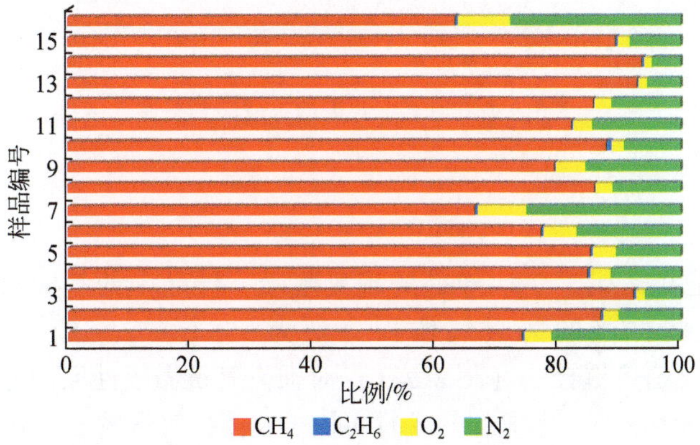

图 2.229　习页 1 井天然气组分百分比图

裂解气和煤成气，以油型裂解气为主（图 2.230）。

表 2.38　习页 1 井解吸气样碳同位素检测

样品编号	井深/m	距顶/m	层位	岩性	δC^{13}/‰					
					CO_2	CH_4	C_2H_6	C_3H_8	iC_4	nC_4
13-3-1	578.20	—	—	—	-18.39	31.72	35.17	—	—	—
21-3-3	631.10	—	—	—	-17.43	32.82	37.83	—	—	—

续表

样品编号	井深/m	距顶/m	层位	岩性	δC^{13}/‰					
					CO_2	CH_4	C_2H_6	C_3H_8	iC_4	nC_4
24-3-2	648.50	—	—	—	-16.19	35.95	38.44	—	—	—
5-3-2	529.90	—	—	—	—	34.73	36.06	—	—	—
16-3-2	600.60	—	—	—	-16.40	31.12	36.13	—	—	—
9-3-2	549.00	—	—	—	-14.68	33.19	37.90	—	—	—
19-3-3	619.20	—	—	—	-15.83	36.08	38.03	—	—	—
11-3-2	563.10	—	—	—	-15.9	35.71	37.84	—	—	—

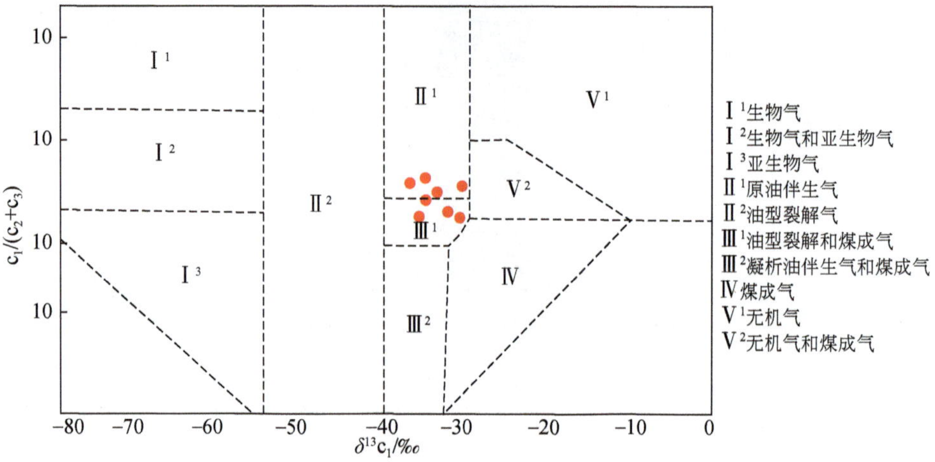

图 2.230　习页 1 井天然气成因划分图

3. 桐页 1 井

本井在龙马溪组共完成了 2 块样品的现场解吸，样品中的解吸气体积总体上偏低，669.5m、675.2m 处的样品的解吸气体积分别为 95mL、725mL，含气量为 0.0475 ~ 0.345m^3/t。通过直线趋势拟合法（图 2.231）对损失气量做线性回归分析，计算出页岩总含气量为 0.048 ~ 0.350m^3/t。考虑到装罐时间较长、损失气量较多、解吸实验未完全完成等原因，并与已有的解吸曲线做比较，推测页岩含气量为 0.2 ~ 0.8m^3/t。

其解吸气样组分以 CH_4为主，此外还有部分 C_2H_6及混入的 O_2和 N_2（图 2.232）。CH_4平均含量为 85.31%，最大值为 85.99%；C_2H_6平均含量为 1.25%，O_2平均含量为 5.765%，N_2平均含量为 5.74%。

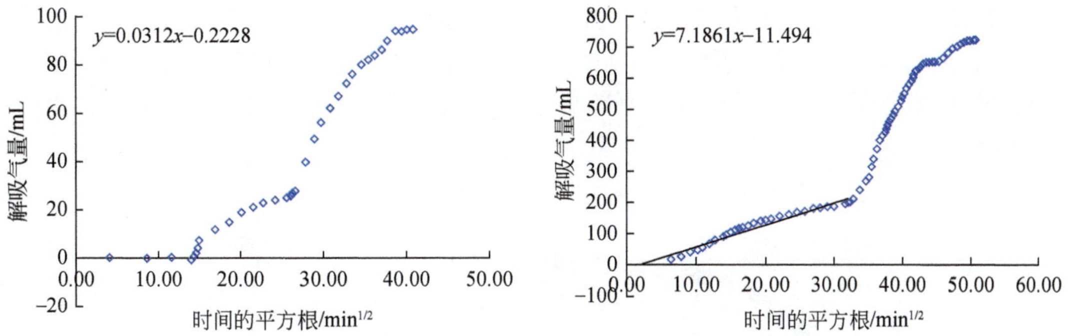

图 2.231　桐页 1 井 1、2 号样品现场解吸实验直线拟合图

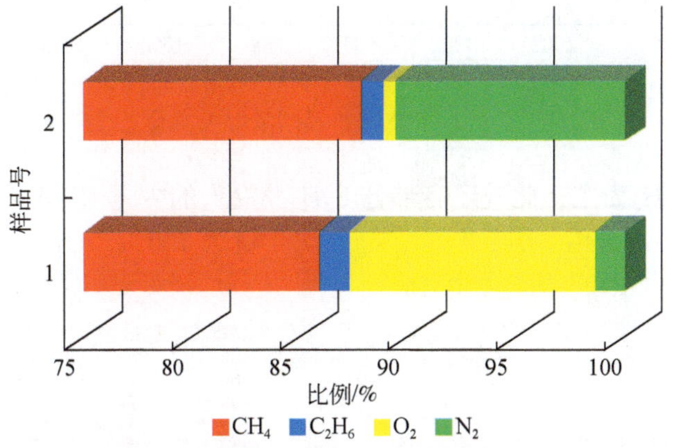

图 2.232　桐页 1 井天然气组分百分比图

（三）打屋坝组/旧司组解吸气

1. 长页 1 井

本井在下石炭统打屋坝组共完成了 65 件样品的现场解吸实验，565 ~ 708m 层段解吸气量极低，708 ~ 734m 逐渐增加，到 768.58m 时达到峰值 2180mL，解吸气量较高的集中段为 733 ~ 933m（图 2.233）。

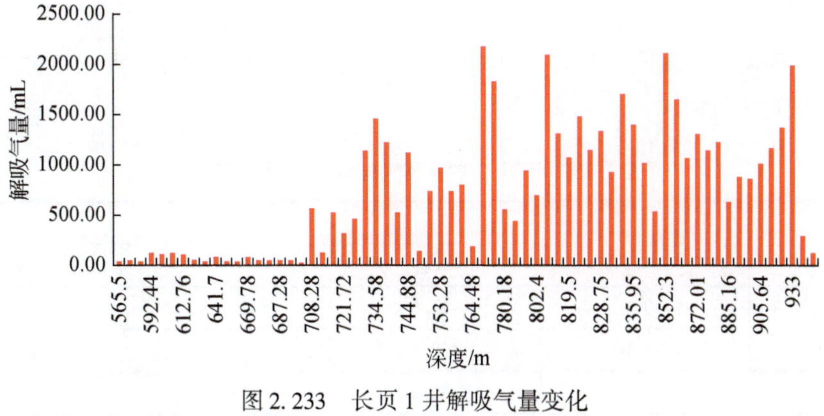

图 2.233　长页 1 井解吸气量变化

通过计算，得到本井打屋坝组含碳页岩样品的解吸气量为0.51～2.08m^3/t，采用直线趋势拟合法（图2.234）对损失气量做线性回归分析，并考虑到装罐时间较长、损失气量较多、解吸实验未完全完成等原因，与已有的解吸曲线相比较，推测其页岩含气量为0.9～2.84m^3/t。

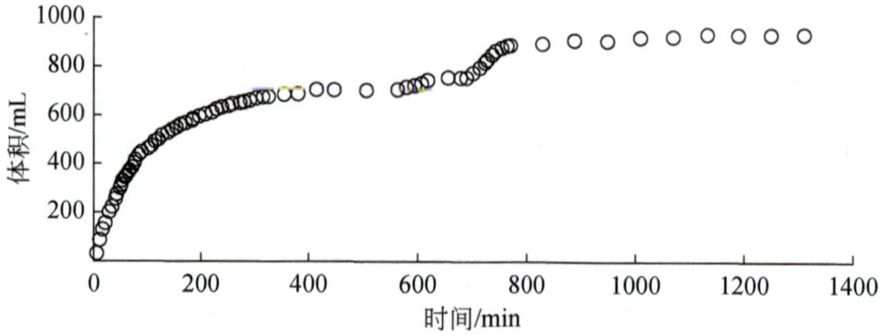

图2.234　长页1井25号样品现场解吸实验直线拟合

解吸气组分以CH_4为主，此外还有部分C_2H_6及混入的少量O_2和N_2（图2.235）。CH_4平均含量为80.0%，最大值89.49%；C_2H_6平均含量为1.0%，O_2平均含量为1.4%，N_2平均含量为17.25%，CO_2平均含量0.7%。

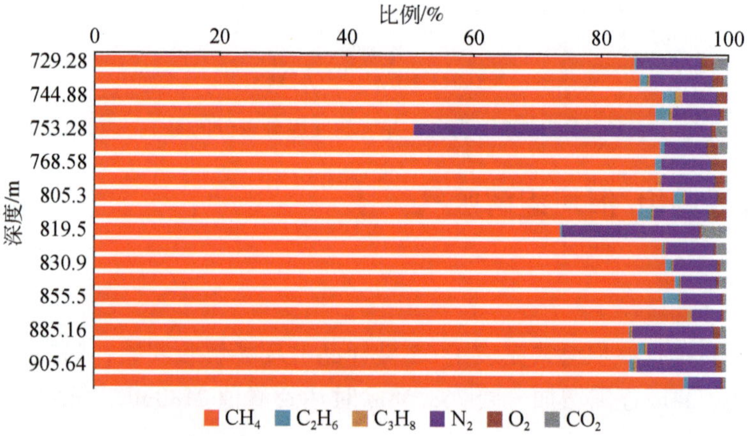

图2.235　长页1井天然气组分百分比图

根据本井解吸气样碳同位素含量实验测试结果分析（表2.39），得出本井天然气成因属以煤型气为主的混合气（图2.236）。

表2.39　长页1井解吸气样碳同位素检测表

试验编号	样品编号	$\delta^{13}C_{PDB}$/‰		
		CH_4	C_2H_6	C_3H_8
Q131273	1930-3-2	-28.9	-29.3	
Q131274	1945-3-1	-29.6	-31	
Q131275	1951-3-1	-30.9	-33.3	

续表

试验编号	样品编号	$\delta^{13}C_{PDB}$/‰		
		CH_4	C_2H_6	C_3H_8
Q131276	1958-3-2	-27.6	-32.7	-30.5
Q131277	1946-3-4	-28.5	-31.5	

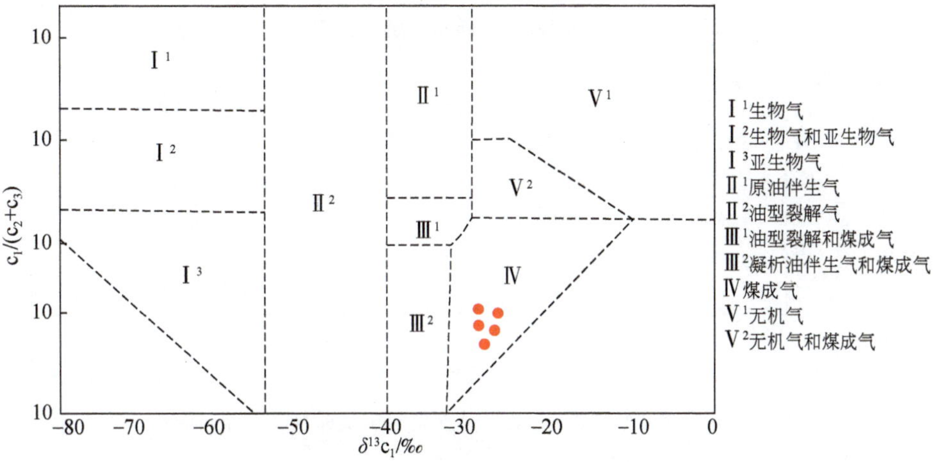

图 2.236　打屋坝组天然气成因鉴别图

2. 罗页 1 井

本井对石炭系打屋坝组碳质泥岩取岩心样 9 件进行现场解吸实验，现场解吸气量为 10 ~ 56mL，其中，在 897m 处达到最大值 56mL，解吸气量呈一个稳定的低水平波动（表 2.40）。

表 2.40　罗页 1 井现场解吸含气量列表

深度/m	750	819	832	884	896	897	900	903	1069
解吸气量/mL	10	15	13	24	25	56	25	13	10
总含气量/(m^3/t)	0.03	0.03	0.03	0.03	0.03	0.05	0.03	0.03	0.03

通过计算得到罗页 1 井打屋坝组碳质泥岩样品的解吸气含气量为 0.01 ~0.03m^3/t，通过直线趋势拟合法（图 2.237，图 2.238）对损失气量做线性回归分析，再考虑到装罐时间较长、损失气量较多、解吸实验未完全完成等原因，并与已有的解吸曲线做比较，推测泥岩含气量在 0.3 ~0.05m^3/t。

3. 威页 1 井

本井在石炭系详摆组共完成 16 件样品的现场解吸作业，其中，合格样 14 件，废样 2 件（因解吸工作中漏气）。由于井深较浅，本井岩心提取时间也较短，提心时间均未超过 30min，岩心总体上暴露时间较短（图 2.239）。

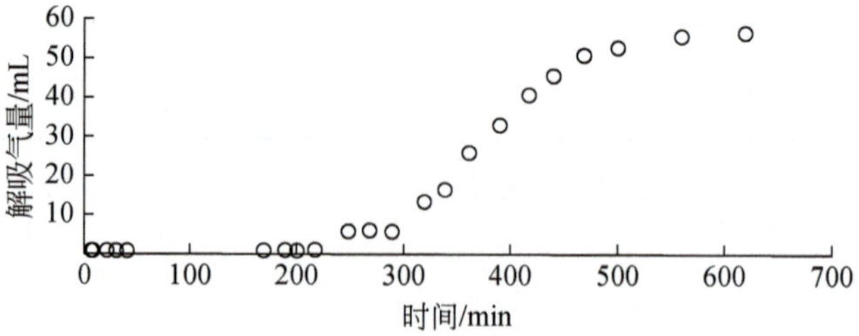

图 2.237 罗页 1 井 897m 处样品现场解吸实验解吸气量图

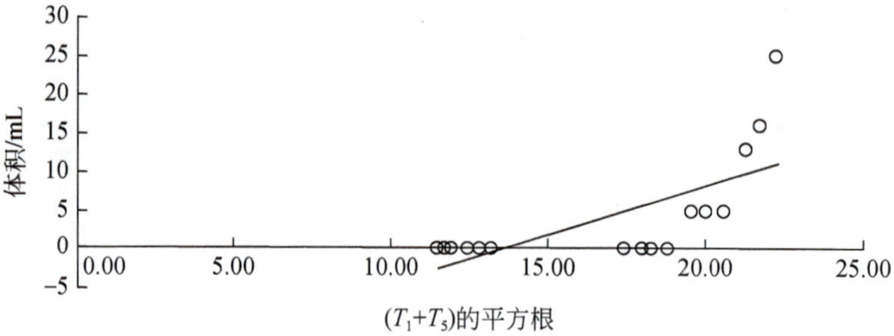

图 2.238 罗页 1 井 897m 处样品现场解析实验损失气量计算图

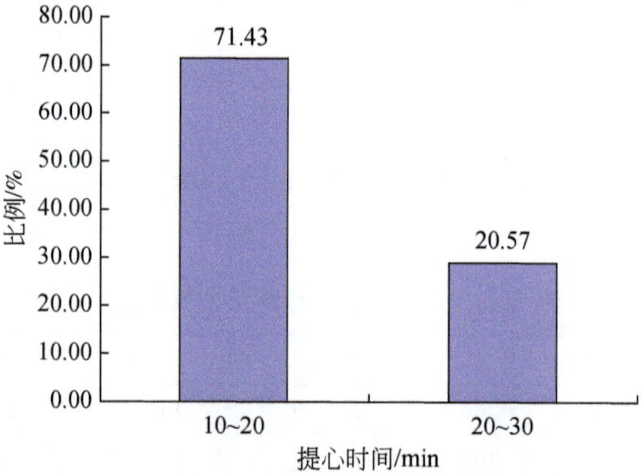

图 2.239 威页 1 井提心时间

通过解吸实验发现，随着深度的增加，解吸气量总体趋势逐渐增加，但在垂向上变化不明显，在黑色含煤层段的页岩中含气量相对较高。到 657.50m 时达到峰值 545mL，解析气量较高的集中段为 606.00～657.50m，到 745.70m 以后解吸气量变少。

旧司组下段泥页岩样品的解析气含气量为 0.004～0.097m^3/t，通过直线趋势拟合法计算，推测页岩含气量为 0.140～0.659m^3/t。含气页岩有利层段主要位于旧司组下段的中部 700.59～765.06m，厚度 64.47m，5 件样品的总含气量为 0.376m^3/t～0.659m^3/t，平均 0.527m^3/t。

4. 晴页 2 井

本井共完成了 12 块样品的现场解吸作业。由于井深较浅，提心时间大部分小于 30min，少量大于 30min，岩心总体暴露时间较短。

12 块样品中的含气量变化总体呈一个先升后降的变化趋势（标准状态下）(图 2.240)，由图可知，随着深度的增加，解吸气量变化趋势逐渐增加，到 731m 时达到峰值 995mL，解吸气量较高的主要在 672 ~ 731m，到 736m 以后解吸气量逐渐减少。

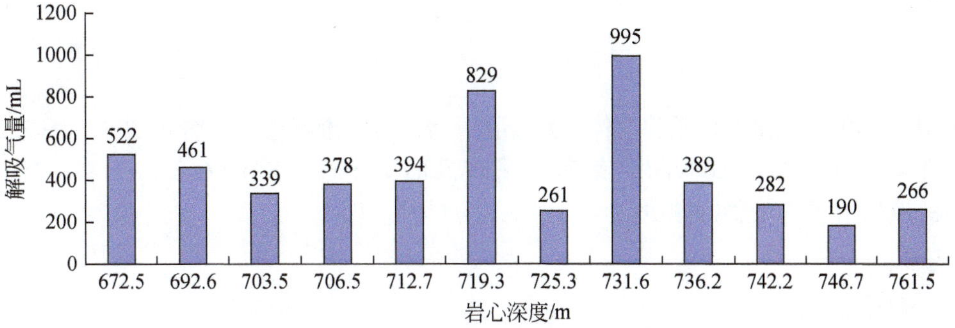

图 2.240 晴页 2 井岩心解吸气量变化趋势图

本井解吸气含气量为 0.160 ~ 0.736m^3/t，通过直线趋势拟合法对损失气量做线性回归分析，计算出解吸气含气量为 0.187 ~ 0.881m^3/t，实验得出的残余气为 1.088 ~ 1.669m^3/t，最终计算出页岩含气量为 1.381 ~ 2.348m^3/t。符合工业开采标准。

本井解吸气样的天然气组分以 CH_4 为主，此外还有部分 C_2H_6 及混入的 O_2 和 N_2（图 2.241）。CH_4 平均含量为 68.32%，最大 91.20%；C_2H_6 含量平均为 0.14%，N_2 含量平均为 29.81%。

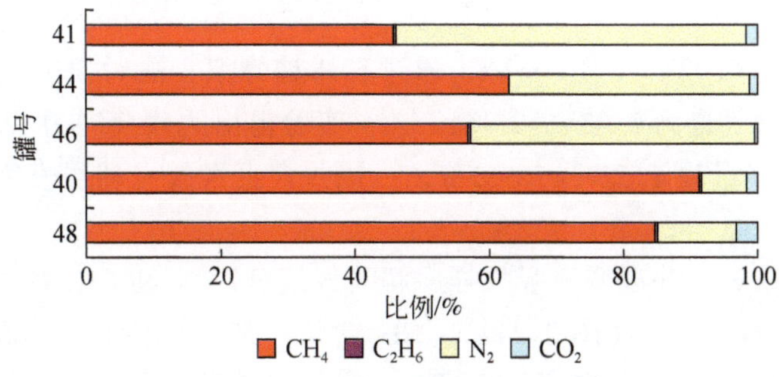

图 2.241 晴页 2 井天然气组分百分比图

（四）梁山组解吸气

以晴页 1 井为例，具体如下。

本井共完成 29 块样品的现场解吸作业。由于井深较深，井岩心提取时间较长，提心时间在 20 ~ 30min 的占总岩心的 55.17%，提心时间小于 20min 的占总岩心的 20.69%，岩心总体上暴露时间较长（图 2. 242）。

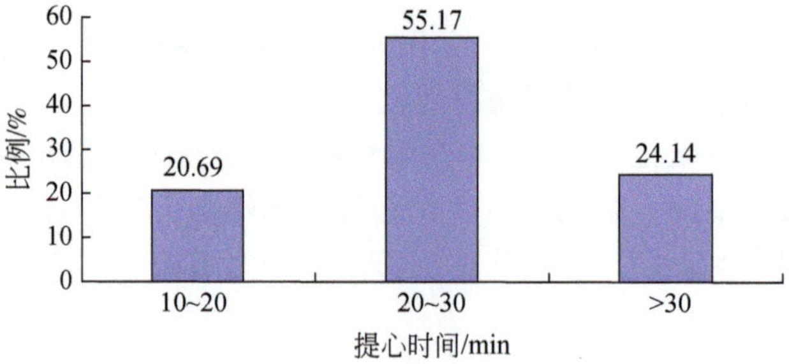

图 2. 242　晴页 1 井提心时间

29 块样品的含气量变化趋势总体为随着孔深增大（标准状态下）含量增高（图 2. 243），孔深 852. 48m 达到峰值 3689mL，解吸气量较高的集中段为井深 668. 63 ~ 871. 78m，到 877. 78m 以后解吸气量急剧减少。

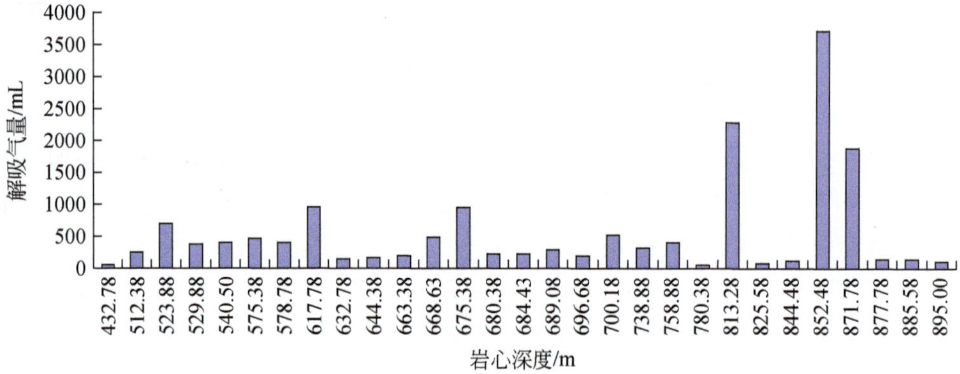

图 2. 243　晴页 1 井岩心解吸气量变化趋势图

解吸气含气量为 0. 028 ~ 2. 103m^3/t，通过直线趋势拟合法对损失气量做线性回归分析，计算出解吸气含气量为 0. 035 ~ 2. 161m^3/t；实验得出的残余气为 1. 385 ~ 1. 953m^3/t，最终推测的页岩含气量为 1. 527 ~ 3. 955m^3/t。该井含页岩气有利层段位于梁山组下段中下部。

通过实验测试晴页 1 井现场解吸气样，解吸气组分以 N_2 和 CH_4 为主，此外还有部分 C_2H_6 及混入的少量 O_2、CO_2（图 2. 244）。CH_4 含量一般，峰值为 51. 88%，平均含量为 40. 21%，C_2H_6 含量较低，平均含量为 0. 68%，N_2 含量较高，平均含量为 57. 92%。

（五）龙潭组解吸气

1. 西页 1 井

本井共完成 24 块样品的现场解吸作业。由于井深较浅，西页 1 井岩心提取时间较短（图 2. 245），提心时间小于 40min 的岩心占 75%，大部分岩心暴露时间较短。

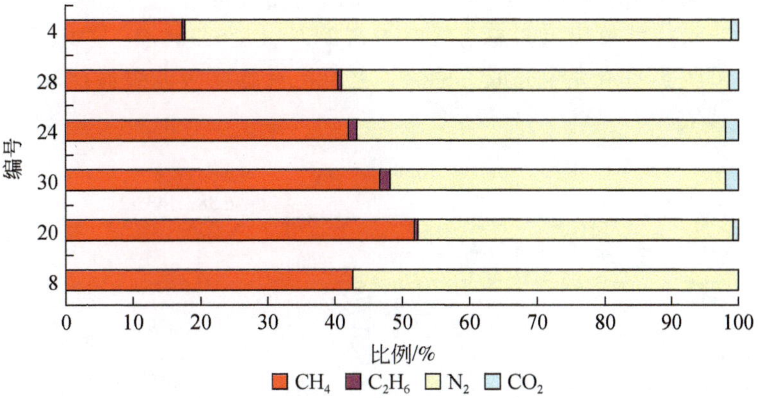

图 2.244　晴页 1 井天然气组分百分比图

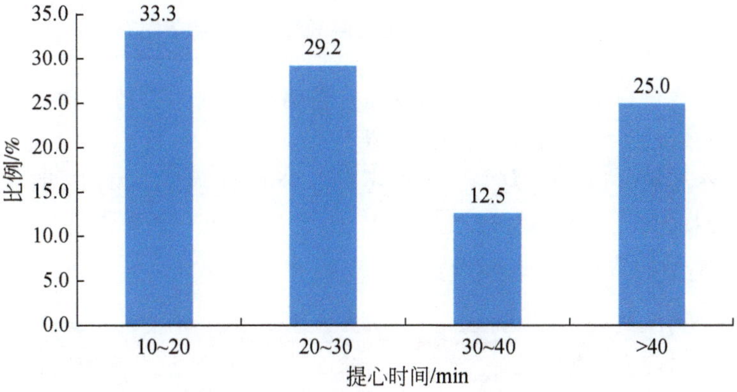

图 2.245　西页 1 井提心时间

解吸气量较高的层段主要集中在孔深 420 ~ 440m 和 460 ~ 540m 两段（图 2.246），两段之间含气量较低。孔深 420 ~ 440m 段，含气量总体呈上升；孔深 460 ~ 540m 段，含气量总体呈下降趋势，孔深 504 米为峰值 23005mL。

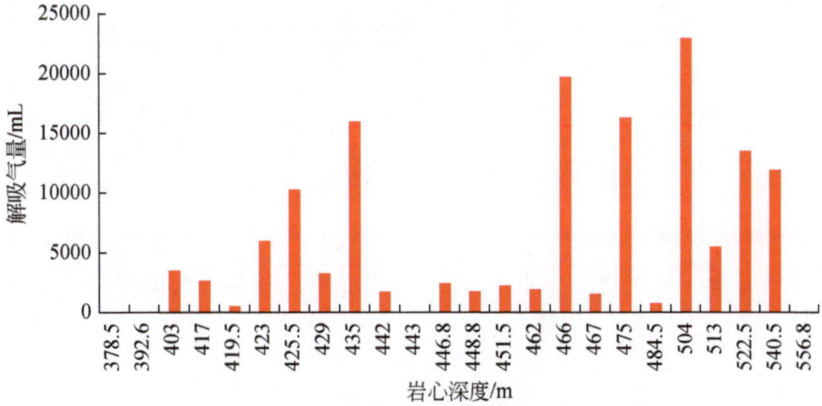

图 2.246　西页 1 井岩心解吸气量变化趋势图

解吸气含气量为 4.926 ~ 19.171m^3/t，通过直线趋势拟合法（图 2.247）对损失气量做线性回归分析，最终计算出页岩总含气量为 5.242 ~ 19.603m^3/t。考虑到装罐时间较长、损失气量较多、解吸实验未完全完成等原因，并与已有的解吸曲线做比较，推测页岩含气量为 6.0 ~ 20.0m^3/t。

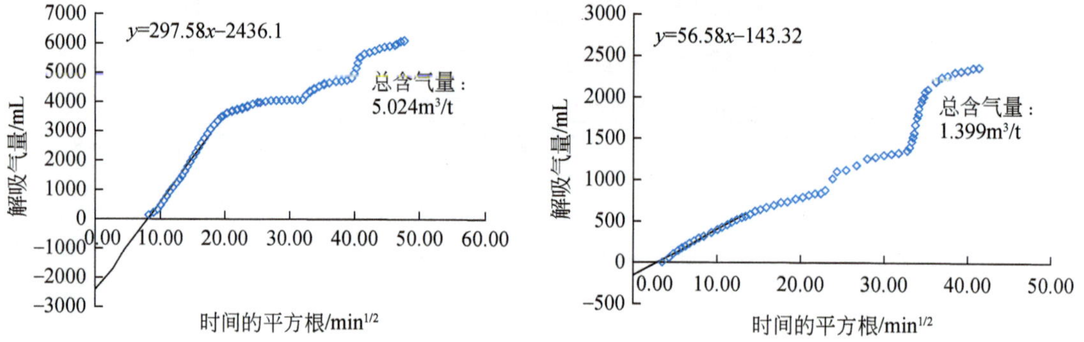

图 2.247 西页 1 井岩心解吸气量变化趋势图

本井龙潭组含气量自上而下为先逐渐变高、再略有降低的趋势。含量普遍偏高，尤其是在煤层及顶底板层段，含气量更是达到峰值。

解吸气样天然气组分以 CH_4为主，此外还有部分 C_2H_6及混入的 O_2和 N_2（图 2.248）。CH_4平均含量为 84.64%，峰值达 92.57%；C_2H_6含量较低，平均含量为 0.22%；O_2平均含量为 1.75%，N_2平均含量为 10.82%。

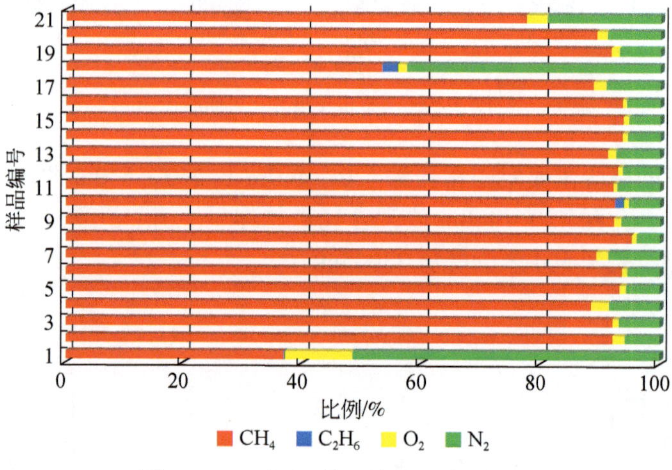

图 2.248 西页 1 井天然气组分百分比

根据实验测试的解吸气样碳同位素含量（表 2.41）来划分天然气的成因（戴金星等，1994），得出西页 1 井天然气成因为油型裂解气和煤成气，以油型裂解气为主（图 2.249）。

表 2.41　西页 1 井解吸气样碳同位素检测

样品编号	深度/m	δC^{13}/‰					
		CO_2	CH_4	C_2H_6	C_3H_8	iC_4	nC_4
西 18-3-2	—	-15.86	-38.66	—	—	—	—
西 13-3-1	—	-15.47	-32.45	—	—	—	—
西 10-3	—	-16.12	-32.25	—	—	—	—
西 7-3-1	—	-17.62	-35.67	—	—	—	—
西 3-3-1	—	-18.14	-33.51	—	—	—	—
西 21-3	—	-16.94	-36.49	—	—	—	—
西 5-3-1	—	-17.62	-33.11	—	—	—	—
西 16-3-1	—	-15.14	-36.55	—	—	—	—

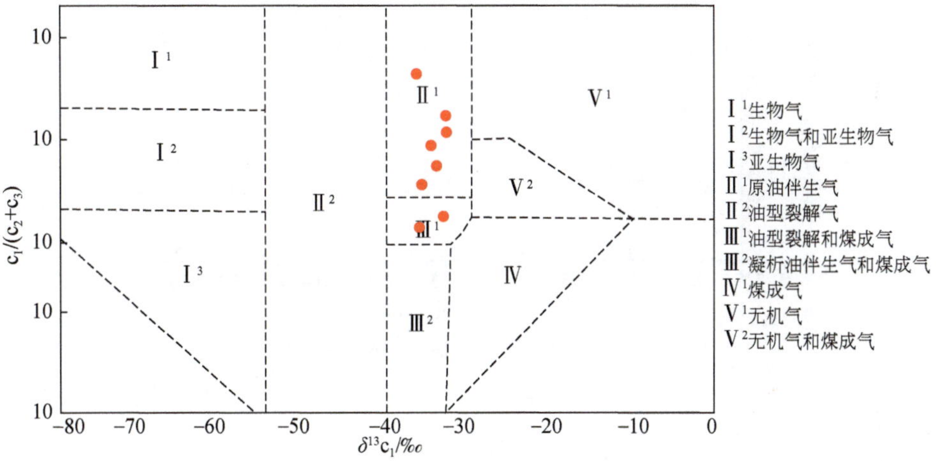

图 2.249　西页 1 井天然气成因划分

2. 兴页 1 井

兴页 1 井共完成了 27 件样品的现场解吸作业，其中，12 件样品加入饱和食盐水，取 10 组样品（2 件/组）作为对比样。兴页 1 井岩心提取时间较短，提心时间均小于 40min（图 2.250）。

15 件未加饱和食盐水的样品，其解吸含气量为 0.06 ~ 2.13m^3/t，总体呈随深度增加而逐渐下降的变化趋势（图 2.251）。孔深 725m 时达到峰值，之后解吸含气量逐渐减少，725 ~ 795m 为含气量相对较高的集中层段。

对比 10 组加饱和食盐水样品和一般样品解吸实验结果，加饱和食盐水样品的总含气量总体上低于一般样品的总含气量（图 2.252）。

通过直线趋势拟合法对损失气量做线性回归分析（图 2.253），以及通过加热法对残余气进行分析，最终计算泥页岩样品的总含气量为 1.25 ~ 4.24m^3/t，平均 2.37m^3/t。结合测井和气测录井的结果分析，在井深 725 ~ 759m、837 ~ 852m、865 ~ 939m 三个层段为页

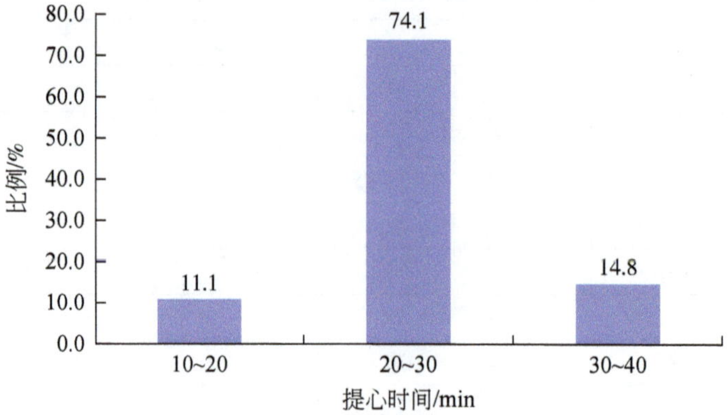

图 2.250　兴页 1 井提心时间统计图

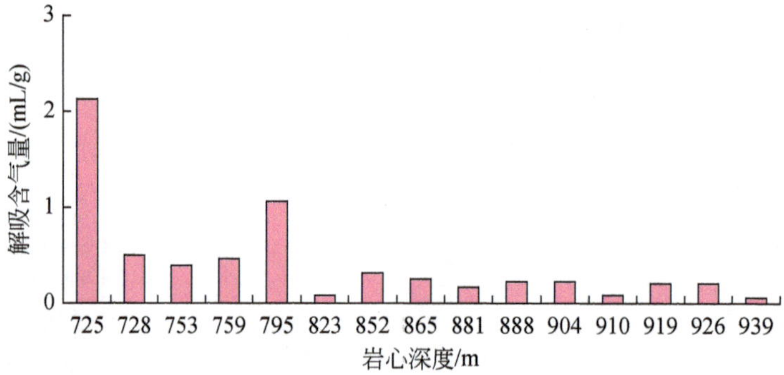

图 2.251　兴页 1 井提心时间统计图

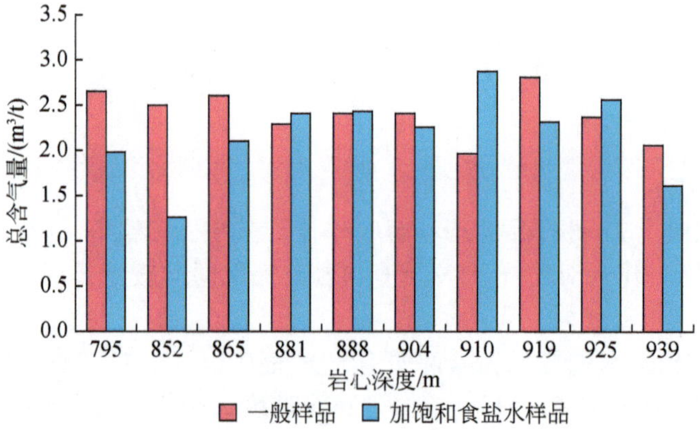

图 2.252　兴页 1 井岩心对比样总含气量对比图

岩气含气量较高层段。

取解析气量较大的 5 件样品做天然气组分分析测试，其天然气组分以 CH_4 和 N_2 为主，此外还有部分 C_2H_6、CO_2、H_2（图 2.254）。CH_4 平均含量为 42.53%，峰值 77.17%；C_2H_6 含量较低，平均含量为 0.35%；N_2 平均含量为 55.83%，CO_2 平均含量为 1.05%，

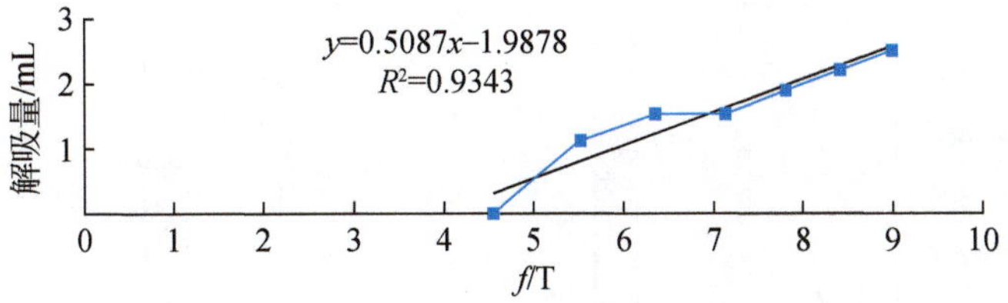

图 2.253 兴页 1 井 4 号罐现场解吸损失量直线拟合图

H_2平均含量为 0.25%。

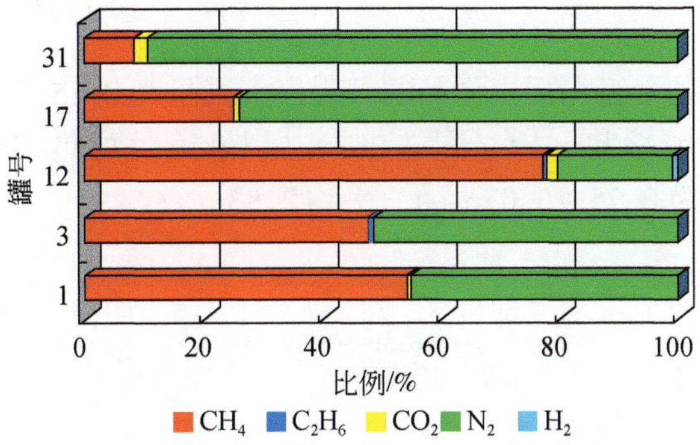

图 2.254 兴页 1 井天然气组分百分比图

3. 普安地瓜 2706 孔

普安地瓜 2706 孔共完成了 8 块样品的现场解吸作业。提心时间小于 40min 的岩心占总量的 87.5%（图 2.255），大部分岩心暴露时间较短。

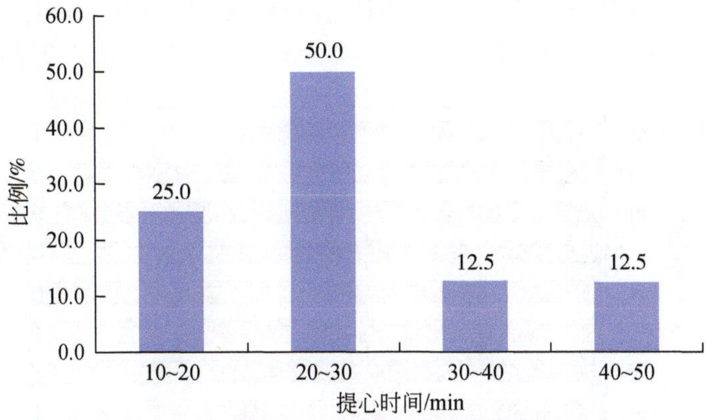

图 2.255 普安地瓜 2706 孔解吸样提心时间统计图

8 块样品中的含气量总体呈一个先升后降再上升下降的变化趋势（图 2.256），孔深 918.20m 达到第一个峰值 5883mL，到 1058.30m 时达到第二个峰值 3594.80mL，918.20 ~ 1058.30m 和 1058.30m 以后解吸气量急剧降低。

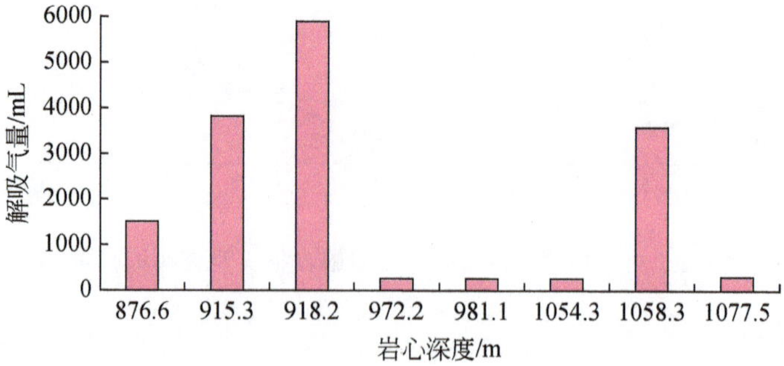

图 2.256　普安地瓜 2706 钻孔岩心解吸气量变化趋势图

通过计算得到本孔龙潭组泥页岩样品的解吸气含气量为 0.15 ~ 3.18m³/t，通过直线趋势拟合法对损失气量做线性归分析（图 2.257），以及通过加热实验测试残余气体含量，最终计算页岩总含气量为 0.75 ~ 5.07m³/t，平均 2.53m³/t。

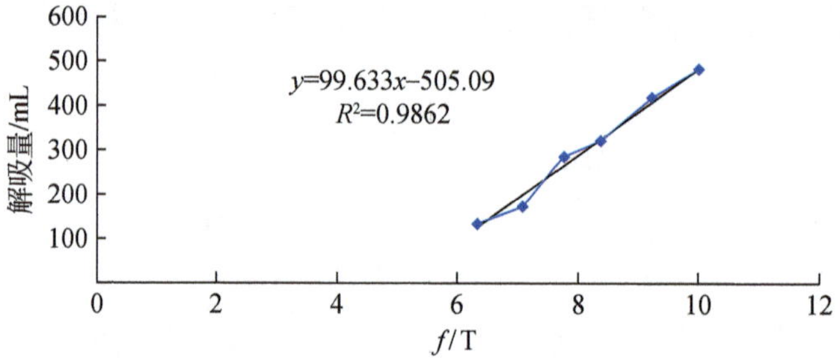

图 2.257　普安地瓜 2706 钻孔 3 号样品现场解吸及损失量拟合图

8 件解吸气样品的天然气组分分析测试结果显示，其组分以 CH_4 为主，此外还有部分 N_2 及少量 C_2H_6、CO_2。CH_4 平均含量为 71.04%，峰值为 94.73%；C_2H_6 含量较低，平均含量为 0.10%，N_2 平均含量为 28.28%，CO_2 平均含量为 0.56%（图 2.258）。

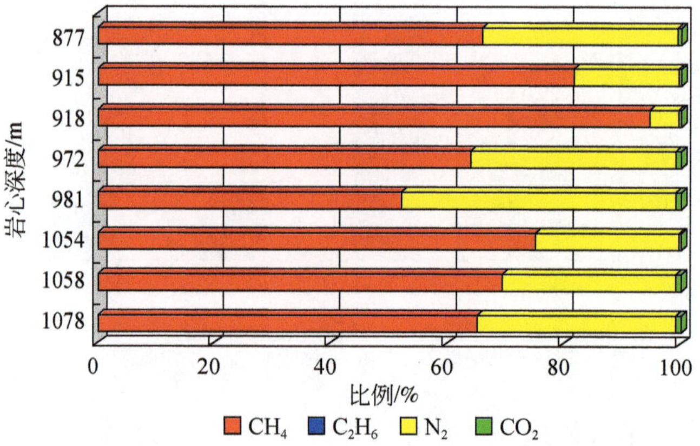

图 2.258　普安地瓜 2706 孔天然气组分百分比图

四、含气主控因素

页岩地球化学指标主要控制吸附气含量，页岩中的分散有机质能够提高页岩的吸附能力，因为分散有机质也是一种活性非常强的吸附剂，如黑色页岩中的残留沥青，沥青含量的高低也是影响页岩吸附气含量的重要因素。矿物组成中石英含量的多寡影响着页岩的含气性，随石英含量的增加，黑色页岩的吸附气含量是增加的。同时随着碳酸盐含量的增加，页岩吸附气含量是下降的。在常规储层中，物性指标是储层特征研究中的主要参数，这对于页岩气聚集同样适用。页岩的物性指标主要包括孔隙度和渗透率、厚度、密度等，均影响着页岩的含气量，包括吸附气含量和游离气含量。而深度、温度、压力等外部条件在一定范围内影响着页岩气的聚集。如在一定的深度条件下，不同的有机碳含量，不同的压力导致的含气量不同，在浅部地区，即使含气量低也可能具有工业价值。

本部分内容主要研究了页岩地球化学指标、矿物组成、物性特征等内部因素及深度、温度和压力等外部条件对页岩含气量的影响。

（一）有机质类型

干酪根类型也影响着气体含量、赋存方式及气体成分。不同类型的干酪根，其微观组分不一样，微观组分也是控制气体含量的主要因素。页岩中干酪根的类型，可以为我们提供有关烃源岩可能的沉积环境的信息。干酪根的类型不但对岩石的生烃能力有一定的影响作用，还可以影响天然气吸附率和扩散率。一般来说，湖沼沉积环境形成的煤系地层的泥页岩中，富含有机质，并以腐殖质的Ⅲ型干酪根为主，有利于低成熟度条件下天然气的形成和吸附富集，煤层气的生成和富集成藏也正好说明了这一点（煤层中有机质的含量更加丰富，煤层的含气率一般为页岩含气率的 2 ~4 倍）。在半深湖-深湖相、海相沉积的泥页岩中，Ⅰ型干酪根的生烃能力要远高于Ⅱ型或Ⅲ型干酪根，但是吸附能力则相反，即Ⅲ型>Ⅱ型>Ⅰ型，这在实验中得到了证实（图 2. 259）。

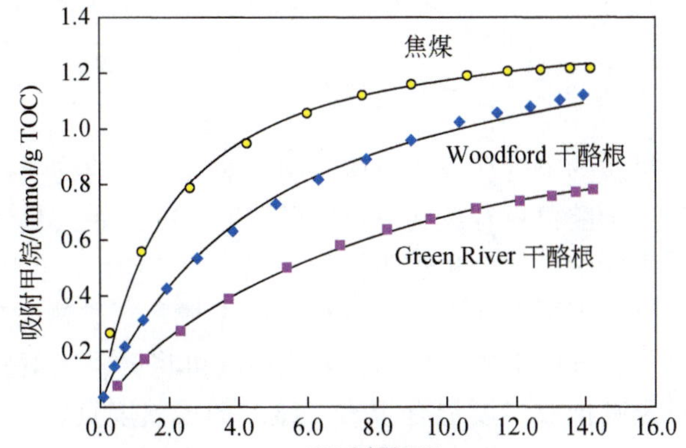

图 2. 259 干酪根类型对甲烷吸附的影响（吉利明等，2008）

（二）有机碳含量

通过对北美地区多数盆地研究发现页岩中有机碳含量与页岩产气率之间呈线性关系。Jarvie 等认为有机碳含量是决定页岩产气能力的重要变量。由于有机碳的吸附特征，其含量直接控制着页岩的吸附含气量。页岩中有机质含有大量微孔隙，对气体有较强的吸附能力，并且随着有机碳含量的增大，相应的页岩吸附气量也增加。Rose 等对加拿大东部侏罗系 Gordondale 地层研究发现有机碳含量较高的钙质或硅质页岩对吸附态页岩气具有更高的储存能力。在相同的地质条件及演化阶段下，页岩生烃强度、吸附气量大小及新增游离气能力与页岩中有机碳含量呈明显的线性正相关性。实验分析结果表明，页岩含气量（吸附气及游离气总量）随页岩有机碳含量的增加而增大（Boyer et al.，2006；Gareth et al.，2008）(图 2.260)。福特沃斯盆地 Barnett 页岩气藏生产也同样表明，气体产量大的地方有机碳含量相应也高（Bowker，2007）。关于页岩气藏形成的有机碳下限值，很多学者都进行过研究（Schmoker，1981；Jarvie et al.，2003；Bowker，2007）。美国 5 大页岩气系统页岩总有机碳含量较高，分布范围大（0.5%～25%）(王祥等，2010)。由于有机碳的吸附特征，其含量直接控制着页岩的吸附含气量，要获得具有工业价值的页岩气藏，有机碳的平均含量一般应大于2%，但随着开采技术的进步，有机碳下限值可能会降低至0.3%。

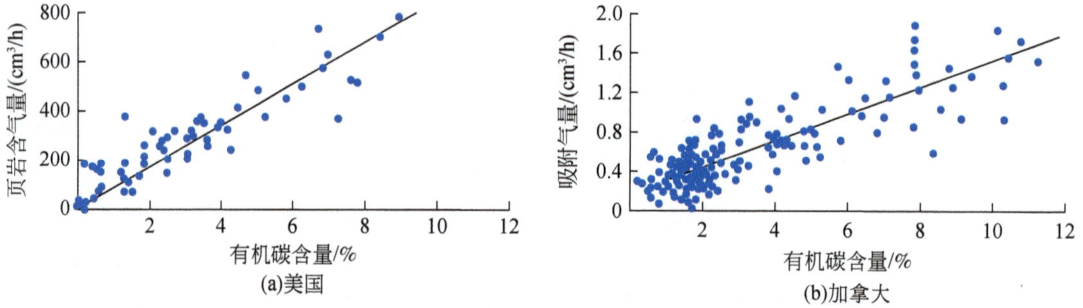

图 2.260　页岩有机碳含量与含气量关系曲线图

（a）美国页岩气藏统计结果（Boyer et al，2006）；（b）加拿大页岩实验结果（Gareth et al，2008）

（三）成熟度

沉积岩石中分散有机质的丰度和成烃母质类型是油气生成的物质基础，而有机质成熟度则是油气生成的关键。干酪根只有达到一定的成熟度才能开始大量生烃和排烃。不同类型的干酪根在热演化的不同阶段生烃量也不同（王祥等，2010）。美国主要产页岩气盆地页岩成熟度变化较大，分布范围在0.4%～2.0%，从未成熟到成熟均有发现，表明在有机质生烃的整个过程都有页岩气的生成。根据页岩成熟度可将页岩气藏分为高成熟度页岩气藏、低成熟度页岩气藏及高低成熟度混合页岩气藏。低成熟度页岩气藏主要是生物成因，基本上为埋藏后抬升，经历淡水淋滤而形成的二次生气（Curtis，2002；Martini et al.，2003a）。密执安盆地 Antrim 页岩的镜质体反射率仅为0.4%～0.6%，显示了较低的热成熟度，并处在生物气阶段，为低成熟度页岩气藏。圣胡安盆地 Lewis 页岩气藏和福特沃斯盆地中 Barnett 页岩气藏中的天然气主要来源于热成熟作用，为高成熟度页岩气藏。阿巴拉契亚盆地在成熟度较高的区域才有页岩气产出（Milici and Swezey, 2006）。

成熟度不仅决定天然气的生成方式，还决定气体的组分构成（聂海宽等，2009）。页岩气藏生产的天然气除甲烷之外还有二氧化碳、氮气、乙烷甚至丙烷等。二氧化碳在生物成因的页岩气藏中更为常见。成熟度同时还控制着气体的流动速度（聂海宽等，2009）。由于气体成因和赋存方式不同，高成熟度页岩气藏比低成熟度页岩气藏的气体流动速度要快（Jarvie et al., 2003）。随着成熟度增加，高成熟度的干酪根和业已生成的原油均裂解为天然气，并有大量天然气生成，导致产气速度也加快（图 2.261）。

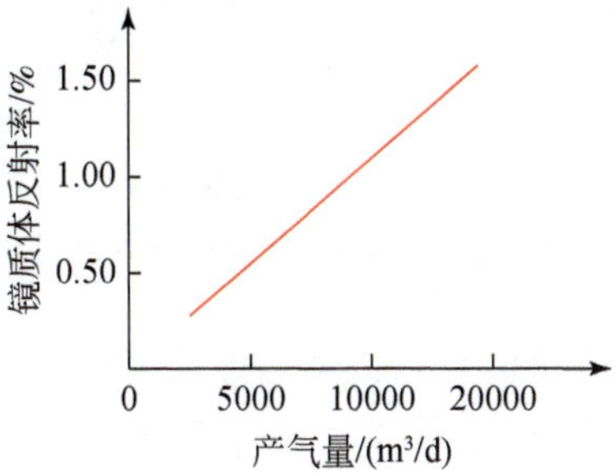

图 2.261 页岩成熟度和产气速度之间关系（Jarvie et al., 2003）

(四) 厚度

泥页岩的厚度和埋深也是控制页岩气成藏的关键因素。要形成工业性的页岩气藏，泥页岩必须达到一定的厚度，才能成为有效的烃源岩层和储集层。页岩厚度和分布面积是保证页岩气藏有足够的有机质及充足的储集空间的重要条件（秦建中等，2005）。页岩厚度同时控制着页岩气藏的经济效益，根据页岩厚度及展布范围可以判断页岩气藏的边界（聂海宽等，2009）。在页岩气藏形成基本条件限定下，页岩厚度越大，所含有机质就越多，天然气生成量与滞留量也就越大，页岩气藏的含气丰度越高，保存条件越好（图 2.262）。

形成一定规模的页岩气藏，页岩厚度一般应在有效排烃厚度以上（Gareth et al., 2008）。到目前为止，具有经济价值页岩气藏的页岩厚度下限还没有明确（Bowker, 2007）。美国主要页岩气勘探开采区的页岩净厚度为 9.14 ~ 91.44m，其中产气量较高的 Barnett 页岩和 Lewis 页岩的平均厚度在 30.48m 以上（张金川等，2004）。此外，页岩厚度还可由有机碳含量的增大和成熟度的提高而适当降低。随着页岩气藏钻、完井技术的进步，只要在技术允许、经济合理范围内的页岩厚度都会是有效页岩厚度。

(五) 裂缝

裂缝在页岩气藏中的具体作用很多学者都进行过研究（Curtis, 2002；Montgomery et al., 2005；Bowker, 2007）。裂缝发育程度是决定页岩气藏品质的重要因素。一般来说，裂缝较发育的气藏其品质也较好。实际上，裂缝对页岩气藏具有双重作用：一方面裂缝改善

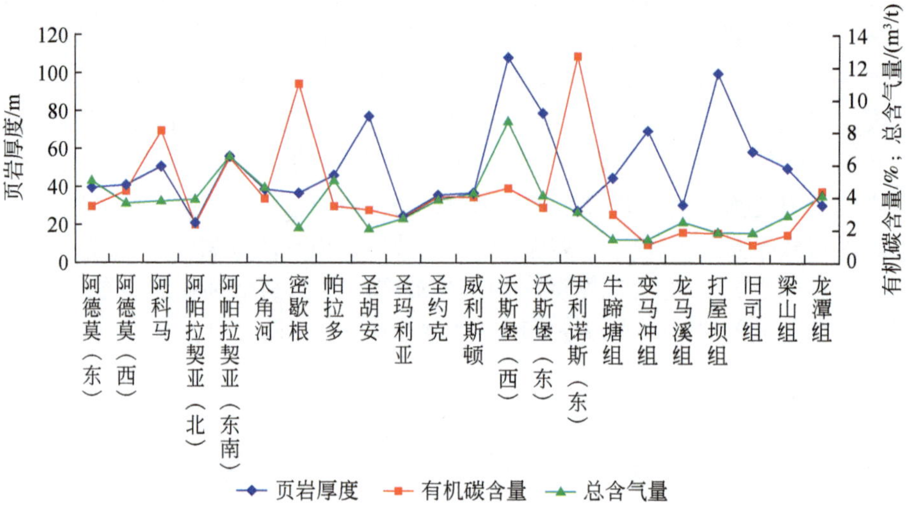

图 2.262　页岩厚度、有机碳含量与总含气量关系曲线图

了泥页岩的渗流能力，裂缝既是储集空间，又是渗流通道，裂缝有助于页岩层中游离态天然气体积的增加和吸附态天然气的解吸（Curtis，2002）。通常，页岩层属于低渗透性储层，其基质渗透率多在 0.0002～0.0363mD，一般小于 0.01mD（Ross and Bustin，2008）。裂缝能够大大增加页岩层的渗透率，聚集相当数量的游离态页岩气（张雪芬等，2010）。如果天然裂缝发育不够充分，需要进行压裂产生更多人工裂缝，以使有更多的裂缝与井筒相连，为天然气解吸提供更大的压降和面积（聂海宽等，2009）；另一方面，如果裂缝规模过大，可能导致天然气散失或气层与水层相通，对页岩气藏的发育和生产起到一定程度的制约作用（聂海宽等，2010）。Bowker（2007）曾指出，在福特沃斯盆地 Barnett 页岩气藏中，高产井基本上都分布在裂缝不发育的地方。

岩性、岩石中的矿物成分是控制裂隙发育程度的主要因素（张利萍和潘仁芳，2009；王祥等，2010）。页岩的矿物成分较复杂，除伊利石、蒙脱石、高岭土等黏土矿物以外，常含有石英、方解石、长石、云母等碎屑矿物和自生矿物。石英含量高，且多呈黏土粒级，常以纹层形式出现，而有机质、石英含量都很高的页岩脆性较强，容易在外力作用下形成天然裂缝和诱导裂缝，有利于页岩气的渗流，并增大了游离态页岩气的储集空间，有利于页岩气的聚集成藏（张利萍等，2009；王祥等，2010）。目前普遍认为，在相同力学背景下，有机碳含量、石英含量等是影响裂缝发育的重要因素（Hill et al.，2002）。Nelson（1985）认为除石英外，长石和白云石也是黑色页岩段中的易脆组分。

（六）孔隙度和渗透率

在常规储层分析中，孔隙度和渗透率是储层特征研究中最重要的两个参数，这对于页岩气藏同样适用。页岩中可能含有大量的孔隙，并且在这些孔隙中含有大量的游离态天然气，孔隙度大小直接控制着游离态天然气的含量（聂海宽等，2009）。一般来说，孔隙体积越大，所含的游离气量就越高。Rose 等（2007）发现，当孔隙度从 0.5% 增大到 4.2% 时，游离态气体的含量从原来的5%上升到50%（图 2.263）。相对于大孔隙而言，微孔对吸附态页岩气的存储具有重要影响。微孔总体积越大，比表面积越大（钟玲文和张慧，2002；许满贯等，2009），对气体分子的吸附能力也就越强（Castello et al.，2002）。Chalmers 等（2008）认为孔隙度与页岩的气体总含量之间呈正相关关系，即页岩的气体总含量随页岩孔隙度的增大而增大（图 2.264）。

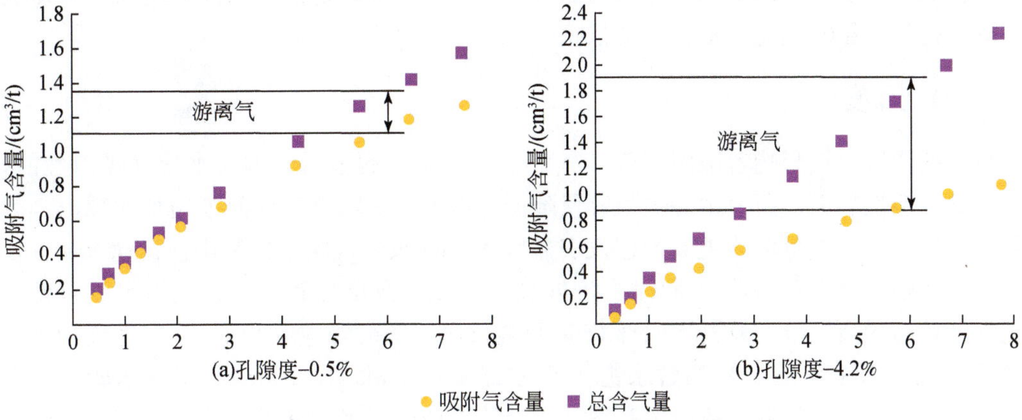

图 2.263　孔隙度对游离气含量的影响

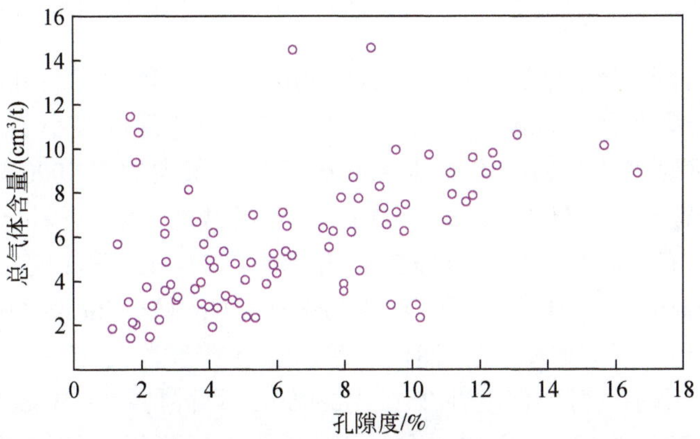

图 2.264　总气体含量与岩石孔隙度的关系图（Chalmers et al.，2008）

渗透率在一定程度上影响页岩气的赋存形式。它主要影响页岩层中游离态气体的存储。页岩层渗透率越大，游离态气体的储集空间就越大。页岩的基质渗透率非常低，一般小于 $0.1\times10^{-3}\mu m^2$，平均吼道半径不到 $0.005\mu m$（Bowker，2007），但随裂缝的发育而大幅度提高。储层“总”渗透率与储层中天然裂缝系统的发育程度相一致，通常可以通过测井和生产数据分析来确定。页岩具有低的渗透率，因此需要产生大量的人工压裂裂缝来维持商业生产。渗透率是判断页岩气藏是否具有开发经济价值的重要参数。

（七）矿物组成

大多数页岩含有很多的黏土，然而 Barnett 页岩的黏土含量并不高。在寻找 Barnett 型页岩气藏中，勘探工作者必须寻找可以被压裂的页岩，这些页岩的黏土含量小于 50%，能被成功压裂。X 射线衍射分析表明：构成 Antrim 页岩的主要矿物组成为石英、黏土和碳酸盐，次要矿物组成为黄铁矿、干酪根、长石、高岭石和绿泥石（Manger et al.，1991）。气体的生产速度依赖于裂缝的发育程度，而裂缝发育程度取决于页岩的矿物组成，因此页岩的矿物组成在很大程度上影响着页岩气的产能。例如，富含硅的页岩比富含黏土的页岩易于压裂，同等情况下可以采出更多的天然气。矿物组成分析能对页岩压裂提供进一步的资料，同时也能为钻井和完井提供参考依据。

（八）湿度

页岩的湿度直接影响着吸附态天然气的含量。岩石润湿后，因为水比气吸附性能好，会占据部分活性表面，所以甲烷吸附容量降低。湿度往往随页岩成熟度增加而减小，因此成熟度高的页岩含气量可能更高。密执安盆地 Antrim 页岩气藏、伊利诺斯盆地 New Albany 页岩气藏及阿巴拉契亚盆地北部湖区 Ohio 页岩气藏的湿度均较大，含气饱和度较低，而演化程度较高的阿巴拉契亚盆地南部 Ohio 页岩气藏、圣胡安盆地 Lewis 页岩气藏和福特沃斯盆地 Barnett 页岩气藏［平均含水饱和度为 25%（Bowker，2007）］则含水较少，含气量较高。含水量高将降低气体的生产速度，导致处理产出水的麻烦，所以有利的页岩气区应该是产水较少的区域。

（九）深度

深度直接控制着页岩气藏的经济价值及其经济效益。美国发现的页岩气藏通常分布在 200～3658m 的 4 个深度段（Curtis，2002；Hill，2002）。①深度段小于 1000m，伊利诺斯盆地 New Albany 页岩气藏和密执安盆地 Antrim 页岩气藏大约有 9000 口井，深度范围是 200～610m；②深度段为 1000～1600m，阿巴拉契亚盆地 Ohio 页岩气藏和圣胡安盆地 Lewis 页岩气藏大约有 20000 口井，分布深度为 915～1524m；③深度段为 1600～2600m，福特沃斯盆地 Barnett 页岩气藏和阿科马盆地 Fayet teville（Arkansas）和 Caney（Oklahoma）页岩气藏分布较深，为 1981～2591m；④深度段为 2600～3600m，如帕落杜罗盆地 Bend 页岩气藏中气井的深度在 2515～2896m，阿科马盆地 Woodford 页岩气藏气井深度分布范围是 1729～3657m，黑勇士盆地 Floyd 页岩气藏气井的深度为 1524～3658m。由此可见，页岩气藏深度变化较大，深度不是页岩气藏发育的决定因素，关键问题是该页岩气藏是否具有商业开发价值。随着科技和工艺的进步，埋藏更深的页岩气藏也将得到开发。但深度不同，页岩气藏的特征也有较大差别（表 2.42）。

表 2.42　页岩气藏埋藏深度与气藏特征

浅层（<1000m）	深层（>1000m）
低压力	高压力
低成熟度	高成熟度
生物成因或热成因	热成因
低气体饱和度	高气体饱和度
高吸附气含量	低吸附含气量

续表

浅层（<1000m）	深层（>1000m）
高孔渗	低孔渗
陡峭的高温吸附线	平缓的等温吸附线
低成本	高成本

（十）温度与压力

温度主要影响着吸附气体含量，温度增高，气体分子的运动速度加快，降低了吸附态天然气的含量，这也是福特沃斯盆地 Barnett 页岩气藏中吸附气含量较少的原因之一。一般情况下，随压力的增大，无论以何种赋存方式存在的气体，含量都呈增大趋势，但压力增大到一定程度以后，含气量增加缓慢，因为孔隙和矿物、有机质的表面是一定的，前者控制游离态气体含量，后者控制吸附态气体含量。当压力较低时，吸附态气体含量相对较高，如圣胡安盆地 Lewis 页岩气藏具有异常低地层压力梯度，为 4. 97kPa/m，吸附态天然气含量高达 88%，而福特沃斯盆地 Barnett 页岩气藏具有微超高压力梯度的特征，为 12. 21 kPa/m，其吸附态气体的含量最高为 60%，最低为 40%（Curtis，2002）。

第三章　贵州页岩气调查评价方法

第一节　页岩气调查与评价方法

一、地质与地球化学

（一）沉积特征

暗色泥页岩的发育是页岩油气形成的基础。通常在安静、缺氧的水下环境，具有充足生物供给的条件下，经过相对长时间的稳定沉积，容易形成富含有机质的暗色泥页岩。这些暗色泥页岩的分布和特征明显受沉积作用的控制，在平面上分布相对稳定，内部非均质性强烈。泥页岩中富含的有机质为油气的形成提供必备物质基础的同时，也为油气的赋存和储集提供了空间和吸附条件。海相、海陆过渡相及陆相都具有形成富有机质泥页岩的条件，但不同类型沉积相形成的泥页岩具有其各自的特点。

1. *海相页岩*

海相页岩可见发育于陆棚、半深海、深海及碳酸盐台内盆地、台地凹陷、台地前缘斜坡等沉积环境。这些沉积环境通常是稳定且水深较大的厌氧还原环境，沉积速率比较稳定，形成分布广泛且厚度较大的暗色页岩；海相碳酸盐岩的伴生存在使得页岩中常常含有较多的钙质成分；大量浮游水生生物供应提供了丰富的有机质来源，为生烃提供了物质基础。

海相页岩分布广泛稳定，单层厚度较大（表 3.1）。多呈黑色、灰黑色、深灰色，富含以分散状、浸染状分布的有机质，干酪根类型多为腐泥型（Ⅰ型）和混合型（Ⅱ型）。黏土矿物含量较少，脆性矿物以钙质和硅质为主，且含量较高。常见薄层状、莓状黄铁矿。

表 3.1　中国海相、海陆过渡相及陆相页岩地质特征对比

沉积环境	海相	海陆过渡相	陆相
地质时代	震旦系—早古生界	早古生界	中生界-新生界
主要岩性	黑色页岩	暗色泥页岩	暗色泥页岩
伴生地层	碎屑岩、碳酸盐岩	煤层、碎屑岩	碎屑岩
泥页岩产出	厚层状，相对独立发育	与碎屑岩、煤层薄互层	薄层状，与碎屑岩互层频繁

续表

沉积环境	海相	海陆过渡相	陆相
有机质类型	Ⅰ、Ⅱ为主	Ⅱ、Ⅲ为主	Ⅰ、Ⅱ为主
热演化程度	成熟-过成熟	成熟	低熟-高成熟
天然气成因	热解、裂解作用（R_o>1.3%）	热解、裂解作用（R_o>1.0%）	生物作用、热解作用（R_o>0.4%）
地层压力	低压-常压	常压-高压	常压-高压
发育规模	区域分布，局部被叠合于现今的盆地范围内	局部发育	局部发育，受现今盆地范围影响较大（中生界差异较大）
主体分布区	南方、西北、青藏	华北西部、南方	华东地区、西北
游离气储集介质	裂缝、微孔隙为主	孔隙及层间碎屑岩夹层	裂缝、孔隙及层间碎屑岩夹层

在中国南方、华北及塔里木地区古生代时期形成了广泛的海相沉积，发育多套海相富有机质页岩。经历了多期构造变形，南方地区古生界页岩抬升并破坏严重，而四川盆地、华北盆地和塔里木盆地古生界页岩则埋藏较深。以南方上扬子地区为例，早寒武世时期，经历了大规模海侵，海水逐渐上升，上扬子地区大部分处于陆棚环境，发育一套广泛分布、厚度很大的海相富有机质黑色页岩、硅质页岩与含磷质粉砂岩的组合。下寒武统牛蹄塘组页岩发育大面积的水平纹理，富含分散状有机质及黄铁矿，显示为缺氧的静水还原环境。页岩干酪根类型以Ⅰ型和Ⅱ型为主，有机碳含量高，由于形成时代古老，其热演化程度相对较高，后期受多期构造运动影响，抬升和破坏强烈。

2. 海陆过渡相泥页岩

海陆过渡相的暗色泥页岩主要发育在三角洲、滨岸沼泽及潟湖等沉积环境中，水深相对较浅，但前三角洲及滨岸沼泽、淡水潟湖的底部常常是低能、安静的缺氧封闭环境，有利于陆源细粒碎屑物质及部分化学沉积物质的沉积。由于距物源区相对较近，海陆过渡相暗色泥页岩常与较粗粒碎屑岩呈互层出现，且多陆生植物碎片化石。海陆过渡相沉积环境受气候条件影响较大，通常来说，温暖潮湿的气候下，水体更为发育，泥页岩厚度和分布面积更大，且有利于陆生植物及水生生物的生长，为泥页岩油气的生成提供了丰富的有机质来源。

在海陆过渡相沉积背景下，前三角洲、三角洲平原沼泽、淡水潟湖等相带内的暗色富有机质泥岩发育，分布相对局限，且单层厚度较小，岩性一般为灰黑色、黑色页岩、碳质页岩夹煤层及灰色粉砂岩、细砂岩。特别是平原沼泽相暗色泥页岩，单层厚度较薄，多与粉砂岩、细砂岩薄互层，并夹有煤层。有机碳含量较高。干酪根类型以Ⅲ型为主，部分Ⅱ型，Ⅰ型较少见。黏土矿物含量较高，脆性矿物以硅质为主，含量可达50%以上，碳酸盐矿物含量较低。莓状、球粒状黄铁矿及自形黄铁矿较为常见，指示还原环境。

海陆过渡相的暗色泥页岩主要分布在我国西北、华北地区及南方部分地区。其中鄂尔多斯盆地石炭系本溪组、太原组和下二叠统山西组，准噶尔盆地石炭系滴水泉组、巴塔玛依内山组和二叠系芦草沟组、红雁池组，塔里木盆地二叠系芦草沟组，华北地区石炭系太原组和二叠系山西组，南方地区二叠系龙潭组等均是典型的海陆过渡相暗色泥页岩层系。以华北地区辽河拗陷为例，中石炭世开始，辽河地区结束了加里东运动造成的长期整体抬升，开始沉降遭受海侵，重新接受沉积，形成一套陆表海台地相、有障壁海岸相碎屑岩沉积。至晚二叠世山西组沉积时期，由于气候变化，陆表海收缩转化为海陆交互相。此时，辽河地区沉积了以潮坪-潟湖相与三角洲相为主的细粒碎屑岩地层。山西组暗色泥页岩多间夹粉砂岩，泥页岩内发育水平纹层、波状层理，粉砂岩夹层内可见小型沙纹层理，夹数套煤层，富含黄铁矿，显示相对平静的缺氧还原环境。干酪根显微组分以镜质组和惰质组为主，干酪根类型主要为Ⅲ型，有机碳含量较高。页岩形成时代较老，热演化程度较高。黏土矿物以伊蒙混层和伊利石为主，脆性矿物多为石英，微孔隙较发育。

3. 陆相泥页岩

陆相暗色泥页岩主要形成于半深湖-深湖环境，水深较大，受湖浪等作用微弱，为安静低能的缺氧环境。由于水域面积相对较小，水深变化强烈，湖相暗色泥页岩单层厚度一般较小，常与粉砂岩、砂岩频繁薄互层出现，多夹有陆源生物化石碎片。湖相沉积环境受区域气候条件影响明显，温暖潮湿的气候条件下，湖泊面积广阔，深湖区水深较大，有利于细粒物质的沉积和缺氧环境的保持。另外，适宜的气候有利于陆生植物和水生生物的生长和繁育，保证了有机质供给丰富。

陆相暗色泥页岩具有相变快、分隔性较强、单层厚度薄、累计厚度大、垂向上砂泥岩薄互层变化频率快等沉积特点。岩性一般为黑色、灰黑色泥页岩、粉砂质泥页岩夹粉砂岩或碳酸盐岩透镜体，多发育水平层理，间有细波状层理。有机碳含量高。含油页岩层段干酪根类型主要以Ⅰ型、Ⅱ型为主，含气的以Ⅲ型为主。黏土含量高，脆性矿物以石英、长石等为主。自生矿物主要有菱铁矿等。

我国陆相页岩主要分布在松辽盆地白垩系，渤海湾盆地古近系沙河街组，鄂尔多斯盆地三叠系延长组，四川盆地三叠系须家河组—侏罗系自流井组，准噶尔盆地-吐哈盆地侏罗系水西沟群，塔里木盆地三叠系—侏罗系，柴达木盆地新近系等。渤海湾盆地新生界古近系是陆相页岩沉积的典型代表，有机质丰富的始新统湖相泥页岩与砂岩交替变化频率快，薄层泥页岩发育，累计厚度很大。辽河拗陷沙河街组是典型的湖相泥页岩沉积，以沙三下亚段—沙四上亚段最为发育，其有机质类型多、有机碳含量高、热演化程度适中、生气能力强。目前，辽河拗陷内多口井在钻遇沙河街组暗色泥页岩地层时发现不同程度的油气显示，充分证明了盆地内页岩油气潜力。

2007 年以来，国内三大石油公司及延长油矿在加强页岩气勘探开发的同时，也对陆相盆地页岩油资源进行了探索，通过老井复查复试和页岩油水平井分段压裂实践，在东部断陷盆地页岩油领域取得了重大进展。中国石化集团 2011 年在泌阳凹陷安深 1 井核三 3 页岩段大型压裂日产油 4.68m^3，实现了中国陆相页岩油勘探的突破；2012 年泌页 HF-1 井水平井分段压裂最高日产油 22.5m^3，成功实现了国内第一口页岩油水平井的分段压裂；在济阳拗陷沾化凹陷，针对沙三下亚段—沙四上亚段部署实施了多口页岩油水平井，刚刚完钻的渤页平 1 井在第二段压裂测试中获得日产 5 ~ 6m^3 的工业油流。中国石油集团 2011 年在辽河拗陷西部凹陷曙古 165 井沙三段泥岩段压裂日产油 24m^3，东部断陷盆地已成为我国陆相页岩油勘探开发的重点领域。

（二）有机地化特征

泥页岩有机地化属性是制约其生烃及赋存油气能力的最关键因素。有机质类型、丰度和成熟度是页岩油气地球化学评价的重要指标。

有机质类型是评价泥页岩生烃潜力的重要参数，通过干酪根类型进行判断；有机质丰度是评价泥页岩中生成油气的物质基础优劣的基本指标，主要应用总有机碳（TOC）含量作为判断指标；有机质成熟度是判断泥页岩能否满足生油气条件的基本参数，主要通过镜质体反射率（R_o）作为判断依据。不同的盆地、不同的页岩类型，甚至在同一套页岩内部这些指标变化很大。

以美国著名的几套海相页岩为例，密执安盆地 Antrim 页岩 TOC 分布范围为 0.3% ~ 24%，R_o 分布范围为 0.4% ~0.6%；伊利诺伊盆地 New Albany 页岩 TOC 分布范围为 1% ~ 25%，R_o 分布范围为 0.4% ~0.8%；阿巴拉契亚盆地 Ohio 页岩 TOC 分布范围为 0.5% ~ 23%，R_o 分布范围为 0.4% ~4.0%；福特沃斯盆地 Barnett 页岩 TOC 分布范围为 1.0% ~ 13%，R_o 分布范围为 1.0% ~2.1%；圣胡安盆地 Lewis 页岩 TOC 分布范围为 0.5% ~3.0%，R_o 分布范围为 1.6% ~1.9%（图 3.1）。

对照中国不同沉积盆地的含气页岩有机地化特征，各参数变化范围也比较大，而且与国外的差别较大。TOC 分布范围为 0.3% ~17%，R_o 多处于 0.5% ~4%。值得注意的是，我国南方海相页岩由于时代较老，经历多期构造改造，R_o 普遍较高，大多数位于 1.5% ~ 4.5%，高者可达 5% 甚至 6% 以上，基本上处于过成熟状态，具有明显区别于国外海相页岩的特点。相比而言，我国中生界陆相页岩则呈现以Ⅲ型干酪根为主，TOC 和成熟度均较低的特点。

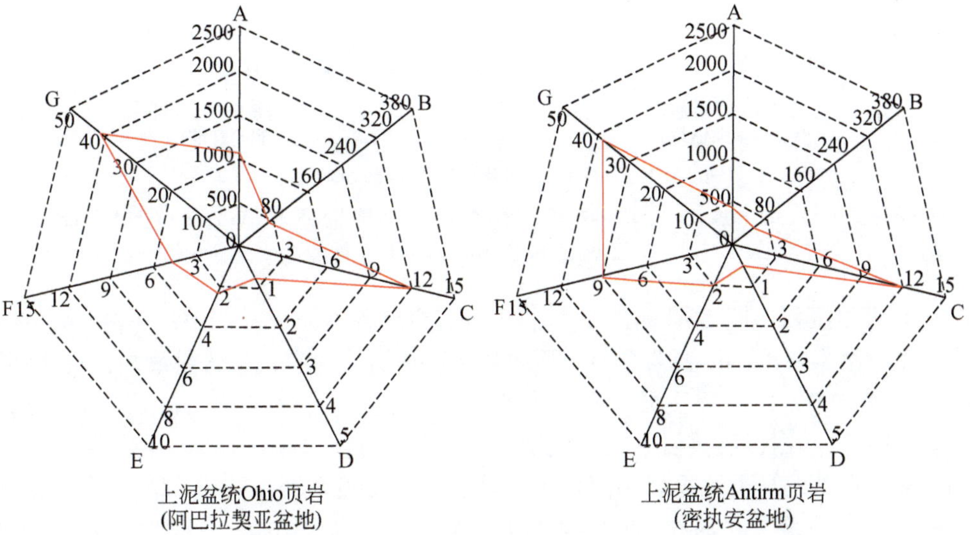

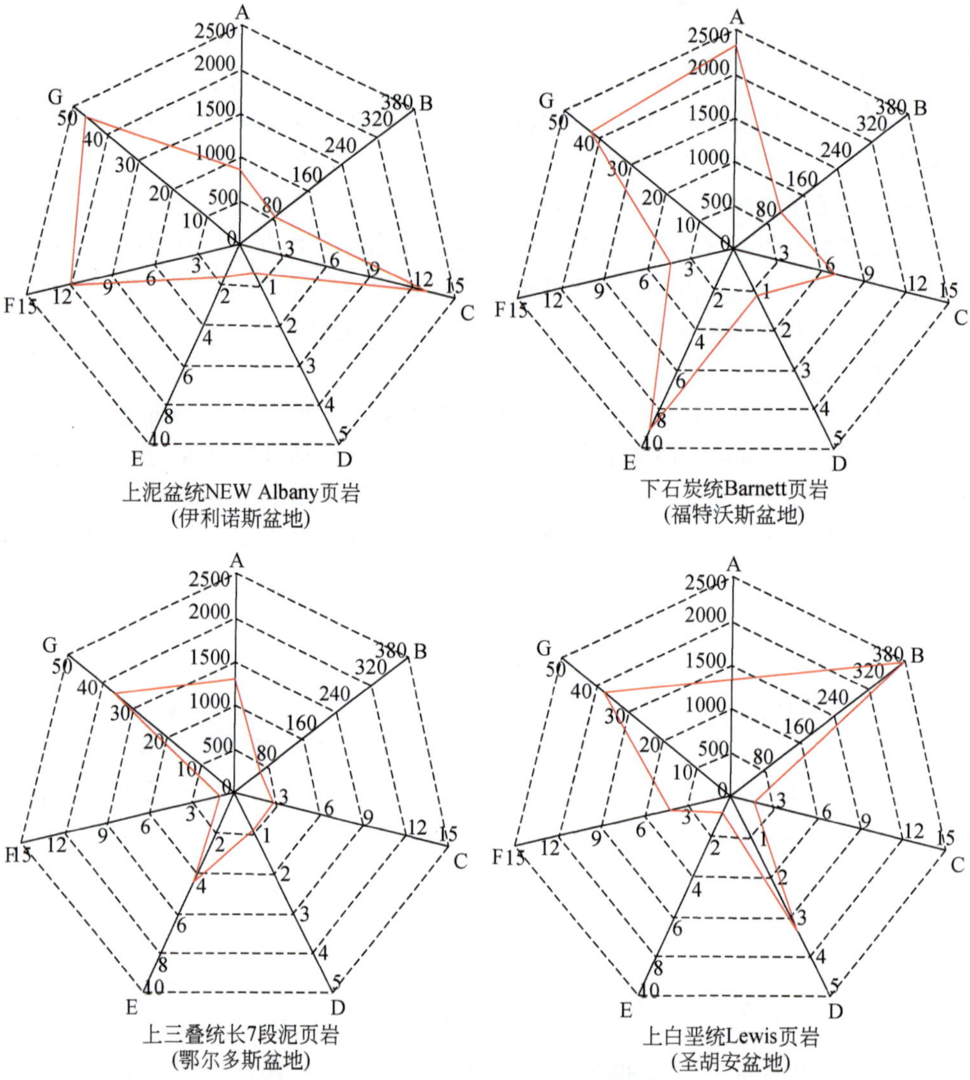

图 3.1　中美不同盆地页岩参数对照图

A. 埋藏深度（m）；B. 厚度（m）；C. 有机碳含量（%）；D. 镜质体反射率（%）；E. 含气量（m^3/t）；F. 孔隙度（%）；G. 石英含量（%）

Barnett 页岩沉积初期 TOC 高达 20%，现今有机碳含量为 3%～13%，平均 4.5%，为Ⅰ型、Ⅱ型干酪根。Barnett 页岩中有机质页岩和磷质页岩中有机碳含量最高，有机质页岩的 TOC 平均为 5.0%，磷酸质页岩平均为 5.1%，明显高于（含化石的页岩）普通页岩（TOC 为 3.8%）和白云质页岩（TOC 为 2.7%～3.2%）。

四川盆地东部龙马溪组页岩为腐泥型（Ⅰ型）-腐殖腐泥型（$Ⅱ_1$ 型）干酪根，TOC 在 1.0%～5.0%。现今埋深在 2000～4000m。R_o 为 2.4%～4%，一般为 2.4%～3.6%，处于高成熟晚期-过成熟期。

二、地球物理

(一) 地震技术

页岩油气藏具有自生、自储、自保、储层致密的特点，地球物理方法在页岩油气勘探开发过程中作为重要的技术支持，尤其是在寻找“甜点”区，也就是比较有利于压裂和含油气丰度高的区域，具有独特的优势。页岩油气勘探主要是评价一个区域是否有利于压裂，主要考虑三方面的因素：页岩的脆性、原始微裂缝的发育和地层的应力场分布，这就需要运用弹性参数反演和 AVAZ 等地震方法技术。勘探开发实践表明：高脆性、原始裂缝较发育及水平闭合压力较小的区域是比较理想的压裂区。工程压裂技术对于页岩气开发是不可或缺的，压裂的目的是产生新的复杂的裂缝网络，并且能够在最大程度上沟通原始发育的裂缝，以增加页岩的储集空间和连通空间，为页岩气的解吸和运移提供通道。利用微地震技术进行裂缝诊断是目前页岩油气开发中常用且有效的一种监测方式，通过对地下裂缝进行成像测井，能够对压裂措施的有效性进行评价，而且能够提供工程方案的修改意见，优化压裂技术（孙赞东等，2011）。

Zhu 等（2011）提出一套比较完整的页岩储层预测和识别的方法。如图 3.2 所示，主要思路分为以下几个部分：①从地质模型中提取相关的岩石物理模型。②通过岩石物理建模能够获取正演模拟需要的弹性参数，并且通过岩石物理分析，优选出最敏感的地震属性。③通过正演模拟得到地震响应，从而赋予地震反射同相轴更多的物理意义和地质意义。④利用正演模拟得到的地震波场进行波阻抗反演和岩性反演，得到一系列反映储层特征的参数。根据②中分析优选的最佳属性，进行储层相关性质的预测和评价。⑤将地震预测的结果和实际地质模型进行对比，进而评价地震属性预测页岩储层特征的可行性，并进行误差分析，为实际地震资料的应用提供依据。

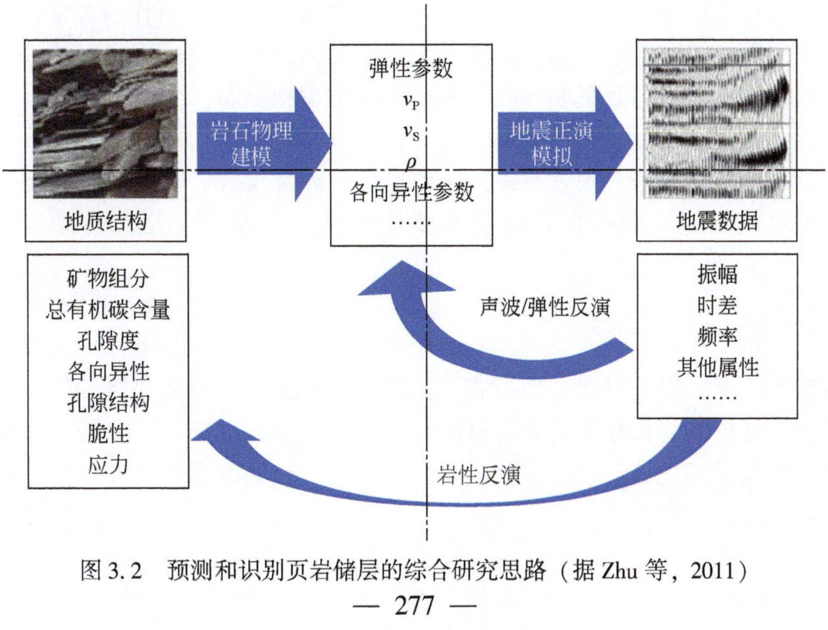

图 3.2 预测和识别页岩储层的综合研究思路（据 Zhu 等，2011）

1. 岩石物理学分析技术

随着页岩油气勘探开发的日益兴起，对页岩的岩石物理性质和微观结构的研究逐渐受到重视。页岩地震岩石物理的核心在于分析微观孔隙、矿物组分和有机质等参数对地球物理响应的影响，这种响应可以是纵横波速度、纵横波波阻抗、纵横波速度比及各向异性强度等宏观特征。通过分析宏观响应特征的变化，进而选择最优的地震属性，通过地震反演等方法提取这些属性的空间分布，达到能直接预测页岩储层特征的目的（孙赞东等，2011）（图 3.3）。

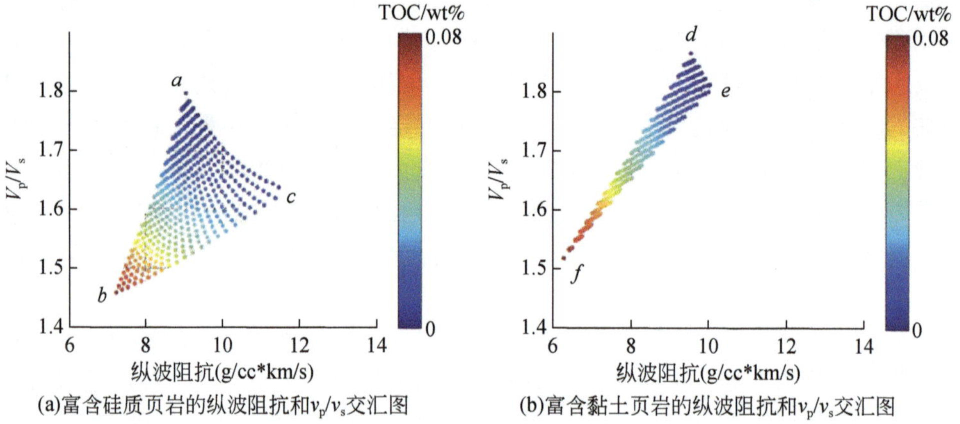

图 3.3　页岩的纵横波速与各向异性特征交汇图（据 Zhu et al.，2011）
wt% 表示质量分数

2. 页岩储层地震预测技术

（1）地层内部反射结构地震属性分析

地震相、地震波形分类和地震岩性预测（振幅类属性）结果可作为确定各种沉积相分布范围的依据，同时综合岩心、测井等资料进行沉积相分析。通过层拉平技术和古地貌恢复技术可以推断古构造格局和沉积环境，从而预测沉积相展布。

（2）叠后地震属性、反演预测方法

基于岩石物理分析成果，通过三维地震数据体的频率属性、时频特征、几何属性分析和叠后地震波阻抗反演，刻画页岩储层的整体分布（如页岩储层的分布范围和厚度）（图 3.4）。

3. 总有机碳含量预测技术

一般情况下，页岩中有机物含量越高，其源岩潜力越大。对页岩储层的岩石物理特征和测井资料进行分析，可构建有机碳含量曲线，与声波阻抗进行交汇分析，建立相应的关系。通过对页岩储层进行叠后波阻抗反演，可以对页岩气层段总有机碳含量分布进行预测（图 3.5 和图 3.6）。

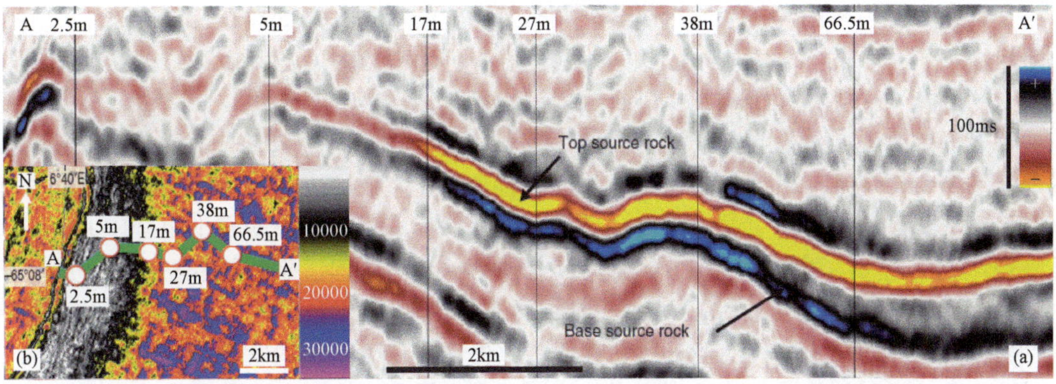

图 3.4　地震剖面（a）和烃源岩顶部最大振幅（b）平面图（据 Helge et al.，2011）

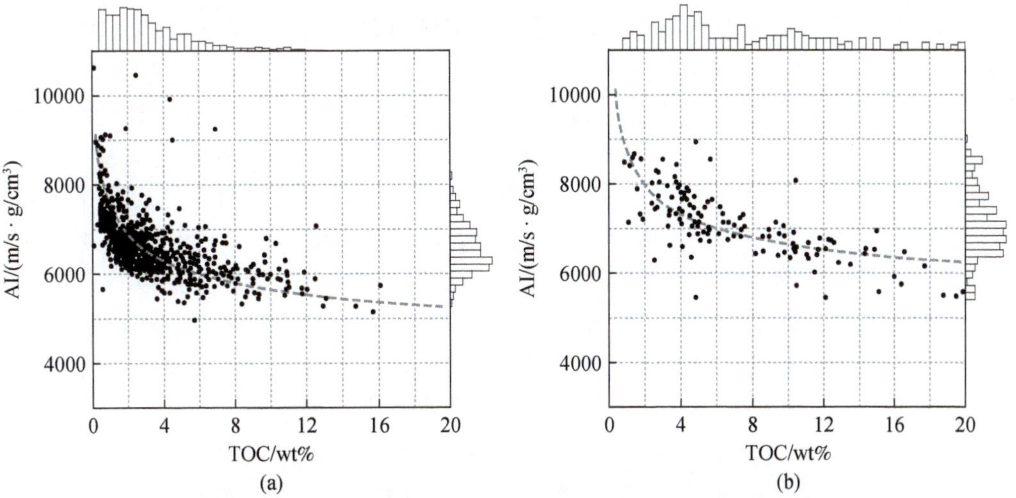

图 3.5　总有机碳（TOC）含量与声阻抗（AI）交汇图（据 Helge et al.，2011）

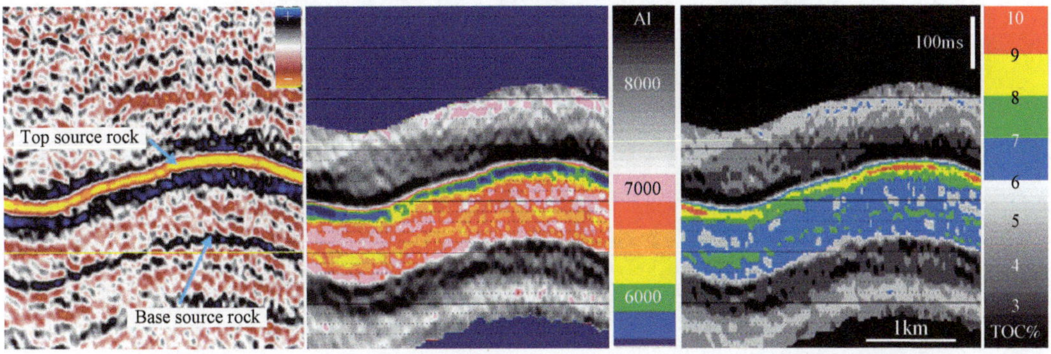

(a)地震剖面　(b)声阻抗剖面　(c)综合TOC含量剖面

图 3.6　叠后波阻抗对 TOC 含量预测剖面图（据 Helge et al.，2011）

4. 页岩应力场分析

根据美国多个盆地页岩气开发的经验，由于地应力状态不同，压裂后岩石破裂程度也不同。当水平应力较弱时，压裂后裂缝分布呈短而宽的形态，因此在这种情况下，水平井井距应小一些，分段压裂每段可以长一些；当水平应力较强时，压裂后裂缝分布呈窄而长的特点，因此水平井的井距应大一些，分段压裂每段的长度要小一些。

通过研究表明，拉梅常数能够反映地下应力场的分布。因此可以通过振幅随偏移距离的变化反演分析地下应力场的变化，从而预测有利的压裂区域。通过将孔隙压力和构造运动等因素整合到水平方向上的主应力计算中，将其称为水平方向上的最小闭合压力，即岩石破裂产生裂缝所需要的最小压力。水平闭合压力越小，工程压裂时越容易产生裂缝，从而提高页岩的产量。如果想利用 AVO 反演结果来预测最小闭合压力的空间分布，需要将弹性性质项、孔隙压力和构造运动项与介质的拉梅常数建立一定的联系。利用这种联系进行过渡，从而通过拉梅常数能够直接反映储层的最小闭合压力分布（孙赞东等，2011）。

Perez（2011）详细地讨论了拉梅常数对最小闭合压力的影响、孔隙压力对最小闭合压力的影响和构造运动对最小闭合压力的影响，并将这种关系转换到了 $\lambda\rho$-$\mu\rho$ 域，用来研究 $\lambda\rho$、$\mu\rho$ 与岩石的弹性性质项、孔隙压力和构造运动项之间的关系。通过综合分析得出了以下结论：①λ/μ 低值对应较小的最小闭合压力；②$\lambda\rho$ 低值意味着较高的孔隙压力，从而预示较小的最小闭合压力；③$\mu\rho$ 高值和 $\lambda\rho$ 低值的方向对应于裂缝走向垂直的方向，因而预示着较小的最小闭合压力。在井约束条件下，可以对它们之间的关系进行控制和校正。因此，利用以上的结论就可以对 AVO 反演结果进行直接解释，从而预测最小闭合压力的空间分布。综合脆性预测结果和最小闭合压力的预测结果，能够更好地圈定有利的压裂区域（Goodway et al.，2010）。图 3.7 显示了最小闭合压力的空间分布预测结果，图中冷色表示闭合压力较小的区域，暖色表示闭合压力较大的区域，而水平井钻井的轨迹一般都远离了暖色区域，说明地震手段进行压力预测具有一定的可行性。

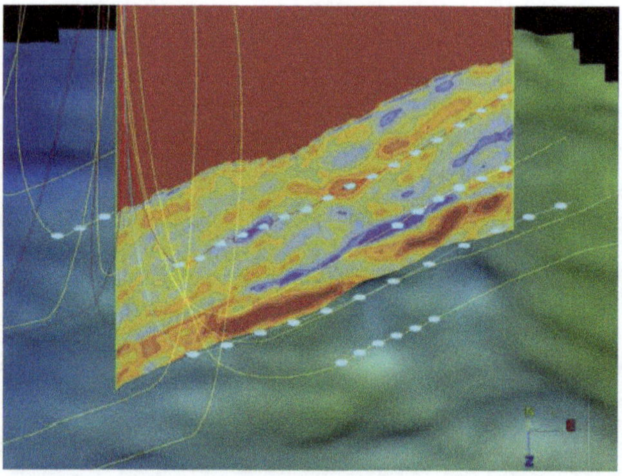

图 3.7　最小闭合压力的空间预测分布图（据 Monk et al.，2012）

5. 页岩裂缝预测

裂缝是岩石中没有明显位移的断裂，它既是油气储集空间，也是渗流通道。随着国内外大量页岩裂缝油气藏的不断发现和近年来北美地区在海相页岩中对天然气勘探获得的巨大成功表明，在低孔、低渗富有机质泥页岩中，当其发育有足够的天然裂缝或岩石内的微裂缝和纳米级孔隙及裂缝，经压裂改造后能产生大量裂缝系统时，泥页岩完全可以成为有效的油气储层。因此在泥页岩油气藏勘探与开发中，对泥页岩裂缝的研究显得非常重要。

利用地震资料进行裂缝检测的方法研究，先后经历了横波勘探、多波多分量勘探和纵波裂缝检测等几个阶段。近年来，在用纵波地震资料进行裂缝勘探方面取得了长足的进步，并开始由以前的定性描述向利用纵波资料定量计算裂缝发育的方位和密度方向发展。在利用三维地震资料进行构造、断层（包括小断层）的精细解释基础上，采用三维可视化技术、泥岩裂缝储层特征反演技术、地震资料相干分析和曲率分析技术、全方位地震信息进行的 AVAZ 和 VVAZ 技术、地震频率、振幅变化率、波形、地震层速度等多种方法，综合识别和预测泥页岩裂缝发育区，并取得一定的效果（丁文龙等，2011）。

（1）地震属性分析法

地震几何属性揭示了地震属性的空间变化规律，包括相似性属性（如相干）和地层倾角、曲率等，反映了地层的不连续性，能够比较准确地识别断层。

地震相干数据体计算是对相邻地震道数据计算相干系数，其思想是对地震数据进行求异去同，突出那些不相干的数据，然后利用不相干地震数据的空间分布来解释断层、岩性异常体与岩层缝洞等地质现象。一般不连续变化所反映的是弱相干，反之为较大的相干值。对三维相干数据体进行切片解释或沿层拾取相干数据，能有效地反映出地下断层和裂缝的发育区（蒋礼宏，2003；潘仁芳和金吉能，2011）。某工区沿层相干切片如图 3.8 所示，从图中除了能分辨出主要断裂的分布情况外，也能清晰分辨出一些常规构造解释难以发现的小断层及其附近岩层的破裂程度。

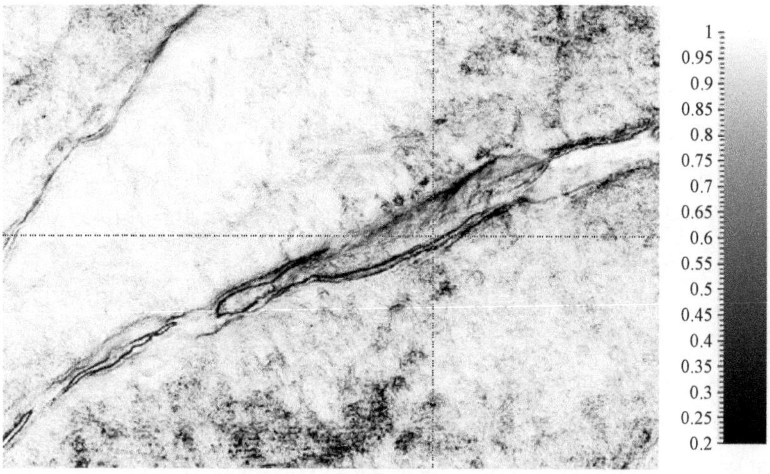

图 3.8　某工区沿层相干切片图

地震曲率属性是目前比较新的断裂识别属性分析技术，能够识别出地下微小形变，提高断层的识别精度。地震曲率处理是利用倾角扫描分析曲率属性。在曲率分析过程中，凸面获得最大曲率，而凹面获得最小曲率。在倾角扫描过程中还能计算倾角变化，倾角变化也对裂缝有比较好的指示，倾角变化大的地方裂缝发育。曲率属性反映了地层受构造应力挤压时层面的弯曲程度，一般曲率越大，张应力越大，张裂缝也就越发育，裂缝产生于曲率相对高部位。图 3.9 显示了正负长波长和短波长曲率水平切片，长波长曲率属性通常指示较大的弯曲和褶皱，而短波长曲率属性识别较小的断裂区（Guo et al.，2010；Staples et al.，2010）。

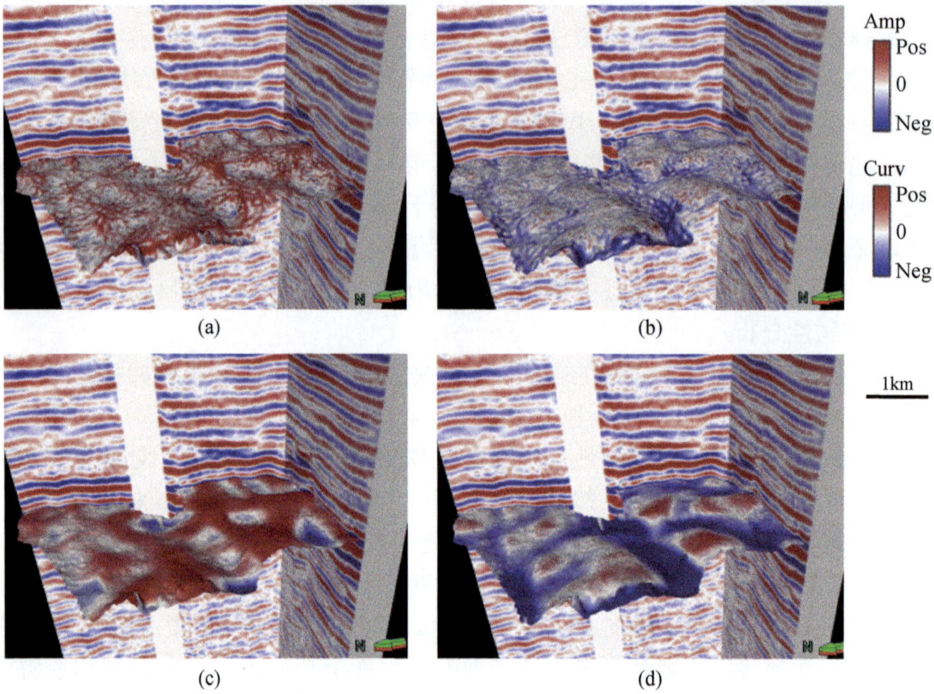

图 3.9　正负短波长曲率和长波长曲率（据 Staples et al.，2010）

（2）AVAZ、VVAZ 裂缝识别方法

裂缝性油气藏的勘探需要解决两个问题，即裂缝的走向和裂缝的密度。裂隙的存在导致介质的物理性质随着方位不同而发生变化，这在地震中称为方位各向异性。同时，由于地层上覆载荷的压实作用，水平或低角度裂缝近乎消失，对裂缝性油气藏贡献大的是易于保存的高角度和近于垂直的裂缝，而正是这类裂缝对地震波产生了各向异性的传播特征，并且人们能够相对容易地获得这些信息。这一性质使我们可以依靠叠前地震资料检测裂缝。

当地下发育裂缝时，振幅不仅会随偏移距发生变化，而且也会随方位角发生变化。理论研究和实际应用表明，利用纵波方位 AVO 特征，不但可以检测裂隙的方位和密度，还能区分裂隙中所含流体类型（干裂隙、湿裂隙），可以较好地定量检测裂缝分布。Ruger（1998）基于弱各向异性的概念，推导了 HTI 介质中纵波反射系数与裂缝参数之间的解吸关系。Ruger 研究表明，在 HTI 介质中，纵波的 AVO 梯度在沿平行于裂缝走向和沿垂直于裂缝走向的两个主方向上存在较大差异。这是进行纵波 AVO 裂缝检测的理论基础。AVAZ 裂缝检测方法是根据纵波振幅随方位角的周期性变化估算裂缝的方位和密度；VVAZ 裂缝检测方法是根据纵波传播速度的方位各向异性来估算裂缝的方位和密度。AVO 属性参数的方位差异值的正与负反映了裂缝延伸方向，差异值大小则反映了裂缝的发育强度（孙赞东等，2011；Wang et al.，2007）。

图 3.10 显示的是 Goodway 等（2006）利用 AVAZ 反演方法得到的页岩储层中的裂缝

发育的走向和密度。图 3.11 显示了地震和测井结果对比图，左边的 AVAZ 属性在 Colorado A 和 B 处清晰地显示出高裂缝密度，并且通过全井眼微电阻率扫描成像（FMI）解释（用红色的圆圈）和交叉偶极子各向异性测量（用粉红色的圆圈）得到确认。

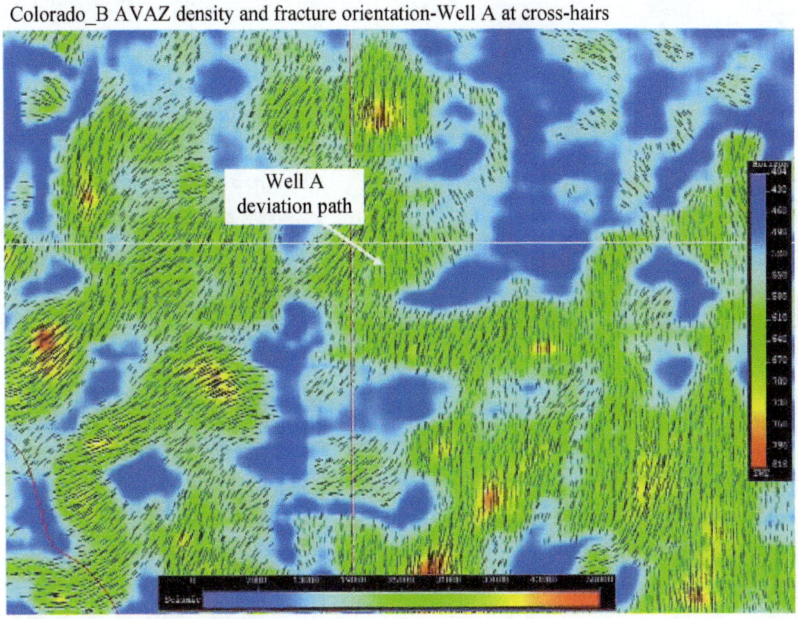

图 3.10　AVAZ 反演的页岩储层中裂缝的密度和走向图（据 Goodway et al.，2006）

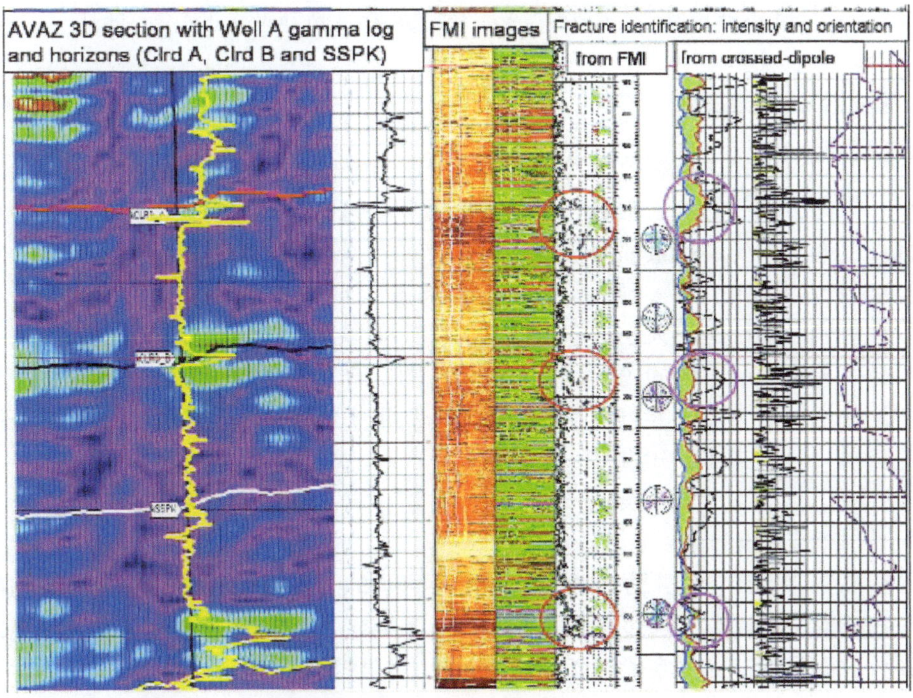

图 3.11　地震和测井结果对比图（据 Goodway et al.，2006）

A 处的 AVAZ 成果剖面（左）；FMI 裂缝解释成果图（中）；交叉偶极子各向异性测井曲线图（右）

(3) 横波分裂方法

当地震波通过各向异性介质（如裂缝）时，横波会发生分裂现象，导致横波分裂成具有不同速度的两个波，即一个快波和一个慢波。快横波质点振动方向与裂缝方向平行，慢横波质点振动方向与裂缝方向垂直。通过识别快慢横波传播方向可准确确定裂缝走向，而快慢横波时差可指示裂缝密度。快慢横波传播时差与裂缝相对发育程度有关，时差越大，裂缝相对越发育（图 3.12）。

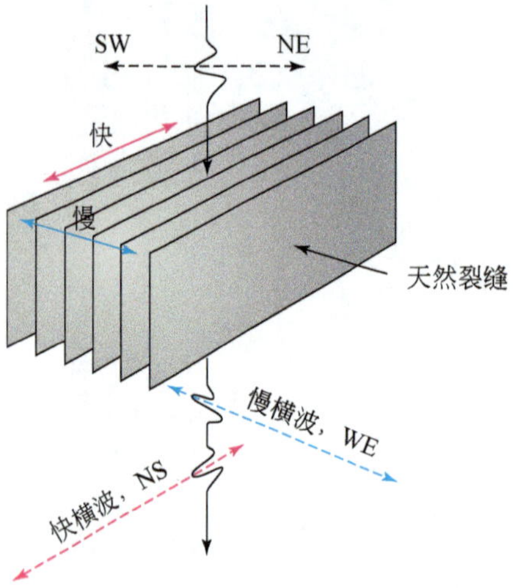

(a)横波分裂示意图

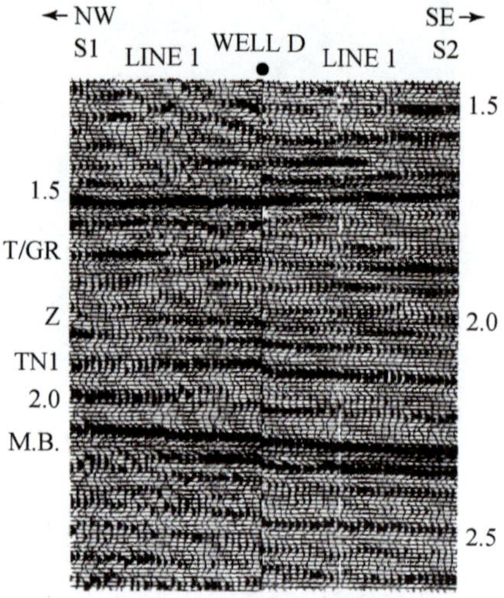

(b)快慢横波地震剖面

图 3.12　快慢横波传播时差与裂缝发育关系图（据 Bratton et al.，2006）

6. 页岩脆性区域预测

页岩的脆性对工程压裂裂缝的发育模式有非常重要的影响，页岩的脆性越高，越容易产生裂缝。因此，在寻找有利压裂区域时，分析页岩脆性非常重要。决定页岩脆性的是它的力学性质，通常用杨氏模量和泊松比作为评价页岩脆性的标准。杨氏模量和泊松比是岩石在外界应力作用下的反映，杨氏模量的大小标志了材料的刚性，杨氏模量越大，岩石越不容易发生形变。泊松比的大小标志了材料的横向变形系数，泊松比越大，说明岩石在压力作用下越容易膨胀。不同的杨氏模量和泊松比的组合表示岩石具有不同的脆性，杨氏模量越大，泊松比越低，页岩的脆性越高。这就为利用弹性参数反演方法来预测页岩脆性提供了理论依据（孙赞东等，2011）（图 3.13）。

7. 微地震监测技术

为了提高储层的产量，工程压裂技术是必不可少的，压裂过程中的裂缝发育程度和模式直接控制着储层的产量。通过微地震技术对地下裂缝进行成像，能够对压裂措施的有效性进行评价，而且能够提供宝贵的工程修改意见，促进压裂措施的优化，最终到达提高产能的目的。

微地震是利用水力压裂过程中岩石破裂，或者油藏生产过程中水体锥进所产生的岩石

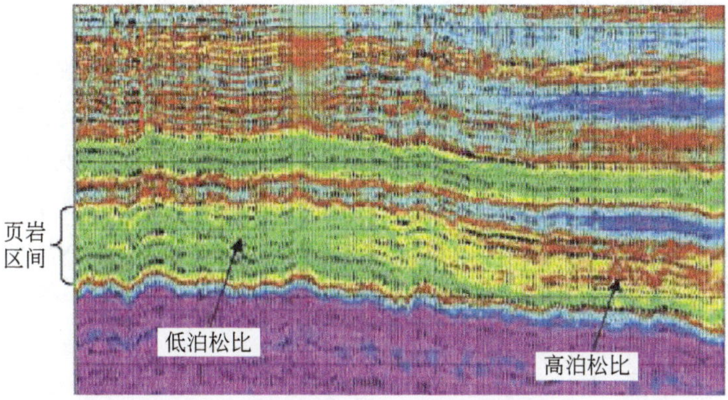

图 3.13 泊松比反演剖面（据 E&P daily news，SEG，2010）

破裂信号（被动地震事件）来反映压裂人造缝的规模和延伸方向，或者注入水锥进方向和范围，以监测压裂作业结果或油藏生产状况。通过微地震监测，不仅能够掌握储层压裂过程中产生的裂缝信息（破裂带体积和裂缝的分布范围），还能够算出压裂时地层的渗透率。图 3.14 表示的是实时监测的微地震事件空间分布及工程压裂措施的相关参数，从图中可以看出，实时微地震监测能够同时将各种不同类型的数据实时地显示出来，有助于可视化分析和解释压裂产生的诱导裂缝系统（孙赞东等，2011；Calvez et al.，2007）。

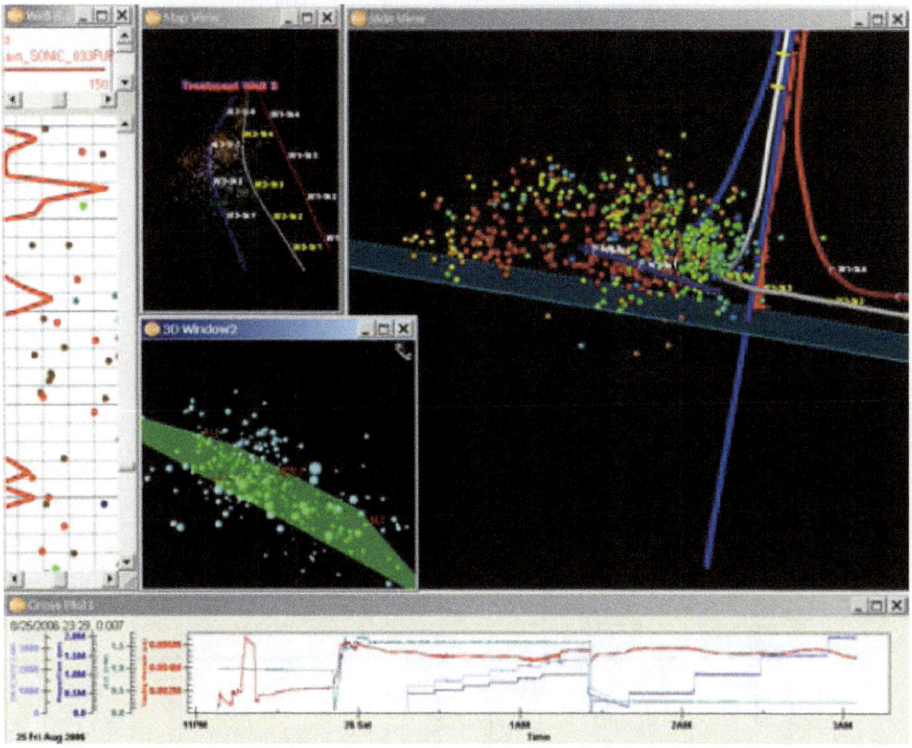

图 3.14 微地震事件发生的位置和处理参数图（据 Calvez et al.，2007）

（二）测井技术

目前国内外围绕页岩油气富集区或“甜点”寻找这一目标，将测井评价集中在以下四个方面：①页岩油气定性识别，②页岩生烃潜力评价，③页岩岩性及储集参数评价，④岩石力学参数、地应力及裂缝评价（潘仁芳等，2009）。页岩复杂多变的矿物组分、微米-纳米级的微小孔隙，以及特殊的油气附存形式等，使得依据常规储层建立的测井解释评价技术已不能满足页岩油气测井评价的需要。常规测井地质信息的深入挖掘、新型测井仪器及解释评价技术的新发展，正在页岩油气勘探开发过程中发挥着不可替代的作用。

1. 含油气页岩测井识别

与普通页岩相比，典型含油气页岩在常规测井曲线上具有“四高两低”的典型响应特征（图3.15），即高自然伽马、高电阻率、高声波时差、高中子、低体积密度、低光电吸收指数（谭茂金和张松扬，2010）。

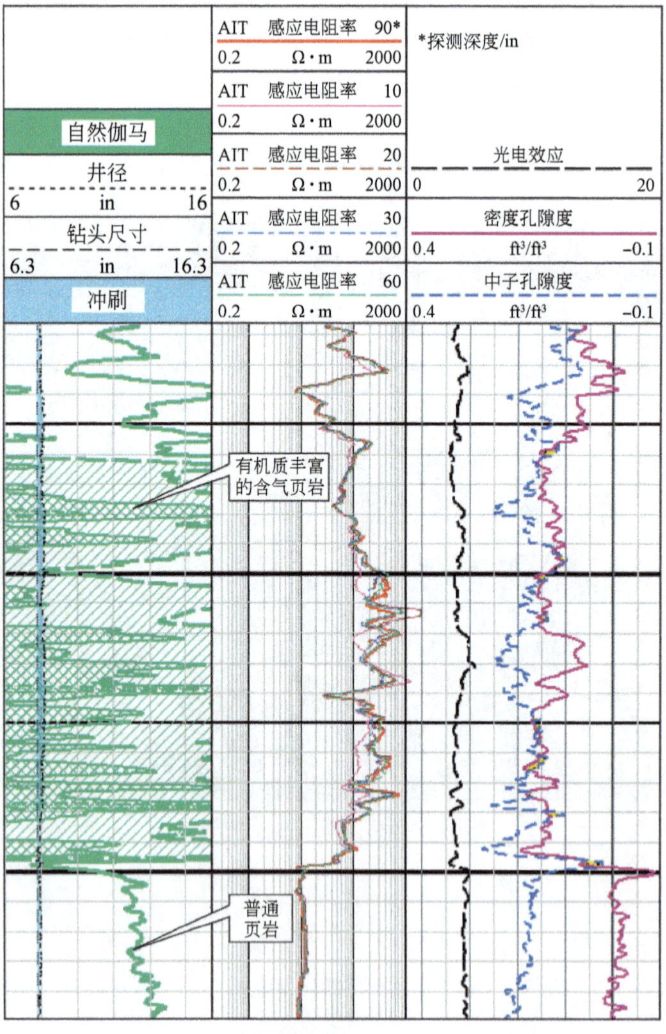

图3.15 含气页岩测井响应曲线（Shell，2006）

(1) 自然伽马测井呈高值

其原因包括两方面：①页岩中泥质、粉砂质等细粒沉积物含量高，放射性强度随之增强；②页岩中富含干酪根等有机质，而干酪根通常形成于一个放射性铀元素富集的还原环境，因此自然伽马测井响应升高。

(2) 电阻率测井表现为低值背景上的相对高值

一般来说，页岩中泥质含量高，且含有较多束缚水，导致储层呈现低阻背景；而有机质和烃类具有的高电阻率物理特性，致使含油气页岩电阻率测井值升高。

(3) 声波时差测井呈高值

随着页岩中有机质及含气量的增加，声波速度降低、声波时差增大，在含气量较大或含气页岩内发育裂缝的情况下，声波测井值将急剧增大，甚至出现周波跳跃现象。

(4) 中子测井响应呈高值

页岩中束缚水及有机质含量较高，可以显著抵消天然气造成的氢含量下降，致使含油气页岩中子测井响应表现为高值。

(5) 密度测井呈低值

一般页岩密度较低，随着页岩中有机质（密度接近于 1.0 g/cm^3）和烃类气体含量增加，密度测井值将进一步减小；如遇裂缝段，密度测井值将变得更低。

(6) 光电吸收指数（Pe）呈低值

有机质具有低光电吸收指数的物理特性，页岩中有机质越丰富，光电吸收指数越低。另外，页岩段一般出现扩径现象，且有机质含量越高、脆性越好的页岩段，扩径越明显。

近年来，以成像、核磁共振、阵列声波、高分辨率感应等为代表的测井新技术正在非常规油气藏的勘探中发挥越来越重要的作用。目前应用效果较好的测井新技术系列有元素俘获能谱测井（ECS）、阵列声波测井、井壁成像测井、核磁共振测井（NMR）、自然伽马能谱测井、感应测井等（Shim et al.，2010）。

ECS 可以定量确定地层中的硅、钙、铁、硫、钛、钆等元素的含量，进而精确分析页岩的矿物成分。此外，ECS 与常规测井结合，还可以确定干酪根类型，计算有机碳含量（Spears and Jackson，2009）。

阵列声波可提供纵波、横波和斯通利波等信息。其中纵、横波时差结合常规测井资料，可求取岩石泊松比、杨氏模量、剪切模量、破裂压力等岩石力学参数，可为压裂方案设计、优化提供依据；利用快慢横波分离信息，可以评价由于裂缝（或地应力）引起的地层各向异性；利用斯通利波信息可以分析裂缝及其连通性。

声、电井壁成像测井能够提供高分辨率井壁图像，可用于裂缝类型与产状分析、定量计算裂缝孔隙度、裂缝长度、宽度、裂缝密度等评价参数。另外，利用井壁成像进行的沉积学分析和纵向非均质性评价，对指导页岩气的储层改造和高效开发具有重要的意义。

核磁共振测井可以排除复杂岩性的影响，得到更加准确的页岩储层孔隙度、孔隙流体类型及流体赋存方式等信息，从而更精确地评价页岩油气藏。

自然伽马能谱测井能够得到地层中铀、钍、钾的含量。通常情况下，干酪根含量与铀含量呈正相关关系，而放射性元素钍和钾的含量与干酪根含量没有相关性，因此常用钍铀比来评价地层有机质含量和生烃潜力。

2. 有机碳丰度测井估算方法

表3.2中总结了由于有机质存在所导致的常规测井响应特征变化。诸多学者利用不同测井响应特征差异，研究出不同的TOC估算方法（表3.3）。这类方法均建立在岩心刻度测井基础上，利用测井资料确定有机质含量及成熟度等一系列地球化学参数。

表3.2 有机质导致的储层测井响应特征变化（据Sondergeld et al.，2010）

测井方法	测井响应特征变化
自然伽马能谱	Ⅱ型干酪根含有丰富的铀，使自然伽马能谱中铀曲线升高
总伽马强度	有机质富集大量的铀，使总自然伽马曲线升高
体积密度	有机质相对页岩骨架具有较低的密度，使密度曲线下降
声波时差	有机质的声波传播速度相对较小，使声波时差曲线增大
中子孔隙度	有机质存在使含氢量增加，使地层中子孔隙度增大
电阻率	有机质是非导电物质，使电阻率曲线升高

表3.3 利用测井曲线计算TOC的方法（据Sondergeld et al.，2010）

方法名称	方法描述
自然伽马能谱	利用铀含量与TOC之间具有的近似线性关系，估算TOC（Fertl and Chilingar，1988）
伽马强度	利用总伽马强度估算TOC（Fertl and Chilingar，1988）
体积密度	建立体积密度和TOC经验关系估算TOC（Schmoker，1979）
$\Delta \mathrm{Log}R$	孔隙度和电阻率重叠法（Passey et al.，1990）
神经网络	利用常规测井曲线来预测TOC（Rezaee et al.，2007）
密度-核磁共振-地球化学测井	通过密度和NMR测井计算包含有机质在内的页岩密度，通过地球化学测井计算不含有机质的页岩骨架密度，利用两个密度的差异估算TOC（Jacobi et al.，2008）
脉冲中子矿物-自然能谱伽马	利用脉冲中子矿物组分和自然伽马能谱联合估算TOC（Pemper et al.，2009）

（1）线性回归法

在岩心、岩屑分析的总有机碳含量基础上，利用对有机质响应灵敏的测井信息（如自然伽马能谱、体积密度、声波时差等），根据地区实际情况确定适用的经验关系公式（Jacobi et al.，2008）。

（2）电阻率与声波时差重叠法

将声波时差曲线和电阻率曲线进行适当刻度，使其在细粒非烃源岩段重叠，在富有机质段出现分离，依据分离程度确定有机质含量（Passey et al.，1990）。重叠段对应的曲线分别称为电阻率基线（$R_{基线}$）和声波时差基线（$\Delta t_{基线}$），曲线间的分离程度$\Delta \mathrm{Log}R$，具体如下：

$$\Delta \mathrm{Log}R = \log(R/R_{基线}) + 0.02 \times (\Delta t - \Delta t_{基线}) \tag{3.1}$$

式中，R、Δt为计算点的电阻率和声波时差值；$R_{基线}$、$\Delta t_{基线}$为电阻率和声波时差曲线基线值。

ΔLog$R$ 与 TOC 呈线性关系，并且是成熟度的函数。在成熟度已知前提下，通过下式计算 TOC：

$$TOC=\Delta LogR\times 10^{(2.207-0.1688LOM)} \tag{3.2}$$

式中，LOM 与有机质成熟度有关，LOM 越大，成熟度越高。LOM 可以由实验分析或从埋藏史和热史评价中得到。LOM=7 对应于生油干酪根成熟作用的开始，LOM=12 对应于干酪根过成熟作用的开始。TOC 与 ΔLog$R$ 关系如图 3.16 所示。

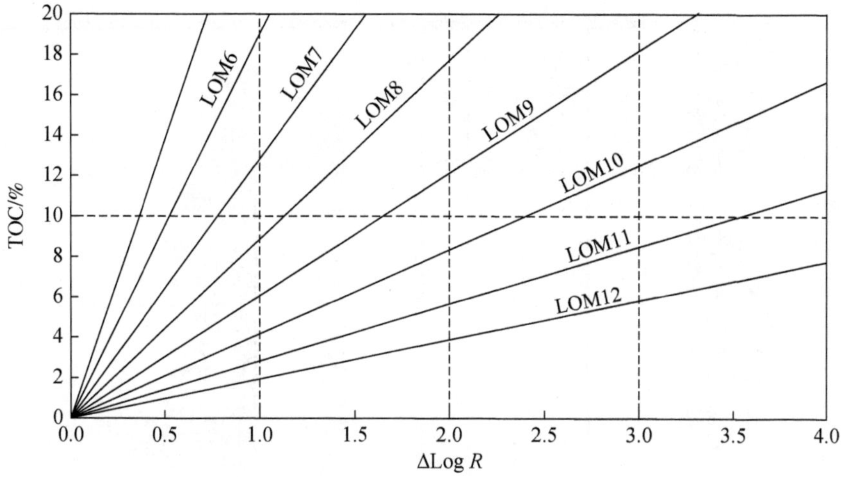

图 3.16　TOC 与 ΔLog$R$ 关系图版（Passey et al.，1990）

使用该方法需要满足以下两个条件：首先，烃源岩与非烃源岩地层含有相似的黏土矿物；其次，有机质成熟度已知。对于过成熟的页岩，该方法估算的 TOC 偏低。为了弥补这个缺点，Sondergeld 等（2010）在原始经验公式的基础上进行修改，得到如下的转换公式：

$$TOC=\Delta LogR\times 10^{(2.207-0.1688LOM)}\cdot C \tag{3.3}$$

式中，C 为一个乘法算子，用于校正 TOC 估算值。采用该方法在 Horn River Mhukwa 井中进行应用（图 3.17），模型预测的 TOC 结果位于第 5 道，与岩心分析得到的 TOC 结果（图中黑色星点）十分吻合。

3. 储层参数计算

页岩油气储层孔隙度、渗透率、天然气含量（包括吸附气、游离气）的评价方法与常规储层存在显著差异，其中吸附气含量评价更是以往常规油气藏测井评价从未涉及的领域，从理论基础到解释评价技术有待进一步探索与完善。

（1）矿物组分与泥质含量

北美地区大量岩心分析发现主要产气页岩分为三大类，即硅质、黏土质和钙质，岩性的复杂程度甚于一般的普通碎屑岩和碳酸盐岩。矿物成分的确定对于计算储层参数、预测有机质含量及岩石弹性参数和成功完井都非常重要。

元素俘获能谱测井能够直接测量地层中化学元素的含量，通过计算处理得到岩石矿物组分与含量。Sondergeld 等（2010）提出了一种基于实验室和常规测井资料分析页岩矿物

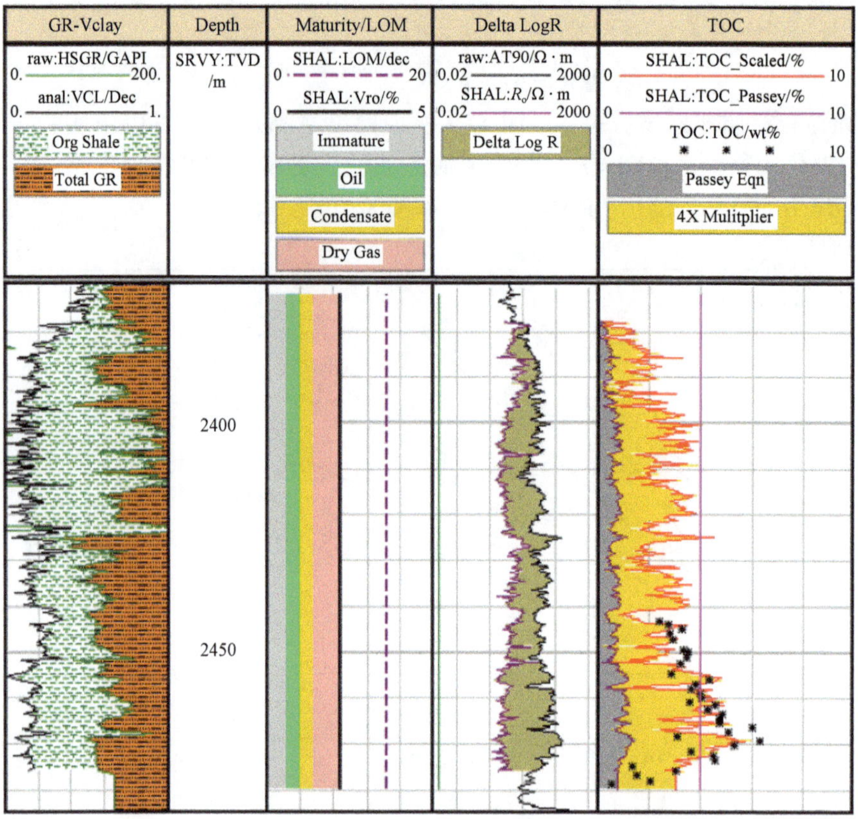

图 3.17　电阻率与声波时差重叠法计算页岩气储层 TOC（Sondergeld et al.，2010）

组分的方法。该方法需要已知如下四类信息：研究区岩心分析的矿物组分；基于自然伽马曲线或交汇图版得到的黏土矿物体积分数；常规中子、密度、岩性密度、声波和电阻率测井曲线；TOC 体积分数曲线。以概率最小二乘方法分配不同的矿物组分，用以拟合上述常规测井曲线，拟合最佳时作为最终结果。将该方法应用于 Horn River Muskwa 井页岩储层（图 3.18），图中第 5 道为模型输出的矿物组分剖面，第 1～第 4 道为模型输出的矿物组分与岩心 X-衍射的对比，二者之间存在较好一致性；第 8～第 14 道分别为模型输入实测曲线与输出预测曲线的对比，这 7 道曲线（分别为黏土体积、声波时差、体积密度、中子孔隙度、岩石体积光电吸收截面指数、电阻率及 TOC 含量）预测结果均与实测曲线保持良好一致性（Sondergeld et al.，2010）。

（2）孔隙度

常规密度、中子和声波时差测井是计算岩石孔隙度的基础方法。页岩由于复杂的矿物组分和微米-纳米级的孔隙，给孔隙度定量计算带来了挑战，但利用常规测井方法计算孔隙度的思想仍然在页岩气工业生产中起着重要作用，也是其他综合方法的基础（Chelini et al.，2010）。

利用密度测井估算孔隙度，首先应考虑岩石骨架密度的影响因素，然后建立孔隙度和密度的关系。对于页岩来说，下式反映了总孔隙度（ϕ_T）、总有机质体积分数（TOC）和

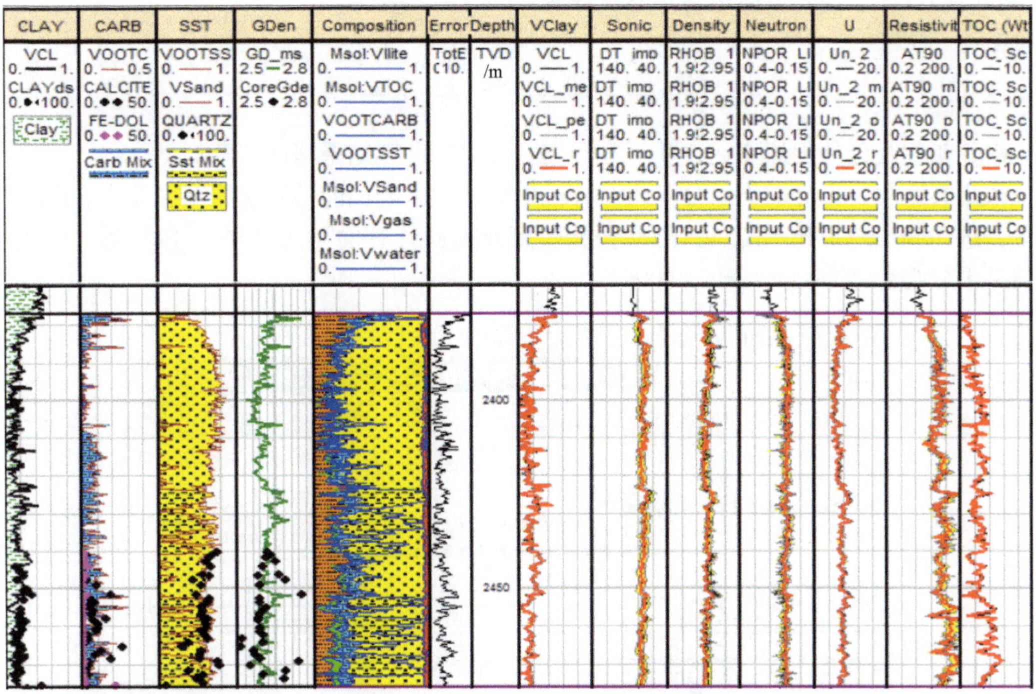

图 3.18 常规测井曲线分析计算 Horn River Muskwa 井矿物组分（Sondergeld et al.，2010）

不同组分密度之间的关系（孙赞东等，2011）。

$$\rho_b=\rho_g\phi_T\left(1-S_{wt}\right)+\rho_w\phi_T S_{wt}+\rho_m\left(1-\phi_T-\mathrm{TOC}\right)+\rho_{TOC}\mathrm{TOC} \tag{3.4}$$

式中，ρ_b 为测井得到的地层体积密度；ρ_g 为气体密度；ρ_w 为地层水密度；ρ_m 为岩石骨架颗粒密度；ρ_{TOC} 为有机质密度；S_{wt} 为总含水饱和度；TOC 为有机质体积分数。通过测井方法或实验室测量方法得到的有机质丰度一般都是质量分数，需要分别利用下式将其换算为有机质体积分数（Herron et al.，1990；Spears and Jackson，2009）。

$$\mathrm{TOC}=\frac{W_{TOC}}{\rho_{TOC}}\rho_b\kappa \tag{3.5}$$

$$\mathrm{TOC}=\frac{W_{TOCL}}{\rho_{TOC}}\left(\rho_b-\phi_T\rho_{fl}\right) \tag{3.6}$$

式中，κ 为刻度系数；W_{TOC} 为测井计算的有机质质量分数；W_{TOCL} 为实验室测量的有机质质量分数；ρ_{fl} 为孔隙中的流体（水+气）对地层体积密度的贡献，其表达式为

$$\rho_{fl}=\rho_g\left(1-S_{wt}\right)+\rho_w S_{wt} \tag{3.7}$$

分别对两类 TOC 测量方式下的地层总孔隙度计算公式进行推导，得出利用实验室测量的有机质质量分数计算总孔隙度公式如下：

$$\phi_T=\frac{\rho_m-\rho_b\left(\rho_m\dfrac{W_{TOCL}}{\rho_{TOC}}-W_{TOCL}+1\right)}{\rho_m-\rho_{fl}+W_{TOCL}\rho_{fl}\left(1-\dfrac{\rho_m}{\rho_{TOC}}\right)} \tag{3.8}$$

利用测井评价的有机质质量分数计算总孔隙度公式如下：

$$\phi_{\mathrm{T}}=\frac{\rho_{\mathrm{m}}-\rho_{\mathrm{b}}\left(\rho_{\mathrm{m}}\dfrac{W_{\mathrm{TOC}}}{\rho_{\mathrm{TOC}}}-W_{\mathrm{TOC}}+1\right)}{\rho_{\mathrm{m}}-\rho_{\mathrm{fl}}} \tag{3.9}$$

由于矿物组分的剧烈变化，基于常规测井孔隙度计算结果精度将降低。

核磁共振测井不受矿物组分变化及有机质成分的影响，能够直接测量孔隙中流体的氢含量，进而确定地层孔隙度。核磁共振孔隙度及据此计算的 TOC（图 3.19）均与岩心分析结果十分吻合（Jacobi et al.，2009）。

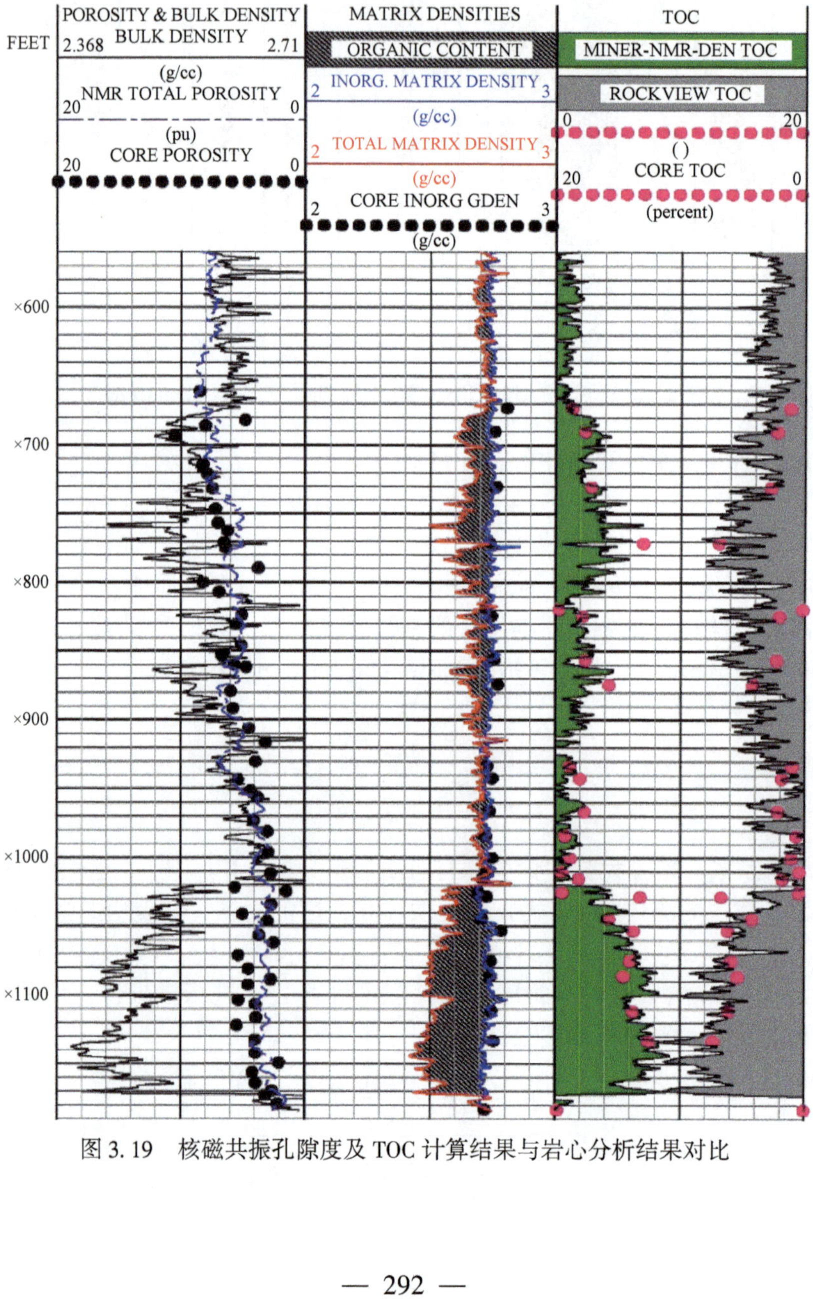

图 3.19　核磁共振孔隙度及 TOC 计算结果与岩心分析结果对比

（3）吸附气含量计算

页岩气主要由吸附气和游离气组成，这两种气的赋存机理截然不同。岩石对天然气的吸附作用是一种复杂的物理化学过程，吸附能力的大小除受到岩石和气体本身条件（如岩石类型、气体成分、有机质含量等）影响外，还要受到所处温度、压力等环境条件的影响。总体上看，岩石中的吸附气丰度低，对现有的所有测井方法都不能产生有效响应，因此利用测井求准吸附气含量的方法还在不断探索和完善中。目前国内外发展了地质统计法、等温吸附等方法求取吸附气含量。

（4）地质统计法

借鉴煤层气评价方法，普遍采用线性回归技术来估算页岩中吸附气含量，目前应用最多的是密度回归公式。将实验分析得到的解吸气含量与补偿密度测井值交汇，含气量与密度之间近似呈线性关系，即随着含气量的增加，补偿密度值呈降低趋势，利用线性回归方法，可以得到适用于研究区的含气量计算的经验公式。

（5）等温吸附线法

该方法也是借鉴煤层气评价方法。由于吸附于页岩中干酪根或黏土矿物表面的甲烷和煤层气中的甲烷一样，也符合兰格缪尔等温吸附方程，即在等温吸附过程中，随压力增加吸附量逐渐增大，压力下降导致甲烷逐渐脱离吸附状态，吸附量逐渐下降，而解吸附量以非线性形式增大（图3.20）。兰格缪尔方程如下：

$$G_s=\frac{v_1 p}{p_1+p} \tag{3.10}$$

式中，G_s 为吸附气体积；v_1 为兰格缪尔体积，描述无限大压力下的吸附气体积，ft^3/t；p 为储层压力，psia；p_1 为兰格缪尔压力，psia，为含气量等于1/2兰格缪尔体积时的压力。

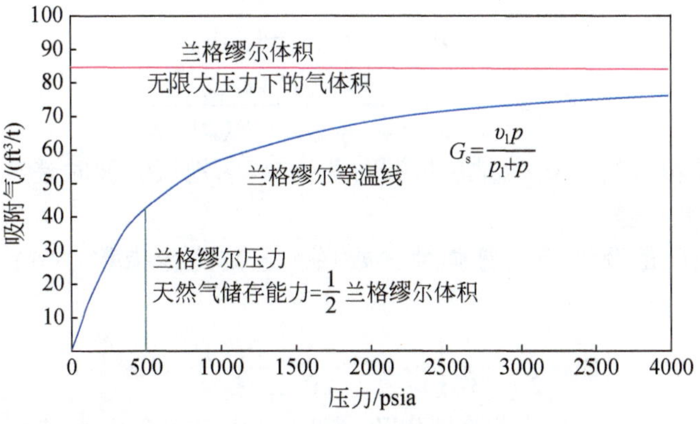

图3.20 兰格缪尔方程原理图

依据实验数据确定特定地区的等温吸附线，借此确定吸附气含量。

（6）游离气含量计算

游离气含气量即孔隙和裂缝中的天然气含量，国外在实践中总结出两种解决办法：一是不单独计算游离气含量，算出吸附气含量后，直接乘以2作为总含气量，即认为游离气含气量和吸附气含量基本相当；二是借鉴常规储层中泥质砂岩储层的计算方法。下式即为斯伦贝谢公司采用的一个计算模型：

$$G_{\text{cfm}}=\frac{1}{B_{\text{g}}}\cdot\ (\phi_{\text{eff}}\ (1-S_{\text{w}}))\ \cdot\frac{\psi}{\rho_{\text{b}}} \tag{3.11}$$

式中，G_{cfm}为游离气体积；B_{g} 为气相地层体积系数；ϕ_{eff}为有效孔隙度；S_{w} 为含水饱和度，借助泥质砂岩饱和度方程得到；ρ_{b} 为地层体积密度；ψ 为转换常数，取值为 32.1052。

4. 岩石力学参数计算

压裂增产成为页岩油气开发关键的技术之一。压裂作业之前必须掌握工区区域应力场、最大主应力方向、压力系数，确定待压裂层及其上下围岩的岩性、物性、弹性模量、泊松比等参数，在此基础上计算破裂压裂剖面、评估地层的可压裂性、预测缝高缝宽，以此为依据制定压裂设计方案。

常用岩石力学参包括泊松比 γ、剪切模量 G、杨氏模量 E、体积模量 K 和地层及骨架体积压缩系数 C_{b}、C_{ma}等。准确求取页岩储层纵横波速度对准确计算岩石弹性参数至关重要，在获取地层声波纵波、横波时差基础上确定弹性参数。有关公式如下：

$$\gamma=\frac{1}{2}\times\frac{(\Delta t_{\text{s}})^2-2\ (\Delta t_{\text{p}})^2}{(\Delta t_{\text{s}})^2-(\Delta t_{\text{p}})^2} \tag{3.12}$$

$$G=\rho_{\text{b}}/(\Delta t_{\text{s}})^2 \tag{3.13}$$

$$E=G\cdot\frac{3\ (\Delta t_{\text{s}})^2-4\ (\Delta t_{\text{p}})^2}{(\Delta t_{\text{s}})^2-(\Delta t_{\text{p}})^2} \tag{3.14}$$

$$K=G\cdot\frac{3\ (\Delta t_{\text{s}})^2-4\ (\Delta t_{\text{p}})^2}{3\ (\Delta t_{\text{s}})^2} \tag{3.15}$$

$$C_{\text{b}}=\frac{1}{K_{\text{b}}}=\frac{3\ (\Delta t_{\text{s}})^2\ (\Delta t_{\text{p}})^2}{\rho_{\text{b}}\ (3\ (\Delta t_{\text{s}})^2-4\ (\Delta t_{\text{p}})^2)} \tag{3.16}$$

$$C_{\text{ma}}=\frac{1}{K_{\text{ma}}}=\frac{3\ (\Delta t_{\text{ms}})^2\ (\Delta t_{\text{mp}})^2}{\rho_{\text{b}}\ (3\ (\Delta t_{\text{ms}})^2-4\ (\Delta t_{\text{mp}})^2)} \tag{3.17}$$

式中，ρ_{b} 为地层体积密度；Δt_{s} 为地层横波时差；Δt_{p} 为地层纵波时差；Δt_{ms}为骨架横波时差；Δt_{mp}为骨架纵波时差。

在计算出杨氏模量及泊松比等弹性参数后，定义脆性指数（BI）为两弹性参数的函数：

$$\text{BI}=\frac{1}{2}\left[\frac{(E-1)}{(8-1)}\times 100+\frac{(\gamma-0.4)}{(0.15-0.4)}\times 100\right] \tag{3.18}$$

另外依据页岩矿物组分计算的脆性指数，即岩石中石英含量占石英、碳酸盐矿物与黏土矿物三者总和的百分比（图 3.21 中第 4 道曲线），与最后 1 道利用页岩纵横波速度计算得到的脆性指数相比十分吻合（Sondergeld et al.，2010）。两脆性指数互补，将更加充分、准确地反映储层脆性状况。

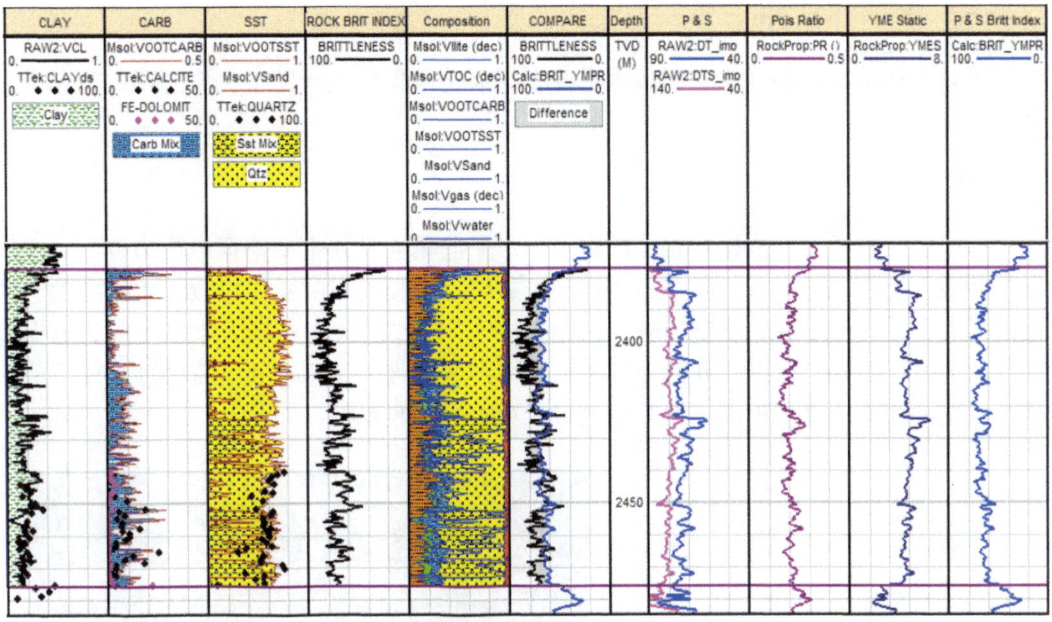

图 3. 21　不同方法计算的岩石脆性指数结果对比（Sondergeld et al. , 2010）

三、钻井地质工程

不同地区的页岩的特征都是不一样的，且页岩油气层多为低孔低渗，开采这样的气层需要采取增产措施和特殊的钻井和完井方法。实践证明，水平井是开采页岩油气的效率最高井型。在页岩地层由于机械承受能力较低，水平井钻井面临着严峻的挑战，快速、高效的钻井工艺及钻具控制是保证钻井经济性的必要条件。水平井的关键问题是井身结构设计、钻井工艺的选择实施、固井与完井方法。在进行水平井设计时，需要确定造斜和钻水平段的最优化方法和技术，特定的随钻工具使井身保持在目的层段，在整个钻井过程中，扭矩和井筒阻力是重要因素；通过流体的水动力学和流变学特性进行管柱结构的设计和控制也是经济性钻井的重要手段。

控制压力钻井（MPD）有利于快速钻进并提高钻井稳定性，如果控制压力钻井技术与旋转控制系统相结合，将极大地提高钻井效率。先进的钻井参数分析对页岩油气水平井的实现有重大作用，且选择较好的参数往往是有可能实现的。

机械钻速（ROP）分析方法在优化施工参数和设备选择上也是很有用的。像造斜方法与参数、水平段长度及完井阶段等关键参数可以由大量的实验与工程师的经验得到，导向技术及各种信息处理技术的应用使得智能化钻井成为提高经济效益的极好方法。目前美国页岩油气井钻井包括直井和水平井两种方式（Niandou et al. , 1997），直井主要用于试验，了解气藏特性，获得钻井、压裂和投产经验，并优化水平井钻井方案。水平井主要用于生产，可以获得更大的储层泄流面积，得到更高的天然气产量。

(一)水平井钻井

水平井包括单支、多分支和羽状水平井，当前美国页岩气开发中主要应用的是单支水平井。

1. 轨道设计

水平段井眼位置主要依据页岩层的物性，水平段轨道设计主要依据地应力资料。水平井段与井眼方位应选择在有机质与硅质富集、裂缝发育程度高的页岩层段。水平井的方位角及进尺对页岩气产量有着重要影响。理论上讲（图3.22），在与最大水平主应力方向垂直的方向上进行钻井，可以使井筒穿过尽可能多的裂缝带，而且有利于压裂过程中形成多个垂直水平井筒横向缝，提高压裂改造效果及页岩气采收率。

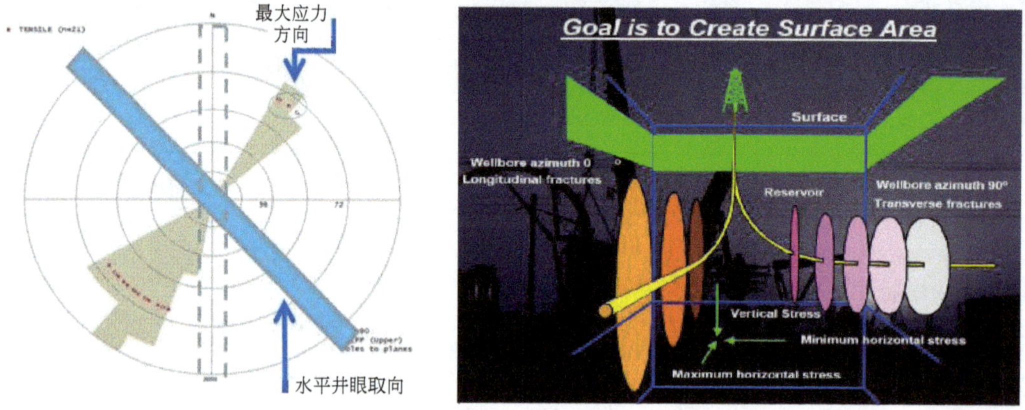

图3.22 水平井钻井井眼位置及水力裂缝方向分布图（Ozbayoglu，2008）

2. 随钻测量与地质导向

为了使页岩水平井精确定位，同时做出地层评价，引导中靶地质目标，目前主要应用随钻测井技术（LWD）和随钻测量技术（MWD），实时监控关键钻井参数；将自然伽马测井曲线应用到水平井钻井中，进行控制和定位；将钻井随钻测量数据和地震数据进行对比，控制钻头在有机质丰富、伽马值高的有利区域钻进。而地质导向技术则是确保在目标区内钻进，避免断层和其他复杂构造区。

除此之外，随钻成像服务GEOVISION和钻头附近地层电阻率仪器RAB等LWD技术有助于在钻井过程中实时识别天然裂缝，解决相关测井问题。应用该类技术后，可以分析整个井筒长度范围内产生的电阻率成像和井筒地层倾角，而且成像测井可以提供用于优化完井作业的相关信息，包括构造信息、地层信息和力学特性信息等。通过对地层天然裂缝与诱发裂缝进行比较，可以确定射孔和油井增产的最佳目标，在进行加密钻井时，通过井眼成像可识别邻井中的水力压裂裂缝，有助于在新井中对原先未被压裂部分实施增产措施。井中诱发裂缝的存在及方向，对确定整个水平井的应力变化及力学特性非常有用（Pervukhina et al.，2008）。

3. 轨迹控制技术

为了快速钻井减少井下复杂情况的出现，水平段钻井一般用 PDC 钻头，尽量提高钻头寿命，延长单趟钻进尺，有的水平井水平段用一只 PDC 钻头一趟钻完成，而这一过程中轨迹控制技术非常重要。

位移不大、储层均质性较好、难度一般的水平井钻井，在常规液相钻井液条件下，稳定器钻具组合和弯外壳螺杆钻具与 MWD 组合可以实现斜井段与水平段的轨迹控制，用随钻伽马一条曲线即可以实现地质导向钻井。

位移较大、难度较高的水平井，使用旋转导向钻井技术钻进水平段，可以钻出更加光滑、更长的水平段；在水平井钻井中采用了旋转钻井导向工具，可以形成光滑的井眼，更易获得较好的地层评价。

（二）多分支钻井

多分支水平井技术是指在一个水平井眼的两侧再钻出多个分支井眼作为泄气通道，为了降低成本和满足不同需要，有时在一个井场朝对称的 3 或 4 个方向各布一组水平井眼（图 3.23），有时还利用上下 2 套分支同时开发 2 个层位，该技术由美国 CDX 公司钻井技术（Reyes et al.，2009）发展而来，主要有以下优点：①增加有效供给范围。羽状水平井在储层中呈网状分布，将储层分割成很多连续的狭长条带，从而大大增加储层的供给范围。②提高储层导流能力。分支井眼与储层割理的相互交错，提高了裂隙的导流能力。③减少了储层的伤害。采用定向羽状水平井钻井完井方法，避免了固井和水力压裂作业，这样只要在钻井时设法降低钻井液对储层的伤害，就能满足工程要求。④单井产量高，经济效益好。单井成本比直井高，但在一个相对较大的区块开发，就减少了钻井数量、钻前工程、钻井完井材料消耗等，综合成本就下降了，而日产量是常规直井的 3～10 倍，采出程度平均高出 2 倍。⑤有利于环境保护。定向羽状水平井的井场只相当于常规井的 1/2，占地面积很小，在储层侧钻水平井，便于绕过山地、沼泽和重要建筑物。

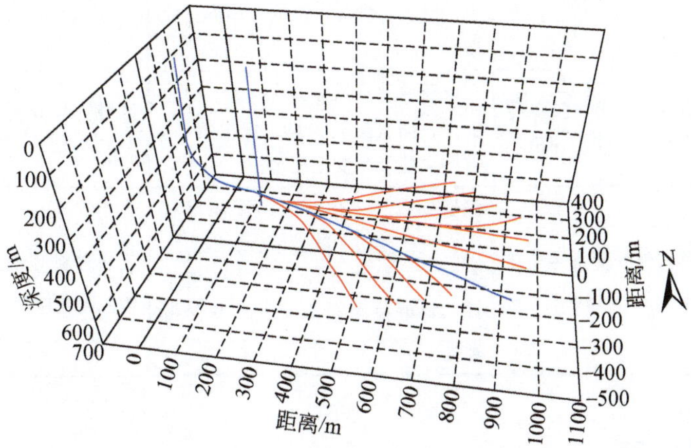

图 3.23 多分支水平井三维立体投影图（Ramakrishnan et al.，2011）

（三）钻井液（泥浆）体系

页岩油气钻井过程中，钻井液体系选择要考虑的主要因素包括：防止黏土膨胀、提高井眼稳定性、预防钻井液漏失和提高钻速。钻水平井时，直井段对钻井液体系无特殊要求，主要采用水基泥浆，而水平段因为储层的层理或者裂缝发育，蒙脱石等吸水膨胀性矿物组分含量高，且水平井设计方位要沿最小主应力方向，是最不利于井眼稳定的方向，所以水平段钻井液主要采用油基泥浆。

四、页岩气地质评价

由于页岩气的特殊性，研究内容的侧重点较其他非常规天然气资源有所不同。页岩气地质评价应在区域地质演化分析基础上开展，主要涉及以下几方面内容：①地质研究。分析研究区地层构造和沉积、演化；在区域地质研究的基础上，研究区域应力场的特征和变化规律，确定最大主应力、中间主应力和最小主应力的大小和方向，确定水平最大、最小主应力的大小和方向，为钻井设计提供基础参数。②含气页岩评价。主要研究页岩的TOC、R_o、岩石矿物成分和页岩气显示，划分含气页岩层段；研究含气页岩分布、厚度、埋深、纵向和横向变化规律等，优选页岩气富集远景区。③页岩气资源潜力评价。主要研究含气页岩的含气量、吸附能力，储集空间类型、储集物性、储层裂缝及其变化规律，预测页岩气资源潜力（表3.4）。

表3.4　页岩气地质评价各阶段主要研究内容、指标及研究方式（李玉喜等，2012）

评价阶段	主要工作内容	主要指标	研究方式
基础地质调查	岩石、地层、沉积和构造等基础地质研究	地层、岩石矿物、沉积相、沉积演化，构造特征和演化	前人资料收集分析，适当补充完善
页岩气远景区优选	含气页岩评价	TOC、R_o、岩石类型和矿物成分，划分含气页岩层段；研究页岩分布、厚度、埋深、纵向和横向变化规律	前人资料收集分析，野外地质调查，浅井调查、样品及岩心分析，编图分析
页岩气有利区优选	页岩含气量、资源潜力和储集能力评价	系统获取地化指标，含气量、吸附能力，储集空间类型、储集物性，储层裂缝及其变化规律	区域资料分析，调查井或探井资料分析
页岩气开发区优选	页岩气开发条件和开发经济性评价	储层温度、流体压力、流体饱和度、流体性质、敏感性、岩石力学参数、区域现今应力场、地表条件、开发保障条件，试验井产量数据	区域资料分析，实验分析和测试分析，综合研究

（一）地质研究

在区域地质研究的基础上，针对页岩气勘探开发主要开展以下 3 个方面的针对性研究。

1. 富有机质泥页岩的基本特征

通过地质和地球物理、地球化学资料，确定富有机质泥页岩的层位、分布、厚度和埋深。分析确定页岩层系的岩石类型和剖面组合，分析沉积微相特征。研究岩石的矿物组成。研究岩石的 TOC 含量及其在剖面、平面上随岩石类型和沉积微相的变化规律；确定有机质成熟度。

在有地震和钻井资料时，通过地震和井筒资料可以对以上各项参数进行研究和标定。其中，测井资料可以标定岩石的矿物组成、有机质类型和演化程度，划分沉积微相。地震资料可以识别富有机质泥页岩层系和空间展布，并编制富有机质泥页岩厚度、埋深平面图。

2. 岩石孔渗特征和储层力学参数、敏感性参数

通过岩心、测井资料，研究富有机质泥页岩层系各类岩石的孔隙度和渗透率。通过岩心和薄片分析，研究岩石宏观和显微裂缝特征；通过扫描电镜，研究分析岩石微观孔隙、裂缝的特征和矿物成分；通过低压注 N_2、CO_2、CH_4 和高压压汞，研究岩石的孔隙结构、孔喉半径等。在建立岩电关系的基础上，通过测井数据，研究解释富有机质泥页岩层系的物性特征和变化规律。

通过岩石力学实验，确定岩石的弹性模量、泊松比，以及岩石的抗张、抗剪、抗压数等参数数据。通过敏感性实验，确定岩石的水敏、酸敏、碱敏、速敏、压敏等参数，为钻井和压裂提供基础参数。

3. 富有机质泥页岩层系的含气性

以岩心资料为基础，标定饱和度数据资料，并建立岩电关系，通过测井资料，确定富有机质泥页岩层系的游离气含量；通过岩心解吸，确定岩心吸附气含量和残留气含量。最终确定富有机质泥页岩层系的总含气量。

在经过岩心资料标定后，可通过测井数据同时确定富有机质泥页岩地层层系的游离气、吸附气和总页岩气含量。

（二）含气页岩评价和页岩气远景区优选

1. 含气页岩的岩矿分析

通过直接或间接资料，确定页岩的含气性；通过岩心和野外样品，开展含气页岩的 TOC 和 R_o 分析，并总结其剖面和平面变化规律，划分出含气页岩层段。分析含气页岩的常规矿物和黏土矿物的类型、含量，总结含气页岩的常规矿物组成、黏土矿物组成在剖面和平面上的变化规律，研究含气页岩地层形成环境。

2. 含气页岩分布及其变化规律

通过野外、地震和钻井资料，研究含气页岩的分布范围和分布规律，分析其厚度变化

规律，埋藏深度和变化趋势，研究含气页岩的产状、纵向和横向变化规律。

3. 优选页岩气富集远景区

在获取了研究区一定量含气页岩岩矿数据和分布资料后，具备开展页岩气远景区优选的基本条件。首先根据 TOC 和 R_o 确定含气页岩层段的厚度和分布范围；然后，根据其埋深、产状及断裂发育情况，进一步明确页岩气远景区范围。

（三）页岩含气性、储层评价、资源潜力分析

1. 页岩含气性研究

以页岩气地质调查井或勘探井为基础。通过岩心解吸、等温吸附模拟，以及录井、测井数据分析，确定含气页岩的含气量及其在剖面、平面上的变化规律。

2. 含气页岩储集能力研究

主要研究页岩的储集空间类型、储集物性、储层裂缝及其变化规律等，获取储层孔隙度、渗透率等数据和指标。

3. 页岩气资源潜力分析

系统分析获取含气页岩地化指标，通过体积法估算页岩气原地资源量，为页岩气有利区优选提供基础依据。

第二节　贵州页岩气调查关键技术

一、野外地质调查与研究

依据贵州构造特征、断裂发育、凹陷分布及地层展布特点，将工作区划分为黔西北、黔北、黔南及黔西南 4 个区块，以贵州古生界含气页岩层系为重点，初步揭示含气页岩分布规律、页岩含气特征及页岩气勘探潜力，优选页岩气有利区，剖析页岩气开发条件。

（一）富有机质页岩发育地质特征

1. 地质构造特征

在对上扬子地区区域构造演化综合分析基础上，以古生界为重点，研究贵州富有机质页岩形成时期的构造地质条件和构造地质特征，研究构造地质作用对富有机质页岩岩性、厚度及其埋深变化的控制作用。并依据现今构造地质特征，预测页岩及富有机质页岩的地质分布。通过区域构造格架形成的构造地质过程，分析褶皱、断裂及微裂缝形成的构造应力作用条件，分析富有机质页岩形成的构造基础及其地质构造特征，预测富有机质页岩的

构造分布。

2. 沉积地层特征

通过典型露头剖面、少数页岩气调查井（岑1、松浅1）、固体矿产钻井、少量地震剖面的层序地层学研究，划分主要含气页岩层系，分区研究页岩层系的岩性及其组合特点，建立不同地区富有机质页岩沉积的地层格架，划分页岩的层系和层段分布。分析富有机质页岩层系的沉积环境、发育序列及其时空特点，分区按层系分别刻画主要富有机质页岩层段的沉积微相特点，分析富有机质页岩形成的沉积环境及其地层层系特征，预测富有机质页岩的沉积分布。

（二）含气页岩分布特征及规律

1. 含气页岩层系剖面分布特征

通过大量的野外地质露头剖面调查和测量、典型地震剖面和非震物探等解释，结合少数页岩气调查井、固体矿产探井和有机地球化学分析测试等资料，分地质单元在剖面上划分富有机质页岩层系和层段，通过横向对比，编制主要露头含气页岩层系地层综合柱状剖面图、钻井剖面图、地层对比剖面图等，查明不同地区含气页岩层系的岩性特征及其中页岩在层系剖面和深度剖面上的分布特征。

2. 含气页岩层系平面分布特征

在上述对含气页岩层系剖面特征研究的基础上，分析含气页岩厚度的平面变化，查明不同层系页岩在平面上的厚度变化及空间展布规律，编制不同页岩层系厚度分布图，按地质单元预测主要含气页岩层系厚度和埋藏深度在平面上的分布特点和规律。

3. 含气页岩层系空间分布特征

研究主要含气页岩层系在平面和剖面上展布的配套关系，分析有利页岩层系分布与地形地貌及其他勘探开发条件之间的空间配置关系，研究含气页岩空间分布规律。

（三）页岩含气条件及含气特点

1. 页岩含气的有机地球化学基础

结合多种实验方法，按构造单元、沉积环境、主要层系及不同构造改造程度，研究富有机质页岩的有机地球化学特点，分别建立有机碳含量、有机质类型及有机质热演化程度等参数与沉积、构造、地层形变等背景因素之间的变化关系。通过吸附气含量实验及其变化特点研究，预测不同有机地球化学特点页岩的吸附气及总含气量，分析背景因素对页岩含气量的影响，预测含气量变化趋势和规律。

2. 页岩聚气的孔隙与裂缝特点

借助现代实验测试方法技术及地球物理解释思路，分析页岩的储集物性及其变化规律，掌握页岩层系的物性参数变化，研究各地质单元不同层系的页岩储气能力和特点，寻找页岩储气条件与其地质要素之间的对应变化关系，预测页岩游离含气量及总含气量。结合应力场分析及物理模拟，刻画并分析页岩的裂缝性特征，在地质及构造地质背景基础上预测页岩的裂缝发育特点和规律，指出裂缝发育的有利地区和层段。

3. 页岩含气性变化特点和基本规律

基于多方面综合研究并结合含气量现场解吸结果分析，明确不同单元各主要页岩层系的含气性、含气量及含气特点，建立页岩含气量与有机地球化学、储层地质特征之间关系并探讨含气量预测方法。进一步结合页岩含气地质模型及其主要影响因素，分析构造作用、地质埋藏、水文地质、保存条件及岩性组合等因素变化对页岩含气量变化的影响，研究含气量变化趋势和特点，分析含气量变化规律。

（四）页岩气资源评价和有利区优选

1. 页岩气资源评价及有利区优选的参数分析

补充收集整理不同阶段、不同领域、不同单位的页岩气评价及选区相关参数，系统建立页岩气地质数据资料库。结合资源评价方法，确定评价主要参数，对由多种方法和手段获取的评价参数进行有效性、合理性、可靠性分析并进行统计学研究。结合页岩气相关数据资料库的建立和健全，研究确定不同评价单元区页岩气资源计算参数的赋值依据、模型和参数取值，研究确定页岩气有利区优选的边界条件。

2. 资源评价

结合贵州页岩气发育地质条件和背景，改进页岩气资源评价方法，修订页岩气有利选区参考标准，计算不同地质单元中的页岩气地质资源量和可采资源量，分级优选页岩气发育地质有利区。根据资源评价及有利区优选结果，确定页岩气地质资源量和可采资源量在不同地质单元、不同层系、不同深度、不同区县及不同地表条件下的分布特点，分析计算结果的合理性和可靠性。

3. 有利区优选

依据参数统计分析所得的边界数据，预测富有机质页岩地质分布有利区域，优选并确定有利含气页岩分布区域，分别分级优选页岩气主要层系和平面区域。进一步，将页岩的空间分布与其含气性及含气量特点结合，综合优选并排序页岩气有利区域。

二、实验测试与分析

（一）非常规油气勘探选区评价实验技术

1. 岩石薄片鉴定和化学分析技术

通过粉碎后均一化岩石样品的 X 射线衍射分析，确定岩石中常量矿物的相对组成。通过岩石薄片的透射光和正交偏光光学鉴定，了解岩石中碎屑矿物、自生矿物和成岩胶结物的共生关系。通过岩石光片（或薄片）的透射光和荧光鉴定、镜质体反射率测定，明确岩石中有机质类型和成熟度。通过常规有机碳和开放式热解等多个检测项目，为页岩的勘探选区地质评价提供矿物成分、有机质类型、丰度、成熟度等多种参数和依据。其中矿物成分、有机质含量是影响页岩吸附气体能力的主要因素。

2. 天然气组分和稳定碳同位素分析技术

针对页岩中不同赋存状态的气体通过不同的物理化学方法使其解吸出来，分析气体成分和单体碳、氢同位素组成特征，进而对页岩气组成、成因类型、分布规律和赋存机理进行研究。美国休斯敦 GeoMark Research 实验室研究指出利用页岩气的组分含量与同位素的变化规律还可进行页岩气潜力评价及高含气量区块预测；基于同位素分馏效应，检测页岩中游离气和吸附气之间同位素的差异可判识页岩基质孔隙度和渗透率较好的地区（Zumberge et al.，2009）。

3. 页岩含气量测试技术

页岩含气量是确定页岩气有无开采价值的决定性参数，为页岩储层评价、有利区优选提供依据。目前可采用直接测试技术和分类测定方法（李玉喜等，2011）。直接测试通过保压取心和密封取心的方式，保存大部吸附气和部分游离气，防止岩心中油气水散失，所取得的数据资料更能真实反映地层情况。而目前通过分别计量页岩中的解吸气量、残余气量和损失气量来获取页岩气的总含气量的分类测定方法应用较为广泛。其中损失气量特指钻遇页岩层后到岩样被装入样品解吸罐密封之前从页岩样中释放的气体量；解吸气量是指将岩样放入热稳压解吸罐中密封后，从页岩样中解吸出来的气体量，而残余气量定义为解吸后仍残留在样品中的气体量，通过岩石破碎提取。其中损失气含量是影响含气量测试精度的最主要部分，常用 USBM 直线回归法进行估算，避免或少用不稳定数据点进行计算可以更准确地求得损失气量（刘洪林等，2010）。针对当前页岩解吸实验装备的缺陷，中国地质大学（北京）提出一种改进的解吸气测量设备及其实验方法，能够更准确地测定解吸气量。而依据井场作业环境，对热稳压解吸罐、岩石密闭破碎装置及体积计量设备进行系统设计整合，实现页岩含气量的现场快速、准确测试是其技术发展的必然趋势。

4. 模拟实验技术

页岩生、排烃模拟实验主要应用于页岩生烃能力、页岩气赋存状态、成藏机理、资源评价等研究。在模拟实验中设置与泥页岩埋藏地质演化环境接近的模拟边界条件，利用地层孔隙热压模拟实验仪器开展不同温度、压力等地质边界条件下页岩气的生成与赋存状态模拟，明确页岩气以吸附、溶解和游离状态存在的相对量大小及其相互平衡转换的影响因素。同时也可进行等温吸附模拟，通过测定页岩的最大含气量，即在储层达到饱和状态时最多能吸附的气体量，结合 Langmuir 单分子层吸附理论模型，计算表征泥页岩对甲烷等试验气体吸附特性的吸附常数 Langmuir 体积（V_L），Langmuir 压力（P_L）及等温吸附曲线。

用于反映不同有机质类型、含量、成熟度、湿度及不同矿物组成页岩的吸附特征和能力，获取吸附气含量参数，并与解吸等其他手段获得的数据综合，得到富有机质页岩的含气量及其变化规律的参数数据（李玉喜等，2011）。

5. 岩石物性测试与微观结构分析技术

岩石的物性和微观结构特征能显著影响页岩气的赋存形式。常规孔隙测定方法用于泥页岩样品分析，最好采用 He 气法。主要是由于液体法测定，部分微孔 CH_4分子可以进入，而液体分子却无法渗入孔隙，测得的孔隙率会偏低。泥页岩的渗透率很低，常规渗透率测定方法无法满足要求，而脉冲衰减法可测量 10^{-9}nD 甚至更低渗透率的样品，可以用于页岩样品的分析。

泥页岩的微观结构分析，可以采用聚焦离子束-扫描电镜直接镜下观察，得到直观的图像，再通过数字岩性软件进行微观结构参数的计算。邹才能（2011）应用场发射扫描电子显微镜与纳米 CT 重构技术，首次发现了小于 1μm 的油气纳米孔，并指出页岩气储层纳米级孔隙以有机质内孔、颗粒内孔及自生矿物晶间孔为主，孔隙直径范围 5～300nm，主体为 80～200nm。压汞-吸附联合测定岩石的全孔隙结构方法也是目前有效的微观结构的分析技术，该方法对岩石中的大孔（>15nm）采用压汞进行测定，对于小孔采用液氮吸附法进行测量，最小可测得半径 1nm 的孔隙，并能对孔隙结构的分布特征进行定量表征（谢晓永等，2006）。

（二）非常规油气开发实验技术

国外对非常规油气开发实验研究最为成熟的是美国，其中 Intertek、Weatherford、Chesapeak、Terratek、Corelab、Coretest 等实验室都对页岩和致密砂岩等特殊岩石有所研究，其中 Intertek、Weatherford、Chesapeak、Terratek 对页岩气的实验测试项目有较为成熟的研究，并形成了一系列的研究体系，在开发实验方面主要包括孔隙度渗透率测试体系、特殊岩心分析体系、岩石学体系等，其中最重要的成就是解决了页岩、煤岩的渗透率、孔隙度等关键参数的测定问题，但是在特殊岩心分析体系（相对渗透率、润湿性、敏感性等）方面还处于探索和起步阶段。

非常规油气开发实验主要以非常规油气藏岩石和流体为研究对象，研究岩石和流体物理性质、流体岩石相互作用及油气藏开发机理等。

1. 非常规油气资源岩石物性特征

为了满足非常规油气储层精细刻画的要求，开发阶段对岩石物性特征的研究与勘探阶段相比，除了需要高密度采样之外，还需要包括更多的实验分析项目。这包括岩石的孔隙性、渗透性及流体饱和度等。主要物性参数包括：岩石渗透率、孔隙度、流体饱和度、岩石润湿性、比表面积、岩石表面能等参数及有关岩石孔隙结构特征的孔隙分布、最大孔喉半径、平均孔喉半径、迂曲度等参数。非常规油气储集体的岩石特征与常规油气储集体相比，在岩石孔、渗特征、储集特征等方面有很大差别，主要表现在渗透率远远低于常规油气藏岩石的渗透率、平均孔隙半径远远小于常规岩石的平均孔隙半径，但是比表面积和表面能远远高于常规油气藏岩石的表面能，针对常规岩石分析而建立的岩心分析方法不能完全适用于非常规油气藏岩心分析，建立针对非常规油气藏岩心分析的相关方法、技术设备主要如下。

1）脉冲衰竭法超低渗透率测试研究，利用该方法可以测定渗透率为纳达西级别的岩石渗透率（IDT，1998）。

2）BET 吸附法（GB/T 19587—2004）孔隙结构及比表面积测定，利用该方法可以测定岩石的孔隙度、孔径分布、比表面积，并以此推算其表面能，该方法只能测定半径小于200nm 的孔隙分布，大于该尺寸的孔径分布应用压汞法或者离心毛管压力法进行测定。

3）页岩孔隙结构微观可视化研究，页岩孔隙结构的微观特征可以通过高清晰光学显微镜和扫描电镜等手段进行直接观测，也可以通过核磁共振成像、X-射线 CT 成像技术进行观测。

4）非常规油气微观赋存特征与岩石物性相关性研究，直接测定方法难以获得有关流体在致密砂岩和页岩中油气的微观赋存状态的可靠结果。最恰当的方法是将带压取心技术、高压核磁共振成像、岩石润湿性分析、色谱分析等多种手段结合。

2. 非常规油气资源流体动用条件及渗流特征

非常规油气与常规油气在储集空间结构和流体赋存特征、渗流特征等方面的差别是制约非常规油气资源开发水平和开采效果的内在因素。因为页岩气、煤层气等岩石微观孔隙远远小于常规岩石孔隙，裂缝在储集、渗流方面对整体开发规律的影响更加明显，所以页岩气等非常规资源的渗流规律不同于常规油气藏中流体渗流规律。用常规油气资源所用的线性岩心流动实验不能准确地反映其渗流特征和影响因素。因此需开展下列实验研究。

1）超低渗透介质表面能研究：通过测定岩石比表面积、ZETA 电位，结合岩石矿物分析资料和润湿性测定结果，研究页岩和致密砂岩的表面作用，评价对油气流体的吸附能力。

2）超低渗透介质中流体/岩石相互作用及动用条件研究：通过岩心动态实验，模拟研究非常规油气在岩石多孔隙介质中的流动规律和影响因素。

3）页岩气、煤层气脱附规律及影响因素研究：主要研究压力梯度、温度条件、裂缝尺度和密度对页岩油气脱附规律的影响。

4）气体在页岩及煤层中的扩散规律及影响因素研究：通过扩散实验，测定不同压力条件下不同气体在页岩及煤岩中的扩散系数。

3. 非常规油气储集体岩石力学特性

页岩的岩石力学特性不同于砂岩和碳酸盐岩，主要表现在微观和宏观非均质性及裂缝对油气产量的影响。只有通过不同层面不同尺度对岩石的力学特性和非均质特性进行系统掌控，才能在储层评价、开发方案制定和技术优选时有的放矢，具有针对性。主要内容如下。

1）非常规岩石力学参数测试技术研究，通过岩石力学系统，测定岩石的杨氏模量、泊松比、脆性、破裂压力、应力应变曲线等岩石力学参数，目前常用的岩石力学系统有单轴加载岩石力学机、两轴向岩石力学机及三轴向岩石力学系统等。

2）非常规岩石开发过程中的应力敏感性特征研究，主要研究开发条件下，随着储层压力下降，裂缝闭合和孔隙喉道压缩对渗透性的影响。

3）开发条件下人工裂缝发展机理及对流体渗流的影响规律研究，模拟压力条件下，裂缝形成规律、规模及对油气渗流能力的影响。

三、井位优选

调查井是以获取资料、发现页岩气为目的的钻探，是露头区页岩气勘探的主要手段。调查井井位的优选决定了获取资料的完整度和页岩气发现的早晚。由于露头区通常构造、地貌条件非常复杂，又缺乏地震等信息资料的指导和参考，只能依据露头地质调查及露头样品的分析测试资料确定，调查井井位的优选非常困难，可以借助模糊综合评判法对调查井井位进行优选。

首先从资料收集和整理开始，分析研究区地质图及地质报告、构造演化、地层发育、沉积特征、水文地质等相关文献后，确定开口层位、钻井深度和井点区域；其次是井位点周边黑色页岩采样和剖面实测，采样证实该区存在黑色页岩，实测剖面用来估测该区有效页岩段厚度，初步确定页岩气有利目的层系发育的有利区带；最后是井位点优选，结合先前工作基础进行实地踏勘，综合页岩露头样品地球化学特征、地层倾角、断裂发育、地形高差、开阔地形、勘探纵深、水源及交通等因素最终确定优选页岩气调查井位。

第三节　贵州页岩气有利区优选

一、页岩气有利选区方法

（一）有利区分级

页岩油气有利选区是根据已有地质资料，按照勘探开发阶段和目的要求，经过构造、沉积、地球化学、储层特征、含气量、含油性等研究，按照一定的参数指标在有效的空间范围内筛选、比对而确定的相对有利区域。从页岩油气发育地质背景、地质资料程度、勘探开发阶段等方面考虑，可将页岩油气分布区域划分为多个层次。依据我国页岩油气资源特点及勘探现状，在页岩油气有利选区过程中，按照远景区、有利区和目标区三级进行划分。

远景区为在区域地质调查基础上，结合地质、地球化学、地球物理等资料，优选出的具备规模性页岩油气形成地质条件的潜力区域。在远景区优选时主要以区域地质资料为基础，从整体出发来掌握区域构造、沉积及地层发育背景，在含有机质泥页岩发育区域地质条件研究、页岩油气形成条件分析及定性-半定量区域评价基础上完成。

有利区（直接见页岩油气流）是指主要依据泥页岩分布、评价参数、页岩油气显示及少量含油气性参数优选出来，经过进一步钻探能够或可能获得页岩油气工业油气流的区域。有利区优选是在地震、钻井及实验测试等资料基础上，通过分析泥页岩沉积特点、构造格架、泥页岩地化指标及储集特征等参数，依据泥页岩及含油气泥页岩发育规律而在远景区内进一步优选出的有利区域。

目标区也被称为核心区、甜点区或开发区，它是在页岩油气有利区内主要依据泥页岩发育规模、深度、地球化学指标、含气量、含油率等参数确定，在自然条件或经过储层改造后能够具有页岩油气商业开发价值的区域。目标区优选是在基本掌握了泥页岩的空间展布、地化特征、储层物性（含裂缝）、含气量、含油率及开发基础等参数，有一定数量的探井控制并已见到了良好的页岩油气显示或产出，采用地质类比、多因素叠加及综合地质分析技术优选、能够获得工业油气流或具有工业开发价值的地区。

（二）页岩气有利选区

美国将产气页岩区划分为核心区、扩展区和周边区 3 个层次，核心区含气密度大，页岩气储量丰富；扩展区储量、产量适中；周边区范围大、储量低，如 Fort Worth 盆地 Barnett 页岩气田核心区产量比扩展区产量高 60%，是周边区产量的 3 倍。

美国主要产气页岩各项参数差异很大，不同学者在选区标准方面做了很多有益探索（Shiley et al.，1981；Cruits，2002；Martini et al.，2003a；Hill and Nelson，2000）。

北美地区页岩气选区地质评价主要开展以下 12 个方面工作：地层、沉积和构造特征；页岩层系厚度、埋深；岩石和矿物成分；储集空间类型、储集物性；泥页岩储层的非均质性；岩石力学参数；有机地球化学；页岩的吸附特征和聚气机理；区域现今应力场特征；流体压力和储层温度；流体饱和度及流体性质；开发区基本条件。

美国地质调查局（USGS）通过定量评价美国至少 70 个页岩油气聚集的可采资源，完成这些评价的同时，USGS 建立了一套页岩作为非常规储层的地质和地化标准，并且认为该标准在东南亚和其他地区依然起指导作用，即 TOC>2%；有机质类型主要为Ⅱ型；R_o>1.1%；热成因气伴有石油；φ>4% 的基质孔隙度用于天然气储集；低含水饱和度；含硅质及碳酸盐岩；异常高压（>0.45psi/ft）并伴有微裂缝；有机质页岩厚度>15m；易于压裂。

美国先进能源国际公司（Advanced Resources International Inc.）提出的高品质产气页岩区，即核心区的具体特点如下：①足够高的有机物富含量，TOC>2%；②较高的压力，最好为超压；③合适的热成熟度，R_o>1.1%，可使页岩层位于干气窗内；④具有良好的基质总孔隙度（φ）>3%；⑤构造应力较低的区域或者隆升盆地（有利于产生较高的渗透率微孔隙）。

斯伦贝谢公司 2006 年确定的页岩气开发下限指标为 φ>4%、总有机碳含量>2%、渗透率>100nD，与先进能源国际公司提出的页岩储层基本参数相近。

由于国外（美国）拥有大量的页岩气生产数据，在进行有利区优选的时候更多地参考了最终评价采收率（EUR）、产量等数据（Schmoker，2002；Pollastro et al.，2007；Bruner et al.，2011)。

美国页岩气已经进入了大规模工业性开发阶段，USGS、页岩气勘探开发公司及许多研究者均提出并建立了海相页岩气核心区的优选标准，对我国页岩气有利选区标准的研究和制定有一定参考价值，但我国页岩气发育地质条件复杂，美国相关标准很难直接适用于我国的页岩气预测研究。我国页岩气选区过程中，宜根据沉积环境、地表条件、保存条件等进行综合选区（张金川，2011）。

贵州地区主要发育海相及海陆过渡相暗色泥页岩，泥页岩有机质含量丰富，有机质演化程度相对较高。相比北美地区及我国其他地区，贵州地区具有后期构造改造强烈的特点，多幕构造活动的叠加，导致区内呈现极其复杂的构造形态，对页岩气的富集具有一定影响。考虑到贵州地区比较复杂、特殊的地质条件，在借鉴北美地区页岩气勘探经验的同时，以我国页岩气有利区优选标准为依据，对页岩气有利勘探区及富集带进行分析评价。

选取含气页岩厚度、总有机碳含量、有机质热成熟度、储集性、埋藏深度、保存条件和含气性等参数对贵州地区页岩气有利区进行优选。依据不同沉积环境下页岩的特点及特征参数，在综合分析贵州地区页岩分布特征、地球化学特点、储集物性、裂缝发育条件及含气性质的基础上，主要采用多因素叠合法，分别对研究区海相及海陆过渡相富有机质页岩开展有利选区综合研究评价（表3.5）。总体来看，页岩气勘探有利区需要具备较厚的含气页岩厚度、较高的有机质丰度、较高的热演化程度、较高的含气量、较好的保存条件和适合勘探的地表条件等。

表3.5　中国页岩气选区参考指标

选区	主要参数	海相	海陆过渡相或陆相
远景区	TOC/%	平均不小于0.5%	
	R_o/%	不小于1.1%	不小于0.4%
	埋深	100～4500m	
	地表条件	平原、丘陵、山区、高原、沙漠、戈壁等	
	保存条件	现今未严重剥蚀	
有利区	泥页岩面积下限	有可能在其中发现目标（核心）区的最小面积，在稳定区或改造区都可能分布。根据地表条件及资源分布等多因素考虑，面积下限为200～500km^2	
	泥页岩厚度	厚度稳定，单层厚度≥10m	单层泥页岩厚度≥10m；或泥地比>60%，单层泥岩厚度>6m且连续厚度≥30m
	TOC/%	平均不小于1.5%	
	R_o/%	Ⅰ型干酪根≥1.2%；Ⅱ型干酪根≥0.7%；Ⅲ型干酪根≥0.5%	
	埋深	300～4500m	
	地表条件	地形高差较小，如平原、丘陵、低山、中山、沙漠等	
	总含气量	不小于0.5m^3/t	
	保存条件	中等-好	

续表

选区	主要参数	海相	海陆过渡相或陆相
核心区	泥页岩面积下限	有可能在其中形成开发井网并获得工业产量的最小面积，根据地表条件及资源分布等多因素考虑，面积下限区间为 50～100km²	
	泥页岩厚度	厚度稳定单层厚度≥30m	单层厚度≥30m；或泥地比>80%，连续厚度≥40m
	TOC/%	不小于 2.0%	
	R_o/%	Ⅰ型干酪根≥1.2%；Ⅱ型干酪根≥0.7%；Ⅲ型干酪根≥0.5%	
	埋深	500～4000m	
	总含气量	一般不小于 1m³/t	
	可压裂性	适合于压裂	
	地表条件	地形高差小且有一定的勘探开发纵深	
	保存条件	好	

二、页岩气资源评价与选区流程

页岩油气资源评价宜在系统资料调研和基础地质研究基础上进行，通过方法确定、参数统计、概率分析、资源计算、有利选区、数据汇总及合理性分析等步骤，计算页岩气资源量并进一步进行有利选区（图 3.24）。

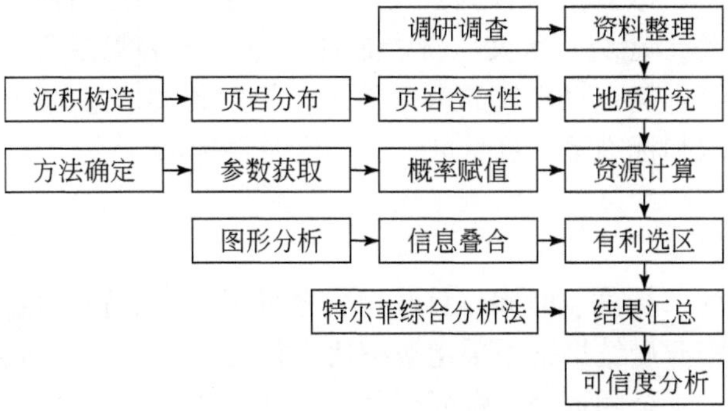

图 3.24 页岩气资源评价与选区工作流程

（一）资料整理

通过野外地质、工程施工、实验分析及资料文献调查等多种方式和途径，获得必要的前期资料，掌握评价区研究现状及资源评价基础。我国地质-地形条件复杂，富有机质泥页岩发育区勘探程度差异巨大，地球物理、钻井分析、实验分析等资料分布不均，评价单元的工作程度和资料背景在很大程度上影响了页岩气的资源评价结果。

（二）基础地质研究

页岩气基础地质研究需要在掌握区域地质背景的基础上，综合应用露头、钻井、地球物理及实验测试等资料，重点开展沉积-构造、泥页岩分布及含气性等内容研究。结合构造背景、沉积环境分析，掌握地层层序特征，研究富有机质泥页岩的形成条件、地质演化及岩石学特征，掌握富有机质泥页岩空间分布特征，研究泥页岩发育基本规律及页岩气发育地质基础。进一步，结合泥页岩有机地球化学、矿物岩石学及储集物性特征，研究泥页岩的含气性、含气量及含气特点，为页岩气资源评价提供基础参数。

（三）资源量计算

根据地质背景、勘探程度及资料基础，选择并确定合适的资源评价方法。结合已有资料，采用分析计算、实验测试、地质类比、统计分析等多种方法和手段，获取资源计算所需、满足统计学要求、具有典型性和代表性特征的各种参数。对于所获得的各种参数，需要进行合理性分析，剔除数学意义上的异常点，以及地质意义和逻辑意义上的无效点，确定参数变化规律及取值范围。采用统计分析、图件分析等方法对计算参数进行概率分布特征研究和条件赋值，根据参数特征及可能的期望值、最大值和最小值，分析确定 P_5、P_{25}、P_{50}、P_{75} 及 P_{95}（或 P_5、P_{50} 及 P_{95}）等不同概率条件下的参数值。对于所确定的各种参数，按照体积法基本原理进行概率计算（可借助蒙特卡洛方法进行计算机实现），即可得到不同概率条件下的资源量计算结果。

（四）有利选区

以地质研究为基础，分析页岩气形成及分布主要控制因素，侧重于含气量预测及开发条件分析，对地质（有机碳含量、有机质成熟度、富有机质泥页岩厚度、埋藏深度、含气量等）和地表工程（地形地貌、水文状况、道路交通、地表景观等）等关键要素进行综合分析和信息叠加，综合确定页岩气的可采效果，依据各类信息的权重进行定性-定量叠合分析，优选统一要求和标准下的远景区、有利区及目标区。

（五）结果汇总

对统一要求（方法、标准、时间、算法等）条件下所得的资源量计算结果采用概率算法进行累加求和，对资源量结果统一采用概率法进行表征。对于有利选区结果，采用统一要求进行图形表达。对于全国页岩气资源评价，还可以按照地质单元、沉积类型、目标层系、埋藏深度、地表条件、省份等不同单元进行概率结果表达。

（六）合理可靠性分析

影响页岩气资源评价结果的因素较多，包括计算单元的地质条件和复杂程度、资料程度和质量、评价参数获取方法和精度、评价时间和背景等。所得的资源量计算结果具有一定的时效性，取决于勘探进度、资料程度及认识水平的变化。资源评价结果与一定阶段内的地质认识程度和技术水平有关，计算结果受资料掌握程度影响较大，计算结果的合理可靠性依赖于参数赋值的把握程度。一般来说，参数数据量越大，数据的空间分布越均匀，资源评价的结果就越可靠。

三、贵州页岩气有利区分布

(一) 牛蹄塘组

贵州地区下寒武统牛蹄塘组可划分为多个页岩气有利区，包括仁怀、金沙-息烽、绥阳蒲场、正安谢坝、务川茅天、德江沙溪、凤冈蜂岩、岑巩天马及镇远羊场、麻江-黄平有利区、福泉有利区以及都匀-贵定有利区（图 3. 25）。

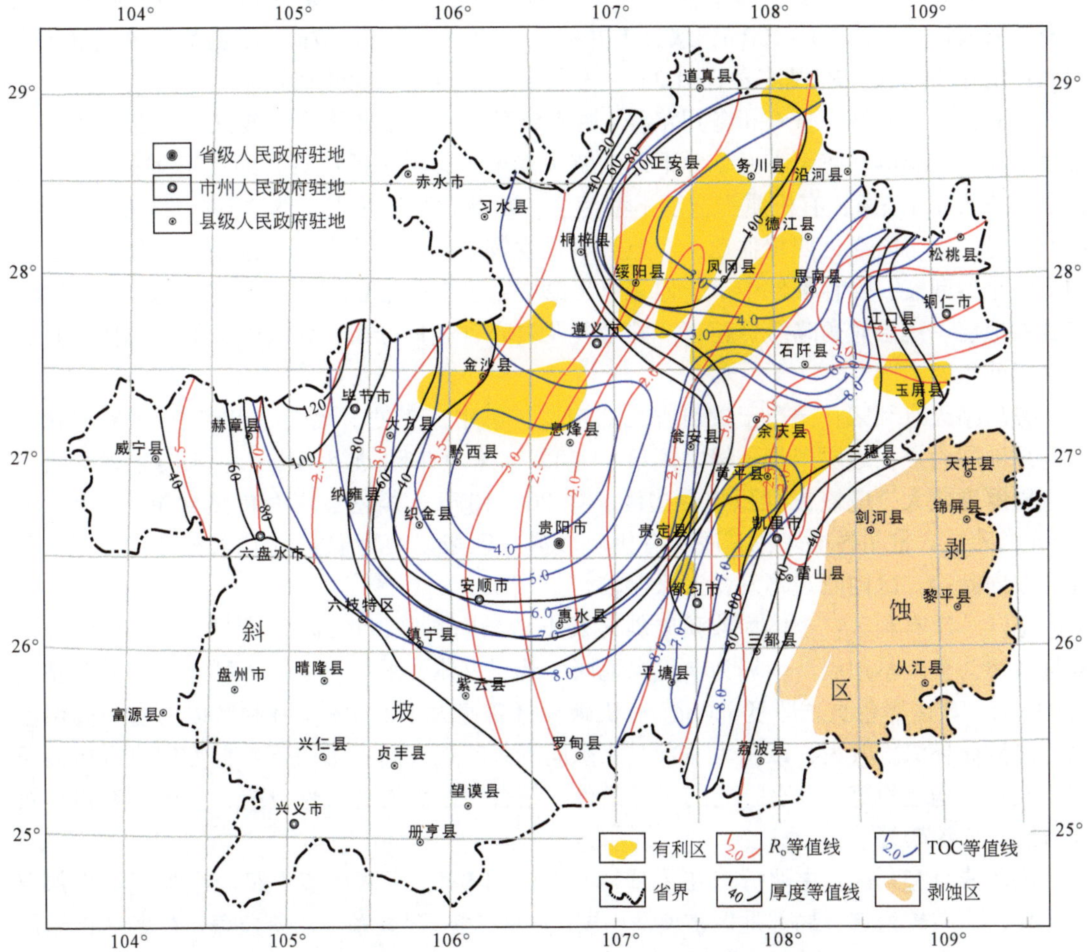

图 3. 25　贵州下寒武统牛蹄塘组页岩气有利区分布图

金沙-息烽有利区：分布于遵义金沙-贵阳息烽片区。区域内部下寒武统牛蹄塘组地层发育较稳定，厚 40 ~ 60m，厚度较大，有机碳含量很高，普遍高于 5. 0%。地貌以中低山为主，通过页岩气地质调查井仁页 1 井和仁页 2 井的现场解吸实验表明，现场解吸气量可达 0. 2 ~ 0. 5m^3/t，局部层段气测异常。有利区除上覆地层发育层间断层外，潜质页岩总体发育较好，具备一定的保存条件，具有较好的页岩气勘探潜力。

遵义仁怀有利区：分布于遵义市仁怀市片区。区域内部下寒武统牛蹄塘组地层发育较稳定，厚20～40m，厚度较大，有机碳含量较高，普遍高于4.0%。地貌以中低山为主，通过页岩气地质调查井仁页1井和仁页2井的现场解吸实验表明，现场解吸气量达0.2～0.5m^3/t，局部层段气测异常。有利区除上覆地层发育层间断层外，潜质页岩总体发育较好，具备一定的保存条件，具有较好的页岩气勘探潜力。

绥阳蒲场有利区：分布于绥阳蒲场-黄杨-青岗塘一线下寒武统牛蹄塘组潜质页岩保存较完整，分布较稳定，局部地区被奥陶-志留系地层所覆盖。牛蹄塘组地层仅南面出露多些，埋藏深度不超过4000m，以丘陵、中低山分布为主。牛蹄塘组泥页岩有机碳含量普遍>1.5%，往南有机碳含量增高，最高可达14%，平均含量高3%～4%，生烃强度较大；潜质页岩段厚度平均80～100m，绥页1井揭示黑色页岩为116.7m；成熟度适中，处于有机质热演化中晚期，R_o基本不超过3%。总体，页岩气勘探前景较好。

正安谢坝有利区：分布于务川洛洋-湄潭鱼泉一线，主体为谢坝复式背斜带。下寒武统牛蹄塘组无出露，正页1井钻穿下寒武统牛蹄塘组，揭示黑色页岩约大于99m，有机碳含量普遍大于1.5%；有机质类型以Ⅰ型为主，热演化程度中等，为2.0%～3.0%，生烃潜力中等。由于略靠近四川盆地，构造活动强度较东部低，除发育一条较大断裂外，其余均为些小型断裂，保存条件中等，地表以出露中-上寒武统地层为主，局部向斜出露二叠-三叠系地层，地层倾角略缓。正页1井录井及岩心含气量分析，含气性较好。总体，页岩气勘探前景好。

务川茅天有利区：分布于贵州省北部与重庆彭水交界处。地表以出露中-上寒武统—奥陶系地层为主，地层产状平缓，倾角8°～12°，未见牛蹄塘组出露；区域内牛蹄塘组黑色页岩厚度较大，应该在沉积中心边缘，厚80～100m；黑色页岩有机碳含量为1.5%～2.0%，砂质含量明显增多，其底部有机碳较高。区域以南低温热液矿床发育，发育一条北北东向断裂，区内断裂不发育，保存较好。

德江沙溪有利区：主体为沙溪向斜区及土地拗向斜区，核部为志留系—三叠系地层，翼部北边为奥陶系地层，南翼为寒武系地层，地层总体较平缓。根据邻区德页1井及正页1井揭示，该区黑色页岩厚度>80m，有机碳含量普遍大于1.5%。有利区以西有一高温温泉，热液循环深度较大，以南为一条北北东向深大断裂，尚不知向下延伸方向，区域内断裂不发育，构造稳定，具有一定的保存条件，结合邻区页岩含气性分析，该区富有机质页岩含气性应该较好。

凤冈蜂岩有利区：主要分布在湄潭-凤冈一线以南，下寒武统牛蹄塘组含气页岩保存较完整，分布较稳定，局部地区被奥陶-志留系及二叠-三叠系地层所覆盖，牛蹄塘组地层仅南面出露多些，埋藏深度不超过4000m，以丘陵、中低山分布为主。下寒武统牛蹄塘组泥页岩有机碳含量普遍>1.5%，往南有机碳含量增高，最高可达14%，平均含量高3%～4%，生烃强度较大；含气页岩单层平均厚度45～50m，往南有所增厚；成熟度适中，处于有机质热演化中晚期，R_o基本上不超过3%。区域内湄页1井和德页1井现场含气量解吸效果较好，德页1井黑色页岩解吸943mL气体，页岩气勘探前景较好。

岑巩天马有利区：分布于岑巩以北地区。牛蹄塘组黑色页岩厚度可达100m，平均70～80m，横向分布稳定；有机碳含量较高，发育两个有机碳高值区，TOC平均为6.0%～

7.0%，有机质类型以Ⅰ型为主，生烃潜力较大；R_o 为 2.0%～3.0%，地表以出露中-上寒武统地层为主，局部牛蹄塘组地层出露，目的层埋深小于2000m；断裂较为发育，地下水活跃，保存条件中等。岑页1井牛蹄塘组现场解吸含气量较好。总体，具有较好的页岩气勘探前景。

镇远羊场有利区：分布于贵阳-镇远断裂以北的施秉-镇远地区。地层分布稳定，大部地区出露中-上寒武统地层。镇页1井揭示牛蹄塘组黑色页岩段厚度约80m；有机碳含量较高，靠近黔东南地区有机碳略高些，TOC含量为3.0%～6.0%，有机质类型以Ⅰ型为主，生烃潜力较好；R_o 为 2.0%～3.0%，处于地层演化中晚期；地表以丘陵、中低山为主，目的层埋深基本大于1000m，小于2500m，断裂发育一般，变马冲组—杷榔组泥质岩厚度大，保存条件较好。总体，具有较好的页岩气勘探前景。

麻江-黄平有利区：该区构造位置位于黔南拗陷黄平-独山箱状背斜北段，面积1700km²，区内出露地层主要有寒武系、奥陶系、志留系、泥盆系及二叠系，地层产状多在10°～35°，牛蹄塘组多出露于东部，埋藏深度不超过4500m，多在2000～3000m，以丘陵、中低山分布为主。牛蹄塘组泥页岩有机碳含量普遍>1.5%，往东南有机碳含量增高，最高可达8%，平均含量高3%～4%，生烃强度较大；潜质页岩段厚70～90m（据麻页1井、黄页1井）；成熟度适中，处于有机质热演化中晚期，R_o 一般为2%～3%，含气性较好，最高达1.13m³/t（据麻页1井）。总体认为页岩气勘探前景较好。

福泉有利区：该区构造位置位于黔南拗陷黄丝箱状背斜北段，面积315.25km²，区内出露地层主要有寒武系、奥陶系、泥盆系、石炭系、二叠系及三叠系，地层产状较缓，多在5°～20°，牛蹄塘组在区内未出露，埋藏深度多在2000～3000m，中低山分布，喀斯特地貌。通过该区外围牛蹄塘组地表剖面取样分析，牛蹄塘组泥页岩有机碳含量普遍大于2%，往东有机碳含量增高，平均含量高3%～4%，生烃强度较大；潜质页岩段厚度受沉积相控制明显，往南东增厚，40～60m；成熟度适中，R_o 一般2%～3%，处于有机质热演化中晚期，总体认为页岩气勘探前景较好。

谷洞有利区：该区处于都匀以西贵定以东，构造位置位于黔南拗陷黄丝箱状背斜中部，面积197.88km²，区内出露地层有上寒武统、奥陶系、志留系、泥盆系、石炭系，地层产状较缓，多在5°～25°，牛蹄塘组在区内未出露，埋藏深度多在2000～3000m，中低山分布，喀斯特地貌。通过该区外围牛蹄塘组地表剖面取样及钻井资料分析，牛蹄塘组泥页岩有机碳含量普遍大于2%，往东有机碳含量增高，平均含量高达4%左右，生烃强度较大；潜质页岩段厚度受沉积相控制明显，往南东增厚，为60～80m；成熟度适中，R_o 一般2%～4%，处于有机质热演化中晚期，该区向东略30km实施的麻页1井揭示了牛蹄塘组的含气特征，其总含气量最大达1.13m³/t，总体认为页岩气勘探前景较好。

（二）变马冲组

贵州地区下寒武统变马冲组潜质页岩主要分布在该组一段，区域上分布在德江-瓮安一线以东，以镇页1井、岑页1井、松浅1井等钻井揭示为代表，具有厚度大，分布稳定的特点。德江-瓮安以西区域，如湄页1井、德页1井，与变马冲一段对应的地层黑色页岩不发育。

根据各项参数分析，变马冲组页岩气远景区主要分布于德江-瓮安-线以东，有利勘探区主要分布在黔东南地区（图3.26）。

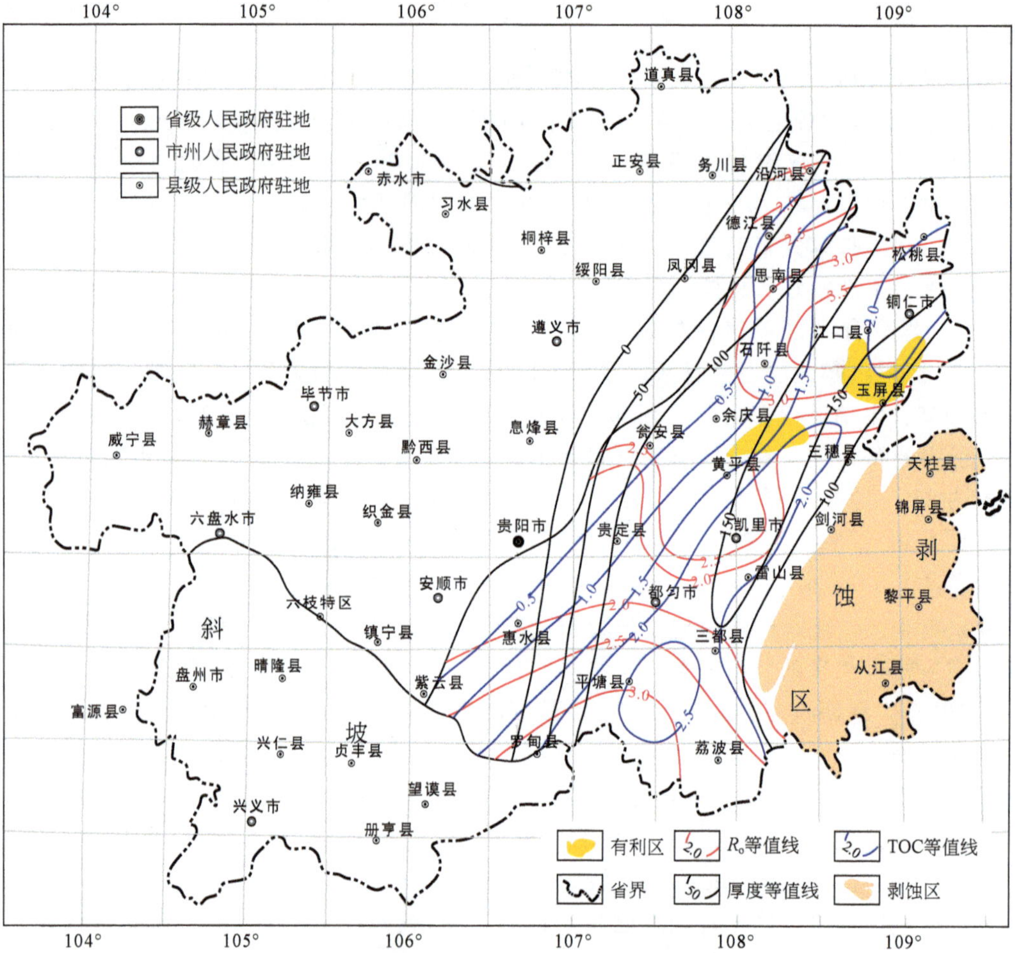

图3.26　贵州下寒武统变马冲组页岩气有利区分布图

岑巩天马有利区：分布于岑巩天马-羊桥片区。区域四周地层出露较多，埋深较浅，断裂较发育，主要以中-上寒武统地层覆盖，出露较少，地层分布较稳定。页岩单层厚70～80m，厚度较大，有机碳含量基本都大于1.5%，热演化程度还是以南部地区略高。通过对页岩气钻井岑页1井变马冲组页岩岩心含气量测试，解吸气含量可达0.3m^3/t，局部层段气测显示异常。区域内除上覆地层发育一些层间断层外，黑色页岩层发育总体较稳定、具有一定的保存条件，页岩气勘探潜力较好。

镇远羊场有利区：分布于镇远片区。页岩厚度在平面上较稳定，往南厚度增加，往西呈较小的趋势，平均60～70m；有机碳含量平均大于1.5%，那边TOC略高些；热演化程度为2.0%～3.0%，地层处于热演化中晚期。地表较平坦，以低山、丘陵、平地为主，主要出露中-上寒武统地层，其中镇页1井和黄页1井在变马冲组有一定的页岩气显示。由于地处过渡带，区内断裂较发育，主要为一些层间断裂，往南发育镇远大断裂，可能会对南部地区有一定影响，总体，该区块具有一定页岩气勘探前景。

（三）龙马溪组

贵州境内龙马溪组发育面积较小，绝大部分地区龙马溪组均受到较为严重的剥蚀。通过有利区评价参数分析，认为龙马溪组页岩气勘探有利区分布范围较局限，主要分布在习水-桐梓地区，以及道真、沿河地区。但由于龙马溪组泥页岩具有普遍含气的特点，含气量较高，含气丰度较大，可以作为现阶段勘探和开发的主力层系考虑（图 3.27）。

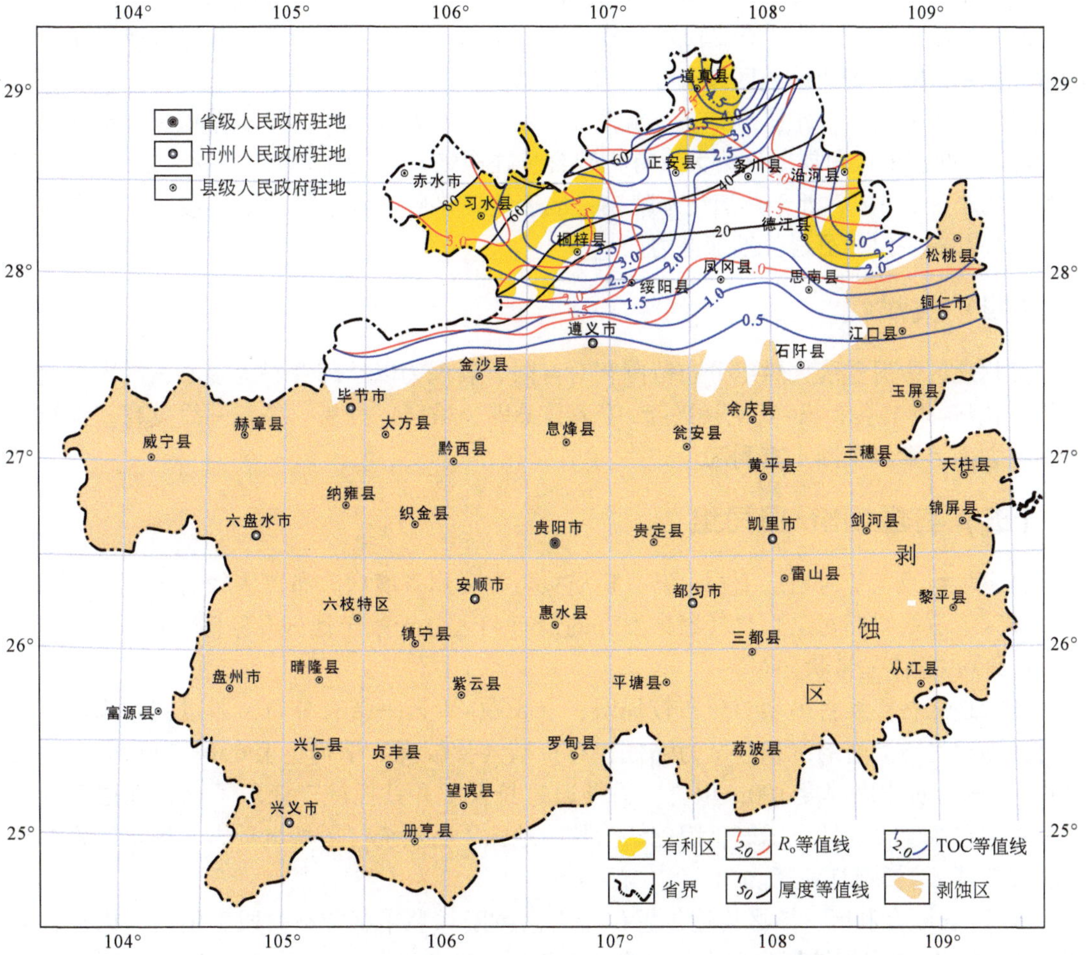

图 3.27　贵州下志留统龙马溪组页岩气有利区分布图

习水有利区：主要分布在习水县片区，地层厚 20～50m，地层厚度由南向北增大，有机碳含量较高，普遍大于 2.5%，具有良好的生烃潜力。R_o 为 2.8%～3.2%，处于热演化中晚期。地貌以中低山为主。通过页岩气地质调查井习页 1 井的现场解吸实验表明，页岩含气量可达 2.9m^3/t，含气量高。有利区除上覆地层发育层间断层外，潜质页岩总体发育较好，具备较好的保存条件，具有较好的页岩气勘探潜力。

桐梓有利区：主要分布在桐梓县片区，地层厚 15～45m，地层厚度由南向北增大，有机碳含量较高，普遍大于2.5%，具有良好的生烃潜力。R_o 为2.6% ~3.4%，处于热演化中晚期。地貌以中低山为主。通过页岩气地质调查井桐页1井的现场解吸实验表明，页岩含气量在0.5 ~2.0m^3/t。有利区除上覆地层发育层间断层外，潜质页岩总体发育较好，具备较好的保存条件，具有较好的页岩气勘探潜力。

道真玉溪有利区：主要分布于道真向斜及其周边多个小型向斜构造。地表出露二叠-三叠系地层，龙马溪组潜质页岩厚度较大，厚50 ~90m，平均约65m，呈现向北地层厚度增大的趋势；有机碳含量以忠信、巴渔地区最大，可达6.5%，平均大于1.5%，生烃潜力较好；R_o 为2.5% ~3.5%，处于演化中晚期。地势呈现北缓南陡，地层埋深小于1500m；断裂不发育，保存条件较好。首口实施的页岩气调查井-道页1井即取得了较好的含气显示。总体表明该地区具有较好的页岩气勘探潜力。

沿河沙子有利区：主要分布在三叠系覆盖区，分布范围较窄，地层单层厚度略小，为15 ~40m，北部地区单层厚度略大，有机碳含量往东略有所增加，为1.5% ~2.5%；热演化程度约小于2.5%，处于热演化中晚期；地表地势略陡，以中低山和丘陵为主，断裂不发育，局部有一定的页岩气勘探潜力。

（四）火烘组

贵州地区中泥盆统火烘组分布范围相对有限，表现为以桑郎背斜为核心，沿黔西南区关岭县花江-贞丰县者相-安龙县兴隆-望谟县桑郎、乐旺、打易、鲁容一线发育。经综合考虑各方面因素，未圈出有利区。

（五）打屋坝组/旧司组

打屋坝组及其等时地层旧司组富有机质页岩在贵州省境内分布范围较有限。综合分析认为该区下石炭统旧司组页岩气聚集发育的最有利区位于威宁地区及晴隆-望谟一带以北（图3.28），总体呈带状分布。

黔南地区石炭系打屋坝组分布较局限，仅长顺-紫云一带有分布，通过实验测试石炭系打屋坝组潜质页岩的沉积环境为陆棚，有机碳含量较高，平均达1.69%、成熟度适中，平均2.3%，页岩净厚度100m以上，另外通过长页1井钻探施工获取了该目标层系含气性关键性参数，含气性显示好，因此认为黔南地区下石炭统打屋坝组页岩气聚集发育的最有利区有紫云-长顺有利区。

紫云-长顺有利区：该区构造位置位于黔南拗陷长顺箱状背斜南段王佑穹窿南翼，面积680km^2，区内出露地层主要有泥盆系、石炭系、二叠系及三叠系，地层产状多在10° ~20°，打屋坝组出露于王佑穹窿背斜翼部及紫云火花背斜翼部，埋藏深度不超过4000m，多在1000 ~3000m，以丘陵、中低山分布为主，喀斯特地貌。打屋坝组泥页岩有机碳含量普遍>1.5%，往南东有机碳含量增高，最高可达3%，平均含量高2%，生烃强度较大；潜质页岩段净厚度100 ~215m；成熟度适中，处于有机质热演化高成熟阶段，R_o 一般为1.3% ~3.5%，含气性较好，最高达2.84m^3/t，平均含气量1.5m^3/t。总体认为页岩气勘探前景较好。

威宁龙街-观风海有利区块Ⅰ：分布在威宁县龙街镇、观风海镇、小海镇、么站镇，

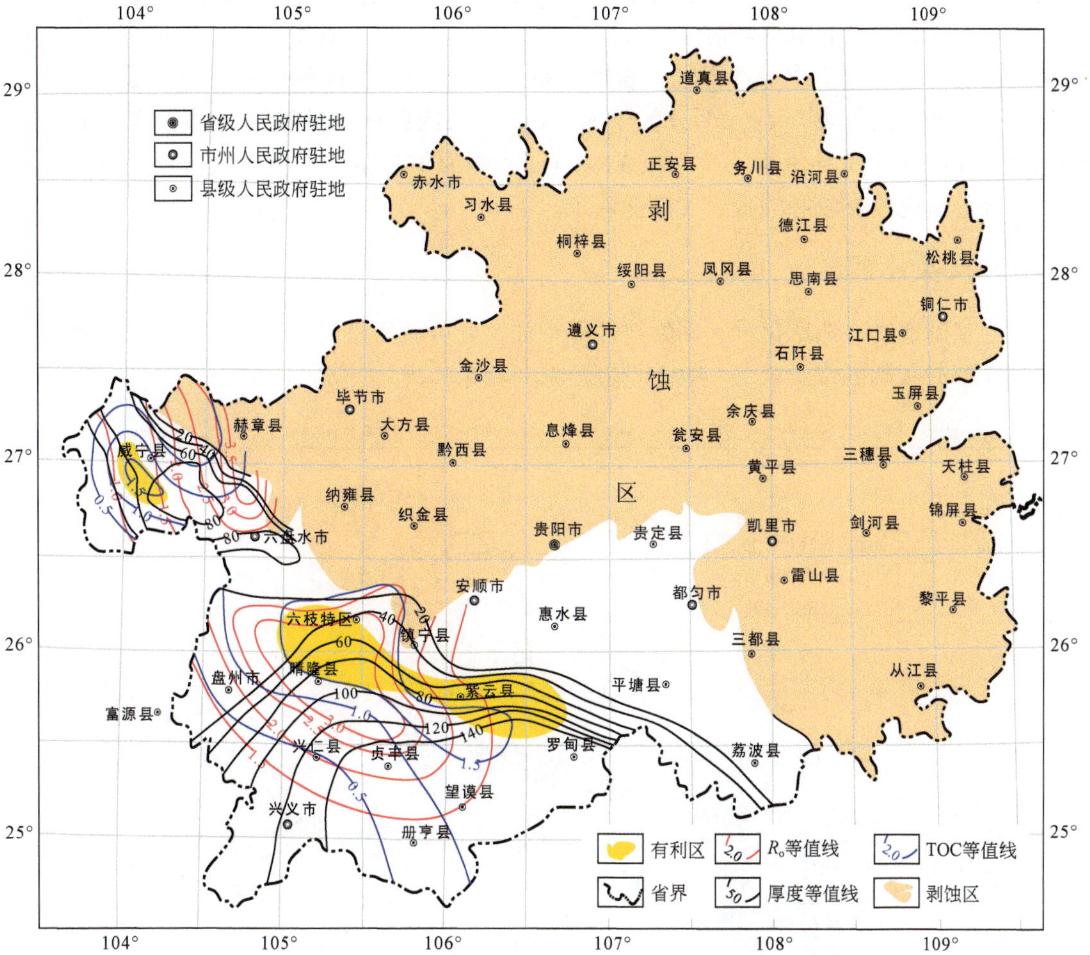

图 3.28 贵州下石炭统打屋坝组页岩气有利区分布图

有利区面积为 692.08km^2。下石炭统旧司组含气页岩保存较完整，分布较稳定，地层倾角较缓，埋藏深度 1000～4000m，从东南往西北方向埋深逐渐增大，以高中山、丘陵分布为主。下石炭统旧司组泥页岩有机碳含量>1.5%，生烃潜力较大；含气页岩单层厚度>50m，往南有所增厚；R_o 在 1%～2%，成熟度适中，处于有机质热演化中期成熟阶段，页岩气勘探前景好。区块外围西南侧的威宁龙街 1701 孔有效页岩厚度 64.0m，有机碳含量 2.11%，成熟度 1.74%，埋深 343.70m。区块外围南部的威宁龙街 401 孔，现场解吸 8 件泥页岩样品的含气量值为 1.37～2.94m^3/t，平均为 2.07m^3/t，页岩气储层的含气量较好。区块外围东北部的威页 1 井在井深 700～765m，有效页岩厚度 65.0m，解吸页岩气样 5 件，页岩总含气量 0.376～0.659m^3/t，平均 0.527m^3/t。区块外围北部有一条北东东走向的逆断层，逆断层北部一侧有威宁龙街 401 孔采取 8 件泥页岩样品进行现场解吸，获得含气量平均值为 2.07m^3/t；逆断层南部一侧未获得含气量数据，推测该有利区块具有一定的页岩气勘探前景。综合分析应具有较好的页岩气勘探前景。

晴隆花贡-长流有利区块：位于晴隆县花贡镇、中云镇、长流乡一带，有利区面积为

3714km^2。下石炭统旧司组含气页岩保存较完整，全区被二叠–三叠系地层所覆盖，埋藏深度1000～4000m，地形相对复杂，中山、低中山交错分布。下石炭统旧司组泥页岩有机碳含量>1.5%，生烃潜力中等；含气页岩单层平均厚度>50m；成熟度>2.5%，处于有机质热演化过成熟晚期阶段，R_o大部分大于3.0%。区块内西南部的晴页2井，现场解吸12件泥页岩样品的含气量值为1.38～2.35m^3/t，平均为1.80m^3/t，页岩气储层的含气量较好。综合分析应具有较好的页岩气勘探前景。

（六）梁山组

综合基础地质、地球化学、储集物性等特征，分析认为贵州地区中二叠统梁山组页岩气聚集发育的有利区位于威宁–水城及晴隆地区（图3.29）。

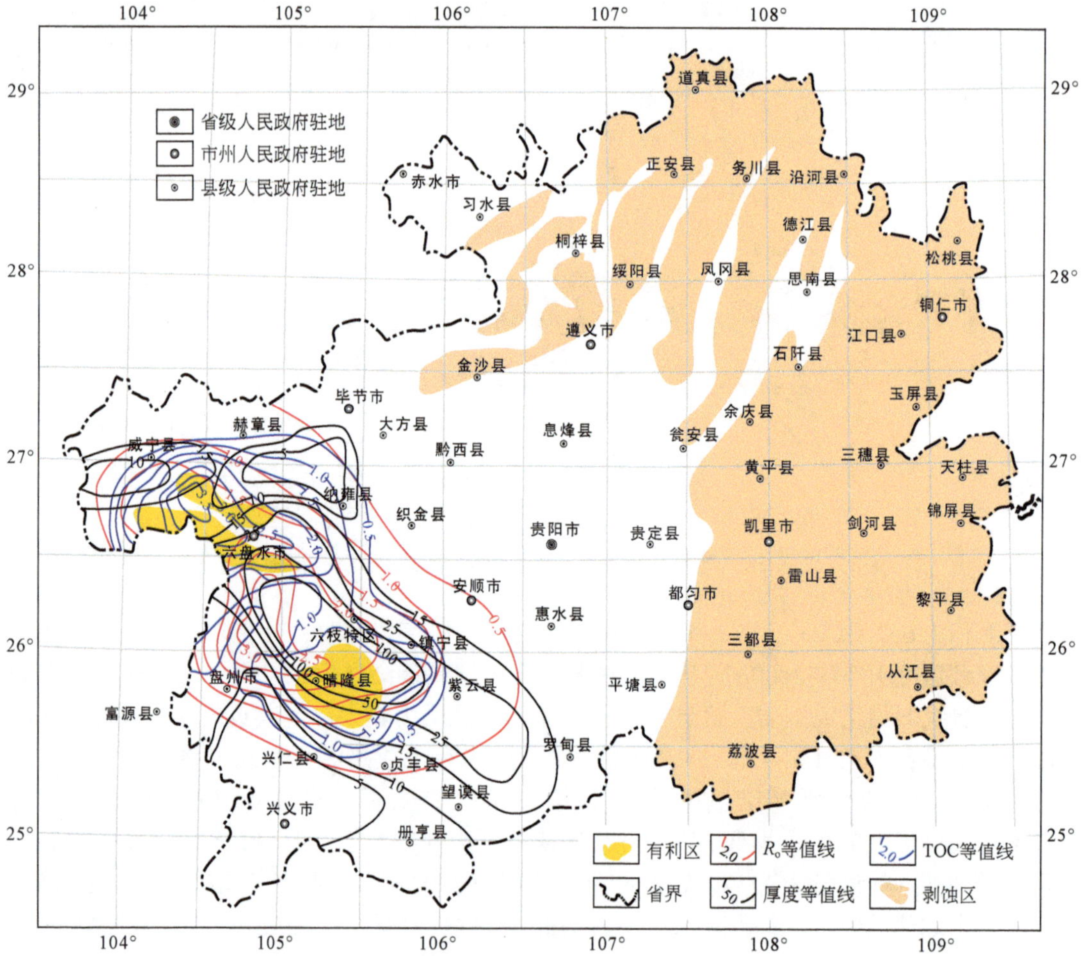

图3.29　贵州中二叠统梁山组页岩气有利区分布图

威宁盐仓–猴场有利区块：位于威宁县盐仓镇、炉山镇、东风镇、猴场镇、六盘水市钟山区大湾镇、二塘镇等地，有利区面积为2880km^2。全区被二叠–三叠系所覆盖，页岩厚度较薄，为10～25m；有机碳含量1.5%～4.0%，生烃潜力适中，从东南往西北逐渐增大，在威宁附近达到最大值4.0%；成熟度在1.0%~1.3%，处于有机质热演化中期成熟阶段；埋深在500~2000m，以高中山分布为主。区块内及附近暂无含气量数据，但成熟度、有机碳等地化指标较好，推测该区块具有一定的页岩气勘探前景。

普安龙吟-晴隆长流有利区块：主要位于普安县龙吟镇、晴隆县中云镇、长流乡一带，有利区面积为1806km^2。全区被二叠-三叠系所覆盖，页岩厚度为30~150m，从西北往东南逐渐增厚；有机碳含量为1.5%~2.0%，生烃潜力适中；成熟度在1.3%~2.5%，处于有机质热演化高成熟阶段；埋深在500~4000m，以高中山分布为主。晴页1井位于该有利区西南，有效页岩厚度值达到168.60m，埋深889.08m。区块内西南部的晴页1井，现场解吸29件泥页岩样品的含气量值为1.53~3.96m^3/t，平均为1.94m^3/t，页岩气储层的含气量较好。综合分析应具有较好的页岩气勘探前景。

(七) 龙潭组

贵州地区上二叠统龙潭组页岩气聚集发育的最有利区主要位于黔西北工区大方-黔西大片区域，以及黔西南工区威宁、盘县、晴隆、贞丰、兴义一带（图3.30）。

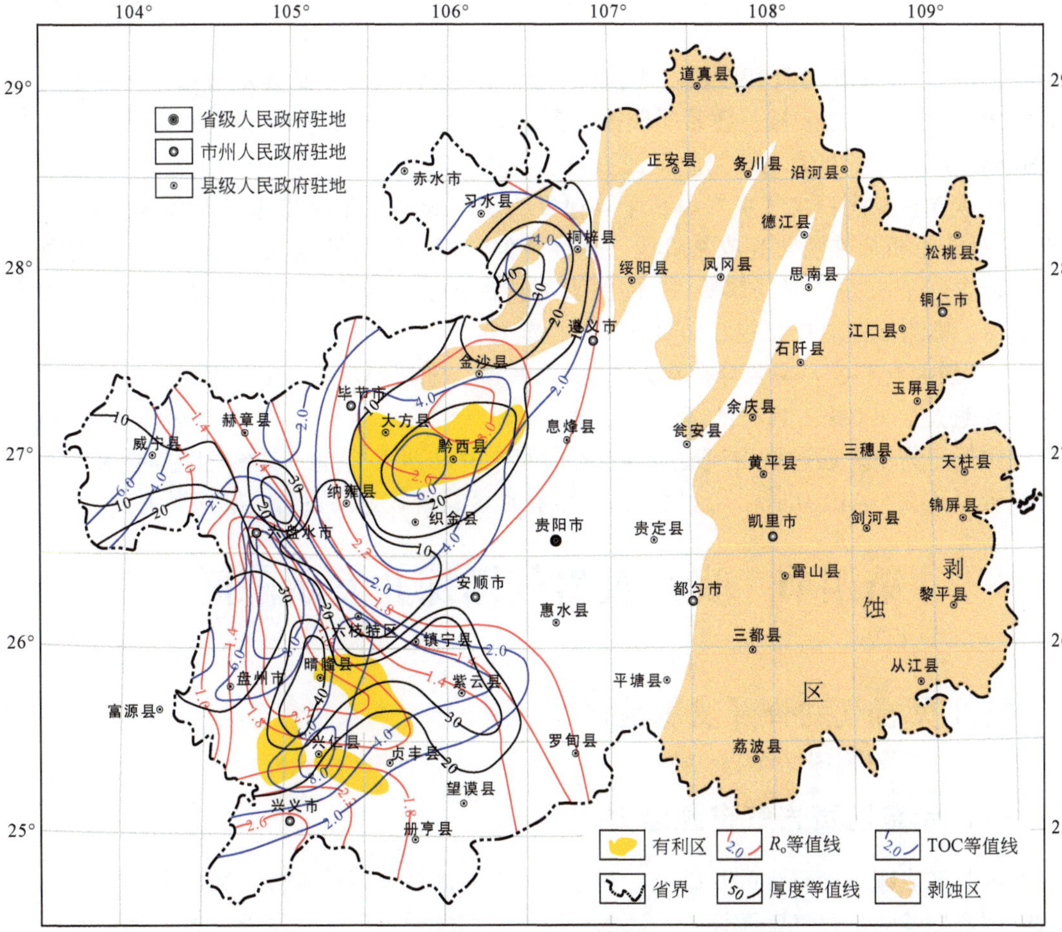

图3.30 贵州上二叠统龙潭组页岩气有利区分布图

关岭岗乌-晴隆光照有利区块：主要位于关岭县岗乌镇、晴隆县光照镇一带，有利区面积为1675km^2。地表大被下三叠统所覆盖，总体上含气页岩保存较完整，分布较稳定，埋藏深度在500～3500m，以中山分布为主。区外附近晴隆源兴301孔揭露龙潭组地层，源兴301孔有效页岩厚度20.60m，有机碳含量5.70%，埋深423.50m。区块页岩厚度一般为20～40m，有机碳含量为4.0%～6.0%，生烃潜力大；成熟度为1.5%～2.0%，处于有机质热演化高成熟阶段，保存条件较好。区块内及附近暂无含气量数据，但成熟度、有机碳等地化指标较好，推测该区块具有一定的页岩气勘探前景。

普安地瓜-青山有利区块：主要位于普安县地瓜镇、青山镇、雪浦乡、楼下镇一带，有利区面积为633.77km^2。地表被三叠系所覆盖，埋藏深度不超过2500m，以中山分布为主。区内北东角普安地瓜2706孔揭露龙潭组地层，普安地瓜2706孔有效页岩厚度43.80m，有机碳含量为5.41%，成熟度为2.42%，埋深大于1101.50m。龙潭组泥页岩有机碳含量为4.0%～8.0%，东南部有机碳含量较高，生烃潜力较大；含气页岩单层厚度为26.4～43.8m，往北东有所增厚；成熟度>1.3%，处于有机质热演化高成熟阶段，保存条件较好。区块内东北部的地瓜2706孔页岩气储层的含气量较好，现场解吸8件泥页岩样品的含气量为0.75～5.07m^3/t，平均为2.53m^3/t，综合分析应具有较好的页岩气勘探前景。

兴仁巴铃-安龙龙山有利区块：主要位于兴仁县巴铃镇、安龙县龙山镇一带，有利区面积为405.36km^2。地表被三叠系所覆盖，含气页岩保存完整，分布稳定，埋藏深度不超过3500m，以中山分布为主。龙潭组泥页岩有机碳含量为4.0%～8.0%，生烃潜力较大，西北有机碳含量较高；含气页岩单层平均厚度为10～30m，往西北部有所增厚；成熟度>1.5%，处于有机质热演化高成熟阶段，保存条件较好。区块外围东北部的兴页1井页岩气储层的含气量较好，现场解吸27件泥页岩样品的含气量为1.25～4.24m^3/t，平均为2.37m^3/t。推测该区块具有较好的页岩气勘探前景。

大方-黔西有利区：主要分布在大方-黔西片区，地层厚度为25m～40m，有机碳含量较高，普遍大于5.0%，具有良好的生烃潜力。R_o为2.4%～2.6%，处于热演化中晚期。地貌以中低山为主。通过页岩气地质调查井方页1井和西页1井的现场解吸实验表明，页岩含气量可达2.5～10.9m^3/t，含气量高。该有利区具有较好的页岩气勘探潜力。

第四节　贵州页岩气勘探开发示范区

一、黔北页岩气勘查开发示范区

（一）示范区页岩气资源潜力

在示范区成藏条件研究的基础上，利用页岩气资源评价系统软件，采用全国页岩气资源战略调查推荐的页岩气资源评价方法——概率体积法对示范区龙马溪组页岩气资源量进行了预测。

示范区龙马溪组有效页岩面积约1324km²，有效厚度较大，富有机质炭质页岩厚度为52～74m，平均有效厚度为60m左右，埋深为0～3000m。有机碳含量一般大于2.0%，平均为3.5%，R_o 普遍大于2.0%，已属于高成熟-过成熟。含气量为2.0～4.0m³/t。选取合适参数，采用概率体积法可对研究区页岩气资源量进行初步估算。计算结果表明，道真-正安页岩气勘探开发综合示范区页下志留统龙马溪组岩气地质资源量在概率75%条件下为 $3180\times10^8m^3$，25%条件下为 $4218.12\times10^8m^3$，分布区间为 2624.19×10^8～$5039.78\times10^8m^3$，期望值（P_{50}）为 $3678.31\times10^8m^3$（表3.6）。

表3.6 道真-正安示范区页岩气资源量概率分布表

参数	P_5	P_{25}	P_{50}	P_{75}	P_{95}	参数获取及概率估计法
面积/km²	1324	1190	1059	954	848	计算、TOC关联法
厚度/m	74	69	63	57	52	计算、相对面积占有法
总含气量/（m³/t）	2.74	2.5	2.2	1.89	1.65	实验、计算
密度/（g/cm³）	2.66	2.59	2.5	2.4	2.33	统计计算
可采系数	0.18	0.18	0.18	0.18	0.18	经验值
地质资源量/10^8m^3	5039.78	4218.12	3678.31	3180.8	2624.19	计算
可采资源量/10^8m^3	907.16	759.26	662.10	572.54	472.35	计算

（二）风险分析

示范区块地质条件复杂、非均质性严重、断裂褶皱发育及地形高差相对较大等风险的存在，影响到页岩气地质、资源、经济、工程等各方面的系统评价。因此，只有充分认识各类风险及其影响程度并采取恰当的规避、控制措施，才能降低甚至避免各类风险造成的损失，成功勘探开发页岩气资源。

1. 地质风险

（1）页岩发育条件及分布规模

示范区内页岩气主要目的层系为下志留统龙马溪组。而示范区内地层经历了多次构造运动，地表构造与浅部断层、深部构造具有不协调性，使得目的层分布特征难以准确预测。

（2）页岩气保存条件

国内页岩气的研究起步较晚，页岩气的保存条件研究涉及不多，虽然已有美国页岩气成功开采的范例，但美国的地质条件与示范区差别较大，因此美国页岩气勘探开发经验难以直接借鉴。示范区内地层经历了多次褶皱、变形和改造，对目的层的连续性、完整性、页岩气后期保存条件均造成一定的破坏。

（3）页岩含气性风险

勘查区内目的层含气量数据仅有道页1井作为参考，但其开钻层位较高，目的层较浅，而目的层深度与其含气性的变化关系尚未明确，这对推算深度更大的页岩气开发井的含气量带来困难。有必要获取更多目的层页岩气含气量数据，降低含气性预测的风险性。

2. 资源风险

示范区页岩气资源风险主要表现在评价基础薄弱、关键参数代表性参差不齐等方面。

（1）评价基础薄弱

我国页岩气基础地质工作相对薄弱，示范区属于页岩气勘探开发空白区，基础资料大部分来源于区域地质调查报告及公开发表文献，缺少系统翔实有针对性的专门研究。因此，薄弱的基础资料造成了基础数据数量的不足和精度的偏低，影响到对整个示范区页岩气资源认识的偏差。

（2）关键参数代表性参差不齐

页岩气资源评价关键参数（如平面分布范围、页岩厚度、有机质含量、成熟度、含气量等）来源于地质志区域地质调查报告、公开发表的文献、实地踏勘采集的样品分析和《全国页岩气资源潜力调查评价及有利区优选》项目等成果；示范区内目的层时代老，后期又经历了复杂的构造运动，因此实地踏勘采集的野外露头样品风化严重，不能完全反映目的层真实情况；据此计算得出的页岩气资源量具有较大的不确定性。

（3）高演化页岩生气能力的风险

由于南方海相含气页岩演化程度普遍较高，与国外相比属于过成熟烃源岩，对于这种富有机质泥页岩生烃能力怎么样，高演化后还能否继续生烃，尚没有认识，这将会对南方早古生代页岩气资源量产生较大的影响。

3. 工程风险

示范区内地表水系错综复杂，主要目的层下志留统龙马溪组的上覆地层石炭系—三叠系均发育厚度较大的海相碳酸盐岩。往往会在灰岩发育区内形成溶蚀、溶洞，为页岩气的钻井施工增加了风险，对勘探工程施工产生不利影响。

4. 风险对策

对勘查区可能存在的地质、资源与工程风险，在勘查过程中要做好前瞻性预防，主要采取以下几项措施。

（1）重视勘查前期的风险评价

在勘查的初期，强化风险意识，充分收集区域地质、水文等区域资料及相关研究成果，运用相应领域的先进技术，聘请专家论证，对勘查区潜在的风险进行评价。

（2）加强勘查过程的风险管理

在勘查过程中，风险无处不在，因此我们应积极做好风险管理，制定和完善页岩气勘查过程中的各项风险管理体系和应急预案。

（3）做好勘查过程的风险处置

对于勘查过程中出现的风险，按照应急预案，采取积极的应对措施，尽可能把风险带来的损失降到最低限度。

二、黔西北页岩气勘查开发示范区

（一）概况

黔西页岩气勘探开发综合示范区位于东经 105°35′00″～106°40′00″，北纬 27°00′00″～27°32′00″的 4 个拐点坐标连线圈定（表 3.7），区块面积 6339km^2。行政区划主题位于贵州省毕节市黔西县北部，小部分位于大方县西侧和金沙县南部（图 3.31），构造位置位于上扬子区的滇黔北部拗陷带。区内褶皱和断裂构造非常发育，褶皱整体上以北东向或北北东向展布为主。

表 3.7 黔西–金沙页岩气勘探开发综合示范区拐点坐标一览表

序号	东经	北纬
1	105°35′	27°32′
2	106°40′	27°32′
3	105°35′	27°00′
4	106°40′	27°00′

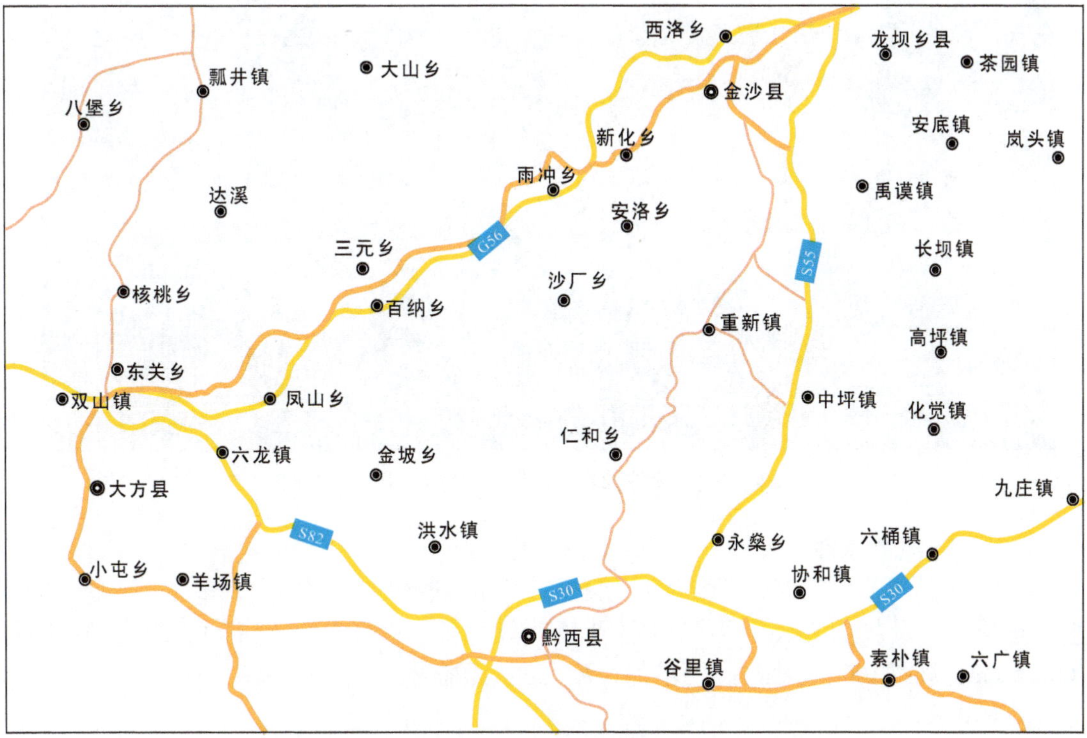

图 3.31 黔西–金沙页岩气勘探开发综合示范区地理位置图

1. 位置与交通条件

黔西-金沙页岩气勘探开发综合示范区主体位于黔西县的北部。示范区内基础设施完善，公路、铁路四通八达，川黔铁路、210 国道、326 国道和贵遵高速公路横贯东西南北，拥有公路里程 2524km，航运 136km。

2. 自然地理

（1）地形地貌

黔西-金沙页岩气勘探开发综合示范区地貌以娄山山脉和南北向娄山支脉为骨架，与沟谷盆地等自然组合形成形态各异的地貌。西北高而东南低，最低点海拔 489m，最高点海拔 1849m。娄山山脉东南面为低山丘陵宽谷盆地地貌，海拔一般 800 ~ 1000m，娄山山脉西北面为低中山峡谷地貌，海拔一般 900 ~ 1300m（图 3. 32）。

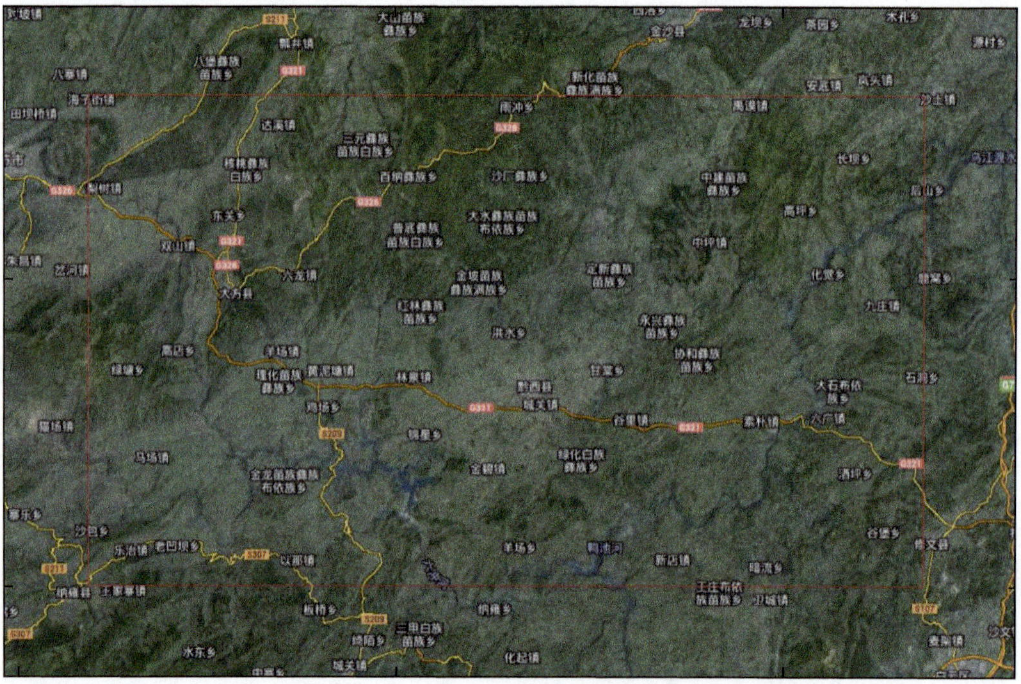

图 3. 32　黔西-金沙页岩气勘探开发综合示范区地形图

（2）水文气象条件

黔西-金沙页岩气勘探开发综合示范区属亚热带温暖湿润气候，类型多样，四季分明，水热同季，雨量较为充沛，小气候差异显著等特征。多年平均气温 14. 2℃、降水量 1087. 5mm、日照 1066. 9 小时、无霜 271 天，三伏无酷暑、三九不严寒。

（3）人文

黔西-金沙示范区所属黔西县共有 29 个乡镇和街道办事处（其中 12 个镇、13 个民族乡、4 个街道办事处），辖 362 个村（居）民委员会（其中 303 个村民委员会，45 个农村社区村民委员会，14 个城市社区居民委员会）。2011 年年末总人口 89.11 万人，其中农业人口 81.58 万人。居住着汉族、彝族、苗族、仡佬族、布依族、白族、满族等 18 个民族。

（4）农业

黔西–金沙示范区所属黔西县是农业大县，主产玉米、水稻、烤烟、油菜，是贵州商品粮基地和优质烟基地县。常年粮食总产在 27 万 ~28 万 t，烤烟生产执行国家计划，正常收购量在 22 万 t 左右。全县土地面积折合 388.9 万亩（1 亩≈666.7m^2）。

（5）矿产资源

黔西–金沙示范区所属黔西县矿产资源丰富，主要矿产有煤、高岭土、大理石、重晶石、水泥石灰岩、软质黏土、土陶原料黏土、黄铁矿、赤铁矿、钴锰矿。优质无烟煤矿遍布全县，潜在储量预计 70 亿 t 以上，已引进山东兖矿集团、河南永煤集团、国家电投集团贵州金元股份有限公司等 20 多个省区的企业来黔西投资创业，建设了青龙煤矿、黔金煤矿、黔西电厂等一批大中型企业。

3. 页岩气勘探概况

黔西–金沙页岩气勘探开发综合示范区为页岩气勘探空白区，截至 2010 年未进行开发工作。相关单位进行过一些与其有关的基础地质调查和研究工作。

中华人民共和国成立后，区内先后有地质、冶金、煤炭、化工等系统的地质队伍进行了大、中比例尺的地质填图，并对锰、铁、硫、煤等矿产做了大量普查勘探，探明了相当规模的工业储量，为社会主义建设提供了矿产资源，并积累了大量的基础地质资料。中国科学院南京地质古生物研究所为召开黔北地层现场会议所进行了大量的工作，修订了很多旧有地层名称的含义，初步统一了不少段代划分。

1966 年，贵州省地质局指示第二区域地质测量大队（下称二区测队），开展本图幅 1∶20万区域地质调查工作，工作后编有 1∶20 万息烽幅地质矿产图及地质调查报告。

2011 年，国土资源部油气资源战略研究中心启动了《上扬子地区页岩气资源调查评价与选区》及《川渝黔鄂先导试验区页岩气资源调查与选区》等项目，在区块内及周缘进行了野外地质调查工作，从区域角度分析了泥页岩沉积构造背景，编制了页岩气选区评价的基础地质图件，对示范区块页岩气资源及其开发前景进行了初步评价，认为其页岩气资源潜力较好，具有一定的勘探前景。

2012 年 3 月，《贵州省页岩气资源调查评价》项目的子项目《黔西北地区页岩气资源调查评价》重点查明了黔西北地区寒武系、奥陶–志留系及二叠系富有机质页岩发育地质特征，开展页岩气资源评价，对示范区内页岩气资源分布、有利区及勘探开发条件有重要参考价值。

根据已有的调查和研究，黔西–金沙页岩气勘探开发综合示范区内，发育上二叠统龙潭组海陆过渡相黑色页岩目的层，且在区内分布广泛，具有一定的勘探前景。

（二）页岩气地质条件分析

1. 目的层分布

黔西–金沙示范区内二叠系、三叠系地层分布面积较广，无岩浆岩、变质岩分布。根据埋藏深度和经济可行性，示范区主要目的层为上二叠统龙潭组，此外下寒武统牛蹄塘组也是页岩气目标层。对示范区页岩气的主要目的层详述如下。

厚度及横向展布：由于构造运动龙潭组在区内少部分缺失，向斜部位发育较为全。全区龙潭组呈东北–南西向展布，碳质页岩厚度为 20 ~ 45m，平均有效厚度为 40m（图 3.33）。页岩中也普遍含煤，页理发育，粉砂含量较少，有机碳含量丰富，炭化，污手。

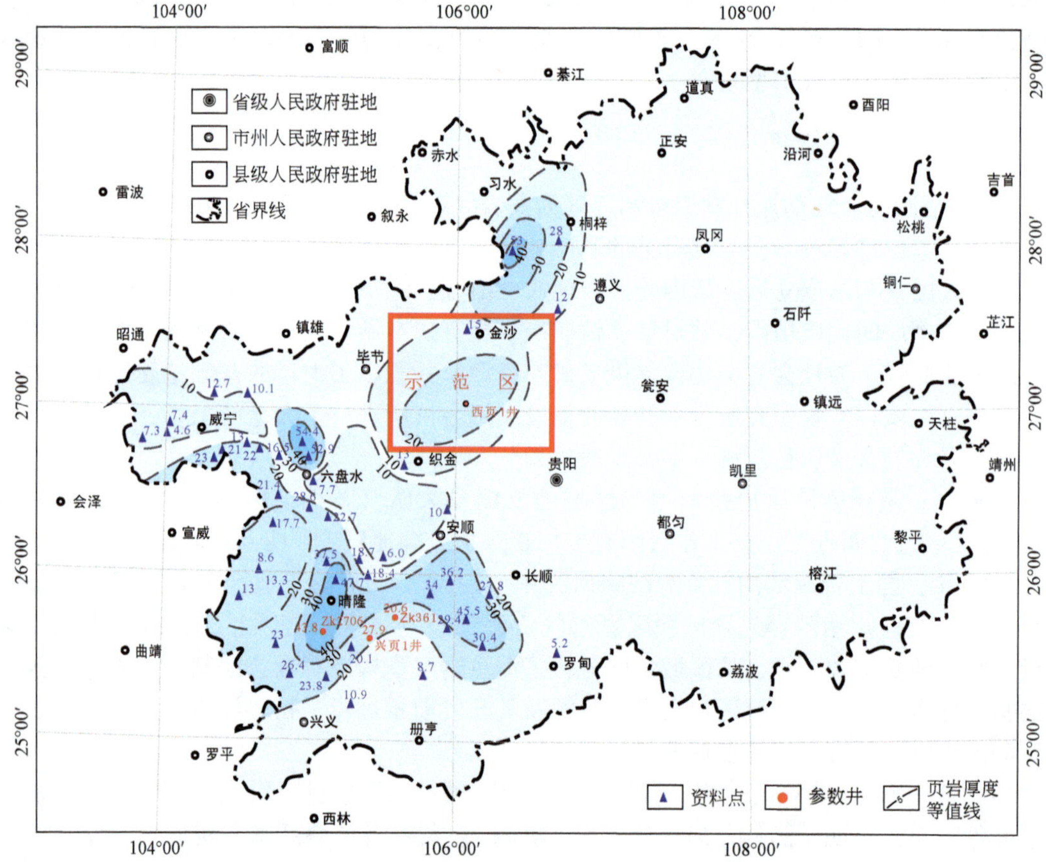

图 3.33　黔西–金沙页岩气勘探开发综合示范区上二叠统龙潭组页岩厚度平面图

2. 埋深

龙潭组在区内的埋深在 0 ~ 3000m。大部分地区埋深 500 ~ 2000m。埋深等值线呈北东–南西向展布，在洋水镇向斜的轴部埋藏最深，最深可达 3000m。在示范区的西北部和中部少部分地区龙潭组缺失（图 3.34）。

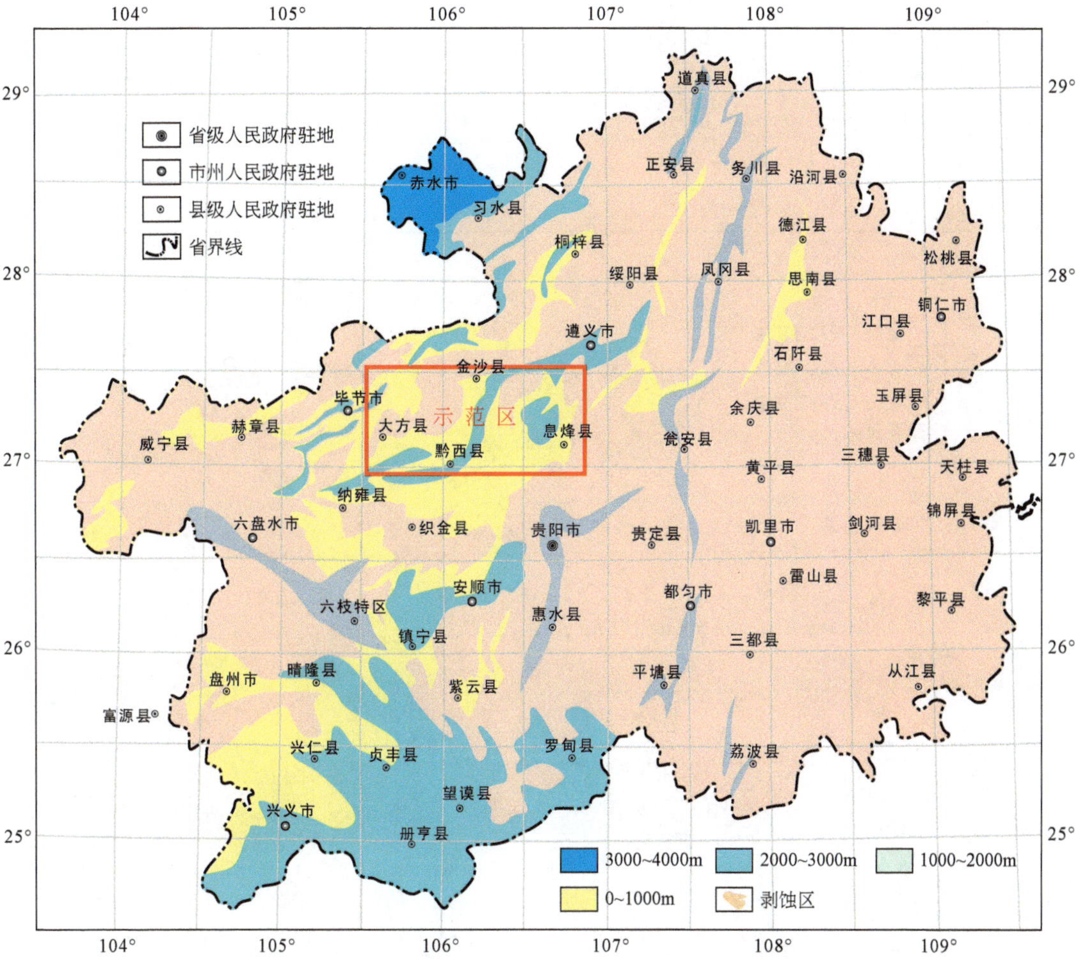

图 3.34 黔西–金沙页岩气勘查示范区上二叠统龙潭组底界埋深预测图

3. 有机地球化学

(1) 有机碳含量

区域上，上二叠统龙潭组黑色页岩的有机碳含量非常高，普遍大于3.0%。其中，示范区东南部的跑马坪有机碳含量最高，达5.0%。示范区内有机碳含量为3%～5%，平均含量4.0%（图3.35）。

(2) 有机质成熟度

区域上该套页岩总体演化程度较高，示范区内部成熟度均大于2.0%，进入过成熟阶段。有机质类型以Ⅱ型为主，但是从底部到顶部，以高等植物输入的Ⅲ型干酪根逐渐增多。根据区域研究及邻区钻井资料，预测示范区有机质热成熟度等值线图如图3.36所示。总体来看，上二叠统龙潭组黑色页岩有机质热成熟度较高，普遍大于2.2%，一般为2.6%～3.0%，平均2.7%。

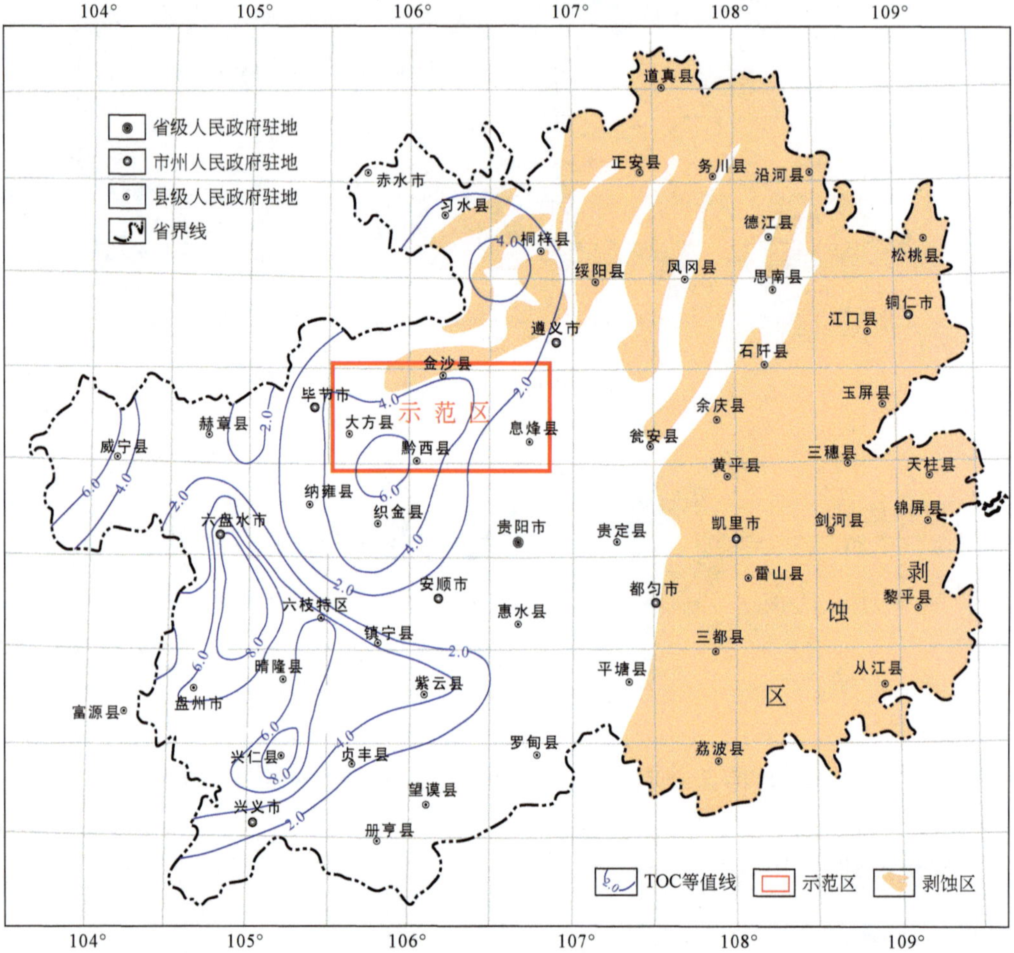

图 3.35 黔西–金沙页岩气勘探开发综合示范区上二叠统龙潭组有机碳分布预测图

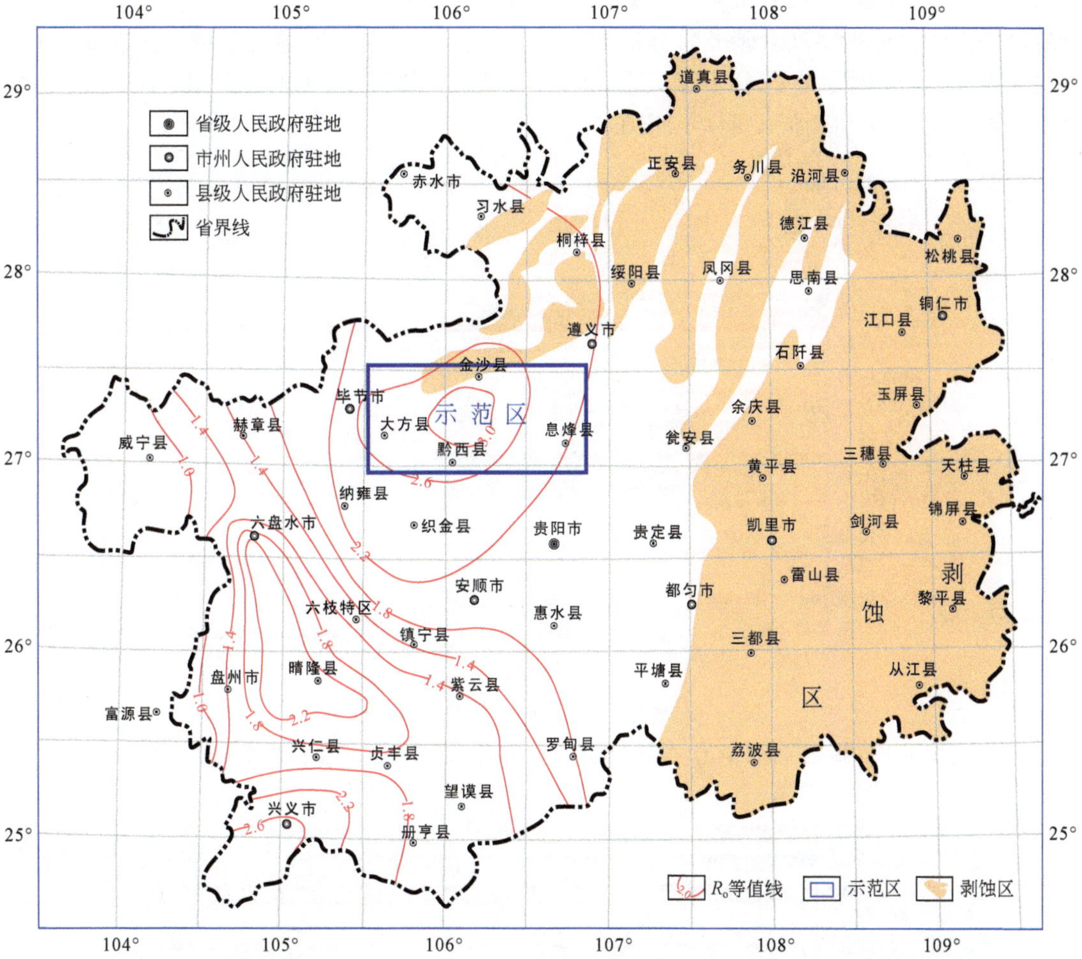

图3.36 黔西-金沙页岩气勘探开发综合示范区上二叠统龙潭组有机质成熟度等值线图

4. 储层特征

龙潭组总孔体积为平均值为0.01467mL/g，微孔体积平均值为0.007961mL/g，中孔体积平均值为0.01427mL/g，宏孔体积为平均值为0.001440mL/g。BET比表面积平均值为4.185m^2/g。龙潭组孔体积从北向南呈现周期性的增长规律。龙潭组页岩在镜下可明显观察到石英颗粒，粒间存在有机质，孔隙大小为纳米级，主要存在于石英颗粒之间及黏土矿物的片层之间，还观察到含碳非常高的煤物质，并且粒间含有明显的裂缝。图3.37为龙潭组孔隙体积分布图，中孔分布较广泛。图3.38为龙潭组孔隙体积比例图。图3.39为龙潭组页岩从北向南孔隙体积变化规律图。

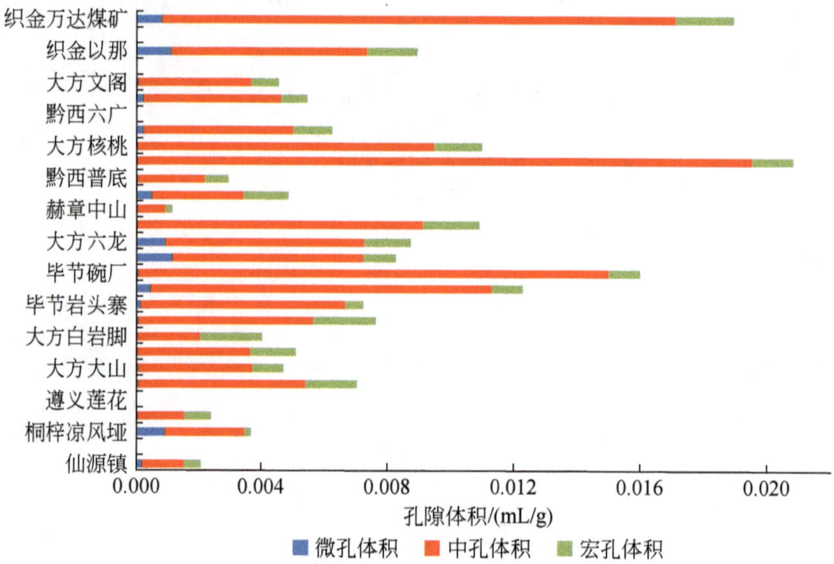

图3.37　黔西-金沙页岩气勘探开发综合示范区及邻区龙潭组孔隙体积分布图

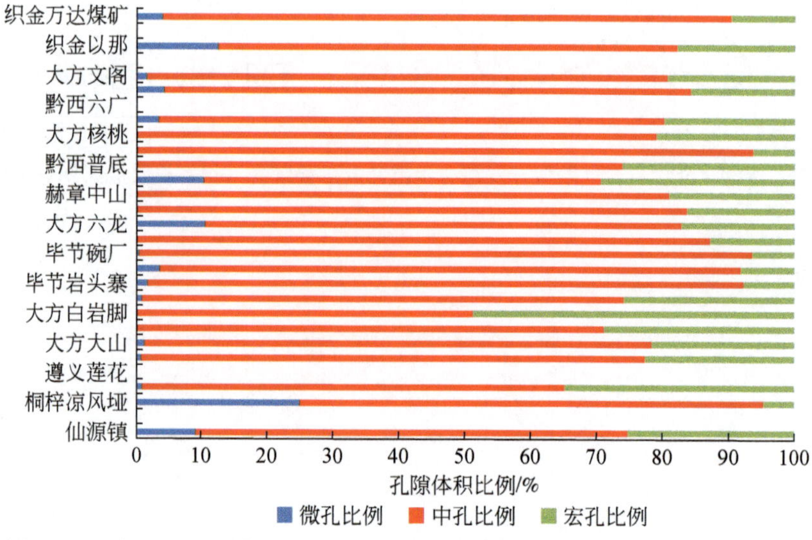

图3.38　黔西-金沙页岩气勘探开发综合示范区及邻区龙潭组孔隙体积比例图

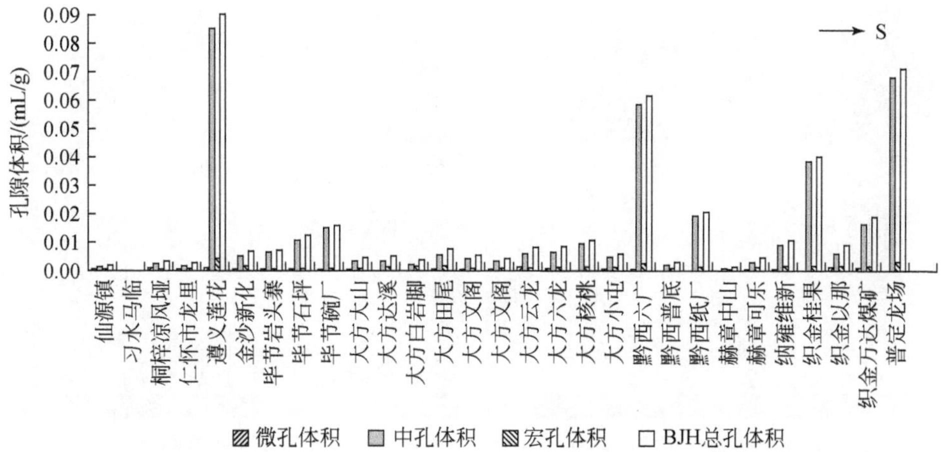

图 3.39　黔西-金沙页岩气勘探开发综合示范区及邻区龙潭组页岩从北向南孔隙体积变化规律图

电子显微镜下发现龙潭组页岩储层多发育黏土矿物层间孔缝及溶蚀孔，有机孔相对不发育（图 3.40），且有机孔多呈凹坑状，前人研究成果表明，发育凹坑状有机孔的有机质多为植物碎屑。

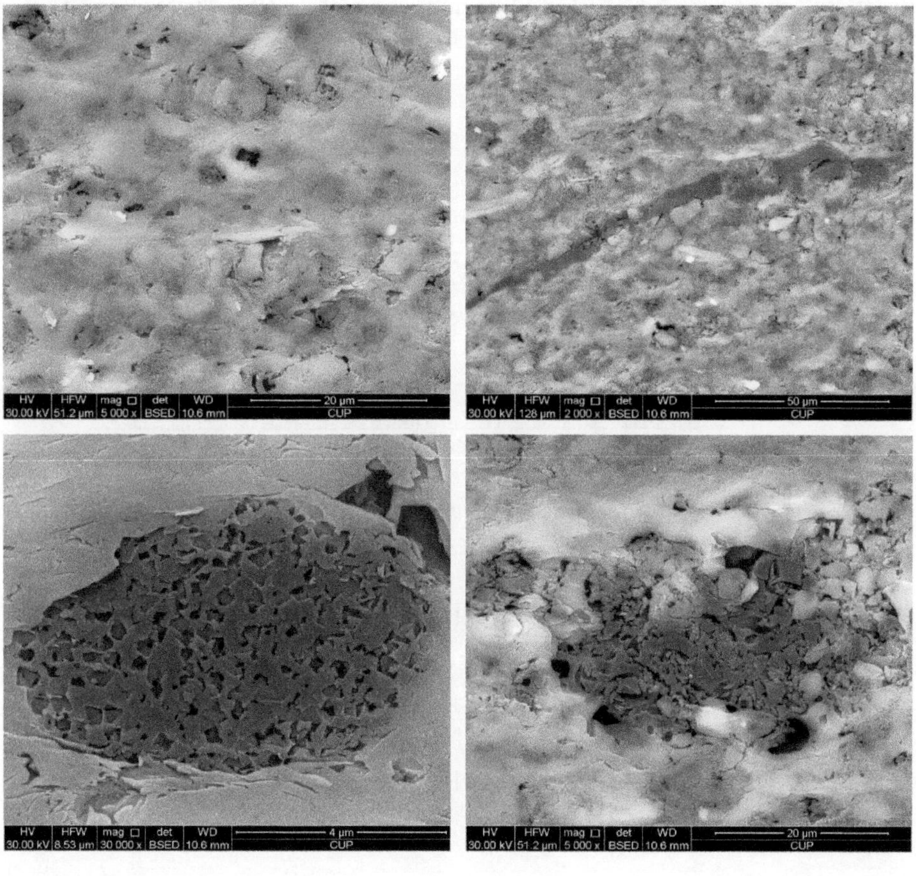

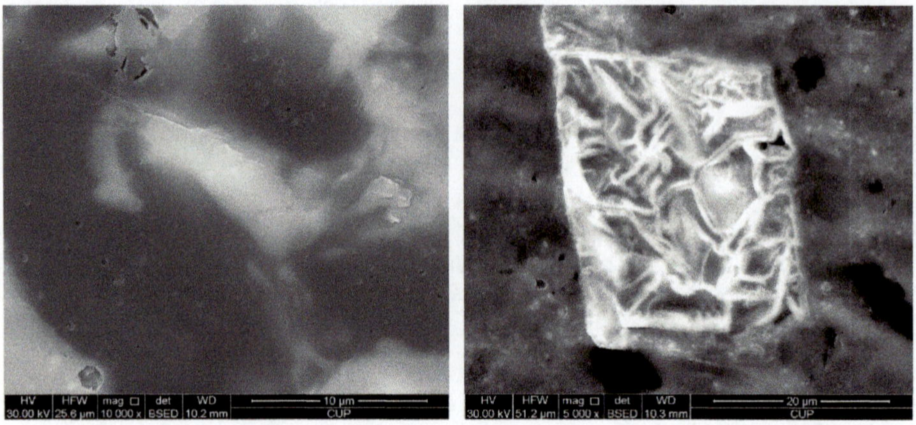

图 3.40　黔西-金沙页岩气勘探开发综合示范区及邻区龙潭组页岩孔隙发育特征

5. 含气量

示范区内的西页 1 井现场解吸实验中 24 块样品中的含气量总体呈一个先升后降的变化趋势（图 3.41），随着深度的增加，解吸气量变化趋势逐渐增加，到 504m 时达到峰值 23005mL，解吸气量较高的主要集中在 420 ~ 440m 和 460 ~ 540m 两段，到 540m 以后解吸气量逐渐减少。

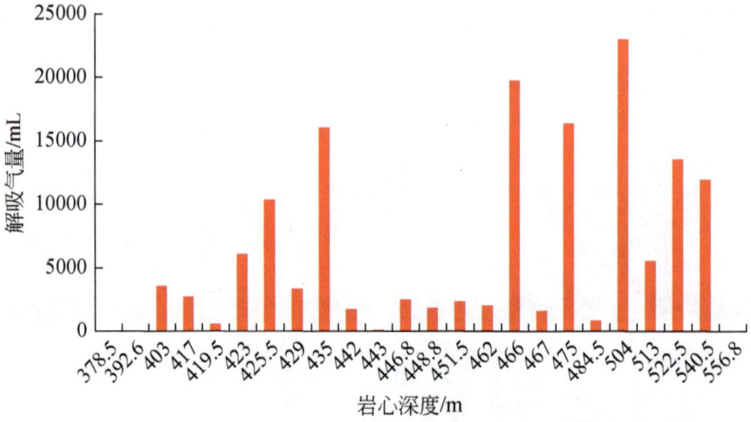

图 3.41　西页 1 井岩心解吸气量变化趋势图

通过计算得到西页 1 井上二叠统龙潭组碳质页岩样品的解吸气含气量为 4.926 ~ 19.171m^3/t，通过直线趋势拟合法（图 3.42）对损失气量做线性回归分析，最终计算页岩总含气量在 5.242 ~ 19.603m^3/t。

根据西页 1 井页岩气现场解吸数据分析可知上二叠统龙潭组的含气量普遍较高，考虑到向示范区方向可能发生相变，推测示范区内含气量最高可达 10m^3/t。

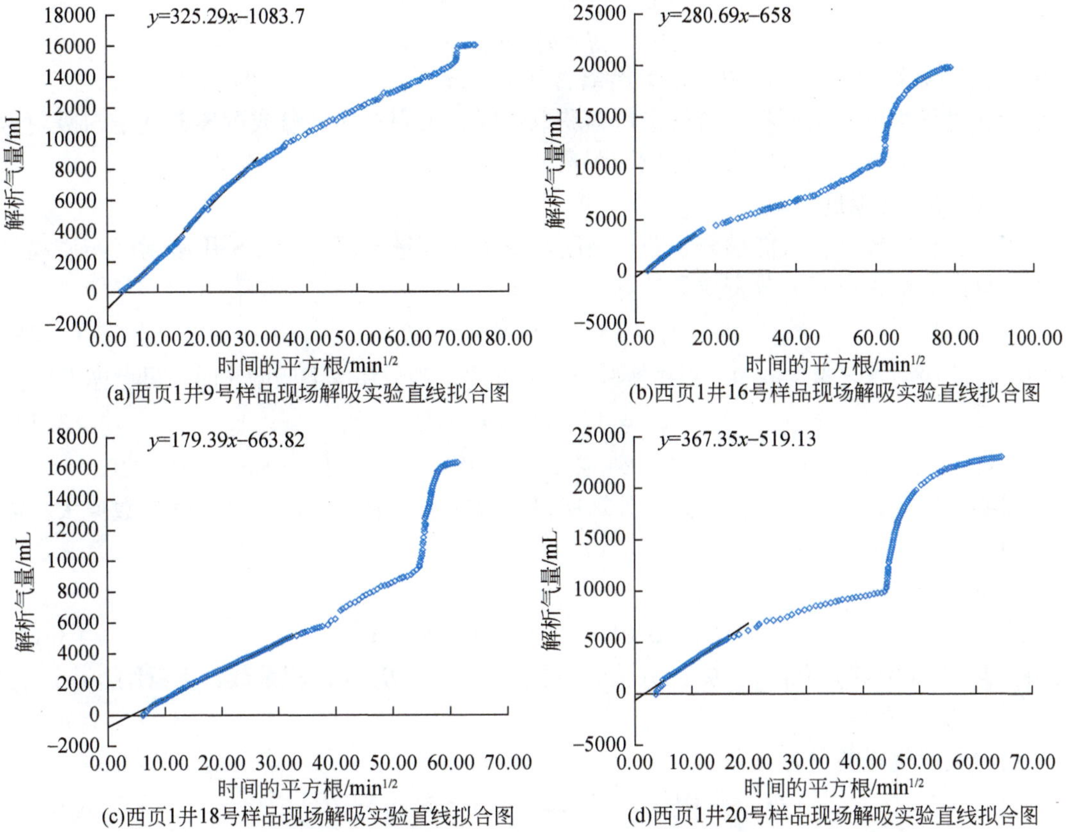

图 3.42　西页 1 井现场解吸实验直线拟合图

(三) 资源潜力与风险分析

1. 示范区页岩气资源潜力

(1) 评价方法

由于页岩中所含的溶解气量极少，页岩气总资源量可近似分解为吸附气总量与游离气总量之和。

$$Q_{总}=Q_{吸}+Q_{游}+Q_{溶} \tag{3.19}$$

$$Q_{总}\approx Q_{吸}+Q_{游}$$

式中，$Q_{总}$为页岩气地质资源量，10^8m^3；$Q_{吸}$为吸附气资源量，10^8m^3；$Q_{游}$为游离气资源量，10^8m^3；$Q_{溶}$为溶解气资源量（总量不足1%），10^8m^3。

页岩气地质资源量为页岩总重与单位重量页岩所含天然气的乘积：

$$Q_{总}=A\cdot h\cdot \rho\cdot q$$

式中，$Q_{总}$为页岩气地质资源量，10^8m^3；A 为含气页岩分布面积，km^2；h 为有效页岩厚度，m；ρ 为页岩密度，t/m^3；q 为总含气量，m^3/t。

考虑单位换算关系，资源量可表示为

$$Q_{总}=0.01 \cdot A \cdot h \cdot \rho \cdot q \tag{3.20}$$

$$q \approx q_{吸}+q_{游}$$

式中，$q_{吸}$为吸附含气量，m^3/t；$q_{游}$为游离含气量，m^3/t。

计算过程中可根据资料及含气量数据获取情况，采用总含气量或游离含气量与吸附含气量分别计算的方法进行页岩气地质资源量计算。

A. 吸附气资源量

当资料程度较高，且能够分别获得吸附与游离含气量数据时，可采用吸附气与游离气分别计算的方法进行页岩气资源量计算：

$$Q_{吸}=0.01 \cdot A \cdot h \cdot \rho \cdot q_{吸} \tag{3.21}$$

式中，$q_{吸}$为吸附含气量，m^3/t，可由实验分析法获得。当使用等温吸附法时，可考虑下式：

$$q_{吸}= V_L \cdot P/\ (P_L+P) \tag{3.22}$$

式中，V_L 为 Langmuir 体积，m^3；P 为地层压力，MPa；P_L 为 Langmuir 压力，MPa。

需要说明的是，采用等温吸附法计算所得的含气量数值可能比实际含气量数值大，需甄别使用。

B. 游离气资源量

$$Q_{游}=0.01 \cdot A \cdot h \cdot \Phi_g \cdot S_g/\ B_g \tag{3.23}$$

式中，Φ_g 为（裂隙）孔隙度,%；S_g 为含气饱和度,%；B_g 为体积系数，无量纲。

C. 地质资源量

页岩气地质资源量为

$$Q_{总}=0.01 \cdot A \cdot h\ (\rho \cdot q_{吸}+ \cdot \Phi_g \cdot S_g/B_g) \tag{3.24}$$

（2）评价结果

在示范区成藏条件研究基础上，利用页岩气资源评价系统软件，采用全国页岩气资源战略调查推荐的资源评价方法–概率体积法对示范区龙潭组页岩气资源量进行预测。

示范区龙潭组有效页岩面积约 $2912km^2$，有效厚度较大，富有机质碳质页岩厚度为 35～45m，平均有效厚度为 40m，埋深为 0～3000m。有机碳含量一般大于 8.0%，平均为 5.0%，R_o 普遍大于 2.2%，已属于高成熟–过成熟，有机质类型主要为腐殖型，具有高生气潜力。含气量为 0～$10.0m^3/t$。选取合适参数，采用概率体积法可对研究区页岩气资源量进行初步估算。计算结果表明，金沙页岩气勘探开发综合示范区龙潭组页岩气地质资源量约为 $8533\times10^8m^3$，可采资源量约为 $1536\times10^8m^3$。

金沙页岩气勘探开发综合示范区页上二叠统龙潭组岩气地质资源量在概率 75% 条件下为 $5552\times10^8m^3$，25% 条件下为 $11687\times10^8m^3$，分布区间为 2926×10^8～$15174\times10^8m^3$，期望值（P_{50}）为 $8533\times10^8m^3$（表 3.8）。

表 3.8　金沙页岩气勘探开发综合示范区资源量预测分布表

参数	概率				
	P_5	P_{25}	P_{50}	P_{75}	P_{95}
面积/km^2	1970	1900	1840	1790	1720
厚度/m	51	47	43	37	34

续表

参数	概率				
	P_5	P_{25}	P_{50}	P_{75}	P_{95}
页岩密度/（t/m^3）	2.63	2.57	2.43	2.39	2.32
总含气量/（m^3/t）	9.6	7.3	5.2	4.1	1.9
可采系数	0.18	0.18	0.18	0.18	0.18
地质资源量/10^8m^3	15174	11687	8533	5552	2926
可采资源量/10^8m^3	2731	2103	1536	999	526

2. 风险分析

示范区块地质条件复杂、非均质性严重、断裂褶皱发育及地形高差相对较大等风险，影响页岩气地质、资源、经济、工程等各方面的系统评价。因此，只有充分认识各类风险及其影响程度并采取恰当的规避、控制措施，才能降低甚至避免各类风险造成的损失，成功勘探开发页岩气资源。

（1）地质风险

A. 页岩发育条件及分布规模

示范区内页岩气主要目的层系为上二叠统龙潭组。而上二叠统龙潭组为海陆过渡相，相变较快，且含粉砂质夹层较多，因此区内龙潭组分布特征具有不确定性。进一步，示范区内地层经历了多次构造运动，地表构造与浅部断层、深部构造具有不协调性，使得目的层分布特征难以准确预测。

B. 页岩气保存条件

国内页岩气的研究起步较晚，页岩气的保存条件研究涉及不多，虽然已有美国页岩气成功开采的范例，但美国的地质条件与示范区差别较大，因此美国页岩气勘探开发经验难以直接借鉴。示范区内地层经历了多次褶皱、变形和改造，对目的层的连续性、完整性、页岩气后期保存条件均造成一定的破坏。

C. 页岩含气量

示范区内没有直接钻井，因此缺少现场解吸实验数据，而邻近区块西页1井的现场解吸数据较少，且向示范区方向延伸可能会发生沉积相变，含气量延伸推断的可靠性受到影响。

此外，上二叠统龙潭组较高的热演化程度、较为有限的参数分布等，也为示范区的页岩气勘探开发带来了不确定性影响。

（2）资源风险

示范区页岩气资源风险主要表现在评价基础薄弱、关键参数代表性参差不齐等方面。

A. 评价基础薄弱

我国页岩气基础地质工作相对薄弱，示范区属于页岩气勘探开发空白区，基础资料大部分来源于区域地质调查报告及公开发表文献，缺少系统翔实有针对性的专门研究。因此，薄弱的基础资料造成了基础数据数量的不足和精度的偏低，影响对整个示范区页岩气资源认识的偏差。

B. 关键参数代表性参差不齐

页岩气资源评价关键参数（如平面分布范围、页岩厚度、有机质含量、成熟度、含气量等）来源于地质志区域地质调查报告、公开发表的文献、实地踏勘采集的样品分析和《全国页岩气资源潜力调查评价及有利区优选》项目等成果；示范区内目的层时代老，后期又经历了复杂的构造运动，因此实地踏勘采集的野外露头样品风化严重，不能完全反映目的层真实情况；据此计算得出的页岩气资源量具有较大的不确定性。

（3）工程风险

根据野外露头和邻区钻井资料，示范区内上二叠统龙潭组主要岩性为粉砂质富有机质页岩夹磷铁矿粉砂岩，极易风化，岩心粉化严重，可能对压裂施工及压裂效果产生重要影响。同时，在以往压裂开发中尚未进行过类似岩性的压裂实验，为压裂施工和采气效果带来了风险。

此外，示范区内地表水系错综复杂，往往会在灰岩发育区内形成溶蚀、溶洞，为页岩气的钻井施工增加风险。

第四章　贵州页岩气资源潜力

第一节　页岩气资源评价方法

一、页岩气资源评价概述

(一) 页岩气资源评价特殊性

页岩气是指主体位于暗色泥页岩或高碳泥页岩中，以吸附或游离态为主要存在方式的天然气聚集（张金川等，2004），页岩气成藏具有隐蔽性的特点，无边、低水，且不以常规圈闭的形式存在。因此，页岩气藏既不遵守油气藏分布规律，也不适合发现概率模型，在进行页岩气资源评价时，需要对地质条件的多变性进行合理评价。同时，由于页岩气的资源潜力、产量及成本等因素均容易发生快速大幅度变化，页岩气资源评价就显得尤为必要，有学者认为这种高风险高潜能的非常规天然气资源评价需要每两年或三年进行一次（Kuuskraa，2006；Kuuskraa，2007）。

页岩气资源评价方法很多，不管使用何种方法，评价结果均面临资源量庞大的问题。因此，国外进行页岩气资源评价时常常伴随着可采系数的评价，将页岩中庞大的天然气总量（地质资源量）转化为将来在一定技术和经济条件下可采出的页岩气资源，即我国通常所说的可采资源量。

为了在探明储量基础上定量评价未发现的连续性油气资源，USGS 发展了一系列定量评价未发现的连续性油气资源的基本方法（Bismarck et al.，2006）（图 4. 1）。为了更好地完成资源评价，USGS 进一步提出了含油气系统评价单元概念，以取代 1995 年以来的成藏组合概念（Klett et al.，2000）。在页岩气资源评价过程中，需要对含油气系统中的富有机质页岩及其展布、页岩中的烃类流体数量及展布、生油窗及生气窗中的富有机质页岩分布、具生气潜力的页岩分布及最佳生气能力的富有机质页岩分布等进行确定、评价等。

我国进行页岩气资源评价时，通常分为三级，即远景资源量、地质资源量和可采资源量。其中地质资源量通常是指根据一定的地质依据计算、当前可开采利用或可能具有潜在利用价值的页岩气数量，即根据目前地质资料计算出来、在勘探工作量和当前已知的勘探技术充分使用的条件下，可以探明的具有现实或潜在经济意义的页岩气总量。页岩气可采资源量是指在现行的经济和技术条件下，预期从某一具有明确物理边界的页岩范围内可能采出并具有经济意义的天然气数量。

全球页岩气资源丰富，美国能源信息署（EIA）于 2015 年最新公布结果显示，全球页

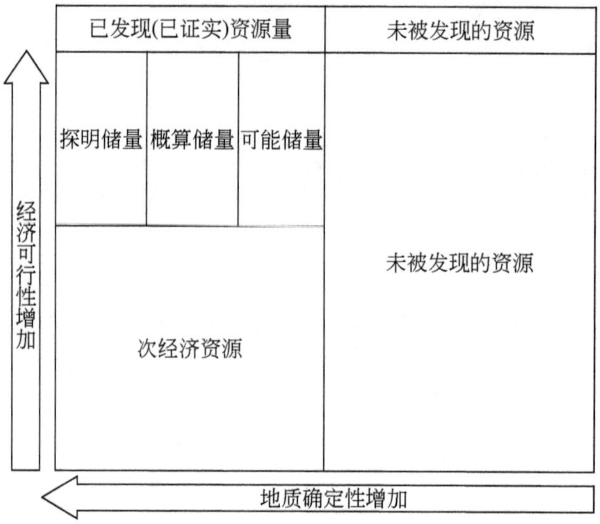

图 4.1　非常规天然气资源评价分级表（USGS，2008）

岩气可采资源量达 214.56×$10^{12}$$m^3$，中国页岩气可采资源量为 31.57×$10^{12}$$m^3$（张大伟等，2012），国内不同学者、不同研究机构评价出我国页岩气可采资源量差别较大，主要为 10×10^{12}～32×$10^{12}$$m^3$（张金川等，2009；邹才能等，2010；贾承造等，2012，张大伟等，2012），评价方法不同，评价结果差异较大。

综合分析国内外页岩气资源评价方法体系，总体上主要体现在动态和静态两个方面。其中动态法主要包括 FORSPAN 模型、ACCESS 模型、物质平衡法、递减曲线分析法、生产历史匹配法、先进的生产分析法等；静态法主要包括类比法、成因法、体积法及特尔菲综合分析法等。

（二）页岩气资源评价思路

1. 从有利区优选到资源量计算

随着页岩气勘探程度的不断提高和基础资料的不断积累，以有利区为评价目标，突出动态特征，确定评价方法，进行参数统计和概率分析，计算资源量。最后通过数据汇总及合理性分析等步骤，达到页岩气有利区优选和资源量计算的目的（图 4.2）。

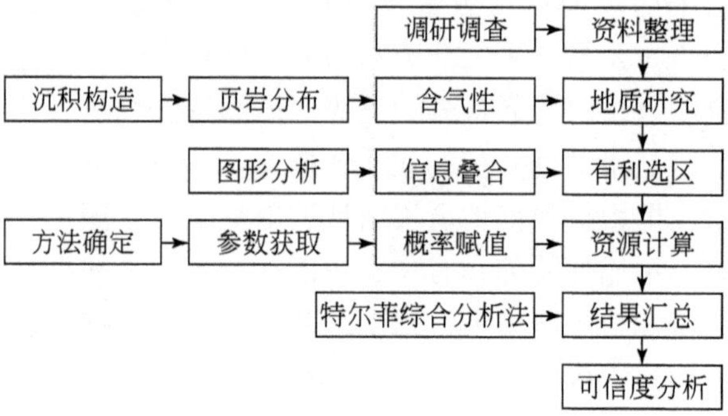

图 4.2　页岩气资源评价工作流程

2. 从静态评价到动态评价

由于页岩气勘探处于早期起步阶段，早期进行的页岩气资源潜力评价可参考资料相对较少，资料基础以野外地质调查为主、参数来源以静态实验测试为主，辅以少量参数井资料。

近年来，随着页岩气勘探与研究工作的不断深入，页岩气勘探取得了重大进展。贵州地区下寒武统牛蹄塘组页岩气勘探取得的新成果，为解决困扰牛蹄塘组勘探的关键问题带来了新认识；正安地区下志留统龙马溪组页岩气勘探取得重大突破，提供了更多开发动态数据；页岩气中标区块开展了大量野外地质调查与二维地震工作，实施了大量的探井和资料井。通过最新资料跟踪，强化了动态资源评价思路。

3. 从分区研究到成果整合

页岩气资源评价充分借鉴勘探已获得的最新成果认识、典型解剖及模式类型，将新认识、新资料和新数据纳入资源评价过程，摒弃认识有限、参考不够、模型缺乏等不足，系统完成从典型地区到区域模式、分区解剖到全区汇总的页岩气资源评价。该评价思路既能保证各评价单元、各大区研究成果的完整性和系统性，也能确保成果汇总和整合工作的有条不紊，增加贵州地区页岩气资源量的系统性和可信性。

二、页岩气资源评价方法

综合分析国内外连续型天然气包括页岩气资源评价方法体系（表 4.1），总体上主要体现在静态和动态两个方面。其中静态法主要包括地质类比法、成因法、体积法及特尔菲综合分析法等；动态法主要包括 FORSPAN 模型、ACCESS 模型、评价单元划分法、物质平衡法、递减曲线分析法、生产历史匹配法、先进的生产分析法等（Schmoker et al.，1999；Schmoker，2002；Klett，2000；Pollastro，2007；Kuuskraa，2007；Hartman，2010）。

表 4.1　页岩气资源评价方法分类表

方法			主要影响因素	使用阶段
大类	亚类	小类		
动态法	FORSPAN 模型法、ACCESS 模型法、评价单元划分法、物质平衡法、递减曲线分析法、生产历史匹配法、先进的生产分析法、页岩储层模拟法、压力/累计产量法	/	EUR 模型	中、后期
静态法	地质类比法	面积丰度类比法、体积丰度类比法	类比系数	早期
	成因法	盆地模拟法、热模拟法、地球化学物质平衡法、干酪根热降解法等	生气率	早、中期
	体积法	/	含气量	早、中期
	综合分析法	蒙特卡罗法、特尔菲综合分析法、专家系统法等	权重系数	早、中期

（一）动态法

根据页岩气资源评价方法分类体系，动态法中的FORSPAN模型法、ACCESS模型、评价单元划分法均涉及大量生产井数据和最终评价采收率（EUR），物质平衡法、递减曲线分析法、生产历史匹配法、先进的生产分析法、压力/累计产量法等方法均通过地质或生产参数与产量建立对应的模型（图4.3），进而达到资源评价的结果，适用于页岩气勘探后期或开发阶段。结合贵州页岩气成藏特点及勘探现状，缺少大量的生产数据来支持动态法，因此现阶段贵州页岩气资源评价宜采用静态法。

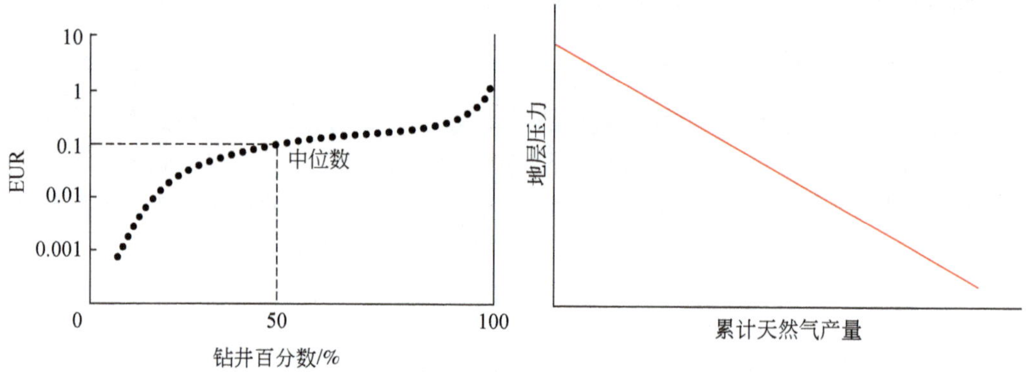

图4.3　最终评价采收率变化曲线和地层压力与累计产量关系示意图

（二）地质类比法

地质类比法根据评价区与类比区页岩气成藏条件的相似性，由已知（类比）区页岩气的资源丰度估算未知（评价）区资源丰度和资源量（图4.4）。根据具体操作方法的差异，地质类比法可分为面积丰度类比法和体积丰度类比法两种类型。不管是面积丰度类比法还是体积丰度类比法，选择类比并确定类比系数是关键。美国处于页岩气大规模勘探开发阶段，但是美国五大页岩气盆地均以中生界页岩为主，且处于盆内稳定区，我国南方地区经历过复杂的地质演化过程，因此两者在页岩发育地质背景、页岩气聚集条件以及地表条件等各方面存在较大差异，寻找相似程度高的类比区难度较大，关键参数类比系数的准确率将大幅度下降。地质类比法主要应用于在页岩气勘探初期阶段，不同学者采用此方法对资料程度较低的地区进行过页岩气资源评价（王社教等，2009；陈波和兰正凯，2009；徐士林和包书景，2009；徐波等，2011），仍然存在可信度低的问题。地质类比法在实际应用中受到诸多限制。

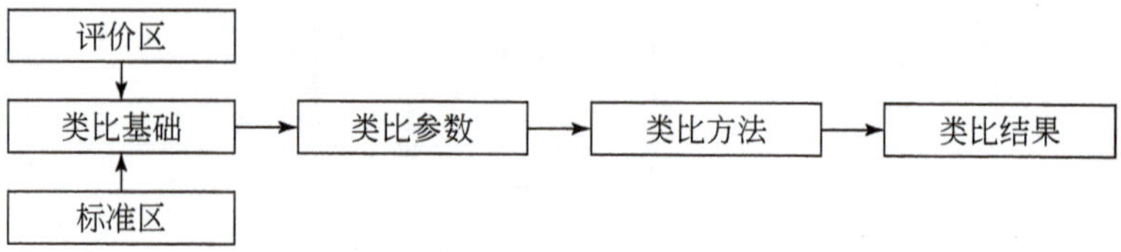

图4.4　地质类比法天然气资源评价流程

(三) 成因法

成因法主要包括盆地模拟法、热模拟法、地球化学物质平衡法、干酪根热降解法等多种方法，各方法均通过油气成因机理来达到定量计算页岩气资源量的目的，该方法在页岩气勘探开发早中期应用较多。具体原理是通过计算某一地区泥页岩生/排油量、生/排气量及原油二次裂解生气量来计算泥页岩中残余天然气资源量（图4.5）。在具体实施过程中，涉及大量参数包括初次生油量、初次生气量、排油量、排气量、初次残留石油量、初次残留天然气量、石油二次裂解生气及页岩中残留气资源量。在诸多参数中，除了生烃量的获取方法相对较成熟外，其他参数的获取相对困难，这些参数的准确获取与泥页岩有机质类型、有机质成熟度、保存条件等地质要素密切相关。目前，针对贵州高-过成熟阶段、保存条件复杂的泥页岩来说，其页岩气的生成、聚集、保存等方面还需更进一步的深入研究，因此这些关键参数的获取及其变化规律尚难以准确把握。

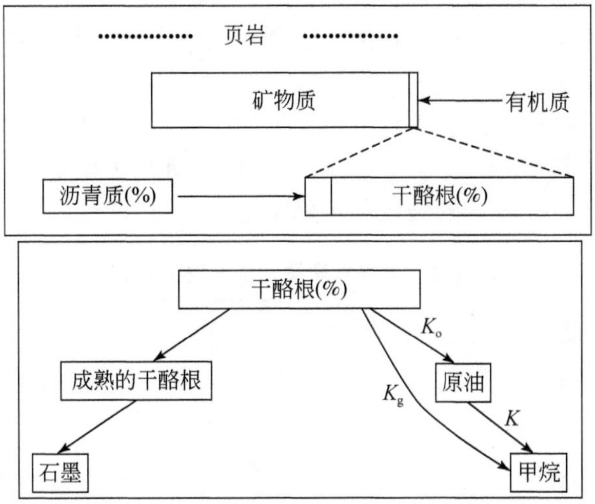

图4.5 干酪根生烃模式图（据 Jarvie et al.，2007）

(四) 体积法

体积法是目前应用最广泛、精度相对最高的方法（张金川等，2008；董大忠等，2009；龙鹏宇等，2009；李延钧等，2011；李玉喜等，2011），也是国土资源部油气资源战略研究中心《全国页岩气资源潜力调查评价及有利区优选》项目页岩气资源潜力评价统一选用方法。体积法是根据主要针对页岩气资源赋存方式的特殊性进行资源评价的一种方法，因为页岩中所含的溶解气量极少，所以页岩气总资源量可近似表示为吸附气总量与游离气总量之和。具体而言，页岩气地质资源量表示为页岩重量与单位重量页岩所含天然气的乘积，若研究区勘探程度较低，无法获取页岩总含气量，也可通过分别计算吸附气含量和游离气含量的方法进行计算。相对其他方法，体积法涉及的关键参数如面积、厚度、密度及含气量等易准确获取。考虑到泥页岩本身的非均质性，引入统计学中概率论的观点，各参数以概率的形式赋值，因此条件概率体积法被提出（张金川等，2012）。

(五) 综合分析法

综合分析法主要包括蒙特卡罗法、特尔菲综合分析法和专家系统法等，适用于页岩气勘探开发的早-中期评价阶段。综合分析法是在使用多种方法进行资源量评价的基础上，由专家组成员按照各自对研究区页岩气资源的综合认识，对不同方法评价的资源结果进行打分，最后根据不同专家所赋予的权重系数求出最终相对可靠的资源量。该方法简单、易行且有效，在美国、加拿大等国家，特尔菲综合分析法被认为是最重要的资源评价方法之一。综合分析法主要依赖大量可靠的资料及专家知识经验，就目前下寒武统页岩气资源评价来说，页岩气发育地质背景复杂且关键参数资料积累少，无成熟经验，因此综合分析法在页岩气资源评价中存在较多假设和不确定性。

综上所述，贵州页岩气的勘探还处于刚刚起步阶段，因此北美地区普遍使用的动态法无法直接使用（表4.2），而静态法中的地质类比法要求选择具有相似页岩气成藏背景和成藏特征的类比区，贵州泥页岩层系多、时代老、热演化程度高、保存条件复杂，寻找类比区的难度较大，该方法在使用时存在诸多限制；成因法涉及大量的参数，而目前针对贵州页岩气的研究程度无法准确获取大量的参数，且存在评价结果偏大的问题；体积法是目前使用最广泛、精度较高的方法；综合分析法虽然简单、易行且有效，但需要大量可靠性高的资料积累和专家的知识经验，目前贵州省页岩气研究关键资料积累较少且无成熟经验，因此使用该方法时存在较多的假设和不确定性。

表4.2 页岩气资源评价方法统计表

方法	关键参数	主要特征	适用性
动态法	最终采收率、产量等	以大量的生产井、动态生产数据为基础	贵州页岩气勘探处于起步阶段，无法适用
地质类比法	类比区、类比系数	具有相似的页岩气成藏背景和成藏特征	贵州页岩层系多、热演化程度高、保存条件复杂，类比区和类比系数的确定难度较大，方法使用受限
成因法	生油/气量、排油/气量、原油裂解气量、残余气量等	参数众多，大量参数需准确获取	高-过成熟度、保存条件复杂的页岩气富集机理研究还不成熟，诸多参数无法准确获取，评价结果偏大
体积法	面积、厚度、密度、含气量	参数易准确获取	考虑页岩本身的非均质性和页岩气富集的特殊性，引入概率论的概念，形成条件概率体积法
综合分析法	权重系数	简单易行有效，但需要大量可靠的资料及专家知识经验	贵州页岩气发育地质背景复杂且关键参数资料积累少，无成熟经验，存在较多假设和不确定性

三、页岩气资源评价概率体积法

条件概率体积法的原理基础依然是体积法，由于页岩中所含的溶解气量极少，可以忽略不计，页岩气总资源量可近似为吸附气总量与游离气总量之和。

$$Q=Q_{游离气}+Q_{吸附气}+Q_{溶解气} \tag{4.1}$$

$$Q\approx Q_{游离气}+Q_{吸附气} \tag{4.2}$$

式中，$Q_{总}$ 为页岩气地质资源量，10^8m^3；$Q_{吸}$ 为吸附气资源量，10^8m^3；$Q_{游}$ 为游离气资源量，10^8m^3；$Q_{溶}$ 为溶解气资源量，10^8m^3（总量不足1%）。

在研究勘探程度比较高、钻井资料丰富的地区，基于钻井岩心各项分析测试数据及现场解吸恢复总含气量，页岩气地质资源量可直接根据页岩总重量与单位重量页岩所含天然气量的乘积求得，综合考虑下寒武统页岩时代、热演化程度高、保存条件复杂的特征，引入校正系数 k。

$$Q_{总}=0.01\cdot A\cdot h\cdot \rho\cdot q_{总} \tag{4.3}$$

式中，$Q_{总}$ 为页岩气地质资源量，10^8m^3；A 为含气页岩分布面积，km^2；h 为有效页岩厚度，m；ρ 为页岩密度，t/m^3；$q_{总}$ 为总含气量，m^3/t。

在勘探程度比较低、缺乏钻井资料的地区，在无法通过钻井现场解吸直接获取总含气量的情况下，借助等温吸附、页岩储层孔隙度等多种方法分解求取吸附气含量和游离气含量。

其中，吸附气资源量可通过式（4.4）求取：

$$Q_{吸}=0.01\cdot A\cdot h\cdot \rho\cdot q_{吸} \tag{4.4}$$

式中，$q_{吸}$为吸附含气量，m^3/t，一般采用实验分析方法获取。常用等温吸附法。

$$q_{吸}=V_L\cdot P/(P_L+P) \tag{4.5}$$

式中，V_L 为 Langmuir 体积，m^3；P 为地层压力，MPa；P_L 为 Langmuir 压力，MPa。

和体积法计算常规储层气资源量类似，游离气资源量根据含气页岩孔隙度 ϕ_g 和含气饱和度 S_g 来确定。

$$Q_{游离气}=\frac{Ah\phi_g S_g}{B_g} \tag{4.6}$$

式中，A 为页岩含气面积，km^2；h 为有效页岩厚度，m；ϕ_g 为含气页岩孔隙度,%；S_g 为含气饱和度,%；B_g 为体积系数，无量纲。

其中，

$$B_g=\frac{V_g}{V_{sc}} \tag{4.7}$$

式中，V_g 为实际地层条件下 n mol 气体的体积，m^3；V_{sc}为地面标准状态下 n mol 气体的体积，m^3。

根据理想气体状态方程 $P_{sc}V_{sc}=nRT_{sc}$导出地面标准状态下的天然气体积 V_{sc}，根据压缩因子状态方程 $PV_g=nZRT$ 导出实际地层条件下的天然气体积 V_g，则

$$B_g=\frac{P_{sc}}{(t_{sc}+273.15)}\cdot\frac{Z(t+273.15)}{P}=3.456\times10^{-4}Z\frac{t+273.15}{P} \tag{4.8}$$

式（4.8）中，t 为地层温度,℃；Z 为压缩因子，则

$$Q_{游离气}=\frac{2893.5Ah\phi_g S_g P}{Z(t+273.15)} \tag{4.9}$$

总资源量 Q 为吸附气资源量 $Q_{吸附气}$和游离气资源量 $Q_{游离气}$之和：

$$Q=Q_{游离气}+Q_{吸附气}=Ah\frac{2893.5\phi_g S_g P}{Z(t+273.15)}+\rho\frac{V_L P}{P_L+P} \tag{4.10}$$

第二节 贵州页岩气资源评价关键参数

一、页岩气资源评价参数

(一) 参数类型

页岩气资源评价参数主要包括基础参数、间接参数和直接计算参数。其中基础参数主要包括构造、沉积相、矿物相、地层发育等页岩及页岩气信息参数；间接参数主要包括埋藏深度、地层压力、温度、干酪根类型、成熟度、孔隙度、游离含气饱和度、吸附含气量、Langmuir 体积、Langmuir 压力和压缩因子等；直接参数主要包括面积、厚度、总含气量、密度等。

(二) 参数处理原则

参数获取可以采取多种方法。对不同方法获得的参数，必须进行等量校正，通过合理性分析，确定参数变化规律及取值范围。评价参数的确定要有一定的数据量为基础，达到统计学要求。参数应具有代表性，取值应合理、真实、客观。

对所取得的参数需进行合理性分析，合理剔除数学意义上的异常点、地质意义上的无效点。

参数赋值时，首先考虑该参数在研究区中的合理取值范围，然后根据其条件好坏和可能的期望值及最大、最小值，确定相应的概率特征值。参数的概率特征值确定为 P_5、P_{25}、P_{50}、P_{75}、P_{95}。

(三) 参数处理方法

根据计算参数的地质意义，参数分布可划分为均一分布、三角分布、正态分布和对数正态等分布。

有效厚度、密度和总含气量等参数均服从正态分布模型，因此采用正态分布模型积分求取不同条件概率下的参数值。

正态分布原理：假设随机变量 X 服从一个数学期望为 μ、方差为 σ^2 的正态分布，即 N（μ，σ^2）。期望值 μ 决定了概率密度函数的位置，标准差 σ 决定了其分布的幅度。通常所说的标准正态分布是 $\mu=0$、$\sigma=1$ 的正态分布（图 4.6，图 4.7）。

概率密度函数为：

$$f(x)=\begin{cases}\dfrac{1}{\sqrt{2\sigma^2}}\exp\left[-\dfrac{(x-\mu)^2}{2\sigma^2}\right], & x>0\\ 0, & x\leqslant 0\end{cases} \tag{4.11}$$

分布函数为

$$F(x)=\frac{1}{2}\left(1+\mathrm{erf}\frac{x-\mu}{\sigma\sqrt{2}}\right) \tag{4.12}$$

期望值 μ 和标准差 σ 满足：$-\infty<\mu<\infty$，$\sigma>0$。

x 取值范围：$-\infty<x<\infty$。

期望值为 μ，

标准差为 σ。

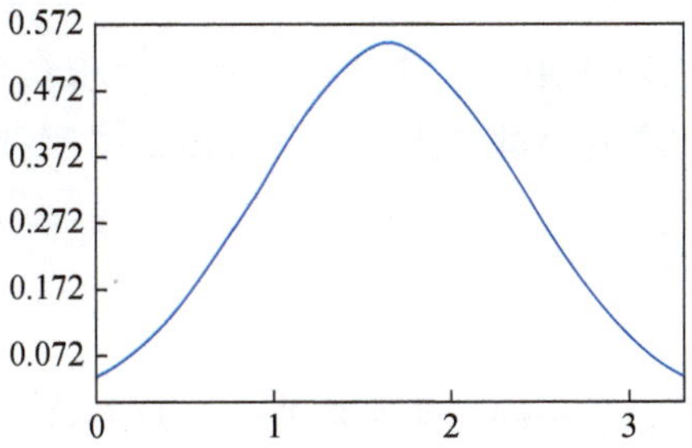

图 4.6　正态分布密度函数

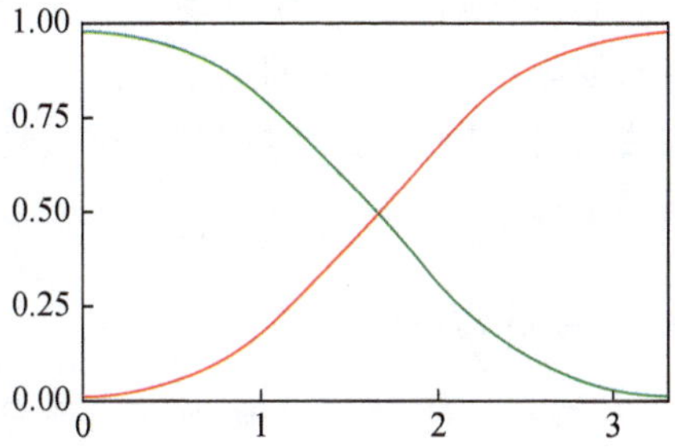

图 4.7　正态分布分布函数

对于服从正态分布特点的参数，可以通过以下步骤实现不同概率的赋值。

1）整理评价单元内所有数据并检查其合理性，包括数据量、数量值及其合理性、代表性、分布的均一性等。

2）根据有效数据，对参数进行数学统计，得到正态分布概率密度分布函数，即假设评价单元内某一参数的数值分别为 x_1、x_2、x_3、…、x_n，则平均数、方差及正态分布的概率密度函数分别表示为

$$\mu=(x_1+x_2+x_3+\cdots+x_n)/n \tag{4.13}$$

$$\delta^2=\frac{1}{n}\left[(x_1-\mu)^2+(x_2-\mu)^2+\cdots+(x_n-\mu)^2\right] \tag{4.14}$$

$$\varphi(x)=\frac{1}{\sigma\sqrt{2\pi}}\mathrm{e}^{-\frac{1}{2\sigma^2}(x-\mu)^2}\quad(0\leqslant x<\infty) \tag{4.15}$$

当参数从最小值变化到最大值时，概率密度积分为 1。当计算数据的最小值和最大值分别为 a 和 b 时，一定概率下的参数赋值即为在从 a 到 b 的范围内，从最小值积分到 x 时的面积（即图 4.8 中阴影部分），x 即为不同概率下所对应的参数值。

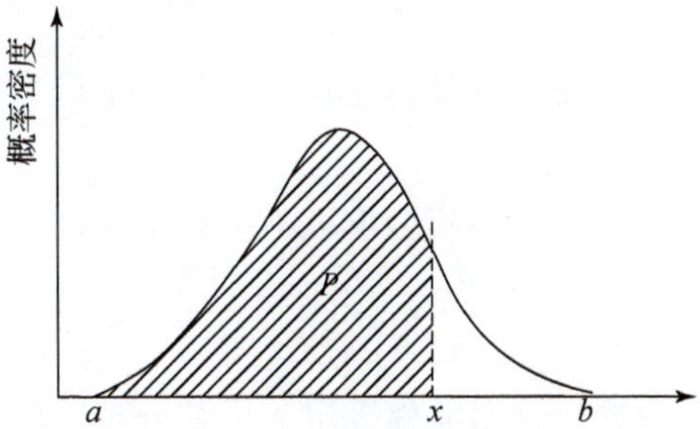

图 4.8　正态分布参数的概率密度

3）对概率密度函数积分即可获得不同概率下的参数对应值，即令积分函数分别等于5%、（25%）50%、（75%）95%，分别求得相应结果。如 P_{75} 时的概率赋值，即为

$$\int_a^b \frac{1}{\delta\sqrt{2\pi}} e^{-\frac{1}{2\delta^2}(x-\mu)^2} dx = 0.75 \tag{4.16}$$

4）结合累计概率分布，检查取值结果的合理性。

（四）有利区面积

根据有利区约束因素和概率条件，赋予不同的特征值。

对于盆地内稳定区，目的层系未经历隆升剥蚀作用，直接采用有利区面积参与计算；对于盆缘改造区，地质历史时期经历过大规模的隆升剥蚀作用，有利区面积按照剥蚀程度予以扣除并赋概率值。

（五）有效厚度

受沉积微相、岩性等条件影响，有效厚度受地质条件变化影响较大。只有当页岩层系中的含气量相对富集并达到一定的水平时，才具有勘探开发价值。

有效页岩段有机碳含量大于1.0%、成熟度大于有效值、脆性矿物含量大于40%、黏土矿物含量小于30%、孔隙度大于1.0%、渗透率大于0.0001mD、含气量大于0.5m³/t。

假设有效页岩段由评价单元1、评价单元2、…、评价单元 n 组成，厚度分别为 h_1、h_2、…、h_n，则参与计算的有效页岩段厚度为 $h=h_1+h_2+\cdots+h_n$。在勘探程度较高的勘探区，以页岩气钻井为基础，结合测井曲线、气测数据、有机碳含量及总含气量等数据确定优质段页岩厚度；在勘探程度较低缺少钻井资料的勘探区，采用野外地质剖面进行有效页岩段厚度的计算。

有效页岩段厚度属离散数据，采用正态分布模型求取不同概率条件下的有效厚度特征值。

（六）页岩密度

页岩的岩石密度也有一定的变化，属离散数据，采用正态分布模型求取不同概率条件下的页岩密度特征值。

（七）含气量

页岩气动态资源评价的设定及划分是建立在一定研究基础和勘探发现基础上的，因此总含气量建议采用现场解吸总含气量。

含气量属离散数据，采用正态分布模型求取不同概率条件下的含气量特征值。

（八）可采系数

我国现阶段页岩气可采系数尚难以准确确定，可结合现阶段经济技术条件，通过与开发区块的地质、工程、地表及其他开发条件进行类比获得。

二、页岩气资源评价关键参数

在勘探程度较高、钻井资料丰富的地区，条件概率体积法进行页岩气资源评价涉及的直接参数主要包括有利区面积、有效页岩厚度、密度、含气量。

（一）有利区面积

页岩气资源量分级不同，相对应的页岩分布面积也有不同的意义。页岩气发育远景区是指具备规模性页岩气形成地质条件的潜力区域；页岩气发育有利区是指经过进一步钻探能够或可能获得页岩气工业气流的区域；页岩气发育核心区是指在自然条件或经过储层改造以后具有页岩气商业开发价值的区域。

页岩气发育有利区的优选主要依据地质背景、盆地类型、沉积构造、主控因素及大量的生产井数据。根据沉积环境和特点，含气页岩可分为海相和陆相两种典型类型，海陆过渡相页岩进一步丰富了中国页岩气类型（张金川等，2009），根据盆地构造类型，海相高有机质含量页岩多发育于被动大陆边缘盆地、克拉通内拗陷盆地和前陆盆地（张水昌等，2005；李双建等，2008），具体到某一研究区，影响页岩气发育因素很多，包括沉积特征、构造特征、岩性特征、有机质类型及含量、成熟度、厚度、埋深、矿物组成、孔隙度、比表面积、顶底板条件等，每个因素影响程度不同，尤其是不同地区、不同目的层系的页岩气聚集主要控制因素亦不同。

在提取出页岩气发育主控因素的基础上，目前多采用多因素叠合法进行有利区的优选。多因素叠合法是现阶段我国页岩气有利区优选使用最普遍、最实用的方法（图4.9）。方法原理如下：首先绘制页岩气成藏各单一主控因素平面分布变化趋势图，其次将各主控因素平面变化趋势图按照一定的原则相互叠加，最后依据有利区优选参数标准圈定有利区分布范围（图4.10）。由于美国拥有大量的页岩气生产数据，在进行有利区优选的时候更多地参考了采收率、产量等数据，但总体上有利区优选的基本思路是一致的。

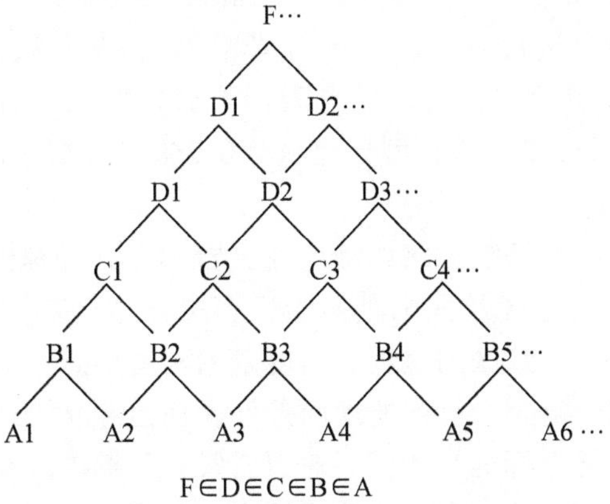

图4.9 多因素叠合法主要思路图

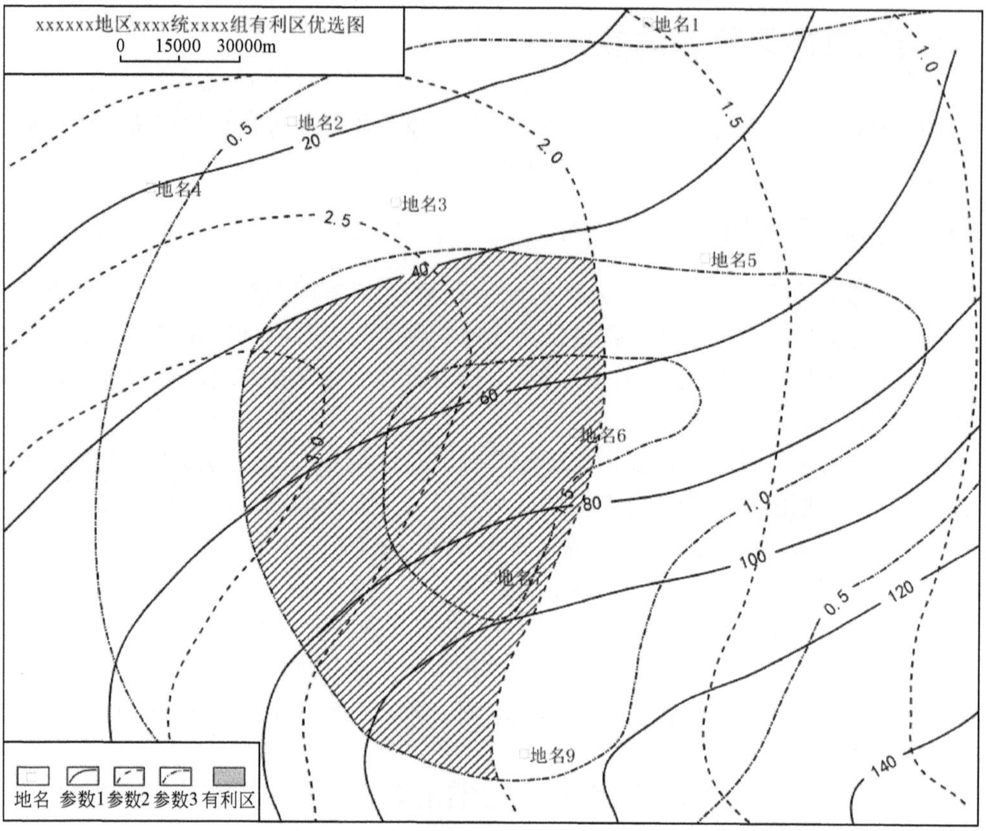

图 4.10　多因素叠合法优选有利区示意图

对于有利区优选标准，很多学者尝试利用各种参数对页岩气藏进行预测（Shiley et al.，1981；Cruits，2002；Martini et al.，2003b；Hill and Nelson，2000）。美国地质调查局认为有机质类型主要为Ⅱ型且 TOC>2%、R_o>1.1%、富有机质页岩段厚度>15m；Hill 和 Nelson（2000）认为 TOC>2.0%、R_o>1.0%、孔隙度>5.0%、渗透率>$100\times10^{-3}\mu m^2$；厚度>30m；Fort Worth 盆地在进行有利区优选时采用 TOC>3.3%、R_o>1.1%、厚度>30m、埋深>300m 的标准。张金川等（2011）结合我国页岩气勘探现状及页岩气资源特点认为 TOC>1.5%、Ⅰ型干酪根≥1.2%、Ⅱ型干酪根≥0.7%、Ⅲ型干酪根≥0.5%、单层厚度≥10m、埋深 300～4500m。

贵州地区主要发育海相及海陆过渡相暗色泥页岩，泥页岩有机质含量丰富，有机质演化程度相对较高。相比北美地区及我国其他地区，贵州地区具有后期构造改造强烈的特点，多幕构造活动的叠加，导致区内呈现极其复杂的构造形态，对页岩气的富集具有一定影响。考虑到贵州地区比较复杂、特殊的地质条件，在借鉴北美地区页岩气勘探经验的同时，以我国页岩气有利区优选标准为依据，对页岩气有利勘探区及富集带进行分析评价。

选取含气页岩厚度、有机碳、有机质热成熟度、储集性、埋藏深度、保存条件和含气性等参数对贵州地区页岩气有利区进行优选。依据不同沉积环境下页岩的特点及特征参数，在综合分析贵州地区页岩分布特征、地球化学特点、储集物性、裂缝发育条件及含气性质的基础上，主要采用多因素叠合法，分别对贵州海相及海陆过渡相富有机质页岩开展有利选区综合研究评价（表 4.3）。总体看，页岩气勘探有利区需要具备较厚的含气页岩厚度、较高的有机质丰度、较高的热演化程度、较高的含气量、较好的保存条件和适合勘探的地表条件等。

表 4.3 海相页岩气有利区优选参考指标

主要参数	变化范围
页岩面积下限区间	有可能在其中发现目标（核心）区的最小面积，在稳定区或改造区都可能分布。根据地表条件及资源分布等多因素考虑，面积下限区间为 200 ~ 500km²
泥页岩厚度	厚度稳定、单层不小于 10m
TOC	平均不小于 2.0%
R_o	Ⅰ型干酪根不小于 1.2%；Ⅱ型干酪根不小于 0.7%；Ⅲ型干酪根不小于 0.5%
埋深	300 ~ 4500m
地表条件	地形高差较小，如平原、丘陵、低山、中山、沙漠等
总含气量	不小于 $0.5m^3/t$
保存条件	中等

（二）有效页岩厚度

有效页岩厚度是决定页岩气资源规模的重要参数之一，页岩本身既是生气源岩又是储气储层，因此在进行优质段划分时既要考虑生气条件、储集物性，更要考虑含气量纵向变化特征。尤其是下寒武统泥页岩厚度大，受沉积微相、岩性等条件的影响，各地质参数指标在纵向上的变化较大。

只有当页岩层系中的含气量相对富集并达到一定水平时，才具有勘探开发价值，不管是海相、陆相还是海陆过渡相页岩含气量不能低于 $0.5m^3/t$（张金川等，2012）。据统计，美国五大产气盆地页岩含气量下限区间为 $0.5 \sim 1.0m^3/t$。一般情况下，吸附气含量与有机碳含量呈正相关关系，有机碳含量越高，吸附气含量越大。游离气含量主要取决于有机质微孔和微缝的发育程度，以及孔隙度和渗透率的大小，以含气量为 $0.5m^3/t$ 为下限。据统计，海相页岩有机碳含量大于 2.0%、成熟度大于 1.2%、脆性矿物含量大于 40%、黏土矿物含量小于 30%、孔隙度大于 1.0%、渗透率大于 0.0001mD（表 4.4）。同时，根据相关行业标准，在优质段划分时应扣除厚度大于 1m 的夹层。

表 4.4 海相页岩优质段划分关键参数最小指标

参数	最小值	参数	最小值
有机碳含量	>2%	孔隙度	>1.0%
类型	Ⅰ、Ⅱ	渗透率	$>10\times10^{-3}$mD
成熟度	>1.2%	脆性矿物含量	>40%
黏土矿物含量	<30%	夹层	<1m

根据有效泥页岩划分标准，在纵向上进行优质段划分（图4.11）。假设有效页岩由评价单元1、评价单元2、…、评价单元 n 组成，厚度分别为 h_1、h_2、…、h_n，则参与计算的泥页岩优质段厚度为 $h=h_1+h_2+\cdots+h_n$。在勘探程度较高的勘探区，以页岩气钻井为基础，结合测井曲线、气测数据、有机碳含量及总含气量等数据确定优质段页岩厚度；在勘探程度较低缺少钻井资料的勘探区，采用野外地质剖面（TOC>2.0%、理论计算含气量）进行有效页岩厚度的计算，对于勘探程度特低的区域，利用邻区或相似地区钻井或野外地质剖面类比，形成优质段页岩厚度剖面图和平面分布图。

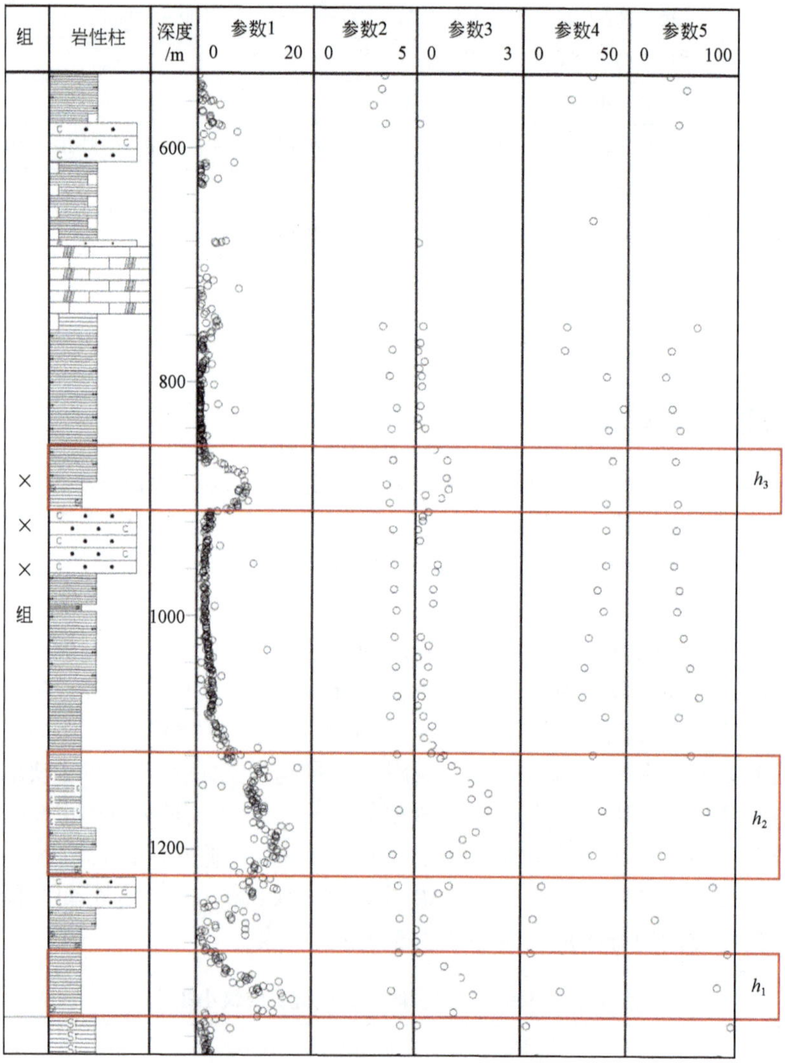

图4.11　纵向评价单元划分示意图

（三）含气量

对于勘探程度较高的勘探区域，直接采用参数赋值模型对现场解吸并恢复形成的总含气量进行赋值预测。现场解吸法得到的总含气量由三部分组成，分别为解吸气量、残余气量和损失气量（图 4.12）。

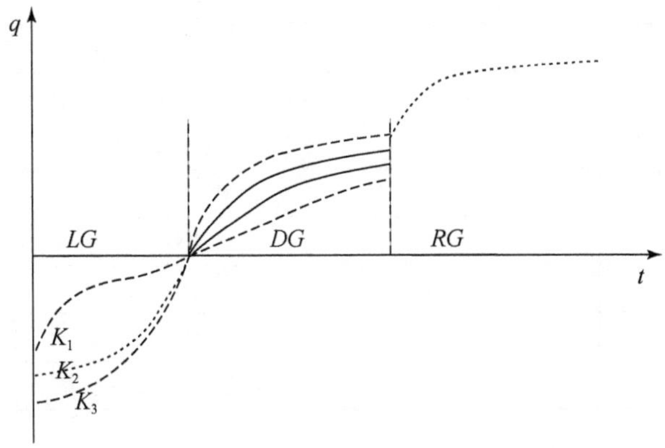

图 4.12 现场解吸含气量结构示意图

对于勘探程度较低或特低区域，主要采用理论计算法分别计算吸附气量和游离气量。

其中，吸附气量主要根据 Langmuir 等温吸附方程将其转化为地面标准条件下的含气量来获得，所以：

$$q_{吸}=\frac{V_{\mathrm{L}}P}{P_{\mathrm{L}}+P} \tag{4.17}$$

式中，V_{L} 为 Langmuir 体积，m^3；P_{L} 为 Langmuir 压力 Mpa；P 为实际地层所对应的压力，MPa。

此外，吸附量还可利用其与有机碳含量之间的正相关关系及测井解释等方法来确定。

游离气量主要受控于泥页岩孔隙度和含气饱和度，因此根据含气泥页岩孔隙度 ϕ_{g} 及含气饱和度 S_{g} 来计算有利区含量 $q_{游}$：

$$q_{游}=\frac{\phi_{\mathrm{g}}S_{\mathrm{g}}}{B_{\mathrm{g}}} \tag{4.18}$$

式中，ϕ_{g} 为含气页岩孔隙度,%；S_{g} 为含气饱和度,%；B_{g} 为体积系数，无量纲。

三、贵州页岩气资源评价关键参数

评价参数主要包括了页岩面积、厚度、（裂缝）孔隙度、游离气饱和度、吸附气含量、Langmuir 体积、Langmuir 压力和压缩因子等。不直接参与计算但可能对计算结果具有较大影响的间接参数主要包括埋深、地层压力、温度、干酪根类型及地质背景等。根据计算需要，现将贵州目的层系，即下寒武统牛蹄塘组、下寒武统变马冲组、下志留统龙马溪组、中泥盆统火烘组、下石炭统打屋坝组、中二叠统梁山组及上二叠统龙潭组进行页岩气资源评价所需的评价单元信息表进行汇总（表 4.5 ~表 4.11）。

表 4.5　贵州省下寒武统牛蹄塘组页岩气资源量计算单元信息表

评价单元名称	贵州省
目标层系	牛蹄塘组
地质时代	下寒武统
岩性及其组合特征	黑色薄层-中厚层状碳质页岩、硅质页岩、粉砂质页岩
沉积相类型	深水陆棚相
干酪根类型	Ⅰ型
埋深	主体 1000 ~ 5000m
地层压力/MPa	10 ~ 50
地层温度/℃	15 ~ 146
构造特征	构造强烈、断层发育
勘探及工作量程度	中等
地形地貌	凹凸起伏中等，以低山、丘陵为主

表 4.6　贵州省下寒武统变马冲组页岩气资源量计算单元信息表

评价单元名称	贵州省
目标层系	变马冲组
地质时代	下寒武统
岩性及其组合特征	黑色薄层-中厚层状碳质页岩、硅质页岩、粉砂质页岩
沉积相类型	深水陆棚相
干酪根类型	Ⅰ型
埋深	主体 1000 ~ 2000m
地层压力/MPa	10 ~ 20
地层温度/℃	15 ~ 50
构造特征	构造强烈、断层发育
勘探及工作量程度	中等
地形地貌	凹凸起伏较大，以山地为主

表 4.7　贵州省下志留统龙马溪组页岩气资源量计算单元信息表

评价单元名称	贵州省
目标层系	龙马溪组
地质时代	下志留统
岩性及其组合特征	黑色薄层-中厚层状碳质页岩、硅质页岩、粉砂质页岩
沉积相类型	浅水陆棚相
干酪根类型	Ⅰ型、Ⅱ型
埋深	主体 1000 ~ 2000m
地层压力/MPa	10 ~ 20

续表

评价单元名称	贵州省
地层温度/℃	15～50
构造特征	构造强烈、断层发育
勘探及工作量程度	中等
地形地貌	凹凸起伏较大，以山地为主

表 4.8　贵州省中泥盆统火烘组页岩气资源量计算单元信息表

评价单元名称	贵州省
目标层系	火烘组
地质时代	中泥盆统
岩性及其组合特征	深灰色泥页岩、砂质泥页岩
沉积相类型	浅水陆棚相
干酪根类型	Ⅱ型
埋深	主体 2000～3000m
地层压力/MPa	20～35
地层温度/℃	45～80
构造特征	构造强烈、断层发育
勘探及工作量程度	中等
地形地貌	凹凸起伏较大，以山地为主

表 4.9　贵州省下石炭统打屋坝组页岩气资源量计算单元信息表

评价单元名称	贵州省
目标层系	打屋坝组/旧司组
地质时代	下石炭统
岩性及其组合特征	碳质页岩、粉砂质页岩
沉积相类型	陆棚相
干酪根类型	$Ⅱ_1$型、$Ⅱ_2$型
埋深	主体 3000～4000m
地层压力/MPa	30～45
地层温度/℃	80～115
构造特征	构造强烈、断层发育
勘探及工作量程度	中等
地形地貌	凹凸起伏较大，以山地为主

表 4.10　贵州省中二叠统梁山组页岩气资源量计算单元信息表

评价单元名称	贵州省
目标层系	梁山组
地质时代	中二叠统
岩性及其组合特征	泥页岩、砂质泥页岩
沉积相类型	浅海-陆棚相
干酪根类型	Ⅲ型
埋深	主体 1000～2000m
地层压力/MPa	10～20
地层温度/℃	15～50
构造特征	构造强烈、断层发育
勘探及工作量程度	中等
地形地貌	凹凸起伏较大，以山地为主

表 4.11　贵州省上二叠统龙潭组页岩气资源量计算单元信息表

评价单元名称	贵州省
目标层系	龙潭组
地质时代	上二叠统
岩性及其组合特征	黑色薄层碳质页岩、钙质页岩、粉砂质页岩
沉积相类型	潮坪-潟湖相
干酪根类型	Ⅲ型
埋深	主体 1000～2000m
地层压力/MPa	10～20
地层温度/℃	15～50
构造特征	构造强烈、断层发育
勘探及工作量程度	低
地形地貌	凹凸起伏较大，以山地为主

贵州页岩气资源评价关键参数包括有利区面积、优质段页岩厚度及含气量。页岩面积的大小及有效性随页岩地球化学参数（有机碳含量、成熟度、厚度等）及埋深而变化，贵州页岩气有利目的层系地球化学参数及埋深资料拥有程度相对较高，在扣除研究区内缺失面积的基础上，以总有机碳含量、有机质成熟度、有效厚度及埋深平面分布图等值线为基础，优选有利区并计算其面积。

厚度、密度和含气量的赋值主要采用数学统计，得到正态分布概率密度函数，根据此概率密度函数分别求取不同概率（95%、75%、50%、25%、5%）条件下的厚度值。

$$f(x)=\frac{1}{\sigma\sqrt{2\pi}}e^{\frac{1}{2\sigma^2}(x-\mu)^2}\quad(0\leqslant x<\infty)\tag{4.19}$$

式中，μ 为平均数；σ 为方差。

以下寒武统牛蹄塘组厚度值为例，平均值为98.96，标准差35.05，所以概率密度方程为

$$f(x)=\frac{1}{35.03\times\sqrt{2\pi}}e^{\frac{1}{2\times35.05^{2}}(x-98.61)^{2}} \tag{4.20}$$

直接以概率分布图为基础求得下寒武统牛蹄塘组不同概率条件下（95%、75%、50%、25%、5%）的取值分别为30.00m、48.80m、74.98m、98.61m、122.24m（图4.13）。

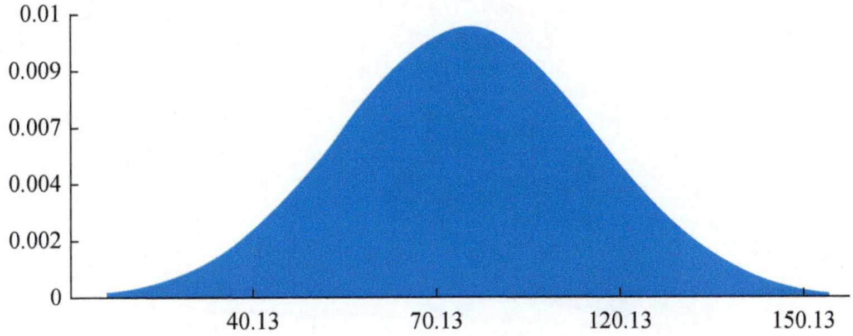

图4.13　下寒武统牛蹄塘组厚度正态分布图

可采系数的取值主要考虑地质条件、工程条件及经济技术条件，并借鉴国外取值，确定本次评价可采系数赋值，见表4.12。

表4.12　可采系数取值标准　（单位：%）

地表条件	寒武系及前寒武系	志留系	早古生界	中新生界
高山	0~5	0~5	0~5	0~5
中山	5~10	5~10	5~10	5~10
沙漠、戈壁	5~15	10~15	10~20	10~20
黄土塬、高原（除青藏外）	10~15	10~15	15~20	15~25
低山	10~15	10~20	15~25	20~30
丘陵、平原	10~15	10~25	20~25	25~30

依据可采系数赋值标准，结合贵州地形地貌特征，下寒武统牛蹄塘组、下寒武统变马冲组、下志留统龙马溪组、下石炭统打屋坝组、中二叠统梁山组及上二叠统龙潭组可采系数均赋值18%。

第三节　贵州页岩气资源评价结果

一、贵州页岩气资源量

对贵州黔北、黔西北、黔南、黔西南四大区中的6个含气页岩层系、26个有利区的页岩气资源进行评价，贵州页岩气发育有利区页岩气地质资源量为92155.44×10^8m^3，可采

资源量为 16587.98×10^{8}m^3（图 4.14）。

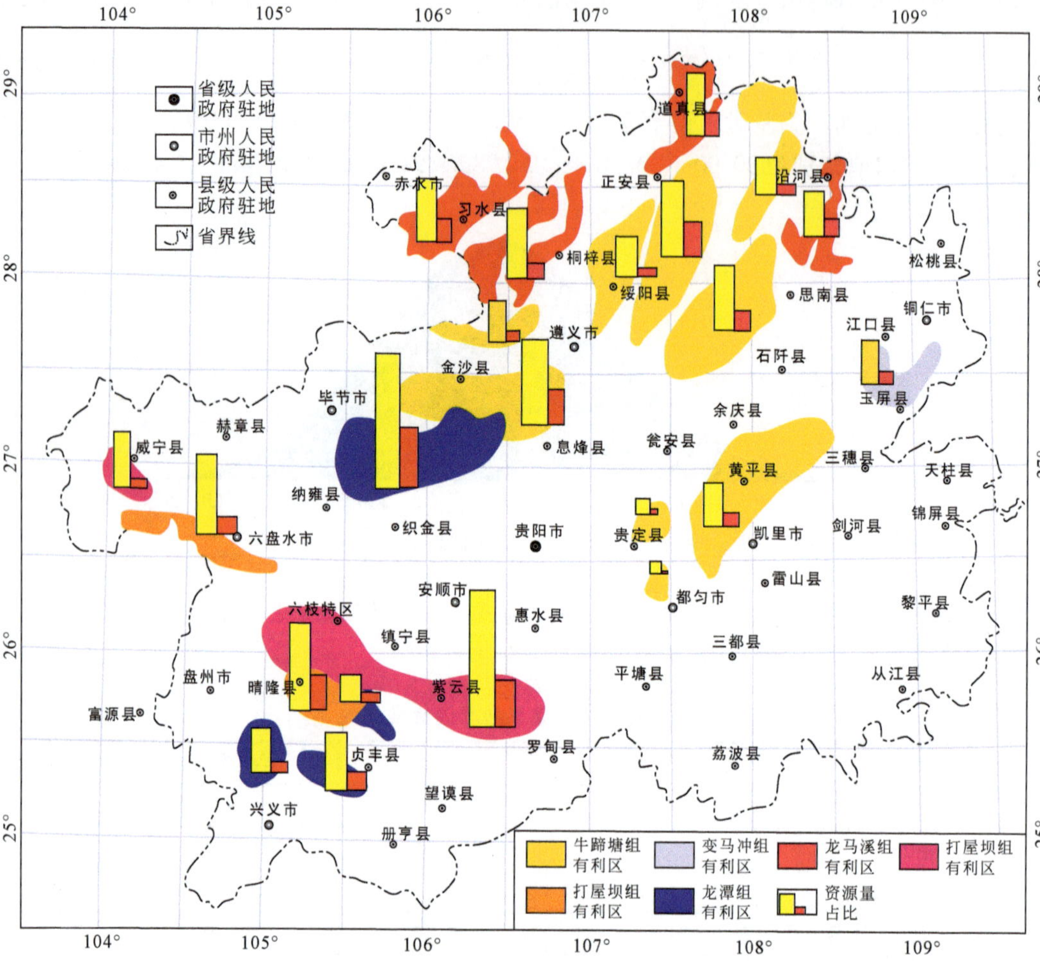

图 4.14　贵州页岩气资源评价综合图

二、贵州页岩气资源量的层系分布

贵州省页岩气资源主要分布在下寒武统变马冲组、下寒武统牛蹄塘组、下志留统龙马溪组、下石炭统打屋坝组、中二叠统梁山组和上二叠统龙潭组，其中，下寒武统变马冲组 1513.76×10^{8}m^3，占贵州省总量的 2%；下寒武统牛蹄塘组 35493.22×10^{8}m^3，占贵州省总量的 39%，可采资源量 6388.78×10^{8}m^3；下志留统龙马溪组 14763.74×10^{8}m^3，占贵州省总量的 16%，可采资源量 2657.47 ×10^{8}m^3；下石炭统打屋坝组 14429.7×10^{8}m^3，占贵州省总量的 16%，可采资源量 2597.35×10^{8}m^3；中二叠统梁山组 8689.86×10^{8}m^3，占贵州省总量的 9%，可采资源量 1.60×10^{8}m^3；上二叠统龙潭组 17265.16×10^{8}m^3，占贵州省总量的 19%；可采资源量 3107.73×10^{8}m^3（表 4.13，图 4.15）。

表 4.13 贵州省页岩气资源量层系分布表 (单位：10^8m^3)

资源量	资源量	概率分布				
		F_5	F_{25}	F_{50}	F_{75}	F_{95}
上二叠统龙潭组	地质资源量	32296.42	24326.23	17265.16	11024.13	5982.6
	可采资源量	5813.36	4378.72	3107.73	1984.34	1076.87
中二叠统梁山组	地质资源量	14201.7	11140.61	8689.86	6591.25	4732.48
	可采资源量	2556.31	2005.31	1564.17	1186.43	851.85
下石炭统打屋坝组	地质资源量	21084.89	17208.07	14429.7	11625.61	8787.65
	可采资源量	3795.28	3097.45	2597.35	2092.61	1581.78
下志留统龙马溪组	地质资源量	23951.65	18825.23	14763.74	10724.5	7247.09
	可采资源量	4311.30	3388.54	2657.47	1930.41	1304.48
下寒武统变马冲组	地质资源量	52361.88	43191.52	35493.22	28014.14	21044.35
	可采资源量	9425.14	7774.47	6388.78	5042.55	3787.98
下寒武统牛蹄塘组	地质资源量	2770.59	2089.47	1513.76	950.97	543.36
	可采资源量	498.71	376.10	272.48	171.17	97.80
合计	地质资源量	146667.13	116781.13	92155.44	68930.60	48337.53
	可采资源量	26400.08	21020.60	16587.98	12407.51	8700.76

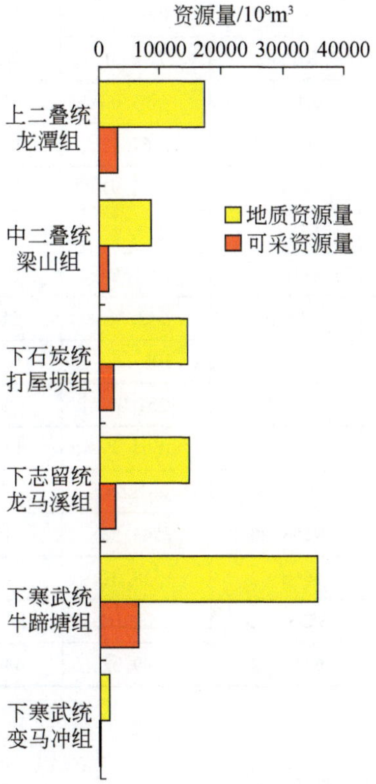

图 4.15 贵州页岩气资源量层系分布图

(一) 下寒武统牛蹄塘组

下寒武统牛蹄塘组有利区资源量 35493.22×10^8m^3，可采资源量 6388.78×10^8m^3，其中，黔南有利区地质资源量 3407.20×10^8m^3，占牛蹄塘组总资源量的 9.6%，可采资源量 613.30×10^8m^3；黔北有利区地质资源量 24355.5×10^8m^3，占牛蹄塘组总资源量的 68.6%，可采资源量 4383.99 ×10^8m^3；黔西北有利区地质资源量 7730.52×10^8m^3，占牛蹄塘组总资源量的 21.8%，可采资源量 1391.49×10^8m^3（表 4.14，图 4.16，图 4.17）。

表 4.14 牛蹄塘组有利区页岩气资源量分布表 （单位：10^8m^3）

大区	有利区	资源量	概率分布				
			F_{95}	F_{75}	F_{50}	F_{25}	F_5
黔南区	麻江-黄平	地质资源量	4127.78	3512.26	2805.10	2065.40	1542.16
		可采资源量	743.00	632.21	504.92	371.77	277.59
	福泉	地质资源量	540.80	449.77	350.71	232.90	132.30
		可采资源量	97.34	80.96	63.13	41.92	23.81
	谷洞	地质资源量	407.63	340.34	251.39	169.00	102.08
		可采资源量	73.37	61.26	45.25	30.42	18.37
	合计	地质资源量	5076.21	4302.37	3407.20	2467.30	1776.54
		可采资源量	913.72	774.43	613.30	444.11	319.78
黔北区	绥阳蒲场	地质资源量	4847.02	4004.99	3408.76	2792.69	2108.29
		可采资源量	872.46	720.90	613.58	502.68	379.49
	正安谢坝	地质资源量	9205.28	7595.03	6370.73	5250.76	4085.11
		可采资源量	1656.95	1367.11	1146.73	945.14	735.32
	岑巩天马	地质资源量	5444.11	4311.91	3554.67	2798.3	2098.42
		可采资源量	979.94	776.14	639.84	503.69	377.72
	镇远羊场	地质资源量	2316.76	1907.58	1595.31	1291.67	1007.74
		可采资源量	417.02	343.36	287.16	232.50	181.39
	德江沙溪	地质资源量	2406.38	1957.49	1660.23	1366.7	1071.66
		可采资源量	433.15	352.35	298.84	246.01	192.90
	沿河茅天	地质资源量	1852.7	1563.59	1306.65	1080.1	854.65
		可采资源量	333.49	281.45	235.20	194.42	153.84
	凤冈蜂岩	地质资源量	9258.98	7544.53	6459.15	5314.04	4105.77
		可采资源量	1666.62	1358.02	1162.65	956.53	739.04
	合计	地质资源量	35331.23	28885.12	24355.50	19894.26	15331.64
		可采资源量	6359.62	5199.32	4383.99	3580.97	2759.70

续表

大区	有利区	资源量	概率分布				
			F_{95}	F_{75}	F_{50}	F_{25}	F_5
黔西北区	金沙-息烽	地质资源量	8850.95	7450.76	5790.68	4391.28	3251.72
		可采资源量	1593.17	1341.14	1042.32	790.43	585.31
	仁怀	地质资源量	3103.49	2553.27	1939.84	1261.3	684.45
		可采资源量	558.63	459.59	349.17	227.03	123.20
	合计	地质资源量	11954.44	10004.03	7730.52	5652.58	3936.17
		可采资源量	2151.80	1800.73	1391.49	1017.46	708.51
总计		地质资源量	52361.88	43191.52	35493.22	28014.14	21044.35
		可采资源量	9425.14	7774.47	6388.78	5042.55	3787.98

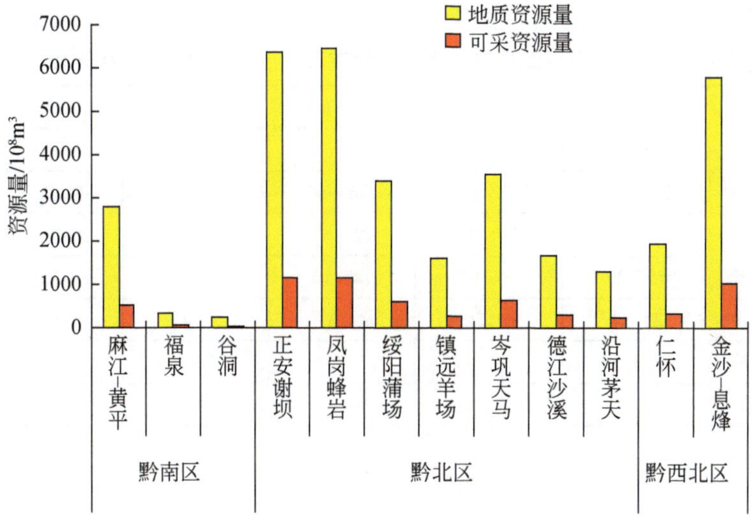

图 4.16 牛蹄塘组有利区页岩气资源量分布图

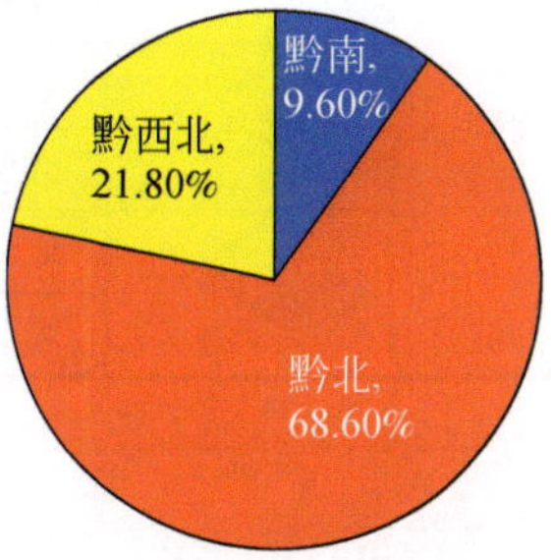

图 4.17 牛蹄塘组资源量大区百分比分布图

黔南麻江-黄平有利区地质资源量 2805.10×10^8m^3，占黔南牛蹄塘组有利区总资源量的 82.3%，可采资源量 504.92×10^8m^3；福泉有利区地质资源量 350.71×10^8m^3，占黔南牛蹄塘组有利区总资源量的 10.3%，可采资源量 63.13×10^8m^3；谷洞有利区地质资源量 251.39×10^8m^3，占黔南牛蹄塘组有利区总资源量的 7.4%，可采资源量 45.25×10^8m^3。

黔北绥阳蒲场有利区地质资源量 3408.76×10^8m^3，占黔北牛蹄塘组有利区总资源量的 14.00%，可采资源量 613.58×10^8m^3；正安谢坝有利区地质资源量 6370.73×10^8m^3，占黔北牛蹄塘组有利区总资源量的 26.16%，可采资源量 1146.73×10^8m^3；岑巩天马有利区地质资源量 3554.67×10^8m^3，占黔北牛蹄塘组有利区总资源量的 14.59%，可采资源量 639.84×10^8m^3；镇远羊场有利区地质资源量 1595.31×10^8m^3，占黔北牛蹄塘组有利区总资源量的 6.55%，可采资源量 287.16×10^8m^3；德江沙溪有利区地质资源量 1660.23×10^8m^3，占黔北牛蹄塘组有利区总资源量的 6.82%，可采资源量 298.84×10^8m^3；沿河茅天有利区地质资源量 1306.65×10⁸m³，占黔北牛蹄塘组有利区总资源量的 5.36%，可采资源量 235.20×10⁸m³；凤冈蜂岩有利区地质资源量 6459.15×10⁸m³，占黔北牛蹄塘组有利区总资源量的 26.52%，可采资源量 1162.65×10⁸m³。

黔西北金沙-息烽有利区地质资源量 5790.68×10⁸m³，占黔西北牛蹄塘组有利区总资源量的 74.91%，可采资源量 1042.32 ×10⁸m³；仁怀有利区地质资源量 1939.84×10⁸m³，占黔北牛蹄塘组有利区总资源量的 25.09%，可采资源量 349.17×10⁸m³。

（二）下寒武统变马冲组

变马冲组有利区地质资源主要分布在黔北区，总量为 1513.76×10⁸m³，可采资源量 272.48×10⁸m³，包括岑巩天马和镇远羊场有利区，其中岑巩天马有利区地质资源量 1264.60×10⁸m³，占黔北变马冲组有利区资源总量的 83.5%，可采资源量 227.63×10⁸m³；镇远羊场有利区地质资源量 249.16×10⁸m³，占黔北变马冲组有利区资源总量的 16.5%，可采资源量 44.85×10⁸m³（表 4.15，图 4.18）。

表 4.15　变马冲组有利区页岩气资源量分布表　　（单位：10^8m^3）

大区	有利区	资源量	概率分布				
			F_{95}	F_{75}	F_{50}	F_{25}	F_5
黔北区	岑巩天马	地质资源量	2315.39	1749.45	1264.60	792.80	454.01
		可采资源量	416.77	314.90	227.63	142.70	81.72
	镇远羊场	地质资源量	455.20	340.02	249.16	158.17	89.35
		可采资源量	81.94	61.20	44.85	28.47	16.08
	总计	地质资源量	2770.59	2089.47	1513.76	950.97	543.36
		可采资源量	498.71	376.10	272.48	171.17	97.80

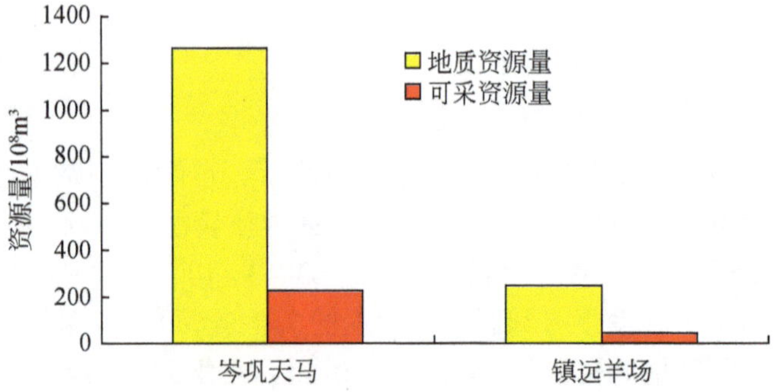

图 4.18　变马冲组有利区页岩气资源量分布图

（三）下志留统龙马溪组

龙马溪组有利区资源量 14763.74×10⁸m³，可采资源量 2657.47×10⁸m³，主要分布在黔北区和黔西北区，其中，黔北有利区地质资源量 5264.90×10⁸m³，占龙马溪组总资源量的

35.7%，可采资源量947.68×10^8m^3；黔西北有利区地质资源量9498.84×10^8m^3，占龙马溪组总资源量的64.3%，可采资源量1709.79×10^8m^3（表4.16，图4.19，图4.20）。

表4.16　龙马溪组有利区页岩气资源量分布表　　（单位：10^8m^3）

大区	有利区	资源量	概率分布				
			F_{95}	F_{75}	F_{50}	F_{25}	F_5
黔北区	道真	地质资源量	5039.78	4218.12	3678.31	3180.8	2624.19
		可采资源量	907.16	759.26	662.10	572.54	472.35
	沿河	地质资源量	2039.35	1793.92	1586.59	1403.23	1222.32
		可采资源量	367.08	322.91	285.59	252.58	220.02
	合计	地质资源量	7079.13	6012.04	5264.9	4584.03	3846.51
		可采资源量	1274.24	1082.17	947.68	825.13	692.37
黔西北区	习水	地质资源量	9691.16	7436.17	5510.14	3477.66	1774.99
		可采资源量	1744.41	1338.51	991.83	625.98	319.50
	桐梓	地质资源量	7181.36	5377.02	3988.7	2662.81	1625.59
		可采资源量	1292.64	967.86	717.97	479.31	292.61
	合计	地质资源量	16872.52	12813.19	9498.84	6140.47	3400.58
		可采资源量	3037.05	2306.37	1709.79	1105.28	612.10
总计		地质资源量	23951.65	18825.23	14763.74	10724.5	7247.09
		可采资源量	4311.30	3388.54	2657.47	1930.41	1304.48

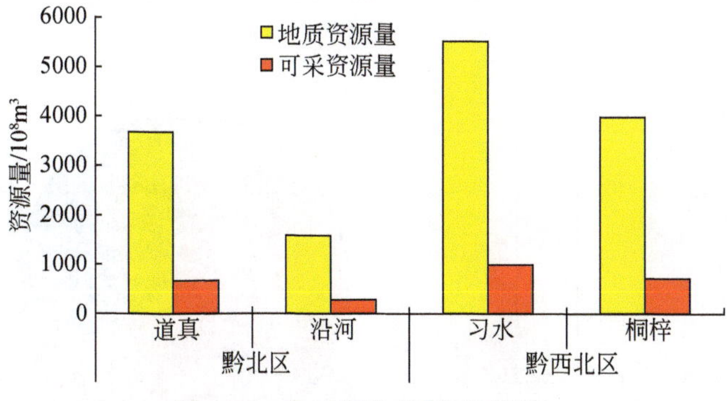

图4.19　龙马溪组有利区页岩气资源量分布图

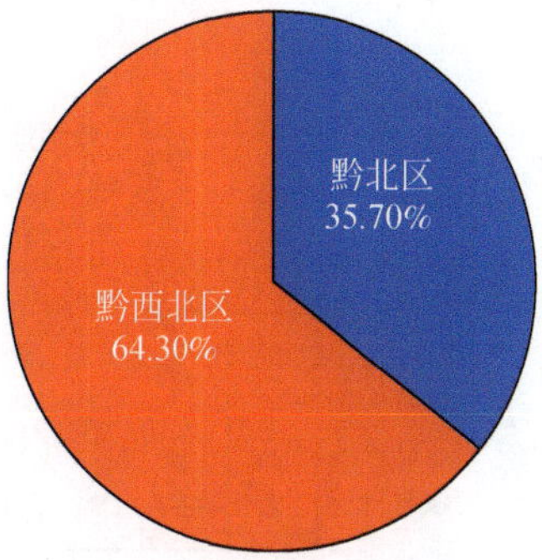

图4.20　龙马溪组资源量大区百分比分布图

黔北道真有利区页岩气地质资源量3678.31×10^8m^3，占黔北龙马溪组有利区总资源量的69.8%，可采资源量662.10×10^8m^3；沿河有利区页岩气地质资源量1586.59×10^8m^3；占黔北龙马溪组有利区总资源量的30.2%，可采资源量285.59×10^8m^3。

黔西北习水有利区页岩气地质资源量7436.17×10^8m^3，占黔西北龙马溪组有利区总资源量的58.04%，可采资源量1338.51×10^8m^3；桐梓有利区页岩气地质资源量5377.02×10^8m^3，占黔北龙马溪组有利区总资源量的41.96%，可采资源量967.86×10^8m^3。

（四）下石炭统打屋坝组/旧司组

打屋坝组/旧司组有利区资源量 14429.7×10^8m^3，可采资源量 2597.35×10^8m^3，主要分布在黔南区和黔西南区，其中，黔南有利区地质资源量 4833.97×10^8m^3，占打屋坝组/旧司组总资源量的 33.5%，可采资源量 870.11×10^8m^3，主要分布在代化有利区；黔西南有利区地质资源量 9595.73×10^8m^3，占打屋坝组/旧司组总资源量的 66.5%，可采资源量 1727.23×10^8m^3（表 4.17，图 4.21，图 4.22）。

表 4.17　打屋坝组/旧司组有利区页岩气资源量分布表　（单位：10^8m^3）

大区	有利区	资源量	概率分布				
			F_{95}	F_{75}	F_{50}	F_{25}	F_5
黔南区	代化	地质资源量	7332.25	6102.92	4833.97	3493.00	2262.48
		可采资源量	1319.81	1098.53	870.11	628.74	407.25
黔西南区	威宁	地质资源量	2625.25	2078.27	1710.73	1400.81	1057.75
		可采资源量	472.55	374.09	307.93	252.15	190.40
	晴隆	地质资源量	11127.39	9026.88	7885.00	6731.8	5467.42
		可采资源量	2002.93	1624.84	1419.30	1211.72	984.14
	合计	地质资源量	13752.64	11105.15	9595.73	8132.61	6525.17
		可采资源量	2475.48	1998.93	1727.23	1463.87	1174.53
总计		地质资源量	21084.89	17208.07	14429.7	11625.61	8787.65
		可采资源量	3795.28	3097.45	2597.35	2092.61	1581.78

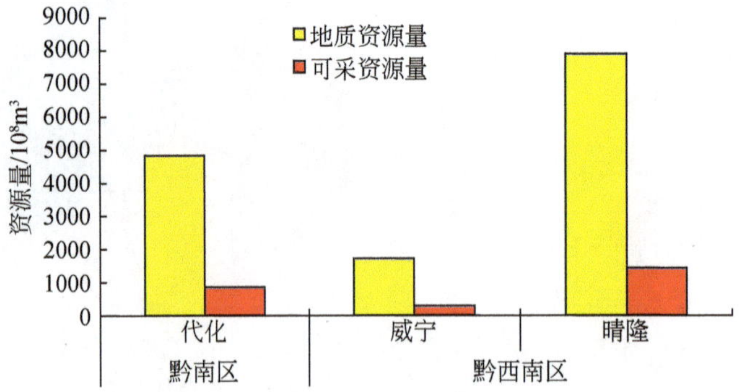

图 4.21　打屋坝组/旧司组有利区页岩气资源量分布图

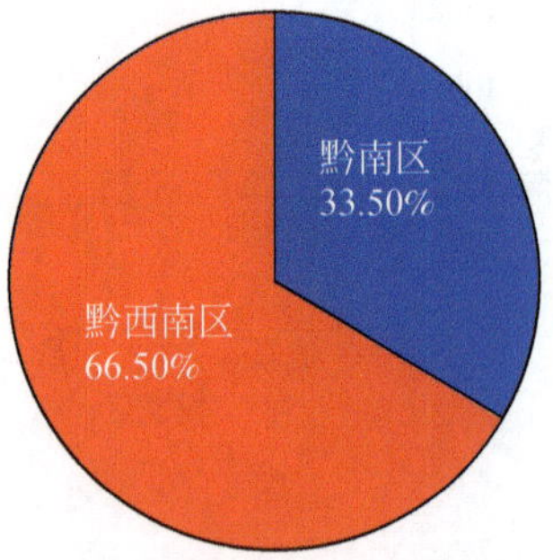

图 4.22　打屋坝组/旧司组资源量大区百分比分布图

黔西南威宁有利区页岩气地质资源量 1710.73×10^8m^3，占黔西南打屋坝组/旧司组有利区总资源量的 17.8%，可采资源量 1307.93×10^8m^3；晴隆有利区页岩气地质资源量 7885.00×10^8m^3，占黔西南打屋坝组/旧司组有利区总资源量的 82.2%，可采资源量 1419.30×10^8m^3。

（五）中二叠统梁山组

梁山组有利区地质资源主要分布在黔西南区，总量为 8689.86×10^8m^3，可采资源量 1546.17×10^8m^3。主要分布在西南区的威宁和龙吟-晴隆有利区，其中威宁有利区地质资源量 2858.46×10^8m^3，占黔西南梁山组有利区资源总量的 32.9%，可采资源量 514.52×10^8m^3；龙吟-晴隆有利区地质资源量 5831.40×10^8m^3，占黔西南梁山组有利区资源总量的 67.1%，可采资源量 1049.65×10^8m^3（表 4.18，图 4.23）。

表 4.18　梁山组有利区页岩气资源量分布表　　（单位：10^8m^3）

大区	有利区	资源量	概率分布				
			F_{95}	F_{75}	F_{50}	F_{25}	F_5
黔西南区	威宁	地质资源量	5011.75	3789.92	2858.46	2002.89	1237
		可采资源量	902.12	682.19	514.52	360.52	222.66
	龙吟-晴隆	地质资源量	9189.95	7350.69	5831.4	4588.36	3495.48
		可采资源量	1654.19	1323.12	1049.65	825.90	629.19
	总计	地质资源量	14201.7	11140.61	8689.86	6591.25	4732.48
		可采资源量	2556.31	2005.31	1564.17	1186.43	851.85

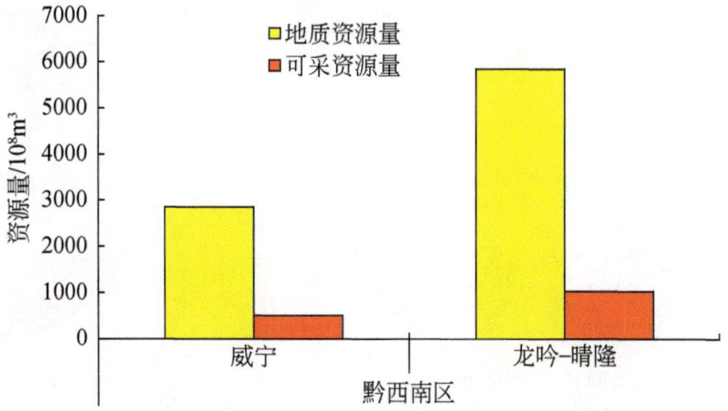

图 4.23　梁山组有利区页岩气资源量分布图

（六）上二叠统龙潭组

龙潭组有利区资源量 17265.16×10^8m^3，可采资源量 3107.73×10^8m^3，主要分布在黔西南区和黔西北区，其中，黔西南有利区地质资源量 3924.37×10^8m^3，占龙潭组总资源量的 22.7%，可采资源量 706.39×10^8m^3，主要分布在代化有利区；黔西北有利区地质资源量 13340.79×10^8m^3，占龙潭组总资源量的 77.3%，可采资源量 2401.34×10^8m^3（表 4.19，图 4.24，图 4.25），黔西北龙潭组有利区主要分布在黔西地区。

表 4.19　龙潭组有利区页岩气资源量分布表　（单位：10^8m^3）

大区	有利区	资源量	概率分布				
			F_{95}	F_{75}	F_{50}	F_{25}	F_5
黔西南区	关岭岗乌-晴隆光照	地质资源量	3669.61	2835.52	2160.6	1449.15	907.24
		可采资源量	660.53	510.39	388.91	260.85	163.30
	普安地瓜-青山	地质资源量	2354.59	1871.71	1339.33	841.29	462.49
		可采资源量	423.83	336.91	241.08	151.43	83.25
	兴仁巴铃-安龙龙山	地质资源量	686.17	538.87	424.44	315.7	214.57
		可采资源量	123.51	97.00	76.40	56.83	38.62
	合计	地质资源量	6710.37	5246.1	3924.37	2606.14	1584.3
		可采资源量	1207.87	944.30	706.39	469.11	285.17
黔西北区	黔西	地质资源量	25586.05	19080.13	13340.79	8417.99	4398.3
		可采资源量	4605.49	3434.42	2401.34	1515.24	791.69
总计		地质资源量	32296.42	24326.23	17265.16	11024.13	5982.6
		可采资源量	5813.36	4378.72	3107.73	1984.34	1076.87

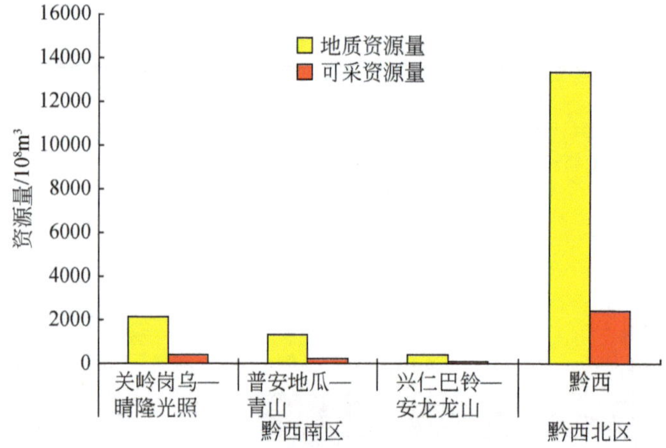

图 4.24　龙潭组有利区页岩气资源量分布图

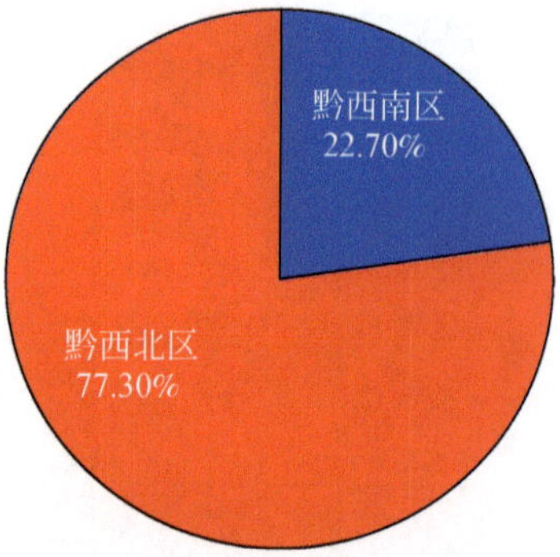

图 4.25　龙潭组组资源量大区百分比分布图

黔西南关岭岗乌-晴隆光照有利区页岩气地质资源量 2160.60×10^8m^3，占黔西南龙潭组有利区总资源量的 55.1%，可采资源量 388.91×10^8m^3；普安地瓜-青山有利区页岩气地质资源量 1339.33×10^8m^3，占黔西南龙潭组有利区总资源量的 34.1%，可采资源量 241.08×10^8m^3；兴仁巴铃-安龙龙山有利区页岩气地质资源量 424.44×10^8m^3，占黔西南龙潭组有利区总资源量的 10.8%，可采资源量 76.40×10^8m^3。

三、贵州页岩气资源量的区域分布

贵州页岩气地质分区为黔南区、黔西南区、黔北区、黔西北区。其中，黔南有利区页岩气地质资源8241.17×10^8m^3，占贵州总量的9%，可采资源1483.41×10^8m^3；黔西南有利区地质资源22209.96×10^8m^3，占全省总量的24%，可采资源3997.79×10^8m^3；黔北有利区地质资源31134.16×10^8m^3，占贵州总量的34%，可采资源5604.15×10^8m^3；黔西北有利区地质资源30570.15×10^8m^3，占全省总量的33%，可采资源5502.63×10^8m^3（表4.20，图4.26，图4.27）。

表4.20 贵州省页岩气资源评价结果表 （单位：10^8m^3）

地区	资源量	概率分布				
		P_5	P_{25}	P_{50}	P_{75}	P_{95}
黔南区	地质资源量	12408.46	10405.29	8241.17	5960.30	4039.02
	可采资源量	2233.52	1872.95	1483.41	1072.85	727.02
黔西南区	地质资源量	34664.71	27491.86	22209.96	17330.00	12841.95
	可采资源量	6239.65	4948.53	3997.79	3119.40	2311.55
黔北区	地质资源量	45180.95	36986.63	31134.16	25429.26	19721.51
	可采资源量	8132.57	6657.59	5604.15	4577.27	3549.87
黔西北区	地质资源量	54413.01	41897.35	30570.15	20211.04	11735.05
	可采资源量	9794.34	7541.52	5502.63	3637.99	2112.31
合计	地质资源量	146667.13	116781.13	92155.44	68930.60	48337.53
	可采资源量	26400.08	21020.60	16587.98	12407.51	8700.76

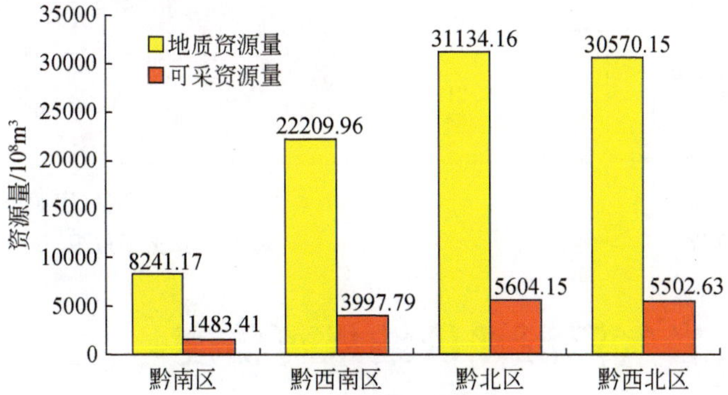

图4.26 贵州省页岩气资源量大区分布

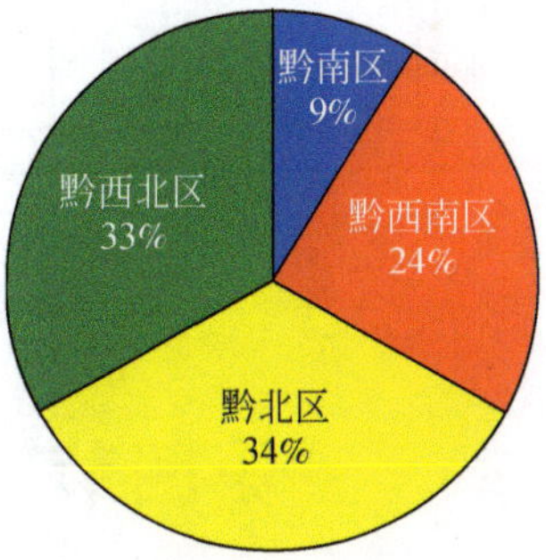

图4.27 贵州省页岩气有利区资源量按大区百分比分布

四、贵州页岩气资源量深度分布

贵州页岩气有利区资源按埋深主要分布在1000~4500m，其中，小于1500m埋深的有利区页岩气资源4341.54×10^8m^3，占贵州省总量的4.7%，可采资源量781.48×10^8m^3；1500~3000m埋深的页岩气资源60391.62×10^8m^3，占贵州省总量的65.5%，可采资源量10870.49×10^8m^3；3000~4500m埋深的页岩气资源27422.28×10^8m^3，占贵州省总量的

29.8%，可采资源量4936.01×10^8m^3（表4.21，图4.28，图4.29）。

表4.21 贵州页岩气资源量埋深分布表 （单位：10^8m^3）

资源量	资源量	概率分布				
		P_5	P_{25}	P_{50}	P_{75}	P_{95}
<1500m	地质资源量	6909.64	5501.68	4341.54	3247.39	2277.23
	可采资源量	1243.74	990.30	781.48	584.53	409.90
1500～3000m	地质资源量	96114.41	76529.41	60391.62	45171.84	31676.72
	可采资源量	17300.59	13775.29	10870.49	8130.93	5701.81
3000～4500m	地质资源量	43643.08	34750.03	27422.28	20511.37	14383.58
	可采资源量	7855.75	6255.01	4936.01	3692.05	2589.04
总计	地质资源量	146667.13	116781.13	92155.44	68930.60	48337.53
	可采资源量	26400.08	21020.60	16587.98	12407.51	8700.76

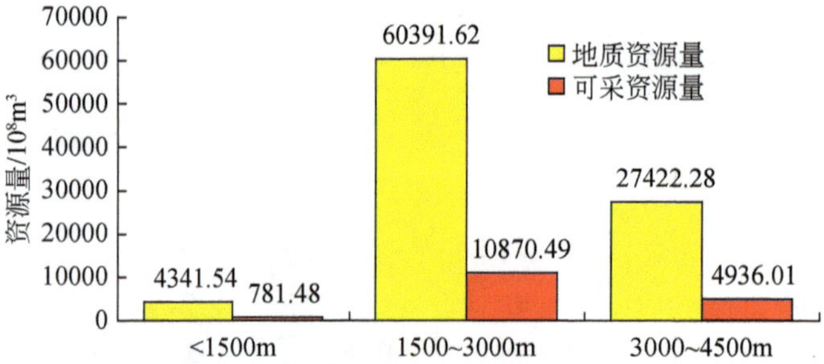

图4.28 贵州省页岩气资源量埋深分布图

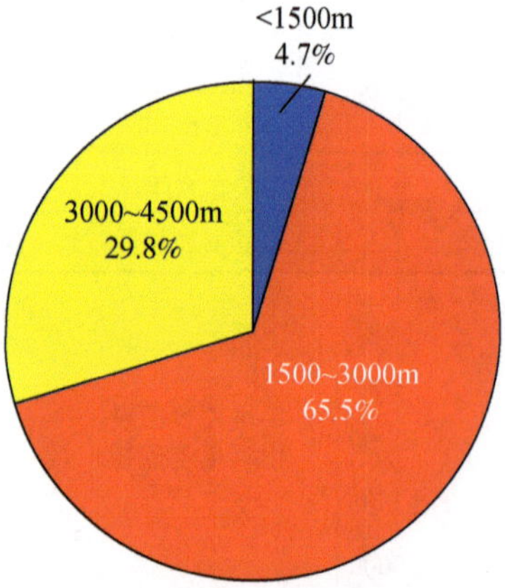

图4.29 贵州省页岩气资源量埋深百分比分布图

第四节 页岩气资源评价结果可信度

一、页岩气资源评价结果可信度分析方法

影响页岩气资源评价结果的因素较多，包括计算单元的地质条件、复杂程度、资料程度和质量、评价参数获取方法和精度、评价时间和背景等。所得的资源量计算结果具有一定的时效性，取决于勘探进度、资料程度及认识水平的变化。资源评价结果与一定阶段内的地质认识程度和技术水平有关，计算结果受资料掌握程度影响较大，计算结果的合理可靠性依赖于参数赋值的把握程度。

页岩气资源评价结果可信度分析除了与评价资料的可靠程度和评价者的工作经验等相

关外，更重要的是取决于评价方法的选择和参数模型建立的合理性。现阶段我国页岩气的勘探开发仍处于早期阶段，北美普遍使用的动态法无法直接使用，而静态法中的地质类比法要求选择具有相似页岩气成藏背景和成藏特征的类比区，我国页岩气类型多样、发育地质背景复杂，寻找类比区的难度较大；成因法涉及大量的评价参数，目前古生界页岩气的研究程度无法准确获取大量的参数，且存在评价结果偏大的问题；体积法是目前使用最广泛、精度较高的方法之一，考虑页岩本身的非均质性，条件概率体积法是现阶段我国进行页岩气资源评价易行且有效的方法。因此，选择条件概率体积法对现阶段页岩气资源评价是合理可行的。

采用条件概率体积法进行页岩气资源评价时，涉及关键参数分布模型的建立。据统计，页岩气资源评价关键参数服从离散数据统计正态分布特征（图 4.30）。但不同地区受地质背景和主控因素的影响，正态分布模型也存在较大差异，包括无峰型、前峰型、后峰型还是拖尾型。在建立关键参数分布模型的基础上，保证统计数据数量，以精度最大化进行概率赋值，得到不同概率条件下的页岩气资源分布。一般来说，参数数据量越大，数据的空间分布越均匀，资源评价的结果就越可靠。

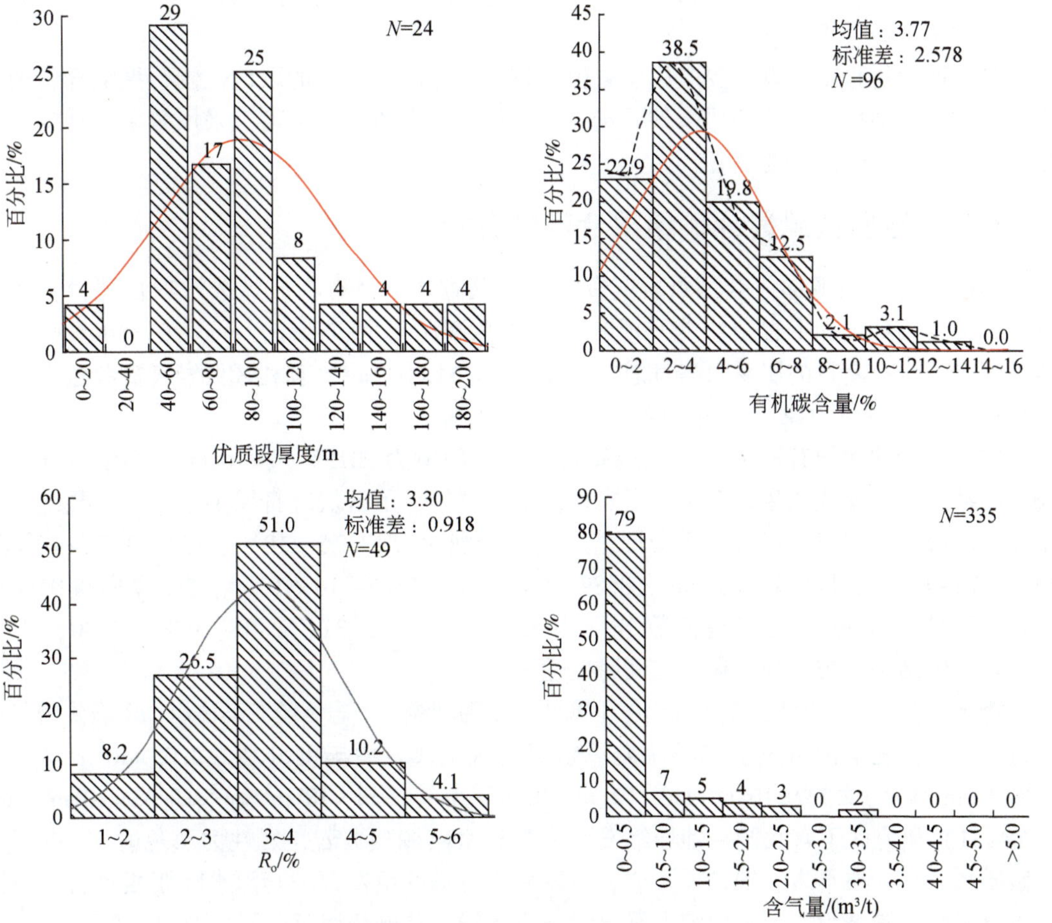

图 4.30　四川盆地周缘下寒武统牛蹄塘组关键参数统计分布特征

二、贵州页岩气资源评价结果可信度分析

贵州页岩气资源潜力评价主要运用概率体积法对有利区进行资源量的计算，为了讨论评价结果的合理性，主要从三个方面对其合理性进行分析，包括评价方法、参数取值和评价结果的合理性。

（一）评价方法和参数取值的合理性分析

由于页岩气在中国尚处于起步阶段，部分参数的获取比较有难度，特别是含气量值。对比黔北与北美地区页岩气盆地，在含气页岩含气量取值时，比较保守、谨慎；数据值较多时，总含气量则用吸附气含量加游离气含量之和；部分现场解吸样品则进行实验室粉碎脱气，总含气量则等于现场回归损失气含量、现场解吸量与实验室脱气含量之和。

方法选择上，使用条件概率体积法评价研究区页岩气资源量，既补充了传统体积法参数选取单一、缺乏代表性的不足，参数选取上填补了地质、地理、主观等不确定性因素对评价结果的影响，给出了不同概率条件下的参数赋值，得出不同概率条件下相应的结果。因此，方法选择合理。

参数取值过程中，首先要考虑参数值在研究区范围内合理的取值范围，剔除异常值和无意义的值。根据不同的地质条件，选择期望值及最大值、最小值，采用概率统计的办法给予 P_5、P_{50}、P_{95}相应概率值。

（二）地质资源量评价结果合理性分析

2011 年国土资源部《全国页岩气资源潜力调查评价及有利区优选》项目评价贵州省下寒武统牛蹄塘组和下志留统龙马溪组页岩气总资源量 $10.48\times10^{12}m^3$，2013 年贵州省页岩气调查评价七套目的层系页岩气总资源量为 $13.54\times10^{12}m^3$，有利区页岩气资源量占总资源量的 68%，评价对象、范围不同，评价结果合理。

本次评价的贵州有利区页岩气地质资源量期望值为 $92155.44\times10^8m^3$，其中，下寒武统变马冲组、下寒武统牛蹄塘组、下志留统龙马溪组、下石炭统打屋坝组、中二叠统梁山组及上二叠统龙潭组页岩气地质资源量期望值分别为 $1513.76\times10^8m^3$、$35493.22\times10^8m^3$、$14763.74\times10^8m^3$、$14429.7\times10^8m^3$、$8689.86\times10^8m^3$，$17265.16\times10^8m^3$，5% 概率与 95% 概率条件下资源量评价值相差倍数分别为 5.10、2.49、3.31、2.40、3.00、5.40，平均 3.62，评价结果分布范围合理，区间跨度适中。

资源丰度上，下寒武统变马冲组、下寒武统牛蹄塘组、下志留统龙马溪组、下石炭统打屋坝组、中二叠统梁山组及上二叠统龙潭组页岩气地质资源丰度分别为 $1.05\times10^8m^3/km^2$、$2.46\times10^8m^3/km^2$、$2.737\times10^8m^3/km^2$、$2.72\times10^8m^3/km^2$、$2.31\times10^8m^3/km^2$、$3.38\times10^8m^3/km^2$（图 4.31），研究区下寒武统牛蹄塘组发育一套深水陆棚相页岩，岩性为黑色薄层–中厚层状碳质页岩、硅质页岩、粉砂质页岩，下寒武统变马冲组发育一套深水陆棚相页岩，岩性同下寒武统牛蹄塘组，下志留统龙马溪组发育一浅水陆棚相黑色薄层–中厚层状碳质页岩、硅质页岩、粉砂质页岩，中泥盆统火红组发育一套浅水陆棚相深灰色泥页岩、砂质泥页

岩，下石炭统打屋坝组发育一套陆棚相碳质页岩、粉砂质页岩，中二叠统发育一套浅海-陆棚相泥页岩、砂质泥页岩，上二叠统发育一套潮坪-潟湖相黑色薄层碳质页岩、钙质页岩、粉砂质页岩，六套目的层厚度变化较大、岩性不稳定、后期改造强烈。因此，页岩气资源丰度合理。

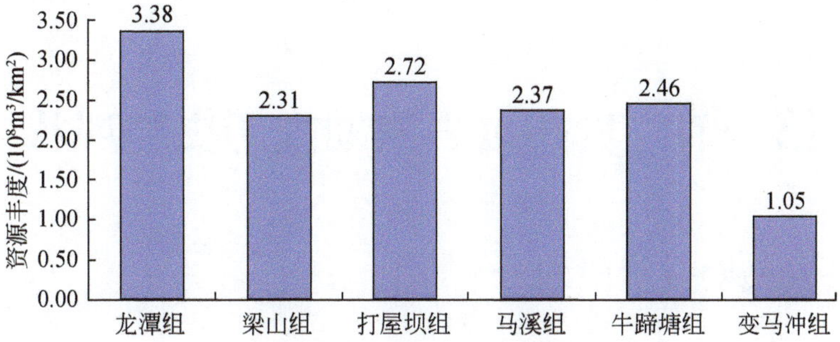

图 4.31　贵州省目的层页岩气资源分布图

(三) 可采资源量评价结果合理性分析

本次评价可采系数取值标准为 18%。2011 年国土资源部《全国页岩气资源潜力调查评价及有利区优选》项目上扬子与滇黔桂区页岩气平均可采系数为 16%，虽然贵州地质条件复杂，地貌以中高山为主，但是本次评价对象为优选出的有利区资源量，已经充分考虑地表、地貌特征、交通条件及水源条件，因此可采系数取值略高于 16%。

贵州页岩气可采资源量评价结果为 $19187.98\times10^8m^3$。其中，下寒武统变马冲组 $272.48\times10^8m^3$，占总可采资源量的 1.64%；下寒武统牛蹄塘组 $6388.78\times10^8m^3$，占 38.51%；下志留统龙马溪组 $2657.47\times10^8m^3$，占 16.02%；下石炭统打屋坝组 $2597.35\times10^8m^3$，占 15.66%；中二叠统梁山组 $1564.17\times10^8m^3$，占 9.43%；上二叠统龙潭组 $3107.73\times10^8m^3$，占 18.73%，贵州各层系页岩气工作程度差别较大，影响因素不同，可采系数按各层系埋深、地面工程、地形地貌等特点分别赋值，可采资源潜力评价结果符合预期。

第五章　贵州页岩气勘探实践

第一节　贵州页岩气勘查历史与现状

一、贵州页岩气勘查阶段划分

贵州油气勘查始于20世纪初。中华人民共和国成立后，贵州油气勘查全面展开。20世纪50年代，西南地质局548队在凯里虎庄实施了贵州第一口石油浅井——56/CK井。到20世纪80年代，地质矿产部及石油工业部在贵州不同地区施工了216口石油钻井，总进尺15万余米，其中深井占25%，工作量主要集中在黔南，揭露地层也最为详尽。历经60余年的勘查，贵州石油尚未打出可供开发利用的工业油流，仅发现有较多的油气显示及少数石油矿点，尚未探明储量；天然气仅在赤水地区探明了部分可供生产开发利用的储量，贵州被列入“缺油少气”的省份。

贵州页岩气调查评价大致可分为三个阶段，第一阶段为2009 ~2011年，国土资源部启动了“中国重点地区页岩气资源潜力及有利区优选”项目，将贵州作为调查重点；第二阶段为2012 ~2013年，贵州省页岩气资源调查评价；第三阶段为2015 ~2018年，滇黔桂早古生界页岩气战略选区与调查。

第一阶段：在“中国重点地区页岩气资源潜力及有利区优选”项目中，对贵州开展了较为系统的页岩气资源调查评价工作，完成了部分剖面的观察与测制，并实施了岑页1井和松浅1井。通过本轮工作，初步摸清了全省发育的多套富有机质页岩层系，初步确定了全省页岩气富有机质泥页岩的主力目标层系，初步了解了全省页岩地质特征和发育分布规律，初步掌握了贵州页岩气的基本特征参数，初步评价了页岩气的资源潜力，并初步估算贵州页岩气资源量10.48万亿m^3（主要为寒武系牛蹄塘组)。

第二阶段：在“贵州省页岩气资源调查评价”中，基本查明了贵州省富有机质泥页岩的分布层系；初步查明了贵州省主要富有机质泥页岩层的分布、厚度变化特征，并对其埋深进行了初步预测，对沉积岩相古地理进行了探讨；通过样品分析测试，基本查清各套有机质泥页岩的页岩气有机地化、储集物性特征；通过现场解吸实验测试，基本查清有机质泥页岩的含气性特征；初步分析了贵州省地质构造背景，认为贵州页岩气所处地质构造背景复杂，经历构造期次多，构造具有明显的分区、分带性；初步优选出26个页岩气富集有利区，并采用条件概率体积法对贵州页岩气地质资源量进行了估算。

第三阶段：在“南方油气资源战略选区调查”中，以海相盆地为重点，针对南方地区主要含油气盆地，以古生界为主攻方向，兼顾中生界，以有效烃源岩和油气后期保存条件为重点研究内容，选择重点地区开展常规及非常规油气资源战略选区调查，查明区域油气地质条件及资源远景；优选油气远景区和有利目标区。选择重点地区部署地球物理勘查和地质调查井工程，实现油气调查战略突破。目前正在实施过程中。

二、贵州页岩气勘查与研究现状

贵州地处四川盆地外缘，近年来页岩气研究成果较为显著。2013 年，贵州省内资源计算结果显示页岩气地质资源量 13.54 万亿 m^3，有利区内地质资源了 9.22 万亿 m^3，页岩气资源巨大。其中，黔北和黔西北地区资源潜力最大，黔南地区资源潜力较小(图 5.1)。目前，贵州实施页岩气调查井 26 余口，对全省范围内页岩气资源进行了摸底调查，上二叠统龙潭组、中二叠统梁山组、下石炭统打屋坝组、下志留统龙马溪组、下寒武统牛蹄塘组均有不同程度页岩气资源发现，具有较好资源潜力和进一步研究价值。

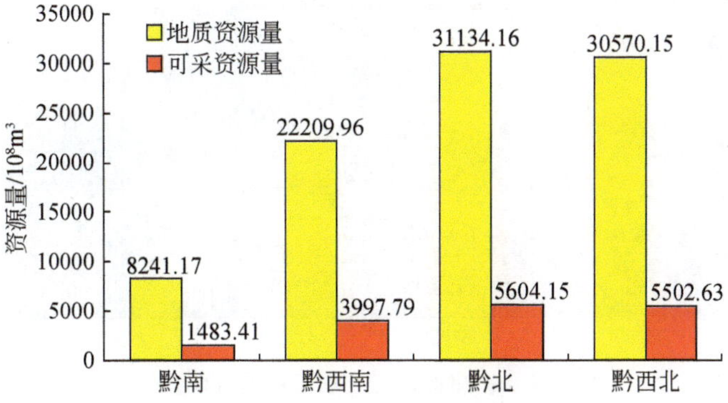

图 5.1 贵州各大区资源量分布

全国第二轮页岩气探矿权招投标中，贵州有岑巩区块、绥阳区块、凤冈一区、凤冈二区、凤冈三区五个区块中标，陆续展开页岩气勘探工作（图 5.2）。

贵州岑巩区块勘查开发进展较快，在二维地震解释基础上已完成天星 1 井的压裂，目前正在返排中，返排率已将近 60%，返排过程中气体点火火焰高度较大，为 5~7m，进一步证实了牛蹄塘组页岩的含气性。贵州凤冈二区块，通过二维地震解释和 2 口调查井的钻探，发现 100 多米的牛蹄塘组页岩层段，正开展下一步的探井井位论证。贵州凤冈三区块开钻 1 口探井——凤参 1 井，设计井深 2515m，主要钻探目的是取全取准各类地质参数，落实目的层含气性，评价勘查区页岩气资源潜力，与相关研究单位建立合作研究平台，共同解剖牛蹄塘组页岩的含气特征和储层地质特征，力争取得牛蹄塘组勘探突破。贵州绥阳区块和凤冈一区块的勘探进展稍缓，目前正部署二维地震的采集、处理、解释工作。

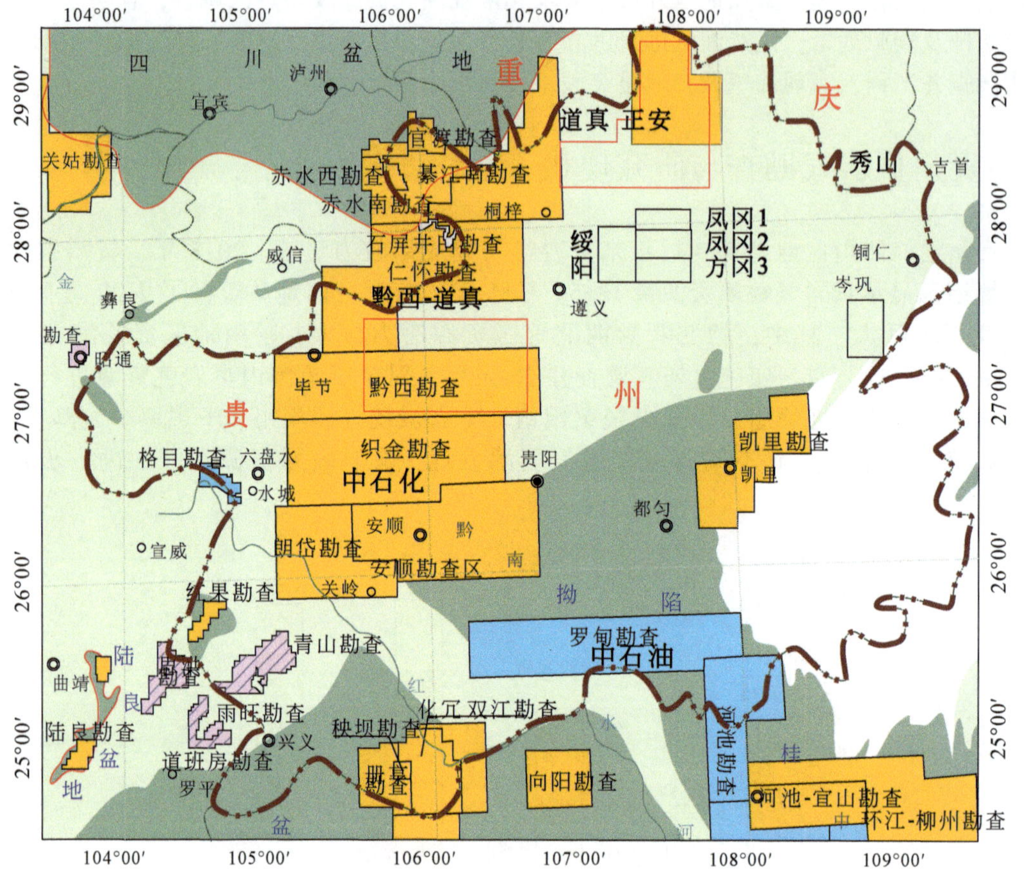

图 5.2　贵州页岩气区块及示范区位置图

三、贵州页岩气勘探发现

截至 2017 年年底，全省设有页岩气（含天然气和常规油气）探矿权 29 个，省内总面积 8.65 万 km^2。其中，中国石化探矿权 18 个，主要位于黔北及六盘水一带；中国石油探矿权 4 个，主要位于威宁及黔南一带；国土资源部第一、第二轮招标出让页岩气探矿权 6 个，位于遵义、铜仁及黔东南等地；全国第一个页岩气拍卖探矿权 1 个，位于正安安场向斜。

自 2012 年以来，中国石化、中国石油与华电煤业、中煤地质工程、华瀛山西能投、泰坦通源和铜仁中能等中标集团公司在各自区块内开展了页岩气的勘查评价工作，共实施二维地震 5350km，完钻页岩气调查井、探井、评价井 15 口，钻探进尺 29150m，总计投入约 8.5 亿元。

（一）中国石化勘查区块

中国石化在贵州页岩气探矿权有 10 个区块，是贵州省境内占有面积最大的企业（共计登记面积 3.57 万 km^2）。据目前掌握资料反映：该企业在贵州从事页岩气勘查工作的公司有两家，其一为中国石化华东分公司。该公司在贵州省黔南凹陷黄平凸起区块、贵州省黔南拗陷龙里区块及贵州省黔西区块中的页岩气勘查工作实施二维地震物探2810km，布置实施了6口探井。其中，黄平区块实施探井1口（黄页1井，直井压裂），目标层为寒武系牛蹄塘组，获418m^3低产气流；龙里区块实施探井3口（龙页1、2、3井），目标层为寒武系牛蹄塘组，选择龙页3进行压裂，仅见微量可燃气；在黔西区块对方深1井进行大型改造压裂，目标层为寒武系牛蹄塘组，仅获少量气流；在彭水区块贵州境内的道真向斜实施洛浅1井，钻遇志留系龙马溪组优质页岩，厚28.8m，现场解吸含气性较好。

其二为中国石化西南油气分公司。该公司在川、渝、黔綦江南部区块实施探井1口（丁页-2HF，压裂试验井），目标层为志留系龙马溪组。该井于2013年12月放喷口点火成功，试验最大页岩气量达10.5万m^3/d，放喷稳定气量5万m^3/d，是贵州第一口成功获得工业气流的页岩气井。目前该井以2万m^3/d的产量进行试采，液化后用槽车运输销售到遵义市燃气公司，已成为遵义市民的日常生活用气。此外，中国石化公司在其他区块亦做了少量的地震物探、剖面测量等工作，暂无实质性突破。

（二）中国石油勘查区块

中国石油在贵州境内有页岩气探矿权2个，分别为广西、黔南拗陷罗甸地区石油天然气勘查区块和云南、贵州省滇黔北拗陷镇雄–毕节地区天然气（页岩气）勘查区块。两个区块资料收集少，未见页岩气突出成果报道。

（三）招投标区块

招投标区块包括贵州岑巩页岩气勘查区块、贵州凤冈页岩气勘查1、2、3区块及贵州绥阳页岩气勘查区块等。

1）贵州岑巩页岩气勘查区块，地震物探工作在构造相对稳定区已基本全覆盖，施工探井3口（岑页1井、天星1井、天马1井）。其中岑页1井、天星1井为压裂试验井。岑页1井压裂后有气流显示，并实现成功点火，但持续时间较短；天星1井于2014年6月6日压裂后成功点火，出气量约500m^3/d；天星1井由于气测显示较差，未进行压裂试验。

2）贵州凤冈页岩气勘查1、2、3区块及贵州绥阳页岩气勘查区块，现正开展地震物探和地表地质调查工作，仅凤冈3区块实施1口参数井（凤参1井），现场解吸含气量较高，但90%均为氮气。

3）贵州正安–务川页岩气勘查区块，实施的安页1井，获得了日产10.22万m^3稳产高产工业气流，取得油气勘探重大突破。

第二节　寒武系页岩气勘探实践

一、寒武系页岩气勘查及岑巩区块页岩气发现

随着页岩气成为我国油气勘探领域的热点，页岩气勘探快速推进。2009年，由国土资

源部油气资源战略研究中心牵头启动“中国重点地区页岩气资源潜力及有利区优选”项目，以川渝黔鄂地区为主，次为中下扬子和北方，优选页岩气远景区，开展页岩气资源调查，涉及贵州相关地区页岩气调查评价。2010 年开始，根据我国页岩气资源分布和类型及工作进展情况，分三个层次在全国有重点地展开页岩气资源战略调查。在页岩气资源潜力较大的上扬子川渝黔鄂地区，建立页岩气资源战略调查先导区，进行先导性调查，并在先导实验区中设立了贵州地区页岩气资源调查与评价子项目。由国土资源部油气资源战略研究中心完成了部分剖面的观察与测制，并进行了岑页 1 井和松浅 1 井的钻探施工，同时启动了相对应的配套工程，取得了系统的页岩气资料。2011 年，由国土资源部成都地质矿产研究所接手贵州地区页岩气资源调查与评价子项目，对页岩气资源进行了初步评价，基本摸清了该地区发育的多套含气页岩层系，并确定了主力层系，系统研究了含气页岩的地质特征和分布，初步掌握了页岩气含量等基本参数，估算了页岩气资源潜力，并优选出一批页岩气富集有利区。2012 年，中国地质调查局成都地质调查中心和贵州省地质矿产勘查开发局实施了页岩气资源调查评价，完成了页岩气调查井钻探 8 口、配套录井 8 口，测井 7 口。其中，正页 1 井（牛蹄塘组）含气性较好。

此外，页岩气探矿权中标企业实施了凤参 1 井、天星 1 井、天马 1 井等页岩气钻探井。截至目前，探矿权区共有页岩气钻探井 13 口，二维地震工程主要分布在页岩气矿权区内。其中，天星 1 井经过压裂后获得页岩气流发现。

二、岑巩区块页岩气地质模式

（一）有效厚度

泥页岩优质层段是指有机碳含量大于 2.0%、成熟度大于 1.2%、脆性矿物含量大于 40%、黏土矿物含量小于 30%、夹层厚度小于 1m。岑巩区块牛蹄塘组泥页岩优质段厚度主体分布在 60～120m，少量出现在 120～200m，峰值明显（图 5.3）。

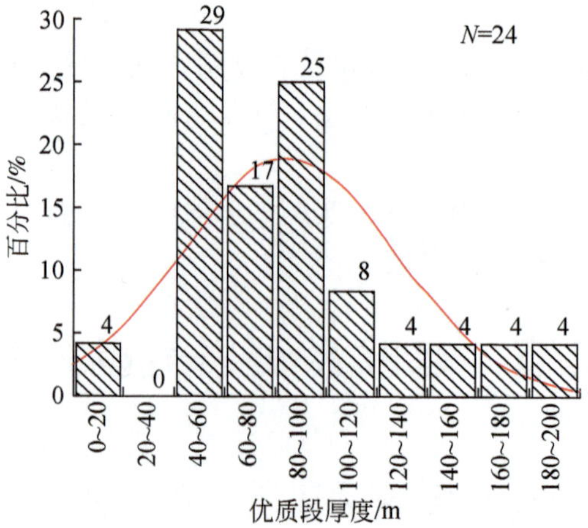

图 5.3　岑巩区块下寒武统页岩有效厚度统计特征

（二）有机地化指标

1. 有机质类型和丰度

根据下寒武统泥页岩有机地球化学指标数据，总体上，有机质类型以Ⅰ型为主，$Ⅱ_1$型为辅。在统计的47块样品中，Ⅰ型有机质类型占83%，$Ⅱ_1$型仅占17%左右。通过对下寒武统436件泥页岩有机碳含量数据的统计分析，有机碳含量为0.32%～15.1%，平均4.87%（图5.4）。有机碳含量大于2.0%的样品占到总数的82.8%（图5.5），高者可超过8.0%。有机碳含量大于8.0%的样品数占29.8%，表明下寒武统泥页岩有机碳含量高，具有很好的页岩气生气物质基础。平面上，受沉积环境的控制，在沉积中心区域往往形成有机碳含量的高值区。

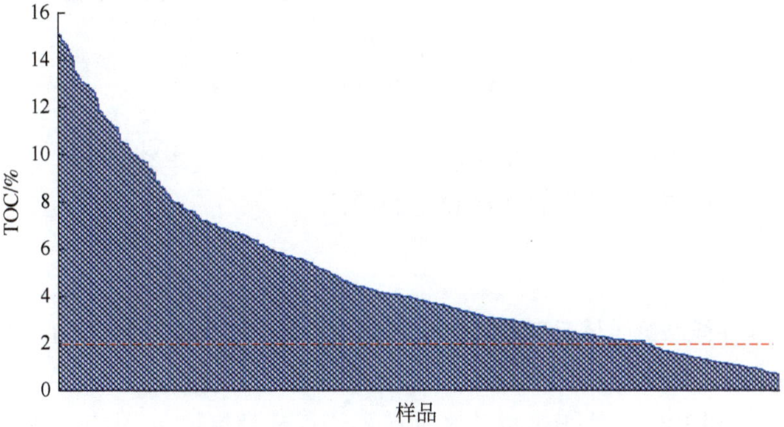

图5.4　下寒武统泥页岩有机碳含量柱状图

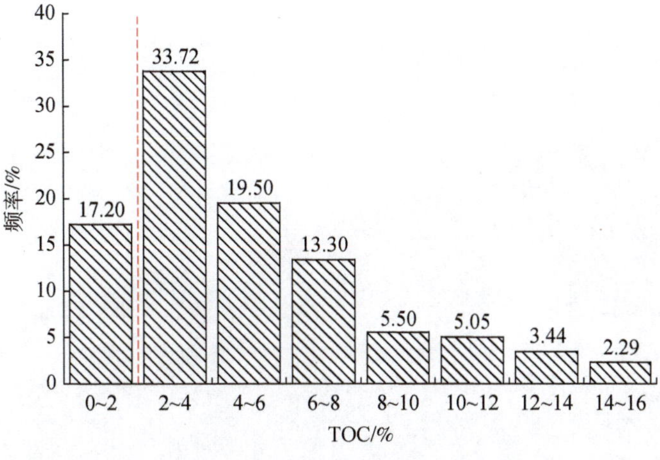

图5.5　下寒武统泥页岩有机碳含量统计频率图

四川盆地周缘牛蹄塘组有机碳含量分布在0.23%～12.6%，平均3.77%，主体分布在1.0%～6.0%，总频率为71.8%，6.0%～8.0%的有机碳含量频率为12.5%，大于8.0%的频率为6.25%，峰值靠前（图5.6）。

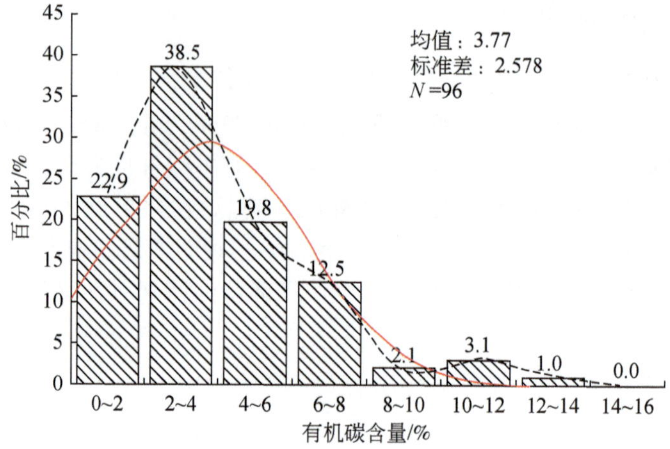

图5.6　下寒武统页岩有机碳含量统计特征

究其原因，受沉积环境控制。下寒武统黑色页岩段有机质丰度区域变化较大，总体表现为深水陆棚中心区高，深水陆棚边缘和浅水区低。

2. 有机质成熟度

通过对240件样品镜质体反射率数据进行统计分析，总体上，R_o为1.27%～5.90%，平均值达3.40%（图5.7）。92%的样品R_o大于2.0%，高值可达5.9%；R_o为3.0%～4.0%的样品数占到30%，处于过成熟晚期阶段；局部地区的R_o大于4.0%，接近变质期。R_o为1.3%～2.0%的处于中热演化程度的样品占7.08%，低热演化程度的样品仅占0.83%（图5.8）。表明下寒武统泥页岩基本处于高–过成熟阶段。

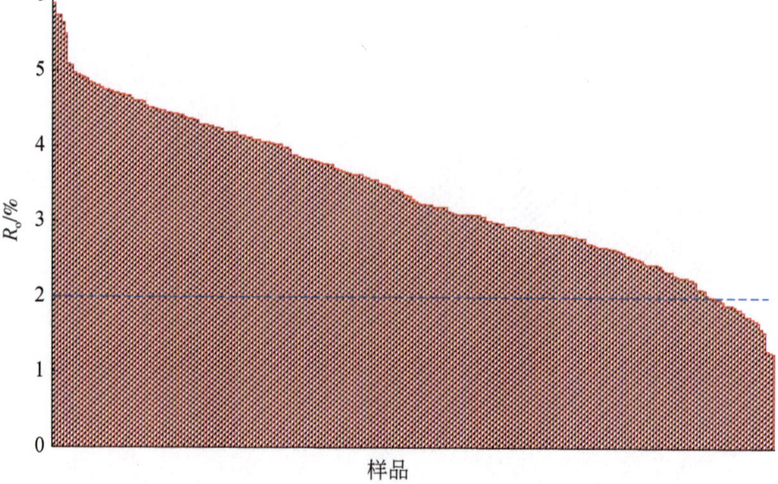

图5.7　下寒武统泥页岩R_o柱状图

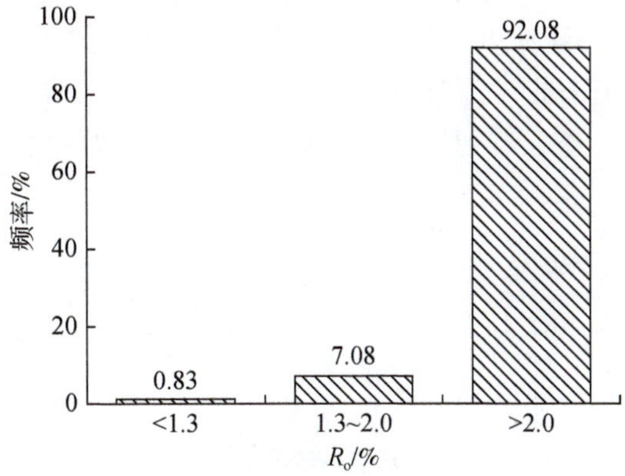

图 5.8 下寒武统泥页岩 R_o 统计频率图

根据美国页岩气勘探开发经验，高成熟度条件下的泥页岩具备高有机碳含量，依然能使页岩气聚集成藏（聂海宽等，2009，2012），如阿巴拉契亚盆地页岩局部地区的成熟度高达4.0%，甚至更高（Schmoker，1981）。位于黔中隆起的方深 1 井成熟度最高可达5.5%，有机碳含量为 8.02%，在 1723.4 ~ 1726.7m 井段发现气测异常（李建忠等，2009）。从不同成熟度条件下的页岩气储量增长幅度分析，随着成熟度的增加而增加，但当成熟度为 2.25% 左右时储量增长达到最大，随后随着成熟度的再增高而呈降低的趋势，以储量增长幅度 277MMCF 为界，认为最有利的成熟度范围为 1.75% ~3.0%（Milici et al.，2008）[图 5.9（a）]。同样，成熟度与有机质孔隙度也存在类似的变化趋势，从下寒武统泥页岩成熟度与孔隙度的曲线关系分析，当成熟度为 1.75% ~3.25%时，有机质孔隙度达到最大［图 5.9（b）]。综合分析认为页岩气聚集成藏最有利的成熟度范围为1.75% ~3.25%，但高有机碳含量条件下的高成熟度泥页岩也是页岩气发育的良好层位，下寒武统泥页岩即属此类型。

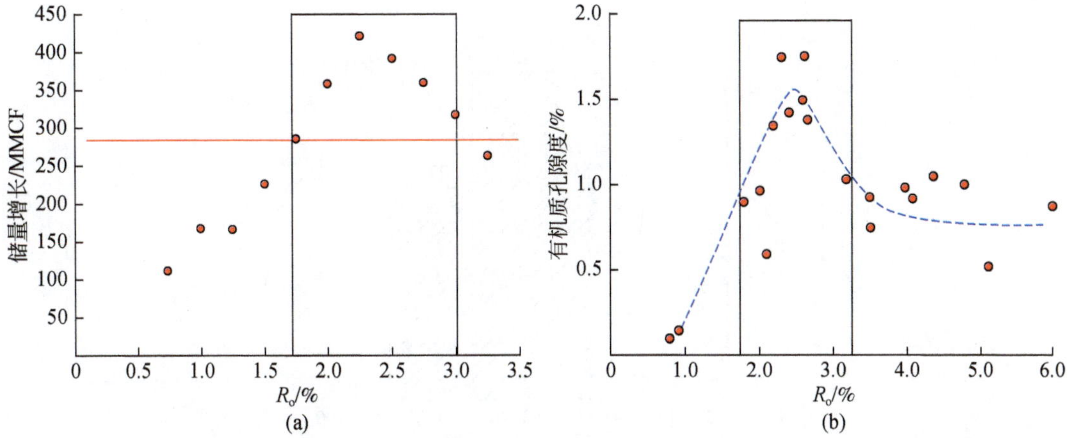

图 5.9 R_o 与储量增长（a）、孔隙度（b）关系图（据 Milici and Swezey，2006 修改）

岑巩地区分布曲线范围表明热演化程度分布范围较广，地质历史时期经历过更为复杂的构造运动和较大范围的埋藏深度，从 R_o 平均值来看，均处于成熟–过成熟演化阶段。无论是 R_o 统计直方图还是正态曲线分布样式，R_o 一般分布在 2.30% ~5.90%，一半以上的样品 R_o 分布在 4.0% ~5.0%，峰值明显，峰型偏后峰型，R_o 平均值为 3.69%，热演化程度更高（图 5.10）。

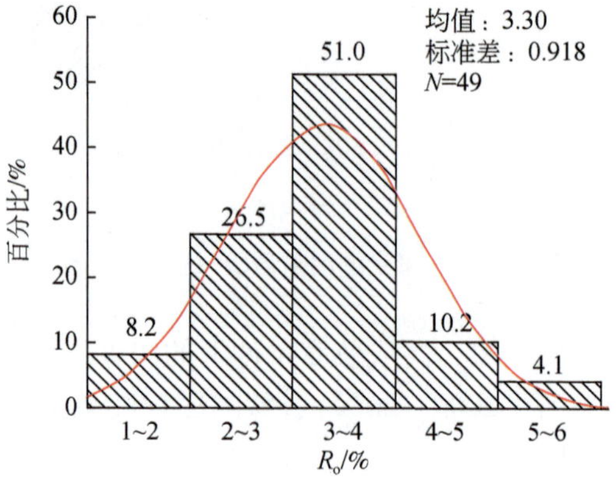

图 5.10　下寒武统页岩 R_o 统计特征

（三）储集条件

1. 矿物成分

（1）脆性矿物含量

脆性矿物主要包括石英、长石及碳酸岩矿物，从统计结果分析，岑巩地区脆性矿物含量分布在 37.0% ~82.0%，平均 60.96%，主体分布在 40% ~85%，总频率达 97.5%，正态分布曲线峰值明显，峰型无偏移（图 5.11）。

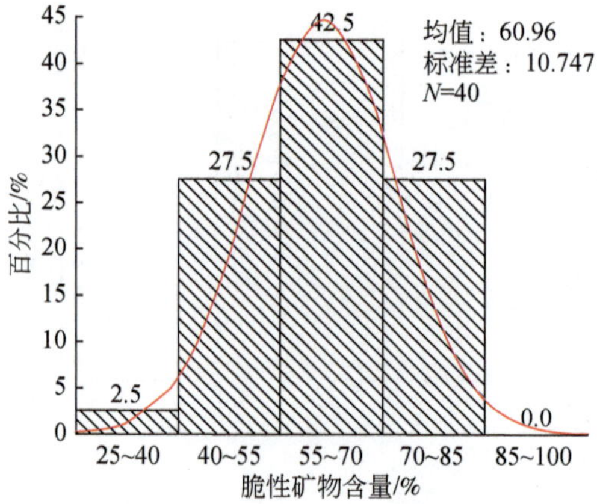

图 5.11　典型地区下寒武统页岩脆性矿物统计特征

(2) 黏土矿物含量

岑巩黏土矿物含量分布在15.0%～59.0%，平均33.49%，黏土矿物含量较四川盆地低，主体分布在20%～50%，总频率大82%，峰值明显，分布曲线偏移现象不明显(图5.12)。

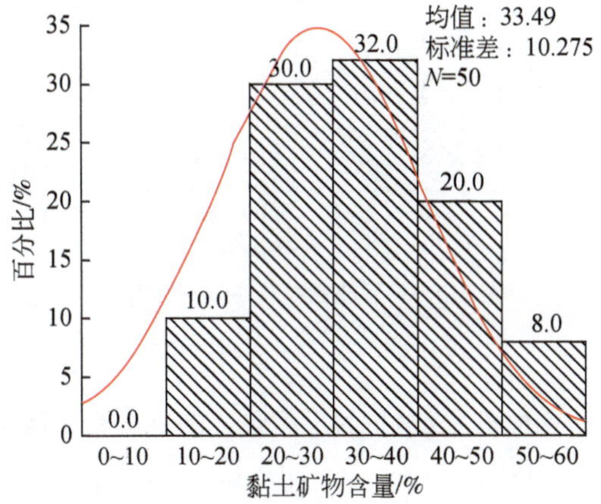

图5.12　下寒武统页岩黏土矿物统计特征

2. 储集物性

(1) 孔隙度

相比于常规储层，页岩储层的孔隙度要小很多，通常情况下小于6.0%，统计分析下寒武统180件泥页岩样品孔隙度数据，下寒武统泥页岩孔隙度为0.03%～18.7%，平均3.67%（图5.13)。孔隙度主体小于6.0%，占总数的85%；大于6.0%的孔隙度占总数的15%（图5.14)。

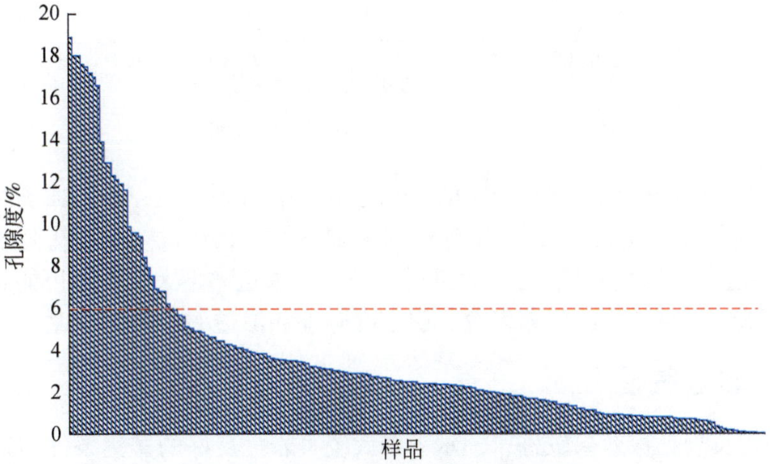

图5.13　下寒武统泥页岩孔隙度柱状图

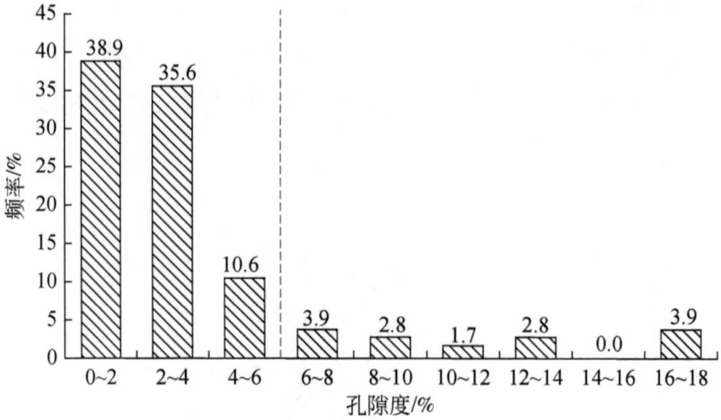

图 5.14　下寒武统泥页岩孔隙度

（2）渗透率

下寒武统页岩储层渗透率极低，统计分析下寒武统 155 件样品渗透率数据，下寒武统泥页岩渗透率为 $0.08\times10^{-6}\sim0.418\times10^{-3}\mu m^2$。平均 $0.0076\times10^{-3}\mu m^2$，其中小于 $0.005\times10^{-3}\mu m^3$ 的渗透率占总数的 69.7%，$0.005\times10^{-3}\sim0.01\times10^{-3}\mu m^2$ 的渗透率占 20%（图 5.15）。

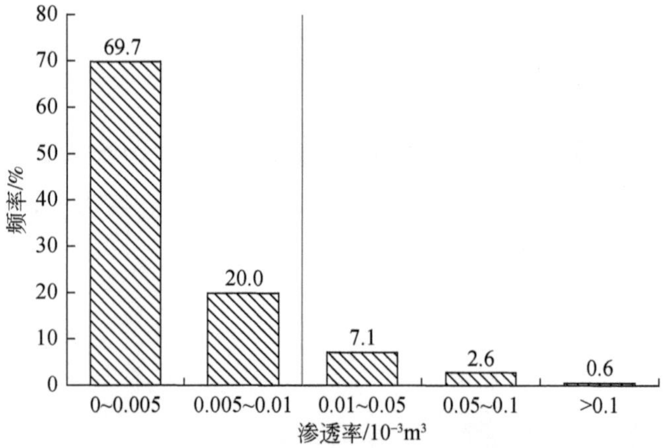

图 5.15　下寒武统泥页岩渗透率统计频率图

岑巩页岩储层渗透率主体小于 $0.01\times10^{-3}\mu m^2$，小于 $0.01\times10^{-3}\mu m^2$ 的频率为 78.6%。

总体上，下寒武统泥页岩属于低孔超低渗储集层。8.0% 左右的孔隙度大于 10%，0.6% 左右的渗透率大于 0.1%，导致该部分孔隙度和渗透率偏大的原因可能是露头样品风化，也有可能该区域页岩样品裂缝发育，引起孔隙度和渗透率的快速增大。

（四）页岩含气性

下寒武统泥页岩钻探效果较好，预示下寒武统页岩气良好的富集条件与勘探前景。四川盆地威 5 井、威 9 井、威 18 井、威 22 井和威 28 井等下寒武统页岩均见气浸、井涌和井喷现象，其中威 5 井，2795 ~ 2798m 页岩段发现气浸与井喷，测试日产气 $2.46\times10^4m^3$；贵州黄页 1 井在井深 2730 ~ 2760m，压裂厚度 30m，产气量 $418m^3/d$；中国石化金石 1 井，4

层130m试气2.78万m^3/d，产气量2万m^3/d；贵州岑页1井，在井深1500m点火成功；湖南矛2井在井深200~368.5m全烃值4.1%；湖南常页1井测得牛蹄塘组含气量2.1m^3/t；湖南慈页1井，现场页岩气岩心解吸气中甲烷气体成分较高，点火试验成功；金页1井，牛蹄塘组含气量1.02~4.69m^3/t，平均2.03m^3/t，钻井过程中，槽面见10%气泡显示，该井有望获高产。

含气量是反映研究区目的层系资源潜力最直接、最关键的参数之一，统计的含气量主要为各个地区已钻井现场解吸恢复后的总含气量。

收集并统计分析了下寒武统18口钻井286项现场解吸总含气量，涵盖四川盆地内稳定区、盆缘过渡区和盆缘改造区。总含气量为0.08~6.02m^3/t，平均为0.78m^3/t（图5.16），其中小于0.5m^3/t的含气量占总数的53.8%（图5.17），0.5~1.0m^3/t的含气量占总数的19.9%，1.0~1.5m^3/t的含气量占总数的10.5%，1.5~2.0m^3/t的含气量占总数的5.6%，大于2.0m^3/t的含气量占总数的10.14%。

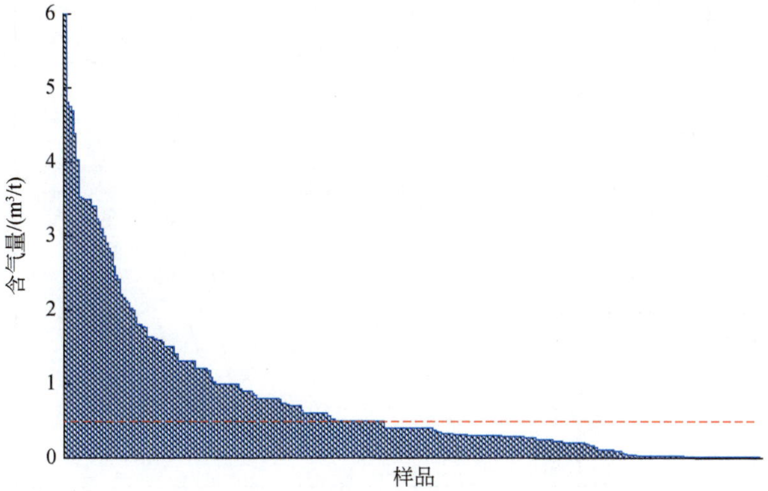

图5.16 下寒武统泥页岩含气量柱状图

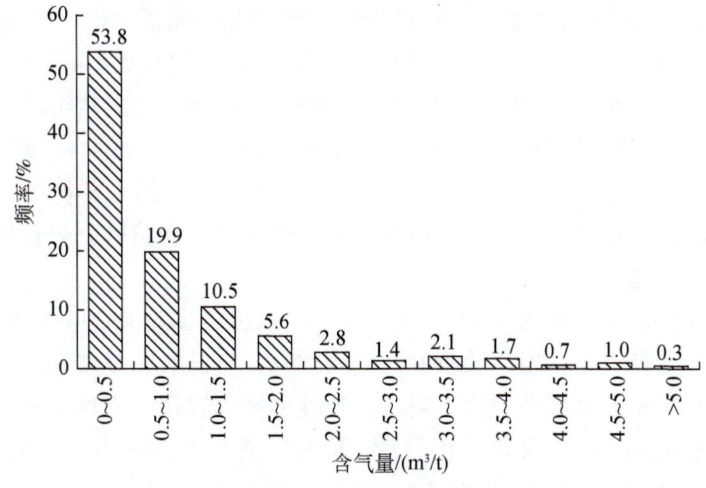

图5.17 下寒武统泥页岩含气量统计频率图

(五) 断背斜复合控藏模式

岑巩地区位于贵州省东部，构造上属于湘鄂西隔槽式褶皱带，构造较复杂，区内褶皱、断裂构造非常发育，断层呈北东向和北北东向延伸，挤压走滑变形特征明显(图5.18)。牛蹄塘组页岩属于台地边缘斜坡深水陆棚相沉积，区内由南东向北西水体逐渐变浅，页岩厚度稳定。纵向上，富有机质页岩段分布在牛蹄塘组底部，岩性主要为粉砂质碳质页岩和碳质页岩，厚度为60～100m。

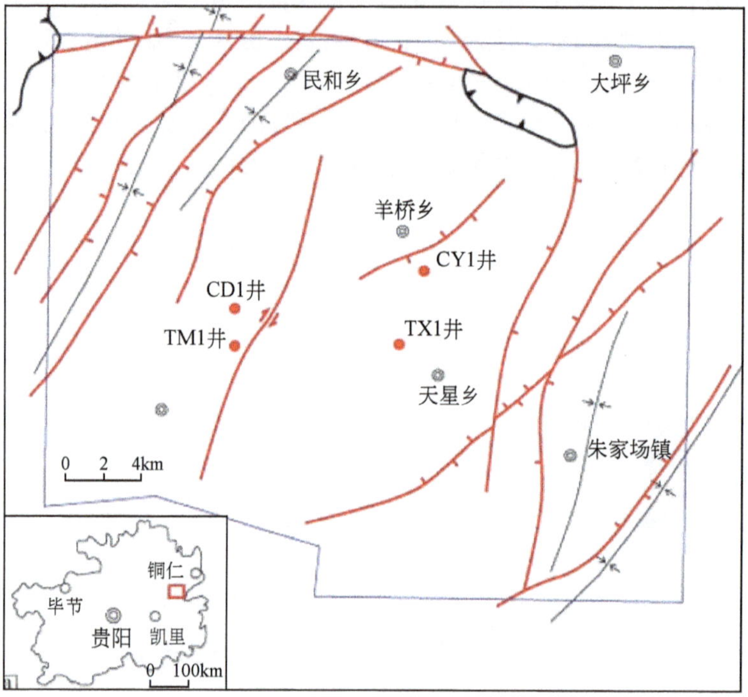

图5.18 岑巩地区构造纲要图

牛蹄塘组页岩有机质类型主要为Ⅰ型和$Ⅱ_1$型，反映原始有机质来源主要为低等水生生物，干酪根碳同位素值一般小于-29‰，表现为腐泥型的特征。有机碳含量在1.78%～7.03%，平均为3.38%。R_o为3.5%～3.8%，平均为3.56%，属于高-过成熟阶段。

牛蹄塘组页岩矿物组分中石英、长石等脆性矿物含量为46%～78%，平均含量为62%；黏土矿物含量为17%～47%，平均含量为38%，其中黏土矿物中伊利石含量超过95%，含有少量的绿泥石和高岭土。牛蹄塘组页岩整体硅质含量高，脆性较好，压裂过程中容易形成复杂网状缝。

牛蹄塘组含气页岩孔隙度为1.7%～5.6%，平均渗透率为$0.2207\times10^{-3}\mu m^2$。牛蹄塘组孔隙微观结构为孔径较小、连通性较差，粒间微孔、有机质孔是纳米级孔隙的主体。牛蹄塘组富有机质页岩裂缝大部分为构造裂缝，裂缝多被方解石脉充填。牛蹄塘组含气页岩段1455.45～1463.62m，岩心段现场解吸量+损失气量最大，可达$1.65m^3/t$，总体而言，牛蹄塘组黑色页岩含气量为$0.5\sim2.5m^3/t$。

岑巩地区页岩气与焦石坝地区具有相似的地质构造样式，均属于由两组断层所控制的背冲平拱式构造，即箱状构造。不同的是，天星 1 井远离开启性断裂、抬升剥蚀区，封闭性好；天马 1 井位于走滑断裂带，附近高角度断层、裂缝发育，尤其是“通天”断层的存在，致使两口井含气性差别较大。表明具有似箱状构造样式，远离开启性断裂的弱构造改造带是页岩气高产地区。

三、岑巩区块页岩气勘查经验与启示

（1）针对牛蹄塘组储层压裂改造技术，还需总结成果认识

页岩压裂后裂缝的展布规律及裂缝与页岩气渗流能力之间的关系，现有认识有限。天星 1 井压裂结果显示，压裂形成单一缝，未能实现体积改造，裂缝走向北西-南东，日产气 400m^3，累计采出页岩气 3.5 万 m^3，返排液量累计 2500m^3，返排率 170%。压裂前无法准确预测压裂后裂缝形态及压裂效果、合理评价页岩气井产能，这给页岩储层压裂的方案设计和优化造成了很多难题，严重影响项目投资和评估。

（2）针对高致密、低孔隙、低渗透率的牛蹄塘组储层，排采方式需进一步认识

牛蹄塘组页岩具有高致密、低孔隙、低渗透率、低压特性，牛蹄塘组页岩气的排采几乎没有任何可以参考的模式，现有实际作业结果与预期差别很大。因此，需要不断摸索以建立适合该地区的排采模式。

（3）含气页岩地质特征缺乏系统性的研究

在黔北地区虽然取得了一定的成果，但也面临一些问题，如黔北地区已钻探数十口页岩气井，影响含气量和甲烷含量因素尚未明确。天星 1 井、黄页 1 井等井页岩气井含气性较好，且压裂获持续气流，但是尚未获得工业气流。这些都亟须对页岩气富集规律进行研究，指导下一步的页岩气勘探。

（4）页岩气有利目标优选参数问题

尽管已经初步建立了一套页岩气优选评价参数，但基本都是仿照北美地区页岩气勘探经验。必须结合南方海相含气页岩发育的地质背景，通过典型井解剖，探索适合的页岩气优选评价参数，才能有效指导贵州页岩气的勘探。

第三节 奥陶-志留系页岩气勘探实践

一、奥陶-志留系页岩气勘查及正安向斜页岩气发现

安页 1 井位于贵州正安县安场镇光明村、马池田、堡上村三村之间，是中国地质调查局油气资源调查中心布置在武陵褶皱区安场向斜西翼南段的一口参数井，设计井深 2184m，完钻原则是进入奥陶系宝塔组 30m 完钻。实钻过程中，在石牛栏组钻遇高压气层，更改井身结构，由三开次改为四开次。后又在宝塔组钻遇高压气层，为满足地质需要，更改完钻原则——钻穿奥陶系，钻遇上寒武系娄山关组 50m 完钻。安页 1 井实际完钻

井深为2900.17m，完钻层位为娄山关组，完井方式为裸眼完井。

安页1井共钻遇32层81.66m不同级别的油气显示，其中合山组为10m/4层；栖霞组为12m/4层；栖霞-梁山组为03m/1层；韩家店组为5m/2层；石牛栏组为30.11m/17层；新滩组为0.2m/1层；龙马溪-五峰组为20.1m；宝塔组为1.25m/2层。

二叠系栖霞组油气显示活跃，钻井至1130m栖霞组灰岩地层时，气测全烃异常值和甲烷异常值持续上升，在井深1193m处，全烃异常值由0.83%蹿升至85.93%，甲烷异常值由0.35%蹿升至62.18%。全烃异常值>1%的地层累计厚147m，异常值>2%的地层累计厚61m，甲烷异常值大于1%的地层累计厚72m。

在井深2105 ~2204m层段，志留系松坎组钻遇气测异常15层。2015年11月16日上午9：00，井深2105.6m气测异常强烈，全烃由0.35%迅速蹿升至85.40%，甲烷由0.25%蹿升至80.5%。随后停钻循环观察，全烃和甲烷气测异常值持续上升，全烃96.2%，甲烷90.1%。16日气液分离，放喷管线点火成功，火焰最高1.5m，可持续燃烧。17日压井作业，泥浆比重1.34，循环后效异常全烃96.08%，再次点火，火焰高6.5m。为进一步获取资料，决定取心。取心过程中，泥浆比重1.39，钻至2119.6m时，气测全烃1.53%，甲烷1.10%。23日钻至2122.3m时，发生井涌，紧急关井。放喷管线点火成功，火焰高达30m。28日继续循环，全烃异常值0.607%蹿升至63.751%，甲烷异常59.73%，气液分离，火焰3 ~4m持续燃烧，泥浆密度加大至1.96 g/cm^{3}达到近平衡。中途测试获得高产气流，最大初始产量42.01万m^3/d，平均产量9.50万m^3/d。预计通过酸化压裂改造后产量可达20万立方m^3/d。

安页1井在钻遇五峰-龙马溪组时获得页岩气重要发现。五峰-龙马溪组厚28.6m，高含气碳质页岩累计厚19.50m，气测全烃最高7.73%，C_1最高6.00%。钻井于2331.6m进入宝塔组灰色“马蹄状”灰岩，1月27日钻至井深2346.91m，进入宝塔组15.3m，出现井涌，标志着宝塔组首次获得天然气重要发现。

二、正安向斜页岩气地质模式

（一）地层发育特征

根据地面地质调查、地震及邻井钻井成果，预测安页1井钻遇地层如下：三叠系嘉陵江组和夜郎组，二叠系合山组、茅口组、栖霞组、大竹园组，志留系韩家店组、石牛栏组、新滩组、龙马溪组，奥陶系五峰组、宝塔组、十字铺组、湄潭组、红花园组和桐梓组，以及寒武系娄山关组。围绕区域性五峰-龙马溪组、牛蹄塘组2套富有机质页岩发育多套油气成藏组合，其中五峰-龙马溪组发育2套生储盖组合：五峰-龙马溪组烃源岩+石牛栏组、栖霞组灰岩裂缝储层+三叠系致密碳酸盐岩盖层；五峰-龙马溪组烃源岩+宝塔组灰岩裂缝型储层+五峰-龙马溪组烃源岩盖层。目前这2套组合已经安页1井钻探证实，在志留系石牛栏组获得天然气重大突破，并在二叠系栖霞组、奥陶系宝塔组和五峰-龙马溪组分别取得了天然气和页岩气发现。牛蹄塘组发育多套生储盖组合：蹄塘烃源岩+娄山关组白云岩缝洞型储层、宝塔组灰岩裂缝型储层、桐梓组白云岩缝洞型储层+（五峰-龙马溪组、桐梓组）页岩盖层。安页1井钻遇地层主要岩性特征如下（表5.1）。

表5.1 安页1井钻遇地层表

地层		顶深/m	底深/m	厚度/m
三叠系	嘉陵江组	20	401	381
	夜郎组	401	845	444
二叠系	合山组	845	997	152
	茅口组	997	1126	129
	栖霞组	1126	1394	268
	梁山组	1394	1396	2
志留系	韩家店组	1396	1898	502
	石牛栏组	1898	2204	306
	新滩组	2204	2303	99
	龙马溪组	2303	2325.48	22.48
奥陶系	观音桥组	2325.48	2325.7	0.22
	五峰组	2325.7	2331.6	5.9
	宝塔组	2331.6	2370	38.4
	十字铺组	2370	2416	46
	湄潭组	2416	2592	176
	红花园组	2592	2676	84
	桐梓组	2676	2825	149
寒武系	娄山关组	2825	2900.17	75.17

嘉陵江组（$T_{1-2}j$）：地面0～472m，视厚度472m。岩性为泥晶灰岩为主夹白云岩、角砾岩的组合，下部岩性以泥晶灰岩为主，夹砂屑灰岩、白云岩，灰岩层次较好，层理清楚；中上部顶底主要以一套白云岩、灰质白云岩夹角砾岩为主与上下分界，其中间夹一套较厚泥晶灰岩为主，夹少量泥质泥晶灰岩、角砾灰岩。与下伏地层呈整合接触。

夜郎组（T_1y）：472～877m，视厚度405m。岩性以泥晶灰岩、钙质泥岩为主夹粉砂质泥岩组合；而下伏合山组地层岩性风化土的颜色为深灰或黄色，含硅质岩碎屑。与下伏地层呈平行不整合接触。

合山组（P_3h）：877～1024m，视厚度147m。岩性以燧石条带或结核泥晶灰岩、泥晶生物屑灰岩、含生物屑泥晶灰岩为主，夹亮晶生物屑灰岩、硅质岩及少量黏土岩、薄煤层或煤线。与下伏地层呈平行不整合接触。

茅口组（P_2m）：1024～1158m，视厚度134m。岩性为灰色、浅灰色厚层及块状泥晶灰岩、泥晶生物屑灰岩、泥–亮晶（重结晶）藻砂屑生物屑灰岩、白云质灰岩、含燧石结核及燧石条带灰岩，层间夹少量薄至中层泥灰岩（或钙质黏土岩）。岩石中层理不发育，具缝合线构造。与下伏地层呈整合接触。

栖霞组（P_2q）：1158～1378m，视厚度220m。岩性以深灰色泥晶灰岩及生物屑泥晶灰岩为主，含燧石团块，局部见泥灰岩及钙质泥岩条带。与下覆地层呈整合接触。

梁山组（$P_{1-2}d$）：1378～1381m，视厚度3m。岩性为一套泥岩、含铝质泥岩及碳质泥岩组合。与下覆地层呈平行不整合接触。

韩家店组（S_1h）：1381～1834m，视厚度453m。岩性主要为一套灰绿、黄绿色（夹少量紫红色）泥（页）岩、含粉砂质泥（页）岩、泥质粉砂岩或粉砂质泥岩，中上部夹少量泥晶生屑灰岩。与下伏地层呈整合接触。

石牛栏组（S_1sh）：1834～2091m，视厚度257m。岩性主要为一套生物屑灰岩夹泥质灰岩及钙质泥（页）岩组合。与下伏地层呈整合接触。

新滩组（S_1x）：2091～2221m，视厚度130m。岩性为一套灰、黄灰、灰绿色薄层泥（页）岩、含粉砂质泥（页）岩与钙质泥（页）岩呈不互层，上部夹少量透镜状或瘤状泥质灰岩、含钙质细砂岩。与下伏地层呈整合接触。

五峰-龙马溪组（S_1l-O_3w）：2221～2255m，视厚度34m。总体岩性为一套黑色碳质泥（页）岩、含粉砂质碳质泥（页）岩。与下伏地层呈整合接触。

宝塔组（O_3b）：2255～2285m，视厚度30m。主为一套含大量角石、腕足生物的“马蹄状”灰岩（表5.1）。

（二）潜质页岩层系沉积相特征

1. 五峰-龙马溪组

以贵州省习水县仙源镇骑龙村剖面为例，晚奥陶世早期，沉积了涧草沟组的瘤状泥晶灰岩，灰岩内发育各类腕足、三叶虫等生物，为浅水缓坡沉积环境。随着加里东构造运动的发生，相对海平面上升，整个上扬子地块除川中、黔中、雪峰隆起外，由碳酸盐岩缓坡沉积转为局限的深水陆棚相沉积。五峰组沉积了黑色的碳质泥岩，晚奥陶世末期（赫南特期）沉积了观音桥组的黑色含生物泥灰岩，为浅水陆棚沉积环境。龙马溪组早期，龙马溪组下段沉积黑色的碳质泥页岩、含云碳质粉砂质泥岩，黄铁矿和有机质富集，为低能强还原的深水陆棚环境。龙马溪组沉积后期，随着构造挤压的不断加剧，隆起范围不断扩大，开始向上扬子地区扩展，其周缘水体深度下降，龙马溪组上段沉积了灰色、灰绿色含钙泥页岩和泥灰岩。往上碳酸盐岩逐渐增多，顶部以灰绿色薄层瘤状灰岩的出现与石牛栏组分界。总体上，研究区五峰-龙马溪组沉积时期，沉积岩的颜色由早期的黑色逐渐过渡到晚期的深灰色和灰色，反映了沉积介质由强的还原性逐渐变为弱氧化的环境（图5.19）。

(a) 黑色硅质页岩　　(b) 黑色含矿铁矿碳质页岩　　(c) 黑色泥灰岩

(d) 黑色含钙质笔石页岩　　(e) 黑色含钙质纹层笔石页岩　　(f) 黑色含铁质钙质页岩

(g) 黑色碳质页岩　　(h) 黑色钙质页岩，多纹层　　(i) 灰色含钙质泥岩夹泥灰岩

图 5.19　骑龙村剖面露头五峰-龙马溪组岩性特征

五峰-龙马溪组在黔北地区自南向北水体加深。北部相区主体为陆棚相沉积区，南部相区主体为潮坪沉积区，潜质页岩主要发育于深水陆棚相区。

海侵体系域：主要分布于遵义-湄潭地区，纵向上分布于龙马溪组底部，岩性为黑色碳质泥岩，从地层厚度和潜质页岩层厚度观察，贵州省北部地区为龙马溪组沉积、沉降中心，与五峰期相比，海水的范围有所减小，海水逐渐向北海退。总体观察，该段为深水陆棚相沉积。高位体系域：主要分布于龙马溪组上部，平面上到湄潭抄乐等地，岩性在靠海侧为钙泥质岩，靠近隆起带为钙粉砂质岩，碎屑矿物明显增多，见交错层理、波痕等(图 5.20)。

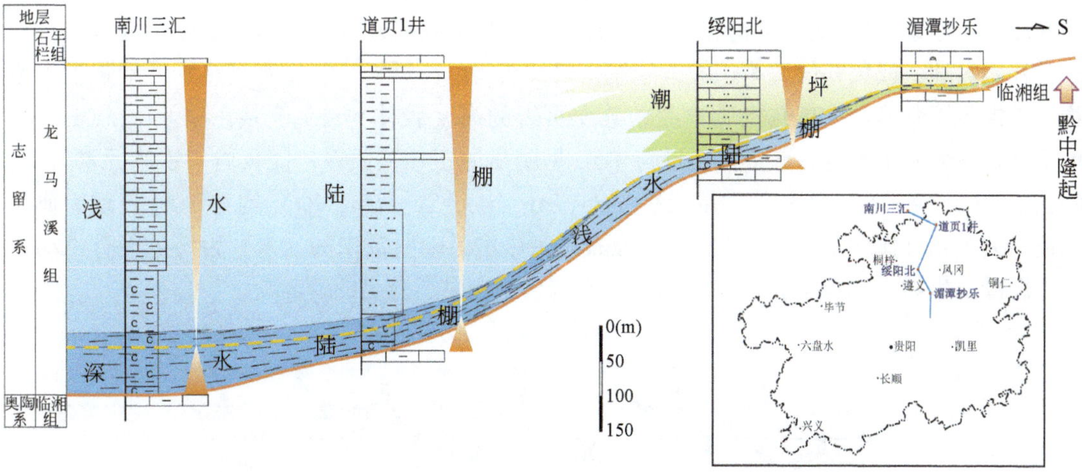

图 5.20　黔北下志留统龙马溪组钻井（剖面）沉积相对比图

五峰-龙马溪组地层受到黔中古隆起的影响，分布比较局限，主要分布于遵义-余庆-线以北，南部地区沉积缺失及剥蚀，地层发育不全；北部地区地层完整。该组下部为灰黑-黑色碳质泥岩，笔石丰富，邻井道页1井岩心资料及正安城北、正安瑞溪、正安土坪等19个露头剖面测量数据，安场向斜龙马溪组和五峰组富有机质页岩（TOC>2%）厚度16～25m，与现场露头测量厚度相当。其中，优质页岩厚度呈现出由南往北逐渐增厚的趋势（图5.21）。

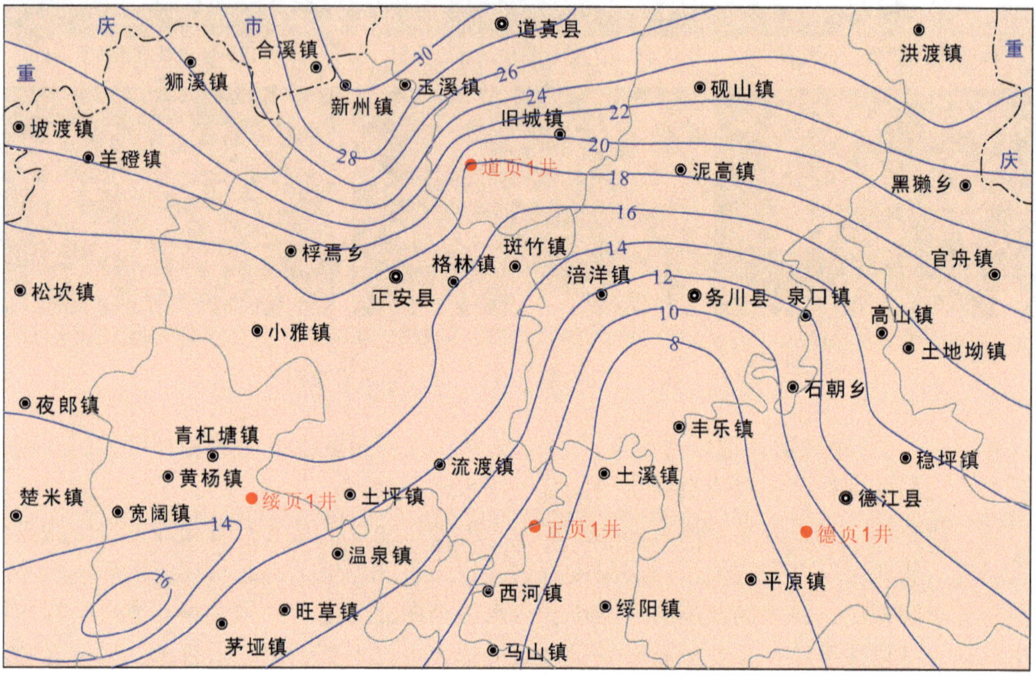

图5.21　正安-务川地区及其邻区龙马溪组富有机质页岩段等厚图

从沉积相-生物相综合的角度，贵州五峰组和龙马溪组的富有机质页岩形成机理分别为上升洋流-缺氧事件和滞留静海模式。五峰组以上升洋流和缺氧事件的联合作用为特点，形成欠补偿盆地，或欠补偿海湾相的碳硅泥页岩，或暗色泥页岩。首先海底热水活动强烈为生物繁盛提供了营养盐，高有机质丰度碳硅泥页岩的高（胶体）SiO_2含量，以及P，Cu，Ni，W和Mo等微量元素明显富集，而且与TOC呈明显的正相关关系；泥页岩中铁族元素（Ti，Fe，Cr，Co，V，Ni）及其他微量元素（Pb，Ag，Be，Ta，Mo，Ba）均与TOC表现为典型的正相关关系（图5.22），这些表明，强烈海底热水活动所带来的元素，为海生无脊椎动物和生烃母质生物（菌藻类）的生命活动乃至繁盛，提供了充足的营养盐。

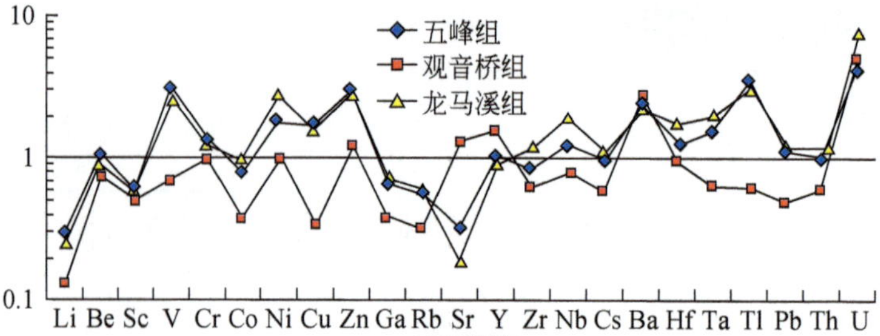

(a)王家湾

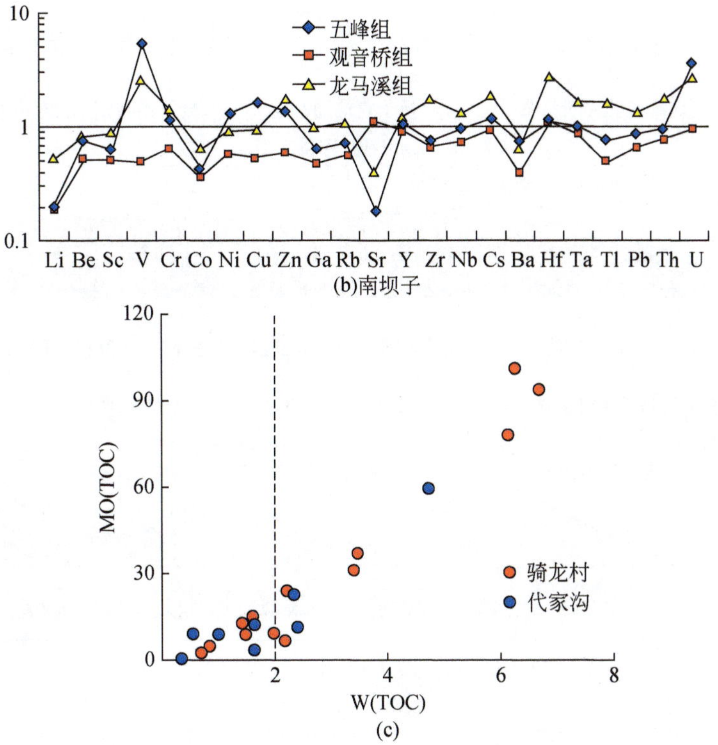

图 5. 22　中上扬子五峰-龙马溪组微量元素特征（据严德天等，1995）

对于贵州北缘龙马溪组而言，早期龙马溪组沉积时，由于加里东运动的影响，扬子板块周缘产生了一些古隆起，使扬子板块形成了一种由隆起包围的滞留环境，以湿热气候与高海面（海侵）为背景，海底地形起伏（水下障壁）而导致海水的循环连通受阻。自广海漂浮、浮游而来的生物，特别是生烃母质生物得到富集并繁衍、繁盛，死亡后降落至缺氧还原的海底而保存在欠补偿沉积环境。生物组合为丰富的营漂浮生态笔石，营浮游生态的始球藻和具刺疑源类。水体盐度正常，存在水体分层。表层水温暖清澈、含氧且高富有机生产力，底层水缺氧、强还原。富有机质页岩发育在克拉通内凹陷和奠基于碳酸盐台地之上的陆源海湾中，且仅分布在海湾腹部的欠补偿沉积中，页岩的厚度和有机质丰度较均一（图 5. 23）。

据已有测井资料的岩-电转换对比关系分析，自然伽马曲线和视电阻率曲线的测井相分析结果，与取心井段的地层岩性、岩性组合和沉积相序列的分析结果拟合性最好，尤其是自然伽马曲线的形状和幅值大小与地层岩性有很好的对应关系，可为具有不同岩性组合的沉积相类型分析提供更为准确的信息。因而选取以自然伽马曲线为主、以视电阻率曲线为辅的测井相与取心段的沉积相分析结果拟合关系，建立不同沉积相类型和层序级别的测井相岩-电转换模型，指导非取心井段测井曲线的岩性和沉积相解释。通过对部分钻井取心段详细的岩性和沉积相特征观察描述，再与测井相进行比较分析建立的岩-电转换模型，岩性和沉积相与电性和测井相特征的符合率达 90% 以上，完全能满足生产和科研的需要。安页 1 井五峰组和龙马溪组底部约 20m 岩性为灰黑色含粉砂碳质泥岩，笔石丰富，宏观沉积构造不发育，属深水陆棚沉积，强还原环境。向上笔石减少，至上部间含腕足、腹足、

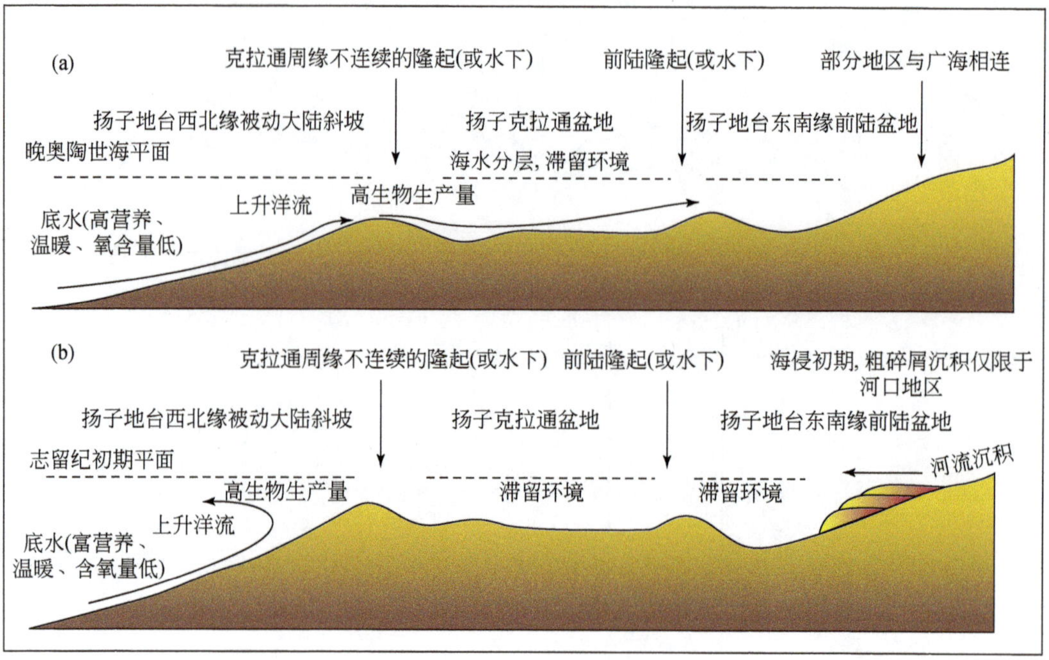

图 5.23　贵州北缘五峰组和龙马溪组形成条件

瓣鳃类底栖生物，出现浮游生物与底栖生物共生的状态。有机质含量低，岩石颜色深灰-灰色。沉积相属浅水陆棚，水动力条件总体较弱（图 5.24）。

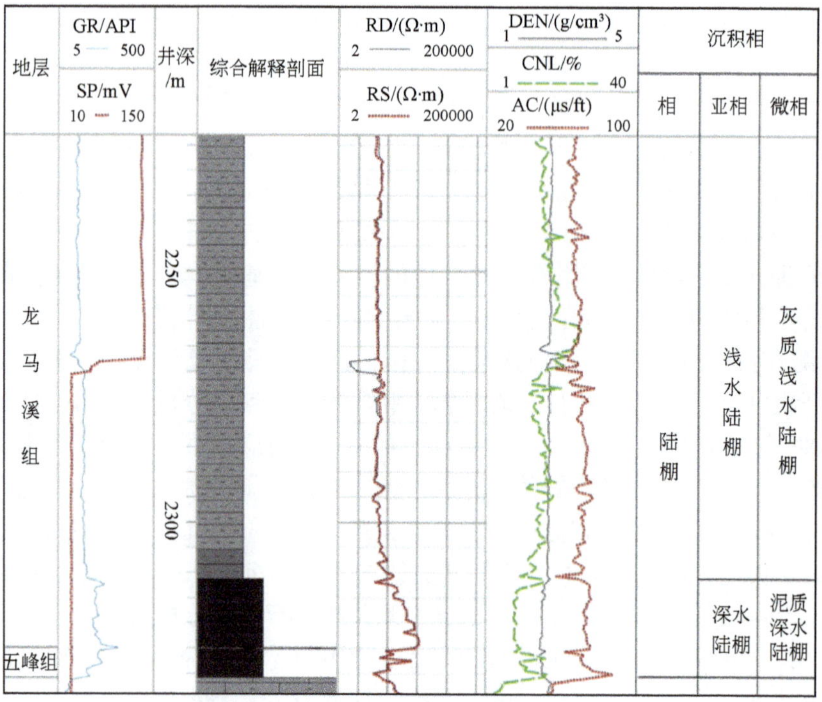

图 5.24　五峰-龙马溪组岩-电反映沉积相

2. 松坎组

松坎组和石牛栏组自下而上总体表现为沉积水体由深变浅的趋势，即由较深水的陆相沉积向上演化为较浅水的台地边缘礁滩相沉积。其岩性响应表现如下：自下而上，泥质含量越来越少，中下部以薄-厚层瘤状灰岩为主，上部以中层-块状礁灰岩、生屑灰岩及砂屑灰岩为主。陆棚相沉积的松坎组主要以灰色-深灰色中-薄层灰岩与含灰泥岩互层。台地边缘斜坡相沉积以瘤状灰岩为主，瘤状灰岩中的瘤体多为生屑灰岩或泥晶灰岩，瘤体间多为灰质泥岩或泥质灰岩充填。安页1井松坎组地层以瘤状泥灰岩或含泥灰岩与泥岩、粉砂岩互层为特征，该段（原称桥沟段）偏下的地层中产笔石，是全球特列奇阶底部的标准化石（陈旭和 Mitchell，1996）。石牛栏组（万云等，1995；Wang et al.，2014）则为后生动物化石丰富的礁滩相灰岩（图5.25）。

(a)松坎组陆棚相深灰色薄-中厚层状泥晶灰岩与薄层状含灰质泥岩互层

(b)松坎组陆棚相灰黑色泥页岩和灰岩互层

(c)松坎组灰岩中遗迹化石

(d)石牛栏组台地边缘斜坡相灰色中-厚层瘤状灰岩

图5.25 松坎组-石牛栏组野外露头特征

（三）有机地球化学特征

1. 有机质类型

泥页岩的有机质类型是其质量指标。对于含有丰富有机质的烃源岩，能否生成油气，还取决于有机质类型。页岩中干酪根的类型，可以提供有关烃源岩可能的沉积环境信息。干酪根的类型不但对岩石的生烃能力有一定的影响，还可以影响天然气吸附率和扩散率。因此，采用显微组分特征确定安页1井泥岩的有机质类型（表5.2和图5.26）。

表5.2　安页1井松坎组和龙马溪组有机质显微组分镜检结果

来样编号	腐泥组/%		壳质组/%				镜质组/%			惰质组/%	类型	
	腐泥组无定形体	小计	腐殖无定形体	菌孢体	底栖藻无定形体	小计	富氢镜质体	正常镜质体	小计	丝质体	类型指数	类型
AY-2(松坎组)	82	82				0		17	17	1	68.3	II_1
AY-3(松坎组)	83	83				0		16	16	1	70	II_1
AY-4(松坎组)	88	88				0		10	10	2	78.5	II_1
AY-5(松坎组)	84	84				0		15	15	1	71.8	II_1
AY-6(龙马溪组)	96	96				0		3	3	1	93	I
AY-7(龙马溪组)	95	95				0		2	2	3	91	I
AY-8(龙马溪组)	87	87				0		9	9	4	76.3	II_1
AY-9(龙马溪组)	96	96				0		3	3	1	93	I
AY-10(龙马溪组)	86	86				0		8	8	6	74.0	II_1

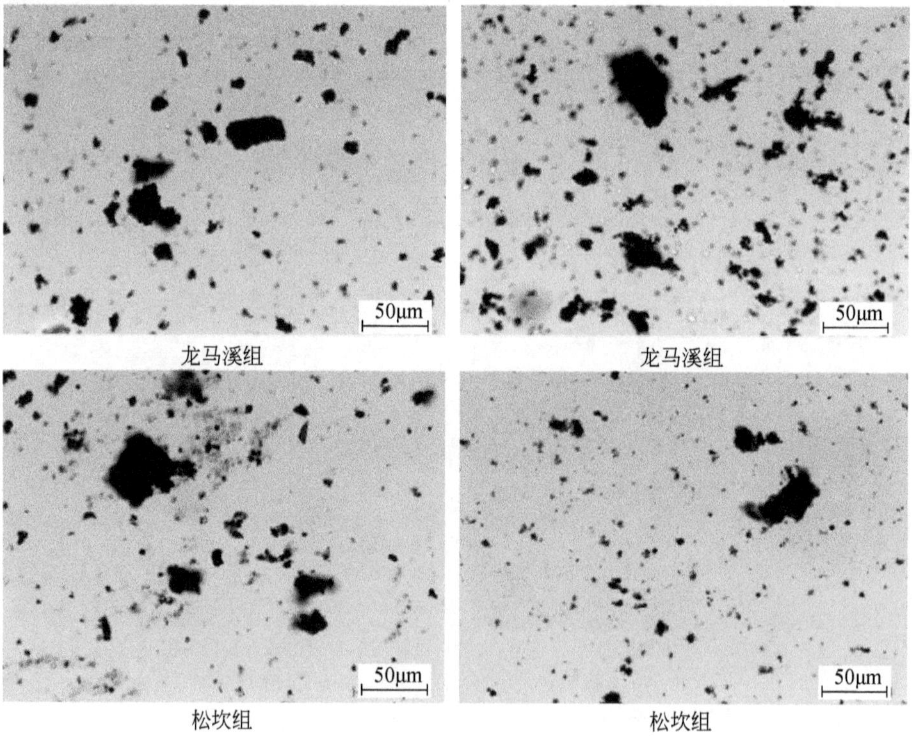

图5.26　安页1井松坎组和龙马溪组有机质显微组分特征

2. 有机质丰度

有机碳含量是页岩气聚集最重要的控制因素之一，不仅控制着页岩的物理化学性质，更重要的是控制着页岩的含气量。有机质成熟度不仅可以用来预测源岩中生烃潜能，还可以用于高变质地区寻找裂缝性页岩气储层。是国内外应用最早、研究最多的两项指标，有机碳含量和有机质成熟度对页岩气含气量大小起着决定性作用。

对安页1井目的层段龙马溪组页岩地球化学实验表明，五峰-龙马溪组有机碳含量分布范围在3.5%-5.4%，变化幅度较小，平均值为4.5%。研究表明，习页1井龙马溪组有机碳含量高的层段集中在五峰-龙马溪组的碳质页岩处，明显高于上部灰色粉砂质页岩，越接近地层底部，有机碳含量增高。安页1井目的层段松坎组TOC含量普遍低于1%，多分布在0.1%左右，平均值为0.16%。

通过模型计算得到有机碳含量，五峰-龙马溪组页岩气富集段集中在2311～2331m，有机碳含量在0.2%～4.8%，平均为2.96%，且有机碳含量从上往下有增大的规律。松坎组TOC含量普遍偏低，多小于1%（图5.27）。

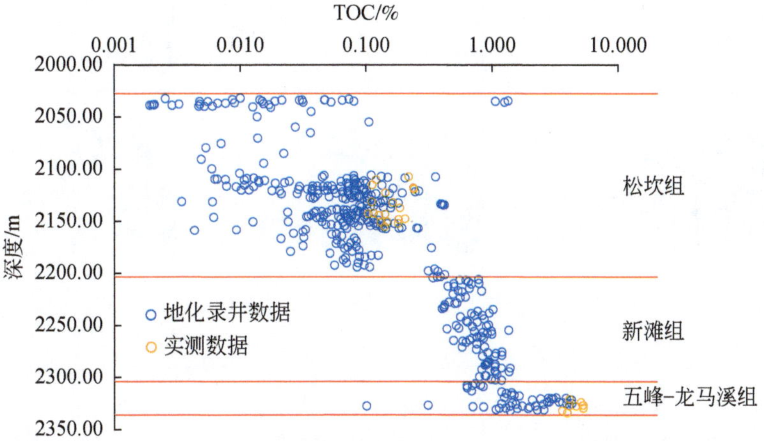

图5.27 安页1井有机碳含量随深度变化图

通过不同类型岩石生气率模拟实验研究，在全封闭状态下，Ⅰ型干酪根随着热成熟度的增加最高单位有机碳含量产气率能达到700m³/t，这显示出松坎组尽管有机碳含量低，但是在成熟度和保存条件好的情况下，仍具有可观的生气量（图5.28）。

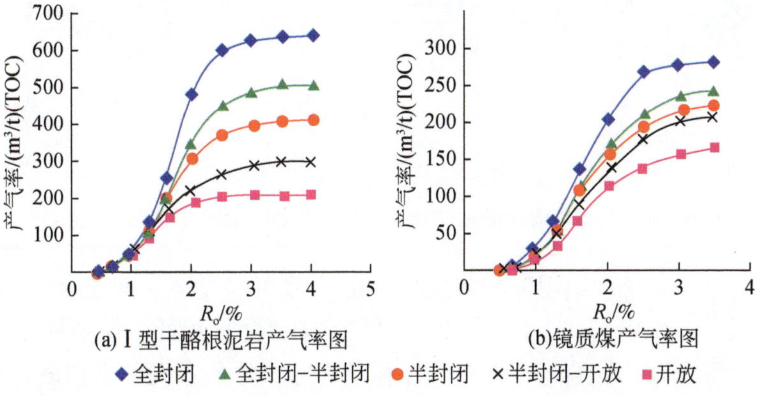

图5.28 不同有机质类型岩石生气率模拟（据刘成林等，2004）

碳酸盐岩作为烃源岩的有效性及评价问题是我国叠合盆地碳酸盐岩“老”“少”及“高”特点所决定的特有地质–地球化学问题（钟宁宁等，2004）。许多学者认为，尽管碳酸盐岩烃源岩有机碳含量低，但其烃转化率高，作为有效烃源岩的有机碳含量下限也应该比泥岩低，一些学者认为碳酸盐岩有机质丰度的不足可以由其巨大的体积来弥补，还有许多学者提出，我国碳酸盐岩烃源岩成熟度普遍高、过成熟，其原始有机碳含量需要恢复，而且采用了较高的恢复系数。因此，对于碳酸盐岩作为有效烃源岩的下限，前人运用生烃热模拟实验做了许多工作（图 5.29），不同学者根据不同资料或方法提出了不同的下限值，范围为 0.05% ~0.5%（周中毅和贾蓉芬，1974；傅家谟和刘德汉，1982；马永生等，2006；彭平安等，2008）。

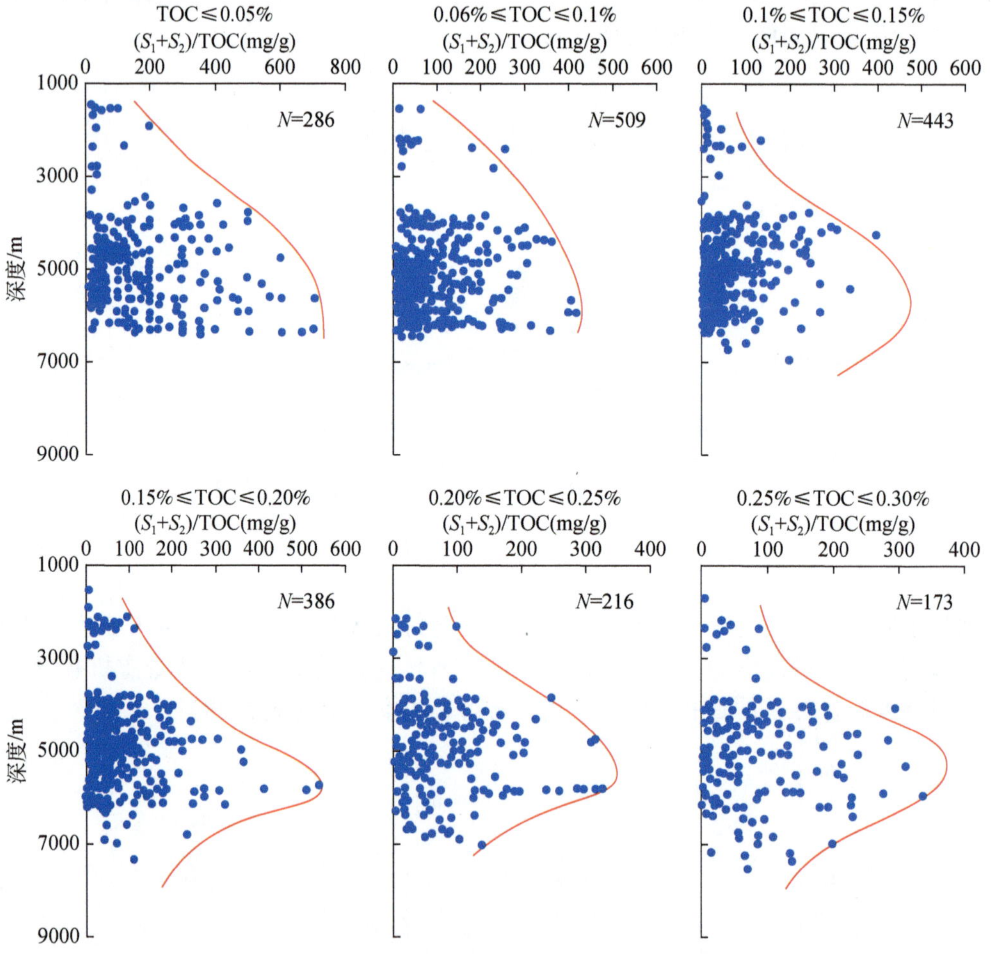

图 5.29 低有机碳含量碳酸盐岩产烃量模拟（据霍志鹏等，2013）

通过对比安页 1 井松坎组泥岩与灰岩的 TOC 含量可以发现（图 5.30），泥岩与灰岩的 TOC 含量很接近，都集中在 0.1% ~0.2%。尽管 TOC 含量较低，但是松坎组整段有机碳含量分布稳定，厚度大，泥岩裂缝发育，保存条件好，为页岩气形成和富集提供了有利的条件。

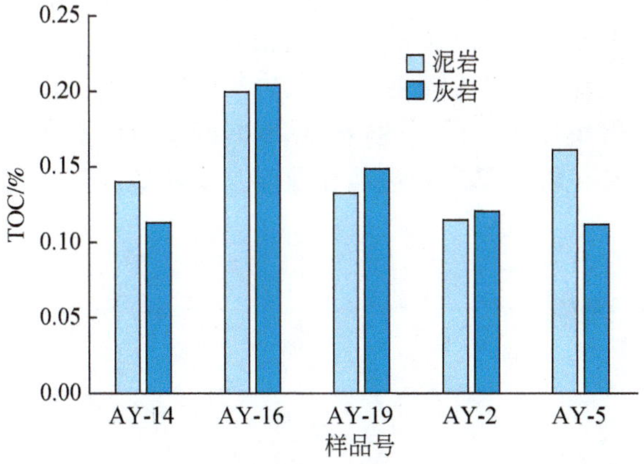

图 5.30 安页 1 井松坎组泥岩与灰岩 TOC 对比图

3. 有机质成熟度

在热成因页岩气的储层中，烃类气体是在时间、温度和压力的共同作用下生成的。干酪根的成熟度不仅可以用来预测源岩中生烃潜能，还可以用于高变质地区寻找裂缝性页岩气储层，作为页岩储层系统有机成因气研究的指标。

有机质成熟度划分标准：R_o 低于 0.6% 为未成熟，0.6% ~1.3% 为成熟，1.3% ~2% 高成熟，2% ~3% 过成熟早期阶段，3% ~4% 过成熟晚期阶段。安页 1 井下志留统黑色页岩成熟度在 2.79% ~3.32%，平均 3.11%，均处于过成熟阶段。

安页 1 井松坎组地层总体演化程度较高，成熟度在 2.75% ~2.92%，平均 2.95%，未见成熟度小于 2% 的样品，R_o 均超过 2.0% （图 5.31）。美国页岩气勘探实践表明：美国页岩气产区的页岩成熟度普遍大于 1.3% （Martineau，2007；Pollastro，2007），在阿巴拉契亚盆地的西弗吉尼亚州南部最高可达 4.0%，且只有在成熟度较高的区域才有页岩气的产出（Milici and Swezey，2006）。因此，页岩的高成熟度（>2%）不是制约页岩气聚集的主要因素。相反，说明在高成熟度下也能发育页岩气聚集。

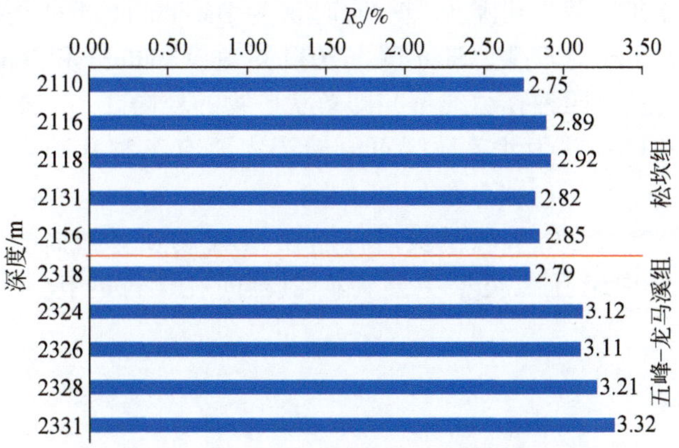

图 5.31 安页 1 井有机质成熟度随深度变化

对于质量相同或相近的烃源岩，一般来说 R_o 越高表明生气的可能越大（生气量越大），裂缝发育的可能性越大（游离态的页岩气相对含量越大），页岩气的产量越大。热成熟度控制有机质的生烃能力，不但直接影响页岩气的生气量，而且影响生烃后天然气的赋存状态、运移程度、聚集场所。适当的热成熟度匹配适宜的有机质丰度使生气作用处于最佳状态，若泥页岩具有足够的厚度和裂缝孔隙度，这些地区可能是勘探和开采页岩气的有利远景区。

（四）储集空间类型

1. 孔隙

页岩的储集物性包括孔渗、孔隙类型及结构等。页岩的孔渗性直接决定着页岩的含气量大小及页岩气在储层中运移的难易程度，特别是在压裂生产阶段直接决定页岩储层的经济效益。页岩储层研究作为近期发展起来的一门学科，很多测试技术还在摸索阶段，现今国际上对页岩储集空间的研究特别是纳米级孔隙的研究极其热门，关于其测试的方法和手段在日益更新，测试结果也越来越精确。归根结底还是因为研究页岩的特低渗特性及纳米级微观孔隙结构特征对揭示页岩气生烃机制和储气特征有着重要的理论和实践意义。测量孔隙结构的实验方法有多种，如氩离子抛光-扫描电镜技术（BIB-SEM）、非稳态高压压汞技术、比表面积测试技术、小角度中子散射技术、核磁共振技术，以及目前代表国际上对于页岩储层最高研究水平的储层纳米 CT 扫描——三维孔喉建模技术等，其中比表面积法因其较高的性价比是目前应用最为普遍的方法。近年来发展为以氮气、低温二氧化碳（最新）和氦气为主要载体的三种方法。本项目研究成果涵盖以上各种方法，所以测试结果及研究成果具有一定的前瞻性和权威性。

国内外很多学者都对页岩储层空间及孔隙类型进行了研究，但对孔隙类型划分及气体的赋存形式还没有定论：Louchs 等（2009）在对 Barnett 页岩微观孔隙研究中以孔隙直径 0.75μm 为界分为微孔和纳米孔。还将孔隙直径<0.75μm 的纳米孔隙划分为粒间、粒内、有机质及混合孔隙四种孔隙类型，同时认为 Barnett 页岩的主要微孔隙类型为有机质孔，其他孔隙类型相对较少。Slatt 等（2011）对 Woodford 和 Barnett 页岩孔隙进行了研究，发现其主要发育四种孔隙类型，即絮状矿物的粒内孔、有机质孔、粒间孔和微裂缝。Loucks 等（2012）认为北美地区页岩储层主要有三种孔隙类型，即粒间孔、粒内孔、有机质孔。

根据安页 1 井松坎组含气页岩的页岩样品在 SEM 场发射扫描电镜下进行观察的结果，得到松坎组泥岩中微孔隙类型主要为矿物粒间孔、粒内孔，有机质孔隙不发育（图 5.32）。

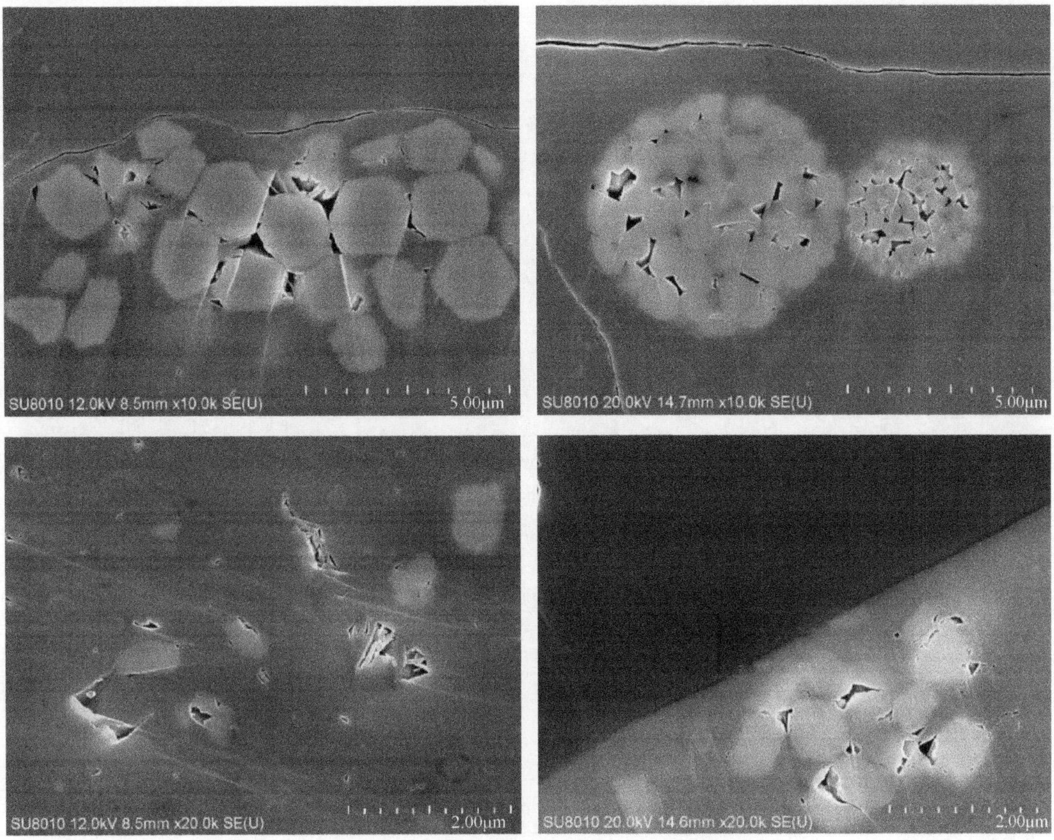

图 5.32　安页 1 井松坎组泥岩孔隙特征

2. 裂缝

裂缝是页岩孔隙组成中很重要的部分，裂缝不仅可以为气体的储存提供空间，还可以为气体的流通充当一定的通道。其产生的原因除了与断层和褶皱等构造运动相关外，也与黏土矿物脱水等非构造成因有关。

安场向斜位于群乐-安场-瑞豪一带，向斜周缘寒武系地层断裂较发育，对地层展布有一定影响，而内部断裂不发育，地层发育较稳定。黔北正安地区安页 1 井位于武陵褶皱区安场向斜西翼南段，属于向斜内部，构造较稳定，构造裂缝发育较少。

通过对安页 1 井区下志留统松坎组频繁互层的灰岩与泥页岩野外露头调查结果分析，发现该区目的层构造缝包括张裂缝与剪裂缝两种。张裂缝常成组系平行出现、方向性明显、裂缝面粗糙、分布规则［图 5.33（a）］。剪裂缝一般切层较深、产状稳定、延伸较远［图 5.33（b）］，且裂缝角度在 45°～90°。构造裂缝充填较为普遍，充填物多为方解石［图 5.33（c）］。野外调查发现，只有在构造变形严重及断层发育地带裂缝较为发育。剖面泥页岩层常见构造性裂缝类型及成因见表 5.3。

(a) (b) (c)

图 5.33　松坎组野外露头裂缝发育

表 5.3　泥页岩构造性裂缝类型及成因（据丁文龙等，2011）

类型	亚类	主要成因
构造裂缝	剪切裂缝	局部或区域构造应力作用，泥页岩韧性剪切破裂形成的高角度剪切裂缝和张剪性裂缝，经常与断层或褶皱相伴生
	张剪性裂缝	
	滑脱裂缝	在伸展或挤压构造作用下，沿着泥页岩层的层面顺层滑动的剪切应力产生的裂缝
	构造压溶缝合线	水平挤压作用压溶形成的裂缝
	垂向载荷裂缝	垂向载荷超出泥页岩抗压强度形成的裂缝
	垂向差异载荷裂缝	上覆地层不均匀载荷导致泥页岩破裂形成的裂缝

岩性、岩石中的矿物成分是控制裂隙发育程度的主要因素（张利萍等，2009；王祥等，2010）。页岩的矿物成分较复杂，除伊利石、蒙脱石、高岭土等黏土矿物以外，常含有石英、方解石、长石、云母等碎屑矿物和自生矿物。石英含量高，且多呈黏土粒级，常以纹层形式出现，而有机质、石英含量都很高的页岩脆性较强，容易在外力作用下形成天然裂缝和诱导裂缝，有利于页岩气的渗流，并增大了游离态页岩气的储集空间，有利于页岩气的聚集成藏（张利萍等，2009；王祥等，2010）。目前普遍认为，在相同力学背景下，有机碳含量、石英含量等是影响裂缝发育的重要因素（Hill，2002）。Nelson（1985）认为除石英外，长石和白云石也是黑色页岩段中的易脆组分。安页 1 井松坎组泥岩扫描电镜下观察发现，裂缝主要发育在矿物边缘及有机质边缘（图 5.34）。

在岩心裂缝识别与观测时，为了能更清晰观测岩心裂缝，一般先将岩心浸入水中，待岩心表面干燥后可清晰观测到裂缝。水浸岩心后，待岩心表面干燥，在岩心表面可见大量倾角大小一致的水痕，岩心完全干燥后，水痕消失，裂缝不可见。这是因为泥页岩存在大量的微裂缝，在浸水后，岩心表面水已完全蒸发，浸入微裂缝的水还来不及蒸发，其结果是沿微裂缝产生水痕。安页 1 井泥质部分常见此微裂缝，对于泥页岩中裂缝按其成因可以分为应力缝、沉积缝、成岩缝和生烃缝（表 5. 4），松坎组岩心微裂缝属于成岩缝的一种。泥页岩中微裂缝越发育越有利于页岩气的聚集，出气量也就越高。

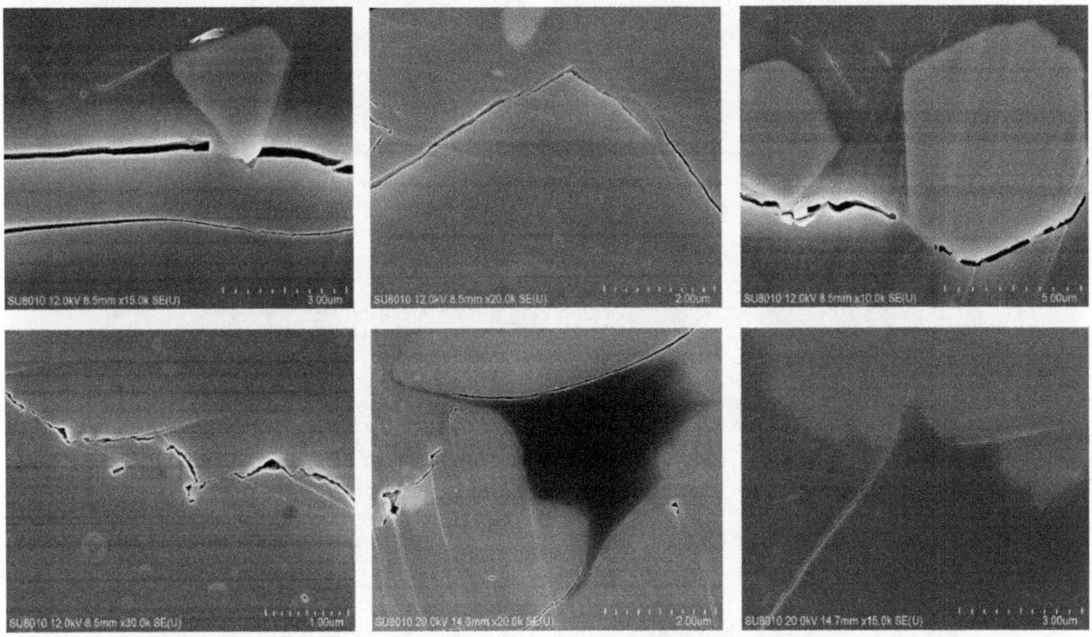

图 5. 34　安页 1 井松坎组泥岩裂缝镜下特征

表 5. 4　泥页岩裂缝类型及成因（据张金川等，2012）

	成因	类型	常见主要特征
裂缝	应力	张性缝	缝面不平整，常可沿矿物颗粒表面边界延伸、平行展布
		剪性缝	缝面平湍，常可切割矿物颗粒，雁行状特点
		挤压缝	共轭
	沉积	页理缝	平行沉积面，与岩性接触面变化面相关
		片状矿物缝	发育在片状矿物中
	成岩	收缩缝	三联点
		节理缝	垂直层理面
		压溶缝	连通性较好，Z 字形
	生烃	有机质缝	放射状，常发育在有机质颗粒内部、边缘或附近

在岩石矿物组成中往往在颗粒越细的部位越有利于裂缝发育，相反，颗粒越粗的地方越不发育裂缝。岩性变化处往往就是裂缝发育的地区。安页 1 井泥灰岩岩心中常见发育于泥岩部位中的成岩收缩微裂缝，碳酸盐岩部分少见裂缝（图 5. 35）。成岩收缩微裂缝指成岩过程中由于岩石收缩体积减小而形成的与层面近于平行的裂缝，形成这些裂缝的主要原因是干缩作用、脱水作用、矿物相变作用或热力收缩作用，与构造作用无关。

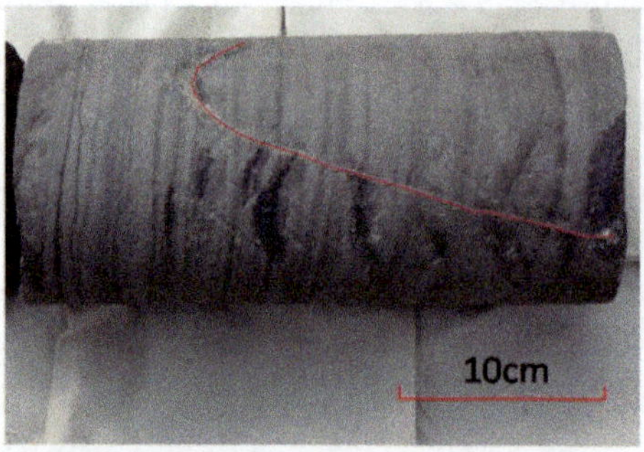

深度2039.19~2040.16m, 高角度剪性缝，方解石充填

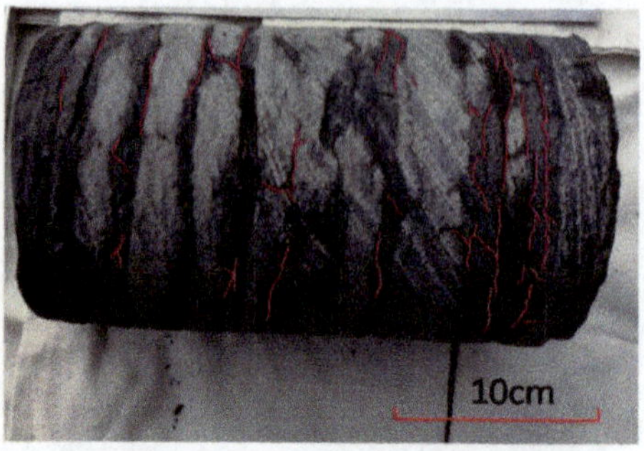

深度2107.20~2108.08m, 成岩收缩微裂缝

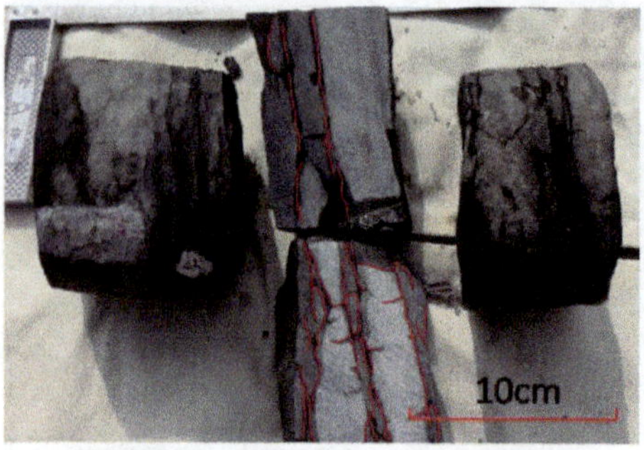

深度2111.41~2112.15m, 成岩收缩微裂缝

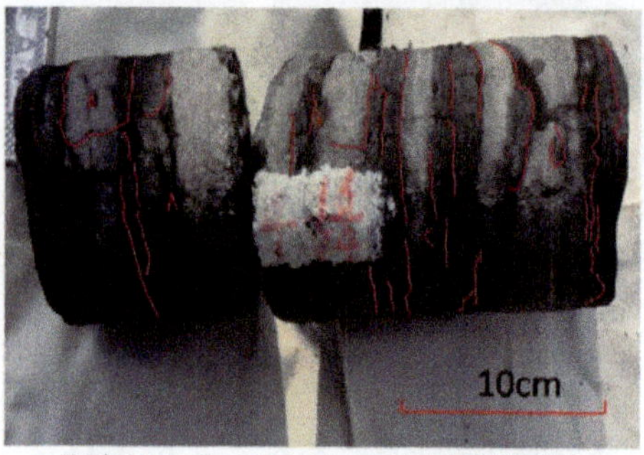

深度2125.61~2126.44m, 成岩收缩微裂缝

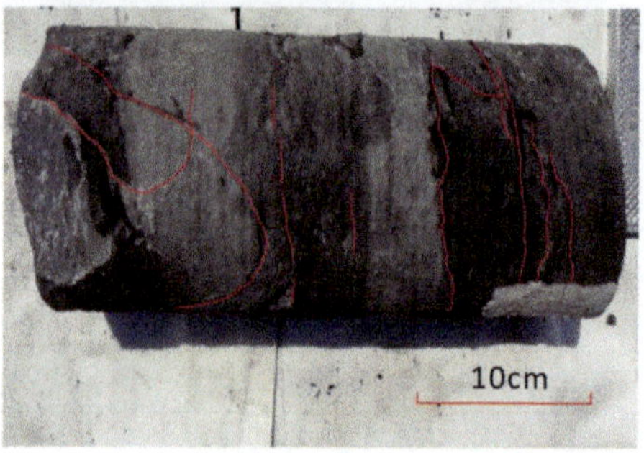

深度2137.80~2138.75m, 多期构造缝,成岩收缩微裂缝

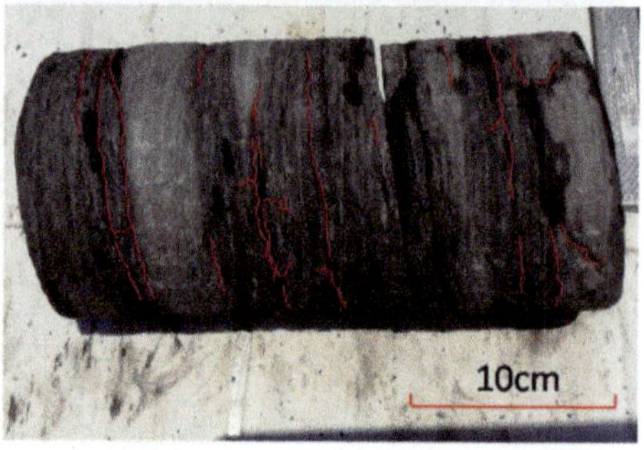

深度2151.96~2152.91m, 成岩收缩微裂缝

图 5.35　安页 1 井岩心裂缝照片

在低孔、低渗的泥页岩层中，微裂缝能较好地提高泥页岩层储集油气能力，有利于游离气体积增加和吸附气的解吸，同时还可作为天然气的重要疏导通道。而安页 1 井岩心碳酸盐岩部分少见裂缝为泥页岩层中的油气提供了很好的保存条件，大大增强了安页 1 井的产能。

岩心裂缝的长度、开度、倾角和密度等的观测和统计分析是岩心裂缝发育程度和分布规律等研究的基础资料。根据观测和统计，安页 1 井目的层志留系松坎组现场岩心长度约 51.5m，观测裂缝 1176 条，常见成岩收缩缝。为了对该井裂缝有充分的认识，裂缝的长度、开度、倾角和密度等参数进行了详细观测，并对各个参数的特征和分布规律进行了系统分析和总结。

(1) 岩心裂缝长度的统计分析及研究

安页1井岩心裂缝长度（L）分布范围可分为三种：$L<6.5$cm、$L\geq10$cm、6.5cm$\leq L<$10cm。安页1井的页岩裂缝长度分布范围各异（表5.5）。

表5.5 松坎组岩心裂缝长度变化率统计表

层位	裂缝数/岩心长度/（条/m）	裂缝长度占比/%			裂缝长度最大值/cm
		$L<6.5$	$6.5\leq L<10$	$L\geq10$	
安页1井松坎组	1176/51.5	10	20	70	50

统计结果表明，安页1井松坎组岩心裂缝主要为发育在泥页岩层中的成岩收缩缝，少见高角度剪切缝。发育的成岩收缩缝开度均小于0.2mm，且与层面近于平行，高角度剪切缝开度分布在0.2～0.5mm。安页1井松坎组岩心微裂缝以长缝占绝对优势，达70%裂缝长度，最长可达50cm。

(2) 泥页岩岩心应力形成裂缝倾角的统计分析及研究

根据观测统计情况将泥页岩岩心应力形成裂缝倾角（A）变化范围分为4种类型。

1）水平缝（$0°\leq A\leq15°$）：主要为在伸展或挤压构造作用下沿着泥页岩层的层面顺层滑动的剪切应力产生的滑脱裂缝。

2）低角度斜交缝（$15°<A\leq45°$）：主要为顺层滑脱缝和在局部或区域构造应力的作用下韧性剪切破裂形成的剪切缝，易形成包含多条低角度斜交缝的裂缝组系。

3）高角度切割缝（$45°<A\leq75°$）：主要为泥页岩韧性剪切破碎形成的高角度剪切缝和张剪性裂缝，常与断层或褶皱相伴生。

4）垂直缝（$75°<A\leq90°$）：主要为在伸展构造作用下形成的张性裂缝，在所观测的岩心上延伸距离长且不易形成组系，常以个体形式垂直切割岩心。

通过对安页1井的岩心裂缝倾角的分布范围进行统计，该井应力形成的岩心裂缝倾角变化率情况见表5.6。

表5.6 安页1井应力成因岩心裂缝倾角变化率统计表

层位	倾角占比/%			
	$0°\leq A\leq15°$	$15°<A\leq45°$	$45°<A\leq75°$	$75°<A\leq90°$
安页1井松坎组	0	20	60	20

统计结果表明，安页1井松坎组岩心裂缝以成岩收缩微裂缝为主，在应力成因缝中以高角度剪性缝为主，比值占应力成因缝中的60%。岩心应力成因裂缝的倾角可以间接反映构造活动的强弱和类型，同时得出裂缝倾角和构造作用间的对应关系。安页1井位于武陵褶皱区安场向斜西翼南段，构造较稳定，其岩心应力成因裂缝中高角度剪切缝占优势。

(3) 岩心裂缝密度（发育程度）统计分析及研究

裂缝密度是描述裂缝发育程度的重要参数，可以直观地反映出裂缝的密集程度。安页1井岩心裂缝主要为发育于泥页岩层中近似与层面平行的成岩收缩微裂缝，灰岩层少见裂缝，采用裂缝线密度来表征岩心裂缝的发育程度。裂缝线密度是表示岩心裂缝发育程度的最有效的参数之一，是指与一条直线相交的裂缝数目与该直线长度的比值：

$$D=\frac{N}{H}$$

式中，N 为岩心单元内观测到的裂缝总数，条；H 为单元内的岩心长度，m；D 为裂缝线密度，条/m。

深度 2039.19～2040.90m，岩心岩性表现为生物灰岩夹薄层页岩，出现高角度剪性缝，方解石充填。裂缝线密度均值为 7 条/m，裂缝不发育。

深度 2107.20～2125.00m，岩心岩性表现为灰岩与泥页岩不规则互层，常见成岩收缩微裂缝，无矿物充填。裂缝线密度均值为 31 条/m，微裂缝发育。

深度 2125.00～2157.00m，岩心岩性表现为灰岩与泥页岩规则互层，常见成岩收缩微裂缝，无矿物充填；少见高角度剪性微裂缝，方解石充填。裂缝线密度均值为 20 条/m，微裂缝发育（图 5.36）。

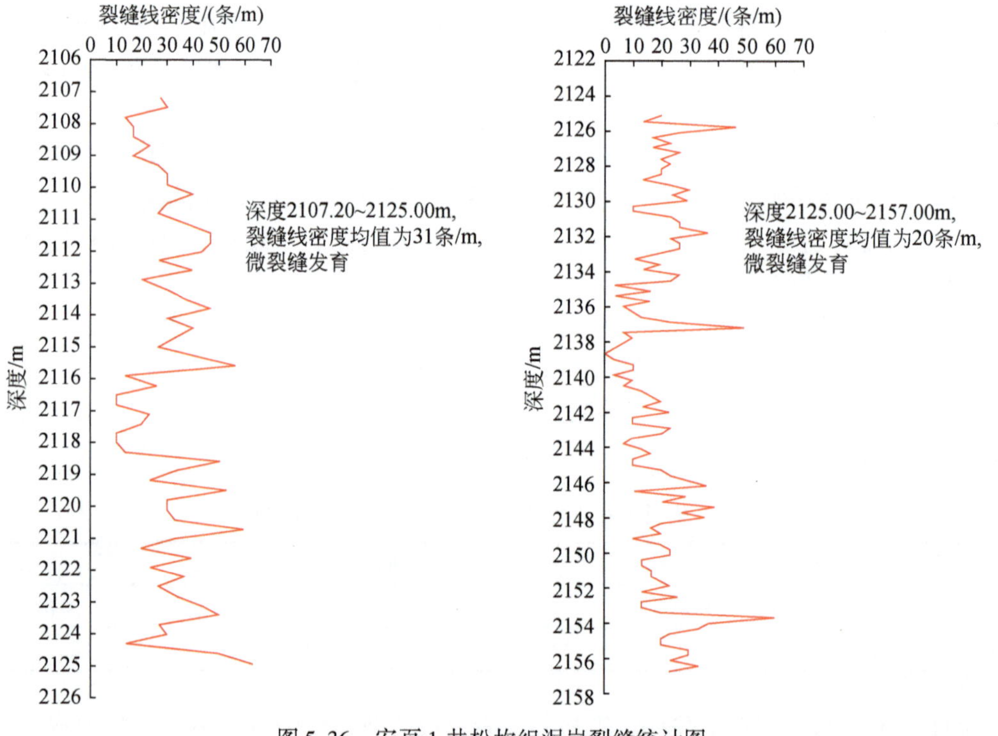

图 5.36　安页 1 井松坎组泥岩裂缝统计图

安页 1 井松坎组泥页岩发育的微裂缝主要是泥页岩在成岩固结时由失水引起收缩或者矿物相变作用所致，与构造作用无关，且松坎组泥页岩中的微裂缝大部分没有被矿物充填。成岩固结失水主要表现在成岩过程中黏土矿物的脱水作用导致形成于泥页岩中的微裂缝，矿物相变作用主要表现在泥页岩中矿物间存在着一定的硬度差，并在受力不均衡的情况下发生破裂形成微裂缝，通常发育于硬度相对较弱的一边，同时岩石颗粒越细也越有利于裂缝的发育，相反，岩石颗粒越粗越不利。脱水收缩缝和矿物相变缝都属于成岩收缩微裂缝，其特征表现为与层面近于平行的裂缝或形成三连点式。

裂缝是碳酸盐岩重要储集空间，也是主要的渗流通道之一。裂缝按成因可以分为构造缝，溶蚀缝和成岩缝 3 种主要类型。通过成像测井与岩心观察发现安页 1 井松坎组灰岩中不发育构造缝，同时由于松坎组灰泥频繁互层不利于溶蚀孔的发育，成像测井中也未发现灰岩中有溶蚀缝的存在。安页 1 井松坎组泥岩发育成岩微裂缝，绝大部分微裂缝被方解石充填。所以安页 1 井松坎组岩心浸水后待快干燥结束前只能观察到未被矿物充填的泥页岩成岩收缩缝，而未见被方解石充填的灰岩成岩收缩缝。

安页 1 井松坎组岩心还发育少量贯穿灰岩与泥页岩的应力构造缝，数量相对较少，规模不大，部分被方解石充填（图 5.37）。

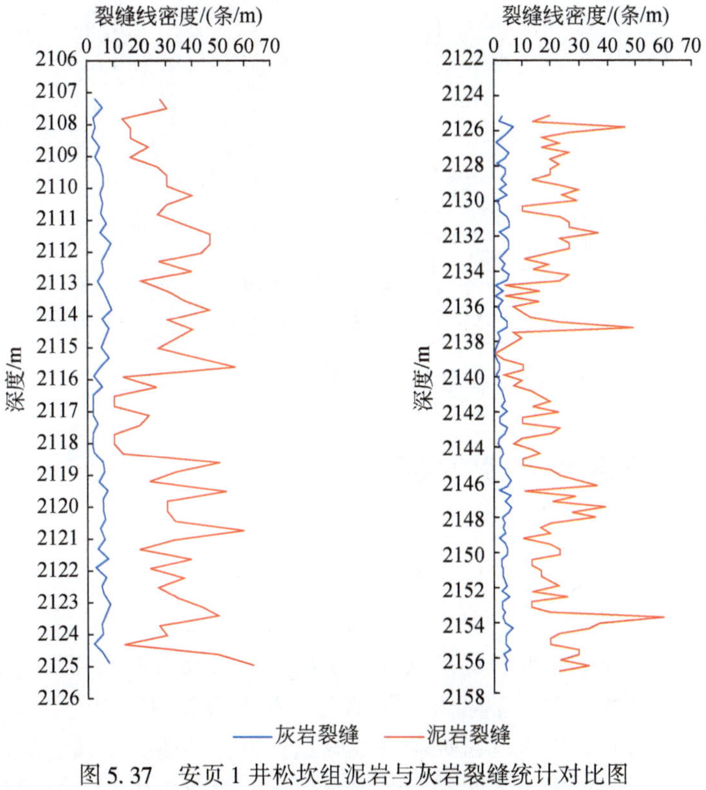

图 5.37　安页 1 井松坎组泥岩与灰岩裂缝统计对比图

除了野外露头分析识别裂缝，同时还可以应用测井资料来识别裂缝和裂缝的方向。不同的测井方法对裂缝有不同程度的响应特征，井壁微电阻率成像测井（FMI）不仅能识别裂缝，而且能够确定裂缝的延伸方向和产状。FMI 记录已广泛用于裂缝的探测，并已成为预测地震分辨率之下裂缝的最重要工具。

安页 1 井电成像测井解释结果显示松坎组大部分井段电成像显示地层成层性好，水平层理发育，未见明显构造裂缝发育。电成像显示在 2158 ~ 2210m 分散发育少量高角度裂缝、垂直裂缝，裂缝角度在 60° ~ 90°（图 5.38）。

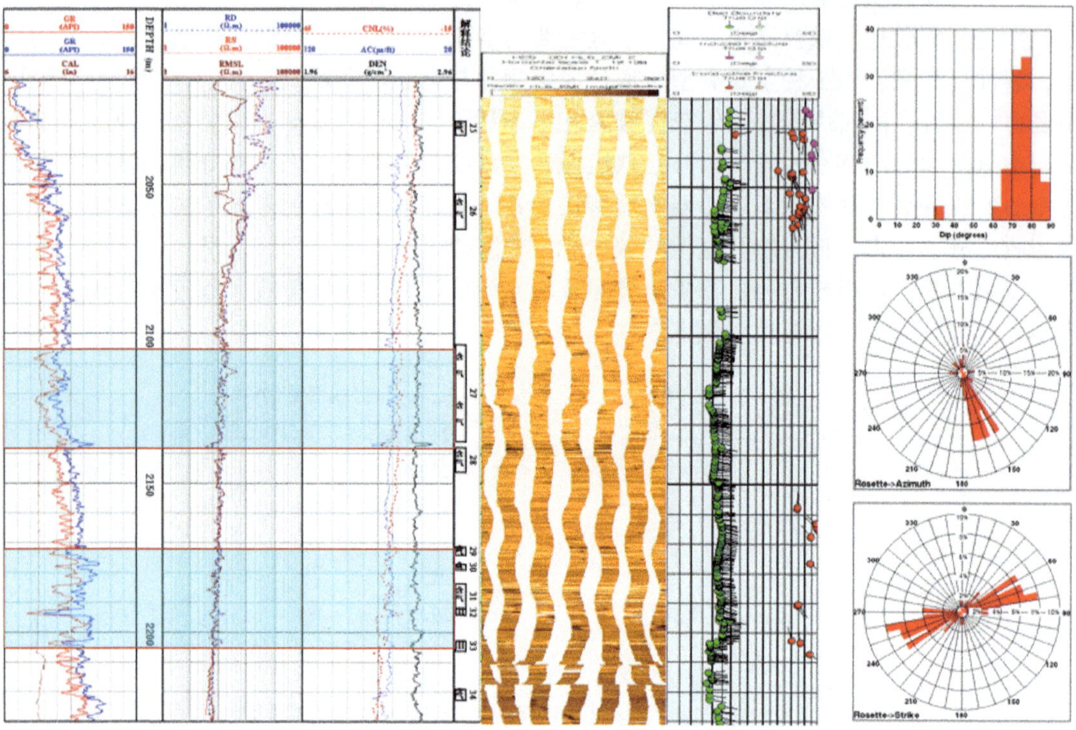

图 5.38　安页 1 井井壁微电阻率成像测井图

(五) 潜质页岩层系天然气类型

1. 天然气成因

准确识别天然气的成因类型，对于确定气源岩具有重要的意义。天然气成因类型的判断指标有很多种，最常见的主要有稳定碳同位素值判断法及各种轻烃判断指标。在国外学者有机成因气（又分为生物气、热解气、裂解气）和无机成因气的天然气成因类型研究的基础上，国内学者通过对煤系生气机理和煤成气地化特征的研究，认为煤成气是天然气的重要成因类型之一，同时发现由于我国气源岩层位多、演化历史长，自然界中存在的天然气往往是由多种来源的天然气混合而成，戴金星、宋岩等提出了无机成因气、有机成因气、混合成因气 3 大类天然气成因类型的划分方案，并将有机成因气根据演化程度划分为生物气、热解气和裂解气，根据母质类型划分为煤成气和油型气。徐永昌等（2001）提出在生物气和热解气之间还存在生物-热催化过渡带气的成因类型。

对安页 1 井松坎组天然气进行了气体组分、甲烷和乙烷的碳同位素、甲烷氢同位素和二氧化碳碳同位素分析。气体组分的结果显示，烃类组分以甲烷为主（96% 以上），含少量的乙烷、丙烷，非烃组分包括微量的氦气、氢气、氮气和二氧化碳，且不含硫化氢。

天然气的气体组成和稳定同位素已广泛用于天然气来源的示踪，气体组成和同位素组成都显示出安页1井松坎组天然气为热成因气（图5.39），图5.40（a）中出现的数据点稍微超出了热成因气的范围，主要是由烃源岩的高成熟度引起的气体具有高的干燥系数和较重的甲烷碳同位素值。

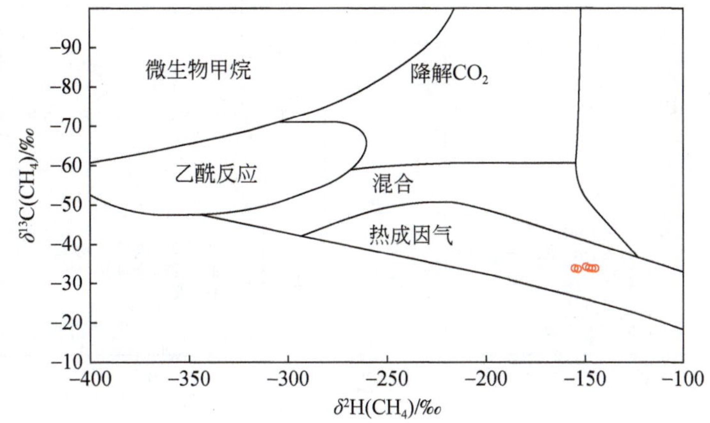

图5.39 安页1井松坎组天然气$\delta^{13}C$（CH_4）与δ^2H（CH_4）交汇图

热成因气可以分为油型气和煤型气，许多研究发现，乙烷的碳同位素值可以很好地区分热成因气中的油型气和煤型气。Gang等（1997）研究认为$\delta^{13}C$（C_2H_6）>-29‰为煤型气而<-29‰为油型气。Dai等（2014）通过对中国600口井天然气同位素的综合研究后$\delta^{13}C$（C_2H_6）>-27.5‰为煤型气，而$\delta^{13}C$（C_2H_6）<-29‰为油型气。安页1井松坎组天然气乙烷碳同位素均小于-29‰，显示出典型的油型气特征。

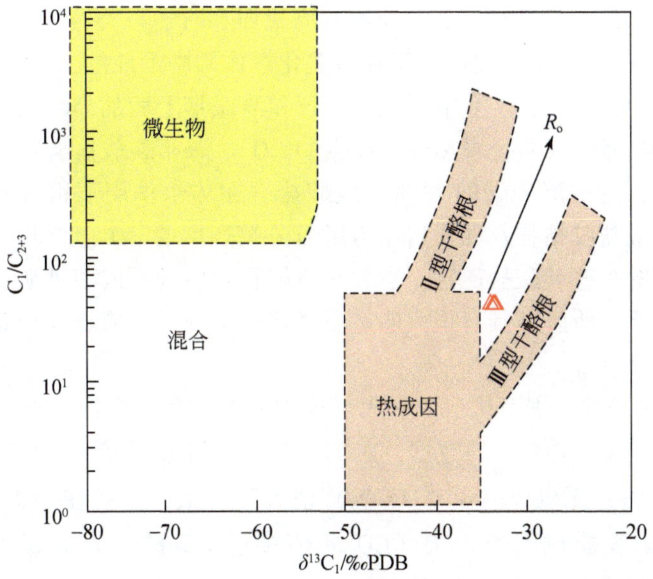

(a)

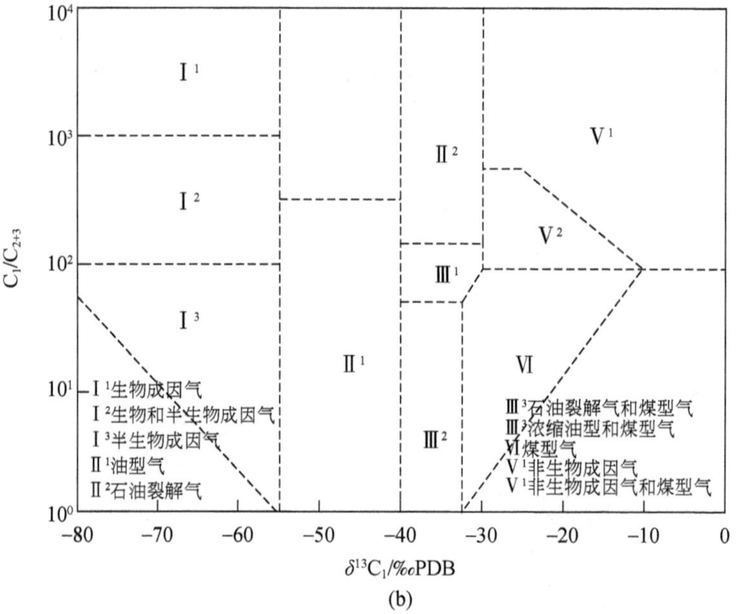

(b)

图 5.40　安页 1 井松坎组天然气成因类型分类图

地壳表层沉积圈流体和天然气中的 CO_2 主要为有机成因和无机成因两种。有机成因的 CO_2 是有机质在不同地球化学作用中形成的，主要有以下形成途径：①有机物氧化生成的 CO_2，有机物在地下被矿化溶液作用往往可以生成 CO_2；②有机物热裂解产生的 CO_2，实验和数值模拟研究发现，烃源岩裂解可产生大量的 CO_2；③有机物热降解生成的 CO_2，有机质特别是腐殖煤类，含氧官能团丰富，CO_2 的产率相当高；④有机物微生物降解形成的 CO_2，在低温（小于 70℃）条件下，微生物对有机质和石油与天然气具有降解作用可生成 CO_2。无机成因的 CO_2 是无机矿物或元素在有关化学作用中形成的，主要有以下形成途径：①来源于上地幔或地幔的 CO_2。②中下地壳岩石和消减带上面的地幔楔形体熔化岩石分异脱气产生的 CO_2。③海相碳酸盐岩热分解产生的 CO_2。海相碳酸盐岩是地壳沉积盖层中碳的最主要储藏岩石，约占沉积碳的 73%，碳酸盐岩在热水作用下很容易分解生成 CO_2。④沉积碎屑岩中碳酸盐胶结物及泥质岩中方解石分解产生的 CO_2。沉积碎屑岩中的钙质胶结物和泥质岩石中的一些碳酸盐矿物，主要是方解石、白云石或菱铁矿，因为形成环境特殊，其生成温度较低，所以其具有很大的热不稳定性。一般在成岩作用过程中，便可分解生成 CO_2。

CO_2 碳同位素是一种鉴别有机成因和无机成因 CO_2 的有效指标。戴金星等（1994）综合国内外学者有关 $\delta^{13}C$（CO_2）的数据，对其归总：有机成因 $\delta^{13}C$（CO_2）值小于−10‰，主要在−10‰～−30‰；无机成因 $\delta^{13}C$（CO_2）值大于−8‰，主要在−8‰～3‰。无机成因 CO_2 中，由碳酸盐岩变质成因的 $\delta^{13}C$（CO_2）值接近于碳酸盐岩的 $\delta^{13}C$（CO_2）值，在−3‰～3‰；火山–岩浆成因和幔源的 CO_2，$\delta^{13}C$（CO_2）值大多在−8‰～−4‰。

安页 1 井松坎组天然气中含有少量的 CO_2，$\delta^{13}C$（CO_2）数据和图 5.41 表明，$\delta^{13}C$

(CO_2) 值为-17.6‰~-20.8‰，显示出典型的有机质热裂解成因的 CO_2。

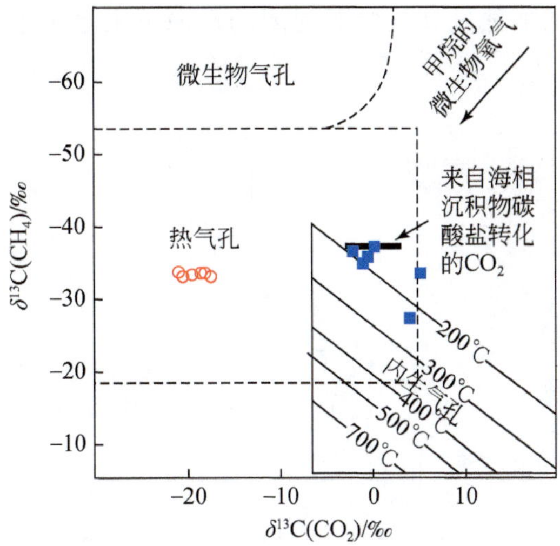

图 5.41　安页 1 井松坎组天然气 CO_2 成因分类图

2. 天然气来源

关于页岩气同位素倒转的原因，目前大多数学者认为是高演化成熟度阶段、较封闭条件下，不同母质、不同成熟度的天然气的混合。主要证据包括：成熟阶段的页岩气，同位素倒转的页岩气均是过成熟的干气，与原地的滞留烃类二次裂解有关；封闭体系下高成熟度天然气来自干酪根，滞留油和湿气的裂解，在天然气干燥系数特别大的情况下，乙烷的含量非常低，混入很少量的低碳同位素值乙烷造成很大程度的倒转，而早期油（或者重烃气）二次裂解的过程可以生成同位素值相对低的乙烷。还有一类观点是页岩内部的烃类发生了特殊的氧化-还原反应，根据 Barnett 页岩和 Fayetteville 页岩热成熟受热液流体的影响，页岩气中数值低的 $\delta^{13}C$（CO_2）与 $\delta^{13}C_2$共生，提出可能是早期水和甲烷反应生成了低碳同位素值的 CO_2和 H_2，后期 CO_2和 H_2反应再生成低碳同位素值的乙烷。Burruss 等研究 Appalachian 盆地北部深盆气（包括少量页岩气）时提出，前期由混合作用引起同位素倒转，晚期通过与地层水的氧化-还原反应发生 Raighley 分馏，甲烷碳同位素值急剧变大（同时氢同位素值变小）造成倒转。开放体系早期的天然气无法聚集和保留下来，通常封闭体系在混合作用下会造成同位素的倒转，开放体系中，前期的天然气易散失，无法聚集，所以不能导致同位素的倒转。

安页 1 井松坎组天然气中甲烷和乙烷的碳同位素值显示出完全倒转的规律（$\delta^{13}C_1 \geq \delta^{13}C_2$），在图 5.42（a）中可以看出，所有的数据点都落在同位素倒转区。如图 5.42（b）所示，趋势线“S”是基于中国、加拿大和美国海相页岩气的 $\delta^{13}C_1$ 和 $\delta^{13}C_2$ 值统计出来的（Rodriguez and Philp, 2010; Zumberge et al., 2009; Tilley and Muehlenbachs, 2013; Dai et al., 2014）。曲线中第一个转折点被认为是二次裂解气与初始滞留气体混合导致的倒转（Rodriguez and Philp, 2010; Tilley et al., 2011; Hao and Zou, 2013; Xia et al., 2013; Tilley and Muehlenbachs, 2013)。第二个转折点是由极高的成熟度引起的同位素倒转，安页1井松坎组天然气同位素数据点均位于第二个转折点之后，这显示出该井天然气同位素倒转的主要原因是烃源岩极高的成熟度和在相对封闭的环境下来自于不同成熟度阶段的天然气混合。

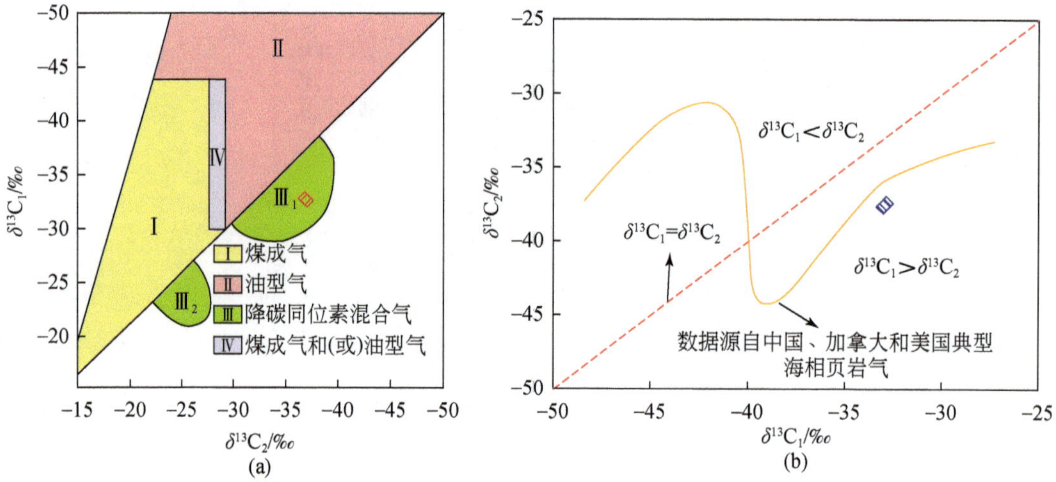

图 5.42 安页1井松坎组天然气同位素倒转

在有机母质热降解生成油气过程中，动力效应导致碳同位素分馏，甲烷最富集^{13}C。低温下碳同位素分馏范围大，生成的甲烷具有轻的碳同位素组成。温度增高，碳同位素的分馏作用逐渐减弱，生成的甲烷碳同位素也逐渐增重。有机母质达到过成熟时，碳同位素分馏范围很小，生成的甲烷碳同位素组成接近原始有机母质的碳同位素组成。安页1井松坎组天然气属于高成熟的干气，其甲烷的碳同位素值与松坎组地层干酪根碳同位素值接近，显示出很好的亲缘关系。

天然气的非烃气体中，CO_2与N_2被认为是示踪天然气运移的有效指标。CO_2示踪天然气运移，主要是基于其亲水性较好，易溶于水，同时其分子量大，密度高，不易运移，因此沿天然气运移方向CO_2含量会逐渐降低。图5.43中可以看出安页1井五峰-龙马溪组天然气中CO_2含量与松坎组天然气中CO_2含量很接近，而中间新滩组天然气中CO_2含量却较高，说明松坎组天然气不符合五峰-龙马溪组烃源岩生气后的运移的规律。

安页1井天然气的干燥系数（C1/C1~C5）值主要集中在0.96~0.99，说明天然气主要由甲烷构成，且热成熟度高。干燥系数整体上由浅到深有增大的趋势，反映热成熟度逐渐增大（图5.44）。另外，天然气干燥系数可以说明松坎组天然气是自生自储的页岩气，而不是来自于下伏的龙马溪组。因为松坎组天然气中重烃成分较龙马溪组多，干燥系数相对较小，如果天然气来自龙马溪组，由于小分子的甲烷较其他烃类更容易运移，那么干燥系数应该较下部更大。

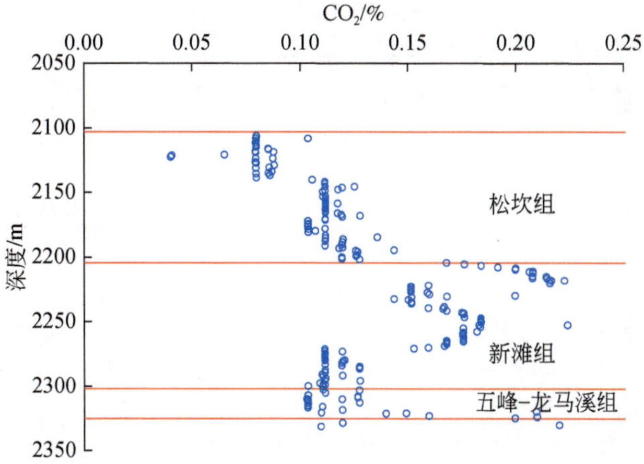

图 5.43　安页 1 井二氧化碳含量随深度变化

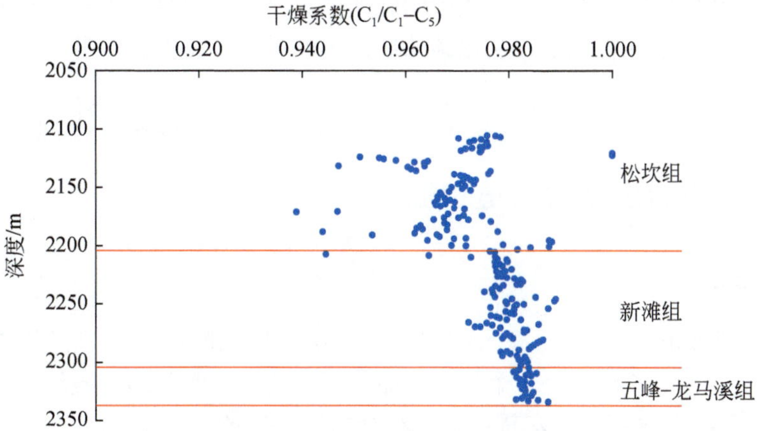

图 5.44　安页 1 井干燥系数与深度关系

从安页 1 井气测全烃值与深度关系图（图 5.45）中可以看出，松坎组地层在井深 2105.6m 气测异常强烈，全烃由 0.35% 蹿升至 85.40%，甲烷由 0.25% 蹿升至 80.5%，随后全烃和甲烷气测异常值持续上升，全烃 96.2%，甲烷 90.1%。在钻至 2122.3m 时，全烃异常值由 0.607% 蹿升至 63.751%，甲烷异常 59.73%。在松坎组底部 2196m 处，全烃异常值升至 79.581%，甲烷异常 74.428%。在井深 2201m 处又出现了气测异常强烈的现象，全烃异常值升至 64.396%，甲烷异常 59.741%。在五峰-龙马溪组地层气测异常整体较明显而且连续，气测全烃最高 7.73%，甲烷最高 6.00%。

综合以上各项同位素数据及松坎组地球化学参数认为，安页 1 井松坎组天然气的气体组分与甲烷、乙烷碳氢同位素符合高-过成熟页岩气的特征。而且，同位素的倒转发生在较封闭条件下，不同成熟阶段气体为混合二氧化碳（干酪根裂解气、原油伴生气和油裂解气等）。安页 1 井松坎组泥岩与灰岩频繁互层形成的天然“盖层”对天然气的保存起到了重要作用，这种“盖层”导致了松坎组天然气同位素的倒转，也致使松坎组地层产生了异

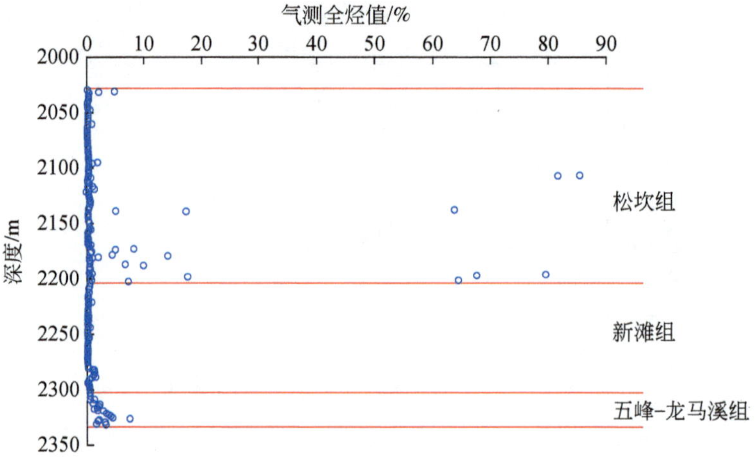

图 5.45　安页 1 井气测全烃值与深度关系

常高压。安页 1 井松坎组天然气二氧化碳的碳同位素显示为典型的有机质热解成因，与目前国内报道的龙马溪组页岩气中二氧化碳的成因不同。因此，安页 1 井松坎组天然气来源于该地层本身。

（六）潜质页岩层系含气量特征

1. 等温吸附

通过等温吸附测试，在 30℃（大约相当于 500 m 埋深的地温）和纯甲烷平衡湿度的条件下，获得了安页 1 井松坎组 2 个泥岩样品的实验数据，实验结果显示，饱和吸附量 V_L 分别为 0.58m^3/t 和 0.75m^3/t，差异不大。在对等温吸附实验结果的分析基础上，认为松坎组泥岩的吸附性能不强，这与前文分析的松坎组天然气以游离气为主相符。除此之外，另发现样品的吸附能力与 TOC 含量的大小呈线性相关关系（图 5.46）。

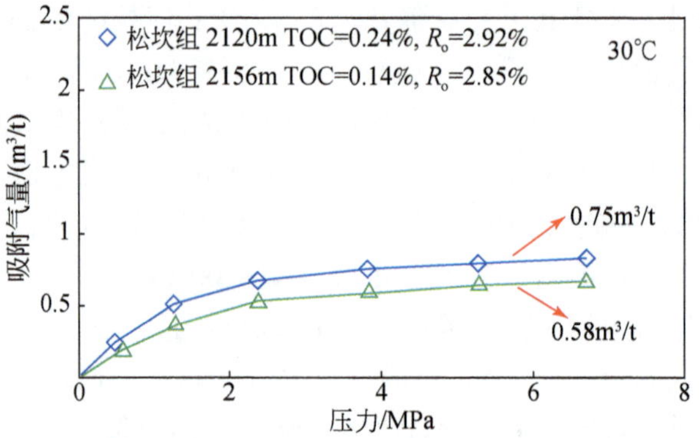

图 5.46　安页 1 井松坎组泥岩等温吸附曲线

2. 现场解吸

解吸法又被称为 USBM 直接法，是一种分类测量含气量的方法。其方法简单，测试精度基本能够满足勘探阶段的要求。

页岩快速解吸法的页岩含气量分为三部分：解吸气量、损失气量和残余气量，其解吸基本流程是在钻井过程中准确记录几个关键时刻，岩心提上井口后迅速装入密封罐，在模拟地层温度条件下测量页岩中自然解吸气量，解吸结束后，利用实测解吸气量和解吸时间的平方根进行线性回归求得损失气量，最后将岩心粉碎，测量其残余气量。

安页 1 井现场解吸层段主要为下志留统松坎组、龙马溪组和五峰组。其中，松坎组岩性主要为含钙砂质泥岩与薄层灰岩互层，经计算得到含气量值为 0.064 ~ 0.842m^3/t（不包括残余气）。龙马溪组岩性主要为黑色碳质页岩，经计算得到含气量值为 3.121 ~ 6.144m^3/t（不包括残余气）。五峰组岩性主要为黑色碳质页岩，经计算得到含气量值为 2.177 ~ 6.227m^3/t（不包括残余气）。五峰–龙马溪组的现场解吸气量普遍大于 3 m^3/t，甚至在井深 2323 ~ 2326m 解吸气量达到 6m^3/t（图 5.47，图 5.48），远超出最低工业标准。

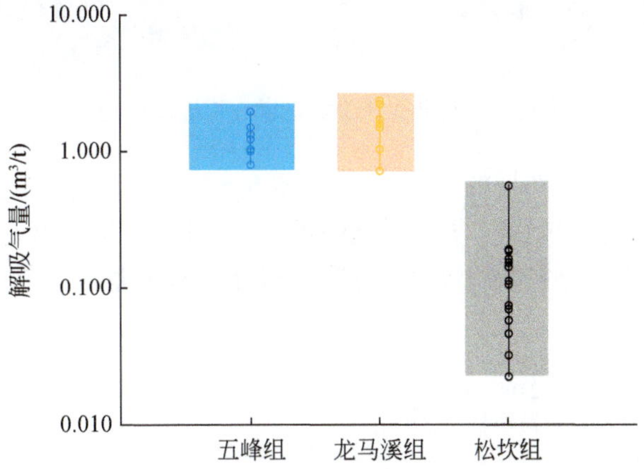

图 5.47　安页 1 井不同层系岩心现场解吸含气量分布图

图 5.48　安页 1 井龙马溪组岩心浸水实验

然而，在钻井显示最好的松坎组解吸气量很低，含气量主要集中在0.1～0.2m³/t，最高只有0.842m³/t。松坎组的岩性（含钙砂质泥岩与薄层灰岩互层）不如五峰-龙马溪组碳质页岩致密，有机碳含量偏低。成像测井和岩心观察发现，松坎组地层裂缝主要发育在含钙砂质泥岩中，而在薄层灰岩中不发育，裂缝主要为水平成岩缝（图5.49）。因此，松坎组岩心中的气体以游离气为主，而解吸气量低的主要原因是岩心在提钻和装罐前游离气顺着水平裂缝逸散，导致气体大量损失。安页1井松坎组地层的特殊性致使该地层尽管泥岩与灰岩的有机碳含量不高，但是生成的天然气由于频繁互层灰岩的遮挡而有效聚集。地层中裂缝发育的地方有利于天然气聚集而形成高产。

图5.49　安页1井松坎组岩心裂缝发育特征

对安页1井现场解吸含气量的统计分析（图5.50）发现，各组数据均呈现出随深度增加，解吸气量呈现增加的趋势，松坎组整体解吸气量低，但局部深度段气测异常极高，说明松坎组地层以游离气为主。五峰-龙马溪组整体解吸气量高，结合气测全烃值显示出典型的页岩气特征。

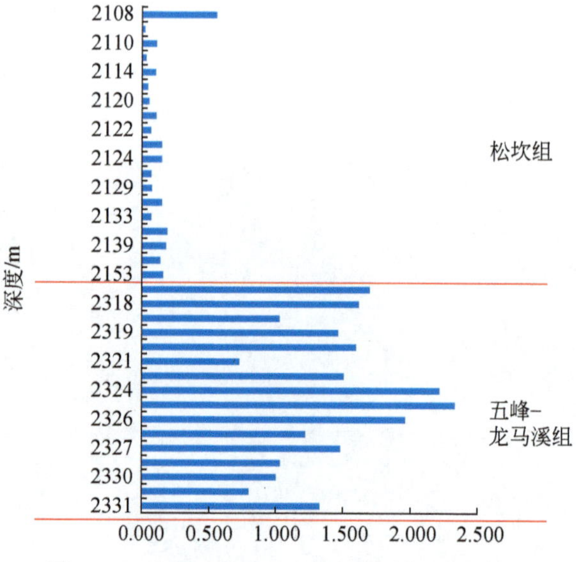

图5.50　安页1井岩心现场解吸含气量分布图

三、正安向斜页岩气勘查经验与启示

（一）裂缝在页岩气成藏中的作用

页岩气藏中裂缝的长度、开度、倾角和密度是裂缝研究的基础几何参数，同样也是裂缝发育情况的基本体现。在生产实践中，裂缝的长度越长、开度越大、倾角越陡，对页岩气藏有效储渗空间越具有重要意义。当然，逆结论不一定成立。

根据现场对安页1井岩心裂缝统计分析得到的结论，显示安页1井岩心多发育成岩收缩微裂缝，少见因应力作用形成的构造缝。在泥页岩生烃期间，由有机质热解生烃释放出来的气体部分储集在成岩收缩微裂缝中，微裂缝提高了泥页岩的孔隙度和渗透率，从而大大提高了泥页岩储集烃类气体的能力。根据露头剖面、岩心观察及成像测井显示，虽然受应力作用形成的构造缝数量较少，但对页岩气成藏起至关重要的作用。

在该区松坎组灰岩、泥页岩交互出现的特殊岩石组合中发育大量泥岩成岩缝，泥页岩中游离甲烷气聚集在裂缝空间内，由于灰岩裂缝不发育，成为良好的隔挡层，抑制了页岩气的散失。通过对安页1井录井资料及井壁微电阻率成像测井资料分析，松坎组录井气显高值对应有4个深度段（图5.51），即2105～2110m、2132～2142m、2170～2180m、2183～2203m。同时在松坎组井壁微电阻率成像测井中，这4个深度段显示有不同角度和延伸方向的构造裂缝发育，从而测井气体显示在构造裂缝发育附近出现高值。

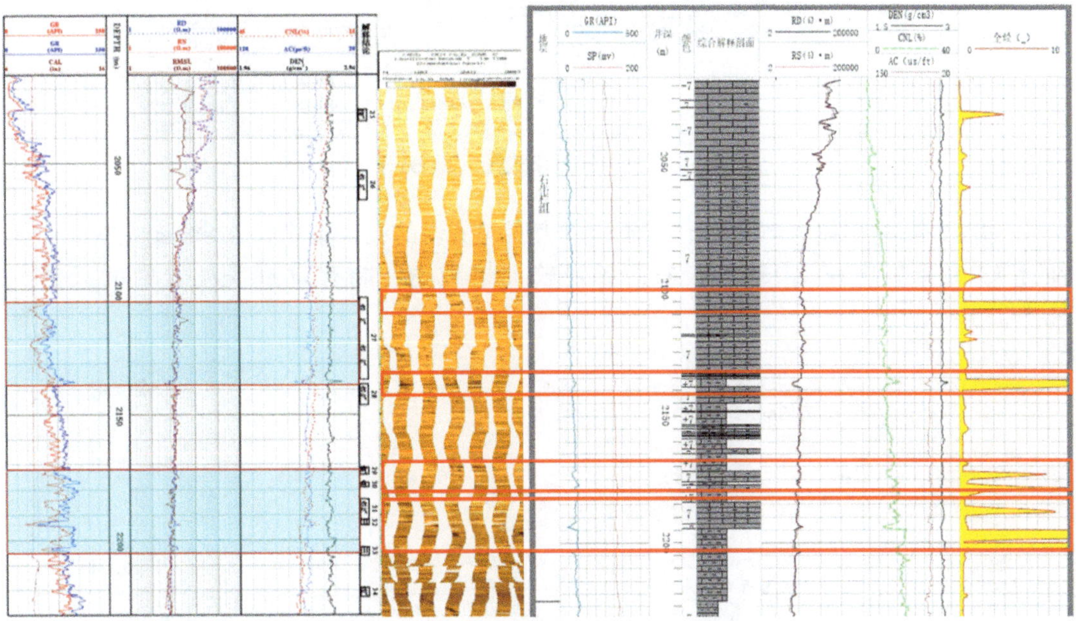

图5.51　构造裂缝与气体显示关系图

（二）含钙砂质泥岩与灰岩频繁互层条件下页岩气成藏模式

泥岩与灰岩、砂岩、白云岩等夹层共同存在的页岩气藏在国内外已有报道，如美国福特沃斯盆地的 Barnett 页岩气藏和威利斯顿盆地的巴肯页岩油气藏。

位于 Barnett 页岩上覆的 Marble Falls 组、Chappel 组（主要分布在 New ark East 气田西部）、夹层的 Forestburg 组及其下伏的 Viola 组或 Simpson 组、Ellenburger 组等灰岩隔层的存在，形成了几套致密的隔板层，把大量的原始和诱发裂缝限制在 Barnett 页岩内部，不利于烃类的排出，却有利于页岩气井的生产。这些致密灰岩层在一定程度上起到了“盖层”或“隔层”的作用，阻止了 Barnett 页岩的排烃，致使在 Barnett 页岩中保存了大量的烃类。这种上下被致密灰岩层“封闭”的页岩层，成为一种独特的页岩气成藏模式（图 5.52）。

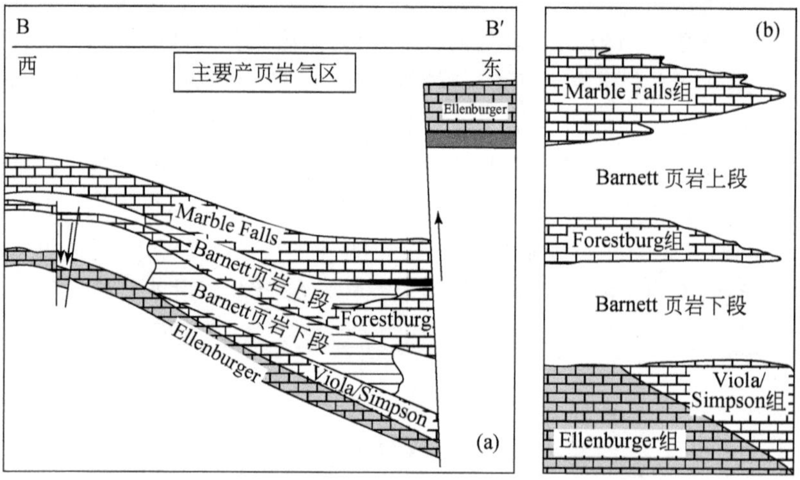

图 5.52　Barnett 页岩气藏模式图（据 Bowker，2007）

安页 1 井松坎组泥岩与灰岩的孔径分布表明，灰岩的孔径集中在 2.88nm 左右，而泥岩的孔径主要集中在 7.13nm 左右，灰岩较泥岩致密，能有效封盖泥岩中的天然气（图 5.53）。

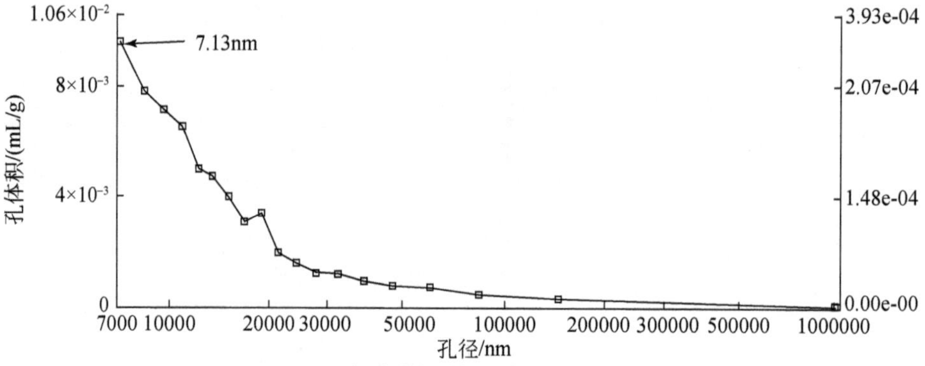

(a)安页1井松坎组泥岩孔径分布图

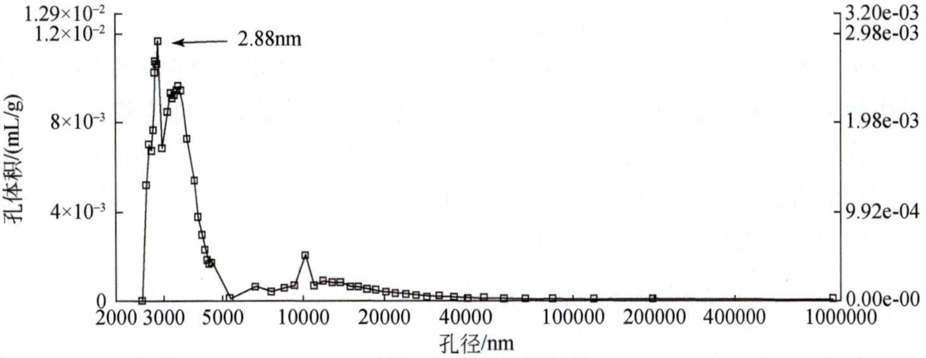

(b)安页1井松坎组灰岩孔径分布图

图 5.53 安页 1 井松坎组泥岩与灰岩孔径分布图

综上可知，安页 1 井松坎组天然气来源于该地层泥岩和灰岩的生烃和聚集。结合松坎组烷烃同位素的倒转特征，认为天然气随着松坎组源岩成熟度的增加而演化，松坎组含钙

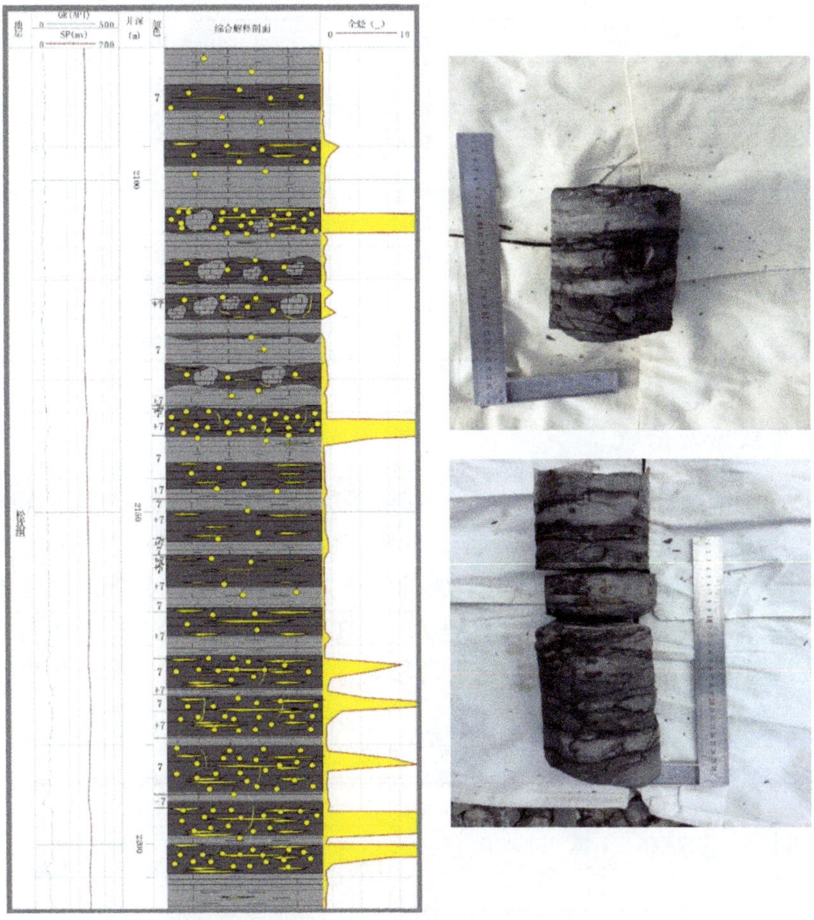

图 5.54 安页 1 井松坎组页岩气藏模式图

砂质泥岩与灰岩频繁互层，且泥岩裂缝发育，灰岩裂缝不发育，导致互层的灰岩成为“盖层”。这种互层的岩石组合特征使地层相对封闭，导致烷烃同位素的倒转。随后，泥岩中大量发育的水平裂缝为天然气的聚集提供了场所。地层中局部发育的高角度裂缝使得天然气向上发生短距离运移，最终在水平裂缝发育而高角度裂缝缺乏的地方聚集，形成高产。安页1井电成像测井解释结果也显示松坎组大部分井段电成像显示地层成层性好，水平层理发育，裂缝的密度及其走向的分散性是控制页岩气产能的主要地质因素，裂缝条数越多，走向越分散，产气量越高（图5.54）。

（三）多种类型天然气混合成藏模式

安页1井共钻遇32层81.66m不同级别的油气显示，其中合山组为10m/4层；栖霞组为12m/4层；栖霞-梁山组为3m/1层；韩家店组为5m/2层；石牛栏组为30.11m/17层；新滩组为0.2m/1层；龙马溪-五峰组为20.1m；宝塔组为1.25m/2层（表5.7，表5.8）。

表5.7　安页1井钻井油气显示层段及厚度

层段	厚度（m/层）
合山组	10/4
栖霞组	3/1
韩家店组	5/2
石牛栏组	30.11/17
新滩组	0.2/1
五峰组	20.1/1
宝塔组	1.25/2
合计	81.66/32

1. 栖霞组致密灰岩气

二叠系栖霞组油气显示活跃，钻井至1130m栖霞组灰岩地层时，气测全烃异常值和甲烷异常值持续上升，在井深1193m处，全烃异常值由0.83%蹿升至85.93%，甲烷异常值由0.35%蹿升至62.18%。全烃异常值>1%的地层累计厚147m，异常值>2%的地层累计厚61m，甲烷异常值大于1%的地层累计厚72m。在井深1185m处含气量最高为1.31m^3/t（不含残余气），气测异常高值及含气量较高段岩性为深灰色灰岩、泥质灰岩，裂缝发育（图5.55）。

表5.8　安页1井油气显示表

层位	编号	井深/m	岩性	钻时/min			气测全烃/%		钻井液性能	
				上层	本层	下层	上层	本层	相对密度	黏度/%
合山组	1	871.0~874.0	黑色荧光碳质灰岩	9	6~7	9	0.0164	0.0269	空气	
合山组	2	878.0~879.0	黑色荧光碳质灰岩	8	8	8	0.0186	0.0309	空气	

续表

层位	编号	井深/m	岩性	钻时/min			气测全烃/%		钻井液性能	
				上层	本层	下层	上层	本层	相对密度	黏度/%
合山组	3	968.0~971.0	黑色碳质泥岩、灰岩	15	6~7	15	0.0269	0.9203	空气	
合山组	4	986.0~989.0	黑色碳质泥岩、黑色煤层	9	3~7	4	0.0215	0.2458	空气	
栖霞组	5	1133.0~1135.0	灰色灰岩	5	7~10	11	0.6413	1.3628	1.04	31
栖霞组	6	1161.0~1164.0	灰色灰岩	9	6~8	9	0.7717	2.2049	1.05	32
栖霞组	7	1171.0~1174.0	灰色灰岩、深灰色泥灰岩	9	5~8	4	1.5124	6.1708	1.05	32
栖霞组	8	1191.0~1195.0	灰色灰岩	7	4~7	7	1.8719	85.9302	1.05	31
栖霞-梁山组	9	1393.0~1396.0	浅灰色灰岩、灰色泥岩	13	2~8	2	0.848	1.836	1.1	33
韩家店组	10	1470.0~1473.0	灰色泥岩	4	4	4	0.253	1.451	1.1	34
韩家店组	11	1894.0~1896.0	灰色泥灰岩、绿灰色泥岩	24	17~21	20	0.198	1.368	1.09	44
松坎组	12	2030.0~2032.0	浅灰色灰岩	22	21~23	46	0.184	4.625	1.08	38
松坎组	13	2059.0~2061.0	浅灰色灰岩、灰色泥灰岩	23	20~22	21	0.276	0.993	1.08	40
松坎组	14	2094.0~2097.0	灰色泥灰岩	17	16~18	22	0.437	1.944	1.08	38
松坎组	15	2105.6~2107.2	灰色泥灰岩	25	25	37	0.347	85.4	0.98	42
松坎组	16	2108.0~2110.0	灰色泥灰岩	37	22~23	19	0.245	0.737	1.39	41
松坎组	17	2111.0~2113.0	灰色泥灰岩	19	18~20	20	0.285	0.518	1.39	40
松坎组	18	2116.4~2116.8	灰色泥灰岩	/	/	/	0.424	1.251	1.38	42
松坎组	19	2119.4~2122.73	灰色泥灰岩	20	17~21	25	0.431	1.5335 井涌	1.38	44
松坎组	20	2136.3~2139.88	深灰色灰质泥岩、灰色泥灰岩	14	13~17	16	0.607	63.751	1.79	41
松坎组	21	2145.9~2146.8	深灰色灰质泥岩、灰色泥灰岩	17	17	13	0.339	0.567	1.95	40
松坎组	22	2153.8~2156.9	深灰色灰质泥岩、灰色泥灰岩	18	10~16	60	0.401	0.706	1.95	40
松坎组	23	2172.3~2174.0	灰色泥灰岩	37	38	39	0.238	8.238	1.86	36
松坎组	24	2177.8~2178.0	灰色泥灰岩	/	/	/	0.465	14.165	1.87	37
松坎组	25	2186.8~2187.0	灰色泥灰岩	/	/	/	0.544	6.797	1.87	38
松坎组	26	2193.7~2195.0	灰色泥灰岩	34	32	38	0.513	0.7315 井涌	1.88	37
松坎组	27	2195.4~2197.1	灰色灰质泥岩	32	38~48	56	0.762	79.581	2.11	37
松坎组	28	2200.2~2201.3	灰色灰质泥岩	51	50	52	0.248	64.396	2.12	38
新滩组	29	2220.4~2220.6	灰色灰质泥岩	/	/	/	0.287	0.761	2.21	50

续表

层位	编号	井深/m	岩性	钻时/min			气测全烃/%		钻井液性能	
				上层	本层	下层	上层	本层	相对密度	黏度/%
龙马溪-五峰组	30	2311.5～2331.6	黑色碳质页岩	20	7～445	23	1.057	7.564	1.1	37
宝塔组	31	2333.6～2333.85	灰色泥灰岩	/	/	/	1.651	7.732	1.1	37
宝塔组	32	2345.0～2346.0	浅灰色灰岩	20	22	39	1.612	3.670 井涌	1.1	38

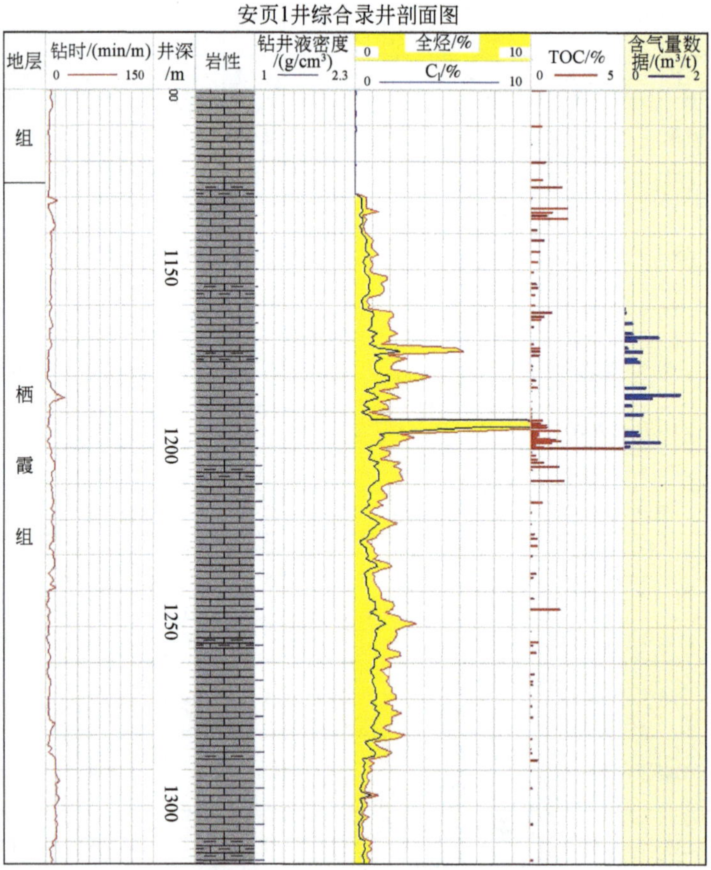

图 5.55　安页 1 井栖霞组综合录井图

2. 松坎组特殊类型页岩气（泥灰互层型）

在井深 2105～2204m 志留系松坎组钻遇气测异常 15 层，2015 年 11 月 16 日上午 9：00，井深 2105.6m 气测异常强烈，全烃由 0.35% 蹿升至 85.40%，甲烷由 0.25% 蹿升至 80.5%。随后停钻循环观察，全烃和甲烷气测异常值持续上升，全烃 96.2%，甲烷 90.1%。16 日气液分离，放喷管线点火成功，火焰最高 1.5m，可持续燃烧，17 日压井作业，泥浆比重1.34，循环后效异常全烃96.08%，再次点火火焰高6.5m。为进一步获取资料，决定取心。取心过程中，泥浆比重1.39，钻至2119.6m时，气测全烃1.53%，甲烷1.10%。23日钻至2122.3m时，发生井涌，紧急关井。放喷管线点火成功，火焰高达30m。28日继续循环，全烃异常值由0.607%蹿升至63.751%，甲烷异常59.73%，气液分离，火焰高3～4m持续燃烧，泥浆密度加大至1.96g/cm³达到近平衡。中途测试获高产气流，最大初始产量42.01万m³/d（图5.56，图5.57），平均产量9.50万m³/d。预计通过酸化压裂改造后产量可达20万m³/d。该段岩性主要为浅灰色灰岩与含钙砂质泥岩互层，裂缝主要发育于泥岩中，灰岩中裂缝不发育。

图5.56　安页1井2015年12月20日松坎组放喷排液点火

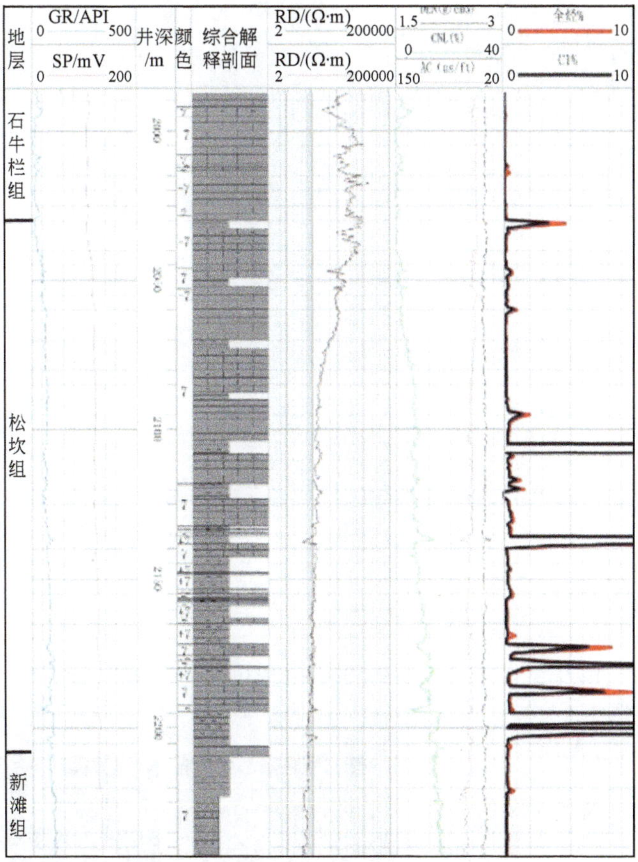

图5.57　安页1井松坎组综合录井图

3. 五峰-龙马溪组页岩气

安页1井在钻遇五峰-龙马溪组时获得页岩气重要发现。五峰-龙马溪组厚28.6m，高含气碳质页岩累计厚19.50m，气测全烃最高7.73%，C_1最高6.00%（图5.58）。

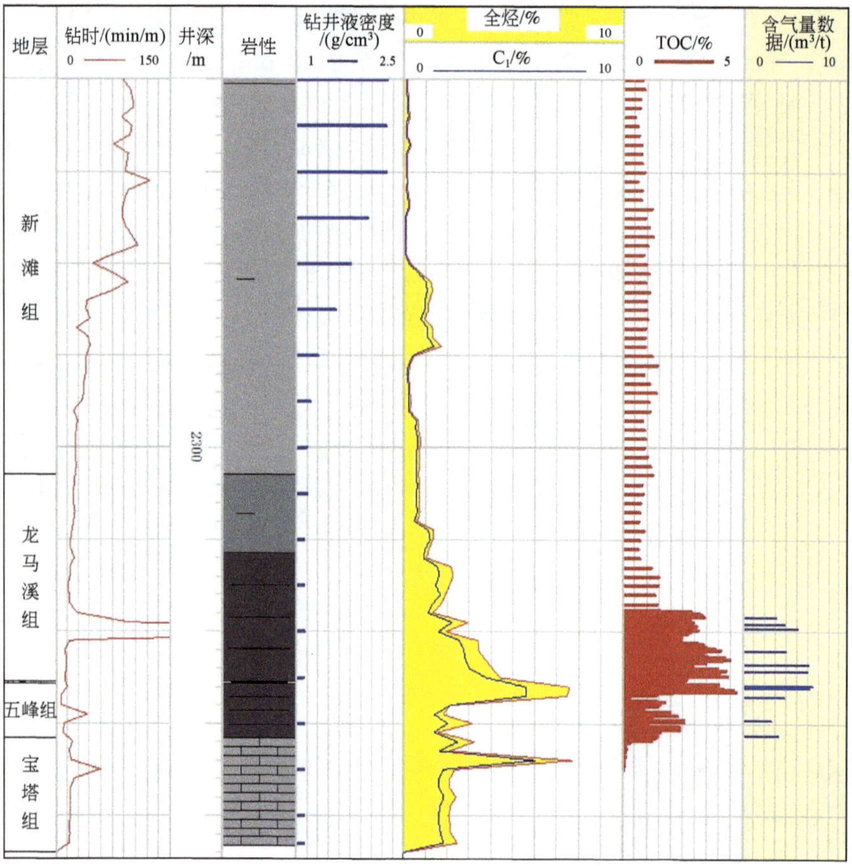

图 5.58　安页 1 井五峰-龙马溪组综合录井图

4. 宝塔组灰岩裂缝气

钻井于 2331.6m 进入宝塔组灰色“马蹄状”灰岩，1 月 27 日钻至井深 2346.91m，进入宝塔组 15.3m，出现井涌，标志着宝塔组首次获得天然气重要发现（图 5.59，图 5.60）。

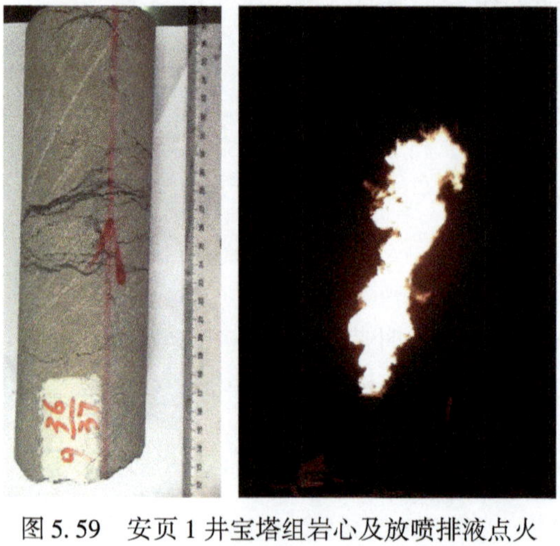

图 5.59　安页 1 井宝塔组岩心及放喷排液点火

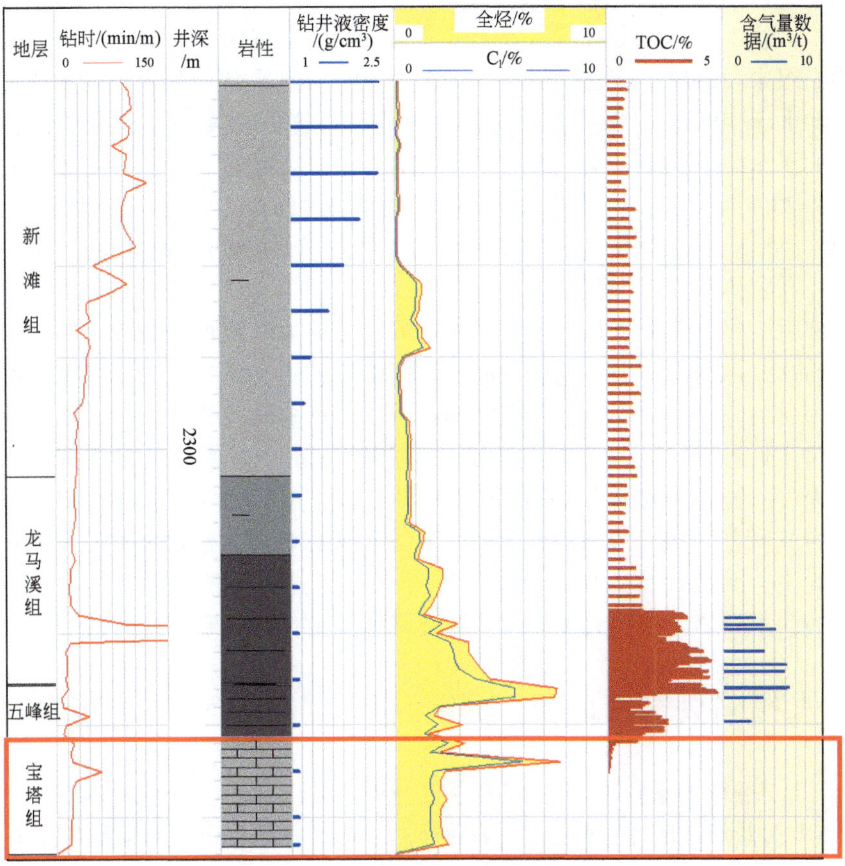

图 5.60　安页 1 井宝塔组综合录井图

第四节　石炭-二叠系页岩气勘探实践

一、石炭-二叠系页岩气勘查及六盘水拗陷页岩气发现

贵州地区石炭-二叠系发育页岩气有利目的层系主要为下石炭统旧司组、中二叠统梁山组和上二叠统龙潭组 3 套富有机质页岩层段，旧司组和梁山组以深水陆棚相为沉积有利区，龙潭组以潮坪-潟湖相为最有利沉积区。旧司组富有机质页岩分布在威宁、晴隆、紫云一带，厚度 0.11 ~ 119.0m，沉积中心在威宁六硐桥一带；梁山组富有机质页岩分布在晴隆、关岭、紫云一带，厚度 4.9 ~ 152.0m，沉积中心在六枝把利一带；龙潭组富有机质页岩分布在中部普安、晴隆一带，厚度 4.4 ~ 47.7m，沉积中心在晴隆中营一带。

区内富有机质页岩有机质类型分别如下。旧司组以 II_1 型和 II_2 型为主，梁山组以Ⅲ型为主，龙潭组以 II_2 型为主。区内 TOC 含量为 0.05% ~ 22.30%，其中：旧司组为 0.05% ~ 5.76%，平均值 1.25%；梁山组为 0.14% ~ 17.61%，平均值 1.07%；龙潭组为 0.60% ~ 22.30%，平

均值4.37%，TOC含量随地层由老到新逐渐增加。旧司组、梁山组和龙潭组 R_o 平均值在2.0%~3.0%，总体演化程度较高，处于过成熟早期生干气阶段，地层越老，有机质成熟度越高。梁山组中段的碎屑矿物含量较高，大于50%，梁山组上段和旧司组下段碎屑矿物含量次之，均大于40%；旧司组上段的自生脆性矿物含量较高，大于45%；各地层脆性矿物含量均大于50%，具有较好压裂潜力。旧司组、梁山组和龙潭组页岩平均孔隙度分别为2.69%、2.83%及1.18%，平均渗透率分别为0.0191mD、0.0084mD及0.0291mD，具有低孔隙度、特低渗透率的特征；BET比表面积分别为9.589m²/g、15.731m²/g及15.683m²/g，孔隙体积均以中孔隙为主。

通过对威页1井、晴页2井、水页1井及威宁龙街401孔现场解吸，旧司组富有机质页岩含气量为0.1~2.9m³/t，平均1.0m³/t；晴页1井及水页2井现场解吸，梁山组富有机质页岩含气量为0.3~4.0m³/t，平均1.6m³/t；兴页1井及普安地瓜2706孔现场解吸，龙潭组富有机质页岩含气量为0.8~5.1m³/t，平均2.4m³/t。旧司组（晴页2井）天然气组分以 CH_4 为主，天然气成因为无机气和煤成气，以煤成气为主，属一般目的层系；梁山组（晴页1井）天然气组分以 N_2 为主，CH_4 次之，天然气成因为油型裂解气和煤成气，以油型裂解气为主，属次优目的层系；龙潭组（兴页1井）天然气组分以 CH_4 和 N_2 为主，天然气成因为油型裂解气和煤成气，以油型裂解气为主，属优质目的层系。

二、六盘水拗陷页岩气地质模式

贵州地区上二叠统龙潭组具有较大的煤层气与页岩气资源潜力，地质基础资料丰富，是煤层气与页岩气共探共采研究的主要层系（高为等，2014）。松河井田龙潭煤系煤层气-页岩气位于六盘水拗陷盘县北部的土城向斜北翼中段（图5.61），龙潭煤系岩性以粉砂岩、泥岩及煤层为主，具有良好的自封盖性，因此具备煤系煤层气-页岩气共存的条件。

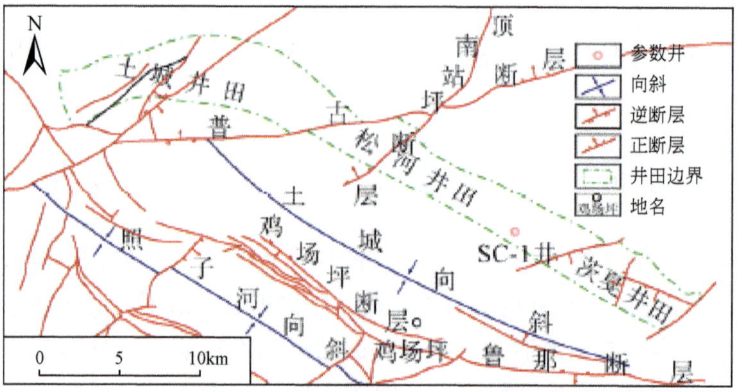

图5.61　松河井田构造纲要图（据周培明等，2017）

（一）井田地质条件

松河井田出露地层由老至新为峨眉山玄武岩组（$P_3\beta$）、龙潭组（P_3l）、飞仙关组（T_1f）、永宁镇组（T_1yn）、第四系（Q）。井田整体为一单斜构造，倾向南西；区内断层发育，以斜向高角度正断层为主，走向北东—北东东，倾角45°～80°。龙潭组厚341m，含煤47～66层，一般为50层。含煤厚度37～47m，一般为41m，含煤系数12%。

龙潭煤系含可采煤层18层，其中：全井田可采煤层为（1+3）号，4号，9号，12号，15号，16号，17号，可采总厚11.68m；大部分可采煤层为51号，62号，18号，27_2号，29_2号，29_3号，32号，可采总厚8.85m；局部可采煤层10号，11号，27_1号，29_1号，可采总厚4.49m。

根据井田龙潭煤系各煤层厚度、煤体结构、层间距、顶底板岩性及厚度等特征，可以17号，27_1号煤为界划分为上、中、下3个煤组。煤层气勘查开发目标煤层为厚度大、含气量高、煤体结构较完整的上煤组（1+3）号，4号，51号，62号，9号，12号，15号，16号煤，下煤组27_1号，27_2号，29_2号，29_3号煤。中煤组18号，21号，22号，24号煤层薄，不利于煤层气地面开发，但中煤组煤层间存在多个连续稳定且厚度在10～30m细砂岩、粉砂岩层，可能成为良好的运移气储集层，因此也是本次煤系气勘查的目标层段。

为了系统评价黔西高应力区煤系气开发潜力，探索煤层群发育区与煤系煤层气-页岩气成藏特征相匹配的共探共采技术工艺，贵州省煤层气页岩气工程技术研究中心联合中国矿业大学等单位于松河井田开展了煤系气共探共采工程示范，实施了1口参数井及由9口开发试验井组成的1个丛式井组，如图5.62所示（易同生等，2016）。

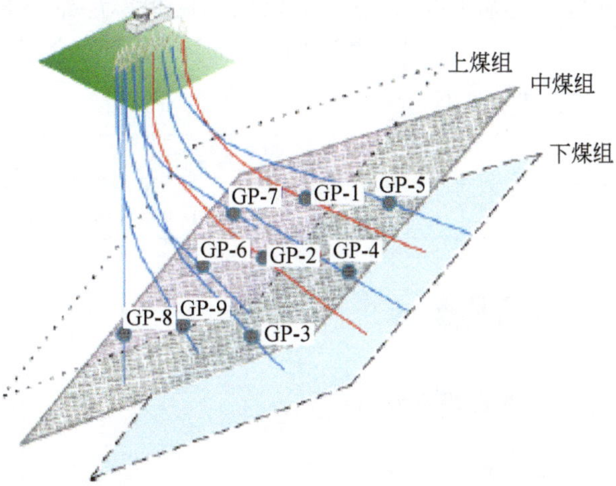

图5.62 松河井田丛式井组示意图（据易同生等，2016）

示范工程开展了地质录井、综合测井、试井、煤岩样测试、压裂及排采工作，系统获取了工区煤系气赋存、储层物性及气藏开发特征参数，为煤系气共探共采适配性技术工艺研究奠定了基础。

（二）沉积-构造特征

松河井田龙潭组沉积期间处于海陆过渡相，受来自西侧的陆源河流及来自东侧和东南侧广海方向的海岸潮汐作用双重因素的影响，经历了“海侵-海退-海侵”3次沉积旋回，从底部至顶部，大致形成了潮坪-潟湖相、三角洲相、潮坪相3个沉积体系。3个二级层序与3个岩性分段的地层界限较为一致，下段沉积于潮坪-潟湖沉积相，以22号煤层顶板和 29 号煤层底板粉砂质泥岩与上覆龙潭组中段和下伏峨眉山玄武岩组为封隔，岩性以深灰-灰黑色粉砂质泥岩、泥质粉砂岩、粉砂岩为主；中段沉积于三角洲沉积体系，以 12 号煤层顶板和 23 号煤层底板的粉砂质泥岩与龙潭组上段和下段封隔，岩性主要为细砂岩、粉砂质泥岩、粉砂岩；上段沉积于潮坪沉积体系，以（1+3）号煤层顶板和 11 号煤底板的粉砂质泥岩与上覆飞仙关组和下伏龙潭组中段封隔，岩性以灰色-灰绿色中厚层状细砂岩、粉砂岩为主，夹粉砂质泥岩及泥岩。

龙潭组煤质、含气性和压力系数垂向上的分布特征与 3 个二级层序地层格架也高度吻合。龙潭组与上覆飞仙关组、下伏峨眉山玄武岩组，以及各个二级层序之间均由泥岩、泥质粉砂岩等致密隔水层相互分隔，隔断了各层之间气、水的连通性，是相对独立的含煤层气系统的物质基础。

（三）储层特征

1. 储层类型

基于示范工程气测录井曲线，结合地质录井、裸眼综合测井对钻遇地层岩性的判断，发现井田煤系气主要赋存于龙潭煤系上、下煤组多个厚度大、含气量高的煤层中。由于地质历史上也存在烃类气体的运移，因此中煤组煤层顶底板厚层细砂岩、粉砂岩也普遍含气。基于 GP-2 井的气测录井资料绘制的气测曲线表现为明显的全烃及甲烷含量异常，其典型含气层气测曲线如图 5.63 所示。

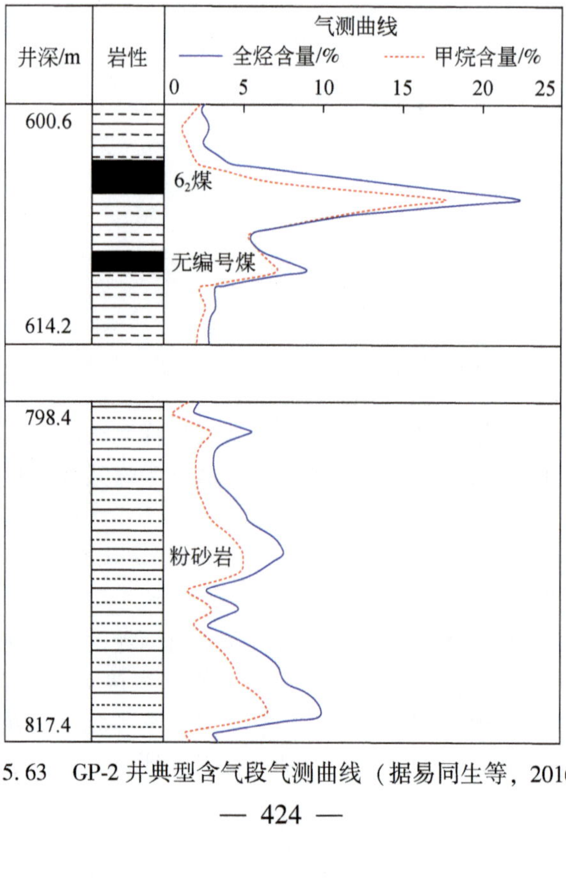

图 5.63　GP-2 井典型含气段气测曲线（据易同生等，2016）

井田龙潭煤系多个煤层与层间细砂岩、粉砂岩含气层共存，形成了资源丰度高的煤系气藏，增大了单井控制面积内的非常规天然气地质资源量及可采资源量，为当前经济技术条件下煤系气地面开发创造了良好的资源条件。

2. 储层温压条件

裸眼井温测井结果表明，工区不同深度的地温梯度差异较大，变化范围在 2.1 ~ 5.5℃/100m。上部飞仙关组地温梯度相对较小，为 2.1 ~ 3.0℃/100m，属正常地温梯度。受泥岩、煤层热导率低及隔水性好、富水性弱的共同影响（卢玲玲等，2013），龙潭煤系地温梯度高达 3.0 ~ 5.5℃/100m，表现为明显的地温梯度正异常。

随着埋藏深度的增大，龙潭煤系地温梯度及地温快速增加，下煤组地温高异常更为明显。高温对煤基质甲烷脱附起到活化作用，因此，较高的储层温度总体上有利于煤系气的地面开发。

龙潭煤系煤储层压力随深度的增加而增大，但不同深度区间的储层压力梯度存在较大差异。煤系上部储层压力随埋深增加缓慢增大，储层压力梯度近于正常值；9 号煤之下，储层压力随埋深增加而快速增大，储层压力梯度最高达 1.36MPa/100m，煤系下部储层超压明显。

井田具有较高的储层压力对煤系气开发总体有利。一方面，较高的储层压力提高了储气层吸附及储集气体的能力，煤系气开发的资源条件好；另一方面，较高的原始储层压力为煤储层排水降压，煤层气解吸、渗流创造了条件，能够提高井控范围内煤系气的采收率。

3. 储层含气性

基于参数井 GC-1 井煤心 USBM 法含气量测试数据，并根据煤体结构对损失气量校正后的主要煤层含气量如图 5.64 所示。

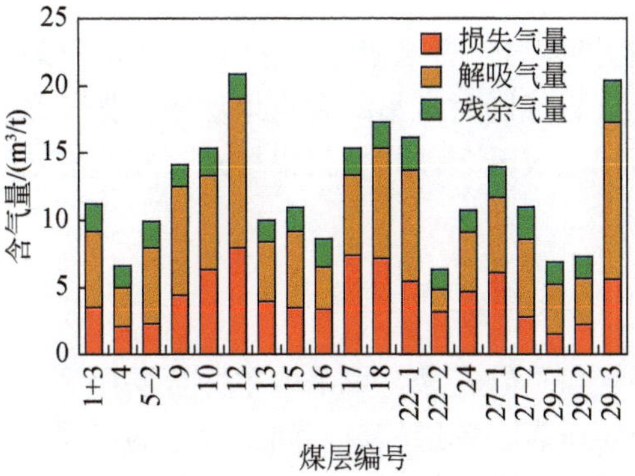

图 5.64　GC-1 井主要煤层含气量及组成（据易同生等，2016）

由图 5.64 可见，各煤层空气干燥基含气量差别较大，在 6.62 ~ 20.99m^3/t，且垂向上含气量变化无明显的规律性。上煤组含气量较高的层段为 9 ~ 12 号煤，中煤组为 17 ~ 22_1 号煤，下煤组为 24 ~ 27_2 号煤及 29_3 号煤。从含气量的组成来看，各煤层损失气及解吸气比例较大，而残余气比例较小，总体上有利于煤层气的解吸及产出。

煤系赋存气体成分以烃类气体为主，占总气量的78.4% ~99.3%。粉砂岩、细砂岩等非煤含气层中烃组分及干度指标与邻近煤层相应指标具有较好的一致性，表明非煤含气层中烃类气体为邻近煤层产生气体运移、赋存的结果，在成因性质上属于煤成气。

4. 煤体结构及储层物性

从各煤层的煤体结构来看，(1+3) 号，4 号，51 号，52 号，9 号，10 号，12 号，15 号，16 号，22_1号，27_2号，29_2号，29_3号煤体结构相对完整，主要呈块状、碎块状；17 号，18 号，21 号，24 号煤煤体结构完整性较差，主要呈粉末状。相比之下，煤体结构相对完整的煤储层能够获得更好的压裂改造效果；粉末状煤层改造效果差并在排采时大量产出煤粉，因此应避免合层开发。井田内以亮煤为主的 (1+3) 号，4 号，10 号，11 号，12 号，15 号，16 号，22_1号，22_2号，29_1号，29_2号，29_3号煤内生裂隙密集发育-较发育。裂隙多呈不规则网状、矩形网状、平行状，且多数被方解石、黄铁矿充填。以暗煤为主的 51 号，52 号，9 号，13 号，21 号，27 号，27_2号煤内生裂隙不发育。

压汞法测得的井田各煤层平均孔喉半径 r 为 16.1 ~22.3nm，饱和度中值孔喉半径 R_{c50} 为 5.0 ~24.3nm。与同为压汞法测得的河南煤田各煤层相比，井田各煤层 r、R_{c50} 值明显偏低。根据 Ходот 的孔隙分类方法对各煤层微孔、过渡孔、中孔及大孔孔隙体积进行统计，发现井田各煤层主要发育 0 ~10nm 的微孔，占总孔容的 43.2% ~67.2%；过渡孔（10 ~100nm）、中孔（100 ~1000nm）、大孔（>1000nm）比例均低于 22.0%。

综合井田煤储层孔隙裂隙发育特征认为：在区域高应力背景下，一方面裂隙闭合或被方解石、黄铁矿充填；另一方面，煤储层具有较低的孔隙度、平均孔喉半径 r、饱和度中值孔喉半径 R_{c50} 及较高的微孔比例，均导致储层原始渗透性较差，因此煤层在未改造条件下气体扩散、运移及产出的难度较大。

（四）共探共采开发模式

贵州薄-中厚煤层群特别发育，并含有多段富有机质泥页岩，气藏储层的纵向多层现象十分普遍。在煤层气与页岩气同时富集的含煤地层中，按气藏储层纵向相距远近可分为近距离叠置成藏与远距离独立成藏 2 种共生聚集模式，相应有 2 种实现共探共采的开发模式（高为等，2014）。

1. 单井合层压裂、合层排采开发模式

对近距离叠置的煤层气与页岩气藏，可采取单井合层压裂、合层排采开发模式，共同开采 2 种气藏。目前，合层压裂在单层较薄、间距较小的煤层群煤层气开发中已有少量的研究和应用，但由于煤储层与泥页岩储层物性（如储层压力、破裂压力等关键参数）差异明显，对煤层气与页岩气的综合开采而言，合层压裂的方式能取得理想的效果。

2. 分层压裂、合层排采开发模式

单井分层压裂、合层排采开发模式可用于远距离独立成藏的煤层气与页岩气综合勘探

开发。分层压裂在常规气藏和煤层气藏开发中已得到广泛应用。大多数煤层气藏与一些页岩气藏都是水饱和气藏，二者的产出机理及过程相似，但多层合采气井受多层气藏层间连通性、层间地层压力差异、渗透性差异及控制范围差异等因素的影响，将会给气井的生产、动态分析及监测带来一系列问题。现有的开发技术和工艺能否发现并有效解决这些问题，将是该开发模式成功应用的关键。

三、六盘水拗陷页岩气勘查经验与启示

1）松河井田煤成气主要赋存于龙潭煤系多个煤层及临近细砂岩、粉砂岩中，具备多煤层共采、煤系气共采的资源及开发条件。龙潭煤系上、下煤组煤层厚度大，含气量高，煤体结构较完整；中煤组煤层间细砂岩、粉砂岩厚度大且含气性好，是井田煤系气共探共采的主要目标层段。

2）松河井田煤储层具有高温、超压、高含气量、含气高-过饱和的特点，适宜进行煤层气地面开发工作。在区域高地应力背景下，煤储层裂隙闭合或被方解石、黄铁矿充填；同时，低孔隙度、低平均孔喉半径、高微孔比等孔隙特征导致各煤层原始渗透性差，煤系气地面开发需进行储层改造。

3）基于煤层厚度及层间距特征，对井田煤层群初步分组，并优选出渗透率、含气饱和度、临界解吸压力及储层压力梯度等对合层排采影响大的指标进行综合评价，认为井田龙潭煤系（1+3）～5_1号，6_2～9 号，13～16 号煤层段适合优先排采。

4）示范工程实践表明：气测录井、裸眼综合测井及含气层综合评价是煤系气共探共采中发现、认识、评价含气层及产气层段优选的关键技术，可为煤系气共探共采方案制定提供重要依据。丛式井组开发模式下，“小层射孔、组段压裂、合层排采”系列工艺与井田地形地质条件相匹配，可显著提高多煤层共采、煤系气共探共采的工程效果。

第六章　贵州页岩气勘探开发与环境保护

我国页岩气资源丰富，加快页岩气开发利用将有利于增加国内天然气供应、优化能源结构、缓解减排压力及保障能源安全（刘小丽等，2016）。但页岩气大规模开发造成的环境问题也引起了较大争议，我国从页岩气开发之初就意识到开发过程中环境保护的重要性，在已基本形成的油气行业环境监管体系上，在页岩气产业政策中提出了环境保护的原则性规定，形成了以示范区为主导“先行先试”的环境监管和保护研究，但目前尚未专门出台页岩气的环境监管政策措施（刘小丽等，2016；谢海燕等，2017）。

第一节　页岩气开采对地下水环境影响

一、页岩气开采对环境的影响及研究思路

（一）页岩气开采对环境的影响

1. 页岩气开采对水资源的影响

由于页岩气的自储自生型的成藏特征及其纳米孔隙的多孔介质特征，页岩气藏开采应用更多的是水平井的分段水力压裂，是页岩气开发对水资源造成影响的主要来源，此技术带来两个主要问题：一是水资源大量消耗；二是产生的废水可能对地下水和地表水造成污染。

（1）水资源大量消耗

以美国目前的经验来看，其每口页岩气井需耗费1500万～1900万m^3的水，而在不同地区和不同地层，由于地质条件的差异，所需的用水量也并不相同，但是用水量最少的巴涅特页岩用水量也已经超过了10000m^3，消耗水量巨大。

（2）水体污染

压裂操作中压裂液及其产生的反排水、产出水潜在的环境危害较大。废水中含有有害化学添加剂成分，以及储集岩中浸出的烃类化合物、重金属和矿物盐类等。若这些废水渗透到地下含水层或流入地表水体，会造成严重水污染。压裂操作中劣质套管、不完善的水泥灌注和完井工作都可能为污染物流出提供通道；此外液体通过自然断层及裂隙，透水岩层、周围弃井等向上迁移、向地下蓄水层灌注都可能对地下水构成威胁（图6.1）。

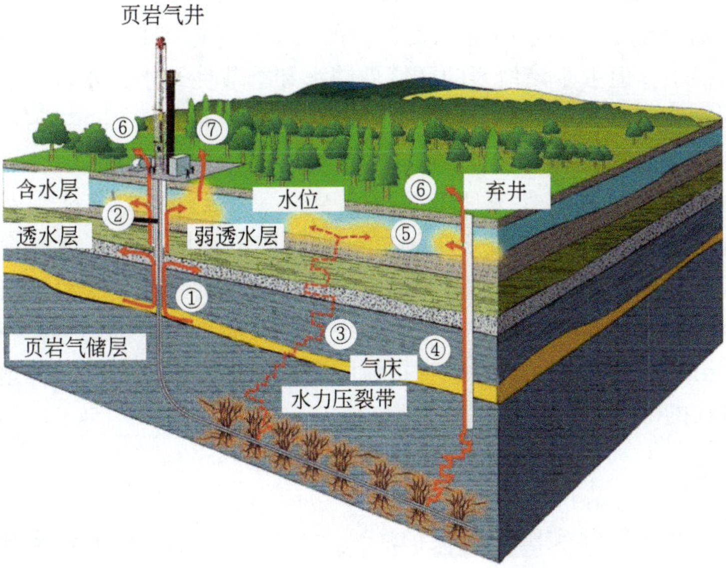

图 6.1 水力压裂中地下水的污染途径

2. 页岩气开发的温室气体排放

页岩气开发和利用时会产生甲烷等温室气体排放。有研究显示在页岩气开发过程中会有约 1.19% 的甲烷泄漏（刘小丽等，2016），主要来源于水力压裂操作后大量的压裂液和产生的水反排至地表，其中包括一部分产生的甲烷；再考虑加工、输气和配气环节，则整个开发过程中泄漏量约为 2.01%。

3. 页岩气开发的生态环境影响

页岩气开发对区域生态和环境也具有一些负面影响，通常陆上常规气田每 10m^2 不到 1 口气井，而页岩气田同样面积的气井数可能超过 10 口。除页岩气气井施工需要用地外，配套道路、储水槽及输气设施建设同样需要用地。同时开发过程产生的废水、废物若处置不当可能对附近土壤造成污染。

（二）面临问题及研究思路

1. 中国页岩气开发对环境影响面临问题

我国正在大力推进页岩气勘探开发和商业化开采，除了要在借鉴美国页岩气开采开发技术，更要吸取美国的经验教训，制定一套关于页岩气开采的法律法规和环境标准，健全页岩气资源勘探及周围环境影响评价、形成页岩气开采过程的全流程监管、建立政府领导下的环境应急管理机制，实现页岩气绿色开采（鲍健强等，2014）。

（1）水资源问题

假定用 1000 口钻井开采四川盆地中 15 亿 m^3 的页岩气（约占 2020 年页岩气年产能目

标的5%～10%），可知需要所有钻井24小时工作1500天（约4年），需用水1.71亿m^3，相当于需消耗该盆地地下水淡水可开采资源量的1.1%（每年0.25%）。虽然该水量占水资源总量的比例很小，但由于该地区的区域性缺水和季节性缺水，水资源的可持续利用很可能成为当地页岩气资源开采的一个局限（夏玉强，2010）。

（2）环境影响与保护问题

我国储存页岩气的页岩层处于地下3000～5000m，远深于地下水所处的地下300～400m的岩层，在开采的过程中不能避免地就会穿过地下水层。而压裂液中含有的某些有毒有害的化学成分很可能通过这些在钻井过程中产生的新的断裂、裂缝系统，在地底压力的影响下运移至地表浅层。此外，在开采过程中也有可能因为人为的操作不当或是不可抗力导致采气管道出现问题而使得压裂液直接泄漏到地下水层中，会破坏当地整个水环境的生态平衡，其潜在的环境影响难以评估和监测。

2. 研究思路

本书依据《中华人民共和国环境保护法》、《环境影响评价技术导则 地下水环境》（HJ 610—2016）及相关法律、法规、标准和文件，依托“贵州省2014年度地勘基金公益性、基础性项目——贵州省岩溶地下水系统功能可持续利用性——课题五‘页岩气开发建设对区域水资源的需求及其影响评估’”项目研究成果。根据目前贵州省页岩气发展现状，重点针对页岩气开发对水环境影响展开研究。初步建立岩溶区页岩气开采地下水环境影响评价体系、岩溶地下水承载力评价体系，提出地下水污染防治对策，形成岩溶区页岩气开采地下水环境影响评估技术指南。

二、页岩气水力压裂过程中固液气反应实验模拟研究

研究压裂液在压裂过程中的水文地球化学平衡过程，对于更好地理解压裂这一高温高压过程，根据压裂液成分定量预测返排液成分至关重要，可以为非常规天然气开采对地下水的影响研究提供理论支撑（田枭，2015）。

（一）固液气三相反应实验

1. 材料和实验方法

（1）实验材料

矿物：页岩气主体位于暗色泥页岩或高碳泥页岩中，以吸附或游离状态为主要的存在方式（张金川等，2004）。泥页岩除了含有一定量的有机质外（2%～25%），其余主要为黏土矿物、硅质矿物和碳酸岩矿物等无机矿物（付小东等，2011；聂海宽和张金川，2012）。选取其中的代表性矿物，即方解石（$CaCO_3$）、石英（SiO_2）、高岭石［$Al_2Si_2O_5(OH)_4$］和蒙脱石（$(Al, Mg)_2[Si_4O_{10}](OH)_2 \cdot nH_2O$）作为实验矿物（田枭，2015）。

压裂液和气体：压裂液采用几种较为基础的成分溶于已用氮气进行过曝气处理的去离子水中配制而成，包括十二烷基磺酸钠［$CH_3(CH_2)_{11}SO_3Na$］（含量0.4%，主要作为表

面活性剂)、氯化钠（NaCl）[含量2.5%，主要作为黏土稳定剂，同时也增大反应体系的总溶解固体（TDS)，使其能够模拟深层地下水的高盐度］和过氧化氢（H_2O_2）（含量0.2%，主要用作杀菌剂)。实验所用的CH_4和N_2气体均为纯度大于99.9%的纯气体。

（2）实验仪器和过程

实验主要的反应容器为高温高压不锈钢反应釜（图6.2)。将准备好的矿物5g样品放入反应釜底部，使用移液管向反应釜中移取配置好的压裂液40mL，依据实验条件加载温度和压力。实验前后分别测试溶液的pH、阴阳离子及元素等。每一批实验有1天、3天、5天、7天和空白样品共5组样品。

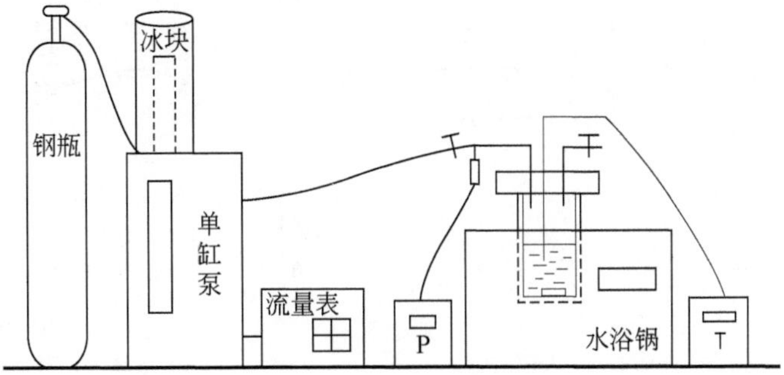

图6.2 实验装置示意图

（3）实验条件

实验共设立4组不同的实验（表6.1)，其中实验一和实验二用来对比甲烷和氮气分别作为气相时对反应的影响；实验三与前两者用来对比温度和压力对反应的影响；实验四使用去离子水溶解矿物，与其他组的实验进行对比。

表6.1 不同实验条件表

实验组	实验条件			
	温度/℃	压力/atm	液相成分	气相成分
实验一	90	70	SDS、NaCl、H_2O_2、水	甲烷
实验二	90	80	SDS、NaCl、H_2O_2、水	氮气
实验三	25	1	SDS、NaCl、H_2O_2、水	空气
实验四	25	1	水	空气

注：标准大气压（atm)，$1atm=1.01325\times10^5Pa$

2. 实验结果及讨论

（1）方解石

方解石与酸性的压裂液发生反应，溶液中Ca^{2+}、HCO_3^-浓度上升［图6.3（a)］。四组实验的pH都在一天内上升到一个较为稳定的值，并在附近波动［图6.3（b)］。

由实验一和实验二可以看出，氮气体系比甲烷体系中离子浓度高［图6.3（a)］。甲烷体系中，Ca^{2+}和HCO_3^-浓度较为稳定，说明在反应过程中，矿物一直在进行溶解，只是溶解速率越来越缓慢。取样过程中需要降温减压，一部分 HCO_3^-会转化为 CO_2逸出，导致测试的 HCO_3^-浓度没有 Ca^{2+}浓度高。与高温高压实验对比可见，实验三由于温度和压力都比较低，溶液中分子运动弱，各离子在溶液中的溶解度降低，离子浓度低［图 6.3（c）］。方解石在去离子水中的溶解度很低［图 6.3（d）］。液相中不存在高浓度的 NaCl，溶液的盐效应作用很弱，导致方解石的溶解度下降，几乎没有溶解。

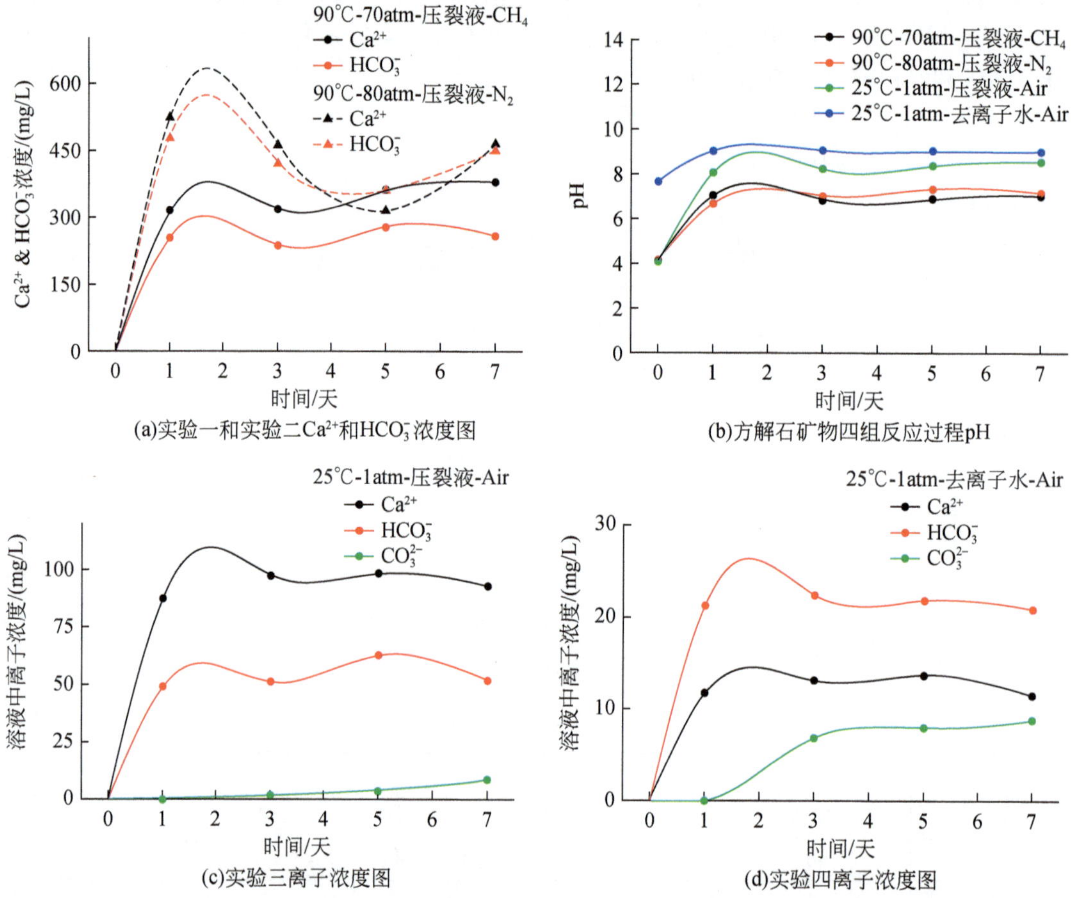

图 6.3　方解石实验时间与离子浓度、pH 反应图解

（2）高岭石

高岭石在压裂液中发生溶解反应，溶液中 Al^{3+}、硅元素浓度上升［图 6.4（a）］。反应后的溶液呈酸性［图 6.4（b）］。酸性的压裂液与高岭石反应后 pH 变得更低，而高岭石与去离子水的反应 pH 也降低，说明是高岭石溶解出的离子本身使溶液呈酸性，最有可能的是溶解出的硅酸根。

与方解石实验一致，氮气体系中的硅元素比甲烷体系中要高，同时硅元素的浓度一直在上升，说明矿物在不停地溶解，没有达到溶解平衡。Al^{3+}浓度虽然在一直上升，但整体浓度较低，可能参与了别的反应，例如，Al^{3+}与 SO_4^{2-}共同存在时的絮凝作用，同时消耗掉两种离子，造成溶液中 Al^{3+}浓度较硅元素浓度低［图 6.4（c）］。与高温高压条件相比，常温常压下溶液的 pH 较高，溶液中离子的浓度也呈增加趋势，但离子浓度远小于前者［图 6.4（d）］。去离子水中只发生水对矿物的溶蚀作用，高岭石几乎没有溶解，溶液的 pH 稍有下降。

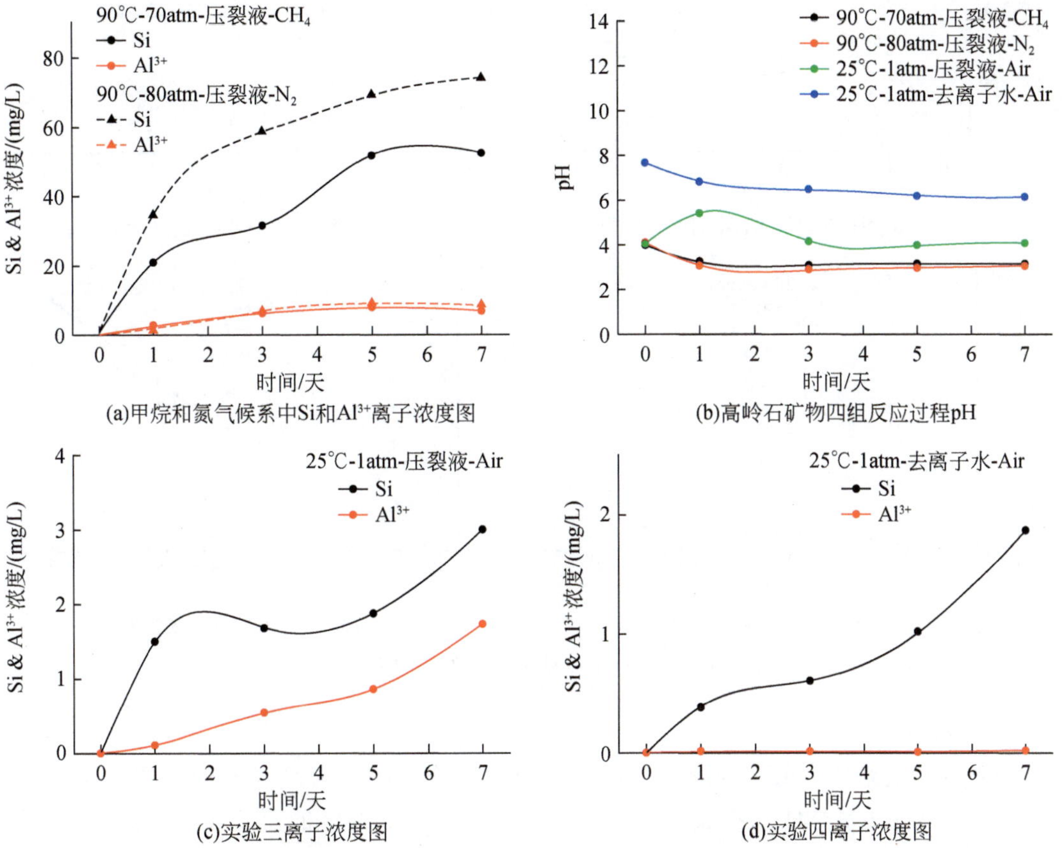

图 6.4　高岭石实验时间与浓度、pH 反应图解

（3）蒙脱石

蒙脱石具有较高的吸水膨胀能力，反应后溶液中 Al^{3+}、Mg^{2+}、硅元素浓度上升［图 6.5（a）］。溶解出的物质或离子有中和酸碱的性质，pH 趋近于中性［图 6.5（b）］。

高温高压下氮气体系中的硅元素比甲烷体系中要高［图 6.5（c）］，硅元素的浓度较快达到较稳定水平，说明蒙脱石已经溶解到极限。Al^{3+} 的浓度远低于 Mg^{2+} 的浓度，Al^{3+} 可能参与了其他的反应被消耗掉，原因可能有以下几点：一是由于溶液中有十二烷基磺酸钠，溶解后解离出的磺酸基团可以吸附溶液中的阳离子，Al^{3+} 所带的正电荷多于 Mg^{2+}，因此会优先被吸附；二是同上文所述，Al^{3+} 和 SO_4^{2-} 由于絮凝作用被消耗。与高温高压实验相比，常温常压条件下溶液的离子浓度偏低，变化趋势有差异，pH 偏低［图 6.5（c）］。去离子水中蒙脱石的溶解度很低［图 6.5（d）］。但由于蒙脱石具有吸水膨胀的性质，溶液呈糊状。

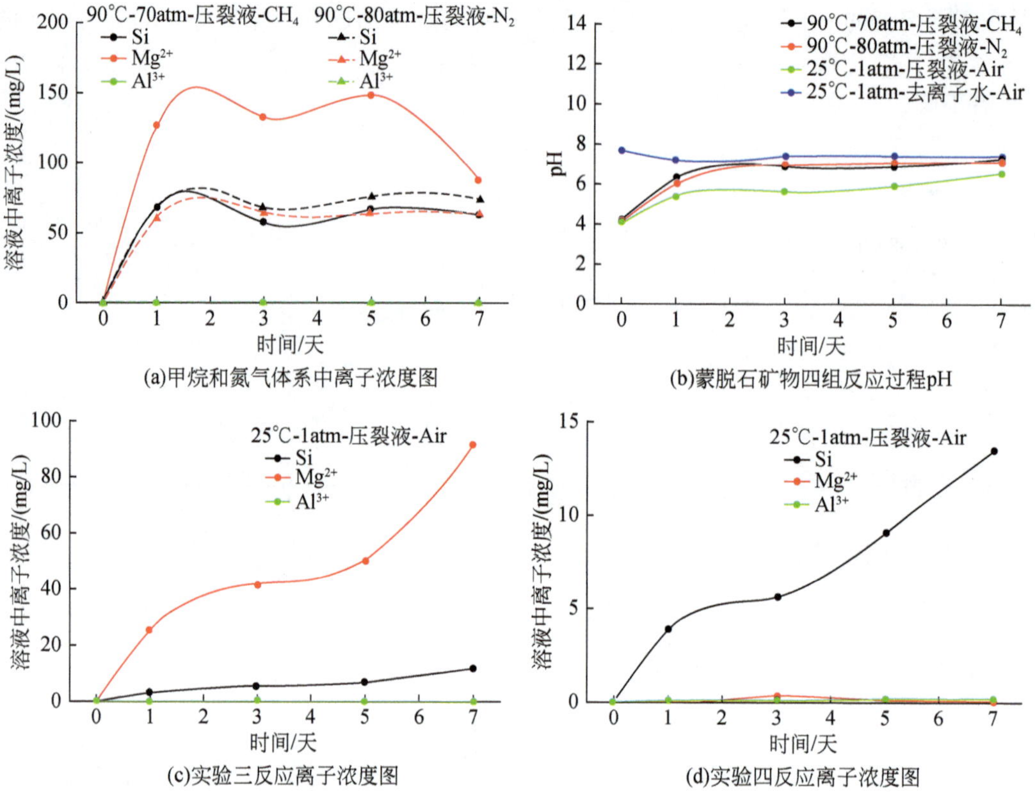

(a)甲烷和氮气体系中离子浓度图　(b)蒙脱石矿物四组反应过程pH

(c)实验三反应离子浓度图　(d)实验四反应离子浓度图

图 6.5　蒙脱石实验时间与浓度、pH 反应图解

(4) 石英

石英在压裂液中有微弱的溶解反应，反应后溶液中硅元素浓度上升［图 6.6（a）］。反应后的溶液 pH 呈酸性［图 6.6（b）］。与高岭石一致，酸性的压裂液与石英反应后 pH 变得更低，应该是石英溶解后生成的硅酸根的作用。

氮气体系中石英的溶解度总体高于甲烷体系［图 6.6（a）］。常温常压下硅元素浓度最高只有 0.35mg/L，而溶液的 pH 也高于高温高压实验，说明溶解的石英减少。去离子水中只发生水对矿物的溶蚀作用，石英的溶解度很低，离子浓度低于检测限。

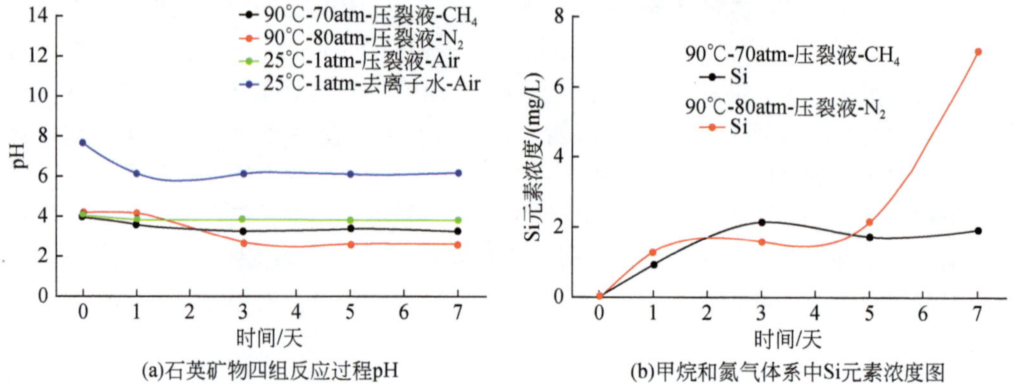

(a)石英矿物四组反应过程pH　(b)甲烷和氮气体系中Si元素浓度图

图 6.6　石英实验时间与浓度、pH 反应图解

从四种矿物在不同条件下与压裂液进行反应的实验结果来看，大部分为典型的溶解反应。四组实验共同反映的实验现象如下。

氮气作为气相时矿物的溶解度大于甲烷作为气相时矿物的溶解度。原因可能有以下两方面：从溶解度来看，氮气难溶于水，甲烷在水中则有一定的溶解度，随着反应进行，甲烷反应釜中的压力有所下降，影响液相对固相的溶解及反应的程度；从气体性质来看，当温度为90℃，压力为7～8MPa时，氮气和甲烷都处在超临界的状态，在固定温度条件下，溶解度会随流体密度增加而增加。在向釜内注气的过程中，两种气体温度和压力条件一致，根据气体状态方程可以得出两种气体的物质的量也是相同的，氮气分子的质量要大于甲烷分子的质量，因此转换成超临界流体的时候，超临界氮气流体的密度要大于超临界甲烷流体的密度，从而在氮气环境下矿物的溶解度会更大。

温度和压力对矿物在溶液中的溶解度有显著的影响。高温高压条件下反应后溶液中离子的浓度大约是常温常压条件下的几倍甚至几十倍。

（二）水-气-岩反应的平衡模拟研究

由于平衡反应时间长，且反应影响因素多，采用水文地球化学模拟进行不同条件下平衡反应模拟。其中PHREEQC软件基于离子络合水质模型，被广泛用于水文地球化学计算，模拟中所有矿物都发生了充分的反应，输出的结果为最终溶液平衡时矿物或离子的量。同时通过一系列方程来计算水的活度、离子强度、非同相物质溶解平衡和元素组分平衡等。

在固体三相反应实验基础上，通过改变反应体系的温度、压力、NaCl浓度（模拟地层中的离子强度，以及总溶解固体等参数）及阳离子的类型（不同类型地下水），来探究不同情况下、体系平衡后溶液的性质和矿物的溶解合成等情况。

模拟条件如下。温度：90℃。压力：200atm。溶液：配置的压裂液。矿物：混合矿物。固液比为1∶10。探讨阳离子影响时设置三种阳离子（Na^+、Mg^{2+}、Ca^{2+}）；探讨温度时设置30～90℃（10℃温度间隔）；探讨压力时设置60atm、80atm、100atm、200atm、500atm、1000atm、1500atm和2000atm压力点；探讨盐浓度影响时，设置NaCl浓度分别为0g/L、10g/L、25g/L、50g/L、80g/L和100g/L进行模拟。

1. 阳离子类型对反应的影响

甲烷溶解度：$CaCl_2>MgCl_2>NaCl$［图6.7（a）］，与离子的性质及甲烷的溶解机理有关。平衡溶液的pH基本一致，呈碱性［图6.7（b）］。

蒙脱石无论在酸性还是在碱性条件下都会变成其他矿物，因此蒙脱石溶解最大［图6.7（c）］。方解石的溶解量取决于体系的pH，从单矿物实验可知，方解石与酸性的压裂液发生酸碱中和反应，当pH由初始的酸性到接近中性后，方解石的溶解反应开始变缓。而平衡后体系的pH呈碱性［图6.7（b）］，HCO_3^-转化为CO_3^{2-}，并参与方解石的形成（如在$CaCl_2$型水中平衡时方解石的固体量是增加的），因此总体上方解石的变化量不会很大。高岭石和石英在体系平衡后固体含量均增加：酸性条件下蒙脱石会转化成高岭石，且其在酸性介质中能够较好保存，碱性环境中溶解量不大；石英的溶解度较小，其他含硅矿物的溶解会大量生成石英导致其含量增加。

平衡体系中仍以初始的地下水型中含有的离子为主要离子［图 6.7（d）］。Ca^{2+}因为碳酸盐平衡，Al^{3+}离子本身就比较难溶滤出来，并且发生絮凝作用及离子交换等作用，在溶液中的浓度相对较少。

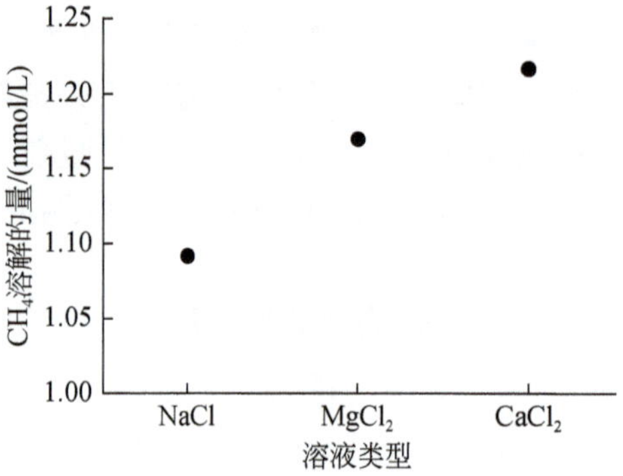

(a)平衡时甲烷溶解量曲线图

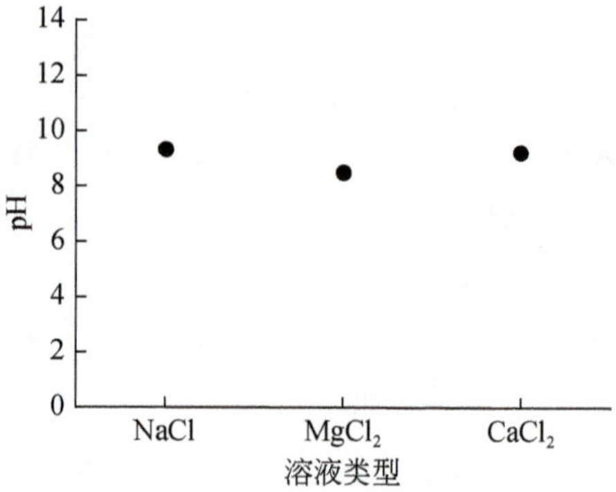

(b)平衡时系统pH曲线图

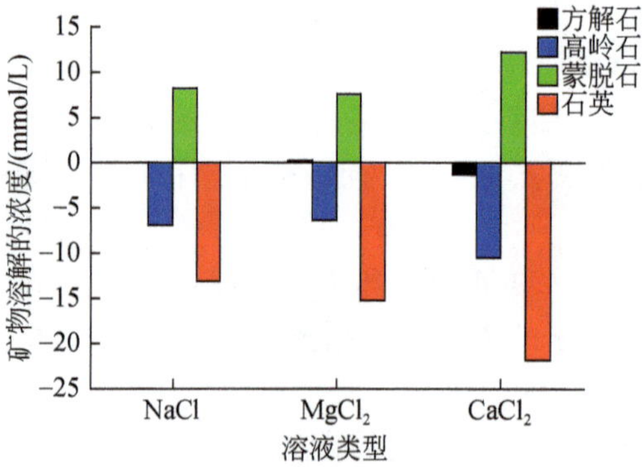

(c)平衡时矿物溶解量曲线图

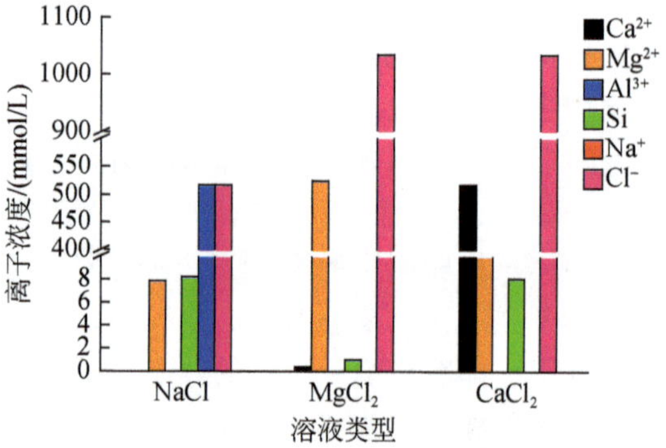

(d)平衡时液相中离子浓度曲线图

图 6.7　不同溶液类型反应图解

2. 温度对反应的影响

反应体系中的温度越高，甲烷的溶解度越大［图 6.8（a）］。温度大于 75℃时，甲烷在液相中的溶解平衡阈值迅速增大。平衡溶液的 pH 基本一致，呈碱性［图 6.8（b）］。

当温度在 60℃以下时，四种矿物几乎都很少溶解，说明这个温度并没有达到矿物的反应温度［图 6.8（c）］。当温度升高时，矿物开始反应。溶解较多的是蒙脱石，方解石的量趋于稳定，高岭石和石英含量增加，原因同前。溶液中的主要离子为Na^+和Cl^-［图 6.8（d）］，Mg^{2+}和 Si 浓度较大，而Ca^{2+}和Al^{3+}在溶液中的浓度也相对较少。

3. 压力对反应的影响

反应体系中的压强越大，甲烷的溶解度越大［图 6.9（a）］。压力大于 500atm 时，甲烷在液相中的溶解平衡阈值趋于稳定。平衡溶液的 pH 基本一致，呈碱性［图 6.9（b）］。

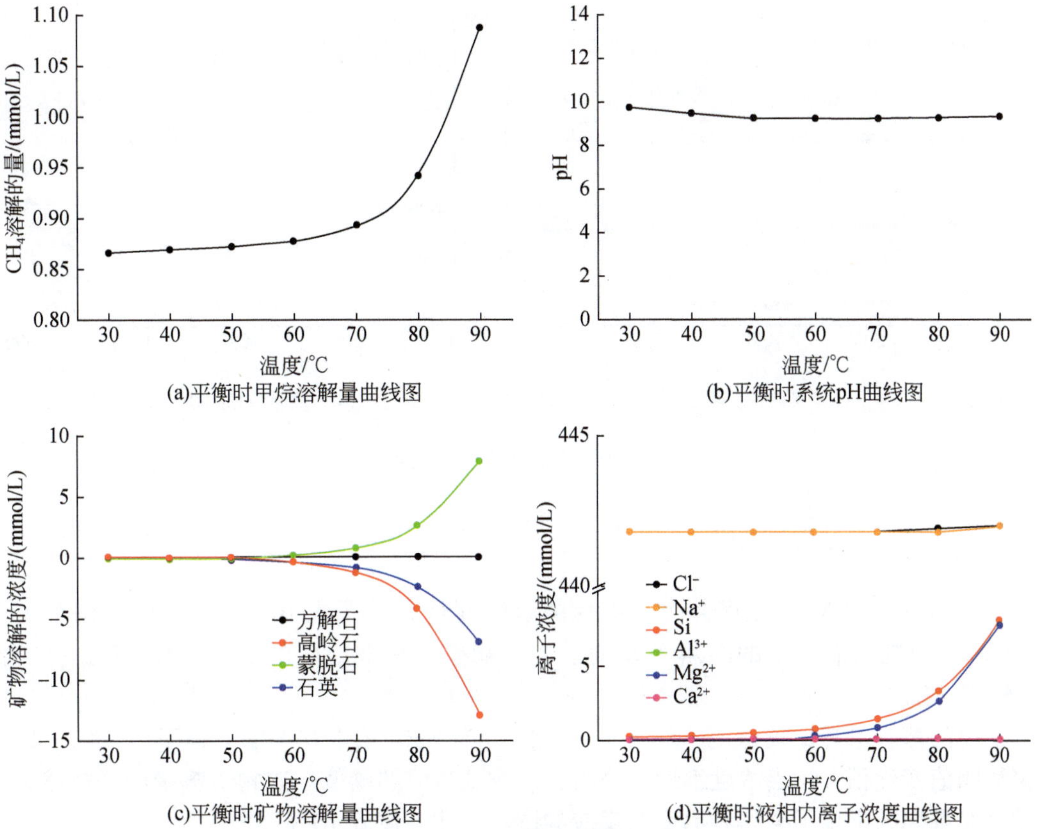

图 6.8 不同温度反应图解

矿物的溶解量都比较稳定［图 6.9（c）］。当压力在 200atm 以下时，四种矿物的溶解阈值变化稍大。当压力继续升高时，矿物到达溶解阈值，增大甲烷压力对矿物溶解影响并不明显。但各种矿物还是会发生各种反应，矿物溶解量和平衡体系中离子分布总体规律同前面一致［图 6.9（d）］。

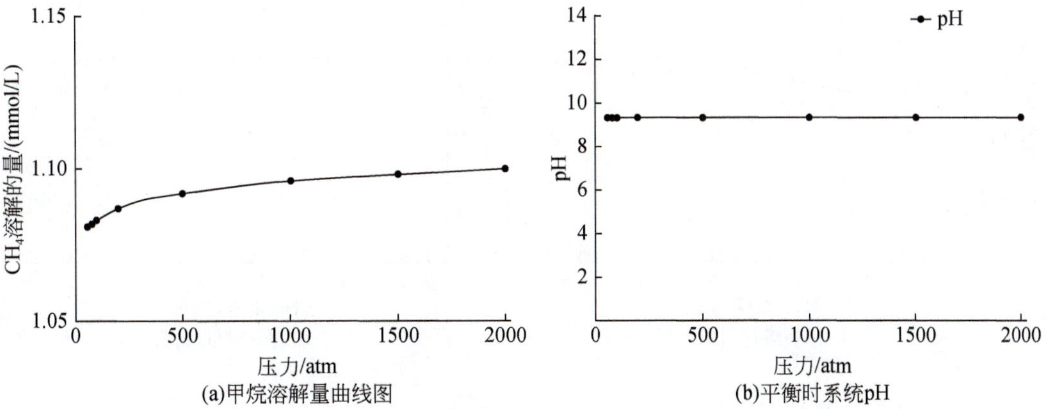

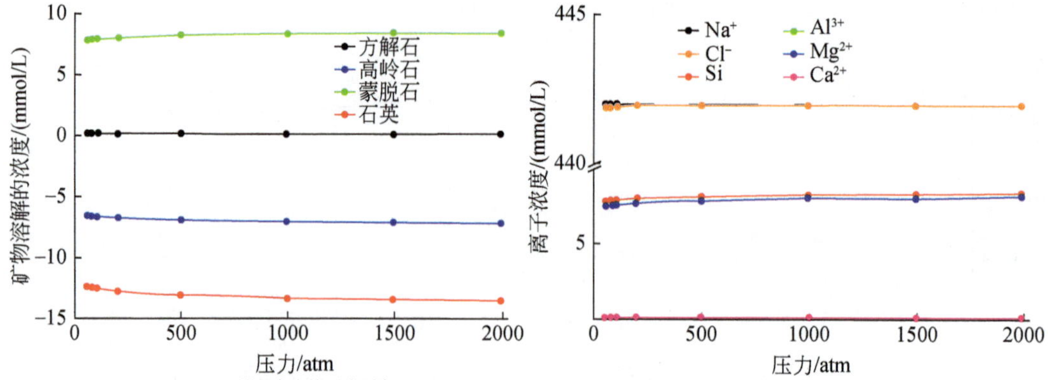

(c)平衡时矿物溶解量　(d)平衡时液相内离子浓度

图 6.9　不同压力反应图解

4. NaCl 浓度对反应的影响

反应体系中的 NaCl 浓度越大，甲烷的溶解度越大［图 6.10（a）］。NaCl 浓度大于 50g/L 时，甲烷在液相中的溶解平衡阈值趋于稳定。平衡溶液的 pH 基本一致，呈碱性［图 6.10（b）］。

矿物的溶解量都比较稳定［图 6.10（c）］。当 NaCl 浓度在 50g/L 以下时，四种矿物的溶解阈值变化稍大。当浓度继续升高时，矿物到达溶解阈值。矿物溶解量和平衡体系中离子分布规律同阳离子类型和温度对反应的影响一致［图 6.10（d）］。

通过平衡水化学模拟反应可知，整体上，甲烷的溶解度都较低，而平衡后系统呈碱性环境，pH 为 9～10，体系环境变化控制矿物量的变化。温度越高，矿物变化量越大；在一定范围内，NaCl 浓度越高，矿物变化量越大。甲烷的压力对矿物的溶解变化影响很小；而在不同的水型中，同离子效应导致矿物的溶解也有所差异。

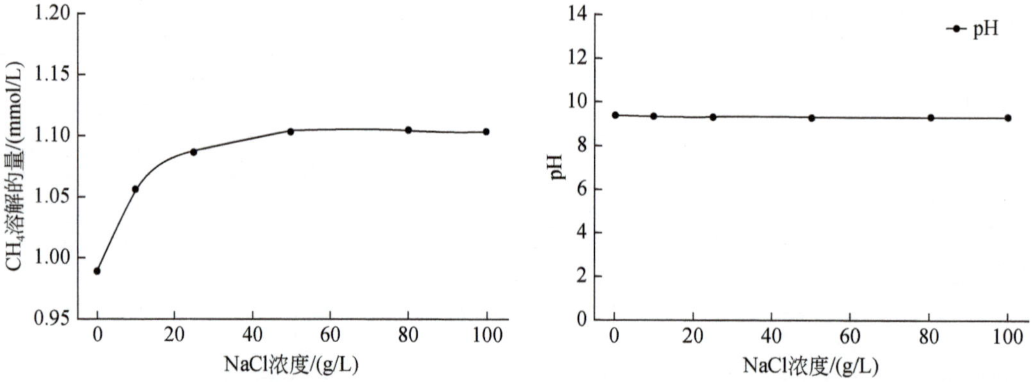

(a)甲烷溶解量曲线图　(b)系统pH曲线图

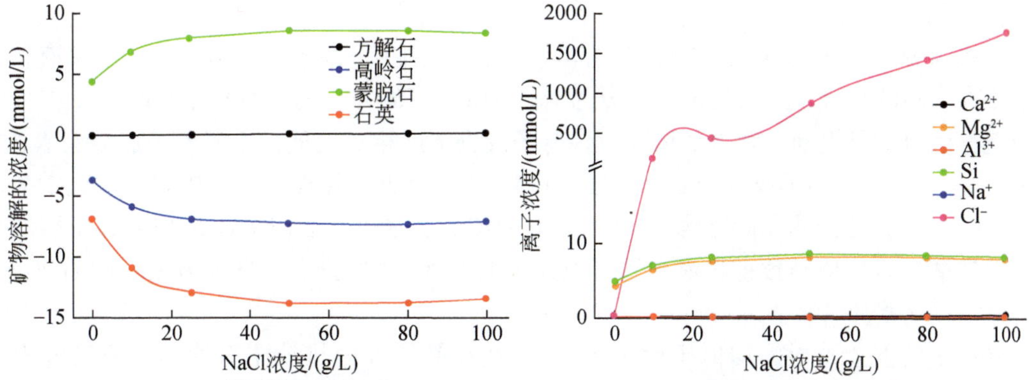

(c)矿物溶解量曲线图　　(d)液相中离子浓度曲线图

图 6.10　不同 NaCl 浓度反应图解

三、页岩气开采井岩心和压裂液、返排液组分分析

（一）岩心组分分析

共收集了页岩气开采区不同层位的岩心 5 个，对其进行了重金属含量的分析测试（表 6.2）。

表 6.2　岩心重金属含量　　（单位：mg/kg）

编号	Hg	Pb	As	Cd	Cr
天星 1 井牛蹄塘组高碳段 1	0.360	12.30	91.90	1.98	66.80
天星 1 井牛蹄塘组高碳段 2	0.410	13.40	95.80	8.39	44.80
岑地 1 井围岩 1	0.019	5.01	14.20	0.16	11.30
岑地 1 井围岩 2	0.096	3.71	2.48	0.04	99.60
道坨变马冲组	0.021	23.20	20.70	1.61	38.20
平均含量	0.181	11.52	45.02	2.436	52.14

可见 As 和 Cr 的含量最高，其次为 Pb。牛蹄塘组是研究区页岩气开采和水力压裂的主要层位，其 Cr 和 As 的含量都较高，这些重金属可能溶于压裂液或与压裂液发生化学反应，最终以不同的化学形态返排到地表对地表土壤、地表水和地下水环境造成污染。

（二）压裂液、返排液化学组分分析

1. 天星 1 井

天星 1 井位于岑巩页岩气区块，完钻井深 1897.6m，完钻层位陡山沱组。2014 年 8 月在天星 1 井的压裂过程中对压裂液、返排液和储存池的返排液进行了采样，同时也采集了天星村附近的泉水，对样品的相关无机组分和有机组分进行分析检测。样品存放时间长，储存池返排液为露天存放受到雨水稀释，一定程度上影响了测试结果。

（1）常规无机组分

无机组分的浓度大小：压裂液>返排液>储存池返排液>泉水（图 6.11）。压裂液和返排液含有大量的盐分，主要的离子成分为 Na^+、Cl^-和 HCO_3^-，其次为 K^+、Ca^{2+}和 Mg^{2+}。储存池返排液可能是受到了雨水的稀释，各离子成分浓度相对较低，主要离子成分为 Na^+和 HCO_3^-。泉水的主要离子成分为 Ca^{2+}、Mg^{2+}和 HCO_3^-，各离子浓度偏低。压裂液水化学类型为 Na-Cl 型水，返排液和储存池返排液为 Na-HCO_3 型水，其原因可能是酸性的压裂液与岩层中碳酸盐岩反应导致返排液和储存池返排液 HCO_3^-浓度升高。泉水为 Mg-HCO_3 型水，符合岩溶区的水质特征。

泉水中的重金属指标均低于检出限。Mn 在压裂液和返排液中有检出，浓度分别为 0.89mg/L 和 0.11mg/L；Fe 在压裂液和储存池返排液中有检出，浓度分别为 19.85mg/L 和 0.18mg/L。Fe、Mn 是水力压裂返排液中常见的浓度相对较高的金属组分，说明这些样品在一定程度上反映了压裂液和返排液的成分特征。

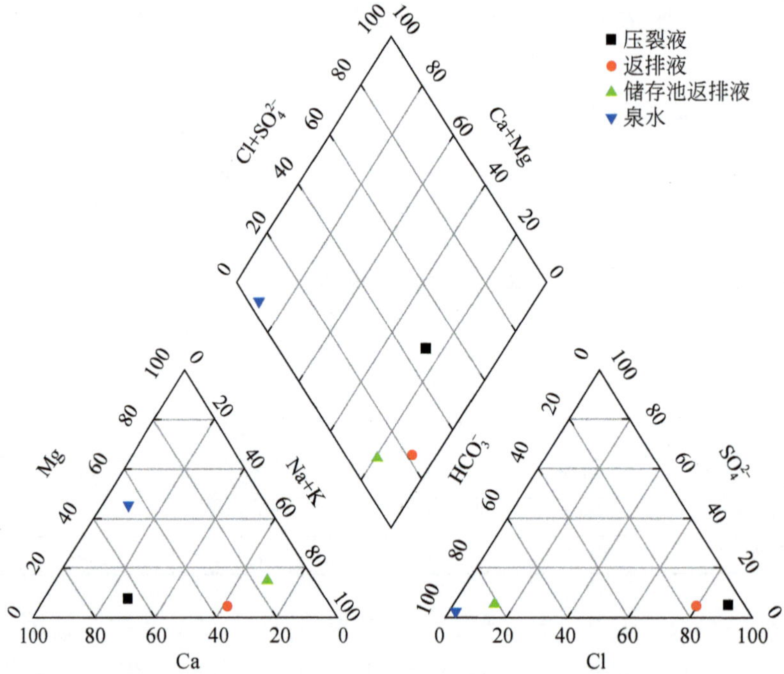

图 6.11　水样 Piper 三线图

（2）有机组分

对样品中的 55 项挥发性有机物组分（VOCs）进行指标了检测。检测项目中高出检出限的指标只有 4 种，压裂液和返排液中有 1，2，4-三甲苯和萘；后者还有三氯乙烯和甲苯，可能是压裂液注入地层后溶入了有机组分。储存池返排液和泉水中未检出。

2. 永凤 1 井

永凤 1 井位于风岗二区块，完井深度 2791m，目标层系为牛蹄塘组。储存池中的返排液呈黑色具有强烈的刺激性气味。虽然返排已经持续了 60 多天，在调查过程中返排依然在持续进行。管道中新排出的返排液清澈透明具有强烈刺激性气味，注入塑料桶几分钟后液体便呈黑色。采集永凤 1 井 63 天和 64 天两组返排液进行相关组分分析测试。

（1）常规无机组分

将永凤 1 井返排液无机组分与其他典型返排液的成分进行对比（表 6.3）。可见永凤 1 井返排液各组分的含量相对较低，但是也具有很多共同的特征。

永凤 1 井的返排液也具有高盐度的特征，以 NaCl 为主，NH_4^+含量也远远高出我国地下水Ⅲ类标准。Ba 和 Sr 含量高，Fe 和 Mn 的浓度也相对较高，Ni 的浓度较高。大量研究表明，Ni 在地下水环境中表现出很强的迁移性，一旦其进入地下水环境极可能对地下水水质安全构成威胁。

表 6.3　永凤 1 井返排液无机组分浓度

成分	单位	YF63	YF64	地下水Ⅲ类标准	四川某井区第 10 天返排液	美国 Marcellus 页岩气（第 14 天）中值	美国 Barnett 页岩气（第 11、第 12 天）
pH		7.11	7.08	6.5 ~ 8.5	7.24 ~ 7.28	6.2	7.05
TDS	mg/L	6660.3	6905.2	1000	18400 ~ 23400	120000	50550
Cl^-	mg/L	3567.0	3694.5	250	9910 ~ 1260	78100	34700
HCO_3^-	mg/L	979.1	970.6	—	—	—	—
SO_4^{2-}	mg/L	ND	ND	250	15.5 ~ 23.2	40	709
NH_4^+	mg/L	20.9	20.4	0.2	—	121	303
Na^+	mg/L	2270.2	2407.4	—	—	39700	18850
K^+	mg/L	46.0	43.4	—	—	—	—
Ca^{2+}	mg/L	117.06	110.18	—	294 ~ 316	18300	1600
Mg^{2+}	mg/L	23.842	22.6	—	33.8 ~ 33.9	1710	255
Fe	mg/L	4.8	5.6	0.3	12.3 ~ 22	93	24.9
Mn	mg/L	2.8	2.8	0.1	3.24 ~ 4.24	4.72	0.86
Si	mg/L	45.3	43.8	—	—	—	—
Ba	mg/L	52.391	51.240	1	77.6 ~ 122	1440	3.6
Sr	mg/L	19.803	17.464	—	38.3 ~ 53.9	3480	529
Zn	μg/L	9.28	21.3	1000	—	—	150
Cr	ug/L	41.1	ND	—	—	17.7	30
Ni	μg/L	196	175	50	—	—	40
Pb	μg/L	18.1	ND	50	—	68	20
As	μg/L	19.5	24.9	50	—	72.6	ND
Zr	μg/L	2.6	2.4	—	—	—	—

注：ND 表示未检出

（2）有机组分

对返排液中的55种挥发性有机物（VOCs）组分和98种半挥发性有机物（SVOCs）组分进行了检测，总共有11种VOCs高出检出限，主要为苯系物和氯代烃，有15种指标SVOCs检出。各个有机组分的含量都比较低，没有超过标准值。

（三）页岩气开采井附近地下水污染特征

1. 天星1井、天马1井水污染特征

（1）水样采集及分析

2015年9月5日、7日在位于岑巩页岩气区块的天星1井和天马1井附近采集浅层泉水、地表水样（S7和S19）、深层地下水样（S12，采样深度约为150m）。

（2）水样测试结果分析

A. 理化参数

水样的pH（7.19～8.07，略偏碱性）、Eh（140.7～183.6mV）和DO（2.29～7.97mg/L）差异不大，反映岩溶区含水层具有良好的缓冲作用，且地下水流速快，氧可以不断得到补充。

B. 无机组分

由实验结果可见（图6.12），水样总溶解性固体含量低，在230～319mg/L。阳离子以Ca^{2+}、Mg^{2+}为主，含有少量的Na^{+}和K^{+}；阴离子以HCO_3^-为主，其次为SO_4^{2-}。水样的水化学类型可见为Ca-HCO_3型和Mg-HCO_3型，符合岩溶区地下水水化学特点。

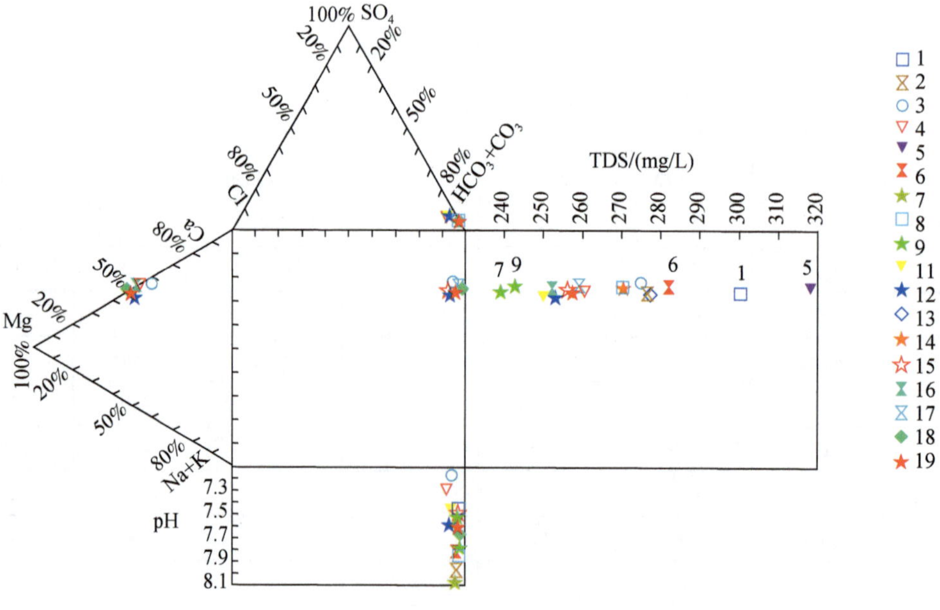

图6.12　天星1井和天马1井水样点Durov图

对水样中的11种金属指标进行了检测，其中Pb的含量最高（最大59.74μg/L），其

次为 Sr。部分水样 Pb 超出Ⅲ类地下水标准值（0.05μg/L），为该区的特征重金属污染物。

C. 有机组分

a. VOCs

水样中检出的 VOCs 共 24 种，其中 8 种 VOCs 在水样中的检出次数达到了 10 次以上。检出率高的挥发性有机物为氯代烃、MTBE、苯系物，其中浓度相对较高的挥发性有机物指标为反-1，2-二氯乙烯，甲基叔丁基醚，1，1-二氯丙烯等。

b. SVOCs

水样中检出的 SVOCs 共 20 种，检出率高的主要半挥发性有机物为苯系物、酯类，其中浓度相对较高的为 DMP、DBP、DEHP、2，6-二硝基甲苯。

（3）水质评价分析

参照《地下水质量标准（报批稿）》（GB/T 14848）的监测项目，根据每种项目的浓度，将其划分为Ⅰ类、Ⅱ类、Ⅲ类、Ⅳ类、Ⅴ类。将地下水水质监测结果与地下水质量标准值进行比较，计算各单项指标的 F_i 值和平均值 F，进而计算综合评价分值 $F_{综}$：

$$F_{综} = \sqrt{\frac{(F^2 + F_{\max}^2)}{2}}$$

式中，$F_{\max}$为各单项组分评价分值 F_i 中的最大值。

按照地下水质量分级标准划分地下水质量级别（表 6.4）。

表 6.4 地下水质量分级标准

级别	优良	良好	较好	较差	极差
$F_{综}$	$F<0.8$	$0.8\leqslant F<2.5$	$2.5\leqslant F<4.25$	$4.25\leqslant F<7.2$	$F\geqslant 7.2$

评价结果显示：由于 Pb 超标，天星 1 井附近水样点 7 水质较差，天马 1 井附近水样点 13、17 和 18 的水质较差。

2. 班竹 1 井

班竹 1 井为钻探井，在其钻井过程中未进行水力压裂，且附近目前不存在页岩气开采井，因此认为该井附近的地下水尚未受到页岩气开采带来的污染。在此井附近采集地下水样品的主要目的是对潜在页岩气开采区做背景值调查。

2015 年 11 月 23 日在位于绥阳凤冈页岩气区块的班竹 1 井附近采集地下水样品 8 个。

（1）理化参数

pH（7.48～8.55）整体偏碱性；Eh（142.6～177.4mv）整体差异不大；DO（6.82～9.77mg/L）含量相对较高，可能与岩溶区地下水良好的流动性有关。

（2）无机化学组分

阳离子主要为 Ca^{2+}（变化范围为 23.10～84.36mg/L），其次为 Mg^{2+}和 NH_4^+。其中 NH_4^+ 的浓度变化范围为 0～0.57mg/L，除 BZ01 外其余水样点 NH_4^+ 浓度均超出了地下水Ⅲ类标准值 0.243mg/L。阴离子主要是 HCO_3^-（变化范围为 76.13～236.68mg/L），其次为 SO_4^{2-}（变化范围为 3.29～87.11mg/L）和 NO_3^-，其中 BZ03 和 BZ04 两个样品 NO_2^-轻微超出地下

水Ⅲ类标准值 0.0657mg/L。BZ04 为 $Ca-SO_4$ 型水，其余均为 $Ca-HCO_3$ 型水（图 6.13）。大部分金属离子指标未检出。

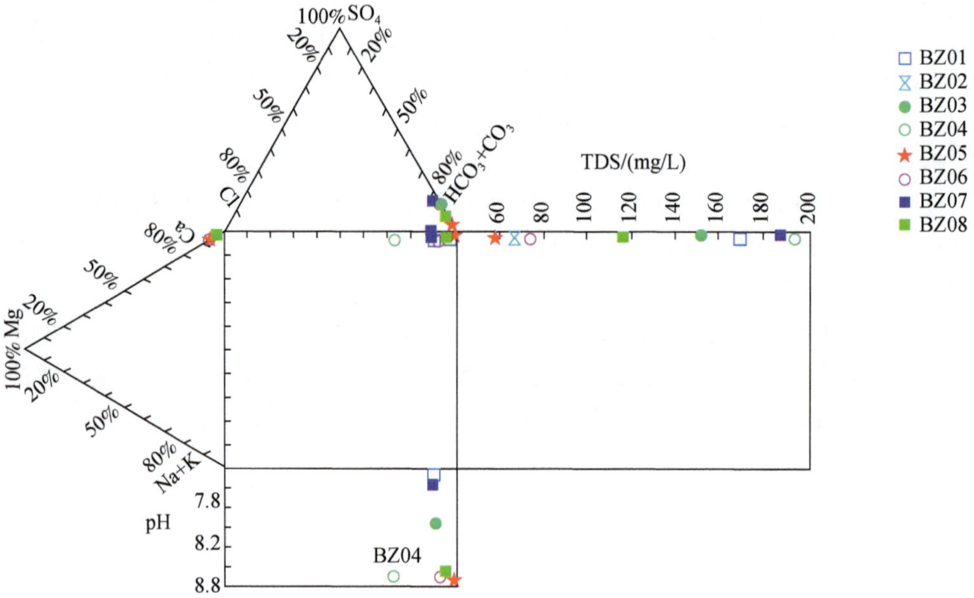

图 6.13　班竹 1 井附近地下水 Durov 图

（3）有机化学组分

水样中检出的 VOCs 共 11 种，其中 4 种 VOCs 指标检出次数超过 4 次，检出率较高的 VOCs 主要为苯系物、氯代烃，VOCs 浓度都相对较低，只有甲基叔丁基醚、1,1-二氯丙烯、4-溴氟苯、1,2-二氯苯-d4、反-1,2-二氯乙烯的最大浓度值超过了 1μg/L。说明在该区有机污染的现象普遍存在，但污染程度不高。

水样中检出的 SVOCs 共 11 种，检出率高的主要 SVOCs 为苯系物、酯类，浓度相对较高的为 DMP、DBP、DEHP、2-6-二硝基甲苯。

3. 永凤 1 井

2015 年 12 月 14、15 日在位于绥阳凤冈页岩气区块的永凤 1 井采集附近水样共 7 个，其中 YF02 为地表水，与返排液检测结果对比分析。

（1）结果分析

A. 理化参数和无机化学组分

永凤 1 井周围的地下水呈中性至弱碱性。该区的含水层主要为寒武系娄山关组和寒武系高台组的白云岩，地下水和地表水类型均为 $Mg-Ca-HCO_3$ 型。总溶解固体的含量较低。水力压裂返排液最明显的特征就是含有大量的 NaCl，然而在开采井周围没有发现 NaCl 异常高的水样点。可能是由于 NaCl 在地下水中的迁移性强，加上该地地下水资源丰富、径流量大。但虽然 Cl^- 的含量较低，水样中 Cl^- 和 TDS 存在良好的线性关系（图 6.14），说明水样中 TDS 的升高可能和含有 Cl^- 的污染源有关。一般来说水体中的 Cl^- 主要源于盐岩

（NaCl）的溶解，然而该区淋溶作用强烈土壤中不存在易溶的盐岩，可以推断盐岩的溶解不是该区 Cl^- 的主要来源。返排液的检测结果落在 NaCl 溶解线的下方，说明返排液的泄露可能是水样中 Cl^- 的主要来源（图 6.15）。同时生活污水 Cl^- 的含量也相对丰富，生活污水的排放也可能造成水样中 Cl^- 含量相升高。Na^+ 的主要来源可能是其他含 Na 矿物的溶解和返排液的泄露。

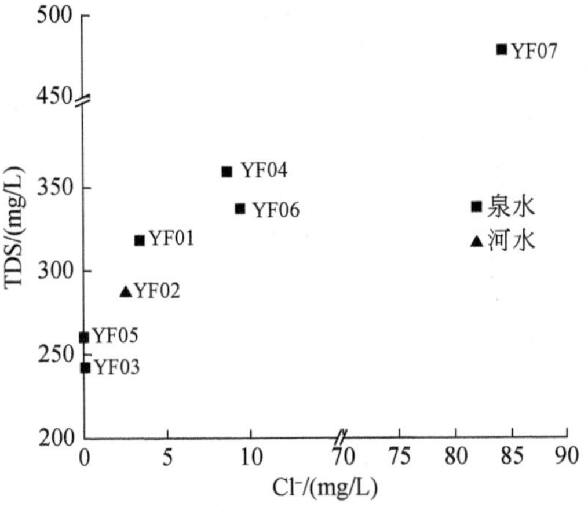

图 6.14　TDS 和 Cl^- 浓度关系图

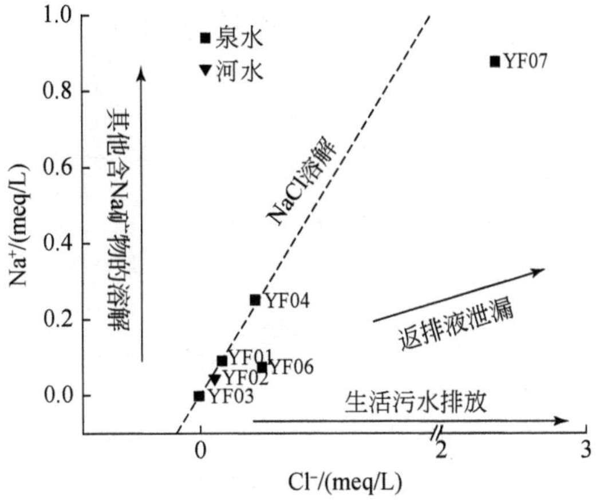

图 6.15　水样 Na^+-Cl 关系图

含量较高的金属有 Sr、Ni 和 Fe。这几种金属在返排液中的含量也较高，说明地下水和地表水中的金属组分可能与页岩气开采活动有关。

B. 有机化学组分

对水样中的 55 种 VOCs 指标进行检测，1-1-二氯丙烯、乙苯和间二甲苯 3 种 VOCs 指标在水样中检出。其中，1-1-二氯丙烯只在水样 YF07 中检出。乙苯和间二甲苯是返排液中常见的有机组分，在永凤 1 井的返排液中也有检出，检出浓度比水样中浓度高。

（2）水质评价分析

方法同天星 1 井、天马 1 井，永凤 1 井周边水样评价结果都较差，是 Ni 在所有的水样中均超过了地下水Ⅲ类标准值导致综合评价分数较高。

第二节　页岩气开采对岩溶地下水污染风险评价

污染物从地表到地下水面时间和路程的长短，以及污染物对含水层造成的污染程度主要取决于途经岩层的性质和厚度，以及污染物渗入地下水中的量和其本身所具有的危害程度，可以概括为两个部分：一是含水层本身所具有的属性，即本质脆弱性，脆弱性的高低主要受含水层自然因素的影响，如包气带厚度、包气带介质类型、覆盖层类型、含水层介质类型等；二是人类活动产生的污染源中特征污染物所表现出的污染特性，即污染源危害性，往往与污染源的位置、类型及在整个过程中的迁移转化有关，如污染物的堆放方式、污染物的毒理性、迁移性等（图 6.16）。

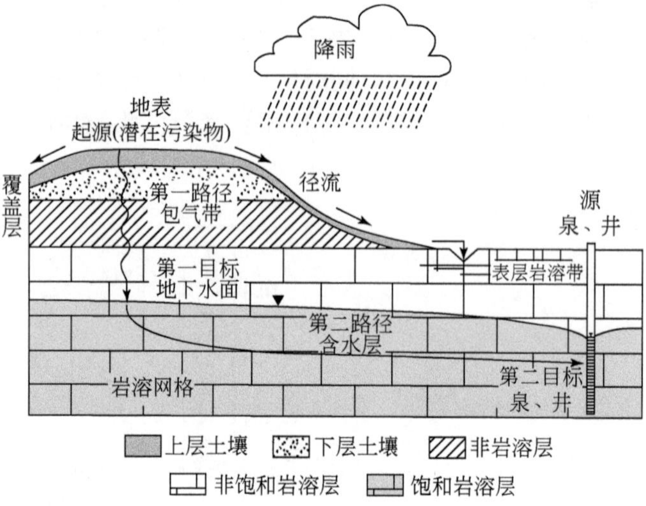

图 6.16　岩溶区地下水污染过程图（彭稳和裴建国，2010）

一、地下水污染风险评价方法

（一）本质脆弱性评价

1. 评价方法

定量评价是利用建立的数学模选取的一些指标进行定量的计算，比定性评价准确性要高，评价结果可靠性强。评价方法包括迭置指数法、过程模拟法和统计方法（刘兆彬，2016）。研究区是典型的喀斯特岩溶发育地带，水文地质条件复杂且区域面积较大。因此，过程模拟法模拟此类大区域、条件复杂的地下水水流和溶质运移过程可行性低。统计方法在实际的应用中对资料依赖性高，目前所掌握的研究区数据和资料相对较少，不能很好地控制住区域的每个部分，因此统计方法也被排除在外。

迭置指数法在实际中使用较多，应用范围广，针对孔隙水和岩溶水有着各自不同的模型。应用迭置指数法的评价模型中适用于岩溶水的模型有 EPIK、PI 及欧洲法（OCP）3 种。许多学者在评价岩溶区地下水污染风险时，发现利用 PI 和 OCP 的评价结果相对其他模型更加准确，结合研究区资料收集情况，选择 OCP 作为研究区脆弱性评价模型。

2. 评价指标确定

根据 OCP 模型的组成内容和研究区岩溶发育特征，本质脆弱性评价选取 6 个评价指标，分别为覆盖层类型、土壤介质类型、地貌类型、地形坡度、年降雨量和含水层岩溶发育程度。

覆盖层是第一个对污染物起到阻滞作用的部分，可以减缓雨水向下的入渗，延长地下水污染发生的时间，甚至可以避免污染的发生；土壤介质透水性弱，生存其中的微生物也可以很好地降解污染物中的有机组分，同时可以吸附无机金属离子；地貌类型的不同体现着表层岩溶发育程度的差异，落水洞、洼地、石芽、峰丛等均是透水性强的地带；地形坡度是控制大气降水停留原地还是随着坡向向下流走的一个重要因素；年降雨量的多少决定了污染物从地表入渗到地下的量；含水层岩溶发育程度决定了污染物在含水层中流动的快慢及污染物影响范围的大小。

（二）污染源危害性评价

1. 污染源来源

本次研究是以页岩气开采过程中产生的污染源为主要对象，污染源类型属于工业污染源，排放方式为点状排放。排放到地表的返排液作为页岩气开采下对地下水造成污染的主要污染源，是本次污染源危害性评价中的目标污染源。

2. 特征污染物筛选

岑巩区块现有天星1井、天马1井和岑页1井3口页岩气井，后2口井由于产气量不足已处于封闭状态，同时根据本章第一节分析结果可知，仅能获取的天星1井返排液由于放置时间较长，不能完全体现出返排液本身所具有的成分特征。因此选择与岑巩区块开采条件类似的绥阳-凤冈区块中永凤1井为参照井，进行特征污染物筛选。

筛选原则如下：①是污染源中含有的主要组分，能够反映出污染源的理化特征；②与研究区所在区域地下水中典型污染组分保持一致；③优先选择我国“水中优先控制污染物”名单中所列举的污染物；④优先选择《地下水质量标准》及《生活饮用水卫生标准》中所包含的指标。

根据前面分析结果确定的特征污染物有8种，分别为无机组分——Na^+，Cl^-，NH_4^+；金属离子——Ba、Sr、Ni；有机组分——反-1,2-二氯乙烯、二氯甲烷。

3. 评价方法

含水层的污染源危害性在很大程度上是指人类活动的影响。地下水污染风险评价中的污染源危害性即地表污染源及人类活动作用于地下水环境，并对其造成破坏的一种表征（王俊杰等，2012）。

污染源危害性评价方法可以分为定性和定量两类，其中，定性评价主要是把人类活动改变原有的土地利用方式形成不同的土地覆盖类型作为评价指标，进行评分定值和赋予权重，和本质脆弱性评价最终结果进行叠加，该方法操作易行，但概括性高，不能很好地体现出污染源对地下水造成污染的危害性。

定量评价主要根据污染源本身的特征，选择能够体现污染源具有的污染特质的特征污染物，并选择特征污染物的毒理性、迁移性和降解性3个属性作为评价指标，表征污染源对地下水的污染源危害性。

定量评价利用的数学模型介绍如下：

$$S_j = \sum_{i=1}^{n} C_{ij} \times Q_{ij} \tag{6.1}$$

$$C_{ij} = T_{ij}W_{\mathrm{T}} + M_{ij}W_{\mathrm{M}} + D_{ij}W_{\mathrm{D}} \tag{6.2}$$

式中，S_j为污染源 j 对地下水环境造成污染能力的定量表征，称为污染源危害性；C_{ij}为污染源的第 i 种特征污染物 3 种自身属性的定量表征，称为特征污染物的危害性；Q_{ij}为风险源 j 排放的第 i 种污染物能够进入地下水环境的数量，称为排放量；T_{ij}、M_{ij}、D_{ij}分别为特征污染物 i 的毒理性量化指标、迁移性量化指标、降解性量化指标；W_{T}、W_{M}、W_{D}分别为毒理性、迁移性、降解性属性的权重值。三种属性权重值同样利用层次分析法进行计算。

特征污染物的毒理性评分参考《生活饮用水卫生标准》（GB 5749—2006）中对应污染物的限值（若没有，则参考世界卫生组织或其他国家对应的饮用水卫生标准），限值浓度越低，则毒理性越强，同时计算出超标的倍数。通过参考污染物限值和超标倍数来判定特征污染物的毒理性高低。

特征污染物迁移性与污染物类型相关，无机污染物在地下水迁移过程中会受到吸附、离子交换和氧化还原等作用的影响，综合评定无机污染物迁移性时要考虑区域所处的地下水环境。有机污染物迁移性主要受到吸附作用的影响，而后者与有机碳分配系数（lgKOC）相关，因此，有机污染物迁移性可以选择污染物相对应的有机碳分配系数值来表征。特征污染物的降解性与污染物经过的介质中生物降解作用有关，无机组分中容易被降解的有 NH_4^+ 和 NO_3^-，其余常见的无机组分则生物降解效果较弱。有机组分由于自身结构的灵活性和复杂性，生物降解作用的差异性较大，同时有机物的半衰期也是影响可降解性的一个重要因素，用符号 DT_{50}表示。

为避免实验测试条件不同导致的差异，采用美国国家环境保护局提出的一套基于定量构效关系原理研发的软件——EPI Suite 进行有关参数的计算（王昭和石建省，2009）。

4. 评价指标确定

根据上述选定的评价方法，污染源危害性评价部分选定特征污染物毒理性、迁移性和降解性 3 个属性为评价指标。

（三）指标权重的确定

指标间权重值采用层次分析法（AHP）计算，依照层次分析法的方法理论，将地下水污染风险分为 3 个层次，第一层为地下水污染风险，作为目标层；第二层为本质脆弱性和污染源危害性两部分，作为准则层；第三层为参与评价的各个因子，作为指标层。考虑到岩溶地区的地下水环境特点，两者的权重分配系数如下：本质脆弱性权重值为 0.6，污染源危害性权重值为 0.4。

根据指标间权重矩阵，计算出各个指标权重（表 6.5，表 6.6）。

表 6.5　本质脆弱性指标权重值

评价指标	覆盖层类型	土壤介质类型	地貌类型	地形坡度	年降雨量	含水层岩溶发育程度
权重值	0.511	0.447	0.383	0.256	0.256	0.511
一致性检验	最大特征根 $\lambda=6$，CR=0<1，一致性检验通过					

表 6.6 污染源危害性指标权重值

评价指标	毒理性	迁移性	降解性
权重值	0.6	0.2	0.2
一致性检验	最大特征根 λ=3，CR=0<1，一致性检验通过		

(四) 评价体系建立

根据本质脆弱性和污染源危害性两个部分评价指标的选取结果，构建地下水污染风险评价体系（图 6.17）。

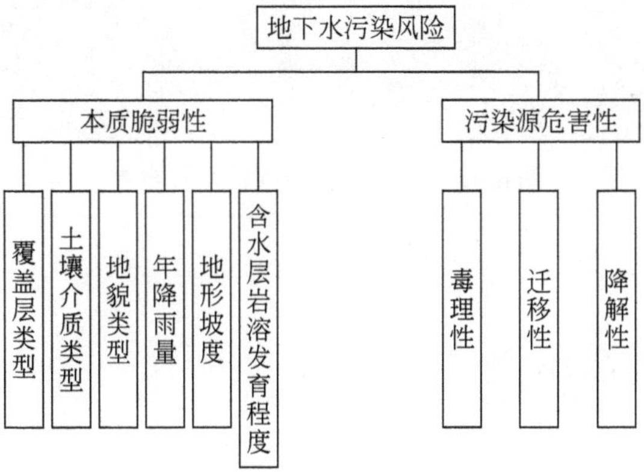

图 6.17 地下水污染风险评价体系结构图

二、地下水污染风险评价指标数据获取

地貌类型、含水层岩溶发育程度、土壤介质类型和年降雨量指标通过收集的钻孔资料获取。地形坡度和覆盖层类型指标则需要利用 ArcGIS、GoogleEarth 和 GoodyGIS 等地理信息应用和卫星影像处理的专业软件来获取。

(一) 钻孔分布

页岩气开采区块内有 76 个 150m 浅层钻孔（图 6.18），均为解决地区饮用水安全而打的水源井，钻孔点的分布相对比较均匀，整体上控制了研究区域。

(二) 地形坡度数据获取

通过 GoodyGIS 提取高程，将其导入 ArcGIS 中，利用 3D Analyst Tools 模块创建 TIN 文件，并转换为栅格图层，实现坡度分析功能。

(三) 覆盖层类型数据获取

以 GoogleEarth 卫星影像为基础，通过矢量化，将其导入 ArcGIS 中，使用 Analysis

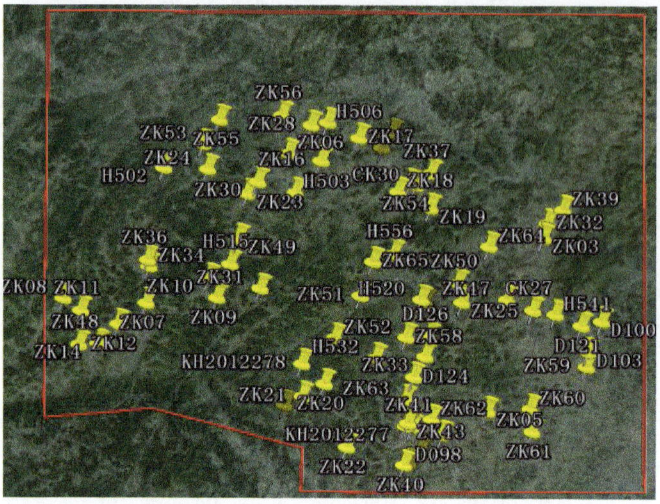

图 6.18　页岩气区块内钻孔分布图

Tools 模块中的擦除功能，逐一求出整个研究区所有覆盖层类型的覆盖范围。

三、地下水污染风险评价

（一）本质脆弱性评价

除地形坡度和覆盖层类型，其余 4 个指标均使用 Surfer 软件对数据进行插值，然后将其导入 ArcMap 得到指标图层。各指标不同类型评价结果见表 6.7 ~ 表 6.12，进一步按照计算的权重值进行叠加，得出本质脆弱性评价的结果（图 6.19）。

表 6.7　覆盖层类型评分表

覆盖层类型	裸岩	农田	水域	果园	灌丛	针叶阔叶林
评分值	10	6	5	3	2	1

表 6.8　地貌类型评分表

地貌类型	洼地、落水洞、天窗	溶丘洼地	峰林谷地	峰丛谷地	峰丛槽谷
评分值	10	8	6	5	4
地貌类型	溶丘谷地	溶丘台地	低山丘陵		
评分值	3	2	1		

表 6.9　年降雨量评分表

年降雨量	>1600mm	1400 ~ 1600mm	1200 ~ 1400mm	1200 ~ 1300mm	1000 ~ 1200mm	<1000mm
评分值	10	6	4	3	2	0

表 6.10 地形坡度评分表

地形坡度	<5°	5° ~15°	15° ~25°	25° ~45°	<45°
评分值	10	6	3	1	0

表 6.11 含水层岩溶发育程度评分表

含水层岩溶发育程度	溶孔、溶洞发育	岩溶-裂隙发育	节理-裂隙发育	孔隙
评分值	10	8 ~10	4 ~8	2 ~4

表 6.12 土壤介质类型评分表

土壤介质类型	非胀缩或非凝聚性黏土	黏质壤土	粉质壤土	壤土	砂质壤土
评分值	1	3	4	5	6
土壤介质类型	胀缩性黏土	砂	砾石	薄层或缺失	
评分值	7	8	9	10	

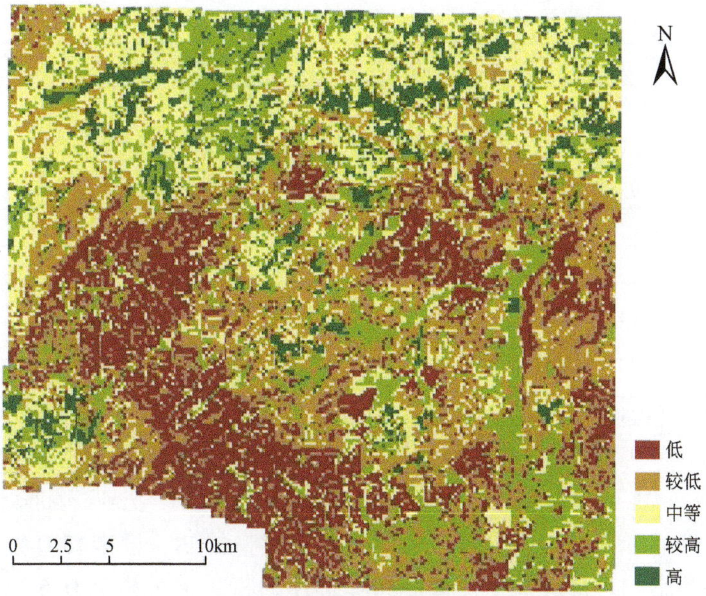

图 6.19 页岩气区块本质脆弱性结果分布图

可见本质脆弱性较高和高等级的区域主要分布在页岩气区块北部，其次为中部地区和西南部分地区；中等及以下等级的区域占据了整个研究区面积约 3/4，表明总体上研究区地下水受到污染的概率要相对较小。

(二) 污染源危害性评价

毒理性中，由于特征污染物的各个特征组分的标准限值是固定的，在此不做讨论。

迁移性中，由于特征污染物中同时含有有机和无机两类组分，有机组分迁移性依据自身有机碳分配系数的大小判断。

无机组分迁移性的大小主要影响因素包括：①吸附剂数量和种类。研究区内土壤主要为红色黏土，矿物成分多为高岭石、伊利石和铁铝氢氧化物，其阳离子交换总量（CEC）值较小，表明该类土壤阳离子交换作用较弱。②沉积物颗粒的大小。红色黏土粒径较小，通常小于0.005mm，表面积大，其吸附能力较强。③包气带和含水层所处环境的pH。研究区地下水化学类型为$HCO_3^-Ca^{2+}Mg^{2+}$型，pH大于7，偏碱性。红黏土中高岭石零点电荷pH为3.3～4.6，研究区土壤层和含水层主要是负的表面电荷占优势，吸附阳离子为主。

综合以上讨论，研究区土壤的吸附性能要大于离子的交换性能，无机组分中对阳离子的吸附要大于阴离子，而在阳离子中，重金属离子钡和锶容易生成络合物，附着颗粒表面，基础离子Na吸附作用较弱。相关研究表明土壤层对离子的吸附能力大小依次为Ni>Ba>Sr>NH_4>Na>Cl。通常情况下，地下水中无机组分的迁移性要强于有机组分。因此，特征污染物迁移性大小次序为Cl>Na>NH_4>Sr>Ba>Ni>二氯甲烷>反-1,2-二氯乙烯。

降解性中，有机组分参考其所具有的半衰期DT_{50}的大小。无机组分中只有NH_4^+在迁移过程中容易被反硝化细菌降解，其他离子基本不发生降解作用。

特征污染物毒理性、迁移性和降解性评分情况见表6.13。

表6.13 污染源危害性评价指标评分表

特征污染物	毒理性			迁移性		降解性	
	标准值/(mg/L)	超标倍数	评分值	lgK_{OC}	评分值	DT_{50}	评分值
Cl^-	250	14.4	1	—	7	—	6
Na^+	200	12	1	—	6	—	6
NH_4^+	0.2	100	7	—	5	—	4
Ba	1	52	6	—	2	—	6
Sr	5	3.6	4	—	4	—	6
Ni	0.05	3.8	7	—	3	—	6
反-1,2-二氯乙烯	0.075	0.26	8	1.64	1	62.53	2
二氯甲烷	0.005	0.96	9	2.65	1	78.5	2

注："标准值"参照《地下水质量标准》Ⅲ类、《生活饮用水卫生标准》对应的污染物限值

污染源危害性的计算公式中，由于污染物的排放量未知，设定其值为1，减少其对污染源危害性结果的影响。毒理性、迁移性和降解性的权重值分别为0.6、0.2、0.2，根据计算公式得出每个特征污染物的危害性和最终污染源危害性指数（表6.14）。

表6.14 污染源危害性评价结果表

特征组分	Cl^-	Na^+	NH_4^+	Ba	Sr	Ni	反-1,2-二氯乙烯	二氯甲烷
评价结果	3.2	3	6	5.2	4.4	6.6	5.4	6
污染源危害性指数	$S=4.97$							

根据页岩气目前进展情况，未进行开采井的布设，因此，返排液的排放量和位置无法根据实际情况获取，而页岩气开采是对整个区块内的区域进行开采工作，开采井的位置也

必须能够以面状的形态控制住对整个研究区内页岩气进行开采，因此，将返排液的污染源危害性指数 4.97 覆盖到整个研究区范围内，参与地下水污染风险评价。

（三）地下水污染风险评价结果

综合本质脆弱性和污染源危害性评价结果，根据赋予两者的权重值，利用 ArcMap 进行图层叠加计算，评价结果采用 Natural Breaks 方法分级，如图 6.20 所示。

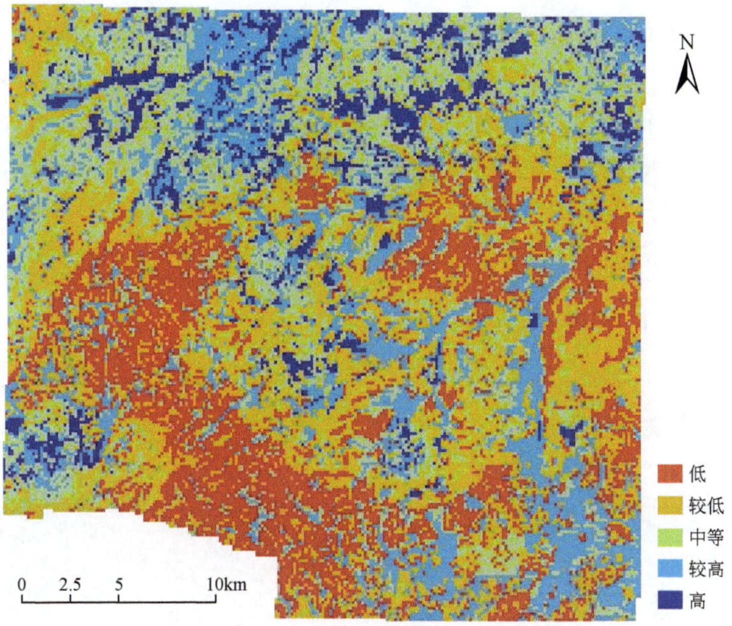

图 6.20　地下水污染风险评价结果图

研究区总面积为 914.60km²，其中，高污染风险等级分布面积为 72.46km²，所占比例为 7.72%；较高污染风险等级分布面积为 187.84km²，所占比例为 20.55%；中等污染风险等级分布面积为 212.14km²，所占面积为 23.25%；较低污染风险等级分布面积为 256.85km²，所占比例为 28.22%；低污染风险等级分布面积为 185.31km²，所占比例为 20.26%。从分布比例情况可知，高污染风险等级所占比例相对较小，其他 4 个等级所占比例相对均衡，在 20% ~30%。

高污染风险范围主要分布于研究区的北部、西南和中部地区，分布特征比较零散，只在北部呈现出联结带状区域；较高污染风险范围主要分布于研究区东南及西北区域，整体分布相对集中；高和较高污染风险等级分布结果的主要原因是所在区域的含水层本质脆弱性较高。研究区内其他区域为中等、较低和低污染风险等级，分布范围相对较广，占到总面积的 71.73%，该区域在页岩气开采条件下地下水受到返排液污染的可能性相对较小，但是，若在此类区域布设页岩气开采井，也要做好一定的防渗措施，预防地下水污染事件发生。

研究区所在区域主要出露岩性为白云岩，降雨丰富，地质构造复杂，节理、裂隙发育，为典型的岩溶发育区，本次研究主要针对该地区页岩气开采条件下的地下水污染风险评价，评价体系的建立充分考虑了岩溶地区和污染源特点，所建立的评价方法适用于西南岩溶地区页岩气开采条件下的地下水污染风险评价。

第三节　页岩气开采对岩溶地下水环境影响预测模型研究

一、岩溶区页岩气开采浅层地下水影响预测模型研究

首先通过分析研究区内的水文地质条件和各种地质参数，明确研究区内地下水与地下暗河之间的水力联系，然后建立研究区岩溶地下水的水流数值模型，模拟研究区浅层地下水在岩溶地质条件下的水流运动规律，并在此基础上模拟返排液中的特征污染物在岩溶地下水中的运移，以及特征污染物随地下水进入地下暗河的规律（赵威，2016）。研究适合于页岩气开采特征组分在浅层岩溶地下水系统中迁移的模拟方法，为岩溶区页岩气开采地下水环境定量预测提供基础。

（一）岩溶地下水水流数值模型

本次研究在水文地质勘查资料的基础上，根据地下水流场的分析确定研究区的模拟范围（图6.21），面积为33.2km^2。

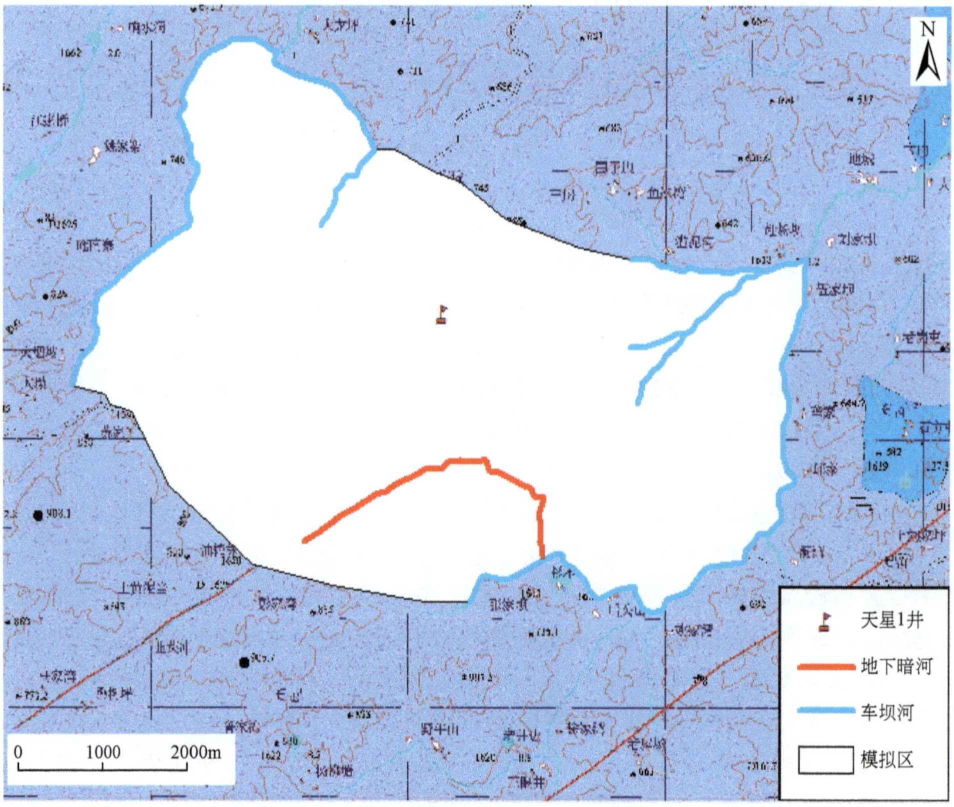

图6.21　研究区模拟范围示意图

1. 概念模型

首先需要建立研究区的水文地质概念模型。将研究区内地下含水层的边界性质、含水层结构和均衡要素等概化并用于数值模拟或物理模拟的基本模型。实际上就是分析研究区内的实际水文地质条件，对其进行简化整理，总结为符合实际情况的参数，为之后建立研究区的岩溶地下水水流数值模拟提供参数依据。

（1）模型边界概化

地下水系统均通过边界条件与其他地下水系统及外界进行物质与能量的交换，研究区边界条件的确定是建立地下水水流模型的首要任务。研究区的边界条件一般根据水文地质单位划分，本次模拟区的边界主要包括垂向边界和侧向边界。

A. 垂向边界

本次研究的模拟对象为中寒武统高台组白云岩中的岩溶裂隙水。岩溶地下水系统的上部边界为自由水面的潜水面，由于上部无稳定的隔水层，大气降水、地表水可以经过包气带直接渗入补给地下水系统，同时地下水也可以通过蒸发排泄与外界发生垂向上的水量交换，属于开放型边界。本次研究目标是模拟预测浅层地下水环境，模型以浅部岩溶发育深度做底界，因此将地下水系统底部概化为相对隔水边界。

B. 侧向边界

模拟区是将完整的水文地质单元作为研究对象，水文地质单元的边界即为模拟区的边界。根据研究区的水文地质勘查资料，确定模拟区的东部边界和西部边界均为河流边界，东部边界为车坝河支流地城河，河流水位为508m，西部边界同为车坝河的支流叶家河，河流水位为784m。东部边界和西部边界水位较为稳定，水位变动不大，雨季旱季水位变化仅为1～3m，因此定义东部、西部边界为已知水头边界。北部边界和南部边界与地下水流向趋于平行，设置为隔水边界。

（2）含水层概化

根据研究区内的钻孔资料，模拟区中的浅层地下水主要赋存于第四系孔隙弱含水层和碳酸盐岩溶含水层。其中，第四系弱含水层中地下水大部分以上层滞水的形式存在于坡积黏土层中，零星分布于低洼处，富水性较差；本次研究主要针对岩溶地下水系统，岩溶地下水系统含水介质主要为高台组白云岩，其地下水水位埋深浅，上部无弱透水性覆盖层，为浅部岩溶水系统，是研究区内的主要含水系统。因此本次研究将模拟区概化为单层结构。

（3）均衡要素概化

地下水系统的均衡要素包括含水层的补给和排泄条件，其中补给项主要有大气降水和侧向径流等；排泄项主要为泉排泄。研究区岩溶地下水系统的补给来源主要为大气降水的入渗补给和侧向边界的径流补给；主要排泄方式为侧向排泄。

A. 大气降水

大气降水的入渗补给是研究区内地下水系统的最重要的补给来源，而大气降水的入渗补给量受到当地降雨量、地形地貌、地表植被、包气带岩性和地下水位埋深等各种因素的影响。根据研究区的水文地质勘探的详尽资料，明确研究区中地下水的埋藏条件，确定包气带的岩性，并且结合现有的关于大气降水入渗的研究成果获取研究区内降水入渗系数，岩溶地区由于存在天窗、岩溶漏斗等利于降水入渗的构造，根据地下水埋深的不同入渗系数为0.4～0.7。

大气降水入渗量计算公式如下：

$$Q=\alpha \cdot F \cdot X$$

式中，Q 为大气降水入渗补给地下水系统水量，m^3/a；α 为大气降水入渗系数；F 为大气降水补给区面积，m^2；X 为研究区年降水量，m/a。

B. 侧向径流

研究区内地下水大体流向为由西部边界流向东部边界，边界附近属于高原山地，地形复杂，缺乏控制资料，因此在分析地下水流场等值线图的基础上，结合达西定律，计算各个边界的断面的侧向径流流量，计算公式如下：

$$Q=K \cdot I \cdot B \cdot M$$

式中，Q 为地下水侧向径流补给排泄量，$10^4m^3/a$，正为流入，负为流出；K 为含水层过水断面的渗透系数，m/a；I 为含水层过水断面垂向水力梯度；B 为含水层过水断面的宽度，10^4m；M 为含水层的厚度，m。

（4）水力特征

研究区地下水属于典型的岩溶地下水系统，地下水的水力特征复杂，本次研究缺少完整水文年的地下水位数据，因此将研究区地下水概化为稳定流。研究区地下水含水层中的水文地质参数随空间变化，体现了非匀质性，同时由于各参数在方向上存在差异，体现了各向异性。

综上所述，本次研究将模拟区浅层岩溶地下水系统概化为非匀质各向异性的潜水二维稳定流。

2. 数学模型

根据研究区岩溶地下水系统中地下水的流动特征，本次研究将含水介质分为岩溶发育程度较低的基质和岩溶十分发育的暗河管道，其中基质中地下水流的运动属于层流，遵循达西定律；岩溶暗河中的地下水运动属于紊流运动。

（1）基质含水层

基质含水层中的地下水流为非匀质各向异性二维稳定流，在不考虑水密度变化的情况下，其数学模型通常采用以下微分方程来描述：

$$\begin{cases} \dfrac{\partial}{\partial x}\left(K_{xx}\dfrac{\partial H}{\partial x}\right)+\dfrac{\partial}{\partial y}\left(K_{yy}\dfrac{\partial H}{\partial y}\right)+W=0(x,\ y)\in \Omega \\ H(x,\ y)=H_0(x,\ y) \qquad (x,\ y)\in \Omega \\ H(x,\ y,\ z)\mid_{S_1}=H_1(x,\ y,\ z)(x,\ y,\ z)\in S_1 \\ K_n\dfrac{\partial H}{\partial n}\mid_{S_2}=q(x,\ y,\ z) \qquad (x,\ y,\ z)\in S_2 \end{cases}$$

式中，Ω 为研究区面积；H 为地下水水位，m；S_1 为模型的第一类边界；S_2 为模型的第二类边界；K_{xx}、K_{yy} 分别为含水层 x，y 主方向上的渗透系数，m/d；H_0 为含水层的初始水头，

m；W 为研究区的源汇项，m/d；为边界的外法线方向；K_n 为边界法线方向的渗透系数，m/d；q 为 S_2 渗流区二类边界上的单位面积流量，m^3/d。

（2）岩溶管道

岩溶暗河管道中的地下水水流属于紊流运动，其数学控制方程为曼宁－斯处克勒（Manning-Strickler）公式，表达形式如下：

$$\begin{cases} Q = \int_0^R u^2 \pi r\mathrm{d}r = \dfrac{\pi \Delta p}{2\mu l}\int_0^R (R^2 - r^2) r\mathrm{d}r = \dfrac{\pi \Delta p}{8\mu l}R^2 \\ u = C\sqrt{RJ} \\ C = 7.66\left(\dfrac{R}{\Delta}\right)^{\frac{1}{6}}\sqrt{g} \end{cases}$$

式中，Q 为管道内流量，m^3/s；μ 为管道内流体流速，m/s；Δp 为作用在管道两端的压力差，Pa；l 为管道长，m；R、r 分别为管道半径、管内任意半径，m；J 为水力梯度；R 为管道壁面当量粗糙度，m。

（3）双重介质耦合

在 FEFLOW（finite element subsurface flow system）软件中水流数值模型中基质含水层中层流与 Discrete Feature 建立的管道流的耦合的控制方程如下：

$$\begin{cases} [B_s S_0 + \varepsilon(S - S_r)]\dfrac{\partial h}{\partial t} + B\varepsilon\dfrac{\partial s}{\partial t} + \nabla\cdot(Bq) = Q \\ v = -K\cdot\nabla h + \chi e \end{cases}$$

式中，Q 为进入管道流量，m^3/s；B 为过水断面厚度，m；S_0 为单位储水系数；为孔隙度；S 为饱和度；S_r 为剩余饱和度；q 为含水层单宽流量，m^3/s；v 为流速，m/s；∇h 为水头梯度；K 为渗透系数；为浮力系数。

3. 地下水流模型的建立

（1）模拟软件的选择

现今主流的地下水流数值模拟软件包括：GMS（Groundwater Modeling System）、MODFLOW、Visual MODFLOW、Visual Groundwater 及 FEFLOW，本次模拟研究选用 FEFLOW 软件，由德国 WASY 水资源规划所研究开发的一种以有限单元法计算为基础的地下水数值模拟软件。

FEFLOW 软件作为一款主流的地下水数值模拟软件，它的功能不仅强大和全面，而且能够适用于各种复杂的实际情况。其模拟地下水流运动的功能不断经过强化完善，适用于模拟各种复杂的实际情况。

（2）节点剖分

相较于其他基于有限差分法的地下水数值模拟软件来说，FEFLOW 软件对于研究区内特殊区域进行剖分时有一个明显优势。可以对研究区内任意形状的点线面的剖分进行加密处理，加密倍数为 1～20 倍，因此可以将研究区内污染源，岩溶地下暗河边界等特殊区域进行加密处理，从而实现更为精确的模拟。

建立本次地下水流数值模型选择 Gridbuilder 算法，将研究区剖分为三角形有限单元格。研究区内存在页岩气开采井的返排液储存池和岩溶地下暗河，因此对返排液储存池边界和岩溶地下暗河附近进行加密处理，加密倍数为5倍，从而实现更为精确的模拟，本次模拟将研究区总共剖分为9182个有效单元格（图6.22）。

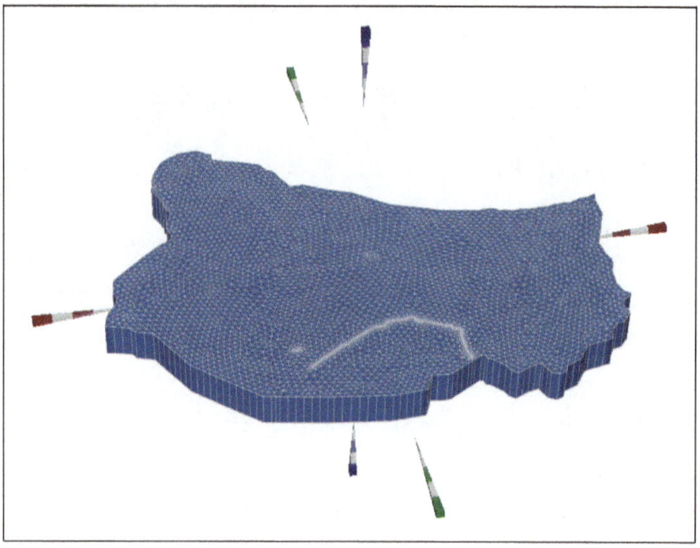

图6.22 研究区3D网格剖分示意图

（3）研究区高程输入

本次模拟的研究区属于高原山地，区内重峦叠嶂，山高谷低，地面高程起伏十分剧烈。研究区内最高点海拔为874m，最低点海拔仅为574m，高程差达到302m，难以通过方法概化研究区地面高程，因此采用GoodyGIS获取研究区内详细的地面高程，将其导入FEFLOW软件中剖分完全的研究区超级网格，完成对研究区地下水数值模型的高程输入（图6.23）。

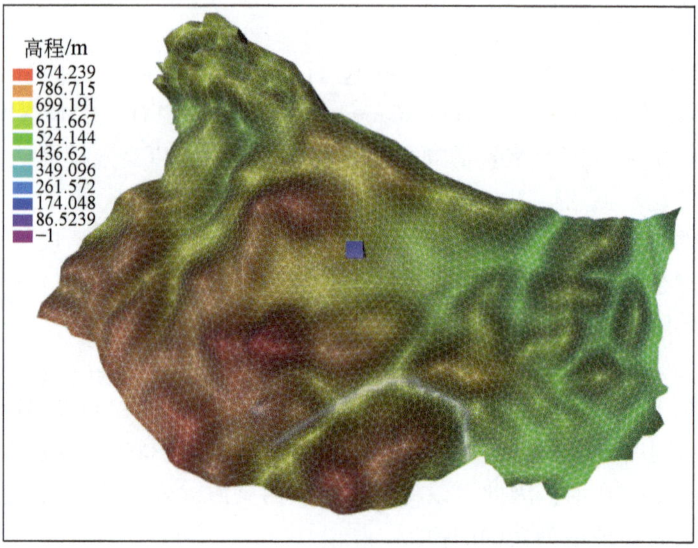

图6.23 研究区地形效果图

(4) 岩溶暗河管道构建

在 FEFLOW 软件中用以模拟岩溶暗河管道的功能模块为 Discrete Feature，其构建过程如下。

首先，在分析研究区水文地质资料的基础上，对岩溶管道的存在条件进行刻画，包括位置、走向、几何形态。本次模拟的岩溶暗河位于研究区的东南部，处于两座小山之间的谷地，大致位于地下 10m，在地面低洼处偶见露头。

其次，在 FEFLOW 软件中选择“Select Slice Edges”方式，选择岩溶暗河的附近区域作为加密缓冲区，通过对缓冲区分层并单独离散赋值使其得到 5 倍加密，所构建的岩溶暗河与研究区的实际情况更相符（图 6.24）。

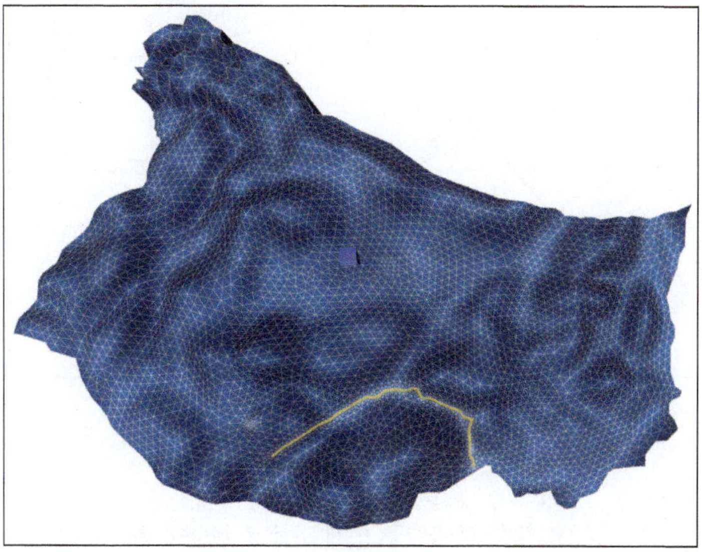

图 6.24 岩溶暗河空间展布图

最后，由于暗河管道中的水流为紊流运动，选择 Manning-Strickler 公式作为其流动法则，同时赋予流动公式中项对应参数值，其中岩溶暗河管道半径为 1m，壁面当量粗糙度根据 Discrete Feature 中的圆形管道计算公式计算为 1.08m。

(5) 源汇项分析

FEFLOW 软件中地下水源汇项的输入项主要通过设置相关参数数值获取，模拟研究区内的源汇项主要包括大气降水和蒸发项。

研究区大气降水的输入量取决于以下两个参数，多年平均降水量和大气降水入渗系数。研究区的多年平均降水量为 1136.8mm，研究区西南部属于地下水系统的补给区，入渗条件良好，入渗系数为 0.7，研究区东部入渗条件相对较弱，入渗系数为 0.4。

FEFLOW 软件中蒸发的设置是采用软件自身编程设计的 ET 模块，其设计理论极限为 4m，即地下水水位与地表直线距离超过 4m 时，蒸发影响忽略不计。由于研究区的水文地质资料缺乏，缺少蒸发量数据，且区域内气候湿润，大气降水充沛，地下水赋存量大，地下水中通过蒸发排泄量可以忽略不计，因此本次研究中蒸发项不予考虑。

（6）水文地质参数分区

建立研究区地下水水流数值模型时需要根据岩溶地下水系统的发育特征进行水文地质参数分区。本次模拟中参与地下水均衡计算的水文地质参数主要为岩溶含水层的渗透系数。在分析研究区水文地质的基础上，结合地质构造、岩石特性及岩溶发育情况，将研究区含水层的渗透系数分为6个区（图6.25）。

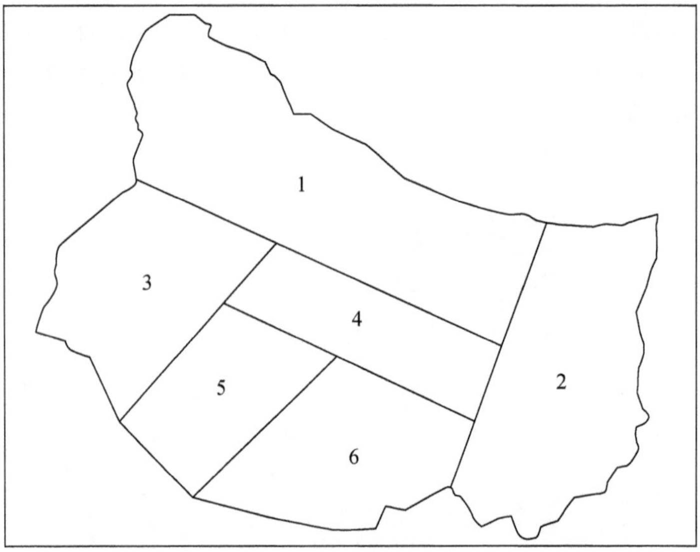

图6.25 研究区渗透系数分区图

（7）模型的识别

为了实现地下水数值模拟软件对研究区内地下水流场进行精确模拟，必须首先对建立的水流模型进行识别和验证。本次模拟研究通过采用一种试估-校正的反求参数的方法对建立的地下水数值模型进行识别和验证，即当模型给定各种源汇项和水文地质参数的基础上，进行试验性模拟得到研究区的地下水模拟流场，通过将模拟流场与研究区内实际流场进行对比，然后根据对比结果的不同进一步地调整研究区各种源汇项和水文地质参数，最终实现模拟流场与实际流场的拟合。

将研究区2015年的实际流场作为拟合流场，共设置6个地下水水位观测点，每个观测点水位设置的校准目标为1m（误差>1m，观测点显示红色，反之为绿色）。通过模拟，6个地下水水位观测点的模拟水位与实际水位的误差均满足校准目标，说明模型模拟的研究区地下水流场与2015年的实际流场拟合程度高（图6.26）。

根据2015年的观测孔中的地下水位，经模型模拟刻画得到研究区的初始流场（图6.27），区域内的浅层地下水流向大致为由西部边界流向东部边界。地下水水位最高点出现在西南角的叶家河边界，其值达到780m，然后向东和北方逐渐降低；最低点出现在区域内的东部地城河边界，其水位值为630m；在岩溶暗河附近浅层地下水的等水位线密度增大，即水力梯度增大，地下水流速增快，与此同时，岩溶暗河附近的等水位线随着暗河的走向分布，暗河接受两侧的径流补给。

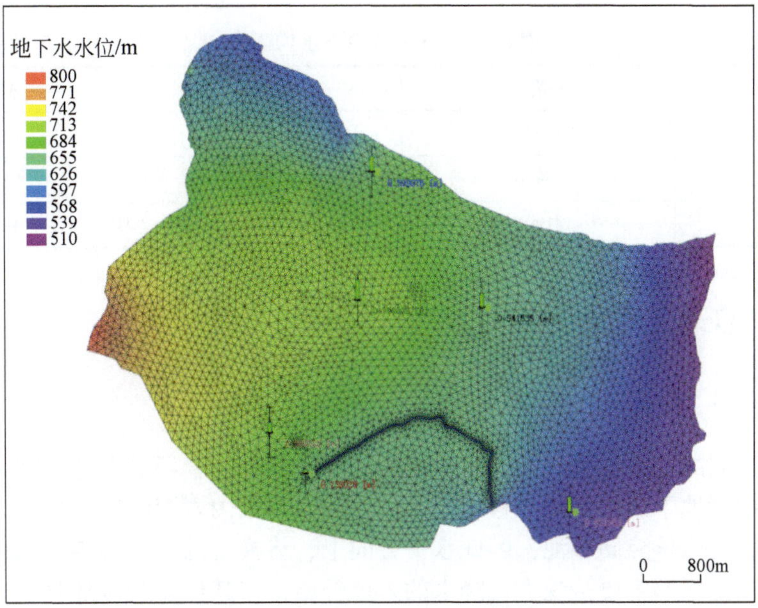

图 6.26 观测点地下水水位拟合图

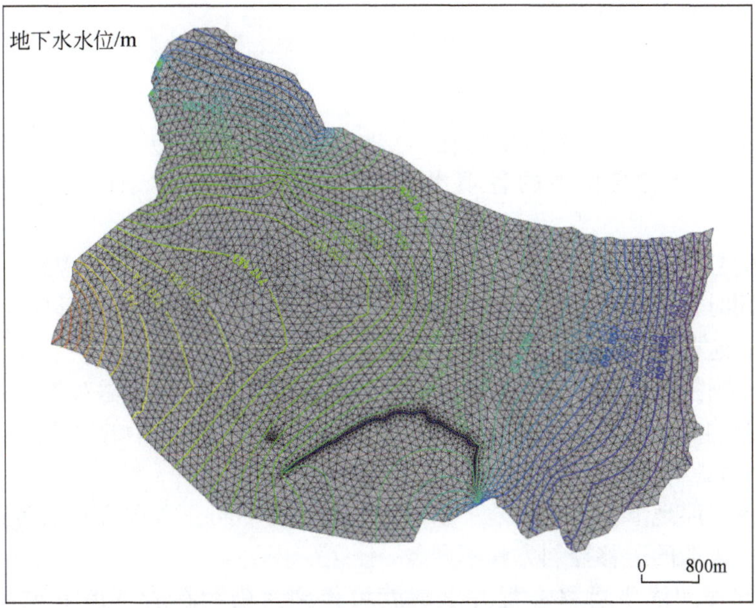

图 6.27 研究区模拟地下水等水位线图

(8) 水均衡分析

进一步计算了研究区内岩溶地下水系统的水均衡参数（表6.15）。

表6.15 研究区地下水均衡表 （单位：万 m^3/d）

补给项	补给量	排泄项	排泄量
侧向流入量	32031	侧向流出量	32030
降水量	159.6	暗河排泄量	179.9
总补给量	32190.6	总排泄量	32209.9

（二）岩溶地下水系统中溶质运移模拟

1. 概念模型

本次模拟研究的是页岩气开采井返排液中的特征污染物，经储存池底部下渗进入浅层地下水系统，随着地下水水流的迁移运动，同时对研究区内岩溶暗河中水质产生影响。

污染物来源为返排液储存池，因此水平方向上，将模型的侧向边界均概化为零通量边界；垂向上，模型顶部主要接受大气降水的入渗补给，将其概化为零通量边界，模型底部为隔水边界，将其概化为零通量边界。岩溶暗河作为重要的研究对象，通过FEFLOW软件中的功能性模块Discrete Feature模拟。与此同时，为了研究岩溶暗河对特征污染物在浅层地下水系统中的迁移影响，在岩溶暗河上游附近设置一个参照污染源，用其与返排液储存池污染源进行对比研究。

2. 数学模型

本次模拟研究中，不考虑污染物在岩溶地下水系统中的吸附、挥发和生物化学等反应，同时对溶质运移模型中的各项参数予以保守性考虑。采取保守性考虑的原因如下。

1）污染物在地下水系统中的运移是一个十分复杂的过程，其影响因素不仅包括对流、弥散作用，还同时存在物理、化学、微生物等作用，但是这些作用的影响通常不如对流、弥散作用，而且这些作用难以获取精确的参数。

2）根据保守性考虑，保守型污染物在地下水系统中运移只考虑对流、弥散作用，忽略其余作用的影响。这种考虑方法在评价地下水环境质量的模拟中有许多成功实例。

3）保守型考虑符合环境影响评价风险最大的原则。

由于研究区岩溶地下水系统中地下水的流动特征的不同，本次研究中污染物在基质系统和岩溶暗河中采取的运移控制方程不同。

结合水流方程和溶质运移方程并求解就可得到污染物在岩溶地下水系统中的空间分布。

3. 特征污染物筛选

通常在地下水环境评价研究中，污染源中所含的特征污染物一般根据以下原则筛选：

①为地下水污染源化学成分中的重要组分，能够体现污染源的理化特征；②与研究区所在区域地下水中典型污染组分保持一致；③优先选择“水中优先控制污染物”名单中规定的污染物；④优先选择《地下水质量标准》中包含的指标。

根据以上原则，结合前面返排液和水样分析结果，可见返排液无机组分中的 Cl^- 的浓度为 3567mg/L，超过《地下水质量标准》中Ⅲ类水中限值 250mg/L 的 14.27 倍。同时，由于返排液中 Cl^- 浓度大，能够很好地表现污染物在浅层地下水系统中的迁移情况，因此确定 Cl^- 为本次溶质运移模拟中的特征污染物。

4. 初始浓度和模拟期设定

根据 2015 年对研究区内实地调查，以及采集水样的化验分析结果表明，研究区内地下水环境较好，水质比较一致，同时本次研究目的是模拟污染源中污染物随时间在研究区内的迁移规律，不考虑岩溶地下水系统中污染物的背景值，因此在模型中设定特征污染物的初始浓度为零。

研究区内地下水潜水面水力梯度大，岩溶地下水系统内地下水水力联系紧密，地下水水流运动比较剧烈，本次模拟时间是从 2016 年 1 月 1 日开始，至 2046 年 1 月 1 日结束，总计 30 年，10950 天。

5. 污染源强设置

本次研究中将返排液储存池作为污染源，同时在岩溶暗河上游附近设置一个参照污染源，模拟在储存池泄漏的突发情况下，特征污染物 Cl^- 随返排液直接入渗进入浅层岩溶地下水系统，并随地下水水流的运动迁移的情况。污染源强设置为返排液中特征污染物 Cl^- 的浓度，即 3500mg/L。同时，页岩气开采过程中，返排液持续产生，因此设置污染源一直存在且浓度保持不变。

6. 溶质运移参数设定

本次溶质运移模型模拟主要考虑的是水动力弥散。溶质运移方程的推导是以水动力弥散系数为基础，包括机械弥散和分子扩散。水动力弥散由于存在尺度效应，难以通过野外或室内弥散试验获得真实的弥散度。选择纵向弥散度值为 10m，横向弥散度值为 1m（陈崇希和胡立堂，2008）。

7. 特征污染物模拟预测与结果分析

在对模型进行识别验证的基础上，保持研究区现有降水、径流等水循环系统和岩溶暗河中污染物浓度等溶质运移系统恒定，模拟特征污染物在研究区内的分布情况。经过 30 年的模拟，Cl^- 在研究区内的浓度分布如图 6.28、图 6.29 和表 6.16 所示。

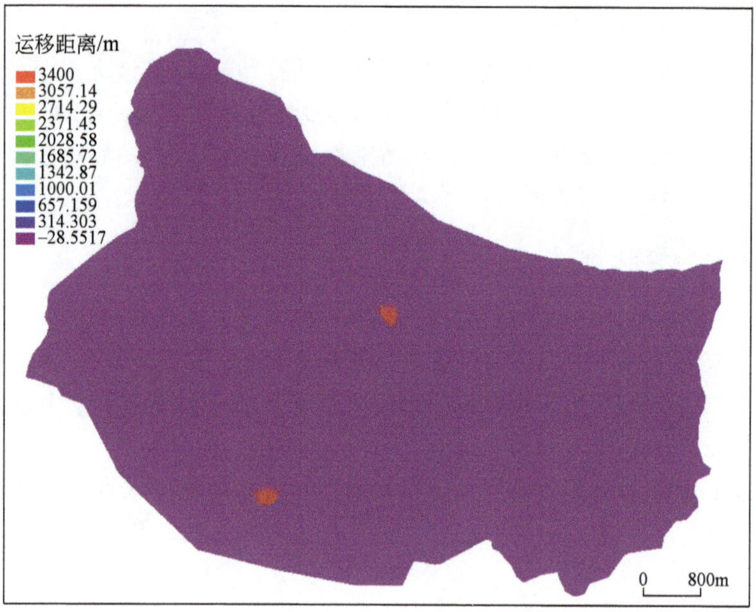

图 6.28　30 天 Cl⁻浓度分布

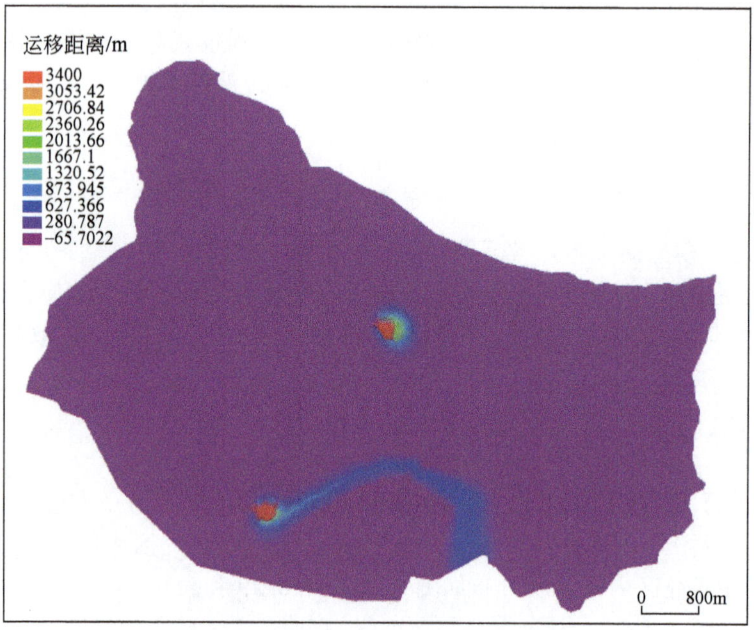

图 6.29　10950 天 Cl⁻浓度分布

表 6.16 污染源中 Cl^- 运移距离和影响范围

时间	开采井 A 污染源		参照污染源	
	运移距离/m	影响范围/m^2	运移距离/m	影响范围/m^2
30 天	85.9	69412.7	124.1	84369.4
50 天	86.4	69533.9	124.3	84511.4
100 天	87.1	69787.2	3418.9	12973.6
365 天	113.5	81619.2	3418.9	247509.2
1000 天	153.8	104790	3418.9	495906.9
3650 天	202.9	154751.6	3418.9	888397.7
7300 天	233.6	209189.3	3418.9	1093854.7
10950 天	242.1	227363.3	3418.9	1191402.8

根据溶质运移模型模拟结果，特征污染物 Cl^- 在储存池污染源附近浅层岩溶地下水系统中的运移规律随时间变化而不同，运移距离和影响面积开始增加较快，模拟 7300 天之后，特征污染物 Cl^- 的运移距离和影响面积基本确定，仅有小幅度的增大，模拟到达 10950 天的时候，其运移距离为 242.1m，影响范围为 227363.3m^2。

参照污染源紧邻岩溶暗河上游，其特征污染物在浅层地下水系统中的运移规律与开采井明显不同。由开始模拟到 50 天的时候，特征污染物 Cl^- 由参照污染源向附近区域运移，其运移距离为 124m，影响范围约为 84500m^2；模拟时间到达 100 天的时候，参照污染源中的特征污染物 Cl^- 随地下水水流进入岩溶暗河，然后在暗河中管道流的作用下，快速向下游运移扩散并通过排泄流出研究区，运移距离由 124m 陡增至 3418.9m，其影响范围出现明显的沿岩溶暗河走向分布的情况；随着特征污染物 Cl^- 进入岩溶暗河并快速运移扩散，参照污染源的影响范围显著增大，模拟时间 50～7300 天，其影响范围由 84500m^2 陡增到 1093854.7m^2；模拟 7300 天之后，参照污染源中特征污染物 Cl^- 的影响范围趋于稳定，小幅度增大到 1191402.8m^2。

本次模拟中在岩溶暗河上中下游分别设置三个观测点，用于观察岩溶暗河中各处特征污染物 Cl^- 浓度随时间的变化趋势（图 6.30），其中 1 号观测点位于岩溶暗河上游，2 号观测点位于岩溶暗河中游，3 号观测点位于岩溶暗河下游。

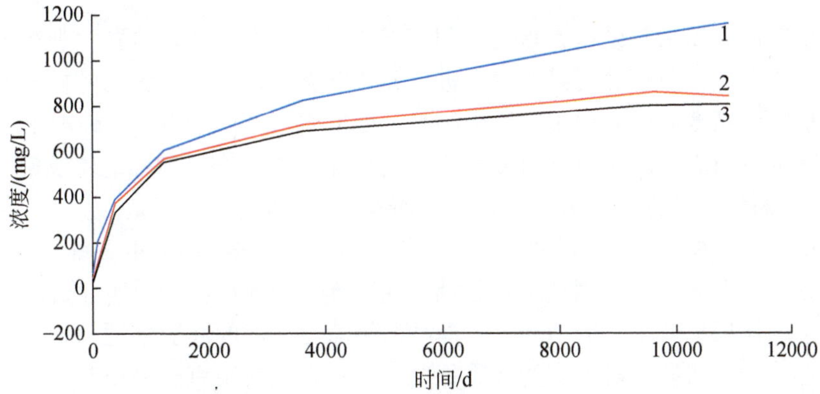

图 6.30 岩溶暗河中 Cl^- 浓度变化图

可见三个观测点的 Cl^-浓度均随时间增大，同时，Cl^-浓度由岩溶暗河上游向下游逐渐变小，30 年后其浓度趋于稳定，稳定后岩溶暗河上游与下游之间的浓度差较大。

二、页岩气开采对深部含水层环境影响的数值模拟分析

首先建立页岩气开采对地下水环境影响的概念模型，然后利用 TOUGH2 的界面化软件 PetraSim 建立模型，把盐度作为含水层环境的代表因子，模拟页岩气开采对地下水环境的影响。在模型预测的基础上，分析不同地层参数、断层参数和水力压裂区参数情况下水力压裂对地下水环境影响（于茵，2016）。

（一）水力压裂对地下水环境影响数值模型

1. 工程概况

页岩气 1 井井位设计在贵州省岑巩县羊桥乡龙湾村，目的是通过取心分析下寒武统牛蹄塘组页岩的品质特点。页岩气 1 井从上往下主要钻遇了中寒武统高台组，下寒武统清虚洞组、杷榔组、变马冲组、牛蹄塘组和震旦系老堡组。设计为直井，设计井深为 1500m。

该井通过二次排采试气，日稳定产水 50～60m^3，日产气 50m^3左右。但是，由于大量出水，最后没有突破工业气流关。本井目的层牛蹄塘组页岩下伏地层是不含水的老堡组硅质页岩，根据压裂后产出状态和压裂过程的反应，初步判断是压裂产生的水平裂隙贯通了天然裂缝系统，造成了大量出水，原因分析如下：①本井目的层埋藏偏浅，根据水力压裂理论，在垂向应力最小的情况下，以产生水平裂缝为主，不但产生的裂缝缝网体积有限，而且裂缝沿水平方向延伸较远，很容易沟通附近的天然裂缝系统（刘庆宣等，2003）。②研究区 2013 年二维地震资料显示，垂直于构造走向的构造剖面证实，页岩气 1 井正好部署在一个断层破碎带上。③水质监测资料显示，初次排采水源方向应该是来自上部灰岩破碎带的补给水。二次排采水源主要来自破碎带远端沟通的断裂深部温泉水（李玉喜等，2011）。

2. 模型概化

为建立研究区地质结构模型，首先对研究区内 14 个钻孔揭露的岩性进行概化。考虑研究区水文地质条件，对钻孔揭露的岩性进行概化归类，建立研究区内的岩相空间。研究区主要产出层位包括寒武系高台组、清虚洞组、杷榔组、九门冲组、牛蹄塘组。

以钻孔资料为基础，在 ROCKWARE 软件中建立钻孔柱状图、三维地质模型（图 6.31），从不同角度分析解研究区的地质情况，为水文地质概念模型的建立打下基础。

根据地层条件可知，研究区地层平缓，形态简单，根据 2013 年二维地震资料显示，页岩气 1 井处在一个断层上，因此近似地将研究区概化为均值、等厚、产状水平的模型，由于水力压裂的作用，最不利的地质状况即浅部裂隙与深部的断层连通，形成一个横跨整个地层的断层。为了研究在最不利的地质状况中，水力压裂结束后的长时间尺度下，压裂过程中注入地下且未被返排的压裂液及地下深部的卤水（下统称为污染物）对地下水环境

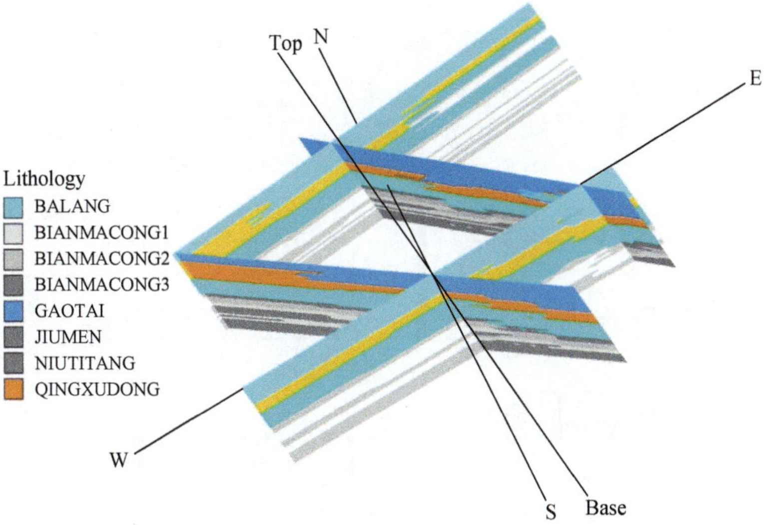

图 6.31　研究区三维地质结构图

的影响，建立数值模型。本次研究以盐度作为深部含水层环境的代表指标，分析页岩气开采对含水层的影响。

3. 模拟软件选择

在研究地下水的流动时，通常假设流体密度是不变的，但是流体密度对地下水渗流的影响是不能忽略的，如海水入侵、深井灌注、卤水运移、盐穹附近的地下水流等，其水流及溶质运移受流体密度时空变化的影响十分明显，这时就必须建立变密度流模型来较为精确地进行刻画。对于研究区页岩气开采工程，由于深部牛蹄塘组页岩盐度较高，而上覆岩层盐度较低，二者混合会引起地下水密度的变化，形成一定的密度梯度，进而对地下水的渗流产生影响。因此，研究采出水回注对地下水环境的影响需要建立变密度地下水模型(Milici and Swezey，2006；Zieche，2011)。而 TOUGH2 软件可以很好地刻画变密度地下水渗流，并且 Thunderhead Engineering 公司开发了以 TOUGH 软件家族代码为模拟内核的前、后处理软件 PetraSim（Simmons et al.，2001；Voss and Provost，2010)。通过交互式环境，PetraSim 可进行网格剖分、参数定义和结果显示，避免了人工处理 TOUGH2 软件的输入、输出文件，从而提高了建模的效率。同时 TOUGH2 软件中的 EWASG 模块可以很好地描述地下卤水的迁移扩散。因此，本次研究选用 PetraSim 中的 TOUGH2/EWASG 来建立模型来模拟采出水回注对地下水环境的影响，建立地质模型(图 6.32)。

4. 模型网格剖分

本次研究采用正交网格剖分方法进行网格剖分。在 Z 轴方向上对各个地层进行单独剖分。垂直方向上共剖分 30 层，垂向范围为 0～1560m，地层剖分情况具体如下：地层高台组、清虚洞组的岩性参数基本一致，因此将这两个地层作为一个地层处理，并且在垂直方向对该层分为 10 层，其中，从上至下，第一层占层厚的 0.001，其余 9 层等分层厚的

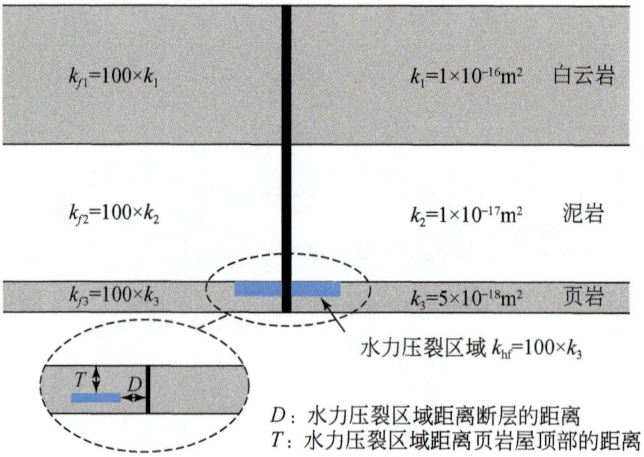

图 6.32　R-Z 地质模型示意图

0.999；地层杷榔组、变马冲组和九门冲组在岩性参数上也基本一致，因此将这三个地层作为一个地层处理，等分为 10 层单元格；地层牛蹄塘组在垂直方向上等分为 10 层单元格。水平向范围为 269000 ~ 298010m，剖分情况如下：在模型研究区域的中间设置一个 10m 宽垂直于整个基岩的断层，网格的空间分布断层处为 1m×10m，两侧向外依次剖分为 5m×20m，38m×50m，5m×2500m。为了便于整个二维剖面模型的建立和模型的计算，把模型的厚度即 Y 方向上设为 10m，并且不在 Y 方向上进行剖分。

5. 模型参数

模型参数会影响流体在岩层中的运动和分布，因此本次研究对项目实际测量的数据和前人在相似地质条件下使用的相关参数值进行了汇总，结合实测参数，选取模型中的主要参数（表 6.17）。

表 6.17　模型主要参数取值

主要参数	数值	主要参数	数值
白云岩密度	2.54g/cm³	页岩渗透率	5×10^{-18} m²
白云岩渗透率	1×10^{-16} m²	页岩孔隙度	0.03
白云岩孔隙度	0.3	页岩热导率	3 W/(m·K)
白云岩热导率	2.19 W/(m·K)	页岩比热容	1000 J/(kg·K)
白云岩比热容	887.6 J/（kg·K）	页岩压力梯度	13kPa/m
泥岩密度	2.67g/cm³	k_v/k_h	1
泥岩渗透率	1×10^{-17} m²	断层的宽度	10m
泥岩孔隙度	0.04	断层的渗透率	地层渗透率的 100 倍

续表

主要参数	数值	主要参数	数值
泥岩热导率	2.67 W/（m·K）	水力压裂区域的长度	200m
泥岩比热容	980 J/（kg·K）	水力压裂区域的宽度	6m
页岩密度	2.65g/cm^3	水力压裂区域的渗透率	地层渗透率的 1000 倍

6. 模型结果与分析

在水力压裂后，对模型进行水-气两相系统平衡场的模拟，并得到了初始压强场分布（图6.33）和初始盐度场分布（图6.34）。可以看出，地层压强主要受地层压力梯度控制，同一深度的压强值相同；随着深度的增加，上部岩层以1MPa/100m的压力梯度值递增，页岩层以13kPa/m的压力梯度值递增。高盐度在沉积盆地中是普遍存在的，并且大多数的沉积盆地是盐度饱和的，因此设定页岩层中的盐度为0.1。

图 6.33　初始压强场分布

图 6.34　初始盐度场分布

在污染物向上运移的初始阶段，污染物主要分布在断层及水力压裂区域周围，随着运移时间的增加，盐度表现以污染羽状流体形式不断地向上部迁移运动。水力压裂100年和3000年后污染羽流最前端迁移距离分别为700m和1350m。随着时间的增加，被影响的范围逐渐扩大（图6.35，图6.36）。

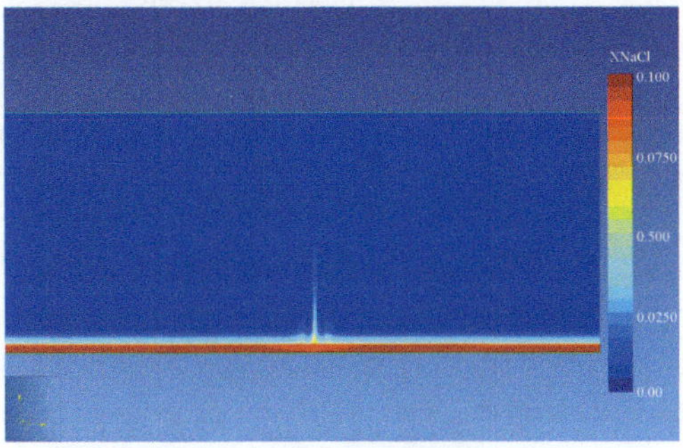

图 6.35　100 年后盐度场分布 1

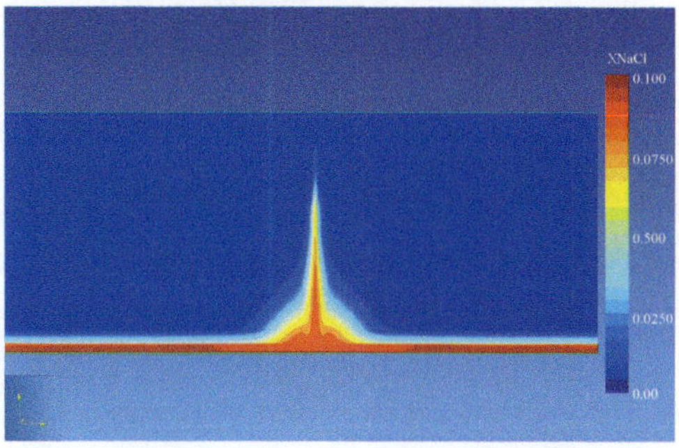

图 6.36　3000 年后盐度场分布 1

(二) 数值模型的多情景预测及参数的敏感性分析

1. 数值模型的多情景预测

在对研究区进行数值模拟的基础上，本书预测分析了三种情况（有断层的水平井、无断层的直井、无断层的水平井）下水力压裂对地下水环境的影响（图 6.37）。

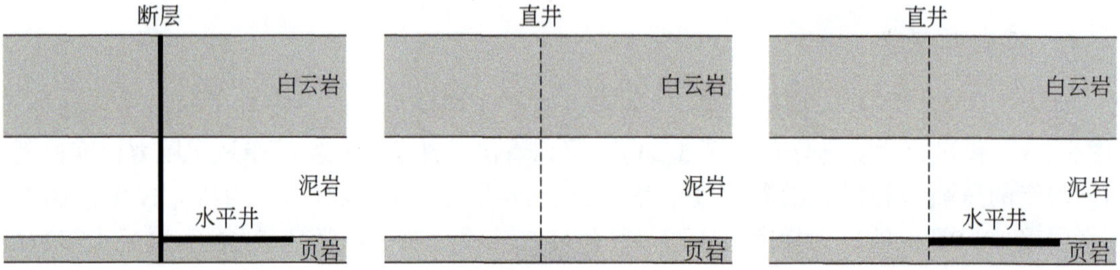

(a)有断层的水平井　(b)无断层的直井　(c)无断层的水平井

图 6.37　模型概化示意图

（1）有断层的水平井

模拟区盐度场迁移规律同研究区模拟结果一致。水力压裂 100 年和 3000 年后污染羽流最前端迁移距离分别为 600m 和 1300m。与研究区的模拟结果相比污染羽的垂向运移距离相差不大（图 6.38，图 6.39）。

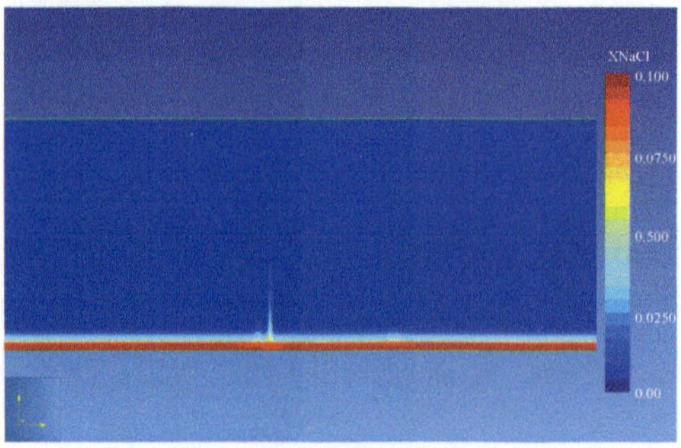

图 6.38　100 年后盐度场分布 2

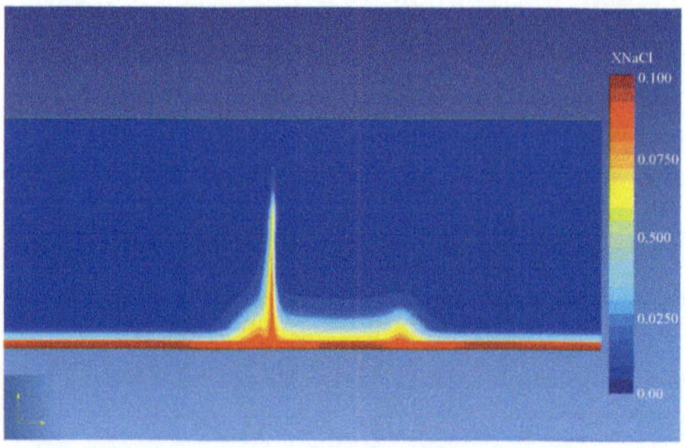

图 6.39　3000 年后盐度场分布 2

（2）无断层的直井

模拟区盐度场迁移规律同研究区模拟结果一致。水力压裂 100 年和 3000 年后压裂液羽流最前端迁移位置分别在距压裂井中心 210m 和 660m 的位置。与有断层页岩气井情况下的模拟结果相比，污染羽的垂向运移距离偏小（图 6.40，图 6.41）。

（3）无断层的水平井

模拟区盐度场迁移规律不变。水力压裂 100 年和 3000 年后压裂液羽流最前端迁移位置分别在距压裂井中心 200m 和 530m 的位置，略小于无断层的直井位置。随着时间的增加，被影响的范围也在逐渐扩大（图 6.42，图 6.43）。

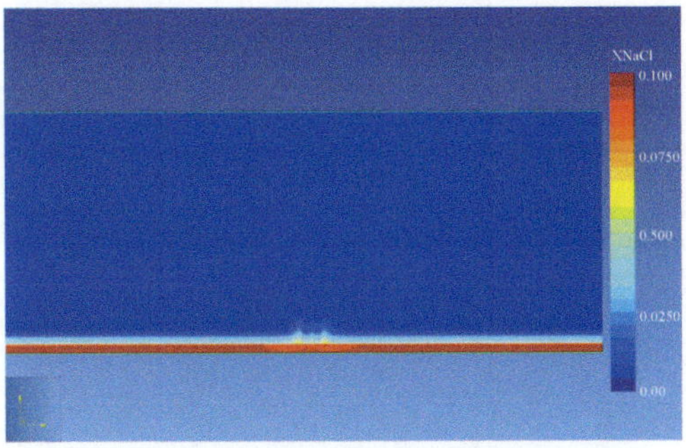

图 6.40　100 年后盐度场分布 3

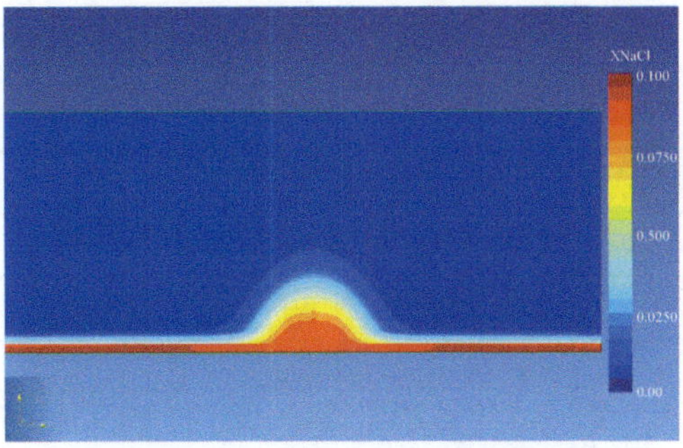

图 6.41　3000 年后盐度场分布 3

图 6.42　100 年后盐度场分布 4

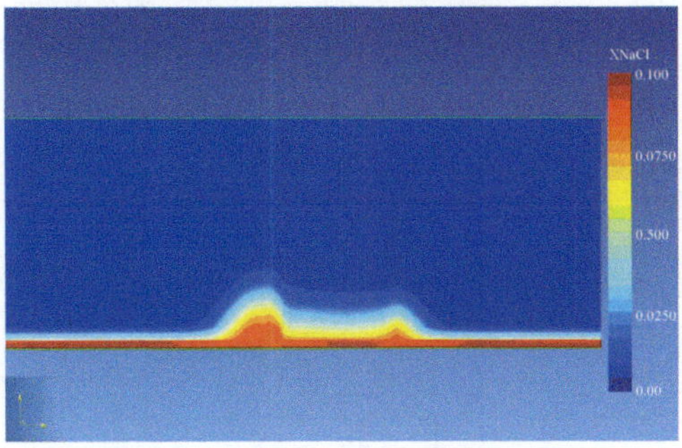

图 6.43　3000 年后盐度场分布 4

2. 参数的敏感性分析

在实际地质条件下，不同的岩层、断层、水力压裂区域参数可能会对水力压裂对含水层的环境影响范围产生影响。在前面分析的基础上，计算了以下 12 种情况下参数取不同值对模拟结果的影响。将研究区模型识别后的参数值作为基准参数值，进行参数敏感性分析的参数设置（表 6.18）。根据不同情景的参数设置，模拟得到水力压裂 300 年、1000 年和 3000 年后污染羽流最前端的垂向迁移位置。

表 6.18　基准参数值和敏感性分析中的参数变化范围

参数	基准值	敏感性分析范围
岩层参数		
页岩层的压力梯度/（kPa/m）	13	9 ~ 25
泥岩的渗透率/m^2	10^{-17}	10^{-18} ~ 10^{-16}
泥岩的孔隙度	0. 04	0. 010 ~ 0. 1
断层参数		
泥岩层中断层的渗透率/m^2	10^{-15}	10^{-16} ~ 10^{-14}
页岩层中断层的渗透系数/m^2	5×10^{-16}	5×10^{-17} ~ 5×10^{-16}
泥岩层中断层的各向异性	1	0. 1 ~ 10

续表

参数	基准值	敏感性分析范围
页岩层中断层的各向异性	1	0.1～10
水力压裂区域参数		
水力压裂区域的渗透率/m^2	5×10^{-16}	5×10^{-16}～5×10^{-14}
水力压裂区域的厚度/m	6	0～18
水力压裂区域的长度/m	200	120～300
水力压裂区域到断层的距离/m	0	0～400
水力压裂区域距离页岩层顶部之间的厚度/m	0	0～54

（1）岩层性质

页岩层压力梯度的变化对模拟结果基本没有影响（图6.44）；从随着泥岩渗透率的增大，污染物垂向迁移距离逐渐减小，这是泥岩渗透率增大使水力压裂区域内污染物垂向运移增大，而沿着断层的运移减小所致；泥岩孔隙度对模拟的结果影响不大，总体上随着泥岩孔隙度的增加，污染物的垂向运移距离减小。

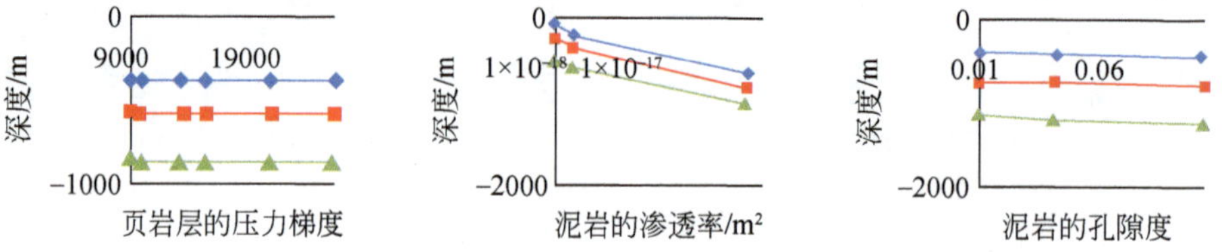

图6.44　不同岩层性质影响模拟结果

（2）断层性质

泥岩层中断层渗透率越大，污染物运移的垂向距离逐渐越大（图6.45），这是由于泥岩层中断层渗透率增大使污染物沿着断层的运移增大所致；而页岩层中断层渗透率的变化对模拟结果基本没有影响；本文中断层的各向异性定义为沿着断层的渗透率与垂直于断层渗透率的比值，在敏感性分析中，设定沿着断层方向渗透率不变而垂直于断层方向渗透率减小。垂直于断层方向渗透率越小，泥岩层中断层的各向异性越大，污染物沿着断层方向的运移越大；页岩中断层的各向异性的变化对模拟结果基本没有影响。

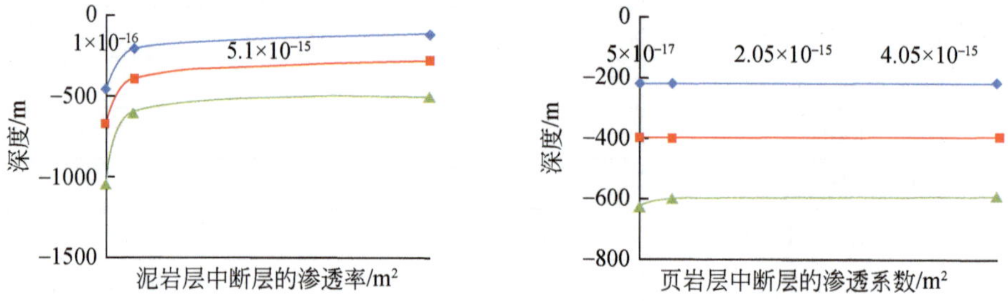

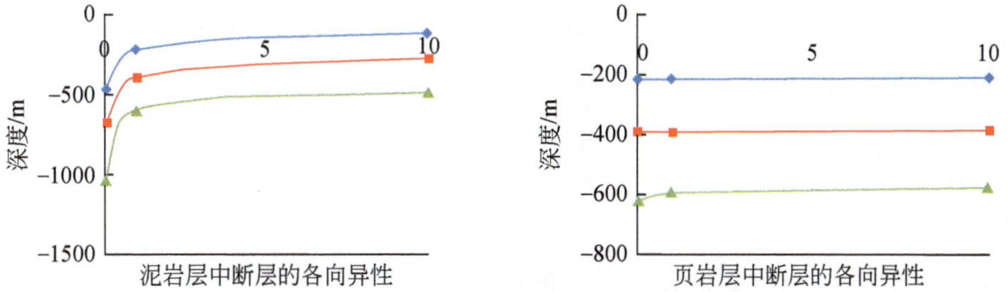

图 6.45　不同断层性质影响模拟结果

（3）水力压裂区域性质

距离断层越远，压裂液通过渗透率小的岩层的距离就越大，水平向迁移就越慢（图 6.46），因此污染物垂向迁移距离就越小；水力压裂区域的渗透率的变化、水力压裂区域的厚度的变化、水力压裂区域的长度的变化及水力压裂区域到断层的距离对模拟结果不敏感。

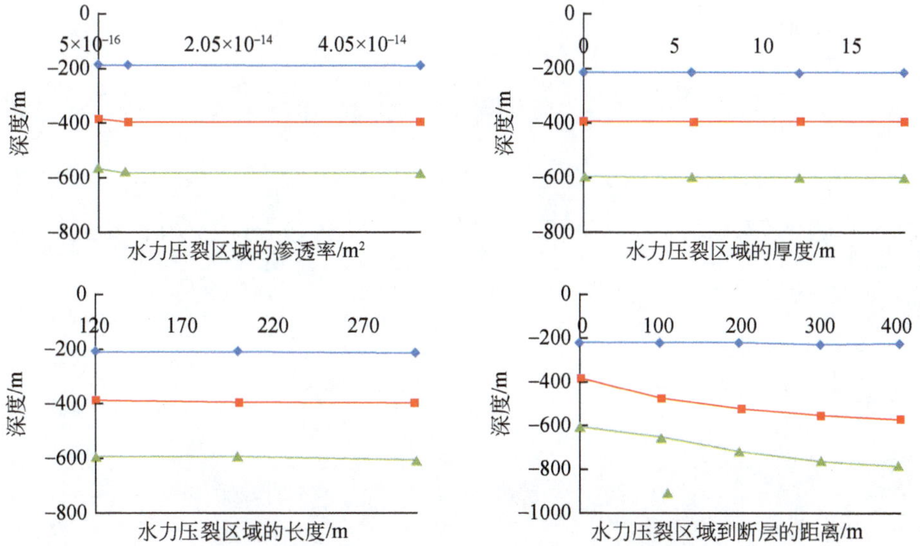

图 6.46　水力压裂区域不同性质影响模拟结果

第四节　页岩气勘探开发对水资源的需求与承载力评价

贵州属全国主要生态环境脆弱区——西南岩溶区，由于其特殊的地质地貌环境——地表崎岖、地下洞隙纵横交错、水文动态变化剧烈、地表水渗漏严重，土层薄、肥力低、植被生长困难、水土流失严重，形成了独特的、脆弱的自然景观，严重制约了喀斯特地区的持水、保水能力，造成了喀斯特地区“地高水低”、“雨多地漏”、“石多土少”及“土薄易旱”，致使出现特有的湿热气候下的喀斯特干旱缺水。然页岩气开采需耗费大量水资源，岩溶区水资源量能否支撑页岩气大面积开采，以及随之而来的水环境污染问题是否会对西南岩溶区社会经济可持续发展带来更加严峻的挑战，都是开采前必须研究的问题。而喀斯特水资源承载力是衡量喀斯特地区可持续发展的一项重要指标，喀斯特地区具有独特的结构和脆弱的自然景观。因此，研究喀斯特水资源承载力意义重大。

一、岑巩页岩气区块

（一）岑巩页岩气区块井、泉调查及分析

根据收集到的岑巩页岩气块现有4个页岩开采和勘探井的位置，结合区域的地质和水文地质特征，确定典型研究区范围（图6.47），面积约400km²。由于机井口几乎全被封严实，无法用水位计测量地下水位。而研究区泉发育众多，为本次野外水位调查的重点调查对象。共调查了研究区泉和井123个，测试了部分调查点的水质现场指标，并取水样进行分析，结果见第六章第一节第三部分内容。

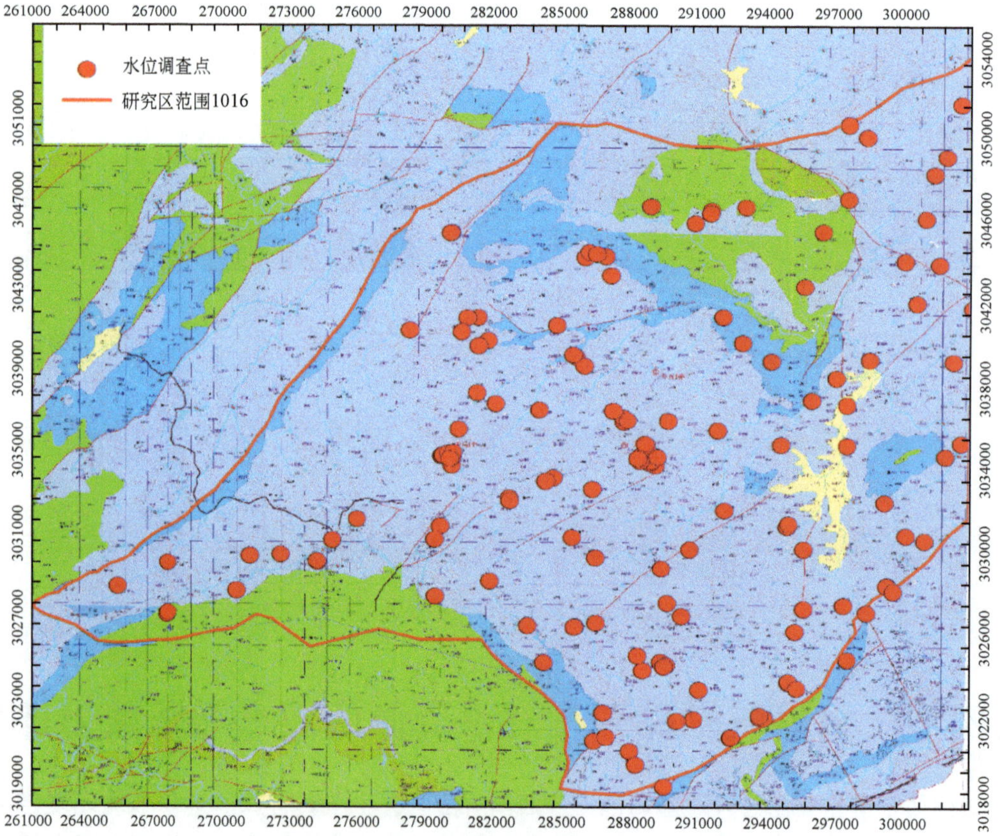

图6.47 岑巩区块井、泉调查点分布示意图

（二）岑巩页岩气区块区域水文地质特征

岑巩页岩气区块气候温和湿润，雨量充沛，年平均气温16.2℃，相对湿度83.7%。

年平均蒸发量803mm，年平均降水量1395.6mm，雨季多在4～8月，枯季多在1～3月，有时出现在6～9月、11～12月。大气降水是岑巩区块地下水的主要补给来源，地下水动态季节性变化特别显著，地下水交替强烈。

岑巩区块地下水分为碳酸盐岩岩溶水、基岩裂隙水、松散堆积孔隙水三大类。碳酸盐岩岩溶水分布面积990.17km^2，占岑巩区块总面积的89%，为本区主要地下水类型，调查核实岩溶泉、暗河出口55个，统计岩溶泉、暗河出口23个，流量17961.67L/S（1551888.29m^3/d），占岑巩区块地下水总调查流量的99.99%；碎屑岩、变质岩分布面积123.79km^2，占岑巩区块总面积的11%，调查核实泉2个，统计泉2个，流量5.3L/S（457.92m^3/d），占岑巩区块调查总流量的0.01%；第四系松散堆积层孔隙水零星分布，含水微弱，无供水意义。

岑巩区块属裸露型、半裸型山区，广泛赋存丰富的岩溶水。岩溶水主要靠大气降水补给，在管道或裂隙运移，以暗河、泉的形式排泄于当地侵蚀基准面。

岑巩区块北东角、北西角的碎屑岩地区，赋存具有局部供水意义的基岩裂隙水。基岩裂隙水主要接受大气降水补给，运移于裂隙和层间结构面的间隙中，以下降泉的形式排泄。它具有分布小，径流途径短，就地补给，就地分散排泄的特点。

岑巩区块寒武系牛蹄组、变马冲组、杷榔组，主要岩性为砂页岩，区域起隔水作用，为隔水层。

1. 地下水类型划分及含水层组富水性

根据岩性、地下水的赋存形式及水动力特征，将区内地下水分两个类型：含水丰富的岩溶类型地下水，如娄山关、高台组和清虚洞组；含水微弱的裂隙类型地下水，如杷榔组和变马冲组。

2. 地下水水化学特征

区内地下水为HCO_3-Ca或HCO_3-Ca·Mg型，矿化度小于0.5g/L，总硬度在0.67～17.85。石灰岩中的岩溶水为HCO_3-Ca型水。白云岩中的岩溶水为HCO_3-Ca·Mg型水；变质岩中的裂隙水为HCO_3-Ca·K+Na型水。

（三）岑巩区块页岩气开采对区域水资源的需求与承载力评价

1. 区块流域水系概况

研究区域为河流水系，均属长江流域沅江水系舞阳河，其中北部水系属于舞阳河左岸一级支流车坝河，涉及的车坝河的支流主要有地坎河、小寨河、羊桥河、叶家河、地城河。南部水系属于舞阳河左岸一级支流龙江河，涉及龙江河的支流有异溪和汤家溪（图6.48）。在区域的东南区域朱家场镇有部分支流直接汇入舞阳河。

异溪：发源地一是天马镇黑洞地下水，二是天星乡和野牛山一带的山溪水，于大有乡天堂注入龙江河。流域面积179.9km^2。河道长度31.3km。河流落差438m，多年平均流量3.19m^3/s。

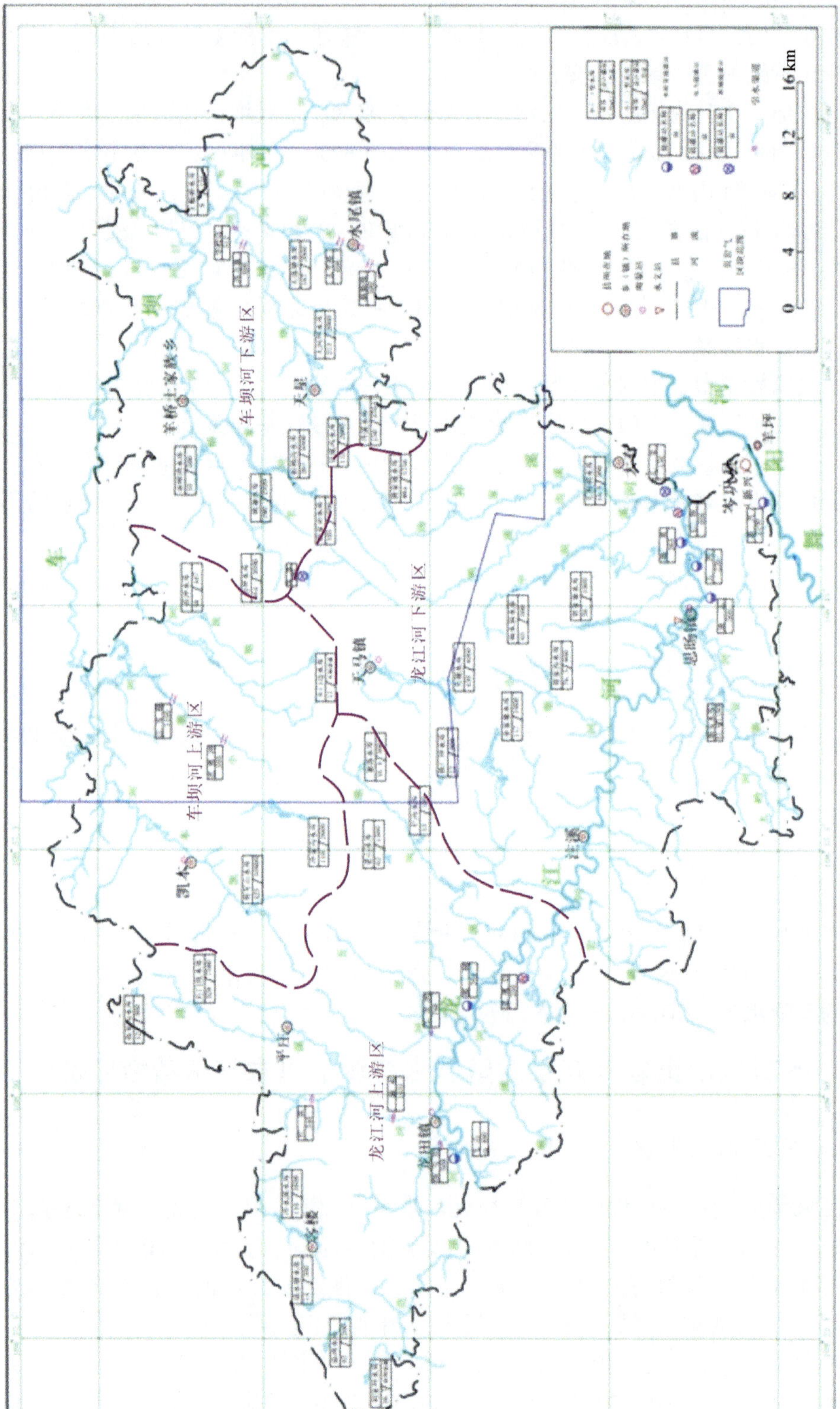

图6.48 岑巩县与页岩气区块水系及水资源分区和水利工程分布图

小寨河：发源于天马镇塘湾村白水滩地下水。流经芭蕉冲、小寨、平牙3个村。于平牙村注入车坝河上游。流域面积88.5km^2。河道长度15.1km，河流总落差180m，多年平均流量1.84m^3/s。

羊桥河：发源于天马镇，由江家河、叶家河汇合于羊桥。东流6km注入车坝河。流域面积90.4km^2。河道长度16.8km。河流落差300m，多年平均流量1.67m^3/s。

地城河：发源于天星乡境内，中游称头道河，下游称王堡河。流经天星、地城，于军屯注入车坝河下游，流域面积73.9km^2。河道长度21.9km。河流落差390m，多年平均流量1.37m^3/s。

区块地表水系不发达，部分区域岩溶发育。

2. 区块现状水利工程概况

区块内有多个蓄水工程，天马镇附近有卡门边水库、冷家沟水库、关堰水库、苗冲水库、唐家垅水库；在天星乡附近有甘溪沟水库、冷溪水库、殷家田水库、柏杨沟水库、姚寨水库、大河坪水库、赵坪水库；羊桥乡附近有油榨湾水库；朱家场镇附近有鸡公洞水库、木弄水库、大麻湾水库、龙眼水库；水尾镇附近有天落塘水库。

3. 页岩气开采规划概况

岑巩页岩气区块为岑巩县天马镇、天星乡、羊桥土家族乡和凯本镇构成的四角区域，区块面积914.633km^2。在前期探勘中优选了2个富有机质页岩层有利区，圈定牛蹄塘组页岩气有利区总面积380km^2，其中三类有利区204km^2，二类有利区100km^2，一类有利区76km^2。估算明心寺组页岩气有利区总面积250km^2，其中三类有利区120km^2，二类有利区75km^2，一类有利区55km^2。预计建设水平井约为50口，计划到2020年建设产能1.6亿m^3左右。据美国的开采经验，每口水平井的需水量约为20000t，其中90%用于压裂阶段。

4. 喀斯特水资源承载力的研究方法——生态足迹法

（1）水资源承载力计算方法

根据生态足迹理论，将水资源承载力用水资源的生物生产能力来衡量，即水资源利用所能承载的相应生物生存面积。

水资源承载力计算模型为

$$\mathrm{EC_w} = N \cdot \mathrm{ec_w} = \theta \cdot r_w \cdot \varphi_w \cdot \frac{W}{P_w}$$

式中，$\mathrm{EC_w}$为水资源总生态承载力，hm^2；N为人口数；$\mathrm{ec_w}$为人均水资源生态承载力；θ为水资源量可利用程度；r_w为水资源全球均衡因子；φ_w为计算区域水资源用地产量因子；W为水资源总量，m^3，水资源总量为区域内地表水资源量和地下水资源量之和再扣除其重复计算量；P_w为世界水资源平均生产能力，m^3/hm^2。

（2）水资源生态足迹计算方法

水资源生态足迹以水资源为出发点，估算流域或区域的水代谢强度。水资源生态足迹可以定义如下：任何已知人口（某个人、一个城市、一个区域或全球）的水资源足迹是生产这些人口所消耗的所有资源所需要的水资源量。这里的所有资源既包括人类生活所必需的直接消耗的水资源，也包括为人类提供生态系统服务和功能的环境资源。

水资源生态足迹计算模型如下：

$$\mathrm{EF_w} = N \cdot \mathrm{ef_w} = N \cdot \sum_{i=1}^{n} r_{\mathrm{w}} \frac{W_i}{P_{\mathrm{w}}}$$

式中，$\mathrm{EF_w}$ 为水资源总生态足迹；$\mathrm{ef_w}$ 为喀斯特地区人均水资源生态足迹；W_i 为消耗的各类水资源量；P_{w} 为水资源世界平均生产能力。

根据 Wackernagle 的生态足迹模型，水资源生态足迹如同其他各个账户，将消耗的水资源量转化为相应账户的生产面积——水资源用地面积。因此在水资源生态足迹下建立 5 个水资源生态足迹二级账户，分别为农业用水、工业用水、城镇公共用水、生活用水和生态环境用水。农业用水包括农田灌溉用水、林牧渔畜用水。工业用水主要指工业生产过程所用的水。城镇公共用水主要指建筑业和服务业用水。生活用水包括城镇生活用水和农村生活用水，农村生活用水除居民生活用水外还包括畜用水，影响生活用水足迹最主要的因素是人口数量和人均日综合用量。生态环境用水通常包括河道内生态环境用水和河道外生态环境用水，生态环境用水包括城市绿地用水和区域内水体纳污能力之外的稀释污染物用水量。生态环境用水指河道外通过供水工程的供水量，不包括降水、径流自然满足的水量，包括城市环境用水和农村生态用水量。其计算公式分别为

$$\mathrm{EF_a} = r_{\mathrm{w}} W_{\mathrm{a}}/P_{\mathrm{w}};\ \mathrm{EF_i} = r_{\mathrm{w}} W_{\mathrm{i}}/P_{\mathrm{w}};\ \mathrm{EF_c} = r_{\mathrm{w}} W_{\mathrm{c}}/P_{\mathrm{w}};\ \mathrm{EF_l} = r_{\mathrm{w}} W_{\mathrm{l}}/P_{\mathrm{w}};\ \mathrm{EF_e} = r_{\mathrm{w}} W_{\mathrm{e}}/P_{\mathrm{w}}$$

式中，$\mathrm{EF_a}$为农业用水生态足迹；W_{a}为农业用水量；$\mathrm{EF_i}$为工业用水生态足迹；W_{i}为工业用水量；$\mathrm{EF_c}$为城镇公共用水生态足迹；W_{c}为城镇公共用水量；$\mathrm{EF_l}$为生活用水生态足迹；W_{l}为生活用水量；$\mathrm{EF_e}$为生态环境用水生态足迹；W_{e}为生产环境用水量；r 为水资源全球均衡因子；P_{w} 为世界水资源平均生产能力。

（3）水资源负载指数计算

水资源负载指数描述区域水资源的开发利用前景。其物理意义是区域水资源量与人口和国内生产总值决定的水资源需求量的关系，反映区域水资源的利用水平与人口和经济发展之间的关系，同时在一定程度上反映出今后水资源开发的难易程度。水资源负载指数分为 5 个等级（表 6.19），其计算公式为

$$c = k\sqrt{pG}/W$$

式中，c 为水资源负载指数；p 为人口，万人；G 为国内生产总值，亿元；W 为水资源总量，亿 m^3；k 为与降水有关的系数，其取值如下：

$$k = \begin{cases} 1.0 & R \leqslant 200 \\ 1.0 - 0.1(R - 200)/400 & 200 < R \leqslant 400 \\ 0.9 - 0.2(R - 200)/400 & 400 < R \leqslant 800 \\ 0.7 - 0.2(R - 200)/800 & 800 < R \leqslant 1600 \\ 0.5 & R > 1600 \end{cases}$$

表 6.19 水资源负载指数分级

水资源负载指数	级别	水资源利用程度	今后水资源进一步开发评价
>10	Ⅰ	很高，潜力不大	有条件时需要外流域调水
5 ~ 10	Ⅱ	高，潜力不大	开发困难
2 ~ 5	Ⅲ	中等，潜力较大	开发中等
1 ~ 2	Ⅳ	较低，潜力大	开发条件较容易
<1	Ⅴ	低，潜力很大	开发条件容易

5. 数据来源及参数取值

水资源总量、农业用水量、工业用水量、生活用水、城镇公共用水量和生态环境用水量等数据来源于 2004 ~ 2014 年《黔东南州（岑巩县）水资源公报》；社会经济数据来源于 2004 ~ 2014 年《黔东南州（岑巩县）年鉴》，耕地面积数据来源于国土资源部门。

水资源产量因子：为确定不同区域的水资源产量因子，假定世界水资源产量因子为 1，区域水资源产量因子为该区域水资源平均生产能力与世界水资源平均生产能力的比值。本次研究先计算出岑巩地区水资源平均生产能力（2004 ~ 2014 年岑巩地区水资源平均生产能力为 50.86 m^3/hm^2）与全国水资源平均生产能力的比值，再根据在全球范围内中国水资源的产量因子计算出岑巩地区在全球范围内水资源产量因子。经计算岑巩地区的水资源产量因子为 1.6195。

水资源生产能力：采用水文学中的产水模数来描述水资源生产能力，根据相关学者研究结果，世界水资源平均生产能力为 $31.4\times10^4 m^3/km^2$。

水资源全球均衡因子：某种生物生产面积的均衡因子等于该类生物生产面积的平均生态生产力除以全球各类生物生产面积的平均生态生产力。所以，水资源的全球均衡因子等于水资源生物生产面积的平均生态生产力除以全球各类生物生产面积的平均生态生产力。为便于比较，选择根据 WWF2002 确定的水资源均衡因子 5.19 作为计算值。

水资源可利用程度：根据研究结果，一个国家或地区的水资源开发利用率若超过区间范围，即 30% ~ 40% 则可能引起生态环境恶化，所以要求一个国家或地区的水资源承载力中必须扣除 60% 用于维持生态环境，结合研究区概况，取值 0.4。

6. 结果分析

（1）岑巩区块水资源承载力与水生态足迹

岑巩县 2004 ~ 2014 年水资源账户的生态足迹见表 6.20。农业用水生态足迹平均为 0.08329 hm^2，占总生态足迹的 61%，其中的 98.12% 用于农田灌溉用水；平均工业用水生态足迹占总生态足迹的 2%。2004 ~ 2014 年岑巩县水资源生态足迹呈现上升趋势，2008 年贵州省遭遇大雪灾害，限制了工农经济的发展，总的生态足迹较其他年份偏低，2009 年后由于经济的提升，周边旅游业的发展，加之页岩气工程勘探、钻井等加大了工业用水足迹。生活用水生态足迹及城镇公共用水生态足迹增加，原因是人口的增加，生态环境用水生态足迹一直保持稳定，20 年间稍有增长，原因是工业用水生态足迹的增加产生的污染消费增加。2004～2014年岑巩县整个水资源承载力和降水量总体保持稳定，二者密切相关（图6.49）。

表6.20　岑巩县2004～2014年水资源承载力与生态足迹

项目	2004年	2005年	2006年	2007年	2008年	2009年	2010年	2011年	2012年	2013年	2014年
农业用水生态足迹/hm^2	0.0786	0.0789	0.0793	0.079	0.08	0.1	0.083	0.079	0.091	0.088	0.084
农田灌溉用水生态足迹/hm^2	0.0672	0.0674	0.0675	0.067	0.07	0.07	0.076	0.073	0.076	0.081	0.075
林牧渔畜用水生态足迹/hm^2	0.0114	0.0115	0.0118	0.012	0.01	0.03	0.007	0.007	0.015	0.007	0.009
工业用水生态足迹/hm^2	0.0075	0.0238	0.0077	0.008	0.01	0.01	0.008	0.009	0.009	0.009	0.009
生活用水生态足迹/hm^2	0.02374	0.0188	0.0239	0.009	0.03	0.03	0.027	0.029	0.028	0.028	0.031
城镇公共用水生态足迹/hm^2	0.01648	0.0188	0.0242	0.008	0.02	0.03	0.03	0.031	0.031	0.032	0.035
生态环境用水生态足迹/hm^2	0.00074	0.0118	0.0119	0.004	0.01	0.01	0.014	0.014	0.014	0.015	0.016
总水资源生态足迹/hm^2	0.12706	0.1521	0.1471	0.108	0.14	0.17	0.162	0.161	0.173	0.171	0.175
水资源承载力/hm^2	0.43899	0.3004	0.3305	0.366	0.28	0.44	0.439	0.439	0.439	0.439	0.439
生态盈余/hm^2	0.31192	0.1482	0.1835	0.258	0.14	0.27	0.276	0.278	0.266	0.268	0.264
水资源负载指数/hm^2	1.07053	1.5801	1.451	1.318	1.73	1.11	1.13	1.135	1.138	1.145	1.157

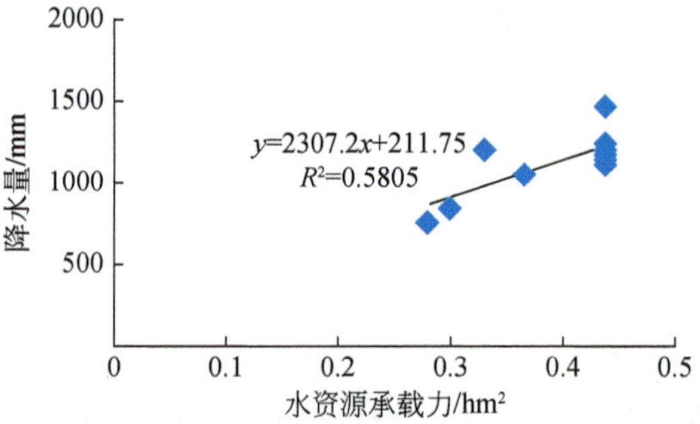

图6.49　岑巩地区水资源承载力与降水量的关系

总体来说，2004～2014年岑巩地区经济快速发展，由于人口的增加，干旱性缺水人口增加，生活用水量、工业用水量随之增加。因此岑巩地区总生态足迹仍会持续增加，政府应通过水利工程的兴建使水资源可利用量增加，保证农业用水及人们正常生活用水，加强对生态环境保护的重视，实现区域生态环境的修复和保护。

（2）研究区水资源生态盈余与赤字

对比研究区2004～2014年水资源生态足迹和水资源承载力，总水资源承载力大于总水资源生态足迹，研究区处于生态盈余状态。随着社会经济的发展，水资源生态盈余处于一个比较稳定的范围，原因是水利工程的大力兴建及取水井的增加，解决了研究区生活用水及灌溉用水问题。生态盈余变化与生态足迹变化相一致。

（3）研究区水资源负载指数

为进一步研究岑巩地区流域水资源利用情况，计算了区域水资源负载指数，见表6.21。水资源负载指数是关于降水、人口、经济规模及水资源总量的一综合指标，反映了区域水资源利用程度。可知2004～2014年研究区水资源承载指数较小，水资源开发利用程度较低。2009年后水资源负载指数呈上升趋势，表明水资源利用程度在提高，原因是水利工程的不断修建，增加了可利用水资源量。研究区水资源总量丰富，但开发利用情况较低，应加强水资源开发利用效率，提高可利用水资源量。

表6.21　岑巩地区水资源负载指数

年份	水资源负载指数	级别	水资源利用情况	今后水资源进一步开发评价
2004	1.071	V	较低，潜力大	开发条件容易
2005	1.580	V	较低，潜力大	开发条件容易
2006	1.451	V	较低，潜力大	开发条件容易
2007	1.318	V	较低，潜力大	开发条件容易
2008	1.733	V	较低，潜力大	开发条件容易
2009	1.11	V	较低，潜力大	开发条件容易
2010	1.13	V	较低，潜力大	开发条件容易
2011	1.135	V	较低，潜力大	开发条件容易
2012	1.138	V	较低，潜力大	开发条件容易
2013	1.145	V	较低，潜力大	开发条件容易
2014	1.157	V	较低，潜力大	开发条件容易

（4）水资源生态承载力敏感性分析

根据页岩气规划，计划到2020年建设产能1.6亿m^3左右。据美国的开采经验，每口水平井的需水量约为20000t，其中90%用于压裂阶段，2015～2020年研究区工业用水显著增加。现采用单项指标增加法对研究区水资源承载力进行敏感性分析，研究页岩气开采对生态承载力的影响，根据开采情况对2009～2014年的研究区进行分析。

通过逐年增加工业用水量后，研究区水资源生态足迹显著升高（表6.22），生态盈余明显下降。可见页岩气的开采将对研究区生态环境产生较大影响，可能引起研究区产业结构的改变。研究区是传统的农业生产区，因此在页岩气大规模开采前必须保证农业灌溉用水及居民生活饮用水。

表6.22　增加工业用水量后水资源承载力与生态足迹

项目	2009年	2010年	2011年	2012年	2013年	2014年
农业用水生态足迹/hm^2	0.12065924	0.127	0.139	0.145	0.15	0.144
农田灌溉用水生态足迹/hm^2	0.0915	0.096	0.013	0.014	0.101	0.139
林牧渔畜用水生态足迹/hm^2	0.02915924	0.032	0.126	0.132	0.049	0.005
工业用水生态足迹/hm^2	0.01105768	0.012	0.012	0.015	0.015	0.016
生活用水生态足迹/hm^2	0.02590041	0.027	0.029	0.028	0.028	0.031
城镇公共用水生态足迹/hm^2	0.02599959	0.03	0.031	0.031	0.032	0.035
生态环境用水生态足迹/hm^2	0.01289236	0.014	0.014	0.014	0.015	0.016

续表

项目	2009 年	2010 年	2011 年	2012 年	2013 年	2014 年
总水资源态足迹/hm^2	0.19650927	0.21	0.224	0.234	0.24	0.241
水资源承载力/hm^2	0.43887176	0.439	0.439	0.439	0.439	0.439
生态盈余/hm^2	0.24236249	0.229	0.215	0.205	0.198	0.198
水资源负载指数/hm^2	1.11182186	1.13	1.135	1.138	1.145	1.157

7. 结论及建议

岑巩县水资源总量丰富，但水资源利用效率低，兴建水利工程后水资源可利用量增加，页岩气的开采所需水资源量能得到满足。在每口井 20000t 情况下，50 口水平井需水量为 100 万 m^3，可以从车坝河流域大型水库取水（在 95% 保证率下水量大于 50 万 m^3），水资源生态承载力存在盈余。

二、绥阳–凤冈区块页岩气开采水资源承载力可行性分析

页岩气区块的地下水资源富水性研究有助于页岩气区块更有针对性地选择岩溶地下水采取点，保障压裂需水量，同时也有利于在页岩气开发中对富水性强的区域采取更有针对性的保护措施，防止地下水受到污染。

本次研究构建了基于地理信息系统（GIS）的多元地学信息的复合叠加富水性评价技术，以凤冈二区块页岩气富集区为例，在建立各个影响富水性因素地学信息专题图的基础上，引入充水含水层“富水性指数”的概念，结合地理信息系统强大的空间分析功能与层次分析法耦合的富水性指数区域分布实现了娄山关组含水层富水性的分区。

（一）基于 GIS 的信息融合型页岩气凤冈二区块含水层富水性分析

1. 研究区概况

（1）地形地貌

研究区处于云贵高原向湖南丘陵和四川盆地过渡的斜坡地带，属黔北山原中、低山丘陵峡谷地貌类型，总体为南北两端群山林立。平均海拔超过 800m，境内最高点为西南部南垭–杨剪沟的花尖子主峰，海拔为 1401m。最低海拔位于测区东南部草棚湾，海拔约为 600m，地貌呈南北起翘并向东倾斜的“马鞍”形，中部平缓开阔，盆坝相连，南北山地崎岖，沟谷纵横；西部为低山丘陵盆坝区，海拔较低，地势平坦，河床宽浅，耕地集中；东部为低山河谷区，海拔较低地形起伏大，地貌类型复杂。

（2）气象水文

凤冈县境内河流属长江流域乌江水系，由 315 条支流分别汇集成洪渡河、六池河、蜂王河、辉塘河、蒲水河 5 条主河，分布全县各地，形成网状水系。河流总长 1110.2km，其中干流 5 条（不含乌江）为 227.3km，河网密度 0.59km/km^2。区内有 1 座水库在用，

为穿阡水库，1 座在建水库，为西山水库。可以保证正常的生产生活用水。

凤冈县气候属中亚热带高原季风温润气候，平均海拔 720m，年均气温 15.2℃，年平均日照数 1139 小时，年平均降水量 1257.1mm。终年气候温和，四季分明，雨热同季，雨量充沛，干湿季明显。每年的 5～8 月为雨季，降水量占全年降水量的 75% 左右。

(3) 地层

区块位于黔北-黔中地层分区。区内发育地层有寒武系、奥陶系、下志留统、二叠系、三叠系、古近系和第四系地层，缺失中-上志留统、泥盆系、石炭系、侏罗系和白垩系地层。

(4) 构造

研究区大地构造位置处于川黔南北向构造带、北北东向构造带和北东向构造带交汇区，以及东西向构造的黔中隆起东北缘，主要构造为断裂和褶皱。构造体系大致可分为北北东向构造带和北东向构造带。

(5) 水文地质及含水岩组

根据岩性特征和地下水赋存形式，将含水岩组分为碳酸盐类岩溶水和基岩裂隙水两大类。碳酸盐类岩层为主要含水岩组，由于碳酸盐岩层与非碳酸盐岩层的组合关系不同，碳酸盐类岩溶水又分为碳酸盐岩裂隙溶洞水（清虚洞组、高台组、娄山关组、桐梓-花园组和栖霞-茅口组）、碳酸盐岩夹碎屑岩裂隙溶洞水（吴家坪-长兴组和夜郎组）、碎屑岩夹碳酸盐岩溶洞裂隙水（湄潭组、十字铺-宝塔组、涧草沟-五峰组、龙马溪组和石牛栏组）和碎屑岩裂隙水（松子坎-狮子山组和明心寺-金顶山组）四个亚类。

上述含水层中娄山关组岩溶水在凤冈二区块出露面积广大，同时埋藏较浅，水量丰富，是本区域最主要的岩溶含水层，也是本次富水性评价研究中的目标含水层。

2. 富水性评价的主要方法与基本理论

基于 GIS 的 AHP 型顶板富水性评价方法的关键是利用多源信息复合技术进行复合叠加。“环套理论”是指导该项工作的基本理论，是系统工程用于预测实践的具体体现。“环套理论”是经典的康托集合论与现今的 Fuzzy 集合论相结合的产物，它把事物特征的精确表述与人思维分析判断的逻辑递推聚焦性相联系在一起，从事物的局部特征组合体的落影去揭示客观事物真貌，使客体固有的特性与主体的逐步认识之间的矛盾得到统一。

基于 GIS 的 AHP 型含水层富水性评价方法是在实际应用中发展起来的，也是现代综合评价技术发展的结果。它在地学研究领域的应用，使许多复杂问题都能够在定性和定量的条件下很好地解决。利用 GIS 强大的空间信息处理能力，对各种图形信息进行量化；用 AHP 对各因素进行评价，计算出各因素对总目标的影响权重。再应用 GIS 的空间复合叠加功能对 AHP 的计算结果进行处理，以直观的地图的形式给出结果。这样，不仅充分利用了大量繁杂的空间信息，运用定性与定量相结合的思维来研究地学问题，可以更加深入地解释问题的本质，并且使结果更为直观、准确。

基于 GIS 的 AHP 型富水性评价方法的基本思路如下。

1) 利用 GIS 软件采集、编辑、数据转换、概化及计算等基本功能对空间信息进行处理，建立 GIS 的空间数据库和属性数据库。

2）建立层次结构模型，确定决策层的因素数量，构造判断矩阵，计算各因素对目标层的权重。

3）最终结果用 GIS 的显示及制图功能表达，并用 GIS 的数据库存储。

3. 富水性评价与分区

（1）富水性的主要影响因素分析

影响含水层富水性的因素是多方面的，并且各方面之间的关系比较复杂。目前也有很多地质研究人员针对含水层富水性评价进行了研究，如赵本肖等根据岩溶发育程度、钻孔单位涌水量、水井单井出水量等因素对含水层富水性进行了划分；武旭仁等根据岩性组合特征和构造发育程度对含水层富水性进行了分析；武强等根据冲洗液消耗量、断层影响区、渗透系数等因素对含水层富水性进行了分析。本次研究根据已收集到的研究区资料，从含水层的渗流特征、含水层性质及地质构造特征角度出发，结合已有的研究成果，选择以下因素综合分析娄山关组含水层富水性：单位涌水量、渗透系数、岩心采取率、含水层水位、断层褶皱影响带、断层褶皱交点分布、断层规模指数。

（2）富水性影响主控因素专题图制作

利用收集到的凤冈二区块富水性主控因素原始数据生成数据库，进行插值计算处理，建立各主控因素专题图。

A. 单位涌水量

单位涌水量是单井抽水水位降深换算为 1m 时的单井出水量。把不同孔径、不同降深的单位涌水量都换算成钻孔统一孔径为 91mm，抽水降深为 10m 时的单位涌水量，换算公式如下所示：

$$Q_{91}=Q_{孔}\left(\frac{\lg R_{孔}-\lg r_{孔}}{\lg R_{91}-\lg r_{91}}\right)$$

$$R=10S\sqrt{K}$$

式中，Q_{91}，R_{91}，r_{91} 分别为孔径为 91mm 的钻孔的涌水量、影响半径和钻孔半径；$Q_{孔}$，$R_{孔}$，$r_{孔}$ 分别为孔径为 r 的钻孔的涌水量、影响半径和钻孔半径；S 为水位降深，m；K 为渗透系数，m/d。

通过各个钻孔的单位涌水量，利用 GIS 软件生成单位涌水量专题图（图 6.50）。

B. 含水层水位

含水层的富水强度与含水层的地下水水位成正比例的关系。本次研究在整理钻孔水位资料的基础上绘制了娄山关含水层地下水水位专题图（图 6.51）。

C. 岩心采取率

按透水性或含水性分类，岩体中的裂隙可分为开启性裂隙和非开启性裂隙。开启性裂隙是与地表或含水体相连通的裂隙或是不同裂隙组合交切形成的裂隙带；非开启性裂隙是不与地表或地下含水体相连通，终止于岩体内部的一类裂隙，这类裂隙不能构成地下水连通的通道。岩心采取率是钻探采取出的岩心长度与相应实际钻探进尺长度的比值，用百分数表示，是反映岩体完整性和岩体裂隙交切程度的指标。一般情况下，岩心采取率低，裂隙交切程度高，存在连通性裂隙的可能性高，反之则可能是非连通性裂隙。根据岩心采取率值绘制专题图（图6.52）。

D. 渗透系数

渗透系数越大，岩石的透水性能越强，裂隙连通性越好，富水性越高。通过对充水含水层渗透系数的统计，做出充水含水层渗透系数专题图（图6.53）。

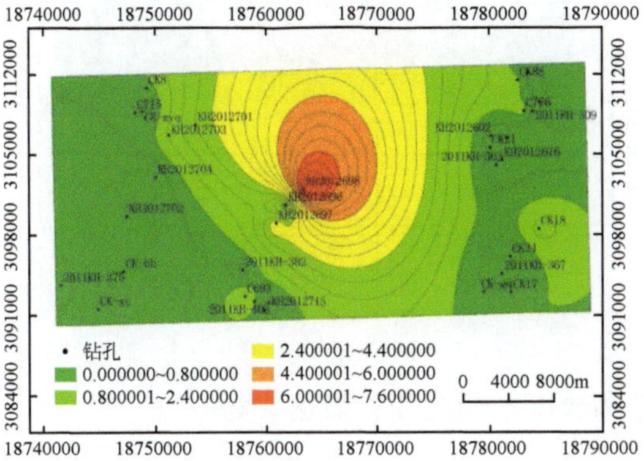

图6.50　单位涌水量专题图［单位：L/(s·m)］

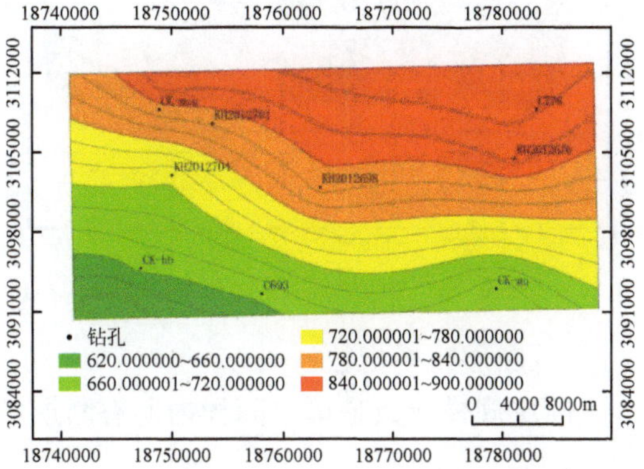

图6.51　含水层水位专题图（单位：m）

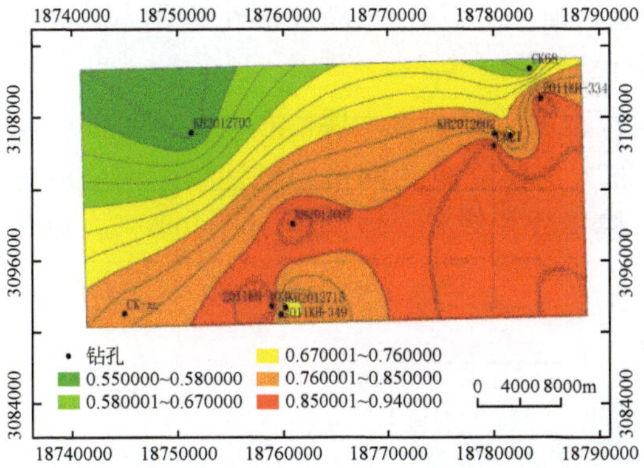

图6.52　岩心采取率专题图

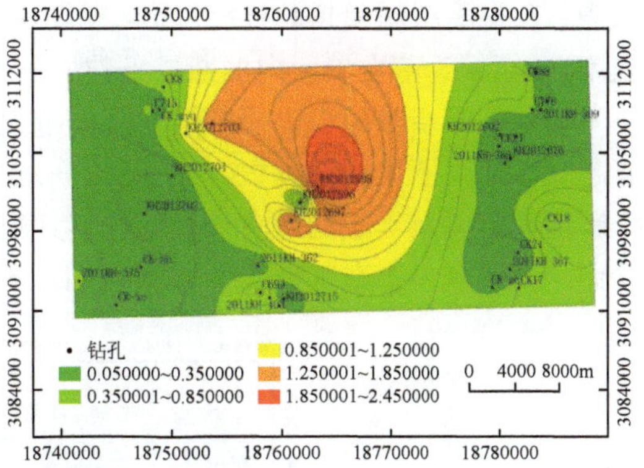

图6.53　渗透系数专题图（单位：m/d）

E. 断层褶皱影响带

总体上断层褶皱影响带中裂隙比较发育，导水性较强，为地下水的运动提供了良好的通道，常成为富水带。对于断层，我们考虑了断层影响带（也可称为断层的缓冲区）；对于褶皱仅考虑向斜、背斜轴部一定范围宽度的影响，影响带范围依据中国矿业大学（北京）武强院士总结出的经验公式进行计算，最终生成断层与褶皱分布专题图（图6.54）。

F. 断层褶皱交点分布

在断层与断层相交、断层与褶皱、褶皱与褶皱的交点处，岩体一般更为破碎，含水的可能性增强。在建立断层与褶皱交点专题图（图6.55）时，考虑了断层影响带的叠加影响。

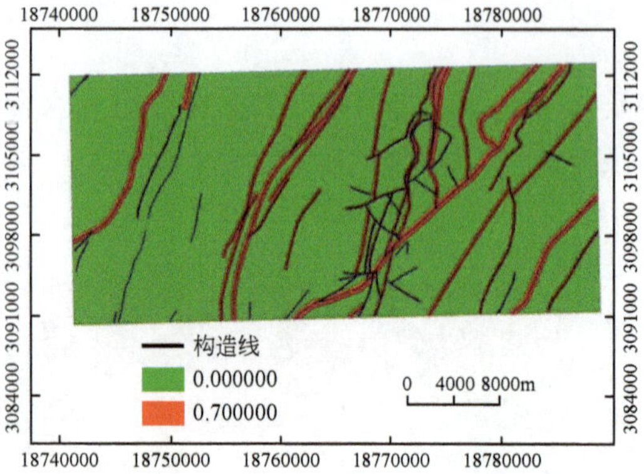

图 6.54 断层与褶皱分布专题图

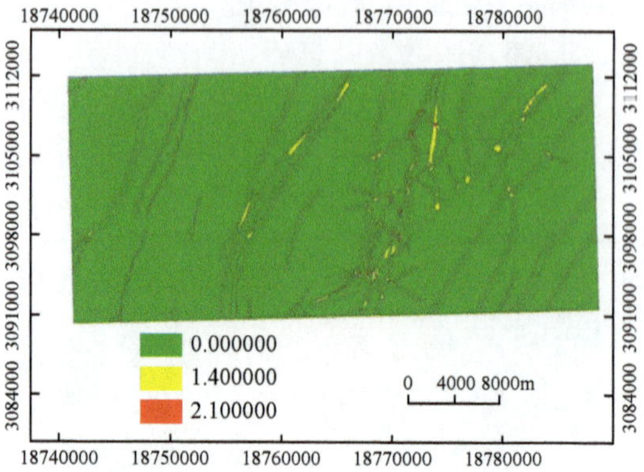

图 6.55 断层褶皱交点分布专题图

G. 断层规模指数

断层规模指数是单位面积内所有断层的落差和长度乘积之和，表达式为

$$F=\frac{\sum_{i=1}^{n} l_i h_i}{S}$$

式中，F 为断层规模指数；h_i为第 i 条断层的落差，m；l_i为第 i 条断层落在单元内的走向长度，m；n 为落在单元内的断层条数，条；s 为单元面积，m^2。

断层规模指数越大表明断层的规模越大，发育程度越好，含水层富水性强的可能性也就越大。建立断层规模指数时按照 250m×250m 的大小建立单元网格，统计单元网格内各个断层的落差及对应的走向长度，计算其断层规模指数，然后提取网格中心点坐标，以此绘制出断层规模指数等值线专题图（图 6.56）。

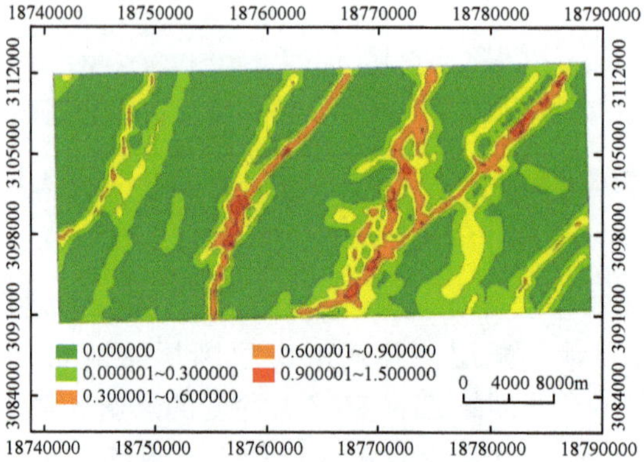

图 6.56 断层规模指数专题图

（3）属性数据库的建立

利用 GIS 对空间数据的管理功能，将主控因素的属性数据（量化值）输入计算机中生成属性数据库，并建立图形与属性数据库之间的关系。各个主控因素的专题图和它们各自的属性数据表是进行富水性评价的基础，以便用于各主控因素专题图复合叠加、数据的统计和查询。

(4) 含水层富水性评价的 AHP 模型设计

A. 建立层次及结构分析模型

根据影响娄山关组含水层富水性的主要控制因素的分析，将研究对象划分为 2 个层次。含水层富水性评价是这一问题的最终目的，作为模型的目标层（A 层次）；各个具体的主控因素指标构成了本模型的指标层（B 层次），包括断层褶皱影响带、断层褶皱交点分布、断层规模指数、单位涌水量、渗透系数、含水层水位和岩心采取率，通过对该层次问题的决策，最终达到所要求解的目标。

B. 构造判断矩阵及求解权重

运用“征集专家评分”的方法，形成对各影响因素的评判集，由此构建含水层富水性 AHP 评价的判断矩阵。根据判断矩阵计算出权值（表 6.23）。

表 6.23　影响含水层富水性各主控因素的权重

影响因素	断层褶皱影响带	断层褶皱交点分布	断层规模指数	单位涌水量	渗透系数	含水层水位	岩心采取率
权重 W_i	0.20171	0.13739	0.09123	0.22095	0.13739	0.11048	0.10085

(5) 数据归一化

为了消除主控因素不同量纲的数据对评价结果的影响，需要对数据进行归一化处理，归一化的目的是相对化，使数据具有可比性、有统计意义，便于系统分析。

$$A_i = a + \frac{(b - a) \times (x_i - \min(x_i))}{\max(x_i) - \min(x_i)} \tag{6.5}$$

式中，A_i为归一化处理后的数据；a，b 分别归一化范围的下限和上限，研究取 0 和 1；Min（x_i）和 max（x_i）分别为各主控因素量化值的最小值和最大值。

对于岩心采取率这种负相关的因素，其指标值归一化公式为

$$A_i = 1 - \left(a + \frac{(b - a) \times (x_i - \min(x_i))}{\max(x_i) - \min(x_i)}\right) \tag{6.6}$$

单因素数据经过归一化处理后，即可建立各单因素属性数据库。运用 GIS 处理归一化数据，做出各单因素归一化专题图。

(6) 专题图叠加过程

在进行多因素拟和分析之前，首先必须进行复合叠加处理，把各个有关因素的信息存储层复合成一个信息存储层，使所生成的信息存储层中包含所有相关因素的信息。这里复合叠加处理实质上就是把各单因素消除量纲后的归一化专题图配准合成一个新的图形并重建拓扑形成新的拓扑关系属性表。

(7) 模型的建立

建立含水层富水性评价模型，实际上就是建立一个表明各影响因素作用的数学模型，这个模型所得出的计算值能反映出某一地理位置含水层富水程度。初始模型的建立必须以水文地质条件分析及各因素对含水层富水性的贡献机理为基础。

为此引入富水性指数 *AI*（abundant water index）的初始模型来对娄山关组含水层富水

性进行评价。富水性指数定义为某一地区的某一地段的某一栅格位置上的各种影响因素对其产生的叠加影响总和，表示为

$$AI = \sum_{k=1}^{n} W_k \cdot f_k(x,\ y) \tag{6.7}$$

式中，AI 为富水性指数；W_k为影响因素权重；f_k（x，y）为单因素影响值函数；x，y为地理坐标；n为影响因素的个数；f_k（x，y）为在富水性评价中第k个主控因素量化值的归一化值。

根据以上公式可以得出娄山关组含水层富水性评价模型为

$$VI = \sum_{k=1}^{n} W_k \cdot f_k(x,y) = 0.20171 f_1(x,y) + 0.13739 f_2(x,y) + 0.09123 f_3(x,y) + 0.22095 f_4(x,y) + 0.13739 f_5(x,y) + 0.11048 f_6(x,y) + 0.10085 f_7(x,y)$$

（8）含水层富水性评价分区

富水性指数越大，富水强度就越大。在制作各影响因素归一化专题图的基础上，应用 GIS 技术的信息叠加技术将各影响因素专题图进行复合叠加，形成融合多源信息的叠加单元格。然后利用建立的富水性评价模型计算各叠加单元格中富水性综合评价指数。再运用 GIS 软件中的 Natural Breaks（自然分级法）对其进行分级，可得到最佳的 5 级分级结果，最终形成融合多影响因素的富水性综合评价分区图（图 6.57）。

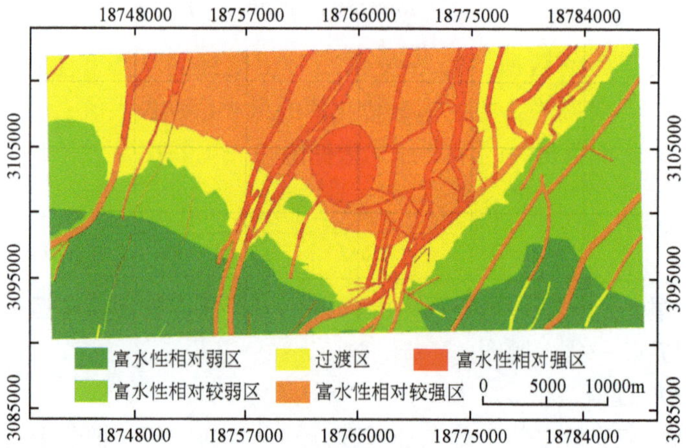

图 6.57 娄山关组含水层富水性分区图

可见富水性相对强区分布于研究区中部；富水性相对较强区主要分布于研究区的中部和北部；富水性相对弱区和富水性相对较弱区分布于研究区的西南和东南，该区域含水层水位、单位涌水量、渗透性系数值都相对偏小；构造分布区域的富水性一般较周围区域大，构造叠加区域富水性则更大。页岩气开采过程中需对研究区中部和北部的地下水加强保护，防止水质污染。同时在利用地下水保障压裂用水量时，也宜在中北部红色和橙红色富水性强的区域选择地下水抽取点，得到丰富水量保证的可能性较大。

（二）绥阳–凤冈页岩气区块水资源初步分析

1. 区域水资源量状况

（1）区域流域水系概况

研究区域河流水系均属长江流域乌江水系的洪渡河、湄江、六池河及芙蓉江，其中北部水系属于乌江左岸的洪渡河和芙蓉江，中部水系属于乌江左岸一级支流六池河，南部水系属于乌江左岸支流湘江的一级支流湄江。

芙蓉江发源于绥阳县的枧坝镇，由西南向东北流经贵州省正安县、道真县，重庆市武隆区、彭水县，于武隆区江口镇汇入乌江。流域面积 $7406km^2$（其中贵州省境内 $6893km^2$，重庆市境内 $513km^2$）。项目涉及该河流的上游河段，涉及的主要支流有四统溪、双石河、桥桶河和打劫沟。

洪渡河发源于湄潭县西河乡，流经湄潭、正安、凤冈、务川、德江和沿河六县，在沿河县洪渡镇汇入乌江，流域面积 $3677km^2$。洪渡河在项目区域的东北部，项目区涉及该河流的上游河段，涉及的主要支流有谢坝河、永安河、鱼溪林河、官田河和绥阳河。

六池河发源于德江县煎茶镇庄子巷，流经德江、凤冈和思南县，至思南县流水村注入乌江，流域面积 $2090km^2$。六池河位于项目区域的东部，为核心区域之一。根据项目所在区域，涉及六池河的主要支流有碗水河、永和河、龙潭河、冷水河、朱场河、蜂岩河及浑塘河。

湄江为乌江左岸一级支流，发源于绥阳县小关乡黄羊台老鹰岩东厘，至遵义县三星场注入乌江，流域面积 $4913km^2$。湄江位于项目区域的中部，为核心区域之一。项目涉及的主要支流有马山河、卜水河、茅官河和洛安江等。卜水河为湄江左岸一级支流，发源于凤冈县琊川镇三台村罗家坡，到湄潭县永兴镇德隆汇入湄江，流域面积 $348km^2$；洛安江为湄江右岸一级支流，发源于绥阳县西北部田家堡袁家湾，到遵义县云门囤注入湄江，流域面积 $709km^2$；茅官河发源于绥阳县小关乡大营堡，于绥阳县和湄潭县的交界处汇入湄江，流域面积 $289km^2$。

区域地表水系较发达，部分区域岩溶发育。根据划定的区域，统计河长 10km、流域面积 $20km^2$ 以上的河流，共 37 条（包括主要干流）。

（2）区域降水量概况

区域多年平均降水量为 1050 ~ 1250mm，在核心区域（凤冈复兴、龙岗和洗马乡镇间）降水量为 1200mm 左右。降水量由南向北递增；区域降水量的多年平均变差系数为 0.15 ~ 0.2，由东向西递增，核心区在 0.18 左右。区域多年平均陆地蒸发量为 500 ~ 600mm。

（3）区域水资源量状况

区域多年平均径流深 450 ~ 750mm，由南向北递增，核心区在 600mm 左右。径流变差系数在 0.25 ~ 0.35，核心区在 0.3 左右。区域多年平均径流系数为 0.42 ~ 0.57。

项目所在区域为黔北地区，地下水 50% 多年平均枯日模数在 2 ~ $4L/(s \cdot km^2)$，按照 $3L/(s \cdot km^2)$，最枯日变差系数 0.4 分析（$C_s/C_v = 2.5$），90% 和 95% 的枯日模数分别为 $1.65L/(s \cdot km^2)$ 和 $1.42L/(s \cdot km^2)$。

2. 区域水利工程概况

（1）区域现状水利工程概况

区域范围内有59个蓄水工程（不包括引水及提水工程），区域蓄水工程总可供水量在95%（特枯水年）来水情况下为12382万m^3，在85%（枯水年）来水情况下为17086万m^3。

（2）区域规划供水工程概况

区域周边的供水工程规划主要有凤冈县的河头水库、德隆水库、官田沟水库和绥阳县的文星水库，总兴利库容达到11631万m^3，除可以解决地方人畜用水外，还可以解决部分工业用水。

3. 周边水资源量状况

区域周边主要的水系为湄江、洪渡河、六池河，以及以这三条河的干流为主要水源的水系，其中湄江、六池河和洪渡河上游为核心区域的主要水源水系。六池河、洪渡河及湄江的上游区域在项目区域的核心区，距离核心区也较近，短期内可以作为核心区域的主要水源。芙蓉江、跳蹬河及浑塘河处于项目区域的边缘，根据页岩气的开采具体位置，可以作为补充水源。但研究区域均在中上游区，周边虽有较好的水源（如乌江），但输水距离远、扬程高，不利于使用。

4. 区域水资源利用初步分析结论及建议

从项目所在区域周边的水源点看，项目区处于湄江、洪渡河及六池河的中、上游区域，其中核心区域处于三条河的上游区域。从区域的水资源条件看，水资源条件尚可，多年平均年产水模数在45万～75万m^3/km^2，其中核心区在62万m^3/km^2左右，水资源条件较好。区域岩溶中等发育，部分区域有强岩溶，地表水系发育总体尚可。

如果需要近期取水，取水量不大于10000t/d的情况下，以现有的水库为主，结合周边地下水或河道地表水进行取水。取水量大于10000t/d时，则需要修建相应的小型以上水库来进行调节供水。规划期取水时，开采井位的布置建议结合相关的规划供水工程位置进行布设，这样在供水上能得到较好的保证；位置无法调整的，一是可以通过调水工程来解决，二是可以考虑就近修建供水工程来解决。

第五节　岩溶地区污染场地修复技术

通过文献调研总结了美国适用于喀斯特地区污染场地的修复技术和管理方法，并分析了各种修复技术的优缺点（表6.24），可以为喀斯特地区污染场地修复提供技术参考。

表6.24　适用于喀斯特地区污染场地的修复技术

修复技术	优点	缺点
原位曝气	可将污染物从液相中去除	不适用于非水溶相（NAPLs）的去除；在裂隙介质中裂隙管道流的限制

续表

修复技术	优点	缺点
原位化学氧化	可去除污染物；适用于 NAPLs	属化学处理技术；专用化学品或系统的成本高；可能产生潜在的地球化学作用影响
多相抽提	回收 NAPLs；可回收气相污染物	溶解相移除速率慢；需要异位处理
抽出处理	普遍成熟可用的技术	移除速率低或者无效；需要异位处理；需要水处理设备；运行维护时间长
水力冲刷	回收 NAPLs；增加对流速率	溶解相移除速率慢；需要异位处理设备
增强式表面活性剂	可提高抽出处理性能	污染物的可迁移性的增加可能造成污染物迁移不可控
生物刺激或者生物添加	降解污染物；加强自然物理化学降解过程	岩石地层中很难维持生物量；可能会产生有毒的副产物，尤其是厌氧条件下
自然衰减	成本低；利用物理化学生物机理自然降解	需要监测的数据；性能不可控制
热处理	破坏污染物；该表基质渗的透性	需要消耗大量能量
物理格栅	通过场地边界控制	不能控制污染物迁移；无处理过程；受深度限制
反应格栅	通过场地边界控制，去除污染物或者转化为其他相态	不能控制污染物的垂向迁移

一、对污染区域的处理技术

1）挖掘或覆盖：主要是通过挖掘移除污染或者通过覆层减小质量通量，是最常用的污染场地处理技术（美国国家环境保护部记录在案的大约93%采取这种方式），但是大量的污染物可能滞留在表层岩溶带和下伏的基岩，这些污染物是无法挖掘的，另外也可能使盖层无效。

2）原位降解（如化学氧化、热处理）：在表层岩溶和基岩区还未证实成功，困难之处体现在：定位复杂——污染源分散；需要获取能够和污染物接触的试剂，对注入的试剂难以进行控制，快速流动的地下水可能会阻止加热的效率。

3）移除污染源：一般用来去除在污染场地聚集的 NAPLs，适用于岩溶区和非岩溶区。在岩溶区适用的原因是表层岩溶洞的孔隙度大，聚集的 NAPL 的体积可能会很大，污染物可间歇地地积累。

表层岩溶气体抽提技术可用于持续性的移除污染源表层岩溶气体抽提，表层岩溶的非连续性导致这项技术只限于挥发性组分，该技术在移除住宅地下室中的汽油蒸汽时非常成功。

4）物理化学控制（如栅格墙，PRB）：通常在技术上难以实现或者成本很高（只有6%的 USEPA karst ROD 采用该技术），主要的限制因素包括压力灌浆过程中水泥浆损失很多；挖掘使地层结构受到影响，污染物的收集、处理的成本高昂；定量化和沉积物的处理是最大的问题。

5）抽出处理和水力截获（26%的USEPA Karst场地采用该技术）：其系统设计非常困难，不能仅依靠标准方法和模型。

二、对受污染地下水的修复技术

1）增强式的生物修复：已经进行过尝试，但是缺乏同行评议的性能评估。其缺点是将营养物质释放到微生物需要的地方非常困难。

2）监测自然衰减MNA：EPA karst决策记录中大约有27%的场地使用该技术，需要进行更多研究，一个正确的监测方法和高质量的监测数据对于评估其性能非常重要。

三、消除暴露途径

实现污染物在源头的控制，在岩溶地区可能是最有效的修复技术。

1）处理或者替换饮用水设备：普遍应用于岩溶地区和非岩溶地区，这种方法是长期的，成本高。

2）处理泉水-捕获和处理泉流量：使用沉箱caissons和其他方式隔离和收集地下水来处理已经成功但还未充分使用，在71个CERCLA岩溶场地中仅有3个使用该技术。在该过程中泉的生物群可能会受影响。

四、制度控制

制度控制是很多修复技术最常见的措施（EPA karst RODs中有64%使用该措施），鉴于岩溶含水层的复杂性和精确描述影响区域界限的困难性，就移除暴露的风险而言，在岩溶场地实施制度控制比在其他场地更加重要。

1）性能监测：为了确定地下水的运移，需要进行示踪实验以评估其性能，示踪监测应该关注泉、溪流，抽水系统。

2）地下水质监测：通常最好的监测地方是泉、溪流和抽水井，看实际情况进行水质采样。

3）考虑生物群落的评估：这项技术对于地表水来说已经非常成熟，然而泉水、岩溶水中的生物数量比较少。使用生物群落来评估地下水水质还需要更多的研究。

第七章 贵州页岩气可持续发展战略

第一节 贵州省地理、经济与页岩气可持续发展基础

一、地理、人文与生态

贵州省位于中国西南的东南部，省会贵阳市。东毗湖南、南邻广西、西连云南、北接四川和重庆，位于东经103°36′~109°35′、北纬24°37′~29°13′，全省东西长约595km，南北相距约509km，总面积为176167km^2，占全国国土面积的1.8%。贵州是一个山川秀丽、气候宜人、民族众多、资源富集、发展潜力巨大的省份，是中国实施西部大开发战略的12个省区之一。

贵州的气候温暖湿润，属亚热带湿润季风气候。气温变化小，冬暖夏凉，气候宜人。2002年，省会贵阳市年平均气温为14.8℃，比上年提高0.3℃。从全省看，通常最冷月（1月）平均气温多在3℃~6℃，比同纬度其他地区高；最热月（7月）平均气温一般是22℃~25℃，为典型夏凉地区。降水较多，雨季明显，阴天多，日照少。受大气环流及地形等影响，贵州气候呈多样性，"一山分四季，十里不同天"。

贵州地处云贵高原东部斜坡，地势西高东低，自西部和中部向北、东、南三面倾斜，平均海拔1100m左右，是全国唯一没有平原支撑的省份。贵州地貌的显著特征是山地多，山地和丘陵占全省总面积的92.5%，境内分布着四大山脉：北部的大娄山、东部的武陵山、西部的乌蒙山和横亘中部的苗岭，这四大山脉构成了贵州高原的地形骨架。地貌上不仅起伏大、切割强、相对高度常达300~700m，而且岩溶广泛发育，地貌类型复杂，除有不同成因、组成物质的山地、丘陵、山原、丘原、高原、台地和盆地外，由于碳酸盐岩出露面积达全省土地总面积的73%，诸如漏斗、落水洞、竖井、溶蚀洼地、盲谷、暗河、伏流、天生桥、溶洞、岩溶湖泊、潭等分布普遍，峰林、峰丛地貌发育典型。岩溶是贵州省地貌的主要特点，可谓"无山不洞，无洞不奇"。

贵州省地质构造上主要属扬子准地台上扬子台褶皱带，西北与四川台拗相接，东、南分别向江南台隆和华南褶皱系过渡。元古宙浅变质岩系构成其基底，古生代至中生代沉积岩形成其盖层，经燕山运动使白垩系以前的整个沉积盖层发生强烈褶皱、断裂。盖层沉积以浅海相碳酸盐岩为主，厚度大，出露广，成为贵州岩溶化高原形成的基础，加之褶皱断裂发育，存在着不同规模、不同构造形态和展布方向的构造体系，以及挽近期以来新构造大面积、大幅度的隆升，而使贵州成为高原山区，且在不同的地质构造单元上各具不同地貌类型，地貌的区域差异也很明显。

贵州省境位于长江和珠江两大水系的分水岭地带，全省水系顺地势由西部、中部向北、东、南三面分流。苗岭是长江和珠江两流域的分水岭，以北属长江流域，流域面积 $115747km^2$，占全省土地面积的66.1%，主要河流有乌江、赤水河、清水江、洪州河、舞阳河、锦江、松桃河、松坎河、牛栏江、横江等。苗岭以南属珠江流域，流域面积 $60420km^2$，占全省土地面积的35.0%，主要河流有南盘江、北盘江、红水河、都柳江、打狗河等。贵州省属贵州高原的主体部分，是高起于四川盆地、广西丘陵间的亚热带喀斯特化高原，地势由西部海拔2400m以上降到中部的1400～1200m和东部的800～500m，呈梯级状大斜坡，再由中部向南、北倾斜降低。因而乌江、北盘江、清水江、都柳江、涟江等水系由西、中部向北、东南呈帚状分流。高原平均海拔虽仅1100m左右，但却分布有高1500～2500m的山脉，如北部的大娄山，东北部的武陵山，西部的乌蒙山及横亘东南部的苗岭。这些山脉顺应新、老地质构造分布，构成了贵州高原的地形骨架。南盘江位于西江上游，发源于云南省沾益县交界处三江口，沿省界东流至望谟县的蔗香注入北盘江，蔗香以下称红水河。南盘江流域面积为5.7万 km^2，贵州省境内部分 $7840km^2$，年径流量为52亿 m^3；北盘江发源于云南沾益县马雄山西北坡，流经宣威至都格入境，又经茅口、盘江桥，百层至蔗香与南盘江汇合，干流全长442km，贵州境内327km，天然落差1932m，平均坡降4.4%，流域面积2.6万 km^2，贵州部分2.1万 km^2，年径流量121亿 m^3。

贵州具有高原峡谷型地貌结构特征，导致水土资源分布上的不平衡。高原面为河流上游，谷宽流缓，地形较平坦，土层厚，田水高差小，耕地集中连片，但水量常不足。山地峡谷区是河流中、下游，坡降大，谷窄流急，水资源丰富，但地形起伏，田高水低，耕地分散，利用不便，农业呈“立体”布局。而对于农业生产而言，贵州土壤资源数量明显不足，可用于农、林、牧业的土壤仅占全省总面积的83.7%。

贵州土壤面积共 $159100km^2$，占全省土地面积的90.4%，土壤的地带性属中亚热带常绿阔叶林红壤-黄壤地带。中部及东部广大地区为湿润性常绿阔叶林带，以黄壤为主；西南部为偏干性常绿阔叶林带，以红壤为主；西北部为具北亚热成分的常绿阔叶林带，多为黄棕壤。此外，还有受母岩制约的石灰土和紫色土、粗骨土、水稻土、棕壤、潮土、泥炭土、沼泽土、石炭土、石质土、山地草甸土、红黏土、新积土等土类。

贵州植被丰厚，具有明显的亚热带性质，组成种类繁多，区系成分复杂。全省维管束植物（不含苔藓植物）共有269科、1655属、6255种（变种）。植物区系以热带及亚热带性质的地理成分占明显优势，如泛热带分布、热带亚洲分布、旧世界热带分布等地理成分占较大比重，温带性质的地理成分也不同程度存在。此外，还有较多的中国特有成分。由于特殊的地理位置，贵州植被类型多样，既有中国亚热带型的地带性植被常绿阔叶林，又有近热带性质的沟谷季雨林、山地季雨林；既有寒温性亚高山针叶林，又有暖性亚高山针叶林；既有大面积次生的落叶阔叶林，又有分布极为局限的珍贵落叶林。植被在空间分布上又表现出明显的过渡性，从而使各种植被类型在地理分布上相互重叠、错综，各种植被类型组合变得复杂多样。同时，贵州省被列入首批国家生态文明试验区，将为完善生态文明制度体系探索路径、积累经验。贵州是长江和珠江“两江”上游重要生态屏障，生态环境良好但仍比较脆弱，同时也是全国贫困人口最多、减贫任务最重的省份。

贵州也是多民族聚居的省份，除汉族外，还居住着48个民族，各民族历史悠久，形成自己独特的民族文化和习俗，每年五彩缤纷的民族节日达1000多个。贵州少数民族粗犷豪放、热情质朴、丰富多彩的民族歌舞各具特色，成为贵州民族风情和民间艺术百花园中的奇葩。贵州各民族人民能歌善舞、热情好客，它那旖旎的自然风光富有诱人的魅力，它那浓郁的民族风情犹如醇美的茅台酒令人心醉。侗家鼓楼和风雨桥、苗族吊脚楼、布依石头寨，精湛的银饰花带、绮丽的挑花蜡染、多彩的民族服装，侗族大歌、傩戏歌舞、芦笙铜鼓，壮观的斗牛大赛，惊险的上刀梯、下火海，都令人啧啧称赞，心仪不已。

二、页岩气开发基础

（一）页岩气勘探开发基础

贵州省是我国西部多民族聚居、经济欠发达的省份，页岩气的勘探开发将成为贵州省新的经济增长点。前期的资源评价工作已完成了对贵州省重点地区（黔北、黔西北、黔南、黔西南）页岩气的地质条件、资源量评价与有利区优选等的相关工作，为下一步页岩气资源的勘探开发与可持续发展规划提供了良好的工作基础。

贵州页岩气地质资源量 $13.54\times10^{12}m^3$，可采资源量 $1.92\times10^{12}m^3$，在全国列第三位。巨大的页岩气资源潜力引起了国土资源部和省政府的高度重视，国土资源部已将安顺-凯里和岑巩-松桃两个区块列入国家《页岩气发展规划（2011-2015年）》的19个重点勘探开发区，贵州省2012～2013年已安排页岩气勘查资金1.5亿元，按照“调查先行、规划调控、竞争出让、合同管理、加快突破”的思路，对划分的“黔北区、黔西北区、黔南区、黔西南区”四个页岩气资源评价区开展工作。

贵州省的页岩资源潜力大，勘探开发前景广阔。贵州省总地质资源量大，潜质页岩分布广，有机质丰度较高。牛蹄塘组页岩分布范围最广、厚度最大，其次为旧司组、龙马溪组等。牛蹄塘组及龙马溪组有机碳含量高，牛蹄塘组已出现了气体显示，龙马溪组在黔北丁山获得工业气流，旧司组也呈现点火成功并获工业气流的局面。在全省范围内，龙马溪组是黔北试验区勘探开发层系的战略选择，牛蹄塘组是进一步勘探的目标，在勘探牛蹄塘组的同时也兼顾变马冲组储层特征与含气性探索，旧司组、龙潭组属继续勘探突破的方向，梁山组为后期勘探规划方向，火烘组系远景勘探开发意向，页岩气勘探开发前景十分广阔

（二）页岩气开发的外部基础

1. 土地资源

全省土地总面积17615247hm²，其中农用地15251925hm²，占土地总面积的86.58%；建设用地551847hm²，占土地总面积的3.13%；未利用土地1811448hm²，占土地总面积的10.28%。根据土地利用变更调查，2007年全省各类土地面积与2006年相比农用地面积减少16896hm²，减少0.1%；建设用地面积增加5126hm²，增加0.9%；未利用土地面积增加11770hm²，增加0.7%。全省土地利用率89.7%。根据2009年第二次土地调查，全省农用地1525.47万hm²（22882万亩），占土地总面积的86.6%，其中，耕地面积449.62

万 hm^2（6744.33 万亩），占土地总面积的 25.52%，万亩以上耕地大坝 47 块，总面积 8.33 万 hm^2（125 万亩），占全省国土总面积的 0.47%。宜农土地资源紧缺，坡耕地多，人多地少矛盾突出。

2. 人口劳动力资源

贵州是一个多民族共居的省份，其中世居民族有汉族、苗族、布依族、侗族、土家族、彝族、仡佬族、水族、回族、白族、瑶族、壮族、畲族、毛南族、满族、蒙古族、仫佬族、羌族 18 个民族。据全国第五次人口普查，全省人口超过 10 万的有汉族（2191.17 万，占 62.2%）、苗族（429.99 万，占 12.2%）、布依族（279.82 万，占 7.9%）、侗族（162.86 万，占 4.6%）、土家族（143.03 万，占 4.1%）、彝族（84.36 万人，占 2.4%）、仡佬族（55.9 万，占 1.6%）、水族（36.97 万，占 1.0%）、白族（18.74 万，占 0.53%）和回族（16.87 万，占 0.5%）。

2009 年，贵州省乡村从业人员为 2031.16 万人，比上年增长 1.2%，平均每个劳动力负担人口从 2005 年的 1.56 人下降到 1.49 人。农村劳动力平均受教育年限从 2005 年的 6.75 年上升到 2008 年的 7.02 年。根据抽样调查，2001 年全省农村外出务工劳动力 329.42 万人，2007 年为 525 万人，2008 年达到 600 万左右。由于外部就业形势严峻，内生就业能力有限，农村剩余劳动力问题值得高度关注。截至 2014 年年末，贵州省常住人口为 3508.04 万人，比上年末增加 5.82 万人。按城乡分，城镇人口 1403.57 万人，增加 78.68 万人；乡村人口 2104.47 万人，减少 72.86 万人。城镇人口占年末常住人口比重为 40.01%，比上年提高 2.18 个百分点。按性别分，男性人口 1817.91 万人，女性人口 1690.13 万人。全省人口出生率 12.98‰，比上年下降 0.07 个千分点；人口死亡率 7.18‰，提高 0.03 个千分点；人口自然增长率 5.80‰，下降 0.1 个千分点。

3. 能矿资源

贵州省水、电、煤等多种能源兼备，水能与煤炭优势并存，水火互济。水力理论蕴藏量为 18140.3 兆瓦，居全国第六位，技术可开发量 19489.63 兆瓦。贵州素以“西南煤海”著称，煤炭资源储量达 527.98 亿 t，居全国第五位。煤炭不仅储量大，且煤种齐全、煤质优良，为发展火电、实施“西电东送”奠定了坚实的基础，同时为煤化工、实施“煤变油”工程提供了资源条件。贵州至今已发现矿种（含亚矿种）125 种，发现矿床、矿点 3000 余处。其中，有 76 种（含亚矿种）不同程度地查明有资源储量，共计产地（矿区、矿段或井田）2553 处。煤、磷、铝土、锑、金、锰、重晶石、水泥原料、砖瓦原料，以及各种用途的石灰岩、砂岩和白云岩等矿产资源，是贵州的优势矿产。不仅资源丰富，而且现实经济优势明显，是贵州矿业的主体，所创经济价值高。

截至 2007 年底，贵州有 41 种矿产资源储量排名全国前十位。其中，煤炭保有资源储量 527.86 亿 t（位列全国第五位），铝土矿保有资源储量 4.74 亿 t（位列全国第四位），磷矿资源储量 28.68 亿 t（位列全国第二位），锰矿保有资源储量 8100.54 万 t（位列全国第四位）、占全国总量的 10.24%，重晶石保有资源储量 1.18 亿 t（位列全国第一位）、占全国总量的 31.06%，水泥用灰岩保有资源储量 17.16 亿 t，水泥配料用黏土保有资源储量

10779.56 万 t、水泥配料用砂岩保有资源储量 9506.58 万 t、水泥配料用页岩保有资源储量 2687.35 万 t。

4. 水资源

贵州省河网密度高，自然落差大，水能资源理论蕴藏量达 1874.5 万 kW，居全国第六位，可开发量为 1683 万 kW。贵州水资源相对丰富，但山高谷深，工程性缺水严重，水能资源的特点是分布均、造价低、发力高、区位优。主要集中在乌江、南盘江、北盘江、清水江、赤水河上，这四江一河的水位落差集中的河段多，开发条件优越，水能蕴藏量和可开发容量占全省的 80%，可建设大型电站 15 座，装机 1150 万 kW；中型电站 73 座，装机 413.74 万 kW；小型电站 3000 多座，装机 200 多万千瓦。贵州水利建设始于 20 世纪 30 年代，当时贵州对全省水利资源进行了初步普查，编制了《贵州全省水利计划》。

5. 工业基础

工业是贵州经济的主导产业。改革开放特别是实施西部大开发战略以来，贵州省工业得到了较快的发展，已初步形成以能源、优势原材料、烟酒等支柱产业为支撑，以特色食品、民族制药等特色优势产业为依托，以航空航天、电子信息、生物技术等高新技术产业为先导的工业体系。

根据贵州省第十一届人民代表大会第五次会议的初步估计，2010 年，贵州地区生产总值达到 4594 亿元，比上年增长 12.8%，财政总收入 969.7 亿元、一般预算收入 533.9 亿元，分别比上年增长 24.4% 和 28.2%，年均增长 21.6% 和 24%；固定资产投资 3186.3 亿元，比上年增长 30%，年均增长 24.1%；社会消费品零售总额 1482.1 亿元，比上年增长 18.8%，年均增长 19.2%；“十一五”期间，贵州经济年均增长 12.6%。贵州省以支柱产业为支撑、特色优势产业为依托、高新技术产业为先导的特色工业体系初步形成，省内主干输配电工程与华南电网及周边省区联网，“西电东送”格局基本形成，能源工业成为全省第一支柱产业，其增加值占全省生产总值的 8.6%；全省电力装机容量 1324 万 kW，外送能力达到 400 万 kW，五年新增装机容量 824 万 kW，是中华人民共和国成立以来前 51 年总和的 1.7 倍；原煤产量和发电量分别为 1.06 亿 t 和 786.78 亿 kW·h。烟酒工业的支柱产业地位得到巩固，磷及磷化工、铝及铝加工等优势原材料工业进一步壮大，航空、航天、电子信息、医药制品、新材料等高新技术产业获突破性进展。

6. 交通基础

贵州省省会贵阳是中国西南的铁路枢纽，以贵阳为中心，黔桂铁路、川黔铁路、贵昆铁路、湘黔铁路四条铁路干线贯穿贵州，至 2013 年年末营运里程达 2093.00km。贵昆、川黔、湘黔铁路已实现了电气化改造，电力牵引营运里程达 1138km。南昆铁路（贵州省境内 227km）已建成通车；我国东西向的大能力通道水城至株洲电气化复线（贵州省境内 596km）已建成通车；地方与中央合资兴建的水城至柏果铁路、黄桶至织金铁路也将陆续开通。按照国家和贵州省“十二五”铁路建设规划，到 2020 年，预计贵州全省铁路里程在 4400km 以上，其中高速铁路接近 2000km，基本建成适应贵州省经济社会发展的现代化铁路网。这些铁路建成后，贵阳作为西南地区主要交通枢纽的地位得到进一步提高，这不仅对贵州，而且对四川、云南的经济发展都将起到重要的作用。

贵州是西南地区交通枢纽省份，是西北、西南省区通往沿海地区的重要中转过境地区。贵州基本形成以贵阳为中心、沟通贵州各市县的公路网。西南第一条高等级公路——贵阳至黄果树公路已建成通车，并有贵阳至遵义、贵阳至广西新寨的高等级公路。截止到2013年12月，贵州省境内高速公路里程已达3200km，含兰海、杭瑞、厦蓉、蓉遵、沪昆、汕昆、都香、贵阳绕城8条国家级高速公路。铜大、思剑、贵兴二线（晴兴）、水盘、遵绥、黎洛等省级高速公路。2015年12月31日，贵州省提前三年实现88个县（市、区、特区）通高速公路的目标，成为西部地区第一个实现县县通高速公路的省份，也是全国为数不多实现这一目标的省份之一。全省高速公路通车里程超过5100km，高速公路路网密度达到2.9km/100km^2，形成15个高速公路出省通道，与相邻省（区、市）形成两个以上高速公路通道。“十三五”期间，贵州交通预计投入建设资金5000亿元，到2020年，全省公路网总里程达到20万km，其中，力争建成和在建高速公路里程超过7400km，建成环贵州高速公路，形成23个省际通道，使网络结构更加完善、高速公路密度进一步提高，基本建成以高速公路为骨架、国省干线为支撑、县乡公路为脉络、通村公路为基础的公路网络体系，适应贵州与全国同步全面建成小康社会的需要。

三、页岩气可持续发展的特殊性

（一）贵州省页岩气可持续发展的难点

1. 环境问题

页岩气开发的环境问题，主要集中在脆弱生态环境与页岩气“三废”污染及采矿诱发的地质灾害，贵州地质环境水土环境要素缺损，生态环境系统结构简单，生态容量低，资源规划体系不健全，管理秩序混乱的背景下，利用粗放的开发利用方式，使环境破坏进一步扩大。

尽管贵州是南方最重要的能源基地，可开发水能资源量、煤炭储量、矿产资源丰富。但是随着工业化发展中对资源和能源的粗放式消耗不断增加，资源供应上开始显现压力，并带来了经济发展与生态环境的矛盾。此外贵州既是长江、珠江上游地域的重要生态屏障，也是全国石漠化最严重的省份，生态环境极具脆弱性。当前面临的主要挑战就是经济发展极易与生态环境发生冲突。如何转变发展方式，提高资源利用，保护生态空间是贵州页岩气可持续发展所要解决的重要问题。

2. 经济与技术问题

页岩气勘探开发自身发展成本大，造成勘探开发过程中缺乏经济发展动力，一方面，页岩气勘探开发打破了原有的农业生态经济系统结构，进一步需要加大农业投入，并且要为改善生态环境花费更多的成本；另外给予失地农民的补偿范围窄、标准低，不足以让失地农民恢复正常生产生活，导致页岩气勘探开发区经济失衡。

贵州目前工业化存在的一个主要矛盾就是粗放式经济转型与产业技术创新力弱的矛盾。贵州页岩气勘探开发初期依靠资源优势获得了一定发展，但是数量扩张式发展一方面会导致技术创新动力不足，限制了内生性发展，甚至带来了严重的生态问题；另外极易受到边际收益递减的影响，到了一定的拐点很难维持增长。美国的发展经验显示了技术创新才是经济长久发展的动力，因此贵州页岩气可持续发展必须用技术创新来改变传统的粗放式发展道路。

3. 产业链与社会问题

页岩气勘探开发区同当地关系直接影响到地方的外部发展环境和机会，当地将无法依靠企业获得可持续发展的外部动力。企业对社会责任的漠视同当地人民生计需求构成矛盾。

金融危机带来了世界新一轮产业转移，长期借助于成本优势的沿海地区逐步将一些劳动密集型产业转移到中西部地区。贵州由于资源、成本、环境、政策等综合优势突出，成为一个重要的承接地，并给贵州工业化发展带来了机遇和挑战。应该说，承接产业转移只是一个阶段，贵州页岩气的发展不能一味盲目对接，而要有目的性有针对性地把本地潜在优势转化为现实优势，增强自主创新力，促进产业升级。目前大量基础设施的建成使用，尤其厦蓉高速和贵广高铁的建成，使得贵州的“西南重要陆路交通枢纽”地位凸现，并成为承接产业转移的关键枢纽节点，能带来技术、人才、资本的高效运转。

（二）贵州省页岩气可持续发展的特殊地位

贵州省页岩气资源非常丰富，资源量位列全国第三，并率先与国土资源部签署了部省共同推进页岩气勘查开发合作协议，同时设立了页岩气综合勘查试验区。根据规划，贵州省将力争 2020 年形成页岩气产能 20 亿 m^3，改变贵州省缺油少气的不利局面。由于贵州正在加快工业化、城镇化建设，对能源特别是清洁能源的需求十分迫切，页岩气可持续发展十分必要。

贵州经济长期处于欠发达欠开放的低水平，推进页岩气开发利用可持续发展是实现后发赶超的重要战略选择。而作为资源丰富且环境脆弱的欠发达地区，生态文明建设又是贵州实现可持续发展的本质所在。因此，贵州要想实现跨越式且可持续性发展就必须以生态文明为背景来推进新型工业化，实现工业现代化。

贵州省加大页岩气资源的开发利用，有利于促进我国能源结构调整，页岩气可持续发展可以对加快能源结构优化、降低碳排放具有的积极推动作用。页岩气可持续发展道路有利于优化贵州省的经济发展方式，实现绿色发展，践行生态文明理念。

第二节　贵州页岩气发展趋势与发展机遇

一、页岩气勘探开发发展机遇

（一）“一带一路”促进西南贵州的快速发展

在“一带一路”倡议中，贵州处于比较特别的位置，贵州地处西南腹地，地势西高东低，既不沿海，也不沿边，素有“八山一水一分田”之说，是全国唯一没有平原支撑的省份。贵州是矿产资源大省，汞、重晶石、化肥用砂岩、冶金用砂岩、饰面用辉绿岩、砖瓦用砂岩等保有储量排在全国前列。煤炭储量大，煤种齐全、煤质优良，素有“江南煤海”之称，铝土矿、磷矿储量占全国总量的40%以上。

贵州是生态资源大省，境内山清水秀，四季分明，雨量充沛，是世界上岩溶地貌发育最典型的地区之一，有绚丽多彩的喀斯特景观。贵州在对接“一带一路”建设上有着独特的优势，可以改变贵州僻居内陆的劣势。贵州向北可以经过重庆、成都连接欧亚大陆桥，直接融入新丝绸之路经济带；向南可以通过高速铁路和高速公路连接广东、广西等地，融入21世纪海上丝绸之路，“一带一路”倡议使贵州成为陆海统筹、左右逢源的黄金地带。2015年7月1日，从贵阳到德国杜伊斯堡的黔深欧海铁联运班列·中欧班列正式开行，标志着贵州与“一带一路”国家的便捷物流大通道正式形成。通过“北联、东进、南下”对接“一带一路”，建设沟通新丝绸之路经济带和21世纪海上丝绸之路的运输通道和重要物流枢纽，打造贵阳内陆型经济开放高地，为“一带一路”建设提供支撑。

同时，贵州省推动贵阳空港综合经济试验区、贵安新区、贵阳综合保税区的发展，驱动贵阳-遵义一体化和贵阳-安顺一体化，聚集经济资源，聚集产业集群，聚集生产要素，在贵州省崛起一个内陆型改革开放新高地，带动贵州全省与“一带一路”对接，与整个世界互联互通，推动贵州省步入可持续发展的轨道。

（二）天然气需求量快速发展

贵州经济在近年来得到飞速发展，2016年贵州GDP增长10.5%。初步核算，2016年全省地区生产总值11734.43亿元，比上年增长10.5%，增速高于全国（6.7%）3.8个百分点，继续位居全国前列。贵州地区生产总值占全国经济总量的比重稳步提升，2016年为1.58%，比上年提高0.05个百分点。

随着人民生活水平的快速提高，对天然气的需求量将逐步增加。贵州探明保有煤炭资源储量542.28×10^8t，居全国第五位，有十分丰富的煤层气（瓦斯）资源，埋深小于2km的煤层气达$3.15\times10^{12}m^3$，居全国第2位。页岩气的储量也十分巨大，其中地质资源量为$92155.44\times10^8m^3$，可采资源量为$16587.98\times10^8m^3$，预计到2020年贵州省天然气消费量将达到$70\times10^8m^3$，开发利用好页岩气、煤层气资源将成为未来贵州省天然气供给的重要补充。

（三）页岩气突破将改善贵州“多煤缺油少气”的缺憾

为加快页岩气、煤层气勘查开发利用，改善贵州“多煤缺油少气”的缺憾，贵州省重点建设正安-习水页岩气勘查开发项目，打造黔北页岩气开发基地；重点建设盘江矿区、织纳矿区及黔北矿区煤层气勘查开发示范项目，打造三大煤层气开发基地。同时优化煤电化基地、新能源开发利用基地、页岩气及煤层气勘探开发基地建设，形成“一带三区一中心”的能源空间布局。

全省范围内将加快建设毕水兴（毕节市、六盘水市、兴义市）能源产业聚集带，建成一批能源开发示范基地，积极建设黔北页岩气及煤炭资源综合利用开发区，黔东页岩气、生物质能源产业发展区，黔南、黔东南风电和生物质能源产业发展区“三区”，重点发展煤炭深加工、页岩气及煤层气勘探开发、风能开发，打造贵阳能源交易中心。

（四）天然气管网和交通网络为页岩气开发输出提供重要保障

贵州省正在积极加快天然气管网设施建设，以中缅（中国-缅甸）线、中贵（中卫-贵阳）线、渝桂线国家基干管道为主导，规划建设省级管网干线和“县县通”管网支线，形成基干一横二纵、省干8支线、9市（州）城市高压环网、县级联络线构成的全省互联互通、调配灵活的“三级”管网系统（“1289”工程）。建设完成1个枢纽调度中心、5个液化天然气（LNG）工厂、25座储配站，实现重点城市双气源保障和应急调控，建设规范合理的统一输配体系。争取到2020年全省城镇人口气化率达到85%。

成品油管道和储备设施建设也在积极进行中，进一步完善成品油管道、油库、加油站等设施，满足全省不断增长的成品油需求，保障供应安全。规划建设北海-贵阳成品油管道，提升贵州成品油管输供应能力。新建或改扩建一批国家成品油储备库、商业油库和加油站（图7.1）。

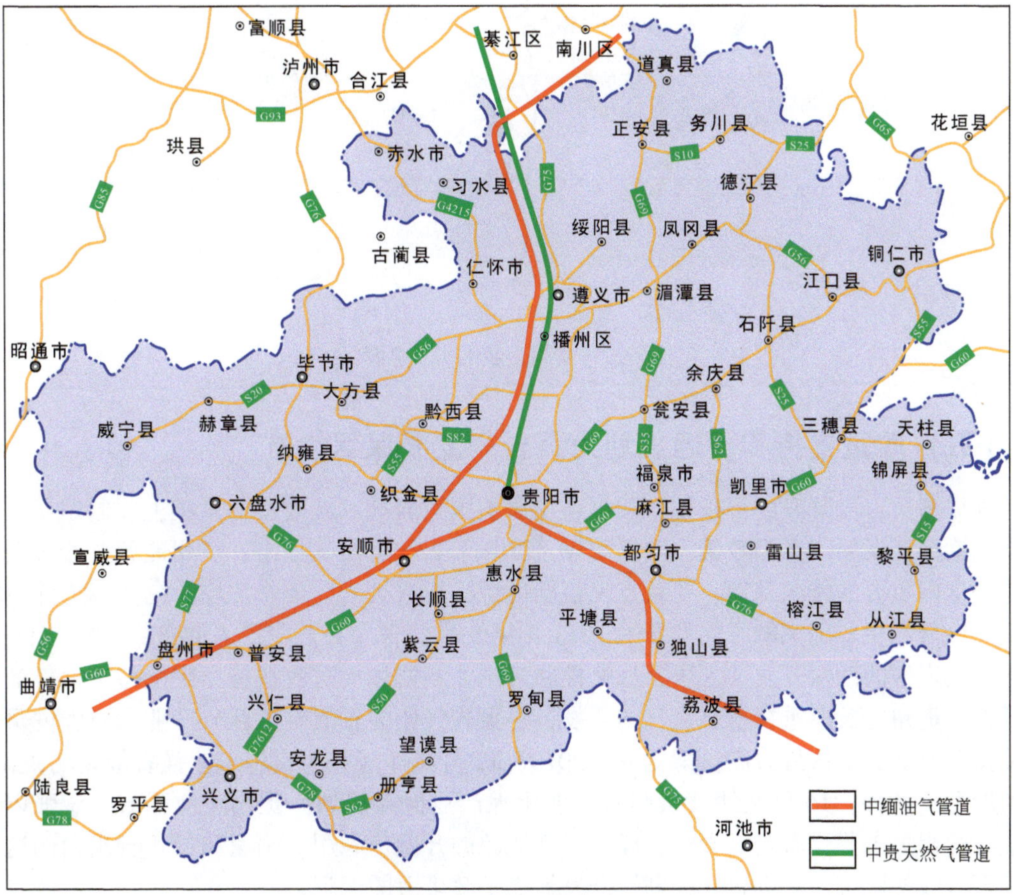

图7.1　中缅油气管道和中贵天然气管道示意图

天然气官网设施和成油管道及储备设施的建设有利于页岩气的进一步的储存和运输，提高页岩气的储存量，扩大页岩气的运输范围。并且贵州省在以已经形成的骨干交通网络为基础，以提升贫困地区乡村道路等级、完善产业路和断头路等为重点，抓好县乡村寨公路改造提升，打通连接高铁、高速公路网通道和贫困地区内部连接通道。目前贵南高铁、成贵高铁、渝黔高铁等多条高铁已经开通，又有6横7纵8联的高速公路网，为页岩气的开发输出提供重要的保障（图7.2）。

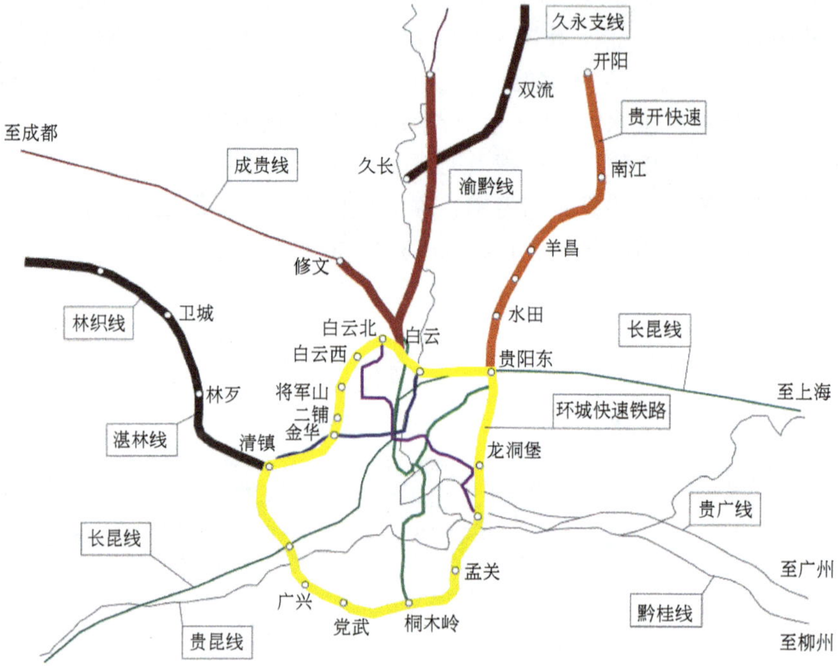

图7.2　贵州交通网络示意图

（五）政策支持和长远规划为页岩气发展保驾护航

为提高页岩气开发的积极性，我国在调研美国页岩气发展政策的基础上，制定了鼓励页岩气勘探开发的一系列政策。国务院发〔2012〕2号文明确提出，贵州能源矿产资源富集，是全国重要的能源基地，要重点发展新能源，推进页岩气等非常规油气资源的勘探、开发和综合利用。国家能源局发布的2013年第5号公告《页岩气产业政策》（第三十条）指出，页岩气的勘探开发纳入国家战略性新兴产业，要加大财政扶持力度支持页岩气的勘探开发。贵州省长期重视新页岩气的开发，将页岩气作为省战略性新兴产业，对省内页岩气勘探开发加大了扶持力度。黔党发〔2010〕12号文件《关于实施工业强省战略的决定》和黔府发〔2010〕16号文件《贵州省工业十大产业振兴规划》提出工业强省，做强以煤为基础的相关工业，做好页岩气、煤层气新能源的开发与利用。国家和贵州省出台的这些关于页岩气的政策，对页岩气的勘探开发提供了政策上的保障。

二、页岩气勘探开发优势

（一）资源量大，分布层位多，调查评价基础好

具有“沉积王国”之称的贵州，在长期地质历史时期中广泛发育黑色页岩岩系，分别为下寒武统牛蹄塘组和变马冲组、下志留统龙马溪组、中泥盆统火烘组、下石炭统旧司组、中二叠统梁山组、上二叠统龙潭组。前已述及，贵州沉积地层分布广泛，沉积中心区泥岩、页岩发育厚度大，资源潜力大。巨大的页岩气资源潜力引起了国土资源部和省政府的高度重视，国土资源部已将安顺-凯里和岑巩-松桃两个区块列入国家《页岩气发展规划（2011-2015年）》的19个重点勘探开发区，贵州省2012～2013年已安排页岩气勘查资金1.5亿元，按照“调查先行、规划调控、竞争出让、合同管理、加快突破”的思路，对划分的“黔北区、黔西北区、黔南区、黔西南区”四个页岩气资源评价区开展工作。同时，《贵州省国民经济和社会发展第十三个五年规划纲要》中也提出，加快页岩气、煤层气勘查开发利用，重点建设正安-习水页岩气勘查开发项目。2015年资源评价报告指出，贵州省页岩气地质资源量11.29×$10^{12}$$m^3$，有利区资源量1.9×$10^{12}$$m^3$。

（二）开发环境条件有利

页岩气是充填于页岩裂隙、微细孔隙及层面内的天然气，其储层的渗透率低、气流的阻力比传统天然气大得多，从而难以开采。目前页岩气开发的最主要技术是引用美国的水平成井和分段压裂。就“水力压裂法”技术而言，水资源是最主要的资源保障。首先，贵州水资源较为丰富，总量为956.5×$10^9$$m^3$，在全国31省（自治区、直辖市，不含港、澳、台地区）中排名12，约占全国水资源总量的3.1%；其次，在这一新技术的使用过程中，英国夸德里拉资源公司发表报告称，水力压裂可能引发地震，而贵州构造地质相对稳定，理论上有较大机会避免该不利影响的发生；再次，贵州页岩气资源丰富地区相对不是人口密集区，这一有利条件可以大大降低页岩气开发的时间和经济成本。

（三）能源需求量大

贵州是缺油少气的省份，但寻找石油、天然气、煤层气系统的地质工作自中华人民共和国成立以来从未间断过。贵州省资源主要依赖煤炭，其资源利用率不高，也不利于生态平衡，绿色开发。天然气是一种洁净环保的优质能源，几乎不含硫、粉尘和其他有害物质，燃烧时产生二氧化碳少于其他化石燃料，造成温室效应较低，因而能有效改善环境质量。天然气无毒、易散发，比重轻于空气，不宜积聚成爆炸性气体，是较为安全的燃气。而贵州省常规天然气资源不足，大部分需要从周围地区引进。据《贵州日报》2015年4月11日的报道，2020年贵州省天然气消费量将达到60～70亿m^3，中缅管道每年可提供管道天然气远不能满足需求，缺口较大。开发利用好页岩气、煤层气资源将成为未来贵州省天然气供给的重要补充。勘探开发页岩气，可以填补天然气的缺口，改变能源结构，极大地改善人民群众的生活质量。

三、页岩气发展趋势

（一）发展页岩气的战略意义

1. 有利于缓解天然气供应压力，保障国家能源供应及安全

我国《国民经济和社会发展第十二个五年规划纲要》明确提出，2015 年要实现天然气占一次能源消费的 8.3% 的目标，即 2015 年我国天然气消费量达到 2500 亿 m^3。如此规模的天然气需求仅依靠我国常规天然气生产难以满足，解决我国天然气供需矛盾还需要大量进口国外天然气与加大国内非常规天然气的开发力度来实现，力争 2016 ~ 2020 年大规模快速发展，进一步加快重点地区页岩气资源调查和综合示范，力争尽快取得重大突破。

丰富的页岩气资源是未来我国能源供应的重要组成部分。我国页岩气资源丰富，开发潜力大，加快我国自有的丰富的页岩气资源开发，能够直接增加我国天然气的供应量，缓解天然气供需矛盾，并提高我国在国际天然气贸易中的话语权。同时，一旦我国自有页岩气资源实现规模化开发及利用，还将有利于改善我国以煤为主的能源消费结构，实现能源供应多元化的重要战略选择，对确保国家能源供应及能源安全具有重要的战略意义。

2. 有利于调整能源结构，推进节能减排

目前，我国要调整以煤为主的能源结构，推进节能减排，就亟须同时大力发展天然气、水电、核电、风能及太阳能等清洁能源。但是，当前在国际核电公共安全突显、国内可再生能源并网遇阻、水电开发面临着各种资源瓶颈与社会质疑的大环境下，短期内这些能源资源对于进一步缓解我国能源供应的紧张局面及调整能源结构的作用发挥将受到限制。现阶段，立足国内，加大低碳、清洁的页岩气等非常规天然气资源勘探开发将是调整我国能源结构的最现实选择。

开发利用页岩气有利于减少二氧化碳排放，保护生态环境。页岩气是低碳、清洁的优质能源，燃烧产物几乎不含二氧化硫、粉尘和其他有害物质，二氧化碳排放量仅为等量热值煤炭的 56%、石油的 70%。按 2015 年页岩气年产量达到 65 亿 m^3 计算，与煤炭相比，如果页岩气用于发电，则可减少二氧化碳年排放约 1400 万 t、二氧化硫排放约 11.5 万 t、氮氧化合物排放约 4.3 万 t 和烟尘排放约 5.8 万 t。加快页岩气勘探开发和利用，对满足社会经济发展对清洁能源的巨大需求，控制温室气体排放，构建资源节约、环境友好的生产方式和消费模式，改善居民用能环境，提高生态文明水平具有重要的现实意义。

3. 有利于推动油气勘探理论创新和技术进步，并拉动油气装备制造业发展，创造新的经济增长点

页岩气成藏理论突破了传统地质学关于油气成藏的认识，有利于开拓页岩气等非常规油气资源勘探的思路。水平井钻井、分段压裂、同步压裂、微地震监测和批量工厂化生产等相应的开发技术也可应用到其他非常规油气的勘探开发。

同时，页岩气勘探开采技术攻关也是一项具有开创性的工作，需要通过大量的新工艺新设备推动我国油气工业的技术进步。事实上，我国油气装备制造业也亟须通过培育国内市场来不断提升自主创新能力，加速形成我国自己的专业技术服务队伍。我国亟须紧抓页岩气勘探开发的历史机遇加速实现油气开发新工艺及技术准备取得实质性突破和进展，以尽快改变我国油气资源勘探开发格局，培育战略新兴产业，形成拉动我国新的经济增长的有力支撑。

4. 有利于带动关联产业发展及基础设施建设，促进区域经济发展

我国页岩气资源丰富，但是国内页岩气资源有很大一部分地处交通不便，管网欠发达的山区或经济欠发达地区，开发这些地区的页岩气资源，对改善当地基础设施建设，促进区域天然气管网、液化天然气（LNG）、压缩天然气（CNG）的建设及发展等具有重要意义。

同时，页岩气勘探开发及利用也是一项重大能源基础产业，页岩气的规模化开发及利用还将拉动钢铁、水泥、化工、交通运输、装备制造，化工及工程建设等相关行业和领域的发展，增加劳动力需求，扩大就业机会，增加税收收入，对促进区域经济可持续发展具有重大意义。事实上，美国页岩气的成功开发就带动了美国装备制造业、化工业，以及天然气发电等基础产业的发展，直接增加了当地的就业及税收，促进了各州经济增长。

5. 有利于开展分布式就近利用与天然气发电，提高能源利用效率

目前，我国正鼓励天然气分布式利用，2010～2015年国内已建成约1000个天然气分布式能源项目，到2020年在大城市推广使用分布式能源系统，装机容量达到5000万kW。我国页岩气资源丰富且分布较为广泛，尤其是有很大一部分页岩气资源丰富区靠近我国的能源需求负荷中心，适于开展分布式开采及就近利用，丰富能源利用方式，提高能源利用效率。例如，我国华北页岩板块位于或靠近北京、山东、河南、河北等能源负荷区，扬子板块位于或靠近四川、湖北、湖南、上海、江苏、浙江等能源负荷区，这些地区经济发展快，能源需求高，开发利用这些区域的页岩气资源就具备就近建立分布式供能系统的市场潜力，提高能源就近利用的效率。

同时，大力开发页岩气在增加我国天然气供应的同时，还将增加可用于发电的天然气供应，这将直接提高我国能源利用效率。目前，世界上最先进的天然气联合循环发电机组净效率已经超过60%，是最先进煤电机组的1.3倍，二氧化碳排放强度仅为最先进煤电机组的40%左右。可见，相对于传统的燃煤火电厂，以甲烷气体为主的页岩气及天然气发电在能源利用效率方面具有更大优势。

此外，发展页岩气发电还可以通过改善电力系统运行工况，提高电力系统的效率和经济性，还能充分利用燃气、电力消费季节性峰谷特性互补的特点，对电网和天然气管网运行起到“双重调峰”作用，从而在更高的层面上提高我国能源利用效率。

（二）页岩气未来发展趋势

1. 资源评价将加强

根据我国含气页岩分布和页岩气富集的地质条件，通过基本已经遍布全国各主要地区

的石油企业与机构开展页岩气地质调查。我国页岩气形成的地质背景比国外地区复杂，北美地区页岩气的选区评价标准和勘探经验可能不完全适用，需要研究和建立适合我国页岩气形成地质条件特点的选区评价标准。

2. 技术攻关将加强

页岩气勘探开发离不开先进的技术和方法。美国页岩气的开发成功，是因为其掌握了先进的开发技术，如水平井技术、多段压裂技术、水力压裂技术、微地震技术、地震储层预测技术、有效的完井技术等。鉴于页岩气存在复杂的储存和渗流机理，国内页岩气动态分析理论短时间内取得突破存在较大的困难。因而需要借鉴国外的做法，工艺与理论并重，在开发的同时吸取经验，不断完善理论。

3. 政策扶持将加强

页岩气的开发需要中央和地方政府的大力支持，政府政策的颁布和实施将为页岩气的开发与能源发展保驾护航。

第三节　贵州页岩气可持续发展战略

一、页岩气可持续发展的必然性

页岩气作为一种资源潜力大的非常规性能源，研究对其的开发利用及资源的可持续发展将具有较高的社会效益、经济效益及生态效益。

（一）页岩气可持续发展的社会效益

勘探开发页岩气对增加贵州能源供应、改善能源结构、带动相关产业发展具有重要的现实意义。

1. 增加能源供应、改善能源结构

2017 年页岩气年产能 6 亿 m^3。2020 年，页岩气年产能力争达到 20 亿 m^3。页岩气规模化开发，可大大增加贵州省天然气供应，缓解贵州天然气供需矛盾，显著改变贵州“缺油少气”的现状，明显改善能源结构，并且形成新的经济增长点。

2. 带动区域管网等基础设施建设

根据贵州省政府规划，到 2020 年，贵州管网公司将建设天然气支线管道 37 条、建设里程约 2300km，将天然气管道覆盖到贵州 9 个地州市。页岩气勘探开发将大大推动区域管网建设，新增管网 1800km，有利于改善当地基础设施。同时建设省内天然气管网，发展小型 LNG、CNG 等设施。

3. 拉动相关产业发展

页岩气作为一项重大的能源基础产业，可以拉动钢铁、水泥、化工、装备制造、工程建设等相关产业发展，后期的综合开发利用可为天然气化工、分布式能源、居民燃气供应等相关领域带来机遇，吸引大量国内外投资，增加税收，为贵州省经济社会发展注入新的动力和活力，促进贵州省经济的可持续发展。

4. 扩大就业和再就业

页岩气产业形成后，对劳动力需求较大，有利于增加就业岗位，拓宽就业渠道，还将为大学生、城市和农村剩余劳动力提供更多的就业机会，减少就业压力。

(二) 页岩气可持续发展的经济效益

页岩气大规模的开发，以目前贵阳市家庭天然气 3 元/m^3 计算，贵州省开发 20 亿 m^3 天然气将产生 60 亿元的直接经济效益，将有效增加税收和财政收入，并且带动其他相关产业的发展。

从商业的角度看，美国页岩气盈亏点为 1.29 元/m^3，中国页岩气的开采条件较差，开采成本较高。目前的页岩气价格加每立方米 0.4 元的补贴仍然不能站在盈亏平衡点上，即以目前的天然气出厂价格，对于页岩气开发商来讲没有经济效益，但是对社会来讲有社会效益。目前天然气价格由于世界经济不景气而处在价格的下降通道，但页岩气在我国仍然有较大的缺口，因此页岩气勘探开发建设应该注重勘探开发工作效益，提高政府补贴力度鼓励页岩气开发。

(三) 页岩气可持续发展的生态效益

页岩气开发有利于贵州省生态环境的改善，减少煤炭等对自然环境影响较大的化石能源的开发和薪炭林的采伐，从而减少气体污染物排放。

页岩气大规模开发利用增加天然气在一次能源消费中的比重，将减少煤炭、石油等化石能源的比重。页岩气是一种清洁能源，燃烧产生的主要是水和二氧化碳，不产生硫化物，产生的氮氧化物较少，为煤炭的 20% ~30%，对 $PM_{2.5}$ 的影响将大幅度减少。增加页岩气的供应，可以减少煤炭使用量，贵州的环境将得到更好的保护，减轻生态压力。

页岩气的大规模开发利用，将进一步减少薪炭林的采伐，有效保持植被覆盖率和林木蓄积量，从而有效改善生态环境。页岩气开发过程产生的固体、液体等废物与煤炭、石油等化石能源的开采过程中产生的固体废物和废液相比要少很多，因此，固体废物和液体废弃物排放压力也相应减小。

二、页岩气资源需求

页岩气是低碳、清洁的新兴能源，美国页岩气成功开发已经引发全球能源领域的一场革命。我国页岩气资源丰富，加快页岩气勘探开发能够直接增加我国天然气供应、优化能源结构、缓解减排压力、保障能源供应安全、提高能源利用效率、拉动油气装备制造业发展、带动基础设施建设，以及培育新的经济增长点。

2003～2006 年，我国能源消耗量以惊人的速度在增加，每年的增长率在 10% 左右；2007～2009 年，受金融危机带来的全球经济衰退影响，我国能源消费增速有所放缓，但进入 2010 年之后，我国能源消费又开始快速增长。据《BP 世界能源统计 2012》，2011 年我国一次能源消费总量达到 26.13 亿吨油当量（38 亿吨标准煤），同比增长 8.8%，占世界能源消耗总量 122.75 亿吨油当量的 21.3%。我国已经自 2009 年以来连续三年超过美国成为世界第一能源消费大国，随着我国工业化与城镇化进程的不断加快，能源消费需求还将进一步增长，据《中国能源发展报告 2016》，我国能源消费总量呈低速增长，能源消费结构更趋合理，清洁能源比例继续提高。(表 7.1，图 7.3)。

表 7.1　2007～2016 年中国一次能源消费总量及消费结构　(单位：万吨标准煤)

项目	2007 年	2008 年	2009 年	2010 年	2011 年	2012 年	2013 年	2014 年	2015 年	2016 年
能源消费总量	311442	320611	336126	360648	387043	402138	416913	426000	430000	436000
煤炭消费总量	72.5	71.5	71.6	69.2	70.2	68.5	67.4	66	64.4	62.6
石油消费总量	17	16.7	16.4	17.4	16.8	17	17.1	17.1	17.7	18
天然气消费总量	3	3.4	3.5	4	4.6	4.8	5.3	5.7	5.9	6.2
非化石能源消费总量	7.5	8.4	8.5	9.4	8.4	9.7	10.2	11.2	12	13.3

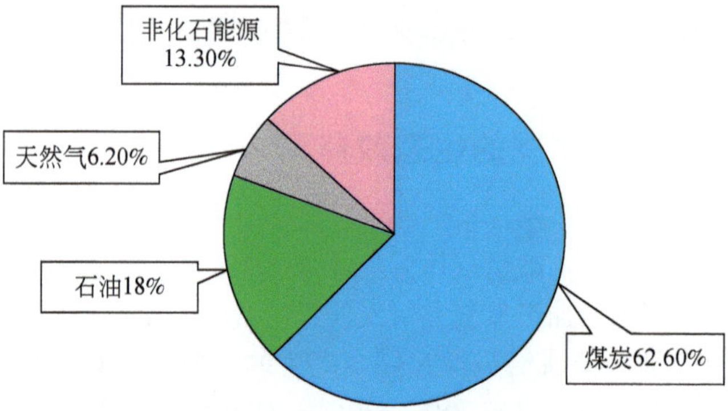

图 7.3　2016 年能源消费结构

近年来，随着我国经济持续快速发展，我国天然气消费需求的增长速度已经超过煤炭和石油，天然气供需矛盾突出，尤其是短期供需不平衡矛盾，已影响了城市供气安全和人民生活环境的改善，阻碍了天然气产业的有序发展。

据统计，2011 年我国天然气产量虽然突破 1000 亿立方米，达到 1053 亿立方米，但国内天然气供应仍不能满足天然气消费需求，2011 年我国天然气表观消费量达到 1333 亿立方米，同比增长 23%，供需缺口 280 亿立方米，2011 年我国进口天然气 312 亿立方米(其中管道天然气 142.5 亿立方米，液化天然气约 169.2 亿立方米)，天然气对外依存度高达 23.4%。同时，据中石油经济技术研究院预测，到 2020 年，我国天然气消费需求将占比 10% 以上，并达到 3210 亿立方米，供需缺口分别达到 700 亿立方米。我国天然气供需缺口逐年增大已经给国内天然气增产带来巨大压力，这就要求我国在进口国外管道天然气及LNG的同时，丰富国内天然气供应结构，加大对煤层气、页岩气等非常规天然气资源开发，形成多元化的天然气供应格局（表7.2，图7.4）。

表7.2　2005～2014年我国天然气供需平衡分析

年份	产量/亿 m^3	进口量/亿 m^3	出口量/亿 m^3	表观消费量/亿 m^3	对外依存度/%
2005	493.2	8	30	471.2	1.70
2006	585.53	10	29	566.53	1.77
2007	692.4	40	26	706.4	5.66
2008	802.99	46	32	816.99	5.63
2009	852.7	76	32	896.7	8.48
2010	957.91	165	40	1082.91	15.24
2011	1053.37	312	32	1333.37	23.40
2012	1106.08	421	29	1498.08	28.10
2013	1208.6	536	26.5	1709.1	31.20
2014	1301.57	595	26	1870.57	31.81

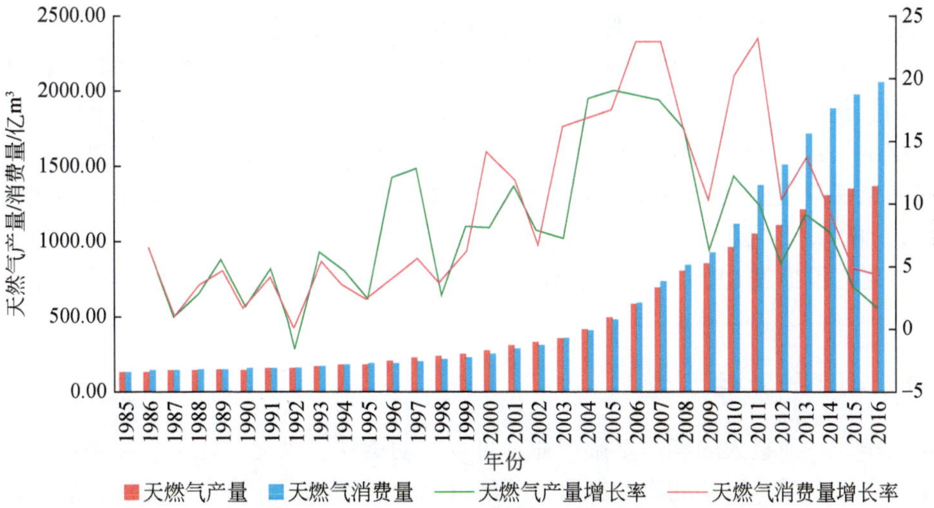

图7.4　1985～2016年中国天然气行业供需

据专家预测，2020年我国天然气消费将达到 $2000\times10^8m^3$ 以上，在一次能源消费结构中比例增至10%以上，而预期天然气产量为 $1200\times10^8m^3$，供需差距在 $800\times10^8m^3$ 以上。显然，其供求矛盾已成为制约我国国民经济和社会可持续发展的一个十分严峻的问题。

20世纪90年代以来，人们不仅重视煤层气与致密砂岩气的勘探开发，随着北美地区页岩气的成功开发利用，人们更是将目光转向了资源更丰富、开采周期长、产量高的页岩气资源上。虽然页岩气产量目前尚不及煤层气，但其发展速度之快，大有后来居上的势头。2007年美国页岩气年产已超过 $430\times10^8m^3$，约占美国天然气总年产量的8%，我国页岩气资源非常丰富，具有巨大的资源潜力和勘探开发远景，是非常现实的重要勘探开发目标。从目前资料分析，页岩气资源极有可能成为一种未来大行其道的非常规天然气资源。

三、页岩气开发利用可持续发展的基础与条件

（一）贵州页岩气资源的开发基础

1. 已开发资源及开发总体布局

结合国家能源规划、贵州省页岩气资源禀赋和勘探现状，贵州省提出了页岩气的“24字方针”：调查先行、规划引导、技术创新、注重环保、开放市场、加强监管。

贵州省页岩气的开发主要是加快重点区域页岩气产业规模化利用，尽早获得页岩气工业气流，实现工业化生产。页岩气开发的主要目标层为黔北页岩气综合勘查试验区的习水-丁山、道真地区龙马溪组，以及黔东南岑巩区块牛蹄塘组，黔西地区的打屋坝组（旧司组）和龙潭组。

2015～2017年布局了以黔北页岩气综合勘查试验区龙马溪组、黔西打屋坝组（旧司组）、岑巩地区牛蹄塘组开发重点，并开展黔西龙潭组1000m以深煤层气、致密气和页岩气“三气合采”的试验工作，实现2017年建成6亿m^3页岩气产能的目标。

2018～2020年布局了以黔北习水-丁山地区、道真地区龙马溪组，岑巩牛蹄塘组和黔西地区南打屋坝组（旧司组）页岩气产量稳中有增，并在页岩气接续开采区内实现建产5.4亿m^3/a的目标，黔西北和黔西南龙潭组1000m以深页岩气、致密砂岩气和煤层气“三气合采”上产，力争到2020年实现20亿m^3/a页岩气产能目标，改变贵州省“缺油少气”的不利局面；2018～2020年以实现规划产能为目标，在试验开采区和接续开采区实施开展二维地震6300km、三维地震5560km^2，探井直井76口、水平井295口等探采工程。

2. 开发利用产业链

页岩气作为一项重大的能源基础产业，可以拉动钢铁、水泥、化工、装备制造、工程建设等相关产业发展，后期的产业链可为天然气综合开发利用、分布式能源、居民燃气供应等相关领域带来机遇。页岩气产业链包括天然气管网建设、小型LNG和CNG建设、燃气化工建设和页岩气装备制造四项内容。

（1）天然气管网建设

天然气管网建设主要包括主线建设与支线管网建设。目前，中缅（中国-缅甸）天然气管道和中贵（宁夏中卫-贵阳）天然气管道已经开通运行，年运输天然气150亿m^3；渝桂天然气管道，规划年运输天然气100亿m^3以上。

贵州管网规划包括2纵1横8支9环网加县级联络线：2纵为中贵、渝桂天然气管道（贵州段），建设里程分别为356km、582km；1横为中缅天然气管道（贵州段），建设里程为521km；8支线建设里程为1410km；9环网建设里程为600km；县级联络线建设里程为1630km。优先建设黔北重点城际管网。

(2) 小型 LNG、CNG 建设

积极鼓励页岩气就地就近利用。结合贵州省天然气管网建设规划，一是对于临近天然气主干管网地区，积极建设页岩气支线管网和气田集输管道，将页岩气输入天然气管网；二是对于远离天然气主干管网或者初期产量较小的页岩气开发利用区，就地建设页岩气开发所需的小型脱硫装置、储气设备，干燥净化等装置和压缩站、液化站等装备，实现页岩气有效的开发利用。

小型 LNG 液化气工厂，比 CNG 压缩气站更具环保和对能源的有效利用，据页岩气产能规划，将有 2000～3000 万 m^3 页岩气采取 LNG 液化气工厂和 CNG 压缩气站生产。

(3) 燃气化工建设

积极发展页岩气综合利用项目，提高页岩气利用效率。除大力建设小型 LNG 或 CNG 利用装置，注重页岩气就地转化利用，防止放空浪费以外，还可根据市场资源配置和页岩气开发利用进展情况，适时实施建设天然气化工等资源深加工项目，提高页岩气的附加值。

(4) 页岩气装备制造

建设页岩气装备工业园区，提供优惠政策将把页岩气装备成套设备、燃气轮机组及大型石化设备作为重点领域和发展方向，打造具有核心技术及竞争力的项目。立足于产业园开发建设，重点抓好两点：一是抓好关键技术工艺研发。贵州可以立足现有资源优势和条件，抓紧引进一批页岩气装备制造龙头企业，在引进的基础上注重消化吸收，力争在勘探、钻井、增产设备等方面有所突破，形成大马力柴油机、柱塞泵、气压机、特种车辆、电控、配电等设备制造能力。二是大力发展相关配套企业，形成页岩气装备制造产业集群，并在资金、土地、贷款等方面予以重点支持，为中小企业进军页岩气市场打开便利之门。

目前贵州省天然气主线管网还未涉及毕节、铜仁、黔东南和黔西南等市州，今后应将地市全部纳入主线管网建设，联通川滇桂，支线管网覆盖所有县城和重点镇；小型 LNG 和 CNG 建设应放在黔西威宁、水城地区和铜仁、黔东南地区，以解决未来页岩气管网建设不足对页岩气开发的制约问题；燃气化工产业则根据产业现状和原料供应问题，产业布局于遵义-赤水一带和六盘水地区；页岩气装备制造和天然气汽车产业布局于遵义-贵阳一带，该地区可提供良好的技术支撑和便利的交通条件。

(二) 页岩气资源开发的政策基础

政府政策的颁布和实施将助力页岩气的开发。页岩气勘查开发投资大、投资回收期长，科学合理的政策将引导和鼓励民营资本、中央和地方国有资本等多方式参与页岩气投资开发，并为页岩气的开发提供政策保障基础。

将页岩气的勘探开发理论技术研究及开发示范工程列入国家重大专项栏目，引进和自主研制先进探采设备和技术，将成为页岩气开发与可持续发展的主要基础。中央和地方政府出台的对页岩气勘探开发用地、矿权设置、勘探开发合作、环境评估与管理、资料共享、页岩气入管网等相关政策或管理办法，有利于建立、健全页岩气产业规制，制定有关行业标准，施行价格激励机制，鼓励和支持企业勘探开发页岩气。

（三）页岩气资源开发与可持续发展的条件

1. 资源勘探开发日趋深入

针对贵州省页岩气资源的地质调查与评价，国土资源部、贵州省国土资源厅，以及中国石化、中国石油等其他实施单位都已开展了大量的工作，资源勘查日趋完善。

2009 年，国土资源部启动“中国重点地区页岩气资源潜力及有利区优选”项目，先后由中国地质大学（北京）、成都地质矿产研究所等单位对贵州省北部页岩气进行了区域勘探、样品采集和初步研究，指出黔北地区是页岩气发育的有利区域。自 2009 年开始，国土资源部油气资源战略研究中心、中国地质大学（北京）、成都地质矿产研究所等单位，对黔北地区开展了更为深入的页岩气资源调查与评价工作。

2012 年，贵州省国土资源厅组织开展了系统的页岩气资源调查与评价工作，实施了一批 26 口页岩气探井，探讨了 10 余个页岩层系的关键评价参数，实际测量了不同层系、不同埋深、不同地质条件下的页岩含气量及其变化特点。

2013 年，以贵州省北部地区为中心，国土资源部实施了页岩气探矿权二次招投标工作，促进了下寒武统牛蹄塘组和下志留统龙马溪组页岩气的勘探。

2014 年，在黔西南地区实施的水页 1 井完钻，发现了壮观的页岩气显示。作为黔西南第一批参数井，采用能够适应贵州地质复杂、地层倾斜角度大的地面丛式井抽采工程，随着技术发展日渐成熟，将取得黔西南地区页岩气新突破。

2012 ~ 2014 年，中国华电集团股份有限公司和中国地质调查局油气资源调查中心同时对黔北下志留统龙马溪组进行了研究。在此期间，页岩气探矿权二轮招投标重标企业分别在各自的区块中开展了有意义的页岩气地质勘探和钻探工作。

2015 年，安页 1 井完井，松坎组钻遇气层取得重大突破，发现了新目的层系的页岩气藏，落实了贵州正安地区的地层分布、地球化学、储集物性等参数，发现了工业性页岩气流。

2. 日趋完善的环保法规

随着中国页岩气开发环境监管制度的日趋完善，制定针对开发各环节的环境监管法规、生产技术标准和规范等，尤其是压裂液污染防治、返排水回收利用等方面需出台专门监管制度，完善页岩气产业链，科学制定产业发展规划将为页岩气资源的开发与可持续发展保驾护航。

环保部门应尽快完善相关天然气排放、废液地下灌注的法律和法规，防患于未然。倡导应用新技术开发页岩气，从源头上杜绝页岩气大规模商业化开发对环境的破坏，保护自然环境，维护工业发展和自然生态之间的平衡。

3. 逐渐加强的监管和专项研究

逐渐加强监管措施和专项研究，从国情出发，自上而下推动页岩气环境监管体系建设，为实施监管提供体制机制保障。中央政府统一管理协调机构，以页岩气开发环境管理相关的法律、法规、技术标准和规范制定为主，地方政府机构以监管实施为主，并相互协调。

逐步查找页岩气开发中存在的种种问题，特别是对其中可能引发的水资源、地质等环境问题、社会问题进行专项研究；认真做好战略规划，重视来自自然科学和人文科学等方面的建议，科学合理地布局贵州省能源产业。

4. 国外新技术引进与本国技术的发展

美国页岩气开发新技术体现在水平井钻井技术、水力压裂监测技术等方面。中国页岩气开发可以借鉴这些成熟技术，或者加大自主研发力度，一方面政府已加大对环境友好的页岩气勘探开发技术研究投入；另一方面积极促进企业自主研发，政府出台优惠政策鼓励优先采用本国技术。

四、页岩气开发利用可持续发展规划

（一）页岩气开发可持续发展规划的总体思路

针对贵州省的气体能源结构、页岩气赋存与地质条件、页岩气勘探现状、开发与环境保护等方面的特殊性，对贵州省页岩气资源的开发利用与资源的可持续发展的规划应遵循以下思路。

1. 统筹规划，突出重点

充分发挥规划的调控作用，整体规划全省页岩气勘探开发工作，统筹部署未来页岩气勘探开发，确保贵州页岩气产业的顺利起步，力争在 2016 ~ 2020 年实现页岩气大规模快速发展。进一步加快重点地区页岩气资源调查和综合示范，力争尽快取得重大突破，按照国家页岩气勘探开发规划要求，建立国家页岩气勘探开发区，到 2030 年建成上下游一体化的规模产能。

2. 先行先试，综合示范

在全省页岩气资源调查的基础上，选择道真-正安、黔西-金沙等页岩气有利区，建设贵州省页岩气勘查开发综合利用示范区，在评价与开发技术、环境保护、管理体制、政策支持、利用模式和监管等方面进行综合试验，率先突破，形成储量和产能。制定科学合理的发展规划和试点工作方案，明确页岩气勘查开发利用一体化示范区定位、示范目标、发展重点和保障措施，加强组织领导和统筹协调，不断总结经验，为推进全省页岩气勘查开发和利用提供借鉴，经过几年的努力，将示范区建成贵州省页岩气重要的产能基地。

3. 由简到难，逐步推进

页岩气的勘探开发集中了油气领域大量的高精尖技术，系统掌握并熟练应用这些技术需要大量的专业技术人员、装备和不断的生产实践，一步到位难度较大。鉴于贵州省浅层页岩气有一定规模，其勘探开发技术门槛相对较低。因此，贵州页岩气勘探开发可先从浅层页岩气入手，深浅兼顾，逐步推进，实现突破。

4. 加快勘探，实现突破

对已经初选出的页岩气有利区，按页岩气矿业权情况和埋深特点，动员多种力量进行勘探，全面掌握各有利区含气页岩层段发育特点和分布特征，查明页岩气资源潜力及分布，进一步落实页岩气有利区，探明页岩气储量，为页岩气建产，提供储量基础。

5. 加强合作，引入竞争

发挥本省能源企业自身优势，加强与国内外具有先进成熟技术的企业和具有资金实力的各类企业合作。同时，引入市场竞争机制，以技术进步引领页岩气勘探开发，形成页岩气勘探开发的核心骨干企业，引导企业投入勘探开发，加快实现页岩气规模化商业开发。

6. 统筹协调，加强监管

加强省内页岩气勘探开发的统筹协调，制定支持页岩气勘探开发的相关政策，加强对省内页岩气勘探开发企业的过程监管。在土地、道路、用电、用水和环境保护等方面，主动为页岩气勘探开发企业服务，创造良好的勘探开发环境，推动贵州省页岩气勘探开发尽快起步，加快页岩气产业化。

（二）页岩气开发利用的时间布局

从时间跨度来看，页岩气开发利用与可持续发展的整体布局包括以下三个阶段。

1. 2016～2020 年（“十三五”时期）

页岩气的商业性试验开发阶段，加强我省页岩气勘探开发技术攻关，大力加强页岩气人才队伍建设，加快页岩气产业规模化利用，尽快获得页岩气工业气流，实现工业化生产。到 2020 年，落实页岩气勘查区块 10～11 个，力争落实页岩气资源量 1500 亿 m^3，实现页岩气 20 亿 m^3 产能，将全省天然气一次能源消费占比提高到 6% 左右。

2. 2021～2030 年（“十四五”和“十五五”时期）

页岩气商业性规模开发阶段，在全省范围内建成完善、成熟的页岩气勘探开发配套设施，到 2030 年实现页岩气规模化、产业化的开发生产。

3. 2030 年之后

页岩气可持续发展阶段，实现“气化贵州”的伟大战略目标。

（三）页岩气勘查规划

2016～2020 年，我国经济发展新常态将推动能源结构不断优化调整，天然气等清洁能源需求持续加大，为页岩气大规模开发提供了宝贵的战略机遇。2015 年天然气占我国一次能源消费比重 5.9%，与世界 24% 的平均水平差距仍然较大。随着我国不断强化大气污染治理，2012～2013 年，由贵州省国土资源厅立项，率先在全国启动了贵州省页岩气资源勘探调查评价，按照“黔北突破、带动两翼、兼顾黔南”的战略思路，开展了二维电法、音频大地电磁测深等部分工作，勘察规划基本要求如下。

1. 勘查规划分区

根据资源禀赋和环保要求等进行勘查规划分区，共4类，即勘查试验区、勘查有利区、接续勘查区、禁止勘查区（表7.3）。

表7.3 贵州页岩气勘查规划分区

类别	详情
勘查试验区	黔北页岩气综合勘查试验区（1个）
勘查有利区	黔西勘查有利区、黔南勘查有利区、黔东勘查有利区（3个）
接续勘查区	赤水河流域环境治理区和环境控制区（1个）
禁止勘查区	赤水河流域环境保护区等20个

2. 勘查规划区块

根据《贵州省页岩气调查评价》成果中确定的26个有利区，结合页岩气目标层发育分布的基础地质背景条件，全省初步规划页岩气勘查区块11个，总面积28207.11km^2。

3. 探矿权投放

2015~2020年全省拟设置探矿权区块11个，2015~2017年投放5~6个，2018~2020年投放5个。在基本要求下，实际勘探工作要做好如下几点。

（1）增加对黔西南和黔南等地的勘探

目前，大部分井位集中在黔北地区，而黔南和黔西南地区地质资源量丰富，结合黔南和黔西南的地质特征及沉积特点，可以进一步加大测试范围，增加有利选区（表7.4）。

表7.4 贵州页岩气资源评价结果表 （单位：10^8m^3）

地区	资源量	概率分布				
		P_5	P_{25}	P_{50}	P_{75}	P_{95}
黔南区	地质资源量	12408.46	10405.29	8241.17	5960.30	4039.02
	可采资源量	2233.52	1872.95	1483.41	1072.85	727.02
黔西南区	地质资源量	34664.71	27491.86	22209.96	17330.00	12841.95
	可采资源量	6239.65	4948.53	3997.79	3119.40	2311.55
黔北区	地质资源量	45180.95	36986.63	31134.16	25429.26	19721.51
	可采资源量	8132.57	6657.59	5604.15	4577.27	3549.87
黔西北区	地质资源量	54413.01	41897.35	30570.15	20211.04	11735.05
	可采资源量	9794.34	7541.52	5502.63	3637.99	2112.31
合计	地质资源量	146667.13	116781.13	92155.44	68930.60	48337.53
	可采资源量	26400.08	21020.60	16587.98	12407.51	8700.76

（2）加大勘探目标层深度

2014年2月12日，贵州北部地区钻探出国内埋藏最深的页岩气水平井，日产气量最高可达10.5万m^3。也证明了黔北地区深层下志留统龙马溪组下部为页岩气富集区。现阶段可以在技术允许的情况下继续向更深目标层勘探。

（3）向古生界等层系进行勘探

贵州省页岩气资源目前主要分布在下寒武统变马冲组、下寒武统牛蹄塘组、下志留统龙马溪组、下石炭统打屋坝组、下二叠统梁山组和上二叠统龙潭组（表7.5）。

表7.5 贵州页岩气资源量层系分布表 （单位：10^8m^3）

层系	资源量	概率分布				
		P_5	P_{25}	P_{50}	P_{75}	P_{95}
上二叠统龙潭组	地质资源量	32296.42	24326.23	17265.16	11024.13	5982.6
	可采资源量	5813.36	4378.72	3107.73	1984.34	1076.87
下二叠统梁山组	地质资源量	14201.7	11140.61	8689.86	6591.25	4732.48
	可采资源量	2556.31	2005.31	1564.17	1186.43	851.85
下石炭统打屋坝组	地质资源量	21084.89	17208.07	14429.7	11625.61	8787.65
	可采资源量	3795.28	3097.45	2597.35	2092.61	1581.78
下志留统龙马溪组	地质资源量	23951.65	18825.23	14763.74	10724.5	7247.09
	可采资源量	4311.30	3388.54	2657.47	1930.41	1304.48
下寒武统牛蹄塘组	地质资源量	52361.88	43191.52	35493.22	28014.14	21044.35
	可采资源量	9425.14	7774.47	6388.78	5042.55	3787.98
下寒武统变马冲组	地质资源量	2770.59	2089.47	1513.76	950.97	543.36
	可采资源量	498.71	376.10	272.48	171.17	97.80
合计	地质资源量	146667.13	116781.13	92155.44	68930.60	48337.53
	可采资源量	26400.08	21020.60	16587.98	12407.51	8700.76

2017年1月，由中国地质调查局油气资源调查中心部署实施的黔紫页1井正式开钻，这是在滇黔桂地区部署的第一口针对早古生界页岩气参数井。以后将加大对海陆过渡相的龙潭组等早古生界进行研究。

（4）对空白区进行招标

矿权区有利区页岩气资源量43815.98×10^8m^3，占贵州总量的47.5%，可采资源量7886.88×10^8m^3；空白区有利区页岩气资源48339.46×10^8m^3，占贵州省总量的52.5%，可采资源量8701.10×10^8m^3，扩大招标，使企业公平竞争，充分发挥各自优势，对空白区进行充分勘探开采利用（表7.6，图7.5）。

表 7.6　贵州页岩气资源量矿权区与空白区分布表　　（单位：$10^8 m^3$）

资源量		概率分布				
		P_5	P_{25}	P_{50}	P_{75}	P_{95}
矿权区	地质资源量	73283.73	57108.20	43815.98	31388.47	20612.78
	可采资源量	13190.87	10279.48	7886.88	5649.93	3710.30
空白区	地质资源量	73383.40	59672.93	48339.46	37542.13	27724.75
	可采资源量	13209.21	10741.13	8701.10	6757.58	4990.45
总计	地质资源量	146667.13	116781.13	92155.44	68930.60	48337.53
	可采资源量	26400.08	21020.60	16587.98	12407.51	8700.76

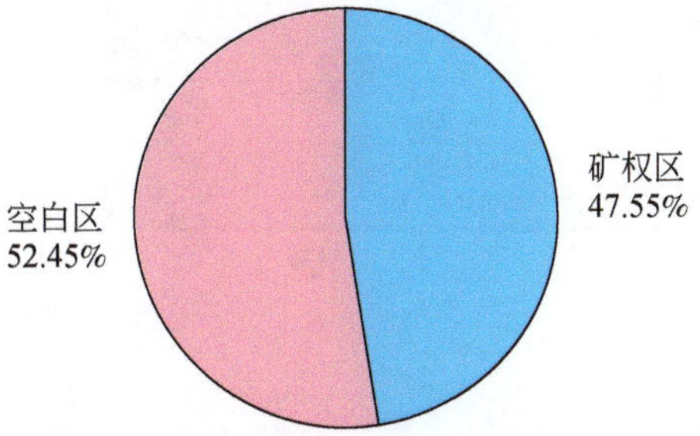

图 7.5　贵州省矿权区与空白区页岩气资源百分比分布图

（5）加强企业间技术的相互合作

贵州省矿权区除了中国石化、中国石油、中联公司矿权区外，还包括国土资源部第二轮页岩气探矿权公开招标，分别被五家企业中标的岑巩、绥阳、凤冈 1、凤冈 2 和凤冈 3 区块，今后可加强企业间的联合协作，发挥各家优势，统筹协作，推动页岩气勘探的进一步发展。

（6）加强政府政策的扶持

政府加大对本省页岩气项目的扶持，推出相关政策，督促页岩气相关项目的进行。作为可产业化的新能源，页岩气正在引发一场全球能源供给的深刻变革，为资源丰富的国家开辟了一条保障能源安全，实现能源自给的通路。中国作为页岩气储量丰富、能源需求巨大的国家，发展页岩气具有先天的优势和重大战略意义。中国页岩气行业的发展，不但可以改善能源结构、提高能源自给率，而且会通过技术进步带动整个产业链，为经济做出多重贡献。尽管在发展中需要面对产业化和市场化的挑战，但我们相信中国页岩气行业前景光明。

（四）页岩气开发规划

为加快实现页岩气资源勘查开发重大突破，国土资源部与贵州省政府签订了“关于共同推进页岩气勘探开发合作协议”，计划于 2016 ~ 2020 年完成页岩气示范区建设，实现页岩气规模化和产业化的开发利用。

根据页岩气勘探开发现状、勘探井测试油气情况及区块不同层系评价条件，并参考该地区的自然、经济地理状况及人文景观等进行勘查开发规划分区，共3类，即试验开采区、接续开采区和禁止开采区（图7.6，表7.7）。

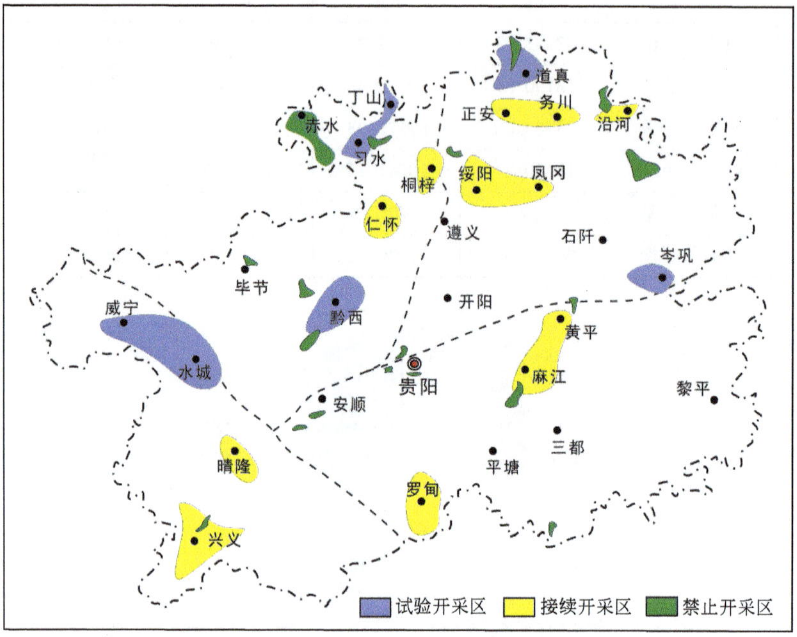

图7.6　贵州页岩气资源勘探开发规划分区

表7.7　贵州页岩气开发规划分区

类别	详情
试验开采区	习水-丁山页岩气试验开采区、威宁-水城页岩气试验开采区、岑巩页岩气试验开采区、道真页岩气试验开采区、黔西页岩气试验开采区（5处）
接续开采区	务川页岩气接续开采区、沿河页岩气接续开采区、桐梓页岩气接续开采区、仁怀页岩气接续开采区、晴隆页岩气接续开采区、黔西南页岩气接续开采区、绥阳-凤冈页岩气接续开采区、麻江-黄平页岩气接续开采区、罗甸页岩气接续开采区、赤水河流域接续开采区（10处）
禁止开采区	马岭河峡谷国家级风景名胜区、大沙河省级自然保护区、麻阳河国家级自然保护区、赤水风景名胜区、赤水河流域环境保护区、习水中亚热带常绿阔叶林国家级自然保护区、宽阔水国家级自然保护区、梵净山国家级自然保护区、茂兰国家级自然保护区、百里杜鹃国家级森林公园、百里杜鹃森林公园、舞阳河国家级风景名胜区、草海国家级自然保护区、织金洞国家级风景名胜区、百花湖水源保护区、红枫湖国家级风景名胜区、雷公山国家级自然保护区、龙宫国家级风景名胜区、黄果树国家级风景名胜区、荔波樟江国家级风景名胜区（20处）

在开采时序上首先对勘探取得突破的习水-丁山地区的龙马溪组进行开采试验，进而对勘探效果较好的岑巩、习水-威宁、道真、黔西区块进行开采试验和商业开发；接续开采区则主要以勘探评价为主，条件成熟后进行开采试验和商业开发。

1. 开发规划分区

（1）试验开采区

加强页岩气资源在开发利用过程中的管理，在页岩气资源量丰富、地质工作程度高、页岩气成藏规律和分布清楚，并且开发利用条件好，有工业气流产出井或页岩气含气性高的地区作为页岩气试验开采区，本规划共设置试验开采区 5 处：习水-丁山页岩气试验开采区、威宁-水城页岩气试验开采区、岑巩页岩气试验开采区、道真页岩气试验开采区、黔西页岩气试验开采区。

其中黔北页岩气综合勘查试验的区习水-丁山地区页岩含气性高达到 $2.9m^3/t$，页岩气可采资源量为 $1338.51\times10^8m^3$，且该区丁页 2 井产能在 $1.0\times10^4 \sim 4.3\times10^4m^3/天$；威宁-水城地区的水页 1 井为 $2\times10^4m^3/天$；岑巩地区天星 1 井为 $0.2\times10^4m^3/天$，为重点开发区，重点开采习水-丁山地区龙马溪组、威宁-水城地区下石炭统打屋坝组和二叠系龙潭组页岩气，以及岑巩地区中-下寒武统牛蹄塘组和中寒武统变马冲组页岩气。另外位于黔北页岩气综合勘查试验区道真地区与习水-丁山及重庆的礁石坝地区构造演化过程相似，成藏条件有利，页岩含气性高，为 $1.84 \sim 4.0m^3/t$，预计可采资源量 $662.10\times10^8m^3$，作为页岩气试验开采区；黔西地区煤层气、致密砂岩气和页岩均含气性较好，该地区资源量均较丰富，适合开展“三气合采”的试验开采区。

（2）接续开采区

按照资源的供需关系、国家产业政策、相关规划要求，将地质工作程度相对较高，并有一定的勘探工作量和获取页岩气较大地质资源量，有较好的开采技术经济条件，与此同时该地区尽管含气性较高，资源量较为丰富，但是该区域的页岩气成藏规律尚不十分清楚，没有工业气流井的区域设置为接续开采区，包括位于黔北页岩气综合试验区的绥阳-凤冈页岩气接续开采区、务川页岩气接续开采区、沿河页岩气接续开采区、桐梓页岩气接续开采区、仁怀页岩气接续开采区；黔西南地区的晴隆页岩气接续开采区、黔西南页岩气接续开采区；黔南地区麻江-黄平页岩气接续开采区、罗甸页岩气接续开采区，共 9 处。另将赤水河流域具有生态保护功能的环境恢复治理和控制区作为接续开采区，以上共计 10 处接续开采区。

（3）禁止开采区

按照国家页岩气产业政策、相关规划要求等因素划定以下区域为禁止开发区：国家级自然保护区、地质遗迹保护区、地质公园，重要饮用水水源保护区，国家级风景名胜区，国家级森林公园，国家重点保护的不能移动的历史文物和名胜古迹所在地等，共 20 处。以上区域禁止页岩气勘探开发。

2. 开发目标产能分解

将贵州省范围内页岩气各开采区的产能目标进行分解，得到不同开采区的目标结果，见表 7.8。

表 7.8 贵州页岩气各开采区产能目标

开采区类型	名称	开采层系	产能/$10^8 m^3$	
			2015 ~ 2017 年	2018 ~ 2020 年
试验开采区	习水-丁山页岩气试验开采区	龙马溪组	4	7
	威宁-水城页岩气试验开采区	龙潭组、打屋坝组	0.5	2
	岑巩页岩气试验开采区	牛蹄塘组变马冲组	0.6	1.6
	道真页岩气试验开采区	龙马溪组	0.4	1.5
	黔西页岩气试验开采区	龙潭组	0.5	2.5
接续开采区	桐梓页岩气接续开采区	龙马溪组		1
	务川页岩气接续开采区	龙马溪组		0.6
	沿河页岩气接续开采区	龙马溪组		0.6
	仁怀页岩气接续开采区	牛蹄塘组		
	晴隆页岩气接续开采区	龙潭组、打屋坝组		0.8
	麻江-黄平页岩气接续开采区	牛蹄塘组		0.6
	罗甸页岩气接续开采区	梁山组、打屋坝组		
	绥阳-凤冈页岩气接续开采区	牛蹄塘组		1
	黔西南页岩气接续开采区	龙潭组		0.8
合计			6	20

3. 采矿权投放

2015 ~ 2020 年贵州省页岩气开发，以页岩气试验开采区的探矿权勘查工作为依据，待勘查程度及探明资源储量满足采矿权设置要求即时转为采矿权进行开采，实现页岩气开发利用产量目标。

(五) 页岩气开发的重点工程

目前，贵州全省范围内针对页岩气开发的重点工程主要有基础地质工程和勘查开发重大工程两个方面。

1. 基础地质工程

以中国地质调查局“南方页岩气基础地质调查工程”为部署依据，结合贵州实际开展基础地质工程，包括 1 : 5 万页岩气基础地质调查评价和页岩气地质特征专项研究。

2. 勘查开发重大工程

立足于黔北页岩气综合勘查试验区内已设置的页岩气探矿权区块和部分页岩气条件较好的油气区块，于黔北页岩气勘查开发基地建立重大勘查开发工程，力争在 2020 年建成产能达 10 亿 m^3/年的页岩气勘查开发基地。

综上，鼓励开展石油天然气区块内的页岩气勘查开采，石油、天然气（含煤层气）矿业权人可在其矿业权范围内勘查、开采页岩气，但须依法办理矿业权变更手续或增列勘查、开采矿种，并提交页岩气勘查实施方案或开发利用方案。鼓励黔西北龙潭组、打屋坝组1000m以深煤层气、致密气、页岩气综合开发，提高资源利用率。鼓励探矿权区块内中国石油天然气股份有限公司、中国石油化工股份有限公司、贵州乌江水电开发有限责任公司、铜仁中能天然气有限公司等多家勘探单位加强合作，共同促进产能建设落实，实现页岩气开采目标。

五、页岩气可持续发展路径与实现模式

作为一种新兴的接续性能源，页岩气的开发利用与能源的可持续发展是一项有关国家能源及民生的大计。页岩气可持续发展的路径与实现主要包括对开发技术的攻关、建立有效发展机制、培养人才、协调环境等方面。

（一）加快勘查开发技术攻关

加快页岩气勘探开发技术创新，主要解决以下技术难题。

一是开展对多期构造叠加、断层非常发育等构造复杂背景下的页岩气储层地质及成藏主控因素研究，建立页岩气有利目标优选评价方法和标准，为勘探部署提供技术支撑。

二是开展贵州喀斯特复杂地形和地质条件下，地震采集和处理解释、页岩气测井识别和储层精细描述等地球物理识别技术和评价标准研究，攻关二维地震低信噪比地区地震资料处理技术，逐步形成富含有机质页岩及含气性地球物理识别关键技术，建立页岩气储层参数识别技术，为确定页岩气“甜点区”提供技术手段。

三是开展页岩气水平快速钻井和套管完井等研究，攻关直井浅层随钻防漏和堵漏技术，形成一套适用于贵州页岩气地质条件的钻完井技术。

四是研究开发新型压裂液，探索压裂施工参数，研究同步压裂和微地震裂缝监测等技术，改善压裂效果；开展压裂液处理和再利用、储层伤害机理及保护、分段压裂、长井段射孔和体积改造等技术攻关，掌握适用于贵州省页岩气开发的增产改造核心技术，提高页岩气单井产量。

五是开展不同参数条件下气井产能数值模拟和最终可采储量研究，形成页岩气开发产能评价技术；结合贵州省地质条件和页岩气井生产特点，开展不同井网与井距组合条件下的采收率研究，形成井网优化技术；开展影响经济效益的因素研究，形成页岩气开发经济技术评价指标体系。

（二）建立激励引导机制

建立激励引导机制，设立页岩气勘查开发与关键技术研发专项资金，实现页岩气开发利用快速有效发展。页岩气勘查开发技术性强，要求高，风险大，在积极引进美国先进技术同时，还应高度重视贵州地形、地质和页岩气资源条件的特殊性，有针对性地改进和研发关键技术，才能事半功倍。

为最大限度地激发企业自主研发的积极性，充分发挥好政府有形之手的作用，建立激

励引导机制可以从以下几方面进行。

一是从省财政资金中立专项，设立“贵州省页岩气勘查开发与关键技术研究专项资金”，引导和推动企业自主研发。

二是在国家宏观政策控制下，在省内放开页岩气价格，由市场自由调控。

三是设立页岩气单列用地指标计划，对页岩气勘查开发临时用地建立“绿色通道”，快速办理；对获取页岩气需建立工业基地的，用地指标直接由省级层面审批。

（三）培育多元投融资体系

贵州省页岩气的勘查开发正处在的起步阶段，勘查评价、后期开采都需要大量的资金投入，应加大政府投资，融合多方力量，充分调动国有企业和民间有关企业的投资积极性，鼓励中央、地方国有资本和国内外民间资本或技术等以参股、合作、提供专业服务等方式参与页岩气勘查开发，以确保页岩气的先期开发、后期开采、管道铺设等不会因为资金短缺而出现开发停滞。

（四）建立合作运行机制

在中国石油化工股份有限公司、中国石油天然气股份有限公司尚未计划近期勘查开发的区块内，以中国石油化工股份有限公司、中国石油天然气股份有限公司，以及贵州省属企业、地方政府为基础开展广泛合作，建立股份制公司共同进行产能建设。中国石油化工股份有限公司已有矿权的龙马溪组建产较为现实，建议由贵州省政府与中国石油化工股份有限公司战略合作，指定省内相关企业（西南能矿集团股份有限公司、贵州乌江水电开发有限责任公司）与中国石油化工股份有限公司西南分公司、华东分公司合作，或扶持省内能源企业成立大型非常规油气勘探开发专业公司，就官渡、綦江-綦江南、道真地区开展合作。道真龙马溪组有利区与铝土矿整装勘查区重叠，铝土矿层位中二叠统梁山组，可考虑由矿权方西南能矿集团股份有限公司与中国石油化工股份有限公司合作，综合勘查开发。

（五）培养专业技术人才

美国在进行页岩气开采时，就设立了专门的组织和基金来研究页岩气的基础理论和开采技术，这对美国的页岩气规模开采起了关键性作用。贵州省页岩气具有独特特征，其研究还处在起步阶段，建议在有关高校和相关企业建立专门的页岩气实验装备和成立专业的技术开发部门，培养贵州省页岩气研究和开发的专业人才，并与国内外加强合作，积极参与国内外先进的理论技术研究，争取早日实现贵州省页岩气的商业开发。

（六）建设专业化服务队伍

以贵州省内国有大型企业为龙头，以合资、参股和并购等方式加强与国内外石油专业服务企业的合作，尤其是与国外掌握核心技术的单位合作。结合贵州省页岩气成藏条件，在引进吸收国内外先进技术的基础上，逐步形成水平钻井、完井、固井和分段压裂等工程，以及测井、实验测试等一整套的专业化技术服务体系，增强竞争力，建设专业较齐备的本地页岩气专业化服务队伍。

（七）加强环境保护与治理

根据页岩气实际情况，从环境准入、过程管理等方面建立环境监测体系，做好页岩气开发过程中的环境管理工作，要注意以下几个方面。

一是页岩气规模开发之前应考虑水资源论证工作，以免大量取水给局部地区造成水资源短缺及匮乏。

二是循环利用压裂液，减少用水量，节约水资源，压裂液无害排放，防止土壤和地表水污染；严格执行钻完井操作规程，避免地下水污染。

三是坚持页岩气钻井、完井、压裂到生产和集输的全过程管理，尽量减少甲烷等温室气体和其他有害空气污染物的散逸性排放，做到节能减排，降低温室效应；重视页岩气开发的累积环境影响。

（八）加强规划实施的管控

明确规划管理的职能，建立规划实施工作机制，落实规划实施情况。

一是明确各部门职责分工，落实各项规划任务及目标完成情况。

二是强化规划实施监管，建立规划实施监管机制，及时掌握规划任务和目标完成情况。

三是加强统筹协调，建立定期或不定期沟通协调机制，及时协调解决规划实施过程中遇到的各类问题。

四是加强跟踪评价，根据规划实施效果和行业发展实际，及时调整规划目标和重点任务。

（九）做好保障工作和基层协调工作

必须研究解决好页岩气产业发展中遇到的重大问题，省市相关部门和页岩气开发所在区域人民政府要加大协调力度，切实做好要素保障和基层协调工作。国土资源厅要指导各地研究制定征地拆迁办法和出台统一的征地拆迁标准和程序；要做好页岩气勘探开发中的补偿工作，加强沟通协调和疏导，确保当地群众和企业的合法权益，开创和谐发展的良好局面。

（十）实现安全绿色发展

加快推进页岩气勘探开发安全生产标准制定工作；督促相关单位认真落实安全生产法律法规，依法开展页岩气建设项目安全设施检查工作，开展页岩气开发利用的环保标准研究，督促页岩气开发企业认真落实相关环保制度，加快页岩气开发项目环评审批和环保竣工验收工作；推广钻井废弃物处理技术现场试验应用，规范油基泥浆管理，加强对含油岩屑收集、短期储存、转运和处理的监管，实现废物循环利用和减量化，确保清洁化生产；合理安排压裂作业计划，减少水资源消耗；强化噪声控制，配套相关设备，制定降噪措施，降低钻井、压裂噪声对周边环境的影响；加大油基泥浆、压裂返排液的回收和利用，确保实现零排放、零污染；制定页岩气勘探开发工程系列管理制度、工作流程、技术标准、操作规范，为页岩气科学、安全、清洁、高效勘探开发提供流程规范和制度保障。

第八章　贵州页岩气地质理论与实践

第一节　贵州页岩气地质理论

贵州是我国乃至世界地质构造最复杂、地表条件最差、古生界页岩气有利层位最多、勘查油气最难的地区。自2012年以来，依托《贵州省页岩气调查评价》项目，结合翔实野外地质调查资料和26口勘探井实测数据，运用现代地质、地球物理及地球化学等技术方法，在全面认识、综合研究及科学探索的基础上，取得了贵州页岩气生储地质条件、富集规律、富有机质页岩的发育层位、空间分布、有机地化、储层特征及含气性等一系列创新性成果。

一、贵州页岩气地质研究进展

（一）7套富有机质页岩层系

详细的野外地质调查、地震物探剖面测量及26口页岩气调查井揭露，经综合对比分析，发现并查明了下寒武统牛蹄塘组（$€_1n$）、下寒武统变马冲组（$€_1b$）、下志留统龙马溪组（S_1l）、中泥盆统火烘组（D_2h）、下石炭统打屋坝组/旧司组（C_1d/C_1j）、中二叠统梁山组（P_2l）及上二叠统龙潭组（P_3l）7套富有机质页岩层系。

（二）富有机质页岩发育地质特征

1. 富有机质页岩地层发育分区

根据富有机质页岩岩性特征、残余情况、露头出露及分布情况、地质构造展布特点，将其划分为5个富有机质页岩发育区，分别为黔中区（$€_1n$–P_3l）、黔北区（$€_1n$–S_1l–P_3l）、黔东–黔东南区（$€_1n$–$€_1b$）、黔西南区（C_1j–P_2l–P_3l）和黔南区（C_1j–D_2h–P_2l–P_3l）。

黔中区：本区为黔中隆起区域，主要分布有下寒武统牛蹄塘组、上二叠统龙潭组富有机质页岩层。

黔北区：主要分布有下寒武统牛蹄塘组、下志留统龙马溪组、上二叠统龙潭组富有机质页岩。

黔东–黔东南区：主要分布有下寒武统牛蹄塘组、下寒武统变马冲组富有机质页岩。

黔西南区：主要分布有下石炭统打屋坝组/旧司组、中二叠统梁山组、上二叠统龙潭组富有机质页岩。

黔南区：主要发育中泥盆统火烘组、下石炭统打屋坝组/旧司组、中二叠统梁山组和上二叠统龙潭组富有机质页岩。

2. 富有机质页岩构造特征

(1) 富有机质页岩发育构造背景

在武陵运动形成的基底之上，贵州地区经历了新元古代—志留纪的大陆地壳阶段、泥盆纪—晚三叠世中期弧后扩张阶段及中新生代（晚三叠世晚期以来）的太平洋板块俯冲和印度板块碰撞双向作用阶段，先后经历了都匀、广西、紫云、黔桂、东吴、安源、燕山和喜马拉雅等多期构造运动，形成了现今复杂构造变形区。除位于四川盆地的赤水地区构造较为平缓外（I_3），其余地区均属复杂变形区：主要包括毕节北东向弧形隔槽褶皱带（I_1A^1）、凤冈北北东向隔槽褶皱带（I_1A^2）、黔中隆起构造带（I_1A^3）、威宁北西向褶皱带（I_1B^1）、普安旋钮褶皱带（I_1B^2山字形和涡轮构造）、贵定南北向隔槽褶皱带（I_2^1）、望谟北西向扭型褶皱带（I_2^2）等。

(2) 构造有利区分布特征

不同地区现今构造活动依然影响油气的保存及油气的再分配。在构造有利区，虽然断裂发育，但都是挤压型或稳定型断裂系统，对油气有一定的保存作用。通过26口页岩气调查井揭露情况，结合贵州主要断裂活动性及温泉点主要循环深度，优选了20个页岩气构造有利区，这些构造有利区主要分布在黔南及黔西南大部分地区，黔北地区构造断裂发育，构造有利区带分布均较小，黔西北及黔西地区，由于受构造活动影响较大，构造有利区的分布范围较窄。

(三) 含气页岩分布特征及规律

1. 下寒武统牛蹄塘组

牛蹄塘组富有机质页岩段主要位于其下部，岩性以灰黑-黑色含粉砂碳质泥岩、页岩为主。牛蹄塘组总厚度及其富有机质页岩段厚度明显受相带展布控制。在雷波-镇雄-金沙一带，牛蹄塘组总厚度180～450m，富有机质页岩厚度37～100m；在绥阳-正安-德江一带，其厚度陡增至700～900m，富有机质页岩厚度90～120m；在德江一带以东，进入斜坡带及深水盆地，牛蹄塘组及其富有机质页岩厚度均明显减薄，仅有20～40m。

2. 下寒武统变马冲组

变马冲组富有机质页岩主要分布于黔北部分及黔南大部地区，具体为德江-凤冈-湄潭-贵阳一线以东广大区域，岩性主要为灰黑-黑色碳质页岩。在松桃-镇远-凯里一带为沉降中心，沉积厚度最大，高达150m以上，沿该带两侧，厚度逐渐递减。

3. 下志留统龙马溪组

龙马溪组主要出露于黔北、黔西北地区，岩性主要为灰黑色-黑色碳质页岩。在习水-道真一线以北，龙马溪组富有机质页岩最厚，达60～80m，且碳质含量较高；在桐梓以北-正安一带，厚度为40~60m，而在凤冈-松桃一带，仅有数米至十余米。整体上，由东南向西北富有机质页岩厚度逐渐增大。

4. 中泥盆统火烘组

火烘组露头主要分布于黔南地区，岩性主要为黑色泥岩夹细砂岩、石英砂岩和少量泥灰岩。在普安、盘县、紫云、望谟、罗甸等地，火烘组泥页岩发育，总厚度可达100~200m，其富有机质页岩厚度为25~114m。在鲁甸、威宁、水城及广西隆林等地，火烘组泥页岩不发育。说明沉积中心位于普安-六枝-紫云所围限的三角地带内。

5. 下石炭统打屋坝组/旧司组

打屋坝组/旧司组主要位于黔西南北西部、东南部及黔南南部地区，岩性以黑色薄层状泥岩、页岩为主。在威宁、罗甸地区，泥页岩沉积厚度最大，达460~550m，且其富有机质页岩厚度也较大，达120m。表明该两处为打屋坝组/旧司组的沉积和沉降中心。

6. 中二叠统梁山组

梁山组主要分布于黔西南及黔南长顺-罗甸地区，岩性以黑色泥岩、灰岩及粉砂质泥岩为主。在毕节-织金-长顺-罗甸一线以南，处于深水陆棚、斜坡带及盆地沉积环境，富有机质页岩厚度较大，总体大于10m。沿该线以北及兴义地区，处于浅水陆棚、潮坪、滨岸带沉积环境，富有机质页岩不发育，厚度小于10m。表明沉积中心在晴隆花贡一带，泥页岩沉积最大厚度达300m，富有机质页岩厚度达170m。

7. 上二叠统龙潭组

龙潭组富有机质页岩主要分布于黔西南中部和黔北西部地区，岩性以深灰色泥质粉砂岩、碳质泥岩为主。在普安、晴隆、紫云、仁怀一带，泥页岩沉积厚度大于30m。沉积中心有三个：第一个在水城东北部神仙坡，最大沉积厚度达54m；第二个在晴隆花贡、普安地瓜一带，泥页岩沉积厚度30~48m；第三个在仁怀地区，泥页岩沉积厚度为30~53m。由沉积中心往西北部、南部地区，富有机质页岩厚度逐渐变薄。

（四）页岩含气条件及含气特点

1. 主要目的层系页岩生气地球化学条件

（1）含气页岩有机质类型

通过大量页岩样品的测试分析，取得各潜质页岩的有机质类型：牛蹄塘组干酪根以Ⅰ型为主，变马冲组干酪根以$Ⅱ_1$型为主，龙马溪组干酪根以$Ⅱ_1$型为主，火烘组干酪根以Ⅰ型为主，梁山组干酪根以Ⅲ型为主，龙潭组干酪根以Ⅲ型为主。

（2）含气页岩有机质丰度

通过不同含气页岩目的层系有机碳含量对比，发现牛蹄塘组有机碳含量分布区间居中，平均值为5.2%；变马冲组泥页岩有机碳含量平均值为1.5%；龙马溪组有机碳含量为2.0%～6.0%，平均值为3.5%左右；火烘组虽然有少量样品有机碳含量高达4.24%，但其平均值仅0.96%；打屋坝组有机碳含量多数分布在1.0%～2.0%，平均值为1.5%；梁山组有机碳含量最高可达17.6%，平均值仅1.74%；龙潭组有机碳含量分布范围为0.44%～77.3%，变化幅度非常大，平均值为10.38%。总体表明，龙潭组有机碳含量最高，牛蹄塘组、龙马溪组次之，火烘组有机碳含量最低。

（3）含气页岩有机质成熟度

通过不同层系有机质成熟度最大值、最小值及平均值对比可看出，潜质页岩层系的地化条件与北美地区具有一定的相似性，均具有较高机碳含量高成熟度特点。大部分含气页岩有机质成熟度超过3.5%，均具适当的热演化程度，有利于页岩气的生成和保存。

2. 主要目的层系页岩储层特征

（1）岩石学特征

通过不同层系页岩储层岩矿组成综合分析，对比美国各大产气页岩层系的矿物组成，整体表明，贵州各潜质页岩层系脆性矿物含量较高，具有较好的破裂潜力，适于后期压裂。仅个别层系（龙潭组和打屋坝组）由于黏土含量相对较高，且多为砂泥互层，破裂潜力较弱。

（2）孔渗性

通过对比不同含气页岩层系渗透率指标，得出龙马溪组和龙潭组孔渗性较好（平均值为0.0026～0.016mD），牛蹄塘和打屋坝组孔渗性较差（平均值为0.001～0.004mD）。

（3）储集空间及结构

海相龙马溪组页岩储层微观孔隙发育，以大中孔居多，且有机孔隙占较大比例。海陆过渡相龙潭组、梁山组页岩孔隙类型以矿物粒间孔和溶蚀孔为主，其次为黏土矿物层间孔，有机孔不发育。

3. 页岩气有利目的层系含气性

岩心现场解吸显示，龙潭组、龙马溪组、梁山组、打屋坝组含气量较高：龙潭组含气量1～19m^3/t，龙马溪组含气量1.0～4.0m^3/t，梁山组含气量1～4m^3/t，打屋坝组含气量1～2m^3/t，牛蹄塘组含气量0.5～1m^3/t通过26口调查井测-录井、等温吸附模拟及含气性现场解吸含气量的统计分析（图8.1），各组数据均呈现出随深度增加解吸气量呈增加的趋势。同时也表明，牛蹄塘组、龙马溪组、梁山组、龙潭组具有最好的含气效果，变马冲组、打屋坝组/旧司组、火烘组次之。

二、贵州页岩气富集地质模式

泥页岩发育的沉积环境、构造条件等因素是影响页岩气富集的重要因素，在沉积环境封闭而稳定、构造活动较弱的地区有利于页岩气的富集。贵州页岩气富集模式的划分，重点考虑有机碳含量、沉积环境、构造活动、有机质成熟度等相关指标。

贵州富有机质页岩包含多套层系，涉及寒武系—二叠系的广大地层和黔东、黔北、黔

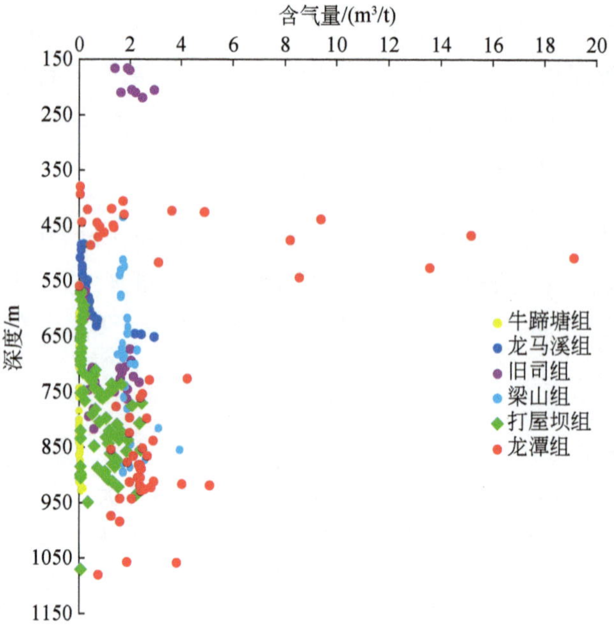

图 8.1 各含气页岩层系解吸气量随深度变化图

西北、黔南拗陷的广大地区，在不同的沉积环境和复杂构造演化条件下不同的页岩层系岩石学特征各异，对页岩气的富集产生了不同程度的影响。高有机质丰度、高脆性矿物含量、高热演化程度条件下的页岩气富集是贵州富有机质页岩分布的主要特征，其主要富集模式划分为深水陆棚相冲断复式背斜复合构造富集模式、深水陆棚相逆断向斜复合构造富集模式、台棚相逆断背斜复合构造富集模式、海陆过渡相逆断向斜复合构造富集模式。

(一) 深水陆棚相冲断复式背斜复合构造富集模式

深水陆棚相冲断复式背斜复合构造页岩气富集模式主要分布于黔北习水丁山地区和正安安场向斜下志留统龙马溪组富有机质页岩。龙马溪组页岩为深水陆棚相环境沉积，有机质能得到长期稳定的积累，有机质成熟度适中，R_o 为 2% ~3%，属于高成熟-过成熟早期阶段。页岩有机质丰度整体较高，平均为 2.65% ~3.95%，且厚度集中于 20 ~50m，具备较好的页岩气生烃潜力。等温吸附实验测试结果表明，龙马溪组泥页岩总含气量在 0.74 ~9.85m³/t，平均为 3.32m³/t，说明泥页岩含气性条件良好，有利于页岩气成藏。

1. 富有机质页岩地质条件

富含有机质页岩是生气的物质基础，也是页岩气储集的重要场所。黔北地区广泛发育下志留统龙马溪组富有机质页岩，野外露头调查和钻井揭示厚度较大、有机质含量高、热演化程度适中，烃源岩品质较好。

(1) 沉积环境

在早-中奥陶世时期，上扬子地区由广海海域转变为被隆起所围限的局限海域，形成了大面积低能、欠补偿、缺氧的沉积环境；奥陶纪末和志留纪初，发生了两次全球性海侵，沉积了黔北地区龙马溪组页岩（牟传龙等，2011；郭旭升，2014）。黔北地区龙马溪组位于深水陆棚相区，优质页岩主要发育于龙马溪组下部，岩性以灰黑色、黑色碳质泥页岩为主，水平层理发育，含丰富笔石化石。野外露头、钻井（丁页1井、丁页2井、安页1井）显示优质泥页岩有效厚度在横、纵向上的分布明显受沉积相带变迁控制，沉积中心位于习水及以北地区，最厚达60m，普遍集中于20～50m，为页岩气的形成提供了良好的物质基础。向南逐渐变薄，在毕节-金沙-遵义一线消失。

（2）有机地球化学特征

龙马溪组黑色页岩显微组分主要为腐泥组和沥青组，缺乏镜质组、惰质组、壳质组，有机质类型主要为Ⅰ型，其次为$Ⅱ_1$型，为有利的页岩气生成有机质类型（张鹏等，2015）。

有机碳含量分布在0.34%～6.73%，平均2.65%，有机碳含量整体较高。平面上，有机碳含量主要呈北部高、南部低的趋势，高有机碳含量主要位于北部的桐梓地区，有机碳含量均超过2.0%，部分地区峰值超过3.5%，是页岩气聚集的有利区。

龙马溪组泥页岩有机质成熟度总体演化程度较高，主体位于2.0%～3.0%。习页1井有机质成熟度为2.58%～3.96%，平均值为3.31%，普遍较大，处于高成熟-过成熟阶段，属于熟晚期生气状态。平面上，有机质成熟度自南向北逐渐增大，在南部金沙地区为最低值2.0%，在北部桐梓地区达到最高值3.2%（刘冲等，2014）。

（3）含气性

习页1井龙马溪组富有机质泥页岩总含气量为0.741～3.318m^3/t；丁页1井优质页岩段总含气量为1.39～4.02m^3/t，平均为3.07m^3/t；丁页2井优质页岩段的总含气量为3.83～9.85m^3/t，平均为6.79m^3/t（黄仁春等，2017）；安页1井富有机质页岩总含气量高达6.49m^3/t，与涪陵焦石坝页岩气田相当（翟刚毅等，2017）。表明黔北地区龙马溪组富有机质泥页岩含气条件总体良好。

2. 构造保存条件

黔北地区在大地构造位置上隶属扬子陆块凤冈南北向构造变形区，构造样式以宽缓背斜与紧闭向斜组合构成隔槽式褶皱为主，具典型的侏罗山式褶皱组合特点，是贵州境内侏罗山式褶皱组合的典型区域。

在漫长的地质演化过程中，经历了加里东、燕山和喜马拉雅多期次构造运动的叠加改造，呈现出不同的构造变形样式和地质结构特征。在具刚性基底、构造稳定的习水、正安地区，以宽缓背向斜为主，整个龙马溪组海相沉积层形变微弱，地层倾角小，地层纵横向连续性好，在多旋回构造改造过程中，被封堵性较好的逆断层切割，以发育低-微幅度向斜构造样式为主，富有机质页岩地层保存好，有利于页岩气成藏（图8.2）。

（二）深水陆棚相逆断向斜复合构造富集模式

深水陆棚相逆断向斜复合构造页岩气富集模式主要分布于黔东岑巩地区下寒武统牛蹄塘组富有机质页岩。牛蹄塘组页岩为台地边缘斜坡深水陆棚相环境沉积，有机质成熟度较

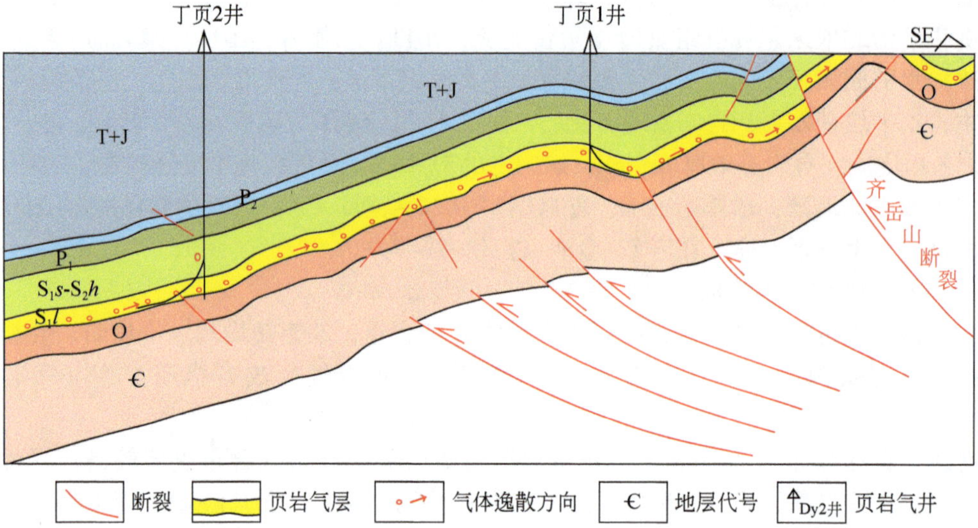

图 8.2 黔北地区深水陆棚相冲断复式背斜复合构造页岩气富集示意图（据黄仁春等，2017 修改）

高，R_o 为 2% ~4%，属于成岩晚期过成熟阶段。页岩有机质丰度整体较高，有机碳含量为 1.7% ~9.6%，平均 4.6%，且厚度普遍大于 60m，具备较好的页岩气生烃潜力。等温吸附实验测试结果表明，牛蹄塘组页岩总含气量在 0.30 ~2.88m³/t，平均为 1.34 ~1.95m³/t，说明具有良好的页岩气资源潜力，有利于页岩气成藏。

1. 富有机质页岩地质条件

黔东岑巩地区广泛发育下寒武统牛蹄塘组黑色碳质页岩，野外露头调查和钻井揭示厚度较大、有机质含量高、热演化程度适中，烃源岩品质较好。

（1）沉积环境

岑巩地区位于上扬子地块东南缘，处于湘鄂西隔槽式褶皱带。在早寒武世牛蹄塘早期，随着海平面的上升，沉积水体较深，主要为深水陆棚沉积环境，由于在缺氧环境下，并受陆源物质供给影响，沉积了一套灰黑色-黑色含粉砂-粉砂质碳质泥岩、页岩。在牛蹄塘晚期，随着相对海平面的逐渐下降，在牛蹄塘组的上部沉积了一套粉砂质页岩、含钙粉砂质页岩和灰绿色粉砂质页岩（吕艳南等，2015）。野外露头、钻井（天星 1 井、岑页 1 井）显示牛蹄塘组埋深主体位于 1200 ~2200m，在区内发育稳定，富有机质页岩平均厚度大于 60m，以黑色页岩和黑色硅质页岩为主（王濡岳等，2016）。

（2）有机地球化学特征

牛蹄塘组黑色页岩显微组分主要为腐泥组和沥青组，缺乏镜质组、惰质组和壳质组，有机质类型主要为 I 型，为有利的页岩气生成有机质类型（吕艳南等，2015）。

有机碳含量分布在 1.7% ~9.6%，平均 4.6%，有机碳含量整体较高。平面上，高有机碳含量（大于 4.6%）的区域主要位于富有机质页岩的沉积中心，即息烽-黔西-金沙地区，呈现以高值点为核心、向四周呈环状逐渐降低的特征。

牛蹄塘组页岩有机质成熟度总体演化程度较高，R_o 为 1.68% ~3.25%，均值为

1.97%～2.28%，表明牛蹄塘组页岩处于成岩晚期过成熟阶段，生烃潜力较低（王濡岳等，2017）。

(3) 含气性

天星1井牛蹄塘组富有机质泥页岩现场解吸含气量结果表明，含气量为1.1～2.88m^3/t，平均为1.95m^3/t；岑页1井现场解吸页岩含气量为0.3～1.8m^3/t，平均为1.34m^3/t（王濡岳等，2016），表明岑巩地区牛蹄塘组富有机质泥页岩具有良好的页岩气资源潜力。

2. 构造保存条件

岑巩地区牛蹄塘组页岩经历了长期构造演化，主要表现为“早期小幅抬升，长期相对稳定，后期改造强烈”的特点。即下寒武统牛蹄塘组在奥陶纪末期达到最大埋深区间，为3500～4000m，晚奥陶世都匀运动使研究区伴随黔中隆起的形成抬升至地表接受风化剥蚀（邓新等，2010）。晚加里东期至海西-印支期研究区构造运动强度较低，构造环境相对稳定，剥蚀与沉积厚度均较小，牛蹄塘组埋深总体位于3000m附近。燕山期研究区经历了强烈的构造运动，北北东向褶皱、断裂大规模发育，奠定了现今地质构造和地貌发育的基础（何治亮等，2011）。

区内北东-北北东向隔槽式褶皱、高角度逆冲与走滑断裂发育，中部宽缓构造部位断裂较少，埋深适中。牛蹄塘组页岩顶底板分别为上覆九门冲组灰岩-泥页岩组合（30～40m）与下伏老堡组硅质泥岩（30～50m），具有较好的顶板封盖条件。牛蹄塘组埋深主要在1200～2000m，R_o等效大于2.2%，地层压力系数为0.93～1.13，地层压力相对较高。天然气组分与地层水特征表明优良的顶底板与区域盖层有效减缓了页岩气的散失与地层水的侵入，有利于页岩气的保存（图8.3）。

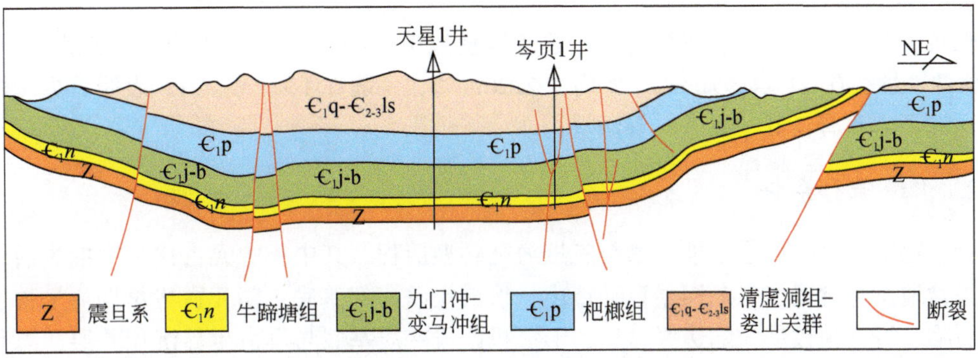

图8.3 黔东岑巩地区深水陆棚相逆断向斜复合构造页岩气富集示意图（据王濡岳等，2016修改）

(三) 台棚相逆断背斜复合构造富集模式

台棚相逆断背斜复合构造页岩气富集模式主要分布于黔南拗陷下石炭统打屋坝组/旧司组富有机质页岩。打屋坝组/旧司组页岩为台棚相环境沉积，有机质成熟度较高，R_o为1%～4%，主体为2%～3%，属于过成熟早期生气阶段。页岩有机质丰度整体较高，有机碳含量为0.41%～6.93%，平均为1.81%～2.19%，且厚度普遍大于40m，生烃强度较大。等温吸附实验测试结果表明，打屋坝组/旧司组页岩总含气量在0.49～4.97m^3/t，平均为2.20m^3/t，说明具有良好的页岩气资源潜力，有利于页岩气成藏。

1. 富有机质页岩地质条件

黔南长顺地区广泛发育下石炭统打屋坝组/旧司组黑色碳质页岩，野外露头调查和钻井揭示厚度较大、有机质含量高、热演化程度高，烃源岩品质较好。

（1）沉积环境

长顺地区地处扬子地块东南缘，紧邻华南褶皱系、雪峰山隆起区。石炭纪基本继承了泥盆纪古地理格局，随着海平面的上升，沉积水体加深，主要为台棚沉积环境，由于在缺氧环境下，并受陆源物质供给影响，沉积了一套黑色页岩夹少量灰黑色薄层钙质泥岩、泥灰岩及硅质岩。野外露头、钻井（长页1井、代页1井）显示打屋坝组埋深主体位于600～1500m，在区内发育稳定，富有机质页岩平均厚度大于40m。

（2）有机地球化学特征

打屋坝组黑色页岩显微组分主要为腐泥组和壳质组，仅含有少量的镜质组和惰性组。有机质类型以Ⅱ$_1$型和Ⅱ$_2$型为主，偶见Ⅰ型和Ⅲ型（苏慧敏等，2017）。

代页1井打屋坝组黑色页岩有机碳含量在0.75%～6.93%，一般在1.50%～3.30%，平均为2.63%（卢树藩等，2016）；长页1井打屋坝组黑色页岩有机碳含量在0.69%～2.72%，平均为1.81%（田硕夫和杨瑞东，2016），总体有机碳含量较高。

打屋坝组页岩有机质成熟度总体演化程度较高，R_o为2.15%～3.27%，平均值为2.47%～2.66%，表明打屋坝组页岩有机质成熟度较高，处于有机质热演化过成熟早期阶段。

（3）含气性

长页1井打屋坝组富有机质泥页岩总含气量为0.9～2.84m^3/t，平均为1.5m^3/t；代页1井总含气量在0.49～4.97m^3/t，平均为2.20m^3/t，一般在1～3.6m^3/t。表明打屋坝组富有机质泥页岩具有良好的页岩气资源潜力。

2. 构造保存条件

黔南拗陷主要经历了三期成盆与三期海陆转换历程。其中，中元古代早中期为活动大陆边缘盆地发育阶段，末期四堡运动造山，形成拗陷深部基底；新元古代早期—早古生代逐渐裂陷、海侵为被动大陆边缘盆地，形成拗陷浅变质基底与早古生界沉积盖层，志留纪受陆块联合与拼碰影响、拗陷区转化为以海相为主的前陆盆地演化阶段；晚古生代—中三叠世因受扬子西缘古特提斯洋海盆新生与扩张活动影响，研究区再次裂陷与海侵为被动大陆边缘盆地，形成早古生界沉积盖层。

黔南长顺地区打屋坝组出露于王佑穹窿背斜翼部及紫云火花背斜翼部，地层产状多在10°～20°，与下伏石炭系睦化组、上覆地层南丹组呈整合接触，具有很好的顶底板封盖条件。埋藏深度不超过4000m，多在1000～3000m，以丘陵、中低山分布为主。早泥盆世，区内北西向的垭都–紫云断裂和北东东向的盘县–贵阳断裂控制着富有机质页岩沉积分布格局及演化，为页岩气富集提供了良好的封堵条件（图8.4）。

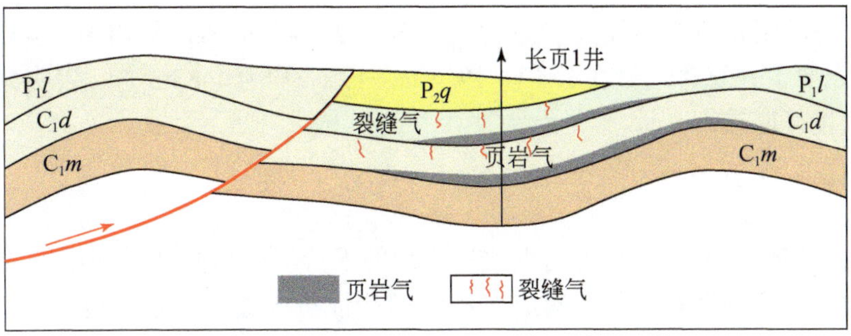

图 8.4 黔南长顺地区台棚相逆断背斜复合构造页岩气富集示意图

(四) 海陆过渡相逆断向斜复合构造富集模式

海陆过渡相逆断向斜复合构造页岩气富集模式主要分布于贵州西部六盘水地区上二叠统龙潭组富有机质页岩。龙潭组页岩为海陆过渡相环境沉积，有机质成熟度较高，R_o 为 2.68% ~3.48%，主体为2% ~3%，平均值为 3.06%，属于过成熟早期生气阶段。页岩有机质丰度整体较高，有机碳含量为 0.46% ~17.85%，平均值为 4.25%，且厚度普遍大于 50m，生烃强度较大。等温吸附实验测试结果表明，龙潭组页岩总含气量在 1.40 ~ 19.60m^3/t，平均为 4.83m^3/t，说明具有良好的页岩气资源潜力，有利于页岩气成藏。

1. 富有机质页岩地质条件

贵州西部六盘水地区广泛发育上二叠统龙潭组黑色碳质页岩，是贵州主要的含煤岩系，除西北部威宁三道河高地和南部贞丰赖子山小岛无沉积外，全区均有沉积。野外露头调查和钻井揭示厚度较大、有机质含量高、热演化程度高，烃源岩品质好。

(1) 沉积环境

六盘水地区地处扬子地块西南缘，紧邻右江裂谷-前陆盆地区。龙潭早期，继承了茅口晚期的古地理格局和沉积环境，形成了滨海沼泽-滨岸-浅海陆棚相区。龙潭中期，地壳普遍下降，海水广泛侵入，形成分布广阔的浅海沉积环境。整体上看，龙潭组形成于海陆交互相沉积环境，岩性为一套以黑色泥页岩为主体、粉砂岩、灰岩及煤层频繁互层的页岩层。野外露头、钻井（水页 2 井、兴页 1 井）显示龙潭组埋深主体为 1000 ~2500m，在区内发育稳定，平均厚度大于 50m。

(2) 有机地球化学特征

龙潭组黑色页岩显微组分主要为壳质组，其次为腐泥组和镜质组，惰质组较少。龙潭组有机质类型以 $Ⅱ_2$ 型为主，其次为Ⅲ型和 $Ⅱ_1$ 型。

兴页 1 井龙潭组黑色页岩有机碳含量在 0.60% ~22.30%，集中分布于 3.00% ~ 9.00%，平均 4.37%，总体有机碳含量较高。

龙潭组页岩有机质成熟度总体演化程度较高，R_o 为 0.86% ~2.91%，平均为 2.03%，表明龙潭组页岩有机质成熟度较高，处于有机质热演化过成熟阶段。

（3）含气性

兴页1井龙潭组富有机质泥页岩总含气量为1.2～4.2m³/t，平均为2.4m³/t，最高可达5.1m³/t；水页1井总含气量在1.40～19.60m³/t，平均为4.83m³/t。表明龙潭组富有机质泥页岩含气量普遍较高。

2. 构造保存条件

六盘水构造变形区由一系列走向大致呈北西的平行斜列褶曲和冲断层组成，大型断裂构造多以褶皱平行相伴发育，共同构成典型的逆冲推覆构造。六盘水地区主要受紫云-水城同沉积断裂带的影响，断裂发育，从早古生界—中生界地层均受到不同程度的破坏，且紫云-水城断裂两侧泥盆系—石炭系地层厚度存在明显差异，表明紫云-水城断裂从志留纪末形成后在海西期仍有较强的继承性活动。

六盘水地区龙潭组出露于水城南部的格目底向斜，地层产状平缓，多在10°～20°，与下伏茅口组、上覆长兴组呈整合接触，具有很好的顶底板封盖条件。龙潭组埋藏深度多在1000～2000m，烃源岩厚度均在50m以上，区域上暗色泥页岩平均有机碳含量4.25%。从烃源条件看，该区龙潭组厚度大，在机质丰度高，处于高演化湿气阶段，具有良好的生烃条件。从志留纪末开始，区内北西向的紫云-水城断裂控制着富有机质页岩沉积分布及演化，为页岩气富集提供了良好的保存条件（图8.5）。

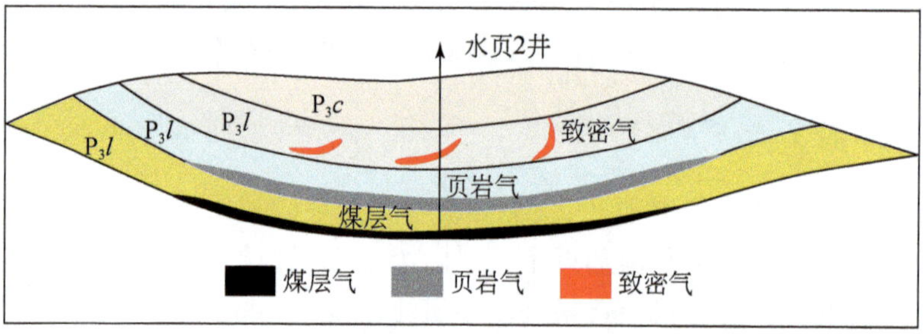

图8.5 六盘水地区海陆过渡相逆断向斜复合构造页岩气富集示意图

（五）构造演化对页岩气的控制作用

1. 构造演化对潜质页岩发育、分布的控制

构造演化背景控制沉积盆地类型，沉积物充填序列受沉积盆地发展演化阶段的沉积环境和相的控制，而沉积环境和相往往受控于构造演化时期所形成的古断裂的发育与分布状况；贵州有机质页岩的发育主要受两期构造的控制，其一为雪峰-加里东构造旋回期被动大陆边缘盆地，其二为海西-印支-燕山构造旋回期裂谷盆地。

（1）被动大陆边缘盆地沉积时期构造演化对潜质页岩发育、分布的控制

贵州被动大陆边缘盆地形成于震旦纪—早古生代时期，该时期的有机页岩主要形成于震旦纪时期的初始碳酸盐岩台地及寒武纪的碳酸盐岩台地，形成早期的陆棚盆地-斜坡沉积环境，以及奥陶纪末—志留纪初的前陆盆地拗陷区的滞留盆地沉积环境，发育于震旦系陡山沱组，寒武系渣拉沟组、牛蹄塘组、变马冲组，以及奥陶-志留系大龙马溪组地层中。

这些目标层系的发育、分布与区内沉积盆地的形成及其构造演化密不可分（图8.6）。

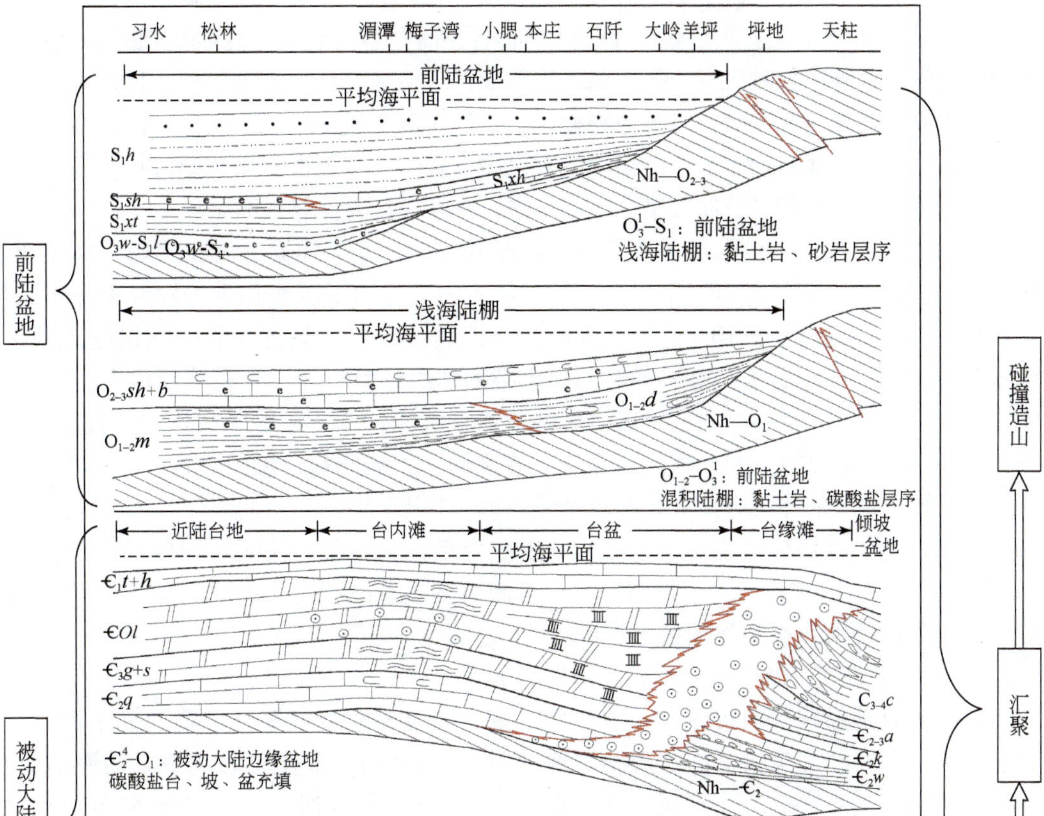

图8.6 贵州早古生代被动大陆边缘盆地沉积及构造演化模式图（据贺永忠等，2015）

震旦系陡山沱组：陡山沱组是雪峰–加里东构造旋回期被动大陆边缘盆地早期的沉积产

物。该时期由于受到雪峰运动之后的次级裂陷作用影响，贵州出现垒、堑式的古地貌格局。陡山沱组受次级裂陷作用下的古断裂控制，大致分布于石阡-瓮安一线以南东地区，该区域由于古地貌较为复杂（地垒、地堑），深海槽与孤台沉积相伴出现，为深水陆棚-斜坡环境，深海槽沉积深灰色薄层粉砂质黏土岩、黏土质粉砂岩、粉砂岩及炭质泥页岩，上部时夹 2 ~ 3 层微晶云岩或碳酸锰，底部帽白云岩分布稳定，总体沉积厚度 100 ~ 200m；而孤台则表现为下部帽白云岩，上部泥质白云岩。陡山陀组有机质页岩的分布受古断裂控制，碳质泥页岩发育于深海槽相带，沉积相带分布较窄，范围局限，厚度变化大，分布不稳定。

寒武系渣拉沟组、牛蹄塘组及变马冲组：寒武纪南皋期牛蹄塘组沉积时期是次级裂陷作用最大时期，该时期伸展机制下形成的阶梯状古断裂控制了沉积相带的发育于分布。其中，渣拉沟组受大致位于三穗-三都一线古断裂控制，分布于该古断裂一线以南东地区，为深水盆地沉积；牛蹄塘组及变马冲组是次级裂陷作用最大时期，分布范围最广，大致分布于三穗-三都一线古断裂以北西地区，为陆棚斜坡沉积；变马冲组受石阡-都匀古断裂及三穗-三都一线古断裂的控制，大致分布于二者之间，为陆棚斜坡沉积。

奥陶-志留系大龙马溪组：大龙马溪组是雪峰-加里东构造旋回期前陆盆地拗陷区的沉积产物，从构造单元划分上受“雪峰隆起、黔中隆起”的控制，从区域分布上仅分布在仁怀-凤冈-沿河一线以北地区，岩性组合为一套缺氧环境下沉积的黑色泥碳质页岩、含碳质粉砂岩。沉积厚度由北向南逐渐减薄至尖灭。

（2）裂谷盆地沉积时期构造演化对潜质页岩发育、分布的控制

贵州裂谷盆地形成于晚古生代—中生代时期，该时期的有机页岩主要形成于泥盆纪、石炭纪及二叠纪时期裂陷槽盆内的陆棚盆地-斜坡沉积环境及裂陷槽盆萎缩期的海陆交互环境，发育于泥盆系火烘组，石炭系打屋坝组、旧司组、祥摆组，以及二叠系梁山组、龙吟组、龙潭组（图 8.7）。

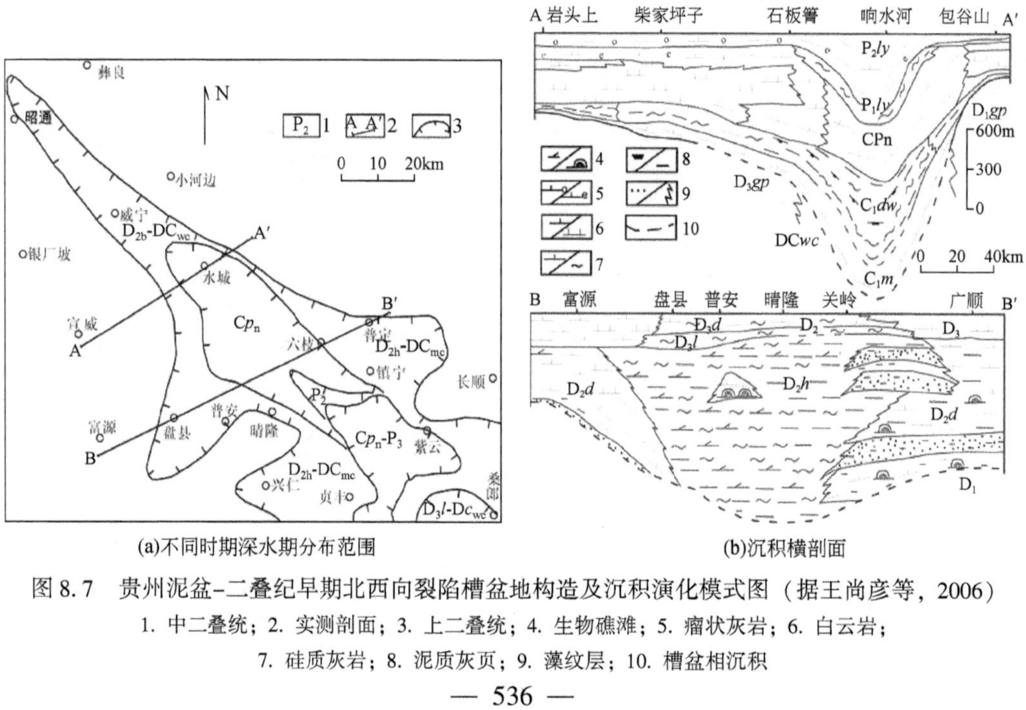

(a)不同时期深水期分布范围

(b)沉积横剖面

图 8.7　贵州泥盆-二叠纪早期北西向裂陷槽盆地构造及沉积演化模式图（据王尚彦等，2006）

1. 中二叠统；2. 实测剖面；3. 上二叠统；4. 生物礁滩；5. 瘤状灰岩；6. 白云岩；

7. 硅质灰岩；8. 泥质灰页；9. 藻纹层；10. 槽盆相沉积

泥盆系火烘组、石炭系打屋坝组、二叠系龙吟组：受北西向裂陷槽盆内的严格控制。泥盆系火烘组有机质页岩分布于槽盆内部，主要发育于第三段。其下部未出露，情况不明。由槽盆中心向两侧逐步相变为台地相的碳酸盐岩，由于出露点较少，无法准确界定，推测其分布范围大致受裂陷时期古断裂控制；石炭系打屋坝组有机质页岩分布情况大致与泥盆系火烘组类似，但其分布范围根据出露情况较火烘组大，几乎在整个槽盆内均有分布。由槽盆中心向两侧打屋坝组有机质页岩逐步相变为台地相的碳酸盐岩（南丹组或威宁组）或滨岸相的陆源碎屑岩、碳质页岩夹煤层或煤线（祥摆组）及潮坪相的碳质页岩、泥灰岩、灰岩（旧司组），相变边界同样受裂陷时期古断裂控制；二叠系龙吟组有机质页岩仅分布于裂陷槽盆北西段的晴隆、普安、水城地区，分布范围较局限。由于出露点少，具体范围无法界定。

石炭系旧司组、祥摆组：严格受北西向裂陷槽盆控制，发育分布于北西向裂陷槽盆周源，北部受黔中隆起的控制。二者继相变关系，为上下关系。

二叠系梁山组：分布于贵州广大地区，是海西-印支-燕山构造旋回期裂陷盆地充填夷平厚的产物，其厚度受夷平厚古地貌控制。

二叠系龙潭组：是海西-印支-燕山构造旋回期裂谷盆地萎缩阶段的产物，主要分布于贵州西部，为海陆交互沉积，其东部大致受控于遵义-贵阳-安龙古断裂（东部相变为吴家坪组或合山组），西部在威宁地区逐步相变为陆相的宣威组。

2. 构造演化对页岩气保存条件的控制

贵州自新元古代以来历经了多期次构造活动、多旋回构造的演化历程，这种复杂构造演化背景条件下所控制的沉积盆地控制着与页岩气有关的富有机质页岩发育与分布的同时，也控制着页岩气的成烃、成藏和保存。贵州境内与页岩气有关的有机质页岩发育于震旦系、寒武系、奥陶系—志留系、泥盆系、石炭系、二叠系，由于各页岩气目标层系发育时期的不同，所经历和遭受的构造演化历程和影响程度存在着显著差异。

（1）震旦系、寒武系、奥陶系—志留系

贵州震旦系、寒武系、奥陶系—志留系页岩气目标层共经历了雪峰-加里东构造旋回晚期（雪峰运动除外，下同）、海西-印支-燕山构造旋回期、喜马拉雅及新构造旋回期构造演化的影响，这些影响主要表现在构造演化、构造抬升及断裂活动对页岩气的控制方面。

A. 构造演化对页岩气的控制作用

震旦系、寒武系、奥陶系—志留系页岩气目标层在贵州地质发展演化过程中经历构造期次较多，其中，雪峰-加里东构造旋回晚期的构造活动在贵州以隆升为主，构造变形不强烈，该旋回期构造对页岩气成烃、成藏有利，对页岩气的保存条件影响也不大；海西-印支-燕山构造旋回期的早期阶段以隆升为主（印支运动），总体而言对页岩气目标层的二次成烃及页岩气的成藏有利，但晚期的燕山运动是贵州变形最为强烈的造山运动，本次运动在破坏早期形成的有利的构造保存条件的同时，对该期页岩气的成藏和保存条件也造成巨大的破坏，因此认为：本构造旋回期燕山运动是对贵州页岩保存条件影响最为深刻的运动；喜马拉雅及新构造旋回期在贵州以隆升为主，构造变形不强烈，但该期次构造发育于燕山运动之后，因此该期构造对贵州页岩气脆弱的构造保存条件起到加剧破坏的作用。

B. 构造抬升对页岩气的控制作用

贵州震旦系、寒武系、奥陶系—志留系页岩气目标层的分布与埋深明显受构造抬升的影响和控制，页岩气目标层在地质发展演化的各个阶段经历了不同程度的抬升，这些抬升运动包括雪峰-加里东构造旋回期、海西-印支-燕山构造旋回期、喜马拉雅及新构造旋回期构造的历次构造运动。其中，震旦系、寒武系在上扬子地块仅有零星出露（如金沙岩孔背斜、遵义松林背斜等），其埋深普遍在2000m以上，向斜地区埋深可达4000m以上。而在江南复合造山带地区页岩气目标层遭受构造抬升影响，埋深普遍在1000～2000m。其中，背斜地区页岩气目标层均有出露，其分布范围因遭受剥蚀而缩减，分布区埋深数百米至2000m；向斜地区页岩气目标层埋深一般在1000～2000m，局部地区可达2000m；奥陶系—志留系仅在贵州北部有分布，且多遭受构造抬升剥蚀，仅在向斜核部有残留，其残留面积有限。分布区埋深一般1500～2500m，局部达3000m。

C. 断裂活动对页岩气的控制作用

贵州历经多期次的构造活动，这些构造活动所形成的断裂对页岩气的成烃、成藏与保存条件产生了广泛而深刻的影响。主要表现在以下两个方面。

断裂构造对页岩气保持条件的影响：断裂构造主要形成于加里东构造旋回期和燕山构造旋回期，各构造旋回所形成的断裂性质、规模、特征等不尽相同，因此对页岩气保持条件的影响也不同。其中，加里东构造旋回期的构造活动在贵州境内未造成强烈变形，总体来说其构造活动对页岩气成烃、成藏有利；加里东构造旋回期在贵州境内形成的断裂有两类，其一是控相深大断裂，该类断裂控制了页岩气目标层的形成与分布，对页岩气的发源分布而言，是奠基性的；其二是伸展正断层，大多发育于早古生代地层构成的背斜内部，是加里东构造旋回期地壳隆升后期阶段发生松弛所形成的伸展正断层组合，该类断层走向延伸不远，常在一定范围内构成小规模的堑垒式组合。由于此类断层在拉张背景下形成，其切割深度较大、开放性及导通性好，对页岩气的保存条件而言，该类断层对页岩气储层的裂缝及孔渗发育条件有利，但对保存条件而言带来不利的影响；海西-印支-燕山构造旋回期的断层主要为燕山运动形成，本期断层均在挤压背景下形成，主要为逆冲性质为主，其次为压扭性的剪切断层，贵州绝大部分断层均是该时期形成并定型。燕山期所形成的断层对贵州震旦系、寒武系、奥陶系—志留系页岩气的保存条件具有深刻影响，主要表现在：其一，破坏了加里东构造旋回期页岩气的成藏与保存条件；其二，形成密集成带分布的断裂带及褶皱体系，对潜质页岩目标层平面上的稳定分布具有强烈的破坏作用，表现在断层的密集发育、地层变形强烈，造成潜质页岩目标层被断层切割和挤压成若干规模较小的块体，使页岩气保存规模受到极大的影响；其三，纵向上多层次的滑脱变形造成地层产状纵向上的不一致性和不稳定性，对页岩气保存条件也带来了较大的影响。贵州地层纵向上分布有若干滑脱层（如震旦系老堡组，寒武系牛蹄塘组、九门冲组、变马冲组，奥陶系湄潭组，二叠系龙潭组等），这些滑脱层除在挤压过程中产生滑脱变形外，沿滑脱层常常发生拆离形成逆冲推腹断层（带），从而对页岩气保存条件造成影响；喜马拉雅及新构造旋回期的构造活动在贵州表现不强烈，以隆升为主，但其活动进一步破坏和加剧了已有的页岩气保存条件。

(2) 泥盆系、石炭系、二叠系

贵州泥盆系、石炭系、二叠系页岩气目标层经历了海西-印支-燕山构造旋回期、喜马拉雅及新构造旋回期构造演化的影响，其中，海西-印支-燕山构造旋回期裂陷阶段控制了泥盆系、石炭系、二叠系页岩气目标层的发育与分布，之后的印支运动以隆升为主，总体而言对页岩气目标层的成烃、成藏有利，但末期的燕山运动造成强烈的构造变形，断层的密集成带发育、地层变形强烈（如罗甸-水城北西向褶断带），对页岩气目标层平面上的稳定分布具有强烈的破坏作用，页岩目标层被断层切割和挤压成若干规模较小的块体，使页岩气保存条件、保存规模受到极大的影响；喜马拉雅及新构造旋回期的构造活动在贵州以隆升为主，构造变形不强烈，但其活动进一步破坏和加剧了已有的页岩气保存条件。

第二节 贵州页岩气调查评价及关键技术

一、贵州页岩气分布及资源潜力

(一) 贵州页岩气有利区分布

在综合分析页岩分布特征、地球化学特点、储集物性、裂缝发育条件、保存条件及含气性的基础上，运用多因素叠合法，分别对海相及海陆过渡相富有机质页岩开展有利区综合研究评价，优选出页岩气富集有利区26个（图8.8）。其中，牛蹄塘组有利区12个，主要分布于金沙-息烽、遵义仁怀、绥阳蒲场、正安谢坝、务川茅天、德江沙溪、凤冈蜂岩、岑巩天马、麻江-黄平、福泉、谷洞等地；变马冲组有利区2个，主要分布于岑巩天马和镇远羊场地区；龙马溪组有利区4个，主要分布于习水、桐梓地区、道真地区和沿河地区；打屋坝组有利区3个，主要分布于威宁、晴隆-望谟、长顺-紫云一带；梁山组有利区2个，主要分布于威宁盐仓-猴场、普安龙吟-晴隆长流地区；龙潭组有利区3个，主要分布于关岭岗乌-晴隆光照-普安地瓜-青山、兴仁巴铃-安龙龙山、大方-黔西一带。在国土资源部第二轮19个页岩气招标区块中，贵州优选推出并中标的5个区块实现重大突破，体现了页岩气综合评价方法的科学性和测算的高精准度。

(二) 贵州页岩气资源潜力

在详细调查和26口勘探井的基础上，建立复杂地质构造区页岩气资源量测算方法——条件概率体积法，克服了传统体积法参数选取单一，缺乏代表性的不足。参数选取上解决了地质、地理、主观等不确定性因素对评价结果的影响问题，给出了不同概率条件下的参数赋值，得出相应结果。全省页岩气地质资源量13.54万亿m^3（表8.1），可采资源量1.92万亿m^3，位居全国第三。按页岩气有利目的层系划分：下寒武统牛蹄塘组页岩气资源量6.68万亿m^3，下寒武统变马冲组页岩气资源量0.48万亿m^3，下志留统龙马溪组页岩气资源量1.83万亿m^3，下石炭统打屋坝组页岩气资源量0.56万亿m^3，中二叠统梁山组页岩气资源量1.65万亿m^3，上二叠统龙潭组页岩气资源量2.32万亿m^3。

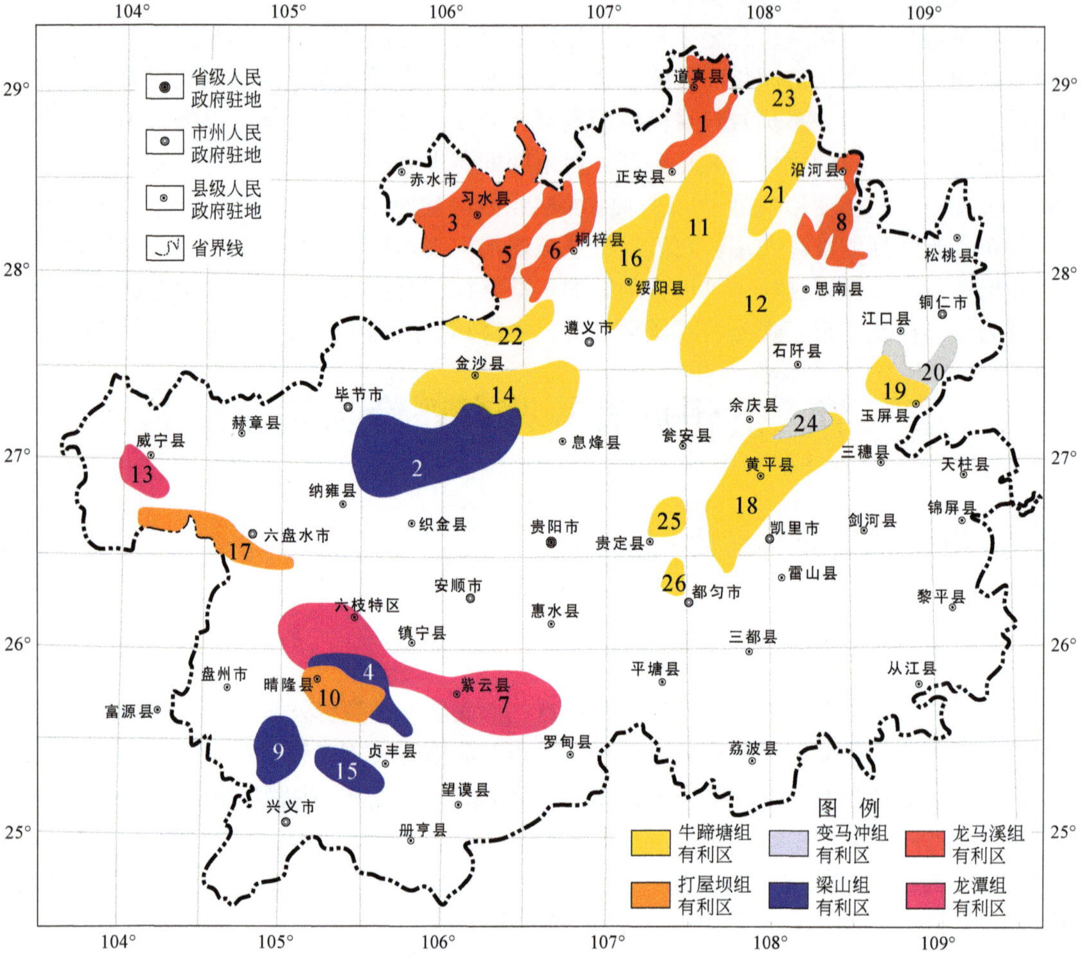

图 8.8 贵州页岩气有利区分布及排序

表 8.1 贵州页岩气资源量层系分布表 （单位：10^8m^3）

层系	资源量	概率分布				
		P_5	P_{25}	P_{50}	P_{75}	P_{95}
上二叠统龙潭组	地质资源量	32296.42	24326.23	17265.16	11024.13	5982.6
	可采资源量	5813.36	4378.72	3107.73	1984.34	1076.87
中二叠统梁山组	地质资源量	14201.7	11140.61	8689.86	6591.25	4732.48
	可采资源量	2556.31	2005.31	1564.17	1186.43	851.85
下石炭统打屋坝组	地质资源量	21084.89	17208.07	14429.7	11625.61	8787.65
	可采资源量	3795.28	3097.45	2597.35	2092.61	1581.78
下志留统龙马溪组	地质资源量	23951.65	18825.23	14763.74	10724.5	7247.09
	可采资源量	4311.30	3388.54	2657.47	1930.41	1304.48

续表

层系	资源量	概率分布				
		P_5	P_{25}	P_{50}	P_{75}	P_{95}
下寒武统变马冲组	地质资源量	2770. 59	2089. 47	1513. 76	950. 97	543. 36
	可采资源量	498. 71	376. 10	272. 48	171. 17	97. 80
下寒武统牛蹄塘组	地质资源量	52361. 88	43191. 52	35493. 22	28014. 14	21044. 35
	可采资源量	9425. 14	7774. 47	6388. 78	5042. 55	3787. 98
总计	地质资源量	146667. 13	116781. 13	92155. 44	68930. 60	48337. 53

二、贵州页岩气调查评价关键技术

根据富有机质页岩赋存地质特征、页岩微孔结构特征、含气量及含气结构变化特征、有机碳含量、有机质成熟度等地质地球化学参数，创建了贵州复杂地质构造区页岩气有利区优选标准与资源潜力评价方法、页岩气地质制图规范、页岩含气性分析方法、页岩气井位优选方法和原则、页岩气资源调查评价实验方法 5 套页岩气资源调查评价关键技术体系。为国家地质矿产行业标准《页岩气资源/储量计算与评价技术规范》（DZ/T 0254—2014）的起草和制定提供了借鉴，填补了我国南方复杂构造区古生界页岩气资源评价关键技术空白。

（一）页岩气有利区优选标准

依据我国页岩气资源特点，将页岩气分布区划分为远景区、有利区和目标区三级。页岩气有利区是指依据页岩分布、评价参数、页岩气显示及含气性参数优选出来，经过进一步钻探能够或可能获得页岩气工业气流的区域。根据贵州页岩气发育地质背景、条件及勘探程度，在地震、钻井及实验测试等资料基础上，通过分析泥页岩沉积特点、构造格架、泥页岩地化指标及储集特征等参数，建立了贵州页岩气有利区优选标准（表 8. 2）。

表 8. 2 海相、海陆过渡相页岩气有利区优选标准

主要参数	变化范围	
	海相	海陆过渡相
页岩面积下限	有可能在其中发现目标区的最小面积，在稳定区或改造区都可能分布。根据地表条件及资源分布等多因素考虑，面积下限区间为 200 ~ 500km^2	有可能在其中发现目标区最小面积，在稳定区或改造区都可能分布。根据地表条件及资源分布等多因素考虑，面积下限区间为 200 ~ 500km^2
页岩厚度	厚度稳定、单层厚度大于 10m	单层页岩厚度不小于 10m；或泥地比大于 60%，单层泥岩厚度大于 6m 且连续厚度不小于 30m
有机碳含量	平均不小于 2. 0%	平均不小于 2. 0%
有机质成熟度	Ⅰ型干酪根 R_o 不小于 1. 2%；Ⅱ型干酪根 R_o 不小于 0. 7%	Ⅰ型干酪根 R_o 不小于 1. 2%；Ⅱ型干酪根 R_o 不小于 0. 7%；Ⅲ型干酪根 R_o 不小于 0. 5%

续表

主要参数	变化范围	
	海相	海陆过渡相
埋深	500～4500m	500～4500m
地表条件	地形高差较小，如平原、丘陵、低山、中山、戈壁、沙漠等	地形高差较小，如平原、丘陵、低山、中山、戈壁、沙漠等
总含气量	不小于0.5m^3/t	不小于0.5m^3/t
保存条件	中等-好	中等-好

（二）页岩气参数井井位优选方法

由于贵州页岩气有利目的层系露头区构造、地貌条件非常复杂，加之缺乏地震解译等信息资料的指导和参考，本次仅依据露头地质调查及露头样品分析测试资料，借助模糊综合评判法建立了调查井井位优选方法（表8.3，表8.4），地质条件权重为0.7，工程条件权重为0.3。

表8.3　露头区页岩气调查井位优选地质条件分级标准

地质因素/评语	好	较好	中等	较差	差	权重
页岩厚度/m	>40	40～30	30～20	20～10	<10	0.1
预测深度/m	1000～1500	800～1000或1500～1800	600～800或1800～2000	300～600或2000～3000	<300或>3000	0.15
地层倾角（°）	<10	10～20	20～30	30～40	>40	0.1
断裂发育程度	弱	较弱	中等	发育	断裂带	0.1
与最近露头的距离/km	>2	1～2	0.5～1	<0.5	<0.1	0.1
有机碳含量/%	>2	1～2	0.5～1	0.4～0.5	<0.4	0.1
有机质成熟度 /%	1.2～2.0	1.0～1.2或2.0～2.5	2.5～3.5	3.5～4.0	<1.0或>4.0	0.05
脆性矿物含量/%	40～50	50～55或35～40	55～60或30～35	60～65或25～30	<25或>65	0.05
应力场/构造运动	应力平衡区	应力较弱区	应力定向区	应力复杂区	应力集中区	0.05
地下水、地表水条件	不活跃	活动弱	活动较强	活动强	活动强烈	0.1
开口层位确定程度	确定	相对确定	基本确定	推测	不确定	0.1

表8.4　露头区页岩气调查井位优选工程地质条件分级标准

工程地质因素	好	较好	中等	较差	差	权重
井场地形高差/m	<100	100～200	200～300	>300	>500	0.1
与村庄、铁路、景区、水库、电网等设施的距离/m	远离	较近	临近	贴近	重叠	0.05
需辅修、改造的进场道路/m	0	50	500	>1000	>2000	0.1
道路交通	国道	省道	县道	乡道	仅小型车辆可通行	0.2

续表

工程地质因素	好	较好	中等	较差	差	权重
勘探纵深面积/km^2	>10	5～10	2～5	<2	0	0.1
可利用水源	丰富	较丰富	一般	缺水	无地表水	0.15
空中障碍物	无障碍	轻微遮挡	遮挡	可改造性遮挡	严重遮挡	0.1
土地使用情况	废弃矿场	荒地	差地	良田	特殊用地	0.2

(三) 页岩含气性分析方法

页岩含气量是评价研究区页岩气资源潜力和衡量目标区是否具有工业开采价值的关键指标（魏强等，2015），可以通过现场密闭取心、等温吸附模拟及测井解释等方法获取吸附气和游离气含气量（陈方文等，2015）。页岩含气量是指单位重量或体积页岩中所含的天然气在标准状态（20℃，101.325kPa）下的体积，通常采用重量表示法，即m^3/t。本次研究通过现场解吸法对各目的层系的解吸气量、损失气量及残余气量进行测定。

解吸含气量主要通过解吸罐、集气量筒和恒温设备进行现场解吸直接获得解吸气量；损失气量可以通过线性回归法、二次取心法、保压取心法获取；残余气量主要采用延时法、高温法、磨碎法实现。

(四) 页岩气资源评价方法和参数

1. 资源评价方法

常用的油气资源评价方法有类比法、成因法、统计法和综合法。由于贵州页岩气的富集机理和成藏条件特殊，加之页岩气勘探地质资料少、认识程度低，经综合对比分析，采用条件概率体积法对贵州页岩气资源进行评价。条件概率体积法的基本原理是指页岩总质量与单位质量页岩所含页岩气的乘积，可表示为$Q_{总}=0.01\cdot A\cdot h\cdot \rho\cdot q$，其中，$Q_{总}$为页岩气地质资源量，$10^8m^3$；$A$为含气页岩分布面积，$km^2$；$h$为有效页岩厚度，m；$\rho$为页岩密度，$t/m^3$；$q$为总含气量，$m^3/t$。

2. 评价参数

为了克服页岩气评价参数的不确定性，保证评价结果的科学性和合理性，依照资源潜力评价中参数的取值原则，以实际地质资料为基础，对主要计算参数分别赋予不同概率值，通过统计分析及概率计算获得不同概率下的资源量评价结果。

(1) 参数赋值的条件概率

计算过程中，所有的参数均可表示为给定条件下事件发生的可能性或者条件概率。条件概率的地质意义是在不同的概率条件下地质过程发生及参数分布的可能性。不同的条件概率按表8.5所列进行赋值。

表 8.5　参数条件概率的地质含义

条件概率	参数条件及页岩气聚集的可能性	把握程度	赋值参考	
P_5	非常不利，机会较小	基本没把握	勉强	乐观倾向
P_{25}	不利，但有一定可能	把握程度低	宽松	
P_{50}	一般，页岩气聚集或不聚集	有把握	中值	
P_{75}	有利，但仍有较大的不确定性	把握程度高	严格	保守倾向
P_{95}	非常有利，但仍不排除小概率事件	非常有把握	苛刻	

（2）参数获取和赋值

面积（A）：主要采用有机碳含量关联法和概率估计法进行概率赋值。有效厚度（h）：海相页岩单层厚度下限为 10m，陆相和海陆过渡相页岩单层厚度下限为 6m。页岩密度（ρ）：主要通过实测法和类比法获取。含气量（q）：可通过综合解析、实验、统计、类比、计算及专家经验法等多种方法获得，总含气量下限值为 0.5m^3/t。

（3）可采系数

可采系数的取值主要考虑地质条件、工程条件及经济技术条件，并借鉴国外取值，确定本次评价可采系数赋值见表 8.6。

表 8.6　可采系数取值标准　（单位:%）

地表条件	寒武系及前寒武系	志留系	早古生界	中新生界
高山	0 ~ 5	0 ~ 5	0 ~ 5	0 ~ 5
中山	5 ~ 10	5 ~ 10	5 ~ 10	5 ~ 10
沙漠、戈壁	5 ~ 15	10 ~ 15	10 ~ 20	10 ~ 20
黄土塬、高原（除青藏外）	10 ~ 15	10 ~ 15	15 ~ 20	15 ~ 25
低山	10 ~ 15	10 ~ 20	15 ~ 25	20 ~ 30
丘陵、平原	10 ~ 15	10 ~ 25	20 ~ 25	25 ~ 30

（4）结果汇总

主要采用条件概率计算法（蒙特卡罗法）对贵州各有利目的层系页岩气地质资源量进行结果汇总。

（五）页岩气制图规范

参考国内已有相关图件编制各类标准规范，制定了贵州页岩气勘探开发过程中各种图件制图规定和制图标准。主要包括平面图（地质图、地形地貌图、勘探程度图、构造图、沉积相图、地层厚度图、等值线图、等厚图、热演化程度图、综合评价图、井位优选图、工程部署图等）、剖面图（地层剖面图、地震解译剖面图等）、柱状图（地层综合柱状图、综合录井图、测井曲线图、对比图等）、地理底图、投影系统、坐标体系、比例尺、责任表等。

第三节 贵州页岩气勘查管理改革实践

作为全国第一个省级页岩气资源调查评价项目，紧密围绕产学研相结合，明确工作模式和项目管理制度。为保证项目顺利实施，在借鉴全国页岩气资源潜力调查评价和有利区优选项目经验基础上，结合贵州实际，提出了“整体设计、统筹部署、整合力量、分工负责、先期培训、专家指导、协调推进、注重成效”的工作思路。依托国内页岩气资源调查评价权威机构和单位，聘请知名专家，整合省内现有地勘单位和各种要素，配备业务骨干，开展项目工作。确定了项目论证、设计审查、定期推进、中期检查、重点会商、野外验收、项目预审、评审验收和成果总结等项目管理制度。加强领导、精心组织、强化管理、严格程序、统筹协调，按时保质保量完成目标任务，在组织实施管理方面取得了一系列科学有效、切实可行的实践经验。

一、贵州页岩气勘查组织管理改革

（一）准确定位、统筹协调、创新机制、打造平台、优化环境、培育主体

1. 准确定位

贵州省国土资源厅作为地质找矿第一责任人，需准确定好三个位，即管理定位、工作定位、基金定位。管理定位就是要理顺关系，明确责任，政事分开，政企分离。根据省级国土资源管理部门的工作职责，按照宏观调控、市场监管、社会管理、维护权益、公共服务的职能要求，定好自己的位，重点做好制定战略、规划、政策、标准等，加强市场调节与监管，强化地勘行业管理。工作定位就是准确定位公益性、基础性地质工作，加强基础地质调查评价工作，向社会提供优质公共服务产品。基金定位就是明确省级地勘基金要发挥分担风险和政策调控两大功能。

2. 统筹协调

按照省级国土资源管理部门的职责要求，统筹部署全省地质找矿工作，统筹中央地勘基金、省级地勘基金，以及地勘单位、企业及社会资金。2013 年，国土资源部与贵州省人民政府签订了共同推进页岩气勘查开发合作协议，并按照地质找矿新机制的设计，加快推进贵州省页岩气资源调查评价。发挥省厅的部门优势，协调省政府与市、州及县（市、区）地方政府、地勘单位与地方政府、地勘单位与企业及矿业权人的关系，协调推进地质找矿工作，使各方都各尽其能、各得其所。

3. 创新机制

由国土资源部亲自发动和领导的地质找矿改革发展大讨论取得的重大成果之一就是地质找矿新机制。省级层面下一步创新机制主要是进一步深化、完善和贯彻落实好这个新机

制。目前重点要在探矿权的设置和出让上创新机制，完善制度，利用贵州作为全国三个煤炭矿业权改革试点省份的契机，探索矿业权管理和智力、技术与资本融合，使地质找矿新机制落地。

4. 打造平台

抓住关键环节，打造三个平台。第一打造新的制度平台，重点要制定探矿权合理配置和激发探矿权人找矿积极性的制度政策；第二打造统一、竞争、开放、有序的矿业权市场平台，在规范无形市场的同时，加快建设矿业权交易的有形市场，为地勘单位实现探采一体化搭建平台；第三打造地质技术、信息、劳务、中介服务、咨询服务的地质勘查技术服务平台。

5. 优化环境

一要优化国土资源管理服务环境，让利、松绑、出政策、解难题，为地勘单位改革发展和推动地质找矿突破做好服务；二要营造良好的地质勘查环境，发挥各级国土资源管理部门优势，为地质勘查提供优质服务和有力保障。

6. 培育主体

地勘单位是实现地质找矿突破的主力军，也应是实现地质找矿突破的工作主体。如何让主力军真正成为主力军，成为工作主体，省级国土资源管理部门要为地勘单位合理配置探矿权，给地勘单位产权，发展壮大地勘经济。近年来，贵州省在这方面做了一些努力，地勘单位在新设立的探矿权中所占比例有了较大幅度提高。

（二）加强领导、精心组织、强力保障

1. 成立贵州页岩气勘探开发领导小组

为加快推进贵州页岩气勘探、开发和综合利用，根据省领导“及早开展页岩气技术研究及开发利用准备”的批示精神。成立了由分管副省长任组长，相关部门、地方政府负责人为成员的领导小组，统一部署页岩气勘查、开发与综合利用工作。

其中，组长为慕德贵副省长；副组长有张学军副秘书长、吴勇副秘书长、省国土资源厅朱立军厅长；成员包括省发展和改革委员会、省科技厅、省经济和信息化委员会、省财政厅、省国土资源厅、省环境保护厅、省国有资产监督管理委员会、省地方税务局、省安全生产监督管理局、省能源局、省地质矿产勘查开发局、省煤田地质局、省国税局、遵义市政府、安顺市政府、毕节市政府、铜仁市政府、黔东南苗族侗族自治州政府、黔南布衣族苗族自治州政府、盘江投资控股（集团）有限公司、贵州黔能页岩气开发公司负责人。

领导小组办公室设在省国土资源厅，负责领导小组日常工作。朱立军兼任办公室主任，郭强兼任办公室副主任。按照“系统规划、统筹安排、示范先行、分步实施、勘探开发、综合利用”的原则，领导小组负责统筹协调和整合贵州省现有资源和各种要素，组织开展各项工作。为实施贵州省页岩气资源调查评价项目起到了关键的作用（图 8.9）。

图 8.9　贵州省页岩气勘探开发领导小组会议

2. 成立组织实施管理领导小组

为保证项目的顺利实施，全面优质地完成项目工作任务。接到工作任务后，省矿权储备交易局高度重视，成立了项目组织实施小组，局长尹晓勤任组长，副局长张连猛、总工程师马荣任副组长。实施小组下设办公室。马荣兼任办公室主任，成员由马熊、黄艺、陈祎、陶久强、叶春、杨毓红、张沫、张鸿琳、阳红、方良伟、何艺林组成。主要职责为负责项目管理，统筹有关部门、地方政府关系的协调，资金管理的相关工作。

(三) 强化管理、严格程序、加快推进

1. 高起点、高标准完成项目论证及设计审查

为了高起点、高标准做好贵州省页岩气资源调查评价工作，贵州省国土资源厅高度重视该项工作，纳入省政府重点目标考核内容。委托国土资源部储量评审中心主任张大伟、中国地质大学（北京）教授张金川等组成的专家团队，完成贵州省页岩气资源调查评价项目总体设计。2012 年 3 月和 4 月，两次邀请院士、专家对项目总体设计及 7 个子项目设计进行审查，并获得高度好评，为贵州省页岩气勘探开发布局提供基础依据和资源管理支撑，有力推动贵州省页岩气资源勘探开发工作，在全国范围具有示范意义。

2. 实事求是，科学论证调查井

页岩气调查井是页岩气资源评价参数获取的必经途径，是页岩气资源调查评价的基础数据来源，直接关系到项目成果。为组织好调查井的实施工作，贵州省矿权储备交易局分两期对调查井组织专家进行论证，共计论证 44 口井。按照地层赋存条件，产状及目标层位等情况综合分析比较，通过论证 30 口井。在项目实施过程中，由于部分调查井目标层位相同，

且临近，确定实施26口。在论证过程中，坚持实事求是的原则，理论联系实际，组织专家对论证调查井进行实地踏勘，确定每口井的目的层位及井位位置（图8.10，图8.11）。

图8.10　论证会议现场

图8.11　野外踏勘现场

3. 强化管理，做好项目检查指导

自项目实施以后，严格项目管理，加强对项目检查指导工作，做到项目实施有计划，有依据，进度有保障，确保项目各项工作的有序推进。根据项目工作进度，组织召开10次项目工作推进会，对阶段工作进行总结，安排部署下一步工作，对存在问题进行会商，野外实地检查指导。对涉及项目工作量有调整，由专家进行把关，并出具专家意见。坚持做到技术上专家负责，行政上科学管理（图8.12，图8.13）。

图8.12　项目推进会议现场

图8.13　项目野外现场检查

（四）注重人才队伍培养

以贵州省页岩气资源调查评价项目为契机，充分发挥科研单位及院校的技术优势，言传身教，现场示范，培养贵州省的页岩气专业人才队伍，为今后贵州省页岩气资源的勘探开发奠定基础。页岩气资源调查评价是一项全新工作，在贵州省没有相应的人才储备，通过本次项目的实施，让贵州省三大地勘局的队伍参与到项目中来，通过传帮带，全面掌握页岩气资源调查评价系统工作。

1. 页岩气培训

组织了三期页岩气培训班，邀请了国内的专家教授进行授课，培训人次近300人；系统培训了页岩气的评价技术方法、页岩气地质构造、页岩气勘探开发进展、优选页岩气有利目标区和勘探开发靶区的选取、图集和报告的编制。

2012年3月在贵州饭店组织页岩气资源调查第一期培训，邀请国土资源部储量评审中心张大伟主任、中国地质大学（北京）张金川教授、中国石化等专家进行授课。授课内容包括：中国页岩气资源潜力及勘探开发进展、中国页岩气勘探开发进展、中国石化页岩油气勘探开发进展、页岩气的地球化学评价技术、管理政策构想、贵州省页岩气资源调查评价、页岩气构造地质学研究、页岩气及其勘探评价方法（图8.14）。

2012年8月在贵铝宾馆组织页岩气资源调查第二期培训。培训内容包括：页岩气资源管理及贵州省页岩气项目管理、页岩气及其研究方法、页岩沉积研究及储层评价、页岩气构造、裂缝及甜点预测、页岩气资源评价方法及选区标准、贵州省页岩气地质编图、贵州省资源调查主要工作内容和流程、贵州省页岩气项目技术要求、页岩气资源调查主要技术方法。授课老师主要是中国地质大学（北京）教授及国土资源部储量评审中心专家（图8.15）。

图8.14　贵州饭店培训会议现场

图8.15　贵铝宾馆培训会议现场

2013年5月在贵州省政府迎宾馆组织第三期培训。培训内容包括：页岩气资源调查评价地质编图、贵州省页岩气资源调查评价报告提纲、贵州省页岩气资源调查评价图示图例、贵州省页岩气资源调查评价制作软件。

2. 考察学习

为了直观地感受页岩气资源的开发试验情况，组织相关单位到美国、加拿大，以及我国四川、重庆等地进行实地考察调研，学习借鉴先进经验（图8.16）。

图 8.16　省外页岩气实地调研现场

（五）举办页岩气高层论坛

2013 年 1 月 25 日，成功举办一期页岩气高层论坛，由省政府与国土资源部签订页岩气勘查开发合作协议。国土资源部与贵州省人民政府关于共同推进页岩气勘查开发合作协议签订仪式在贵阳举行。国土资源部副部长汪民、贵州省人民政府副省长慕德贵分别代表双方签订协议（图 8.17）。

图 8.17　国土资源部与贵州省人民政府签署合作协议

本次协议的合作目的如下：主要是按照“开放市场、有序竞争，加强调查、科技引领，政策支持、规范管理，创新机制、协调联动”的原则，构建贵州页岩气找矿突破新机制，完善政策、加强监管、做好服务，推进页岩气勘查开发和综合利用示范，实现页岩气开发利用规模化和产业化，促进区域经济协调发展。

合作内容：加强页岩气资源调查评价，合理配置页岩气矿业权，建立完善页岩气监督管理工作制度和规范。共同研究制定推进页岩气勘查开发的政策措施，开展页岩气勘查、开采用地用水保障、生态环境保护试点，创造良好的勘查开发工作环境，促进页岩气勘查开发快速、有序、健康发展。共同创建页岩气勘查开发和综合利用示范基地，开展富页岩气层段精细地质研究，研发页岩气勘查开发关键技术，形成规模产能。培养页岩气勘查、开发与管理技术人才，探索页岩气山区地面配套建设集输管网经验。

合作周期：2013～2020年。第一阶段：2013～2015年，完成贵州省重点地区页岩气资源调查评价，设立页岩气勘查开发示范区，建设一批勘查开发示范井。第二阶段：2016～2020年，完成示范区建设，实现页岩气规模化和产业化开发利用。

二、黔北页岩气综合勘查试验区

在页岩气有利区优选基础上，参照资源量丰度、含气性、有机碳含量、有机质热演化程度、钻井深度、开发风险等指标，对页岩气有利目的层系进行综合评价，提出并建立了道真–正安、黔西–金沙两个页岩气综合勘查示范区。示范区总面积11422km^2，页岩气聚集总地质资源量12211.31×10^8m^3，可采资源量2198.1×10^8m^3。道真–正安页岩气勘探开发综合示范区面积5083km^2，地质资源量3678.31×10^8m^3，可采资源量662.1×10^8m^3；黔西–金沙页岩气勘探开发综合示范区面积6339km^2，地质资源量8533×10^8m^3，可采资源量1536×10^8m^3。

黔北页岩气综合勘查试验区成为国土资源部批准的全国唯一的页岩气综合勘查试验区(国土资函〔2014〕209号)。试验区范围为金沙–遵义–湄潭–思南–印江一线以北至省界所圈闭范围，面积约3.6万km^2，建设周期2014～2020年。试验区建设的主要目的是开展页岩气地质理论研究，加强勘查开发技术攻关，尽快探明页岩气储量，逐步形成产能建设，探索建立适合页岩气、常规油气、煤层气及固体矿产等多矿种、多区块、多种所有制矿业权人共同参与、沟通协调的综合勘查机制，力争在2020年前建成产能达10亿m^3/a的页岩气勘查开发基地。

(一) 试验区建设目标及主要任务

1. 建设目标

依托黔北页岩气试验区，探索研究南方褶皱造山带海相页岩气成藏理论，进一步查明页岩气的分布特征和富集规律；在尊重常规油气、煤层气及有关固体矿产矿业权勘查开发的同时，协调好与常规油气、煤层气及固体矿产等多矿种、多区块、多单位共同参与的综合勘查机制；搭建不同所有制的矿业权人进行协同勘探开发的平台，力争形成符合本地区特点的技术规范或标准，有效促进贵州省石油天然气、页岩气、煤层气等资源的勘探开发进程。通过对综合勘查试验区的投入，力争在2020年前建成产能达到10亿m^3/a的页岩气勘查开发基地。

2. 主要任务

(1) 开展理论研究

通过“政产学研用”结合，先行先试，有效地将资源、资金、技术等因素结合起来，联合开展页岩气地质理论研究，重点研究贵州省页岩气形成、聚集机理及富集规律，力争形成适合贵州客观地质条件的理论体系，并提供全国其他相似地区的页岩气勘查开发借鉴。

(2) 查明资源储量

在贵州页岩气资源调查评价的基础上，通过综合勘查，进一步查明区内页岩气资源。实施过程中，鼓励不同所有制的企业开展广泛合作，可以多种所有制混合的形式集合优势资源、资金和技术力量，加速推进试验区的建设，为试采和规模开发提供坚实的资源基础。

(3) 联合技术攻关

以国有大型油气企业为主导，进行页岩气勘查开发技术攻关，重点开展页岩气储层识别与评价、含气性测试、页岩气渗流规律与产能预测等方面的技术攻关，总结出适合我国同类型地区的勘查技术。

(4) 建立协调机制

该试验区内设置有页岩气、常规油气、煤层气、地热及固体矿产探矿权，矿业权人的有制性质各异，各自的勘查实施方案都是独立编制，难以形成相得益彰、互补借鉴的局面。试验区设立后，将按照“政府引导、整体部署、责任明确、产权清晰、合力推进、快速突破”的原则推进以页岩气为主的多矿种协调勘查。

(5) 推进试采开发

通过页岩气试验区勘查的推进，在基本查明其成藏条件的有利区域优选部署开采试采井，按“企业投入为主，政府适当引导”的原则适当补贴企业风险勘查，力争早日实现工业气流突破。在建设综合勘查试验区的同时，为后期规模化开发打下基础。

(二) 试验区建设方案

1. 建设周期

试验区建设周期为 2014～2020 年，2014 年开始协调参与单位共同实施勘查与试验井施工，查明页岩气埋藏条件和规律，积累经验，为后期开发打下基础。通过试验性开采和后期开发，力争在 2020 年建成 10 亿 m^3/a 的页岩气开发基地。

2. 建设方案

(1) 总体部署

第一阶段：2014～2015 年，成立专项工作组，拟投资 5 亿～10 亿元，统筹推进页岩气综合勘查试验区工作，并在试验区内实施 5 口调查评价井，力争获取页岩气工业气流。

第二阶段：2016～2020 年，拟投资 160 亿～200 亿元，初步建成产能 10 亿 m^3/a 页岩气生产基地，逐步形成包括小型 CNG 压缩、LNG 液化、生产运输线等设施的页岩气勘探、开发、储运、利用配套体系。

(2) 试验区建设投资

综合勘查：在完成相应的地表地质工作、二维地震等工作后，优选有利区开展三维地震工作，为控制储量、推进水平井开发奠定基础。有序实施页岩气探井 30 口左右。预计勘查总投资 80 亿元，其中中国石化油气探矿权贵州区块约投入 40 亿元、空白区（拟参与国土资源部页岩气探矿权出让）约投入 20 亿元、凤冈等 4 个页岩气探矿权区块约投入 20 亿元。

管网建设：计划结合页岩气试验区勘探进度，储运及综合利用所需的输气管线、压缩站、液化站等建设同步进行，计划总投资 70 亿元左右。

(3) 试验区支助探井

2014 年对施工的 5 口页岩气探井进行支助，由试验区内的矿权人优选有利区布井，贵州省人民政府从财政资金中出资 5000 万元对每口井进行补助。计划对龙马溪组含气地层施工 3 口探井，其中道真、赤水-习水-桐梓一带常规油气区块各 1 口，由探矿权人中国石化（华东公司）组织实施；沿河一带施工 1 口，由探矿权人组织实施。凤冈等 4 个探矿权区块中，针对牛蹄塘组含气地层选择有利区施工 1 口或 2 口，金沙一带针对龙潭组、牛蹄塘组含气层段施工 1 口。

(4) 综合研究

在试验区内政府加大公益性、基础性页岩气理论研究和调查评价力度，优选页岩气、油气、煤层气有利区块，为企业勘查开发奠定基础；研究制定页岩气勘查开发及环境保护相关技术标准，并推广应用。

三、正安页岩气勘查区块探矿权出让

（一）正安页岩气资源条件

1. 正安页岩气勘查现状

国土资源部油气资源战略研究中心 2009 年开始在黔北地区开展了页岩气资源前景调查工作，采集了典型的野外露头页岩样品，在区块周缘地区选取岑页 1 井和松浅 1 井进行了系统取样，开展了含气页岩层系地层剖面实测与观察、路线地质剖面调查、钻井岩心观察描述等工作。通过岩心解吸获取了页岩气气样，通过等温吸附模拟实验研究了该层段富有机质页岩的吸附能力，通过分析测试获取了系统的页岩气资源潜力评价参数数据，为在区域范围内进一步开展页岩气勘查提供了重要基础。

2011 年，国土资源部油气资源战略研究中心启动了《上扬子地区页岩气资源调查评价与选区》及《川渝黔鄂先导试验区页岩气资源调查与选区》等项目，在区块内及周缘进行了野外地质调查工作，从区域角度分析了泥页岩沉积构造背景，编制了页岩气选区评价的基础地质图件，对示范区块页岩气资源及其开发前景进行了初步评价。

2012～2013 年，贵州省国土资源厅实施的《贵州省页岩气调查评价》项目在区块周缘钻探完成了道页1井、正页1井、绥页1井、德页1井等，重点查明了黔北地区寒武系、奥陶-志留系含气页岩发育地质特征，开展页岩气资源评价，对区域内页岩气资源分布、有利区及勘探开发条件有重要参考价值。并通过现场解吸实验获得了页岩含气量。地表剖面及页岩气调查井送样主要为现场解吸、气体组分、有机碳含量、薄片、矿物分析等周期较快的分析内容，为进一步对黔北页岩气资源量评价工作提供了依据。

2013年，贵州黔能页岩气开发有限公司在黔北地区4164km^2实施野外地质调查，优选了安场向斜、桴焉向斜、斑竹向斜、务川向斜、高山-石朝向斜等有利区。在正安-务川地区部署实测剖面14km、观测剖面4km、构造路线调查816km、二维地震121km、三维地震69km^2等实物工作，并且与中国地质调查局油气资源调查中心、贵州省国土资源厅三方合作在安场向斜部署实施了第一口油气参数井——安页1井。

2. 正安页岩气勘查成果

通过野外地质调查，建立了勘查区寒武系—三叠系综合地层剖面，分析地层充填序列，把握岩性特征，为地震层位标定与钻井设计提供了依据；查明区内各向斜单元形迹，把握区内构造形态及断裂分布，优选构造保存条件有利区；综合应用区内野外及邻区钻井的分析测试资料，深入研究了目的层页岩的有机地化、物性、脆性及含气性等品质参数特征，落实了富有机质页岩的空间展布。总结了区块龙马溪组地质特征，其中龙马溪组具有高有机碳、高成熟度、高脆性矿物含量、低孔-超低渗、高比表面积、微孔隙发育、高含气丰度的特点，勘探前景相对较好；牛蹄塘组页岩气富集条件复杂，动态跟踪显示效果相对较差。

通过地震勘探，发现区内以中-上寒武统为界，发育上下两套断裂系统，上部断裂系统以北北东和北北西两组逆断层为主，断面较陡，断距较小；下部断裂系统以北北东向逆断层为主，断面较缓，断距较大；整体表现为北北东走向的向斜构造，地层南缓北陡，由深到浅，构造轴向向东偏移。

通过安页1井钻探，发现了栖霞组（1126~1394m）、石牛栏组（2107~2204m）、龙马溪组（2303~2331m）等有利含气层。特别是志留系龙马溪组为典型的页岩气藏，厚度适中（28m），深度宜采（2300m左右），含气量高（3.94~6.14m^3/t）。石牛栏组直井压裂后，通过6mm、8mm、10mm油嘴测试，日产气量分别为$2.72\times10^4m^3$、$5.96\times10^4m^3$、$10.22\times10^4m^3$，预测区块内页岩气地质资源量近$1000\times10^8m^3$，具有较好的工业前景。

综合研究发现石牛栏组储层以含钙砂质泥岩与薄层灰岩互层为主，为特殊类型页岩气藏（灰泥互层型），裂缝、微裂缝发育区最为有利。五峰-龙马溪组黑色碳质页岩成熟度适中，有机碳含量高，脆性指数高，储层裂缝、微裂缝发育的碳质页岩，优质储层厚度较大，是最具勘探前景的页岩气藏。

（二）正安页岩气勘查区块探矿权出让情况

1. 正安页岩气区块出让背景

为了加快推进黔北页岩气综合勘查试验区建设，贵州省国土资源厅分别于2014年、

2015年通过省人民政府行文，请国土资源部协议出让页岩气探矿权给贵州黔能页岩气开发有限责任公司，虽经多方努力，因拟开展第三轮页岩气区块出让及新疆油气改革等事宜，国土资源部未予办理。其间，因新疆油气出让改革产生了许多新的问题，促使国土资源部大力推动油气矿业权出让制度改革，以拍卖方式出让矿业权作为改革主攻方向。

安页1井取得突破后，贵州省国土资源厅主要领导积极同国土资源部沟通，国土资源部同意正安区块的勘查矿种以页岩气为主，要求对常规油气、煤层气、致密气等气体矿产进行综合勘查，使得该区块出让从中国石化等“三桶油”公司扩展到国内、省内企业。为了尽快开发该区资源，贵州省国土资源厅根据调查评价成果，结合中国地质调查局油气资源调查中心、贵州黔能页岩气开发有限责任公司意见及建议，以安页1井为中心、安场向斜为重点，就近扩展包含务川向斜南部等有利区，圈定了718km^{2}的正安区块，拟予以出让。该区块的安页1井现场解吸气量、总含气量均高于涪陵气田焦页1HF井、焦页2HF井；目的层埋深在2000～3000m，涪陵气田目的层埋深在3000m以深；优质含气层段厚度两者相当，在20～30m。从目前资料看，正安区块部分地段页岩气赋存条件优于涪陵气田。

按照贵州省政府“抓住机遇、扩大战果、周密部署、乘势而上，使这一重大突破在贵州发展中早日发挥重要作用”的重要批示，贵州省国土资源厅积极主动与国土资源部对接、汇报“安页1井开发”和“贵州正安区块页岩气勘查”探矿权出让事宜。国土资源部明确要求，“安页1井”开发要与“贵州正安区块页岩气勘查”探矿权出让一并统筹考虑，区块采用“有条件有偿竞争性”出让。

2. 正安页岩气区块拍卖文件编制情况

（1）拍卖文件起草过程

贵州省国土资源厅作为具体承办人，在国土资源部地质勘查司指导下，与地质勘查司油气处、部油气资源战略研究中心出让室同志共同起草了拍卖文件初稿。其间，邀请了贵州省公共资源交易中心及拍卖公司的相关同志参与拍卖文件的校正修改。

2016年12月29日～30日，国土资源部地质勘查司到贵州全面对接各方意见，并会同贵州省公共资源交易中心及拍卖公司的相关人员对拍卖文件进行逐字逐句修改。

2017年2月24日，国土资源部地质勘查司参照了“新疆石油天然气勘查区块招标出让项目”有关文件内容，并对拍卖文件反馈了具体审定修改意见，贵州省国土资源厅修改完善了相关内容。

2017年3月23日，国土资源部地质勘查司再次对拍卖文件进行了全面沟通，对拍卖文件修改的相关内容进行了确认，并再次修改了探矿权延续条件。

2017年6月9日，国土资源部相关领导专程到贵州安页1井现场调研，与贵州省政府进行座谈，同意将安页1井维护经费及安全、环保处置经费纳入补偿内容，并写入拍卖公告文件。同时，明确提出2017年8月18日作为正式拍卖出让正安页岩气勘查区块探矿权的具体日期。

（2）拍卖文件内容

拍卖文件主要包括五部分内容：拍卖公告、竞买须知、拍卖规则、竞买人资格条件文件的编制、探矿权出让合同。

拍卖公告——公告内容共23条及5款特别提示，主要包括交易平台、拍卖人、区块简介、出让期限、竞买人条件、报名登记程序及要求、拍卖方式等，并附意向竞买人一般情况表、授权委托书、项目推介会报名表3个附件。重点说明以下几点。

一是区块范围695.11km^2，不包括水源保护区，明确了区块范围内含有6个固体探矿权和6个采矿权（不含砂石矿山）。

二是竞买人主体资格明确为“在中华人民共和国境内（不含港澳台）注册、最终绝对控股股东或最终实际控制人为境内主体、净资产人民币叁亿元（3亿元）以上的内资公司，从事过页岩气勘查开发工作或从事页岩气勘查开发单位合作；具有良好的财务状况和健全的财务会计制度，能够独立承担民事责任。

三是意向竞买人提交资格条件文件的内容明确了包括“主体资格申报文件、贵州省安页1井试采产气工作方案和贵州省正安页岩气勘查区块勘查实施方案”三部分，只有三部分审查均通过才可获得拍卖资格（安页1井试采产气工作方案的产足点是“扣除运营成本后，全部收益留在正安县，助力扶贫攻坚工作”，所有地方均调整为“留在”正安县。勘查实施方案的立足点是“三年落实储量、实现规模开发”）。

四是在特别提示里予以明确买受人要另行支付贵州省财政先行垫付有关企业的前期投入资金柒仟玖佰捌拾玖万零捌佰元整（7989.08万元），以及2016年6月以来安页1井井场维护及安全、环保处置经费。

五是要求买受人要在正安县注册子公司进行资源开发。

六是明确了买受人在开发利用矿产资源的过程中，按照创建生态文明、构建和谐矿区及当地发展规划等要求，集约、节约利用矿产资源，保护矿区地质环境和生态环境。买受人在勘查开发过程中，严格管理，确保安全生产。

竞买须知——包括“总则、拍卖文件、竞买人资格条件文件、竞买人资格条件审查、竞买登记、现场拍卖、合同签订”七个部分内容，共30条。总则主要包括“项目说明、拍卖范围及期限、费用承担、报名预登记和购买地质资料、现场踏勘”四部分；拍卖文件主要包括“文件组成、解释澄清、修改补充、变动的通知”四部分；竞买人资格条件文件主要包括“文件的组成、提交、补充修改及撤回、文件的有效性”四部分；竞买人资格条件审查包括“审查方法及程序、主体资格申报文件审查、安页1井试采产气工作方案审查、区块勘查实施方案审查、审查结果公示”五部分；竞买登记包括“竞买保证金和竞买登记”两部分；现场拍卖包括“拍卖原则、起拍价确定、拍卖的实施、结果公示”四部分，其中拍卖起始价确定为4236万元；合同签订包括“合同签订、探矿权价款缴纳、企业前期成本抵扣、勘查许可证办理、勘查要求、特别提示”六部分。

拍卖规则——共10条内容，主要是对参加现场拍卖的竞买人明确需遵循的相关规定、拍卖原则和竞买原则等，对成交后“签订合同时间、支付企业前期调查投入”等部分事项进行约定。

竞买人资格条件文件的编制——主要包括“竞买人资格条件的组成和格式、竞买人资格条件文件的份数及装订”等要求内容，共6条。资格条件文件包括“主体资格申报文件、安页1井试采产气工作方案、区块勘查实施方案”，对三部分文件的内容及要求均作了明确纸质材料和电子文件的提交人数，对装订、密封及标记均作了具体要求。

探矿权出让合同——共24条，主要包括区块情况、首次勘查期限、价款缴纳方式、勘查总体要求、延续规定、支付黔能页岩气公司前期投入、风险提示等内容。

3. 正安页岩气区块探矿权拍卖结果

2017年8月18日，在贵州省公共资源交易中心共4家竞买单位参加的这场拍卖会上，拍卖标的从4236万元起拍，每次加价500万元。经过200余轮竞买人叫价，最终，6号竞买人贵州省产业投资（集团）有限责任公司以12.9亿元的成交价竞得贵州省正安页岩气勘查区块探矿权。

这是国土资源部继2011年和2012年推出两轮页岩气区块招标，时隔5年之后，首次以公开竞标的方式出让页岩气探矿权。

（三）正安页岩气勘查区块成功出让意义

此次页岩气探矿权拍卖是我国油气探矿权出让制度的一次重要探索，对推动我国油气体制改革和矿业权出让制度改革有重要意义。

1. 支撑国家油气体制改革，带动社会投资贵州

正安页岩气勘查区块探矿权拍卖作为我国油气探矿权出让的第一拍，是我国油气体制改革的一次重要且成功的探索，也是贵州省委、省政府和国土资源部贯彻落实中央、国务院关于我国油气体制改革部署要求的重大举措。正安区块此次成功出让，提振了对贵州省油气勘查开发的信心，必将带动更多社会项目和资金投入贵州。

2. 促进地方经济发展，服务精准脱贫

正安页岩气勘查区块探矿权位于贵州省国家级深度贫困县正安县境内，出让公告明确，安页1井的全部收益留在正安县助力脱贫攻坚，买受人必须在正安县注册子公司进行油气开发。本次正安区块探矿权出让收益将有部分被分配至正安县财政。正安区块内估算页岩气资源量近千亿立方米，开发后可满足本地区居民生活和工农业发展用气需求，创造就业机会，促进经济发展，助力当地脱贫攻坚。

3. 改变传统能源格局，促进清洁能源产业发展，推动贵州生态文明建设

正安页岩气探矿权由贵州省产业投资（集团）有限责任公司竞得，这是贵州省省属国有企业首次获得油气探矿权，也使贵州国有企业在贵州油气勘查开发领域有了重要的话语权。该探矿的勘查开发将结束贵州缺油少气的历史，改变贵州传统能源格局，促进贵州传统能源产业转型升级，带动相关产业发展。对贵州绿色经济发展起到巨大促进作用，为贵州供给侧结构改革、发展清洁能源产业、生态文明建设工作提供重大支撑。

参考文献

安亚运，符宏斌，陈厚国，等.2015. 黔南地下石炭统打屋坝组页岩气储层物性特征及控矿因素. 贵州地质，32（3）.

鲍健强，章许旷野，房凯.2014. 美国页岩气开发的环境评估与保护对中国的启示. 未来与发展，（8）：55-60.

陈波，兰正凯.2009. 上扬子地区下寒武统页岩气资源潜力. 中国石油勘探，（3）：10-14.

陈崇希，胡立堂.2008. 渗流-管流耦合模型及其应用综述. 水文地质工程地质，52（3）：70-75.

陈方文，卢双舫，丁雪.2015. 泥页岩吸附气能力评价模型：以黔南坳陷牛蹄塘组吸附气含量为例. 中国矿业大学学报，44（3）：508-513.

陈厚国，贺永忠，等.2017. 黔东地区震旦纪—寒武纪沉积盆地演化及油气地质特征研究. 武汉：中国地质大学出版社.

陈厚国，潘明，王敏，等.2017. 贵州南部紫页1井威宁组沉积微相特征及其沉积演化：中国岩溶，36（3）：306-312.

陈尚斌，朱炎铭，王红岩，等.2010. 中国页岩气研究现状与发展趋势. 石油学报，31（4）：689-694.

陈旭，Mitchell C E. 1996. 塔康运动与广西运动的地层学依据. 地层学杂志，（4）：305-313.

程裕琪，沈永和，张良臣，等.1995. 中国大陆的地质构造演化. 中国区域地质，4（3）：1-6.

程裕琪.1994. 中国区域地质概论. 北京：地质出版社.

戴传固，王雪华，王敏，等.2017. 贵州省区域地质志. 北京：地质出版社.

戴传固，郑启钤，陈建书，等.2013. 贵州雪峰—加里东构造旋回期成矿地质背景研究. 地学前缘，6（20）：219-225.

戴金星，戴春森，宋岩，等.1994. 中国一些地区温泉中天然气的地球化学特征及碳、氦同位素组成. 中国科学，24（4）：426-433.

戴金星，黄士鹏，刘岩，等.2010. 中国天然气勘探开发60年的重大进展. 石油与天然气地质，31（6）：689-698.

邓新，杨坤光，刘彦良，等.2010. 黔中隆起性质及其构造演化. 地学前缘，17（3）：79-89.

丁炳华，史仁灯，支霞臣，等.2008. 江南造山带存在新元古代（～850Ma）俯冲作用—来自皖南SSZ型蛇绿岩锆石SHPIMP U-Pb年龄证据. 岩石矿物学杂志.5（27）：375-388.

丁文江.1929. 中国造山运动. 中国地质学会志，8（2）：151-170.

丁文龙，许长春，久凯，等.2011. 泥页岩裂缝研究进展. 地球科学进展，28（2）：135-144.

董大忠，程克明，王世谦，等.2009. 页岩气资源评价方法及其在四川盆地的应用. 天然气工业，29（5）：33-39.

付小东，秦建中，腾格尔，等.2011. 烃源岩矿物组成特征及油气地质意义——以中上扬子古生界海相优质烃源岩为例. 石油勘探与开发，38（6）：671-684.

傅家谟，刘德汉.1982. 碳酸盐岩有机质演化特征与油气评价. 石油学报，（1）：1-9，95.

高为，田维江，秦文等.2014. 贵州省煤层气与页岩气共探共采的地质优选. 断块油气田，21（1）：36-38.

贵州地层古生物工作队.1977. 西南地区区域地层表（贵州分册）. 北京：地质出版社.
贵州省地矿局区调院.1996. 贵州地层典. 贵阳：贵州科技出版社.
贵州省地质矿产局.1987. 贵州省区域地质志. 北京：地质出版社.
贵州省地质矿产局.1997. 贵州省岩石地层. 武汉：中国地质大学出版社.
贵州省地质地质调查院.2017. 贵州省区域地质志. 北京：地质出版社.
贵州省地质矿产局区域地质调查研究院.1992. 贵州岩相古地理图集. 贵阳：贵州科技出版社.
郭旭升，李宇平，刘若冰，等.2014. 四川盆地焦石坝地区龙马溪组页岩微观孔隙结构特征及其控制因素. 天然气工业，34（6）：9-16.
郭旭升.2014. 南方海相页岩气“二元富集”规律——四川盆地及周缘龙马溪组页岩气勘探实践认识. 地质学报，88（7）：1209-1218.
郭正吾，韩永辉.1989. 上扬子地区深部地质结构及其盆地演化的控制意义. 四川地质学报，2（9）：1-8.
何治亮，汪新伟，李双建，等.2011. 中上扬子地区燕山运动及其对油气保存的影响. 石油实验地质，33（1）：1-11.
贺永忠，陈厚国，谢渊，等.2015. 上扬子东南缘寒武系碳酸盐岩台缘滩的发现与油气地质意义——以贵州石阡-岑巩为例. 中国地质调查，5（2）：38-44.
侯读杰，冯子辉.2011. 油气地球化学. 北京：石油工业出版社.
黄汲清，尹赞勋.1965. 中国地壳运动命名的几点意见（草案）. 地质论评.S1（2）：2-4.
黄仁春，魏祥峰，王强.2017. 四川盆地东南缘丁山地区页岩气成藏富集的关键控制因素. 海相油气地质，22（2）：25-30.
霍志鹏，庞雄奇，张宝收，等.2013. 低丰度碳酸盐岩有效烃源岩存在的证据及其TOC下限. 地质论评，99（6）：1165-1176.
吉利明，马向贤，夏燕青，等.2014. 黏土矿物甲烷吸附性能与微孔隙体积关系. 天然气地球科学，（02）：141-152.
吉利明，宋之光，李剑峰.2008. 鄂尔多斯盆地三叠系原油葡萄藻母质输入的生物标志物特征. 微体古生物学报.21（28）：281-290.
贾承造，郑民，张永峰.2012. 中国非常规油气资源与勘探开发前景. 石油勘探与开发，39（2）：129-136.
姜春发，朱松年.1992. 构造迁移论概述. 中国地质科学院院报，1：1-14.
蒋礼宏.2003. 料研究ZJD地区泥岩、泥灰岩裂缝的分布规律. 江汉石油学院学报.25（2）：49-50，7.
黎盛斯.1959. 湖南“龙山系”时代及分层问题. 地质论评.7（19）：305-307.
李建忠，董大忠，陈更生，等.2009. 中国页岩气资源前景与战略地位. 天然气工业，（5）：11-16，134.
李娟，于炳松，夏响华，等.2015. 黔西北地区上二叠统龙潭组泥页岩储层特征. 地学前缘，22（1）：301-311.
李俊良，谢瑞永，游君君，等.2012. 贵州黔北地区页岩气成藏条件与勘探前景. 中国矿业.21（2）：55-59.
李双建，肖开华，沃玉进，等.2008. 南方海相上奥陶统—下志留统优质烃源岩发育的控制因素. 沉积学报，26（5）：54-62.
李延钧，刘欢，刘家霞，等.2011. 页岩气地质选区及资源潜力评价方法. 西南石油大学学报，33（2）：28-34.
李玉喜，乔德武，姜文利，等.2011. 页岩气含气量和页岩气地质评价综述. 地质通报，30（2/3）：

308-317.
李玉喜，张金川，姜生玲，等.2012. 页岩气地质综合评价和目标优选. 地学前缘，19（5）：332-338.
林树基.1995. 板溪群和莲沱组对比问题与震旦/前震旦界限. 贵州地质.1：22-28.
刘宝珺，余光明，徐强，等.1993. 雅鲁藏布中新生代深水沉积盆地形成和演化（Ⅰ）——喜马拉雅造山带沉积特征及演化. 岩相古地理，1（3）：32-49.
刘冲，张金川，唐玄，等.2014. 黔西北下志留统龙马溪组页岩气聚集条件. 特种油气藏，21（6）：61-66.
刘洪林，邓泽，刘德勋，等.2010. 页岩含气量测试中有关损失气量估算方法. 石油钻采工艺.2（S1）：156-1580.
刘庆宣，王贵玲，张发旺.2003. 矿泉水中微量元素锶的地球化学环境. 水文地质工程地质，（6）：19-23.
刘小丽，田磊，杨光，等.2016. 中国页岩气开发环境影响评价和监管制度研究. 北京：中国经济出版社.
刘兆彬.2016. 岩溶区页岩气开采浅层地下水污染风险评价. 北京：中国地质大学（北京）硕士学位论文.
龙鹏宇，张金川，李玉喜，等.2009. 重庆及其周缘地区下古生界页岩气资源勘探潜力. 天然气工业，29（12）：125-129.
卢定彪，戴传固，谯文浪，等.2011. 贵州省活动构造特征及地壳稳定性评价. 北京：地质出版社.
卢玲玲，秦勇，郭晨.2013. 黔西补作勘查区现代地温场及煤层受热温度分析. 中国煤炭地质，25（10）：12-17.
卢树藩，陈厚国，安亚运，等.2013. 黔南寒武系渣拉沟组页岩气地质条件分析：贵州地质，30（3）：198-202.
卢树藩，陈厚国.2017，黔南地区麻页1井寒武系牛蹄塘组页岩特征及页岩气勘探前景：中国石油勘探，22（3）：81-87.
卢树藩，何犇，杜胜江.2016. 黔南代页1井下石炭统打屋坝组页岩气地质条件及勘探前景. 中国地质调查，3（4）：6-11.
路保平，张传进，鲍洪志.2000. 油气开发过程中岩石力学性质变化规律实验研究. 岩石力学与工程学报，8（1）：878-881.
吕艳南，张金川，张鹏，等.2015. 黔西北下寒武统牛蹄塘组页岩气成藏条件与有利勘探区预测. 海相油气地质，20（2）：37-44.
马永生，楼章华，郭彤楼，等.2006. 中国南方海相地层油气保存条件综合评价技术体系探讨. 地质学报，80（3）：406-417.
牟传龙，周恳恳，梁薇，等.2011. 中上扬子地区早古生代烃源岩沉积环境与油气勘探. 地质学报，85（4）：526-532.
聂海宽，唐玄，边瑞康.2009. 页岩气成藏控制因素及中国南方页岩气发育有利区预测. 石油学报，30（4）：481-491.
聂海宽，张金川.2012. 页岩气聚集条件及含气量计算——以四川盆地及其周缘下古生界为例. 地质学报，86（2）：349-360.
潘仁芳，金吉能.2011. 尺度识别的地球物理方法探讨. 长江大学学报（自然科学版）.8（3）：16-18，13.
潘仁芳，伍媛，宋争.2009. 的地球化学指标及测井分析方法初探. 中国石油勘探.8（3）：6-9，28，1.
彭平安，刘大永，秦艳，等.2008. 海相碳酸盐岩烃源岩评价的有机碳下限问题. 地球化学，37（4）：

415-422.
彭善池 . 2000. 斜坡相寒武系 . 合肥：中国科技大学出版社 .
彭稳，裴建国 . 2010. 岩溶含水层脆弱性评价方法探讨 . 水资源保护，26：9-15.
蒲泊伶，包书景，王毅，等 . 2008. 页岩气成藏条件分析——以美国页岩气盆地为例 . 石油地质与工程，22（3）：33-36.
秦建华，吴应林，颜仰基，等 . 1996. 南盘江盆地海西－印支期沉积构造演化 . 地质学报，2（70）：99-107.
秦建中，钱志浩，曹寅，等 . 2005. 油气地球化学新技术新方法 . 石油实验地质 . 27（2）：67-76.
秦守荣，刘爱民 . 1998. 论贵州喜山期的构造运动 . 贵州地质 . 2（15）：105-114.
丘元禧，张渝昌，马文璞，等 . 1999. 雪峰山的构造性质与演化一个陆内造山带的形成演化模式 . 广州：中山大学出版社 .
苏慧敏，杨瑞东，程伟，等 . 2017. 贵州西南部下石炭统打屋坝组页岩气成藏特征与有利区分析 . 贵州大学学报，34（3）：41-46.
孙赞东，李强，孙文博，等 . 2011. VSP 各向异性矢量波场分离方法研究及其应用 . 石油地球物理勘探 . 53（S1）：17-26，163.
谭茂金，张松扬 . 2010. 页岩气储层地球物理测井研究进展 . 地球物理学进展 . 25（6）：2024-2030.
Tissot B P，陆曦初 . 1985. 油气勘探应用石油地球化学的新进展 . 地质地球化学 .（6）：1-13，69.
唐玄，张金川，丁文龙，等 . 2016. 鄂尔多斯盆地东南部上古生界海陆过渡相页岩储集性与含气性 . 地学前缘，(02)：147-157.
田奇 . 1948. 湖南雪峰地轴与古生代海浸之关系 . 地质论评，Z2：203-210.
田硕夫，杨瑞东 . 2016. 贵州早石炭世岩相古地理演化及页岩气成藏特征 . 成都理工大学学报，43（3）：291-299.
田枭 . 2015. 页岩气水力压裂过程中压裂液- 甲烷- 矿物反应实验模拟研究 . 北京：中国地质大学（北京）硕士学位论文 .
万云，张廷山，兰光志，等 . 2009. 川南黔北志留纪生物礁与古环境演化 . 中国科学（D 辑），35（3）：285-299.
王鹤年 . 1961. 湘西前震旦纪板溪群中复理石建造的发现及不整合问题的探讨 . 地质学报，1（11）：16-22.
王剑 . 2000. 华南新元古代裂谷盆地演化兼论与 Rodinia 解体的关系 . 北京：地质出版社 .
王俊杰，何江涛，陆燕，等 . 2012. 地下水污染风险评价中特征污染物量化方法探讨. 环境科学，33（3）：771-776.
王濡岳，丁文龙，龚大建，等 . 2016. 黔北地区海相页岩气保存条件- 以贵州岑巩区块下寒武统牛蹄塘组为例 . 石油天然气地质，37（1）：45-55.
王濡岳，龚大建，冷济高，等 . 2017. 黔北地区下寒武统牛蹄塘组页岩储层发育特征：以岑巩区块为例 . 地学前缘，37（1）：1-14.
王尚彦，张慧，王天华，等 . 2006. 黔西水城－紫云地区晚古生代裂陷槽盆充填和演化 . 地质通报 . 3（25）：402-407.
王社教，王兰生，黄金亮，等 . 2009. 上扬子区志留系页岩气成藏条件 . 天然气工业，29（5）：45-50.
王铁冠 . 1990. 试论我国某些原油与生油岩中的沉积环境生物标志物 . 地球化学 .（2）：256-263.
王祥，刘玉华，张敏，等 . 2010. 页岩气形成条件及成藏影响因素研究 . 天然气地球科学 . 21（2）：350-356.
王砚耕，陈履安，李兴中，等 . 2000. 贵州西南部红土型金矿 . 贵阳：贵州科技出版社 .

王砚耕，尹恭正，郑淑芳，等. 1984. 贵州上前寒武系及震旦—寒武系界线. 贵阳：贵州人民出版社.
王砚耕. 1993. 中国西南地区沉积地质特征与沉积盆地分类. 贵州地质，4（10）：265-271.
王昭，石建省. 2009. 华北平原地下水中有机物淋溶迁移性及其污染风险评价. 水利学报，40：830-837.
王中鹏，张金川，孙睿，等. 2015. 西页1井龙潭组海陆过渡相页岩含气性分析. 地学前缘，22（2）：243-250.
魏强，晏波，肖贤明. 2015. 页岩气解吸方法研究进展. 天然气地球科学，26（9）：1657-1665.
魏祥峰，刘若冰，张廷山，等. 2013. 页岩气储层微观孔隙结构特征及发育控制因素——以川南—黔北XX地区龙马溪组为例. 天然气地球科学. 24（5）：1048-1059.
吴应林，朱洪发，朱忠发，等. 1994. 中国南方三叠纪岩相古地理与成矿作用. 北京：地质出版社.
吴珍汉，吴中海，江万，等. 2001. 中国大陆及邻区新生代构造～地貌演化过程与机理. 北京：地质出版社.
夏文臣，周杰，雷建喜，等. 1995. 滇黔桂晚海西—中印支伸展裂谷海盆地的演化. 地质学报，2（69）：97-112.
夏玉强. 2010. Marcellus页岩气开采的水资源挑战与环境影响. 科技导报，28（18）：103-110.
项礼文，等. 1981. 中国地层（4）中国的寒武系. 北京：地质出版社.
谢海燕，马忠玉，杨晶. 2017. 美国页岩气开发的环境监管经验及对我国的启示. 中国经贸导刊，（21）：59-61.
谢晓永，唐洪明，王春华，等. 2006. 氮气吸附法和压汞法在测试泥页岩孔径分布中的对比. 天然气工业. 2006，36（12）：100-102，20.
邢裕盛，等. 1989. 中国的上前寒武系. 北京：地质出版社.
徐波，李敬含，李晓明，等. 2011. 辽河油田东部凹陷页岩气成藏条件及含气性评价. 石油学报，32（3）：450-457.
徐士林，包书景. 2009. 鄂尔多斯盆地三叠系延长组页岩气形成条件及有利发育区预测. 天然气地球科学，20（3）：460-465.
徐永昌，刘文汇，沈平. 2001. 含油气盆地油气同位素地球化学研究概述. 沉积学报，16（2）：161-168.
徐政语，姚根顺，郭庆新，等. 2010. 黔南坳陷构造变形特征及其成因解析. 大地构造与成矿学，34（1）：20-31.
许靖华，孙枢，王清晨，等. 1998. 中国大地构造相图. 北京：科学出版社.
许满贵，马正恒，陈甲，等. 2009. 煤对甲烷吸附性能影响因素的实验研究. 矿业工程研究，24（2）：51-54.
许满贵，马正恒，陈甲，等. 2009. 煤对甲烷吸附性能影响因素的实验研究. 矿业工程研究，24（2）：51-54.
许效松，徐强，潘桂棠，等. 1996. 中国南大陆古地理与Pangea对比. 岩相古地理，2（6）：1-23.
许志琴，侯立玮，王大可，等. 1991. “西康式”褶皱及其变形机制——一种新造山带褶皱类型. 中国区域地质，1：1-9.
严德天，陈代钊，王清晨，等. 1995. 扬子地区奥陶系-志留系界线附近地球化学研究. 重庆石油高等专科学校学报，（1）：2-7.
杨建，付永强，陈鸿飞，等. 2012. 页岩储层的岩石力学特性. 天然气工业，12（7）：12-14，100.
杨平，汪正江，谢渊，等. 2012. 黔北下寒武统牛蹄塘组烃源岩的生物标志物特征和沉积环境. 地质通报，31（11）：1910-1921.
杨巍然. 1989. 断裂造山带. 地球科学，1（14）：9-18.
易同生，周效志，金军. 黔西松河井田龙潭煤系煤层气-致密气成藏特征及共探共采技术［J］. 煤炭学报，2016.41（1）：212-220.
尹崇玉，柳永清，高林志，等．2007. 震旦（伊迪卡拉）纪早期磷酸盐化生物群—瓮安生物群特征及其环境演化．北京：地质出版社．
于茵．2016. 页岩气开采水力压裂对地下水环境影响的数值模拟分析．北京：中国地质大学（北京）硕士学位论文．
曾允孚，刘文均，陈洪德，等．1995. 华南右江复合盆地的沉积构造演化．地质学报，2（69）：113-124.
翟刚毅，包书景，庞飞，等．2017. 贵州遵义地区安场向斜"四层楼"页岩气成藏模式研究．中国地质，44（1）：1-12.
张大伟，李玉喜，张金川，等．2012. 全国页岩气资源潜力调查评价．北京：地质出版社．
张金川，边瑞康，荆铁亚，等．2011. 页岩气理论研究的基础意义．地质通报．（Z1）：318-323.
张金川，姜生玲，唐玄，等．2009. 我国页岩气富集类型及资源特点．天然气工业，29（12）：109-114.
张金川，金之钧，袁明生．2004. 页岩气成藏机理和分布．天然气工业，24（7）：15-18.
张金川，林腊梅，李玉喜，等．2012. 页岩气资源评价方法与技术：概率体积法．地学前缘，19（2）：184-191.
张金川，聂海宽，徐波，等．2008. 四川盆地页岩气成藏地质条件．天然气工业，28（2）：151-156.
张金川，徐波，聂海宽，等．2008. 中国页岩气资源勘探潜力．天然气工业，28（6）：136-140.
张利萍，潘仁芳．2009. 页岩气的主要成藏要素与气储改造．中国石油勘探．2（3）：20-23，2.
张鹏，张金川，黄宇琪等．黔西北上奥陶统五峰组-下志留统龙马溪组页岩气聚集条件分析［J］．地质论评．2015，61（1）：154-161.
张水昌，张宝民，边立曾，等．2005. 中国海相烃源岩发育控制因素．地学前缘，12（3），41-50.
张雪芬，陆现彩，张林晔，等．2010. 页岩气的赋存形式研究及其石油地质意义．地球科学进展．25（6）：579-604.
赵化琛．1995. 我国若干裂谷构造特征及其成矿作用．矿产与地质．1：38-48.
赵磊，贺永忠，陈厚国，等．2015. 上扬子东南缘寒武系碳酸盐岩台缘滩的发现与油气地质意义：中国地质调查，2（5）：38-44.
赵磊，贺永忠，等．2015. 黔北下古生界烃源层系特征与页岩气成藏初探．中国地质，42（6）：1931-1943.
赵威．2016. 岩溶区页岩气开采浅层地下水环境影响预测模型研究．北京：中国地质大学（北京）硕士学位论文．
钟玲文，张慧．2002. 煤的比表面积 孔体积及其对煤吸附能力的影响．煤田地质与勘探，30（3）：26-28.
钟宁宁，卢双舫，黄志龙，等．2004. 烃源岩生烃演化过程 TOC 值的演变及其控制因素．中国科学（D辑），34（S1）：120-126.
周培明，金军，罗开艳，等．2017. 黔西松河井田多层叠置独立含煤层气系统．煤田地质与勘探，45（5）：66-69.
周中毅，贾蓉芬．1974. 碳酸盐岩生油岩的有机地球化学、岩石学特征．地球化学，（4）：278-298.
朱立军．2011. 承担地质找矿第一责任人的职责及实现"358"宏伟目标的思考．中国矿业报，第 A01 版．
邹才能，董大忠，王社教，等．2010. 中国页岩气形成机理、地质特征及资源潜力．石油勘探与开发，37（6）：641-653.
邹才能，朱如凯，白斌，等．2011. 中国油气储层中纳米孔首次发现及其科学价值．岩石学报．27（6）：1857-1864.
Bowker K A. 2007. Barnett shale gas production，Fort Worth Basin：Issues and discussion. AAPG Bulletin，91：

523-533.

Boyer C, Roy A G, Best J L. 2006. Dynamics of a river channel confluence with discordant beds: flow turbulence, bed load sediment transport, and bed morphology. Journal of Geophysical Research Earth Surface, 111 (4): 53.

Bratton T, Canh D V, Que N V, et al. 2006. The nature of naturally fractured reservoirs. Oilfield Review, 18: 4-23.

Bruner K R, Walker-Milani M E, Smosna R. 2011. Depositional model of the Marcellus Shale in West Virginia based on facies analysis. Search and Discovery, 50512: 45.

Calvez J L, Craven M, Klem R, et al. 2007. Real-time microseismic monitoring of hydraulic fracture treatment: a tool to improve completion and reservoir management. SPE Hydraulic Fracturing Technology Conference, 1: 34-36.

Chalmers G R L, Bustin R M. 2008. Lower cretaceous gas shales in northeastern British Columbia, part Ⅱ: evaluation of regional potential gas resources. Bulletin of Canadian Petroleum Geology, 56: 22-61.

Chelini V, Muttoni A, Mele M, et al. 2010. Gas-shale reservoir characterization: a North Africa case. Journal of Limnology, 69: 33-44.

Crovelli R A. 2012. Analytic resource assessment method for continuous (unconventional) oil and gas accumulations-the "ACCESS" method: Open-File Report 2012-1146. US Geological Survey: 1-32.

Fertl W H, Chilingar G V. 1988. Total organic carbon content determined from Well Logs. SPE Formation Evaluation, 3: 407-419.

Goodway B, Perez M, Varsek J, et al. 2010. Seismic petrophysics and isotropic-anisotropic AVO methods for unconventional gas exploration. Leading Edge, 29 (12): 1500-1508.

Goodway B, Varsek J, Abaco C. 2006. Practical application of P-wave AVO for unconventional gas Resource Plays. Part 2: Detection of fracture prone zones with Azimuthal AVO and coherence discontinuity. Bibliogr, 52-64.

Guo X, He S, Liu K, et al. 2010. Oil generation as the dominant overpressure mechanism in the Cenozoic Dongying depression, Bohai Bay Basin, china. AAPG Bulletin, 94 (12): 1859-1881.

Hartman C. 2010. Shale Gas Core Analyses Required for Gas Reserve Estimates. Weatherford Laboratories.

Hill D G. 2002. Changing perceptions of coalbed methane reservoirs. Society of Petroleum Engineers, 9: 1-36.

Hill D, Nelson C. 2000. Reservoir properties of the Upper Cretaceous Lewis Shale, a new natural gas play in the San Juan Basin. AAPG Bulletin, 84: 1240.

Jacobi D J, Breig J J, LeCompte B, et al. 2009. Effective Geochemical and geomechanical characterization of shale gas reservoirs from the Wellbore Environment: Caney and the Woodford Shale. SPE annual technical conference and exhibition. Society of Petroleum Engineers, 9: 21-34.

Jacobi D J, Gladkikh M, LeCompte B, et al. 2008. Integrated petrophysical evaluation of shale gas reservoirs. CIPC/SPE Gas Technology Symposium 2008 Joint Conference. Society of Petroleum Engineers. 1: 16-19.

Jarvie D M, Claxton B L, Tobey M H. 2003. Development of Unconventional Gas Prospects and Evaluation of Producing Using Geochemical Techniques: Abstract. Tulsa Geological Society. http://archives.datapages.com/data/tgs/tgs-sp/data/051/051001/47_tgs-sp0510047.htm. [2017-9-12]

Jarvie D M, Hill R J, Ruble T E, et al. 2007. Unconventional shale-gas systems: the Mississippian Barnett Shale of north-central Texas as one model for thermogenic shale-gas assessment. AAPG Bulletin, 91 (4): 475-499.

Klett J, Hardy R, Romine E, et al. 2000. High-thermal-conductivity, mesophase-pitch-derived carbon foams:

effect of precursor on structure and properties. Carbon, 38: 953-973.

Kuuskraa V A. 2006. Unconventional natural gas: Industry savior or bridge? March 27, 2006. EIA Energy Outlook and Modeling Conference.

Kuuskraa V A. 2007. The unconventional gas resources base. OGJ unconventional gas artical, (24): 1-14.

Martini A M, Walter L M, Ku T C W, et al. 2003a. Microbial production and modification of gases in sedimentary basins: a geochemical case study from a Devonian shale gas play, Michigan basin. AAPG Bulletin, 87: 1355-1375.

Martini P M D, Burrato P, Pantosti D, et al. 2003b. Identification of tsunami deposits and liquefaction features in the Gargano area (Italy): paleoseismological implication. Annals of Geophysics, 46: 883-902.

Milici R C, Swezey C. 2006. Assessment of appalachian basin oil and gas resources: Devonian shale-middle and upper paleozoic total petroleum system. US Department of the Interior, US Geological Survey.

Monk D, Close D, Perez M, et al. 2012. Shale gas and geophysical developments. CSEG Recorder, 12: 34-38.

Montgomery S L, Jarvie D M, Bowker K A, et al. 2005. Mississippian Barnet shale, Fort Worth basin, north-central Texas: gas-shale play with muti-trillion cubic foot potential. AAPG Bulletin, 89: 155-175.

Niandou H, Shao J F, Henry J P, et al. 1997. Laboratory investigation of the mechanical behaviour of Tournemire shale. International Journal of Rock Mechanics & Mining Sciences, 34: 3-16.

Ozbayoglu E M. 2008. Drill bit pressure drop during foam drilling operations. Journal of Canadian Petroleum Technology, 47: 64-69.

Passey Q R, Moretti F J, Kulla J B, et al. 1990. Practical model for organic richness from porosity and resistivity logs. AAPG Bulletin, 74: 1777-1794.

Pemper R, Han X, Mendez F, et al. 2009. The Direct Measurement of Carbon in Wells Containing Oil and Natural Gas Using a Pulsed Neutron Mineralogy Tool. Society of Petroleum Engineers, 9: 24-34.

Pervukhina M, Dewhurst D N, Kuila U, et al. 2008. Stress Dependent Anisotropy in Shales — Measurements and Modelling. // Potvin Y, Carter Y J, Dyskin A. 2008. Proceedings of the First Southern Hemisphere International Rock Mechanics Symposium, Australian Centre for Geomechanics, Perth, 287-300.

Pollastro R M, Jarvie D M, Hill R J, et al. 2007. Geologic framework of the Mississippian Barnett Shale, Barnett-Paleozoic total petroleum system, Bend arch-Fort Worth Basin, Texas. Aapg Bulletin, 91 (4): 405-436.

Pollastro R M. 2007. Total petroleum system assessment of undiscovered resources in the giant Barnett Shale continuous (unconventional) gas accumulation, Fort Worth Basin, Texas. 2007, AAPG Bulletin, 91 (4): 551-578.

Ramakrishnan H, Peza E A, Sinha S, et al. 2011. Understanding and predicting Fayetteville shale gas production through integrated seismic-to-simulation reservoir characterization workflow. SPE annual technical conference and exhibition. 1: 1.

Reyes J C, Davies G R, Stasiuk L D. 2009. Petrographic evidence for forced maturation of kerogen and bitumen in hydrothermal dolomite from middle Devonian slave point formation north-eastern British Columbia, Canada. Join 61st ICCP/26th TSOP. Meeting Advances in Organic Petrology and Prganic Geochemistry. Society for Organic Petrology: 34.

Rezaee M R, Slatt R M, Sigal R F, 2007. Shale gas rock properties prediction using artificial neural network technique and multi regression analysis, an example from a north American shale gas reservoir. ASEG Extended Abstracts, 1: 1.

Ross D J K, Bustin R M, 2008. Characterizing the shale gas resource potential of Devonian-Mississippian strata in the Western Canada sedimentary basin: application of an integrated formation evaluation. AAPG Bulletin, 92: 87-125.

Schmoker J W, Quinn J C, Crovelli R A, et al. 1996. Production characteristics and resources assessments of the Barnett Shale continuous (unconventional) gas accumulation, Fort Worth basin, Texas. Geological Survey: 96-254.

Schmoker J W. 1979. Determination of organic content of Appalachian Devonian shales from formation-density logs. Journal of Bacteriology, 63: 6020-6025.

Schmoker J W. 1981. Determination of Organic-Matter Content of Appalachian Devonian Shales from Gamma-Ray Logs. Aapg Bulletin, 65 (7): 1285-1298.

Schmoker J W. 2002. Resource-assessment perspectives for unconventional gas systems. AAPG Bulletin, 86: 1993-1999.

Shiley R H, Cluff R M, Dickerson D R, et al. 1981. Correlation of natural gas content to iron species in the New Albany shale group. Fuel, 60: 732-738.

Shim Y H, Kok J C L, Tollefsen E, et al. 2010. Shale gas reservoir characterization using LWD in real time. Retrovirology, 3: 95.

Simmons C T, Fenstemaker T R, Sharp J M. 2001. Variable-density groundwater flow and solute transport in heterogeneous porous media: approaches, resolutions and future challenges. Journal of Contaminant Hydrology, 52 (1): 245-275.

Sondergeld C H, Ambrose R J, Rai C S, et al. 2010. MicroStructural Studies of Gas Shales. Society of Petroleum Engineers, 2: 23-25.

Spears R W, Jackson S L. 2009. Development of a predictive tool for estimating well performance in horizontal shale gas wells in the Barnett shale, north Texas, USA. Petrophysics, 50: 19-31.

Voss C, Provost A. 2010. SUTRA: a model for saturated-unsaturated, variable-density ground-water flow with solute or energy transport. US Geological Survey Water-Resources Investigations report.

Zieche J. 2011. Integrating all available data to improve production in the Marcellus Shale.

Zumberge J E, Ferworn K A, Curtis J B. 2009. Gas character anomalies found in highly productive shale gas wells. Geochimica et Cosmochimica Acta, 73: 1539.

附　　录

引言

为贯彻落实国发2号（《国务院关于进一步促进贵州经济社会又好又快发展的若干意见》），统筹利用地表水和地下水资源，加强岩溶水和地下暗河的开发利用，更好地支撑贵州省经济、社会和生态与环境的可持续发展，根据《中华人民共和国环境保护法》《中华人民共和国水污染防治法》和《中华人民共和国环境影响评价法》《环境影响评价技术导则 地下水环境》（HJ 610—2016）及相关法律、法规、标准、文件，制定《岩溶地区页岩气开采地下水环境影响评价技术指南（草稿）》（以下简称“指南”）。

本指南由贵州省国土资源厅提出和组织制定。

一、总则

1.1　编制目的

为贯彻落实国发2号（《国务院关于进一步促进贵州经济社会又好又快发展的若干意见》），统筹利用地表水和地下水资源，加强岩溶水和地下暗河的开发利用，更好地支撑贵州省经济、社会和生态与环境的可持续发展，根据《中华人民共和国环境保护法》《环境影响评价技术导则 地下水环境》（HJ 610—2016）及相关法律、法规、标准、文件，制定《岩溶区页岩气开采地下水环境影响评价技术指南（草稿）》（以下简称“指南”）。

1.2　适用范围

本指南内容包含在岩溶区开展页岩气开采地下水环境影响评价工作的主要工作程序、工作内容、工作方法和技术要求等。

本指南适用于岩溶区页岩气开采对浅层、具有饮用水开发利用价值的地下水的环境影响评价。

1.3　编制依据

《中华人民共和国环境保护法》

GB/T 14848 地下水环境质量标准

GB 5749 生活饮用水卫生标准

GB 3838 地表水环境质量标准

HJ 610 环境影响评价技术导则　地下水环境

HJ/T 164 地下水环境监测技术规范

GBT 50934 石油化工工程防渗技术规范

1.4 术语与定义

下列术语和定义适用于本指南。

页岩气：蕴藏于页岩层中的天然气。

水力压裂：是一项向井中泵入水、砂粒和多种化学添加剂使岩层产生裂隙以释放其中天然气的技术。

压裂液：在水力压裂中使用的液压介质，即用于向岩层施加压力以诱导裂隙形成的介质。

返排液：产气阶段同页岩气一同产出的液体，由不同比例的压裂液和地层水组成。

1.5 指导原则

科学性原则：地下水环境影响评价应根据页岩气开采的工程特点，识别建设项目可能对地下水造成影响的污染源和特征污染物，保证地下水环境影响识别的结果科学可靠。

针对性原则：明确评价范围和地下水环境保护或敏感目标，根据识别的地下水环境影响，设定预测情景，有针对性地对地下水环境影响进行预测。

安全性原则：在地下水现状调查和地下水环境影响预测结果的基础上，提出预防和减轻不良影响的对策和措施，为保护地下水环境安全提供科学依据。

1.6 组织编制单位

本指南由贵州省国土资源厅组织，中国地质大学（北京）起草编制。

二、工作内容和流程

2.1 工作内容

2.1.1 准备阶段

搜集和分析国家和地方有关地下水环境保护相关的法律、法规、政策、标准和相关规划等资料；了解页岩气开采区块工程概况和规划，进行初步工程分析，识别页岩气开采对地下水环境可能造成的直接影响；开展现场踏勘工作，进行地下水环境影响识别，确定评价范围及评价重点，在上述工作的基础上，编制地下水环境评价工作方案，进行专家咨询、评审并修改；制定现状调查方案。

2.1.2 现状调查及评价阶段

开展现场调查和访问，对初步工程分析结果进行核实，开展工程分析，分建设期、运营期和服务期满后分析项目生产工艺流程。进一步分析细化和调整现状调查方案，开展区域水文地质调查、地下水污染源调查工作；开展勘探、地下水监测、取样、分析、室内外试验和室内资料分析等工作，进行现状评价。

2.1.3 影响预测与评价阶段

开展页岩气开采地下水环境影响预测分析，依据国家、地方有关地下水环境的法规及标准，评价岩溶区页岩气开采对地下水环境可能造成的影响。

2.1.4 结论阶段

综合分析各阶段成果，提出地下水环境保护措施与防控措施，制定地下水环境影响跟踪监测计划，给出地下水环境影响评价结论。

2.2　工作流程

页岩气开采地下水环境影响评价工作流程如图1所示。

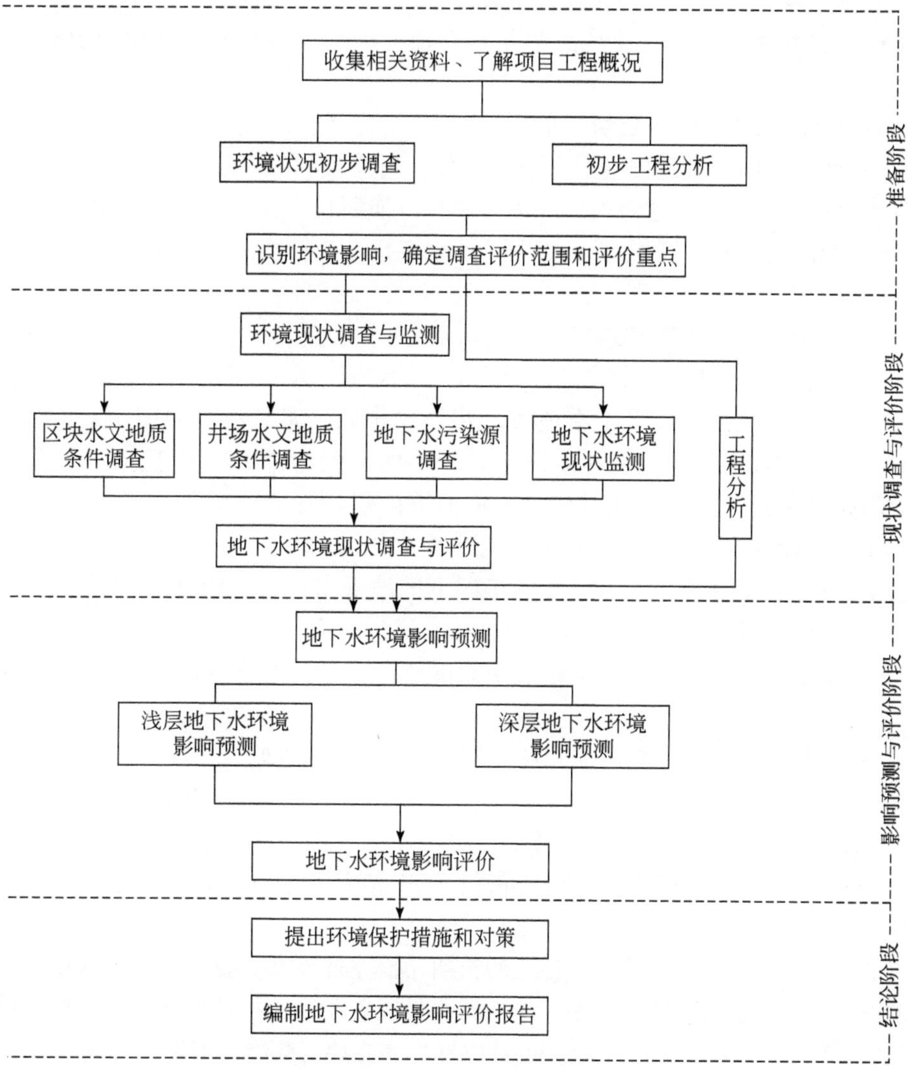

图1　页岩气开采地下水环境影响评价工作程序图

三、地下水环境影响识别

根据页岩气开发建设项目的工程特点，工程建设对地下水环境的影响可以从建设期、运营期和服务期满后三个阶段来考虑。建设期对地下水环境造成影响的主要工程活动包括钻井和压裂；运营期对地下水环境造成影响的主要工程活动包括采气；服务期满后，由于没有生产性排污，因此侧重于环境保护措施分析。

建设期对地下水环境的主要影响如下：

1）钻井工程（固井、完井）中完井及井下作业过程中产生的洗井废液、钻井冲洗废水等，若处置不当或储存池发生泄漏可能会对地下水环境造成影响；

2）水力压裂过程中，压裂液储存装置发生事故性泄露、生产井管发生损坏或者密封性不好都可能对地下水产生影响；水力压裂产生的裂隙造成区域性水力渗透性的增加或者裂隙沟通断层、区域性裂隙以及其他钻孔等途径，导致气体和液体扩散上升进而影响地下水。

运营期对地下水环境的主要影响如下：

1）运营期间的压裂液返排阶段和产气阶段，返排液以及从钻孔中移除的生产水必须经过储存、运输和处理，在这一过程中发生事故性泄露也会污染浅层地下水；

2）运营期间的产气阶段，因生产井密封性不好、套管损坏，气体沿着生产井的环形空间上升扩散至含水层。

3.1 页岩气开采地下水影响途径

通过分析页岩气开采各阶段的工程特征，可能对地下水产生的影响途径如下：

1）影响途径0是指直接发生在地表的污染物排放，尤其是水力压裂液管理（运输、储存等）以及返排液管理（不包括处置）过程中的污染物排放。关于近地表地下水危险性分析，污染物排放一旦在地表发生，上覆地层的保护功能就变得非常重要。通常情况下，正在使用的设备发生事故性故障时才会出现这样的排放。

对于途径0，区分正常情况和非正常情况下的地下水污染风险是非常重要的。通过规范压裂液、返排液的管理和处置过程，可以减小通过此途径污染地下水的风险。

2）影响途径1指的是潜在污染物沿井的排放和扩散。对于这一影响途径必须区分以下情况：

（1）由于井管水泥部分或全部黏结不牢固，或者与穿透地层密封不充分，污染物上升进入/出现在勘探井或生产井中。

（2）水力压裂过程中由于套管（黏结）的不良，污染物直接排放。

（3）钻孔密封结构（套管和黏结）密封不充分或者发生损坏导致污染物进入、出现在旧的钻孔中。

适宜的水文地质和水化学条件对钻孔的长期完整性是很重要的。钻孔套管和黏结常因温度、盐度以及二氧化碳浓度高等遭到侵蚀，而这些现象在地层中是很常见的。长远看来，这样的侵蚀会导致套管/黏结失效。液体和/或气体依靠主要的势能差能够上升或者下降。

3）影响途径2包括沿地质断层的所有影响途径，在地球表面断层或多或少地以线状形式出露（如果发生的上升点位于两个断层或者断层系统的交点，其也可以以点状出露）。值得注意的是，沿任何断层的渗透性都可能是变化、分段的。关于危害可能性，必须区分以下情况：

（1）从储气层连续延伸到近地表地下水可开采资源层、有相当大渗透性的深入断层/断层带。

（2）仅仅占储气层到（近地表）地下水可开采层范围的一部分、有相当大渗透性的断层/断层带。

由于深入、连续的断层在近地表的出露位置已知，因此这类断层可以被监测，而只影响上覆地层一部分的断层却比较难监测。当断层为水力活动断层（具有渗透性和势能差）

时，其（至少在某些地方）可以作为流体和气体的上升途径，然后流体或气体上升并且向各个方向扩散。

4）影响途径3是指液体和气体在地层内的垂向上升和侧向扩散（例如通过含水层），而没有像影响途径1和2描述的那样的优先路径，其主要依赖于地质和水文地质条件。在影响途径3内，必须区分以下几种情况：

（1）在压裂过程中，直接将压裂液排放至地下区域。

（2）气体和压裂液通过覆盖层垂向上升（扩散）。

（3）气体和压裂液（在水文地质系统内的不同区域）横向扩散。

在影响途径3中，各种情况的组合都是有可能的，且比其他单独存在的情况的影响范围更大。在这里，合适的渗透性能和势能差是激发上述影响途径的关键。

不同影响途径的叠加和组合以及长期影响

关于因页岩气开采对地下水产生的潜在影响，不仅需要考虑单个影响途径的效果还需要考虑多个影响途径叠加的效果。尽管很多深层地下水流速度很小，但是其长期的影响是必须评估的，与此有关的效果也必须叠加。此类评估必须根据地质系统中的整个水文地质系统进行。

根据污染物运移情况可以将影响途径分为两大类：一是污染物在地表释放向下运移污染地下水；二是污染物在地下释放向上运移污染地下水。

3.2　页岩气影响特征因子

通过对影响途径的分析，页岩气开采可能对地下水造成污染的物质有压裂液、返排液和页岩气。地下水影响特征因子应根据以上各种物质的主要组分并按照筛选原则进行筛选。

页岩气开采地下水污染特征因子筛选原则：

1）是污染源中所含的主要组分，能够反映污染源的理化性质；

2）与研究区所在区域地下水中典型污染组分保持一致；

3）优先选择我国“水中优先控制污染物”名单中所列举的污染物；

4）优先选择《地下水质量标准》及《生活饮用水卫生标准》中所包含的指标。

通过查阅国内外页岩气开采环境影响文献，检测压裂液和返排液化学成分，可能对地下水产生影响的特征因子见表1。

表1　页岩气开采地下水环境影响特征因子

类别	指标名称
无机组分	TDS、氯、重碳酸根、铵根、钠、钙、铁、锰、锶、钡、镉、镍
有机组分	反-1,2-二氯乙烯、二氯甲烷/石油类、甲醛、苯、二甲苯
备注	页岩气开采影响地下水的特征因子包含但不限于表中所列特征因子

四、地下水环境现状调查与评价

4.1　调查评价范围

由于页岩气开采采用滚动式开采方案，需要在开采区块内不断建设开采井场，一个区块内可能存在数十个或者数百个页岩气开采井场，若对每个井场都进行地下水环境影响评价不切实际，因此需要以页岩气开采区块为单位进行地下水环境影响评价，则地下水环境影响评价的调查范围为页岩气开采区块。

4.2 调查内容

4.2.1 岩溶区水文地质条件调查

在充分收集资料的基础上，根据页岩气开采项目的特点以及岩溶区水文地质条件复杂程度，开展调查工作，主要内容包括：气象、水文、土壤和植被状况。

1）岩溶地质条件：碳酸盐岩的分布和特点、岩溶含水层类型及水平和垂直分布特征、控制地下河、岩溶泉及蓄水构造形成的地貌地质条件。

2）岩溶发育规律及程度：调查各种岩溶形态的特点及空间分布，蓄水构造、表层岩溶带、地下岩溶管道、裂隙和洞穴的类型、结构、形态特征及分布规律，地下河系发育特征，以及岩溶发育的主控因素。

3）岩溶地下水系统：调查地下水类型、地下水补径排条件；地下水和地表水的水力联系；地下河及岩溶泉的分布、水位、流量、水质动态变化及开发利用情况；岩溶含水层分布、厚度、渗透系数、埋藏条件、富水性等；隔水层（弱透水层）的厚度、渗透性等。

4）岩溶地质构造：调查地层、地质构造的分布、类型、特点及对岩溶含水介质的控制和影响，特别是调查区内连续大断裂带的产状、性质、延伸情况、渗透性、断层带宽度及其变化和充填物质等，研究断层带附近岩溶发育情况对其导水性和对岩溶水流运动的影响。

5）调查区内用于页岩气开采和（或）其他功能（地热、其他矿产资源勘探开发等）钻孔的现状、深度、结构以及成井历史。

6）区域性地层分布、岩性、厚度、渗透系数。

7）区域地形高差、储层埋深、储层地层水盐度、压裂裂隙最上部与饮用水含水层垂直距离。

8）集中供水水源地和水源井的分布情况（包括开采层的成井密度、水井结构、深度以及开采历史）。

9）地下水现状监测井的位置、现状、深度、结构以及成井的历史、使用功能。

4.2.2 地下水污染源调查

根据人类活动功能，重点调查评价区内与页岩气开采产生或者排放同种特征因子的工业、农业、生活污染源。

对于各污染源应查明其与井场的相对位置、污染源类型、污染连续性、分布特点、排放量、浓度及特征因子。

4.2.3 岩溶区地下水环境现状监测

地下水环境现状监测应通过对地下水水质、水位的监测，掌握或了解调查评价区地下水水质现状及地下水流场，为地下水环境现状评价提供基础资料。

根据国外相关文献报道，页岩气开采井周围1公里内地下水中甲烷浓度明显升高，为方便评价页岩气开采对地下水的影响程度，应在页岩气勘探开发之前对表中监测因子进行背景值监测。

4.2.3.1　现状监测点的布设原则

地下水环境现状监测点采用控制性布点与功能性布点相结合的布设原则。监测点主要布设在页岩气开采井场、周围环境敏感点、地下水污染源以及对于确定边界条件有控制意义的地点。当现有监测点不能满足监测要求和监测深度要求时，应布设新的地下水环境现状监测点井，现状监测井的布设应兼顾地下水环境影响跟踪监测计划。

监测层位应包括浅层含水层、可能受页岩气开采影响且具有饮用水开发利用价值的含水层。

一般情况下，地下水水位监测点数以不小于地下水水质监测点的2倍为宜。

对页岩气开采区的岩溶地下水进行监测比较困难，一方面是岩溶区水文地质条件复杂，区域地下水流和局部地下水流可能存在不一致的情况；另一方面是页岩气开采对地下水环境影响特征较为特殊。因此，对页岩气开采区岩溶地下水监测应采取点、面结合的方式，将其分为区域监测和局部监测。

区域监测主要针对整个页岩气开采区块内的岩溶地下水。应对区块内的暗河、岩溶泉等特殊岩溶地质特征、与深部地层通过深大断裂和（或）连续裂隙联系的浅层地下水进行监测。对于大的地下水暗河系统应控制主要的出口、入口、部分天窗和流量变化地段，小的地下暗河系统应控制主要的出口。

区域岩溶地下水监测点布设方法：

1）在岩溶发育强烈的管道型岩溶区，应重点追踪地下暗河，以地下河系统为单元，按地下和系统径流网（有主管道与支管道组成）形状和规模布设采样点，原则上主管道上不得少于3个采样点，一级支流管道长度大于2km布设2个点，一级支流管道长度小于2km布设1个点，岩溶发育完善，地下河分布复杂的，根据现场情况增加2～4个点；

2）在岩溶裂隙较为发育区，监测点位数根据调查面积确定。调查面积小于50km^{2}时，建议监测点至少为10个；调查区面积为50～100km^{2}时，建议监测点至少为20个；调查区面积大于100km^{2}时，建议每增加25km^{2}监测点应至少增加1个点。

局部监测主要针对拟建页岩气开采井场及其周围的岩溶地下水进行监测。应在拟建页岩气开采井场内及其上下游、左右两侧设置地下水监测点。

局部岩溶地下水监测点布设方法：地下水监测井应以页岩气开采井场为中心，井场上游应至少布设1个监测井，作为地下水背景值监测井，可采用上游民井、生产井、泉水以及地下暗河的出口处作为监测点；井场及其两侧地下水监测点应不少于1个，井场地下水下游影响区监测点应不少于2个，若下游有与地下水联系紧密的地表出露泉眼点以及地下水暗河出露点，可在其附近设置规范监测井。

在与地下水有密切水力联系的地表水处，应设置1～2个地表水监测点。由于岩溶区水文地质条件复杂，地下水现状监测点应按上述原则与方法根据实际情况进行布设，并说明布设理由。

4.2.3.2　地下水水质现状监测取样要求

1）应根据监测因子在地下水中的迁移特性选取适当的取样方法；

2）一般情况下，只取一个水质样品取样点深度宜在地下水位以下1.0m左右。对于暗河出入口、岩溶泉等与地下水联系紧密的地方也可直接取样。

4.2.3.3　地下水水质现状监测因子

根据国内外页岩气环境影响文献查阅，页岩气开采过程中产生的废水水质复杂，其有害物质主要包含三大类：无机物、有机物、放射性物质，涉及有毒有害物质上百种，地下水环境现状监测应选择《地下水质量标准》、《生活饮用水卫生标准》、《地下水环境监测技术规范》及《地表水环境质量标准》等标准中的指标，同时结合页岩气开采项目生产工艺，主要选择天然背景因子和压裂液的主要成分，通过对压裂液和返排液成分的指标筛选工作，选择部分具有代表性的重点污染物进行分析监测（表2）。

表2　监测指标一览表

类别	指标名称
常规指标	钾、钠、钙、镁、碳酸根、重碳酸根、氯、硫酸根
基本水质因子	pH、氨氮、硝酸盐、亚硝酸盐、挥发性酚类、氰化物、砷、汞、铬（六价）、总硬度、铅、氟、镉、铁、锰、溶解性总固体、高锰酸盐指数、硫酸盐、氯化物、总大肠菌群、细菌总数等
污染特征因子	COD、砷、镉、六价铬、铅、硼、锶、镍、石油类、甲醛、苯、二甲苯、反-1,2-二氯乙烯、二氯甲烷、甲烷
备注	监测因子可根据区域地下水质状况、污染源状况以及地下水环境影响识别结果适当调整

4.2.3.4　地下水环境现状监测频率

若掌握调查区近3年内至少一个连续水文年的枯、丰地下水水位动态监测资料，评价期可不再开展地下水水位现状监测；若无上述资料，应根据表3开展水位监测。

基本水质因子的水质监测频率应参照表3，若掌握近3年至少一期水质监测数据，基本水质因子可在评价期补充开展一期现状监测；特征因子在评价期内应需至少开展一期现状监测。

表3　地下水环境现状监测频率参照表

分布区	水位监测频率	水质监测频率
岩溶管道、裂隙	枯、丰	一期
含水层	枯、丰	一期
泉	枯、丰	一期

4.2.3.5　地下水样品采集与现场测定

1）地下水样品应采用自动式采样泵或人工活塞闭合式与敞口式定深采样器进行采集；

2）样品采集前，应先测量井孔地下水水位（或地下水水位埋深）并做好记录，然后采用潜水泵或者离心泵对采样井（孔）进行全井孔清洗，抽汲的水量不得小于3倍的井筒水（量）体积。

3）地下水水质样品的管理、分析化验和质量控制按照HJ/T 164执行。pH、Eh、DO、水温等不稳定项目应在现场测定。

4.2.3.6　环境水文地质勘察与试验

环境水文地质勘察与试验是在充分收集已有资料和地下水环境现状调查的基础上，为进一步查明含水层特征和获取预测评价中必要的水文地质参数而进行的工作，是否开展相关勘察与试验可根据实际资料掌握情况确定。

环境水文地质勘察可采用钻探、物探和水土化学分析以及室内外测试、试验等手段开展，具体参见相关标准与规范。

环境水文地质试验项目通常有抽水试验、注水试验、渗水试验、浸溶试验及土柱淋滤试验等，有关试验原则与方法可参考导则 HJ610 附录 C。在评价工作过程中可根据水文地质条件和资料掌握情况选用。

进行环境水文地质勘察时，除采用常规方法外，还可采用其他辅助方法配合勘察。

4.3　地下水环境现状评价

4.3.1　岩溶区地下水水质现状评价

GB/T 14848 和有关法规及当地的环保要求是地下水环境现状评价的基本依据。对于属于 GB/T 14848 水质指标的评价因子，应按其规定的水质分类标准值进行评价；对于不属于 GB/T 14848 水质指标的评价因子，可参照国家（行业、地方）相关标准（如 GB 3838、GB5749、DZ/T 0290 等）进行评价。现状监测结果应进行统计分析，给出最大值、最小值、均值、标准差、检出率和超标率等。

地下水水质现状评价应采用标准指数法。标准指数>1，表明该水质因子已超标，标准指数越大，超标越严重。标准指数计算公式分为以下两种情况：

1）对于评价标准为定值的水质因子，其标准指数计算方法如下：

$$P_i = C_i / C_{si}$$

式中，—第 i 个水质因子的标准指数，量纲为 1；—第 i 个水质因子的监测浓度值，mg/L；—第 i 个水质因子的标准浓度值，mg/L。

2）对于评价标准为区间值的水质因子（如 pH），其标准指数计算方法如下：

$$P\mathrm{pH} = (7.0-\mathrm{pH}) / (7.0-\mathrm{pH}sd) \quad \mathrm{pH} \leq 7 \text{ 时}$$

$$P\mathrm{pH} = (\mathrm{pH}-7.0) / (\mathrm{pH}su-7.0) \quad \mathrm{pH} > 7 \text{ 时}$$

式中，—pH 的标准指数，量纲为 1；pH 为 pH 的监测值；—标准中 pH 的下限值；—标准中 pH 的上限值。

4.3.2　岩溶区地下水污染风险评价

岩溶区地下水污染风险评价方法有 EPIK、欧洲模式（OCP）、PI 等，本指南采用本课题相关研究成果，利用改进后的欧洲模式对岩溶区地下水污染风险进行评价。地下水污染风险评价由本质脆弱性评价和污染源危害性评价组成，评价体系结构及权重见表 4。

表 4　岩溶区地下水污染风险评价结构及指标权重

地下水污染风险								
本脆弱性 0.6						污染源危害性 0.4		
覆盖层类型	地貌类型	土壤介质类型	地形坡度	降雨量	岩溶发育程度	毒理性	迁移性	降解性
8	7	6	4	4	8	9	3	3

本质脆弱性各指标类型评分表见表5～表10。

表5　覆盖层类型评分表

覆盖层类型	裸岩	农田	水域	果园	灌丛	针叶阔叶林
评分值	10	6	5	3	2	1

表6　地貌类型评分表

地貌类型	洼地、落水洞、天窗	溶丘洼地	峰林谷地	峰丛谷地	峰丛槽谷
评分值	10	8	6	5	4
地貌类型	溶丘谷地	溶丘台地	低山丘陵		
评分值	3	2	1		

表7　土壤介质类型评分表

土壤介质类型	非胀缩或非凝聚性黏土	黏质壤土	粉质壤土	壤土	砂质壤土
评分值	1	3	4	5	6
土壤介质类型	胀缩性黏土	砂	砾石	薄层或缺失	
评分值	7	8	9	10	

表8　地形坡度评分表

地形坡度	<5°	5°～15°	15°～25°	25°～45°	<45°
评分值	10	6	3	1	0

表9　年降雨量类型评分表

年降雨量/mm	>1600	1400～1600	1200～1400	1200～1300	1000～1200	<1000
评分值	10	6	4	3	2	0

表10　岩溶发育程度评分表

含水层岩溶发育程度	溶孔、溶洞发育	岩溶-裂隙发育	节理-裂隙发育	孔隙
评分值	10	8～10	4～8	2～4

污染源危害性评价方法采用如下定量数学评价模型：

$$S_j = \sum_{i=1}^{n} C_{ij} \times Q_{ij}$$

$$C_{ij} = T_{ij} W_T + M_{ij} W_M + D_{ij} W_D$$

式中，S_j为污染源j对地下水环境造成污染能力的定量表征，称为污染源危害性；C_{ij}为污染源j的第i种特征污染物3种自身属性的定量表征，称为特征污染物的危害性；Q_{ij}为污染源j排放的第i种污染物能够进入地下水环境的数量，称为排放量；T_{ij}、M_{ij}、D_{ij}分别为特征污染物i的毒理性量化指标、迁移性量化指标、降解性量化指标；W_T、W_M、W_D分别为毒理性、迁移性、降解性属性的权重值。

由于污染源不确定性以及污染组分复杂性，无法给出具体污染组分的毒理性、迁移性和降解性评分情况，但可根据各组分的物理化学特征给出评分。

毒理性中，由于特征污染物的各个特征组分的标准限值是固定的，因此可以根据水质评价中的标准指数大小对各特征组分赋值。

迁移性中，由于污染特征污染物中同时含有无机和有机两种组分，有机组分迁移性可根据自身有机碳分配系数（Koc）大小进行赋值，无机组分可根据吸附剂数量和类型、沉积物颗粒大小、包气带和含水层 pH 等因素对迁移性的影响程度给无机组分赋值，再结合通常情况下无机组分迁移性强于有机组分，得出最终的特征污染物的迁移性评分。

降解性中，有机组分参考其所具有的半衰期的大小进行赋值，无机组分除少数组分容易被细菌降解，其余组分基本上不发生降解作用。

综合本质脆弱性和污染源危害性评价结果，根据赋予两者的权重值，可利用 ArcMap 中的栅格计算器进行图层叠加计算并分类，最终得到地下水污染风险评价图，分析页岩气开采评价区不同区域遭受污染风险的大小和原因。

五、地下水环境影响预测

5.1　预测原则

1）建设项目地下水环境影响预测应遵循 HJ2.1 中确定的原则。考虑到地下水环境污染的复杂性、隐蔽性和难恢复性，还应遵循保护优先、预防为主的原则，预测应为评价各方案的环境安全和环境保护措施的合理性提供依据。

2）预测的范围、时段、内容和方法均应根据页岩气开采工程特征与环境影响特征，结合当地环境功能和环保要求确定，应预测建设项目对地下水水质产生的直接影响，重点预测对地下水环境保护目标的影响。

3）在结合地下水污染防控措施的基础上，对工程设计方案或者可行性设计研究报告推荐的选址（选线）方案可能引起的地下水环境影响进行预测。

5.2　预测范围

根据页岩气滚动开采特点，同一页岩气开采区块内可能存在众多钻井平台，而且每一钻井平台有多口井，对每一钻井平台或每一口井均进行环境影响评价预测不切实际。此外，根据页岩气开采环境影响特征可知：深层页岩气开采过程中污染物既可能由于井场地表泄漏污染浅层地下水，又可能会通过深大断裂和（或）连续裂隙向上迁移污染远处浅层的含水层。因此，针对前者地表泄漏等情景，应选择区块内具有代表性的某一拟建井场所在岩溶地下水系统为预测范围进行页岩气开采浅层地下水环境影响预测评价；对于后者通过断层等地质构造迁移等情景，应选择页岩气开采区块所在盆地或平原为预测范围进行页岩气开采深层地下水环境影响预测评价。

浅层地下水环境影响预测针对污染物从地表释放向下运移污染地下水的情景，其预测范围为拟建场地所在岩溶地下水系统，预测层位以潜水含水层或者污染物直接进入的含水层为主，兼顾与其水力联系密切且具有饮用水开发利用价值的含水层。特别要注意岩溶管道、裂隙的刻画、地下水及特征因子在岩溶管道及裂隙中的迁移运移规律。

深层地下水环境影响预测针对污染物质从深部向上运移污染浅层地下水，其预测范围为页岩气区块所在的整个盆地或平原。重点预测影响特征因子在页岩气开采层位沿断层、裂隙、钻孔等途径向上迁移对浅层具有饮用水开发利用价值含水层的影响。

5.3 预测时段

对于浅层地下水环境影响预测，即发生于地表的情景预测，预测时段应以事故发生时为初始时间，选取之后100天、1000天或者服务年限为预测时段，或者能反映特征因子迁移规律的其他重要时间节点。由于位于岩溶区，极可能存在岩溶裂隙、管道，岩溶地下水运移速度较快，因此预测时段应至少包含到达场地周围保护目标或者敏感目标的运移时段。

对于深层地下水环境影响预测，因在向上运移驱动力的作用下，地下水运移速度较为缓慢，地质条件复杂，污染物对浅层含水层的影响可能在几百年甚至上千年之后才能显现出来，因此预测时段以百年为单位进行预测，以确保能够正确预测污染物在预测时段内是否可以对地下含水层产生影响。

5.4 情景设置

一般情况，建设项目须对正常状况和非正常状况的情景分别进行预测。已根据防渗技术规范或者污染控制标准设计地下水污染防渗措施的建设项目，可不进行正常状况情景下的预测。根据页岩气开采地下水环境影响特征设置以下非正常状况情景。

1）浅层地下水环境影响预测

（1）场地储存装置泄漏

页岩气开采过程中在井场内会利用坑或罐等装置储存多种页岩气开采所需或者产生的液体，比如钻井液、钻井废水、压裂液、返排液、生产水等。由于这些液体化学成分复杂，可能会腐蚀储存装置或者设施发生事故性泄漏，也可能因为人为操作失误引起储存物质泄漏，经过下渗后造成地下水污染。

（2）地面运输泄漏

在向井场内运输钻井液、压裂液等或者向场外运输返排液等废水时，运输车可能会发生事故性泄漏，最终会影响浅层地下水。

2）深层地下水环境影响预测

（1）断层导通

当水力压裂裂隙顶端沟通区块内深大断裂时，页岩气储层中的压裂液和（或）深层地下水将会沿着断层向上运移，有可能污染近地表的浅层地下水。

（2）井套管失效

页岩气生产井密封不严或由于化学物质腐蚀井管均有可能使污染物质泄漏，最终对地下水产生影响。

5.5 预测因子

应根据页岩气开采过程中非正常状况下预测情景中的污染物确定预测因子。通常情况下，可选用盐度或者氯离子为预测因子。

5.6 预测源强

以下各情景设置中所涉及的源强参数取值范围均来自外文文献，仅供参考。

1）浅层地下水环境影响预测

（1）场地储存装置泄漏

在此情景下，污染源强按以下公式计算：

$$CV_{DS}=P_D\times P_{FD}\times F\times P_R$$

式中，CV_{DS}为场地储存装置泄漏量；P_D为场地发生泄漏的概率，取值范围为0.1～0.5；P_{FD}为发生泄漏的比例，取值范围为1×10^{-6}～1×10^{-4}；F为钻井液和压裂液的量；P_R为钻井液和压裂液返排比，取值范围为0.1～1.1。

（2）地面运输泄漏

在此情景下，污染源强按以下公式计算：

$$CV_V=(F\times(1+P_R)\times N_C\times P_s\times P_L)/N_C$$

式中，CV_V为地面运输泄漏量；F为钻井液和压裂液的量；P_R为钻井液和压裂液返排比，取值范围为0.1～1.1；N_C为年危险品车翻车数，取值范围为5000～7800；N_S为年危险品车数，取值范围为2.9×10^{-8}～3.3×10^{-8}；P_S为翻车泄漏比，取值范围为0.1～0.4；P_L为车辆装载量，取值范围为0.01～0.99。

2）深层地下水环境影响预测

（1）断层导通

在此情景下，污染源强按以下公式计算：

$$CV_F=P_{FL}\times P_{Fluid}\times F\times(1-P_R)$$

式中，CV_F为断层导通污染物质泄漏量；P_{FL}为断层导通泄漏到含水层的概率，取值范围为1×10^{-6}～0.1；P_{Fluid}为泄漏到含水层中的比例，取值范围为1×10^{-6}～0.1；F为钻井液和压裂液的量；P_R为钻井液和压裂液返排比，取值范围为0.1～1.1。

（2）井套管失效

在此情景下，污染源强按以下公式计算：

$$CV_W=P_{WFail}\times P_{Wleak}\times F$$

式中，CV_W为井管泄漏的量；P_{WFail}为井管失效的概率，取值范围为2×10^{-8}～2×10^{-2}；P_{Wleak}为井泄漏量的比例，取值范围为1×10^{-6}～0.1；F为钻井液和压裂液的量。

5.7　预测方法

建设项目地下水环境影响预测方法包括数学模型法和类比分析法。其中，数学模型法包括数值法、解析法等。解析法是建立在理想概念模型的基础上的数学方法，但它的运用条件十分苛刻，使用过程中当它面对岩溶地下水系统复杂边界条件时显得捉襟见肘，无法精确地模拟出预测区复杂的水文地质条件。因此对于岩溶区页岩气地下水环境影响预测，一般情况下，应首选数值法进行预测。采用数值法预测前，应先进行参数识别和模型验证。

5.8　预测模型概化

5.8.1　水文地质条件概化

根据调查评价区和场地环境水文地质条件，对边界性质、介质特征、水流特征和补径排等条件进行概化。

岩溶区进行数值模拟的难点在于对含水层介质的概化，目前对于岩溶含水介质的概化仍处于探索阶段。用于岩溶区地下水系统概化的方法主要有以下几种。

1）等效多孔介质单一连续模型，是一种基于 Darcy 定律，将研究区概化为一个典型单元体建模。它不考虑岩溶裂隙发育导致的不同水力传导率以及岩溶裂隙在含水层中的空间分布，实际上就是一种将连续多孔介质渗流理论应用到岩溶地下水的方法。等效多孔介质单一连续模型是一种原理比较简单的方法，没有仔细刻画岩溶地下水系统的内部结构，因此模拟出来的地下水流场与实际流场不可避免地存在较大误差。因此这种方法目前主要用于模拟一些岩溶发育程度低，岩溶裂隙发育简单均一的岩溶地下水系统。

2）松散裂隙/管道流模型，也称离散裂隙网络模型，这是一种将岩溶地下水系统中所有裂隙概化成一个裂隙/管道的网络。在非连续介质理论的基础上把岩溶地下水系统中所有的导水裂隙进行定量描述，描述包括岩溶裂隙的空间分布位置、宽度、产状和长度等参数。在建立裂隙网络的基础上根据裂隙水力学原理模拟地下水的流动。

3）双重介质模型，也称等效双重连续多孔介质法，这种方法最早由 Bare blatt 提出，根据岩溶地下水系统介质中的导水性和储水性的强弱，将其划分为基质系统和岩溶裂隙系统。其中基质系统是指导水性弱、储水性强的介质，岩溶裂隙系统是指导水性强、储水性弱的介质，两种不同的介质通过两个不同的连续多孔介质方法描述。两个系统水文地质参数独立但存在水力联系，根据 Darcy 定律和 Richard 方程利用交换系数方法耦合。

目前针对岩溶较发育地区的通常做法是用虚拟的等效多孔介质来近似代替复杂的裂隙、岩溶介质场，在保证两个含水系统补、径、排条件不变的情况下，使介质系统的宏观水力特征等效，通过参数分区、调整渗透系数来逼近水流运动特征。对于地下暗河，一般按照地表水模型进行模拟。

5.8.2 污染源概化

污染源概化包括排放形式与排放规律的概化。根据污染源的具体情况，排放形式可以概化为点源、线源、面源；排放规律可以概化为连续恒定排放或者非连续恒定排放以及瞬时排放。

对于地表发生事故性泄漏影响浅部地下水环境的预测，排放形式为点源，排放规律为连续恒定排放。

对于深部地下水环境影响预测，涉及压裂前、压裂期间、压裂后三个阶段，污染物的排放发生在后两个阶段，排放方式均为点源，压裂期间排放规律为连续恒定排放，压裂之后由于压力降低，排放规律为非连续恒定排放。

5.8.3 水文地质参数初始值的确定

渗透系数、给水度、弥散度等预测所需参数初始值的获取应以收集评价范围内已有水文地质和相关的地质调查勘探等资料为主，不满足预测要求时需要通过试验方法获取。

污染物运移模型参数的设定主要以野外试验为参考，弥散度是研究污染物在土壤及地下水中迁移转化规律的重要参数之一，弥散系数 D 是反应渗透系统弥散特征的一个综合参数，忽略分子扩散时，它是介质弥散度和空隙流速的函数。通常空隙介质的弥散度存在尺度效应，具体表现为野外弥散试验所求弥散度值远远大余实验室所求值，相差可达 2 ~4 个数量级。即使同一含水层，溶质运移距离越大，所计算出的弥散度也越大。这就为模拟和预测地下水中溶质在介质中的运移规律带来了困难。因此在确定预测区弥散度时应参考多种水文地质资料，并根据评价区的弥散试验进行修订。通常情况下，横/纵弥散度比一般为0.1。

5.9　预测内容

应给出特征因子在预测时段内的影响范围、程度、最大迁移距离；给出浅层地下水环境影响预测期内页岩气开采井场边界或者地下水环境保护目标处特征因子随时间的变化规律；给出深层地下水环境影响预测期内污染物沿不同影响途径上升迁移的高度以及浓度随高度的变化。

六、地下水环境影响评价

6.1　评价原则

评价应以地下水环境现状调查和地下水环境影响预测结果为依据，对页岩气开采各实施阶段（建设期、运营期及服务期满后）不同环节及不同污染防渗措施下的地下水环境影响进行评价。

地下水环境影响预测未包括环境质量现状值时，应叠加环境质量现状值后再评价。应评价页岩气开采对地下水水质的直接影响，重点评价页岩气开采对地下水环境保护目标的影响。

6.2　评价范围

岩溶区页岩气开采地下水环境影响评价范围应为页岩气开采区块，除此之外还应对选择的区块内具有代表性的某一拟建开采井所在的岩溶地下水系统范围进行评价。

6.3　评价方法

采用标准指数法对页岩气开采地下水水质影响进行评价，具体方法同4.3地下水环境现状评价。

6.4　评价结论

评价页岩气开采对地下水水质的影响，可以采用以下判据评价水质能否满足标准的要求。

1）以下情况应得出可以满足评价标准要求的结论：

（1）页岩气开采各个阶段，页岩气开采区块内，地下水水质均能满足GB/T 14848或国家（行业、地方）相关标准要求的；

（2）在页岩气开采过程中的某个阶段，有个别评价因子出现较大范围超标，但采取环保措施后，可满足GB/T 14848或国家（行业、地方）相关标准要求的。

2）以下情况应得出不能满足评价标准要求的结论：

（1）页岩气开采过程中排放或者泄露的污染物在评价范围内地下水中已经超标的；

（2）环保措施在技术上不可行，或者在经济上不合理的。

七、地下水环境保护措施与对策

在总结、分析页岩气开采建设项目可行性研究报告提出的地下水环境保护措施的基础上，再根据页岩气开采各阶段工程建设及生产工艺特征、地下水环境状况、地下水环境影响预测评价成果，提出需要增加或完善的地下水环境保护措施及对策。地下水污染防治措施按照“源头控制、分区防控、污染监控、应急响应”相结合的原则，从污染物的产生、入渗、扩散、应急响应进行控制。

7.1　污染源控制措施

源头控制主要包括实施清洁生产及各类废水、废物循环利用，减少污染物的排放量；在工艺、管道、设备、污水储存及处理构筑物采取相应措施，防止和降低污染物跑、冒、滴、漏，将污染物泄露的环境风险事故降到最低限度。

页岩气开采应根据地下水环境影响识别结果、开采过程中不同阶段的预测情景及结果采取针对性的污染源控制措施。

7.2　分区防控措施

评价工程设计或可行性研究报告中提出的地下水污染防控方案是否符合相关要求和规定，结合项目具体情况提出优化调整的建议。

结合地下水环境影响评价结果，根据工程各阶段或各功能单元可能产生污染的地区，参照《石油化工工程防渗技术规范》（GB/T 50934—2013），划分重点污染防治区、一般污染防治区和非污染防治区，并对各污染防治区内项目运行不同阶段提出具体的防治方案。

7.3　地下水环境监测与管理

建立地下水环境监测管理体系，包括制定地下水环境影响跟踪监测计划、建立地下水环境影响跟踪监测制度、配备现今的监测仪器和设备，以便及时发现问题，采取措施。

跟踪监测计划应根据岩溶区环境水文地质条件和页岩气开采环境影响特征设置监测点，跟踪监测点应明确与页岩气开采井场的位置关系，给出点位、坐标、井深、井结构、监测层位、监测因子及监测频率等相关参数。

制定地下水环境跟踪监测与信息公开计划。编制跟踪监测报告，明确跟踪监测报告编制的责任主体。跟踪监测报告内容一般应包括：

（1）页岩气开采井场及其影响区地下水环境监测跟踪数据，排放污染物种类、数量、浓度；

（2）生产设备、管廊或管线、储存与运输装置、污染物储存与处置装置、事故应急装置等设施的运行状况、跑冒滴漏记录，维护记录。

信息公开计划应至少包括建设项目特征因子的地下水环境监测值。

7.3.1　地下水监测要求

地下水监测应按以下要求进行：

（1）在地下水水流方向上应设置不少于1眼地下水背景（或对照）监测井；

（2）在项目场地外可能受到影响的地下水环境敏感目标的上游应至少设置1眼地下水污染监测井；

（3）以取水含水层为监测目的层，以潜水含水层为主，并考虑可能受影响的承压含水层；

（4）在重点污染防治区加密监测；

（5）根据各区块地下水环境影响预测与评价结果有针对性地布设监测井；

（6）充分利用现有民井、监测井，污染事故发生后监测井可以作为地下水污染事故应急处置的抽水井；

（7）水质监测项目参照《地下水质量标准》（GB/T 14848）相关要求和潜在污染特征因子确定，各监测井可依据监测目的的不同适当增加或者减少监测项目。建设单位安全环保部门应设计地下水动态监测小组，专人负责监测或者委托专业机构分析。

7.3.2　监测井布置

根据页岩气开采区块水文地质条件，重点考虑页岩气开采在不同阶段可能发生的事故工况，结合地下水环境现状调查评价结果、影响预测结果与评价结果章节，有针对性地布设地下水跟踪监测井，监测井可以利用已建民井、天然露头的泉点。

7.3.3　监测频率与因子

根据页岩气开采的产排污特点，按照建设期、运营期和服务期满后分别对不同功能单元进行监测。建设期重点对全部钻井井场进行监测，运营期针对返排液储存池进行监测，服务期满后针对地下水环境敏感目标进行监测。

如遇到特殊情况或者发生事故性污染，可能影响地下水水质时，应增加监测频率，并根据实际情况增加监测项目。

表11　地下水监测频率与监测因子

项目阶段	监测频率	监测因子
建设期	开钻前1次、完钻后1次	同地下水环境现状监测因子一致
运营期	一季度一次	
服务期满后	一年一次	

7.3.4　数据管理

建设单位应按相关规定对监测结果及时建立档案，并按照国家环保部门相关规定定期向相关部门汇报并备案。如发现异常或发生事故，加密监测频次，并根据污染物特征增加监测项目，并分析污染原因，确定泄漏污染源，及时采取应急措施。

建设单位应建立完善的质量管理体系，实现“质量、安全、环境”三位一体的全面质量管理目标。设立地下水动态监测小组，负责对地下水环境监测和管理，或者委托专业的资质机构完成。建立有关规章制度和岗位责任制。制定风险预警方案，设立应急设施减少环境污染影响。

为保证地下水监测有效、有序管理，须制定相关规定、明确职责，采取以下管理措施和技术措施：

1）管理措施

（1）防止地下水污染管理的职责属于环境保护管理部门的职责之一，环境保护管理部门应指派专人负责防治地下水污染管理工作。

（2）地下水监测工作必须委托具有监测资质的单位负责实施，按要求及时分析整理原始资料、监测报告的编写工作。

（3）建立地下水监测数据信息管理系统，与场环境管理系统相联系。

（4）根据实际情况，按事故的性质、类型、影响范围、严重后果分等级地制定相应的预案。在制定预案时要根据本场环境污染事故潜在威胁的情况，认真细致地考虑各项影响因素，适当的时候组织有关部门、人员进行演练，不断补充完善。

2）技术措施

（1）按照《地下水环境监测技术规范》（HJ/T 164—2004）要求，及时上报监测数据和有关记录。

（2）在日常例行监测中，一旦发现地下水水质监测数据异常，应尽快核查数据，确保数据的正确性。并将核查过的监测数据通告现场安全环保部门，由专人负责对数据进行分析、核实，并密切关注生产设施的运行情况，为防止地下水污染采取措施提供正确的依据。应采取的措施如下：①了解全场生产是否出现异常情况，出现异常情况的装置、原因。加大监测密度，如监测频率由每月（季）一次临时加密为每天一次或更多，连续多天，分析变化动向。②周期性地编写地下水动态监测报告。③定期对污染区的生产装置进行检查。

7.4　应急响应

发生地下水污染事故时，应制定地下水污染风险快速评估与决策系统；制定地下水风险事故应急响应预案，明确风险事故状况下应采取的控制污染源、切断污染途径等措施，提出防止污染的地下水扩散和对污染的地下水进行治理的具体方案，包括替代水源方案；成立事故应急对策指挥中心，负责在发生事故后进行统一指挥、协调处理好抢险工作；建立事故应急通报网络。

八、地下水环境影响评价结论

8.1　环境水文地质现状

概述页岩气开采区块及井场环境水文地质条件和地下水环境现状。

8.2　地下水环境影响

结合地下水环境影响预测评价结果，明确页岩气开采对地下水环境和保护目标的直接影响。

8.3　地下水环境污染防治措施

根据地下水环境影响评价结论，提出页岩气开采地下水污染防控措施的优化调整建议或方案。

8.4　地下水环境影响评价结论

结合环境水文地质条件、地下水环境影响、地下水环境污染防控措施、页岩气开采总平面布局的合理性等方面进行综合评价、明确给出建设项目地下水环境影响评价是否可接受的结论。